식물보호
기사·산업기사
필기 한권으로 끝내기

Always with you...

사람이 길에서 우연하게 만나거나 함께 살아가는 것만이
인연은 아니라고 생각합니다.
책을 펴내는 출판사와 그 책을 읽는 독자의 만남도 소중한 인연입니다.
시대에듀는 항상 독자의 마음을 헤아리기 위해 노력하고 있습니다.
늘 독자와 함께하겠습니다.

끝까지 책임진다! 시대에듀!
QR코드를 통해 도서 출간 이후 발견된 오류나 개정법령, 변경된 시험 정보, 최신기출문제, 도서 업데이트 자료 등이 있는지 확인해
보세요! **시대에듀 합격 스마트 앱**을 통해서도 알려 드리고 있으니 구글 플레이나 앱 스토어에서 다운받아 사용하세요.
또한, 파본 도서인 경우에는 구입하신 곳에서 교환해 드립니다.

편집진행 윤진영 · 장윤경 | **표지디자인** 권은경 · 길전홍선 | **본문디자인** 정경일

PREFACE

21세기는 생명과 건강의 시대이다. 전세계적으로 환경보호에 대한 인식이 철저해지고 있으며, 의식주에 있어서 건강하고 쾌적한 환경을 만들고 유지하기 위해 최선을 다하고 있다. 이에 따라 1983년부터 식물보호기사·산업기사 국가자격시험 제도를 시행하여 식물보호를 위한 전문적인 지식과 기능을 갖춘 고급인력을 양성하고 있다.

식물보호기사·산업기사 자격자들은 식물보호에 관한 이론 및 기술을 바탕으로 식물의 피해 진단 및 방제 등의 업무를 수행하고, 구체적으로 농작물 병해충의 발생원인을 분석하며 농작물, 수목 등의 식물 병해충이나 잡초를 정확히 감별하여 적용약제를 선정하고, 재배식물에 적합한 토양의 개선, 토양 및 기후에 맞는 각종 유기질 물질을 선정하여 식물이 가장 잘 자랄 수 있는 최적의 조건을 만드는 등의 직무를 수행하고 있다.

식물보호기사·산업기사는 학점인정, 공무원시험 가산점 인정, 특채 응시자격 부여, 각종 법률에 따른 우대조건 적용 등의 혜택을 누릴 수 있기 때문에 매년 수천 명의 인원이 시험에 응시하는 인기자격증으로 자리매김하였다.

그러나 시중에 관련 수험서가 부족하고, 더욱이 그 내용이 불필요하게 길어 시험교재용으로 적합하다고 하기는 어려운 실정이었다. 이를 개선하여 수험생들이 보다 더 단기간에 합격하고, 기본기를 튼튼하게 다질 수 있도록 시대에듀와 함께 본 도서를 출간하게 되었다.

> **본 도서의 특징**
> ① 핵심이론, 적중예상문제, 기출복원문제를 종합하여 한권으로 자격증 취득 과정을 준비할 수 있도록 하였다.
> ② 출제기준을 철저하게 분석하여 핵심이론과 꼭 나올 만한 적중문제만 엄선하였다. 특히 반드시 학습해야 하는 중요한 이론에는 기출 표시를 추가하여 수험생들의 학습을 돕고자 하였다.
> ③ 기출복원문제와 상세한 해설을 풍부하게 수록하여 수험생 스스로 출제경향을 파악하는 것은 물론 학습방향을 세울 수 있도록 하였다.

오늘날 우리나라는 식물보호기사·산업기사 자격자들이 전문인으로서 해결할 문제도 많고, 자신의 능력을 펼쳐 보일 수 있는 기회도 많다. 본 도서가 보다 많은 수험생들의 합격에 알토란 같은 역할을 하기 바라며, 아울러 수험생 여러분의 건투와 건강을 기원한다.

편저자 박정호

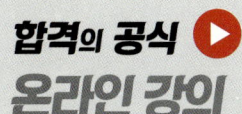 

보다 깊이 있는 학습을 원하는 수험생들을 위한
시대에듀의 동영상 강의가 준비되어 있습니다.
www.sdedu.co.kr → 회원가입(로그인) → 강의 살펴보기

시험 안내

식물보호기사

진로 및 전망

농촌진흥청, 산림청, 식물검역소, 농업기술연구소, 농약연구소, 농약자재검사소, 농산물검사소, 식물검역소, 작물시험장, 식품연구소, 임업시험장 등의 공공기관과 농약회사, 종묘회사, 농약판매상, 종자보급소 등으로 진출하거나 독자적으로 운영할 수 있다.

시험일정

구 분	필기원서접수 (인터넷)	필기시험	필기합격 (예정자)발표	실기원서접수	실기시험	최종 합격자 발표일
제1회	1.12 ~ 1.15	1.30 ~ 3.3	3.11	3.23 ~ 3.26	4.18 ~ 5.6	6.12
제2회	4.20 ~ 4.23	5.9 ~ 5.29	6.10	6.22 ~ 6.25	7.18 ~ 8.5	9.11
제3회	7.20 ~ 7.23	8.7 ~ 9.1	9.9	9.21 ~ 9.23, 9.28	10.24 ~ 11.13	12.18

※ 상기 시험일정은 시행처의 사정에 따라 변경될 수 있으니 www.q-net.or.kr에서 확인하시기 바랍니다.

시험요강

❶ 시행처 : 한국산업인력공단
❷ 관련 학과 : 대학 및 전문대학의 원예학과, 화훼원예과, 농(업)생물학과, 자원식물학과, 농화학과 등
❸ 시험과목
  ㉠ 필기 : 식물병리학, 농림해충학, 재배원론, 농약학, 잡초방제학
  ㉡ 실기 : 식물보호 실무
❹ 검정방법
  ㉠ 필기 : 객관식 4지 택일형, 과목당 20문항(2시간 30분)
  ㉡ 실기 : 필답형(2시간 30분)
❺ 합격기준(필기・실기)
  ㉠ 필기 : 100점을 만점으로 하여 과목당 40점 이상, 전 과목 평균 60점 이상
  ㉡ 실기 : 100점을 만점으로 하여 60점 이상

자격취득자 혜택

– 공무원 시험 가산점 인정 및 일부 특채 지원자격 획득
– 학점인정 등에 관한 법률에 따라 20학점 인정
– 관련 기업 취업이나 승진 시 인사고과 혜택
– 각종 법률에 따른 우대조건 적용

식물보호산업기사

진로 및 전망
농촌진흥청, 산림청, 식물검역소 등 공공기관과 농약판매상, 종자보급소 등으로 진출하거나 독자적으로 운영할 수 있다.

시험일정

구분	필기원서접수 (인터넷)	필기시험	필기합격 (예정자)발표	실기원서접수	실기시험	최종 합격자 발표일
제1회	1.12 ~ 1.15	1.30 ~ 3.3	3.11	3.23 ~ 3.26	4.18 ~ 5.6	6.12
제2회	4.20 ~ 4.23	5.9 ~ 5.29	6.10	6.22 ~ 6.25	7.18 ~ 8.5	9.11
제3회	7.20 ~ 7.23	8.7 ~ 9.1	9.9	9.21 ~ 9.23, 9.28	10.24 ~ 11.13	12.18

※ 상기 시험일정은 시행처의 사정에 따라 변경될 수 있으니 www.q-net.or.kr에서 확인하시기 바랍니다.

시험요강
❶ 시행처 : 한국산업인력공단
❷ 관련 학과 : 대학 및 전문대학의 원예과, 화훼원예과, 농(업)생물학과, 농화학과 등
❸ 시험과목
　㉠ 필기 : 식물병리학, 농림해충학, 농약학, 잡초방제학
　㉡ 실기 : 식물보호 실무
❹ 검정방법
　㉠ 필기 : 객관식 4지 택일형, 과목당 20문항(2시간)
　㉡ 실기 : 필답형(2시간)
❺ 합격기준(필기 · 실기)
　㉠ 필기 : 100점을 만점으로 하여 과목당 40점 이상, 전 과목 평균 60점 이상
　㉡ 실기 : 100점을 만점으로 하여 60점 이상

자격취득자 혜택
− 공무원 시험 가산점 인정 및 일부 특채 지원자격 획득
− 학점인정 등에 관한 법률에 따라 16학점 인정
− 관련 기업 취업이나 승진 시 인사고과 혜택
− 각종 법률에 따른 우대조건 적용

시험 안내

출제기준

식물보호기사(필기)

필기과목명	식물병리학	농림해충학	재배원론
주요항목	• 식물병리 일반 • 식물병의 원인 • 식물병의 발생 • 식물병의 진단 • 식물병의 방제 • 식물병 각론	• 곤충 일반 • 곤충의 분류 • 곤충의 생태 • 곤충의 형태 • 곤충의 생리 • 곤충과 환경 • 해충 각론 • 해충의 방제	• 재배의 기원과 현황 • 재배환경 • 작물의 내적 균형과 식물호르몬 및 방사선 이용 • 재배기술 • 각종 재해 • 수확, 건조 및 저장과 도정

필기과목명	농약학	잡초방제학
주요항목	• 농약의 정의와 중요성 • 농약의 분류 • 농약의 제제 형태 및 특성 • 농약의 독성 및 잔류성 • 농약의 사용방법, 약해 및 약효 • 농약의 이화학적 특성	• 잡초의 분류 및 분포 • 잡초의 생리 생태 • 경 합 • 잡초방제

식물보호산업기사(필기)

필기과목명	식물병리학	농림해충학	농약학	잡초방제학
주요항목	• 식물병리 일반 • 식물병의 원인 • 식물병의 발생 • 식물병의 진단 • 식물병의 방제 • 식물병 각론	• 곤충 일반 • 곤충의 분류 • 곤충의 생태 • 곤충의 형태 • 곤충의 생리 • 곤충과 환경 • 해충 각론 • 해충의 방제	• 농약의 정의와 중요성 • 농약의 분류 • 농약의 제제 형태 및 특성 • 농약의 독성 및 잔류성 • 농약의 사용방법, 약해 및 약효 • 농약의 이화학적 특성	• 잡초의 분류 및 분포 • 잡초의 생리 생태 • 경 합 • 잡초방제

목 차

PART 01 | 식물병리학

CHAPTER 01	식물병리 일반	003
CHAPTER 02	식물병의 원인	005
CHAPTER 03	식물병의 발생	019
CHAPTER 04	식물병의 진단	044
CHAPTER 05	식물병의 방제	054
CHAPTER 06	식물병 각론	067

PART 02 | 농림해충학

CHAPTER 01	곤충 일반	079
CHAPTER 02	곤충의 분류	082
CHAPTER 03	곤충의 생태 및 생리	093
CHAPTER 04	곤충의 형태	100
CHAPTER 05	곤충과 환경	118
CHAPTER 06	해충의 방제	122
CHAPTER 07	해충 각론	138

PART 03 | 재배원론

CHAPTER 01	재배의 기원과 현황	163
CHAPTER 02	재배환경	173
CHAPTER 03	작물의 내적 균형과 식물호르몬 및 방사선 이용	216
CHAPTER 04	재배기술	223
CHAPTER 05	작물의 유전성	259

목 차

PART 04 | 농약학

CHAPTER 01	농약의 정의와 중요성	281
CHAPTER 02	농약의 분류 및 형태, 특성	286
CHAPTER 03	농약의 독성 및 잔류성	305
CHAPTER 04	농약의 사용법 및 약해	319
CHAPTER 05	농약의 이화학적 특성	332

PART 05 | 잡초방제학

CHAPTER 01	잡초방제 및 잡초의 분류	365
CHAPTER 02	잡초의 생리 생태	381
CHAPTER 03	경 합	393
CHAPTER 04	잡초방제법	404
CHAPTER 05	제초제(화학적 방제법)	416

부 록 | 과년도 + 최근 기출복원문제 및 해설

식물보호기사
- 2018~2022년 과년도 기출문제 ········· 435
- 2023년 과년도 기출복원문제 ········· 725
- 2024년 최근 기출복원문제 ········· 744

식물보호산업기사
- 2018~2020년 과년도 기출문제 ········· 765
- 2021~2023년 과년도 기출복원문제 ········· 900
- 2024년 최근 기출복원문제 ········· 949

부 록 2 | 최근 기출복원문제 및 해설

식물보호기사   2025년 최근 기출복원문제 ········· 967
식물보호산업기사 2025년 최근 기출복원문제 ········· 989

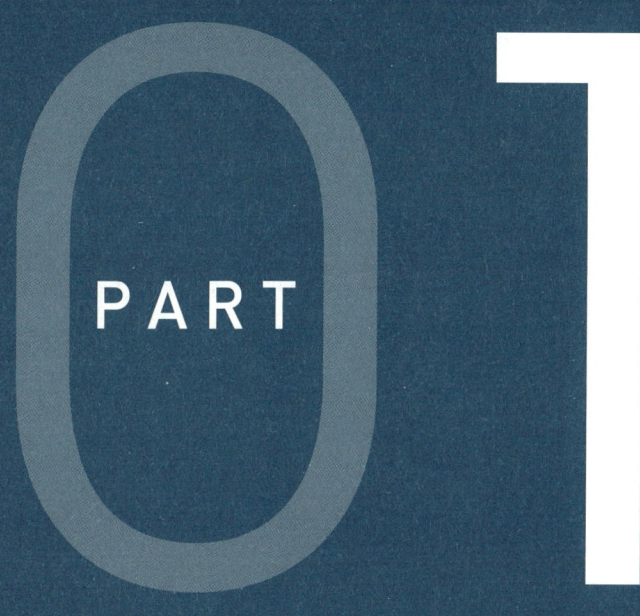

PART 01

식물병리학

CHAPTER 01 식물병리 일반

CHAPTER 02 식물병의 원인

CHAPTER 03 식물병의 발생

CHAPTER 04 식물병의 진단

CHAPTER 05 식물병의 방제

CHAPTER 06 식물병 각론

합격의 공식 시대에듀 www.sdedu.co.kr

PART 01 식물병리학

CHAPTER 01 식물병리 일반

1 식물병리학의 정의

(1) 식물병
① 원인 : 비정상적인 환경조건이나 병원체
② 결과 : 식물 생육에 필요한 생리적 기능 중 하나 이상이 방해를 받아 그 기능이 정상에서 벗어난다.

> **참고** 다른 식물병 분석의 예
> - 원인 : 역병균
> - 결과 : 물관과 도관의 감염으로 물과 무기양분이 식물체의 수관으로 이동하는 것을 방해

(2) 식물병리학
식물에 병을 일으키는 환경과 병원체, 병을 일으키는 기작과 식물과 병원체 간의 상호 관계를 파악해 병을 예방하고, 구제하며 피해를 줄이는 방법을 연구하는 학문이다.

2 식물병의 피해 및 중요성

피해의 종류	역사적 사례				
주요 식량작물에서 생산량 감소에 따른 식량문제 발생	• 병해충에 의한 전체 작물 평균손실률 : 33.7%				
	구 분	작물손실률(%)			전체 작물손실률(%)
		병	곤 충	잡 초	
	평균손실률	11.8	12.2	9.7	33.7
	• 감자역병 피해 : 1845년에서 1860년 사이 아일랜드 인구 가운데 100만명 사망 및 150만명 신대륙 이주				
주산지의 변화	• 밤나무 줄기마름병으로 미국밤나무 전멸 • 커피 녹병으로 커피 재배지가 스리랑카에서 남아메리카로 옮겨짐				
식물 생산물의 품질저하	채소, 관상식물의 점무늬병 : 생산량 감소는 적으나 시장가격 하락 피해				
독소에 의한 피해	호밀의 맥각병 : 독성이 있는 자실체에 오염되어 사람과 동물에 피해				
경제적 손실	병 방제를 위해 저항성 품종 재배, 농약 살포, 저장 중 발생하는 병 예방을 위한 저온저장 등의 비용 부담 및 생산량 감소에 따른 소득 감소				

CHAPTER 01

PART 01 식물병리학

적중예상문제

01 다음 병 중 어느 병에 걸린 보리를 먹으면 식중독을 일으키는가?

① 겉깜부기병　② 붉은곰팡이병
③ 줄녹병　　　④ 흰가루병

해설
② 맥류 붉은곰팡이병의 유독한 알칼로이드 독소에 의해 식중독을 유발한다.

02 다음 병 중 균독소(Mycotoxin) 때문에 인축(人畜)이 중독증(中毒症)을 나타내는 것은?

① 딸기 균핵병　② 사과 탄저병
③ 벼 도열병　　④ 맥류 붉은곰팡이병

해설
④ 붉은곰팡이병의 균독소(Mycotoxin)에 의해 인축(人畜) 중독증을 유발한다.

03 사람이나 가축에 독작용을 나타내는 식물병원균은?

① *Gibberella fujikuroi*
② *Ustilago nuda*
③ *Claviceps purpurea*
④ *Glomerella cingulata*

해설
③ 맥각균, ① 벼 키다리병균, ② 보리 겉깜부기병균, ④ 사과 탄저병균

04 인축에 유독한 알칼로이드를 생성하는 것은?

① 호밀 맥각병균
② 옥수수 깨씨무늬병균
③ 배나무 붉은별무늬병균
④ 맥류 줄기녹병균

해설
① 호밀 맥각병 : 독성이 있는 자실체에 오염되어 사람과 동물에 피해

05 아플라톡신(Aflatoxin) 균독소(Mycotoxin)를 생산하는 균은?

① *Aspergillus flavus*
② *Aspergillus ochraceus*
③ *Penicillium citrinum*
④ *Fusarium graminearum*

해설
① 아플라톡신을 생성하는 균
② 오크라톡신(Ochratoxin)이 생성되며, 주요 오염원은 보리, 옥수수, 밀, 귀리 및 땅콩이다. 신장과 간에서 암을 유발하는 물질로 알려져 있다.
③ 페니실린 추출물질
④ 맥류 붉은곰팡이병
기타 식물병해 독소
• 변질된 땅콩 : 아플라톡신
• 고구마 검은무늬병 : 아포메아마론

PART 01 식물병리학

CHAPTER 02 식물병의 원인

1 병원의 종류

(1) 비생물성 병원

① 의의 : 비생물성 병원이란 전염되지 않는 병을 의미
② 식물병의 원인인 생육 온도, 습도, 빛, 대기, 토양 온·습도 등의 환경적 원인에 의해 발생
③ 비생물성 병원에 의한 식물병

구 분	대표적 피해 증상
온도, 수분, 공기, 빛	• 고온 피해 : 일소현상(고온으로 갈변하거나 물 번진 듯한 무늬 형성) • 저온 피해 : 냉해나 동해 • 낮은 상대 습도 : 시들음, 반점, 낙엽현상 • 높은 상대 습도 : 침수에 의한 고사 • 고온에서 토양산소 부족으로 뿌리 활력 저하 • 빛 부족에 의한 웃자람 등
대기오염	• 아황산(SO_2) : 잎의 기공을 통해 흡입되며, 식물체에 가장 치명적인 대기오염물질로 스모그의 주된 구성물질이다. • 에틸렌(CH_2CH_2) : 식물생장 위축, 비정상적인 잎 발생 등 피해, 식물 호르몬제로도 이용
양분 결핍	• 질소(N) : 아래 잎들이 누렇게 또는 옅은 갈색으로 변함 • 인(P) : 줄기가 짧고 가늘며 꼿꼿하게 서고 길쭉함 • 칼륨(K) : 벼 적고병, 보리 흰무늬병 등 • 칼슘(Ca) : 토마토 배꼽썩음병 • 붕소(B) : 무·배추 속썩음병, 사과 축과병, 갈색 속썩음병, 담배 윗마름병
토양광물질	• 토양 중 중금속에 의한 직접적 피해 • 양분 상호 간의 길항작용에 의한 양분 흡수 저해 등
제초제	제초제 과용에 의한 직간접적 피해

(2) 바이러스성 병원 및 생물성 병원

병원체에는 진균, 세균, 기생성 고등식물, 선충, 바이러스, 파이토플라스마, 원생생물 등이 있다.
① 기생성 고등식물에 의한 병 : 새삼, 겨우살이, 현삼, 영달 등에 기생
② 선충에 의한 병
③ 진균에 의한 병(사상균 또는 곰팡이에 의한 병)

④ 세균에 의한 병
    ㉠ 세포벽을 가지며, 이분법으로 증식
    ㉡ 크기는 0.6~3.5μm, 직경은 0.3~1.0μm
    ㉢ 편모라는 운동기관이 있으며 세균의 분류학상 중요한 기준
    ㉣ 그람염색법에 의한 분류 기출
       • 보라색으로 염색되는 그람양성균 : 감자 둘레썩음병, 토마토 궤양병
       • 분홍색으로 염색되는 그람음성균 : 대부분의 세균
    ㉤ 세균의 동정 방법
       • 순수분리배양 후 감수성 기주 식물에 재접종 → 병 증상 재현
       • 응집, 침강, 형광항체 염색, 효소결합항체법 등의 면역진단기법 사용
       • 그 외 전자현미경 이용 방법 등이 있음
    ㉥ *Agrobacterium* : 근두암종, 가지, 뿌리혹
    ㉦ *Erwinia* : 화상병, 시들음병, 무름병
    ㉧ *Pseudomonas* : 잎점무늬
    ㉨ *Xanthomonas* : 흰잎마름병
    ㉩ *Streptomyces* : 감자 더뎅이병, 고구마 썩음병
    ㉪ 주요 세균병의 분류 기출

병 명	세균속	편모	그람 반응	한천배지 반응
벼 흰잎마름병	*Xanthomonas*	단극모	음 성	황색 원형 콜로니
벼 세균성알마름병	*Burkholderia*	단극모	음 성	황록색 원형 콜로니
콩 세균성점무늬병	*Pseudomonas*	단극모	음 성	형광색 원형 콜로니
담배 불마름병	*Pseudomonas*	단극모	음 성	형광색 원형 콜로니
감자 더뎅이병	*Streptomyces*	분지성 사상체	양 성	백색, 황갈색의 원형 콜로니
감자 둘레썩음병	*Clavibacter*	없음(운동성 없음)	양 성	보라색
가짓과 풋마름병	*Ralstonia*	단극모	음 성	백색 원형 콜로니
오이류 풋마름병	*Erwinia*	주생모	음 성	백색 원형 콜로니
채소 세균성무름병	*Erwinia*	주생모	음 성	회백색 불규칙한 콜로니
배나무 화상병	*Erwinia*	주생모	음 성	백색 원형 콜로니
복숭아나무 세균성구멍병	*Xanthomonas*	단극모	음 성	황색 원형 콜로니
뿌리혹병(근두암종병)	*Agrobacterium*	단극모	음 성	백색 원형 콜로니

⑤ 바이러스 : 핵산과 단백질로 이루어진 병원체
  ㉠ 광학현미경으로 관찰 불가, 인공배양 불가
  ㉡ 자기 자신을 위한 물질대사계를 가지지 못함
  ㉢ 식물체내 대사계와 물질을 이용할 수 있는 유전정보만 가짐
    • 벼 줄무늬잎마름병 : 애멸구가 매개
    • 벼 오갈병 : 끝동매미충, 번개매미충이 매개
⑥ 파이토플라스마(마이코플라스마라 불리던 병원체) 기출
  ㉠ 크기가 0.1~1μm 인 단위막에 의해 형성된 세균에 가까운 병원체
  ㉡ 세포막이 없고 일종의 원형질막으로 둘러싸여 있음
  ㉢ 대추나무 빗자루병 : 매미충에 의해 영속전염
  ㉣ 인공배지에서의 병원균의 배양이 어려움
  ㉤ 약제 : 테트라사이클린 등 항생제에 의한 약간의 억제효과, 완전방제는 어려움
  ㉥ 대추나무 빗자루병, 오동나무 빗자루병, 뽕나무 오갈병
⑦ 바이로이드
  ㉠ 한 가닥의 핵산 RNA로만 구성된 병원체
  ㉡ 접목전염 및 접촉전염
  ㉢ 일본에서 배의 유부과 현상에서 바이로이드를 검출
  ㉣ 감자 갈쭉병의 원인체

> **참고** 병원체의 크기순 배열 : 바이로이드 < 바이러스 < 세균 < 진균(곰팡이)

2 병원체의 분류 및 형태

(1) 진균의 분류
진균은 담자체의 생성법, 포자의 모양 등으로 분류
① **영양체** : 기주의 세포에서 영양분을 섭취하는 부분
② **번식체** : 담자체에서 포자가 형성되는 부분 → 담자체 생성법, 포자의 모양은 진균을 분류하는 기준

(2) 균류의 종류

① 조균류

㉠ 균사에 격막 없음

㉡ 유주자균류(난균류) : 역병(*Phytophthora cactorum*), 노균병(*Plasmopara viticola*)

㉢ 접합균류 : 무름병(*Rhizopus*)

[조균류의 종류]

② 자낭균류

㉠ 균사에 격막 있음

㉡ 균핵과 자좌 형성

㉢ 유성생식에 의해 자낭 속에 8개의 자낭포자가 만들어짐

㉣ 무성적 분생포자(불완전 세대)와 유성포자인 자낭포자(완전세대)로 세대를 이어감

㉤ 자낭포자는 월동 후 제1차 전염원, 분생포자는 그 후 월동기까지 몇 번에 걸쳐 형성되어 제2차 전염원이 됨

㉥ 여러 가지 자낭의 형태

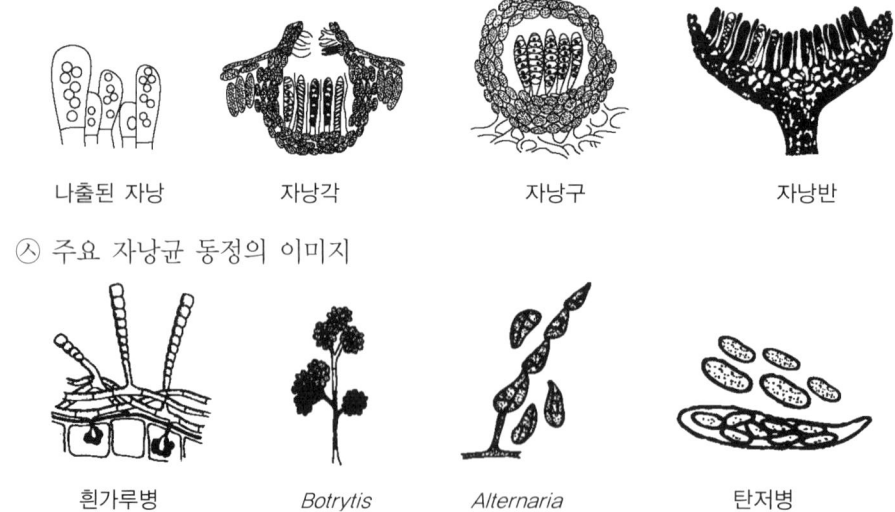

㉦ 주요 자낭균 동정의 이미지

◎ 주요 자낭균류
- 겹무늬썩음병(*Botryosphaeria dothidea*)
- 부란병(*Valsa ceratosperma*)
- 사과 탄저병(*Glomerella cingulata*)
- 꽃 썩음병(*Monilinia mali*)
- 검은별무늬병(*Venturia* spp.)
- 감귤 점무늬병(*Diaporthe citri*)
- 포도 새눈무늬병(*Elsinoe fawcetii*)
- 잿빛무늬병(*Monilinia fructicona*)
- 흰날개무늬병(*Rosellinia necatrix*)

③ 담자균류
㉠ 균사에 격막 있음
㉡ 유성포자는 담자기 위에 형성되는 담자포자

녹병 하포자

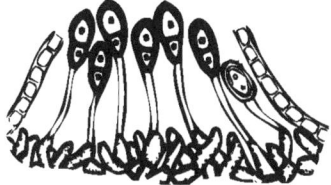
녹병 동포자

㉢ 주요 병해
- 붉은별무늬병(*Gymnosporangium* spp.)
- 녹병(*Phakopsora ampelopsidis*)
- 흰비단병(*Athelia rolfsii*)
- 자주날개무늬병(*Helicobasidium mompa*)
- 고약병(*Septobasidium* spp.)
- 모잘록병(*Rhizoctonia*)

㉣ 리조푸스와 라이족토니아 비교

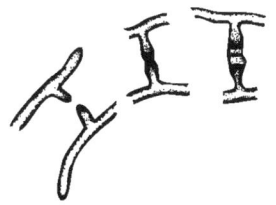
*Rhizopus*는 격막이 없다.

*Rhizoctonia*는 격막이 있다.

④ 불완전균류
   ㉠ 균사에 격막 있음
   ㉡ 유성세대가 알려지지 않아 불완전균류라 함
   ㉢ 분생포자는 균사가 자라는 분생자병 위에 형성
   ㉣ 분생자층, 병자각 분생자병, 분생자병속 분생자좌로 나누어짐
   ㉤ 주요병
      • 갈색무늬병(*Marssonia mali*)
      • 점무늬낙엽병(*Alternaria mali*)
      • 배 검은무늬병(*Alternaria kikuchiana*)
      • 포도 잿빛곰팡이병(*Botrytis cinerea*)

(3) 진균의 종류별 발생 병

조균류	• 유주자균류 : 벼 모썩음병, 벼 노균병, 감자 암종병, 감자·담배·고추 역병, 담배 노균병, 무·배추 흰녹가루병, 각종 모잘록병, 가지 솜털역병, 오이·무·배추·상추 노균병, 포도나무 노균병 • 접합균류 : 고구마 무름병
자낭균류	벼 키다리병, 벼 깨씨무늬병, 보리 줄무늬병, 맥류 붉은곰팡이병, 호밀 맥각병, 콩 탄저병, 콩 미이라병, 고구마 검은무늬병, 오이류·장미·맥류 흰가루병, 오이류 덩굴마름병, 사과나무·배나무 검은별무늬병, 사과나무 부란병, 사과 꽃썩음병, 사과나무 갈색무늬병, 사과 탄저병, 사과·배 잿빛무늬병, 복숭아나무 잎오갈병, 포도나무 새눈무늬병, 감귤 더뎅이병, 감귤 그을음병, 소나무 잎떨림병, 낙엽송 가지끝마름병, 벚나무 빗자루병, 밤나무 줄기마름병, 호두나무 탄저병 등
담자균류	벼 잎집무늬마름병, 보리 속깜부기병, 보리·밀 겉깜부기병, 맥류 줄기녹병, 옥수수 깜부기병, 배나무 붉은별무늬병, 과수 자줏빛날개무늬병, 향나무 녹병, 소나무 잎녹병, 소나무 혹병, 잣나무 털녹병, 포플러 잎녹병, 활엽수 목재썩음병 등
불완전균류	벼 도열병, 밀 껍질마름병, 참깨 잎마름병, 콩 갈색무늬병, 콩 자주빛무늬병, 감자 겹무늬병, 담배 검은뿌리썩음병, 담배 붉은무늬병, 인삼 뿌리썩음병, 인삼 탄저병, 무 뱀눈무늬병, 토마토 점무늬병, 토마토 잎곰팡이병, 토마토 겹무늬병, 토마토 시들음병, 딸기 잿빛곰팡이병, 수박 탄저병, 무·배추 검은무늬병, 배추 흰무늬병, 오이류 덩굴쪼김병, 아스파라거스 줄기마름병, 가지 갈색무늬병, 사과나무 점무늬마름병, 배나무 줄기마름병, 배나무 검은무늬병, 포도나무 갈색무늬병, 감귤 푸른곰팡이병, 소나무 잎마름병, 삼나무 붉은마름병

CHAPTER 02 적중예상문제

PART 01 식물병리학

01 다음 중 벼 도열병의 병원은?
① 바이러스 ② 세 균
③ 진 균 ④ 파이토플라스마

해설
벼 도열병은 진균(불완전균류)에 의해 발병한다. 잎, 이삭, 이삭가지, 마디, 벼알 등의 자상부위에 병반을 형성한다.

02 다음의 식물병 병원체 중 핵산으로만 구성되어 있으며, 그 크기가 가장 작은 것은?
① 바이러스(Virus)
② 바이로이드(Viroid)
③ 파이토플라스마(Phytoplasma)
④ 스피로플라스마(Spiroplasma)

해설
② 바이로이드 : 핵산 RNA로만 구성
① 바이러스 : 핵산과 단백질로 구성

03 뽕나무 오갈병의 병원(病原)은?
① 바이러스(Virus)
② 식물세균(Plant Bacteria)
③ 진균(Fungi)
④ 파이토플라스마(Phytoplasma)

해설
파이토플라스마에 의한 병 : 대추나무 빗자루병, 오동나무 빗자루병, 뽕나무 오갈병

04 벼 줄무늬잎마름병의 병원(病原)은?
① 바이러스 ② 파이토플라스마
③ 세 균 ④ 진 균

해설
① 벼 줄무늬잎마름병은 애멸구 매개 바이러스에 의한 병이다.

05 식물 파이토플라스마병의 증상으로 잘 나타나는 병징은?
① 총생(도깨비집)
② 괴저반점
③ 모자이크
④ 잎말림(권엽)

해설
① 황록색의 작은 잎이 달리는 가느다란 가지가 총생하여 빗자루 모양이 된다.

06 바이로이드(Viroid)에 의한 식물병은?
① 감자 걀쭉병
② 대추나무 빗자루병
③ 담배 모자이크병
④ 벼 오갈병

해설
① 바이로이드에 의한 병
② 파이토플라스마에 의한 병
③·④ 바이러스에 의한 병

정답 1 ③ 2 ② 3 ④ 4 ① 5 ① 6 ①

07 다음 병 중 병원균이 그람양성(Gram Positive)인 것은?

① 감자 역병
② 감자 X바이러스병
③ 감자 둘레썩음병
④ 감자 잎말림병

해설
그람염색법에 의한 분류
• 보라색으로 염색되는 그람양성균 : 감자 둘레썩음병, 토마토 궤양병
• 분홍색으로 염색되는 그람음성균 : 대부분의 세균

08 다음 병해 중 진딧물이 옮기는 병은?

① 벼 검은줄오갈병
② 밀 녹병
③ 담배 모자이크병
④ 오이 모자이크병

해설
④ 80종 이상의 진딧물에 의해서 비영속형 전염을 한다.

09 잎에 누렁증상(황화)이 나타나는 원인이 아닌 것은?

① 플루오르독성
② 질소결핍
③ 저 온
④ 파이토플라스마 감염

해설
잎의 황화 원인 : 질소결핍, 저온, 파이토플라스마 감염

10 과수의 자주날개무늬병균은 분류학적으로 어느 균류에 속하는가?

① 난균문
② 담자균문
③ 자낭균문
④ 접합균문

해설
② 과수의 자주날개무늬병균은 분류학적으로 진균(담자균류)에 속한다.

11 사과나무 뿌리혹병은 무엇에 의한 병인가?

① 토양 선충에 의한 병
② 생리적인 병
③ 세균에 의한 병
④ 사상균에 의한 병

해설
③ 과수 뿌리혹병은 근두암종 세균(*Agrobacterium tumefaciens*)에 의한 병이다.

12 다음 중 유주자낭을 형성하는 균은?

① 오이 잿빛곰팡이병균
② 고추 역병균
③ 딸기 시들음병균
④ 오이 흰가루병균

해설
② 고추 역병균은 유주자낭을 형성한다. 주로 장마철 이후 비가 계속되면서 20~30°C로 유지될 때 토양 내 역병균들이 증식하여 유주자낭을 형성하고, 그 속에 유주포자를 형성한다.

정답 7 ③ 8 ④ 9 ① 10 ② 11 ③ 12 ②

13 다음 식물병의 원인들 중에서 생물성 병원이 아닌 것은?

① 양분의 과부족
② 응애류
③ 세 균
④ 파이토플라스마

해설
① 양분의 과부족은 비생물성 병원으로 전염성이 없다.

14 다음 중 벼 흰잎마름병균의 특성을 바르게 나타낸 것은?

① 간 균 – 단극모 – 그람양성 – 노란색
② 간 균 – 단극모 – 그람음성 – 노란색
③ 간 균 – 양극모 – 그람양성 – 노란색
④ 구 균 – 양극모 – 그람음성 – 흰 색

해설
벼 흰잎마름병균
- *Xanthomonas* 세균으로 크기는 1~2×0.8μm
- 간상으로 끝이 둥글며 한 개의 편모를 가진다.
- 그람음성세균으로 영양배지에서 노란색을 띤다.

15 다음 중 붕소가 부족해서 일어나는 사과병은?

① 탄저병　　　　② 부란병
③ 축과병　　　　④ 점무늬낙엽병

해설
붕소결핍에 의한 병 : 무·배추 속썩음병, 사과 축과병, 갈색썩음병

16 저장 중의 감자가 썩어서 병원균을 Gram 염색하여 본 결과 Gram 양성이었다. 본 병균은 무엇인가?

① *Clavibacter michiganensis* subsp. *sepedonicus*
② *Ralstonia solanacearum*
③ *Erwinia carotovora*
④ *Xanthomonas campestris*

해설
① 감자 둘레썩음병균
② 토마토 풋마름병균
③ 세균성 무름병균
④ 세균성 점무늬병원균

17 병원이 파이토플라스마가 아닌 병은?

① 배추 무사마귀병
② 오동나무 빗자루병
③ 대추나무 빗자루병
④ 뽕나무 오갈병

해설
① 배추 무사마귀병은 진균에 의한 병이다.

18 복숭아나무 잎오갈병의 병원균은?

① 곰팡이　　　　② 세 균
③ 바이러스　　　④ 선 충

해설
① 복숭아나무 잎오갈병은 곰팡이(자낭균류)에 의한 병으로, 병원균은 *Taphrina deformans*로 분생포자형이다.

정답　13 ①　14 ②　15 ③　16 ①　17 ①　18 ①

19 인공배지에서 배양이 가능하며 균사체를 형성하지 않는 식물병원균은?

① 바이로이드
② 파이토플라스마 유사체
③ 세 균
④ 바이러스

해설
- 인공배지 배양 불가 : 바이로이드, 파이토플라스마, 바이러스
- 인공배지 배양 가능 : 세균(균사 형성하지 않음), 진균(균사 형성)

20 균류(Fungi)의 특징과 가장 관계 깊은 것은?

① 진핵상태의 현미경적 작은 생물체로서 주로 포자번식을 한다.
② 원핵세포로서 2분법으로 번식한다.
③ 실 모양의 길이가 0.3~1mm 정도로 가느다란 기생성 동물이다.
④ 세포로 되어 있지 않은 식물 병원체이다.

해설
② 원핵세포로서 2분법적으로 번식하고, 가느다란 기생성 동물은 세균의 특징에 해당한다.
③ 선충에 대한 설명
④ 바이러스에 대한 설명

21 파이토플라스마에 의해서 발생하는 병은?

① 보리 황화위축병
② 벚나무 빗자루병
③ 오동나무 빗자루병
④ 벼 누른오갈병

해설
파이토플라스마에 의한 병 : 오동나무 빗자루병, 대추나무 빗자루병, 뽕나무 오갈병

22 다음 중 세균에 의해서 일어나는 병은?

① 벼 도열병   ② 보리 깜부기병
③ 벼 오갈병   ④ 벼 흰빛잎마름병

해설
①·② 진균에 의한 병
③ 바이러스에 의한 병

23 다음 바이러스 중 길이가 가장 긴 것은?

① Rhabdovirus   ② Potyvirus
③ Closterovirus ④ Carlavirus

해설
③ 사과잎말림 바이러스 : 7.5~22.5 × 5.0~7.5μm
① 광견병 바이러스 : 75~80nm
② 마늘 위축 바이러스 : 부추 황색줄무늬 바이러스, 750nm
④ 마늘 잠재 바이러스 : 650~700nm
※ 단 위
- $1\mu m = 10^{-6}m$
- $1nm = 10^{-9}m$
- $1\mu m = 1,000nm$

24 식물 병원 바이러스와 식물 병원 파이토플라스마의 차이점으로 옳은 것은?

① 바이러스는 RNA를 함유하고 있으나, 파이토플라스마는 RNA가 없다.
② 바이러스는 세포벽이 있으나, 파이토플라스마는 세포벽이 없다.
③ 바이러스는 Tetracycline에 대하여 저항성이나, 파이토플라스마는 감수성이다.
④ 바이러스는 매개충이 옮겨 주나, 파이토플라스마는 매개충에 의하여 전파되지 않는다.

해설
바이러스와 파이토플라스마의 차이
- 바이러스와 파이토플라스마는 세포벽이 없다.
- 바이러스는 핵산 + 단백질, 파이토플라스마는 핵산으로 구성된다.
- 바이러스와 파이토플라스마는 매개충에 의해 전파된다.

25 대추나무 빗자루병을 일으키는 병원체는?

① 곰팡이
② 바이러스
③ 파이토플라스마
④ 세 균

해설
파이토플라스마에 의한 병 : 오동나무 빗자루병, 대추나무 빗자루병, 뽕나무 오갈병

26 전신감염을 일으키는 병원체가 아닌 것은?

① 바이러스
② 파이토플라스마
③ 선 충
④ 바이로이드

해설
③ 선충 : 주로 뿌리혹병이나 벼 잎 끝부분 등에 국부적 감염을 일으킨다.

27 바이로이드에 의한 주된 병징은?

① 모자이크 증상
② 위축 증상
③ 부패 증상
④ 줄무늬 증상

해설
② 바이로이드에 의한 감자 걀쭉병의 증상 중 하나인 위축 증상은 잎이 작아지고 색이 짙어지며 말리면서 비틀어지는 병징을 보인다.

28 토마토 풋마름병의 병원체는?

① 바이러스
② 세 균
③ 진 균
④ 파이토플라스마

해설
② 토마토 풋마름병은 세균에 의한 병으로 체내에 칼슘이 부족하면 주로 나타난다.

정답 24 ③ 25 ③ 26 ③ 27 ② 28 ②

29 담배 모자이크바이러스(TMV)의 구성성분 중에서 병원성을 갖는 것은?

① 핵산
② 단백질
③ 탄수화물
④ 지질

해설
① 바이러스의 핵산에 의한 유전정보로 기주세포 내에서 바이러스를 복제한다.

30 담배 모자이크바이러스를 *Nicotiana glutinosa*의 잎에 접종했을 때 나타나는 병징은?

① 식물체 전체의 잎에 모자이크 증상
② 접종된 잎에 국부괴사반점, 상위 잎에 모자이크 증상
③ 접종된 잎에만 국부괴사반점 증상
④ 접종된 잎뿐 아니라 모든 잎에 국부괴사반점 증상

해설
③ 접종된 잎에만 국부괴사반점 증상이 나타나며, CMV의 경우 접종부의 상엽에 전신감염을 일으킨다.

31 다음의 감자 병해 중 *Streptomyces scabies*에 의해 발생하는 병은?

① 감자 가루더뎅이병
② 감자 더뎅이병
③ 감자 둘레썩음병
④ 감자 암종병

해설
감자 더뎅이병
- 세균속 : *Streptomyces*
- 편모 : 분지성 사상체
- 그람반응 : 양성
- 한천배지 반응 : 백색 또는 황갈색의 원형 콜로니

32 식물세균에 있어서 세균 주위에 편모를 가지고 있지 않은 병원균은?

① *Bacillus*속
② *Pseudomonas*속
③ *Bacterium*속
④ *Xanthomonas*속

해설
③ 0.5~1.2㎛ 정도인 작은 원핵세포생물로 가장 원시적인 미생물
① 막대모양의 세균
② 그람음성의 간균(杆菌)으로 편모가 있어 운동성이 있다.
④ 단극모

정답 29 ① 30 ③ 31 ② 32 ③

33 오이 노균병균은 어떤 종류의 포자를 형성하는가?
① 동포자　　② 하포자
③ 자낭포자　④ 유주(포)자

해설
④ 노균병균은 진균 중 조균류에 해당되며, 유주자 균류이다.

34 다음의 식물병 중에서 병원균이 균핵을 형성하는 병해는 어느 것인가?
① 탄저병　　② 시들음병
③ 흰가루병　④ 잿빛곰팡이병

해설
④ 잿빛곰팡이병은 균핵을 형성한다. 병원균은 *Botrytis cinerea* 이다.

35 노균병균속의 분류는 무엇으로 하는가?
① 병 징
② 유주자 모양
③ 분생 포자 모양
④ 포자낭병 모양

해설
② 노균병균속은 유주자 모양으로 분류한다.

36 식물병의 진균 중에서 유주자를 생성하여 병을 전염시키는 진균은?
① 불완전균류　② 난균류
③ 자낭균류　　④ 담자균류

해설
진균 중 유주자 생성 조균류 : 유주자균류(난균류), 접합균류

37 다음 중 유성포자가 아닌 것은?
① 난포자　　② 자낭포자
③ 병포자　　④ 담자포자

해설
• 영양체(균사) : 병포자
• 번식체(유성포자) : 난포자, 자낭포자, 담자포자

38 다음 중 유성세대가 없는 것은?
① 접합균류(*Zygomycota*)
② 자낭균류(*Ascomycota*)
③ 불완전균류(*Deuteromycota*)
④ 담자균류(*Basidiomycota*)

해설
불완전균류
• 균사에 격막 있음
• 유성세대가 알려지지 않아 불완전균류라 함
• 분생포자는 균사가 자라는 분생자병 위에 형성
• 분생자층, 병자각 분생자병, 분생자병속 분생자좌

정답　33 ④　34 ④　35 ②　36 ②　37 ③　38 ③

39 다음 균류 중 불완전균류에 속하는 것은?

① *Phytophthora infestans*
② *Taphrina deformans*
③ *Alternaria solani*
④ *Rhizopus stolonifer*

해설
③ 겹무늬병
① 감자 역병균
② 복숭아 잎오갈병
④ 무름병

40 병원균이 *Pyricularia oryzae*인 병은 어느 것인가?

① 벼 도열병
② 벼 흰잎마름병
③ 맥류 줄기녹병
④ 맥류 흰가루병

해설
벼 도열병(*Pyricularia oryzae*)
• 병원균 : 진균(불완전균류)
• 전파(매개충) : 바람(종자)
• 월동형태 및 장소 : 균사 또는 분생포자로 볏짚 또는 병든 종자에서 월동
• 특징 : 저온 다습, 규소 시비

41 다음 중 감자 역병균의 학명은?

① *Phytophthora infestans*
② *Plasmopara viticola*
③ *Peronospora brassicae*
④ *Alternaria solani*

해설
① 감자 역병균
② 포도 노균병
③ 무·배추 노균병
④ 겹무늬병

42 초승달 모양의 대형 분생포자를 형성하는 병원균은?

① 벼 도열병균
② 벼 흰잎마름병균
③ 벼 키다리병균
④ 벼 오갈병균

해설
벼 키다리병
• 병원균 : 진균(자낭균류)
• 전파(매개충) : 바람(종자)
• 월동형태 및 장소 : 분생포자의 형태로 종자표면에서 월동
• 특징 : 지베렐린(GA) 분비

43 식물병의 제1차 전염기관으로서 거리가 먼 것은?

① 균 핵   ② 균 사
③ 자낭포자   ④ 유주자

해설
④ 유주자는 1차 전염에 의해 형성된 2차 전염원이다.

PART 01 식물병리학

CHAPTER 03 식물병의 발생

1 식물병의 병환

(1) 월동(휴면)과 전염원의 의의 및 종류
   ① 병환
      ㉠ 병원체의 생존과 병의 진전의 단계
      ㉡ 병원균의 생활사와 밀접한 관련, 식물체의 변화와 병징의 변화와 관련
      ㉢ 접종 → 침투 → 감염 → 정착(침입) → 생장, 증식, 전반 → 월동
   ② 접종과 전염원
      ㉠ 접종 : 병원체가 식물체와 접촉하는 것
      ㉡ 전염원 : 감염을 일으킬 수 있는 병원체의 모든 부분
         • 1차 전염원 : 겨울이나 여름 동안 생존해서 봄이나 가을에 감염을 일으키는 감염원으로 1차 전염원의 숫자가 많고 작물에 가까울수록 병의 피해가 증가한다.
         • 2차 전염원 : 1차 감염으로부터 형성되는 전염원
   ③ 전염원의 근원
      ㉠ 병든 식물의 조직 및 잔재 전염 : 도열병균, 배나무 검은별무늬병균, 탄저병균 등
      ㉡ 종자전염
         • 종자 표면, 종자 내부 전염 : 벼 깨씨무늬병균, 보리 속깜부기병균
         • 종자의 배까지 침투 : 벼 키다리병균, 보리 겉깜부기병균
         • 감자 표면, 조직 내부 전염 : 감자 역병균, 감자 둘레썩음병균
         • 묘목전염 : 과수 근두암종병균, 과수 자주날개무늬병균
      ㉢ 토양전염 : 모잘록병균, 시들음병균, 풋마름병균, 박과류 덩굴쪼김병균, 균핵병균, 밑동썩음병균, 잘록병균, 검은썩음병균
      ㉣ 잡초 및 병균전염
         • 잡초 내 월동 : 벼 흰잎마름병균
         • 곤충 체내 월동 : 벼 줄무늬잎마름병균(바이러스병)
      ㉤ 공기전염
         • 포자가 바람에 날려 전염
         • 잿빛곰팡이병균, 흰가루병균, 노균병균, 탄저병균, 세균성 점무늬병균

④ 바이러스병의 전염
  ㉠ 접목전염 : 사과 고접병
  ㉡ 종자전염 : 담배 둥근무늬모자이크병, 콩 줄무늬모자이크병, 오이 녹반모자이크병 등
  ㉢ 영양번식기관 전염 : 감자, 마늘의 바이러스병
  ㉣ 토양전염 : 담배 둥근무늬모자이크병, 왜화바이러스
  ㉤ 즙액전염
    • 병든 식물의 즙액으로 전염
    • 토마토, 담배 모자이크병
  ㉥ 충매전염
    • 비영속성 : 곤충의 체내에 들어가지 않고 구침에 머문 상태에서 전염
    • 오이, 배추, 순무 모자이크병 등
    • 매개충이 획득한 바이러스가 일단 곤충의 체내에 들어가거나 체내에서 증식한 후 전염되는 바이러스 : 벼 오갈병, 감자 잎말림병

(2) 전 반 기출

① 전반의 의의 : 병원체가 기주식물에 운반되는 것
② 병원균의 전반 방법
  ㉠ 풍매전반(바람) : 배나무 붉은별무늬병균, 도열병균, 맥류 겉깜부기병균, 벼 키다리병균, 감자 역병균, 잣나무 털녹병균
  ㉡ 물 : 유주자를 형성하는 균류, 세균에 의한 병 등
    • 진균에 의한 병균 : 벼 잎집무늬마름병균, 벼 모썩음병균, 감자 역병균, 모잘록병균, 무·배추 무사마귀병균
    • 세균에 의한 병균 : 토마토 풋마름병균, 벼 흰잎마름병균 등
  ㉢ 곤 충
    • 참나무 시들음병균 : 광릉긴나무좀
    • 벼 오갈병 : 끝동매미충, 번개매미충
    • 벼 줄무늬잎마름병 : 애멸구
    • 오동나무 빗자루병 : 담배장님노린재
    • 대추나무 빗자루병, 뽕나무 오갈병 : 마름무늬매미충
  ㉣ 묘목 : 잣나무 털녹병균, 근두암종병균 등

(3) 접종 및 침입

① 병원체의 침입(각피침입)
   ㉠ 잎·줄기 등의 표면에 있는 각피나 뿌리의 표피를 병원체가 자기 힘으로 뚫고 침입
   ㉡ 발아관의 끝 부분에 부착기를 만들어 각피에 붙으며, 그 아래쪽에서 가는 침입사를 내어 각피를 뚫는다.
   ㉢ 각피의 관통 : 높은 압력의 기계적 힘이나 각피를 분해효소를 분비하여 관통

② 자연개구부를 통한 침입
   ㉠ 자연개구부 : 기공, 수공, 피목, 밀선
   ㉡ 기공감염 : 녹병균의 여름포자·녹포자
   ㉢ 수공 : 양배추 검은빛썩음병균(*Xanthomonas campestris* pv. *campestris*), 벼 흰잎마름병균(*Xanthomonas campestris* pv. *oryzae*), 배나무 화상병균, 오이 세균성점무늬병균
   ㉣ 피목 : 감자 더뎅이병균, 뽕나무 줄기마름병균
   ㉤ 주두나 밀선 : 배나무 화상병균

③ 상처를 통한 침입
   ㉠ 여러 가지 원인에 의해서 만들어진 상처의 괴사조직을 통해서 병원체가 침입하여 감염이 일어났을 때 상이감염이라 함
   ㉡ 사과나무 부란병균, 채소류의 무름병균, 토마토 풋마름병균

(4) 병원균의 감염

① 감염 : 병원체가 감수성 식물에 침입해 내부에 정착하고 식물로부터 영양을 섭취하는 것
② 발병 : 병원체가 기수체 내에 확산되고 이에 반응하여 외관적으로 변색 또는 기형 등의 변화가 인식될 때

> **참고** 잠복기간
> 병원체가 침입 후 초기 병징이 나타날 때까지의 기간

③ 기주교대 기출
   ㉠ 녹병균
   • 이종기생균 : 전혀 다른 두 종류의 기주식물을 옮겨가며 생활
   • 기주교대 : 이종기생균이 그 생활사를 완성하기 위해 기주를 바꾸는 것
   • 중간기주 : 두 종의 기주식물 중 경제적 가치가 적은 쪽
   • 살아있는 생물체에만 기생하는 순활물기생균이다.
   • 기주식물에서 녹병포자(녹포자) 세대, 중간기주에서 여름포자나 겨울포자 세대를 거친다.

- ⓒ 녹병류의 중간기주
    - 배나무 붉은별무늬병균(적성병) : 향나무
    - 사과나무 붉은별무늬병 : 향나무
    - 소나무 혹녹병 : 졸참, 신갈나무
    - 맥류 줄기녹병 : 매자나무
    - 밀 붉은녹병 : 좀꿩의 다리
- ④ 병원체의 기생성
    - ㉠ 기생체 : 스스로 양분을 합성하지 못하고 녹색식물이나 동물에 기생하여 양분을 섭취하는 진균, 세균, 바이러스 등
    - ㉡ 부생체 : 죽은 조직이나 유기물에서 영양을 섭취
    - ㉢ 영양섭취법에 따라 분류
        - 절대기생체(순활물기생체) : 살아있는 조직에만 생활 → 녹병, 흰가루병균, 노균병균, 무사마귀병균, 붉은별무늬병균, 녹병균 중 맥류 줄기녹병균, 목화 녹병균은 인공배양이 가능하다.
        - 임의부생체 : 기생을 원칙으로 하나 죽은 유기물에서도 영양섭취 가능 → 감자 역병균, 배나무 검은별무늬병균, 깜부기병균 등
        - 임의기생체 : 부생을 원칙으로 하나 살아있는 조직에도 침입 → 고구마 무름병균, 잿빛곰팡이병균, 모잘록병균 등
        - 절대부생체(순사물기생체) : 죽은 유기물에서만 영양 섭취 → 목재 심부썩음병균
- ⑤ 보균식물
    - ㉠ 보균식물 : 병징은 나타나지 않지만 기주식물의 조직 속에 병원체를 가진 식물로 벼 키다리병균이 모를 침입할 경우 반드시 도장하지 않고서는 건전한 모와 외관상 구별할 수 없다.
    - ㉡ 보독식물 : 바이러스에 의한 경우
    - ㉢ 잠재감염 : 맥류 깜부기병처럼 병원균의 포자가 형성될 때까지 감염식물을 판별할 수 없는데 감염되었지만 일정기간 동안 병징이 나타나지 않고 어떤 생육단계에 이르러서 발병되는 감염

2 발병환경

(1) 생물적 환경
① 기주식물의 병원체에 대한 저항성 또는 감수성, 미생물 상호간의 작용을 억제하는 길항작용과 발병을 조장하는 협력현상
② 기주식물에 병을 유발할 수 있는 병원균의 밀도와 저항성을 파괴하는 새로운 변종 출현

(2) 비생물적 환경

① 온 도
　㉠ 저온에서 다발생 : 복숭아나무 잎오갈병, 보리 줄무늬병, 보리·밀 줄녹병
　㉡ 고온에서 다발생 : 사과나무 탄저병, 가짓과 풋마름병

② 공기의 습도
　㉠ 병원균의 성숙, 포자의 분산, 기주체에 대한 침입 등은 습도와 밀접한 관계
　㉡ 병원균의 포자가 발아하거나 발아관이 자라는 데 100%에 가까운 습도조건이 있어야 하는 경우가 많음
　㉢ 도열병균의 기주체에 대한 침입에는 100%의 공기습도가 필요

③ 바 람
　㉠ 바람은 포자의 분산전파에 밀접한 관계가 있다.
　㉡ 작물의 상처를 통해서 감염되는 벼 흰잎마름병·감귤나무 궤양병·복숭아나무 세균성구멍병 등은 태풍이나 강한 바람이 있은 후 발병이 증가한다.

④ 토양의 조건
　㉠ 추락답과 벼 깨씨무늬병의 발생 : 노령화답 혹은 추락답에서는 벼 뿌리의 주위가 환원상태로 되며, 황화수소가 발생하여 뿌리는 검게 썩고, 거름의 흡수가 나빠진다. 이것이 원인이 되어 깨씨무늬병의 발생이 많아진다.
　㉡ 이삭이 여물기 전에 논에서 일찍 물을 빼면 도열병이 발생한다.
　㉢ 거 름
　　• 특정 요소가 너무 많거나 적기 때문에 기주체의 정상적인 생리상태가 흩어지게 되고, 병원균의 조직 내 진전에 대한 저항력이 떨어진다.
　　• 질소질 거름 과잉에 의해 벼가 연약하게 자라 도열병이 유발된다.
　　• 규산을 준 벼는 일반적으로 병에 대한 저항성이 높다.
　　• 붕소 결핍 : 사과·배 축과병, 포도 세눈무늬병
　㉣ 토양산도에 따른 병 발생
　　• 산성 토양 : 배추·무 무사마귀병, 목화 시들음병, 토마토 시들음병
　　• 알칼리성 토양 : 감자 더뎅이병, 가짓과 풋마름병, 침엽수 모잘록병, 목화 뿌리썩음병 등

⑤ 시설재배와 병의 발생
　㉠ 저온다습환경 : 노균병, 잿빛곰팡이, 탄저병 등
　㉡ 고온건조 : 시들음병
　㉢ 고온다습 : 무름병, 탄저병, 흰잎마름병, 풋마름병
　㉣ 건조 : 흰가루병

3 병원성과 저항성

(1) 병원성의 의의와 기작

① 병원균의 레이스
  ㉠ 병원균의 생리적 분화 : 형태적으로 같은 종이면서 특정한 식물 또는 품종에만 병을 일으키는 병원균의 기생성 및 기타 성질이 다른 현상, 분화형(Forma Specialis)
  ㉡ 레이스(Race) : 기주의 범위가 다른 한 병원균의 분화형 또는 변종 중에서 기주의 품종에 대한 기생성이 다른 것
  ㉢ 판별품종 : 레이스를 구별하는 기준품종에 감염형을 비교해 감수성 또는 저항성 판정
  ㉣ 레이스는 고정적인 것이 아니고 산발적으로 계속 분화

② 병원성의 유전(변이를 일으키는 기작)
  ㉠ 돌연변이 : 감자 역병균, 토마토 잎곰팡이병균, 옥수수 깨씨무늬병균
  ㉡ 교잡 : 유성생식이 가능한 진균류에 해당, 녹병균, 깜부기병균, 사과 검은별무늬병균
  ㉢ 이핵 : 균사 또는 포자의 한 세포 내에 유전적으로 다른 핵을 갖는 현상
  ㉣ 준유성교환 : 불완전균류의 영양균사에서 마치 유성생식과 같은 유전적인 재조합이 일어나는 현상, 완두 시들음병균, 알팔파 줄기마름병균, 보리 점무늬병균 등

③ 병원성과 효소
  ㉠ 효소의 분비 : 많은 식물병원균이 기주 식물의 세포벽을 뚫기 위해 효소를 분비
    • 식물체의 각피 : 큐틴, 왁스
    • 중엽, 1차벽 : 펙틴질, 리그닌, 셀룰로스, 헤미셀룰로스
    • 2차벽, 3차벽 : 주로 셀룰로스로 구성
  ㉡ 세포벽의 분해효소
    • 큐틴 분해효소 : Cutinase(잿빛곰팡이병균, 모잘록병균, 보리 줄무늬병균, 보리 흰가루병균 등)
    • 펙틴 분해효소 : Pectinase(자줏빛날개무늬병균, 채소 세균성 무름병균, 모잘록병균, 고구마 무름병균, *Fusarium*균)
  ㉢ 셀룰로스 분해효소 : Cellulase
  ㉣ 리그닌 분해효소 : Ligninase(목재 흰썩음병균)

(2) 병원성과 독소

① 기주특이적 독소 : 기주식물에만 독성을 일으키며 병원성이 있는 균주만이 분비
  ㉠ 귀리마름병균의 독소인 Victorin
  ㉡ 배나무 검은무늬병균의 AK 독소 중 Alterine
  ㉢ 옥수수 깨씨무늬병균의 HMT 독소

- ㉣ 옥수수 그을음무늬병균의 HC 독소
- ㉤ 수수 Milo 병균의 PC 독소
- ㉥ 사과나무 점무늬낙엽병균의 AM 독소
- ㉦ 토마토 줄기마름병균의 AL 독소

② 비기주특이적 독소
- ㉠ 식물병원균이 생산하는 대사산물이 기주는 물론, 기주 이외의 식물에 대해서도 해작용을 나타내는 독소
- ㉡ 병원성을 일차적으로 결정하는 것이 아니라, 병징발현이나 병원균의 침입균사의 조직 내 확대 등에 작용

③ 식물병에서의 생장조절제의 역할
- ㉠ 옥신(IAA) 기출
  - 세포신장과 분화에 필요, 세포막에 IAA가 흡수 시 막의 투과성에도 영향을 미친다.
  - 세포 및 효소를 포함하는 모든 단백질의 합성을 촉진한다.
  - 옥신의 농도 증가 및 병원균 자체도 IAA를 생성하는 병원균
    - 양배추 무사마귀병(*Plasmodiophora brassicae*)
    - 감자 역병(*Phytophthora infestans*)
    - 옥수수 깜부기병(*Ustilago maydis*)
    - 사과 붉은별무늬병(*Gymnosporangium juniperivirginianae*)
    - 바나나 시들음병(*Fusarium oxysporum f. cubense*)
    - 세균성 시들음병(*Pseudomonas solanacearum*) : 100배 이상 증가
  - IAA의 양 증가 → 세포벽 구성성분인 펙틴, 셀룰로스, 단백질 등이 분해 → 세포벽의 유연성 증가 → 조직 리그닌화 억제 → 병원균이 세포벽을 뚫기 좋은 조건이 된다.
  - 근두암종세균(*Agrobacterium tumefaciens*)에 의한 암종 : 정상적인 조직보다 IAA와 시토키닌 양이 많다.
- ㉡ 지베렐린 기출
  - 벼 키다리병을 일으키는 진균 *Gibberella fujikuroi*로부터 처음 분리한다.
  - 생장촉진의 효과가 있고 개화, 줄기와 뿌리의 신장, 열매의 신장을 촉진한다.
  - 일부 파이토플라스마, 바이러스에 의한 왜화 증상에 지베렐린 처리 시 정상적인 생육을 보이다 처리를 중지하면 다시 병징이 나타난다.
- ㉢ 시토키닌
  - 세포의 생장, 분화에 관여하는 식물호르몬
  - 단백질과 핵산의 분해를 억제하여 노화를 지연시킨다.

② 에틸렌
- 식물체의 황화, 열매의 성숙, 이층 형성
- 세포막의 투과성을 증가시켜 감염에 영향을 미친다.
- 파이토알렉신의 형성을 유도해 식물체의 저항성을 증가시키는 역할을 하는 효소의 합성이나 활성을 자극한다.

⑩ Abscisic Acid : 휴면 유도, 종자발아 억제, 생장 억제, 기공폐쇄, 진균포자의 발아촉진
⑪ 다당류 : 병원균에 의해서 분비되는 크기가 큰 다당류 분자는 유관속을 기계적으로 막아서 시들음 증상이 나타난다.

(3) 저항성의 의의와 기작

① 저항성
  ③ 병원체의 작용을 억제하는 기주의 능력, 새로운 발병요인에 의해 감수성이 변하기도 한다.
  ⑥ 병에 대한 식물체의 대처
   - 감수성 : 식물이 병에 걸리기 쉬운 성질
   - 저항성 : 식물이 병원체의 작용을 억제하는 성질
   - 면역성 : 식물이 전혀 어떤 병에 걸리지 않는 성질
   - 회피성 : 적극적, 소극적 병원체의 활동기를 피하여 병에 걸리지 않는 성질
   - 내병성 : 감염되어도 실질적으로 피해를 적게 받는 성질
  ⓒ 저항성의 구분

저항성에 관여하는 유전적 차이	· 진성저항성 : 식물이 가지고 있는 병저항 유전자에 의해 나타나는 저항성 · 포장저항성 : 환경변화에 따른 감수성 식물의 일시적 저항성
기주식물에 대한 병원체의 감염경로	· 침입저항성 : 기주의 유전자에 의해 병원균의 침입이 억제되는 저항성 · 확대저항성 : 병원균이 침입한 다음 병원균에 저항하는 기주식물의 저항성

② 저항성의 기작
  ③ 감염 전 저항성
   - 각피 및 표피의 두께 : 표피에 규산이 축적된 규질화 세포가 많은 품종은 벼 도열병에 저항성
   - 기공의 수와 개폐 정도 : 밀 붉은녹병균은 닫힌 기공을 통해서도 침입
   - 병원균이 침입하기 전부터 형성된 물질
     - 토마토, 사탕무에 있는 고농도 분비물로 *Botrytis*, *Cercospora*의 포자 발아 억제
     - 프로토카테쿠산(Protocatechuic Acid)과 카테콜(Catechol)은 양파 유색품종의 마른 껍질에 존재해 양파 탄저병균 포자발아 억제
     - 페놀류 : 밀 줄기녹병균, 감자 더뎅이병균, 벼 도열병균 등에 저항성
     - 사포닌 : 토마토의 Tomatine과 같은 항진균성 물질

- ⓒ 감염 후 저항성 : 파이토알렉신(Phytoalexin) → 병원체가 기주식물에 침입한 다음 양자의 상호반응의 결과 기주측에서 생기는 병원체의 발육을 억제하는 항균물질
- ⓒ 감염특이적 단백질
- ⓔ 조직변화
  - 코르크 형성 : 병원균이 침입한 부위에 몇 겹의 코르크 형성 → 양배추 위황병
  - 이층 형성 : 병반부와 건전부 사이 또는 감염된 조직 경계면에 이층이 형성 → 소나무 잎떨림병
  - 전충체(Tylose) 형성 : 유조직의 면적을 증가시킴으로써 목부 도관부가 막히게 되어 병을 차단
  - 검(Gum) 형성 : 침입부에 보호조직을 형성 → 덩굴쪼김병에 대한 호박, 박의 저항성
  - 칼로스 돌기 : 페놀화합물이 축적에 의한 저항성 → 알뿌리화훼 달리아, 양파 등

③ **저항성의 유전** 기출
  - ⓐ 특이적 저항성(Vertical Resistance, 수직저항성)
    - 단인자저항성, 주동유전자 저항성, 진정저항성, 분화적 저항성
    - 병원균의 어떤 특정 레이스에 대해서만 반응, 환경요인에 대해 안정
    - 새로운 레이스가 생길 때마다 저항성이 무너진다.
    - 이병화의 위험성 내포
    - 고도의 저항성, 과민성 반응에 의한 경우가 많다.
    - 단인자 또는 소수인자에 의해 지배되는 경우가 많으므로 단인자 저항성이라고도 한다.
  - ⓑ 비특이적 저항성(Horizontal Resistance, 수평저항성)
    - 다인자저항성, 미동유전자 저항성, 포장저항성, 비분화적 저항성
    - 모든 레이스(Race)에 대해서 저항성을 나타낸다.
    - 발병에 알맞은 환경에서 저항성이 무너지는 단점이 있다.
    - 병균의 포자 형성, 감염, 병의 진전 등이 늦다.
    - 일반적으로 그 병원균의 작용에 길항하여 진정을 저해하거나 기주를 강하게 하여 병원균의 피해를 가볍게 하는 저항성이 있다.

CHAPTER 03 적중예상문제

PART 01 식물병리학

01 수박 덩굴쪼김병균의 월동처는 어디인가?
① 매개곤충의 알
② 토 양
③ 저장고
④ 중간기주

해설
토양월동병원균 : 모잘록병균, 시들음병균, 풋마름병균, 박과류 덩굴쪼김병균, 균핵병균, 밑둥썩음병균, 잘록병균, 검은썩음병균

02 배추에 모자이크 병징을 일으키는 바이러스에는 오이 모자이크바이러스(CMV)와 순무 모자이크바이러스(TuMV)가 있다. 이들의 전염 방식은?
① 충매전염
② 토양전염
③ 종자전염
④ 꽃가루전염

해설
① 진딧물의 2차적인 피해로 농작물에 PLRV(감자잎말림바이러스), TuMV(순무 모자이크바이러스), CAMV(꽃양배추 모자이크바이러스), CMV(오이 모자이크바이러스) 등의 바이러스병을 옮긴다.

03 애멸구가 매개하는 병으로서 우리나라의 일반계 벼 품종에서 피해가 큰 병은?
① 줄무늬잎마름병
② 도열병
③ 흰빛잎마름병
④ 잎집무늬마름병

해설
① 줄무늬잎마름병은 주로 애멸구에 의해 매개되는 바이러스병이다.

04 다음 중 주로 공기전염을 하는 병은?
① 배추 무사마귀병
② 배나무 붉은별무늬병
③ 오이 모자이크바이러스
④ 식물의 모잘록병

해설
② 공기, ①·④ 토양, ③ 충매

05 바이러스의 종자전염이 문제가 되는 식물은?
① 무 ② 참 깨
③ 담 배 ④ 콩

해설
④ 바이러스의 종자전염의 대표적인 예가 콩 줄무늬모자이크병이다.

정답 1 ② 2 ① 3 ① 4 ② 5 ④

06 토양전염성병에 해당하는 것은?
① 사과 부란병
② 배나무 붉은별무늬병
③ 벼 도열병
④ 과수류 자주날개무늬병

해설
④ 과수류 자주날개무늬병은 과수원에서 묘목에 병원균이 붙어서 옮겨진 후 토양에서 4년간 생존이 가능하고, 과수원을 갱신할 때 토양소독을 하지 않을 경우 발생이 심하다.

07 감자 둘레썩음병균(輪腐病菌)이 월동하는 곳은?
① 종 자
② 덩이줄기(塊莖)
③ 토 양
④ 열 매

해설
② 감자 둘레썩음병균은 괴경(덩이줄기) 속에서 월동한다.

08 고추 탄저병의 만연에 결정적으로 중요한 역할을 하는 전파 수단은 어느 것인가?
① 침 수
② 토양 해충
③ 비바람
④ 선 충

해설
③ 탄저병의 경우 바람과 비에 의해 전파된다.

09 맥류 흰가루병균의 월동 형태는?
① 후막포자
② 휴면포자
③ 난포자
④ 자낭포자

해설
④ 맥류의 흰가루병균은 자낭각 또는 균사 형태로 병든 낙엽 또는 가지에서 월동한다.

10 대추나무 빗자루병은 어떻게 전염되는가?
① 파이토플라스마 병원체가 비산하여 병을 전염한다.
② 매개충인 마름무늬매미충에 의하여 병원체가 전염된다.
③ 병원체가 하늘소에 의하여 전염된다.
④ 인위적인 잘못으로 다른 대추나무로 전염된다.

해설
② 대추나무 빗자루병은 파이토플라스마에 의한 병으로 마름무늬매미충에 의해 전염된다.

11 맥류 줄기녹병의 중간기주는 무엇인가?
① 아까시나무
② 향나무
③ 뽕나무
④ 매자나무

해설
녹병류의 중간기주
- 배나무 붉은별무늬병균(적성병) : 향나무
- 사과나무 붉은별무늬병 : 향나무
- 소나무 혹녹병 : 졸참, 신갈나무
- 맥류 줄기녹병 : 매자나무
- 밀 붉은녹병 : 좀꿩의 다리

정답 6 ④ 7 ② 8 ③ 9 ④ 10 ② 11 ④

12 향나무 녹병은 어떤 포자로 중간기주인 배나무, 모과나무, 사과나무, 아그배나무, 꽃사과 등으로 전염되는가?

① 후막포자 ② 동포자
③ 하포자 ④ 담자포자(소생자)

해설
④ 향나무 녹병은 동포자에서 발아한 담자포자에 의해 중간기주 감염이 나타난다.

13 벼 흰잎마름병균은 주로 어디에서 월동하여 제1차 전염원이 되는가?

① 벼뿌리 ② 바랭이뿌리
③ 억새풀뿌리 ④ 겨풀뿌리

해설
④ 벼 흰잎마름병균은 주로 잡초(겨풀류)나 벼의 그루터기에서 월동한다.

14 외류의 세균성(*Erwinia tracheiphila*) 풋마름병의 매개 곤충은?

① 파리류 ② 나비류
③ 딱정벌레류 ④ 진딧물류

해설
③ 딱정벌레류는 비행능력이 좋아 먼 거리까지 병을 매개하며 바이러스, 세균, 곰팡이에 전반을 일으킨다.

15 다음 중 식물병과 제1차 전염원이 바르게 짝지어진 것은?

① 벼 도열병 – 잡초
② 배나무 검은별무늬병 – 종자
③ 벼 흰잎마름병 – 잡초
④ 담배 모자이크바이러스병 – 곤충

해설
① 도열병 : 볏짚, 병든 종자
② 배나무 검은별무늬병은 낙엽된 병반이 1차 전염원이다.
④ 담배 모자이크바이러스병 : 즙액 전염

16 잣나무 털녹병균의 중간기주는?

① 까치밥나무 ② 배나무
③ 참나무 ④ 향나무

해설
중간기주
• 잣나무 털녹병 : 송이풀과 까치밥나무
• 소나무류 잎녹병균 : 황벽나무, 참취, 잔대
• 소나무 혹병균 : 참나무
• 배나무 붉은별무늬병균 : 향나무

17 포도나무 새눈무늬병(흑두병)균의 월동 상태는?

① 담자포자 ② 균 핵
③ 후막포자 ④ 균 사

해설
④ 포도나무 새눈무늬병(흑두병)균은 균사의 형태로 병든 덩굴 또는 열매에서 월동한다.

18 잣나무 털녹병의 전염경로를 포자형으로 설명한 것으로 바른 것은?

① 잣나무 수포자 → 송이풀 하포자 반복전염 → 송이풀 동포자 → 송이풀 담자포자(소생자) → 잣나무에 침입
② 잣나무 하포자 → 송이풀 동포자 → 송이풀 하포자 → 잣나무에 침입
③ 잣나무 수포자 → 송이풀 하포자 → 송이풀 녹포자 → 송이풀 동포자 → 잣나무에 침입
④ 잣나무 담자포자(소생자) → 송이풀 하포자 → 송이풀 동포자 → 잣나무에 침입

해설
잣나무 수포자 → 중간기주 송이풀류에 침입 → 송이풀 하포자 형성하여 반복 전염 → 송이풀 동포자 → 중간기주의 잎이 낙엽되기까지 소생자(小生子)를 형성하여 잣나무잎으로 침입

19 후막포자에 의하여 월동을 하는 병원균은?

① *Fusarium oxysporum*
② *Phoma betae*
③ *Cercospora kikuchii*
④ *Erysiphe graminis*

해설
① 시들음병 : 균사나 후막포자의 형태로 병든 잎에서 월동한다.
② 뱀눈무늬병 : 균사 형태로 월동한다.
③ 콩 자반병 : 균사 형태로 월동한다.
④ 보리 흰가루병 : 균사, 자낭 형태로 월동한다.

20 소나무 잎떨림병(엽진병)은 어떤 포자로 전염되는가?

① 자낭포자
② 분생포자
③ 병자포자
④ 후막포자

해설
① 소나무 잎떨림병은 자낭포자의 형태로 땅 위에 떨어진 병든 잎에서 월동한다.

21 식물의 병에 대한 수평저항성의 설명으로 맞는 것은?

① 단인자 저항성이다.
② 다인자 저항성이다.
③ 특정한 레이스에만 저항성이다.
④ 환경변화에 대해 안정적이다.

해설
수평저항성은 기주식물이 병원균의 침입 직후 증식과 생육을 억제하는 다인자 저항성이다.

22 보리 흰가루병균에서 볼 수 있는 포자는?

① 자낭포자
② 담자포자
③ 여름포자
④ 겨울포자

해설
① 보리 흰가루병균은 균사 또는 자낭포자의 형태로 병든 잎에서 월동한다.

정답 18 ① 19 ① 20 ① 21 ② 22 ①

23 식물병의 전염 경로 중 2차 전염하는 병은?

① 밀 비린깜부기병
② 복숭아나무 잎오갈병
③ 보리 겉깜부기병
④ 벼 도열병

해설
④ 2차 전염원은 1차 감염으로부터 형성되는 전염원으로 벼 도열병이 대표적이다.

24 선충에 의한 토양전염성 바이러스는?

① Tobamovirus
② Potyvirus
③ Nepovirus
④ Geminivirus

해설
③ 선충에 의해 매개되는 바이러스
① 담배 모자이크바이러스
② 감자 바이러스
④ 담배 가루이에 의해 매개되는 바이러스

25 식물병의 생육기간 중 1차 전염만 하는 병은?

① 벼 도열병
② 담배 모자이크병
③ 잿빛곰팡이병
④ 복숭아나무 잎오갈병

26 다음 중 토양 병원균으로 알려져 있는 것은?

① *Pyricularia oryzae*
② *Agrobacterium tumefaciens*
③ *Cercospora beticola*
④ *Alternaria mali*

해설
② 근두암종병균
① 벼 도열병균
③ 갈색무늬병균
④ 사과 점무늬낙엽병균

27 다음 중 병원균이 이종기생하는 것은?

① 배나무 붉은별무늬병
② 배나무 검은별무늬병
③ 배나무 화상병
④ 사과나무 흰가루병

해설
① 배나무 붉은별무늬병균(적성병)의 중간기주는 향나무이다. 이종기생균은 전혀 다른 두 종류의 기주식물을 옮겨 가며 생활하는 것이다.

28 복숭아나무 잎오갈병의 전형적인 병징은?

① 천 공
② 이상비대
③ 위 조
④ 도 장

해설
② 처음 붉은색을 띠는 부푼 무늬가 생기며, 점차 커져 건강한 잎의 2배에 달하기도 한다.

정답 23 ④ 24 ③ 25 ④ 26 ② 27 ① 28 ②

29 다음 병원균 중 임의부생체(조건부생체, Facultative Saprophyte)에 속하는 것은?

① 깜부기병균
② 오이 덩굴쪼김병균
③ 녹병균
④ 흰가루병균

해설
임의부생체
- 기생을 원칙으로 하나 죽은 유기물에서도 영양섭취가 가능하다.
- 감자 역병균, 배나무 검은별무늬병균, 깜부기병균 등

30 다음 병 중 병원균이 기생체 침입 시 균사가 밀집해서 감염욕을 만들어 침입하는 것은?

① 뽕나무 자주날개무늬병
② 벼 깨씨무늬병
③ 사과 탄저병
④ 오이 잿빛곰팡이병

해설
뽕나무 자주날개무늬병의 주요 특성이다.

31 배나무 붉은별무늬병과 관계가 있는 것은?

① 좀쟁이다리   ② 향나무
③ 잣나무   ④ 매발톱나무

해설
② 향나무는 배나무 붉은별무늬병의 중간기주이다.

32 사과나무를 전정할 때 생긴 상처를 통하여 주로 침입, 발병하는 병해는 어느 것인가?

① 반점낙엽병   ② 붉은별무늬병
③ 부란병   ④ 흰가루병

해설
③ 부란병은 주로 사과나무를 전정할 때 생긴 상처를 통해 침입한다.

33 다음 중 기주교대를 하지 않는 식물병은?

① 소나무 혹병
② 보리 겉깜부기병
③ 잣나무 털녹병
④ 사과 붉은별무늬병

해설
② 보리 겉깜부기병은 기주교대를 하지 않는다. 기주교대란 전혀 다른 2종의 식물을 기주로 하고 홀씨의 종류에 따라 기주를 바꾸는 것을 의미한다.

34 다음 병 중에서 병원균이 순활물기생균(純活物寄生菌)에 속하는 것은?

① 강낭콩 탄저병
② 가지 풋마름병
③ 배나무 붉은별무늬병
④ 감자 역병

해설
순활물기생균 : 살아 있는 생물체에만 기생하는 균으로 배나무 붉은별무늬병균 등이 이에 속한다.

정답 29 ① 30 ① 31 ② 32 ③ 33 ② 34 ③

35 병원체가 식물에 침입할 때 사용하는 효소가 아닌 것은?
① Chitinase ② Cellulase
③ Cutinase ④ Pectinase

해설
① 키티네이스(키티나아제)는 균사에 함유된 키틴(Chitin)을 분해한다.

36 식물병원균이 식물세포벽을 분해하는 효소가 아닌 것은?
① 기주특이적 독소(HST)
② 셀룰로스 분해효소
③ 펙틴 분해효소
④ 큐틴 분해효소

해설
① 기주특이적 독소는 효소가 아닌 독소이다.

37 송이풀을 제거하여 방제효과를 얻을 수 있는 병은?
① 사과나무 붉은별무늬병
② 감자 역병
③ 인삼 뿌리썩음병
④ 잣나무 털녹병

해설
④ 송이풀은 잣나무 털녹병의 중간기주이다.

38 다음 병 중 병원이 경란전염하는 것은?
① 벼 오갈병 ② 담배 모자이크병
③ 벼 도열병 ④ 오이 모자이크병

해설
벼 오갈병은 끝동매미충, 번개매미충의 알을 통해 전염되는 경란전염이다.

39 곤충에 의해 주로 전염되는 병은?
① 배나무 검은무늬병
② 맥류 오갈병
③ 뽕나무 오갈병
④ 벼 누른오갈병

해설
③ 뽕나무 오갈병은 파이토플라스마에 의한 병으로 마름무늬매미충에 의해 전염된다.

40 산성토양에서 더 많이 발생하는 병은?
① 감자 더뎅이병
② 밀 마름병(Take-all)
③ 배추 무사마귀병
④ 목화 뿌리썩음병(*Verticillium wilt*)

해설
산성토양에서 더 많이 발생하는 병 : 배추·무 무사마귀병, 목화 시들음병, 토마토 시들음병

정답 35 ① 36 ① 37 ④ 38 ① 39 ③ 40 ③

41 사과 탄저병의 발병에 알맞은 기상조건은?
① 저온, 저습
② 저온, 다습
③ 고온, 다습
④ 고온, 저습

해설
③ 탄저병은 고온 다습한 환경에서 많이 발생하며, 주로 장마철 이후 많이 발생한다.

42 오이 세균성점무늬병원균이 증식하기 적합한 식물체내 부위는?
① 각피층
② 유조직의 세포간극
③ 세포벽
④ 형성층

해설
② 오이 세균성점무늬병원균은 유조직의 세포간극에서 증식된다.

43 고추 역병(疫病)이 많이 발생할 수 있는 환경과 가장 관계 깊은 것은?
① 이어짓기 – 가뭄
② 돌려짓기 – 과습
③ 이어짓기 – 침수
④ 돌려짓기 – 침수

해설
③ 이어짓기에 의한 토양 중 병원균 밀도 증가 및 침수에 의한 병원균의 전파가 가속된다.

44 일반적으로 낮은 온도(18~22°C)에서 발생이 많은 병해는?
① 무름병
② 탄저병
③ 부패병
④ 노균병

해설
④ 노균병은 저온 다습한 환경에서 많이 발생한다.

45 다음 중 12~3월 사이에 비닐하우스 재배지 채소에서 많이 발생하는 병은?
① 모자이크병
② 더뎅이병
③ 탄저병
④ 균핵병

해설
④ 균핵병은 12~3월의 비닐하우스 저온환경에서 발생이 많은 병이다.

46 여름의 저온 및 장마와 밀접한 관계가 있는 병은?
① 벼 이삭누룩병
② 벼 키다리병
③ 벼 잎집얼룩병
④ 벼 도열병

해설
④ 벼 도열병은 저온과 특히 장마기에 많이 발생한다.

정답 41 ③ 42 ② 43 ③ 44 ④ 45 ④ 46 ④

47 무가온 시설재배에서 가장 낮은 온도에서 발생하는 병은?
① 균핵병　　② 노균병
③ 흰가루병　④ 역 병

해설
① 균핵병은 저온, 약광선, 과습 등의 조건에서 많이 발생한다.

50 병원균이 물과 관련이 깊어 물 빠짐이 나쁜 밭이나 장마 시에 발생이 많고 물을 통하여 전염하며, 모래땅에서는 발생이 적은 병해는?
① 잿빛곰팡이병　② 균핵병
③ 흰가루병　　　④ 역 병

해설
④ 역병의 경우 물기를 타고 병원균이 전반되 침수 시 많이 발생한다.

48 벼 흰잎마름병의 발생을 조장하는 가장 중요한 요인은?
① 한 발　② 침 수
③ 저 온　④ 비료부족

해설
② 벼 흰잎마름병은 세균에 의한 병으로 침수 시 많이 발생한다.

51 유성세대가 없는 불완전균에서 일어나며, 영양 균사에서 유성생식과 같은 유전적인 재조합이 일어나는 현상을 무엇이라 하는가?
① 접 합　　② 형질전환
③ 형질도입　④ 준유성교환

해설
④ 준유성교환 : 유성세대가 없는 불완전균이 유전적인 재조합을 하는 현상

49 고추 탄저병의 발생은 환경과 밀접한 관계를 가지고 있다. 고추 탄저병의 발생을 조장하는 환경은?
① 저온, 다습
② 고온, 다습
③ 저온, 건조
④ 고온, 건조

해설
② 고추 탄저병은 고온 다습한 환경에서 세균의 활동이 왕성해져 발생이 증가한다.

52 식물의 병에 대한 화학적 저항성과 가장 관계가 먼 것은?
① Tenuazonic Acid
② Protocatechuic Acid
③ Pathogenesis-related Protein
④ Hydroxyproline-rich Glycoprotein

해설
① 곰팡이 독소
② 양파 유색품종의 마른 껍질에 존재하며, 양파 탄저병균의 포자 발아를 억제한다.
③ 병인관련 단백질
④ 식물병에 대한 화학적 저항성

정답 47 ①　48 ②　49 ②　50 ④　51 ④　52 ①

53 파필라(Papilla) 돌기물이 나타나 병원균 침입에 저항하는 저항성은?

① 동적 저항성
② 화학적 저항성
③ 물리적 저항성
④ 파이토알렉신(Phytoalexin)

해설
① 작은 돌기물이 솟아나와 동적 저항성을 나타낸다.

54 식물병원균이 생성하는 대사산물로서 비특이적 독소는?

① Victorin   ② Fusaric Acid
③ T-독소   ④ AT-독소

해설
② Fusaric Acid는 대표적인 비특이적 독소이다.

55 유성세대가 불확실한 불완전균에 있어서 변이균의 생성에 중요한 작용을 하는 것은?

① Karyogamy
② Cytogenesis
③ Heterokaryosis
④ Clamp Connection

해설
③ 이핵현상 균사가 하나의 세포 내에 유전적으로 다른 2개의 핵을 지닌 상태 또는 현상
① 핵의 융합
② 세포 발생
④ 피상돌기

56 기주식물의 IAA 생성을 촉진하는 병원체가 아닌 것은?

① 상추 노균병
② 옥수수 깜부기병
③ 배추 무사마귀병
④ 사과 붉은별무늬병

해설
옥신(IAA) 생성을 증가시키는 병원균
• 배추 무사마귀병(*Plasmodiophora brassicae*)
• 감자 역병(*Phytophthora infestans*)
• 옥수수 깜부기병(*Ustilago maydis*)
• 사과 붉은별무늬병(*Gymnosporangium juniperivirginianae*)
• 바나나 시들음병(*Fusarium oxysporum f. cubense*)
• 세균성 시들음병(*Pseudomonas solanacearum*)

57 파이토알렉신(Phytoalexin)의 설명으로 옳지 못한 것은?

① 기주-기생체의 상호작용에 의해서 형성된다.
② 병 저항성 물질로 다양한 종류가 있다.
③ 완두에는 Rishitin이 형성된다.
④ Phytoalexin 물질의 종류는 식물의 종에 따라 결정된다.

해설
파이토알렉신은 병원체가 기주식물에 침입한 다음 양자의 상호반응의 결과 기주측에서 생기는 병원체의 발육을 억제하는 항균물질이다.

정답 53 ① 54 ② 55 ③ 56 ① 57 ③

58 키다리병에 걸린 벼의 키가 커지는 이유를 잘 설명한 것은?

① 병원균이 탄소 동화작용을 촉진하기 때문에
② 병원균이 옥신을 분비하기 때문에
③ 병원균이 시토키닌을 분비하기 때문에
④ 병원균이 지베렐린을 분비하기 때문에

해설
④ 키다리병균에 의한 지베렐린의 분비로 키가 커진다.

59 어떤 살균제를 계속해서 사용하면 그 효력이 떨어지는 이유는?

① 기상의 변화
② 토양 조건의 변화
③ 내성균의 발생
④ 기주 식물의 변이

해설
③ 살균제의 연용은 내성균의 발생으로 인해 약효가 떨어지게 된다.

60 병원균이 기주식물의 내부에 침입한 다음 병원균에 저항하는 기주식물의 성질을 무엇이라 하는가?

① 확대저항성   ② 침입저항성
③ 감염 전 저항성   ④ 약제내성

해설
확대저항성에 대한 설명이다.

61 식물체의 비정상적인 생장을 초래하는데 관여하는 식물호르몬이 아닌 것은?

① Auxin   ② Gibberellin
③ Ethylene   ④ Suppressor

해설
④ 억제유전자 : 어떤 형질의 발현을 억제하는 돌연변이 유전자
③ Ethylene은 과실의 숙기조절, 낙엽, 이층형성관에 호르몬

62 식물병원균이 생성하는 특이적 독소에 해당하는 것은?

① AK-독소   ② Fusaric Acid
③ Ophiobolins   ④ Tabtoxin

해설
① AK-독소는 식물병원균이 생성하는 대표적인 특이적 독소이다.

63 기주가 어떤 식물병원균에 대하여 병이 전혀 발생하지 않는 성질은?

① 저항성   ② 이병성
③ 내 성   ④ 면역성

해설
④ 면역성 : 기주가 특정한 식물병원균에 대하여 병이 전혀 발생하지 않는 성질

58 ④ 59 ③ 60 ① 61 ④ 62 ① 63 ④   **정답**

64 병원균이 기주특이적 독소를 분비하는 것은?

① 수박 덩굴쪼김병
② 배나무 검은무늬병
③ 보리 흰가루병
④ 토마토 시들음병

해설
② 배나무 검은무늬병은 AK-독소라는 기주특이적 독소를 가진다.

65 옥수수 깨씨무늬병균이 생산하는 독소는?

① AK-독소
② AM-독소
③ Victorin
④ T-독소

해설
④ 옥수수 깨씨무늬병균이 생산하는 독소는 T-독소이다. 텍사스 웅성불임을 쓴 세포질 옥수수만 가해한다.

66 식물병에 있어서 독소(Toxin)의 분비에 대한 설명 중 맞는 것은?

① 병원균이 분비한다.
② 식물체가 분비한다.
③ 병원균, 식물체 모두가 분비한다.
④ 병원균, 식물체 모두가 분비하지 않는다.

해설
① 독소는 병원균이 분비한다.

67 병원균의 여러 종류(Race)에 대하여 골고루 저항성을 갖는 식물체의 저항성은?

① 과민성 저항성
② 수직저항성
③ 수평저항성
④ 레이스 특이 저항성

해설
③ 수평저항성에 대한 설명이다.

68 다음 중 병원성과 가장 관계가 먼 효소는?

① 펙틴 분해효소
② 왁스 분해효소
③ 셀룰로스 분해효소
④ 리그닌 분해효소

해설
② 왁스 분해효소의 경우 식물체의 표면을 분해하는 것으로 병원성과는 가장 거리가 멀다.

정답 64 ② 65 ④ 66 ① 67 ③ 68 ②

69 현재 우리나라 벼 흰잎마름병 판별품종 중 가장 널리 분포하는 레이스는?

① K1
② K2
③ K3
④ K4와 K5

해설
① 1990년대 이후 K1, K2, K3 레이스가 조사되고 있으며, 이 중 K1이 우점하고 있다.

70 식물 병원균의 생태형(Race)의 존재를 인식할 수 있는 방법은?

① 병원균의 형태적 변이
② 병원균의 배양적 성질의 차이
③ 판별품종에 대한 반응의 차이
④ 병원균의 화학적 구성성분의 차이

해설
③ 판별품종에 대한 반응의 차이로 식물 병원균의 생태형 (Race)의 존재를 인식할 수 있다.

71 병원균의 새로운 레이스가 생길 때마다 저항성이 무너지는 경우에 해당하는 기주체의 저항성은?

① 수직저항성
② 수평저항성
③ 레이스 비특이적 저항성
④ 비기주저항성

해설
① 수직저항성에 대한 설명이다.

72 도열병균의 한 레이스를 한 벼 품종에 접종하였더니 병반형성이 전혀 없거나 과민성 반응이 나타났다. 이 품종은 어떤 저항성을 가지고 있는가?

① 수직저항성
② 수평저항성
③ 포장저항성
④ 레이스 비특이적 저항성

해설
수직저항성
• 단인자저항성, 주동유전자저항성
• 병원균의 특정 레이스에 대해서만 반응한다.
• 새로운 레이스가 생길 때마다 저항성이 무너진다.

73 동물 유전자에 의해 코딩되지만 식물체 내에서 식물에 의해 생성되는 항체를 무엇이라 하는가?

① Plantibody
② Microbody
③ X-body
④ Chromobody

해설
① 식물체를 이용하여 생성되는 백신
② 세포질 안에서 카탈라아제나 한 무리의 산화효소를 함유하고 있는 아주 작은 알갱이
③ 식물세포 중의 무정형 봉입체

74 살리실산은 다음 중 어느 것과 관계가 깊은가?

① 파이토플라스마의 변이기작
② 유도저항성
③ 표징 발현
④ 수지도 확대

해설
② 살리실산은 유도저항성과 관련되어 있다.

75 다음 중 병명과 능동적 저항성 기작이 잘못 짝지어진 것은?

① 벼 도열병 – 규화세포
② 감귤나무 수지병 – 이병조직의 코르크층
③ 감자 더뎅이병 – 이병감자 조직의 목전층 (木栓層)
④ 소나무 잎떨림병 – 이병부위의 이층(離層)

해설
① 화본과 식물에 규소질 영양분이 규화세포를 형성하여 병의 침입을 차단한다.

76 식물병에 대한 능동적 저항성 기작으로 옳지 않은 것은?

① 수박 덩굴쪼김병에 대한 박의 저항성
② 완두의 파이토알렉신(Phytoalexin) 형성
③ 달리아 세포벽의 파필라 형성
④ 감귤 궤양병에 대한 만다린귤의 저항성

해설
④ 능동적 저항성은 병원체 침입에 의해 형질이 발현되어 방어 기구로서 작동되는 것이다.

77 병원균의 침입에 대응하여 식물체가 나타내는 저항성 기작이 아닌 것은?

① 일액현상　　② 이층 형성
③ 전충체 형성　④ 수지 분비

해설
식물체의 저항성 기작 : 이층 형성, 전충체 형성, 수지 분비

78 어떤 작물이 병에 전혀 걸리지 않는 품종은 다음 어떤 성질을 가졌다고 할 수 있는가?

① 면역성(Immunity)
② 저항성(Resistance)
③ 내병성(Tolerence)
④ 이병성(Susceptibility)

해설
① 면역성 : 작물이 병에 전혀 걸리지 않는 품종이 가지는 성질

79 병원체의 침입에 대한 식물의 과민성 반응은 다음 중 어느 것과 관계가 깊은가?

① 검(Gum)의 축적
② 전충체 형성
③ 괴사적 방어
④ 세포벽 강화

해설
③ 괴사적 방어에 대한 설명이다.

정답　74 ②　75 ①　76 ④　77 ①　78 ①　79 ③

80 다음 중 나머지 셋과 다른 의미를 가지고 있는 것은?

① 수평저항성
② 미동유전자저항성
③ 비분화적 저항성
④ 소수인자저항성

해설
④ 소수인자저항성 : 수직저항성, 단인자저항성, 주동유전자저항성, 진정저항성, 분화적 저항성

81 배나무 검은무늬병의 기주특이적 독소는?

① *Alternaria kikuchiana*(AK-독소)
② *Alternaria mali*(AM-독소)
③ *Alternaria alternata*(AF-독소)
④ *Alternaria longipes*(AT-독소)

해설
① 배나무 검은무늬병의 기주특이적 독소는 AK-독소이다.

82 기주의 병원균에 대한 종합적 저항기구는 어느 것인가?

① 과민성 반응
② 페놀류의 집적
③ 파이토알렉신(Phytoalexin)의 분비
④ 과민성 반응, 페놀류의 집적, 파이토알렉신의 분비

해설
종합적 저항기구 : 여러 저항기구가 다발하는 경우로 과민성 반응, 페놀류의 집적, 파이토알렉신의 분비 등이 모두 해당된다.

83 병원체에 대하여 완전면역성을 가지고 있는 것은?

① 내 성
② 세포질저항성
③ 진정저항성
④ 비기주저항성

해설
④ 비기주저항성 : 해당 작물이 병원체의 기주가 아닌 완전면역성을 가진다.

84 다음 중 식물이 어떤 병에 잘 걸리는 성질은?

① 감수성
② 면역성
③ 병 회피
④ 저항성

해설
① 감수성 : 병에 잘 걸리는 성질로 감수성이 높으면 면역력이 낮다.

80 ④ 81 ① 82 ④ 83 ④ 84 ①

85 세균의 변이기작이 아닌 것은?
① 접 합
② 형질전환
③ 형질도입
④ 이핵현상

해설
세균의 변이기작 : 접합, 형질전환, 형질도입

86 식물체의 병원균의 침입에 대한 반응의 일종으로 과민성 반응(Hypersensitive Reaction)이 있는데 이러한 반응과 가장 밀접한 관계가 있는 저항성은?
① 양적저항성
② 포장저항성
③ 수직저항성
④ 수평저항성

해설
③ 병원균의 어떤 특정 레이스에 대해서만 반응하는 것으로 환경요인에 대해 안정하다.
① 병반의 수와 면적 등과 관련된 저항성이다.
② 환경변화에 따른 감수성 식물의 일시적 저항성이다.

87 감염에 대한 반응으로 기주의 조직에 축적되어 기생체의 발육을 억제하는 물질은?
① 파이토플라스마
② 파이토알렉신
③ 박테이오신
④ 파이토크롬

해설
② 파이토알렉신은 식물이 곰팡이나 균에 의해 공격을 받을 때 감염에 대한 반응으로 기주의 조직에 축적되어 기생체의 발육을 억제하는 물질이다.

88 벼 키다리병균이 분비하여 벼가 비정상적으로 신장하는 데 관계하는 생장조절제는?
① 키네틴
② 옥 신
③ 에틸렌
④ 지베렐린

해설
④ 벼 키다리병균은 지베렐린의 분비·촉진으로 비정상적으로 신장한다.

정답 85 ④ 86 ③ 87 ② 88 ④

CHAPTER 04 식물병의 진단

PART 01 식물병리학

1 진단방법 및 순서

(1) 진단의 의의

진단이란 병든 식물체를 정밀하게 검사하여 비슷한 병과 구별하고, 바른 병 이름을 정하는 것(동정)이다.

① 병을 진단하고자 할 때는 발병상황, 환경조건, 식물의 종·품종, 식물의 발육시기, 재배환경 등을 고려해야 한다.

② 병환부에는 병원균 외에 다른 미생물도 존재하므로 병환부에 검출된 미생물은 코흐(Koch)의 법칙에 따라 증명해야 한다. 기출
  ㉠ 병원체는 반드시 병환부에 존재해야 한다.
  ㉡ 병원체는 순수배양하여 접종하면 같은 병을 일으킨다.
  ㉢ 접종한 식물로부터 같은 병원체를 다시 분리할 수 있다.

> 참고 바이러스, 흰가루병균, 녹병균은 코흐의 법칙에 만족할 수 없는 것도 있다.

(2) 진단방법 및 특징

① 눈에 의한 진단
  ㉠ 병징이나 표징을 보고 병이름을 판단하는 방법이다.
  ㉡ 육안적 진단에서 표징은 절대적이며, 진단에 결정적인 역할을 한다.

② 해부학적 진단
  ㉠ 병든 부분을 해부하여 조직 속의 이상현상이나 병원체의 존재를 밝히는 방법
    • 참깨 세균성시들음병 : 유관속갈변
    • *Fusarium*에 의한 참깨 시들음병 : 유관속 폐쇄
  ㉡ 그람염색법 : 대부분의 식물병원균은 그람음성으로 그람염색법을 이용해 감자 둘레썩음병 등 그람양성 병원균을 진단 기출
  ㉢ 침지법(DN) : 바이러스 감염여부를 1차적으로 검정하는 데 유효하여 바이러스에 감염된 잎을 염색해 관찰하는 방법
  ㉣ 초박절편법(TEM) : 바이러스 이병 조직을 아주 얇게 잘라 전자현미경으로 관찰
  ㉤ 면역전자현미경법 : 혈청반응을 전자현미경으로 관찰, 반응 민감도가 높고 병원체의 형태와 혈청반응을 동시에 관찰

③ **병원적 진단** : 인공접종 등의 방법을 통해 병원체를 분리·배양·접종해서 병원성을 확인하는 방법 → 코흐의 원칙
④ **물리·화학적 진단**
  - 병든 식물의 이화학적 변화를 조사하여 병의 종류를 진단
  - 감자 바이러스병에 진단 시 감염된 즙액에 황산구리를 첨가해 즙액의 착색도와 투명도를 검사하는 황산구리법이 있다.
⑤ **혈청학적 진단** : 이미 알고 있는 병원세균이나 병원바이러스의 항혈청(Anti-serum)을 만들고, 여기에 진단하려는 병든 식물의 즙액이나 분리된 병원체를 반응시켜서 병원체 조사, 감자 X모자이크병, 보리 줄무늬모자이크병의 간이 진단법, 벼 줄무늬바이러스병의 보독충 검정 등에 이용한다.
  ㉠ 슬라이드법 : 슬라이드 위에서 항혈청과 병원체를 혼합시켜 응집반응 조사
  ㉡ 한천겔 확산법(AGID) : 바이러스 이병 즙액에 대한 한천겔 내의 침강반응을 이용하며 대량검정용으로는 부적절하다.
  ㉢ 형광항체법 : 항체와 형광색소를 결합해 항원이 있는 곳을 알아내는 방법으로 종자 표면의 바이러스, 매개충 체내의 바이러스, 토양 중의 세균 검출 및 확인에 이용 → 관찰에는 형광현미경 등이 사용된다.
  ㉣ 직접조직프린트면역분석법(DTBIA) : 병원균에 감염된 식물 조직의 단면을 염색액과 항혈청에 반응시킨 다음 발색시켜 결과를 판정 → 민감성, 수월성, 신속성, 정확성이 뛰어나고 대량 처리가 가능하다.
  ㉤ 적혈구응집반응법 : 식물체에 적혈구를 처리했을 때 바이러스 등 세포응집소나 항체에 의해서 적혈구가 응집되는 현상을 이용하는 방법
  ㉥ 효소결합항체법(ELISA) : 항체에 효소를 결합시켜 바이러스와 반응했을 때 노란색이 나타나는 정도로 바이러스 감염여부를 확인 → 대량의 시료를 빠른 시간 내에 비교적 저렴한 가격으로 동정할 수 있는 장점 **기출**
⑥ **생물학적 진단**
  ㉠ 지표식물에 의한 진단 : 특정의 병원체에 대하여 고도의 감수성이거나 특이한 병징을 나타내는 지표식물을 병의 진단에 이용한 진단법
  ㉡ 최아법에 의한 진단 : 싹을 틔워서 병징을 발현시켜 발병유무를 진단, 감자 바이러스병 진단에 이용
  ㉢ 박테리오파지에 의한 진단
  ㉣ 병든 식물 즙액접종법
  ㉤ 혐촉반응에 의한 진단 : 대치배양
  ㉥ 유전자에 의한 진단 : 뉴클레오티드의 GC 함량, DNA-DNA 상동성 및 리보솜 RNA의 염기배열

2 진단의 단서

(1) 병징(Symptom) 기출

식물체가 어떤 원인에 의하여 그 식물체의 세포, 조직, 기관에 이상이 생겨 외부형태에 어떤 변화가 나타나는 반응으로 상대적인 개념

① **국부병징** : 병징이 식물체의 일부 기관에 국한되어 나타남 → 점무늬병, 혹병
② **전신병징** : 병징이 전 식물체에 나타남 → 시들음병, 바이러스병, 오갈병, 황화병
③ **세균병의 병징**
  ㉠ 무름병
    • 상처를 침입한 병균이 펙티나아제(Pectinase) 효소를 분비해 기주세포의 중층을 분해하며 삼투압에 변화가 생겨 기주세포는 원형질분리를 일으켜 죽게 된다.
    • 물이 많은 조직에서 부패와 악취의 무름현상이 나타난다. → 배추 무름병
  ㉡ 점무늬병 : 기공으로 침입해 증식한 세균이 인접 유조직세포를 파괴해 여러 모양의 점무늬를 이룬다. → 콩 세균성점무늬병
  ㉢ 잎마름병 : 세균이 유관 속 조직의 도관부를 침입해 식물 기관의 일부 또는 전체가 말라 죽는다. → 벼 흰빛잎마름병
  ㉣ 시들음병 : 침입한 세균이 물관에서 증식하여 수분의 상승을 저해 → 토마토 풋마름병
    • 1차 병징 : 뿌리가 갈색으로 변하는 것
    • 2차 병징 : 시들음
  ㉤ 세균성혹병 : 세균이 기주세포를 자극해 병환부를 이상증식시킨다. → 사과 근두암종병
④ **바이러스병의 병징** : 성장 감소에 따른 왜소, 위축 등이 나타나며 전신에 퍼져 전신병징을 나타내는 경우가 많다.

> **참고** 국부병징
> 담배 모자이크바이러스(TMV)를 글루티노사종 담배에 접종하면 국부반점이 나타난다.

  ㉠ 외부병징 : 모자이크, 색소체 이상(변색), 위축, 괴저, 기형, 왜화, 잎말림(오갈병), 암종, 돌기 등
  ㉡ 내부병징 : 엽록체의 수 및 크기 감소, 식물 내부 조직 괴사 등
  ㉢ 병징은폐 : 바이러스에 감염이 되어도 병징이 나타나지 않는 현상
⑤ **파이토플라스마병의 병징** : 빗자루병이나 오갈병처럼 위축 등의 병징이 나타난다.

(2) 표징(Sign)

병원체가 병든 식물의 표면에 곰팡이, 균핵, 점질물, 이상 돌출물 등이 나타나서 눈으로 가려낼 수 있는 특징이나 상징으로 볼 수 있다. 그러므로, 비전염성병이나 바이러스병, 바이로이드, 파이토플라스마병은 표징이 나타나지 않는다.

① **병원체의 영양기관** : 균사체, 균사속, 균핵, 자좌 등
② **병원체의 번식기관** : 포자, 분생자병, 분생자총, 분생자좌, 포자퇴, 포자낭, 병자각, 자낭각, 자낭구, 자낭반, 세균점괴, 버섯 등
③ **표징에 따른 병명**
　㉠ 자주날개무늬병 : 뿌리나 줄기의 땅과 표면에 자주색 실이나 그물 모양의 막을 만든다.
　㉡ 흰날개무늬병 : 뿌리가 썩으며 그 표면에 회백색 실이나 깃털 모양의 것들이 엉켜 붙는다.
　㉢ 그을음병 : 잎, 가지, 열매 등의 표면에 더러운 그을음이 생긴다.
　㉣ 맥각병 : 화본과(벼, 보리, 밀 등) 작물의 꽃으로부터 자흑색, 뿔 모양의 단단한 덩어리가 생긴다.
　㉤ 균핵병 : 말라 죽은 조직 속 또는 표면에 검은 쥐똥 같은 덩어리가 생긴다.
　㉥ 노균병 : 잎 뒷면에 흰서리 또는 가루 모양의 곰팡이가 생기고 표면은 약간 누렇게 된다.
　㉦ 잿빛곰팡이병 : 열매, 꽃, 잎이 무르고 그 표면에 쥐털 같은 곰팡이가 생긴다.
　㉧ 흰가루병 : 잎, 어린 가지 등의 표면에 흰가루를 뿌린 듯한 모습이 나타난다.
　㉨ 녹병 : 여름포자 세대에는 잎에 황색, 적갈색 등의 가루가 나는 병반이 많이 생긴다.
　㉩ 깜부기병 : 대체로 이삭에 발병하고 환부에 검은 가루가 날린다.

CHAPTER 04 적중예상문제

PART 01 식물병리학

01 생물학적 진단법이 잘 이용되지 않는 병은?
① 벼 오갈병
② 토마토 시들음병
③ 사과나무 자주날개무늬병
④ 벼 흰잎마름병

해설
② 토마토 풋마름병(시들음병)은 줄기를 잘라 물에 담그면 진액이 흘러나온다. → 해부학적 진단법을 이용해야 한다.

02 식물바이러스병의 생물학적 진단법과 거리가 먼 것은?
① X-체 검경법
② 지표식물검정
③ 괴경지표법
④ 식물즙액접종법

해설
생물학적 진단법
• 지표식물에 의한 진단
• 최아법에 의한 진단
• 박테리오파지에 의한 진단
• 병든 식물즙액접종법
• 혐촉반응에 의한 진단
• 유전자에 의한 진단

03 형광항체법을 이용하는 식물병 진단방법은?
① 핵산분석에 의한 진단
② 이화학적 진단
③ 혈청학적 진단
④ 생물학적 진단

해설
혈청학적 진단
• 슬라이드법
• 한천겔 확산법(AGID)
• 형광항체법
• 직접조직프린트면역분석법(DTBIA)
• 적혈구응집반응법
• 효소결합항체법(ELISA)

04 식물병의 핵산 분석에 의한 진단방법은?
① PCR(Polymerase Chain Reaction)을 이용한 병원체 동정
② 박테리오파지(Bacteriophage)에 의한 진단
③ 효소결합항체법에 의한 진단
④ 황산구리법에 의한 진단

해설
① 식물병의 핵산 분석에 의한 진단방법은 PCR을 이용한 병원체 동정이다.

정답 1 ② 2 ① 3 ③ 4 ①

05 파이토플라스마 진단방법이 아닌 것은?

① 전자 현미경적 관찰로 사부 내의 세포 관찰
② 이병 절편을 Dienes 염색하여 광학현미경으로 관찰
③ 이병 조직의 사부를 DAPI로 염색하여 형광현미경으로 관찰
④ 명아주 지표식물을 이용한 생물 검정 관찰

해설
파이토플라스마 진단방법
- 전자현미경으로 사부 내의 세포를 관찰한다.
- 이병 절편을 Dienes 염색하여 광학현미경으로 관찰 : 푸르게 염색되고 집락의 형태가 유지되면 파이토플라스마병으로 판정한다.
- 이병 조직의 사부를 DAPI로 염색하여 형광현미경으로 관찰한다.

06 다음 중 식물 바이러스병의 진단방법은?

① 점액의 누출여부 조사
② 혈청학적으로 진단
③ 표징으로 진단
④ 포자형성 유무로 진단

해설
② 식물 바이러스병의 진단은 혈청학적으로 진단한다. 주로 바이러스 이병식물 즙액을 이용하여 간이검출 및 진단한다.

07 시든 줄기를 칼로 잘라 깨끗한 물에 담갔을 때 절편에서 흘러나오는 희뿌연 물질을 보고 진단할 수 있는 병은?

① 토마토 풋마름병
② 오이 흰가루병
③ 사과 흰날개무늬병
④ 고추 역병

해설
점액물질에 의한 간이 판단 : 세균병 진단법으로 토마토 풋마름병 등을 진단한다.

08 식물 바이러스병을 진단하는 방법이 아닌 것은?

① 지표 식물 검정(Indicator)
② 항혈청 검정(Serology)
③ 병원균 분리(Isolation)
④ 엘라이자(ELISA)

해설
③ 병원균 분리 : 진균이나 세균의 진단방법

09 배추 무름병(軟腐病)균의 병원성 검정을 위하여 실내에서 많이 사용하는 기주는?

① 당 근   ② 오 이
③ 고 추   ④ 담 배

해설
① 실내에서는 주로 당근을 사용한다.

정답 5 ④ 6 ② 7 ① 8 ③ 9 ①

10 혈청반응을 이용하는 진단법의 하나인 형광 항체법으로 진단하는 병은?

① 벼 도열병
② 감자 역병
③ 담배 모자이크병
④ 옥수수 깜부기병

해설
③ 혈청반응을 이용하여 주로 담배 모자이크병 등의 바이러스병을 진단한다.

11 지표식물에 인공 즙액을 접종한 결과로 진단할 수 있는 병은?

① 벼 흰잎마름병(BLB)
② 감자 X 바이러스(PVX)
③ 벼 줄무늬잎마름병(RSV)
④ 뽕나무 오갈병(MLO)

해설
② 감자 X 바이러스(PVX) : 지표식물에 인공 즙액을 접종하면 진단이 가능하다.

12 바이러스에 감염된 식물에서 봉입체를 확인하기 위하여 일반적으로 사용하는 기구는?

① 이온교환수지칼럼
② 광학현미경
③ PCR기
④ Shigometer

해설
② 광학현미경을 이용하여 바이러스에 감염된 식물에서의 봉입체를 확인한다.

13 코흐(Koch)의 법칙이란 어느 경우에 사용하는 것인가?

① 병의 진단   ② 시비량 결정
③ 방제력 설정   ④ 매개충 확인

해설
① 코흐의 법칙은 병의 진단에 사용하며, 주로 인공접종 등의 방법을 통해서 병원성을 확인한다.

14 다음 식물병 중 표징(Sign)이 없는 병해는?

① 고추 괴저바이러스병
② 오이 흰가루병
③ 보리 겉깜부기병
④ 배나무 붉은별무늬병

해설
① 바이러스병의 경우 일반적으로 균사 등의 표징이 나타나지 않는다.

15 벚나무 갈색무늬구멍병(천공성갈반병)의 병징과 표징은?

① 잎에 동심원형의 갈색반점이 나타나고 반점 위에 분생자퇴와 자낭각이 나타난다.
② 가지에 원형의 병반이 나타나고 반점에 자좌가 나타난다.
③ 잎에 동심원형의 갈색반점이 나타나고 균체는 나타나지 않는다.
④ 잎에 부정형의 반점이 나타나고 균체는 나타나지 않는다.

해설
① 벚나무 갈색무늬구멍병의 병징과 표징은 잎에 동심원형의 갈색반점이 나타나고 반점 위에 분생자퇴와 자낭각이 나타난다. 방제법으로는 병든 잎은 모두 소각하고, 옥시롱 500배액을 10일 간격으로 3~4회 살포해야 한다.

16 식물에 증생병인 혹을 형성하는 병원균은?

① *Agrobacterium tumefaciens*
② *Rhizoctonia solani*
③ *Clavibacter michiganesis*
④ *Xanthomonas campestris*

해설
① 근두암종병, ② 모잘록병, ③ 줄기마름병균, ④ 고추 세균성점무늬병

17 *Erwinia*속 무름병의 가장 대표적인 병징 진단기준은?

① 점무늬　　② 기 형
③ 시들음　　④ 악취 발생

해설
④ *Erwinia*속 무름병의 가장 대표적인 병징은 악취가 발생하는 것이다.

18 *Ralstonia solanacerum*에 의한 병징은?

① 괴사(Necrosis)
② 감생(Hypoplasy)
③ 시들음 증상(Wilting)
④ 갈변 증상

해설
③ 가짓과 풋마름병의 병징은 시들음 증상이다.

19 다음 중 전신적 병징이 아닌 것은?

① 혹 병　　② 시들음병
③ 오갈병　　④ 황화병

해설
① 혹병은 병에 걸린 부위에 발생하는 국부적인 병징이다.

정답　15 ①　16 ①　17 ④　18 ③　19 ①

20 오존(O_3)에 의한 식물 피해의 표징으로 알맞은 것은?

① 잎의 적변
② 잎가 마름
③ 줄기 괴저
④ 표징 없음

해설
④ 오존(O_3)에 의한 식물 피해의 특별한 표징은 없다.

21 다음 중 표징이 없는 병은?

① 토마토 잎곰팡이병
② 오동나무 빗자루병
③ 보리 겉깜부기병
④ 배나무 흰날개무늬병

해설
② 바이러스병이나 파이토플라스마병은 표징이 나타나지 않는다.

22 맥류 녹병의 병반에서 녹과 같은 붉은 가루의 표징을 나타내는 포자는?

① 동포자   ② 소생자
③ 하포자   ④ 녹포자

해설
③ 하포자에 의해 붉은 가루의 표징이 나타난다.

23 담배 모자이크병 바이러스의 생물학적 진단에 쓰이는 지표식물은?

① 참깨의 어떤 품종
② 목화의 어떤 품종
③ 귀리의 어떤 품종
④ 강낭콩의 어떤 품종

해설
④ 담배 모자이크병 바이러스의 생물학적 지표식물로 강낭콩 품종이 쓰인다.

24 전형적인 표징을 나타내지 않는 식물병은?

① 오이 흰가루병
② 과수 근두암종병
③ 과수 날개무늬병
④ 보리 붉은곰팡이병

해설
② 세균에 의한 병은 균사 등의 표징이 나타나지 않는다. 과수 근두암종병은 세균병이다.

25 토마토 시들음병과 풋마름병을 간이 진단법으로 구별하고자 한다. 이 때의 단서가 되는 것은?

① 식물의 위조 여부
② 도관부의 갈변 유무
③ 세균점액의 누출 여부
④ 암종의 생성 여부

해설
③ 세균점액의 누출 여부에 따라 시들음병과 풋마름병을 구분할 수 있다.

26 사과나무 줄기나 가지에만 발생하고, 병무늬는 처음에는 갈색 또는 약간의 붉은색을 띤 수침상이며, 껍질을 벗기면 알코올 냄새가 난다. 자낭균에 속하는 이 병은?

① 사과나무 부란병
② 사과나무 검은별무늬병
③ 사과 겹무늬썩음병
④ 사과 탄저병

해설
① 사과나무 부란병의 특징에 대한 설명이다.

27 다음 중 시들음병의 1차 병징은?

① 뿌리의 갈변 증상
② 무름 증상
③ 황화 증상
④ 퇴록 현상

해설
① 시들음병의 1차 병징은 뿌리의 갈변 증상이다. 2차 병징으로 본격적인 시들음 증상이 나타난다.

28 중합효소연쇄반응(PCR)법은 다음 중 어느 것을 증폭시키는 것인가?

① 탄수화물
② 단백질
③ 지질
④ 핵산

해설
④ 핵산을 증폭시키기 위해 중합효소연쇄반응법을 사용한다.

29 항원-항체 반응을 이용하는 검정법은?

① PAGE
② ELISA
③ PCR
④ Chromatography

해설
ELISA
일반적으로 응집반응이나 침전반응은 빠르고 쉽게 실험할 수 있으나 민감도가 떨어진다. 하지만 항체에 동위원소, 효소 등을 첨가하면 민감도를 높일 수 있어서 극소량의 항원이나 항체도 검출할 수 있다.

30 식물 바이러스병징 중 세포조직의 괴사 형태가 아닌 것은?

① 괴사반점(Necrotic Spot)
② 둥근겹무늬(Ring Spot)
③ 괴사줄무늬(Streak)
④ 위축(Dwarf)

해설
식물 바이러스병징 중 세포조직의 괴사 형태는 둥근겹무늬, 괴사반점, 괴사줄무늬이다.

31 벼 도열병의 판별품종과 관계가 가장 적은 것은?

① 테텝(Tetep)
② 태백벼
③ 통일벼
④ 추청벼

해설
도열병 판별품종 : 테텝, 태백벼, 통일벼, 유신벼, 관동51호, 농백벼, 진흥벼, 낙동벼

정답 26 ① 27 ① 28 ④ 29 ② 30 ④ 31 ④

CHAPTER 05 식물병의 방제

PART 01 식물병리학

1 방제방법의 종류 및 특징

(1) 법적 방제
① 식물검역 : 식물에 해를 주는 병·해충이 국경을 넘어 전파되거나 유입되는 것을 방지할 목적으로 수·출입되는 식물과 식물성 산물에 병·해충부착유무를 검사하고 유해병해충이 발견되면 검역조치한다.
② 식물방역법 : 수출입식물과 국내식물을 검역하고 식물에 해를 끼치는 동·식물의 방제에 관해 필요한 사항을 규정한다.
③ 병해충관리제도
  ㉠ 규제병해충 : 검역병해충, 금지병해충, 관리병해충, 규제비검역병해충으로 분류
  ㉡ 잠정규제병해충
  ㉢ 비검역병해충

(2) 생물적 방제
① 교차보호 : 병원성이 약화된 식물바이러스가 침입한 기주에 병원성이 강한 바이러스에 의한 병의 확산이 억제되는 현상
  예 토마토·담배 모자이크바이러스, 박과작물의 오이 녹반모자이크바이러스, 감귤 트리스테자바이러스
② 근권미생물에 의한 방제
  ㉠ 근권진균 : *Trichodermin*, *Gliotoxin*, *Gliovirin*
  ㉡ 근권세균 : *Bacillus*, *Pseudomonas*, *Burkholderia*
③ 길항미생물 이용
  ㉠ 미생물 상호 간의 길항작용에 의해 병의 발병 억제
   • 세균 : *Agrobacterium*, *Bacillus*, *Pseudomonas*, *Streptomyces*
   • 진균 : *Ampelomyces*, *Candida*, *Coniothyrium*, *Glicoladium*, *Trichoderma*
  ㉡ *Agrobacterium radiobacter* K84 : *Agrobacterium tumefaciens* 균에 의한 뿌리혹병을 방제한다.

(3) 경종적 방제

① 윤 작
  ㉠ 같은 토지의 동일한 작물을 연이어 재배하지 않고 다른 종류의 작물을 순차적으로 재배
  ㉡ 병원균의 밀도를 낮추는 효과가 있다.
  ㉢ 땅속에서 오랫동안 생존하고 기주 범위가 넓은 병원균에는 비실용적이다.
    예 무·배추 무사마귀병, 모잘록병, 자주날개무늬병, 흰비단병 등
② 파종시기 조절 : 벼 파종 및 이앙시기가 늦춰지면 도열병 발병이 증가하고 이앙시기가 빨라지면 잎집무늬마름병이 증가한다.
③ 포장위생
  ㉠ 전염원 제거 : 병든 부위 제거로 제1차 전염원 제거
  ㉡ 중간기주 제거
    • 잣나무 털녹병 : 송이풀과 까치밥나무
    • 소나무류 잎녹병균 : 황벽나무, 참취, 잔대
    • 소나무 혹병균 : 참나무
    • 배나무 붉은별무늬병균 : 향나무
④ 토양조건 : 유기물 및 석회 사용, 객토 및 심경 등으로 토양의 물리성 개선
  ㉠ 유주자균류는 토양수분이 많을 때 잘 발생한다.
  ㉡ 감자 더뎅이병 : 알칼리성 토양에서 많이 발생한다.
  ㉢ 무·배추 무사마귀병 : 산성토양에서 많이 발생한다.
  ㉣ 자주날개무늬병 : 미분해 유기물이 많이 함유된 토양에서 많이 발생한다.
⑤ 영양조건 : 적정 영양상태 유지를 통한 병의 발생을 조절한다.
⑥ 저항성 품종 : 경비 절약, 농약의 잔류독성 문제가 없어 가장 이상적인 방제법이다.
⑦ 기타 재배적 조치 : 접목재배, 무병주 조직배양, 고랭지 재배를 통한 바이러스 방제

(4) 물리적 방제

물리적 방제는 가장 오랜 역사를 가진 방제법이다.
① 종자선별 : 소금물 가리기
② 종자소독
  ㉠ 냉수온탕침법은 종자를 20℃ 이하 냉수에서 6~24시간 처리 후 50~55℃의 더운물에 처리한다.
  ㉡ 벼 키다리병, 벼 세균성 알마름병, 잎마름선충병 등의 방제효과
③ 토양소독
④ 기타 : 낙엽소각, 봉지 씌우기, 방충망 이용 등

(5) 화학적 방제

농약 살포를 통한 방제

2 농작물 병해별 방제법

(1) 진균에 의한 병
① 종류 : 제6장 식물병 각론 주요 내용 참조
② 방제법 : 재배환경, 저항성 품종 육성 등의 예방과 약제 살포로 방제

(2) 세균에 의한 병
① 종류 : 벼 세균성줄무늬병, 벼 흰잎마름병, 벼 세균성알마름병, 맥류 검은마디병, 콩 세균성점무늬병, 콩·담배 불마름병, 감자 둘레썩음병, 감자 더뎅이병, 채소 세균성무름병, 토마토·감자·오이·고추 풋마름병, 토마토·감귤 궤양병, 무·배추 세균성검은무늬병, 무·배추 검은썩음병, 복숭아 세균성구멍병, 사과·배 화상병, 과수 근두암종병(뿌리혹병)
② 방제법 : 세균성병은 방제가 어려워 발병요인을 분석, 검토하여 저항성 강한 품종 육성과 경종법 개선 등의 노력을 한다.

(3) 점균에 의한 병
① 종류 : 감자 가루더뎅이병, 담배 잿빛먼지곰팡이병, 무·배추 무사마귀병
② 방제법 : 재배환경, 저항성 품종 육성 등의 예방과 약제살포로 방제

(4) 바이러스에 의한 병 기출
① 종류 : 벼 오갈병, 벼 검은줄무늬오갈병, 벼 줄무늬잎마름병, 보리 줄무늬모자이크병, 담배·오이·콩 모자이크병, 감자 X 모자이크병, 감자 잎말림병, 사과나무 고접병
② 방제법 : 별도의 방제법이 없으며 병의 발병 이전 예방을 위해 관리적 노력을 강구해야 한다. 건전 종자를 사용하고, 저항성 품종을 육성하며 매개곤충을 방제해야 한다.

(5) 파이토플라스마에 의한 병 기출
① 종류 : 대추나무·오동나무 빗자루병, 뽕나무 오갈병
② 방제법 : 병을 매개하는 해충 방제

(6) 바이로이드에 의한 병

① 종류 : 감자 걀쭉병
② 방제법 : 바이러스병 방제방법에 준한다.

(7) 선충에 의한 병

① 종류 : 벼 이삭선충병, 콩 시스트선충병, 뿌리혹선충병, 뿌리썩이선충병, 소나무 재선충병
② 방제법 : 토양소독, 윤작, 약제살포 등의 방법으로 방제한다.

3 수목 병해별 방제법

(1) 모잘록병(苗立枯病)

① 병원 : *Pythium debaryanum*(조균류), *Phytophthora cactorum*(조균류), *Rhizoctonia solani*(불완전균류), *Fusarium oxysporum*(불완전균류), *Cylindrocladium scoparium*(불완전균류) 등 진균
② 기주 : 침엽수 중 소나무류와 낙엽송, 활엽수 중 참나무류, 자작나무류, 가시나무류
③ 방제법
　㉠ 묘상의 과습을 피하고 통기성을 좋게 한다.
　㉡ 토양 및 종자를 소독한다.
　㉢ 질소질 비료의 과용을 삼가고 인산질 비료와 완숙한 퇴비를 충분히 사용한다.
　㉣ 병든 묘목은 발견 즉시 뽑아 태우고 병이 심한 묘포지는 윤작한다.

(2) 뿌리썩이선충병(根腐線蟲病)

① 병원 : *Pratylenchus penetrans*, 선충
② 기주 : 소나무류, 낙엽송, 가문비나무, 분비나무류, 삼나무, 편백, 화백, 벚나무 등
③ 방제법 : 어린묘 관리를 잘 하고 피해발생 포장에는 살선충제로 토양을 소독한다.

(3) 뿌리혹병(근두암종병, 根頭癌腫病) 기출

① 병원 : *Agrobacterium tumefaciens*, 세균
② 기주 : 밤나무, 감나무, 포도나무, 사과나무, 포플러류 등
③ 방제법
　㉠ 병이 발생되지 않은 묘포에 식재한다.
　㉡ 병든 식물이 발견되었을 때는 즉시 소각한다.

ⓒ 비기주식물인 화본과 작물과 3년 이상 윤작한다.
  ⓔ 밤나무·감나무·벚나무·사과나무 등의 지표식물을 식재한 후 병원세균이 없는 곳에 식재한다.
  ⓜ 비병원성 세균인 *Agrobacterium radiobacter*의 균주 K84를 이용하여 방제한다.

4 침엽수의 병해

(1) 소나무 재선충병(材線蟲病)

① 병원 : *Bursaphelenchus xylophilus*, 선충
② 기주 : 소나무, 잣나무, 해송, 히말라야시다, 독일가문비, 젓나무, 낙엽송 등
③ 방제법
  ⓐ 솔수염하늘소 유충이 성충으로 탈출하기 전에 방제한다.
  ⓑ 피해 발생 인접지역 내의 고사목 등을 제거한다.
  ⓒ 매개충인 솔수염하늘소를 방제한다.

(2) 소나무 잎녹병(葉銹病)

① 병원 : *Colrodporium*, 진균(담자균류)
② 기주 : 소나무류(중간기주 : 황벽나무, 참취, 잔대)
③ 방제법
  ⓐ 피해지의 외곽 5~10m의 잡초를 제거하고 중간기주식물을 제거한다.
  ⓑ 겨울포자가 발아하기 전에 전문약제를 살포한다.

(3) 소나무 잎떨림병(葉振病)

① 병원 : *Lophodermium pinastri*, 진균(자낭균류)
② 기주 : 소나무류
③ 방제법
  ⓐ 병든 낙엽은 전염원이 되므로 채취해 소각하거나 토양 속에 매장한다.
  ⓑ 피해가 심한 수종은 6월부터 전문약제를 살포한다.
  ⓒ 유기질 비료를 충분히 주고 수세가 약해지지 않도록 비배 관리한다.

(4) 잣나무 털녹병(毛銹病) 기출

① 병원 : *Cronartium ribicola*, 진균(담자균류)
② 기주 : 잣나무, 스트로브잣나무(중간기주 : 송이풀류, 까치밥나무류)
③ 방제법
  ㉠ 병든 나무와 중간기주를 지속적으로 제거하고 가지치기하여 감염경로를 차단한다.
  ㉡ 피해지역의 묘목을 다른 지역으로의 반출을 금지한다.
  ㉢ 잣나무 묘포에 8월 하순부터 보르도액을 2~3회 살포하여 소생자(小生子)의 잣나무 침입을 방지한다.

(5) 포플러 잎녹병(葉銹病)

① 병원 : *Melampsora larici-populina*, 진균(담자균류)
② 기주 : 포플러류(중간기주 : 낙엽송, 현호색, 줄꽃주머니)
③ 방제법
  ㉠ 가을에 병든 낙엽을 모아 태우고 중간기주 식물이 많이 분포하고 있는 곳을 피하여 식재한다.
  ㉡ 저항성인 개량 포플러(이태리포플러 1호, 2호)를 식재한다.

(6) 밤나무 줄기마름병(胴枯病)

① 병원 : *Cryphonectria parasitica*, 진균(자낭균류)
② 기주 : 밤나무, 참나무, 단풍나무
③ 방제법
  ㉠ 물빠짐이 좋지 않은 포장이나 약한 나무에 피해가 심해 건묘를 키운다.
  ㉡ 상처 부위로 병원균이 침입하므로 병든 부분을 도려내어 도포제를 발라준다.
  ㉢ 적기에 시비하고 질소질 비료의 과용을 피한다.

(7) 벚나무 빗자루병(天狗巢病)

① 병원 : *Taphrina wiesneri*, 진균(자낭균류)
② 기주 : 벚나무류
③ 방제법
  ㉠ 겨울부터 이른 봄에 걸쳐 병든 가지 아래쪽의 부푼 부분을 잘라서 태운 후 도포제를 발라준다.
  ㉡ 이른 봄 꽃이 진 후 보르도액을 2~3회 전면 살포한다.

CHAPTER 05 적중예상문제

PART 01 식물병리학

01 Agrobacterium에 의한 뿌리혹병의 생물적 방제에 사용하는 균은?

① Agrobacterium tumefaciens
② Agrobacterium rhizogenes
③ Agrobacterium citri
④ Agrobacterium radiobacter

해설
④ Agrobacterium radiobacter : Agrobacterium에 의한 뿌리혹병의 생물적 방제에 사용하는 균이다.

02 주로 수간주입법으로 약제를 처리하는 병은?

① 사과나무 검은별무늬병
② 밤나무 줄기마름병
③ 대추나무 빗자루병
④ 감나무 탄저병

해설
③ 대추나무 빗자루병은 파이토플라스마에 의한 병으로 수간주사에 의한 약제 주입으로 방제한다.

03 고추 역병의 방제법이 아닌 것은?

① 연작을 피한다.
② 가짓과의 작물로 2~4년간 윤작한다.
③ 다이센 M-45, 리도밀 등을 경엽살포한다.
④ 배수가 잘 되도록 한다.

해설
② 고추는 가짓과에 해당하는 작물로 가짓과에 해당하는 작물을 윤작해도 역병의 병원균의 밀도를 줄일 수 없으므로 가짓과(감자, 고추, 가지, 토마토 등) 외의 다른 작물을 재배해야 한다.

04 식물병의 경종적 방제법이 아닌 것은?

① 재배시기를 조절한다.
② 접목을 이용한다.
③ 병원균의 이동을 차단한다.
④ 윤작을 한다.

해설
③ 병원균의 이동·차단방법은 물리적 방제에 해당한다.

정답 1 ④ 2 ③ 3 ② 4 ③

05 소나무의 재선충 방제 중 현재 가장 효과적인 방법은?

① 잎에 살충제를 살포한다.
② 피해목을 조기에 발견·벌채하여 훈증 및 소각한다.
③ 항공살포로 매개충을 죽인다.
④ 수간에 침투성 살충제를 수간주사하여 매개충을 죽인다.

해설
② 소나무 재선충은 솔잎하늘소에 의해 매개되며, 피해목을 조기에 발견하여 벌채해서 훈증 소각해 발병원을 없애는 방법이 효과적이다.

06 석회를 사용하여 발병량을 줄일 수 있는 병은?

① 오동나무 빗자루병
② 토마토 풋마름병
③ 사과나무 불마름병
④ 배추 무사마귀병

해설
석회 사용
• 산성토양을 알칼리성으로 변하게 한다.
• 산성토양에서 다발생하는 병해의 방제방법이다.
  예 배추 무사마귀병

07 고구마 무름병을 방지하기 위한 고구마 큐어링의 방법은?

① 28~30°C, 습도 70%, 7일간
② 28~30°C, 습도 90%, 7일간
③ 30~33°C, 습도 70%, 5일간
④ 30~33°C, 습도 90%, 5일간

해설
수확 직후 호흡이 왕성하고 저장 시 부패 및 싹이 나는 것을 방지하기 위해 큐어링을 실시하고, 큐어링은 온도는 30~33°C, 습도는 90~95% 조건에서 5일간 실시한다.

08 약독계통 바이러스를 이용하여 강독계통 바이러스의 감염을 저지하는 현상은?

① 교차보호
② 포장위생
③ 기주교대
④ 준유성교환

해설
교차보호
• 병원성이 약화된 식물바이러스가 침입한 기주에 병원성이 강한 바이러스에 의해 병의 확산이 억제되는 현상을 말한다.
• 토마토·담배 모자이크바이러스, 박과작물의 오이 녹반모자이크바이러스, 감귤 트리스테자바이러스 등에서 나타난다.

정답 5 ② 6 ④ 7 ④ 8 ①

09 포장위생에 의한 방제방법과 관계 깊은 것은?

① 토양산도의 조절
② 이병식물의 제거
③ 시비량의 조절
④ 파종기의 조절

해설
② 이병식물 제거를 통해 병원균의 밀도를 감소시키고 월동처를 제거한다.

10 병의 발생예찰 자료로서 가장 부적당한 것은?

① 병원균의 번식상황
② 작물의 감수성
③ 병을 유발하는 기상조건
④ 병원균의 분류

해설
발생예찰 : 언제, 어디에, 어떤 병이, 어느 정도 발생하여 피해가 어느 정도 될 것인지를 추정하는 것을 말한다.

11 복숭아나무 잎오갈병의 약제 방제의 살포 적기는?

① 새 잎이 전개시
② 복숭아 수확시
③ 개화 말기
④ 이른 봄 잎이 전개되기 직전

해설
④ 복숭아나무 잎오갈병의 경우 저온에서 다발생하는 병으로 이른 봄 방제효과가 가장 크다.

12 만생종보다 조생종 벼가 도열병에 잘 걸리지 않는다면 그 이유는?

① 모든 조생종 품종은 수직저항성이 있기 때문이다.
② 모든 조생종 품종은 포장저항성이 있기 때문이다.
③ 병의 회피에 의한 결과이다.
④ 종자 소독을 잘 했기 때문이다.

해설
③ 만생종보다 조생종 벼가 도열병에 잘 걸리지 않는 이유는 병의 주발생시기를 회피했기 때문이다.

13 외국으로부터 들여오는 종묘의 검사는 철저할수록 좋다. 종묘검사는 식물검역소에서 주관하여 실시하는데 이와 같은 방제방법은?

① 물리적 방제
② 경종적 방제
③ 생물적 방제
④ 법적 방제

해설
④ 법적 방제에 대한 설명이다.

14 교차보호로써 식물병 방제에 성공한 대표적인 경우를 설명한 것은?
① 사과 근두암종병
② 감자 역병
③ 담배 역병
④ 담배 모자이크바이러스

해설
④ 교차보호는 바이러스병에 대한 일반적인 방제법이다.

15 벼 도열병 방제법과 거리가 가장 먼 것은?
① 찬물을 직접 논에 넣지 않도록 회로를 설치한다.
② 병든 볏짚을 논바닥에 깔아 주어 지력을 높인다.
③ 저항성 품종을 재배한다.
④ Bla-S, Kasugamycin 등을 살포한다.

해설
② 벼 도열병균은 병든 볏짚에서 월동하므로 이병 볏짚을 논에서 제거해 주어야 한다.

16 발병억제토양이 가지고 있는 발병억제력의 가장 주된 실체는?
① 무기염류   ② 토양의 물리성
③ 길항균   ④ 토양의 종류

해설
③ 토양 속의 미생물 간 길항작용에 의해 발병이 억제된다.

17 토마토 잎곰팡이병의 방제방법으로 맞지 않는 내용은?
① 저항성 품종선택
② 종자소독 철저
③ 밀식하여 도복 방지
④ 약제로는 Triflumizole, Triforine 등이 있다.

해설
③ 작물이 밀식되는 조건에서는 통풍이 되지 않아 병의 발생이 많아진다.

18 배추 무사마귀병의 방제법과 거리가 가장 먼 것은?
① 경종적 방제법으로 배수가 잘 되게 한다.
② 윤작을 한다.
③ 토양산도를 조절하여 pH를 낮춰 준다.
④ PCNB, Fluazinam 등을 살포한다.

해설
③ 배추 무사마귀병은 산성토양에서 다발생하는 병으로 석회 살포를 통해 pH를 올려 주어야 한다.

19 사과나무 근두암종병의 발병요인과 방제법에 대한 설명으로 틀린 것은?

① 전형적인 토양전염성 담자균에 속한다.
② 건전묘목 선발 및 식재가 요구된다.
③ 무병지 포장으로 선발한다.
④ 감나무, 밤나무 등 지표식물을 심어 발병유무 확인 후 식재한다.

해설
① 사과나무 근두암종병 병원은 세균이다.

20 ds-RNA의 존재에 따른 저병원성 균주를 이용하여 방제가 가능한 병은?

① 밤나무 줄기마름병
② 토마토 역병
③ 소나무 가지마름병
④ 오이 모자이크병

해설
밤나무 줄기마름병의 저병원성 균주세포는 8종류의 ds-RNA를 가지고 있으며, 이 균주는 다른 밤나무 줄기마름병 균주들보다 독성이 낮으며 다른 치명적인 균주들을 무력하게 하는 효과가 있다.

21 매개곤충의 구제에 특히 의존하여 방제할 수 있는 병은?

① 곰팡이병 ② 세균병
③ 선충병   ④ 바이러스병

해설
④ 바이러스병의 경우 매개곤충의 구제를 통해 방제가 가능하다.

22 약제 저항성균의 출현을 줄이기 위한 방법이 잘못된 것은?

① 같은 계통의 약제를 연용하지 않는다.
② 작용기구가 다른 계통의 약제를 교호 사용한다.
③ 동일 약제의 사용농도를 높인다.
④ 작용기구가 다른 계통의 약제를 혼합 사용한다.

해설
③ 동일 약제의 사용농도를 높일 경우 약해가 발생할 수 있다.

23 배추 무사마귀병을 방제하는 방법 중 가장 적당한 것은?

① 토양산도를 pH 5.5 이하로 조절한다.
② 5년 이상의 십자화과 작물을 재배하지 않는다.
③ 건조시에는 관수를 충분히 한다.
④ 발병 초기에 지상부에 농약을 3회 이상 살포한다.

해설
② 윤작을 통해 토양 중 병원균의 밀도를 낮춘다.

24 배나무 불마름병 방제법에 대한 설명으로 틀린 것은?

① 병든 가지는 병환부로부터 10cm 이상 아래쪽부터 잘라내어야 한다.
② Streptomycin과 옥시테트라사이클린을 번갈아 사용하는 것이 바람직하다.
③ 전정도구는 매번 10% 차아염소산 용액으로 소독하여야 한다.
④ 아직까지는 저항성 품종이 없다.

해설
④ 저항성 품종 식재가 가능하다.

25 가짓과 풋마름병(*Ralstonia solanacearum*)의 방제법으로 옳지 않은 것은?

① 석회를 사용하여 토양산도를 조절한다.
② 여름에 지온을 높게 유지한다.
③ 담수(3개월 정도)로서 토양소독을 한다.
④ 가능한 순치기는 고온 건조시에 한다.

해설
② 여름철 지온을 낮게 유지해 세균의 번식을 줄인다.

26 토마토 시설재배에서 자외선 차단 비닐을 이용하여 방제효과를 얻을 수 있는 병은?

① 풋마름병
② 배꼽썩음병
③ 잿빛곰팡이병
④ 모자이크병

해설
③ 잿빛곰팡이병의 경우 토마토 시설재배에서 자외선 차단 비닐을 이용하면 방제효과가 크다.

27 *Trichoderma*속 균에 의하여 방제효과를 얻을 수 있는 병은?

① *Rhizoctonia*속 균에 의한 병
② *Fusarium*속 균에 의한 병
③ *Streptomyces*속 균에 의한 병
④ *Agrobacterium*속 균에 의한 병

해설
식물병 방제에 이용되는 길항 미생물
- 흰가루병균 : *Paenibacillus polymixa*, *Ampelomyces quisqualis*, *Streptomyces* sp.
- 잿빛곰팡이병 : *Cladosporium herbarum*, *Penicillium* sp.
- 균핵병균 : *Bacillus subtilis*
- 토양전염성균 : *Coniothyrium minitans*, *Gliocladium virens*, *Trichoderma harzianum*, *Streptomyces*, *Bacillus*

정답 24 ④ 25 ② 26 ③ 27 ①

28 길항미생물의 작용기작이 아닌 것은?
① 기주식물의 저항성 증진
② 병원균에 직접 기생 또는 용해
③ 영양분 획득에서 병원균과 경쟁
④ 병원균에 해로운 항생물질 분비

해설
① 길항작용은 미생물간의 경쟁, 항생물질 분비 등에 의해 일어나는 작용으로 기주의 저항성과는 무관하다.

29 생물적 방제에 이용되지 않는 것은?
① *Trichoderma harzianum*
② *Glicoladium virens*
③ *Conithyrium mimitants*
④ *Venturia inaequalis*

해설
④ 사과 검은별무늬병

30 저항성 품종을 이용한 방제방법의 가장 큰 문제점은?
① 비경제성
② 저항성 품종의 이병화 현상
③ 약해 및 잔류독성
④ 비효과적

해설
② 저항성 품종의 경우 이병화 현상으로 인해 새로운 저항성 품종의 육성이 계속 연구되어야 한다.

31 4~5월의 강우 직후 2~3회 디니코나졸수화제(빈나리)를 살포하면 방제 가능한 병은?
① 사과나무 검은별무늬병
② 사과나무 탄저병
③ 배나무 검은무늬병
④ 배나무 붉은별무늬병

해설
배나무 붉은별무늬병
병원균은 이종기생으로 공기로 전염되고 순활물기생균이다. 중간숙주식물인 향나무를 제거하거나 4~5월의 강우 직후에 2~3회 디니코나졸수화제(빈나리)를 살포하면 방제 가능하다.

32 출수기 이후에 벼 도열병이 잘 발생하지 않는 주된 요인은?
① 고온다습한 기후
② 칼리질의 흡수 효과
③ 잎의 모용 발달
④ 잎의 규질화

해설
④ 잎의 규질화를 위해 벼 재배 시 규산질 비료를 시비한다.

정답 28 ① 29 ④ 30 ② 31 ④ 32 ④

PART 01 식물병리학

CHAPTER 06 식물병 각론

1 주요 식물병

(1) 벼 병해의 분류

병 명	병원균	전 파	월동형태 및 장소	특 징
벼 도열병	진균 (불완전균류)	바람(종자)	균사, 분생포자로 볏짚, 병든 종자에서 월동	저온 다습 다발, 규소시비 예방
벼 잎집무늬 마름병	진균(담자균류)	물	균핵 상태로 땅 위에서 월동(고온 다습 다발생)	균핵과 담포자 형성
벼 흰잎마름병	간균, 단극모, 그람음성 배지에서 황색	물	잡초(겨풀류)나 벼의 그루터기에서 월동	태풍과 침수 후 발생
벼 줄무늬 잎마름병	바이러스	애멸구	잡초, 밀밭, 자운영밭 등에서 유충의 형태로 월동	경란전염, 매개충의 구제
벼 깨씨무늬병	진균(자낭균류)	바람(종자)	포자나 균사의 형태로 병든 볏짚이나 볍씨에서 월동	사질논, 노후화답에서 발생
벼 키다리병	진균(자낭균류)	바람(종자)	분생포자의 형태로 종자표면에서 월동	지베렐린(GA) 분비
벼 모썩음병	진균(조균류)	물	난포자로 토양에서 월동	상자육묘에서 많이 발생
벼 오갈병	바이러스	끝동매미충 번개매미충	매개충이 잡초, 밀밭, 자운영밭 등에서 약충의 형태로 월동	경란전염
벼 검은줄무늬 오갈병	바이러스	애멸구	매개충이 잡초, 밀밭, 자운영밭 등에서 약충의 형태로 월동	물집처럼 생긴 흑갈색 돌기
벼 세균성 알마름병	세 균	물(종자)	종자에서 월동	종자전염
벼 이삭누름병	진균(자낭균류)	바 람	균핵, 후막포자 상태로 토양에서 월동	일명 풍년병이라 함
벼 모잘록병	진 균	물, 토양	난포자의 상태로 병든 조직, 토양에서 월동	상자육묘에서 많이 발생

※ 종자전염 : 도열병, 깨씨무늬병, 키다리병, 세균성알마름병

(2) 맥류 및 기타 작물 병해의 분류

병 명	병원균	전 파	월동형태 및 장소	특 징
보리·밀 겉깜부기병	진균(담자균류)	바 람	균사 상태로 종자에서 월동 → 꽃에 침입	후막포자 발아 전 균사 형성
보리 속깜부기병	진균(담자균류)	바 람	균사 상태로 종자에서 월동	잎집을 통해 침입
맥류 흰가루병	진균(자낭균류)	바 람	균사, 자낭포자의 형태로 병든 잎에서 월동	자낭각 형성
맥류 붉은곰팡이병 (벼, 옥수수)	진균(자낭균류)	비, 바람	분생포자, 균사, 자낭포자의 형태로 병든 종자, 밀짚 등에서 월동	곰팡이 독소
맥류 줄기녹병	진균(담자균류)	바 람	겨울포자는 마른 밀짚에서 월동 → 이종기 생성	중간기주(매자나무)
호밀 맥각병	진균(자낭균류)	바 람	균핵의 형태로 땅 위에서 월동	유독 알칼로이드 생성
콩 세균성 점무늬병	세균 단극모	빗 물	병든 종자 표면에서 월동	저온다습, 종자전염
콩 탄저병	진균(자낭균류)	빗 물	균사의 형태로 병든 종자에서 월동	다습한 수확기에 발생
콩 자줏빛무늬병 종자·잎·줄기·꼬투리	진균 (불완전균류)	비, 바람	균사의 형태로 병든 종자나 병든 식물에서 월동	종자 외관이 나빠짐
담배 모자이크병	바이러스(간상)	접촉전염	토양 내의 병든 잔재, 종자의 표면에서 월동	이식, 순지르기 등 접촉전염
담배 불마름병	세 균	접촉전염	병든 식물의 잎, 토양, 종자 등에서 월동 → 생육말기 발생	간상형 세균독소 생성
담배 역병	진균(조균류)	바람, 물	땅 속에서 난포자 형태로 월동	고온, 침수 시 다발생

※ *Aspergillus flavus* : 저장곡물에 Aflatoxin이라는 곰팡이 독소를 생산하는 균

(3) 감자 바이러스병의 종류

바이러스	전염형태
• PVY(Potato Virus Y)	충매전염(복숭아혹진딧물), 즙액전염, 접촉전염
• PVX(Potato Virus X)	즙액전염, 접촉전염
• PVM(Potato Virus M-mosaic) • PVS(Potato Virus S-mosaic)	Carlavirus군에 속하는 바이러스병으로 최근 감자 채종지대에서 산발적으로 발생
• PMTV(Potato Mop-Top Virus) • TRV(Tobacco Rattle Virus)	곰팡이와 토양선충에 의해 매개되는 두 입자로 구성된 바이러스

(4) 서류 병해의 분류

병 명	병원균	전 파	월동형태 및 장소	특 징
감자 역병	진균 (조균류)	바람, 관개수, 씨감자	균사로 흙 속의 병든 감자나 씨감자에서 월동 → 저온다습	습기 많고 냉랭한 시기에 발생
감자 더뎅이병	세 균	바람, 물, 오염된 흙	병든 씨감자와 흙 속에서 월동	알칼리성 토양에서 다발
감자 둘레썩음병	세 균	씨감자, 농기구, 곤충	병든 씨감자(덩이줄기)에서 월동 식물전체 발병	그람양성세균
감자 잎말림병	바이러스	복숭아혹진딧물, 감자수염진딧물	괴경(塊莖)에서 월동	즙액전염 아닌 매개충 전염
고구마 검은무늬병	진균 (자낭균류)	씨고구마, 농기구 등	균사의 형태로 병든 괴근이나 땅 속에서 월동	아포메아마론독소
고구마 무름병	진균 (조균류)	공기, 토양, 씨고구마	공기, 토양, 저장고 등에 존재	포자낭 포자와 접합포자 형성

(5) 채소류 병해의 분류

병 명	병원균	기 주	월동형태 및 장소	특 징
가지 풋마름병	세균	감자, 가지, 토마토, 고추	병든 식물의 잔재에서 월동, 뿌리감염, 경엽 전체 녹색, 시들음	토양 전염, 고온다습, 산성토양다발생
오이 풋마름병	세균	오이, 멜론, 호박	매개충의 체내에서 월동(상처침입)	매개충(오이잎벌레)
채소 세균성무름병	세균	고추, 무, 배추, 마늘	이병식물의 잔재나 토양 등에서 월동	펙틴분해효소 분비
수박 탄저병	진균 (불완전 균류)	수박, 참외, 오이, 멜론	균사, 분생포자의 형태로 병든 부분이나 종자에 붙어서 월동	잎, 덩굴, 열매에 발생 → 과습 시 발생
고추 탄저병	진균 (자낭균류)	고추, 사과, 포도	균사, 분생포자, 자낭각의 형태로 병든 열매나 나뭇가지에서 월동 → 비바람 전반	고온다습, 성숙기에 발생
고추 역병	진균(조균류)	고추, 토마토, 가지, 호박	난포자로 토양 중에서 월동 → 저온다습한 장마철	토양전염성, 물을 통해 전염
오이 노균병	진균(조균류)	오이, 참외, 호박, 수박	주년 재배지에서는 분생포자로 토양에서 월동 → 기공 침입	바람과 물을 통해 전염 (유주자 형성)
무·배추 노균병	진균(조균류)	십자화과 작물	균사나 난포자 형태로 병든 잎에서 월동	저온다습, 공기전염
오이 덩굴쪼김병	진균	수박, 오이, 참외, 수세미 등	균사나 후막포자의 형태로 땅 속에서 월동, 사질토양 피해	토양전염의 연작 방지, 접목재배를 통한 방제
토마토 시들음병	진균 (불완전균류)	토마토	균사나 후막포자의 형태로 땅 속에서 월동, 뿌리를 침해	줄기 물에 담그면 흰색점 액배출
무·배추 무사마귀병	점균(끈적균)	무, 배추, 양배추 등	휴면포자로 토양에서 월동(시들음 → 전신병징)	저온다습, 산성토양에서 다발 → 석회시용
잿빛곰팡이병	진균 (불완전 균류)	딸기, 오이, 고추, 사과, 포도	균핵이나 분생포자의 형태로 병든 식물이나 흙에서 월동	저온다습에서 다발생
균핵병	진균 (자낭균류)	오이, 감자, 배추, 토마토, 콩	균핵의 형태로 병든 식물이나 토양에서 월동 → 시설재배지	저온다습
오이 흰가루병	진균 (자낭균류)	오이, 호박, 참외, 팥	자낭구의 형태로 병든 조직에서 월동	고온건조 시 시설재배에서 다발생
토마토 잎곰팡이병	진균 (불완전 균류)	토마토	균사덩이의 형태로 종자 표면에서 월동 → 기공 침입	영양부족, 시설재배

(6) 과수류 병해의 분류

병 명	병원균	기 주	월동형태 및 장소	특 징
사과나무 갈색무늬병	진균 (자낭균류)	사과나무	균사, 자낭포자의 형태로 병든 잎에서 월동 → 각피 침입	조기낙엽 원인
사과나무 부란병	진균 (자낭균류)	사과나무	병포자나 자낭포자의 형태로 병든 가지에서 월동 → 상처 침입	껍질이 벗겨지고 알코올 냄새가 남
사과나무 검은별무늬병	진균 (자낭균류)	사과나무, 배나무	균사나 분생포자의 형태로 병든 잎이나 가지에서 월동	질소질 비료 다비 시 다발생
배나무·사과나무 붉은별무늬병	진균 (담자균류)	사과나무, 배나무, 모과나무	겨울포자퇴로 향나무에서 월동, 잎 앞면 (녹병자기), 뒷면(녹포자기)	이종기생, 향나무와 기주교대, 순활물기생
배나무 검은무늬병	진균 (불완전균류)	배나무	균사의 형태로 병든 잎이나 가지 등에서 월동, 저온다습/20°C → 각피, 기공, 피목 침입	기주특이적, AK 독소 분비
배나무 화상병 (불마름병)	세 균	배나무, 사과나무	병든 나뭇가지나 줄기에서 월동	최초로 발견된 세균성 식물병
복숭아나무 잎오갈병	진균 (자낭균류)	복숭아나무	분생포자의 형태로 나무줄기나 눈 위에서 월동	잎이 나오기 직전에 방제
복숭아나무 세균성구멍병	세 균	복숭아, 자두, 살구	나뭇가지의 병환부에서 월동 → 잎, 가지, 과실	비바람에 의해 전파 → 상처, 기공 침입
포도나무 새눈무늬병	진균 (자낭균류)	포도나무	균사의 형태로 병든 덩굴, 열매에서 월동	열매의 병반이 새의 눈처럼 보임

※ 향나무 녹병균 : 겨울포자퇴를 형성하며, 하포자를 형성하지 않는다.
※ 사과나무 고접병 : 접목에 의해 전염되는 바이러스병

(7) 수목류 병해의 분류

구 분	병 명	병원균	기 주	월동형태 및 장소	특 징
모포병해	모잘록병	진균 (조균류)	소나무, 낙엽송, 참나무류	난포자의 상태로 병든 조직, 토양에서 월동 : 파종묘포에서 많이 발생	병징에 따라 5가지로 나눔
	뿌리썩이선충병	선 충	소나무, 낙엽송, 가문비나무, 분비나무	이동성 내부기생선충으로 뿌리 조직 내에서 월동	모잘록병과 함께 발생
	뿌리혹병 (근두암종병)	세 균	밤나무, 감나무, 포도나무, 사과나무, 포플러류	병환부에서 월동하고 땅 속에서 다년간 생존, 고온다습, 알칼리성 토양에서 다발	밤나무, 감나무의 지표식물, 길항미생물 → *Agrobacterium radiobacter*

구 분	병 명	병원균	기 주	월동형태 및 장소	특 징
침엽수병해	소나무 재선충병	선 충	소나무, 잣나무, 해송	매개충 : 솔수염하늘소번데기로 월동, 우화 최성기 – 6월(연 1회 발생)	소나무 AIDS, 벌채 훈증 소각
	소나무 잎녹병	진균 (담자균류)	소나무류	겨울포자가 발아하여 형성된 담자포자가 소나무의 침엽에서 월동	이종기생, 중간기주 → 황벽나무, 참취, 잔대
	소나무 잎떨림병	진균 (자낭균류)	소나무류	자낭포자의 형태로 땅 위에 떨어진 병든 잎에서 월동	병원균 기공 침입
	소나무 잎마름병	진균 (불완전균류)	소나무, 해송	균사의 형태로 병든 낙엽에서 월동, 봄에 잎에 띠 모양의 황색반점	해송에 많이 발생
	푸사리움 가지마름병	진균 (불완전균류)	리기다소나무, 해송	균사의 형태로 병든 가지에서 월동	바람 및 매개충 전파
	잣나무 털녹병	진균 (담자균류)	잣나무	균사의 형태로 잣나무의 수피조직 내에서 월동, 기공침입, 줄기 발병	이종기생, 중간기주 → 송이풀, 까치밥나무
	낙엽송 가지끝마름병	진균 (자낭균류)	낙엽송류	미숙한 자낭각의 형태로 병든 가지에서 월동	당년의 새순, 잎을 침해
활엽수병해	포플러 잎녹병	진균 (담자균류)	포플러류	겨울포자의 형태로 병든 낙엽에서 월동	이종기생, 중간기주 → 낙엽송, 현호색, 줄꽃주머니
	밤나무 줄기마름병	진균 (자낭균류)	밤나무, 참나무, 단풍나무	균사, 포자의 형태로 병환부에서 월동	저병원성 균주, 생물적 방제
	벚나무 빗자루병	진균 (자낭균류)	벚나무류	균사의 형태로 병든 가지에서 월동	빗자루 병징, 진균병
	호두나무 탄저병	진균 (자낭균류)	호두나무	자낭각의 형태로 병든 가지나 낙엽에서 월동	과습한 점질토양에서 발생
	참나무 시들음병	진 균	참나무류	매개충인 광릉긴나무좀은 대부분 5령의 노숙유충으로 월동	참나무 AIDS, 벌채 훈증 소각 → 신갈나무 피해가 가장 큼
	대추나무·오동나무 빗자루병	파이토플라스마	대추나무, 오동나무	대추나무 빗자루병은 마름무늬매미충, 오동나무 빗자루병은 담배장님노린재에 의해 매개(7~9월)	옥시테트라사이클린계 항생제 수간주사
	뽕나무 오갈병	파이토플라스마	뽕나무	마름무늬매미충에 의해 매개	뽕잎의 사료가치 저하

구 분	병 명	병원균	기 주	월동형태 및 장소	특 징
공통병해	흰가루병	진균 (자낭균류)	참나무류, 밤나무, 단풍나무류, 포플러류, 가중나무, 오리나무	자낭각, 균사의 형태로 병든 낙엽, 가지에서 월동	흰가루 : 분생자세대표징, 가을철에는 흑색 알맹이 : 자낭세대표징
	그을음병	진균 (자낭균류)	낙엽송, 소나무류, 주목, 버드나무, 식나무, 대나무	균사, 자낭각의 형태로 월동, 광합성에 지장을 줌	깍지벌레, 진딧물의 분비물인 감로에서 기생
	아밀라리아 뿌리썩음병	진균 (담자균류)	침엽수 및 활엽수	낙엽이나 다른 병든 식물에서 부생생활	산성토양에서 다발생

CHAPTER 06 적중예상문제

PART 01 식물병리학

01 못자리나 기계이앙을 위한 상자 육묘에서 문제가 되는 벼의 병은 무엇인가?
① 이삭누룩병
② 탄저병
③ 흰가루병
④ 모잘록병

해설
④ 육묘기에 다발해 문제가 되는 병은 모잘록병이다.

02 배추흰무늬병의 병징, 전염경로 및 방제법을 설명한 것으로 틀린 것은?
① 강우기 및 시비량 부족 시 병의 유발을 촉진시킨다.
② 잎에 발생하고 잎 표면에 갈색반점이 생기며, 나중에 회백색, 백색 병반을 형성한다.
③ 병원균은 주로 균핵으로 지표면에서 월동한다.
④ 공기로 전염한다.

해설
③ 병원균은 주로 균사체로 월동한다.

03 소나무 잎마름병(*Pseudocercospora*)은 어떤 병징(Symptom)을 나타내는가?
① 봄에 잎 끝부분이 갈색으로 변한다.
② 봄에 잎 전체가 갑자기 갈색으로 변한다.
③ 봄에 잎에 띠모양의 황색반점이 생긴다.
④ 봄에 신초와 잎이 시들고 구부러진다.

해설
③ 소나무 잎마름병(*Pseudocercospora*)은 봄에 잎에 띠모양의 황색반점이 생긴다.

04 오이 노균병의 설명 중 옳지 않은 것은?
① 병반 특징이 부정형 다각형이다.
② 발아할 때 유주자를 형성한다.
③ 주로 포장이나 하우스 청결이 급선무이다.
④ 고온 건조 시 많이 발생한다.

해설
④ 오이 노균병은 저온 다습한 환경에서 많이 발생한다.

정답 1 ④ 2 ③ 3 ③ 4 ④

05 고추 열매에 검은색의 작은 알갱이들이 동심윤문을 그리며 만들어지고, 습도가 높을 때 그 위에 분홍색 계통의 점액이 분비되는 병은?

① 역 병 ② 탄저병
③ 더뎅이병 ④ 깨씨무늬병

해설
② 탄저병의 대표적 병징은 동심윤문을 형성한다는 것이다.

07 다음에서 설명하는 사과나무의 병은?

> 잎에 발생하여 표면에 원형의 황갈색 반점이 확대되어 불규칙한 병반이 형성된 후 병반 부위에 흑색의 포자층이 밀생한다. 잎의 건전 부위는 황갈색을 띠나 병반 부위 가장자리는 오랫동안 녹색으로 남아 있어 조기 낙엽을 초래한다.

① 갈색무늬병
② 점무늬낙엽병
③ 겹무늬병
④ 탄저병

해설
① 갈색무늬병에 대한 설명이다.

06 느티나무 흰별무늬병(백성병)의 외부 병징과 표징은?

① 부정형의 병반으로 확대 중앙부분은 회백색이 되며, 병자각이 형성된다.
② 부정형 병반이 갈색을 띠고, 병반 내부는 회갈색을 띠며 자좌가 형성된다.
③ 잎의 양면에 적갈색 반점이 나타나며, 나중에 갈색, 회갈색의 원형이 된다. 흑색, 흑갈색의 작은 돌기(자실체)가 나타난다.
④ 잎에 윤문상의 갈색무늬가 나타나며, 소립점(분생자퇴)이 동심원형으로 나타난다.

해설
① 느티나무 흰별무늬병은 부정형의 병반으로 잎면에 다수의 작은 반점이 생기며, 3~5mm까지 확대된다. 확대 중앙부분은 회백색이 되며, 병자각이 형성된다.

08 다음 중 밤나무 줄기마름병의 전형적인 병징은?

① 천공(Shot Hole)
② 위조(Wilting)
③ 부란(Canker)
④ 비대(Hypertrophy)

해설
③ 수세가 약한 나무는 병반 부위가 부어오르지 않고 그대로 급속히 확대되고, 수세가 강한 나무는 병환부 주변에 유합조직이 형성되어 혹처럼 부어오른다.

정답 5 ② 6 ① 7 ① 8 ③

09 잎, 나뭇가지, 열매 등에 발생하고, 잎에는 검은색 작은 병무늬가 생기며 나중에 부정형이 되고 가지에는 타원형의 움푹한 흑갈색 병무늬가 생기며, 어린 열매는 딱딱해지고 쪼개지기도 하는 과수의 병은?

① 배나무 붉은별무늬병
② 배나무 검은별무늬병
③ 배나무 검은무늬병
④ 배나무 줄기마름병

해설
③ 배나무 검은무늬병에 대한 설명이다. 그 밖에 새 가지에는 타원형의 약간 움푹한 흑색 병반이 생겨 딱딱해지고, 성숙한 과실에서는 물러지고 썩어 일찍 낙과된다.

10 잎에만 발생하고 본 잎에서는 처음에는 수침상의 점무늬가 생기고 병무늬 가장자리가 잎맥으로 포위되어 있는 부정형 다각형의 담갈색 무늬로 발전하며 심하면 잎이 위쪽으로 말리고, 습기가 많으면 병무늬 뒷면에 서리같은 가루모양의 흰색곰팡이가 생기는 병은?

① 십자화과 작물의 모잘록병
② 오이 노균병
③ 토마토 역병
④ 배추 무사마귀병

해설
② 오이 노균병에 대한 설명이다. 주로 저온 다습한 환경에서 많이 발생하고, 순활물로서 살아있는 작물에 기생하며, 방제약제로는 명작 액상수화제가 효과적이다.

11 병든 가지나 줄기가 처음에는 황색에서 오렌지색으로 변하고 나중에 부풀어 터진 후 황색의 가루가 비산하는 병은?

① 향나무 녹병
② 느릅나무 마름병
③ 밤나무 줄기마름병
④ 잣나무 털녹병

해설
④ 잣나무 털녹병에 대한 설명이다. 치료제로는 사이클로헥시마이드가 주로 사용된다.

PART 02

농림해충학

CHAPTER 01 곤충 일반

CHAPTER 02 곤충의 분류

CHAPTER 03 곤충의 생태 및 생리

CHAPTER 04 곤충의 형태

CHAPTER 05 곤충과 환경

CHAPTER 06 해충의 방제

CHAPTER 07 해충 각론

합격의 공식 시대에듀 www.sdedu.co.kr

CHAPTER 01 곤충 일반

PART 02 농림해충학

1 곤충의 특성

(1) 곤충의 진화
　① 곤충과 유사한 지렁이 모양의 환형동물에서 진화해 고생대 이첩기에 나타남
　② 곤충의 진화과정 : 날개 출현, 변태

(2) 곤충의 번성 원인
　① 외골격이 발달하여 몸을 보호함
　② 날개가 발달해 생존 및 종족의 분산이 유리
　③ 몸의 크기가 작아 소량의 먹이로도 생존이 가능하며 적을 피하는 데도 유리함
　④ 몸의 구조적인 적응력이 좋음
　⑤ 변태를 하여 불량환경에 적응함
　⑥ 종의 증가현상을 나타냄

(3) 곤충의 일반적 특징 `기출`
　① 동물학상 절족동물문의 곤충강에 속함
　② 곤충의 몸은 머리, 가슴, 배의 3부분으로 구별된다.
　　㉠ 머리 : 입틀, 한 쌍의 곁눈과 1~3개의 홑눈, 한 쌍의 촉각(더듬이)을 갖춤
　　㉡ 가슴 : 앞가슴, 가운데가슴, 뒷가슴의 3부분으로 구별, 각 부분에 한 쌍의 다리가 있고, 가운데가슴과 뒷가슴에 한 쌍의 날개가 있음
　③ 소화계, 순환계, 호흡계, 신경계 등의 기관을 갖추고 있으며 발육도중 변태함

2 곤충학의 개념 및 연구법

곤충학은 일반곤충학과 응용곤충학의 2가지로 구분된다.

(1) 일반곤충학

일반곤충학은 분류학, 형태학, 생리학, 생태학, 지리학, 행동학 등 곤충 자체에 관련한 연구를 말한다.

(2) 응용곤충학

응용곤충학은 농업곤충학, 산림곤충학, 수상곤충학, 의학곤충학 등 일반곤충학을 기초로 인간과의 이해관계를 중심으로 연구하는 것을 말한다.

PART 02 농림해충학

CHAPTER 01 적중예상문제

01 곤충강의 특징이 아닌 것은?
① 입이 밖에 고정되어 있다.
② 더듬이는 한 쌍이다.
③ 다리에 마디가 없다.
④ 외골격이 있다.

해설
③ 곤충은 머리, 가슴, 배 3부분으로 구분되며, 다리는 3쌍, 5마디로 구성된다.

02 곤충들은 구조적으로 다리가 잘 변형되어 적응하고 살아가는 데 편리하게 되어 있다. 이와 거리가 먼 것은?
① 땅강아지   ② 꿀 벌
③ 모 기   ④ 사마귀

해설
① 땅강아지 : 땅을 파는 데 유리
② 꿀벌 : 꽃가루를 붙이기에 유리
④ 사마귀 : 먹이를 포획하는 데 유리

03 다음 분류군 중 곤충강에 속하지 않는 것은?
① 매미목   ② 나비목
③ 응애목   ④ 딱정벌레목

해설
③ 응애목의 경우 거미강에 속한다.

04 곤충에 대한 설명으로 적절하지 않은 것은?
① 호흡 시 혈액 속의 헤모글로빈에 의해 산소를 공급받는다.
② 연속되는 탈피를 통해 몸을 키운다.
③ 기관호흡을 한다.
④ 완전변태류의 경우 번데기 과정을 거친다.

해설
① 곤충은 체액의 혈구(Hemocyte)가 산소를 운반한다.

05 곤충의 특징을 알맞게 설명한 것은?
① 몸은 머리·가슴의 2부분으로 구분되고 다리는 4쌍이며 7마디로 구성되어 있다.
② 몸은 머리·가슴·배의 3부분으로 구분되고 다리는 4쌍이며 7마디로 구성되어 있다.
③ 몸은 머리·가슴의 2부분으로 구분되고 다리는 3쌍이며 5마디로 구성되어 있다.
④ 몸은 머리·가슴·배의 3부분으로 구분되고 다리는 3쌍이며 5마디로 구성되어 있다.

해설
④ 곤충은 머리, 가슴, 배 3부분으로 구분되며, 다리는 3쌍, 5마디로 구성된다.

정답 1 ③ 2 ③ 3 ③ 4 ① 5 ④

CHAPTER 02 곤충의 분류

PART 02 농림해충학

1 종개념 및 명명규약

(1) 종개념
① 종(Species) : 생물분류의 기본단위로서 일반적으로 생물의 종류라고 하는 것이 이것에 해당
② 종의 정의로서는 개체 사이에서 교배가 가능한 한 무리의 생물로서 더욱이 다른 생물군과는 생식적으로 격리된 것이라고 할 수 있음
③ 외관상으로는 매우 비슷하며 거의 구별할 수 없지만 생식적으로 격리되어 있는 종도 있음
④ 종의 분화에는 지리적인 격리가 큰 요인이라 생각되고 있음

(2) 명명규약 기출
① 이명법(二名法) : 종에 두 단어로 된 라틴어로 이름을 붙이는 것(린네의 이명법에서 첫 번째 단어는 그 종이 속한 속명을 나타내고, 두 번째 단어는 종명을 나타낸다)
② 그 끝에 명명자의 이름을 붙임
③ 속명과 종명은 이탤릭체로 표기하며, 속명과 명명자는 대문자로 시작

> 참고 이명법에 라틴어를 사용한 이유는 라틴어는 더 이상 사용되지 않는 사멸한 언어이기 때문에 안정적이고 거의 변화하지 않을 것으로 생각하였기 때문이다.

2 곤충의 분류

(1) 주요 해충의 분류 및 피해 특성
① 분류의 목적 : 현재 지구상에 살고 있는 곤충과 예전에 살고 있었던 종 상호 간의 유연관계를 연구하여 곤충 전체의 계통을 조사하고 곤충과 다른 동물과의 유연관계를 밝히는 데 있음
② 분류의 단위
  ㉠ 분류학상의 기본단위 : 종(種)
  ㉡ 분류순서 : 문, 강, 아강, 목, 아목, 과, 아과, 속, 아속, 종, 아종, 변종 순
    • 속 : 계통적으로 형태가 비슷한 것을 기초로 하여 같은 종의 집단
    • 과 : 같은 속의 집단

- 목 : 같은 과의 집단, 일반적으로 목의 분류는 입과 날개의 진화 정도, 날개의 모양, 변태의 방식 및 진화 정도에 의함
- 강 : 같은 목의 집단
- 문 : 같은 강의 집단

(2) 곤충의 분류

① 곤충강
  ㉠ 무시아강 : 날개가 전혀 없고 변태하지 않음
  ㉡ 유시아강 : 날개를 가지고 있지만 2차적으로 퇴화되어 없는 것도 있음

> **참고** 불완전변태하는 외시류와 완전변태하는 내시류로 분류

② 무시아강
  ㉠ 낫발이강
    - 입은 흡수구, 촉각과 곁눈은 없음
    - 날개가 없고 몸에는 12개의 마디가 뚜렷함
    - 1~3절에는 1쌍씩의 다리가 있음
    - 생식공은 끝에서 둘째마디에 있음
    - 기관은 퇴화되어 없음
    - 점변태 또는 무변태
  ㉡ 좀 목
    - 입은 저작구, 촉각은 길고 사상(絲狀, 실 모양)임
    - 날개는 없으며, 배의 마디는 10~11절이고 뚜렷함
    - 배의 마디에도 다리의 흔적이 남아 있는 것이 있음
    - 점변태 또는 무변태
  ㉢ 톡토기목
    - 입은 저작구이며 머리의 내부에 함입되어 있음, 촉각은 짧고 5~6절임
    - 겹눈은 홑눈 모양으로 배열되어 있음
    - 날개는 없으며 배는 6절 이내, 제4절에는 도약기가 1쌍 있음
    - 기관계(氣管系)와 말피기씨관은 없으며 무변태임

③ 유시아강, 외시류(불완전변태)
　㉠ 메뚜기목
　　• 입은 저작구
　　• 앞가슴은 분리되어 있으나 가운데가슴과 뒷가슴은 붙어 있음
　　• 날개는 2쌍이 보통이지만 퇴화되어 없는 것도 있음(대벌레)
　　• 많은 농림위생 해충, 위생 해충이 여기에 포함됨
　㉡ 집게벌레목
　　• 입은 저작구
　　• 날개는 2쌍이지만 없는 것도 있음
　　• 앞날개는 짧고 혁질(단단하고 질긴 성질)이며 시맥은 없음
　　• 뒷날개는 반원형의 막질이며 시맥은 방사상임
　　• 배 끝에는 1쌍의 집게가 있음
　㉢ 강도래목
　　• 입은 저작구, 퇴화되어 흔적만 남은 것도 있음
　　• 촉각은 긴 사상이며 25~100절로 되어있음
　　• 약충은 물 속에 살며 기관새로 호흡함
　㉣ 흰개미목
　　• 입은 저작구, 일개미 및 병정개미에는 날개가 없음
　　• 재목(材木)의 대해충임
　　• 일본으로부터 철도의 침목과 함께 수입
　㉤ 흰개미붙이목
　　• 입은 저작구, 앞다리의 1절은 크고 납작, 그 밑에 방적기가 있어 실을 토함
　　• 암컷은 유충형이고 변태하지 않음
　　• 수컷은 불완전변태 또는 단위생식
　㉥ 다듬이벌레목
　　• 입은 저작구이고 날개가 있는 것도 있고 없는 것도 있음
　　• 날개가 있는 경우 2쌍이고 앞날개가 큼
　　• 저장물의 해충도 있음
　㉦ 털이목
　　• 입은 저작구, 곁눈은 퇴화되어 있고 홑눈은 없음
　　• 대부분이 새의 외부 기생충

◎ 이 목
- 입은 흡수구, 겹눈은 퇴화되어 없으며 홑눈과 날개도 없음
- 가축 및 사람에게 기생하는 위생 해충, 발진티푸스를 매개

ⓒ 하루살이목
- 입은 퇴화되어 먹지 못함
- 약충은 물속에 살며 입은 저작구
- 배에는 기관새가 있어 이것으로 호흡

ⓒ 잠자리목
- 입은 저작구이고 육식성
- 겹눈이 발달
- 약충은 물속에 사는 육식성이고 직장새(直腸鰓)나 미새(尾鰓)로 호흡

> **참고** 새(鰓) : 아가미 새

㉠ 총채벌레목
- 입은 좌우가 같지 않고 이빨이 한 개만 발달
- 식물의 표면을 긁어 스며 나오는 즙액을 빨아먹음
- 단위생식을 하는 것도 있음

㉡ 노린재목
- 입은 흡수구
- 날개가 있는 것은 날개가 긴 장시형과 짧은 단시형이 있음
- 날개가 없는 것도 있음
- 단위생식을 하는 것도 있음

④ 유시아강, 내시류(완전변태)

㉠ 풀잠자리목
- 입은 저작구
- 유충은 육식성
- 입은 다른 곤충의 피를 빨아먹는 데 적응
- 물속에 사는 종류는 배에 기관새가 있음
- 최근 천적을 이용한 해충 방제에 이용되고 있음

㉡ 밑들이목
- 입은 저작구, 머리의 앞쪽이 길게 뻗은 끝에 있어 흡수구와 비슷
- 촉각은 마디가 많고 사상(絲狀)임

ⓒ 날도래목
- 입은 저작구이지만 극히 퇴화, 촉각은 사상(絲狀)임
- 유충은 물속에서 사는데 실을 토해 수초, 나뭇가지, 모래 등으로 여러 가지 모양의 집을 만듦
- 기관새로 호흡함

ⓔ 나비목
- 입은 흡수구이고 퇴화된 것도 있음
- 촉각은 여러 가지 모양
- 유충은 저작구를 가짐
- 번데기는 고치 속에 들어 있으며 부속물이 몸에 꼭 붙어 있고, 이것을 피용이라 함

ⓜ 딱정벌레목
- 입은 저작구
- 대개 날개가 있으나 없는 것도 있으며 날개가 있는 것은 날개가 각질화되어 소위 시초(딱지 날개)를 형성함
- 유충은 3쌍의 다리와 1쌍의 복지를 가지고 있음

ⓗ 부채벌레목
- 입은 없거나 퇴화
- 벌목, 노린재목의 곤충에 외부기생
- 과변태

ⓢ 벌 목
- 입은 저작구
- 유충은 누에 또는 구더기 모양이고 명백한 머리와 저작구를 가짐
- 잎을 먹는 것, 다른 곤충에 기생하거나 잡아먹는 것, 꽃가루를 먹는 것, 식물에 충영을 만드는 것 등이 있음
- 최근 천적을 이용한 해충 방제에 이용되고 있음

ⓞ 파리목
- 입은 흡수에 적합하게 변형
- 날개는 가운데가슴에 1쌍이 있으나 뒷날개는 평균곤으로 퇴화
- 번데기는 위용임

ⓩ 벼룩목
- 입은 흡수구
- 날개는 없고 뒷다리가 커서 뛰는 데 알맞음
- 머리의 측면에 짧은 곤봉상의 촉각이 있음
- 가축, 사람의 피를 빨아먹는 위생해충

참고 곤충 분류 정리

구 분		내 용	특 징
무시아강		톡토기목, 낫발이목, 좀붙이목, 좀목, 돌좀목	날개가 없으며 유충과 성충의 모양이 거의 같은 원시적인 벌레
유시아강	고시류	잠자리목, 하루살이목	날개를 뒤로 접어서 몸 옆구리에 붙일 수 없는 종
	신시류 외시류	귀뚜라미붙이목, 민벌레목, 흰개미목, 사마귀목, 바퀴목, 흰개미붙이목, 강도래목, 집게벌레목, 대벌레목, 메뚜기목, 매미목, 노린재목, 총채벌레목, 다듬이벌레목, 이목, 새털이목	불완전변태 • 번데기 과정이 없음 • 애벌레 때 날개가 나타남 • 날개를 접어 붙일 수 있음
	신시류 내시류	딱정벌레목, 부채벌레목, 풀잠자리목, 밑들이목, 벼룩목, 파리목, 날도래목, 나비목, 벌목	완전변태 • 번데기 과정이 있음 • 번데기 때 날개 나타남 • 날개를 접어 붙일 수 있음

CHAPTER 02 적중예상문제

PART 02 농림해충학

01 벼메뚜기의 형태에 대한 설명으로 틀린 것은?
① 겹눈은 난형으로 광택이 있는 회갈색이다.
② 성충은 길이가 30~38mm이다.
③ 알은 길이가 10mm인 긴 타원형이고 황색이다.
④ 몸은 황록색이며, 머리와 가슴은 황갈색이다.

해설
벼메뚜기의 형태
• 몸길이는 30~38mm, 몸 빛깔은 황록색이나 머리와 가슴은 황갈색이다.
• 겹눈은 달걀 모양이고 광택이 있는 회갈색이다.
• 앞가슴등판에 가느다란 3개의 가로 홈이 있고 양쪽에 갈색의 세로줄이 있다.
• 날개는 황갈색이고 배끝보다 길지만 별로 날아다니지 않는다.
• 땅 속에서 알 무더기로 월동하며, 알 무더기는 아교질의 엷은 막으로 싸여 있다.

02 벌목의 잎벌과에 속하는 곤충의 촉각모양으로 알맞은 것은?
① 곤봉모양
② 빗살모양
③ 염주모양
④ 부채꼴 및 고리모양

해설
벌목 잎벌과의 촉각은 실모양(사상, 빗살모양)이다.

03 총채벌레목에 관한 설명 중 틀린 것은?
① 단위생식도 한다.
② 입틀의 좌우가 같다.
③ 왼쪽 큰 턱이 한 개만 발달하였다.
④ 불완전변태를 한다.

해설
② 총채벌레목의 경우 입틀의 좌우가 같지 않고 이빨이 한 개만 발달하였으며 식물의 표면을 긁어 스며 나오는 즙액을 빨아먹는다.

04 온실가루이는 다음 중 어느 목에 속하는가?
① 딱정벌레목
② 벌 목
③ 매미목
④ 강도래목

해설
③ 온실가루이는 매미목 가루이과이다.

05 딱정벌레목이 다른 곤충의 목(目)과 쉽게 구분될 수 있는 것은?
① 머리는 전구식이다.
② 시초(Elytra)라는 앞날개를 갖고 있다.
③ 완전변태 또는 불완전변태를 한다.
④ 번데기는 대부분 피용이다.

해설
② 대개 날개가 있으나 없는 것도 있으며, 날개가 있는 것은 날개가 각질화되어 소위 시초(딱지 날개)를 형성한다.

1 ③ 2 ② 3 ② 4 ③ 5 ② **정답**

06 다음 곤충 중 복관(腹管)을 가지고 있는 것은?
① 낫발이
② 좀
③ 진딧물
④ 톡토기

해설
톡토기
- 제1배마디 복측에 복관(Collophore)이 있다.
- 제4배마디 복측에는 도약할 때 사용되는 도약기(Furcula)가 있다.
- 복관은 점액질로 둘러싸여 있고, 수면 위에 부유할 때 몸의 지탱, 수분조절, 호흡 등의 역할을 한다.

07 생물은 생태계 내에서 생산자·소비자·분해자로 구분되는데, 다음 중 생태적 지위가 다른 것은?
① 톡토기
② 흰개미
③ 굼벵이
④ 거저리

해설
③ 톡토기·흰개미·거저리(저장 곡식을 먹고 사는 곤충)는 소비자에 해당하고, 굼벵이는 분해자에 해당한다.

08 곤충 분류군별로 파리목의 형태적 특징인 것은?
① 정상적인 날개가 2쌍이다.
② 앞날개만 발달하여 나는 기능을 갖고 있고, 뒷날개는 퇴화되었다.
③ 앞날개가 뒷날개보다 크며 날개는 비늘로 덮여 있다.
④ 앞날개는 두껍고 각질화되어 있으며 날개맥이 없다.

해설
② 날개는 가운데가슴에 1쌍이 있으나 뒷날개는 평균곤으로 퇴화되었고, 번데기는 위용이다.

09 노린재목의 형태적 특징으로 옳지 않은 것은?
① 턱수염과 입술수염이 없다.
② 앞날개의 밑 부분은 두터운 혁질이고 끝부분은 막질이다.
③ 뒷날개는 전체적으로 막질이고 앞날개는 조금 짧다.
④ 발마디는 1~5마디인데 대개 5마디이다.

해설
노린재목의 형태적 특징
- 몸은 유충과 성충 모두 타원형에서부터 가늘고 길게 신장된 막대모양 등 다양한 형태를 띤다. 몸의 크기는 가장 작은 종류가 1mm 정도이며, 가장 큰 종류인 물장군은 몸길이가 65mm에 이른다.
- 더듬이는 보통 3, 4 혹은 5마디로 구성되어 있으며, 반수서 군에서는 뚜렷이 보이지만, 진수서 군에서는 감추어져 있다.
- 가슴은 3마디이며, 다리와 날개를 지니고 있지만 무시형을 제외하고는 각 마디의 융합으로 인해 각 마디를 구분하기가 매우 어렵다.
- 각 다리마디의 길이는 다양한데, 이 중 넓적다리마디와 종아리마디가 가장 길며, 발목마디는 1, 2 혹은 3마디로 구성되어 있고, 그 끝에 발톱을 지니고 있다.

10 매미목 곤충의 형태적 특징으로 옳지 않은 것은?

① 더듬이는 대개 3~10마디이며, 실 또는 털모양이다.
② 날개가 없는 경우는 홑눈도 없다.
③ 턱수염(Maxillary Palps)과 입술수염(Labial Palps)이 있다.
④ 앞날개와 뒷날개는 모두 막질이다.

해설
매미목 곤충의 형태적 특징
- 몸의 형태는 대부분 길고 둥근 형태이다.
- 입은 찌르고 빨아먹는 형이다.
- 더듬이는 보통 2~10마디로 되어 있다.
- 곁눈은 크고 홑눈은 2~3개이거나 없는 경우도 있다.
- 날개는 대부분 2쌍이나 진딧물과 같이 세대 순환하는 것은 없는 경우도 있다.
- 배마디는 9~11개이며, 꼬리털은 대부분 없다.
- 매미목의 특징 중의 하나는 1세대 기간이 종에 따라 다양하다는 것이다. 연중 2~3회 거듭하는 종이 있고 2~5년의 유충기간을 겪는 종도 있으며, 드물게는 15년이나 땅 속에서 살기도 한다.

11 마늘을 가해하는 고자리파리는 다음 중 어느 과에 속하는가?

① 집파리과
② 굴파리과
③ 꽃파리과
④ 침파리과

해설
③ 마늘을 가해하는 고자리파리는 파리목 꽃파리과이다.

12 총채벌레의 형태적인 특징으로 맞지 않는 것은?

① 입틀의 좌우 모양은 대칭이다.
② 몸이 작고 날씬한 곤충이며 크기는 0.6~12mm 정도이다.
③ 입틀로 긁어서 빨아먹는 흡수형이다.
④ 몸은 등쪽이 납작하거나 원통모양이다.

해설
① 총채벌레는 입틀의 좌우 모양이 대칭이 아니며, 어느 한 쪽만 발달해 기주식물을 긁어 흡즙한다.

13 곤충은 대부분 2쌍의 날개를 가지고 있다. 뒷날개가 주걱모양으로 퇴화되어 앞날개 1쌍만을 가지고 비행하는 곤충은?

① 나비목
② 노린재목
③ 파리목
④ 딱정벌레목

해설
③ 파리목 : 날개는 가운데가슴에 1쌍이 있으나 뒷날개는 평균곤으로 퇴화되었다.

14 과변태를 하는 곤충은 무엇인가?

① 매미충과
② 가뢰과
③ 말벌과
④ 방패벌레과

해설
변태의 종류
변태는 완전변태, 불완전변태, 과변태, 무변태의 4가지로 구분이 된다.
- 완전변태 : 나비, 나방, 딱정벌레, 벌 등이 완전변태를 하며 많은 곤충은 알에서 부화한 유충이 번데기 시기를 거쳐서 성충이 된다.
- 과변태 : 가뢰 등이 해당되며, 유충의 모양이 여러 가지로 변한다.
- 불완전변태 : 메뚜기, 매미, 잠자리, 하루살이 등의 곤충이 해당하며, 알에서 부화하여 유충과 번데기의 시기가 명백히 구분되지 않고 바로 성충이 된다.

15 날개가 발생된 후에 다시 탈피하는 곤충의 종류는?

① 톡토기 ② 하루살이
③ 깍지벌레 ④ 매 미

해설
② 하루살이는 날 수 있는 날개를 가진 후 탈피하는 유일한 곤충이다.

16 앞날개가 경화되어 시초로 변해 있는 해충은?

① 벼메뚜기
② 참검정풍뎅이
③ 땅강아지
④ 뽕밀깍지벌레

해설
② 참검정풍뎅이 : 딱정벌레목이며, 앞날개가 경화되어 시초가 된다.

17 곤충에 속하지 않는 것은?

① 빈 대 ② 선 충
③ 온실가루이 ④ 파총채벌레

해설
② 선충은 선형동물문, 곤충은 절지동물문(곤충강)이다.

18 톡토기목의 특징이 아닌 것은?

① 외부생식기가 없다.
② 입틀이 머리틀에 고정되어 있다.
③ 더듬이의 모든 마디에 근육이 있다.
④ 날개가 없다.

해설
톡토기목의 특징
- 입은 저작구이며, 머리의 내부에 함입되어 있다.
- 촉각은 짧고 5~6절이다.
- 겹눈은 홑눈 모양으로 배열되어 있다.
- 날개는 없으며, 배는 6절 이내, 제4절에는 도약기가 1쌍 있다.
- 기관계(氣管系)와 말피기씨관은 없으며 무변태이다.

19 총채벌레목 곤충에 대한 설명 중 틀린 것은?

① 빠는 입틀을 가지고 있다.
② 큰 턱의 좌우 모양이 다르다.
③ 대부분 포식성이다.
④ 번데기 태가 없다.

해설
총채벌레목의 특징
- 입은 좌우가 같지 않고 이빨이 한 개만 발달하였다.
- 식물의 표면을 긁어 스며나오는 즙액을 빨아먹는다.
- 포식성이 있는 것도 있으나 대부분 식물을 먹이로 삼는다.
- 불완전 변태를 한다.

20 파리목 중에서 촉각단자(Arista)를 갖는 것은?

① 검정날개버섯파리
② 아이노각다귀
③ 벼줄기굴파리
④ 솔잎혹파리

해설
③ 파리목 중에서 촉각단자를 갖는 것은 벼줄기굴파리로 온도가 낮은 산간지역에서 발생이 많은 저온성 해충이다.

21 곤충 분류학상 딱정벌레목(目)에 속하지 않는 종은?

① 소나무좀
② 느티나무벼룩바구미
③ 오리나무잎벌레
④ 잣나무넓적잎벌

해설
잣나무넓적잎벌
- 벌목 납작잎벌과이다.
- 애벌레가 잣나무의 새 잎을 가해한다.
- 나무의 생장 및 잣생산에도 막대한 손실을 입힌다.
- 유충으로 월동하며 연 1~2회 발생한다.
- 산림해충으로 7월 말부터 8월 초까지 방제를 실시한다.

CHAPTER 03 곤충의 생태 및 생리

PART 02 농림해충학

1 곤충의 생활사

(1) 곤충의 변태
① 변태 : 알에서 부화한 유충이 여러 차례 탈피를 거듭한 후 성충으로 변하는 과정
② 변태의 종류 [기출]
  ㉠ 완전변태 : 알에서 부화한 유충이 번데기를 거쳐 성충이 되는 것
    - 알 → 유충 → 번데기 → 성충
    - 나비목, 딱정벌레목, 파리목, 벌목 등
  ㉡ 과변태 : 가뢰과의 곤충에 있어서 유충이 다형인 경우
    - 알 → 유충 → 의용 → 용 → 성충
    - 딱정벌레목의 가뢰과
  ㉢ 불완전변태 : 알에서 부화하여 유충과 번데기라는 명백히 구분된 기간을 거치지 않음
    - 알 → 유충 → 성충, 알 → 유충(약충) → 성충
    ※ 어린 벌레를 약충이라 함

(2) 곤충의 발육생리
① 부화 : 알껍질 속의 배자가 일정한 기간을 경과하여 완전히 발육하면 알껍질을 깨뜨리고 밖으로 나오게 되는 것
② 유충의 성장
  ㉠ 탈피 : 유충의 몸은 자라지만 몸을 덮고 있는 표피는 늘어나지 않아 묵은 표피를 벗는 현상
  ㉡ 영기 : 유충에서 탈피까지의 기간, 또는 탈피에서 탈피까지의 기간
  ㉢ 영충 : 각 기간의 유충
    - 1령충 : 1회 탈피할 때까지
    - 2령충 : 1회 탈피한 것
    - 3령충 : 2회 탈피한 것
    - 4령충 : 3회 탈피한 것
③ 용화 : 유충시기의 껍질을 벗고 번데기가 되는 현상
④ 우화 : 번데기(불완전변태류의 경우에는 약충)가 탈피하여 성충이 되는 것
⑤ 교미 : 암컷의 생식기 속에 수컷의 정액을 주입하는 작용
⑥ 산란 : 알을 낳는 것

2 곤충의 경과 및 생식

(1) 1세대

① 생활사 : 알에서 유충, 번데기(또는 유충)를 거쳐 성충이 된 다음 다시 알을 낳게 될 때까지를 1세대라고 하며, 이와 같은 변화를 생활사라 함
② 산란 전기 : 암컷은 성장하면 교미하고 알을 낳게 되는데 우화 후 알을 낳게 될 때까지의 기간
③ 난기 : 낳은 알이 부화할 때까지의 기간
④ 유충기 : 알에서 부화한 유충이 번데기가 될 때까지의 기간
⑤ 용기 : 번데기가 된 후 우화할 때까지의 기간
⑥ 성충기 : 번데기가 우화되어 나온 성충의 시기

(2) 생 식

① 양성생식 : 암수의 교미로 생김, 대부분의 곤충이 해당
② 단위생식 : 암컷만으로 생식, 밤나무순혹벌, 민다듬이벌레, 진딧물류(여름)가 해당
③ 다배생식 : 수정된 난핵이 분열해 각각의 개체로 발육, 1개의 정핵난에서 여러 개의 유충 발생, 송충알좀벌이 해당
④ 유생생식 : 유충이나 번데기가 생식

3 곤충의 행동습성

(1) 곤충의 서식 장소 : 육서, 수서

(2) 식 성

① 식물질을 먹는 것
  ㉠ 식식성 : 식물에서 영양을 섭취하는 것
  ㉡ 균식성 : 균류를 먹이로 하는 것
    • 버섯벌레과의 버섯파리과
    • 노랑뒷박벌레 : 흰가루병균을 먹음
  ㉢ 미식성 : 미생물을 먹는 것
    • 단식종 : 정해진 식물만 먹는 것
      예 누에는 뽕나무과의 뽕나무속, 솔나방은 솔과의 소나무속·낙엽송을 먹음
    • 다식종 : 유연관계가 먼 식물을 먹는 것

② 동물질을 먹는 것
　㉠ 포식성 : 살아있는 곤충을 잡아먹는 것
　　• 됫박벌레류 : 깍지벌레, 진딧물류를 잡아먹음
　　• 파리매류, 말벌류, 사마귀류 : 다른 곤충을 잡아먹음
　㉡ 기생성 : 다른 곤충에 기생생활을 하는 것
　　• 기생벌, 기생파리 : 나비류의 유충 등 다른 곤충에 기생생활
　　• 최근 천적방제에 이용
　㉢ 육식성 : 다른 동물을 직접 먹는 것
　㉣ 시식성 : 다른 동물의 시체를 먹는 것

(3) 주 성
① 동물이 어떤 자극을 받고 몸이 자극이 미치는 방향으로 움직이는 성질 및 물러나는 성질
② 주광성 : 빛에 대한 반응
　㉠ 양성 주광성을 가진 것 : 나비, 나방
　㉡ 음성 주광성을 가진 것 : 구더기, 바퀴류
③ 주화성(走化性) : 특정 식물이 가진 화학물질에 유인되어 특수한 식물에 산란하고 특수한 식물만 먹는 것
④ 주수성 : 수서곤충이 물을 찾아 가는 주성
⑤ 주촉성 : 다른 물건에 접촉하려는 주성
⑥ 주류성 : 물고기가 물이 흘러오는 방향으로 거슬러 올라가는 것과 마찬가지로 곤충도 물이 흘러오는 쪽을 향해서 운동
⑦ 주풍성 : 바람에 의한 영향을 받는 성질
⑧ 주지성(走地性) : 곤충이 앉을 때 머리 쪽이 땅을 향하거나 반대로 앉는 성질
⑨ 주열성 : 주온성이라고도 함

(4) 휴 면
① 휴면 : 좋지 않은 환경을 예측하여 발육을 일시적으로 중지하는 것
　㉠ 절대휴면(필수휴면) : 특정 발육단계에서 필수적으로 휴면
　㉡ 일시휴면(조건휴면) : 부적당한 환경에 처한 세대의 개체가 휴면
② 요인 : 일장, 온도, 먹이
③ 내분비기관에서 휴면호르몬 분비
④ 휴지 : 활동정지로 환경이 좋아지면 즉시 종료

CHAPTER 03 적중예상문제

01 메뚜기 큰 턱의 운동을 지배하는 신경의 중추는 다음 중 어느 것인가?

① 식도하신경절
② 제3대뇌
③ 후대뇌
④ 전대뇌

해설
식도하신경절
- 구기 · 침샘 · 목 부위에 연결된 근육과 감각기관에 신경을 보냄
- 운동을 촉진 · 억제시키는 역할

02 곤충의 혈림프로 방출되는 탄수화물의 저장태는 무엇인가?

① 글리코겐
② 무코다당류
③ 키 틴
④ 트레할로스

해설
곤충의 혈림프로 방출되는 탄수화물의 저장태는 트레할로스(Trehalose)이다.

03 곤충의 순환계에 관한 설명 중 틀린 것은?

① 개방순환계이다.
② 세포 외 용액에는 림프액과 혈액이 있다.
③ 등핏줄은 소화관 쪽에 위치한다.
④ 혈액은 혈장과 혈구세포로 이루어진다.

해설
곤충의 순환계
- 체액이 대부분의 몸과 부속지의 강(腔)을 차지하는 개방혈관계
- 배혈관 : 폐쇄된 부분, 뒤쪽의 심장과 앞쪽의 대동맥(大動脈)으로 구성된다.
- 지방체 : 혈림프의 중요 조직으로 지방 · 글리코겐 · 단백질 저장에 관여하며, 에너지 생성 · 생장 · 생식에 이용된다.

04 표피를 형성하는 단백질, 지질, 키틴 화합물 등을 합성하고 분비해주는 한 층의 세포군은?

① 표피층
② 진피세포
③ 기저막
④ 체 색

해설
② 표피는 주로 진피를 형성하고 있는 상피세포에서 분비된다.

정답 1 ① 2 ④ 3 ② 4 ②

05 유충 호르몬에 관한 설명 중 틀린 것은?
① 전흉선(앞가슴샘)에서 분비된다.
② 성충기관 원기의 발육을 억제한다.
③ 성충기에 가까워짐에 따라 분비량이 줄어든다.
④ 뇌신경 분지세포의 호르몬과 관계가 있다.

해설
유충 호르몬은 알라타체 호르몬이라고도 하며, 곤충의 내분비선의 하나이다. 뇌의 뒤에 있는 알라타체에서 분비된다.

06 탈피 후 표피층을 경화시키는 호르몬은?
① Eclosion Hormone
② Bursicon
③ Proctolin
④ Diuretic Hormone

해설
② 경화호르몬
① 우화호르몬
③ 근육수축
④ 이뇨호르몬

07 곤충의 탈피와 변태는 탈피호르몬과 유약호르몬의 농도에 따라 결정된다. 다음 영기의 유충으로 탈피하는 경우는?
① 유약호르몬의 함량이 높을 때
② 유약호르몬의 함량이 낮을 때
③ 유약호르몬이 없을 때
④ 탈피호르몬이 없을 때

해설
유약호르몬
• 알라타체에서 분비되는 호르몬
• 전흉선 호르몬과 협동하여 유충의 탈피를 일으키고, 난소의 발육을 억제하여 유충형질을 유지

08 가뢰과에 속하는 곤충들은 어떠한 변태를 하는가?
① 완전변태   ② 불완전변태
③ 과변태   ④ 무변태(불변태)

해설
③ 가뢰과는 과변태한다.

09 1령충이란 어느 기간을 뜻하는가?
① 산란 이후 부화 직전까지
② 부화 직후부터 1회 탈피 전까지
③ 1회 탈피 후 2회 탈피 전까지
④ 한잠 잔 후 두잠 자기 전까지

해설
② 1령충은 부화 직후부터 1회 탈피 전까지를 의미한다.

정답 5 ① 6 ② 7 ① 8 ③ 9 ②

10 곤충에서 혈장의 기능으로 바르지 않은 것은?

① 세포, 조직 및 기관 간의 물질교환을 도와주는 수송역할을 한다.
② 물질들의 저장고 역할을 한다.
③ 혈림프의 이온조성과 삼투압조절기능을 담당한다.
④ 물리적인 성질로 몸 한 부위의 압력이나 열을 다른 부위로 전파시킨다.

해설
③ 혈장의 삼투압 조절은 말피기관과 직장 등에 의해 이루어진다.

11 야행성 곤충의 활동주기에 가장 큰 영향을 주는 요인은?

① 지 온   ② 광 선
③ 습 도   ④ 온 도

해설
② 야행성 곤충의 활동주기는 광선에 큰 영향을 받는다.

12 곤충의 대사작용에 관한 설명으로 틀린 것은?

① 대부분의 영양분은 단당류, 아미노산, 지방산의 형태로 흡수된다.
② 지방체는 주로 지방세포로 이루어져 있다.
③ 탄수화물은 주로 Trehalose 형태로 지방체 내에 저장된다.
④ 지방은 주로 Triglyceride의 형태로 저장된다.

해설
③ 곤충은 탄수화물을 트레할로스 형태로 체액 속에 저장한다.

13 다음 중 4령충을 알맞게 설명한 것은?

① 3회 탈피를 한 유충
② 4회 탈피를 한 유충
③ 3회 탈피 중인 유충
④ 5회 탈피를 한 유충

해설
① 4령충은 3회 탈피를 한 유충을 말한다.

14 1세대를 경과하는 데 가장 긴 시간을 필요로 하는 곤충은?

① 장수하늘소   ② 뽕나무하늘소
③ 말매미   ④ 소나무좀

해설
③ 말매미는 1세대 경과에 약 5~6년이 필요하다.

정답 10 ③ 11 ② 12 ③ 13 ① 14 ③

15 곤충의 휴면을 설명한 것으로 틀린 것은?
① 휴면에는 의무적 휴면과 기회적 휴면이 있다.
② 휴면이 일어나는 충태는 종에 따라 다르다.
③ 성충기간을 늘려서 산란수를 증가시킨다.
④ 저온기간에 대한 내한성을 증대시킨다.

해설
③ 곤충은 불리한 조건에서는 휴면을 통해 생태를 유지하고, 성충의 기간을 줄여 산란수를 증가시킨다.

16 다음의 곤충 중 완전변태를 하는 것은?
① 메뚜기목   ② 노린재목
③ 매미목   ④ 파리목

해설
④ 유시아강, 내시류에 해당하는 곤충목은 완전변태를 한다.

17 다음 중 생식형태와 해충의 연결이 틀린 것은?
① 다배생식 – 솔잎혹파리
② 단위생식 – 목화진딧물(여름형)
③ 양성생식 – 배추흰나비
④ 단위생식 – 벼물바구미

해설
① 솔잎혹파리는 양성생식을 한다.

18 다음 중 주성(走性)이란?
① 자극의 방향에 대하여 일정한 이동방향을 나타내는 행동
② 자극의 방향과 이동방향 간의 일정한 방향성이 없는 행동
③ 자극의 방향과 관계없이 일정한 이동방향을 나타내는 행동
④ 자극의 방향과 곤충의 장축 간에 방향성을 유지하는 행동

해설
① 주성이란 동물이 어떤 자극을 받고 몸이 자극이 미치는 방향으로 움직이는 성질 및 물러나는 성질을 말한다.

19 완전변태를 하지 않는 곤충은?
① 버들잎벌레
② 복숭아명나방
③ 하늘소
④ 진달래방패벌레

해설
④ 진달래방패벌레는 노린재목 방패벌레과로서, 불완전변태한다.

정답 15 ③ 16 ④ 17 ① 18 ① 19 ④

CHAPTER 04 곤충의 형태

PART 02 농림해충학

1 외부 형태

(1) 피 부

① 표피층
  ㉠ 외표피 : 단백질과 지질로 구성된 매우 얇은 층으로서 수분의 증발을 억제하는 기능
  ㉡ 원표피 : 성충 표피의 대부분을 차지하는 것으로서 단백질과 키틴으로 만들어짐
    - 외원표피층 : 곤충의 체색을 나타내는 색소를 함유하고 있음
    - 중원표피층 : 외원표피와 내원표피 사이의 층
    - 내원표피층 : 미세섬유의 배열에 의한 박막층 구조

② **진피층** : 단층의 세포조직인 상피세포의 형태로 표면에는 미세한 융모가 있고, 단백질·지질·키틴화합물 등을 합성 및 분비하는 세포층이 있음
  ㉠ 상피세포 : 피부 구성물질 및 곤충의 발육과 관계된 키틴 분해효소와 단백질 분해효소를 분비, 표피조직이 파괴되었을 때 재생시키는 기능
  ㉡ 피부선 : 외표피의 시멘트 층을 형성
  ㉢ 특수세포 : 표피 외각의 각종 부속기관이나 체표돌기의 기능에 관여하는 각종 생성물을 분비, 감각세포, 인편, 모생세포, 와생세포, 편도세포 등

③ **기저막** : 혈구에서 분비하는 점액성 다당류를 함유하며 곤충의 근육이 부착되는 곳과 연결

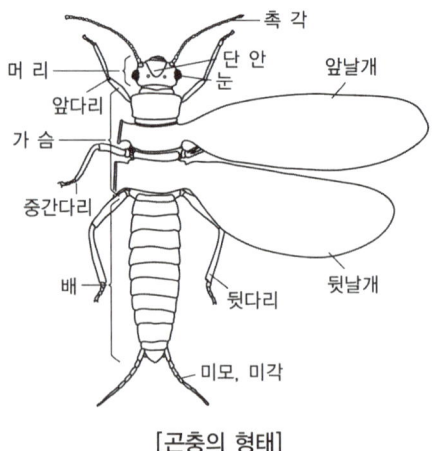

[곤충의 형태]

(2) 머 리

① 입

   ㉠ 저작구 : 먹이를 씹어 먹는 곤충들의 입모양으로, 윗입술, 이빨, 속니, 아랫입술, 혀로 구성

   ㉡ 흡수구 : 액체성의 음식물을 빨아들이는 곤충들

      • 매미, 멸구, 진딧물 : 아랫입술 또는 속니가 긴 주둥이 모양

      • 나비, 나방 : 나선형의 흡수구를 가짐

> **참고** 저작구를 가진 해충에는 독제, 흡수구를 가진 해충은 접촉제로 방제

② 눈 : 대개 1쌍의 겹눈과 1~3개의 홑눈이 있지만 종류에 따라 홑눈이 없는 것도 있음

③ 촉각(더듬이)

   ㉠ 촉각은 많은 마디로 되어 있으며 1쌍임

   ㉡ 제1절은 병절(자루마디), 제2절은 경절(팔굽마디), 제3절은 편절(채찍마디)

   ㉢ 촉각의 여러 가지 형태 : 사상(실꼴), 편상(채찍꼴), 염주상(염주꼴), 거치상(톱니꼴), 즐치상, 곤봉상, 구간상, 새엽상, 슬상, 부정형 등

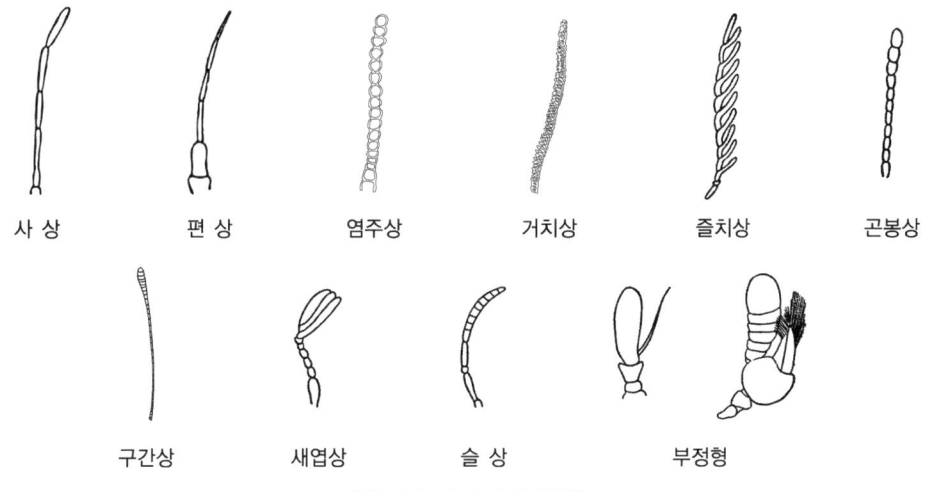

[촉각의 여러 가지 형태]

(3) 가 슴
  ① 앞가슴, 가운데가슴, 뒷가슴의 3부분으로 되어 있으며 날개, 다리, 기문 등의 부속기가 있다.
  ② 날 개
    ㉠ 대개 2쌍이며 앞날개는 가운데가슴에 뒷날개는 뒷가슴에 달려있음
    ㉡ 나비, 나방은 앞날개의 폭이 넓고 연약하며 보통 삼각형
    ㉢ 파리목은 뒷날개가 퇴화되어 평균곤을 이룸
    ㉣ 부채벌레목은 앞날개가 퇴화하여 작대기 모양의 평균곤을 이룸
    ㉤ 메뚜기와 딱정벌레류는 뒷날개만 나는 데 이용, 앞날개는 시초(초시)로 변형되어 뒷날개를 보호하는 역할
  ③ 기문 : 가운데가슴과 뒷가슴에 1쌍씩 있는 것이 많음
  ④ 다리 : 앞가슴, 가운데가슴, 뒷가슴에 1쌍씩 붙어 있고, 5마디로 되어 있음
    ㉠ 기절(밑마디)
    ㉡ 전절(도래마디)
    ㉢ 퇴절(넓적다리)
    ㉣ 경절(종아리마디)
    ㉤ 부절(발마디)

(4) 배
  ① 보통 10개 내외의 마디로 되어 있고 피부는 연약하지만 단단한 시초 또는 많은 털에 의해 보호되고 있음
  ② 기문, 항문, 생식기, 미각, 미모, 도약기 등의 부속물이 있음
    ㉠ 기문 : 배의 마디마다 1쌍씩 있으며 공기를 호흡하는 기관으로 약제가 곤충에 작용하는 곳으로 털·피부·주름에 의해 숨겨져 있거나 단단한 날개로 덮어 보호
    ㉡ 항문 : 소화기관의 끝
    ㉢ 생식기 : 수컷은 파악기, 암컷은 산란관을 이룸

(5) 번데기
  ① 의의 : 유충이 자라서 고치를 만들고 유충이 탈피해 번데기가 됨
  ② 형 태
    ㉠ 위용 : 파리목의 번데기로 유충이 번데기가 된 후 피부가 경화되고 그 속에 나용이 형성된 것
    ㉡ 나용 : 벌목, 딱정벌레목에서 볼 수 있으며 날개, 다리, 촉각 등이 몸의 겉에서 분리되 있음

ⓒ 피용 : 나비목에서 볼 수 있으며 날개, 다리, 촉각 등이 몸에 밀착 고정되어 있음
ⓔ 수용 : 네발나비과의 번데기로 배 끝이 딴 물건에 붙어 거꾸로 매달려 있음
ⓜ 대용 : 호랑나비, 배추흰나비 등의 번데기로 1줄의 실로 가슴을 띠 모양으로 다른 물건에 매어 두는 형태

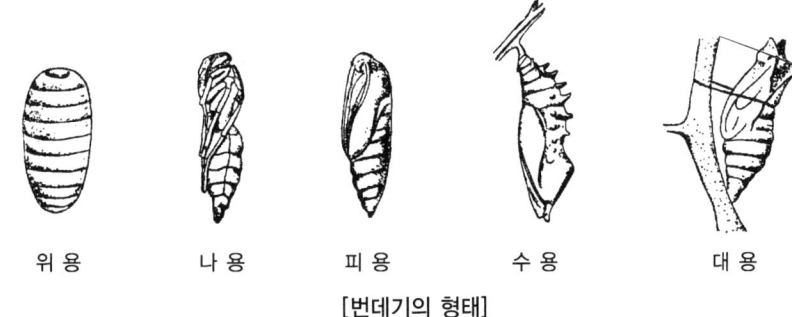

위용   나용   피용   수용   대용
[번데기의 형태]

2 내부 형태

(1) 소화계 기출

① 소화관, 부속선으로 구성되어 있음
② 소화관의 구성
  ㉠ 전장, 중장, 후장으로 구성
  ㉡ 전장과 중장 사이에는 분문판이 있으며 중장과 후장 사이에는 유문판이 있음
③ 타액선
  ㉠ 나비목, 벌목의 유충은 견사를 분비해 유충의 집과 용실을 만듦
  ㉡ 흡혈성인 파리목은 곤충의 피를 빨 때 혈액의 응고를 막는 액을 분비
④ 말피기씨관 : 중장과 후장 사이에 위치하며 배설작용을 함

(2) 순환계

① 배관 : 소화관의 배면에 있는 1개의 관으로 되어 있으며 매우 간단함
② 심장 : 배관의 뒤쪽 끝이 막혀 심장을 이룸
③ 대동맥 : 심장과 연결된 관상 대동맥
④ 혈액 : 혈림프와 혈구로 구성됨
⑤ 심실 : 9개가 보통이며 각 심실 양쪽에는 1쌍의 심문이 있음
  ㉠ 식세포 : 미생물, 기생성 생물 침입 시 제거
  ㉡ 포낭세포 : 혈액 응고에 관여

(3) 호흡계

① 기문 : 보통 가슴에 2쌍, 배에 8쌍, 도합 10쌍 있는 것이 원칙, 일반적으로 곤충의 양측 면(옆만)에 위치

② 기관 : 표피를 덮고 있고 기관 내부에는 나선사가 융기를 형성하여 기관 내의 압력이 낮을 때 기관이 위축됨

③ 기문의 기능에 따라 개구식 기관계와 폐쇄식 기관계로 구분
  ㉠ 개구식 : 기문이 열려 있는 기능적인 기관계
    • 쌍기문식 : 파리목 유충
    • 전기문식 : 파리목 번데기
    • 후기문식 : 모기유충
  ㉡ 폐쇄식
    • 기문이 없거나 기문으로서의 기능이 없는 저장기관새
    • 무기문식 : 물방개, 강도래, 실잠자리, 기생벌의 일부에서 볼 수 있음

④ 모세기관
  ㉠ 산소는 모세기관의 벽을 통하여 확산되어 근육 등 여러 조직들에 공급
  ㉡ 곤충의 탈피시에도 모세기관의 표피는 그대로 남지만 그 밖의 모든 기관은 벗겨져 새로운 표피로 바뀜

> **참고** 기관새 : 수서곤충의 유충은 기관새라는 호흡기관이 발달되어 물속에서 흡수

(4) 신경계

① 중추신경계
  ㉠ 뇌와 복신경색(배신경줄)으로 구성되며, 몸의 각 마디에는 원칙적으로 1개의 신경구 및 다른 마디의 신경구와 이것을 연결하는 1쌍의 신경색이 있음
  ㉡ 식도상신경구 : 뇌가 식도 위에 위치하기 때문
  ㉢ 막신경계 : 각 신경구는 쌍으로 된 신경색에 의하여 연결되어 있으며, 앞가슴에서 나와 소화관 밑을 세로로 뻗어 있음

② 말초신경계
  ㉠ 운동신경 : 근육이나 분비샘 등의 반응기관 등에 자극을 전달
  ㉡ 감각신경 : 감각 수용기 등에서 중추신경절로 들어가는 신경

③ 내장신경계(전장신경계) : 주로 소화기관의 주위를 감싸고 있는 근육에 작용하는 신경계

(5) 생식계 기출

① 곤충의 생식계는 배 속에 발달되어 있으며, 배 끝의 마디에 개구하는 것이 특징
② 자웅이체(암수가 분리된)이지만 이세리아깍지벌레는 자웅동체
③ 암·수컷의 생식기관 비교

암 컷	수 컷
1쌍의 난소(알집)	1쌍의 고환(정집)
1쌍의 옆수란관	1쌍의 수정관과 저정낭
중앙수란관과 질	중앙사정관
부속샘	부속샘
수정란과 부속샘	-
교미낭	-
산란관	교미기

(6) 근육계

① 골격근육에서는 1개의 근육이 여러 개의 길고 다핵세포인 근육세포로 이루어짐
② 에너지를 생성하는 미토콘드리아와 근육섬유로 채워져 있음
③ 근육의 종류
  ㉠ 종주근 : 이 근육의 수축에 의하여 몸 전체가 수축도 되고 또한 배면이나 복면으로 구부러지기도 함
  ㉡ 배복근 : 몸마디를 압축시킴으로써 호흡작용을 도움
  ㉢ 측근 : 배판과 측판, 측판 또는 기문과 복판을 연결하는 근육
  ㉣ 의근 : 배관에 부착하여 배관의 수축과 팽창에 관여함

(7) 감각기관

① 촉각, 미각, 후각, 청각, 시각의 5가지 주요기관으로 나뉨
② 청각기관 : 감각모, 고막기관, 존스톤씨 기관 등이 있음
③ 시 각
  ㉠ 곁눈 : 개안의 집합체, 가가막, 원추정체, 감간, 소망막, 기저막으로 구성
  ㉡ 홑눈 : 성충과 불완전변태류의 약충에서 볼 수 있는 배단안과 완전변태류의 유충에서 볼 수 있음

(8) **특수조직** 기출

① **지방체** : 영양물질의 저장 및 배설작용을 도움
② **편도세포** : 탈피할 때 표피의 어떤 생성물질을 합성하는 특수작용에 관여
③ **알라타체** : 머리 속에 있는 1쌍의 신경구 모양의 조직이며 변태호르몬을 분비
④ **페로몬** : 같은 종 내의 다른 개체 간의 통신을 목적으로 사용되는 휘발화합물(외분비물)

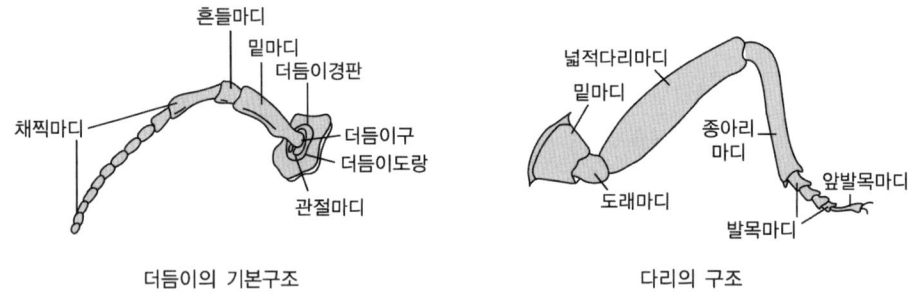

[더듬이 및 다리의 구조]

CHAPTER 04 적중예상문제

PART 02 농림해충학

01 곤충의 암·수컷 생식기관 구조에서 서로 대응되지 않는 것은?

① 알집소관 - 고환소포
② 옆수란관 - 수정관
③ 중앙수란관 - 사정관
④ 수정낭샘 - 부속샘

해설

암수 생식기관 비교

암 컷	수 컷
1쌍의 난소(알집)	1쌍의 고환(정집)
1쌍의 옆수란관	1쌍의 수정관과 저정낭
중앙수란관과 질	중앙사정관
부속샘	부속샘
수정란과 부속샘	-
교미낭	-
산란관	교미기

02 곤충의 알(卵) 구조와 기능에 대한 설명으로 옳지 않은 것은?

① 난각을 구성하는 단백질 분자 간에 단순결합을 이루어 단순한 보호기능만 담당한다.
② 난에는 정자가 침투할 수 있는 정공이 있다.
③ 알 속에는 배자발생에 필요한 산소를 외부에서 흡수할 수 있는 기능과 알 속에 함유하고 있는 수분을 잃지 않는 기능도 있다.
④ 난황물질의 축적과정이 끝나면 난모세포막 바깥쪽에 난황막이 생성되고 곧이어 난각이 만들어져 배란준비가 완료된다.

해설
① 난각은 내부가 그물 모양이고 공기가 채워져 있으며 공기구멍을 통해 외부와 통한다.

03 다음 해충 중 성충이 과일에 상처를 내서 해를 미치는 것은?

① 으름나방   ② 모무늬잎말이나방
③ 사과굴나방   ④ 사과응애

해설
으름나방
- 연 2회 발생하며 성충으로 월동
- 유충은 으름덩굴의 잎을 먹고 자라며 성충은 밤에 과수원으로 날아와서 과실의 즙액을 빨아먹고 즙액이 빨린 과일은 가해부로부터 썩어 들어가 낙과한다.

정답 1 ④ 2 ① 3 ①

04 살충제가 곤충의 체내로 침투하는 경로가 아닌 것은?

① 경구(經口)
② 경피(經皮)
③ 경기문(經氣門)
④ 돌기(突起)

해설
입, 피부, 경기문(숨구멍)을 통해 침투한다.

07 다음 다리 마디 중 일반적으로 가슴의 부속지(다리)의 몸쪽에서부터 가장 가까운 마디로 맞는 것은?

① 도래마디(Trochanter)
② 종아리마디(Tibia)
③ 넓적다리마디(Femur)
④ 발목마디(Tarsus)

해설
곤충의 다리 마디 순서(몸쪽 가까운 순으로)
밑마디 → 도래마디 → 넓적다리마디 → 종아리마디 → 발목마디

05 교미구와 산란구가 별개로 발달된 곤충류는?

① 나비목
② 파리목
③ 딱정벌레목
④ 집게벌레목

해설
① 나비목의 경우 교미구와 산란구가 떨어져 있다.

06 암컷과 수컷의 차이가 크게 나는 해충은?

① 방패벌레
② 진딧물류
③ 응애류
④ 깍지벌레류

해설
④ 깍지벌레 암컷은 수컷에 비해 크고, 수컷은 날개를 가지는 것도 있다.

08 살충제와 같은 독성물질에 대하여 해독작용을 담당하는 기관은?

① 식세포
② 소화관
③ 지방체
④ 혈구세포

해설
곤충 면역체계
• 물리적 보호장치 : 체벽과 장의 표피구조
• 2차 세포방어 : 체내에 침투가 되었을 때 혈구세포를 이용
• 화학적 방어 : 혈구나 지방체가 분비하는 항생단백질 이용

09 곤충 암수 생식기관의 구조 중 상동성이 아닌 것은?

① 알집소관 – 고환소포
② 수정낭 – 저장낭
③ 옆수란관 – 수정관
④ 중앙수란관 – 사정관

해설
암수 생식기관 비교

암 컷	수 컷
1쌍의 난소(알집)	1쌍의 고환(정집)
1쌍의 옆수란관	1쌍의 수정관과 저정낭
중앙수란관과 질	중앙사정관
부속샘	부속샘
산란관	교미기

10 일반적으로 곤충의 소화관은 세 부분으로 나누어지는데 그 중 내배엽에서 기원된 것은?

① 전장(Fonegut)
② 중장(Midgut)
③ 후장(Hindgut)
④ 식도(Esophagus)

해설
중 장
• 중장은 내배엽성 기원세포로 이루어진다.
• 다른 소화기관과 달리 표피세포를 보호하는 내막이 없다.
• 단백질, 키틴의 혼합구조인 위식막을 생성하여 먹이를 감싸고 중장세포를 보호한다.

11 곤충의 표피층 중 왁스(Wax)층에 대한 설명으로 틀린 것은?

① 짝수 탄수화물을 가진 지방산과 알코올의 에스테르 화합물이다.
② 곤충 체벽의 제일 바깥쪽 또는 시멘트층이 있는 데 있다.
③ 왁스(Wax)층은 수분의 증산을 억제한다.
④ 박막층 구조를 가지고 있으며 나선상 꼬이는 모습을 가지고 있다.

해설
④ 진피에서부터 큐티클층까지는 다수의 나선모양의 미세관이 관통해 있고, 수분의 통과는 왁스층에서 막는다.

12 일반적인 곤충의 표피구조 중 가장 바깥쪽에 위치하는 것은?

① 큐티클
② 표 피
③ 피부샘
④ 기저막

해설
곤충 체벽
• 표피층(큐티클층) – 표피세포층 – 기저막으로 구성된다.
• 체벽은 곤충의 내부기관을 물리적으로 보호하고 몸의 모양을 지탱하고, 근육의 부착점이 되는 외골격 역할을 담당한다.
• 수분 증산을 억제한다.

정답 9 ② 10 ② 11 ④ 12 ①

13 학명 *Hyphantria cunea*(Drury)는 어떤 해충인가?

① 노랑쐐기나방
② 미국흰불나방
③ 으름밤나방
④ 참나무재주나방

해설
② *Hyphantria cunea*(Drury) : 미국흰불나방

14 다음 곤충의 기관 중 식도하 신경절(食道下神經節)에 의해 운동과 감각신경의 지배를 받지 않는 것은?

① 더듬이
② 작은 턱
③ 큰 턱
④ 아랫입술

해설
식도하 신경절
• 운동을 촉진시키거나 억제시키는 작용을 한다.
• 큰 턱, 작은 턱, 아랫입술을 지배한다.

15 곤충체강 내에서 비틀림 운동을 하면서 pH나 무기이온농도 등을 조절하면서 배설작용을 돕는 기관은?

① 직 장
② 말피기관
③ 지방체
④ 후 장

해설
② 말피기관은 절지동물인 거미류, 노래기, 지네와 같은 다지류 및 곤충류에서 볼 수 있는 독특한 배설기관으로서, 척추동물의 세뇨관과 동일한 기능을 한다.

16 곤충의 통신에 이용되는 화학적 통신이 아닌 것은?

① 개미가 위협을 받을 때 분산 또는 공격적인 행동을 유도하는 물질
② 지나간 흔적으로 남겨두는 물질
③ 암컷의 성적 준비를 알려주는 물질
④ 배추흰나비 암컷의 날개에서 반사되는 자외선

해설
화학적 통신은 페로몬 등의 분비물에 의한 통신이다.

17 곤충의 중간대사에 관여하는 조직 중에서 가장 중요한 이 조직은 척추동물의 간과 비슷한 기능, 즉 영양분의 저장, 단백질의 합성, 해독작용을 한다. 어떤 조직인가?

① 전 장
② 중 장
③ 후 장
④ 지방체

해설
지방체
• 혈림프의 중요 조직
• 지방·글리코겐·단백질 저장에 관여
• 에너지 생성·생장·생식에 이용
• 혈구나 지방체가 분비하는 항생단백질은 화학적 방어에 이용

정답 13 ② 14 ① 15 ② 16 ④ 17 ④

18 곤충의 암컷 생식기가 아닌 것은?

① 교미낭   ② 교미기
③ 산란관   ④ 알 집

해설
② 곤충의 암컷 생식기에는 난소(알집), 수란관, 부속샘, 산란관, 교미낭이 있다.

20 곤충 체벽의 제일 바깥쪽에 있으며 피부샘에서 분비되는 단백질과 지질로 구성되고, 왁스층을 보호하는 것이 주임무인 것은?

① 납 층   ② 시멘트층
③ 기저막   ④ 진피세포

해설
곤충의 피부

표 피	외표피	시멘트층, 왁스층(지질층), 단백성외표피
	원표피	외원표피층, 중원표피층, 내원표피층, 슈미트층(큐티클층)
진 피	상피세포	탈피용액 분비, 표피재생기능
	피부선	–
	특수세포	감각세포, 인편, 모생세포, 와생세포, 편도세포
	기저막	곤충의 근육과 연결, 점액성 다당류 함유

19 유약호르몬(Juvenile Hormone)의 분비기관은?

① 카디아카체
② 알라타체
③ 앞가슴샘
④ 신경분비세포

해설
② 알라타체에서 분비된 유약호르몬(Juvenile Hormone)에 의해 탈피가 조절된다.

21 곤충의 다리 마디는 몸쪽에서부터 다음 어느 것이 순서대로 되어있는가?

① 밑마디 – 넓적마디 – 발마디 – 종아리마디 – 도래마디
② 밑마디 – 발마디 – 종아리마디 – 도래마디 – 넓적마디
③ 밑마디 – 도래마디 – 넓적마디 – 종아리마디 – 발마디
④ 밑마디 – 종아리마디 – 발마디 – 넓적마디 – 도래마디

해설
곤충의 다리 마디 순서(몸쪽부터)
밑마디 → 도래마디 → 넓적마디 → 종아리마디 → 발마디

정답 18 ② 19 ② 20 ② 21 ③

22 수정된 난핵(卵核)이 분열하여 각각의 개체로 발육하는 것으로 하나의 수정란에서 여러 개의 개체가 나오는 것을 무엇이라고 하는가?

① 양성생식(兩性生殖)
② 유생생식(幼生生殖)
③ 단위생식(單爲生殖)
④ 다배생식(多胚生殖)

해설
④ 다배생식 : 하나의 수정란에서 여러 개의 개체가 나오는 것

23 곤충의 뇌 중에서 가장 크고 복잡하고, 광(光) 감각을 받아들이며 중앙신경분비세포군을 거느리는 것은?

① 전대뇌   ② 중대뇌
③ 후대뇌   ④ 원시뇌

해설
① 가장 크고 복잡하고 시감각과 연관되어 있으며 중추신경계의 중심이다.
② 더듬이로부터 감각 및 운동 촉색을 받고 있는 촉각엽을 가지고 있다.
③ 이마 신경절을 통해 뇌와 위장 신경계를 연결시키며, 윗입술에서 나온 신경을 받고 있다.

24 곤충의 방어물질의 종류로 설명이 잘못된 것은?

① 곤충의 방어샘에서 동정된 화합물로는 알칼로이드, 테르페노이드, 퀴논, 페놀 등이 있다.
② 사회성 곤충에서는 독샘에서 분비하는 방어물질들이 대부분 효소들이다.
③ 곤충의 방어물질을 총칭 카이로몬이라고 한다.
④ 비사회성 곤충에서는 방어물질 중에 개미들의 경보페로몬과 같거나 비슷한 구조의 화합물도 있다.

해설
③ 곤충의 방어물질을 총칭 알로몬(Allomone)이라 한다. 카이로몬은 해충이 숙주식물을, 천적이 숙주곤충을 찾아가는 데 지표가 되는 화합물로 수신자에게 이로운 통신화합물이다.

25 입틀에 대한 설명으로 틀린 것은?

① 입틀은 윗입술, 아랫입술, 큰 턱, 작은 턱, 혀로 구성된다.
② 침샘은 입틀 속의 혀와 아래 입술 사이에 있다.
③ 입틀에는 음식물 냄새와 맛을 보는 감각기관이 많다.
④ 작은 턱은 식물조직을 뜯어서 잘게 자르는 역할을 한다.

해설
입 틀
• 입의 위쪽을 덮은 윗입술, 아래 좌우로 큰 턱과 한 쌍의 작은 턱으로 이루어져 있다.
• 아랫입술로 아래쪽을 지지한다.
• 작은 턱과 아랫입술에 수염이 있다.
• 수염은 털처럼 생기지 않고 손가락처럼 생겼다(이 수염들로 맛을 보기도 하고 음식물을 입에서 흘러나가지 않게 한다).

22 ④   23 ①   24 ③   25 ④

26 곤충의 호흡기관과 무관한 기관은?

① 기관(Trachea)
② 기문(Spiracle)
③ 기관소지(Tracheole)
④ 말피기관

해설
④ 말피기관에서는 곤충체강 내에서 비틀림 운동을 하면서 pH나 무기이온농도 등을 조절하면서 배설작용을 한다.

27 곤충 체벽의 진피층에 대한 설명 중 잘못된 것은?

① 단층으로 되어 있다.
② 표면에는 미세한 융모가 나있다.
③ 단백질, 지질, 키틴 화합물을 합성한다.
④ 외표피와 원표피로 구성되어 있다.

해설
④ 외표피와 원표피로 구성된 것은 표피층이다.

28 곤충의 외부구조를 설명한 것으로 틀린 것은?

① 곤충의 몸은 여러 개의 마디로 이루어졌으며 머리, 배, 가슴으로 구분된다.
② 존스톤씨 기관은 더듬이 끝마디인 채찍마디에 있다.
③ 더듬이의 기본 구조는 3부분으로 되어 있다.
④ 겹눈은 여러 개의 홑눈이 모여 이루어져 있다.

해설
② 존스톤씨 기관은 흔들마디에 위치한다.

29 일반적인 곤충의 소화계 중 전장에 속하는 소화계는?

① 모이주머니(Crop)
② 위식막(Peritrophic Membrane)
③ 말피기관
④ 위맹낭(Gastric Caecum)

해설
전장은 식도, 모이주머니(소낭), 전위 등으로 구성되어 있다.

30 어떤 곤충이 잠재적 포식자와 마주쳤을 때 방출하는 방어물질은 어느 것인가?

① 페로몬
② 카이로몬
③ 알로몬
④ 알라타체 호르몬

해설
③ 다른 종의 개체와 접촉할 경우에 그 물질의 방출자에게 유익한 행동 또는 생리적 반응을 일으키는 물질을 알로몬이라고 한다.

정답 26 ④ 27 ④ 28 ② 29 ① 30 ③

31 다음 곤충의 배설계에 관한 설명 중 잘못된 것은?

① 지상곤충은 주로 질소대사산물을 암모니아태로 배설한다.
② 말피기관 밑부와 직장은 물과 무기이온을 재흡수하여 조직 내의 삼투압을 조절한다.
③ 말피기관의 끝은 막혀 있다.
④ 말피기관은 중장과 후장의 접속부분에서 후장에 연결되어 있다.

해설
① 곤충의 질소배설물은 물에 녹지 않는 요산·구아닌으로 물과 함께 배설할 필요가 없어서 체내에 수분을 보존한다.

32 곤충의 소화기관 중 소낭(Crop)과 중장(Mid Gut) 사이에 있으며, 큐티클층이 잘 발달되어 중장으로부터 먹이의 역류를 막는 역할을 하는 것은?

① 식도(Oesophagus)
② 인후(Pharynx)
③ 전위(Proventriculus)
④ 결장(Colon)

해설
전장(전위)
• 음식물을 중장으로 운반하는 통로 역할을 한다.
• 먹은 것을 임시 저장하고 기계적 소화가 일어난다.
• 식도, 모이 주머니(소낭), 전위 등으로 구성된다.
• 입과 식도와의 사이를 인두라 한다.
• 중장으로부터 먹이의 역류를 막는 역할을 한다.

33 대부분의 소화효소를 합성·방출하고 먹이 성분들을 분해시켜 그 산물을 흡수하는 기관은?

① 침 샘   ② 전 장
③ 중 장   ④ 후 장

해설
③ 점액성 단백질로 구성된 위식막으로 음식물을 감싸고 효소를 분비해 소화, 흡수작용이 일어난다.

34 곤충의 생식방법이 아닌 것은?

① 양성생식   ② 단위생식
③ 다배생식   ④ 무성생식

해설
④ 무성생식은 식물에서 이루어지는 생식방법이다.

35 비료를 사용할 때 흡즙성 해충의 증식을 가장 촉진시키는 비료의 종류는?

① 질소질 비료
② 인산질 비료
③ 칼륨질 비료
④ 인산 + 칼륨질 비료

해설
① 질소질 비료에 의해 웃자란 작물은 흡즙성 해충의 증식이 촉진된다.

36 해충을 작물에서 수면이나, 사각접시, 면포 등에 떨어뜨려 해충 수를 조사하는 방법은?

① 털어잡기법
② 먹이유살법
③ 수반조사법
④ 포충망 조사법

해설
① 털어잡기법은 작물에서 수면이나 사각접시, 면포 등에 떨어뜨려 해충 수를 조사하는 방법이다.

37 다음 곤충 중 안테나의 형태가 가장 다양한 목(目)은?

① 딱정벌레목   ② 나비목
③ 파리목   ④ 벌 목

해설
① 딱정벌레목 : 곤충 중 가장 큰 목으로 곤충의 약 40%를 차지하며, 소형에서 대형까지 몸의 크기가 다양하고, 체색이나 무늬도 다양하다.

38 다음 중 연결이 바르지 않은 것은?

① 앞가슴샘 - 탈피호르몬
② 혈액 - 가스교환
③ 말피기관 - 배설작용
④ 알라타체 - 유약호르몬

해설
② 가스교환은 호흡계에서 이루어진다.

39 곤충의 먹이 탐색에 이용되지 않는 것은?

① 시각적 자극
② 후각적 자극
③ 촉 감
④ 맛

해설
촉각 또는 입틀에 있는 감각기가 작용하여 후각적 자극을 느낀다.

40 곤충의 4시기 중에서 유충에서 번데기로 촉진작용을 하는 호르몬은 어떤 것인가?

① Allomone
② Pheromone
③ 앞가슴(前胸腺) 호르몬
④ Allata체 호르몬

해설
③ 유충에서 번데기로 촉진작용을 하는 호르몬은 전흉선호르몬이다.
※ 유약호르몬 : 알라타체에서 분비되는 호르몬으로, 난소의 발육을 억제하여 유충의 형질을 유지하고, 전흉선호르몬과 협동하여 유충의 탈피를 일으킨다.

정답 36 ① 37 ① 38 ② 39 ④ 40 ③

41 곤충의 체벽(외골격)을 구성하는 요소들을 바깥쪽부터 순서대로 바르게 나열한 것은?

① 외큐티클 – 진피 – 상큐티클 – 기저막
② 외큐티클 – 상큐티클 – 진피 – 기저막
③ 상큐티클 – 진피 – 외큐티클 – 기저막
④ 상큐티클 – 외큐티클 – 진피 – 기저막

해설
곤충 체벽
- 표피층(큐티클층) – 표피세포층 – 기저막으로 구성
- 체벽은 곤충의 내부 기관을 물리적으로 보호하고 몸의 모양을 지탱하고, 근육의 부착점이 되는 외골격 역할을 담당, 수분 증산을 억제

42 경화되지 않아 비교적 부드러우며, 상피세포에서 분비되는 효소에 의해 분해될 때 새로운 표피를 만드는 물질로 이용되는 것은?

① 진피세포 ② 내원표피
③ 외원표피 ④ 외표피

43 말피기관에 관한 설명 중 틀린 것은?

① 말피기관은 중장과 후장이 만나는 곳에서 후장과 연결되어 있다.
② 말피기관은 배설계에 속하는 기관이다.
③ 말피기관은 혈액 속에서 물, 무기이온 등을 흡수하여 후장으로 이동시킨다.
④ 말피기관은 진딧물에서 볼 수 있다.

44 혈구에서 분비되는 점액성 다당류를 함유하며, 곤충의 근육이 부착되는 곳과 연결된 피부층은?

① 외원표피
② 진피세포
③ 기저막
④ 피부선

해설
③ 기저막은 결합조직과 상피·근육·신경조직이 맞닿는 곳에 있는 막이며, 표피와 진피의 경계로 영양 공급 역할을 한다.

45 곤충의 표피층은 배자발육에서 어느 부분이 발달된 것인가?

① 내배엽
② 외배엽
③ 중배엽
④ 극세포

해설
② 표피층은 배자발육에서 외배엽이 발달된 것이다.

41 ④ 42 ② 43 ④ 44 ③ 45 ②

46 성페로몬에 대한 연구로 최초로 유도체 및 물질이 분리된 곤충은?

① 집시나방
② 이질바퀴
③ 솔나방
④ 누에나방

해설
성페로몬 : 극히 소량으로 효과가 있으며, 누에나방의 암컷이 생산하여 수컷에 작용한다.

47 곤충의 전형적인 더듬이의 주요 부분 중 존스톤씨 기관을 가지고 있는 것은?

① 자루마디(Scape)
② 흔들마디
③ 채찍마디(Flagellum)
④ 관절점

해설
존스톤씨 기관
- 흔들마디에 위치
- 감각기능
- 먹이를 잡는 기능
- 냄새를 맡는 기능
- 교미행위나 의사소통기능

48 곤충다리의 마디 순서로 맞는 것은?

① 기절 → 전절 → 퇴절 → 경절 → 부절
② 기절 → 퇴절 → 경절 → 전절 → 부절
③ 기절 → 퇴절 → 전절 → 경절 → 부절
④ 기절 → 전절 → 부절 → 퇴절 → 경절

해설
곤충다리의 마디 순서
- 기절(밑마디) : 가슴부분에 고정되어 움직이지 못한다.
- 전절(도래마디) : 움직임이 있는 부분이다.
- 퇴절(넓적다리마디) : 메뚜기류는 잘 발달되어 크기 및 근육층이 크다.
- 경절(종아리마디) : 가시가 조금씩 나 있다.
- 부절(발목마디)

49 곤충의 소화기관 중 내배엽에서 만들어진 것은?

① 모이주머니
② 전 위
③ 식 도
④ 중 장

해설
④ 중장은 내배엽성 기원세포로 이루어진다.

50 곤충의 외표피를 바깥쪽에서부터 안쪽으로 옳게 배열한 것은?

① 시멘트층 → 왁스층 → 표피층
② 왁스층 → 진피세포 → 기저막
③ 왁스층 → 원표피 → 기저막
④ 왁스층 → 기저막 → 진피세포

해설
곤충의 외표피(바깥쪽 → 안쪽)
시멘트층 → 왁스층 → 표피층

정답 46 ④ 47 ② 48 ① 49 ④ 50 ①

CHAPTER 05 곤충과 환경

PART 02 농림해충학

1 환경과 곤충의 반응

(1) 곤충의 분산과 이동
먹이, 짝짓기, 온도, 습도, 이산화탄소 등의 영향으로 분산과 이동 발생

(2) 휴 면
① 의무적 휴면(1년에 한 세대만 발생) : 매 세대에 휴면에 들어감
② 기계적 휴면 : 여러 세대 경과 후 휴면에 들어감

(3) 곤충의 분포
한국의 곤충상은 북부중국과 시베리아에 더 가까움
① 비래해충(월동을 하지 못하고 바람을 타고 유입되는 해충) : 벼멸구, 흰등멸구, 혹명나방
② 외국에서 들어와 문제가 되는 해충 : 사과면충, 감자나방, 온실가루이, 솔잎혹파리

2 곤충에 영향을 미치는 환경

(1) 비생물적 환경 기출
① 곤충의 발육은 온도와 밀접한 관계를 가지고 있으며 발육단계마다 발육에 필요한 일정한 온량이 필요
② 유효적산온도 : 생물이 일정한 발육을 완료하기 위해 필요한 총온열량(總溫熱量)으로 1일 평균 기온에서 발육영점온도를 뺀 값을 누적시킨 온도
③ 유효적산온도는 종과 세대에 따라 다를 수 있으며 유효적산온도로 곤충의 발육상태, 발육속도 등을 예측하여 방제에 이용할 수 있음
　㉠ 유효적산온도 = (측정온도 − 발육영점온도) × 측정온도에서의 발육일수
　㉡ 1일 유효적산온도 = (1일 최고온도 + 1일 최저온도)/2 − 발육영점온도
　㉢ 발육영점온도 : 곤충이 발육되지 않는 생존최저온도로 종에 따라 다름
　㉣ 발육적산온도 법칙 : 곤충이 일정한 발육을 하려면 일정량의 유효한 온도가 필요

(2) 생물적 환경

① 특정 장소에서 서식하고 있는 동식물이 같은 종류 또는 서로 다른 종류의 생물군이 작용하는 요인

② 동식물 상호간의 먹이활동, 생활습성에 따라 해충의 발생에 관여하는 요인

　㉠ 영향요인 : 해충의 천적관계, 기주식물의 유무

　㉡ 서식처와 월동처 등 : 생물학적 방제 등에 이용

CHAPTER 05 적중예상문제

PART 02 농림해충학

01 곤충의 4가지 기본환경 요인 중 온도에 대한 설명으로 옳지 않은 것은?

① 대부분의 곤충은 0~40℃가 생존범위 온도이다.
② 발육영점온도 이상의 유효 온도의 합이 일정량에 도달될 때 발육이 끝나는 성질이 있다.
③ 월동 중의 곤충들은 조직 내에 글리세롤(Glycerol)과 같은 동해방어물질이 생성된다.
④ 발육영점온도는 일반적으로 4℃ 정도이다.

해설
④ 곤충마다 발육영점온도가 다르다.

02 곤충의 휴면에 대한 설명으로 옳지 않은 것은?

① 모든 곤충은 무조건 휴면을 거친다.
② 부적절한 환경을 극복하기 위한 수단이다.
③ 휴면을 유발시키는 요인은 온도, 일장, 먹이환경, 생리생태, 나이 등 다양한 요인이 있다.
④ 곤충의 휴면은 절대휴면과 일시휴면으로 대별된다.

해설
① 휴면은 부적절한 환경을 극복하기 위한 수단으로 무조건 휴면하지 않는다.

03 곤충이 생활하는 도중 부적합한 환경을 극복하려고 발육을 일시 정지하는 현상은?

① 변 태
② 휴 면
③ 이 주
④ 탈 피

해설
② 곤충은 불리한 조건에서 휴면을 통해 생태를 유지한다.

04 곤충의 발생에 영향을 주는 환경요인이 아닌 것은?

① 산란수
② 기 상
③ 먹 이
④ 생활 장소

해설
① 곤충의 발생은 적절한 기상, 먹이, 생활 장소 등에 의해 결정된다.

05 자연생태계에 비교할 때 농생태계의 특징은?

① 영속성이 없다.
② 종의 다양도가 높다.
③ 천이를 통해 변천한다.
④ 식물군 간에 많은 경쟁이 일어난다.

해설
농생태계는 인위적인 경작활동으로 인해 동일 작물이 재배되는 경우가 많아 식물군 간에 경쟁이 적다.

06 곤충은 부적합한 환경조건이 되면 발육을 일시 정지하고 휴면을 한다. 다음 중 휴면을 유발시키는 요인이 아닌 것은?

① 일 장
② 온 도
③ 먹 이
④ 습 도

해설
휴면은 일장, 온도, 먹이에 의해 유발된다.

07 유효적산온도 법칙에 대한 설명 중 잘못된 것은?

① 발육영점온도 이상의 온량만 관련된다.
② 유효적산온도는 종에 따라 다르다.
③ 유효적산온도는 세대에 따라 다를 수 있다.
④ 발육영점온도는 최저생존허용온도보다 높다.

해설
• 발육영점온도 : 곤충이 일정한 온도 이상에서 발육을 시작
• 유효적산온도 : 발육영점온도 이상의 온도가 일정기간 유지되어야 단계적 생육 진행

정답 5 ① 6 ④ 7 ④

CHAPTER 06 해충의 방제

1 해충의 밀도

(1) 개체군의 밀도 변동
① 해충 방제의 최종 목적은 해충 개체군의 밀도를 합리적으로 감소시켜 피해를 줄이는 것으로 해충 개체군의 밀도 변동은 해충 방제의 중요한 기초가 됨
② 개체군의 밀도 변동은 증가요소인 출생률과 감소요인인 사망률과의 관계에 의해 결정되며, 개체군 간의 개체이동이 없을 경우에는 다음의 공식으로 표현

$$N_t = N_o e^{(b-d)t}$$

여기서, N_t : t시간 후의 개체 수
N_o : 최초의 개체 수
e : 자연대수
b : t시간 동안의 출생률
d : t시간 동안의 사망률
t : 극히 짧은 시간

(2) 개체군의 밀도 변동에 미치는 요인 기출
① 출생률 : 사망이나 이동이 없다고 가정하였을 때 일정한 시기에 출생한 수의 최초 출발당시의 개체 수에 대한 비율
② 사망률 : 출생이나 이동이 없다고 가정하였을 때 일정한 시기에 사망한 개체수의 최초의 개체 수에 대한 비율로 사망률은 밀도에 비례
③ 이동 : 어떤 지역을 중심으로 이동하여 들어오는 이입과 다른 곳으로 나가는 이주로 구별

(3) 개체군의 밀도 변경 메커니즘
① 비생물적 조절 : 생물학적 특성이 아닌 물리적 특성을 가진 조절 요소로 밀도 비의존적 효과를 나타나는 것으로 생존에 중요한 것은 개체의 저항성임
② 생물적 조절
  ㉠ 생물적 작용이 개체군에 영향을 미치는 것으로 밀도 의존적 효과를 나타냄
  ㉡ 개체군의 밀도가 증가함에 따라 각 개체에 가해지는 압력이 증가해 사망률이 높아지고 개체군의 밀도가 감소

2 해충조사

(1) 해충조사의 의의
① 해충조사는 야외포장에서 해충의 존재여부를 확인하고 그 종류를 동정하는 동시에 분포의 범위와 포장 내에서의 밀도를 추정하는 것으로 방제의 기초가 됨
② 해충의 방제는 해충의 밀도가 어느 수준 이상이 되었을 때 한하여 방제수단을 강구

(2) 해충조사의 종류
해충조사의 종류는 해충의 종류에 대한 정성적 조사와 해충의 밀도에 대한 정량적 조사 등이 있음
① **정성적 조사** : 해충의 종류에 대한 조사로 전체 해충, 잠재해충류, 주요 해충류, 천적 등 특정한 범주에 속하는 해충에 대한 조사
② **정량적 조사**
  ㉠ 절대밀도 : 일정한 단위에 대한 해충 수 또는 면적당 해충의 수로 솔잎혹파리의 월동 유충, 굼벵이, 거세미는 면적으로, 깍지벌레류는 먹이의 양으로, 솔나방은 인위적 단위로 나타냄
  ㉡ 상대밀도 : 유아등이나 포살장치를 이용한 단위시간당 포살 수로 경제작 변동이나 지역적인 차이를 알기 위한 방법으로 해충의 실제밀도보다는 변동상황을 비교

3 해충의 방제법

(1) 법적 방제법
① 국제 검역 : 국제간의 만연을 예방
② 국내 검역 : 특정한 식물에 대하여 그 지역간 이동을 제약

(2) 생태적 방제법
① 해충의 생태를 고려하여 발생 및 가해를 경감시키기 위해 환경조건을 변경하거나 숙주 자체가 내충성을 지니게 하는 방법
② 환경의 개변
  ㉠ 윤작 : 토양곤충에 대해서는 윤작을 하는 것이 가장 적당한 방법으로 유연관계가 먼 작물을 윤작 → 방아벌레 방제
  ㉡ 재배밀도 조절 : 일반적으로 밀식할 때보다 소식할 때 해충의 발생이 적음
  ㉢ 혼작 : 서로 다른 작물을 적당히 배합하여 충해를 방지
  ㉣ 미기상의 개변 : 해충이 서식하고 있는 포장 내의 미기상을 개변함으로써 서식밀도를 낮추고 활동력을 저하시키는 방법

ⓜ 잠복소의 제공 : 해충의 습성에 따라 번데기가 될 장소 또는 활동장소를 마련해 유인 포살
③ **피해 회피** : 해충의 발생최성기를 피해 식물 재배시기를 조정
④ **토성의 개량** : 토양곤충(굼벵이류, 고자리파리)을 대상으로 함

(3) 물리적 방제법 기출

① **포살** : 해충의 알, 유충, 번데기, 성충 등을 맨손·간단한 기구 등으로 잡아 죽이는 방법
② **등화유살** : 곤충의 주광성을 이용
③ **온도처리**
  ㉠ 가열법 : 태양열법, 온탕침법, 증기열법, 화열법, 적외선법
    • 온탕침법 : 잠두경바구미 구제 70℃에서 3분, 60℃에서 5분
    • 증기열법 : 온실의 경우에는 51~55℃에서 10~12시간
    • 화열법 : 토양 중의 해충 구제
  ㉡ 냉각법 : 저온 → 고온 → 저온의 식으로 처리
④ **기타 방법** : 고주파법, 초음파법, 감입법, 침수법

(4) 화학적 방제법 기출

① **살충제의 종류** : 작용 기구에 따라서 독제, 접촉제, 훈증제, 침투제로 분류
② **소화중독제** : 해충이 먹었을 때 독제가 입을 통하여 먹이와 함께 소화관에 들어가 살충작용을 나타내는 것
③ **접촉제** : 해충의 몸에 직접 또는 간접적으로 약제가 닿게 하여 숨구멍이나 표피를 통해 해충의 체내로 침투하여 죽게 하는 것
  ㉠ 직접 접촉제 : 살포할 때 해충의 몸에 직접 닿으면서 살충작용
    예 제충국제, 데리스제, 니코틴제 등
  ㉡ 간접 접촉제 : 작물체에 남아 있는 것이 지나가던 해충에 닿아서 중독
④ **침투성 살충제** : 흡수하는 멸구나 진딧물을 죽게 하는 데 사용, 천적에 대한 피해 없음
⑤ **훈증제** : 약제가 가스체로 되어 해충의 숨구멍을 통하여 들어가 작동
  예 클로로피크린, 메틸브로마이드, 사이안화칼륨 등
⑥ **유인제** : 해충을 유인하는 물질로서 독먹이나 포충기와 같이 사용
  ㉠ 방향성 물질 : 효소 과즙, 당밀, 유제놀(Eugenol)
  ㉡ 성유인 물질 : 집시나방에 대한 Gyplure, 지중해 왕대파리에 대한 Medlure
⑦ **기피제** : 해충이 작물이나 인축에 접근하는 것을 방지하는 데 사용
⑧ **불임제** : 해충의 생식세포 형성에 장해를 주거나 난자나 정자의 생식력을 잃게 하여 알을 무정란으로 만드는 데 사용하는 것
⑨ **보조제** : 살충제의 효력을 충분히 발휘시킬 목적으로 사용

⑩ 화학방제의 부작용
  ㉠ 자연계의 평형 파괴
  ㉡ 약제 저항성 해충의 출현
  ㉢ 잠재적 곤충의 해충화
  ㉣ 동물상의 단순화
  ㉤ 잔류 독성

(5) 천적 이용 방제법

① **기생성 천적** : 기생벌, 기생파리류의 암컷을 이용 숙주의 체내에 알을 낳음
  ㉠ 맵시벌과 : 몸집이 크고 대부분 나비·나방류와 같은 완전변태류 해충에 기생
  ㉡ 고치벌과 : 몸집이 작고 나비목·딱정벌레목·파리목 등에 기생
② **포식성 천적**
  ㉠ 풀잠자리류 : 부화유충은 육식성이며, 진딧물류·깍지벌레류·응애류를 포식
  ㉡ 딱정벌레류 : 무당벌레과는 유충과 성충이 모두 포식성이고 진딧물·깍지벌레를 포식
  ㉢ 노린재류 : 침노린재와 장님노린재의 일부
③ **병원미생물** : 곤충에 기생하여 병을 일으키는 원생동물로 세균, 진균, 바이러스, 선충 및 응애를 이용
④ **천적류**

해 충	천 적
목화진딧물, 복숭아진딧물	콜레마니진디벌, 진디혹파리
감자수염진딧물, 싸리수염진딧물	무당벌레, 진디혹파리
점박이응애	칠레이리응애
온실가루이	온실가루이좀벌
총채벌레	오리이리응애, 으뜸애꽃노린재
아메리카잎굴파리	곤충병원성 선충, 굴파리좀벌, 굴파리고치벌
담배거세미, 파밤나방, 담배나방	곤충병원성 선충
작은뿌리파리, 버섯파리	곤충병원성 선충

⑤ **천적의 구비조건** 기출
  ㉠ 해충의 밀도가 낮은 상태에서 해충을 찾을 수 있는 수색력이 높아야 함
  ㉡ 성비가 작고 기주특이성이 높아야 함
  ㉢ 세대기간이 짧고 증식력이 높아야 함
  ㉣ 천적의 활동기와 해충의 활동기가 시간적으로 일치해야 함
  ㉤ 분산력이 높아야 함
  ㉥ 다루기 쉽고 천적에 기생하는 기생봉이 없어야 함

(6) 기타 방제법
① 내충성 이용 : 조생·만생과 같은 시기에 관계있는 품종으로서 해충의 발생기를 회피, 작물의 성상이 관계되어 산란을 방지
② 주화성 이용 : 유인물질
　㉠ 먹이유인물질 : 숙주선택이라 하는데 이때 관여하는 물질
　㉡ 성유인물질(Pheromone)
　㉢ 집합물질(바퀴)
③ 호르몬 이용
　㉠ 알라타체 : 유약호르몬 분비, 곤충의 변태를 억제함
　㉡ 메소프렌(Methoprene) : 모기, 유충, 개미 등 완전변태류에 효과가 있음
　㉢ 키노프렌(Kinoprene) : 상품명은 Eustar이며 가루이류, 돌깍지벌레류, 진딧물, 버섯파리류에 적용함
④ 페로몬 이용
　㉠ 페로몬 : 정보매체가 되고 있는 화학물질 중 종내 정보전달에 관여
　㉡ 호르몬과는 달리 체외로 분비되며 동일종의 다른 개체에 작용하는 생리활동 물질
⑤ 곤충생장조절제 이용 : 대사 저해제는 변태과정이 순조롭게 이루어지는 것을 방해하는 화합물
⑥ 불임법 이용 : 해충에 방사선을 조사하여 생식능력을 잃게 한 수컷을 다량으로 야외에 방사, 야외의 건전한 암컷과 교미시켜 무정란을 낳게 해 다음 세대의 해충 밀도를 조절
⑦ 유전학 이용 : 교잡불화합성을 이용하는 방법으로 생태적 적응성이 없는 인자를 이용하여 주로 겨울에 동사케 함

4 병해충 종합관리(IPM ; Intergrated Pest Management)

(1) IPM은 병해충 방제 시 농약 사용을 최대한 줄이고, 이용 가능한 방제방법을 적절히 조합해 병해충의 밀도를 경제적 피해수준 이하로 낮추는 것임

(2) 각종 방제 수단을 상호보완적으로 활용함으로써 단기적으로 병해충에 의한 경제적 피해를 최소화하고, 장기적으로는 병해충의 발생이 경제적 문제가 되지 않을 정도의 낮은 수준에서 유지될 수 있도록 병해충을 관리

(3) 천적이나 성페로몬, 미생물, 효소 그리고 기피식물 등을 이용하는 방식으로 자연생태계의 생물 상호관계를 응용하여 병해충을 예방

PART 02 농림해충학

CHAPTER 06 적중예상문제

01 일반 경종법을 이용하여 해충을 방제하는 재배적 방제법의 설명 중 틀린 것은?

① 예방적 조치이다.
② 적은 경비로 목적을 달성할 수 있다.
③ 해충 문제를 완전히 해결할 수 있다.
④ 저항성 해충 출현 등 부작용이 없다.

해설
③ 경종적 방제에 의해 해충 문제를 완전히 해결할 수 없다.

02 곤충의 성페로몬에 관한 설명 중 잘못된 것은?

① 극히 미량만 있어도 효력을 나타낸다.
② 먼 거리까지 작용을 한다.
③ 한 가지 성분으로만 되어 있다.
④ 수컷이 성페로몬을 내는 종도 있다.

해설
③ 성페로몬은 다양한 화학적 성분으로 구성되어 있어 원하는 해충에 작용할 수 있도록 인위적으로 합성해 이용되기도 한다.

03 다음 중 천적 방제의 성공 사례가 아닌 것은?

① 미국흰불나방 – 고치벌
② 이세리아깍지벌레 – 베달리아무당벌레
③ 루비깍지벌레 – 루비깍지좀벌
④ 사과면충 – 사과면충좀벌

해설
① 미국흰불나방의 천적은 무늬수중다리좀벌, 검정명주딱정벌레, 긴등기생파리 등이 있다.

04 해충조사법 중 잘못 연결된 것은?

① 황색수반 – 진딧물, 애멸구
② 페로몬트랩 – 사과잎말이 나방류
③ 유아등 – 이화명나방
④ 공중포충망 – 톡토기

해설
④ 공중포충망의 경우 주로 비래해충의 조사법으로 이용된다.

정답 1 ③ 2 ③ 3 ① 4 ④

05 다음 중 훈증제로 쓰이는 약제는?

① 다이아지논
② 메틸브로마이드
③ 페니트로티온(메프)
④ 포스파미돈(포스팜)

해설
② 메틸브로마이드의 경우 대표적인 훈증제이다.

06 다음 설명 중 틀린 것은?

① 해충 방제는 생물학적 측면과 경제적인 측면에 기초를 두고 수행한다.
② 포장에 해충이 있으면 무조건 방제한다.
③ 방제는 해충밀도의 변동과 밀접한 관계가 있다.
④ 방제결정은 해충에 의한 피해액과 방제비와의 관계에서 결정한다.

해설
② 해충의 방제는 경제적 피해를 고려해 실시한다.

07 다음 천적류 중 해충에 기생하는 천적이 아닌 것은?

① 노린재류   ② 맵시벌류
③ 알좀벌류   ④ 고치벌류

해설
① 노린재류는 해충을 직접적으로 흡즙하는 형태로 방제에 이용된다. 천적류에 기생하는 곤충은 맵시벌류, 알좀벌류, 고치벌류이다.

08 해충의 발생예찰에 이용되는 기구가 아닌 것은?

① 유아등   ② 훈증기
③ 포충망   ④ 페로몬 트랩

해설
② 훈증기는 훈증제를 이용한 방제에 사용되는 방제기구이다.

09 통계적 예찰법에서 예찰식을 계산할 때 주의사항으로 틀린 것은?

① 변동량이 극단적인 경우는 제외한다.
② 예측범위를 통계자료의 범위 내로 한다.
③ 이상발생이나 대발생 예찰에 적용한다.
④ 상관관계의 유의성을 충분히 고려한다.

해설
③ 통계적 예찰의 경우 변동량이 극단적인 경우는 제외 대상이다.

10 다음 곤충 중 진딧물이나 깍지벌레류의 포식충이 아닌 것은?

① 무당벌레
② 꽃등에유충
③ 수중다리좀벌
④ 풀잠자리유충

해설
③ 수중다리좀벌의 경우 나비목 유충의 포식충이다.

정답 5 ② 6 ② 7 ① 8 ② 9 ③ 10 ③

11 작물의 항충성의 본질에 관한 설명 중 틀린 것은?

① 기피성
② 체중 감소
③ 치사율 증가
④ 생육기간 연장

해설
① 항충성은 작물이 해충에 저항하는 성질이고 기피성은 해충이 먹이를 피하는 것으로 해충과 관련된다.

12 해충의 발생예찰 방법 중 거리가 먼 것은?

① 야외조사 및 관찰 예찰법
② 통계적 예찰법
③ 시뮬레이션 예찰법
④ 피해사정법

해설
④ 해충의 발생예찰 방법에는 야외조사 및 관찰 예찰법, 통계적 예찰법, 시뮬레이션 예찰법 등이 있다.

13 종합적 해충관리의 방법과 거리가 먼 것은?

① 농약의 합리적인 사용
② 천적이용을 확대
③ 철저한 유기농법의 확대
④ 해충발생 예찰의 철저

해설
③ 종합적 해충관리 방법은 적절한 시기에 적절한 방제활동에 의한 해충 방제 방법으로 농약사용을 완전히 배제하는 유기농법과는 차이가 있다.

14 출생률이 개체군 크기의 변화를 좌우한 출생률에 영향을 미치는 요인과 거리가 먼 것은?

① 암컷의 평균 생식력
② 암컷의 평균 번식력
③ 수컷의 평균 생식력
④ 성비(Sex Ratio)

해설
③ 출생률은 암컷의 평균 생식력, 평균 번식력, 성비와 관련이 있다.

15 실제로 해충을 방제해야 할 때의 기준이 되는 것은?

① 해충의 존재
② 방제력
③ 경제적 피해수준(밀도)
④ 일반 평형수준(밀도)

해설
③ 해충의 방제는 경제적 피해 수준을 감안해 실시한다.

16 곤충의 외분비물질로서 특히 암수 상호 간의 종내 통신물질을 이용한 것으로 나비목해충의 방제에 가장 많이 활용하고 있는 물질은?

① 집합페로몬
② 경보페로몬
③ 성페로몬
④ 길잡이페로몬

해설
③ 나비목 해충 방제에는 성페로몬을 사용한다.

정답 11 ① 12 ④ 13 ③ 14 ③ 15 ③ 16 ③

17 다음 중 진딧물이나 애멸구가 잘 유인되는 색은?

① 청 색 ② 황 색
③ 흑 색 ④ 적 색

해설
② 진딧물, 애멸구를 유인하기 위해서 황색수반을 사용한다.

18 딸기하우스 내에 점박이응애의 방제용으로 이용할 수 있는 천적은?

① 칠성풀잠자리
② 칠레이리응애
③ 온실가루이좀벌
④ 남생이무당벌레

해설
② 점박이응애의 천적이용 곤충은 칠레이리응애이다.

19 사과과수원에 복숭아심식나방의 성충 발생정도를 예찰하는 방법으로 적합한 것은?

① 성페로몬 트랩
② 황색수반 트랩
③ 말레이즈 트랩
④ 유아등

해설
① 나방목 해충의 예찰 방법으로는 주로 성페로몬 트랩을 사용한다.

20 가장 기본적인 발생예찰 방법은?

① 실험적 방법
② 통계적 방법
③ 컴퓨터 이용방법
④ 야외조사 및 관찰방법

해설
④ 야외조사 및 관찰방법은 가장 기본적인 발생예찰 방법이다.

21 화학적 방제의 부작용이 아닌 것은?

① 자연계의 평형 파괴
② 약제 저항성 해충의 출현
③ 동물상의 다양화
④ 잔류 독성

해설
화학적 방제의 부작용
• 자연계의 평형 파괴
• 약제 저항성 해충의 출현
• 잠재적 곤충의 해충화
• 동물상의 단순화
• 잔류 독성

22 식물체에 약액을 흡수시켜 즙액을 빨아 먹는 해충을 방제하는 것은?

① 훈증제 ② 침투성 살충제
③ 접촉제 ④ 소화중독제

해설
② 즙액을 흡즙하는 해충에는 침투성 살충제를 사용한다.

23 곤충 생장조절제의 이용에 관하여 잘못 설명한 것은?

① 곤충류에만 특이하게 작용한다.
② 생물적 농축현상이 없다.
③ 잔효성이 길다.
④ 부작용이 적다.

해설
③ 생물적 농축현상이 없으며 잔효성이 짧다.

24 다음 해충밀도 조사법 중 절대밀도 조사법에 이용될 수 있는 것은?

① 페로몬 트랩   ② 유아등
③ 황색수반   ④ 동력흡충기

해설
유아등이나 포살장치 등을 이용한 조사는 상대밀도 조사법이다.

25 곤충의 선천적 행동에 해당되지 않는 것은?

① 정 위   ② 조건화
③ 반 사   ④ 고정행위

해설
② 조건화는 주어진 조건에 반응하는 후천적인 행동이다.

26 해충 방제의 개념상 경제적 가해수준이란?

① 경제적 피해가 나타나는 최고밀도
② 직접 방제수단을 써야 하는 밀도수준
③ 일반적인 환경조건하에서의 평균밀도
④ 일반적인 피해가 나타나는 최저밀도

해설
④ 경제적 가해수준은 일반적인 피해가 나타나는 최저밀도를 말한다.

27 다음 밀도 의존적 치사요인에 대한 설명 중 가장 옳은 것은?

① 사망률은 밀도에 비례한다.
② 사망수는 밀도에 비례한다.
③ 사망률은 밀도에 반비례한다.
④ 사망수는 밀도에 반비례한다.

해설
① 사망률은 밀도가 높을수록 증가해 밀도와 비례한다.

28 해충 방제를 계획할 때 지켜야 할 사항 중 가장 불합리한 것은?

① 방제력만을 꼭 따라야 한다.
② 해충의 종을 확인한다.
③ 농약을 선택적으로 쓴다.
④ 해충의 밀도를 조사한다.

해설
① 해충의 방제는 경제적 피해를 유발하는 상황에서 방제하는 것으로 방제력만으로 방제하는 경우는 경제성이 떨어진다.

정답 23 ③ 24 ④ 25 ② 26 ④ 27 ① 28 ①

29 수간주입에 의한 해충구제용으로 적합한 농약은?

① 소화중독제
② 접촉제
③ 침투성 살충제
④ 기피제

해설
③ 수간주입에 의한 해충구제용 농약으로 적합한 것은 침투성 살충제이다.

30 오이 하우스 재배 시 진딧물 발생 억제를 위한 수단이 아닌 것은?

① 정식 전 육묘장에 진딧물 오염이 없도록 한다.
② 기생성 천적으로 알기생봉을 투입한다.
③ 진디벌을 이용하여 진딧물의 초기밀도를 억제한다.
④ 포식성 천적으로 풀잠자리를 이용한다.

해설
② 진딧물의 천적에는 콜레마니 진디벌, 무당벌레, 진디혹파리 등이 있다.

31 깍지벌레류 방제는 기계유 유제를 동계절에 많이 사용하고 있다. 기계유 유제의 작용 특성을 알맞게 설명한 것은?

① 식독제로서 위에서 소화중독이 되어 치사시킨다.
② 침투성 살충제로서 작용점인 신경계를 이상 자극하여 저해작용을 한다.
③ 침투성 살충제로서 작용점인 원형질에 도달하여 에너지 생성계의 효소에 저해작용을 한다.
④ 직접 접촉제로서 곤충 체표에 피막을 형성하여 기문이나 기관을 막아 질식사시킨다.

해설
④ 기계유 유제는 직접 접촉제로 곤충의 기관을 막아 질식시킨다.

32 해충의 발생예찰에서 피해허용밀도, 요방제밀도, 피해한계밀도는 다음 중 어떤 항목에 속하는가?

① 발생시기의 예찰
② 발생량의 예찰
③ 피해량의 예찰
④ 방제여부의 예찰

해설
④ 요방제밀도, 피해허용밀도, 피해한계밀도는 방제여부 예찰이다.

33 해충이 먹이를 먹을 때 약제가 먹이와 함께 입을 통하여 소화관에 들어가 살충작용을 나타내는 약제는?

① 접촉제 ② 기피제
③ 소화중독제 ④ 불임제

해설
③ 소화중독제에 대한 설명이다.

34 다음 중 해충과 천적이 가장 부적절하게 연결된 것은?

① 꽃노랑총채벌레 – 애꽃노린재류
② 목화진딧물 – 콜레마니진딧벌
③ 애멸구 – 칠성풀잠자리붙이
④ 점박이응애 – 칠레이리응애

해설
③ 칠성풀잠자리붙이는 진딧물의 천적이다.

35 살충제를 살포하여 해충을 방제하려고 한다. 다음 중 어느 시기에 방제하여야 하는가?

① 경제적 피해허용밀도에 도달 시
② 경제적 가해수준에 도달 시
③ 일반 평형밀도에 도달 시
④ 해충이 눈에 보이는 시기

해설
① 해충의 방제는 경제적 피해허용밀도에 도달할 경우 실시한다.

36 다음 중 해충의 발생예찰 방법으로 틀린 것은?

① 물리적 방법
② 통계적 방법
③ 실험적 방법
④ 야외조사 및 관찰에 의한 방법

해설
① 발생예찰 방법으로는 통계적 방법, 실험적 방법, 야외조사 및 관찰에 의한 방법이 있다.

37 하우스 딸기의 종합적 해충관리를 위한 방법으로 적절하지 않은 것은?

① 점박이응애의 밀도 억제를 위해 포식성 응애를 투입한다.
② 진딧물은 번식이 빠르므로 발생 여부에 관계없이 정식 이후 주기적으로 살충제를 살포한다.
③ 총채벌레는 꽃과 어린 열매를 주기적으로 관찰하여 발생여부를 확인한다.
④ 개화 후 꿀벌이 방화활동을 하면 살충제 사용을 자제한다.

해설
② 살충제는 경제적 피해허용밀도에 도달할 경우 살포한다.

정답 33 ③ 34 ③ 35 ① 36 ① 37 ②

38 산림해충의 화학적 방제법 중 천적에 미치는 영향이 상대적으로 적은 방법은?

① 수간주사
② 항공살포
③ 지면살포
④ 수관살포

해설
① 수간주사의 경우 흡즙해충에 적용되며, 천적에 영향을 크게 미치지 않는다.

39 농약에 대한 교차 저항성(Cross Resistance)의 설명으로 올바른 것은?

① 한 가지 약제를 사용한 후 그 약제에만 저항성이 생기는 것
② 한 가지 약제를 사용한 후 약리작용이 비슷한 다른 약제에 저항성이 생기는 것
③ 한 가지 약제를 사용한 후 모든 다른 약제에 저항성이 생기는 것
④ 한 가지 약제를 사용한 후 동일 계통의 다른 약제에는 저항성이 약해지는 것

해설
② 농약에 대한 교차 저항성은 한 가지 약제를 사용한 후 약리작용이 비슷한 다른 약제에 대한 저항성이 생기는 것을 의미한다.

40 다음 중 해충과 천적이 잘못 연결된 것은?

① 감자수염진딧물 - 무당벌레
② 복숭아진딧물 - 진디벌
③ 온실가루이 - 온실가루이좀벌
④ 진딧물 - 칠레이리응애

해설
④ 칠레이리응애는 점박이응애와 기타 응애류를 잡아먹는 천적이다.

41 방제를 실시해야 하는 밀도수준은?

① 경제적 피해수준
② 경제적 피해허용수준
③ 해충 가해수준
④ 해충 밀도수준

해설
② 경제적 피해허용수준 도달 시 방제한다.

42 내충성 품종을 이용한 방제법의 장점이 아닌 것은?

① 해충종류에 대한 특이성이 있다.
② 효과는 누적적이며, 장기간에 걸쳐 지속된다.
③ 육종에서 보급까지 단기간이 소요된다.
④ 살충제나 천적류의 이용효과를 증대시킨다.

해설
③ 내충성 품종의 경우 육종에서 보급까지 시간이 오래 걸린다.

43 살충제를 사용하였을 때 사용 직후 해충밀도는 감소하나 해충세력이 보다 빨리 회복되고 최고 밀도가 종전보다 높아진다. 그 원인으로 가장 중요한 것은?

① 저항성이 생겨서
② 약제가 생식력을 증대시켜서
③ 약의 지속성이 없어서
④ 천적류가 없어서

해설
④ 살충제를 이용한 방제의 경우 해충 및 천적류까지 밀도를 낮춰 천적류가 소멸되므로 해충의 밀도가 증가한다.

44 등화유살법(유아등)으로 구제할 수 없는 해충은?

① 솔나방   ② 독나방
③ 솔잎혹파리   ④ 복숭아명나방

해설
③ 등화유살법은 주로 나비목 해충 방제에 이용된다.

45 개체군의 밀도 변동과 거리가 먼 것은?

① 사망률   ② 출생률
③ 이입률   ④ 방제율

해설
개체군의 밀도 변동에 미치는 요인 : 사망률, 출생률, 이입률, 이출률

46 포식곤충 중 유충과 성충이 모두 포식성인 것은?

① 무당벌레
② 딱정벌레
③ 침노린재
④ 꽃등에

해설
① 무당벌레는 유충과 성충이 모두 포식성이 있는 천적이용 곤충이다.

47 해충문제의 심각성이 커지는 이유가 될 수 없는 것은?

① 지금까지 없던 해충이 다른 곳으로부터 침입했을 때
② 해충이 유전적으로 변화했을 때
③ 해충의 밀도가 이상 증가했을 때
④ 천적의 밀도가 증가했을 때

해설
④ 천적의 밀도 증가는 해충 방제에 유리하다.

정답 43 ④ 44 ③ 45 ④ 46 ① 47 ④

48 수확 후 포장관리법으로 바람직하지 않은 것은?

① 감자나방이 많이 발생한 포장에서는 수확 후 잔해물을 수거하여 소각한다.
② 온실가루이를 방제하기 위하여 토마토 수확 후 하우스 내 잔해물을 수거·소각한다.
③ 벼를 수확한 후 논두렁을 불태운다.
④ 오이하우스 내 아메리카잎굴파리가 발생한 포장에서는 수확 후 잔해물을 소각한다.

해설
③ 벼 수확 후 논두렁을 불을 태우는 행위는 해충 및 천적곤충의 월동처를 제거하게 돼 권장되고 있지 않다.

49 해충의 발생을 예찰하기 위한 방법으로 가장 부적절하게 설명한 것은?

① 실험적 예찰법
② 설문에 의한 예찰법
③ 야외조사 및 관찰에 의한 예찰법
④ 통계적 예찰법

해설
발생예찰방법에는 통계적 방법, 실험적 방법, 야외조사 및 관찰에 의한 방법이 있다.

50 해충 개체군 크기의 변동요인 중 밀도 의존적 요인이 아닌 것은?

① 먹이의 양　　② 기생자
③ 종내 경쟁　　④ 산 불

해설
④ 해충의 밀도 의존적 요인은 먹이의 양, 기생자, 종내 경쟁자 등이다.

51 식물의 선천적 내충성과 관계가 없는 것은?

① 내성(Tolerance)
② 항생성(Antibiosis)
③ 비선호성(Nonpreference)
④ 회귀성(Migration)

해설
④ 회귀성은 곤충과 관련된 내용으로 식물의 선천적 내충성과는 관계가 없다.

52 점박이응애는 채소, 과수, 화훼류의 공통해충으로 이들 작물에 많은 피해를 주고 있다. 점박이응애의 천적으로 이용 가치가 높은 곤충은?

① 흑좀벌　　② 진딧물
③ 무당벌레　　④ 긴털이리응애

해설
④ 점박이응애의 천적은 긴털이리응애이다.

53 해충의 발생시기나 발생량을 상관관계가 높은 환경요인과의 회귀식으로 계산하는 방법은?

① 실험적 방법
② 통계적 예찰법
③ 야외조사 예찰법
④ 관찰에 의한 예찰법

해설
② 통계적 예찰법 : 해충의 발생시기나 발생량을 통계적으로 분석하는 방법

54 진딧물, 깍지벌레, 응애류를 포식하는 이 곤충은 그중에도 진딧물류를 가장 선호하는 순수익충이다. 외국에서는 이 곤충을 대량 증식하여 천적으로 판매하는 일도 있다. 어떤 곤충인가?

① 혹파리의 일종
② 진딧벌의 일종
③ 풀잠자리류
④ 노린재류

해설
③ 풀잠자리류는 천적이용 해충으로 진딧물류 방제에 이용된다.

55 천적의 구비조건으로 가장 거리가 먼 것은?

① 공격력이 왕성한 것
② 번식력이 왕성한 것
③ 잡식성인 것
④ 분산력이 강한 것

해설
③ 천적은 정해진 해충을 섭식해야 하므로 잡식성인 경우 익충에게도 해가 된다.

56 윤작과 혼작을 통하여 방제효과를 얻기가 가장 유리한 해충은?

① 잡식성이고, 이동성이 큰 해충
② 잡식성이고, 이동성이 적은 해충
③ 단식성이고, 이동성이 적은 해충
④ 단식성이고, 생활사가 짧은 해충

해설
③ 윤작과 혼작의 경우 단식성이고 이동이 적은 해충 방제에 유리하다.

정답 53 ② 54 ③ 55 ③ 56 ③

CHAPTER 07 해충 각론

PART 02 농림해충학

1 식용작물의 해충

(1) 벼 해충

① 애멸구 : 바이러스병인 줄무늬잎마름병의 매개 `기출`
② 끝동매미충, 번개 매미충 : 바이러스병인 오갈병의 매개 `기출`
③ 벼멸구 : 비래해충 `기출`
  ㉠ 날개가 긴 장시형과 날개가 짧은 단시형이 있음
  ㉡ 약충・성충 모두 벼 포기의 아랫부분에 서식
  ㉢ 남서해안 지역이 주비래지역 : 6~7월 중국 남부지역에서 남서풍을 타고 비래
  ㉣ 비래충은 주로 장시형
④ 이화명나방 : 애벌레 상태로 월동, 6월과 8월 연 2회 발생, 유충이 줄기 속으로 들어가 줄기와 이삭에 피해 `기출`
⑤ 멸강나방 : 비래해충으로 유충이 잎을 폭식하는 다식성 해충이고, 3~4령충부터는 밤에만 먹이 활동
⑥ 혹명나방 : 비래해충으로, 유충이 벼 잎을 한 개씩 세로로 말고 그 속에서 엽육을 식해
⑦ 벼줄기굴파리
  ㉠ 제1화기 : 부화유충이 줄기 속으로 들어가 생장점 부근의 어린 잎을 가해, 피해 잎이 생장하면서 가늘고 긴 줄구멍이 생겨 황변 위축
  ㉡ 제2화기 : 지엽의 엽초 하단부에서 번데기를 볼 수 있음
  ㉢ 연 3회 발생, 유충의 형태로 뚝새풀・벼과 잡초의 줄기 속에서 월동
⑧ 벼잎굴파리 `기출`
  ㉠ 유충이 늘어진 잎에 기생하여 굴을 파고 가해
  ㉡ 저온에서 발생이 많은 저온성 해충
  ㉢ 연 7~8회 발생하고 번데기의 형태로 뚝새풀이나 잡초의 뿌리 부근에서 월동
⑨ 흰등멸구 : 비래해충 `기출`
  ㉠ 주로 비래성충이 낳은 유충에 의해 피해
  ㉡ 성충과 약충이 모두 벼 아랫부분을 흡즙
  ㉢ 포장 내 균일하게 분포해 피해도 균일하게 나타남

> `참고` 비래해충 : 벼멸구, 혹명나방, 흰등멸구, 멸강나방

(2) 맥류 및 기타 작물 해충
　① 보리굴파리 : 연 3회 발생하고 번데기 형태로 땅 속에서 월동
　② 보리수염진딧물 : 성충에는 유시충과 무시충이 있음, 보리 유묘의 잎 뒷면에 기생하며 흡즙, 출수 이후 보리 이삭과 이삭목 흡즙
　③ 조명나방
　　㉠ 유충은 잡식성이며 유충은 줄기나 종실 속으로 파고 들어가 식해
　　㉡ 옥수수를 섭식하며, 똥을 배출
　　㉢ 연 2~3회 발생
　④ 콩잎말이나방
　　㉠ 유충이 잎 뒷면에서 가해하나 자라면 잎을 세로로 말아 그 안에서 식해
　　㉡ 연 2~3회 발생, 유충 형태로 월동
　⑤ 콩나방
　　㉠ 유충이 꼬투리를 먹어 들어가 여물지 않은 종실 식해
　　㉡ 꼬투리에 둥근 구멍을 내고 탈출
　　㉢ 노숙유충의 형태로 땅속의 고치 안에서 월동
　⑥ 콩시스트선충
　　㉠ 성충의 암수 모양이 다름 : 암컷은 표주박이나 서양배 모양
　　㉡ 피층세포를 파괴하거나 효소를 분비해 침입구를 만들고 뿌리속으로 침투
　　㉢ 생장점을 가해하여 양·수분의 이동이 억제되고 생육이 중단
　⑦ 방아벌레
　　㉠ 유충이 땅속에서 감자의 괴경에 구멍을 내어 상품 가치를 잃게 함
　　㉡ 상처부에 토양병원균이 침입해 부패의 원인
　　㉢ 1세대를 경과하는 데 3년이 걸리며, 유충 또는 번데기 형태로 땅속에서 월동

2 원예작물의 해충

(1) 잎을 갉아먹는 해충
　① 배추흰나비
　　㉠ 번데기 형태로 가해 식물 등에서 월동
　　㉡ 유충이 십자화과 채소의 잎을 갉아먹으며, 봄과 가을에 피해가 심함
　② 도둑나방
　　㉠ 기주식물의 잎을 엽맥만 남기고 식해, 잡식성으로 기주 범위가 넓음
　　㉡ 번데기 형태로 땅속에서 월동

③ 배추좀나방
　㉠ 유충이 십자화과 채소의 잎을 가해하며, 엽맥을 따라 뒷면의 엽육만 식해
　㉡ 성충, 유충, 번데기의 형태로 월동
　㉢ 유충이 실을 토하면서 낙하
④ 배추순나방
　㉠ 유충이 기주식물의 본엽이 나올 무렵 생장점 부근을 가해
　㉡ 번데기 형태로 월동
⑤ 배추벼룩잎벌레
　㉠ 성충은 기주식물의 잎을 발아할 때부터 가해, 유충은 뿌리를 가해
　㉡ 성충 형태로 잡초나 얕은 땅속에서 월동
⑥ 무잎벌레
　㉠ 성충과 유충이 기주식물의 잎을 엽육만 남기고 가해, 심할 경우 엽병과 주맥의 연한 부분까지 가해
　㉡ 성충은 날개가 있으나 날지 못하고 기어다님
⑦ 담배거세미나방
　㉠ 유충이 기주식물의 줄기와 잎을 가해하며 표피만 남기고 식해, 약해를 받은 듯한 지저분한 반점이 생김
　㉡ 유충 및 번데기 형태로 월동
⑧ 오이잎벌레 기출
　㉠ 성충은 기주식물의 잎을 가해하고 유충은 땅속뿌리를 가해
　㉡ 성충의 형태로 따뜻한 곳에서 월동
⑨ 아메리카잎굴파리
　㉠ 유충이 잎 조직 내에서 굴을 파고 식해
　㉡ 피해 부위는 흰색의 줄 모양이 생김
　㉢ 온실에서 연 15회 이상 발생

(2) 흡즙 및 바이러스 매개충
① 복숭아혹진딧물 기출
　㉠ 무시충 : 암컷은 난형이고 담록색과 담홍색의 두 가지형으로 기온이 낮을 때 담홍색
　㉡ 유시충 : 암컷은 머리와 가슴이 흑색이고 배의 등쪽에 흑색 반점이 있음
　㉢ 감자잎말이병 등 각종 바이러스 매개
　㉣ 알의 형태로 겨울 기주인 복숭아나무 등의 겨울눈에서 월동

② 목화진딧물
  ㉠ 무시충 : 머리와 눈은 거의 검게 보이고 몸의 색은 계절에 따라 변함
  ㉡ 유시충 : 머리와 눈이 흑색이며 촉각은 검고 가슴은 흑록색
③ 온실가루이 : 외래해충 기출
  ㉠ 약충과 성충이 기주식물의 잎뒷면에서 흡즙, 잎과 새순의 생장을 저해
  ㉡ 배설물에 의해 그을음병이 유발되기도 하며, 바이러스병의 매개임
  ㉢ 기주식물의 윗부분에서만 분포
  ㉣ 시설 내에서 연 1회 이상 발생, 노지에서는 월동불가
④ 담배가루이 : 외래해충
  ㉠ 약충과 성충이 기주식물의 잎뒷면에서 흡즙, 잎과 새순의 생장을 저해
  ㉡ 배설물에 의해 그을음병이 유발되기도 하며, 바이러스병의 매개
  ㉢ 온실가루이에 비해 식물체 전체에 분포하며 생육적 온도는 높은 편
  ㉣ 노지에서는 연 3~4회, 시설에서는 연 10회 이상 발생

(3) 토양 해충
① 거세미나방 기출
  ㉠ 유충이 각종 채소류의 어린모를 지표면 가까이에서 자르고 일부를 땅속으로 끌어들여 식해
  ㉡ 연 2회 발생, 유충의 형태로 땅속에서 월동
② 고자리파리 기출
  ㉠ 유충이 기주식물의 뿌리 부분에서 먹어 들어가 줄기까지 가해
  ㉡ 유충이 가해한 부분은 토양 내의 병원균이 침입해 부패
  ㉢ 연 3회 발생, 번데기 형태로 땅속에서 월동
③ 땅강아지 : 성충과 약충이 땅속에서 각종 작물의 지하부를 가해
④ 뿌리응애
  ㉠ 성충과 약충이 기주식물의 뿌리와 지하부를 가해, 구근의 경우 내부까지 침해
  ㉡ 피해 부위 토양병원균에 의한 2차 가해
  ㉢ 연 10회 정도 발생, 성충이나 약충의 형태로 구근 속이나 땅속에서 월동
  ㉣ 고온다습한 환경에서 번식이 왕성, 연작지나 유기질이 풍부한 산성 토양의 피해가 심각
⑤ 뿌리혹선충
  ㉠ 각종 채소류의 뿌리에 혹을 만들어서 수분과 양분의 흡수능력을 저하
  ㉡ 사질토양에서 다발생, 알 또는 유충의 형태로 알주머니에서 월동
  ㉢ 1세대 경과 일수는 온도가 높을수록 단축

(4) 과실 해충
    ① 담배나방
        ㉠ 고추에 가장 큰 피해를 주는 해충
        ㉡ 부화유충이 어린 잎, 꽃봉오리, 어린 과실 등에 구멍을 내고 과실 속으로 파고 들어가 식해
        ㉢ 연 3회 발생하고 6~8월경 피해가 심하며, 번데기 형태로 땅속에서 월동
    ② 파밤나방
        ㉠ 부화유충이 기주의 표피를 갉아먹거나 과실에 구멍을 뚫고 불규칙하게 폭식
        ㉡ 8월 이후 고온에서 발생량이 많은 잡식성 해충
        ㉢ 연 4~5회 발생하고 중부지방에서는 월동이 불가능

3 과수 해충

(1) 잎을 가해하는 해충
    ① 사과잎말이나방 : 사과나무, 배나무, 자두나무 등
        ㉠ 제1화기 유충은 기주식물의 잎을 말고 엽육을 가해, 제2화기 유충은 잎뿐만 아니라 과실의 표면도 핥듯이 가해
        ㉡ 연 3회 발생, 어린 유충의 형태로 월동
    ② 사과순나방 : 사과나무, 배나무 등 기주범위가 넓음
        ㉠ 유충이 사과의 신초에 있는 잎의 주맥 아랫부분을 접고 엽육을 식해
        ㉡ 연 2회 발생, 유충형태로 신초 끝의 말린 잎 속에서 월동
    ③ 사과굴나방 : 사과, 자두, 벚나무, 배나무, 복숭아나무
        ㉠ 유충은 잎의 엽육 안으로 먹어 들어가며 잎의 앞면과 뒷면 표피 사이에 공간을 만들고 잎은 회갈색으로 변함
        ㉡ 연 5~6회 발생, 번데기 형태로 월동
    ④ 복숭아굴나방
        ㉠ 유충이 잎으로 잠입해 엽육을 먹으며, 소용돌이 모양 또는 긴 선의 잠입흔적을 남김
        ㉡ 연 1~7회 발생, 성충형태로 월동

(2) 흡즙성 해충
    ① 사과혹진딧물 기출
        ㉠ 무시자충, 유시자충이 있음
        ㉡ 사과잎이 트기 시작할 때부터 흡즙, 흡즙된 잎은 뒤쪽으로 말림
        ㉢ 연 10회 정도 발생, 알의 형태로 월동

② 사과응애
  ㉠ 사과의 잎 뒤쪽에서 즙액과 엽록소를 흡즙해 잎 표면에 불규칙한 백색 반점이 생김
  ㉡ 고온건조한 시기에 많이 발생
  ㉢ 연 7~8회 정도 발생하고 알의 형태로 월동
③ 점박이응애 기출
  ㉠ 성충과 약충이 잎의 앞면과 뒷면에 모두 기생하며 즙액을 흡즙
  ㉡ 연 10회 정도 발생하고 성충형태로 월동
  ㉢ 약제저항성이 유발되는 해충으로 성분이 같은 약제를 연속으로 살포하면 방제효과가 떨어짐

> **참고** 응애는 다리가 4쌍으로 곤충강이 아닌 거미강에 속함

④ 꼬마배나무이 : 외래해충
  ㉠ 성충과 약충이 배나무의 어린 잎과 꽃봉오리, 과실을 흡즙해 1차적 피해 발생, 감로 분비로 그을음 유발하기 때문에 잎의 광합성을 저해
  ㉡ 연 5회 발생하고 성충형태로 월동

(3) 줄기, 가지를 가해하는 해충
① 사과하늘소
  ㉠ 유충이 사과나무 등의 주간부, 가지의 목질부에 굴을 뚫어 가해
  ㉡ 2년에 1회 발생, 유충형태로 월동
② 포도호랑하늘소
  ㉠ 유충이 포도나무의 목질부에 구멍을 뚫고 가해, 줄기가 말라죽고 쉽게 부러짐
  ㉡ 연 1회 발생, 어린 유충 형태로 월동
  ㉢ 배설물을 줄기에 넣어 배출하지 않아 외관상 관찰이 어려우나 피해 부근 표피가 흑색으로 변색함

(4) 과실을 가해하는 해충
① 복숭아심식나방 : 복숭아나무, 사과나무, 배나무, 자두나무, 살구나무 등 기출
  ㉠ 유충이 과실 내부로 뚫고 들어가 여러 곳을 가해
  ㉡ 먹어 들어간 식입구보다 탈출구가 더 큼
  ㉢ 연 2회 발생, 노숙유충의 형태로 땅속 고치 속에서 월동
  ㉣ 주광성과 주화성이 낮음

② 복숭아순나방 : 복숭아나무, 사과나무, 배나무
　㉠ 부화유충이 복숭아나무 신초의 선단부에 구멍을 뚫고 들어가 가해
　㉡ 연 4회 발생, 유충의 형태로 고치를 짓고 월동
③ 복숭아명나방
　㉠ 유충이 기주식물의 과실을 가해, 침입한 큰 구멍으로 적갈색의 굵은 똥과 즙액을 배출
　㉡ 연 2회 발생, 노숙 유충의 형태로 고치 속에서 월동
④ 꽃노랑총채벌레 : 감귤, 복숭아나무, 멜론, 딸기 등
　㉠ 약충과 성충이 어린잎이나 꽃, 과피의 즙액을 흡즙
　㉡ 피해를 받은 잎은 위축되며, 과실은 피해부가 갈변되어 상품가치가 떨어짐
　㉢ 연 5~6회 발생, 성충형태로 월동

4 수목 해충

(1) 잎을 가해하는 해충
　① 솔나방 기출
　　㉠ 송충이(유충) 잎을 갉아먹어 심하면 나무가 고사
　　㉡ 가을에 가해하던 유충이 월동해 다음 해 봄에 다시 가해
　　㉢ 10월경 유충의 밀도가 봄의 발생 밀도를 결정
　　㉣ 연 1회 발생, 알에서 부화해 7번 탈피
　② 미국흰불나방 : 외래해충
　　㉠ 대부분의 활엽수를 가해하는 잡식성 해충
　　㉡ 도시주변의 가로수나 정원수에 피해가 심함
　　㉢ 연 2회 발생, 번데기 형태로 월동
　　㉣ 제1화기보다 제2화기의 피해가 더 심함(월동 양분 저장을 위해 더 많이 가해함)

(2) 줄기 및 가지를 흡즙하는 해충 : 솔껍질깍지벌레
　① 해송(곰솔), 소나무, 적송
　② 부화약충이 적당한 장소에 정착한 후 유충이 수액을 흡즙
　③ 피해를 받은 나무는 대부분 아래가지부터 적갈색으로 고사
　④ 3~5월에 가장 심하게 나타남
　⑤ 연 1회 발생, 후약충으로 월동, 성충은 번데기 시기를 거치고, 암컷은 후약충에서 직접 성충으로 우화

(3) 충영(벌레혹)을 만드는 해충
① 솔잎혹파리 [기출]
  ㉠ 6월 하순~10월 하순까지 유충이 솔잎 밑부분에 벌레혹을 만들고 그 속에서 즙액을 흡즙
  ㉡ 피해목은 직경생장은 피해 당년에, 수고생장은 다음 해에 감소
  ㉢ 연 1회 발생, 유충의 형태로 땅속에서 월동
② 밤나무혹벌
  ㉠ 밤나무 잎눈에 기생하며 10~15mm의 벌레혹이 형성
  ㉡ 연 1회 발생, 유충의 형태로 잎눈의 조직 내에 충영을 만들고 월동

(4) 분열조직을 가해하는 해충
① 소나무좀
  ㉠ 월동한 성충이 나무줄기나 가지의 껍질 밑에 구멍을 뚫고 들어가 형성층에 산란하면 부화한 유충이 식해하여 수목의 양분과 이동을 단절
  ㉡ 연 1회 발생, 연 1마리가 3개 이상의 새순을 가해, 성충의 형태로 월동
② 향나무하늘소 [기출]
  ㉠ 유충이 줄기와 가지수피 밑의 형성층을 불규칙하고 평편하게 갉아먹고 갱도에 똥을 채워 외부에서는 피해를 발견하기 쉽지 않음
  ㉡ 연 1회 발생, 성충의 형태로 월동

(5) 종실을 가해하는 해충
① 밤바구미
  ㉠ 조생종보다 중·만생종에서 피해가 큼
  ㉡ 연 1회 발생, 노숙유충이 땅속 15cm 이내의 깊이에서 월동
② 솔알락명나방
  ㉠ 잣송이를 가해해 잣 수확을 감소시키며, 구과 속의 가해부위에 똥을 채워 놓고 외부로도 똥을 배출
  ㉡ 보통 연 1회 발생, 노숙유충의 형태로 땅속에서 월동

> **참고** 각종 해충의 월동형태 및 가해양식을 잘 외워 두도록 한다.

※ 벼 해충

해충명	월동형태	먹이습성	발 생
멸강나방	비래해충	저 작	연 수회
벼멸구	비래해충	흡 즙	연 수회
흰등멸구	비래해충	흡 즙	연 수회
혹명나방	비래해충	저 작	연 수회
벼잎벌레	성 충	저 작	연 1회
먹노린재	성 충	흡 즙	연 1회
벼물바구미	성 충	저작(성충-잎, 유충-뿌리)	연 1회
벼줄기굴파리	유 충	잎(잠엽성)	연 3회
이화명나방	노숙유충	저작(줄기 가해)	연 2회
애멸구	4령약충	흡 즙	연 5회
끝동매미충	4령약충	흡 즙	연 4~5회
벼애잎굴파리	번데기	잎(잠엽성)	연 7~8회

※ 맥류 및 기타 작물 해충

해충명	월동형태	먹이습성	발 생
보리수염진딧물	알	흡 즙	연 수회
콩시스트선충	알, 유충	뿌 리	3~4세대
조명나방	유 충	저 작	연 2~3회
콩잎말이명나방	유 충	저작(권엽성)	연 2~3회
콩나방	노숙유충	저작(꼬투리 및 종실)	연 1회
왕됫박벌레붙이	성 충	저 작	연 3회
보리굴파리	번데기	잎(잠엽성)	연 3회
감자나방	유충, 번데기	저작(잠엽성)	연 6~8회
방아벌레	유충, 번데기	저작(뿌리)	1세대 경과 3년

※ 채소류 해충

해충명	월동형태	먹이습성	발생
복숭아혹진딧물	알	흡즙	연 9~23회
목화진딧물	알	흡즙	연 33회
거세미나방	유충	토양해충(어린 모)	연 2회
뿌리혹선충	알, 유충	토양해충(뿌리)	환경요인에 따라 다름
배추벼룩잎벌레	성충	저작(잎, 뿌리)	연 4~5회
무잎벌레	성충	저작	연 2~3회
배추좀나방	유충, 성충, 번데기	저작	연 수회
담배거세미나방	유충, 번데기	저작	연 4~5회
오이잎벌레	성충	저작(잎, 뿌리)	연 1회
뿌리응애	성충, 약충	토양해충(뿌리)	연 10회
담배나방	번데기	과실해충	연 3회
배추흰나비	번데기	저작	연 4~5회
도둑나방	번데기	저작	연 2회
배추순나방	번데기	저작	연 2~3회
고자리파리	번데기	토양해충(뿌리, 줄기)	연 3회
아메리카잎굴파리	번데기	흡즙	시설: 연 15회
파밤나방	중부지방 월동 불가	과실해충, 저작	연 4~5회
온실가루이	노지월동 불가	흡즙	시설: 연 10회
담배가루이	노지월동 불가	흡즙	시설 : 연 10회 노지 : 연 3~4회

※ 과수류 해충

해충명	월동형태	먹이습성	발 생
사과잎말이나방	유 충	저작 – 권엽성	연 3회
사과순나방	유 충	저작 – 권엽성	연 2회
사과굴나방	번데기	저작 – 잠엽성	연 5~6회
복숭아굴나방	성 충	저작 – 잠엽성	연 7회
사과혹진딧물	알	흡 즙	연 10회
사과응애	알	흡 즙	연 7~8회
점박이응애	성 충	흡 즙	연 10회
꼬마배나무이	성 충	흡 즙	연 5회
사과하늘소	유 충	줄기, 가지 가해	2년 1회
샌호제깍지벌레	암컷–성충, 약충 (알을 낳지 않는 태생)	흡 즙	연 3회
포도호랑하늘소	유 충	줄기, 가지 가해	연 1회
복숭아심식나방	노숙유충	과 실	연 2회
복숭아순나방	유 충	신초, 과실	연 4회
복숭아명나방	유 충	과 실	연 2회
콩가루벌레	알	과 실	연 6~10회
가루깍지벌레	알	흡 즙	연 3회
꽃노랑총채벌레	성 충	흡 즙	연 5~6회

※ 수목류 해충

해충명	월동형태	먹이습성	발 생
솔나방	5령유충	저 작	연 1회
집시나방	알	저 작	연 1회
미국흰불나방	번데기	저 작	연 2회
오리나무잎벌레	성 충	저 작	연 1회
잣나무넓적잎벌	노숙유충	저 작	연 1회
버즘나무방패벌레	성 충	흡 즙	연 2회
진달래방패벌레	성 충	흡 즙	연 4~5회
솔껍질깍지벌레	후약충	흡 즙	연 1회
솔잎혹파리	유 충	잎–혹(충영)을 만듦	연 1회
밤나무혹벌	유 충	눈–혹(충영)을 만듦	연 1회
소나무좀	성 충	천공성	연 1회
박쥐나방	알	천공성	연 1회
향나무하늘소	성 충	천공성	연 1회
밤바구미	노숙유충	종 실	연 1회
솔알락명나방	노숙유충	종 실	연 1회
도토리거위벌레	노숙유충	종 실	연 1~2회

CHAPTER 07 적중예상문제

PART 02 농림해충학

01 다음 수종 중 솔잎혹파리 피해가 심한 수종은?

① 잣나무 ② 리기다소나무
③ 곰솔(해송) ④ 방크스소나무

해설
③ 곰솔의 경우 솔잎혹파리의 피해가 심하다.

02 배추흰나비가 십자화과 채소에만 알을 낳는 것은 무엇 때문인가?

① 주광성 ② 주화성
③ 주수성 ④ 주촉성

해설
② 특수한 식물에 산란하고 특수한 식물만 먹는 것은 그 식물이 가진 화학물질에 유인되는 주화성이 있기 때문이다.

03 다음 중 토양해충인 것은?

① 송장벌레 ② 바 퀴
③ 개 미 ④ 땅강아지

해설
④ 땅강아지는 성충과 약충이 땅 속에서 각종 작물의 지하부를 가해한다.

04 향나무하늘소(측백나무하늘소)가 가해하는 부위는?

① 잎 ② 줄 기
③ 뿌 리 ④ 종 자

해설
향나무하늘소
유충이 줄기와 가지수피 밑의 형성층을 불규칙하고 평편하게 갉아먹어 갱도에 똥을 채워 외부에서는 피해를 발견하기 쉽지 않다.

05 성충과 유충이 모두 잎을 가해하는 해충은?

① 오리나무잎벌레 ② 미국흰불나방
③ 솔잎혹파리 ④ 매미나방

해설
① 오리나무잎벌레의 경우 성충과 유충이 모두 잎을 가해한다.

06 벼멸구와 애멸구의 형태적 차이점을 기술한 내용 중 맞는 것은?

① 벼멸구의 몸은 검정색이고 광택이 있다.
② 애멸구의 머리는 돌출부가 거의 장방형이다.
③ 벼멸구의 날개는 흰색이다.
④ 애멸구의 날개는 적색이다.

해설
① 벼멸구의 몸은 황갈색 또는 담황색을 띤다.
③ 벼멸구의 날개는 갈색이다.
④ 애멸구의 날개는 길고 희미하게 연한 황갈색이다.

정답 1 ③ 2 ② 3 ④ 4 ② 5 ① 6 ②

07 일반적으로 비래해충 그룹에 속하지 않는 해충은?

① 애멸구
② 흰등멸구
③ 혹명나방
④ 멸강나방

해설
비래해충에는 벼멸구, 혹명나방, 흰등멸구, 멸강나방이 있다.

08 유충이 몇 개의 벼 잎을 끌어 모아 철하고 그 속에 숨어 있다가 해진 후에 나와 잎가부터 먹어 들어가 주맥만 남기는 해충은?

① 줄점팔랑나비
② 벼애나방
③ 혹명나방
④ 벼잎벌레

해설
줄점팔랑나비
- 연 3~4회 발생, 유충태로 벼와 잡초 속에서 월동 후 5월 중·하순에 번데기가 되고, 6월 중·하순에 제1화기가 성충된다.
- 성충은 7월 상순 ~ 8월 상순에 나타나 주로 벼에 알을 낳기 때문에 대피해의 원인이 된다.

09 진달래방패벌레는 어떤 충태로 월동하는가?

① 번데기(용)로 월동한다.
② 성충태로 월동한다.
③ 알로 월동한다.
④ 유충태로 월동한다.

해설
② 진달래방패벌레는 성충으로 월동한다.

10 솔잎혹파리에 대한 설명 중 틀린 것은?

① 1929년에 외국에서 처음 들어왔다.
② 유충은 솔잎을 밑부에서부터 갉아먹는다.
③ 1년에 1회 발생한다.
④ 유충으로 땅속에서 월동한다.

해설
② 유충은 솔잎 기부에 혹을 만들고 흡즙 피해를 입힌다.

11 벼멸구에 대한 설명 중 틀린 것은?

① 비래해충이다.
② 주로 벼에 큰 피해를 준다.
③ 줄무늬잎마름병을 매개한다.
④ 성충은 장시형과 단시형이 있다.

해설
③ 줄무늬잎마름병을 매개하는 것은 애멸구이다.
벼멸구
- 비래충 : 주로 장시형
- 날개가 긴 장시형과 날개가 짧은 단시형이 있다.
- 약충, 성충 모두 벼포기의 아랫부분에 서식한다.
- 남서해안 지역이 주비래 지역으로 6~7월 중국 남부 지역에서 남서풍을 타고 비래한다.

12 이화명나방의 가해 특성 중 옳은 것은?

① 벼줄기 속에는 단지 1마리의 유충만 있다.
② 한 마리의 유충이 여러 개의 벼줄기를 가해한다.
③ 잎집이 말라죽어도 부러지지는 않는다.
④ 피해줄기 속에 배설물은 차 있지 않다.

해설
② 벼줄기 속에서 잎을 말아 줄기를 가해하고 한 마리의 유충이 여러 개의 줄기를 가해한다.

13 배추벼룩잎벌레에 대한 설명 중 옳은 것은?

① 고추의 가장 대표적인 해충이다.
② 성충이 뿌리를 가해한다.
③ 일반적으로 작물의 어린 시기에 피해가 많다.
④ 번데기로 월동한다.

해설
① 배추를 가해하는 해충이다.
② 성충은 발아하는 잎을, 유충은 뿌리를 가해한다.
④ 성충 형태로 월동한다.

14 배추좀나방의 발생 및 피해에 관하여 기술한 내용 중 맞는 것은?

① 다 자란 유충은 엽육 속에 들어가 가해한다.
② 주로 배추 등 십자화과 채소잎의 잎맥을 따라 엽육만 먹는 해충으로 완전한 잠엽성은 아니다.
③ 비래해충으로 우리나라에는 월동하지 않으며 최근 그 발생이 증가되고 있다.
④ 일본과 우리나라에만 분포하는 채소해충으로 잠엽성 해충의 일종이다.

해설
② 잠엽성 : 잎의 조직이나 줄기 속을 파고 그 안에서 기생하는 해충

15 고자리파리의 월동 충태는?

① 알 ② 유 충
③ 번데기 ④ 성 충

해설
③ 고자리파리는 번데기로 월동한다.

16 이화명나방의 암수 구별방법 중 잘못된 것은?

① 암컷의 날개 센털은 3개가 있다.
② 수컷의 앞날개 앞쪽 끝부분은 넓다.
③ 암컷의 빛깔은 엷다.
④ 수컷은 암컷에 비해 크기가 크다.

해설
④ 수컷은 암컷에 비해 약간 작으며 빛깔이 다소 짙다.

17 수도해충의 발생예찰에서 비래해충인 벼멸구가 7월 하순~8월 상순에 벼 100주당 단시형 암컷 성충이 몇 마리 이상이면 요방제 밀도에 해당하는가?

① 10마리 이상
② 20마리 이상
③ 30마리 이상
④ 40마리 이상

해설
② 20마리 이상일 경우 요방제 밀도에 해당한다.

18 근육섬유를 수축시키는 무기이온은?

① Na^+ ② K^+
③ Ca^{2+} ④ Mg^{2+}

해설
③ 근육섬유 수축 관련 무기이온은 Ca^{2+}이다.

정답 13 ③ 14 ② 15 ③ 16 ④ 17 ② 18 ③

19 다음 중 토양 해충이 아닌 것은?

① 고자리파리　　② 조명나방
③ 숯검은밤나방　④ 거세미나방

해설
② 조명나방 유충은 잡식성으로 거의 모든 밭작물의 잎·줄기·과실 등을 가해하는데 특히 옥수수의 주요 해충이다.

20 솔수염하늘소는 소나무류에 큰 피해를 주는 소나무재선충의 매개충이다. 솔수염하늘소의 우화 최성기는 언제인가?

① 3월　　② 6월
③ 9월　　④ 12월

해설
솔수염하늘소
• 우화 최성기는 6월이며, 유충은 4월경에 수피와 가까운 곳에 용실을 만들고 번데기가 된다.
• 성충은 5월 하순~7월 하순에 약 6mm 가량 되는 원형의 구멍을 만들고 밖으로 나와 어린 가지의 수피(樹皮)를 갉아 먹는다.

21 다음 중 잎을 갉아먹어 피해를 주는 해충이 아닌 것은?

① 오리나무잎벌레　② 잣나무넓적잎벌
③ 향나무하늘소　　④ 솔나방

해설
③ 향나무하늘소는 줄기를 가해하는 해충이다.

22 다음 중 유충으로 월동하지 않는 해충은?

① 조명나방　　　② 콩나방
③ 배추벼룩잎벌레　④ 거세미나방

해설
③ 배추벼룩잎벌레는 성충의 형태로 월동한다.

23 솔잎혹파리의 생태적 특징으로 옳지 않은 것은?

① 유충상태로 지피물 밑이나 땅속에서 월동한다.
② 성충의 수명이 1~2개월로 긴 편이다.
③ 암컷 성충은 소나무류의 잎에 알을 6개 정도씩 무더기로 낳는다.
④ 부화한 유충이 새로 자라는 솔잎 아랫부분에 벌레혹을 만든다.

해설
② 성충의 수명은 1~2일이다.

24 내한성이 약하여 우리나라에서는 월동을 하지 못하는 비래해충으로 알려져 있다. 방제가 소홀하였을 때에 벼의 본답 후기에 막대한 피해를 주는 해충은?

① 애멸구　　　② 벼멸구
③ 끝동매미충　④ 번개매미충

해설
② 비래해충에는 벼멸구, 혹명나방, 흰등멸구, 멸강나방이 있다.

25 다음 중 땅강아지는 어느 목에 속하는 해충인가?

① 딱정벌레목　② 강도래목
③ 잠자리목　　④ 메뚜기목

해설
④ 땅강아지는 메뚜기목 땅강아지과이다.

26 다음 중 저장물 해충이 아닌 것은?

① 어스렝이나방　② 보리나방
③ 줄알락명나방　④ 쌀도둑

해설
① 어스렝이나방의 유충은 버즘나무, 밤나무 등의 잎을 갉아먹는다.

27 거세미나방의 형태에 대한 설명 중 맞지 않는 것은?

① 성충의 날개를 편 길이가 40mm 정도이다.
② 알은 반구형이고 방사상의 줄이 있다.
③ 유충은 길이가 40mm 정도이다.
④ 성충은 머리와 가슴이 적녹색이다.

해설
④ 성충의 날개를 편 길이는 40~50mm 정도이며, 몸은 암회갈색이다.

28 솔나방의 외부형태를 기술한 내용 중 틀린 것은?

① 성충의 길이가 암컷은 40mm 정도이다.
② 성충의 길이가 수컷은 30mm 정도이다.
③ 번데기는 방추형이고 백색이다.
④ 고치는 긴 타원형이고 황갈색이다.

해설
③ 번데기는 방추형이고 갈색이다.

29 다음 중 벼물바구미의 월동태는 어느 것인가?

① 알　　　② 유 충
③ 번데기　④ 성 충

해설
④ 벼물바구미의 월동태는 성충이다.

30 다음 중 씹어먹는 입을 가진 해충은?

① 벼멸구
② 파밤나방
③ 목화진딧물
④ 온실가루이

해설
② 파밤나방은 저작구를 가진 해충으로 기주의 표피를 갉아 먹거나 과실을 뚫어 위해를 가한다.

정답 25 ④ 26 ① 27 ④ 28 ③ 29 ④ 30 ②

31 다음 해충 중 외국으로부터 침입한 것은?

① 벼잎벌레
② 콩잎말이나방
③ 온실가루이
④ 복숭아혹진딧물

해설
③ 온실가루이는 외래해충이다.

32 여름철에 단위생식을 하는 곤충은?

① 배추흰나비
② 왕잠자리
③ 복숭아혹진딧물
④ 장수하늘소

해설
③ 복숭아혹진딧물은 늦가을까지 단위생식을 한다.

33 다음 해충 중 종실(종자, 구과)을 가해하지 않는 해충은?

① 밤바구미
② 복숭아명나방
③ 버들바구미
④ 도토리거위벌레

해설
③ 버들바구미 : 어린 유충은 수피 밑을 둥글게 갉아먹고 노숙유충이 되면 목질부 속을 먹어 들어간다.

34 콩의 어린 꼬투리를 유충이 먹어 들어가 여물지 않은 종실을 갉아먹는 해충은?

① 콩나방
② 콩잎말이명나방
③ 검은무늬밤나방
④ 완두굴파리

해설
① 콩나방은 나비목 잎말이나방과로서, 콩을 기주식물로 삼는다.

35 다음 중 1년에 1회 발생하는 해충은?

① 밤나방
② 조명나방
③ 감자나방
④ 미국흰불나방

해설
② 조명나방 : 2~3회
③ 감자나방 : 6~8회
④ 미국흰불나방 : 2회

36 애멸구와 줄무늬잎마름병과의 관계가 잘못 설명된 것은?

① 보독은 흡즙으로 하게 된다.
② 보독충의 알에도 바이러스 병원균은 있다.
③ 보독 직후에는 병이 전염되지 않는다.
④ 바이러스는 애멸구 체내에서 증식이 안 된다.

해설
④ 병에 걸린 벼의 즙액을 빨아먹은 애멸구는 독을 갖게 되고, 다음 세대까지도 계속 전염능력을 갖게 된다.

37 솔잎혹파리에 대한 기술 중 분류 및 형태적으로 맞지 않는 것은?

① 학명은 *Dryocosmus kuriphilus* 이다.
② 파리목 혹파리과에 속한다.
③ 성충의 크기는 1.7~2.0mm이다.
④ 알은 긴 타원형이며 담황색이다.

해설
① *Dryocosmus kuriphilus*은 밤나무 혹벌의 학명이다. 솔잎혹파리 학명은 *Thecodiplosis japonensis*이다.

38 점박이응애에 대한 설명 중 틀린 것은?

① 곤충강에 속한다.
② 과수의 주요 해충이다.
③ 숙주식물의 잎에서 즙액을 빨아먹는다.
④ 성충으로 월동한다.

해설
① 점박이응애는 곤충강이 아닌 거미강에 속한다.

39 이화명나방의 설명 중 틀린 것은?

① 연 2회 발생한다.
② 월동 상태는 노숙유충으로 볏짚 속에 월동한다.
③ 유충은 벼의 뿌리를 가해한다.
④ 2화기 피해경은 출수 후 백수가 된다.

해설
③ 이화명나방은 줄기를 말고 그 속에서 잎을 가해한다.

40 다음 중 이화명나방에 대한 설명으로 옳지 않은 것은?

① 나비목 명나방과로서, 학명은 *Chilo suppressalis* 이다.
② 유충은 줄기를 먹고 들어가 피해를 끼친다.
③ 번데기는 갈색인데, 우화기에 이르면 암갈색이 된다.
④ 성충의 형태로 겨울을 난다.

해설
④ 이화명나방은 노숙유충의 형태로 볏짚 줄기 속이나 벼 그루터기에서 월동한다.

41 다음 중 먹이 습성상 흡즙성 곤충이 아닌 것은?

① 쌀바구미
② 진딧물
③ 톱다리개미허리노린재
④ 뿔밀깍지벌레

해설
① 쌀바구미는 저장해충으로 쌀을 갉아먹는 해충이다.

42 다음 하늘소 중 톱밥같은 배설물을 밖으로 내보내지 않고 수피 속의 식흔(갱도)에 쌓아놓아 피해를 발견하기가 어려운 해충은?

① 미끈이하늘소   ② 털두꺼비하늘소
③ 알락하늘소   ④ 향나무하늘소

해설
향나무하늘소의 경우 유충이 줄기와 가지수피 밑의 형성층을 불규칙하고 평편하게 갉아먹고 갱도에 똥을 채워 외부에서는 피해를 발견하기 어렵다.

정답 37 ① 38 ① 39 ③ 40 ④ 41 ① 42 ④

43 겨울을 나기 위하여 유충으로 휴면하는 곤충은?

① 벼메뚜기　② 미국흰불나방
③ 누에　　　 ④ 거세미나방

해설
④ 거세미나방은 유충으로 월동한다.

44 성충은 긴 주둥이로 밤송이에 구멍을 내고 산란한다. 부화유충은 과실 내부를 가해하고 똥을 외부로 배출하지 않아 피해 과실을 구별하기 어렵다. 어떤 해충인가?

① 밤나무순혹벌　② 복숭아명나방
③ 거위벌레　　　④ 밤바구미

해설
④ 밤바구미에 대한 설명에 해당한다.

45 최근 침입한 외래해충으로 온실 내 원예작물에 큰 피해를 주고 있는 해충은?

① 칠성무당벌레　② 아메리카잎굴파리
③ 벼룩잎벌레　　④ 미국흰불나방

해설
② 온실 내 외래해충으로 아메리카잎굴파리, 온실가루이 등이 있다.

46 박쥐나방 성충의 외부형태 기술 중 틀린 것은?

① 성충은 암갈색이다.
② 날개의 편 길이는 80mm 정도이다.
③ 더듬이는 길고 입은 퇴화되었다.
④ 몸과 날개는 갈색이다.

해설
③ 촉각(더듬이)은 짧고, 입은 퇴화되었다.

47 다음 진딧물의 생식방법을 기술한 것 중 옳은 것은?

① 단위생식에 의한 난생
② 양성생식에 의한 난생
③ 단위생식에 의한 태생과 양성생식에 의한 난생
④ 양성생식에 의한 태생

해설
③ 가을까지는 단위생식에 의한 태생으로, 겨울철에는 월동 전 양성생식에 의한 난생에 의한다.

48 복숭아혹진딧물에 대한 설명으로 적당하지 않은 것은?

① 무궁화나무가 월동기주다.
② 온실 내에서는 연중 휴면 없이 발생한다.
③ 고추의 주요 해충이다.
④ 식물 바이러스를 매개한다.

해설
① 알의 형태로 복숭아나무, 살구나무, 자두나무의 가지나 줄기의 울퉁불퉁한 사이에서 월동한다.

정답　43 ④　44 ④　45 ②　46 ③　47 ③　48 ①

49 다음 중 우리나라에서 월동을 하는 해충은?

① 애멸구   ② 벼멸구
③ 흰등멸구   ④ 혹명나방

해설
벼멸구, 흰등멸구, 혹명나방은 비래해충으로 우리나라에서 월동이 불가능하다.

50 매미충류와 멸구류의 형태적 차이점을 기술한 내용 중 맞는 것은?

① 매미충류의 더듬이는 겹눈 사이의 뒤쪽에 위치한다.
② 매미충류의 가운데 다리는 밑마디가 길다.
③ 멸구류는 어깨판이 있다.
④ 멸구류의 가운데 다리는 밑마디가 짧다.

해설
③ 멸구류는 어깨판이 있고, 매미충류는 어깨판이 없다.

51 사과굴나방의 피해상태를 설명한 것으로 잘못된 것은?

① 사과나무, 배나무, 복숭아나무의 잎을 가해한다.
② 가해잎이 뒷면으로 말린다.
③ 잎에 구멍을 내어 가해한다.
④ 잎 뒷면에 성충이 우화하여 나간 구멍이 있다.

해설
③ 유충이 잎의 엽육 안으로 들어가며 잎의 앞면과 뒷면 표피 사이에 공간을 만든다.

52 벼총채벌레의 겹눈, 홑눈, 더듬이에 대한 설명 중 맞는 것은?

① 겹눈은 둥글고, 홑눈은 3개 있으며, 더듬이는 7마디이다.
② 겹눈은 타원형이고, 홑눈은 2개 있으며, 더듬이는 5마디이다.
③ 겹눈은 둥글고, 홑눈은 3개 있으며, 더듬이는 5마디이다.
④ 겹눈은 타원형이고, 홑눈은 2개 있으며, 더듬이는 7마디이다.

해설
① 겹눈은 둥글고, 홑눈은 3개이며 더듬이는 7마디이다.

53 다음 중 해충의 이름과 학명이 잘못 연결된 것은?

① 벼멸구 - *Nilaparvata lugens*
② 복숭아혹진딧물 - *Myzus persicae*
③ 응애총채벌레 - *Scolothrips takahashii* Priesner
④ 목화진딧물 - *Spodoptera litura*

해설
④ *Spodoptera litura* 는 담배거세미나방의 학명이다. 목화진딧물의 학명은 *Aphis gossypii* Glover이다.

정답 49 ① 50 ③ 51 ③ 52 ① 53 ④

54 학명 *Thecodiplosis japonensis* Uchida et Inouye는 어떤 해충인가?

① 콩흑파리 ② 향나무혹파리
③ 솔잎혹파리 ④ 밤나무혹벌

해설
③ 솔잎혹파리 : *Thecodiplosis japonensis* Uchida et Inouye
① 콩흑파리 : *Resseliella Soys*
② 향나무혹파리 : *Aschistonyx eppoi* Inouye
④ 밤나무혹벌 : *Dryocosmus kuriphilus* Yasumatsu

55 소나무재선충의 매개충은 어느 것인가?

① 솔잎혹파리 ② 솔껍질깍지벌레
③ 솔나방 ④ 솔수염하늘소

해설
④ 솔수염하늘소는 소나무재선충의 매개충이다.

56 기주 범위가 매우 넓어 침엽수, 활엽수 모두 가해하는 매미나방의 학명은?

① *Euproctis subflava*
② *Cydia kurokoi*
③ *Lymantria dispar*
④ *Diplosis mori*

해설
③ 매미나방
① 독나방
② 밤애기잎말이나방
④ 뽕나무순혹파리

57 배나무방패벌레는 배나무를 비롯하여 많은 활엽정원수 앞뒷면에서 흡즙하여 가해한다. 이 해충의 분류학적 위치는?

① 매미목 ② 노린재목
③ 나비목 ④ 딱정벌레목

해설
② 배나무방패벌레는 노린재목 방패벌레과에 속한다.

58 다음 해충 중 유충이 과일 속으로 뚫고 들어가 가해하는 해충은?

① 사과굴나방
② 복숭아심식나방
③ 포도유리나방
④ 배나무이

해설
② 복숭아심식나방은 과일 속으로 뚫고 들어가 가해한다.

59 벼물바구미에 대한 설명 중 틀린 것은?

① 단위생식을 한다.
② 유충으로 월동한다.
③ 유충이 땅 속에서 뿌리를 가해한다.
④ 성충은 벼 잎을 가해한다.

해설
② 벼물바구미는 성충으로 월동한다.

60 애멸구의 특징을 설명한 것 중 잘못된 것은?
① 암컷의 몸은 흑갈색이다.
② 머리의 돌출부는 장방형에 가깝다.
③ 수컷의 가운데가슴 등면은 흑색이다.
④ 암컷의 가운데가슴 등면에는 황백색의 긴 무늬가 있다.

해설
① 암컷은 담황색이고 수컷은 흑갈색이다.

61 다음 설명 중 알맞은 것은?
① 벼잎벌레는 저온성 해충으로 우리나라에서는 연 4회 발생한다.
② 사과혹진딧물은 주로 잎 뒷면에 기생하며, 피해를 받은 잎은 가로로 말리는 것이 특징이다.
③ 사과굴나방은 번데기로 잎 속에서 월동한다.
④ 멸강나방은 비래해충으로 알을 기주식물의 줄기 속에 무더기로 낳는다.

해설
① 벼잎벌레는 연 1회 발생한다.
② 사과혹진딧물은 사과잎이 트기 시작할 때부터 흡즙하며, 흡즙된 잎은 뒤로 말린다.
④ 멸강나방은 비래해충으로서 시냇가, 풀숲 등지에 20~30개씩 무더기로 모두 700개 정도의 알을 낳는다.

62 다음 해충 중 저장 곡물에 발생하여 피해를 주는 것은?
① 파밤나방   ② 담배거세미나방
③ 이화명나방 ④ 화랑곡나방

해설
④ 화랑곡나방 : 애벌레가 입에서 실을 토해서 쌀이나 곡식알을 얽어매고 쌀눈을 가해한다.

63 다음 중 연결이 틀린 것은?
① 말매미 – 산란에 의한 피해
② 오배자면충 – 혹을 만듦
③ 파밤나방 – 병의 전파
④ 거세미나방 – 줄기를 자름

해설
③ 파밤나방은 채소의 줄기 속을 파고 들어가 가해한다.

64 최근 침입한 외래 해충으로 가로수인 플라타너스에 대량발생하여 잎을 황화시키는 흡즙성 해충은?
① 꽃노랑총채벌레
② 목화진딧물
③ 버즘나무방패벌레
④ 소나무재선충

해설
③ 버즘나무방패벌레에 대한 설명이다.

정답 60 ① 61 ③ 62 ④ 63 ③ 64 ③

65 다음은 어떤 해충의 생활사인가?

> 1년에 10여 회 이상 발생하고, 월동태는 알이다. 봄철에 부화하여 성장하면 간모가 된다. 간모는 무시충을 태생하고, 5월경 여름기주로 이동하여 수세대 생활을 하며, 늦가을 되면 겨울기주로 이동한 후 겨울 눈 부근에 수정란을 산란한다.

① 배추순나방 ② 점박이응애
③ 가루깍지벌레 ④ 복숭아혹진딧물

해설
④ 복숭아혹진딧물에 대한 설명이다.

66 향나무하늘소(측백나무하늘소)는 어떤 충태로 월동하는가?

① 성충태 ② 유충태
③ 난 태 ④ 용태(번데기)

해설
① 향나무하늘소는 성충으로 월동한다.

67 다음은 어떤 해충에 의한 피해인가?

> 철쭉류가 잎이 퇴색되고 잎 뒷면에 흑색의 벌레 똥과 탈피각이 붙어 있고 지저분한 상태가 되었다.

① 응애류 ② 방패벌레류
③ 나무이류 ④ 멸구류

해설
② 방패벌레류에 대한 설명이다.

68 다음 집파리의 날개에 대한 설명으로 옳은 것은?

① 완전변태를 하는 곤충으로 2쌍의 완전한 날개를 가진다.
② 앞날개는 막상으로 잘 발달되고 뒷날개가 퇴화되어 평균곤(Halter)으로 변형되어 있다.
③ 앞날개가 퇴화되어 평균곤(Halter) 기능을 하고 뒷날개가 막상으로 잘 발달되어 있다.
④ 불완전변태를 하는 곤충으로 앞날개가 혁질의 단단한 모양이다.

해설
② 파리목의 앞날개는 막상으로 잘 발달되고 뒷날개가 퇴화되어 평균곤(Halter)으로 변형되었다.

69 다음 중 같은 곤충종 내의 다른 개체간 통신을 목적으로 사용되는 페로몬이 아닌 것은?

① 집합페로몬
② 방어페로몬
③ 성페로몬
④ 경보페로몬

해설
② 방어페로몬의 경우 해당 곤충의 천적이나 다른 곤충에 대응하기 위한 페로몬이다.

정답 65 ④ 66 ① 67 ② 68 ② 69 ②

PART 03

재배원론

CHAPTER 01 재배의 기원과 현황

CHAPTER 02 재배환경

CHAPTER 03 작물의 내적 균형과 식물호르몬 및 방사선 이용

CHAPTER 04 재배기술

CHAPTER 05 작물의 유전성

합격의 공식 **시대에듀** www.sdedu.co.kr

CHAPTER 01 재배의 기원과 현황

PART 03 재배원론

1 재배작물의 기원과 세계 재배의 발달

(1) 작물의 기원과 식물의 지리적 분류법

① 작물의 기원
   ㉠ 정 의
      - 식물 중에서 이용성과 경제성이 높아서 재배대상이 되는 것
      - 이용부위가 재배의 목적으로 특수 부분만 매우 발달한 일종의 기형식물을 의미
      - 이용목적상 일부분만이 특정적으로 발달
      - 인간의 인위적인 보호가 필요
   ㉡ 재배의 관념
      - G. Allen : 묘소에 공물로 바친 열매가 싹이 터서 자라는 것을 보고 재배의 관념을 배웠을 것으로 추정
      - De Candolle : 먹고 버린 야생식물의 종자에서 같은 식물이 자라는 것을 보고 파종의 관념을, 야생식물을 집근처에 옮겨 심으면 편리하다는 생각에서 이식의 관념을 배웠을 것으로 추정
      - H. J. E. Peake : 채취해 온 자연식물의 종자가 잘못해 집 근처에 흩어진 것이 싹이 터서 자라는 것을 보고 재배의 관념을 배웠을 것으로 추정

② 식물의 지리적 분류
   ㉠ 큰 강 유역 : De Candolle → 재배식물의 기원(Origin of Cultivated Plants) 저술
   ㉡ 산간부 : N. T. Vavilov → 분화식물의 지리학적 방법을 사용하여 식물종과 변종 간 계통적 구성의 다양성 및 병해저항성까지 상세히 연구
   ㉢ 해안지대 : P. Dettwiler
   ㉣ 유전자 중심지설 기출
      - 변이가 가장 풍부하다.
      - 다른 지방에 없는 변이가 관찰된다.
      - 원시적 우성형질도 많다.
      - 중심지에서 멀어지면 열성형질 분포도가 높아진다.

중국지구	피, 쌀보리, 메밀, 무, 오이, 상추, 배, 복숭아 등
필리핀지구	벼, 목화, 삼, 귤 등
중앙아시아지구	밀, 완두, 강낭콩, 참깨, 아마, 포도 등
근동지구	늘보리, 6배체 귀리, 사과, 배, 알팔파 등
지중해안지구	채소류, 2립계 밀, 클로버 등
아비시니아지구	보리, 아마, 아비시니아 밀, 해바라기 등
중앙아메리카지구	옥수수, 고구마, 카카오 등
남아메리카지구	감자, 담배, 바나나 등

(2) 수량의 삼각형 기출

수량의 삼각형(3대 조건)에는 유전성, 환경, 재배기술이 있다.

(3) 농경의 발생(농업관련 학자별 학설)

① P. Dettwiler : 구석기 시대(약 5만년 전)
② 중국 : BC 2700년 오곡설(주례)
③ Peake : 농경의 발생은 목축보다 늦은 것 → 신석기 시대(1~1.2만년 전)
④ Aristotle : 부식설(유기물설)
⑤ Tull : 토양입자 그 자체가 뿌리에 흡수됨
⑥ Liebig : 식물의 필수영양분이 부식보다도 무기물이라는 견지에서 1840년 무기영양설을 제창
  기출
  ㉠ 인조비료, 화학비료공업의 발달, 수경재배의 발달을 가져옴
  ㉡ 최소율 : 작물의 생육은 필요한 인자 중 최소비율로 존재하는 인자에 의하여 지배
⑦ Boussingault : 콩과작물의 질소고정능력 처음 시사
⑧ Hellriegel : 근류균과 콩과작물의 관계 구명, 질소고정 미생물을 발견
⑨ Winogradsky : *Clostridium*
⑩ Beijernck : *Azotobactor*
⑪ Beijernck, Prazmowski : 근류 세균의 순수 배양 성공
⑫ Köelreuter : 교잡에 의한 작물 개량 가능성을 최초로 시사
⑬ Weismann : Dawin의 진화론에 반론, 획득형질은 유전하지 않음을 증명
⑭ Johannsen(1901) : 순계설을 제창
  ㉠ 순계는 환경에 의한 변이가 나타나더라도 이것이 유전되지 않고 따라서 순계 내에서는 선발의 효과가 없음
  ㉡ 자식성 작물의 순계도태에 의한 품종개량에 이바지

⑮ De Vries(1901~1903) : 유전하는 변이도 있어 이것을 돌연변이라고 하였고, 돌연변이설을 제창
⑯ Muller : X성에 의한 돌연변이 발견
⑰ Garner・Allard(1920) : 일장효과(Photoperiodism)
⑱ Lysenko(1932) : 작물의 상적 발육설, Vernalization(춘화처리)
⑲ Vilmorin의 차대검정(후대검정)

(4) 식물생장조절제
① 옥신(Auxin) : Went(1928)가 아베나의 황화유엽초의 선단부에서 그 존재를 확인
② 지베렐린(Gibberellin) : 해바라기병에 걸린 벼의 어린 식물 중에서 발견
③ 키네틴(Kinetin) 또는 시토키닌(Cytokinins) : Miller 등이 발견, 세포분열을 촉진
④ ABA(Abscisic Acid) : 목화류 식물의 낙엽촉진물질, 단풍눈의 생장억제물질로서 규명
  ㉠ 에틸렌 : 과실의 성숙을 촉진
  ㉡ 2,4-DNC : 강낭콩 줄기의 신장을 억제
  ㉢ 2,4-D가 1947년경부터 제초제로 널리 이용됨

(5) 작부체계의 변천과정
① 과정 : 대전법 → 휴한농법 → 삼포식농법 → 개량삼포식 → 자유작 → 답전운환식
  ㉠ 대전법 : 유목시대 초기농경, 파종 후 유목, 수확기에 돌아와 수확, 탈취농업
  ㉡ 화전 : 농경 처녀지에서 시작, 지력소모 시 이동경작(이동경작)
  ㉢ 윤경 : 경작 화전을 몇 해 묵힌 후 다시 불을 놓고 경작(정착농업)
② 재배 형식 : 소경, 식경, 곡경, 포경, 원경 [기출]
  ㉠ 소경 : 원시적 약탈농업이 이루어짐
  ㉡ 식경 : 식민지나 미개지에서 농업의 경영형태, 가격변동에 극히 예민
  ㉢ 곡경 : 곡류 위주로 광대한 면적에 걸쳐서 밀, 벼, 옥수수 재배 → 대규모의 기계화가 이루어짐
  ㉣ 포경 : 식량과 사료를 서로 균형 있게 생산 → 사료로서 콩과작물
  ㉤ 원경 : 원예적 농경, 가장 집약적인 재배형식

> **참고** 작부방식의 중요한 변천 목적 : 지력 유지

③ 이동경작 : 유목, 약탈농업처럼 지력이 척박해질 때 주로 경작
④ 휴한농법 : 삼포식농법 → 전체의 1/3을 휴한하며 경작
⑤ 개량삼포식농법 : 지력유지와 사료공급(콩과작물의 순환농법)
⑥ 자유경작 : 비료, 농약이 발달함에 따라 수익성이 높은 작물을 자유로이 재배

(6) 우리나라의 재배기원 및 발달
  ① 재배기원
    ㉠ 신석기시대 : 유목을 거치지 않고 농경을 시작
    ㉡ 삼한시대
      • 보리·기장·피·콩·참깨 등을 재배
      • 삼국지 위지 동이전 : 누에를 길러 명주를 짜는 법을 기록
    ㉢ 백제 : 오곡, 채소, 벼, 삼, 뽕나무, 약용작물 재배, 양조법, 양축법, 직조법 등이 발달
    ㉣ 신라 : 오곡·벼·뽕나무 재배, 목축·농경에 축력을 이용(소지왕 - 우경 실시)
    ㉤ 통일신라 : 식용, 섬유, 유료, 약료작물, 관상수목까지 재배
    ㉥ 고려 : 목화 종자 도입, 닥나무·유자나무, 배·밤·대추나무 등을 재배
    ㉦ 조선시대 : 품종분화가 이루어짐
      • 고구마 : 영조 때 유래
      • 감자 : 순조 때 유래
  ② 작물의 분화발달 : 유전적 변이의 발생 → 도태와 적응 → 순화 → 지리적, 생리적 고립
    ㉠ 작물은 자연적으로도 분화
    ㉡ 자연분화의 첫 과정은 유전적 변이(Heritable Variation)의 발생으로 유전적 변이의 원인은 자연교잡과 돌연변이
    ㉢ 도태와 적응 → 순화
      • 환경이나 생존경쟁에 견디지 못하는 것은 멸망하여 도태
      • 견디어 내는 것만이 남아서 적응(Adaptation)
      • 적응 후 생태조건에서 오래 생육하게 되면 순화
    ㉣ 분화의 마지막 과정은 성립된 적응형들이 유전적인 안정 상태를 유지
    ㉤ 고립 : 적응형 상호 간에 유전적 교섭이 생기지 않는 조건
    ㉥ 격리 : 지리적 격리와 생리적 격리가 있으며, 생리적 격리의 원인은 개화기의 차이, 교잡불임 등

2 작물의 분류

(1) 작물재배 현황 기출
  ① 3대 식량작물 : 밀, 벼, 옥수수
  ② 3대 식량작물 생산량 순위 : 밀 > 벼 > 옥수수
  ③ 2대 식량작물 : 밀, 벼
  ④ 2대 사료작물 : 밀, 옥수수

(2) 작물의 분류

① 일반적 분류

㉠ 식용작물
- 미곡 : 벼
- 맥류 : 보리, 밀, 호밀
- 잡곡 : 수수, 옥수수, 메밀
- 두류 : 콩, 팥, 녹두, 강낭콩, 완두, 땅콩
- 서류 : 고구마, 감자

㉡ 공예작물
- 전분작물 : 고구마, 감자, 옥수수
- 유료작물 : 참깨, 들깨, 아주까리, 해바라기, 콩, 땅콩
- 섬유작물 : 목화, 삼, 아마, 닥나무
- 기호작물 : 차, 담배
- 약료작물 : 제충국, 박하, 호프, 인삼
- 당료작물 : 사탕무, 단수수

㉢ 사료작물
- 화본과 : 옥수수, 티머시, 오처드그라스, 라이그래스
- 콩과 : 알팔파, 화이트클로버, 스위트클로버, 레드클로버, 동부

㉣ 녹비작물
- 화본과 : 호밀, 귀리
- 콩과 : 자운영, 베치, 콩

㉤ 원예작물

과 수	• 인과류 : 배, 사과, 비파 • 준인과류 : 감, 귤 • 핵과류 : 복숭아, 자두, 살구, 앵두 • 장과류 : 포도, 딸기, 무화과 • 곡과류 : 밤, 호두

채 소	• 과채류 : 오이, 호박, 참외, 멜론, 수박, 가지, 토마토, 딸기
	• 협채류 : 완두, 강낭콩, 동부
	• 근채류
	  – 괴근류 : 고구마, 감자, 토란, 마, 생강, 연근
	  – 직근류 : 무, 순무, 당근, 우엉
	• 경엽채류 : 배추, 양배추, 갓, 상추, 셀러리, 파슬리, 땅두릅, 미나리, 쑥갓, 시금치, 아스파라거스, 죽순, 파, 양파, 쪽파, 마늘

② 생태적 분류
  ㉠ 생존연한
    • 1년생 작물 : 벼, 콩, 옥수수
    • 2년생 작물 : 무, 사탕무
    • 월년생 작물 : 가을보리, 가을밀
    • 영년생 작물 : 사료작물 중 목초류
  ㉡ 생육적온
    • 북방형 목초 : 티머시, 알팔파 등
    • 여름철 고온에 의해서 생육이 멈추고 황변·쇠퇴하는 현상을 보임
  ㉢ 저항성
    • 내산성 작물 : 감자
    • 내건성 작물 : 수수
    • 내습성 작물 : 밭벼
    • 내염성 작물 : 사탕무, 목화
    • 내풍성 작물 : 고구마

③ 재배 이용면으로 본 특수 분류
  ㉠ 작부방식에 관련된 분류
    • 동반작물
    • 보호작물
    • 대용작물 : 재해로 인하여 주작물의 수확이 불가할 때 대신 뿌려지는 작물
      예 메밀, 조
    • 구황작물 : 흉년이 들 때 크게 도움이 되는 작물
    • 보족작물, 흡비작물 : 유실될 비료분을 잘 포착하여 흡수, 이용하는 효과를 가진 작물
  ㉡ 경영과 관련된 분류
    • 자급작물 : 농가에서 자급하기 위한 작물
    • 환금작물 : 담배처럼 주로 판매하기 위한 작물
    • 경제작물 : 환금작물 중에서 특히 수익성이 높은 작물
      예 담배, 마늘, 고추, 양파, 촉성채소
  ㉢ 토양보호와 관련된 분류
    • 토양보호 작물 : 목초류와 같이 토양 전면을 덮는 피복작물
    • 토양조성 작물 : 지력증진작물로 콩과목초인 클로버
    • 수식작물 : 옥수수, 담배, 목화, 과수, 채소 등과 같이 토양침식을 받기 쉬운 작물
    • 토양수탈 작물 : 화곡류처럼 계속 재배할 때 지력을 수탈하는 경향이 있음

② 용도에 따른 사료작물의 분류
- 청예작물, 건초작물, 사일리지작물, 곡물사료
- 채초(풀을 뜯어 이용하는 경우) : 직립형, 상번초가 적합
- 방목 : 포복형, 하번초가 적합
- 토양보호 : 포복형이 적합

3 재배의 현황

(1) 우리나라 농업의 특징
① 토지이용률이 낮음
② 주곡생산 위주 → 축산의 비중이 낮음
③ 윤작이 발달하지 못함
④ 전업농가가 대부분임
⑤ 농업규모의 영세함
⑥ 지력이 낮음
⑦ 기상재해가 큼

(2) 우리나라 농경지의 특징
① pH 5.5로 산성이 강함
② 작토층이 얇음
③ 부식의 함량이 2~3%로 적음
④ CEC가 10~12mL/100g으로 적음
⑤ 무기성분의 함량이 적음

PART 03 재배원론

CHAPTER 01 적중예상문제

01 식량과 사료를 균형 있게 생산하는 재배 형식은?
① 식 경 ② 포 경
③ 소 경 ④ 곡 경

해설
② 식량과 사료를 서로 균형 있게 생산하는 재배형식으로 사료로서 콩과 작물을 재배한다.

02 레드클로버는 어디에 속하는가?
① 국화과 작물
② 십자과 작물
③ 화본과 작물
④ 콩과 작물

해설
④ 레드클로버(붉은토끼풀)는 콩과 작물이다.

03 순계설의 제창자는?
① De Vries ② Mendel
③ Darwin ④ Johannsen

해설
Johannsen(1901)
• 순계설을 제창
• 순계는 환경에 의한 변이가 나타나더라도 이것이 유전되지 않고 따라서 순계 내에서는 선발의 효과가 없다.
• 자식성 작물의 순계도태에 의한 품종개량에 이바지하였다.

04 작물재배의 발달에 기여한 사람과 주장한 학설이 옳게 짝지어진 것은?
① De Vries : 돌연변이설
② Pasteur : 최소율설
③ Liebig : 순계설
④ Johannsen : 유전자중심설

해설
② Pasteur : 병원균설
③ Liebig : 최소율의 법칙
④ Johannsen : 순계설

05 작물의 최대수량을 위한 3대 조건이 아닌 것은?
① 유전성 ② 재배기술
③ 환 경 ④ 만식성

해설
④ 최대수량을 얻기 위해서는 작물의 유전성과 재배기술, 환경조건이 맞아야 한다.

06 삼포식 농법의 목적은 무엇인가?
① 경비절약 ② 병충해 예방
③ 지력회복 ④ 수분절약

해설
③ 삼포식 농업은 포장을 3등분해 경지의 2/3에는 춘파 또는 추파의 곡물을 재식하고 나머지 1/3은 휴한하는 것으로 순차적으로 교체하는 방식이다. 윤작의 시초이며 초기의 지력유지책으로 실시한다.

정답 1 ② 2 ④ 3 ④ 4 ① 5 ④ 6 ③

07 가장 보편적으로 이용되고 있는 작물의 일반적 분류법의 근거는?
① 형 태
② 용 도
③ 생육특성
④ 경제성

해설
② 일반적 분류는 용도에 의한 분류이다.

08 다음 중 수입물량이 가장 많은 작물은?
① 밀
② 보 리
③ 콩
④ 옥수수

해설
④ 사료용 옥수수의 수입량이 가장 많다.

09 Liebig의 무기영양분설과 관계없는 사항은?
① 인조비료의 제조
② 화학비료공업의 발달
③ 최소율의 법칙
④ 수경재배

해설
③ 최소율의 법칙은 무기비료성분에 대하여 적용하였으나, 현재에는 작물생육에 영향을 미치는 모든 인자에 대해 확대 적용하고 있다.

10 작물의 유연관계를 밝히는 데 이용되는 방법이 아닌 것은?
① 형태적·생리적·생태적 특성에 의한 방법
② 교잡에 의한 방법
③ 염색체에 의한 방법
④ 돌연변이에 의한 방법

해설
④ 돌연변이의 경우 품종의 퇴화 등과 관련이 있으며 육종에 이용되기도 한다.

11 작물의 특질에 대한 설명으로 옳지 않은 것은?
① 야생의 원형을 가능한 그대로 유지하는 식물이다.
② 목적으로 하는 특정 부분만을 발달시킨 기형식물이다.
③ 불량환경에 대한 저항력이 약하고 생존경쟁력이 낮은 식물이다.
④ 인간의 의식주에 필요한 경제성이 높은 식물이다.

해설
① 재배작물은 야생의 식물의 특성 중 목적하는 특정 부분만을 발달시킨 기형식물이다.

정답 7 ② 8 ④ 9 ③ 10 ④ 11 ①

12 작물의 분화과정에서 생리적 고립이란?
① 상호간 지리적으로 격리되어 유전적 교섭이 방지되는 것
② 개화기의 차이에 의해서 유전교섭이 방지되는 것
③ 환경에 적응력이 강하게 발달하는 것
④ 돌연변이에 의해서만 생기는 현상

해설
② 생리적 고립은 개화기의 차이에 의해서 유전교섭이 방지되는 것으로 상호간 지리적으로 격리되어 유전교섭이 방지되는 것은 지리적 격리이다.

14 작물의 분화발달의 과정에 대한 설명 중 옳지 않은 것은?
① 자연교잡과 돌연변이에 의해 새로운 유전형이 생긴다.
② 유전적 고립의 원인 중 생리적 고립이 가장 본질적인 것이다.
③ 적응형들은 유전 교섭이 방지되어야 새로운 종으로 분화될 수 있다.
④ 새로 생긴 유전형은 도태·순화의 과정을 거쳐 적응의 단계로 들어간다.

해설
④ 새로 생긴 유전형은 도태 – 적응 – 순화의 단계를 거친다.

13 일정한 재배계획에 따라 어떤 포장에 재배하는 작물의 종류와 재배양식을 조절하는 방식을 무엇이라 하는가?
① 이용계획
② 작부체계
③ 재배양식
④ 집단재배

해설
작부체계는 일정한 포장에 있어서의 순차적인 작물 종류의 변천 및 동시적인 작물 종류의 조합을 의미한다.

15 작부체계의 변천과정 중 가장 최근인 것은?
① 대전법
② 개량삼포식농법
③ 삼포식농법
④ 자유법

해설
작부체계의 변천과정
대전법 – 삼포식농법 – 개량삼포식농법 – 자유법

PART 03 재배원론

CHAPTER 02 재배환경

1 토 양

(1) 토양환경 일반

① 지 력

㉠ 토양조건 : 작물생육에 지대한 영향을 끼친다.
- 지력 : 토양의 물리적·화학적·생물적인 조건으로 작물의 생산력을 지배한다.
- 양토를 중심으로 하여 사양토~식양토가 토양의 수분, 공기, 비료성분의 종합적 조건에서 재배조건에 알맞다.
- 사토 : 토양수분과 비료성분이 부족하다.

㉡ 재배적지
- 입단구조가 조성될수록 토양의 수분과 공기상태가 좋아진다.
- 토층은 작토가 깊고 양호하며, 심토도 투수·투기가 알맞아야 한다.
- 토양반응은 중성~약산성이 알맞다.
- 무기성분은 풍부하고 균형 있게 포함되어 있어야 한다.
- 유기물이 증대할수록 지력이 향상되나 습답에서는 도리어 해가 되기도 한다.
- 토양수분이 알맞아야 작물생육에 좋다.
- 토양공기가 적거나 이산화탄소가 많으면, 작물뿌리의 생장과 기능을 저해한다.
- 유용한 토양미생물이 번식하기 좋은 상태에 있는 것이 유리하다.

② 토양의 3상 기출

㉠ 고상 : 50%(무기물 : 45%, 유기물 : 5%)
㉡ 액상(수분) : 25%
㉢ 기상(공기) : 25%
㉣ 작물생육에 알맞은 토양의 3상 분포 : 고상 약 50%, 액상 30~35%, 기상 15~20%

(2) 토양의 입경 구분

① 입경 구분

구 분	입경(mm)	구 분	입경(mm)
자 갈	> 2	미 사	0.02~0.002
조 사	2.0~0.2	점 토	< 0.002
세 사	0.2~0.02		

② 점토의 특징
   ㉠ 점토는 토양 중 가장 미세한 입자 : 0.002mm 이하
   ㉡ 화학적·교질적 작용을 한다.
   ㉢ 물, 양분을 흡착하는 힘이 크다.
   ㉣ 투수, 투기를 저해한다.
   ㉤ 화학적 조성은 함수규산알루미나이다.
   ㉥ 알루미나 40~50%, 규산 40~47%, 수분 10~12%를 함유한다.

(3) 토양교질과 양이온치환용량

① 교질 : $0.1\mu m$ 이하, 보통 음전하를 띠고 있어 양이온을 흡착한다.
② 토양 중에 교질입자가 많으면 치환성 양이온을 흡착하는 힘이 강해진다.
③ 양이온치환용량(CEC) 또는 염기치환용량(BEC)
   ㉠ 토양 100g이 보유하고 있는 치환성 양이온의 총량을 mg당량으로 표시한 것이다.
   ㉡ 점토와 부식이 증가하면 CEC도 증가한다.
④ CEC가 증대하면 NH_4^+, K^+, Ca^{2+}, Mg^{2+} 등의 비료성분을 흡착하는 힘이 커진다.
   ㉠ 비료를 많이 주어도 일시적 과잉흡수가 억제된다.
   ㉡ 비료의 용탈이 적어서 비효가 늦게까지 지속된다.
   ㉢ 토양의 완충농도가 커진다(토양반응의 변동에 저항하는 힘).

(4) 토양입단의 형성 및 파괴

① 입단의 형성방법
   ㉠ 유기물의 시용
   ㉡ 석회의 시용
   ㉢ 토양의 피복
   ㉣ 두과작물의 재배
   ㉤ 토양개량제 사용

② 토양의 입단파괴
  ㉠ 경 운
  ㉡ 입단의 팽창과 수축
  ㉢ 비, 바람
  ㉣ Na^+ 이온(점토결합을 분산)
③ 토 성
  ㉠ 토양입자의 함량에 따른 토양의 특성 : 입경 2mm 이하의 입자로 된 토양을 세토(Fine Soil)라 한다.

토성의 명칭	점토 함량	모래 함량
사 토	12.5% 이하	-
사양토	12.5~25%	1/3~1/2
양 토	25%~37.5%	1/3 이하
식양토	37.5~50%	-
식 토	50% 이상	-

  ㉡ 토양구조(Soil Structure) : 토양을 구성하는 입자들이 모여 있는 상태
    • 단립구조
      - 해변의 사구지
      - 입자가 무구조(Amorphous)인 단일상태로 집합되어 있다.
      - 대공극이 많고, 소공극이 적다.
      - 투수・투기는 좋으나, 수분・비료분의 보유력은 작다.
    • 이상구조
      - 미세한 토양입자가 무구조, 단일상태로 집합되어 있다.
      - 건조하면 각 입자가 서로 결합하여 부정형의 흙덩이가 형성된다.
      - 부식함량이 적고, 과습한 식질토양에서 많이 보인다.
      - 소공극은 많으나 대공극이 적어서 토양통기가 불량하다.
    • 입단구조 기출
      - 유기물과 석회가 많은 표층토에서 많이 보인다.
      - 대공극, 소공극이 모두 많고, 투기, 투수, 양수분의 저장 등이 모두 알맞아 작물생육에 적합하다.
  ㉢ 입단의 효용
    • 입단 내의 소공극과 입단 사이의 대공극이 균형이 이루어진다.
    • 소공극은 모관현상으로 지하수의 상승이 이루어지므로 모관공극이라 한다.
    • 대공극은 비모관공극이라 한다.
    • 자연상태에서 수분량을 함유할 때의 토양에 대해서 수분이 차지하는 공극의 용적을 액상공극, 공기가 차지하는 공극을 기상공극이라 한다.

- 입단이 발달한 토양은 대체로 비옥하고 수분, 비료분의 보유력도 크다.
- 모관공극이 발달하면 토양의 함수상태도 좋아진다.
- 비모관공극이 발달하면 통기가 좋아지고, 빗물의 지중 침투가 많아지며 지하수의 불필요한 증발도 억제된다.
- 유용한 미생물의 번식, 활동이 좋아지고 유기물의 분해도 촉진된다.

② 입단파괴
- 경 운
- 입단의 팽창과 수축의 반복 : 습윤과 건조, 동결과 융해, 고온과 저온
- 비와 바람
- 나트륨 이온(Na^+)의 첨가 : 점토의 결합을 분산시킨다.

⑩ 입단의 형성방법 **기출**
- 유기물과 석회의 시용
  - 유기물을 미생물이 분해 시 점질 물질이 토양입자를 결합한다.
  - 석회는 유기물 분해촉진 및 토양입자를 결합시킨다.
- 콩과작물의 재배 : 잔뿌리가 많고 석회분이 풍부, 토양을 잘 피복한다.
- 토양의 피복 : 건조 및 비바람의 타격과 토양유실을 막는다.
- 토양개량제의 시용 : 크릴륨(Krillium), 아크릴소일(Acrilsoil) 등을 시용한다.
- 사질인 토양에는 점토를 시용한다.

④ 토 층
- ③ 작토(경토) : 경운이 계속되는 곳으로 작물의 뿌리는 주로 이곳에서 발달한다. 부식이 많고, 흙이 검으며, 입단의 형성도 좋다.
- ⑥ 서상 : 작토 바로 밑의 층으로 작토보다 부식이 적다.
- ⑥ 심토 : 서상층 밑의 하층으로 부식이 극히 적고 구조가 치밀하다. 적당한 투수성 및 투기성이 있어야 한다.

(5) 토양수분

① **절대수분함량** : 건토에 대한 수분의 중량비로 표시한다. 절대수분함량은 작물의 흡수력과 직결된 표시가 되지 못한다.

② **토양수분장력** : 작물의 흡수력과 직결된 표시가 될 수 있는 척도이다.
  - ③ 임의의 수분함량에 토양에서 수분을 제거시키는 데 소요되는 단위면적당의 힘
  - ⑥ 수주높이의 대수를 취하여 pF로 표시한다($pF = \log H$, H는 수주의 높이).

③ **토양수분** : 결합수, 흡습수, 모관수, 중력수 및 지하수로 나눈다.
  - ③ 결합수 : 결정수라고도 하며 점토광물에 결합되어 있어 분리시킬 수 없는 수분을 말한다. pF 7.0 이상으로 작물이 이용하지 못한다.

ⓒ 흡습수 : 흡착수라고도 하며 건토를 공기 중에 둘 때 분자 간 인력에 의해서 토양 표면에 수증기가 피막상으로 응축한 수분을 말한다. 작물에 거의 흡수되지 못하고, pF 4.5 이상이다.
ⓒ 모관수 : 표면장력에 의하여 토양 공극 내에서 중력에 저항하여 유지되는 수분으로, 모관현상에 의하여 지하수가 모관공극을 상승하여 공급한다. pF 2.7~4.5로 작물이 주로 이용한다.
② 중력수 : 중력에 의해서 비모관 공극을 스며 내리는 물을 의미하는 것으로, 작물에 이용되나 근권 이하로 스며 내린 것은 직접 이용되지 못한다. pF 0~2.7로 교질물 사이를 자유로이 이동한다.
ⓜ 지하수 : 지하에 정체하여 모관수의 근원이 되는 물을 말한다.
④ 잉여수분 : 포장용수량 이상의 토양수분으로 너무 많으면 성장에 유해하다.
⑤ 유효수분 : 영구위조점(pF 4.2)과 포장용수량(pF 2.5~2.7) 사이의 토양 수분으로 식물생육에 이용된다.
⑥ 무효수분 : 영구위조점(pF 4.2) 이하의 수분으로 작물이 이용하지 못한다.

(6) 토양 수분항수

① 토양의 수분항수 : 최대용수량, 포장용수량, 초기위조점, 영구위조점, 흡습계수, 풍건상태, 건토
② 최대용수량(pF 0)
　㉠ 강우, 관개에 의하여 포화된 상태이다.
　ⓒ 모관수가 최대로 포함된 상태로 토양의 전공극이 수분으로 포화상태이다.
　ⓒ 최적함수량은 최대용수량의 75~80%에 있다.
③ 포장용수량(pF 2.5~2.7)
　㉠ 수분으로 포화된 토양으로부터 증발을 방지하면서 중력수를 완전히 배제하고 남은 수분상태를 말한다.
　ⓒ 최소용수량이라고도 한다.
　ⓒ 지하수위가 낮고 투수성인 포장에서 강우 또는 관개 2~3일 뒤의 수분상태의 수분당량과 거의 일치한다.
　② 작물생육에 가장 알맞은 최적함수량이 포장용수량 부근에 있다.

> **참고** 수분당량(Moisture Equivalent) : 젖은 토양에 중력의 1,000배의 원심력을 작용시킬 경우 잔류하는 수분상태(pF 2.7~3.0)

④ 초기위조점(pF 3.9) : 생육이 정지, 작물생육억제 초기단계, 하엽이 위조하기 시작하는 토양수분상태이다.

⑤ 영구위조점(pF 4.2)
  ㉠ 위조한 식물을 포화습도의 공기 중에 24시간 방치해도 회복하지 못하는 위조상태이다.
  ㉡ 영구위조를 최초로 유발하는 토양의 수분상태를 말한다.
⑥ 위조계수 : 영구위조점에서의 토양함수율, 즉 토양건조 중에 대한 수분의 중량비를 말한다.
⑦ 흡습계수(pF 4.5)
  ㉠ 포화상태로 흡착된 수분량을 건토의 중량백분율로 환산한 값(pF 4.5)이다.
  ㉡ 상대습도 98%(25℃)의 공기 중에서 건조토양이 흡수하는 수분상태를 말한다.
  ㉢ 흡습수만 남은 상태이다.
⑧ 유효수분 : 포장용수량과 영구위조점(위조계수) 사이의 수분을 의미한다.

(7) 토양공기

① 용기량 : 토양 중에서 공기로 차 있는 공극량을 말한다.
  ㉠ 일반적으로 모관 공극에는 수분이 차 있고 비모관 공극에는 공기가 차 있다.
  ㉡ 용기량은 비모관 공극량과 비슷하다.
  ㉢ 토양의 전공극량이 증대하더라도 비모관 공극량이 증대하지 않으면 용기량은 증대하지 못한다.
  ㉣ 토양수분함량이 최대용수량에 도달했을 때의 용기량을 최소용기량이라 한다.
  ㉤ 풍건상태의 용기량을 최대용기량이라고 한다.
② 토양용기량이 증대하면 작물생육이 조장되나 어느 한계를 지나면 해가 된다.
  ㉠ 최적용기량은 10~25%이다.
  ㉡ 작물의 적정 최적용기량 : 벼, 양파(10%) → 귀리, 수수(15%) → 보리, 밀, 오이(20%) → 양배추, 강낭콩(24%)
③ 토양공기의 특성 : 대기의 이산화탄소의 농도(0.03%)보다 훨씬 높다(0.1~10%).
  ㉠ 토양 중 이산화탄소의 농도가 높아지면 탄산이 생성되어 토양이 산성화된다.
  ㉡ 수분과 무기염류(K, N, P, Ca, Mg)의 흡수가 저해된다.
  ㉢ 토양 중 산소가 부족해지면 뿌리의 호흡과 여러 생리작용이 저해된다.
  ㉣ 환원성 유해물질(H_2S)이 생성되어 뿌리가 상한다.
  ㉤ 유용한 호기성 토양미생물의 활동이 저해되어 유효태의 식물 양분이 감소한다.
④ 토양통기의 조장책
  ㉠ 토양처리
    • 저습지, 과습지 토양은 명거나 암거 배수시설을 강화한다.
    • 유기물, 석회물질, 토양개량제 등을 시용하여 토양의 입단화를 도모한다.
    • 과습 중점질 토양에서는 세사를 객토한다.
    • 지반이 견고한 토양은 하층토를 심경한다.

ⓒ 재배적 처리 : 답전윤환재배, 답리작, 답전작, 휴립재배, 휴립휴파, 중경 등
- 답전윤환재배는 답토양의 용기량을 증대시킨다.
- 재배기간 중 중경은 토양통기를 조장한다.
- 파종 후 복토의 두께는 토양통기에 영향을 미친다.
- 본답에서의 중간낙수는 토양통기를 조장한다.
- 습전에서의 전작물의 휴파, 습답에서의 수도휴립재배는 토양통기를 조장한다.

(8) 토양유기물의 기능
① 암석의 분해촉진
② 양분의 공급
③ 생장촉진물의 생성
④ 대기 중의 CO_2 공급
⑤ 입단의 형성
⑥ 보수, 보비력의 증대
⑦ 완충능의 증대
⑧ 미생물의 번식조장
⑨ 지온상승
⑩ 토양보호

(9) 식물양분 가급도와 토양 pH의 관계
① 가급도 변화

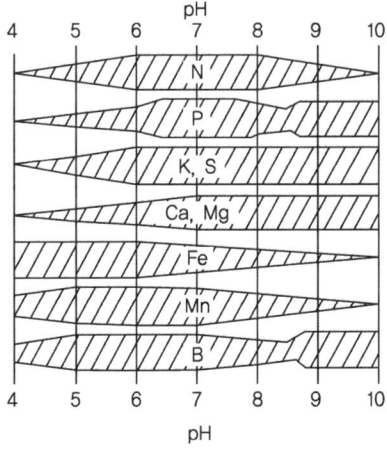

- ㉠ 알칼리성 흡수에 변화가 없는 것 : K, S, Ca, Mg
- ㉡ 알칼리성 흡수가 크게 줄어드는 것 : Mn, Fe
- ㉢ 강산성 토양에서의 양분흡수 변화
    - P, Ca, Mg, B, Mo 등의 가급도가 감소한다.
    - Al, Cu, Zn, Mn 등의 용해도가 증가한다.
- ㉣ 강알칼리성 토양에서의 양분흡수 변화 : B, Fe, Mn 등의 용해도 감소하여 작물생육에 불리하다.

② 무기양분

㉠ 필수원소 기출
- 다량원소 : C, O, H, N, P, K, Ca, Mg, S
- 미량원소 : Fe, Mn, Cu, Zn, B, Mo, Cl
- 비료의 3요소(4요소) : N, P, K, (Ca)

㉡ 필수원소의 생리작용

탄소, 산소, 수소	• 식물체의 90~98%를 차지하며 엽록소의 구성 원소 • 광합성에 의한 여러 가지 유기물의 구성재료
N(질소)	• 엽록소, 단백질, 효소 구성원소 • 부족 시 : 황백화(Chlorosis), 생장억제, 하엽고사, 분얼저해(화곡류), 화성촉진
P(인)	• 배수가 나쁜 토양에서 흡수되기가 가장 어려운 원소 • 세포핵, 분열조직, 효소의 구성원소 • 어린 조직, 종자에 많이 함유 • 광합성, 호흡작용, 세포분열 시 방추사 부근에 많이 집적되어 있음 • 부족 시 : 뿌리발육저해(생육초기), 잎의 암록색, 잎둘레의 오점 및 홍색, 보라색화, 결실저해, 황화 등 • 산성 토양에서 가장 부족함
K(칼륨)	• 이온화하기 쉬운 형태로 존재 • 무, 감자가 많이 흡수 • 잎, 생장점, 뿌리의 선단에 많이 함유 • 종실에는 거의 없음 • 광합성, 탄수화물 및 단백질 형성, 세포 내 수분공급, 증산에 의한 수분상실 제어, 효소반응의 활성화 • 부족할 경우 : 생장점이 말라 죽음, 줄기 연약화, 잎의 끝과 둘레가 황화, 하엽 탈락, 결실 저해
Ca(칼슘)	• 체내에서 이동하기 어렵고, 생육 후기에 주로 흡수 • K, Mg, Na, B, Fe과 길항작용 • 세포막의 구성원소로 원형질막의 투과성에 관여함 • 단백질 합성, 물질전류, 질소(NO_3)의 흡수·이용조장, 체내의 유독유기산중화, Al의 과잉흡수 억제, 분열조직의 생장, 뿌리 끝의 발육과 작용에 필수적임 • 토양의 이화학성을 좋게 하고, 내동성, 인산비효가 증대됨 • 뿌리 끝이나 눈의 생장점이 붉게 변함

Mg(마그네슘)	• 체내이동이 용이, 부족 시 낡은 조직으로부터 새 조직으로 이동 • 석회부족이나 과다 시용 시 결핍증상, 엽록소의 구성 원소로 잎에 함량이 높음 • 광합성, 인산대사에 관여하는 효소의 활성을 높임 • 인산화 과정에 관여하는 효소의 활력을 높임, 종자 중의 지유축적을 도움 • 부족 시 : 황백화(Chlorosis), 줄기나 뿌리의 생장점 발육저해, 체내의 비단백태질소 증가, 탄수화물 감소
S(황)	• 체내이동성이 낮고 단백질, 아미노산, 효소, 엽록소 형성에 관여 • 부족 시 : 황백화, 엽록소 형성 억제, 콩과작물의 질소고정능력 저하, 세포분열 억제, 새로운 조직에 결핍증상
Fe(철)	• Ni, Cu, Co(코발트), Cr(크롬), Zn(아연), Mo(몰리브덴), Mn, Ca 등의 과잉은 철의 흡수 이동을 억제 • 호흡 효소의 구성성분이며, 엽록소형성에 관여하고 Mn과 길항작용을 하며, 체내 이동이 잘 안 됨 • 부족 시 : 어린 잎부터 황백화되고 엽맥 사이가 퇴색 • 과잉 시 : 벼잎에 갈색반점이 생겨 점차 확대되어 흑변, 고사 현상이 나타남
Mn(망간)	• 각종 효소의 활성을 높임 • 체내이동성이 낮고, 생리작용이 왕성한 곳에 많이 함유되어 있음 • 동화물질의 합성분해, 호흡작용, 광합성에 관여 • 토양이 알칼리성이 되거나, 과습, 철분 과다 시 망간 결핍이 초래 • 부족 시 : 화곡류에서 세로 줄무늬가 생김 • 과잉 시 : 뿌리갈변, 줄기, 잎에 갈색 반점, 잎의 황백화, 만곡발생, 사과의 적진병 발생
B(붕소)	• 촉매 또는 반응조절물질로 작용, 석회결핍의 영향을 경감시킴 • 체내이동성이 낮으며 생장점 부근에 함유량이 많아 결핍증세는 생장점이나 저장기관에 나타나기 쉬움 • 부족 시 : 분열조직에 괴사, 사탕무의 속썩음병, 셀러리의 줄기쪼김병, 사과의 축과병, 담배의 끝마름병, 알팔파의 황색병, 꽃양배추의 갈색병, 수정결실이 나빠짐, 콩과의 근류 형성과 질소고정저해 현상 • 석회의 과잉, 토양의 산성화는 붕소결핍 초래
Zn(아연)	• 식물체 내의 여러 가지 효소의 촉매 또는 반응조절물질로 작용 • 단백질과 탄수화물의 대사에 관여, 엽록소 형성에 관여 • 부족 시 : 황백화, 괴사, 조기 낙엽 등을 초래 • 감귤류에서는 잎무늬병, 소엽병, 결실 불량이 초래 • 석회암지의 배수가 불량한 저습지에서 그 결핍증이 나타남
Cu(구리)	• 산화 요소의 구성원소로 작용하고 광합성, 호흡작용 등에 관여 • 엽록소의 생성도 조장 • 부족 시 : 황백화, 괴사, 조기낙엽 증상
Mo(몰리브덴)	• 질소환원효소의 구성성분이며, 질소대사에 필요 • 근류균의 질소고정에도 필요, 콩과 작물에 함량이 많음 • IAA 산화효소의 활성에도 관여함
Cl(염소)	• 광합성과 물의 광분해 과정에 망간과 함께 촉매적 작용 • 염소 결핍증은 어린잎의 황백화와 전식물체의 위조현상이 일어남

(10) 토양의 pH와 작물 적응성

① 토양반응
- ㉠ 수소 이온농도(H^+)와 수산화 이온농도(OH^-)의 비율에 따라 결정된다(pH로 표시).
- ㉡ 활산성 : 토양에 순수한 물을 가해줄 때 용출되는 H^+에 기인하는 산성을 말한다.
  → 식물에 직접적인 해를 끼친다.
- ㉢ 잠산성 : 치환산성과 가수산성을 말한다.
- ㉣ 치환산성 : KCl(염화칼륨)과 같은 중성염을 가해주면 더욱 많은 H^+가 용출되며 기인하는 산성을 의미한다.
- ㉤ 가수산성 : 약산염을 가해주면 더 많은 H^+가 용출되는 데 기인하는 산성을 말한다.
- ㉥ 양토나 식토는 사토보다 잠산성이 높으므로 pH(활산성)이 같더라도 중화하는 데 더 많은 석회를 주어야 한다.

② 산성 토양에 대한 작물 적응성
- ㉠ 극히 강한 것 : 벼, 밭벼, 귀리, 기장, 호밀, 토란, 아마, 땅콩, 감자, 수박
- ㉡ 강한 것 : 메밀, 당근, 옥수수, 목화, 오이, 포도, 완두, 호박, 딸기, 토마토, 밀, 조, 고구마, 담배
- ㉢ 약간 강한 것 : 유채, 무
- ㉣ 약한 것 : 보리, 클로버, 양배추, 근대, 가지, 삼, 겨자, 고추, 상추
- ㉤ 가장 약한 것 : 시금치, 알팔파, 양파, 자운영, 콩, 팥, 보리

③ 알칼리성 토양에 대한 작물 적응성
- ㉠ 강한 것 : 사탕무, 수수, 유채, 목화, 보리
- ㉡ 중간 정도 : 당근, 무화과, 포도, 상추, 귀리, 올리브, 양파, 호밀
- ㉢ 약한 것 : 사과, 셀러리, 레몬, 배, 감자, 레드클로버

(11) 토양 산성화의 원인 및 개량대책

① 토양 산성화의 원인
- ㉠ 산성비료의 연용 : 염화칼륨, 황산칼륨, 분뇨 등의 연용
- ㉡ 산성물질의 유입
- ㉢ 빗물에 의한 염기 용탈
- ㉣ 무기산의 해리에 의한 수소 이온의 방출
- ㉤ 유기물 분해 시 유기산이 해리되어 수소 이온 방출
- ㉥ 식물 뿌리에서 양분 흡수를 위해 수소 이온 방출
- ㉦ 토양 중의 탄산, 유기산의 증가

② 개량대책
　㉠ 석회 시용
　㉡ 유기물 시용 : 석회만 주어도 반응은 조성되지만 유기물을 함께 주는 것이 석회의 지중 침투성을 높인다.
　㉢ 산성비료 사용 회피

(12) 토양미생물과 작물생육과의 관계
① 유익한 작용
　㉠ 암모니아 화성작용 : 유기물을 분해하고 암모니아를 생성한다.
　㉡ 유리질소의 고정
　㉢ 무기성분의 변화
　㉣ 가용성 무기성분의 동화
　㉤ 미생물간 길항작용 : 유해작용을 경감
　㉥ 입단의 생성 : 균사 등에 의한 점질물질에 의해 입단화
　㉦ 생장촉진물질로 작용한다.
② 유해한 작용
　㉠ 탈질작용
　㉡ 식물과 미생물간 양분경합
　㉢ 식물병을 유발
　㉣ 황산염을 환원하여 황화수소 등의 유해한 환원물질을 생성한다.
③ 공중질소 고정작용 : 근류균은 토양 내에서 유리질소를 고정 [기출]
　㉠ 호기성 상태에서 단독으로 고정 : *Azotobacter*, *Azotomonas*
　㉡ 혐기성 상태에서 단독으로 고정 : *Clostridium*
　㉢ 콩과식물뿌리에서 공생 : *Rhizobium*
　㉣ 조건 : 토양이 습하고, 토양온도 25~28℃, pH 6.5~7.3 중성에서 생육이 활발하다.
　㉤ 동일교호 접종군(근류균상호 접종균) : 완두-베치, 콩-콩, 강낭콩-강낭콩, 동부-팥-땅콩

(13) 논토양에서의 탈질작용
① 논토양의 상층부는 미생물의 산소소비보다 논물로부터의 산소공급이 이루어진다.
② 표층 수 mm에서 1~2cm의 층은 산화 제2철로 적갈색을 띤 산화층이 된다.
③ 그 이하의 작토층은 산화 제1철로 청회색을 띤 환원층이 된다.
④ 심토는 유기물이 극히 적어서 산화층을 형성한다.
⑤ 토양의 산화, 환원상태를 흔히 Eh(산화환원전위)로 표시한다.

⑥ 암모니아태 질소를 산화층에 주면 질화작용으로 탈질현상이 일어난다.
  ㉠ 질화작용 : $NH_4^+ \to NO_2^- \to NO_3^-$
    • 질화작용은 질산균에 의해 일어난다.
    • 질산은 토양에 흡착되지 않는다.
  ㉡ 질산태 질소가 환원층에서 산화질소(NO), 아산화질소(N_2O), 질소(N_2)로 환원되어 탈질된다.
  ㉢ 암모니아태 질소를 환원층에 주면 탈질작용이 방지된다.
  ㉣ 암모니아는 토양에 잘 흡착되므로 비효가 오래 간다.
  ㉤ 심층시비를 위하여 전층시비를 한 다음 써레질한다.

(14) 논토양의 노후화와 추락

① Fe, Mn, K, Ca, Mg, Si, P 등이 작토에서 용탈되어 결핍된 논토양을 의미한다.
② 침투수에 의해서 용탈되어 논의 하층의 산화층에 축적된다. → 이를 노후화한다.
③ 투수가 잘되고 철 함량이 적은 모재를 가진 논에서는 심한 철부족 노후화답이 된다.
④ 여름철 환원층에서는 황산염이 환원되어 황화수소(H_2S)가 생성된다.
⑤ 황화수소는 벼의 뿌리를 상하게 한다.
⑥ 논토양에 철분이 많으면 벼 뿌리가 적갈색산화철의 두꺼운 피막이 형성된다.
⑦ 황화수소는 철과 반응하여 황화철(FeS)이 되어 침전하므로 해가 없다.
⑧ 철분이 부족한 노후화답에서는 황화수소에 의해서 벼 뿌리가 상한다.
  ㉠ 양분흡수가 저해되고 늦여름~초가을부터 벼가 하엽부터 말라 올라간다.
  ㉡ 깨씨무늬병 등이 많이 발생해 수확량이 감소한다.

(15) 노후화답의 개량과 재배대책

① 노후화답의 개량 : 객토, 심경, 함철자재 시용, 규산질비료 시용
② 노후화답 재배대책
  ㉠ 황화수소에 강한 저항성 품종을 선택한다.
  ㉡ 조기재배 : 수확이 빠르도록 재배한다.
  ㉢ 무황산근 비료를 사용한다.
  ㉣ 추비를 중점 시비하고 지효성 비료를 시비한다.
  ㉤ 엽면시비한다.

(16) 간척지 토양의 개량 및 재배대책

① 간척지 토양의 특징 : 염분 농도가 0.1%에서 염해가 발생하며 0.3% 이하에서 생육이 가능
② 개량방법
  ㉠ 제염법
  ㉡ 담수법, 명거법, 여과법
  ㉢ 석회물질의 사용
  ㉣ 유기물 사용 : 내수성 입단화 도모
  ㉤ 객토 : 양질 점토
③ 재배대책
  ㉠ 내염성 강한 작물, 품종 재배 : 사탕무, 비트, 수수, 유채(평지), 목화, 양배추, 라이그라스 등이다.
  ㉡ 휴립재배 : 고랑을 만들어 재배한다.
  ㉢ 속효성 비료는 황산근이 없는 것으로 여러 번 분시한다.
  ㉣ 논물을 말리지 않으며 자주 담수한다.

> **참고** 내염성과 작물
> - 강한 작물 : 수수, 유채, 목화, 양배추
> - 약한 작물 : 감자, 콩, 레드·화이트클로버, 배, 사과, 복숭아

(17) 토양침식대책

① 수식에 관여하는 요인
  ㉠ 위험강우 : 10분에 2mm 초과 시
  ㉡ 토양의 성질(토양 구조)
  ㉢ 지 형
  ㉣ 식 생
② 수식에 대한 대책
  ㉠ 토양 보존 작물(피복작물) 재배
  ㉡ 토양피복 : 피복재 이용
  ㉢ 초생재배
  ㉣ 경사지 재배법
    • 등고선 경작 : 등고선을 따라 이랑을 만든다.
    • 등고선 대상 경작 : 등고선을 따라 일정간격을 두고 초생대를 만든다.
    • 단구식 경작 : 경사가 심한 곳을 개간할 때 계단식으로 단구를 구축하여 재배한다.
  ㉤ 합리적 작부체계

③ 풍식에 대한 대책
  ㉠ 방풍림을 조성한다.
  ㉡ 이랑을 풍향과 직각 방향으로 만든다.
  ㉢ 관개에 의한 비산을 방지한다.
  ㉣ 피복작물을 재배한다.
※ 생리적 산성도

생리적 산성	황산암모니아(유안), 황산칼륨, 염화칼륨
생리적 중성	질산암모니아, 요소, 과인산석회, 중과인산 석회
생리적 염기성	석회질소, 용성인비, 재, 칠레초석

2 수 분

(1) 작물생육에 대한 수분의 기본적인 역할
① 원형질의 생활상태를 유지한다.
② 식물체의 구성물질이며 영양적 물질의 형성재료이다.
③ 세포 내 결합수로 존재하여 식물체 구성물질의 성분이다.
④ 필요물질 흡수의 용매이다.
⑤ 식물체 내의 물질분포를 고르게 하는 매개체이다.
⑥ 필요물질의 합성·분해의 매개체이다.
⑦ 세포 내 유리수로 존재하여 세포의 팽창상태를 유지하고 식물의 체제를 유지한다.
⑧ 식물 체온의 급격한 변화를 방지하며, 엽온을 조절한다.

(2) 작물의 요수량, 증산계수(요수량 = 증산계수) 기출
① 요수량 : 건물 1g을 생산하는 데 소비된 수분의 양
  ㉠ 요수량이 큰 식물 : 두과 작물(알팔파, 클로버), 명아주
  ㉡ 요수량이 적은 작물 : 수수, 기장, 옥수수

> 참고 명아주 > 오이, 호박, 두과 작물 > 감자, 목화, 맥류 > 수수, 기장, 옥수수

② 증산계수 : 건물 1g을 생산하는 데 소비된 수분의 증산량

(3) 수분 흡수기구
① 삼투압 : 삼투막 내, 외액의 농도차에 의한 수분의 이동
② 팽압 : 세포의 수분이 증가하면 안에서 밖으로 세포막을 밀어내는 압력
③ 막압 : 세포막의 탄력성에 의하여 팽압에 반하는 압력
④ 흡수압(확산압차 : DPD) : 삼투압과 팽압의 차이
⑤ SMS(DPD) : 토양의 수분 보유력과 삼투압의 합
⑥ 확산압차구매(DPDD) : 작물 조직 내 세포 사이의 흡수압차
⑦ 팽만상태 : 세포의 수분흡수가 최대로 되어 삼투압과 막압이 같아 DPD가 0인 상태
⑧ 일비현상 : 적극적 흡수로 인해 뿌리세포의 근압차로 발생

(4) 한해의 생리
① 한 해
　㉠ 한해의 정의 : 수분부족으로 인해 작물에 유발되는 장애
　㉡ 한해의 발생 기구
　　• 광합성 감퇴
　　• 동화물질의 전류 등의 생리작용 저해
　　• 효소작용 교란
　　• 호흡작용 증대
　　• 체내 당분, 단백질의 소진
② 작물의 내건성
　㉠ 형태적 특징
　　• 표면적 / 체적의 비가 작고 왜소하며 잎이 작다.
　　• 뿌리가 깊고, 지상부에 비하여 근군의 발달이 좋다.
　　• 잎조직이 치밀하고, 잎맥과 울타리조직이 발달하며 표피에 각피가 잘 발달되어 있다.
　　• 기공이 작고 수효가 많다.
　　• 저수능력이 크고, 다육화의 경향이 있다.
　　• 기동세포가 발달해 탈수되면 잎이 말려서 표면적이 축소된다.
　㉡ 세포적 특징
　　• 세포가 작아서 수분이 적어져도 원형질의 변형이 적다.
　　• 세포 중에 원형질이나 저장양분이 차지하는 비율이 높아서 수분 보유력이 강하다.
　　• 원형질의 점성이 높고, 세포액의 삼투압이 높아서 수분 보유력이 강하다.
　　• 탈수될 때에 원형질의 응집이 덜하다.
　　• 원형질 막의 수분, 요소, 글리세린 등에 대한 투과성이 크다.

③ 토양수분의 증발 억제
  ㉠ 토양입단의 조성
  ㉡ 피 복
  ㉢ 중경 제초
  ㉣ 증발억제제 살포(OED유액)
  ㉤ 내건 농법(드라이 파밍, Dry Farming) : 비 오기 전에 땅을 갈고 작기에는 땅을 진압하여 지하수의 모관 상승을 유도하고 표면에는 중경 제초하여 증발을 억제한다.
  ㉥ 관개 : 근본적인 대책이다.
④ 한해 방지의 재배적 대책
  ㉠ 질소질 비료의 과용을 피하고 인산, 칼륨, 퇴비를 시용한다.
  ㉡ 뿌림골을 낮추고 재식밀도를 낮춘다.
  ㉢ 봄철 보리밭이 건조할 때 답압한다.
  ㉣ 논에서는 직파재배를 하거나 만식적응재배한다.

> **참고** 벼의 한 해에 약한 시기별 순서 : 생식세포 감수분열기(수잉기) > 출수 개화기 > 유숙기 > 분얼기(강)

(5) 습해의 생리

① 습 해
  ㉠ 의의 : 토양의 과습상태에 의한 작물 피해를 말한다.
  ㉡ 습해발생 기구
    • 호흡작용 저해 : 토양산소 부족, 토양환원상태에 따른 환원성 유해물질이 생성된다.
    • 환원성 유해물질 : H_2S, CH_4, N_2, CO_2
  ㉢ 흡수작용 저해 : 호흡에 의한 에너지 방출이 저해된다.
  ㉣ 증산, 광합성이 저하된다.
② 습해대책
  ㉠ 배 수
  ㉡ 작휴 : 이랑을 높게 재배한다(고휴 재배).
  ㉢ 내습성 작물을 선택한다.
  ㉣ 토양개량 : 유기물(퇴구비)을 시용하고, 입단을 조성한다.
  ㉤ 과산화석회 시용 : 토양 내에서 산소를 발생한다.
  ㉥ 미숙유기물, 황산근 비료의 시용을 금한다.

(6) 작물의 내습성 기출
① 작물의 내습성 정도 : 미나리, 벼 > 옥수수 > 토란, 고구마 > 보리, 밀 > 고추 > 메밀 > 파, 양파
② 채소의 내습성 정도 : 양배추, 토마토, 오이 > 시금치, 무 > 당근, 꽃양배추, 멜론
③ 과수의 내습성 정도 : 올리브 > 포도 > 밀감 > 감, 배 > 밤, 복숭아, 무화과

(7) 수해에 관여하는 요인 기출
① 작물의 종류와 품종
　㉠ 강한 것 : 화본과 목초, 수수, 피, 옥수수
　㉡ 약한 것 : 콩과작물, 감자, 고구마, 메밀
② 생육시기 : 벼의 경우 분얼초기에 강하고 수잉기부터 출수개화기 사이에는 침수에 극히 약하다.
③ 수온 : 수온이 높을수록 호흡기질 소모 증대로 피해가 크다.
④ 수질 : 맑은 것은 수온이 낮고 수중 산소가 많으므로 혼탁물보다 수해의 피해가 적다.
⑤ 청고와 적고
　㉠ 청고 : 수온이 높은 정체된 물속에서 급속히 죽게 될 때 단백질이 소모되지 않은 채 푸른 채로 죽은 것
　㉡ 적고 : 수온이 낮은 흐르는 물속에서 단백질이 소모되어 갈색으로 변하여 죽은 것

(8) 수해대책
① 사전대책
　㉠ 치산치수
　㉡ 피복작물의 재배
　㉢ 수해에 강한 작물을 선택
　㉣ 배수시설
　㉤ 습해에 약한 수잉기, 출수기를 조절
② 침수 중 대책
　㉠ 잎 표면의 흙 앙금을 씻어준다.
　㉡ 관수기간을 단축한다.
　㉢ 도복을 방지한다.
③ 사후대책
　㉠ 산소가 많은 물을 갈아주어 새 뿌리의 발생을 조장한다.
　㉡ 토양표면의 중경을 하여 통기를 조장한다.
　㉢ 추비를 실시한다.

ⓔ 병충해 방지 약제를 살포한다.
ⓜ 대파 : 수량 확보가 어려울 경우에 실시한다.

3 공 기

(1) 대기의 조성과 작물
① 아황산가스, 불화수소, 이산화질소, 오존, PAN, 옥시단트, 에틸렌, 납, 염소가스
② 작물의 이산화탄소 포화점은 대기 중의 농도의 7~10배(0.21~0.3%)이다.
　㉠ 대기 중의 이산화탄소 농도인 0.03% : 일반적으로 광합성을 하는 데 부족하다.
　㉡ 식물체가 무성한 곳은 이산화탄소의 농도가 낮다.
　㉢ CO_2 보상점 : 대기 중 농도 0.03%의 1/10~1/3이다.
　㉣ CO_2 포화점 : 대기 중 농도 0.03%의 7~10배이다.
③ 연풍의 효과 : 4~6km/hr 이하의 바람
　㉠ 증산 및 양분 흡수를 조장한다.
　㉡ 작물재배 포장 내의 적정 습도 유지로 병해를 경감한다.
　㉢ 광합성을 조장한다.
　㉣ 수정, 결실을 조장한다.

(2) 풍 해
① 연풍(4~6km/hr) 이상에서 발생한다.
② 피해 내용
　㉠ 호흡이 증대된다(상처).
　㉡ 식물체 건조로 인해 잎이 하얗게 되는 백수현상이 발생한다.
　㉢ 기공이 닫혀 광합성이 감퇴한다.
　㉣ 수발아, 부패립, 도복, 불임립, 목도열병, 백수, 냉해, 토양침식
③ 방풍림의 방풍효과 범위 : 방풍림 높이의 10~15배

(3) 대기오염 피해증상
① **아황산가스** : 잎의 하얀 반점 등 변색(가시적), 광합성, 호흡작용 저해(불가시적)
② **황산미스트** : 갈색 반점
③ **PAN** : 잎 뒷면 금속광택
④ **광학 스모그** : 낙엽현상

4 온 도

(1) 온도와 작물생리

① 작물의 생리작용은 복잡한 이화학반응이며, 온도에 의해서 규제된다.
② 유효온도 : 작물의 생육이 가능한 범위의 온도를 말한다.
③ 주요온도 : 최저, 최적, 최고온도 → 최저온도 > 유효온도(최적온도 포함) < 최고온도
④ 온도계수(Q_{10}) : 온도가 10℃ 상승하는 데 따르는 이화학적 반응이나 생리작용의 증가 배수
　㉠ 작물생리(Q_{10}) : 2~4, 무한정 증가하는 것은 아니다.
　㉡ 광합성 : 30~35℃까지의 광합성 Q_{10}은 2이고, 저온에서 온도 증가 Q_{10} 값이 크다.
　㉢ 동화물질의 전류 : 적온까지 온도가 높아질수록 저장 또는 소모기관으로의 전류가 증대된다.
　㉣ 호흡작용 : 호흡작용 Q_{10}은 30℃까지는 2~3이고, 32~35℃에서 감소한다.
　㉤ 벼의 Q_{10} : 1.6~2.0
　㉥ 수분흡수는 온도 상승에 따라 증가한다.
　　• 양분의 수분이행 : 온도의 상승과 함께 증가하지만 적온 이상으로 상승하면 감퇴한다.
　　• 증산은 온도 상승에 따라 증가한다.
⑤ 최적온도가 높은 작물 : 멜론, 삼, 오이, 옥수수, 벼
⑥ 최저온도가 낮은 작물 : 삼, 호밀, 완두
⑦ 적산온도 : 작물이 일생을 마치는 데에 소요되는 총온량으로, 작물의 발아로부터 성숙에 이르기까지 0℃ 이상의 일평균기온을 합산한다.
⑧ 적산온도와 작물 : 생육기간이 짧은 메밀이 적산온도가 가장 낮고 벼나 담배의 경우는 높다.

(2) 변온이 작물생육에 미치는 영향

① 동화물질의 축적이 많아진다.
② 덩이뿌리, 덩이줄기가 발달한다.
③ 발아가 조장된다.
④ 출수, 개화를 촉진한다.
⑤ 결실을 조장한다.
⑥ 생장에 있어서 변온이 작은 것이 생장이 유리하다.

(3) 열사 온도

① 열 사
　㉠ 열사 온도 : 작물이 고온에서 1시간 정도 두었을 때의 작물이 고사하는 온도

ⓒ 원 인
- 원형질 단백질의 응고된다.
- 원형질막이 액화된다.
- 전분의 점괴화 : 엽록체 응고, 탈색

② 열해의 기구와 대책
  ㉠ 작물 체온
   - 낮 : 여름 한낮에는 방열보다 흡열과 생활작용(생육, 광합성)에 의한 발열이 많아 기온보다 10℃ 이상이나 높아진다.
   - 밤 : 그늘흡열보다 방열이 많아 기온보다 낮다.
  ㉡ 작물 열해(고온 장해)의 생리
   - 유기물의 과잉소모 : 광합성이 감퇴하고, 호흡이 증대된다.
   - 질소대사의 이상 : 단백질합성이 저해되고 암모니아의 축적이 많아진다.
   - 철분의 침전 : 황백화 현상이 일어난다.
   - 증산과다로 위조
  ㉢ 열해 대책
   - 내열성 작물의 선택
   - 피복을 통한 지온상승 억제
   - 관 개
   - 재배시기의 조절
   - 밀식재배 회피
   - 질소질 비료의 과용 금지
   - 경화(Hardening)

(4) 목초의 하고현상 기출

① 하고현상
  ㉠ 북방형 목초의 경우 내한성이 강하여 잘 월동하지만 여름철에 생장이 쇠퇴·정지한다.
  ㉡ 심하면 황화, 고사한다.
  ㉢ 여름철의 목초생산량이 감소하는 현상이다.
② 하고의 원인
  ㉠ 북방형 목초와 같은 생육온도가 낮은 목초가 고온환경에 놓일 때 발생한다.
  ㉡ 북방형 목초는 6℃에서 생육을 개시하여 12℃까지는 완만한 생육을 유지한다.
  ㉢ 18℃가 적온, 24℃ 이상이면 생육이 정지된다.
  ㉣ 건조 : 북방형 목초는 대체로 요수량이 크다.

ⓜ 장일 : 북방형 목초는 월동목초로서 대부분 장일식물이며 초여름의 장일조건에 의해 과다 생장한다.
　　　ⓑ 병충해
　　　ⓢ 잡 초
　③ 하고의 대책
　　　㉠ 스프링플러시(Spring Flush) 억제 : 봄에 일찍 채초 내지 방목을 한다.
　　　㉡ 관 개
　　　㉢ 초종의 선택 : 고랭지에서는 티머시, 평지에서는 오처드그라스를 선택한다.
　　　㉣ 혼 파
　　　㉤ 방목, 채초의 조절

(5) 냉온과 작물생리

　① 냉 해
　　　㉠ 작물의 조직 내에 결빙이 생기지 않는 범위의 저온에서 일어나는 피해를 말한다.
　　　㉡ 여름작물이 고온이 필요한 여름철에 저온을 만나서 입는 피해라는 의미도 있다.
　② 작물의 냉해생리
　　　㉠ 양분·수분 흡수 감퇴
　　　㉡ 동화물질 전류 저해
　　　㉢ 질소동화 저해
　　　㉣ 암모니아 축적
　　　㉤ 호흡감퇴
　　　㉥ 증산작용 이상
　③ 냉해의 종류 : 지연형 냉해, 장해형 냉해, 병해형 냉해 **기출**
　　　㉠ 지연형 냉해 : 생육초기부터 출수기에 걸쳐 여러 시기에 냉온을 만나 등숙이 지연되어 후기의 냉온에 의하여 등숙 불량을 초래하는 형의 냉해이다.
　　　㉡ 장해형 냉해 : 생식세포의 감수분열기의 냉온으로 벼의 정상적인 생식기관이 형성되지 못하거나 화분방출, 수정 등의 장애로 불임현상을 나타내는 형의 냉해이다.
　　　㉢ 병해형 냉해 : 냉온하의 증산이 감퇴하여 규산(SiO_2) 흡수가 적어져 조직의 규질화가 충분치 못해 병균침입이 조장된다.
　④ 벼의 생육과 냉해온도
　　　㉠ 못자리 때 : 8~10℃ 냉해 발생
　　　㉡ 생식세포 감수분열기 : 17℃ 냉해 발생
　⑤ 냉해의 대책
　　　㉠ 내냉성 품종을 선택한다.

ⓒ 환경을 개선한다.
  ⓒ 방풍림을 설치한다.
  ② 재배관리를 개선한다.
    • 조기재배, 조식재배하여 출수·성숙시기를 조절 : 보온육모 및 생육기를 조절하여 냉해기를 피한다.
    • 인산, 칼륨, 규산, 마그네슘을 충분히 보급한다.
    • 담수하여 보온효과를 높인다.
  ⑩ 수온상승책
    • 증발억제제(OED)를 살포한다.
    • 물을 가두었다가 수온이 상승하면 논에 공급한다.

(6) 한해의 종류

① 한해 : 월동 중 추위에 의해서 작물이 받는 피해를 말한다.
  ㉠ 동해 : 저온에 의해 작물 조직 내의 결빙에 의한 피해를 의미한다.
  ㉡ 상해 : 서리에 의한 피해를 말한다.
  ㉢ 상주해 : 서릿발에 의한 피해를 말한다.
  ㉣ 동상 : 결빙한 토양이 솟구쳐 올라오는 것을 의미한다.
  ㉤ 건조해 : 월동 중 토양은 상당한 깊이로 동결하는데, 토양 표면은 따뜻한 낮에는 녹아서 수분이 증발해 건조하기 쉽다. → 천근성 월동작물이 건조해를 받기 쉽다.
  ㉥ 습해 : 저습지의 경우는 습해가 발생하며, 호흡과 수분흡수, 양분흡수, 광합성이 저해된다.
② 상주해의 대책
  ㉠ 퇴비를 사용하고 객토, 배수를 개선한다.
  ㉡ 토양을 진압한다.
  ㉢ 넓은 줄뿌림을 하여 뿌림골의 수분함량을 적게 한다.

(7) 작물의 내동성 대책

① 내동성 대책
  ㉠ 내동성 작물의 선택
  ㉡ 환경조건의 개선 : 방풍림, 객토, 배수
  ㉢ 재배적 대책
    • 보온재료를 이용한 보온재배
    • 고휴재배(높은 이랑재배)
    • 파종량을 늘려 동상에 의한 결주 보상 : 인산·칼륨질 비료 사용으로 체내 당 함량 증대, 답압, 피복

ⓔ 응급대책
- 관개법 : 저녁에 관개하면 물이 가진 열이 토양에 보급되고 낮에 더워진 지중열을 빨아 올려 수증기가 지열의 발산을 막아서 동상해를 방지한다.
- 송풍법 : 동상해가 발생하는 밤에 지면 부근에서는 온도역전현상으로 지면에 가까울수록 온도가 낮으므로 송풍기 등으로 기온역전층을 파괴하면서 작물 부근의 온도를 높여 상해를 방지한다.
- 피복법 : 이엉, 거적, 비닐, 폴리에틸렌 등으로 작물체를 직접 피복하면 작물체로부터 방열을 방지하고 기온과 작물체온의 교차를 없앤다.
- 발연법 : 불을 피우고 연기를 발산해 방열을 방지함으로써 서리의 피해를 방지하는 방법으로 약 2℃ 정도의 온도가 상승한다.
- 연소법 : 낡은 타이어, 뽕나무 생가지, 중유 등을 태워서 그 열을 작물에 보내는 적극적인 방법으로 −3~−4℃ 정도의 동상해를 막을 수 있다.
- 살수결빙법 : 물이 얼 때 1g 당 약 80cal의 잠열이 발생되는 점을 이용해 스프링클러 등의 시설로써 작물체의 표면에 물을 뿌려 주는 방법으로 −7~−8℃ 정도의 동상해를 막을 수 있다. 저온이 지속되는 동안 지속적인 살수가 필요하다.

② 작물의 동사
　㉠ 동사기구
- 세포간극에 먼저 결빙이 생기는 것을 세포 외 결빙이라 한다.
- 내동성이 강한 작물은 수분이 세포간극으로 이동하고 탈수되면서 세포 외 결빙이 커지고 세포 내 결빙은 생기지 않는다.
- 급격한 동결과 급격한 융해는 동사가 심해진다.
　㉡ 밀, 보리, 시금치의 동사온도 : −17℃

③ 내동성 작물의 생리적 요인
　㉠ 원형질의 수분투과성이 큰 것은 세포 내 결빙을 적게 한다.
　㉡ 원형질 단백질에 −SH기가 많은 것은 −SS기가 많은 것보다 기계적 인력을 받을 때 미끄러지기 쉬워 원형질의 파괴가 적다.
　㉢ 원형질의 점도가 낮고 연도가 높은 것이 기계적 인력을 덜 받는다.
　㉣ 원형질의 친수성 콜로이드(교질함량)가 많으면 세포 내의 결합수가 많아진다.
　㉤ 지유함량이 높고 당분함량이 높은 것이다.
　㉥ 전분함량이 많으면 내동성은 저해된다.
　㉦ 세포 내 수분(자유수)함량이 많으면 내동성이 저하된다.
　㉧ 경화(Hardening) : 월동작물이 5℃ 이하의 기온에 계속 처하게 되면 내동성이 증대된다.

5 광

(1) 광생리

① 식물의 광합성에 의한 태양에너지의 이용률이 매우 적으며 일반적으로 1~2% 정도이다.
② 광호흡 : C_3식물은 광에 의하여 직접 호흡이 촉진되는 광호흡이 현저해지나 C_4식물은 변화가 미미하다.
③ 굴광현상 : 식물이 광조사의 방향에 반응하여 굴곡반응을 나타내는 것을 말한다.
　㉠ 굴광현상에 유효한 파장 : 청색광 440~480nm
　㉡ 옥신의 농도차에 의해 나타난다.
　㉢ 줄기는 향광성, 뿌리는 배광성을 나타낸다.
④ 엽록소 형성에 관여하는 빛 : 청색광과 적색광 기출
　㉠ 청색광 : 450nm 중심의 400~500nm
　㉡ 적색광 : 675nm 중심의 650~700nm
⑤ 진정광합성 : 호흡을 무시하고 본 절대적인 광합성을 의미한다.
　㉠ 외견상 광합성 : 외견상으로 나타난 광합성을 말한다.
　㉡ 식물의 건물생산 : 진정광합성량과 호흡량으로 외견상 광합성량에 의해서 결정된다.
⑥ 보상점 : 호흡속도와 진정광합성의 속도가 같아서 외견상 광합성 속도가 0이 되는 상태를 말하는 것으로, 보상점이 낮은 식물은 그늘에 견딜 수가 있어 내음성이 강하다.
⑦ 광포화점 : 광포화가 개시되는 광의 조도를 의미한다.
　㉠ 일반작물의 광포화점은 전광의 30~60% 범위이다.
　㉡ 광포화점이 높은 순서 : 벼, 목화, 기장, 조 > 목초, 딸기, 당근
⑧ 작물대사생리에 있어 동화, 호흡의 균형이 중요하다.
⑨ 군락상태
　㉠ 포장에서 작물이 밀생하고 크게 자라서 잎이 서로 엉기고 포개져서 많은 수효의 잎이 직사광을 받지 못하고 그늘에 있는 상태이다.
　㉡ 포장의 군락상태하에서 광포화점은 상위엽일수록 높고, 하위엽일수록 낮다.
　㉢ 포장동화능력
　　• 포장군락의 단위면적당 동화능력
　　• 포장동화능력 = 총엽면적(A) × 수광능률(f) × 평균동화능력(P_o)
　㉣ 호흡량은 엽면적의 크기에 비례하고 어느 이상 엽면적이 증대하면 외견상 광합성량이 감소한다.
　㉤ 최적엽면적 : 건물생산이 최대로 되는 단위 면적당 군락엽 면적을 말한다.
　㉥ 엽면적지수(LAI) : 군락의 엽면적을 토지면적에 대한 배수치로 표시한다.

⊗ 최적엽 면적지수는 일사량이 클수록 커지고, 수광태세가 좋은 초형일수록 커진다.
◎ 남북이랑은 동서이랑에 비하여 수광시간은 약간 짧으나 작물생장기의 수광량이 많아 유리하다.

(2) 광과 작물의 생리작용

광합성 : $6H_2O + 6CO_2 \rightarrow C_6H_{12}O_6 + 6O_2$

6 상적 발육과 환경

(1) 신장과 생장
① 신장 : 작물에서 키가 커지는 것을 의미한다.
② 생장 : 여러 가지 기관이 양적으로 증대하는 것을 의미한다.
③ 발육 : 작물이 발아, 화성, 성숙 등의 과정을 거치면서 체내에 질적인 재조정작용이 생기는 것을 말한다.

> 참고 발육상 : 작물 발육에 있어서 여러 가지 단계적 양상을 의미한다.

④ 상적 발육 : 작물이 순차적인 여러 발육상을 거쳐서 발육이 완성되는 것으로, 상적 발육에 있어 중요한 단계는 영양생장과 생식생장이다.
⑤ 화성(Flowering) : 영양생장에서 생식생장으로의 발육을 말한다.
  ㉠ 추파맥류는 생육 초기에 일정한 저온과 그 뒤에 일정한 장일조건을 경과하지 못하면 출수, 성숙이 불가하다.
  ㉡ 감온상 : 작물의 상적 발육에 있어 초기의 특정온도가 필요한 단계를 말한다.
  ㉢ 감광상 : 특정한 일장이 필요한 단계를 말한다.
  ㉣ 벼의 만생종은 감광상이 뚜렷하다.
⑥ C/N율 : 식물체 내의 탄수화물과 질소의 비율을 의미한다. 기출
  ㉠ C/N율설 : C/N율이 식물의 생육, 화성, 결실을 지배하는 기본 요인이 된다는 견해를 말한다.
  ㉡ 모든 식물의 개화, 결실이 모두 C/N율설에 들어맞는 것은 아니다.
  ㉢ C/N율은 개화, 결실의 시기와 관련된 식물호르몬, 버널리제이션, 일장효과의 영향보다 현저하지 못하다.
  ㉣ 질소기아현상 : 유기물의 C/N율이 10 : 1 이상일 때 발생한다.
  ㉤ 대부분 작물의 경우는 수분과 질소의 공급이 약간 쇠퇴하고 탄수화물의 생성이 조장되어 탄수화물이 풍부해지면 화성 및 결실이 양호하게 되지만, 생육은 약간 감퇴한다.

⑦ 춘화처리(버널리제이션) 기출
  ㉠ 생육의 일정시기(주로 초기)에 일정 기간 인위적인 저온을 주어서 화성을 유도, 촉진하는 것을 말한다.
  ㉡ 춘화처리에 효과적인 조건 : 저온, 단일, 지베렐린
  ㉢ 저온 버널리제이션 온도조건 : 0℃~10℃(가을보리는 3℃)
  ㉣ 고온 버널리제이션 온도 : 10℃~30℃
  ㉤ 추파성이란 가을에 파종하는 작물의 습성을 말한다.
  ㉥ 이춘화(Devernalization) : 저온 버널리제이션을 실시한 직후 고온처리를 하면 버널리제이션 효과를 상실하는 것이다.
  ㉦ 저온처리의 감응 부위는 생장점이다.
  ㉧ 농업적 이용 : 추파맥류, 월동작물의 춘파재배가 가능하고 증수효과가 있다. 육종연한이 단축되고 화아분화를 촉진하여 촉성재배할 수 있다.

⑧ 일장 : 1일 24시간 중의 명기의 길이 기출
  ㉠ 장일 : 12~14시간 이상(보통 14시간 이상)
  ㉡ 단일 : 12~14시간 이하(보통 12시간 이하)
  ㉢ 일장효과 : 일장이 식물의 화성 및 그 밖의 여러 면에 영향을 끼치는 현상을 말한다.

장일식물	시금치, 맥류(봄보리), 양파, 상추, 감자, 아주까리, 티머시, 양귀비
단일식물	벼의 만생종, 국화, 콩, 들깨, 샐비어, 코스모스, 담배, 도꼬마리, 목화, 벼, 나팔꽃
중성식물	한계일장이 없어 일장의 영향을 받지 않고 화성이 유도되는 식물로서 고추, 토마토, 강낭콩, 당근, 셀러리, 가지(메밀, 목화, 해바라기) 등이 있다.

  ㉣ 중간식물은 정일성 식물이라고도 하며(일장이 어떤 좁은 범위에서만 화성이 유도) 야생사탕수수, 사탕수수의 F106 등이 있다.
  ㉤ 일장효과에 효과적인 광의 파장 : 600~680nm의 적색광이 가장 효과가 크다.
  ㉥ 불연속 명기를 줄 때 명기가 상대적으로 암기보다 길면 장일효과가 나타난다.
  ㉦ 단일식물에서는 연속암기가 있어야만 단일효과가 나타난다.
  ㉧ 전형적 호광성 종자 : 상추는 암조건하에서 발아 7%이다.
  ㉨ P_r : Phytochrome의 적색광 흡수형으로 단일식물의 화성을 촉진하고 장일식물의 화성을 억제한다.
  ㉩ P_{fr} : Phytochrome의 근적외광 흡수형으로 단일식물의 화성을 억제하고 장일식물의 화성을 촉진한다.
  ㉪ 일장처리에 감응하는 부분은 성숙한 잎이다.
  ㉫ 장일식물은 옥신의 영향으로 화성이 촉진, 단일식물은 옥신에 의해서 화성이 억제되는 경향이 있다.

(2) 품종의 기상생태형

① 기상생태형
  ㉠ 생육온도 및 일장에 대한 출수, 개화반응을 기초로 하여 작물의 품종군을 나눈 것이다.
  ㉡ 기본영양생장성 : 출수, 개화에 알맞은 온도와 일장 조건에 놓이더라도 일정한 기간 기본영양생장 후 출수, 개화하는 것이다.
  ㉢ 기본영양생장성이 길고 짧음에 따라 기본영양생장성이 크다(B), 작다(b)로 구분된다.

② 감광성 : 일장환경 중 주로 단일에 의해 출수개화가 촉진 또는 지연되는 성질을 의미한다.
  ㉠ 감광성 식물이 일장환경에 의하여 출수, 개화의 촉진도에 따라 감광도가 크다(L), 작다(l)로 구분된다.
  ㉡ 감광성 작물 : 늦벼, 그루콩, 그루조, 가을메밀

③ 감온성 : 생육적온에 도달할 때까지는 생육온도가 높을수록 출수개화가 촉진되는 성질을 말한다.
  ㉠ 감온성이 크다(T), 작다(t)로 구분
  ㉡ 감온형 작물 : 조생종, 올콩, 여름메밀

④ 기상생태형의 분류
  ㉠ 기본영양생장형(Blt), 감광형(bLt), 감온형(blT, blt)형
  ㉡ 고위도 지대에는 blt형이나 blT형이 분포한다.
  ㉢ 저위도 지방인 열대지방은 주로 Blt형이 많다.
  ㉣ 만생종은 기본 영양 생장형과 감광형이 있다.
  ㉤ 조생종은 blt형, 감온형 등이 있다.

CHAPTER 02 적중예상문제

PART 03 재배원론

01 벼의 추락현상이 발생할 때 벼 뿌리를 상하게 하는 주된 물질은?

① 황화수소
② 탄산가스
③ 불화수소
④ 메탄가스

[해설]
① 여름철 환원층에서는 황산염이 환원되어 황화수소(H_2S)가 생성된다.

02 작물의 수해(水害)를 크게 하는 조건은?

① 저수온, 청수, 유수(流水)
② 저수온, 탁수, 유수
③ 고수온, 청수, 유수
④ 고수온, 탁수, 정체수

[해설]
④ 작물 수해는 침수 시 수온이 높고, 탁수이면서 정체된 물일수록 심하다. 즉, 물에 함유된 산소량이 적은 조건에서 피해가 심하다.

03 열해(熱害)의 원인으로 적절하지 않은 것은?

① 증산과다
② 철분의 침전
③ 암모니아 축적
④ 유기물의 과잉집적

[해설]
열해의 원인
- 유기물의 과잉소모
- 질소대사의 이상 : 단백질합성 저해, 암모니아의 축적 증가
- 철분의 침전 : 황백화현상 발생
- 증산과다로 위조

04 다음 중 작물생육상 필수원소가 아닌 것은?

① 칼륨(K)　② 규소(Si)
③ 칼슘(Ca)　④ 황(S)

[해설]
필수원소
- 다량원소 : C, O, H, N, P, K, Ca, Mg, S
- 미량원소 : Fe, Mn, Cu, Zn, B, Mo, Cl
- 비료의 3요소(4요소) : N, P, K, (Ca)

정답 1 ① 2 ④ 3 ④ 4 ②

05 다음 목초 중 하고현상이 심한 초종으로 짝지어진 것은?

① 라이그래스(Ryegrass), 티머시(Timothy)
② 켄터키 블루그래스(Kentucky Bluegrass), 화이트클로버(White Clover)
③ 오처드그래스(Orchard Grass), 라이그래스(Ryegrass)
④ 티머시(Timothy), 화이트클로버(White Clover)

해설
① 북방형 목초인 라이그래스, 티머시는 내한성이 강하여 하고현상이 심하다.

06 콩에 공생하는 근류균은?

① 산성토양에 약하다.
② 산성토양에 강하다.
③ 중성토양에 약하다.
④ 중성토양에 강하다.

해설
① 근류균은 콩과 식물의 뿌리에 침입하여 뿌리의 조직을 군데군데 크고 뚱뚱하게 만드는 박테리아로 산성토양에 약하다.

07 비닐하우스에서는 흔히 고온장해가 유발되는데 내열성이 가장 큰 식물체 부위는?

① 완성엽(完成葉)   ② 미성엽(未成葉)
③ 눈(芽)   ④ 중심주(中心柱)

해설
① 작물의 고유한 잎의 형태로 다 자란 잎을 말하며 각종 재해에 내성이 크다.

08 벼에 있어서 냉해에 강한 형태로 짝지어진 것은?

① 찰벼, 수중형   ② 찰벼, 수수형
③ 메벼, 유망종   ④ 메벼, 무망종

해설
① 냉해에 강한 벼의 형태는 찰벼, 수중형, 유망종이다.

09 잎의 뒷면에 광택화, 은회색, 청동색의 피해증상을 나타내는 대기오염물질은?

① 불화수소   ② 오 존
③ PAN   ④ 이산화유황

해설
대기오염의 피해증상
- 아황산가스 : 잎 하얀반점 등 변색(가시적), 광합성, 호흡작용 저해(불가시적)
- 황산미스트 : 갈색반점
- PAN : 잎 뒷면 금속광택
- 광학스모그 : 낙엽현상

정답 5 ① 6 ① 7 ① 8 ① 9 ③

10 내건성이 강한 작물의 형태적 특성이 아닌 것은?

① 잎의 해면조직이 잘 발달되어 있다.
② 뿌리가 깊게 뻗는다.
③ 기공의 크기가 작고 수효가 많다.
④ 표면적/체적의 비율이 작다.

해설
내건성이 강한 작물의 형태적 특성
- 표면적/체적의 비가 작고 왜소하며 잎이 작다.
- 뿌리가 깊고, 지상부에 비하여 근군의 발달이 좋다.
- 잎 조직이 치밀하고, 잎맥과 울타리조직이 있으며 표피에 각피가 잘 발달되어 있다.
- 기공이 작고 수효가 많다.
- 저수능력이 크고, 다육화의 경향이 있다.
- 기동세포가 발달해 탈수되면 잎이 말려서 표면적이 축소된다.

11 다음 중 적산온도가 가장 낮은 여름작물은?

① 메밀   ② 조
③ 담배   ④ 콩

해설
적산온도는 작물이 일생을 마치는 데 소요되는 총온량으로, 생육기간이 짧은 메밀이 적산온도가 가장 낮고 벼나 담배의 경우는 높다.

12 체내 함량이 높을수록 이동성이 저하되는 성분은?

① 당분   ② 유리(자유)수
③ 단백질   ④ 지유

해설
② 유리(자유)수가 증가하면 삼투압이 낮아져 이동성이 저하된다.

13 목초의 하고현상을 일으키는 유인(誘因)은?

① 저온   ② 건조
③ 단일   ④ 이른 봄의 방목

해설
하고의 원인
- 북방형 목초와 같은 생육온도가 낮은 목초가 고온환경에 놓일 때 발생한다.
- 북방형 목초는 6℃에서 생육을 개시하여 12℃까지는 완만한 생육을 유지한다.
- 18℃가 적온, 24℃ 이상이면 생육이 정지된다.
- 건조 : 북방형 목초는 대체로 요수량이 크다.
- 장일 : 북방형 목초는 월동목초로서 대부분 장일식물이며 초여름의 장일조건에 의해 과다 생장한다.
- 병충해
- 잡초

14 무기원소 중에서 미량요소로서 엽록소 형성에 관여하며, 결핍시에는 황백화현상을 일으키는 요소는?

① 철(Fe)   ② 염소(Cl)
③ 마그네슘(Mg) ④ 몰리브덴(Mo)

해설
Fe(철)
- Ni, Cu, Co(코발트), Cr(크롬), Zn(아연), Mo(몰리브덴), Mn, Ca 등의 과잉은 철의 흡수이동을 억제한다.
- 호흡 효소의 구성성분으로 엽록소 형성에 관여하고 Mn과 길항작용하며 체내 이동이 잘 되지 않는다.
- 부족 시 : 어린 잎부터 황백화되고 엽맥 사이가 퇴색된다.
- 과잉 시 : 벼 잎에 갈색반점이 생겨 점차 확대되어 흑변, 고사한다.

정답 10 ① 11 ① 12 ② 13 ② 14 ①

15 광부족 적응성이 가장 약한 작물은?

① 당 근　　② 강낭콩
③ 딸 기　　④ 감 자

해설
④ 감자가 광부족 적응성이 가장 약하다.

16 작물의 조직 속에 통기계(通氣系), 뿌리의 목화(木化) 및 부정근 등의 발생과 관계가 깊은 것은?

① 내한성(耐旱性)
② 내습성(耐濕性)
③ 내비성(耐肥性)
④ 내동성(耐凍性)

해설
② 습기에 견디어 내는 성질로서 통기계, 목화, 부정근 등의 발생과 관계된다.

17 다음의 대기물질 중 빗물의 pH를 낮추지 않는 것은?

① CO_2　　② SO_2
③ NO_2　　④ HF

해설
산성비 : 대기 중의 SO_2, NO_2, HF, HCl 등 산성물질들이 녹아 들어가 산성비가 생성된다.

18 작물의 내동성을 증가시키는 생리적 요인으로 맞는 것은?

① 원형질에 친수성 물질이 적다.
② 세포에 전분함량이 많다.
③ 원형질의 점도가 높다.
④ 원형질 단백질에 -DH기가 많다.

해설
① 원형질의 친수성 콜로이드(교질함량)가 많으면 세포 내의 결합수가 많아진다.
② 전분함량이 많으면 내동성은 저해된다.
③ 원형질의 점도가 낮고 연도가 높은 것이 기계적 인력을 덜 받는다.

19 다음의 작물에서 요수량(要水量)이 가장 적은 작물은?

① 수 수　　② 메 밀
③ 밀　　　④ 보 리

해설
① 요수량이 적은 작물은 수수, 기장, 옥수수 등이다.

20 토양의 입단(粒團) 형성과 발달을 돕는 방법은?

① 유기물과 석회를 사용한다.
② 자주 갈아준다.
③ 화곡류을 계속적으로 재배한다.
④ 나트륨 이온(Na^+)을 첨가한다.

해설
②, ③, ④는 토양입단의 파괴에 대한 내용이다.
입단형성 방법
• 유기물의 사용
• 석회의 사용
• 토양의 피복
• 두과작물의 재배
• 토양개량제 사용

정답　15 ④　16 ②　17 ①　18 ④　19 ①　20 ①

21 다음 중 혐광성 종자는?
① 나리
② 피튜니아
③ 베고니아
④ 금어초

해설
① 혐광성 종자에는 파속의 몇 종과 대부분의 나리과 식물 및 호박이 있다.

22 작물의 내동성을 증대시키는 생리적 조건으로 맞는 것은?
① 원형질의 점도가 낮아야 한다.
② 당분함량이 적어야 한다.
③ 지유함량이 적어야 한다.
④ 전분함량이 많아야 한다.

해설
내동성 작물의 생리적 요인
- 원형질의 수분투과성이 큰 것은 세포 내 결빙을 적게 한다.
- 원형질단백질에 −SH기가 많은 것은 −SS기가 많은 것보다 기계적 인력을 받을 때 미끄러지기 쉬워 원형질의 파괴가 적다.
- 원형질의 점도가 낮고 연도가 높은 것이 기계적 인력을 덜 받는다.
- 원형질의 친수성 콜로이드(교질함량)가 많으면 세포 내의 결합수가 많아진다.
- 지유함량이 높고 당분함량이 높다.
- 전분함량이 많으면 내동성은 저하된다.
- 세포 내 수분(자유수)함량이 많으면 내동성이 저하된다.
- 경화(Hardening) : 월동작물이 5℃ 이하의 기온에 계속 처하게 되면 내동성이 증대한다.

23 벼가 냉해를 받았을 때 일어나는 현상이 아닌 것은?
① 인산의 흡수량이 적어진다.
② 호흡이 감퇴한다.
③ 체내에 암모니아가 축적된다.
④ 체내에 단백질이 축적된다.

해설
④ 체내에 암모니아가 축적되고 단백질 축적이 줄어든다.

24 토양유기물(有機物)의 주된 기능(機能)과 거리가 먼 조항은?
① 입단(粒團)의 형성 조장
② 완충능(緩衝能)의 저하
③ 보수(保水) 및 보비력(保肥力)의 증대
④ 미생물의 번식조장

해설
② 토양유기물에 의해 완충능이 증가된다.

25 다음 중 벼의 수광태세를 좋게 하는 방법은?
① 규산, 인산을 넉넉히 준다.
② 철, 망간을 넉넉히 준다.
③ 규산, 칼륨을 넉넉히 준다.
④ 질소, 인산을 넉넉히 준다.

해설
③ 벼의 수광태세를 좋게 하기 위해서는 규산과 칼륨을 넉넉히 준다.

26 다음 재배적 특성 중 벼 저온스트레스와 관련이 있는 것은?

① 내냉성(耐冷性) ② 내한성(耐寒性)
③ 내동성(耐凍性) ④ 내건성(耐乾性)

해설
① 저온스트레스는 내냉성과 관련되어 있다.

27 벼의 일생 중 가뭄, 침관수, 저온 등의 불량환경조건에 대해 가장 민감한 장해현상을 보이는 생육 시기는?

① 못자리시기 ② 이앙기
③ 분얼성기   ④ 감수분열기

해설
④ 벼는 감수분열기에 냉해, 습해 피해가 가장 크다.

28 토양 중의 유기물의 역할이 아닌 것은?

① 보수 및 보비력 증대
② 입단의 형성
③ 완충력 감소
④ 양분 및 CO_2의 공급

해설
토양유기물의 기능
- 암석의 분해촉진
- 생장촉진물의 생성
- 입단의 형성
- 완충능의 증대
- 지온 상승
- 양분의 공급
- 대기 중의 CO_2 공급
- 보수, 보비력의 증대
- 미생물의 번식조장
- 토양보호

29 다음 중 부족하면 수정, 결실이 나빠지는 미량원소는?

① 망 간   ② 붕 소
③ 몰리브덴   ④ 아 연

해설
② 붕소가 부족할 경우 수정 결실이 나빠지고 사탕무의 속썩음병 등을 유발한다.

30 작물의 침관수해에 대하여 잘못 설명한 것은?

① 물이 빠지면 잎의 흙 앙금을 씻어준다.
② 흐린 물보다 맑은 물에서 피해가 더 크다.
③ 정체수는 유수부보다 피해가 크다.
④ 수온이 높을수록 피해가 크다.

해설
침관수의 피해 정도는 침관수 기간, 물 흐름의 정도, 물의 온도, 수질 등에 따라 달라진다. 침관수 기간이 길 때 피해가 커지며 침수 < 관수, 맑은 물 < 흐린 물, 흐르는 물 < 정지된 물, 온도가 낮은 물 < 온도가 높은 물에서 피해가 크다.

정답 26 ① 27 ④ 28 ③ 29 ② 30 ②

31 습해에 강한 작물의 특성을 옳게 기술한 것은?

① 경엽으로부터 뿌리로의 산소공급능력이 작다.
② 뿌리조직의 목화 정도가 낮다.
③ 뿌리의 분포가 얕고, 부정근의 발생이 작다.
④ 뿌리가 환원성 유해물질에 대한 저항성이 크다.

해설
④ 습해에 강한 작물은 뿌리가 환원성 유해물질에 대한 저항성이 크며, 뿌리의 목화 정도가 크고, 경엽으로부터 뿌리로의 산소 공급능력이 크다.

32 내풍성이 가장 강한 작물은?

① 고구마　② 감자
③ 토란　④ 돼지감자

해설
저항성
• 내산성 작물 : 감자
• 내건성 작물 : 수수
• 내습성 작물 : 밭벼
• 내염성 작물 : 사탕무, 목화
• 내풍성 작물 : 고구마

33 여름작물이 냉온(冷溫)을 만나면 나타나는 현상으로 볼 수 없는 것은?

① 질소, 인산, 칼륨, 규산 등의 양분흡수에 장해를 일으킨다.
② 물질의 동화전류가 증가한다.
③ 호흡이 감퇴한다.
④ 질소동화가 저해되어 암모니아의 축적이 많아진다.

해설
작물의 냉해 생리
• 양분·수분 흡수 감퇴
• 동화물질 전류 저해
• 질소동화 저해
• 암모니아 축적
• 호흡 감퇴
• 증산작용 이상

34 포장용수량의 pF는 약 얼마인가?

① 0　② 2.7
③ 3.9　④ 4.2

해설
② 포장용수의 pF는 2.5~2.7이다.

35 침수에 의한 청고(靑枯)현상을 유발할 수 있는 조건은?

① 고수온 - 정체수 - 탁수
② 고수온 - 유동수 - 청수
③ 저수온 - 정체수 - 청수
④ 저수온 - 유동수 - 탁수

해설
① 청고는 수온이 높은 정체된 물속에서 급속히 죽게 될 때 단백질이 소모되지 않은 푸른 채로 죽는 것이다.

36 대기오염 중 농작물에 가장 대표적인 유해 가스는?

① 염화수소　　② 아황산가스
③ 염소가스　　④ 황화수소

해설
② 잎 하얀 반점 등 변색(가시적), 광합성·호흡작용 저해(불가시적)를 유발한다.

37 작물의 동상해 대책이 아닌 것은?

① 배수를 하여 생육을 건실하게 한다.
② 칼륨질 비료 시용량을 높인다.
③ 퇴비 시용량을 높인다.
④ 뿌림골을 얕게 한다.

해설
④는 한해의 대책에 속한다.
작물의 동상해 대책
- 보온재료를 이용한 보온재배
- 고휴재배(높은 이랑재배)
- 파종량을 늘려 동상에 의한 결주 보상
- 인산, 칼륨질 비료 시용으로 체내 당함량 증대
- 답 압
- 피 복

38 벼의 생육단계에서 냉해에 가장 약한 시기는?

① 묘대기
② 활착기
③ 생식세포 감수분열기
④ 유숙기

해설
③ 생식세포 감수분열기의 경우 각종 기상재해에 취약하다.

39 공중습도가 높으면 어떤 현상이 일어나겠는가?

① 광합성이 더욱 왕성히 이루어진다.
② 숨구멍(氣孔)이 폐쇄되어 광합성이 크게 감퇴된다.
③ 뿌리의 수분, 양분의 흡수력이 왕성해진다.
④ 증산작용이 왕성해진다.

해설
② 공중습도가 높으면 증산작용이 억제되어 광합성이 감퇴된다.

40 답리작 보리재배에서 과습으로 인하여 가장 먼저 나타나는 피해는?

① 양분흡수 저해
② 호흡 저해
③ 뿌리의 신장 억제
④ 유해물질에 의한 피해

해설
② 뿌리의 호흡 저해로 인해 능동적 흡수가 저해된다.

41 토양의 최대용수량을 보일 때 pF(Potential Force)는?

① 0　　② 1
③ 5　　④ 10

해설
pF(Potential Force)
- 임의의 수분함량에 토양에서 수분을 제거시키는 데 소요되는 단위 면적당의 힘의 단위로 수주높이의 대수를 취하여 pF로 표시한다(pF = log H, H는 수주의 높이).
- 최대용수량일 때의 pF의 값은 0이다.

정답 36 ② 37 ④ 38 ③ 39 ② 40 ② 41 ①

42 내습성이 가장 강한 작물은?

① 옥수수　　② 고 추
③ 밭 벼　　④ 양 파

해설
작물의 내습성 정도 : 미나리, 벼 > 옥수수 > 토란, 고구마 > 보리, 밀 > 고추 > 메밀 > 파, 양파

43 냉해의 피해가 가장 심한 작물은?

① 벼　　② 채 소
③ 과 수　　④ 화 훼

해설
① 고온성 작물에 속하며 냉해에 의한 수량감소 폭이 크다.

44 벼 심층시비의 가장 큰 이점은?

① 뿌리의 흡수력을 촉진시킨다.
② 뿌리의 만연권역을 넓힌다.
③ 토양질소의 농도를 연하게 한다.
④ 암모니아의 탈질을 방지한다.

해설
암모니아태 질소 비료를 토양의 환원층에 주어 탈질을 막는다.

45 벼 재배에서 장해형 냉해의 불임립 발생이 많아지는 주요 원인은?

① 이삭의 추출불량
② 벼꽃의 기형화
③ 약벽세포의 이상비대
④ 동화물질의 전류억제

해설
장해형 냉해
생식세포의 감수분열기의 냉온으로 벼의 정상적인 생식기관이 형성되지 못하거나 화분방출, 수정 등의 장애로 불임현상을 나타낸다.

46 토양 중에 산소가 부족하고 CO_2 농도가 높을 때 가장 흡수가 곤란한 성분은?

① N　　② P
③ K　　④ Ca

해설
③ 토양 중에 산소가 부족하고 CO_2 농도가 높을 때 가장 흡수가 곤란한 성분은 칼륨(K)이다.

47 식물체가 관수된 후 대책으로서 잘못된 것은?

① 퇴수 후 새로운 물을 갈아 댄다.
② 김을 매어 지중통기(地中通氣)를 좋게 한다.
③ 침수 후에는 병충해의 발생이 줄어들기 때문에 방제가 필요 없다.
④ 병충해 방제를 철저히 한다.

해설
③ 침수 후 뿌리의 활력이 떨어지면 작물이 연약해져 병해충 발생이 증가한다.

48 작물의 군락상태에서 건물생산을 최대로 할 수 있는 엽면적을 무엇이라고 하는가?

① 엽면적 지수
② 최소엽면적
③ 최대엽면적
④ 최적엽면적

해설
④ 최적엽면적은 건물생산이 최대로 되는 단위면적당 군락 엽면적을 의미한다.

49 토양이 강산성인 경우 가급태가 감소되기 쉬운 영양분은?

① N
② P
③ Mn
④ S

해설
② 강산성일 경우 Fe에 의해 P가 고정되어 불용화된다.

50 다음 중 광(光) 부족에 잘 적응하는 작물은?

① 벼
② 목화
③ 딸기
④ 고구마

해설
③ 광 부족에 잘 적응하는 작물은 딸기이다.

51 대기 중의 탄산가스 농도를 높여줌으로써 수량을 올리는 중요한 생리작용은 무엇인가?

① 광합성 작용의 증대
② 호흡작용의 이상 증대
③ 엽록소 함량의 증대
④ 엽면적의 증대

해설
① 탄산가스 농도가 낮은 조건에서는 양·수분, 빛과 온도가 충분히 있어도 탄산가스가 제한인자가 되므로 충분한 광합성이 이루어지지 않는다. 때문에 대기 중의 탄산가스 농도를 높임으로써 광합성 작용의 증대를 가져올 수 있다.

52 다음의 수식에서 괄호 안에 들어갈 말로 알맞은 것은?

논의 용수량 = (엽면증산량 + 수면증발량 + 지하침투량) − ( )

① 강수량
② 강우량
③ 유효우량
④ 흡수량

해설
논의 용수량 = (엽면증산량 + 수면증발량 + 지하침투량) − 유효우량

53 벼에서 지연형 냉해에 의해서 출수가 가장 지연되는 시기는?

① 출수기
② 출수 전 10~15일
③ 출수 전 15~20일
④ 출수 전 25~30일

해설
④ 출수 전 25~30일은 유수분화기에 해당한다.
유수분화기
벼의 경우 유수의 분화는 출수 30일 전, 유수의 길이가 약 2mm 정도 달할 때까지의 기간

54 식물체가 물 속에 잠겨 무기호흡이 진행될 때 체내에 많이 집적되는 물질은?

① 피루브산(Pyruvic Acid)
② 에탄올(Ethanol)
③ 포도당(Glucose)
④ 초산(Acetic Acid)

해설
② 무기호흡은 포도당이 에탄올과 이산화탄소로 분해되는 과정에서 에탄올이 집적된다.

55 노후화답(老朽化畓)의 재배대책으로 가장 효과가 적다고 인정되는 것은?

① 조기재배(早期栽培)
② 황산근비료(黃酸根肥料)의 시비
③ 추비(追肥)중점시비
④ 엽면시비(葉面施肥)

해설
② 노후화답에서는 황화수소에 의해 뿌리가 피해를 입기 때문에 황산비료의 시비를 줄여야 한다.

56 양지식물(陽地植物)을 가장 옳게 설명한 것은?

① 보상점이 낮고 광을 적게 받아야 하는 식물
② 보상점이 낮고 광을 많이 받아야 하는 식물
③ 보상점이 높고 광을 적게 받아야 하는 식물
④ 보상점이 높고 광을 많이 받아야 하는 식물

해설
④ 양지식물은 보상점이 높고 광을 많이 받아야 하는 식물로서, 빛에 의해 생장이 결정되는 식물이다.

57 토양 산성화 원인 중 미포화교질(Unsaturated Colloid)과 관계 깊은 것은?

① H^+가 흡착된 것
② Ca^{2+}가 흡착된 것
③ Mg^{2+}가 흡착된 것
④ K^+가 흡착된 것

해설
① 미포화교질은 H^+가 토양 입자에 흡착된 경우 다른 양이온이 치환되면서 토양 중으로 방출되어 토양 산성화의 원인이 된다.

58 작물이 습해를 받게 되는 직접적인 원인은?

① 호흡장해
② H^+의 과다
③ 미생물의 활동저해
④ 양분의 손실

해설
① 습해의 가장 직접적인 원인은 호흡장해이다.

59 벼가 담수재배에 적응하고 침수 저항성이 큰 이유는?

① 기원지가 습지이므로
② 식물체 내에 통기계(Air Passage System)가 발달되어 있으므로
③ 지상부에 비해 뿌리의 건물중이 무겁기 때문에
④ 요수량이 적기 때문에

해설
② 벼의 경우 식물체 내에 통기계(Air Passage System)가 발달되어 있기 때문에 담수재배에 적응하고, 침수 저항성이 크다.

60 작물체 내에서 전류이동(轉流移動)이 가장 잘 이루어져서 결핍될 경우 하위 잎에 결핍증상이 나타나는 성분은?

① N
② Fe
③ Si
④ Ca

해설
① 질소가 결핍될 시 하위 잎까지 영향을 미친다.

61 같은 벼품종의 쌀이라도 평야지보다 산간지에서 생산된 것이 더욱 잘 여물어서 밥맛이 좋다고 한다. 가장 주된 이유는?

① 밤낮의 기온 격차가 크기 때문이다.
② 날씨가 좋기 때문이다.
③ 논토양이 비옥하지 못하기 때문이다.
④ 대주는 논물이 차기 때문이다.

해설
① 야간 저온의 영향으로 호흡량이 줄어 광합성 효율이 증가하기 때문이다.

62 화곡류에서 가뭄에 의한 피해가 가장 심한 생육단계는?

① 분얼기
② 수잉기
③ 출수기
④ 등숙기

해설
② 수잉기는 냉해, 한해, 습해에 약한 시기이다.

63 식물의 굴광현상에 가장 유효한 광파장은?

① 350nm
② 450nm
③ 550nm
④ 650nm

해설
② 굴광현상에 유효한 파장은 청색광 400~500nm이다.

64 공중질소 고정작용의 내용 중 잘못 된 것은?

① 토양이 건조하다.
② 토양 온도 25~28℃를 이룬다.
③ pH 6.5~7.3 중성에서 생육이 활발하다.
④ 콩과식물 뿌리에서 공생한다.

해설
공중질소 고정작용 : 근류균은 토양 내에서 유리질소를 고정
• 호기성 상태에서 단독 고정
• 혐기성 상태에서 단독 고정
• 콩과식물 뿌리에서 공생
• 토양이 습하고 토양 온도 25~28℃, pH 6.5~7.3 중성에서 생육이 활발
• 동일교호 접종군

정답 59 ② 60 ① 61 ① 62 ② 63 ② 64 ①

65 침관수해(浸冠水害)에 가장 피해를 많이 받기 쉬운 조건은?

① 청수와 정체수(停滯水)
② 탁수와 정체수
③ 탁수와 유수(流水)
④ 청수와 유수(流水)

해설
② 침관수해의 가장 큰 영향을 주는 요소는 용존산소량으로 탁수와 정체수일 경우 가장 용존산소량이 적다.

66 내건성이 강한 작물이 가지는 일반적 특성은?

① 세포의 크기가 크다.
② 세포의 삼투압이 낮다.
③ 세포막의 수분투과성이 크다.
④ 탈수될 때 원형질의 응집이 잘 된다.

해설
내건성이 강한 식물의 세포적 특징
- 세포가 작아서 수분이 적어져도 원형질의 변형이 적다.
- 세포 중에 원형질이나 저장양분이 차지하는 비율이 높아서 수분 보유력이 강하다.
- 원형질의 점성이 높고, 세포액의 삼투압이 높아서 수분 보유력이 강하다.
- 탈수될 때에 원형질의 응집이 덜하다.
- 원형질막의 수분, 요소, 글리세린 등에 대한 투과성이 크다.

67 맥류의 내동성과 정(正)의 상관을 보이는 특성은?

① 내도복성
② 내습성
③ 내건성
④ 내비성

해설
③ 작물의 내건성과 내동성은 맥류의 내동성과 정의 상관을 보인다.

68 작물의 요수량(要水量)을 잘 설명한 것은?

① 건물(乾物) 1g을 생산하는 데 소비된 수분량
② 생초(生草) 1g을 생산하는 데 소비된 수분량
③ 개화에 필요한 수분량
④ 식물체내에 들어있는 수분 함유량

해설
① 요수량은 건물 1g을 생산하는 데 소비된 수분량을 말한다.

69 작물생육에 영양원이 되는 무기성분 중 미량원소로만 묶여진 것은?

① 철, 망간, 붕소
② 칼슘, 마그네슘, 붕소
③ 몰리브덴, 인, 칼슘
④ 질소, 망간, 붕소

해설
① 미량원소는 Fe, Mn, Cu, Zn, B, Mo, Cl 등이다.

정답 65 ② 66 ③ 67 ③ 68 ① 69 ①

70 내습성이 강한 작물의 일반적 특성에 해당하는 것은?

① 뿌리의 피층 세포가 사열로 배열되어 있다.
② 뿌리의 분포가 심근성이다.
③ 뿌리조직의 목화(木化)가 잘 되어있다.
④ 뿌리의 발달이 직근계를 형성한다.

해설
③ 내습성이 강한 작물은 일반적으로 뿌리조직의 목화가 잘 되어 있다.

71 다음 두류 중 침수에 가장 강한 것은?

① 대 두　② 완 두
③ 강낭콩　④ 땅 콩

해설
④ 땅콩은 사질토 적응력과 침수에 강하여 강변 사질토에서 많이 재배한다.

72 벼의 수해(水害)에 관한 설명 중 옳지 않은 것은?

① 분얼 초기에는 침수에 약하다.
② 수온이 높으면 침수 피해가 크다.
③ 수잉기부터 출수개화기 사이에는 침수에 극히 약하다.
④ 침수로 표토가 씻겨 내렸을 때에는 새로운 뿌리의 발생 후에 추비를 준다.

해설
① 벼의 경우 분얼 초기에 강하고 수잉기~출수개화기에 약하다.

73 일반적으로 작물에 많이 이용되고 있는 토양수분은 어느 것인가?

① 모관수　② 결합수
③ 중력수　④ 흡착수

해설
모관수
- 표면장력에 의하여 토양공극 내에서 중력에 저항하여 유지되는 수분을 말한다.
- 모관현상에 의하여 지하수가 모관공극을 상승하여 공급한다.
- pF 2.7~4.5로 작물이 주로 이용한다.

74 냉해에 의하여 발생이 많아지는 병해는?

① 도열병
② 잎집무늬마름병
③ 흰잎마름병
④ 줄무늬잎마름병

해설
① 도열병의 경우 저온 다습한 환경에서 많이 발생한다.

75 작물의 내건성에 대하여 옳게 기술한 것은?

① 내건성이 큰 작물은 뿌리가 표층에 많이 분포한다.
② 내건성이 큰 작물은 왜소하고 잎이 작다.
③ 내건성이 큰 식물은 세포액의 삼투압이 낮다.
④ 내건성이 큰 식물은 세포가 크다.

해설
② 내건성이 큰 작물은 왜소하고 잎이 작아 증산량을 줄인다.

정답 70 ③　71 ④　72 ①　73 ①　74 ①　75 ②

76 광합성에 가장 효과적인 광은?
① 녹색광 ② 황색광
③ 적색광 ④ 주황색광

해설
③ 광합성은 적색광과 청색광에서 일어난다.

77 토양의 입단형성을 저해하는 것은?
① 유기물의 시용 ② 경 운
③ 석회의 시용 ④ 토양의 피복

해설
토양 입단형성 파괴 요인
- 경 운
- 입단의 팽창과 수축
- 비, 바람
- Na^+(점토결합을 분산)의 첨가

78 토양 중의 유효수분범위에 대한 설명으로 가장 적합한 것은?
① 최대용수량(最大容水量)과 흡습계수(吸濕係數) 사이의 수분
② 포장용수량(圃場容水量)과 영구위조점(永久萎凋点) 사이의 수분
③ 포장용수량(圃場容水量)과 흡습계수(吸濕係數) 사이의 수분
④ 최대용수량(最大容水量)과 초기위조점(初期萎凋点) 사이의 수분

해설
② 토양유효수분은 포장용수량과 영구위조점(위조계수) 사이의 수분을 말한다.

79 저온기에 투명비닐을 이용하여 멀칭재배할 때 유리한 점이 아닌 것은?
① 토양의 건조방지
② 지온상승
③ 토양의 침식방지
④ 잡초발생 억제

해설
④ 투명비닐은 잡초발생 억제효과가 떨어진다.

80 맥류의 내동성과 연관된 형태적 특성이 아닌 것은?
① 포복성인 것이 내동성이 강하다.
② 중경(중배축)이 긴 것이 내동성이 강하다.
③ 엽색이 짙은 것이 내동성이 강하다.
④ 생장점이 낮게 위치한 것이 내동성이 강하다.

해설
② 중경이 짧은 것이 내동성이 강하다.

81 토양유기물의 주된 기능과 관계가 적은 것은?
① 입단의 형성
② 보수, 보비력의 증대
③ 미생물의 번식조장
④ 완충능의 저하

해설
④ 토양유기물에 의해서 완충능이 증가한다.

82 토양입단의 효용과 가장 관계가 적은 것은?

① 수분 보유력 증대
② 비료분 보유력 증대
③ 지하수의 증발억제
④ 토양미생물의 불활성화

해설
입단의 효용
- 입단 내의 소공극과 입단 사이의 대공극이 균형을 이룬다.
- 소공극은 모관현상으로 지하수의 상승이 이루어지므로 모관공극이라 한다.
- 대공극은 비모관 공극이라 한다.
- 자연상태에서 수분량을 함유할 때의 토양에 대해서 수분이 차지하는 공극의 용적을 액상공극, 공기가 차지하는 공극을 기상공극이라 한다.
- 입단이 발달한 토양은 대체로 비옥하고 수분, 비료분의 보유력도 크다.
- 모관 공극이 발달하면 토양의 함수상태도 좋아진다.
- 비모관 공극이 발달하면 통기가 좋아지고, 빗물의 지중 침투가 많아지고 지하수의 불필요한 증발도 억제한다.
- 유용한 미생물의 번식, 활동이 좋아지고 유기물의 분해도 촉진된다.

83 밭에서 한해 경감대책으로 적당하지 못한 것은?

① 재식밀도를 낮게 한다.
② 뿌림골을 넓게 한다.
③ 퇴비를 증시한다.
④ 칼륨을 증시한다.

해설
한해 방지의 재배적 대책
- 질소질 비료의 과용을 피하고 인산, 칼륨, 퇴비를 사용한다.
- 뿌림골을 낮추고 재식밀도를 낮춘다.
- 봄철 보리밭이 건조할 때 답압한다.
- 논에서는 직파재배, 만식적응 재배를 한다.

84 다음 발육의 내용이 아닌 것은?

① 여러 가지 기관이 양적으로 증대한다.
② 작물이 발아, 화성, 성숙 등의 과정을 거친다.
③ 체내에 질적인 재조정작용이 생긴다.
④ 여러 가지 단계적 양상을 의미한다.

해설
① 여러 가지 기관이 양적으로 증대하는 것은 생장이다.

85 토양에 통기조직을 좋게 하는 방법이 아닌 것은?

① 배수를 좋게 한다.
② 심경을 한다.
③ 김매기를 한다.
④ 과습한 땅에서는 이랑을 높이지 않고 재배한다.

해설
④ 과습한 땅에서는 이랑을 높게 재배해야 통기가 좋아진다.

86 동상해의 응급대책으로 보온효과가 가장 큰 것은?

① 발연법   ② 연소법
③ 송풍법   ④ 살수결빙법

해설
④ 살수결빙법은 물이 기화되면서 발생하는 잠열을 이용한다.

CHAPTER 03 작물의 내적 균형과 식물호르몬 및 방사선 이용

1 C/N율, T/R률, G-D균형

(1) 작물의 내적 균형의 특징
① 작물의 내적 균형 : 작물의 생리적 또는 형태적인 어떤 비율이나 균형이 작물생육의 특정한 방향을 표시하는 좋은 지표가 될 수 있기 때문에 작물에서 생체조직의 양분이나 형태의 비율을 구하여 이것을 작물의 생육과 연관시켜 해석하는 것
② 재배적으로 중요시하는 지표로는 C/N율, T/R률, G-D균형 등이 활용

(2) C/N율 기출
① 식물체의 탄수화물(C)과 질소(N)의 비율
② C/N율이 높을 경우에는 화성을 유도하고 C/N율이 낮을 경우에는 영양생장이 계속
③ 환상박피 : 줄기의 일부분을 둥글게 형성층으로부터 바깥쪽의 외부까지 제거하거나, 줄기의 군데군데 칼집을 하여 유관속의 일부를 절단하면 동화물질의 전류가 그 부분에서 억제되어 C/N율이 높아져 화아분화가 촉진

(3) T/R률 기출
① 식물의 지하부 생장량에 대한 지상부 생장량의 비율, 생육상태의 변동을 나타내는 지표가 될 수 있음. 생장량은 생체 또는 건물 중량으로 표시
② 지하저장기관을 수확의 목적으로 하는 고구마 · 감자 등은 파종기나 이식기가 늦어질수록 지하부의 중량 감소가 지상부의 중량 감소보다 크기 때문에 T/R률이 커짐
③ 토양 내에 수분이 많거나 일조 부족, 석회시용 부족 등의 경우는 지상부에 비해 지하부의 생육이 나빠져 T/R률이 커짐
④ 질소를 다량 시비하면 지상부의 질소집적이 많아지고 단백질의 합성이 왕성해지며 탄수화물이 적어져서 지하부로의 전류가 상대적으로 감소하여 뿌리의 생장이 억제되므로 T/R률이 커짐

(4) G-D균형
① 식물의 생육이나 성숙을 생장과 분화의 두 측면에서 보면 이 양자간의 균형이 식물의 생육 및 성숙을 지배함
② G-D균형은 생장(Growth)과 분화(Differentiation)의 균형을 의미

2 식물호르몬

(1) 옥신류

① Darwin(1880) : 단자엽식물의 초엽이 굴광현상을 일으키는 것을 발견
② Boysen-Jensen(1910)과 Paal(1915) : 귀리의 초엽으로 시험해 굴광현상이 선단부의 작용에 의해 일어나는 것을 확인
③ Went(1926) : 귀리의 초엽선단부를 한천절편에 두었다가 절단된 선단부에 얹어도 굴광현상이 생김
④ Kögl(1934) : 오줌이나 효모로부터 IAA(β-indoleacetic Acid) 추출

(2) 주요한 합성옥신

① 합성옥신류
  ㉠ NAA(Naphthalene Acetic Acid)
  ㉡ IBA(Indole-Butyric Acid)
  ㉢ PCPA(PCA, P-Chlorophenoxy Acetic Acid)
  ㉣ 2,4,5-T(2,4,5-Trichlorophenoxy Acetic Acid)
  ㉤ 2,4,5-Tp
  ㉥ 2,4-D
  ㉦ BNOA
② 옥신의 생성과 작용
  ㉠ 줄기, 뿌리의 선단에서 생성돼 체내의 아래쪽으로만 이동
  ㉡ 세포의 신장촉진작용, 어느 한계 이상 농도가 높아지면 오히려 생장 억제
  ㉢ 정아우세현상을 유지 → 측아발달 억제
③ 옥신의 재배적 이용 `기출`
  ㉠ 접목 시 활착촉진
  ㉡ 발근촉진
  ㉢ 가지의 굴곡유도
  ㉣ 과실의 비대와 성숙의 촉진, 적화 및 적과
  ㉤ 개화촉진
  ㉥ 단위결과 유도
  ㉦ 증수효과
  ㉧ 제초제로서의 이용 : 2,4-D
  ㉨ 낙과방지

(3) 지베렐린(Gibbenellin) 기출

① 발견 : 벼의 키다리병은 심한 도장현상을 보이는데 병원균이 생성하는 특수한 물질에 기인한다는 것을 발견
② 지베렐린의 재배적 이용
  ㉠ 휴면타파 : 발아촉진
  ㉡ 화성의 유도 및 촉진
  ㉢ 경엽의 신장촉진
  ㉣ 단위결과의 유기
  ㉤ 성분의 변화 및 수량증대

(4) 시토키닌(Cytokinin)

① 세포분열촉진
② 발아촉진
③ 호흡억제
④ 노화방지
⑤ 내한성증대

(5) ABA(Abscisic Acid)

① 낙엽을 촉진하는 물질
② 잎의 노화, 낙엽을 촉진
③ 휴면을 유도

참고 생장조절제 요약

옥 신	정아우세, 과실탈리억제	발생과정잎, 줄기끝	세포~세포, 위~아래
지베렐린	세포 신장 분열, 종자발아, 개화촉진	어린 줄기, 발생과정 종자	물관부, 체관부
시토키닌	어린잎, 세포분열촉진, 노화지연, 측아 생장유도	뿌리 끝	물관부
에틸렌	과일성숙촉진, 탈리촉진	스트레스, 성숙식물체	확 산
ABA	생장억제, 기공폐쇄, 휴면유도	스트레스, 성숙된 잎	물관부, 체관부

3 방사선 이용

(1) 추적자로서의 이용
① 어떤 화학물질의 행동을 추적하기 위해 함유시킨 특정한 방사성 동위원소를 추적자라고 하며 추적자로 표시된 화합물을 표지화합물이라고 함
② 작물 영양생리의 연구
  ㉠ ^{32}P, ^{42}K, ^{45}Ca 등의 방사성 동위원소로 표지화합물을 만들어 이용하면 여러 가지 필수원소인 인산(P), 칼륨(K), 칼슘(Ca) 등 체내에서 영양성분의 행동을 파악 가능
  ㉡ 비료의 토양 중에서의 행동과 흡수기구를 규명
③ 광합성의 연구
  ㉠ ^{11}C, ^{14}C 등으로 표지된 CO_2를 잎에 공급하여 시간의 경과에 따른 탄수화물의 합성과정을 규명
  ㉡ 동화물질의 전류 및 축적과정도 ^{14}C를 표지화합물로 이용하여 규명

(2) 방사선 조사
① 살균, 살충효과를 이용한 식품저장, 영양기관의 장기저장 : ^{60}Co, ^{137}Cs에 의한 γ선을 조사(照射)하면서 휴면이 연장되고 맹아억제효과가 크므로 장기저장이 가능
② 증수에 이용 : 건조 종자에 γ선, X선 등을 조사하면 생육이 조장되고 증수

(3) 육종적 이용
방사선은 생물에 돌연변이를 유기하는 작용이 있으므로 돌연변이 육종에 이용

CHAPTER 03 적중예상문제

PART 03 재배원론

01 포도의 무핵과 형성에 이용되는 생장조절제는?
① Gibberellin ② B-995
③ CCC ④ MH-30

해설
지베렐린의 이용
- 섬유식물의 섬유를 길게 하여 생산량을 증가시킨다.
- 2년초를 1년째에 개화한다.
- 채소의 수확시기를 바르게 하여 그 증수를 도모한다.
- 열매의 증수(씨 없는 포도)
- 감자의 증수

02 벼의 키다리병에서 유래한 생장조절물질은?
① 지베렐린
② 옥신
③ 시토키닌
④ 에스렐

해설
① 지베렐린(Gibberellin)은 벼의 키다리병균에 의해 생산된 고등식물의 식물생장조절제이다.

03 지베렐린의 이용과 관계가 없는 것은?
① 발아촉진
② 개화촉진
③ 병충해방제
④ 영양체증수

해설
지베벨린은 발아촉진, 개화촉진, 영양체증수, 묘본의 생장촉진효과가 있다.

04 양파・감자의 발아억제, 잔디밭의 생장억제, 당근・무 등의 추대억제 효과와 관련이 있는 것은?
① CCC
② MH
③ Cytokinin
④ ABA

해설
② MH : 작물생육억제제로 양파・감자의 발아억제 등과 관련된다.

정답 1 ① 2 ① 3 ③ 4 ②

05 옥신 처리로 기대하기 힘든 효과는?

① 발근촉진
② 접목의 활착촉진
③ 형질전환
④ 단위결과 유도

해설
옥신의 재배적 이용
- 접목 시 활착촉진
- 발근촉진
- 가지의 굴곡유도
- 과실의 비대와 성숙의 촉진, 적화 및 적과
- 개화촉진
- 단위결과 유도
- 증수효과
- 제초제로서의 이용 : 2,4-D
- 낙과방지

06 T/R률과 작물재배와의 관계를 잘못 설명한 것은?

① 양생식물은 일사가 강할수록 T/R률이 작아서 유리하다.
② 질소다용은 T/R률을 크게 하므로 불리하다.
③ 감자, 고구마의 파종기나 이식기가 늦어지면 T/R률이 커서 불리하다.
④ 토양통기가 불량하면 T/R률이 작아져 불리하다.

해설
④ 토양통기가 불량하여 뿌리의 호기호흡이 저해되면 지상부보다도 지하부의 생장이 더욱 감퇴되므로 T/R률은 증대되어 작물생육이 불량해진다.

07 잎의 노화촉진과 눈의 휴면을 유도하는 식물호르몬은?

① ABA
② 옥 신
③ Cytokinin
④ 에틸렌

해설
① ABA(Abscisic Acid) : 이층의 형성을 촉진하여 낙엽을 촉진하는 물질로서 잎의 노화, 낙엽 촉진에 영향을 준다.

08 방사선의 재배적 이용에서 가장 현저한 생물학적 효과를 가진 것은?

① α선
② β선
③ γ선
④ χ선

해설
감마(γ)선으로 조사하면 살균·살충의 효과, 휴면연장 및 맹아억제효과 등이 있다.

09 방사성 동위원소의 이용에 관한 설명으로 적절하지 않은 것은?

① 식물체 내의 에너지원으로 이용한다.
② 표지화합물로 작물의 생리연구에 이용한다.
③ 영양기관의 장기저장에 이용한다.
④ 돌연변이를 유발시켜 육종에 이용한다.

해설
방사성 동위원소는 표지화합물로 작물의 생리연구에 이용되며 살균, 살충 작용 및 휴면연장 등의 효과와 돌연변이에 의한 육종에도 활용된다.

정답 5 ③ 6 ④ 7 ① 8 ③ 9 ①

10 식물호르몬 중 작물의 세포분열을 촉진하며, 잎의 생장촉진, 호흡억제, 엽록소의 단백질 분해억제, 노화방지 등의 효과가 있는 것은?

① 옥 신   ② 지베렐린
③ 시토키닌   ④ 플로리겐

해설
시토키닌의 효과
- 세포분열 촉진
- 발아촉진
- 호흡억제
- 노화방지
- 내한성 증대

11 식물체 내에 함유된 탄수화물과 질소의 비율이 개화와 결실을 유도한다는 이론은?

① 일장효과   ② G-D균형
③ C/N율   ④ T/R률

해설
C/N율
- 식물체의 탄수화물(C)과 질소(N)의 비율
- C/N율이 높을 경우에는 화성을 유도하고 C/N율이 낮을 경우에는 영양생장이 계속된다.
- C/N율의 적용(환상박피) : 줄기의 일부분을 둥글게 형성층으로부터 바깥쪽의 외부까지 제거하거나, 줄기의 군데군데에다 칼집을 넣어 유관속의 일부를 절단하면 동화물질의 전류가 그 부분에서 억제되어 C/N율이 높아져 화아분화가 촉진된다.

12 과실의 성숙 및 착색을 촉진하는 생장조절제는?

① 지베렐린
② 옥 신
③ ABA
④ 에틸렌

해설
④ 과일 성숙촉진 및 착색촉진에 이용되는 호르몬은 에틸렌이다.

정답 10 ③   11 ③   12 ④

PART 03 재배원론

CHAPTER 04 재배기술

1 작부체계

(1) 연작과 기지

① 작부체계(Cropping System) 기출
　㉠ 일정한 포장에 있어서의 순차적인 작물종류의 변천 또는 일정한 포장에 있어서의 동시적인 작물종류의 조합을 의미
　㉡ 연작 : 동일한 포장에서 동일한 작물을 계속해서 재배하는 것을 말함
　㉢ 기지 : 연작을 할 때에 작물의 생육이 뚜렷하게 나빠진다.
　　• 1년 휴작을 요하는 작물 : 쪽파, 시금치, 콩, 파, 생강
　　• 2년 휴작을 요하는 작물 : 마, 감자, 잠두, 오이, 땅콩
　　• 3년 휴작을 요하는 작물 : 쑥갓, 토란, 참외, 강낭콩
　　• 5~7년 휴작을 요하는 작물 : 수박, 고추, 토마토, 우엉, 가지, 완두, 사탕무, 레드클로버
　　• 10년 이상 휴작을 요하는 작물 : 아마, 인삼
　　• 연작의 해가 적은 것 : 벼, 맥류, 조, 수수, 옥수수, 고구마, 대마(삼), 담배, 무, 당근, 양파, 호박, 연, 순무, 뽕나무, 아스파라거스, 토당귀, 미나리, 딸기, 양배추 등
　　• 과수의 기지 정도
　　　- 기지가 문제시되는 과수 : 복숭아, 무화과, 감귤, 앵두 등
　　　- 기지가 나타나는 정도의 과수 : 감나무

② 기지의 원인
　㉠ 토양 비료분의 소모
　㉡ 토양 중의 염류집적 : 비닐하우스 재배
　㉢ 토양 물리성의 악화 : 화곡류와 같은 천근성 작물을 연작하면 토양이 견고해짐
　㉣ 잡초의 번성
　㉤ 유독물질의 축적
　㉥ 토양선충의 피해
　㉦ 토양전염의 병해 : 아마(잘록병), 토마토(풋마름병), 사탕무(갈색무늬병), 인삼(뿌리썩음병), 강낭콩(탄저병), 수박(덩굴쪼김병), 완두(잘록병), 백합(잘록병), 목화(잘록병), 가지(풋마름병) 등

③ 기지대책
  ㉠ 윤작 : 가장 효과적인 대책
  ㉡ 담 수
  ㉢ 토양소독
  ㉣ 유독물질제거
  ㉤ 객토 및 환토
  ㉥ 접목 : 저항성 대목에 접목
  ㉦ 지력배양 : 합리적 시비

(2) 윤 작
  ① 윤작의 방식
    ㉠ 삼포식 농법 : 포장을 3등분해 경지의 2/3에는 춘파 또는 추파의 곡물을 재식하고 나머지 1/3은 휴한하는 것으로 순차적으로 교체하는 방식. 윤작의 시초이며 초기의 지력유지책으로 실시
    ㉡ 개량삼포식 : 삼포식 농법의 휴한지에 클로버 등의 두과 녹비작물을 재식해 지력의 증진을 도모하는 방식
    ㉢ 노포크식 : 연차로 한 가지의 주작물을 연작
  ② 윤작의 원리
    ㉠ 식량작물과 사료작물 생산을 병행함
    ㉡ 지력유지작물이 반드시 포함되어야 함
    ㉢ 중경작물이나 피복작물이 포함 : 잡초경감
    ㉣ 여름작물과 겨울작물 : 토지이용도를 높임
    ㉤ 피복작물 : 토양보호를 위함
  ③ 윤작의 효과 **기출**
    ㉠ 지력의 유지증강 : 질소고정, 잔비량 증가, 토양구조 개선, 토양유기물 증대, 구비생산 증대, 비료 소모의 균형화 등
    ㉡ 기지의 회피
    ㉢ 잡초의 경감
    ㉣ 수량증대
    ㉤ 토지이용도의 향상
    ㉥ 병충해 경감
    ㉦ 노력 분배의 합리화
    ㉧ 농업경영의 안정성 증대
    ㉨ 토양보호

(3) 답전윤환 기출

① 답전윤환의 뜻과 방법
  ㉠ 논을 몇 해 동안씩 담수한 논상태와 배수한 밭상태로 돌려가면서 이용하는 것
  ㉡ 답전윤환의 최소 연수는 논기간과 밭기간을 각각 2~3년으로 하는 것

② 답전윤환의 효과
  ㉠ 지력증강
  ㉡ 기지의 회피
  ㉢ 잡초의 감소
  ㉣ 벼의 수량증가
  ㉤ 노력절감

(4) 혼 파

① 혼파의 의의
  ㉠ 두 가지 이상의 작물종자를 혼합해서 파종하는 방법
  ㉡ 사료작물 재배 시 화본과와 두과 종자를 섞어 뿌려 목야지를 조성하는 데 널리 이용
  ㉢ 화본과 목초인 티머시, 오처드그라스와 두과 목초인 레드클로버 등을 조합
  ㉣ 종자의 혼합비율은 화본과 목초와 두과 목초의 종자를 3 : 1 내외로 하고 질소비료를 적게 사용

② 혼파의 이점
  ㉠ 가축영양상의 이점
  ㉡ 공간의 효율적 이용
  ㉢ 비료성분의 효율적 이용
  ㉣ 질소비료의 절약
  ㉤ 잡초의 경감
  ㉥ 재해에 대한 안정성 증대
  ㉦ 산초량의 평준화
  ㉧ 건초제조상의 이점

③ 혼파의 단점 : 파종작업이 힘들고 목초별로 생장이 다르기 때문에 시비, 병해충 방제, 수확 등의 관리가 불편

(5) 기타 작부체계

① 간작 : 한 가지 작물이 생육하고 있는 고랑(휴간) 또는 주간에 다른 작물을 재배
② 혼작 : 생육 기간이 거의 같은 두 종류 이상의 작물을 동시에 같은 포장에 섞어서 재배
   ㉠ 작물 사이의 주작물과 부작물의 관계가 명확한 것도 있으나 명확하지 않은 경우가 많음
   ㉡ 혼작하는 것이 각각의 작물을 따로 재배하는 것보다 합계수량이 많아야 의미가 있음
   ㉢ 점혼작 : 콩+수수·옥수수, 고구마+콩
   ㉣ 난혼작 : 콩+수수·조, 목화+참깨·들깨, 조+기장, 조+수수, 오이+아주까리, 기장+콩, 팥+메밀

> **참고** 혼작과 간작의 차이점
> • 혼작 : 주로 목초류, 콩+수수 또는 옥수수, 콩+들깨, 쑥갓+상추
> • 간작 : 보리+콩

③ 교호작
   ㉠ 콩의 두 이랑에 옥수수 한 이랑씩 생육기간이 비등한 작물들을 서로 건너서 교호로 재배하는 방식
   ㉡ 간작에 비해 주작물과 간작물, 전작물과 간작물의 뚜렷한 구별이 없음
   ㉢ 각각의 작물을 따로 재배하는 것보다 단위면적당의 합계수량이 더욱 많아야 의미가 있음
④ 주위작(둘레짓기)
   ㉠ 포장의 주위에 포장 내의 작물과 다른 작물들을 재배하는 것
   ㉡ 포장 주위의 공간을 생산에 이용하는 것이 주목적
   ㉢ 옥수수, 수수 등과 같이 초장이 긴 작물의 재배는 방풍의 효과가 있음
   ㉣ 경사지 포장의 주위에 닥나무, 뽕나무 등을 심으면 방풍 및 토양보호 효과가 있음

2 종 묘

(1) 종묘의 의의

① 종묘의 뜻과 종류
   ㉠ 종묘란 재식의 시발점이 되는 것을 말하며 종자·영양체·모 등이 포함됨
   ㉡ 종자는 수정에 의해 배주가 발육한 것이고, 눈·잎·줄기·뿌리 등의 영양기관도 재식의 시발점으로 이용됨
   ㉢ 종자와 이들 영양기관을 종합해 넓은 의미의 종자 또는 종물이라 함
   ㉣ 종물은 직접 파종하기도 하지만 모를 길러 재식하기도 하며 종물과 모를 종합해 종묘라 함

② 종자의 분류
  ㉠ 형태에 의한 분류
    • 식물학상의 종자 : 두류, 평지(유채), 담배, 아마, 목화, 참깨 등
    • 식물학상의 과실
      - 과실이 나출된 것 : 밀, 쌀보리, 옥수수, 메밀, 호프, 삼, 차조기, 박하, 제충국 등
      - 과실이 영에 싸여 있는 것 : 벼, 겉보리, 귀리 등
      - 과실이 내과피에 싸여 있는 것 : 복숭아, 자두, 앵두 등

    > **참고** 종자와 과실
    > • 종자 : 배주가 수정하여 자란 것
    > • 과실 : 배주가 수정된 후 자방과 그 관련 기관이 비대한 것

  ㉡ 배유의 유무에 의한 분류
    • 배유종자 : 벼, 보리, 옥수수 등의 화본과 종자
    • 무배유종자 : 콩, 팥 등의 두과 종자
  ㉢ 저장물질에 의한 분류
    • 전분종자 : 미곡, 맥류, 잡곡 등의 화곡류
    • 지방종자 : 참깨, 들깨 등
③ 종묘로 이용되는 영양기관의 분류 기출
  ㉠ 눈 : 마, 포도나무, 꽃의 아삽 등
  ㉡ 잎 : 베고니아 등
  ㉢ 줄기
    • 지상경 또는 지조 : 사탕수수, 포도나무, 사과나무, 귤나무, 모시풀
    • 땅속줄기 : 생강, 연, 박하, 호프 등
    • 덩이줄기 : 감자, 토란, 돼지감자 등
    • 알줄기 : 글라디올러스 등
    • 비늘줄기 : 백합, 마늘 등
    • 흡지 : 박하, 모시풀 등
  ㉣ 뿌리
    • 지근 : 닥나무, 고사리, 부추 등
    • 덩이뿌리 : 달리아, 고구마, 마 등

(2) 외떡잎식물과 쌍떡잎식물 종자의 구조 비교

내 용	외떡잎식물(옥수수)	쌍떡잎식물(강낭콩)
내부구조	과피, 배유, 초엽, 유아, 중배축, 배반, 유근, 근초	종피, 유근, 제1엽, 떡잎
양분의 주요 저장기관(핵형)	배유(3n)	떡잎(2n)
배유의 유무	있음	없음
발아형태	지하 자엽형 발아	지상 자엽형 발아
발아시 저장기관의 행방	종자에는 배유가 있으나 발아 후에는 배유의 형태가 없음	종자 상태로나 발아 후에도 떡잎은 존재함
종자 구조	과피, 배유, 초엽, 유아, 중배축, 배반, 유근, 근초	종피, 유근, 제1엽, 떡잎

(3) 종자의 품질

① 외적 조건
　㉠ 순도 : 전체 종자에 대한 불순물을 제외한 순수종자의 중량비
　　• 순도가 높을수록 품질이 향상됨
　　• 불순물 : 이형종자, 잡초종자, 협잡물
　㉡ 종자의 크기와 중량 : 종자는 크고 무거운 것이 충실하며, 발아·생육이 좋음
　　• 종자의 크기는 보통 1,000립중 또는 100립중으로 표시
　　• 종자의 무게, 즉 충실도는 비중 또는 1L중으로 표시
　㉢ 색택 및 냄새 : 품종 고유의 신선한 색택과 냄새를 가진 것이 건전, 충실
　㉣ 수분함량 : 종자의 수분함량은 대체로 낮을수록 좋음 → 수분함량이 낮을수록 저장이 잘되고 발아력이 오래 유지
　㉤ 건전도 : 오염, 변색, 변질이 없고 기계적 손상이 없는 종자

② 내적 조건
　㉠ 유전성 : 우량품종에 속하는 종자이고 이형종자의 혼입이 없어 유전적으로 순수한 것이 양호
　㉡ 발아력 : 발아력이 높고, 발아가 빠르고, 균일하며 초기신장성이 좋은 것이 우량

> **참고** 종자의 진가 = $\dfrac{발아율(\%) \times 순도(\%)}{100}$

ⓒ 병충해 : 감자의 바이러스병, 맥류의 깜부기병 등은 종자로 전염하는 병해나 밀의 선충처럼 종자로 전염하는 충해가 없는 종자가 우량

③ 종자검사와 종자보증
ㄱ) 종자검사 : 종자의 외관적·유전적·생리적·병리적인 조건을 포장에서 생육할 때부터 종자단계에 이르기까지 엄밀히 검사해 종자품질의 합격·불합격을 결정하는 것
ㄴ) 종자보증 : 품종의 진실성, 종자의 순수성, 발아율, 종자전염을 하는 병해가 없는 것, 위험 잡초종자가 없는 것 등을 종자의 구매자에게 보증하는 제도

(4) 종자의 퇴화와 채종

① 종자퇴화 : 생산력이 우수하던 종자가 재배연수를 경과하는 동안에 생산력이 떨어지고 품질이 나빠지는 현상
② 종자퇴화의 원인과 대책 [기출]
ㄱ) 유전적 퇴화
- 자연교잡
  - 격리재배를 함으로써 방지할 수 있음
  - 옥수수 400~500m 이상, 호밀 300~500m 이상, 십자화과 작물 100m 이상 다른 품종과 격리재배
- 이형종자의 기계적 혼입 : 이형주의 식별이 용이한 출수~성숙기의 시기에 이형주를 철저히 도태시키고, 퇴비, 낙수나 수확, 탈곡, 보관 시 이형종자의 기계적 혼입을 방지
- 돌연변이
- 새로운 유전자의 분리

ㄴ) 생리적 퇴화 : 환경조건이나 재배조건이 불량한 곳에서 채종한 종자는 유전성의 변화가 없을지라도 생산력이 저하됨
- 감자 : 생육기간이 짧고 기온이 높은 평지에서 생산된 씨감자는 충실하지 못함 → 평야지산 씨감자의 경우 고랭지산 씨감자에 비해 생리적으로 불량함
- 콩은 서늘한 지역의 차지고 수분이 넉넉한 토양에서 채종하면 충실한 종자를 생산
- 벼 종자 : 평야지보다 분지에서 생산된 것이 임실이 좋음

ㄷ) 병리적 퇴화 : 발병조건지에서 그 작물을 계속해 재배하면 종자전염을 하는 병해충이 만연해 종자가 퇴화됨
- 감자의 바이러스병, 맥류 깜부기병
- 예방대책 : 무병지채종, 종자소독, 병해의 발생방제, 약제살포, 이형주의 도태, 종서검정

③ 채종재배
　㉠ 우수한 종자의 생산을 목적으로 재배하는 것
　　• 재배지의 선정
　　• 감자 : 고랭지, 옥수수·십자화과 작물 : 격리포장
　㉡ 종자의 선택 및 처리
　　• 원종포 등에서 생산된 우수한 종자
　　• 선종, 종자소독 등의 필요한 처리 후 파종
　㉢ 재 배
　　• 질소질 비료의 과용을 피하고 지나친 밀식을 회피
　　• 1주씩 점파하면 이형주 도태에 극히 편리
　㉣ 이형주 도태 : 출수개화기부터 성숙기에 걸쳐 이형주를 찾아 철저히 도태
　㉤ 수확 및 조제
　　• 약간 이르다 할 시기에 수확
　　• 화곡류의 경우 황숙기, 십자화과 채소의 경우 갈숙기에 채종
　　• 벼의 경우 회전탈곡기의 회전수를 1분간 300~350회, 식용 탈곡 시보다 줄임
　㉥ 저장 : 적정 습도에서 저장

(5) 종자처리

종자처리는 선종 → 소독 → 침종 → 최아의 순이다.
① 선종 : 크고 충실하며 발아, 생육이 좋은 종자를 가리는 것
　㉠ 육안에 의한 선별
　㉡ 용적에 의한 선별
　㉢ 중량에 의한 선별
　㉣ 비중에 의한 선별
② 종자소독
　㉠ 화학적 소독
　　• 침지소독 : 농약의 수용액에 종자를 일정시간 담그는 소독법
　　• 분의소독 : 농약분을 종자에 그대로 묻게 하는 소독법
　㉡ 물리적 소독
　　• 냉수온탕침법
　　　– 맥류의 겉깜부기병 : 냉수 6~8시간 → 45~50℃의 온탕 2분 → 겉보리 53℃, 밀 54℃의 온탕 5분 → 냉수 세척 후 파종
　　　– 벼 선충심고병 : 냉수 24시간 → 45℃의 온탕 2분 → 52℃의 온탕 10분 → 냉수 세척 후 파종

- 온탕침법
　ⓒ 기피제 처리 : 새, 동물, 쥐 등에 의한 종자의 손실을 막기 위해 종자에 화학약제를 처리
③ **침종** : 종자를 파종하기 전 일정한 기간 동안 물에 담가서 발아에 필요한 수분을 흡수 시키는 것으로 벼, 가지, 시금치, 수목의 종자에서 실시
④ **최아** : 벼, 맥류, 땅콩, 가지 등에서 발아, 생육을 촉진할 목적으로 종자의 싹을 틔워 파종하는 것
⑤ **종자의 경화** : 불량환경에서의 출아율을 높이기 위해 파종 전 종자에 흡수·건조과정을 반복적으로 처리함으로써 초기 발아과정에서의 흡수를 조장하는 것

3 종자의 발아와 휴면

(1) 종자의 발아

① 발아, 출아 및 맹아
　㉠ 발아 : 종자에서 유아와 유근이 출현하는 것
　㉡ 출아 : 토양에 종자를 파종했을 때 새싹이 지상으로 출현하는 것
　ⓒ 맹아 : 목본식물에서 지상부의 눈이 벌어져 새싹이 움트는 것, 지하부의 새싹이 지상부로 자라나는 것 또는 새싹 자체를 맹아라고 함
② 발아에 관여하는 요인
　㉠ 발아의 내적 조건 : 유전성의 차이, 종자의 성숙도 등이 발아에 영향을 미침
　㉡ 발아의 외적 조건 기출

수 분	• 발아에 필요한 제1조건 • 수분은 양분의 분해를 위한 효소의 활성화, 저장양분의 이용에 필요 • 발아에 필요한 수분 : 벼 23%, 밀 30%, 쌀보리 50%, 콩 100%
산 소	• 발아 중의 생리활동에도 호흡작용이 필요 • 벼 : 산소가 부족할 경우 유아가 먼저 출현해 도장되고 연약해짐 • 수중에서 발아를 하지 못하는 종자 : 메밀, 가지, 고추, 밀, 무, 귀리, 콩, 파, 양배추, 알팔파, 강낭콩, 완두 등 • 수중에서 발아율이 떨어지는 종자 : 담배, 토마토, 화이트클로버, 카네이션, 미모사 • 수중에서 발아가 감퇴하지 않는 종자 : 벼, 상추, 당근, 티머시, 카펫그래스 등
온 도	• 일반적으로 작물의 발아 최저온도는 0~10℃, 최적온도는 20~30℃, 최고온도는 35~50℃ • 변온에 의한 발아 촉진 작물 : 셀러리, 오처드그라스, 버뮤다그라스, 존슨그라스, 레드톱, 피튜니아, 담배, 아주까리, 박하 등
광	• 혐광성 종자 : 토마토, 가지, 백합과 식물, 호박 • 호광성 종자 : 담배, 상추, 우엉, 피튜니아, 차조기, 뽕나무 등

③ **종자의 발아과정** : 수분 흡수 → 효소의 활성화 → 배의 생장개시 → 과피의 파열 → 유묘의 출현 → 유묘성장

④ 발아조사
  ㉠ 발아율 : 파종된 총종자 개체수에 대한 발아종자 개체수의 비율(%)
  ㉡ 발아세 : 일정한 기간 내의 발아율
  ㉢ 발아시 : 파종된 종자 중에서 최초로 1개체가 발아한 날
  ㉣ 발아기 : 전체 종자수의 50%가 발아한 날
  ㉤ 발아전 : 전체 종자수의 80%가 발아한 날
  ㉥ 발아일수 : 파종기부터 발아기까지의 일수
  ㉦ 발아기간 : 발아시부터 발아전까지의 기간
  ㉧ 평균발아일수 : 발아한 모든 종자의 평균적인 발아일수

  $$\text{평균발아일수} = \frac{\sum t_i n_i}{\text{총발아 개체수}}$$

  여기서, t_i : 파종 후 일수
  n_i : 당일발아 개체수

⑤ 종자의 수명과 발아 [기출]
  ㉠ 단명종자(1~2년) : 메밀, 기장, 고추, 당근, 상추, 양파, 파
  ㉡ 상명종자(3~5년) : 벼, 밀, 보리, 귀리, 완두, 목화, 멜론, 시금치, 무, 호박, 우엉
  ㉢ 장명종자(5년 이상) : 비트, 토마토, 가지, 수박, 클로버, 사탕무, 나팔꽃

⑥ 종자발아력의 간이 검정법
  ㉠ 테트라졸륨법
    • 종자를 8~18시간 물에 침지해 배를 분리하고 1%의 TTC 용액에 첨가해 40℃에서 2시간 반응시킴
    • 배의 환원력에 의해 발아력이 강한 종자는 배·유아의 단면이 전면 적색으로 염색
  ㉡ 구아야콜법
    • 종자의 배 및 배유를 종단해 1%의 구아야콜 수용액 한 방울을 가하고 다시 1.5%의 과산화수소액을 한 방울 가함
    • 죽은 종자는 착색되지 않고 발아력이 강한 종자는 배 및 배유의 단면이 갈색으로 착색됨

(2) 종자의 휴면
① 휴면의 의의
  ㉠ 성숙한 종자에 적당한 발아조건을 주어도 일정기간 동안 발아하지 않는 성질
  ㉡ 자발적 휴면 : 외적 조건이 발아에 적합해도 내적 원인에 의해 휴면하는 것
  ㉢ 강제휴면 : 외적 조건이 발아에 부적당하기 때문에 유발되는 휴면

② 휴면의 생태학적 의미 : 휴면에 의해 불량한 환경을 극복하고 종족번식이나 생존에 있어 매우 유익
③ 휴면의 원인 기출
  ㉠ 배의 미숙
  ㉡ 저장물질의 미숙
  ㉢ 생장소의 부족 : 땅콩
  ㉣ 발아억제물질 : 블라스토콜린(발아억제물질의 총칭)
  ㉤ 종피의 불투수성 : 경실종자의 휴면의 주된 원인
  ㉥ 종피의 불투기성 : 귀리, 보리 등의 종자에서는 종피로 인해 산소흡수가 저해되고 이산화탄소가 축적돼 발아하지 못함
  ㉦ 종피의 기계적 저항 : 잡초종자에서 흔히 나타남

(3) 휴면타파와 발아촉진
① 경실종자의 특징
  ㉠ 경실 : 종피의 불투수성 때문에 장기간 휴면하는 종자
  ㉡ 소립의 두과 목초종자 : 클로버, 베치, 자운영, 개자리, 아까시나무, 강낭콩, 싸리, 고구마, 연, 오크라 등
  ㉢ 경실종자 출현 관여 조건
    • 유전적 조건 : 종에 따라 경실의 분포가 뚜렷함
    • 종자의 대소 : 같은 품종에서도 대체로 대립인 것이 경실이 적고 소립인 것이 경실이 많은 경향
    • 종자의 숙도 : 대체로 잘 성숙한 종자는 미숙한 종자보다 경실이 많은 경향
    • 건조 : 종자를 급격히 건조하면 경실이 증가
    • 수확 후 일수 : 대체로 수확 후 일수가 경과함에 따라 종피가 변성되어 경실이 감소
② 경실의 휴면타파법 기출
  ㉠ 종피파상법 : 종피에 상처를 내서 파종
  ㉡ 농황산처리 : 연(5시간), 고구마(1시간), 화이트클로버(30분), 감자(20분), 목화(5분)
  ㉢ 저온처리
  ㉣ 건열처리
  ㉤ 습열처리
  ㉥ 진탕처리
  ㉦ 질산염처리

③ 화곡류 및 감자의 휴면타파법
  ⊙ 벼종자 : 40℃에 3주 또는 50℃에 4~5일간 보관
  ⓒ 맥류종자 : 0.5~1%의 과산화수소액에 24시간 침지
  ⓒ 감자 : 2ppm 정도의 지베렐린 수용액에 30~60분간 침지
④ 발아촉진물질
  ⊙ 지베렐린 : 감자, 목초, 차조기, 인삼, 호광성 종자인 양상추, 담배 등에 효과
  ⓒ 시토키닌 : 정아우세를 억제하고 측아의 생장을 촉진
  ⓒ 에틸렌
  ② 질산염 : 화본과 목초에 효과적

(4) 휴면연장과 발아억제

① 온도조절 : 저온저장이 일반적이며, 감자의 괴경은 0~4℃, 양파는 1℃ 내외로 저장
② 약제처리
  ⊙ 감자 : 수확 4~6주 전에 1,000~2,000ppm의 MH-30수용액을 경엽에 살포
  ⓒ 양파 : 수확 15일쯤 전에 3,000ppm의 MH수용액을 잎에 살포, 수확 당일 MH 0.25%액에 하반부를 48시간 침지
③ 감마(γ)선 조사 : 감자, 당근, 양파, 밤 등은 감마선 조사에 의해 발아가 억제

4 영양번식

(1) 영양번식의 이점 기출

① 종자번식이 어려울 때 이용 : 고구마, 마늘
② 우량한 상태의 유전질을 쉽게 영속적으로 유지 : 과수, 감자 등
③ 종자번식보다 생육이 왕성할 때 이용 : 감자, 모시풀, 꽃, 과수 등
④ 암수의 어느 한쪽 그루만 재배할 때 이용 : 호프는 수량이 많은 암그루만 재배
⑤ 접목의 기대효과 : 수세의 조절, 풍토 적응성 증대, 병충해 저항성 증대, 결과의 촉진, 품질의 향상, 수세의 회복 등

(2) 분 주

① 모주에서 발행하는 흡지를 뿌리가 달린 채로 분리해 번식
② 가장 안전한 번식법
③ 박하, 모시풀, 골풀, 닥나무, 머위, 토당귀, 아스파라거스 등에 이용

(3) 취 목
① 원 작물체에서 특정 부위에 발근시켜 독립적으로 번식하는 방법
② 성토법
    ㉠ 가지를 굽히지 않고 꼿꼿이 선 채로 밑동에 흙을 긁어모아 발근
    ㉡ 뽕나무, 사과, 양앵두, 자두 등에 이용
③ 휘묻이 : 가지를 휘어서 일부를 흙 속에 묻는 방법(포도, 양앵두, 자두 등)
④ 고취법 : 가지나 줄기를 땅 속에 묻을 수 없는 경우에 높은 곳에서 발근시키는 방법

(4) 삽목법
① 모체에서 분리한 영양체의 일부를 알맞은 곳에 심어 발근시켜 독립개체로 번식
② 엽삽 : 베고니아, 펠라고늄 등
③ 근삽 : 땅두릅, 자두, 앵두, 사과, 감, 오동 등
④ 지삽 : 포도, 무화과 등

(5) 접목의 이점
① 결과촉진 : 일본배의 7~8년 결실소요 연수를 4~5년으로 단축, 감의 경우 10년에서 2~3년으로 단축
② 수세조절
③ 풍토 적응성 증대
④ 병충해 저항성 증대
⑤ 결과향상
⑥ 수세회복

(6) 조직배양
① 식물의 일부 조직을 무균적으로 배양해 조직 자체의 증식 생장 및 각종 조직, 기관의 분화발달에 의해 개체를 육성하는 방법
② 전형성능 : 세포 자체가 단일세포로부터 완전한 개체를 생성하는 것
③ 세포나 조직의 배양의 이용성
    ㉠ 세포의 증식, 기관의 분화, 조직의 생장 등 식물의 발생과 형태형성 및 발육과정과 이에 관여하는 영양물질, 비타민, 호르몬의 역할, 환경조건 등에 대한 기본적 연구 가능
    ㉡ 난초와 같은 번식이 곤란한 관상식물을 단시일 내에 대량으로 육성

ⓒ 세포돌연변이를 분리해 이용
② 바이러스, 병에 걸리지 않은 무병주 육성
⑩ 조직배양에 의한 2차 대사산물 이용 : 사탕수수의 자당, 약용식물, 화곡류의 전분 등
ⓗ 농약, 방사선에 대한 감수성 검정

5 육 묘

(1) 육묘의 정의
종자를 경작지에 직접 뿌리지 않고 뿌리가 있는 어린 작물을 일정기간 시설 등에서 생육시키는 것

(2) 육묘의 목적
① 수확 및 출하기를 앞당길 수 있음
② 품질향상과 수량증대가 가능
③ 집약적인 관리와 보호가 가능
④ 종자를 절약하고 토지이용도를 높일 수 있음
⑤ 직파(直播)가 불리한 딸기, 고구마 등의 재배에 유리

(3) 육묘의 방식
① 온상육묘 : 저온기에 인공적인 가온(加溫)과 태양열을 최대한 이용하는 묘상으로 이른 봄의 육묘에 이용
② 보온육묘 : 인공적인 가온 없이 태양열만을 이용하는 육묘방식으로 냉상(冷床)육묘라고도 함
③ 공정육묘(플러그육묘) : 육묘의 생력화, 효율화를 목적으로 상토의 조제, 종자 파종, 물주기 등 관련된 여러 작업을 자동화된 생산시설에서 품질이 균일한 규격묘를 연중 생산

6 정 지

(1) 정 지
토양의 이화학적 성질을 작물의 생육에 알맞은 상태로 조성하기 위하여 파종이나 이식(또는 이앙)에 앞서 토양에 가하는 각종 기계적 작업을 정지라 하며 경운, 이랑 만들기, 쇄토 및 진압이 포함됨

(2) 경운(Plowing)

① 경운의 정의
경운이란 토양(作土)을 갈아 일으켜 흙덩이를 반전(反轉)시키고 대강 부스러뜨리는 작업을 말함

② 경운의 효과
㉠ 토양의 이화학적 성질 개선 : 토양의 투수성·통기성이 좋아져 파종·관리 작업이 용이해지며 종자발아·유근신장 및 근군의 발달이 용이해짐
㉡ 잡초의 경감 : 호광성인 잡초종자가 경운에 의하여 지하 깊숙이 매몰되므로 잡초발생이 억제됨
㉢ 해충의 경감 : 땅 속에 은둔하고 있는 해충의 유충이나 번데기를 지표에 노출시켜 얼어 죽게 함

(3) 작휴(이랑만들기)

① 작물이 심긴 부분과 심기지 않은 부분이 규칙적으로 반복될 때 이 반복되는 1단위를 이랑(畦部)이라 함
② 이랑이 평평하지 않고 기복이 있을 때에는 융기부를 이랑(畦部)이라 하고, 함몰부를 고랑 또는 골이라고 함
③ 이랑을 만드는 이유 : 파종·제초·솎음 등의 관리에 편하고 지온을 높이며 배수 및 통기를 좋게 하고 작토층을 두껍게 함
④ 작휴법의 종류
㉠ 평휴법
- 이랑을 평평하게 하여 이랑과 고랑의 높이가 같게 하는 방식
- 건조해와 습해가 동시에 완화되며, 채소·밭벼에서 실시
㉡ 휴립법 : 이랑을 세워서 고랑이 낮게 하는 방식
- 휴립구파법 : 이랑을 세우고 낮은 골에 파종하는 방식으로 맥류의 한해(旱害)와 동해(凍害) 방지, 감자의 발아촉진 및 배토를 위해 실시
- 휴립휴파법 : 이랑을 세우고 이랑에 파종하는 방식으로 고구마는 이랑을 높게 세우고 조·콩 등은 이랑을 비교적 낮게 세움. 이랑에 재배하면 배수와 토양의 통기가 좋음
㉢ 성휴법 : 이랑을 보통보다 넓고 크게 만드는 방식

(4) 쇄토(碎土)

① 갈아 일으킨 흙덩이를 곱게 부수고 지면을 평평하게 고르는 작업
② 논에서는 경운한 다음 물을 대고 써레로 흙덩이를 곱게 부수는데, 이 작업을 써레질이라 함

7 파 종

(1) 파종기
파종된 종자가 발아하려면 저온이 발아최저온도 이상이고, 토양수분도 필요한 한도 이상이어야 하며 파종의 실제 시기는 작물의 종류 및 품종, 재배지역, 작부체계, 재해회피, 토양조건, 출하기 등에 따라 결정됨

(2) 파종방법 [기출]
① **산파(흩어뿌림)** : 포장 전면에 종자를 흩어 뿌리는 방법으로 노력이 적게 들지만 종자 소요량이 많아지고 생육기간 중 통기 및 통광이 나빠짐. 도복되기 쉬우며 제초, 병해충 방제 등의 관리작업이 불편하고 일반적으로 목초를 파종할 때, 답리작으로 자운영을 파종할 때, 조·귀리·메밀 등과 같은 잡곡을 조방재배할 때, 맥류의 생력화재배 등에 적용
② **조파(줄뿌림)** : 뿌림골을 만들고 종자를 줄지어 뿌리는 방법으로 통풍·통광이 좋고 관리작업이 편리. 대부분의 작물들은 조파양식으로 파종
③ **점파(점뿌림)** : 일정한 간격을 두고 종자를 몇 개씩 띄엄띄엄 파종하는 방법으로 노력은 다소 많이 들지만 건실하고 균일한 생육
④ **적파** : 점파와 비슷한 방식으로 점파를 할 때 한 곳에 여러 개의 종자를 파종하는 것으로 작물을 집약적으로 재배할 때 파종 노력이 많이 들지만 수분, 비료분, 수광, 통풍 등의 환경조건이 좋아지므로 생육이 더욱 건실하고 양호해지며 비배관리작업도 편리

(3) 파종량
① 수량·품질을 최상으로 보장하는 파종량을 결정할 때에는 작물의 종류 및 품종, 종자의 크기, 파종기, 재배지역, 재배법, 토양 및 시비, 종자의 조건 등을 고려
② 파종량 결정 요인
   ㉠ 기후 : 추운 곳은 따뜻한 곳보다 파종량을 늘려 파종
   ㉡ 토질 및 비료 : 땅이 척박하거나 시비량이 적을 때는 파종량을 늘림
   ㉢ 종자의 발아력 : 발아력이 낮은 것은 파종량을 늘림

8 이 식

(1) 이 식
작물을 현재 자라고 있는 곳으로부터 다른 장소로 옮겨 심는 일을 이식이라 함
① **정식** : 수확기까지 그대로 둘 장소(본포)에 옮겨 심는 것
② **가식** : 정식할 때까지 잠정적으로 이식해 두는 것으로 불량묘 도태, 이식성 향상, 웃자람 방지효과

(2) 이식의 시기

과수 등의 다년생 목본식물은 싹이 움트기 전에 춘식하거나 낙엽이 진 뒤 추식하며 일반작물이나 채소는 파종기를 지배하는 요인들에 의해서 이식기가 지배

(3) 마지막 가식으로부터 정식할 때까지의 기간이 길면 뿌리가 너무 길게 뻗어나가 정식할 때 뿌리가 많이 끊어지므로 정식 7~10일 전 모의 자리 바꾸기를 함

9 생력재배와 기계화 재배

(1) 생력재배의 의의와 효과, 조건
  ① 생력재배의 의의 : 재배과정에서 노동력을 절감하고 제반비용을 줄여 생산성을 높임
    ㉠ 농업노력을 크게 절감할 수 있는 재배법을 추구할 수밖에 없는데 이것을 생력재배라 함
    ㉡ 농촌 노동력 부족으로 생력기계화 영농기술 개발에 박차를 가하게 되었음
    ㉢ 생력재배는 정밀농업기계의 이용, 자동화시설, 제초제의 사용, 재배기술의 개선 등을 통해 이루어짐
  ② 생력재배의 효과
    ㉠ 재배방식의 개선, 적기작업, 기계화 생력재배의 도입 등으로 농업노력비와 생산비의 절감과 단위수량·토지이용도의 증대를 이루면 농업경영은 크게 개선
    ㉡ 저투입 지속농업을 가능하게 함
    ㉢ 생력재배기술의 개발로 큰 효과를 거두고 있는 것들
      • 노지재배 → 비 가림 시설재배
      • 호미에 의한 중경 → 심경굴착기에 의한 심경
      • 인력의 살포작업에 의한 화학비료 시비 → 비료살포기에 의한 유기질비료 시비
      • 자연강우에 의한 관수 → 점적 관수시설 이용
  ③ 생력재배의 조건
    ㉠ 농지가 생력화를 가능하게 할 수 있도록 정리
    ㉡ 넓은 면적을 공동관리에 의하여 집단으로 재배
    ㉢ 기계의 이용에 따른 남는 노동력을 수익화
    ㉣ 품종선택·재배법·작부체계의 개선 등 기계화 적응 재배체계를 확립

(2) 기계화 재배

① 기계화 농업
㉠ 농업기계화의 추진에 따라 노동능률과 농업생산력이 증대
㉡ 경영규모의 한계에서 벗어나 인간의 노동력을 대체하고 노동을 절약
㉢ 기계화의 생력효과는 농업인을 중노동에서 벗어나게 함
② 새로운 농기계의 도입여부는 농기계의 도입에 따라 발생하는 편익과 증가하는 유동비와 고정비를 합한 손익분기금액이 같아지는 점에서 결정되어야 함

(3) 정밀농업

① 정밀농업(Precision Farming)이란 농토 안에서 토양정보를 기초로 시비량, 파종량을 결정하여 불필요한 농자재 투입의 최소화, 기계이용효율의 향상, 수확량 증가와 고품질화 등으로 최대의 이익을 얻으며, 아울러 환경오염을 줄여 지속적인 농업생산을 수행하는 것
② **정밀농업의 도입 배경** : 필요한 시기에, 필요한 곳에, 필요한 양의 농작업을 처리해 줄 수 있는 효과적인 기계화된 정밀농업이 필요
③ 정밀농업은 포장의 위치를 파악할 수 있는 GPS를 이용한 위치정보시스템, 포장정보를 검출하는 센서, 검출된 포장정보를 가시적인 지도로 표현하는 지도화 시스템, 그리고 이 지도를 바탕으로 포장을 정밀하게 관리할 수 있는 제어시스템으로 구성되며 이를 통틀어 정밀 농업시스템이라고 함
④ 정밀농업은 농업의 생산성 증대, 오염의 최소화, 농산물의 안전성 확보, 수익 증대 등 환경보호와 경제적 효율성을 동시에 달성할 수 있는 수단으로 선진국을 중심으로 연구가 진행되고 있음

10 재배관리

(1) 비료의 분류

① 비효 및 성분에 따른 분류
㉠ 질소비료 : 요소, 황산암모니아(유안), 질산암모니아(초안), 석회질소 등
㉡ 인산질비료 : 과인산석회(과석), 중과인산석회(중과석), 용성인비, 용과린
㉢ 칼륨질비료 : 염화칼륨, 황산칼륨 등
② 비료의 반응에 따른 분류
㉠ 화학적 반응 : 비료의 수용액이 띠는 반응으로 산성, 중성, 염기성으로 구분
• 화학적 산성비료 : 과인산석회, 염화암모늄, 유안 등
• 화학적 중성비료 : 황산칼륨, 염화칼륨, 요소, 칠레초석, 질산나트륨, 질산칼륨 등
• 화학적 염기성비료 : 생석회, 소석회, 탄산칼륨, 석회질소, 용성인비, 규산석회 등

ⓒ 생리적 반응 : 토양에 비료를 사용한 후에 식물이 흡수된 나머지 토양 중에서 나타나는 반응
  - 생리적 산성비료 : 황산암모늄, 염화암모늄, 황산칼륨, 염화칼륨, 부숙한 인분뇨 등
  - 생리적 중성비료 : 질산암모늄, 질산칼륨, 요소, 과인산석회 등
  - 생리적 염기성비료 : 석회질소, 용성인비, 탄산칼륨(초목회) 등

③ 주요 비료의 성분

(단위 : %)

종 류	질 소	인 산	칼 륨
요 소	46	-	-
황산암모니아(유안)	21	-	-
질산암모니아(초안)	35	-	-
석회질소	20~22	-	-
과인산석회	-	16	-
중과인산석회	-	44	-
용성인비	-	18~19	-
용과린	-	20	-
염화칼륨	-	-	60
황산칼륨	-	-	48~50

(2) 시비의 원리

① 최소 양분율 : 제한인자가 식물의 생육을 결정
② 수량점감의 법칙 : 어느 한계 이상으로 시용량이 많아지면 일정량을 시비하는데 따르는 수량의 증가량이 점점 작아져 마침내 시비량이 증가해도 수량은 증가하지 못하는 상태에 도달
③ 작물종류와 시비

종 류	시비(질소 : 인산 : 칼륨)
벼	5 : 2 : 4
맥 류	5 : 2 : 3
옥수수	4 : 2 : 3
고구마	4 : 1.5 : 5
감 자	3 : 1 : 4

④ 시비량의 계산

$$시비량 = \frac{흡수량 - 천연공급량}{흡수율}$$

(3) 엽면시비 기출

① 작물은 뿌리뿐만 아니라 잎에서도 비료성분을 흡수할 수 있으므로 필요한 때에는 비료를 용액의 상태로 잎에 뿌려주기도 하는데 이와 같은 것을 비료의 엽면시비(葉面施肥) 또는 엽면살포(葉面撒布)라 함
② 엽면시비에 이용되는 무기염류는 철(Fe), 아연(Zn), 망간(Mn), 칼슘(Ca), 마그네슘(Mg) 등 각종 미량원소와 질소질비료 중 요소가 포함
③ 잎의 표면 또는 이면에 살포된 요소액이 표피를 투과하여 세포 내부에 들어가 일부는 이곳에 머물러 동화되고 다른 일부분은 더욱 내부 세포나 엽맥 속에 들어가 이동, 엽면흡수가 뿌리로부터의 흡수와 다른 점은 요소가 분해되지 않고 그대로 잎에서 흡수되는 것
④ **엽면시비의 효과적 이용** : 급속한 영양회복, 뿌리의 흡수력 저하 시 시비효과 상승, 토양시비 제한 시 효과적

(4) 보식과 솎기

① **보식(補植)** : 발아가 불량한 곳이나 이식 후 말라죽은 곳에서 보충적으로 이식하는 것
② **솎기(Thinning)** : 발아 후 밀생한 곳에서 개체를 제거해서 앞으로 키워나갈 개체에 공간을 넓혀 주는 일
③ 솎기의 효과
  ㉠ 생육간격을 넓혀 주고 각 개체간의 점유 영역을 고르게 하여 생육을 균일하게 함
  ㉡ 솎기를 할 전제로 파종량을 늘리면 발아가 불량하여도 빈 곳이 생기는 일이 없게됨
  ㉢ 파종량을 늘리고 후에 솎기를 함으로써 유전적으로 불량한 개체를 제거해내고 우량한 개체만을 남길 수 있음

11 중경(中耕, Cultivation)

(1) 중 경

파종 또는 이식 후 작물 생육 기간에 작물 사이의 토양을 호미나 중경기로 표토를 긁어 부드럽게 하는 토양관리 작업으로서 잡초의 방제, 토양의 이화학적 성질의 개선, 작물 자체에 대한 기계적인 영향 등을 통하여 작물 생육을 조장시킬 목적으로 실시된다.

(2) 김매기는 중경과 제초를 겸한 작업이며 기계화 농업에서 중경기로 실시하는 중경도 제초를 겸하고 있다.

(3) 중경의 이로운 점

① 발아조장 : 파종 후 비가 와서 토양표면에 피막이 생겼을 때 중경하면 피막을 부수고 토양이 부드럽게 되어 발아가 조장됨
② 토양통기조장 : 작물이 생육하고 있는 포장을 중경하면 대기와 토양의 가스교환이 활발해지므로 뿌리의 활력이 증진되고, 유기물의 분해가 촉진되며, 환원성 유해물질의 생성 및 축적이 감소됨
③ 토양수분의 증발억제 : 토양을 얕게 중경(천경)하면 모세관이 절단되어 토양 유효수분의 증발을 억제. 따라서 한발기에 가뭄해(旱害)를 경감할 수 있음
④ 비효증진 : 논토양은 벼의 생육기간 중 항상 물에 잠겨있는 담수상태이므로 표층의 산화층과 그 밑의 환원층으로 토층이 분화. 황산암모늄 등 암모니아태질소를 표층인 산화층에 추비하고 중경하면(전층시비) 비료가 환원층으로 들어가 심층시비한 것과 같이 되므로 탈질작용이 억제되어 질소질 비료의 비효를 증진
⑤ 잡초방제 : 중경을 하면 잡초도 함께 제거

(4) 중경의 해로운 점

① 단근(斷根) 피해 : 작물이 아직 어린 영양생장 초기에는 근군이 널리 퍼지지 않아서 단근이 적고 또는 단근이 되더라도 뿌리의 재생력이 왕성하므로 피해가 적음. 작물이 생식생장에 접어들면 근군의 발달이 좋아 양·수분을 왕성하게 흡수하므로 중경으로 단근이 되면 피해가 큼
② 토양침식의 조장 : 중경을 하면 밭토양에서는 표층이 건조되어 바람이 심한 지역에서나 우기에 토양침식이 조장
③ 동상해의 조장 : 중경을 하면 지중의 온열이 지표로 상승되는 것이 억제되어 발아 중의 유식물이 저온이나 서리를 만나서 동상해를 받을 우려가 있음

12 멀칭(Mulching)

(1) 포장토양의 표면을 여러 가지 재료로 피복하는 것을 멀칭이라고 한다. 피복재료에는 비닐·플라스틱 필름·짚·건초 등이 있음

(2) 플라스틱 멀칭
① 투명플라스틱 : 지온상승·건조방지·비료유실 방지·토양유실 방지·시설재배 시 공기 습도 상승 방지·토양 수분 유지·근계발달촉진과 조기수확 및 증수
② 흑색필름 : 지온상승 효과는 떨어지나 잡초발생을 억제

(3) 작물이 멀칭한 필름 속에서 상당한 생육을 하였을 때는 흑색과 녹색필름은 작물생육에 유해하고 투명필름이 안전

13 개화의 결실

(1) 적화 및 적과

① **적화(摘花)** : 개화수가 너무 많은 때에 꽃망울이나 꽃을 솎아서 따주는 것으로, 과수에 있어서 조기에 적화하게 되면 과실의 발육이 좋고 비료도 낭비되지 않는다. 근래에는 식물호르몬으로 그 목적을 달성하고 있다.

② **적과(摘果)** : 착과수가 너무 많을 때 여분의 것을 어릴 때에 솎아 따주는 것으로, 적과를 하면 경엽의 발육이 양호해지고 남은 과실의 비대도 균일하여 품질이 좋은 과실이 생산된다.

(2) 착과제(着果劑)의 처리

① 착과제의 처리 목적은 수분 및 수정이 불확실할 때 단위 결과를 유지시키는 것이다.

② 대부분의 과실은 수정의 결과 이루어지는 종자의 형성과 더불어 발육하지만 때로는 수정이 되지 않고도 자방(子房)이 발육하여 과실을 형성하는 단위결과가 발생하기도 한다.

③ 씨가 없는 과실은 상품가치를 높일 수 있으며, 포도·수박 등에서는 단위결과를 유도하여 씨 없는 과실을 생산하고 있다. 포도에서 지베렐린 처리, 수박에서는 콜히친을 이용하여 3배체를 생산한다.

④ 토마토의 재배에는 착과제 토마토톤의 처리가 실용화되어 있으나 속이 비어 있는 공동과(空胴果)의 발생이 증가하는 폐단이 있다.

CHAPTER 04 적중예상문제

PART 03 재배원론

01 중경(中耕)의 효과가 아닌 것은?
① 토양 중으로 산소투입 효과
② 유해가스의 방출
③ 잡초 방제
④ 병충해 방제

해설
중 경
• 작물이 재배되고 있는 상태에서 작토층 토양의 표면을 긁어 주는 것
• 효과 : 발아조장, 잡초 방제, 토양 중 산소투입, 유해가스 방출

02 토양선충의 소독제는?
① Vapam
② EPN
③ 밧 사
④ PCNB

해설
② 사과잎말이나방, 배가루깍지벌레, 진딧물, 담배나방 방제
③ 페노뷰카브론 : 벼의 흰등멸구, 벼멸구 방제제
④ 토양살균제

03 윤작(輪作)의 원리에 알맞지 않은 것은?
① 주작물(主作物)은 지역사정에 따라서 다양하게 변하고 있다.
② 식량작물(食糧作物)이나 사료작물(飼料作物) 생산의 어느 한쪽에 치중한다.
③ 지력유지를 위하여 콩과작물이나 다비성작물(多肥性作物)이 반드시 포함된다.
④ 잡초의 경감을 위해서 중경작물(中耕作物)이나 피복작물(被服作物)이 포함된다.

해설
윤작의 원리
• 식량작물과 사료작물 생산이 병행된다.
• 지력유지 작물이 반드시 포함한다.
• 중경작물이나 피복작물이 포함한다(잡초 경감이 목적).
• 여름작물과 겨울작물 : 토지이용도를 높인다.
• 피복작물 : 토양보호를 위한 것이다.

04 다음 중 지베렐린의 설명이 아닌 것은?
① 포도의 무핵과 처리에 이용된다.
② 신장 촉진에 관계한다.
③ 벼의 키다리병균에서 발견하였다.
④ 사람과 가축에 독성이 있으므로 주의한다.

해설
④ 지베렐린은 사람과 가축에는 독성을 나타내지 않는다.

정답 1 ④ 2 ① 3 ② 4 ④

05 작물이나 과수에 순지르기의 영향이 아닌 것은?
① 생장을 억제시킨다.
② 측지(側枝)의 발생을 많게 한다.
③ 개화나 착과(着果) 수를 적게 한다.
④ 목화나 두류에서도 효과가 크다.

해설
순지르기 효과 : 측지발생 촉진, 개화, 착과·탈립 조장

06 연작의 피해가 비교적 적은 작물은?
① 감 자　　　② 고구마
③ 땅 콩　　　④ 토 란

해설
연작의 해가 적은 것
벼, 맥류, 조, 수수, 옥수수, 고구마, 대마(삼), 담배, 무, 당근, 양파, 호박, 연, 순무, 뽕나무, 아스파라거스, 토당귀, 미나리, 딸기, 양배추 등

07 콩 두 이랑에 옥수수 한 이랑씩 서로 건너도록 재배하는 방식에 해당되는 것은?
① 간 작　　　② 교호작
③ 혼 작　　　④ 주위작

해설
② 콩의 두 이랑에 옥수수 한 이랑씩 생육기간이 비등한 작물들을 서로 건너서 교호로 재배하는 방식이다.

08 다음 중 답전윤환의 효과는?
① 기지의 회피　② 잡초의 번무
③ 지력감퇴　　 ④ 수도수량의 저하

해설
① 답전윤환재배는 지력증강, 기지의 회피, 잡초의 감소, 벼의 수량증가, 노력절감의 효과가 있다.

09 산성토양에서 가장 강하면서 연작의 장해가 적은 작물은?
① 옥수수, 시금치　② 담배, 콩
③ 양파, 자운영　　④ 벼, 귀리

해설
벼, 보리, 옥수수, 양파는 연작의 해가 적은 작물에 포함된다.

10 비료 3요소인 질소, 인산, 칼륨의 흡수량 비율이 5 : 2 : 4 정도인 작물은 어느 것에 해당되는가?
① 벼　　　　② 콩
③ 고구마　　④ 감 자

해설
질소 : 인산 : 칼륨의 비율
• 벼 − 5 : 2 : 4
• 맥류 − 5 : 2 : 3
• 옥수수 − 4 : 2 : 3
• 고구마 − 4 : 1.5 : 5
• 감자 − 3 : 1 : 4

5 ③　6 ②　7 ②　8 ①　9 ④　10 ①

11 다음 중 내용이 다른 것은?

① 두 가지 이상의 작물종자 혼합하여 파종
② 화본과의 두과종자를 섞어 뿌려 목야지 조성
③ 합계수량이 많아야 의미가 있음
④ 재해에 대한 안정성 증대

해설
③ 혼작하는 것이 각각의 작물을 따로 재배하는 것보다 합계수량이 많아야 의미가 있다.
①·②·④는 혼파의 내용이다.

12 잡종강세가 현저하고 잡종 종자의 생산이 용이하여 1대 잡종을 주로 이용하는 작물은?

① 벼
② 보리
③ 밀
④ 옥수수

해설
④ 옥수수의 경우 잡종강세가 강하고 타가수정률이 높아 F_1대 자가채종 시 형질이 변해 지속적인 F_1종자를 사용해야 한다.

13 다음 중 기지현상의 발생이 크게 우려되는 작물은?

① 벼
② 보리
③ 담배
④ 수박

해설
기지는 연작을 할 때 작물의 생육이 뚜렷하게 나빠지는 현상으로 수박은 5~7년 휴작을 요하는 작물이다.

14 질소성분함량이 가장 많이 들어 있는 비료는?

① 황산암모니아
② 요소
③ 질산암모니아
④ 석회질소

해설
주요 비료의 질소성분
• 요소 : 46%
• 황산암모니아(유안) : 21%
• 질산암모니아(초안) : 35%
• 석회질소 : 20~22%

15 화성(化成)유도의 주요 요인이 아닌 것은?

① 영양조건
② 광조건
③ 온도조건
④ 습도조건

해설
① 영양조건 : C/N율
② 광조건 : 파이토크롬
③ 온도조건 : 버널리제이션

16 토양보호방법으로 옳지 않은 것은?

① 등고선 재배
② 합리적 작부체계
③ 초지 조성
④ 수직선 재배

해설
④ 수직선 재배의 경우 강우 시 빗물에 의한 유실이 많다.

정답 11 ③ 12 ④ 13 ④ 14 ② 15 ④ 16 ④

17 벼 재배에서 분얼촉진을 위한 비료 양분은?

① 질소(N)와 인산(P)
② 질소(N)와 칼륨(K)
③ 질소(N)와 철(Fe)
④ 질소(N)와 아연(Zn)

> **해설**
> ① 분얼촉진 비료 양분은 질소, 인산으로 인산의 경우 밑거름으로, 질소의 경우 밑거름 후 분얼기에 맞게 웃거름을 준다.

18 발아온도가 가장 낮은 것은?

① 오 이   ② 옥수수
③ 완 두   ④ 담 배

> **해설**
> ② 발아온도가 가장 낮은 것은 옥수수이다.

19 연작을 하면 작물의 생육이 뚜렷하게 나빠지는 일이 있는데 이것을 기지(忌地, Soil Sickness)라고 한다. 기지의 원인이 아닌 것은?

① 토양 비료분의 소모
② 토양 물리성의 악화
③ 잡초의 번성
④ 토양선충 피해의 감소

> **해설**
> ④ 동일 작물을 연작할 경우 토양선충 및 병해충의 밀도가 증가한다.

20 작물이 영양적 발육단계로부터 생식적 발육단계로 이행하는 데 가장 크게 관여하는 외적 요인은?

① 일장과 양분
② 온도와 수분
③ 온도와 일장
④ 온도와 양분

> **해설**
> ③ 개화에 관여하는 인자로는 온도와 일장이 가장 크게 관여한다.

21 벼 도복의 유발조건이 아닌 것은?

① 키가 크고, 대가 약한 품종
② 질소의 부족
③ 병해충 피해
④ 칼륨, 규산의 부족

> **해설**
> ② 질소가 부족할 경우 벼의 생장이 억제되므로 도복피해는 줄어들 수 있다.

22 식물의 거대형(Giant Form)은 어떤 경우에 생기는가?

① 장일성 식물을 장일하에 놓아둘 때
② 장일성 식물을 단일하에 놓아둘 때
③ 단일성 식물을 단일하에 놓아둘 때
④ 단일성 식물을 장일하에 놓아둘 때

> **해설**
> ④ 단일성 식물이 장일하에 놓일 경우 지속적인 영양생리 유지로 거대화된다.

정답 17 ① 18 ② 19 ④ 20 ③ 21 ② 22 ④

23 윤작효과에 적합하지 않은 것은?

① 토양보호
② 잡초의 증가
③ 지력의 유지 증진
④ 병해충의 경감

해설
윤작의 효과
- 지력의 유지증강 : 질소고정, 잔비량 증가, 토양구조 개선, 토양유기물 증대, 구비생산 증대, 비료 소모의 균형화 등
- 기지의 회피
- 잡초의 경감
- 수량증대
- 토지이용도의 향상
- 병충해 경감
- 노력분배의 합리화
- 토양보호
- 농업경영의 안정성 증대

24 맥류의 전면전층파 재배에 이롭지 못한 방법인 것은?

① 내도복성 품종의 선택
② 파종량의 감소
③ 시비량의 증대
④ 제초제의 이용

해설
② 맥류의 전면전층파의 경우 파종량이 많이 든다.

25 생리적 염기성 비료는?

① 황산칼륨
② 과인산석회
③ 염화칼륨
④ 용성인비

해설
④ 생리적 염기성 비료는 석회질소, 용성인비, 재, 칠레초석 등이다.

26 덩이줄기로 번식하는 작물은?

① 고구마
② 감 자
③ 생 강
④ 마 늘

해설
② 덩이줄기(괴경)는 식물의 땅 속에 있는 줄기 끝이 양분을 저장하여 크고 뚱뚱해진 땅 속 줄기를 말하며, 대표적인 작물은 감자이다.

27 제초제를 사용할 때의 주의점 중 적절하지 않은 것은?

① 제초제의 선택과 사용시기 및 사용농도를 적절히 한다.
② 파종 후 처리의 경우 복토를 다소 깊고 균일하게 한다.
③ 인축에는 해가 없으므로 취급상 주의가 필요치 않다.
④ 제초제에 대한 저항성 품종의 육성이 고려되어야 한다.

해설
③ 제초제의 경우 인축에 대한 해가 커 취급상 주의해야 한다.

28 윤작의 효과와 관계가 적은 것은?

① 지력의 유지증강
② 병충해 및 잡초의 경감
③ 휴한농법(休閑農法)의 효과
④ 작물의 수량증가

해설
삼포식 농법은 전체의 1/3을 휴한하며 경작하는 것이므로 윤작과는 관계가 적다.

정답 23 ② 24 ② 25 ④ 26 ② 27 ③ 28 ③

29 병충해의 경종적 방제에 장해가 되는 조건은?

① 저항성 품종의 선택
② 윤 작
③ 연 작
④ 생육기의 조절

해설
③ 연작의 경우 토양전염성 병해의 증가, 기지현상으로 병충해가 증가한다.

30 단일성 식물에 해당되는 것은?

① 시금치, 보리
② 벼, 토마토
③ 고추, 딸기
④ 코스모스, 나팔꽃

해설
단일식물 : 벼의 만생종, 국화, 콩, 들깨, 샐비어, 코스모스, 담배, 도꼬마리, 목화, 벼, 나팔꽃

31 종자 휴면의 원인이 아닌 것은?

① 발아촉진물질의 분비
② 종피가 단단한 종자
③ 종피의 산소흡수의 저해
④ 배의 미숙

해설
휴면의 원인
• 배의 미숙
• 저장물질의 미숙
• 생장소의 부족 : 땅콩
• 발아억제물질 : 블라스토콜린(발아억제물질의 총칭)
• 종피의 불투수성 : 경실종자의 휴면의 주된 원인
• 종피의 불투기성 : 귀리, 보리 등의 종자에서는 종피로 인해 산소흡수가 저해되고 이산화탄소가 축적돼 발아하지 못한다.
• 종피의 기계적 저항 : 잡초종자에서 흔히 나타난다.

32 다음 중 질소, 인산 및 칼륨, 즉 3요소의 흡수비율에 있어서 칼륨의 흡수율이 가장 높은 작물은?

① 보 리
② 옥수수
③ 콩
④ 감 자

해설
질소 : 인산 : 칼륨의 비율
• 벼 − 5 : 2 : 4
• 맥류 − 5 : 2 : 3
• 옥수수 − 4 : 2 : 3
• 고구마 − 4 : 1.5 : 5
• 감자 − 3 : 1 : 4

33 엽면시비의 장점이 아닌 것은?

① 미량요소의 공급
② 급속한 영양회복
③ 비료분의 유실방지
④ 개화촉진

해설
④ 엽면시비에 의한 개화촉진효과는 없다.

34 고구마를 인위적으로 개화시키려고 할 경우 가장 알맞은 것은?

① 접목 후 단일처리한다.
② 접목 후 장일처리한다.
③ 휴면타파 후 단일처리한다.
④ 휴면타파 후 장일처리한다.

해설
① 고구마를 인위적으로 개화시키고자 할 때는 접목처리 후 단일처리한다.

35 종자의 저장법으로 가장 부적당한 것은?
① 고온저장 ② 저온저장
③ 건조저장 ④ 밀폐저장

해설
① 고온저장의 경우 종자 호흡량이 증가해 종자의 수명이 짧아진다.

36 작물의 수량을 가장 많이 낼 수 있는 3대 조건은?
① 자본, 환경, 유전성
② 유전성, 재배기술, 노력
③ 유전성, 환경, 재배기술
④ 자본, 환경, 노력

해설
③ 작물의 수량을 늘릴 때는 유전성, 환경, 재배기술의 적절한 관리가 필요하다.

37 연작의 해가 가장 적은 작물은?
① 미나리 ② 수 박
③ 토마토 ④ 인 삼

해설
연작의 해가 적은 작물 : 벼, 맥류, 조, 수수, 옥수수, 고구마, 대마(삼), 담배, 무, 당근, 양파, 호박, 연, 순무, 뽕나무, 아스파라거스, 토당귀, 미나리, 딸기, 양배추 등

38 장일식물을 설명한 것으로 옳은 것은?
① 최적일장의 주체가 단일측에 있다.
② 장일상태하에서 개화가 억제된다.
③ 유도일장의 주체가 단일측에 있다.
④ 한계일장이 보통 단일측에 있다.

해설
④ 장일식물에서는 연속암기가 있어야만 단일효과가 나타나며 한계일장이 보통 단일측에 있다. 장일식물은 최적일장과 유도일장이 장일측에 있고 한계일장이 단일측에 있어 장일하에서 개화가 유도된다.

39 생육시기가 비슷한 두 종류 이상의 작물을 동시에 같은 포장에 섞어서 재배하는 작부방식을 무엇이라 하는가?
① 간 작 ② 교호작
③ 자유작 ④ 혼 작

해설
혼작을 할 때는 주로 목초류, 콩 + 수수 또는 옥수수, 콩 + 들깨, 쑥갓 + 상추를 섞어서 재배한다.

40 감자의 휴면타파에 가장 유효한 것은?
① MH-30 ② IAA
③ Gibberellin ④ 2,4-D

해설
③ 감자는 2ppm 정도의 지베렐린 수용액에 30~60분간 침지하는 것으로 휴면타파를 실시한다.

정답 35 ① 36 ③ 37 ① 38 ④ 39 ④ 40 ③

41 접목의 이점이 아닌 것은?

① 품질을 향상시킨다.
② 수세를 조절한다.
③ 품종 개량에 이용한다.
④ 병충해 저항성을 증대시킨다.

해설
③ 접목은 직접적으로 품종효과는 없으나 육종상 이용되기도 한다.

43 다음 중 연작 시 작물과 토양전염의 병해와의 짝이 잘못된 것은?

① 인삼 - 뿌리썩음병
② 수박 - 덩굴쪼김병
③ 호박 - 탄저병
④ 가지 - 풋마름병

해설
토양전염의 병해
아마(잘록병), 토마토(풋마름병), 사탕무(갈색무늬병), 인삼(뿌리썩음병), 강낭콩(탄저병), 수박(덩굴쪼김병), 완두(잘록병), 백합(잘록병), 목화(잘록병), 가지(풋마름병) 등이 있다.

44 좌지현상(Hivernalization)을 볼 수 있는 경우는?

① 봄보리를 가을에 파종
② 봄보리를 봄에 파종
③ 가을보리를 가을에 파종
④ 가을보리를 봄에 파종

해설
④ 가을보리를 봄에 파종하면 버널리제이션이 이뤄지지 않아 영양생장에서 생식생장으로의 화성변화가 나타나지 못한다.

42 연작의 해가 가장 심한 작물로 짝지어진 것은?

① 고구마, 옥수수, 조
② 가지, 고추, 완두
③ 시금치, 양배추, 미나리
④ 콩, 강낭콩, 담배

해설
- 1년 휴작을 요하는 작물 : 쪽파, 시금치, 콩, 파, 생강
- 2년 휴작을 요하는 작물 : 마, 감자, 잠두, 오이, 땅콩
- 3년 휴작을 요하는 작물 : 쑥갓, 토란, 참외, 강낭콩
- 5~7년 휴작을 요하는 작물 : 수박, 고추, 토마토, 우엉, 가지, 완두, 사탕무, 레드클로버
- 10년 이상 휴작을 요하는 작물 : 아마, 인삼

45 감자, 양파의 경우 발아를 억제시키는 방법으로 가장 옳은 것은?

① 습도 조절　② 온도 조절
③ 광선 조절　④ 산소 조절

해설
② 저온저장이 일반적이며, 감자의 괴경은 0~4℃, 양파는 1℃ 내외로 저장한다.

46 연작 장해가 가장 큰 작물은?
① 옥수수　② 고구마
③ 호 박　④ 아 마

해설
④ 아마, 인삼 등은 10년 이상 휴작을 요하는 작물이다.

47 고랭지에서 주로 종묘를 생산하는 작물은?
① 감 자　② 고구마
③ 밀　④ 호 박

해설
① 감자는 바이러스에 의한 종자의 퇴화방지를 위해 고랭지 감자를 이용한다.

48 병충해 방제에 있어서 경종적 방제법이 아닌 것은?
① 품종의 선택
② 윤 작
③ 생육기의 조절
④ 나방 등의 유살

해설
④ 나방 등의 유살은 물리적 방제법에 해당한다.

49 윤작을 하면 어떤 병을 방제할 수 있는가?
① 종자전염성병
② 토양전염성병
③ 공기전염성병
④ 접촉전염성병

해설
② 윤작을 하면 토양전염성병의 병원균 밀도를 줄인다.

50 벼 재배에서 이삭거름의 시용적기는?
① 유효분얼기　② 유수형성기
③ 감수분열기　④ 출수개화기

해설
유수형성기
- 줄기 안에서 이삭이 형성되는 시기
- 유수분화기 후 약 7~10일에 영화의 분화가 이루어지고 이삭이 3~5cm 정도 자라서 꽃밥 속에 생식 세포가 나타나는 시기

51 저장 중 작물의 종자가 발아력을 상실하는 가장 큰 원인은?
① 원형질 단백질의 응고
② 효소의 활력 저하
③ 저장양분의 소모
④ 저장 중 종자에 유독물질의 생성

해설
① 원형질 단백질이 응고되면 종자가 수분을 흡수하더라도 다른 작용이 이뤄지지 못한다.

정답　46 ④　47 ①　48 ④　49 ②　50 ②　51 ①

52 멀칭(Mulching)의 효과로 알맞은 것은?

① 생육촉진
② 비료절감
③ 풍해방지
④ 낙과방지

해설
① 멀칭을 하게 되면 지온상승에 의해 생육이 촉진된다.

53 접목의 이점이 아닌 것은?

① 결과촉진
② 수세조절
③ 병충해저항성 증대
④ 비료절약

해설
④ 접목을 하면 수세의 조절, 풍토적응성 증대, 병충해저항성 증대, 결과의 촉진, 품질의 향상, 수세의 회복 등을 기대할 수 있다.

54 다음 중 괴경으로 번식을 하는 것은?

① 감자, 토란, 뚱딴지
② 달리아, 고구마, 마
③ 백합, 마늘, 부추
④ 생강, 박하, 호프

해설
① 감자, 토란, 뚱딴지(돼지감자)는 괴경(덩이줄기)로 번식한다.

55 종자 파종 시에 복토를 가장 깊게 해야 하는 작물은?

① 소립채소류
② 콩
③ 감자
④ 튤립

해설
④ 복토 때 가장 중요한 것은 파종의 깊이이며, 춥거나 더울 때에는 약간 깊게 복토를 한다. 튤립은 내한성 구근초로 가을에 심는다.

56 묘대일수감응도를 잘 나타낸 것은?

① 감온형은 낮고, 감광형, 기본 영양 생장형은 높다.
② 감온형은 높고, 감광형, 기본 영양 생장형은 낮다.
③ 감온형, 감광형은 높고, 기본 영양 생장형은 낮다.
④ 감온형, 감광형은 낮고, 기본 영양 생장형은 높다.

해설
감온성
- 생육적온에 도달할 때까지는 생육온도가 높을수록 출수 개화가 촉진된다.
- 감온형은 묘대일수감응도가 높고, 감광형・기본 영양 생장형은 낮다.
- 묘대감응일수 : 낮은 품종이 안전하다.

57 다음 우리나라 주요 작물의 기상생태형 중 감온형이 아닌 것은?
① 올 벼   ② 그루조
③ 올 콩   ④ 여름메밀

해설
감온형 작물 : 조생종, 올콩, 여름메밀 → 주로 조생종

58 작물의 도복대책이 아닌 것은?
① 단간형 품종을 재배한다.
② 생육전기에 배토를 한다.
③ 재식밀도를 높이고, 질소 비료를 증시한다.
④ 규산질 비료를 사용한다.

해설
③ 재식밀도를 줄여 수광량을 좋게 하고 질소 비료를 줄여야 한다.

59 종자량이 가장 많이 드는 파종 양식은?
① 조 파   ② 점 파
③ 산 파   ④ 적 파

해설
파종양식
• 산파 : 노력이 적게 드나 종자량이 많이 든다.
• 조파 : 줄지어 뿌린다.
  예 맥류
• 점파 : 두류, 감자
• 적파 : 한 곳에 여러 개 종자를 뿌린다.
  예 목초, 맥류, 깨

60 벼의 추락현상이 발생할 때 벼뿌리를 상하게 하는 주된 물질은?
① 황화수소   ② 탄산가스
③ 불화수소   ④ 메탄가스

해설
① 벼의 추락현상은 벼의 영양생장기에는 건전하게 생장하던 것이 생식생장기에 하엽부터 말라들고 깨씨무늬병이 만연하여 추해지고 수량이 적어지는 현상이다. 이는 고온기 유기물 분해로 황화수소(H_2S)가 발생하여 벼뿌리가 상해 양분흡수가 저해되기 때문이다.

61 작물의 수발아 방지를 위해서 발아억제제의 최적살포시기는?
① 출수 후 10일
② 출수 후 20일
③ 출수 후 30일
④ 출수 후 40일

해설
② 출수 후 20일경 발아억제제의 효과가 크다.

62 다음 중 연작의 해가 가장 적은 작물은?
① 수 박   ② 벼
③ 가 지   ④ 인 삼

해설
② 벼는 담수재배로 인해 연작의 해가 적다.

정답 57 ② 58 ③ 59 ③ 60 ① 61 ② 62 ②

63 장명종자(長命種子)에 속하는 것은?
① 녹두, 오이 ② 메밀, 고추
③ 벼, 완두   ④ 쌀보리, 목화

해설
장명종자(5년 이상) : 비트, 토마토, 가지, 수박, 클로버, 사탕무, 나팔꽃

64 버널리제이션에 관여하는 요인이 가장 큰 것은?
① 온도   ② 산소
③ 강우   ④ 토양

해설
춘화처리(버널리제이션)은 생육의 일정 시기(주로 초기)에 일정 기간 인위적인 저온을 주어서 화성을 유도·촉진하는 것을 의미한다.

65 벼 품종의 특성을 가장 바르게 설명한 것은?
① 묘대일수감응도가 높은 것이 만식적응성이 크다.
② 조기재배의 경우에는 만생종이 알맞다.
③ 개량품종은 수확지수가 작다.
④ 우리나라 만생종은 감광성이 크다.

해설
④ 벼의 만생종은 감광성이 뚜렷하다.

66 다음 중 전형적인 장일식물은?
① 벼   ② 콩
③ 시금치   ④ 고구마

해설
장일식물 : 시금치, 맥류(봄보리), 양파, 상추, 감자, 아주까리, 티머시, 양귀비

67 벼 재배에서 도복의 위험성이 가장 큰 것은?
① 담수표면 직파재배
② 건답 직파재배
③ 기계이앙재배
④ 손이앙재배

해설
담수표면 직파재배는 산소 부족에 의한 싹이 먼저 나오는 이상발아 현상으로 모가 약해질 위험성이 높다.

68 다음 중 영양번식을 주로 하는 작물은?
① 고구마   ② 옥수수
③ 밀   ④ 대마

해설
① 영양번식은 고구마, 마늘 등 종자번식이 어려울 때 이용된다.

69 우리나라의 윤작(輪作) 방식의 특징을 가장 잘 나타낸 것은?
① 장기적인 윤작체계이다.
② 토지의 이용도가 극히 높다.
③ 곡물의 생산이 극히 적다.
④ 병충해의 발생이 많아진다.

해설
② 윤작으로 인해 토지의 이용도가 높아진다. → 여름 벼, 가을~봄 : 동작물 재배

70 땅속줄기(지하경, 地下莖)를 종묘로 허용하는 작물은?
① 토 란   ② 마 늘
③ 생 강   ④ 감 자

해설
• 땅속줄기 : 생강, 연, 박하, 호프 등
• 덩이줄기 : 감자, 토란, 돼지감자 등

71 발아에 광선이 필요하지 않은 작물은?
① 상 추   ② 금어초
③ 담 배   ④ 호 박

해설
④ 암발아 : 파, 양파, 가지, 수박, 호박, 수세미, 오이

72 답전윤환의 효과로 틀린 것은?
① 지력증강
② 기지의 회피
③ 병충해 증가
④ 잡초의 감소

해설
③ 답전윤환으로 인해 토양전염성 병해충의 밀도가 낮아져 병충해가 감소한다.

73 다음 중 호광성 종자는?
① 가 지   ② 오 이
③ 상 추   ④ 토마토

해설
광발아 : 담배, 상추, 뽕나무, 차조기, 우엉

74 다음 비료의 종류 중 토양의 산성화(酸性化)와 가장 관련이 적은 것은?
① 황산암모니아
② 염화칼륨
③ 요 소
④ 황산칼륨

해설
③ 요소는 화학적·생리적 중성비료이다.

정답 69 ② 70 ③ 71 ④ 72 ③ 73 ③ 74 ③

75 영양번식법 중 휘묻이에 해당되지 않는 것은?

① 선취법
② 파상취법
③ 당목취법
④ 고취법

해설
④ 고취법은 가지나 줄기를 땅 속에 묻을 수 없는 경우에 높은 곳에서 발근시키는 방법이다.

76 작물의 온도계수를 가리키는 것은?

① pH
② Q_{10}
③ pF
④ Eh

해설
② 온도계수(Q_{10})란 온도가 10℃ 상승하는 데 따르는 이화학적 반응이나 생리작용의 증가배수이다.

PART 03 재배원론

CHAPTER 05 작물의 유전성

1 품종의 개념

(1) 종·품종 및 계통
① 종
  ㉠ 식물 분류의 기본단위 : 같은 유전질을 나타내는 개체군의 포괄집단
  ㉡ 종의 표시법 : 속명 + 종명 + 명명자
② 품종 : 형태 및 성질의 차이에 따라 세분된 단위
  ㉠ 유전형질이 균일한 영속적인 개체들의 집단
  ㉡ 작물 : 생산물이용, 재배, 경영 특성으로 구별, 품종으로 되기 위해 자식작물에서 균일성이 영속적으로 되도록 유전적으로 순수하게 고정되어야 함
③ 계통 : 혼형, 혼계의 집단에서 유전형질이 서로 같은 집단을 다시 가려낸 것

(2) 우량품종의 구비조건 [기출]
① 균일성 : 품종 안의 모든 개체들의 특성이 균일해야 함
② 우수성 : 재배적 특성이 다른 품종들보다 우수해야 함
③ 영속성 : 균일하고 우수한 특성이 대대로 변하지 않고 유지되어야 함
④ 지역성 : 균일하고 우수한 특성의 발현, 적응 정도가 넓은 지역에 걸쳐 나타나야 함

2 육종의 기초

(1) 형질과 변이
① 형질 : 생물의 특성이 되는 형태적·생리적 요소
  ㉠ 질적 형질 : 색깔의 변화와 같이 확실히 구별할 수 있는 형질, 표현력이 큰 소수의 주동유전자에 의해 지배
  ㉡ 양적 형질 : 초장, 간장, 수량과 같은 개체간의 변화가 연속적이어서 계량, 계측할 수 있는 형질, 표현력이 작은 미동유전자에 의해 지배, 환경에 의한 표현정도가 변화하기 쉬움

② 변 이
  ㉠ 유전변이 : 돌연변이, 교잡변이, 유전자적 변이 → 불연속변이, 대립변이, 일반변이
  ㉡ 환경변이 : 장소변이, 유도변이, 일시적 변이 → 연속변이, 방황변이, 개체변이
③ 변이의 식별
  ㉠ 후대검정 : 변이를 나타낸 개체들의 종자를 심어 그 후대의 형질을 관찰, 측정함으로써 변이의 유전성 여부를 판별하는 방법
  ㉡ 특성검정 : 형질이 발현되는데 적합한 환경, 즉 이상환경을 만들어주고 여기에서 발현되는 변이로 그 정도를 검정하는 방법
  ㉢ 변이의 상관 : 식별하기 힘든 변이가 식별하기 쉬운 변이와 높은 상관이 있을 때 식별하기 쉬운 변이를 측정함으로써 식별하기 힘든 변이를 판단

(2) 품종명
① 재래종 : 유래지, 발견자, 특유한 특성에 따라 명명
② 도입종 : 도입원명 사용
③ 육성종 : 육성기관
  ㉠ 수원번호 : 수원 작물시험장에서 육성된 것
  ㉡ 농림번호 : 일본 농림성 산하 연구기관에서 육성
  ㉢ IR번호 : 국제미작연구소(IRRI)에서 육성

(3) 품종의 특성
① 품종에 속하는 개체들이 지닌 모든 형태적 · 생리적 · 생태적 형질
② 간장(키), 초형, 망(까락) 조만성(생육기간의 장단), 저온발아성, 묘대일수감응도, 탈립성, 내충성, 내병성, 내비성, 내도복성, 내냉성, 내습성, 내건성, 내동성, 내염성, 추락저항성, 저장성, 광지역성, 품질

(4) 우량품종
① 우량품종의 정의 : 품종 중에서 재배적 특성이 우수한 것
② 우량품종의 조건
  ㉠ 균일성 : 품종의 특성이 균일
  ㉡ 우수성 : 품종의 재배적 특성이 우수하여야 함
  ㉢ 영속성 : 특성이 대대로 유지
  ㉣ 지역성 : 광지역성

3 생식과 유전

(1) 생식의 종류

① 유성생식 : 암수 양성의 생식세포, 즉 배우자를 형성해서 생식함, 수정을 통하여 배우자가 정상적으로 접합자를 형성 → ♂(n) + ♀(n) = 2n

㉠ 자가수정작물
- 곡류 : 벼, 밀, 보리, 귀리, 조, 수수(자웅동주)
- 콩류 : 대두, 땅콩, 완두, 강낭콩, 팥
- 과수 : 복숭아, 포도, 살구, 감귤
- 채소 : 토마토, 가지, 피망, 갓
- 기타 : 담배, 아마, 참깨, 목화, 서양유채

㉡ 타가수정작물
- 자웅이주 : 시금치, 삼, 호프, 아스파라거스, 파파야, 은행
- 자웅동주이면서 꽃이 따로 피고(이화), 수꽃이 먼저 큼(웅성선숙) : 옥수수, 감, 딸기, 밤, 호두, 포도(일부), 오이, 수박 등
- 양성화, 웅성선숙 : 양파, 마늘, 셀러리, 치자
- 양성화, 자가불화합성 : 호밀, 화본과 및 두과의 다년생 목초류, 양배추, 배추, 무, 뽕나무, 차, 메밀, 고구마, 사과, 일본배, 서양배

② 무성생식 : 난세포 이외의 반족세포나 조세포의 핵이 발달해 배를 형성

㉠ 단성생식(처녀생식) : 웅성배우자를 받지 않은 난세포가 단독으로 발육
㉡ 무핵란생식 : 핵을 잃은 난세포의 세포질 속으로 웅핵이 들어가 이것이 단독으로 발육해 배가 됨
㉢ 단위생식 : 본래 유성생식하는 식물이 생식핵의 융합(수정)없이 접합체를 형성

> **참고** 단위생식(Apomixis, 아포믹시스)

㉣ 위수정 : 이종화분의 자극을 받아 난세포의 발육이 촉진되고 배가 형성돼 마치 수정을 한 것과 같은 현상을 나타내는 경우
㉤ 주심배생식 : 체세포에 속하는 주심세포가 직접 배낭 속으로 침입하여 부정아적으로 주심배를 형성

(2) 체세포분열과 감수분열

① 체세포분열 : 2n → 2n
② 감수분열 : 제1분열에서는 감수분열(2n → n), 제2분열에서는 동형분열

③ 감수분열의 과정
　㉠ 제1감수분열 전기의 과정
　　• 세사기 : 염색사 출현
　　• 대합기 : 상동염색체 대합하여 2가염색체를 형성하는 시기
　　• 태사기 : 대합한 상동염색체가 동원체를 중심으로 세로로 갈라져 염색체가 4중 구조를 보이는 시기로 4분염색체가 형성
　　• 이중기(복사기) : 4개의 염색분체가 2개씩 서로 분리하는 시기
　　　- 키아스마(염색체가 서로 꼬여 십자형 구조가 됨)
　　　- 교차, 조환이 일어남
　　• 이동기 : 염색체가 더욱 굵고 짧아져 키아스마가 풀리는 시기, 2가 염색체는 적도판을 향해 이동
　㉡ 제1감수분열 중기 : 2가염색체가 핵판에 늘어서고 핵막과 인이 사라지고 방추사가 생김
　㉢ 제1감수분열 후기
　　• 2가 염색체를 형성한 상동염색체의 각 동원체는 분리돼 각기 2개씩의 염색분체를 가진 채 서로 다른 극으로 이동
　　• 양쪽 극에는 한 세트씩(n)이 모임
　㉣ 제1감수분열 말기 : 2개의 난핵이 형성
　㉤ 제2성숙분열(동형분열) : n → n
　　• 중기 : 2개의 염색분체로 된 염색체가 핵판에 늘어섬
　　• 후기 : 1개씩 양극으로 분리
　　• 말기 : 낭핵형성

(3) 수분·수정 및 결실
① 수분 : 꽃가루(화분)가 암술머리(주두)에 붙는 현상
② 수정(중복수정) **기출**
　㉠ ♂ 제1웅핵(n) + ♀ 난핵(n) → 배(2n)
　㉡ ♂ 제2웅핵(n) + ♀ 극핵(2n) → 배유(3n)

(4) 생식세포의 발달과정
① 배낭의 형성(♀)
　㉠ 감수분열 후 4개의 n중 3개는 소멸
　㉡ 남은 하나의 n이 제1핵분열 → 제2핵분열 → 제3핵분열
　㉢ n → 2n → 4n → 8n
　㉣ 난핵(n) → 극핵(2n) → 조세포(n) → 반족세포(3n)

② 꽃가루의 형성(♂)
　　㉠ 감수분열 후 4개의 n 모두가 핵분열
　　㉡ n이 제1핵분열 → 제2핵분열
　　㉢ n → n → 2n
　　㉣ 웅핵(n) → 화분관핵(n)

(5) 불임성의 원인

① 불임성 : 수분을 하여도 수정·결실하지 못하는 현상
② 불화합성 : 생식기관이 건전한 것끼리 근연간의 수분을 할 때 수정·결실하지 못하는 경우
③ 불임성의 주요 원인 **기출**
　　㉠ 자성기관의 이상 : 형태적 이상, 배낭의 발육부진
　　㉡ 웅성기관의 이상 : 수술퇴화, 꽃가루의 발육부진
　　　• 웅성불임의 이용 : 교잡 시 제웅이 필요치 않음
　　　• 일대잡종 종자를 만들 경우 : 옥수수, 양파, 수수 등
　　㉢ 자가불화합성
　　　• 양성화나 자웅동주의 단성화에서 자가수분 시 불화합성
　　　• 십자화과 채소(배추, 무), 고구마, 감자, 목초, 과수 등
④ 자가불화합성의 기구
　　㉠ 꽃가루가 암술머리에서 발아하지 못함
　　㉡ 발아해도 암술머리조직 내로 침입하지 못함
　　㉢ 침입해도 꽃가루관의 신장이 불완전
⑤ 자가불화합성의 생리적 원인
　　㉠ 꽃가루의 발아·신장을 억제하는 억제물질의 존재
　　㉡ 꽃가루관의 신장에 필요한 물질의 결여
　　㉢ 꽃가루관의 호흡에 필요한 호흡기질의 결여
　　㉣ 꽃가루와 암술머리조직 사이의 삼투압의 차이
　　㉤ 꽃가루와 암술머리조직의 단백질 간의 불친화성
⑥ 자가불화합성의 유전적 원인
　　㉠ 치사유전자
　　㉡ 염색체의 수적·구조적 이상
　　㉢ 이반유전자나 복대립유전자 등 자가불화합성을 유기하는 유전자
　　㉣ 자가불화합성을 유기하는 세포질
⑦ 이형예불화합성 : 장주화×장주화, 단주화×단주화는 불화합성을 보임
⑧ 교잡불화합성 : 종속간 또는 품종간 교잡에서 보이는 불화합성

⑨ **자웅이숙** : 암술과 수술의 성숙하는 시기 차이로 인한 불임성
  ㉠ 웅예선숙 : 양파, 사탕무, 도라지, 복숭아, 국화류
  ㉡ 자예선숙 : 십자화과 식물, 목련, 질경이

(6) 멘델의 법칙
① **우열의 법칙** : 우성·열성 대립유전자가 함께 모여 있을 경우 우성형질만 발현됨
② **분리의 법칙** : F_1에서는 우성형질만이 발현되나 F_2에서는 우성, 열성형질이 일정비율(3 : 1)로 발현됨
③ **독립의 법칙** : 두 쌍의 대립형질이 유전분리함에 있어서 서로 독립적이고 아무 연관이 없는 원리로, F_2의 분리비 = 9 : 3 : 3 : 1
④ **순수의 법칙** : 유전자의 순수성이 유지되는 원리

(7) 멘델법칙의 예외
① 대립유전자 내에서 작용할 경우
  ㉠ 불완전우성 : F_1세대가 양친의 중간적 형질을 나타냄(1 : 2 : 1) → Rr이 분홍색
  ㉡ 부분우성(모자이크우성) : 양친의 대립형질 사이에 우열의 관계가 일정치 않아 F_1세대에서 양친의 형질이 부분적으로 나타남
  ㉢ 우열전환 : 시기에 따라서 우성과 열성 형질이 뒤바뀌어 나타남 → 고추 꼬투리
  ㉣ 격세유전 : 계통 내에서 먼 조상의 형질이 여러 세대에 걸쳐 다시 나타나는 것, 조상의 형질이 먼 후대의 자손에 우연히 나타나는 것
② 비대립 유전자 사이에서 상호작용
  ㉠ 보족유전자 : 두종의 유전자가 작용해서 전혀 다른 새로운 형질을 발현
  ㉡ 동의유전자 : 하나의 형질발현에 대해 같은 방향으로 작용하는 우성유전자가 2개 이상 관여
   • 중복유전자 : 누적적 효과가 없는 경우
   • 복수유전자 : 누적적 효과가 있는 경우
  ㉢ 억제유전자 : 독자적인 형질발현없이 다른 우성유전자의 형질발현을 억제
  ㉣ 피복유전자 : 각각 독자적인 형질의 발현 능력이 있는 2쌍의 유전자 중에서 한쪽이 다른 한쪽보다 작용이 강해 다른 쪽 유전자의 형질발현을 억제
   • 피복유전자 : 우성유전자 간에 상위에 있는 유전자
   • 조건유전자 : 열성유전자가 상위성이 있을 때
  ㉤ 변경유전자 : 그 자신은 단독으로 형질발현에 아무런 작용을 하지 못하지만 주동유전자와 공존할 때에는 조건유전자로 취급

③ 기타 특수유전자의 작용 : 어떤 유전자가 호모상태로 존재할 때 그 배우자나 개체를 죽게 하는 치사유전자
예 생쥐의 털색

(8) 양적 형질과 폴리진

① 양적 형질
  ㉠ 길이·무게·크기 등과 같은 그 형질의 정도를 계량·계측할 수 있는 형질
  ㉡ 재배상 중요한 형질이 됨
  ㉢ 양적 형질의 유전적 분리는 연속변이의 형태로 나타나는 것이 많음
② 폴리진
  ㉠ 작용방향과 지배능이 같고 상가적으로 작용하되 개개의 작용력이 환경변이보다는 약한 여러 개의 소유전자들
  ㉡ 전형적인 연속변이는 폴리진계에 의하여 표시되는 경우가 많음

(9) 크세니아(Xenia)와 메타크세니아(Metaxenia) 기출

① 크세니아
  ㉠ 모체의 일부분인 배유에 정핵의 영향이 당대에 나타나는 현상, 크세니아의 형질은 다음 대로 유전이 되지 않음
  ㉡ 메벼(♂, SS) × 찰벼(♀, ss)
② 메타크세니아 : 정핵이 직접 관여하지 않는 모체의 일부분에 꽃가루의 영향이 직접 나타나는 현상
  ㉠ 단감 꽃 × 떫은 감 꽃가루 : 단맛 감소
  ㉡ 과형이나 과육의 꽃가루의 영향이 직접 나타남
  ㉢ 과일의 맛, 색깔, 크기, 모양 등에 직접 나타남 : 감, 배, 사과 등

(10) 비멘델식 유전(세포질유전)

① 세포질이 대립유전질로서 작용
② 색소체유전 : 세포질의 색소체가 유전질로서 작용(색소체는 모성유전)
③ 세포질이 핵유전자와 공동작용 : 양파의 웅성불임

유전자	세포질	형질발현
• ms : 웅성불임유전자(열성) • MS : 정상유전자(우성)	• S : 웅성불임세포질 • N : 정상세포질	• 웅성불임 : Smsms • 정상임성 : SMsMs, SMsms, NMsMs, NMsms, Nmsms

(11) 연관, 교차, 교차율(조환가)

① 연관 : 대립유전자들이 동일한 상동염색체에 실려 있어 같이 행동하는 것
② 교차 : 연관되어 있는 유전자 사이에 감수분열할 때 상동염색체간 염색체의 부분적 교환이 일어나 새로운 연관군이 형성되는 것
③ 교차의 원인
  ㉠ 제1감수분열 전기의 복사기에 양극으로 분리 시 교차 발생
  ㉡ 교차율(조환가) : 연관된 두 유전자 사이에 교차가 일어나는 정도

$$교차율(조환가)(\%) = \frac{교차형\ 배우자의\ 수}{전체\ 배우자의\ 수} \times 100$$

  ㉢ 상인 : 우성유전자는 우성유전자끼리, 열성유전자는 열성유전자끼리 연관
  ㉣ 상반 : 우성유전자와 열성유전자가 연관

> **참고** 상인의 경우 n^2, 상반인 경우 $(n^2 + 2n)$을 이용하여 교차형 n을 추정

(12) 변 이

① 개체변이 : 체세포에 생긴 개체차이, 유전이 안 됨
② 돌연변이 : 생식세포에 생긴 변이, 유전
  ㉠ 유전자돌연변이 : DNA 염기서열의 변화
  ㉡ 염색체변이 : 염색체 부분 이상, 염색체 수적 이상

(13) 염색체변이

① 염색체의 구조적 변이
  ㉠ 절단 : 절단에 의해 마치 염색체수가 증가한 것처럼 보임
  ㉡ 결실 : 염색체의 일부단편이 세포 밖으로 망실되는 경우를 말함
  ㉢ 삭제 : 염색체의 중앙부에 결실이 생김
  ㉣ 중복 : 염색체의 일부단편이 정상보다 더 많아지게 됨
  ㉤ 전좌 : 염색체의 일부단편이 비상동염색체로 자리를 옮김
    • 단순전좌 : 1개의 단편만 전좌하는 것
    • 상호전좌 : 비상동염색체 간에 서로 일부를 교환
  ㉥ 역위 : 유전자의 배열이 도중에서 반대로 된 것
② 염색체의 수적 이상
  ㉠ 게놈 : 어떤 생물종이 생존하는 데 필수불가결한 최소수의 염색체 1군

ⓒ 이수성 : 기본 염색체 중에서 염색체수가 +1, +2, -1, -2 등으로 증감된 것
　　예 다운증후군, 터너증후군
ⓒ 이수성의 원인 : 감수분열에서 상동염색체가 양극분리 대신 한쪽 극으로 몰릴 경우
ⓔ 배수성 : 기본염색체 수가 배수로 되는 것, 배수성이 있기 때문에 게놈분석이 가능
　　예 2배체, 3배체(씨 없는 수박), 4배체

(14) 혼정잡종과 영양잡종

① 혼정잡종 : 두 종류 이상의 정핵이 동시에 수정이나 배의 발육에 관여해 종래와는 다른 특이한 유전현상
② 키메라와 영양잡종
　ⓐ 영양잡종 : 서로 다른 종류의 영양체를 결합시킬 때 상호간에 유전적 영향을 미치는 것
　ⓑ 키메라 : 한 식물에 두 종류의 조직이 혼합되어 있는 것
　　• 구분키메라 : 두 종류의 조직이 외관상으로 잘 구분
　　• 주연키메라 : 한 종류의 조직이 다른 종류의 조직을 완전히 둘러싸서 외관상으로 두 종류의 구분이 어려움

4 품종의 육성

(1) 육종법

① 도입육종법
　ⓐ 외국에서 육성한 품종 또는 육종재료로 이용하기 위해 품종을 도입
　ⓑ 식물방역, 생태조건이 비슷한 지역에서 도입
② 분리육종법
　ⓐ 순계분리법
　　• 기본집단에서 개체선발, 자가수정작물, 3년째 생산력 검정시험
　　• 자식성 작물에서 순계 내에서의 선발은 효과가 없지만 육종상 큰 의미가 있음
　ⓑ 계통분리법
　　• 집단선발법 : 우량개체들을 집단선발
　　• 성군집단선발법 : 그룹으로 나누어 집단선발, 단시일 내에 비교적 특성이 균일한 계통을 얻을 수 있으며 군간의 생산력을 비교할 수 있음
　　• 계통집단선발법 : 개체선발로 우수한 계통을 선발 후 혼합하여 집단채종
　　• 1수1렬법 : 직접법, 잔수법
　　• 영양계분리법 : 아조변이 등을 이용

③ 교잡육종법
　㉠ 계통육종법
　　• 교잡 1회 실시 후 F_2 이후로 순계 분리(F_2부터 계통성립)
　　• 신품종은 F_3부터 시작
　　• 우량신품종 준결정 : F_5 - F_5, F_6세대에 고정
　　• 우량신품종 본결정 : F_6, F_7세대
　㉡ 집단육종법(혼합육종법, 람쉬육종법)
　　• F_5, F_6세대까지는 집단선발만하고 그 뒤에 계통선발
　　• 수량과 같은 양적 형질의 선발에 유리
　㉢ 파생계통육종법 : 계통육종법과 집단육종법을 절충
　　• 파생계통 : F_2나 F_3으로부터 시작
　　• 초기세대에 분리하는 형질과 후기세대에 분리하는 형질을 모두 이상적으로 선발할 수 있음
　㉣ 여교잡법 : A계통에 있는 원하는 형질을 B계통에 넣고자 할 때 A를 1회친, B를 반복친
　㉤ 다계교잡법 : 보통으로 출현하기 힘든 특정형질을 얻으려 할 때
④ 잡종강세육종법 : 조합능력검정방법 기출
　㉠ 단교배 : 특정조합능력검정, 특정 자식계통을 다른 여러자식계와 교잡, 특정 자식계를 검정친(Tester)이라 함
　㉡ 톱교배 : 일반조합능력검정, 적당한 품종, 복교잡종, 합성품종 등을 검정친으로 하여 여러 자식계를 교잡
　㉢ 이면교배 : 여러 자식계를 둘씩 조합·교배하여 특정 및 일반조합능력 검정
　㉣ F_1종자 생산방법
　　• 단교잡 : 잡종강세발현도와 균일성은 대단히 우수하지만 종자생산량이 적음
　　• 3계교잡 : (A×B)×C, 종자생산량이 많고 잡종강세성은 높으나 균일성이 떨어짐
　　• 복교잡 : 종자생산량이 많고 잡종강세성도 높으나 균일성저하 및 계통유지불편
　　• 다계교잡 : (A×B×C×D)×(E×F×G×H)
　　• 합성품종 : (A×B×C×D×E×……N)
　　• 톱교잡 : 톱교배로 조합능력이 좋은 것을 그대로 채종용으로 이용
⑤ 배수성육종법
　㉠ 콜히친처리법 : 세포분열 과정에서 방추사와 세포막의 형성을 저해해 염색체들이 양극으로 분리되지 않고 그대로 정지핵의 상태로 들어가게 돼 배수성인 핵 형성
　㉡ 아세나프텐처리법 : 아세나프텐의 승화하는 성질을 이용 그 기체를 식물에 작용시키는 방법으로 세포에 작용하는 점은 콜히친과 비슷, 세포막을 형성하는 힘이 약해 이수성개체를 형성하는 경우가 많음

ⓒ 절단법 : 절단면의 유합조직(Callus)에서 나오는 부정아에는 염색체가 배가된 것이 있으며, 재생력이 강한 토마토, 가지, 담배 등에서 이용 → 성공률이 낮음
ⓔ 온도처리법 : 고온, 저온, 변동 등의 처리에 의해 핵분열을 교란시켜 배수성핵을 유도 → 성공률이 낮음

⑥ 돌연변이육종법
  ㉠ 방사성 동위원소는 β선을 방출하며 이온화작용과 투과작용을 농업적으로 이용 → 우성돌연변이는 M_1세대에서 나타남
  ㉡ 내부조사용으로 많이 이용되고 있는 방사성 동위원소는 ^{32}P, ^{35}S
    ※ 동위원소 : 원자번호는 같으나 질량수가 다름

(2) 품종퇴화의 원인 기출

① 돌연변이
② 자연교잡 : 자식성 작물이라도 어느 정도의 교잡이 이루어짐
③ 근교약세 : 자식성 작물도 자식약세가 일어남
④ 미동유전자의 분리 : 양적 형질에 관여하는 폴리진계는 교잡 후 상당 기간까지 동형으로 되어 있다고는 할 수 없음
⑤ 역도태 : 타가수정작물
⑥ 기회적 변동 : 타가수정작물의 채종재배 시 개체수가 적은 특정 유전자만 채종
⑦ 기계적 혼입 : 채종, 수확, 탈곡 시 이종종자 혼입
⑧ 생리적 퇴화 : 생육기나 결실기의 환경조건에 의하여 종자의 생리적 소질이 달라짐
⑨ 병리적 퇴화 : 바이러스 병에 의한 퇴화

> 참고 퇴화방지법 : 영양번식, 격리재배, 종자의 저온저장, 종자갱신

(3) 종자갱신의 채종체계

작물시험장	도 원	원종장	채종장	
기본식물포 →	원원종포 →	원종포 →	채종포 →	농가포장
기본식물종자	원원종	원 종	보급종	

CHAPTER 05   적중예상문제

PART 03 재배원론

01 단교잡(單交雜, Single-cross)의 장점과 단점은?
① 잡종강세가 발현되나 종자생산이 적다.
② 균일성이 발현되나 종자생산이 없다.
③ 종자생산은 극히 많으나 균일성이 저하된다.
④ 수량이 많으나 병해에 약하다.

해설
① 단교잡은 잡종강세발현도와 균일성은 대단히 우수하지만 종자생산량이 적다.

02 피자식물이 가지는 중복수정에서 염색체의 조성은?
① 배 n, 배유 n
② 배 n, 배유 2n
③ 배 2n, 배유 3n
④ 배 2n, 배유 2n

해설
수정(중복수정)
• ♂ 제1웅핵(n) + ♀ 난핵(n) → 배(2n)
• ♂ 제2웅핵(n) + ♀ 극핵(2n) → 배유(3n)

03 다음 중에서 종자의 수명(壽命)에 가장 영향을 적게 미치는 조건은?
① 종자의 수분함량
② 저장습도(貯藏濕度)
③ 저장온도(貯藏溫度)
④ 기압(氣壓)

해설
① 종자가 발아력을 유지하고 있는 기간을 종자의 수명이라고 하며, 주로 수분함량, 습도, 온도, 통기상태의 영향을 받는다.

04 홍미(紅美)는 어느 작물의 품종명인가?
① 고구마   ② 감 자
③ 땅 콩   ④ 유 채

해설
홍미는 농촌진흥청 작물시험장에서 황미와 농림25호를 인공교배해 선발, 육성과정을 거쳐 장려품종으로 결정·명명한 고구마 품종이다.

05 일대교잡종(一代交雜種)을 많이 이용하는 작물은?
① 벼   ② 콩
③ 보 리   ④ 옥수수

해설
④ 옥수수는 잡종강세현상으로 F_1 종자에서 우수한 품질적 특성을 보인다.

정답 1 ① 2 ③ 3 ④ 4 ① 5 ④

06 유전적으로 고정된 품종이라도 그 내병성이 시일이 경과함에 따라 비교적 쉽게 변동하는 가장 기본적인 원인은?

① 내병성의 생리적 요인이 변화하기 때문
② 침해병원체의 계통이 변화하기 때문
③ 기상환경이 변화하기 때문
④ 재배법이 변화하기 때문

해설
② 내병성은 특정 병원체에 대한 저항성으로, 병원체의 계통 변화 시 내병성이 사라진다.

07 3성 잡종의 F_2 분리비는?

① 9 : 3 : 3 : 3 : 1
② 18 : 9 : 9 : 9 : 1
③ 27 : 18 : 18 : 18 : 3 : 3 : 1
④ 27 : 9 : 9 : 9 : 3 : 3 : 3 : 1

해설
- 3성 잡종 F_2의 합계 수 = 4^3 = 4 × 4 × 4 = 64
- 3성 잡종 분리비 = $3^3 : 3^2 : 3^2 : 3^2 : 3^1 : 3^1 : 3^1 : 3^0$

08 크세니아(Xenia)현상이 잘 일어나는 작물은?

① 옥수수   ② 메밀
③ 호밀   ④ 완두

해설
크세니아(배젖 형질의 유전) : 부친(꽃가루)의 우성형질이 바로 종자의 배젖에 나타나는 현상으로 화본과, 콩과에서 일어난다.

09 품종 육성을 위한 교배모본의 표시기호로서 사용되는 암컷은?

① <   ② X
③ ♂   ④ ♀

해설
- 암컷의 기호 : ♀
- 교잡육종기호 : X

10 게놈(Genome)에 대한 설명으로 옳은 것은?

① 염색체의 형태를 말한다.
② 염색체의 변화를 말한다.
③ 염색체의 1개를 말한다.
④ 염색체 1군(群)을 말한다.

해설
④ 게놈은 염색체 1군을 의미한다.

11 잡종강세육종에서 특정 조합 능력은 검정할 수 없고 일반조합능력만을 검정할 수 있는 방법은?

① 단교배   ② 톱교배
③ 2면교배   ④ 3원교배

해설
톱교배
- 일반조합능력검정
- 적당한 품종, 복교잡종, 합성품종 등을 검정친으로 하여 여러 자식계를 교잡

12 품종의 퇴화(退化)를 방지하기 위하여 품종 간에 격리(隔離)재배를 하는 이유는?

① 자연교잡을 방지하기 위하여
② 병발생을 억제하기 위하여
③ 혼종되는 것을 막기 위하여
④ 환경변이를 줄이기 위하여

해설
① 품종 간 격리의 목적은 자연교잡을 방지하기 위한 것이다.

13 어느 품종(A)의 특정 형질을 다른 품종(B)에 옮기려고 할 때 가장 효율적인 방법은?

① 단교잡법　　② 여교잡법
③ 3원교잡법　④ 다계교잡법

해설
② 여교잡법은 A계통에 있는 원하는 형질을 B계통에 넣고자 할 때 사용하며, A를 1회친, B를 반복친이라 한다.

14 배낭의 난세포 이외의 조(助)세포나 반족(反足)세포의 핵이 단독으로 발육하여 배를 형성하는 생식 방법은?

① 처녀생식　　② 무배생식
③ 무핵란생식　④ 주심배생식

해설
② 무배생식 : 난세포 이외의 반족세포나 조세포의 핵이 발달해 배를 형성하는 것

15 우량품종의 구비조건이 아닌 것은?

① 균일성　　② 우수성
③ 영속성　　④ 조숙성

해설
④ 우량품종 구비조건 : 균일성, 우수성, 영속성, 지역성

16 다음 중 이형예(異型蘂)현상을 보이는 작물은?

① 벼　　　② 밀
③ 옥수수　④ 메밀

해설
④ 메밀은 이형예불화합성 → 장주화×장주화, 단주화×단주화는 불화합성을 보인다.

17 잡종강세 육종방법으로 가장 적당한 방법은?

① 다계교잡법
② 여교잡법
③ 집단육종법
④ 파생계통육종법

해설
① 다계교잡법은 보통으로 출현하기 힘든 특정 형질을 얻으려 할 때 사용된다.

18 우량품종이 갖추어야 할 조건 중의 하나는?

① 다수성　　② 우수성
③ 내비성　　④ 희귀성

해설
우량품종의 구비조건
- 균일성 : 품종 안의 모든 개체들의 특성이 균일해야 한다.
- 우수성 : 재배적 특성이 다른 품종들보다 우수해야 한다.
- 영속성 : 균일하고 우수한 특성이 대대로 변하지 않고 유지되어야 한다.
- 지역성 : 균일하고 우수한 특성의 발현, 적응되는 정도가 넓은 지역에 걸쳐 나타나야 한다.

19 자식성 작물의 기본집단에서 개체선발을 하여 우수한 계통을 가려내는 육종법은?

① 순계분리법
② 계통분리법
③ 집단선발법
④ 군집단선발법

해설
순계순리법
- 기본집단에서 개체선발, 자가수정작물, 3년째 생산력 검정시험
- 자식성 작물에서 순계 내에서의 선발은 효과가 없지만 육종상 큰 의미를 가지고 있다.

20 품종육성과정에서 반수체 식물을 얻을 수 있는 배양방법은?

① 체세포배양(體細胞培養)
② 조직배양(組織培養)
③ 배배양(胚培養)
④ 화분배양(花粉培養)

해설
화분배양
감수분열과정에서의 염색체수가 n인 반수체 식물 배양

21 다음 형질 중 가산적 변이에 해당하는 것은?

① 키(稈長)　　② 입중(粒重)
③ 입수(粒數)　　④ 수량(收量)

해설
가산적 변이
형질의 변이 중에서 측정 결과를 정수로 표시할 수 있는 변이

22 종자갱신을 하여야 할 이유로 적절하지 않은 것은?

① 토양의 산성화
② 자연교잡 방지
③ 재배 중 다른 계통의 혼입(混入) 방지
④ 돌연변이 방지

해설
종자갱신을 하는 이유는 자연교잡, 재배 중 다른 계통의 혼입, 돌연변이에 의한 종자의 퇴화 방지를 위한 것이다.

정답　18 ②　19 ①　20 ④　21 ③　22 ①

23 찰벼에 메벼의 화분을 수분하면 그 F_1이 메벼로 보이는 현상은?

① Xenia
② Apomixis
③ Pseudogamy
④ Chimera

해설
크세니아와 메타크세니아
모체의 일부분인 배유에 정핵의 영향이 당대에 나타나는 현상, 크세니아의 형질은 다음 대로 유전이 되지 않음 → 메벼(♂, SS) × 찰벼(♀, ss)

24 계통육종법에서 개체선발은 보통 몇 세대까지 수행해야 되는가?

① F_1-F_2 세대
② F_3-F_4 세대
③ F_4-F_5 세대
④ F_5-F_6 세대

해설
계통육종법
- 교잡 1회 실시 후 F_2 이후로 순계 분리(F_2부터 계통성립)
- 신품종은 F_3부터 시작
- 우량신품종 준결정 : F_5 - F_5, F_6세대에 고정
- 우량신품종 본결정 : F_6, F_7세대

25 여교잡이 성공적으로 될 수 있는 경우는?

① 불량반복친에 우량한 형질을 옮길 경우
② 단순반복친에 우량한 형질을 옮길 경우
③ 우량반복친에 간단한 형질을 옮길 경우
④ 복잡반복친에 단순한 형질을 옮길 경우

해설
③ 우량반복친에 간단한 형질을 옮길 경우 여교잡법이 성공적으로 될 수 있다.

26 자식계통의 내병성·조숙성을 개량하려고 할 경우 가장 적절한 방법은?

① $(A \times B) \times B$
② $(A \times B) \times C$
③ $(A \times B) \times (C \times D)$
④ $(A \times B) \times (C \times D) \times (D \times E)$

27 작물의 종자 퇴화에 대해 잘못 기술한 것은?

① 세대가 경과하면서 자연교잡, 돌연변이 등에 의하여 퇴화한다.
② 옥수수는 자식열세현상이 강하므로 타가수정으로 종자를 생산한다.
③ 씨감자는 평야지에서 생산하는 것이 좋다.
④ 수확할 때 이형 종자의 혼입은 퇴화의 원인이 된다.

해설
③ 씨감자는 바이러스에 의한 종자의 퇴화 방지를 위해 고랭지에서 생산한다.

28 합성품종이 많이 이용되는 작물은?

① 콩
② 옥수수
③ 조
④ 밀

해설
② 잡종강세를 이용하는 옥수수 품종은 합성품종이 많이 이용된다.

정답 23 ① 24 ④ 25 ③ 26 ① 27 ③ 28 ②

29 식물의 중복수정에 대하여 잘못 기술한 것은?

① 배의 염색체 조성은 3n이다.
② 배유의 염색체 조성은 3n이다.
③ 정핵과 난세포가 결합하여 배를 형성한다.
④ 정핵과 극핵이 결합하면 배유를 형성한다.

해설
① 배의 염색체 조성은 2n이다.

30 품종육성법 중 계통분리법에 대한 설명으로 옳지 않은 것은?

① 기본집단에서 처음부터 개체선발을 하여 우수한 계통을 분리하는 방법이다.
② 주로 타식성 작물의 선발에 사용한다.
③ 자가수정작물에서도 단기간에 비교적 순수한 집단을 얻기 위하여 사용할 수 있다.
④ 이 방법에는 집단선발법, 성군집단선발법, 영양계분리법 등이 있다.

해설
계통분리법
- 집단선발법 : 우량개체들을 집단선발
- 성군집단선발법 : 그룹으로 나누어 집단선발
- 계통집단선발법 : 개체선발로 우수한 계통을 선발 후 혼합하여 집단채종
- 1수1렬법 : 직접법, 잔수법
- 영양계분리법 : 아조변이 등을 이용

31 합성 품종에 대하여 잘못 기술한 것은?

① 우수한 합성품종은 5~8개의 우량한 자식계를 조합한다.
② 다계교잡의 후대를 품종으로 이용한다.
③ 세대가 진전됨에 따라 생산력이 저하된다.
④ 단교잡 품종을 많이 이용한다.

해설
④ 단교잡은 종자의 생산량이 낮다는 단점이 있다.

32 작물 품종의 잡종강세에 대하여 옳게 기술한 것은?

① 양친식물보다 자식식물의 생육세가 작다.
② 양친식물보다 자식식물의 생육세가 크다.
③ 양친식물과 자식식물의 생육세가 같다.
④ 벼와 밀과 같은 작물에서 많이 발생한다.

해설
② 양친 식물보다 자식 식물의 생육세가 커서 F_1 종자가 주로 이용된다.

33 종자갱신(種子更新)의 채종체계로 맞는 것은?

① 기본식물포 - 원원종포 - 원종포 - 채종포 - 농가포장
② 원원종포 - 기본식물포 - 원종포 - 채종포 - 농가포장
③ 원종포 - 기본식물포 - 원원종포 - 채종포 - 농가포장
④ 채종포 - 기본식물포 - 원종포 - 원원종포 - 농가포장

해설
종자갱신의 채종체계

작물시험장	도 원	원종장	채종장	
기본식물포 →	원원종포 →	원종포 →	채종포 →	농가포장
기본식물종자	원원종	원 종	보급종	

34 자가불화합성을 보이는 작물은?

① 벼 ② 밀
③ 배 추 ④ 감 자

해설
양성화, 자가불화합성 : 호밀, 화본과 및 두과의 다년생 목초류 → 양배추, 배추, 무, 뽕나무, 차, 메밀, 고구마, 사과, 일본배, 서양배

35 재배적 견지에서 유전형질이 균일하고 영속적인 개체들의 집단을 일컫는 것은?

① 종(種) ② 아종(亞種)
③ 변종(變種) ④ 품종(品種)

해설
④ 제시된 내용은 품종에 대한 설명이다.

36 일반조합능력과 특정조합능력을 함께 검정하기 위한 방법에 사용되는 것은?

① 이면교배 ② 3계교잡
③ 톱교배 ④ 단교배

해설
① 이면교배 : 여러 자식계를 둘씩 조합·교배하여 특정 및 일반조합능력 검정

37 자가불화합성의 유전적 원인에 속하지 않는 것은?

① 치사유전자
② 자가불화합성을 유기하는 유전자
③ 염색체의 구조적 이상
④ 꽃가루 및 호흡기질의 결여

해설
자가불화합성의 유전적 원인
- 치사유전자
- 염색체의 수적·구조적 이상
- 이반유전자나 복대립유전자 등 자가불화합성을 유기하는 유전자
- 자가불화합성을 유기하는 세포질

38 품종 육종 시에 육종가가 변이를 직접 만드는 방법이 아닌 것은?

① 집단육종법
② 계통분리법
③ 계통육종법
④ 파생계통육종법

해설
② 계통분리법 : 우량개체들을 집단선발하는 것

정답 33 ① 34 ③ 35 ④ 36 ① 37 ④ 38 ②

39 교잡으로 생긴 잡종을 다시 그 어버이의 한쪽과 교배시키는 교잡법은?

① 단교잡
② 여교잡
③ 자 식
④ 다계교잡

해설
② 여교잡은 교잡으로 생긴 잡종을 다시 그 양친의 한쪽과 교배시키는 것을 말한다. a유전자에 관해 양친(P)이 열성 호모형(aa)과 우성 호모형(AA)으로 교배하면 잡종 제1대(F_1)에서는 전부 헤테로형(Aa)이 된다. 여교잡은 이 F_1을 양친의 어느 한쪽과 교배시키는 것으로, 만일 열성 호모인 어버이(aa)와 교잡시키면 F_1이 가진 유전자형이 여교잡을 한 잡종의 표현형이 되어 나타난다.

40 감수분열의 과정의 순서가 옳은 것은?

① 대합기 → 세사기 → 태사기 → 복사기 → 이동기
② 세사기 → 태사기 → 대합기 → 복사기 → 이동기
③ 세사기 → 대합기 → 태사기 → 복사기 → 이동기
④ 세사기 → 복사기 → 태사기 → 대합기 → 이동기

해설
감수분열의 과정 : 세사기 → 대합기 → 태사기 → 복사기 → 이동기

41 유전형질의 변이 중에서 후대에 유전되지 않는 변이는?

① 환경변이
② 유전적 변이
③ 유전자돌연변이
④ 염색체돌연변이

해설
① 환경변이는 후대에 유전되지 않는다.

42 작물의 배수성 육종시에 염색체를 배가시킬 때 가장 효과적으로 이용되는 약제는?

① Colchicine
② Auxin
③ Kinetin
④ Cycocel

해설
콜히친 처리법
세포분열 과정에서 방추사와 세포막의 형성을 저해해 염색체들이 양극으로 분리되지 않고 그대로 정지핵의 상태로 들어가게 되어 배수성인 핵 형성

43 잡종강세를 주로 이용하는 작물은?

① 보 리
② 들 깨
③ 옥수수
④ 벼

해설
잡종강세
- 종 사이나 품종 사이의 잡종이 양친보다 강건성이나 수확량, 크기 등에서 뛰어난 경우를 잡종강세라고 한다.
- 식물에서는 옥수수·가지·담배에 잡종강세가 있으며, 또 무와 양배추의 속간잡종에도 잡종강세가 있다.

44 계통육종법에서 생산력 검정 예비시험으로 넘어가는 세대는?

① F_3 세대   ② F_4 세대
③ F_5 세대   ④ F_8 세대

해설
③ 생산력 검정 예비시험으로 넘어가는 세대는 F_5 세대이다.

45 우량품종의 구비조건은?

① 우수성, 내비성, 다수성
② 다수성, 양질성, 내병성
③ 다수성, 광지역성, 내비성
④ 우수성, 균일성, 영속성

46 자가불화합성의 생리적 원인에 해당되지 않는 것은?

① 화분의 발아를 억제하는 물질의 존재
② 화분과 암술머리 조직 사이의 삼투압의 차이
③ 화분관의 신장에 필요한 물질의 결여
④ 자가불화합성을 유기하는 세포질

해설
④는 생리적 원인이 아니라 유전적 원인에 속한다.
자가불화합성의 생리적 원인
• 꽃가루의 발아·신장을 억제하는 억제물질의 존재
• 꽃가루관의 신장에 필요한 물질의 결여
• 꽃가루관의 호흡에 필요한 호흡기질의 결여
• 꽃가루와 암술머리조직 사이의 삼투압의 차이
• 꽃가루와 암술머리조직의 단백질 간의 불친화성

47 품종의 퇴화를 방지하기 위한 수단이 아닌 것은?

① 우량종자의 계속적인 사용
② 종자의 저온저장
③ 영양번식
④ 격리재배

해설
① 우량종자를 계속해 사용하면 자연교잡으로 인해 품종이 퇴화된다.

48 발아 최저온도가 가장 낮은 것은?

① 콩   ② 녹두
③ 팥   ④ 완두

해설
④ 완두의 최저온도가 콩, 녹두, 팥보다 낮다.

49 단시일 내에 비교적 특성이 균일한 계통을 얻을 수 있는 육종법으로 일반적인 타가수정 작물에 이용되는 것은?

① 파생계통육종법
② 성군집단육종법
③ 여교잡법
④ Ramsch 육종법

해설
성군집단선발법
그룹으로 나누어 집단선발, 단시일 내에 비교적 특성이 균일한 계통을 얻을 수 있으며 군간의 생산력을 비교할 수 있다.

PART 04

농약학

CHAPTER 01 농약의 정의와 중요성

CHAPTER 02 농약의 분류 및 형태, 특성

CHAPTER 03 농약의 독성 및 잔류성

CHAPTER 04 농약의 사용법 및 약해

CHAPTER 05 농약의 이화학적 특성

합격의 공식 시대에듀 www.sdedu.co.kr

CHAPTER 01 농약의 정의와 중요성

PART 04 농약학

1 농약의 정의 및 명칭

(1) 농약의 정의
　① 재배 또는 저장 중의 작물을 보호하거나 증산의 수단으로 사용하는 약제로, 비료를 제외한 모든 농업용 약제
　② 살균제, 살충제, 제초제, 기피제, 유인제, 전착제, 농작물의 생리기능을 증진하거나 억제하는 데 사용하는 약제
　③ **농약학** : 농약의 이화학적인 면과 생물학적인 면에 대하여 연구하는 학문

(2) 농약의 구비조건
　① 적은 양으로 약효가 확실할 것
　② 농작물에 대한 약해가 없을 것
　③ 인축에 대한 독성이 낮을 것
　④ 어류에 대한 독성이 낮을 것
　⑤ 다른 약제와의 혼용 범위가 넓을 것
　⑥ 천적 및 유해 곤충에 대하여 독성이 낮거나 선택적일 것
　⑦ 값이 쌀 것
　⑧ 사용방법이 편리할 것
　⑨ 대량 생산이 가능할 것
　⑩ 물리적 성질이 양호할 것
　⑪ 농촌진흥청에 등록되어 있을 것

(3) 농약의 명칭

화학명	• 농약 유효성분의 공통적인 화학적 구조에 따라 붙여지는 전문적·과학적인 명칭 • 병해충의 약제저항성과 관련이 깊음 • IUPAC(국제 순수 및 응용화학 연합)에서 명칭을 정함
일반명	• 농약을 구성하는 화합물의 이름을 암시하면서 단순화시킨 것 • 국제적으로 통용, 농약의 특성을 나타내는 대표적인 이름 • 잔류허용기준 등을 나타냄
품목명	• 농약의 제제화와 관련하여 붙여진 이름으로 영문의 일반명을 한글로 표시하고 뒤에 제형을 붙임 • 우리나라에서 농약을 등록할 때 사용하는 간략한 명칭
상표명	• 농약을 제품화할 때 농약회사에서 붙이는 고유의 이름 • 같은 농약이라도 생산회사에 따라 이름이 다름
시험명	• 농약이 개발되어 일반명이 주어지기 전단계에 제조회사나 개발자의 이름을 약칭하여 붙임

2 농약의 중요성 및 표시사항

(1) 농약의 중요성
① 식량의 안정공급 : 병해충과 잡초 발생으로 인한 감수 방지와 품질향상
② 노동력절감 및 경제적 효과

(2) 농약 표시사항(농약관리법 시행규칙 제23조 제1항)
① 품목등록번호 또는 제품등록번호
② 농약 등의 명칭 및 제제형태
③ 유효성분의 일반명 및 함유량과 기타성분의 함유량
④ 포장단위
⑤ 농작물별 적용병해충(제초제·생장조정제나 약효를 증진시키는 자재의 경우에는 적용대상토지의 지목이나 해당 용도를 말한다) 및 사용량
⑥ 사용방법과 사용에 적합한 시기
⑦ 안전사용기준 및 취급제한기준
⑧ 농약별 표시사항 기출
   ㉠ 맹독성, 고독성, 작물잔류성, 토양잔류성, 수질오염성 및 어독성 농약의 경우 그 문자와 경고 또는 주의사항
   ㉡ 사람 및 가축에 위해한 농약 등의 경우에는 그 요지 및 해독방법
   ㉢ 수서생물에 위해한 농약 등의 경우 그 요지
   ㉣ 인화 또는 폭발 등의 위험성이 있는 농약 등의 경우에는 그 요지 및 특별취급방법

⑨ 저장·보관 및 사용상의 주의사항
⑩ 상호 및 소재지(수입농약 등 또는 원제의 경우 수입업자의 상호 및 소재지와 제조국가 및 상호)
⑪ 농약 등 제조 시 제품의 균일성이 인정되도록 구성한 모집단의 일련번호
⑫ 약효보증기간

> **참고** 약제의 용도에 따른 바탕색 구분 기출
> • 살균제 : 분홍색
> • 살충제 : 녹색
> • 제초제 : 황색
> • 생장조절제 : 청색
> • 맹독성 농약 : 적색
> • 기타 약제 : 백색
> • 혼합제 및 동시방제제 : 해당 약제색깔 병용

⑬ 법 위반에 따른 과태료 적용 등 주의사항

3 농약 사용의 장단점

(1) 농약의 장단점
　① 장 점
　　㉠ 농림 산물의 병충해 방제에 크게 기여
　　㉡ 인류의 보건 증진과 식량 증산에 크게 이바지
　　㉢ 살균, 살충으로 작물 수확
　② 단 점
　　㉠ 자연계의 평형 파괴
　　㉡ 약제 저항성 해충 출현
　　㉢ 인축과 야생 동물에 대한 독성
　　㉣ 동물상의 단순화
　　㉤ 잠재적 곤충의 해충화
　　㉥ 잔류 독성으로 인한 환경오염

(2) 농약의 분해방식
　① 화학적 분해
　② 산화, 환원, 가수분해, 결합반응에 의한 분해
　③ 미생물에 의한 분해 : 유기농약은 탄소를 함유하므로 미생물에 의해 분해
　④ 광분해 : 주로 자외선에 의해 분해

CHAPTER 01 적중예상문제

01 다음 중 제조업자가 농약을 국내에서 제조하여 국내에서 판매하고자 할 때에는 품목별로 누구에게 등록해야 하는가?
① 농림축산식품부장관
② 농촌진흥청장
③ 국립농산물품질관리원장
④ 식품의약품안전처장

해설
② 농약등록은 농촌진흥청장에게 한다(농약관리법 제8조 제1항).

02 농약관리법상 유제, 액제의 농약제조업 등록을 하고자 할 때 기본적으로 갖춰야할 시설이 아닌 것은?
① 포장시설
② 반죽시설
③ 제품혼합조
④ 저장조

해설
제조업자 시설 : 원제처리장치, 제품혼합조, 저장조, 포장시설 등(농약관리법 시행규칙 [별표 1])

03 농약 제품포장지의 표시사항으로 가장 거리가 먼 것은?
① 유효성분 및 성분량
② 농약안전사용기준
③ 사용방법
④ 제조공정내용

해설
농약 표시사항(농약관리법 시행규칙 제23조 제1항)
• 품목등록번호 또는 제품등록번호
• 농약 등의 명칭 및 제제형태
• 유효성분의 일반명 및 함유량과 기타성분의 함유량
• 포장단위, 농작물별 적용병해충 및 사용량
• 사용방법과 사용에 적합한 시기, 안전사용기준 및 취급제한기준, 농약 등별 표시사항
• 저장·보관 및 사용상의 주의사항, 상호 및 소재지
• 농약 등 제조 시 제품의 균일성이 인정되도록 구성한 모집단의 일련번호
• 약효보증기간

04 농약 제조회사에 따라 제조처방이 달라 일반적으로 농약제조회사에서 이름을 붙인 것은?
① 화학명(Chemical Name)
② 일반명(Common Name)
③ 품목명(Item Name)
④ 상품명(Trade Name)

해설
④ 상품명(Trade Name) : 농약을 제품화할 때 농약회사에서 붙이는 고유의 이름이다(같은 농약이라도 생산회사에 따라 이름이 다르다).

05 농약사용 후 토양변화에 대한 설명으로 가장 거리가 먼 것은?

① 농약의 성상이 산성으로 토양이 산성화된.
② 농약의 유효성분은 탄소와 수소를 주축으로 질소나 유황 등이 결합되어 있는 유기화합물이다.
③ 토양미생물은 농약을 분해하여 영양원으로 이용하기도 한다.
④ 토양 중 미생물에 영향을 주어 토양의 특성이 변화되지는 않는다.

해설
① 처리되는 농약의 양은 극히 소량으로 토양의 산성을 변화시키지는 못한다.

06 농민이 농약을 선택할 때 쉽게 식별하기 위해 포장지와 병뚜껑의 색깔을 달리하고 있다. 제초제는 어떤 색인가?

① 노란색　　　② 분홍색
③ 초록색　　　④ 파란색

해설
① 살균제는 분홍색, 살충제는 초록색, 제초제는 노란색으로 표시한다.

07 농약의 종류별로 포장지와 병뚜껑의 색깔을 달리하여 농민이 농약을 선택할 때 쉽게 식별할 수 있도록 하고 있는데 살충제의 병뚜껑은 다음 중 어떤 색깔인가?

① 분홍색　　　② 초록색
③ 노란색　　　④ 파란색

해설
약제의 용도에 따른 바탕색 구분
• 살균제 : 분홍색
• 살충제 : 초록색
• 제초제 : 노란색
• 생장조절제 : 청색
• 맹독성 농약 : 적색
• 기타 약제 : 백색
• 혼합제 및 동시방제제 : 해당 약제색깔 병용

정답 5 ① 6 ① 7 ②

PART 04 농약학

CHAPTER 02 농약의 분류 및 형태, 특성

1 사용목적에 의한 분류

(1) 살균제
① 병원 미생물로부터 농작물을 보호, 농산물의 품질향상 및 수량 증대
② 직접살균제와 보호살균제로 세분
③ 살포용 살균제
  ㉠ 보호살균제 : 병균이 식물에 침투하는 것을 예방하기 위한 약제 예 보르도액, 동제
  ㉡ 직접살균제 : 병균 침입의 예방은 물론 침입된 균을 방제 예 석회유황합제, 블라스티시딘, 디폴라탄
④ 종자소독제 : 종자, 모종(苗)의 겉껍질에 묻어 있는 병균을 살균시키기 위해 처리되는 약제 예 비타박스, 침적용 유기수은제, 벤레이트티
⑤ 토양살균제 : 모판흙이나 그 밖의 토양을 살균시키기 위해 사용되는 약제 예 클로로피크린, 토양소독용 유기수은제, 밧사미드

(2) 살충제
① 농작물을 가해하는 해충의 방제에 사용하는 약제 : 소화중독제, 접촉제, 침투성 살충제, 훈증제, 기피제 등
② 독제(식독제)
  ㉠ 해충이 약제를 먹으면 중독을 일으켜 죽이는 약제
  ㉡ 저작구형(씹어 먹는 입)을 가진 나비류 유충, 딱정벌레류, 메뚜기류에 적당
  ㉢ 대부분의 유기인계 살충제
③ 접촉제
  ㉠ 피부에 접촉 흡수시켜 방제
  ㉡ 직접 접촉 독제 : 직접 접촉 시 약효 발생
  ㉢ 제충국제, 데리스제, 니코틴제, 기계유유제 등
④ 침투성 살충제
  ㉠ 잎, 줄기 또는 뿌리부로 침투되어 흡즙성 해충에 효과
  ㉡ 천적에 대한 피해가 없음
  ㉢ 슈라단, Pestox-3, Mestasystox

⑤ 훈증제
　　㉠ 유효성분을 가스로 해서 해충을 방제하는 데 쓰이는 약제
　　㉡ 메틸브로마이드 훈증제
⑥ 기피제 : 농작물 또는 기타 저장물에 해충이 모이는 것을 막기 위해 사용하는 약제
⑦ 유인제 : 해충을 유인해서 제거 및 포살하는 약제
⑧ 불임제 : 해충의 생식기관 발육저해 등 생식능력이 없도록 하는 약제
⑨ 점착제 : 나무의 줄기나 가지에 발라 해충의 월동 전후 이동을 막기 위한 약제
⑩ 생물농약 : 살아있는 미생물, 천연에서 유래된 추출물 등을 이용한 생물적 방제 약제

(3) 제초제
① 농작물의 생육을 저해하는 잡초를 제거하는 데 사용하는 약제
② 살초기능에 따라 선택성, 비선택성인 것으로 구분
③ 사용 시기에 따라 토양 처리용, 생육 처리용으로 구분
④ 비선택성 제초제 : 약제가 처리된 전체식물 제거 예 염소산소다, TCA, TOK
⑤ 선택성 제초제 : 화본과 식물에 안전하고 광엽식물만 제거(2,4-D, MCP)

(4) 살응애제
① 곤충에 대하여는 살충 효과가 없고 응애류에 대해 효력이 있는 약제
② 응애 살충 : Ovotran, Kelthune, Phencapton

(5) 살선충제
식물의 뿌리에 기생하는 선충을 방제하는 약제

(6) 살서제
① 농림상 해를 주는 쥐, 두더지 및 기타 설치류(齧齒類)의 방제 시 사용하는 약제
② 인화아연, 프라톨, 와르파린

(7) 식물생장조절제
① 식물의 생장을 증진 또는 억제하거나 개화 촉진, 착색 촉진, 낙과 방지, 낙과 촉진 등 식물의 생육을 조절하기 위하여 사용되는 약제
② 지베렐린, 옥신, MH-30 등

(8) 보조제

① 살충제의 효력을 충분히 발휘시킬 목적으로 사용
  ㉠ 전착성 증가 : 비누, 카제인 석회, 비해리성 계면활성제
  ㉡ 효력증대 : Piperonyl Butoxide, Piperonyl Cyclonene, 황산아연
② 전착제
  ㉠ 주성분을 병해충이나 식물체에 잘 전착시키기 위해 사용되는 약제
  ㉡ 습윤성·확전성(습전성) : 골고루 퍼지고 널리 적시는 성질
③ 부착성·고착성 : 살포한 약액이 식물체나 충체에 붙는 성질
④ 현수성 : 수화제의 특성 중 약액 내에 골고루 퍼져 있게 하는 성질
⑤ 유화성
  ㉠ O/W형 : 물속에 유분의 입자를 분산(농약에 사용)
  ㉡ W/O형 : 유분 중에 물방울을 분산
  ㉢ 유제의 안정성 : 유제는 일반적으로 분제나 수화제보다 안정
⑥ 전착제로서의 계면활성제 구비조건 [기출]
  ㉠ 유화력이나 분산력이 커야 함
  ㉡ 주제를 변질시켜서는 안 됨
  ㉢ 주제 및 기타 보조제와 친화성을 지녀야 함
  ㉣ 작물에 약해를 일으키지 않아야 함
  ㉤ 경수에도 쓰일 수 있어야 함
  ㉥ 종류 : 농용비누, 황산화유, 지방알코올황산에스테르

강친유성	친유성	친수성	강친수성
— C_nH_{2n+1} — C_nH_{2n-1} (나프탈렌/벤젠 구조)	— CH_2OR — 〈페닐〉—O—R — COOR	— OH — COOH — CN — $\overset{O}{\underset{\|}{C}}$—$NHCNH_2$	— SO_3^- $H^+(Na^+)$ — OSO_3^- $H^+(Na^+)$ — COO^- Na^+ — N_+— X^-

⑦ 증량제 : 분제에 있어서 주성분의 농도를 낮추는 보조제 [기출]
  ㉠ 증량제의 구비 조건
   • 분말도, 가비중, 분산성, 비산성, 고착성 또는 부착성, 안정성
   • 수분 및 흡습성, 액성(PH) 가급적 중성의 것을 선택
   • 혼합성 중량제의 비중 형상 고려

- ⓒ 증량제의 종류
  - 규조토 : 주성분은 규산(SiO_2), 갑충류에 87% 살충력, 수화제 조제에 쓰임
  - 고령토 : 주성분은 규산 알미늄, 수화제, 분제의 증량제로 쓰임
  - 탈크(Talc, 활석) : 알칼리성이나 안전하므로 분제 제조용으로 널리 쓰임
  - 벤토나이트(Bentonite) : 수화제의 제조용으로 많이 쓰임
  - 납석(Pyrophyllite) : 분제 및 수화제
- ⑧ 용제(매) : 약제의 유효 성분을 녹이는 약제
  - ⓐ 물에 잘 녹지 않는 식물성 농약 및 유기합성 농약 등은 적당한 유기 용매에다 녹여서 유제의 형태로 사용
  - ⓒ 구비 조건
    - 농약에 대한 용해도가 커야 함
    - 농약의 약효 및 안정성을 저하시켜서는 안 됨
    - 농약의 독성을 증대시켜서는 안 됨
    - 용제 자신이 약해를 내서는 안 됨
- ⑨ 유화제 : 유제의 유화성을 높이기 위한 약제(계면활성제)

(9) 살균·살충제

병해충을 동시에 방제하기 위하여 사용되는 약제로 단일 성분이며 살균·살충의 효과를 동시에 발휘하는 것과 살균제와 살충제를 혼합하여 만든 혼합제 농약

2 제제 형태에 의한 분류

(1) 농약의 제제 및 제형
① 제제 : 농약의 원제는 직접 사용할 수 없으므로 적당한 보조제를 첨가해 살포하거나 물에 타기 쉬운 형태의 완전한 제품으로 만듦
② 제형 : 최종상품의 형태

(2) 제형에 의한 분류
① 액체시용제(희석살포제) : 유제, 액제, 수용제, 수화제, 액상, 입상, 수화제, 유탁제, 미탁제, 캡슐현탁제, 분상성 액제
② 고형시용제(직접살포제) : 분제, 미분제, 저비산분제, 입제, 미립제, 캡슐제, 수면부상성 입제
③ 종자처리제 : 종자처리수화제, 종자처리액상수화제, 분의제
④ 특수목적제 : 훈연제, 연무제, 훈증제, 도포제, 농약함유 비닐멀칭제, 판상줄제

3 유효성분 조성에 따른 분류

(1) 무기농약
   ① 무기화합물을 주성분으로 하는 농약
   ② 생석회, 소석회, 황산구리, 유황, 결정석회황합제 등

(2) 유기농약
   ① 유기화합물을 주성분으로 하는 농약
   ② 천연유기농약과 대부분의 화학농약
   ③ 유기인계, 카바메이트계, 유기염소계, 유기황계, 유기비소계, 유기불소계 등

4 농약의 형태별(사용 형태) 분류

(1) 액체시용제 기출
   ① 유 제
      ㉠ 유탁액 : 불용성 주제 + 용제 + 계면활성제
      ㉡ 물에 녹지 않는 농약의 주제를 용제에 용해시켜 계면활성제를 첨가
      ㉢ 물과 혼합 시 우유 모양의 유탁액이 됨
      ㉣ 수화제보다 살포액의 조제가 편리하고 약효가 다소 높음
      ㉤ 유제의 구비조건 : 유화성, 안정성, 확전성, 고착성
   ② 액제 : 주제가 수용성인 것으로 가수분해의 우려가 없는 경우에 주제를 물에 녹여 동결방지제를 가하여 만든 것
   ③ 수용제
      ㉠ 제제와 형태는 수화제와 같으나 유효 성분이 수용성이므로 물에 넣으면 투명한 액제가 됨
      ㉡ 원제 + 가용화제를 물에 녹이면 수용제가 됨
   ④ 수화제
      ㉠ 현탁액 : 불용성 주제 + 카올린·벤토나이트 + 계면활성제
      ㉡ 물에 녹지 않는 주제를 카올린, 벤토나이트 등으로 희석한 후 계면활성제를 혼합한 제제
      ㉢ 물에 희석하면 유효 성분의 입자가 물에 고루 분산되어 현탁액이 됨
      ㉣ 수화제를 물에 풀면 현탁액이 됨

⑤ 플로어블(Flowable)
　㉠ 용제에 녹기 어려운 고체의 유효성분을 액제화한 것
　㉡ 수화제의 효력의 증강보다는 취급을 편리하게 하기 위한 제제
　㉢ 살포하였을 때 병충이나 잡초의 내부나 표피의 이면까지 약제 도달
　㉣ 입자 비교 : 수화제는 10~20μm, 플로어블은 5μm 이하
⑥ 미량살포제 : 공중살포에 있어서만 이루어지고 있다.

(2) 고형시용제

① 분제(Dust)
　㉠ 주제를 증량제, 물리성개량제, 분해방지제 등과 균일하게 혼합 분쇄하여 제조
　㉡ 수도병해충 방제에 널리 사용
　㉢ 유제, 수화제에 비해 고착성이 떨어져 잔효성이 요구되는 과수의 병해 방제용으로는 부적합

② 입제(Granule)
　㉠ 유효성분을 고체증량제와 혼합분쇄 후 보조제로서 고합제, 안정제, 계면활성제를 가하여 입상으로 성형한 것
　㉡ 입상의 담체에 유효성분을 피복시킨 것으로 토양시용, 수면시용의 경우가 많음
　㉢ 농약에 있어서 입제는 근래 새로운 형태의 제제로서 등장하게 된 것으로 대체로 8~60mesh (0.5~2.5mm) 범위의 지름을 가진 작은 입자
　㉣ 입제의 성질
　　• 수용성이나 증기압이 낮고, 휘발성이 있어 훈증적인 작용
　　• 토양흡착성이 있고 물로 유실되지 않음
　　• 작물체 내에 침투 이행하는 성질
　　• 수중 및 토양중의 유기물 및 미생물에 대하여 안전해야 함

③ DL분제
　㉠ 살포도중에 비산이 적은 약제
　㉡ 20~30μm의 크기의 새로운 형태의 분제

④ 플로우더스트제(FD제)
　㉠ 하우스 내의 시설재배에 있어서 병해충 방제를 목적으로 개발
　㉡ 농약의 미립자가 시설 내에 장시간 부유하고 균일하게 확산
　㉢ 보통분제의 약 10배 농도의 성분을 함유하는 고농도의 미분제

(3) 기타 제형

① 훈증제 `기출`
  ㉠ 비점이 낮은 농약의 주제를 액상, 고상, 압축가스로 용기 내에 충전
  ㉡ 대기 중에 가스 상태로 방출하여 병해충에 독작용을 하는 제형
② 훈연제
  ㉠ 유효 성분과 발열제를 종이에 흡착시키거나 깡통에 넣은 형태
  ㉡ 불을 붙이면 유효성분이 연기와 함께 공중에 분산
  ㉢ 시설 원예 포장에서 많이 사용
③ 연무제
  ㉠ 유효 성분을 용제·분사제 등과 봄베(Bombe)에 충진시킨 것
  ㉡ 압력을 가하여 공기 중에 분출
④ 가스제 : 시안화석회, 클로로피크린, 메틸브로마이드

5 농약제제의 물리성

(1) 살포액의 물리성 `기출`
① 유화성 : 유립자가 균일하게 분산하여 유탁액으로 되는 성질
② 습전성 : 살포한 약액이 작물이나 해충의 표면에 잘 적시고 퍼지는 성질
③ 수화성 : 수화제와 물과의 친화도
④ 현수성 : 현탁액에 있어서 고체 입자가 균일하게 분산, 부유하는 성질과 안정성
⑤ 부착성·고착성 : 식물체나 충체에 붙는 성질
⑥ 침투성 : 약제가 식물체나 충체에 스며드는 성질
⑦ 표면장력 : 공기와 접촉하는 계면의 장력으로 살포 후의 표면장력이 적은 경우 살포가 용이함
⑧ 접촉각
  ㉠ 정지액체의 자유표면에 고체와 접하는 점에 액면과 고체면이 이루는 각
  ㉡ 접촉각이 크면 적셔지기 어렵고, 적으면 적셔지기 쉬움

(2) 분제(입제)가 갖추어야 할 물리적 성질
① 물리적 성질이 약효에 크게 좌우됨
② 입자의 크기 : 유효 성분의 효과를 발휘하는 기본적인 성질

㉠ 분말도 : 분제나 수화제의 입자의 크기
- 분제 : 250~300mesh 이상
- 수화제 : 330mesh 이상 가는 것이 양호

㉡ 입도 : 분제, 미립제, 입제 등에서 입경의 범위
- 분제 : 10μm 전후
- 수화제 : 297~1,680μm

③ 분산성 : 살포 시 분제가 널리 균일하게 분산하는 성질
④ 비산성 : 분제의 입자가 살분기의 풍력에 의해 목적 장소까지 날아가는 성질
⑤ 부착성·고착성 : 목적하는 작물 및 해충 등에 잘 달라붙는 성질
⑥ 응집력 : 각 입자가 집단을 만드는 힘
  ㉠ 응집력이 크면 분제가 블록상으로 되거나 살포기에서 토출이 안 됨
  ㉡ 작으면 비산은 좋지만 부착한 것이 떨어짐
⑦ 토분성 : 살포기로부터 토출되는 정도
⑧ 안정성 : 저장 중에 주제가 분해되거나 변하지 않는 성질
⑨ 경도 : 입자의 단단한 정도
⑩ 용적비중(가비중) : 단위 용적당 무게
⑪ 수중붕괴성 : 시용된 제제가 토양 표면 및 수면에서 서서히 유효 성분이 용출하는 성질

CHAPTER 02 적중예상문제

PART 04 농약학

01 농약의 용제로서 갖추어야 될 요인으로 옳지 않은 것은?
① 농약에 대한 용해도가 커야 한다.
② 농약의 약효 및 안전성을 저하시켜서는 안 된다.
③ 농약의 독성을 증대시켜야 한다.
④ 용제 자신이 약해를 내서는 안 된다.

해설
③ 농약의 정확한 처방을 위해 용제는 독성에 영향을 미쳐서는 안 된다.

02 주로 원제가 가수분해나 열에 안전한 화합물에 한하여 적용하고 있는 입제의 제제방법은?
① 압출조립법   ② 흡착법
③ 피복법   ④ 분무건조법

해설
입제조제법
- 압출조립법 : 농약원제에 점토 등의 증량제와 PVA · 전분과 같은 점결제 및 계면활성제와 분해제를 균일하게 혼합하여 분쇄한 다음 반죽하여 압출한 것으로 주로 원제가 가수분해나 열에 안전한 화합물에 한하여 적용
- 흡착법 : 천연 점토광물을 분쇄하여 만든 입자에 유기용매에 녹인 액상의 원제를 균일하게 흡착시켜 제제
- 피복법 : 규사, 탄산석회, 모래 등의 표면에 액상의 원제를 피복시키는 방법

03 다음 중 수화제에 많이 쓰이는 증량제는?
① Toluene
② Sulfamate
③ Bentonite
④ Methanol

해설
③ 수화제 : 가루 형태의 농약제제로 물에 젖지 않는 원제를 벤토나이트, 고령토 등의 증량제와 계면활성제를 섞어 물에 타서 쓸 수 있게 만든 농약제제

04 우리나라에서 분제로 가장 많이 사용되는 증량제는?
① 벤토나이트
② 탈 크
③ 필로필라이트
④ 카올린

해설
탈크(Talc)
- 활석, 운모
- 활석은 Tri-octahedral형의 삼층 구조형 층상구조 광물이다.
- 활석을 분말화하면 흡수성, 고착성이 강하고 내화성 등의 특성을 가지고 있어 충전제, 증량제로 많이 사용한다.

정답 1 ③ 2 ① 3 ③ 4 ②

05 증량제가 갖추어야 할 조건으로 옳지 않은 것은?

① 가급적 중성의 것을 택하도록 하여야 함
② 비중이 너무 크거나 작으면 안 됨
③ 증량제는 흡습성이 있어야 함
④ 증량제는 저장 중 주제에 작용해서 분해되는 성질을 가지면 안 됨

해설
③ 증량제가 흡습성을 가지게 되면 농약의 취급·운반·저장 시 불리하다.

06 우리나라의 농약관리법상 농약에 속하지 않는 것은?

① 살서제   ② 기피제
③ 유인제   ④ 살충제

해설
농약이란 농작물이나 그 산물에 직접 또는 간접으로 해를 끼치는 균·해충·응애·선충·바이러스·잡초 등의 동식물을 방제하기 위하여 사용하는 살균제, 살충제, 제초제, 그리고 농작물의 생리기능의 증진 또는 억제하는 데에 사용하는 약제와 그 밖에 기피제, 유인제, 전착제를 말한다.

07 농약의 부착성 및 습전성을 좋게 하기 위한 용도로 쓰이는 전착제는?

① 다이코 액제   ② 실록세인 액제
③ 씨엠 액제   ④ 클로르메콰트 액제

해설
농촌진흥청에 등록된 전착제 : 실록세인 액제, 니즈 미탁제, 스프레더스티커 분산성 액제, 파라핀 유탁제

08 우리나라에서 훈증제의 사용대상이 아닌 곳은?

① 쌀바구미
② 검역대상 해충
③ 재배 중인 농산물
④ 토양소독

해설
③ 훈증제의 경우 밀폐된 공간에서 주로 저장 해충의 방제에 사용한다.

09 물에 녹지 않는 주제를 Kaoline, Benetonite 등의 점토광물과 계면활성제, 분산제를 배합하고 혼합 분쇄하여 제제화하는 제형을 무엇이라 하는가?

① 유 제   ② 액 제
③ 수용제   ④ 수화제

해설
④ 수화제 : 분상으로서 물에 희석하였을 때 수화되는 농약
① 유제 : 액상으로서 물에 희석하였을 때 유화되는 농약
② 액제 : 액상으로서 물에 희석하였을 때 용해되는 농약
③ 수용제 : 분상, 정제로서 물에 희석하였을 때 용해되는 농약

10 분제의 제제에 있어 고려되어야 할 물리적 성질이 아닌 것은?

① 유화성   ② 분말도
③ 입 도   ④ 용적비중

해설
① 분제의 경우 분말 자체로 살포하는 농약의 형태로 유화성을 고려하지 않아도 된다.

정답 5 ③ 6 ① 7 ② 8 ③ 9 ④ 10 ①

11 농약의 제제에 있어서는 수용제나 액제의 일부를 제외하고는 제제처방에 반드시 계면활성제가 첨가되는데 계면활성제의 첨가 목적이 아닌 것은?

① 습윤작용(Wetting Property)
② 분산작용(Floatability)
③ 침투작용(Penetrating Property)
④ 분리작용(Separation Property)

해설
④ 계면활성제를 첨가하면 표면장력을 작게 해 접촉각이 작아지며 살포면의 습윤작용과 약제의 분산작용을 돕는다.

12 훈증제가 갖추어야 할 조건에 해당되지 않은 것은?

① 휘발성이 커야 하고 농도가 균일하게 되어야 한다.
② 훈증할 목적물에 이화학적으로 변화를 주어야 한다.
③ 비인화성이어야 한다.
④ 침투성이 커서 약제가 쉽게 도달해야 한다.

해설
② 훈증제는 목적물에 이화학적 변화를 주어서는 안 된다.

13 미분상으로서 물에 희석하여 사용하거나 원상태로 사용되는 농약으로 정의되는 제제 형태는?

① 수화성 미분제
② 유탁제
③ 미분제
④ 캡슐현탁제

해설
② 유탁제 : 액상 또는 점질액상으로서 물에 희석하였을 때 유화되는 농약
③ 미분제 : 미분상으로서 원상태로 사용되는 농약
④ 캡슐현탁제 : 미세캡슐 제형으로서 물에 희석하였을 때 수화되는 농약

14 다음 중 농약의 보조제(Adjuvant)로 사용되지 않는 것은?

① 전착제
② 용 제
③ 주 제
④ 협력제

해설
③ 주제의 사용을 보조하는 제제가 보조제이다.

15 비교적 무거운 점토광물로 흡유가가 천연의 증량제 중 가장 높은 증량제는?

① 활석(탈크)
② 카올린
③ 벤토나이트
④ 규산류

해설
벤토나이트
- 비교적 무거운 점토형 광물질로 물을 비롯한 액체 및 가스체를 흡착시키는 힘이 크며 유화성, 점착성, 습윤성을 갖추어 유류의 유화제 또는 수화제의 증량제로 사용한다.
- 흡유 특성이 천연의 증량제 중 가장 높다.

16 계면활성제를 구성하는 원자단 중 친유성이 가장 강한 것은?

① ROCH$_3$
② $-C_nH_{2n+1}$
③ $-OH$
④ $-SO_3H(Na)$

해설
계면활성제 중 친유성과 친수성의 정도

강친유성	$-C_nH_{2n+1}$ $-C_nH_{2n-1}$ 페닐기 나프틸기
친유성	$-CH_2OR$ $-\text{C}_6\text{H}_4-O-R$ $-COOR$
친수성	$-OH$ $-COOH$ $-CN$ $-NHCNH_2$ (C=O)
강친수성	$-SO_3^-H^+(Na^+)$ $-OSO_3^-H^+(Na^+)$ $-COO^-Na^+$ $-N_+-X^-$

17 수면시용제가 갖추어야 할 특성으로 옳지 않은 것은?

① 물에서 널리 확산되어야 한다.
② 물이나 미생물 또는 토양성분 등에 의하여 분해되지 않아야 한다.
③ 수중에서 장시간에 걸쳐 녹아 약액의 농도를 유지하여야 한다.
④ 가급적 약제의 일부는 수중에 현수되도록 친수 및 발수성을 갖추어야 한다.

해설
③ 수면시용제의 경우 어독성을 방지하기 위해 수중에서 장시간에 걸쳐 녹아 약액의 농도를 유지해서는 안 된다.

18 다음 중 수도작에 사용할 수 없는 농약 형태는?

① 분 제
② 입 제
③ 훈증제
④ 유 제

해설
③ 훈증제는 주로 밀폐된 공간에서 저장병해충 방제에 주로 이용한다.

19 농약의 제형 중 유제(乳劑)의 구비조건이 아닌 것은?

① 농약을 물에 넣었을 때 수화되면서 현수성이 좋아야 한다.
② 물에 희석하였을 때 유효성분이 석출되지 않고 유탁액을 만들어야 한다.
③ 유효성분이 보존 중 또는 사용 중에 분해·변화되지 않아야 한다.
④ 살포 후에 작물이나 해충의 표면에 고르게 퍼지며 부착이 되어야 한다.

해설
① 유제는 물에 희석하였을 때 수화가 아닌 유화되는 농약이다.

20 농약의 사용목적에 의한 분류가 아닌 것은?

① 살충제 ② 분 제
③ 제초제 ④ 살균제

해설
② 분제는 제형에 따른 분류에 해당한다(액체, 고체).

21 농약 원제를 물에 녹여 동결방지제를 가하여 제제화한 제형은?

① 유제(乳劑) ② 액제(液劑)
③ 수화제(水和劑) ④ 수용제(水溶劑)

해설
② 액제는 액상으로서 물에 희석하였을 때 용해되는 농약이다.

22 분제농약의 특성에 대한 설명으로 가장 거리가 먼 것은?

① 증량제와 소량의 보조제를 혼합 분쇄한 미분말
② 유효성분의 함량이 낮음
③ 작물에 고착성이 양호
④ 표류비산에 의한 환경오염 우려

해설
분제농약의 특성
- 분제 주제를 증량제, 물리성 개량제, 분해방지제 등과 균일하게 혼합 분쇄하여 제조한다.
- 수도병해충 방제에 널리 사용한다.
- 유제, 수화제에 비해 고착성이 떨어져 잔효성이 요구되는 과수의 병해 방제용으로는 부적합하다.

23 분제의 가비중(假比重, Bulk Density)을 표시한 것으로 가장 적당한 것은?

① 0.2~0.4
② 0.4~0.6
③ 0.6~0.8
④ 0.8~1.0

해설
② 분제의 가비중은 0.4~0.6이다.

24 다음 중 유제에 대한 설명으로 옳지 않은 것은?

① 수화제보다 살포액의 조제가 편리하다.
② 수화제보다 약효가 다소 낮다.
③ 수화제보다 제조비가 높다.
④ 수화제보다 포장 및 수송 시 보관이 어렵다.

해설
유 제
- 유탁액 : 불용성 주제 + 용제 + 계면활성제
- 물에 녹지 않는 농약의 주제를 용제에 용해시켜 계면활성제를 첨가한다.
- 물과 혼합 시 우유 모양의 유탁액이 된다.
- 수화제보다 살포액의 조제가 편리하고 약효가 다소 높다.
- 유제의 구비조건 : 유화성, 안정성, 확전성, 고착성

25 다음 농약 중 환경친화적인 제형이라고 볼 수 없는 것은?

① 미탁제(Micro Emulsion)
② 유탁제(Emulsion Oil, In Water)
③ 유제(Emulsifiable Concentrate)
④ 수면전개제(Spreading Oil)

해설
③ 환경친화적 제형의 경우 극소량으로 방제하는 곳에 대해서만 작용해야 한다.

26 다음 중 농약의 보조제가 아닌 것은?

① 증량제　　② 유인제
③ 용 제　　　④ 협력제

해설
② 보조제는 살충제의 효력을 충분히 발휘시킬 목적으로 사용한다.

27 분제(粉劑)의 물리적 성질인 토분성에 대한 설명을 옳게 기술한 것은?

① 분제를 살포하였을 때 광범위하게 그리고 균일하게 흩어지는 성질을 말한다.
② 살분 시 분제의 입자가 풍압에 의하여 목적하는 장소까지 날아가는 성질을 말한다.
③ 살분 시 분제의 입자가 살분기의 분출구로 잘 미끄러져 가는 성질을 말한다.
④ 분제농약의 저장 시 주성분의 분해 및 응집 등 물리적 변화가 일어나지 않은 성질을 말한다.

해설
③ 토분성은 살포기로부터 토출되는 정도를 말한다.

28 다음 유제의 물리성 중 가장 중요한 것은?

① 수화성　　② 유화성
③ 수용성　　④ 친수성

해설
② 유제의 경우 유화성이 있어야 희석 살포 시 균일한 약효를 발현한다.

정답 24 ② 25 ③ 26 ② 27 ③ 28 ②

29 제형별 농약제제 방법에 대한 설명으로 옳지 않은 것은?

① 유제 – 농약의 원제를 용제에 녹여 계면활성제를 유화제로 첨가하여 제제한 것이다.
② 수화제 – 원제가 고체인 경우에는 화이트카본을 첨가하여 혼합·분쇄하여 제제한 것이다.
③ 분제 – 원제를 증량제, 물리성 개량제, 분해방지제 등과 균일하게 혼합·분쇄하여 제제한 것이다.
④ 피복식입제 – 규사, 탄산석회, 모래 등 비흡유성의 입상담체를 중심핵으로 액체의 원제를 분무하여 입상의 분무핵에 피복시키는 방법이다.

해설
수화제
- 현탁액 : 불용성 주제 + 카올린·벤토나이트 + 계면활성제
- 물에 녹지 않는 주제를 카올린, 벤토나이트 등으로 희석한 후 계면활성제를 혼합한 제제
- 물에 희석하면 유효 성분의 입자가 물에 고루 분산되어 현탁액이 된다.
- 수화제를 물에 풀면 현탁액이 된다.

30 수화제 농약을 물에 희석하였을 때 고체상의 입자가 용액 중에 균일하게 분산되는 성질을 무엇이라 하는가?

① 수화성 ② 수용성
③ 유화성 ④ 현수성

해설
④ 현수성 : 약제의 작은 알맹이가 약액 중에 골고루 퍼져 있게 하는 성질
① 수화성 : 수화제의 농약이 물에 고르게 분산되는 성질

31 일반식 ROSO₃Na로 표시되며 기포력, 침윤력, 세척력이 크고 물속에서 가수분해되지 않는 보조제는?

① 지방알코올황산에스테르
② 황산화유
③ 설폰산염
④ 지방산에스테르

해설
① 지방알코올황산에스테르 : 음이온계면활성제

32 곡물해충의 훈증제로 이용되며, 토양살균제로도 우수한 효과가 있는 것은?

① 지베렐린(Gibberellin)
② 클로로피크린(Chloropicrin)
③ 시마진(Simazine)
④ 리누론(Linuron)

해설
② 클로로피크린 : 훈증제

33 약제를 살포했을 때 약제를 골고루 적시는 성질을 의미하는 것은?

① 확전성(擴展性)
② 비산성(飛散性)
③ 습윤성(濕潤性)
④ 부착성(附着性)

해설
습윤성
- 고체의 표면이 액체와 접촉하여 축축하게 배어드는 성질
- 액체의 표면 장력이 감소함으로써 액체가 고체의 표면에 퍼진다.

34 농약의 사용 목적에 따른 분류로 옳지 않은 것은?

① 접촉독제   ② 종자소독제
③ 제초제   ④ 훈증제

해설
④ 훈증제는 특수목적제로 분류한다.

35 주성분은 규산(SiO_2)이고 약간의 산화알루미늄(Al_2O_3)과 석회를 함유하고 약 4배 무게의 수분을 보존할 수 있다. 특히, 마찰력이 커서 살충효과를 보이는 증량제는?

① 고령토(Kaolin)
② 벤토나이트(Bentonite)
③ 탈크(Talc)
④ 규조토(Diatomaceous Earth)

해설
④ 규조토 : 주성분은 규산이며 곤충의 각질(Cuticle)에 대하여 강력한 연마력을 가지고 있고 수화제의 증량제로 사용한다.

36 농약의 유효성분에 용제나 분사제 등을 봄베(Bombe)에 충진시킨 것으로 압력을 가하여 공기 중에 분출시켜서 사용하기 위한 제제는?

① 훈증제   ② 훈연제
③ 연무제   ④ 도포제

해설
③ 연무제(분무제)는 무상의 에어로졸 상태로 사용되는 농약으로서 가정원예용 농약으로 이용된다.

37 농약의 약효보증기간 동안 유효성분의 분해를 방지 또는 억제하기 위하여 첨가되는 물질은?

① Fenclorim
② Oxabentrinil
③ Epichlorohydrin
④ Metolachlor

해설
분해방지제
- PAP
- Epichlorohydrin : 유기인계 농약의 분해방지제로 널리 이용

$$RO-\overset{\underset{\|}{O}}{P}-OH + CH_2-CH-CH_2Cl \longrightarrow CH_2-CH-CH_2Cl$$
$$\underset{OR\ \ OR}{\underset{\|}{\underset{O=P}{\underset{|}{O}}}}\quad \underset{OH}{}$$

38 다음 중 훈증제가 아닌 농약은?

① 메틸브로마이드제
② 클로로피크린제
③ 디코폴 유제
④ 시안화수소산제

해설
훈증제 : 메틸브로마이드, 청산제(시안화수소), 클로로피크린, 알루미늄포스파이드

39 다음 농약 제형 중 직접 살포제가 아닌 것은?

① 세립제   ② 미립제
③ 유탁제   ④ 미분제

해설
③ 유탁제는 액상, 점질액상으로서 물에 희석하면 유화되는 농약이다.

정답 34 ④ 35 ④ 36 ③ 37 ③ 38 ③ 39 ③

40 입상수화제 제형에 대한 설명으로 옳지 않은 것은?

① 수화제의 문제점을 보완한 제형이다.
② 입상의 담체에 유효성분을 피복시켜 제조한 제형이다.
③ 환경친화적인 제형이다.
④ 인화성과 폭발성이 없어 이화학적으로 안정하다.

해설
② 입상수화제는 가루가 날리는 수화제를 과립상으로 만들어 물에 희석하여 사용하는 농약이다.

41 농약의 입제(粒劑)에 대한 설명으로 옳지 않은 것은?

① 제조과정이 다른 제형보다 간단하고 값이 저렴하다.
② 살포가 용이하고 환경오염이 적다.
③ 입자가 크므로 농약을 살포하는 농민에 대하여 안전성이 높다.
④ 토양 흡착성이 크고 물에 쉽게 유실되지 않는다.

해설
입 제
• 입제는 사용이 간편하고 입자가 크기 때문에 분제와 같이 표류, 비산에 의한 근접 오염 우려가 없다.
• 사용자에 대한 안전성도 다른 제형에 비해 우수하다.

42 다음 농약의 제제 형태 중 입자가 가장 작으며 환경에 안전한 것으로 알려져 있는 것은?

① 미탁제 ② 유탁제
③ 유 제 ④ 미분제

해설
미탁제
• 액상, 점질액상으로서 물에 희석하면 미세하게 유화되는 농약
• 유제에 사용되는 유기용제를 줄이기 위한 방안으로 개발된 제형

43 농약제조용 증량제에 대한 설명으로 가장 올바르게 설명된 것은?

① 수분함량이 낮고 입자의 흡습성이 낮은 증량제가 좋다.
② 증량제의 가비중은 입자의 비산성과 관계가 있으므로 0.2 이하가 적당하다.
③ 증량제의 강도가 강할수록 농약살포 시 더 유리하다.
④ 증량제의 pH에 의한 농약의 주성분 분해 영향은 거의 없다.

해설
증량제 : 분제에 있어서 주성분의 농도를 낮추는 보조제

40 ② 41 ① 42 ① 43 ①

44 다음 중 농작물 또는 기타 저장물에 해충이 모이는 것을 막기 위해 쓰이는 기피제(Repellent)로 쓰이는 것은?

① Chlorobenzilate
② Dimethyl Phthalate
③ Demeton-s-methyl
④ Methyl Bromide

[해설]
② Dimethyl Phthalate : 취각기피제

45 수화제(Wettable Powder)를 물에 풀면 어떤 액이 되는가?

① 유탁액 ② 현탁액
③ 투명한 수용액 ④ 유용액

[해설]
② 수화제는 수화하였을 때 현탁액이 균일해야 한다.

46 다음 중 농약의 보조제(Supplement Agent)에 해당하는 것은?

① 유인제 ② 점착제
③ 기피제 ④ 유화제

[해설]
② 점착제는 물질을 달라붙게 하는 물질이다.

47 농약의 분류 중 유효성분 조성에 따른 분류에 해당하는 것은?

① 유기인계 ② 살충제
③ 살균제 ④ 유인제

[해설]
유효성분 조성에 따른 분류 : 유기인계, 카바메이트계, 유기염소계, 유기황계 등

48 분제가 갖추어야 할 물리적 성질로서 가장 거리가 먼 것은?

① 분산성 ② 비산성
③ 안정성 ④ 현수성

[해설]
④ 현수성은 약제의 작은 미립자가 약액 내에 골고루 퍼져 있게 하는 성질을 말한다.

49 병균이 식물체에 침투하는 것을 방지하기 위해 쓰이는 약제로, 예방을 목적으로 사용되며 약효시간이 긴 특징을 갖고 있는 것은?

① 보호살균제
② 직접살균제
③ 종자소독제
④ 토양살균제

[해설]
① 보호살균제는 식물체에 병원균이 침투하는 것을 막기 위해 살포하는 약제이다.

정답 44 ② 45 ② 46 ④ 47 ① 48 ④ 49 ①

50 비등점이 낮은 농약의 원제를 액상, 고상 또는 압축가스의 형태로 용기에 충전한 것을 열어 대기 중에 가스상으로 방출시켜 병해충을 방제하는 농약 제형은?

① 훈증제 ② 연무제
③ 훈연제 ④ 플로우더스트제

해설
② 연무제는 유효 성분을 용제·분사제 등과 Bombe에 충진시킨 것으로 압력을 가하여 공기 중에 분출한다.

51 저장 곡류(穀類)의 훈증제로 주로 사용되는 것은?

① DEP제
② Alphamethirin제
③ Procymidone제
④ Methyl Bromide제

해설
훈증제 : 유효성분을 가스로 해서 해충을 방제하는 데 쓰이는 약제

52 다음 2,4-D 산 또는 그의 염과 에스테르 중 물에 가장 잘 녹는 화합물은?

① 2,4-D 산
② 2,4-D 소다염
③ 2,4-D 에스테르형
④ 2,4-D 아민염

해설
④ 2,4-D 아민염 : 물에 잘 녹음

53 물에 녹지 않는 주제를 카올린(Kaolin), 벤토나이트(Bentonite) 등의 점토광물과 계면활성, 분산제를 배합하고 혼합하여 제제화한 것은 어느 제형인가?

① 수용제 ② 수화제
③ 분 제   ④ 증량제

해설
② 수화제를 물에 두면 현탁액이 됨

54 용제에 녹기 어려운 농약 주성분을 액제화한 현탁제제는?

① 수화제 ② 수용제
③ 유 제   ④ 플로어블

해설
④ 플로어블 : 용제에 녹기 어려운 고체의 유효성분을 액제화한 것

55 유제(Emulsifiable Concentrate)의 구비조건 중 옳지 않은 것은?

① 유화성이 좋아야 한다.
② 해충의 표면에 부착능력이 좋아야 한다.
③ 유효성분이 보존 또는 사용 중에 분해 변화가 커야 한다.
④ 물로 희석 시 유효성분이 석출되지 않아야 한다.

해설
③ 유효성분이 보존되거나 사용 중 분해되지 않아야 한다.

PART 04 농약학

CHAPTER 03 농약의 독성 및 잔류성

1 농약의 독성

(1) 독성의 의미 및 증상

① 농약의 독성
  ㉠ 농약은 병해충이나 잡초 등의 유해한 생물로부터 농림작물을 보호하지만, 인간이나 가축 및 무해한 환경 생물에 대하여 해를 입히는 성질
  ㉡ 발현대상에 의한 독성
    • 포유동물 독성 : 사람이나 포유동물에 대한 독성
    • 환경생물 독성 : 생태계 유용생물(물고기, 새, 꿀벌, 지렁이, 누에 등)에 대한 독성
  ㉢ 투여방법에 따른 독성
    • 흡입 독성 : 호흡을 통해 체내 침투되어 발현되는 독성(독성이 가장 큼)
    • 경구 독성 : 입을 통해 체내 침투되어 발현되는 독성
    • 경피 독성 : 피부를 통해 체내 침투되어 발현되는 독성
  ㉣ 발현속도에 따른 독성
    • 급성 독성 : 일시에 다량의 농약에 노출되었을 때 나타나는 독성
    • 만성 독성 : 소량의 농약이 장기간에 걸쳐 노출 시 나타나는 독성
  ㉤ 주로 유기염소계 살충제 : 만성독성 실험법
    • 아급성독성 : 수주에서 수개월 간에 걸쳐서 실험
    • 아만성독성 : 생쥐의 경우 전 생애, 개, 원숭이 등은 수명의 1/10기간 동안 실험
  ㉥ 독성의 강도에 따라 독성
    • 보통 독성 : 저독성 농약
    • 고독성 : 유독성 농약(잔류성 농약 포함)
    • 맹독성 : 별도 취급
    • 특수 독성 : 발암성, 최기형성, 신경독성, 생식독성

② 농약의 위해성
  ㉠ 독성의 강도 : 화학물질이 지니고 있는 고유한 성질, 노출약량, 노출시간에 따라 결정
  ㉡ 농약의 위해성 = 독성의 강도 × 노출약량 × 노출시간

(2) 포유동물에 대한 독성(급성독성)

① 급성독성 정도에 따른 농약의 구분(농약관리법 시행규칙 [별표 3의5])

구 분	시험동물의 반수를 죽일 수 있는 양(mg/kg 체중)			
	급성 경구		급성 경피	
	고 체	액 체	고 체	액 체
I급(맹독성)	5 미만	20 미만	10 미만	40 미만
II급(고독성)	5 이상~50 미만	20 이상~200 미만	10 이상~100 미만	40 이상~400 미만
III급(보통독성)	50 이상~500 미만	200 이상~2,000 미만	100 이상~1,000 미만	400 이상~4,000 미만
IV급(저독성)	500 이상	2,000 이상	1,000 이상	4,000 이상

② 급성독성의 표시 : 반수치사약량(LD_{50}), 숫자가 작을수록 독성이 강함

③ 분 류 [기출]
  ㉠ LD_{50} 30mg/kg 이하의 것 : 독약
  ㉡ LD_{50} 50~300mg/kg의 것 : 극약
  ㉢ LD_{50} 300mg/kg 이상의 것 : 보통약
  ㉣ 극약과 보통약에 속하는 것 : 저독성 농약

④ 유기인계 살충제
  ㉠ 대체로 독성이 강하지만 동물체 내에서 비교적 빨리 분해되어 무독화
  ㉡ 주로 급성 중독

⑤ 무기염소계 살충제
  ㉠ 대부분 안정한 화합물로서 동식물체 내에서 거의 분해 안 됨
  ㉡ 동물의 지방층이나 뇌신경 등에 용입 축적
  ㉢ 주로 만성 중독 : mg/kg(체중)/day 단위로 표기

(3) 환경 생물에 대한 독성

① 어독성 [기출]
  ㉠ 살포한 농약이 강우나 관개수 등에 의하여 하천, 호수와 직결되어 각종 어류에 독성을 일으키는 경우
  ㉡ 어독성 I급과 II급에 해당하는 농약은 포장지에 경고문구를 삽입하도록 의무
  ㉢ 어독성의 반수치사농도 : 96시간 후에도 50%가 견뎌내는 약제농도
  ㉣ 벼 재배용 농약은 어류 또는 미꾸리에 대한 어독성 중 어류 또는 미꾸리의 반수를 죽일 수 있는 농도값이 낮은 것
  ㉤ 제제형태별로 유제 > 수화제 > 수용제 순으로 어독성이 강함
  ㉥ 분제와 입제는 어류에 대한 독성이 비교적 약한 것으로 알려져 있음
  ㉦ 어류는 알이 농약에 대한 감수성이 가장 낮고, 수온이 높으면 농약에 대한 저항성이 낮아짐

◎ 어독성 정도에 따른 농약의 구분(농약관리법 시행규칙 [별표 3의5])

구 분	반수치사농도(mg/L, 96시간)	사용 제한
Ⅰ급	1 이하	하천에 유입시켜서는 안 됨
Ⅱ급	1 초과~10 이하	일시에 광범위하게 사용 금지
Ⅲ급	10 초과	통상 방법으로 영향 없음

② 유용 곤충에 대한 독성
  ㉠ 꿀벌에 대한 독성
  ㉡ 누에에 대한 독성
  ㉢ 천적군의 파괴
    • 해충 방제를 위한 살충제가 천적군의 균형을 파괴함
    • 기생벌, 기생파리, 잠자리 등의 피해
③ 기타 조류에 대한 독성 : 맹독성 농약
  ㉠ 파라티온유제 : 과수 이외의 모든 작물에 사용금지(공급 : 산림청, 농협, 조달청)
  ㉡ 테믹입제 : 소나무 이외의 모든 작물에 사용금지(공급 : 산림청)
  ㉢ 호리마트입제 : 과수원 살충제
  ㉣ 슈라단 : 침투성 살충제

2 농약의 잔류와 안전사용

(1) 잔류성에 의한 농약의 구분
  ① 잔류성 농약
    ㉠ 농약의 주성분이 농작물, 토양, 수질에 잔류되거나 이를 오염시키는 농약
    ㉡ 작물잔류성, 토양잔류성, 수질오염성 농약으로 분류
  ② 작물잔류성 농약
    ㉠ 수확한 농산물 중의 잔류량이 잔류허용기준을 넘을 위험이 있는 농약
    ㉡ 농약의 구조적 안정성이 클수록 오래 잔류
    ㉢ 작물 표면의 굴곡과 털이 많을수록, 왁스피복 비율이 적을수록 많이 잔류
    ㉣ 표면적이 넓을수록 잔류성이 많고 중량이 무거울수록 잔류량이 적음
    ㉤ 전착제는 농약의 작물체 부착량을 많게 해 잔류량도 상대적으로 많음
  ③ 토양잔류성 농약
    ㉠ 토양 중 농약의 반감기간이 180일 이상인 농약
    ㉡ 병해충 방제를 위해 사용한 결과 농약을 사용하는 토양에 그 성분이 잔류되어 후작물에 잔류되는 농약

ⓒ 반감기 : 토양에 처리한 농약 중 절반이 분해되는 데 걸리는 시간
　④ 수질오염성 농약 : 수도용 농약으로 어독성에 관여함

(2) 농약의 잔류허용기준 및 안전사용기준
　① 농약의 1일 섭취허용량(ADI ; Acceptable Daily Intake) 기출
　　㉠ 농약을 일생 동안 매일 섭취하여도 시험동물에 아무런 영향도 주지 않는 농약의 최대약량(NOEL, 최대무작용약량)을 구한 후 이 값에 안전계수(일반적으로 1/100)를 곱한 값
　　㉡ 체중에 따라 섭취허용량이 달라짐
　　㉢ 최대무작용약량(NOEL ; No Observed Effect Level) : 농약의 1일 섭취허용량(ADI)의 설정 기준
　　㉣ 농약의 1일 섭취허용량 : 식품 중 농약잔류 허용기준 설정 기준
　② 농약의 잔류허용기준(MRL ; Maximum Residue Limits) 기출
　　㉠ 농약의 최대잔류허용량

$$\text{최대잔류허용량(ppm)} = \frac{\text{1일 섭취허용량(ADI ; mg/kg)} \times \text{국민평균체중(kg)}}{\text{해당 농약이 사용되는 식품의 1일 섭취량(식품계수, kg)}}$$

　　㉡ 급성독성 농약의 중독과는 관계없으며 만성독성의 개념
　　㉢ 식품계수 : 전 식사에 대한 농약의 잔류가 문제되는 식품의 비율
　③ 안전사용기준
　　㉠ 수확한 농산물 중의 농약잔류량이 허용기준을 넘지 않도록 농약사용방법을 법으로 하는 기준(안전한 농산물을 생산하도록 농약 사용법을 정함)
　　㉡ 설정기준 : 적용 대상 작물, 농약을 사용할 때, 살포농도 및 양, 살포횟수, 살포 후 수확 및 식용까지의 기간
　　㉢ 우리나라 농약품목 개발과정 : 농약 관리 위원회의 심의 의결을 거쳐 농촌진흥청장이 고시하는 품목의 농약을 제조·수입·판매함

3 농약 중독 시 응급처치 요령

(1) 농약의 중독사고
　① 농약의 중독 경로
　　㉠ 피부 : 피부 접촉에 의한 중독으로 농약의 중독의 가장 일반적 원인, 방제복·고무장갑·고무장화 등을 착용하지 않고 농약을 취급할 때 발생
　　㉡ 입 : 섭취에 의한 중독
　　㉢ 흡입 : 고농도 농약 연무의 흡입에 의한 중독

② 농약 사용자의 준수사항
  ㉠ 고독성 농약은 원예용으로만 사용
  ㉡ 고독성 농약의 살포액은 사용 직전에 조제하고 원액이 피부에 묻지 않도록 주의
  ㉢ 내과 및 피부과 계통의 질환자, 허약자, 부녀자, 연소자 등은 농약살포를 피함
  ㉣ 고독성 농약의 살포작업은 바람이 부는 반대 방향으로부터 바람을 등지고 살포
  ㉤ 고독성 농약의 살포작업은 3시간 이상 지속을 금하며 살포 도중, 흡연, 음주, 식사를 금함
  ㉥ 고독성 농약의 살포 도중 분무기의 분출구가 막혔을 때 입으로 빨거나 손으로 만져서는 안 됨
  ㉦ 고독성 농약 살포 지역의 표시와 살포 후 14일간은 출입을 금하고 수확은 엄금
  ㉧ 고독성 농약이 들어 있던 용기는 타용도로 사용 금지
  ㉨ 고독성 농약의 살포작업 이후에는 반드시 손·발·얼굴 등 피부를 씻고 작업복, 마스크 등을 세탁, 남은 농약은 어린이의 손에 닿지 않도록 보관

(2) 농약 중독 시의 응급조치
① 중독 증상의 관찰
  ㉠ 전신 : 극히 무기력하고 피곤함을 느낌
  ㉡ 피부 : 자극성, 화상, 과도한 땀을 흘림
  ㉢ 눈 : 가려움, 화상, 눈물, 잘 보이지 않거나 침침함, 동공축소 또는 확대
  ㉣ 소화계 : 구강 및 인후 화상, 과도한 침분비, 구역질, 구토, 복통, 설사
  ㉤ 신경계 : 두통, 현기증, 혼미, 불안정, 근육경련, 언어장애, 발작, 무의식
  ㉥ 호흡계 : 기침, 흉통, 흉부압박, 호흡곤란, 숨을 헐떡임
② 응급조치 요령
  ㉠ 중독환자는 극히 동요되기 쉬우므로 환자를 절대 안정시킴 → 유기인계 및 카바메이트계 농약 중독일 경우 동요하면 더욱 악화
  ㉡ 피부오염 시 약액이 묻은 옷을 벗기고 비눗물로 목욕
  ㉢ 눈오염 시 맑은 물로 눈을 뜨고 15분 이상 반복하여 씻어냄
  ㉣ 음독에 의한 중독시
    • 환자를 앉히거나 일으켜 세움
    • 따뜻한 소금물을 1~2컵 마시게 해 구토유발
    • 황산나트륨, 황산마그네슘, 황산소다복용 : 배변 촉진
    • 활성탄 복용 : 중화제

> **참고** 주의 : 무의식 상태의 환자에게는 기도가 막히는 것을 방지하기 위해 아무것도 먹이지 말아야 하고, 환자를 본래 누워있는 자세로 편안하게 유지하게 해야 함

ⓜ 환자가 호흡이 약해지면 인공호흡 실시
ⓗ 환자가 경련을 일으킬 때는 솜이나 헝겊 등을 이 사이에 끼워주어 자해행위 방지
ⓢ 흡입에 의한 중독 시 환자를 공기가 맑고 그늘진 곳에 옮겨 단추와 허리띠를 풀어 호흡하게 하여 쉬도록 하고 걷지 않게 함
ⓞ 피부염 발생 시 물로 잘 씻고 올리브유 등의 식물성 기름이나 항히스타민 연고를 바르며 중증일 때는 부신피질 호르몬 연고를 바름

> **참고** 주의 : 환자가 담배를 피우거나 술을 마시게 해서는 안 되며 음독 시 우유를 마시게 해서는 안 됨(음료수는 마실 수도 있음)

③ 농약 중독별 해독제

농 약	치료제
유기인계	팜(PAM), 황산아드로핀
유기염소계	항경련제
카바메이트계	황산아드로핀
피레스로이드계	황산아드로핀
칼탑・치오사이크람계	발(BAL), 글루타티온 등 SH계 해독제
디티오카바메이트계	스테로이드제
메틸브로마이드, 이디비(EDB)계	발(BAL), 아미노페린(Aminopherin)
유기비소계	BAL
염소산염계 제초제	황산소다를 중탄산소다에 용해시킨 것

PART 04 농약학

CHAPTER 03 적중예상문제

01 다음 중 농약의 독성을 표시하는 것은?
① 잔류허용량   ② 안전사용기준
③ 중위치사량   ④ 1일 섭취허용량

해설
③ 농약의 독성은 반수치사량 또는 중위치사량으로 표시한다.

02 농약의 안전성 평가항목 중 일반독성 평가항목에 해당되지 않는 것은?
① 변이원성   ② 만성독성
③ 신경독성   ④ 어독성

해설
④ 어독성 평가는 환경생물 독성시험의 종류이다.

03 독성(毒性)의 정도를 표시하는 데 쓰이지 않는 것은?
① LC_{50} ② LD_{50}
③ ED_{50} ④ HLB

해설
HLB(Hydrophilic Lipophlic Balance)
- 계면활성제 분자 중에서 친유성인 부분과 친수성인 부분의 균형을 나타냄
- LD_{50}(Median Lethal Dose) : 반수치사약량
- LC_{50}(Lethal Concentration 50) : 반수치사농도
- ED_{50}(Effective Dose 50) : 반수영향약량
- EC_{50}(Effective Concentration 50) : 반수영향농도

04 수질 오염성 농약에 대한 설명으로 옳지 않은 것은?
① 수서 생물에 피해를 일으킬 우려가 있는 농약이다.
② 수질환경보전법과 관련이 있다.
③ 공공수역의 수질을 오염시켜 사람에게 피해를 줄 우려가 있는 농약이다.
④ 땅속의 생물이나 가축 등의 피해와는 무관하다.

해설
④ 수질 오염성 농약의 경우 생태계의 먹이사슬을 통해 인축에게까지도 피해가 발생한다.

05 농약의 일일 섭취허용량을 기술한 것 중 옳은 것은?
① 농약을 함유한 음식을 하루 섭취하여도 장해가 없는 양
② 농약을 함유한 음식을 일년간 섭취하여도 장해가 없는 양
③ 농약을 함유한 음식을 십년간 섭취하여도 장해가 없는 양
④ 농약을 함유한 음식을 일생 동안 섭취하여도 장해가 없는 양

해설
① 일일 섭취허용량은 농약을 함유한 음식을 하루 섭취하여도 장해가 없는 양을 의미한다.

정답 1 ③ 2 ④ 3 ④ 4 ④ 5 ①

06 농약관리법상 농약잔류 독성의 분류로서 옳은 것은?

① 작물잔류성농약, 토양잔류성농약, 수질오염성농약
② 논토양잔류성농약, 밭토양잔류성농약, 작물잔류성농약
③ 작물잔류성농약, 토양잔류성농약, 어독성농약
④ 수질오염성농약, 작물잔류성농약, 중금속잔류성농약

해설
잔류성에 의한 농약 구분(농약관리법 시행규칙 [별표 3의5])
작물잔류성농약, 토양잔류성농약, 수질오염성농약

07 농약의 급성독성을 실험하는 데 흔히 쓰이는 동물은?

① 집파리   ② 개구리
③ 흰 쥐   ④ 고양이

해설
③ 흰쥐 : 농약의 급성독성을 실험하는 데 흔히 쓰이는 동물

08 다음 약제 중 어독성이 가장 큰 것은?

① Aldrin   ② Dieldrin
③ Endrin   ④ DDT

해설
③ 피씨피(PCP), 엔드린(Endrin) 같은 농약은 어독성이 강하다.

09 농약의 독성의 정도에 따른 분류가 아닌 것은?

① 맹독성   ② 잔류독성
③ 고독성   ④ 저독성

해설
농약의 독성 : Ⅰ급(맹독성), Ⅱ급(고독성), Ⅲ급(보통독성), Ⅳ급(저독성)

10 어떤 살충제에 대하여 한 번도 사용한 적은 없으나 작용기작이 같은 살충제에 저항성을 나타내는 현상을 무엇이라 하는가?

① 복합저항성
② 교차저항성
③ 특이저항성
④ 교차저항성 + 복합저항성

해설
② 교차저항성 : 어떤 약제에 의해 저항성이 생긴 곤충이 다른 약제에 저항성을 보이는 것

11 다음 중 농약의 분류상 맞지 않는 조합은?

① 보호용 살균제 - 석회보르도액
② 소화중독제 - 비산연
③ 직접살균제 - 구리분제
④ 훈증제 - 메틸브로마이드

해설
직접살균제
- 병균 침입의 예방은 물론 침입된 균을 방제
- 석회유황합제, Blasticidin, 디폴라탄 등

12 독성 표시 기호 중 TLm 이란?

① 어종별로 48시간 이후에도 50%가 견뎌내는 약제 농도
② 물벼룩에 대하여 48시간 이후에도 50%가 견뎌내는 약제 농도
③ 누에에 대하여 48시간 이후에도 50%가 견뎌내는 약제 농도
④ 동물의 50%가 죽는 농약의 양

해설
TLm
• 어독성의 반수치사농도
• 48시간 후에도 50%가 견뎌내는 약제 농도로 TLm으로 표시

13 우리나라의 농약 독성구분에 대한 설명으로 옳지 않은 것은?

① 독성구분은 세계보건기구(WHO)의 분류방법을 채택하고 있다.
② 독성구분은 일반독성, 환경독성, 잔류독성으로 구분한다.
③ 농약의 독성구분은 농약을 사용하는 농민의 안전을 최우선으로 한다.
④ 고독성 이상의 농약은 취급제한 기준을 정하여 특별관리하고 있다.

해설
② 독성구분은 포유류에 대한 독성과 환경생물에 대한 독성으로 평가한다.

14 액체크로마토그래피에 의한 농약제품 분석 시 가장 많이 사용되는 검출기는?

① UV/Vis 검출기
② 굴절률 검출기
③ 형광 검출기
④ 전기화학 검출기

해설
액체크로마토그래피(LC)의 검출기 종류 : UV/Vis분광광도검출기, 굴절률 검출기, 형광 검출기

15 농약관리법에 의한 맹독성 농약의 구분으로 경구투여 시의 반수치사량(mg/체중kg당)을 표시한 것은?

① 고체 5 미만, 액체 20 미만
② 고체 10 미만, 액체 40 미만
③ 고체 5 미만, 액체 10 이상 100 미만
④ 고체 20 이상 200 미만, 액체 10 이상 100 미만

해설
맹독성 : 고체 5 미만, 액체 20 미만

16 우리나라의 유통 농약 중 독성분포가 제일 많은 것은?

① 맹독성   ② 고독성
③ 보통독성 ④ 저독성

해설
④ 저독성 농약의 분포가 제일 높다.

17 인축에 대한 독성을 표시하는 기호로 사용하는 LD$_{50}$의 의미는?

① 중위치사량　② 최대치사량
③ 최소치사량　④ 극소치사량

해설
① 중위치사량 : 실험에 사용되는 곤충이나 균의 포자들을 50%살해하는데 필요한 약량

18 농약관리법에 의한 맹독성의 판정기준은?

① 실험동물에 대한 경구독성이 고체는 5mg/kg, 액체는 20mg/kg 미만
② 실험동물에 대한 경구독성이 고체는 5mg/kg, 액체는 40mg/kg 미만
③ 실험동물에 대한 경구독성이 고체는 10mg/kg, 액체는 50mg/kg 미만
④ 실험동물에 대한 경구독성이 고체는 10mg/kg, 액체는 100mg/kg 미만

해설
급성독성 정도에 따른 농약의 구분(농약관리법 시행규칙 [별표 3의5])

구 분	시험동물의 반수를 죽일 수 있는 양(mg/kg 체중)			
	급성 경구		급성 경피	
	고 체	액 체	고 체	액 체
I급 (맹독성)	5 미만	20 미만	10 미만	40 미만
II급 (고독성)	5 이상 50 미만	20 이상 200 미만	10 이상 100 미만	40 이상 400 미만
III급 (보통독성)	50 이상 500 미만	200 이상 2,000 미만	100 이상 1,000 미만	400 이상 4,000 미만
IV급 (저독성)	500 이상	2,000 이상	1,000 이상	4,000 이상

19 다음 설명 중 옳지 않은 것은?

① 작물잔류성농약이란 농약의 성분이 수확물 중에 잔류하여 농약잔류허용기준에 해당할 우려가 있는 농약을 말한다.
② 안전계수란 사람이 하루에 섭취할 수 있는 약의 양을 말한다.
③ 작물 체내의 잔류농약은 경시적으로 계속하여 감소한다.
④ 농약의 작물잔류는 사용횟수와 제제형태에 따라서 다르다.

해설
안전계수
• 농약의 1일 섭취허용량(ADI)을 구할 때
• 최대약량(최대무작용약량, NOEL)을 구한 후 이 값에 안전계수(일반적으로 1/100)를 곱한다.

20 다음 중 농약의 저항성 발달 정도를 표현하는 저항성 계수로서 옳은 것은?

① 저항성 LD$_{50}$/감수성 LD$_{50}$
② 감수성 LD$_{50}$ × 저항성 LD$_{50}$
③ 감수성 LD$_{50}$/복합저항성 LD$_{50}$
④ 감수성 LD$_{50}$ × 복합저항성 LD$_{50}$

해설
저항성 계수 : 저항성 LD$_{50}$/감수성 LD$_{50}$

21 교차저항성(交叉抵抗性)에 관한 설명으로 가장 옳은 것은?

① 어떤 약제에 의해 저항성이 생긴 곤충이 다른 약제에 저항성을 보이는 것
② 동일 곤충에 어떤 약제를 반복 살포함으로써 생기는 저항성
③ 동일 곤충에 두 가지 약제를 교대로 처리함으로써 생긴 저항성
④ 어떤 약제에 대한 저항성을 가진 곤충이 다음 세대에 그 특성을 유전시키는 것

해설
교차저항성 : 어떤 약제에 의해 저항성이 생긴 곤충이 다른 약제에 저항성을 보이는 것

22 농약의 독성반응은 동물의 종류, 성별, 생육정도 및 농약의 형태에 따라 다른데, 농약의 독성시험에 주로 이용되는 동물이 아닌 것은?

① 닭   ② 쥐, 생쥐
③ 개   ④ 원숭이

해설
① 독성구분은 포유류에 대한 독성과 환경생물에 대한 독성으로 평가한다.

23 다음 중 작물잔류성이 가장 낮은 약제는?

① 작물에 부착성이 큰 약제
② 유용성(油溶性) 약제
③ 침투성 약제
④ 증발하기 쉬운 약제

해설
④ 증발하기 쉬운 약제는 작물체에서 쉽게 증발하기 때문에 작물 잔류성이 낮다.

24 농약의 잔류허용기준을 산출하는 데 해당되지 않은 요소는?

① 최대무작용량   ② 반수치사량
③ 안전계수   ④ 1일 섭취허용량

해설
최대잔류허용량(ppm)
$= \dfrac{1일 섭취허용량(ADI\ ;\ mg/kg) \times 국민평균체중(kg)}{해당 농약이 사용되는 식품의 1일 섭취량(식품계수, kg)}$

25 미탁제나 유탁제 등 신규제형이 각광받지 못한 사유로 적절하지 않은 것은?

① 고가로 인한 경제성 문제
② 환경문제에 대한 인식부족
③ 보수적 농민의 선호도 부족
④ 인축 독성이 강한 유기용매의 함유

해설
미탁제
- 액상, 점질액상으로서 물에 희석하면 미세하게 유화되는 농약
- 유제에 사용되는 유기용제를 줄이기 위한 방안으로 개발된 제형

26 항생제 농약의 분석법으로 가장 적당한 것은?

① 비색법
② 역가검정법
③ 가스크로마토그래피법
④ 적정법

해설
② 역가검정법(생물검정법) : 항생제 등의 검정에 이용

정답 21 ① 22 ① 23 ④ 24 ② 25 ④ 26 ②

27 다음 중 어독성의 구분은 잉어의 반수치사농도(유효성분)를 기준으로 구분하는 데 어독성 Ⅰ급의 기준은?

① 0.2(mg/L, 96시간) 이하
② 0.5(mg/L, 96시간) 이하
③ 1(mg/L, 96시간) 이하
④ 10(mg/L, 96시간) 이하

해설
③ 어독성 Ⅰ급의 기준은 1(mg/L, 96시간) 이하이다.

28 급성독성의 강도를 비교하는 지표로서 공시품으로 주로 사용되는 실험동물은?

① 개   ② 고양이
③ 물고기   ④ 쥐

해설
④ 포유류 중 쥐가 주로 사용된다.

29 농약의 안전사용기준에 대한 설명으로 가장 적합한 것은?

① 농약의 살포횟수와 수확 전 최종살포시기를 제한한다.
② 수도작 및 잔디용 농약 등에 필요한 기준이다.
③ 현재 등록되어 있는 전품목에 대해 기준이 설정되었다.
④ 작물의 약해 및 약효를 방지하기 위한 기준이다.

해설
농약의 안전사용기준 : 농약의 살포횟수와 수확 전 최종살포시기를 제한한다.

30 농약안전사용기준을 지키지 않은 농산물에서 잔류허용량 이상의 잔류량이 검출되었을 때의 조치사항은?

① 해당 농산물의 폐기 및 법규에 의한 처벌을 한다.
② 해당 농산물의 폐기만 한다.
③ 해당 농산물은 판매가 가능하며, 법규에 의한 처벌만 가능하다.
④ 아무런 관계가 없다.

해설
① 농약안전사용기준을 지키지 않은 농산물에서 잔류허용량 이상의 잔류량이 검출되었을 때는 해당 농산물의 폐기 및 법규에 의해 처벌받는다.

31 농약 중독 사태 발생 시, 취해야 할 응급조치로 적당하지 않은 것은?

① 경구중독일 경우, 따뜻한 물이나 소금물로 세척한다.
② 약물이 장내로 들어갈 염려가 있을 때에는 황산마그네슘(15~20g) 물에다 독물의 흡착을 위해 활성탄이나 규조토 등을 타서 먹여 배설시킨다.
③ 흡입중독일 경우, 체온을 식히기 위하여 찬물로 씻어준다.
④ 경피중독일 경우, 오염된 의복을 벗기고 부착된 약제를 비눗물로 씻는다.

해설
③ 흡입에 의한 중독 시 환자를 공기가 맑고 그늘진 곳에 옮겨 단추와 허리띠를 풀어 호흡하게 하여 쉬도록 하고 걷지 않게 한다.

32 농약의 독성과 관련된 설명 중 옳지 않은 것은?

① 농약은 유해한 생물에만 유효하고 그 밖의 생물에는 무독해야 한다.
② 병, 해충의 내성으로 인한 약효저하로 고독성농약 등록이 늘어가고 있다.
③ 독성이 약한 농약도 체내에 다량 섭취되면 독작용을 나타낸다.
④ 농약의 독성강도에 따라 적절한 주의를 기울여 피해를 최소화한다.

해설
② 내성 증가에 의한 방제를 위해 다양한 방법의 방제방법이 종합적으로 이용되고 있다.

33 다음 농약과 관련한 용어 중 영문 약어가 올바르게 연결되지 않은 것은?

① 잔류허용기준 - MRL
② 일일섭취허용량 - ADL
③ 최대무작용량 - NOEL
④ 질적위해성 - QRA

해설
② 일일섭취허용량 : ADI(Acceptable Daily Intake)

34 안전농산물 생산을 위한 농약개발방법으로 옳지 않은 것은?

① 고활성, 저투입 농약 개발
② Xylene이 용제로 들어간 농약 개발
③ 종자분의제 개발
④ 병해충 동시방제용 혼합제 개발

해설
Xylene : 방향성의 옅은 색 내지 무색의 윤활성 액체로 호흡기, 피부, 눈에 자극을 일으키며 중추 신경계에 영향을 미친다.

35 농약의 어류에 대한 독성 설명 중 가장 거리가 먼 내용은?

① 어독성 시험은 주로 잉어를 사용한다.
② 어독성을 TLm(48시간)으로 표시한다.
③ 지오릭스제나 디코폴제 등은 먹이 연쇄를 통해 어류에 축적된다.
④ 일반적으로 어류는 알(卵) 때 농약에 대한 감수성이 가장 높다.

해설
④ 어류는 알(卵) 때 농약에 대하여 감수성이 가장 낮고, 수온이 높으면 농약에 대한 저항성이 낮아진다.

36 다음 중 농약의 독성을 급성독성, 아급성독성, 만성독성으로 구분하는 기준은 무엇인가?

① 농약의 투여 방법에 따른 구분
② 독성의 발현시기에 따른 구분
③ 독성의 정도에 따른 구분
④ 독성의 발현 대상에 따른 구분

해설
② 독성의 발현시기에 따라 급성독성, 아급성독성, 만성독성으로 구분한다.

정답 32 ② 33 ② 34 ② 35 ④ 36 ②

37 농약의 혼용조합 중 가장 위험하다고 생각되는 것은?

① IBP + Fenitrothion
② Malathion + Dichlorvos
③ Edifenphos + Fenthion
④ Propanil + Carbamate

해설
④ 수도용 제초제 Propanil을 유기인제 또는 Carbamate계 농약을 살포한 후 10일 이내 처리하면 벼에 엽소현상이 일어나며, 심할 때에는 고사한다.

38 리바이지드 50% 유제를 1,000배 희석하여 10a당 180L를 살포하려할 때 리바이지드 50% 유제의 소요량은?

① 45cc
② 90cc
③ 180cc
④ 360cc

해설
소요량 = 180L × 1,000mL/1,000 = 180cc(mL)

39 만코제브 등 Dithio Carbamate계 농약의 정량에 주로 사용되는 분석방법은?

① 적정법
② 중량법
③ 분광광도계법
④ TLC법(Thin Layer Chromatography)

해설
① 적정법(정량분석법) : 만코제브, 디티오카바메이트, 보르도혼합액, 지네브

40 고체농약을 포유동물에 경구 투여한 고독성농약의 반수치사약량(mg/kg)은?

① 5 미만
② 5 이상~50 미만
③ 50 이상~500 미만
④ 500 이상

해설
② 고독성 반수치사약량은 5 이상~50 미만이다.

41 다음 중 NOEL(No Observed Effect Level)에 대한 설명으로 옳은 것은?

① 일일섭취허용량
② 식품 중 잔류농약의 허용기준
③ 농약이 잔류할 우려가 있는 식품 중의 잔류평균
④ 일생동안 매일 섭취하여도 아무런 영향을 주지 않는 약량

해설
④ 최대무작용약량 NOEL(No Observed Effect Level) : 농약의 1일 섭취허용량의 설정 기준

42 유기인제에 중독되었을 때에 주로 사용되는 해독제는?

① 치옥탄
② 팜
③ 쿠렙톤
④ 비타민케이

해설
유기인계 해독제 : 팜(PAM), 황산아드로핀

CHAPTER 04 농약의 사용법 및 약해

PART 04 농약학

1 농약의 사용방법

(1) 농약의 조제

① 살포액 조제 시 유의사항
   ㉠ 깨끗하고 온도가 높지 않은 물을 사용
   ㉡ 유제는 먼저 소량의 물에 희석한 후 소요량의 물을 서서히 부어 골고루 혼합
   ㉢ 원액에 침전물이 있을 때는 따뜻한 물로 침전물을 녹인 다음 조제
   ㉣ 수화제는 소량의 물에 죽과 같은 상태로 농약을 풀어 소요량의 물을 부어 혼합
   ㉤ 전착제는 소량의 물에 잘 섞어 죽과 같이 만든 다음 살포액에 넣어 사용
   ㉥ 조제작업은 바람을 등지고 함

② 저장 중의 주의
   ㉠ 냉암소에 저장 및 보관 : 자외선 차단
   ㉡ 건조한 장소 : 고형제는 흡습되면 분해 촉진
   ㉢ 화기 주변을 피할 것 : 유제 등은 인화 위험성
   ㉣ 제초제는 다른 약제와 구분하여 격리 보관 : 유효성분의 전이
   ㉤ 시건 장치 : 어린이 등의 손에 닿지 않도록 주의

(2) 약제의 희석법 기출

① 비중이 1에 가까운 약제를 희석할 때는 용량계로 취해서 희석해도 좋으나 비중이 큰 액체는 이렇게 하면 주제의 함유량이 많아지므로 중량으로 환산해서 희석

② 액제의 희석법
   ㉠ 희석에 소요되는 물의 양
   ㉡ 원액의 용량(cc) × (원액의 농도/희석하려는 농도 − 1) × 원액의 비중
      예 25% EPN유제(비중 1.0) 100cc를 0.05%의 살포액을 만드는 데 소요되는 물의 양은
         100 × (25/0.05 − 1) × 1 = 49,900cc

③ 분제의 희석법
   ㉠ 희석에 소요되는 증량제의 양
   ㉡ 원분제의 무게(g) × (원분제의 농도/원하는 농도 − 1)
      예 12% BHC분말 1kg을 1% BHC분말로 만들려면 1kg × (12/1 − 1) = 11kg

(3) 농약의 조제법

① **배액 조제법** : 소요약량 = 단위면적당 사용량/소요 희석 배수
② **퍼센트액 조제법** : 일정한 농도의 원액을 %액으로 희석할 때 희석에 필요한 물의 양 – 희석에 필요한 물의 양 = 원액의 용량 × (원액의 농도/희석할 농도 – 1) × 원액의 비중
③ **분제의 희석법** : 희석할 증량제의 중량 = 원분제의 중량 × (원분제의 농도/희석할 농도 – 1)
④ **석회황합제 농약의 조제방법**
  ㉠ 생석회와 황을 1 : 2의 중량비로 배합하여 가압솥에 넣음
  ㉡ 소요량의 물을 가하여 2기압으로 120~130℃에서 1시간 가열반응
  ㉢ 30분간 숙성 냉각 후에 불용물을 가압여과기로 걸러 낸 후 공기와 차단
  ㉣ 조제가 끝난 것은 적갈색의 투명한 액체로 강한 알칼리성

(4) 약제의 혼용 [기출]

① **혼용에 의한 화학변화** : 알칼리에 의한 분해, 보르도액, 석회유황합제, 유기인제, 카바메이트제, 유기비소제 등
② **금속염의 치환에 의한 분해** : 동제와 디티오카바메이트제의 혼용은 난용성 물질 생성
  ㉠ 알칼리 농약 + 유기황계는 유황계 금속 부분과 석회와 치환
  ㉡ 약해, 약효 저하, 근접 살포 시 위험
③ **혼용에 의한 물리성 변화** : 각종 유제와 보르도액, 석회유황합제 혼용
  ㉠ 보르도액은 알칼리성 약제인 석회유황합제, 송지합제, 비누 등과 혼용 시 약해 발생
  ㉡ 수화제와 유제의 혼용 시 : 수화제의 현수성 악화, 고농도 혼용 시 점도 증가
④ **혼용에 의한 활성 변화**
  ㉠ 파라티온과 BHC와의 혼제에서 파라티온과 같은 유독성 약제의 독성을 감소시키기 위함
  ㉡ BHC + NAC : 살충 작용에 있어서 상승적 효과
  ㉢ EPN + PMC(염화 페닐 수은) : 살충과 동시에 살균효과

(5) 농약의 혼용 시 주의사항

① 사용 설명서를 읽고 혼용가부표를 반드시 확인
② 표준 희석 배수 준수, 고농도 희석 금지, 다종 혼용 피함
③ 동시에 2가지 이상의 약제를 섞지 말고, 한 약제를 물에 천천히 섞은 후 추가 희석
④ 유제와 수화제의 혼용을 피함

> **참고** 약제혼용 순서 : 수용제 → 수화제 → 유제순

⑤ 침전물이 생긴 혼용 살포액은 사용 금지
⑥ 다종 혼용 시 과량 살포 피함

2 농약의 약해

(1) 약해의 종류

구 분	종 류
급성 약해	• 약제 살포 후 1주일 이내에 증상이 나타남 • 증상 : 발아발근 불량, 엽소(葉燒), 반점, 잎 위조, 낙엽, 낙과 • 농작물의 엽면에 침투하여 세포 원형질의 생육을 저해(수용성 비소계, 수용성 동제)
만성 약해	• 약제 살포 후 1주일 이후 또는 수확 후 증상이 나타남 • 증상 : 영양 장애, 화아형성 불량, 과실발육 지연, 수량 감소 • 효소작용의 변화(석유유제)
2차 약해	• 약제 살포 후 토양에 잔류하여 후작물에 약해를 일으킴
일시 약해	• 환경조건에 따라 회복되거나 더욱 심해짐

(2) 약해의 원인

구 분	종 류
약제의 이화학적 성질(농약 자체)	• 주제(농약원제)의 물리화학적 성질에 의한 것 • 보조제 및 용매에 의한 것 • 약제의 사용농도 및 사용량에 의한 것 • 2종 이상의 약제를 섞어 쓸 때 일어나는 것 • 약제 조제 시 사용하는 물에 의해 주제가 분해되어 일어나는 것

농작물의 감수성(농작물 종류와 생육상태)	• 농작물의 특성, 특히 즙액의 수소이온농도(pH)에 의한 것
	• 농작물의 종류, 품종, 생육, 노유(老幼) 등의 감수성 차이에 의한 것
	• 발육시기 : 고온, 다습하여 발육이 왕성한 시기에는 약해를 받기 쉬움
	• 약제 저항성 : 휴면기 > 영양생장기 > 생식생장기 > 유묘기
	• 약제별로 약한 농작물
	  - 구리제 : 복숭아, 살구, 자두, 배, 감
	  - 비소제 : 복숭아, 자두, 두류, 살구, 감
	  - 유기염소계(DDT, BHC) : 어린 오이류
	  - 석회황합제 : 복숭아, 살구, 감자, 토마토, 파
	  - BNC제 : 오이류, 토마토, 가지, 배추

환경 조건(기상 등)	• 약제 살포 전후의 강우 : 습도가 높으면 오랫동안 약제에 젖은 상태로 있으므로 농작물 내 침투량이 많아 약해가 발생함 • 고온 : 농작물에 의한 약제 흡수가 높음 • 기공이 많은 잎 뒷면에 약제를 살포하면 약해가 큼
토양 조건	• 주로 토양처리제(입제)인 경우에 발생함 • 처리된 약제의 농작물의 흡수 정도와 토양의 흡수 정도에 따라 결정됨

3 농약사용기구

(1) 액제 살포법

① 분무법 [기출]
   ㉠ 다량의 액제 살포 시 분무기를 이용하는 법
   ㉡ 유제, 수화제, 수용제 같은 약제를 물에 탄 약제를 분무기로 가늘게 뿜어내어 살포함
   ㉢ 비산에 의한 손실이 적음
   ㉣ 작물에 부착성 및 고착성이 좋음
   ㉤ 입자의 지름 0.1~0.2mm(100~200μm)

② 미스트법 [기출]
   ㉠ 미스트기로 만든 미립자를 살포하는 것
   ㉡ 살포량이 분무법의 1/3~1/4 정도지만 농도는 2~3배 높음
   ㉢ 입경 0.035~0.1mm
   ㉣ 용수가 부족한 곳에 적합, 살포 시 시간, 노력, 자재 절감
   ㉤ 살포 시 분무입자에 대한 운동에너지가 높아 작물체에 입자의 부착 및 확전효과도 높음
      → 약해가 적은 편

③ 스프링클러법
   ㉠ 스프링클러를 사용하여 살포하는 방법
   ㉡ 노력을 절감시킬 수 있으나 잎 뒷면의 부착성이 떨어지므로 침투성 약제 권장

(2) 고형제 살포법

① 살분법
   ㉠ 분제 농약을 살포하는 방법으로 다공 호스를 이용한 파이프더스터법이 많이 사용
   ㉡ 장점 : 작업이 간편함, 노력이 적게 들며 용수가 필요치 않음
   ㉢ 단점 : 약제가 많이 들고 효과가 낮으며 비산에 의한 주변 농작물이나 익충 피해 우려
   ㉣ 갖추어야 할 물리적 성질 : 분산성, 비산성, 부착성, 고착성, 안정성

② 연무법 [기출]
   ㉠ 미스트보다 미립자인 주제를 연무질로 해서 처리하는 방법
   ㉡ 고체나 액체의 미립자(입경 20μm 이하)를 공기 중에 부유시킴
   ㉢ 분무법이나 살분법보다 잘 부착하나 비산성이 커 주로 하우스 내에서 적용
   ㉣ 비점이 낮은 용제에 주제와 비휘발성 기름을 용해 가압 충진

(3) 기타 살포법
① **훈증법** : 클로로피크린 등으로 가스를 발산해 밀폐공간에서의 저장곡물이나 토양소독
② **훈연법** : 약제를 연기의 형태로 해서 사용하는 방법
③ **침지법** : 종자 또는 모를 약제희석액에 일정 시간 담가서 소독하는 방법
④ **도말법**
  ㉠ 종자를 소독하기 위해 분제나 수화제로 건조한 종자에 입혀 살균, 살충
  ㉡ 주로 종자 소독이나 해충 방제, 조류에 대한 기피제로 사용됨
⑤ **도포법** : 나무의 수간이나 지하에서 월동하는 해충이 오르거나 내려가지 못하게 끈끈한 액체를 발라서 해충을 방제하는 방법
⑥ **독이법** : 쥐나 해충 등이 잘 먹는 모이에 농약을 가하여 야외에 살포하여 유해 동물을 구제하는 방법
⑦ **수면시용** : 담수 상태의 논에 모내기 전후의 잡초나 해충 방제용으로 입제 등을 살포
⑧ **관주법** : 토양 병해충의 방제를 위하여 약제희석액을 토양 중에 시용하는 방법
⑨ **공중액제살포**
  ㉠ 항공기를 이용해 농약을 대면적에 살포하는 방법
  ㉡ 주로 액체 상태의 제형이 이용되며 분제나 입제 등의 고형제는 비산이나 살포의 불균성 등으로 사용이 어려움

CHAPTER 04 적중예상문제

PART 04 농약학

01 유제나 수화제의 살포액 조제 시 고려하지 않아도 될 사항은?
① 알칼리용수나 오염된 물은 약해를 유발시키므로 농약의 희석용수로는 부적당하다.
② 간척지에서 바닷물을 사용할 시에는 농약의 주성분 분해가 일어나 약효가 떨어진다.
③ 소정의 희석배수를 엄수한다.
④ 약제가 균일하게 섞이도록 충분히 혼합한다.

해설
살포액 조제 시 유의사항
- 깨끗하고 온도가 높지 않은 물을 사용한다.
- 유제는 먼저 소량의 물에 희석한 후 소요량의 물을 서서히 부어 골고루 혼합한다.
- 원액에 침전물이 있을 때는 따뜻한 물로 침전물을 녹인 다음 조제한다.
- 수화제는 소량의 물에 죽과 같은 상태로 농약을 풀어 소요량의 물을 부어 혼합한다.
- 전착제는 소량의 물에 잘 섞어 죽과 같이 만든 다음 살포액에 넣어 사용한다.
- 조제작업은 바람을 등지고 한다.

02 농약의 살포액 조제에 대한 설명으로 옳지 않은 것은?
① 전착제는 가용할 때 물에 잘 녹인 후 사용하는 것이 좋다.
② 수화제는 소요량의 수화제와 소량의 물을 작은 그릇에 넣고 저은 다음 다시 소요량의 물을 부어 사용한다.
③ 유제의 원액에 침전물이 있을 때에는 따뜻한 물을 가하여 침전물이 없어진 다음에 조제한다.
④ 농약살포액 조제 시 원액이 잘 용해되기 위하여 사용하는 물은 온도가 높은 것이 좋다.

해설
④ 깨끗하고 온도가 높지 않은 물을 사용한다.

03 약량을 1/3~1/5로 줄여서 살포하여도 충분한 약효를 얻을 수 있는 살포방법은?
① 미스트법   ② 분무법
③ 살분법   ④ 분의법

해설
미스트법
- 미스트기로 만든 미립자를 살포하는 것
- 살포량이 분무법의 1/3~1/4 정도지만 농도는 2~3배 높음
- 입경 0.035~0.1mm
- 용수가 부족한 곳에 적합 살포 시 시간, 노력, 자재 절감

정답 1 ② 2 ④ 3 ①

04 다음 약해의 원인 중 작물과 관련이 적은 것은?

① 작물의 종류 ② 고온다습
③ 생육시기   ④ 작물잔류량

해설
② 약해는 농약을 처방한 작물에서 일어나는 피해현상으로 작물의 종류, 작물잔류량, 생육시기와 관련이 있다.

05 파라티온 유제 50%를 0.08%로 희석하여 10a당 100L를 살포하려고 할 때 소요약량은 약 얼마인가?(단, 비중은 1.008이다)

① 148.73mL   ② 158.73mL
③ 168.73mL   ④ 178.73mL

해설
소요약량 = $\dfrac{0.08\% \times 100,000\text{mL}}{50\% \times 1.008}$ = 158.73mL

06 다음 중 약해가 일어나지 않는 조건은?

① 장마철 보르도액의 살포
② 고온, 고광도 시 석회황합제 사용
③ 낙엽 후 기계유 유제의 살포
④ 살포약제의 고농도 살포

해설
③ 식물의 생육단계 중 약해의 염려가 없는 시기는 휴면기이다.

07 멸구약 엠아이피씨 10% 분제 1.0kg을 2.0% 분제로 만들려 할 때 필요한 증량제 양은?

① 0.4kg   ② 4.0kg
③ 40kg   ④ 400kg

해설
희석할 증량제의 중량
= 원분제의 중량 × (원분제의 농도/희석할 농도 − 1)
= 1.0kg × (10%/2.0% − 1) = 4.0kg

08 살포장비에 의한 약해 중 가장 우려되는 원인은?

① 살포장비의 세척
② 살포장비의 종류
③ 살포장비의 조작방법
④ 살포장비의 구조

해설
① 살포장비를 사용 후 적절한 세척이 이뤄지지 않으면 약해 발생의 가능성이 있다.

09 제제된 농약의 주성분에 대한 경시변화를 일으키는 주된 요인에 해당되지 않는 것은?

① 온도변화   ② 유동변화
③ 가수분해   ④ 빛에 의한 변화

해설
② 농약은 유기 및 무기성분으로 구성된 복잡한 화합물로서 시간이 경과함에 따라 물리·화학적 변화를 하게 되는데 변화정도는 화합물의 이화학성, 온도, 수분함량 및 보관환경(광유무) 등에 따라서 다양하게 나타난다.

정답 4 ② 5 ② 6 ③ 7 ② 8 ① 9 ②

10 농약의 약효에 대한 설명으로 거리가 먼 것은?

① 농약의 효과는 살포약제의 부착량 및 부착질에 의해 결정된다.
② 약효는 살포량이 어느 한계 이하에서는 살포량과 부착량이 비례한다.
③ 약효는 살포량이 증가함에 따라 약효 상승률이 점차 떨어진다.
④ 실제 포장에서 병해충을 효과적으로 방제하기 위해서는 약효상승률이 "0"인 때의 살포량보다 감량하여 살포하는 것이 안전하다.

해설
④ 안전한 방제효과를 위해서는 약효상승률이 "0"인 때의 살포량보다 증량 살포해야 한다.

11 다음 중 농약의 약효를 증진시키는 방법이 아닌 것은?

① 알맞은 농약의 선택
② 방제적기에 농약 살포
③ 적정농도, 정량살포
④ 동일 농약의 지속 사용

해설
④ 동일 농약의 지속 사용 시 내성이 유발된다.

12 농약의 살포방법 중 유제, 수화제, 수용제 등에서 조제한 살포액을 분무기를 사용하여 무기분무(Airless Spray)에 의하여 안개모양으로 살포하는 방법은?

① 분무법
② 미스트법
③ 스프링클러법
④ 폼스프레이법

해설
분무법
- 다량의 액제 살포 시 분무기를 이용하는 법
- 유제, 수화제, 수용제 같은 약제를 물에 타서 분무기로 가늘게 뿜어내어 살포한다.
- 비산에 의한 손실이 적다.

13 농약 45%, 유제 500mL(비중 1.0)를 1,200배액으로 희석하여 살포하려 할 때 소요되는 물의 양은?

① 240L
② 270L
③ 600L
④ 670L

해설
물의 양 = 500mL × 1,200배 = 600L

14 다음 중 농약 혼용에 따른 이점이 아닌 것은?

① 병해충 동시방제
② 약해 경감 및 약효 상승
③ 독성경감 및 약효지속기간 단축
④ 노동력 부족에 따른 생력화

해설
농약 혼용살포의 장점
- 농약의 살포횟수를 줄이므로 방제 비용의 절감
- 서로 다른 병해충의 동시방제를 통한 약효 상승
- 동일약제의 연용(連用)에 의한 내성(耐性) 또는 저항성(抵抗性) 발달 억제
- 약제간 상승 작용에 의한 약효 증진

농약 혼용살포의 단점
- 다른 약제와 혼용 시 농약 성분의 분해에 의한 약효 저하
- 농작물의 약해 발생

15 DDVP 중 P의 함량을 구하였더니 7.2%였다. 이때의 DDVP 함량은?(단, DDVP의 분자량은 221.0, 비중은 1.15, P의 분자량은 30.97이다)

① 35.6%
② 50.9%
③ 51.4%
④ 59.1%

해설
DDVP 함량 = 7.2% × (221/30.97) ≒ 51.4%
분자량의 비율로 계산되는 것으로 221 : 30.97 = DDVP의 함량 : 7.2

16 농약 살포액의 조제방법 중 일반적으로 가장 많이 사용하는 방법은?

① 배액 조제법
② 퍼센트액 조제법
③ 비중 조제법
④ ppm 조제법

해설
① 배액 조제법 : 배액은 용량 배수를 나타내는 것이다.

17 다음 식물의 생육단계 중 약해의 염려가 없는 시기는?

① 휴면기
② 영양생장기
③ 생식생장기
④ 개화기

해설
① 식물의 생육단계 중 약해의 염려가 없는 시기는 휴면기이다.

18 다음 중 약해의 원인이 아닌 것은?

① 농약제제에 불순물의 혼입
② 표준 사용량보다 적게 사용
③ 원제 부성분에 의한 이상발생
④ 동시사용으로 인한 약해

해설
② 표준 사용량보다 많이 사용할 경우 약해가 발생한다.

19 비중이 1.15인 이소프로치오란 유제(50%) 100mL 로 0.05% 살포액을 제조하는 데 필요한 물의 양은?

① 104.9L　　② 114.9L
③ 124.9L　　④ 110.5L

해설
100mL × (50/0.05 − 1) × 1.15 = 114,885mL
　　　　　　　　　　　　 = 114.885L

20 BP(밧사)원제 0.4kg으로 2% 분제를 만들려고 할 때 소요되는 증량제의 양은?(단, 원제의 함량은 94%이다)

① 1.84kg　　② 4.60kg
③ 18.4kg　　④ 46.0kg

해설
희석할 증량제의 중량
= 원분제의 중량 × (원분제의 농도 / 희석할 농도 − 1)
= 0.4kg × (94%/2.0% − 1)
= 18.4kg

21 농약의 품질불량이 원인이 되어 약해를 일으키는 원인이 아닌 것은?

① 불순물의 혼합에 의한 약해
② 원제 부성분에 의한 약해
③ 농약의 고농도에 의한 약해
④ 경시변화에 의한 유해성분의 생성

해설
③ 농약의 고농도에 의한 약해는 사용 시 희석배수를 준수하지 않아 발생하는 약해이다.

22 45%의 EPN 유제(비중 1.0) 200cc를 0.3%로 희석하는 데 소요되는 물의 양은?

① 29,800cc　　② 28,700cc
③ 27,600cc　　④ 26,500cc

해설
200cc × (45%/0.3% − 1) × 1.0 = 29,800cc

23 다음 중 미생물 농약의 특성이 아닌 것은?

① 약효저조
② 지효성
③ 광범위 적용
④ 환경중 불안정

해설
③ 미생물 농약은 길항작용, 천적을 이용하는 것으로 적용이 제한적이다.

정답　19 ②　20 ③　21 ③　22 ①　23 ③

24 메타유제(상표명 : 메타시스톡스)와 혼용해도 무방한 것은?

① 밀베멕틴 유제
② 디코폴
③ 그로포·주론 수화제
④ 피레스 유제

해설
- 메타유제 : 유기인계 침투성 살충제, 진딧물 방제
- 밀베멕틴 유제 : 미생물에서 추출한 약제로 환경에 안전, 살비제
- 디코폴 : 유기염소계 살비제
- 그로포·주론 수화제
- 피레스 유제 : 합성피레스로이드계 살충제

25 농약의 사용기구에 대한 설명으로 가장 거리가 먼 것은?

① 미스트기(Mist Spray)는 풍압으로 미립자를 만든 후 다량의 바람으로 불어 붙이는 기기이다.
② 스프링클러(Sprinkler)는 관수·시비 등을 포함 다목적으로 사용되는 기기이다.
③ 폼스프레이(Foam Spray)는 살포액에 기포제를 가하여 전용 노즐로 공기와 교반하는 거품의 집합체로 살포하는 기기이다.
④ 살립기(Granule Applicator)는 분제농약을 작업상의 안정성이나 능률면에서 고르게 살포하기 위한 기기이다.

해설
④ 살립기는 약제, 분제, 입상 비료 등을 살포하는 기계

26 12% 다수진분제 1kg을 2% 다수진분제로 만들려면 소요되는 증량제의 양은?

① 5kg
② 10kg
③ 15kg
④ 20kg

해설
1kg × (12/2 − 1) = 5kg

27 다음 중 휴반작업이 가능하고, 약제 탱크 및 양수기 부착으로 연속작업이 가능하며 대규모 공동작업에 적합한 농약살포기구는?

① 인력분무기
② 동력살분무기
③ 동력분무기
④ 고성능분무기

해설
④ 고성능분무기는 휴반작업이 가능하고 약제 탱크 및 양수기 부착으로 연속작업이 가능하며 대규모 공동작업에 적합하다.

28 농약 제품을 제조할 때 물이 들어가지 않는 제형은?

① 캡슐제(CG)
② 액상수화제(SC)
③ 유탁제(EW)
④ 미탁제(ME)

해설
① 캡슐제는 농약원제를 고분자물질로 피복하여 고체형태로 만들거나 캡슐 안에 농약을 넣어 만들어 쓰는 농약이다.

29 건초 중 잔류량이 0.5ppm이었다면 시료 1kg 중의 양은?

① 0.05mg ② 0.5mg
③ 5mg   ④ 50mg

해설
1,000,000mg × 0.5/1,000,000 = 0.5mg
1ppm = 1/1,000,000

30 과수나 그 밖의 나무의 수간(樹幹)에 지하에서 월동하는 해충이 오르거나 내려가지 못하게 라임 같은 끈끈한 약제를 발라서 해충을 방제하는 방법은?

① 분의법 ② 관주법
③ 도포법 ④ 독이법

해설
① 분의법 : 종자 소독을 위해 분제 또는 종자처리제를 종자의 외피에다 골고루 묻혀서 살균 또는 살충하는 방법
② 관주법 : 토양 병충해의 방제를 위하여 약제희석액을 토양 중에 사용하는 방법
④ 독이법 : 독물이 들어 있는 미끼를 이용하여 병해충을 방제하는 방법

31 석회황합제에 의해서 약해가 일어나기 쉬운 작물은?

① 복숭아나무 ② 사과나무
③ 감나무   ④ 귤나무

해설
약제별로 약한 농작물
- 구리제 : 복숭아, 살구, 자두, 배, 감
- 비소제 : 복숭아, 자두, 두류, 살구, 감
- 유기염소계(DDT, BHC) : 어린 오이류
- 석회황합제 : 복숭아, 살구, 감자, 토마토, 파
- BNC제 : 오이류, 토마토, 가지, 배추

32 부타크롤(마세트) 6% 입제(粒劑)를 10a당 성분량으로 150g 살포하고자 한다. 이 때 필요한 제품량은 얼마인가?

① 2,000g ② 2,500g
③ 3,000g ④ 5,000g

해설
150g/제품량 × 100 = 6%
제품량 = 150g × 100/6% = 2,500g

33 리바이지드 유제 30%를 500배로 희석해서 10a당 8말을 살포하여 해충을 방제하고자 할 때, 리바이지드 유제 30%의 소요량은?

① 144cc ② 188cc
③ 244cc ④ 288cc

해설
1말 = 18L, 18L × 8 × 1,000cc/L/500 = 288cc
※ 표준단위 사용으로 "말"이란 단위 사용을 지양합니다.

29 ② 30 ③ 31 ① 32 ② 33 ④

34 농약의 살포방법 중 살포 시 분무입자에 대한 운동에너지가 높아 각 물체에 입자의 부착 및 확전효과가 높은 방법은?

① 분무법
② 미스트법
③ 스프링클러법
④ 폼스프레이법

해설
미스트법 : 미스트기로 만든 미립자를 살포하는 것

35 농약에 의한 약해 발생의 요인과 가장 거리가 먼 것은?

① 작물의 감수성 정도
② 약제 이화학 특성 및 약제간 상호작용
③ 환경조건
④ 병해충 발생 정도

해설
약해의 원인
- 약제의 이화학적 성질(농약 자체)
- 농작물의 감수성(농작물 종류와 생육상태)
- 환경조건(기상 등)
- 토양조건

36 작물에 대한 약해 중 농약 사용방법과 관련해서 일어나는 약해가 아닌 것은?

① 불합리한 섞어 쓰기는 주성분의 가수분해, 금속염의 치환 등으로 약효저하 및 약해를 발생한다.
② 상자육묘에서 *Rhizopus* spp.에 의한 모마름병 방제를 위해 다코닐과 다찌가렌을 동시에 사용하면 약해가 발생한다.
③ 파라티온을 오랫동안 저장함으로써 p-nitro-phenol이 생성되어 벼에 약해가 발생한다.
④ 살균제에 침투성 유화제를 첨가함으로써 식물체 내에 침투량이 많아져 약해가 일어난다.

해설
③ 파라티온은 개봉 후 바로 사용해야 하며, 장기보존 시 약효가 떨어진다.

37 다음 중 농약의 혼합사용이 가능한 것은?

① 석회유황합제 + 피레트린
② 보르도액 + 유기인제
③ 석회액 + 기계유 유제
④ 다수진 유제 + 메프 유제

해설
혼용에 의한 물리성 변화
- 각종 유제와 보르도액, 석회유황합제 혼용
- 보르도액은 알칼리성 약제인 석회유황합제, 송지합제, 비누 등과 혼용 시 약해 발생
- 수화제와 유제의 혼용 시 : 수화제의 현수성 악화, 고농도 혼용 시 점도 증가

정답 34 ② 35 ④ 36 ③ 37 ④

CHAPTER 05 농약의 이화학적 특성

PART 04 농약학

1 살균제

(1) 살균제의 작용기작

① 호흡(에너지 대사과정) 저해
  ㉠ 호흡의 저해 : SH 저해제에 의한 탈수소과정의 저해, 전자전달의 저해, ATP 생산의 저해
  ㉡ 살균제는 SH 저해제로 작용하는 것이 많음 : 전자전달계 저해, ATP 생성 저해는 주로 살충제 및 제초제에 많이 사용
    • SH 저해제 : 생체 내에서 산화·환원에 관여하는 효소 중 SH기를 가진 효소의 활성을 저해하거나 산화를 방지
      예 구리제, 유기수은제, 유기유황제, 클로로타로닐, 캡탄, 폴펫 등
    • 전자전달의 저해제 : 카복신, 메프로닐, 에트리디아졸 등
    • ATP 생산 저해제 : 산화적 인산화를 저해하는 것으로 유기주석제, 펜타클로로페놀 등

② 단백질 생합성의 저해
  ㉠ 합성 개시기 저해 : 스트렙토마이신, 가스가마이신 등
  ㉡ 펩타이드 신장기 저해 : 블라스티시딘-에스
  ㉢ 합성 종료기 저해 : 테누아조닉산
  ㉣ 합성 전과정 저해 : 사이클로헥시마이드

③ 세포막 형성 저해
  ㉠ 에르고스테롤 : 병원균의 세포막 구성 성분
  ㉡ 에르고스테롤의 생합성 저해로 세포막이 견고성을 잃어 구성배열에 이상 발생
  ㉢ 디페노코나졸, 디니코나졸, 헥사코나졸, 마이클로뷰타닐, 뉴아리몰, 트리아디메폰

④ 세포벽 형성의 저해
  ㉠ 세포벽의 형성이 저해되면 삼투압에 대한 저항력이 약해짐
  ㉡ 사상균의 세포벽 : 대부분 키틴이고 숙주인 식물세포의 세포벽은 섬유소
  ㉢ 폴리옥신, 에디펜포스, 이프로벤포스 등

⑤ 세포분열의 저해
  ㉠ 핵산의 합성이 저해돼 정상적인 세포분열 방해
  ㉡ 베노밀, 티오파네이트메틸 등의 벤지미다졸계 살균제

⑥ 숙주식물의 병해저항성 유발
  ㉠ 작물 자체가 병해에 대한 저항성을 갖게 함
  ㉡ 벼 도열병 예방 약제인 트리사이클라졸은 벼의 세포벽에 집적되는 멜라닌 색소의 합성을 억제

(2) 살균제의 종류

① 구리제
  ㉠ 구리 이온이 강한 살균력이 있어서 19세기 초에 황산구리를 살균제로 사용함
  ㉡ 종 류
    - 무기동제 : 보르도혼합액, 동수화제
    - 유기동제 : 옥시코퍼, 코퍼하이드록사이드
  ㉢ 특 징
    - 광범위한 병해에 유효
    - 작물에 따라 약해 발생 우려
    - 어류에 독성이 있어 주의
    - 알칼리성이므로 유기인제와 혼용 불가
    - 구리 화합물을 작물체 위에 미립자로 고착, CO_2나 유기산 등에 의해 구리이온 방출해 살균 효과를 냄
  ㉣ 작용기구
    - 염기성 유산동, 염기성 염화동, 염기성 인산 유산동, 옥신동 등이 유효성분
    - Cu^{2+} 이온이 세포막 또는 세포내 단백질의 Mg^{2+}, K^+, H^+ 등 양이온과 치환 생리작용 변화를 야기
    - 탈수소 효소의 SH기와 결합하여 균의 생리작용을 저해

② 보르도혼합액
  ㉠ 보르도액
    - 순도 98.5% 황산구리와 순도 90% 이상의 생석회가 조제 원료
    - 효력의 지속성이 큰 살균제로 비교적 광범위한 병원균에 유효
    - 벼 도열병, 사과 흑점병, 갈반병, 포도 노균병, 만부병, 감귤 더뎅이병, 궤양병 등의 방제에 효과
  ㉡ 석회보르도액 : 보르도액의 원료로 사용하는 황산구리는 강력한 살균력을 지니고 있으나 물에 잘 녹기 때문에 살균뿐만 아니라 심한 약해 작용을 일으키므로 석회와 반응시켜서 불용성인 동염으로 사용

ⓒ 종 류
- 석회의 양에 따른 분류
  - 황산구리 450g보다 적은 양의 소석회를 가지고 만든 것 : 소석회보르도액
  - 황산구리 450g과 같은 양의 소석회를 가지고 만든 것 : 석회보르도액
  - 황산구리 450g보다 많은 양의 소석회를 가지고 만든 것 : 과석회보르도액
- 물의 양에 따른 분류
  - 4두식 석회반량 보르도액(소석회보르도액) : 황산구리 450g(기준량) + 생석회225g + 80L(4두)
  - 6두식 석회등량 보르도액(석회보르도액) : 황산구리 450g + 생석회 450g + 120L(6두)
  - 8두식 석회배량 보르도액(과석회보르도액) : 황산구리 450g + 생석회 900g + 160L(8두)

ⓔ 보르도액을 살포한 후에 바로 비가 내리게 되면 가용성 동량의 증가로 약해 발생
ⓜ 보르도액 사용법
- 조제 즉시 사용, 오래 두면 염기성 황산동의 입자가 커져 약효 저하
- 발병 전에 사용(2~7일 전)
- 살포액이 건조되어 피막을 형성해야 함
- 파라티온, 말라티온, PPN 같은 Ester제와 혼용 금지

ⓗ 석회보르도액 조제 시 주의 사항
- 12~24시간이 경과한 후에 사용하면 약해가 발생하므로 제조 즉시 살포
- 반드시 비금속제 통을 사용
- 약해 방지를 위해 황산아연을 황산구리 정량의 1/2을 첨가
- 황산구리통에 석회유를 붓지 말 것

③ 동수화제
ⓐ 구리수화제는 번거로운 보르도액의 조제를 생략하고 용이하게 보르도액을 만들어 쓰도록 제제된 것
ⓑ 보르도액의 유효 성분인 염기성 황산동을 주제로 한 동제임
ⓒ 종 류
- 염기성 황산구리제 : 감자의 역병에 유효
- 염기성 염화구리제

④ 수은제 **기출**
ⓐ 염화 제2수은(승홍 ; $HgCl_2$)이 주성분
ⓑ 보리 종자, 감자 묘목 등의 소독용으로 사용됐지만 식물에 심한 약해와 인축에 독성이 있어 현재는 사용 중지됨

ⓒ 종 류
- 무기수은제 : 무기수은제는 염화 제2수은(승홍)이 주성분으로 살균력이 강함, 인축에 독성이 강함
- 유기수은제 : 미나마타병의 원인

⑤ 황 제
ⓐ 무기황제 : 황분말, 결정석회황합제, 수화성 황제
- 황의 살균 작용
  - 황이 승화에 의하여 생성된 가스체 황 및 황 자체의 작용
  - 황이 산화에 의하여 생성된 아황산가스(SO_2)나 황산 등 황의 산화물에 의한 작용
  - 황이 식물이나 균의 생조직에 접했을 때 환원되어 생기는 황화수소에 의한 작용
  - 황의 친유성이 강한 투과성을 발휘해 지방함량이 많은 병원균을 살균하는 작용
- 황의 독성은 황 입자의 크기에 좌우됨 → 입자가 작을수록 살균력이 크며 식물체에 대한 부착력도 큼

ⓑ 수화성 황제
- 석회유황합제보다 살균효과는 약간 떨어짐
- 여름철 과수, 채소에 대하여 약해 없이 사용 가능
- 보르도액, 유기염소제, 파라티온, 블라티온 같은 유기인제와 혼용 가능

⑥ 석회유황합제
ⓐ 값이 싸며 살균력뿐만 아니라 살충력도 지니고 있음
ⓑ 과수, 보리의 병해 방제용으로 널리 쓰이고 있으나 약해를 일으키기 쉬움
ⓒ 석회유황합제의 작용
- 살균작용 : 다황화석회가 공기 중의 산소에 접했을 때 생기는 활성화된 유황의 작용에 의함
- 강한 알칼리성은 균체 또는 환부 조직을 부식시켜서 균체의 조직을 기계적으로 파괴 → 유황을 용이하게 균체 내로 침입 → 균체 내의 유황 → 탈산소작용, 산화물 또는 황화수소에 의한 살균 작용
- 온도와 습도가 높으면 높을수록 분해가 빨리 되어 효력이 빨리 저하
- 기온이 낮을 때는 높은 농도로 기온이 높을 때는 낮은 농도로

⑦ 유기황제 **기출**
ⓐ 디티오카바메이트계에 속함 : N-CS-S-기의 화학구조
ⓑ 구리제나 황제 등 다른 무기 살균제에 비해 약해가 적음
ⓒ 지효성이나 효과가 확실 : 과수 채소에 널리 사용
ⓓ 살균 작용에 있어서 선택성을 지니고 있는 것이 결점

ⓜ Dialkyl-amine계 화합물 : 병원균의 생육에 필수적인 금속과 킬레이트 결합해 살균
　　　ⓗ Alkylene-diamine계 화합물 : 병원균 내 효소단백질의 SH기와 결합해 살균
　　　ⓢ 석회유황합제처럼 작용이 극렬하지 않고 완만해 살균 효과가 지효성을 띰
　　　ⓞ 알칼리제를 제외한 모든 약제와 혼용 가능
　　　ⓩ 저장 중 흡습에 의하여 분해되기 쉽고 무기 유황제보다 가격이 고가임
　　　ⓒ 만코제브, 메티람, 프로피네브
⑧ 유기비소제
　　㉠ 비소를 함유하는 유기화합, R, As, X_2로 표시
　　㉡ R : 방향족 또는 지방족, 방향족일 때 염소(Cl)기가 치환 되었을 때 살균력 강함
　　㉢ X : 염소(Cl), 산소(O), 황(S) 등으로 구성
　　㉣ 네오아소진 : 철(Fe)을 접합해 약해 문제가 적어 벼 잎집얼룩병과 사과 부란병에 효과
⑨ 유기주석제
　　㉠ 종류 : 수산화물(TPTH), 염화물(TPTC), 초산염(TPTA) 등
　　㉡ 사탕무 갈반병에 특효, 감자 역병, 콩 탄저병에 효과
　　㉢ 살균력이 강하고 살충 제초 작용도 있으나 약해와 악취가 있음
　　㉣ 어독성이 높아 사용에 주의
⑩ 유기염소제
　　㉠ 벼 도열병 방제약제로 개발된 PCBA, PCMN, CBA, PCP 등이 사용되다 약해가 발견되어 사용이 중단됨
　　㉡ 원예용의 클로로타로닐, 벼 도열병 방제제 프탈라이드, 벼 흰잎마름병 방제제 테클로프탈람 등이 있음
⑪ 유기인살균제
　　㉠ 주로 살충제로 사용되고 있으나 벼 도열병 방제제로도 사용됨
　　㉡ 이프로벤포스, 에디펜포스 등이 있음
⑫ 농용항생제
　　㉠ 미생물이 생성하는 화학 물질로서 다른 미생물의 발육 또는 대사 작용을 억제시키는 생리 작용을 지닌 물질을 만듦
　　　• 분 류
　　　　- 항세균성 : 스트렙토마이신, 클로람페니콜제
　　　　- 항곰팡이성 : 식물 병해의 주요인, 마이클로헥시아미드제, 셀로사이딘제
　　　　- 항 바이러스성
　　　• 폴리옥신 비(Polyoxin B) : 사과나무 점무늬낙엽병, 배나무 검은무늬병에 효과
　　　• 폴리옥신 디(Polyoxin D) : 벼 잎집얼룩병, 사과 부란병에 효과

ⓒ 구비조건
- 식물 병원균에 대하여 살균력을 갖추어야 함
- 일광이나 공기에 의해서 분해되어서는 안 됨
- 식물에 대해서 약해가 없고 압축에는 가급적 독성이 없어야 함
- 가격이 싸야 함

⑬ 침투성 살균제 **기출**
㉠ 침투성 물질은 자체가 스스로 살균력을 갖고 있는 것이 아님
㉡ 식물체 내로 침투 이행되어 식물의 대사를 변화시키는 물질로 변화
㉢ 기생 식물과 기생균 간의 생화학적 상호관계에 작용
㉣ 기생균이 분비하는 독소(효소)를 불활성화시키는 물질로 변화
㉤ 식물 자체의 저항성을 높여 주는 특성을 지님
㉥ 종 류
- Acylalanine계, Benzimidazole계, Carboxamide계 등
- 메탈락실, 베노밀, 카벤다짐, 티오파네이트메틸, 티아벤다졸, 카복신, 메프로닐, 페나리몰 등

2 살충제

(1) 살충제의 침입

① 살충제의 작용점
㉠ 작용점 : 살충제가 곤충의 체내에 들어가 실제 살충작용을 일으키는 곤충체조직
㉡ 곤충은 자극이나 흥분 등 신경기능을 해하면 급속히 죽게 돼 신경계는 살충제의 적절한 작용점임
㉢ 표피에 도달한 살충제는 경피, 경구, 경기문의 3개의 경로를 통해 체내에 침입
㉣ 저항성 : 살충제의 장기사용으로 일어나는 약제에 대한 해충의 내성

② 살충제의 침입경로별 분류
㉠ 접촉제 : 살충제가 해충의 피부나 기공을 통해 침입하며 잔효성에 따라 지속적 접촉제, 비지속적 접촉제로 구분
- 지속적 접촉제 : 유기염소계, 일부 유기인계 살충제는 화학적으로 안정해 쉽게 분해되지 않아 환경오염의 원인
- 비지속적 접촉제 : 피레스로이드계, 니코틴계 및 일부 유기인계 살충제는 속효성이고 잔류성이 짧아 환경오염의 피해가 적음

ⓒ 소화식독제(소독제) : 살충제가 해충의 입을 통해 침입하며 소화기를 통해 살충작용을 하므로 잔효성이 김
ⓒ 침투성 살충제 : 식물의 뿌리, 줄기, 잎 등에 처리하면 식물 전체에 퍼져 흡즙성 해충에 선택적으로 작용
ⓔ 훈증제 : 살충제를 가스 상태로 만들어 해충의 호흡기관을 통해 침입하는 약제로 속효성, 비선택성

(2) 살충제의 작용기작

① 신경기능 저해
  ㉠ 신경축색의 전달 저해
   • DDT, 피레스로이드계 살충제는 외부자극이 축색막을 통해 전달되는 과정에서 K^+ 이온의 활성 및 Na^+ 이온의 불활성을 억제
   • 활동전위의 하강이 지연되고 휴지전위의 회복이 늦어짐
   • 계속적으로 축색 말단에 자극이 전달돼 곤충이 죽게 됨
  ㉡ 시냅스 전막의 저해
   • BHC, 사이클로디엔계 화합물은 곤충의 중추신경에 강한 자극 작용
   • 시냅스 전막에 신경전달물질의 양을 증대시켜 반복흥분을 일으킴
   • 신경전달에 이상이 생겨 곤충이 죽게 됨
  ㉢ 아세틸콜린에스테라제(AChE)의 활성 저해
   • 유기인계, 카바메이트계 살충제는 아세틸콜린에스테라제의 분해작용을 저해
   • 후막에 아세틸콜린에스테라제가 지속적으로 축적돼 신경자극의 정상적인 전달이 차단되어 죽게 됨
  ㉣ 아세틸콜린수용체(ACh Receptor)의 저해
   • 니코틴, 네레이스톡신 등 그 유도체 화합물인 카탑은 아세틸콜린과 구조가 비슷해 ACh와 경쟁적으로 시냅스 후막의 수용체와 결합
   • AChE에 의해 분해되지 않으므로 시냅스 후막을 계속 탈분극시켜 흥분이 지속돼 곤충이 죽게 됨

② 에너지 대사 저해
  ㉠ 곤충이나 응애 등은 높은 에너지를 갖는 ATP가 ADP로 분해될 때 생기는 화학적 에너지를 이용해 생명활동을 영위
  ㉡ ATP대사과정은 해당작용, TCA회로, 호흡의 3단계로 이뤄지므로 생물이 어떤 화합물에 의해 호흡이 저해되면 에너지원인 ATP의 생성이 불가능해 결국 죽게 됨

ⓒ 메틸브로마이드, 클로로피크린 등의 화합물은 TCA회로의 회전에 관여하는 효소 중 SH기를 가진 효소를 저해해 대사의 진행을 방해 함
ⓔ 콩과식물인 데리스의 뿌리에 존재하는 살충성분 로테논은 호흡대사과정에서 전자전달계에 작용해 TCA회로에서 생성된 전자의 흐름을 방해해 곤충의 정상적인 에너지 대사 활동을 막아 죽게 됨

③ 키틴의 생합성 저해
ⓐ 키틴은 곤충의 단단한 외골격을 구성하는 큐티클의 주요 구성성분
ⓑ 곤충이 변태를 거칠 때마다 글루코오스를 원료로 하여 체내에서 합성
ⓒ 키틴의 생합성이 저해되면 곤충이 탈피할 때 새로운 외표피의 형성이 불가능해짐
ⓓ 곤충생장살충제 : 뷰프로페진, 디플루벤주론, 클로르플루아주론, 헥사플루뮤론, 테플루벤주론, 트리플루뮤론 등

④ 호르몬 균형의 교란
ⓐ 곤충의 탈피와 변태를 조절하는 호르몬의 기능을 교란시켜 곤충을 방제
ⓑ 곤충의 유충상태를 유지시키는 유약호르몬과 탈피를 유기시키는 탈피호르몬의 생리적 균형을 교란시켜 곤충을 치사
ⓒ 탈피억제호르몬인 메소프렌, 프리코센은 빨리 성충으로 탈피하게 해 유충의 피해를 막게 하는 유충억제 호르몬

⑤ 미생물 살충제
ⓐ 토양 중 살고 있는 BT(*Bacillus thuringiensis*) 세균의 체내에는 델타–내독소에 의해 독소 단백질이 곤충의 중장에 들어가 장내 알칼리성 소화액과 단백질 분해효소에 의해 독소로 작용
ⓑ 이 독소는 중장세포의 ATP합성을 저해하고 장막의 투과성을 변화시켜 체액의 pH와 이온의 변화를 초래함으로써 곤충을 죽게 함

참고 작용기관에 따른 살충제

신경독	유기인제, BHC, 피레트린
원형질독	비소제, 유기수은제
피부독	기계유 유제
호흡독	청산가스
근육독	데리스제

(3) 살충제의 종류

① 유기인계 살충제 [기출]

$$\begin{matrix} R \\ R \end{matrix} \!\! \overset{\overset{O(S)}{\|}}{P} \!\! - X$$

㉠ 특 징
- 살충력이 강력하고 해충에 대한 적용 범위가 넓음
- 벼의 이화명충이나 과수의 응애, 심식충 등을 비롯한 각종 해충에 대하여 탁월한 효과

㉡ 적용상의 특징
- 유기인제는 살충력이 강하고 적용 해충의 범위가 넓음
- 동식물 체내에서 분해가 빠름
- 야외 살포에 있어서 광선 그 밖의 것에 의하여 소실되기 쉬운 경향
- 일반적으로 잔효성이 짧으나 DDT, 드린제 같은 염소계 살충제는 잔효성이 길며 내성을 나타내기 쉬움
- 인축에 대한 독성이 강함
- 알칼리에 대하여 분해되기 쉬움
- 약해는 적고 기온이 높으면 효과가 크고 기온이 낮으면 효과가 감소

㉢ 작용 기구 : 아세틸콜린에스테라제(AChE)의 작용을 저해, 경엽에도 침투가 용이해 주로 접촉독제나 침투성 약제로 사용

㉣ 분 류
- Phosphoric Acid형 : TEPP제, DEP제, DDVP제
- Thiophosphoric Acid형 : EPN, 파라티온, 메틸파라티온, 슈미티온
- Dithiophosphoric Acid형 : 말라티온, PAP(Cidial), 이미단

② 카바메이트계 살충제 [기출]

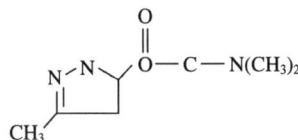

[Isolane]

㉠ 일반적으로 살충작용이 선택적이고 체내에서 빨리 분해되어 인축에 대한 독성이 낮음
㉡ 아세틸콜린에스테라제(AChE)의 작용을 저해 → 제초제와 살균제로도 개발
㉢ 카바릴, 페노뷰카브, 아이소프로카브, 카보퓨란, 티오디카브 등

③ 유기염소계 살충제

[DDT] [BHC]

㉠ 우수한 살충력과 광범위한 해충 방제 및 저렴한 생산비
㉡ 간편한 취급, 화학적인 안정성과 잔효성이 김
㉢ 인축에 대한 급성 독성이 비교적 낮고 다양한 종류(살균제, 제초제)의 제제를 만들 수 있음
㉣ 잔류 독성 문제로 인해 Drin제, DDT, BHC, Heptachor의 사용 금지 조치
㉤ 종류 : DDT, BHC, Drin제(알드린, 디엘드린, 엔드린), 헵타클로르, 엔도설판

④ 천연 살충제
  ㉠ 식물성 살충제
    • 접촉제로서 속효성이며, 다른 합성 농약에 비하여 식물에 대한 약해 작용이 적고 또한 인축에 대한 독성도 낮음
    • 유효 성분이 분해되기 쉬워 잔효성이 짧고 오랫동안 저장할 수 없음
  ㉡ 제충국제
    • 가정용 방역 살충제로 널리 사용
    • 숨구멍, 피부를 통해 침입, 곤충의 체내에 지방 분해 효소 Lipase에 의해 분해 효력 상실
  ㉢ Derris제(또는 로테논제) : 어류에 극히 유독
    • 콩과 식물인 Derris의 뿌리에 함유된 Rotenone이 유효 성분
    • 온혈동물은 배설하나 냉혈동물은 극히 유독, 접촉제, 소화 중독제로 작용
    • Pyrethrin에 비해 마비 작용은 약하나 효과는 확실
    • 지효성이며 잔효성이 적고, 어독성이 큼
  ㉣ 니코틴(Nicotine)제
    • 니코틴은 담배에 함유된 유기산의 염류인 Alkaloids 합성 니코틴보다 살충력이 강함
    • 곤충의 기문을 통해서 침입, 중추신경에 작용하여 흥분, 경련마비를 일으킴
    • 속효성, 잔효성은 없음
    • 식물에 약해는 없으나 인축에 유해
    • 누에에 유해하여 뽕나무밭 근처에 사용 금지

⑤ 훈증제 기출
　㉠ 가스를 발생시켜 해충을 죽이는 살충제로 주로 밀폐공간에서 저장 곡물 소독이나 토양소독용으로 이용
　㉡ 훈증제가 갖추어야 할 성질
　　• 휘발성이 강해야 하며, 비인화성이어야 함
　　• 침투성이 커서 작은 틈까지 약제가 도달해야 함
　　• 물리·화학적 변화가 없어야 함
　㉢ 종류 : 메틸브로마이드, 청산제(사이안화수소), 클로로피크린, 알루미늄포스파이드

3 살선충제

(1) 살선충제의 의의

① 살선충제의 정의 : 식물의 뿌리에 기생하는 선충을 방제하는 약제
② 구비 조건
　㉠ 약제의 친유성기가 있어야 함
　㉡ 토양 중에서 잘 확산되어야 함
　㉢ 토양 중에서 빨리 소실되어 작물에 약해를 일으켜선 안 됨
　㉣ 휘발되지 않고 일정 기간 체류되어야 함
　㉤ 인체에 대해서 심한 자극성이나 유독성을 지녀서는 안 됨

(2) 살선충제의 종류

① D-D제
　㉠ 1,3-Dichloropropene은 1943년 하와이에서 파인애플 선충 방제에 탁월한 효과가 있음이 밝혀짐
　㉡ 선충에 접촉독, 흡입독 작용을 보임
　㉢ 우리나라에서는 클로로피크린과 혼합제가 토양해충약으로 사용됨
② EDB
③ DBCP제
④ Methyl Bromide 기출
　㉠ 유효 성분은 주로 가스체로 되어 있음
　㉡ 높은 증기압을 가지고 있어 훈연제로 사용

4 살응애제

(1) 살응애제의 의의
  ① 살응애제의 정의 : 곤충에 대하여는 살충 효과가 없고 응애류에 대해 효력이 있는 약제
  ② 구비조건
    ㉠ 성충, 유충, 알에 대한 살해 작용을 지녀야 함
    ㉡ 응애의 발생기간이 길므로 잔효성이 길어야 함
    ㉢ 여러 종류의 응애에 유효해야 함
    ㉣ 작물에 대한 약해 작용이 없어야 함

(2) 살응애제의 종류
  ① Diarylcarbinol계 살응애제
    ㉠ BCPE
    ㉡ CPCBS
    ㉢ Chlobenzilate, Tetradifon, Dicofol
  ② 유기인계 살응애제 : 인축에 독성이 강하고 유충이나 성충에는 효과가 있으나 산란효과가 없으며 비선택성 살충제로 응애 천적에도 피해
    ㉠ Malathion, Dialifos : 저독성 유기인계 살응애제
    ㉡ Thiometon(접촉독형), Ethion(침투이행형)
  ③ 유기유황계 살응애제
    ㉠ Chorfenson(CPCBS) : 침투이행성 약제로 살란효과는 있으나, 성충에 대한 효과는 없으며 지속기간은 김
    ㉡ Tetradifon : 비침투성 접촉독 작용제로 암컷이 산란한 알의 부화 방지 및 부화 직후 유충에도 효과
    ㉢ Propargite(BPPS) : 성충, 유충에 대한 접촉제

5 제초제

(1) 제초제의 구비조건
  ① 제초효과가 클 것 : 살초범위, 제초 및 잡초발생억제 기간
  ② 인축에 약해가 없을 것
  ③ 자연환경에 오염이 없을 것
  ④ 사용이 편리할 것 : 제형, 혼용폭, 구입 및 취급용이
  ⑤ 방제효과가 안전할 것 : 온도, 습도, 광선, 경종조건이 변해도 약효와 약해에 변동이 없을 것

⑥ 가격이 적당할 것 : 생산자와 소비자의 입장을 고려
⑦ 작물에 대한 약해가 없을 것 : 생육, 수량, 품질 등
⑧ 처리의 안정성 : 저독성, 사용식, 약량 등
⑨ 잔류문제가 없을 것 : 토양수와 후작물

(2) 제초제의 대사과정 및 분류
① 제초제 대사과정
 ㉠ 1단계 : 제초제의 산화 환원 또는 가수분해를 통해 독성이 완화되는 과정
 ㉡ 2단계 : 제1단계에서 분해산물이 식물체 내의 여러 물질과 결합반응
 ㉢ 3단계 : 동물에서는 나타나지 않고 식물체에서만 나타나는 반응으로 결합물질이 다른 물질과 결합하여 제2의 결합물질 형성
② 제초제의 선택성
 ㉠ 생태적 선택성 : 생육 시기가 서로 다르기 때문에 나타나는 제초제에 대한 감수성의 차이
 ㉡ 형태적 선택성 : 생장점의 노출 여부에 따라 나타나는 선택성 차이
 ㉢ 생리적 선택성 : 제초제 성분이 식물 체내에 흡수·이행되는 정도의 차이
 ㉣ 생화학적 선택성 : 식물의 종류에 따라 다른 감수성을 나타내는 현상
③ 제초제의 분류
 ㉠ 선택성 및 비선택성 제초제 **기출**
  • 선택성 : 2,4-D, MCP, MCPB, DCPA
  • 비선택성 : CAT, CMV, PCP, DNBP, Paraquat, Glyphosate
 ㉡ 이행형 및 접촉형 제초제
  • 이행형 : 식물 체내에 이행되어 식물의 생리작용 저해
   - 호르몬 제초제 : 2,4-D, MCP
   - 비호르몬 제초제 : CAT, CMV, ATA
  • 접촉형
   - 약제가 부착된 곳의 생세포 조직에만 직접 작용해서 그 부분을 파괴
   - PCP, DNBP, 염소산소다, 청산소다
 ㉢ 처리 방법에 따른 분류
  • 토양처리제(발아 전 처리제)
  • 잡초처리제(발아 후 처리제)
 ㉣ 처리시기에 따른 분류
  • 파종 전 처리제
  • 파종 후 처리제
  • 생육기 처리제

(3) 제초제의 종류

① 무기 제초제
  ㉠ 염소산 소다
  • 비선택성 접촉형 제초제로서 개간지, 임야 등의 비농경지의 제초
  • 지하경이 깊은 다년생 화본과(갈대) 식물에도 효과
  • 염소산 석회 : 염소산 소다의 폭발성을 개선한 효과와 동일
  ㉡ 청산소다, 청산칼리 : 비선택성 접촉형
  ㉢ 설파민산제 : 비선택성 접촉형

② 유기 제초제 기출
  ㉠ 페녹시계 제초제(호르몬형 제초제)
  • 2,4-D, Cl-IPC-2,4-D와 반대의 선택성을 지닌 카바메이트계 제초제
  • 선택성의 제초제로서 화본과의 식물에는 비교적 안전하나 광엽식물에 대해 유해
  • 작용 기구는 분열조직을 현저하게 활성화시킴
  • 엽록소의 형성 저해, 호흡 작용의 이상 증대 등으로 생리적 균형 파괴
  ㉡ MCPP(메코프로프) : 2,4-D보다 약해 적고 한빙지대에서의 제초제 또는 조기재배의 제초제로 사용

참고 제초제의 분류

처리부위	종 류	작용형태	호르몬 유무	선택성 유무
경엽 처리용	페녹시계	이행형	호르몬형	선택성
	벤조산계	이행형	호르몬형	선택성
	유기인계	이행형	비호르몬형	비선택성
	비피리딜리움계	접촉형	비호르몬형	비선택성
	벤조티아디아졸계	이행형	비호르몬형	선택성
경엽 및 토양 처리형	트리아진계	이행형	비호르몬형	선택성
	요소계	이행형	비호르몬형	선택성
	설포닐우레아계	이행형	비호르몬형	선택성
	디페닐에테르계	접촉형	비호르몬형	선택성
	카바메이트계	이행형	비호르몬형	선택성
토양 처리형	아마이드계	접촉형	비호르몬형	선택성
	디니이트로아닐린계	접촉형	비호르몬형	선택성
	티오카바메이트계	이행형	비호르몬형	선택성

참고 제초제의 작용기작 기출	
작용기작	제초제의 분류 및 종류
광합성 저해	벤조티아디아졸계, 트리아진계, 요소계, 아마이드계, 비피리딜리움계(과산화물 생성)
호흡작용 및 산화적 인산화 저해	카바메이트계, 유기염소계
호르몬 작용 교란	페녹시계(2,4-D, MCP), 벤조산계
단백질 합성 저해	아마이드계, 유기인계
세포분열 저해	디나이트로아닐린계, 카바메이트계
아미노산 생합성 저해	설포닐우레아계, 이미다졸리논계, 유기인계(Glyphosate)

6 식물생장조절제

(1) 식물생장조절제의 정의
식물생장조절제는 식물의 병충해 방제와는 관계없이 식물의 생육을 촉진 또는 억제시키는 물질이다.

(2) 옥 신 기출
① 식물의 생장을 촉진하는 호르몬
② 줄기나 뿌리의 선단에서 생성되어 체내를 이동
③ IAA : 체내에서 합성되는 천연호르몬
④ 합성호르몬 : NAA, 2,4-D, IBA, BNOA
⑤ 4-CPA : 착과제 토마토톤의 주성분

(3) 지베렐린 기출
① 미숙종자에 많이 함유, 식물의 어느 부위에도 공급
② 발아촉진, 화성의 촉진, 경엽의 신장촉진, 생장촉진, 비대 및 숙기촉진, 단위결과 유도, 수량 증대

(4) 시토키닌
① 세포분열을 촉진하며 식물체 내에서 충분히 생성
② 주로 뿌리에서 합성
③ 조직배양에서 많이 이용
④ 내한성촉진, 발아촉진, 잎의 생장촉진, 호흡억제, 엽록소와 단백질의 분해 억제, 노화방지, 저장 중 신선도 유지, 기공의 개폐촉진

(5) ABA(Abscisic Acid)
① 생장억제물질로 건조, 무기양분의 부족 등으로 식물체가 스트레스를 받는 상태에서 발생 증가
② 다른 생장촉진호르몬과 상호 및 길항작용
③ 잎의 노화방지, 휴면유도, 발아억제, 화성촉진, 내한성 증진

(6) 에틸렌
① 기체상태로 존재, 과일의 성숙을 유도 또는 촉진
② 마찰이나 압력 등의 기계적 자극, 병해충의 피해를 받으면 생성이 증가
③ 에테폰 : 알칼리에서 에틸렌 발생
④ 발아촉진, 정아우세현상 타파, 꽃눈이 많아짐, 낙엽촉진, 성숙촉진, 건조효과

참고	농약의 계통별 작용기작 구분 표시
살균제	• 계통별 작용기작을 가, 나, 다 순으로 표기 • 가1, 가2, 가3은 작용기작이 같으므로, 병의 저항성을 피하기 위해 가1 → 나1 → 다1 등으로 번갈아가며 사용
살충제	• 계통별 작용기작을 1, 2, 3 순으로 표기 • 각 기작별 세부 작용기작의 가진 그룹은 알파벳 순(1 → 1a, 1b, 1c, 2 → 2a, 2b, 2c)으로 세분류하여 표기
제초제	• 계통별 작용기작을 A, B, C 순으로 표기 • 각 기작별 세부 작용기작을 가진 그룹은 아라비아숫자 순(C → C1, C2, C3, F → F1, F2, F3)으로 세분류하여 표기

※ 병해충 및 잡초의 저항성을 피하기 위해 작용기작별로 구분하여 표기

CHAPTER 05 적중예상문제

PART 04 농약학

01 다음 중 제충국의 유효성분으로 옳은 것은?
① Rotenone ② Pyrethrin
③ Pyrethrolone ④ Allethrin

해설
② 제충국의 유효성분은 Pyrethrin이다.

02 다음 중 협력제(Synergists)의 구조로 옳은 것은?
① Dichlorophenyl
② Phthalylphenyl
③ Dioxyphenyl
④ Methylene Dioxyphenyl

해설
④ 협력제(協力劑)는 유효성분의 효력을 증진시킬 목적으로 사용하는 약제이다.

03 다음 중 비선택성 제초제로 분류되는 농약은?
① 마세트 ② 데브리놀
③ 시마진 ④ 글라신

해설
④ 글라신 : 유기인계 비선택성 제초제

04 다음 농약 성분 중 저투입 고활성 약제는?
① Pyrazosulfuron-ethyl
② Napropamide
③ Alachlor
④ Pendimethalin

해설
① Pyrazosulfuron-ethyl은 저투입 고활성 약제이다.

05 다음 중 유기합성 살충제에 속하지 않는 농약은?
① 유기인계 ② 설포닐우레아계
③ 카바메이트계 ④ 유기염소계

해설
② 설포닐우레아계 : 제초제

06 농약의 작용기구 규명에 추적자(Tracer)로 쓰이는 방사성 동위원소 중 반감기가 가장 긴 핵종은?
① C_{14} ② P_{32}
③ S_{35} ④ Hg_{203}

해설
① C_{14}는 농약의 작용기구 규명에 추적자(Tracer)로 쓰인다.

07 응애류의 방제 약제인 살비제가 아닌 것은?

① Dicofol(Kelthane)
② Propargite(Progi)
③ Tetradifon(Tedion)
④ Cinosulfuron(Setoft)

해설
살응애제
- Chlobenzilate, Tetradifon, Dicofol
- Malathion, Dialifos : 저독성 유기인계 살응애제
- Thiometon(접촉독형), Ethion(침투이행형)
- Chorfenson(CPCBS)
- Tetradifon
- Propargite(BPPS) : 성충, 유충에 대한 접촉제

08 유기인화합물은 5개의 P원자를 가진 인산에스테르류가 주된 것으로 5종의 기본형으로 분류된다. 여기에서 포스포로아미데이트(Phosphoro-amidate)형은?

① >P(=S)(S-)
② >P(=O)(O-)
③ >P(=O)(N<)
④ >P(=S)(O-)

해설
③ 포스포로(P-인이 포함됨), 아미데이트(N-질소가 포함됨)

09 R-Hg-X로 표시되는 유기수은제에서 X에 해당되지 않는 것은?

① -SO₃H
② -Cl
③ -OH
④ -CH₃

해설
- 수은제의 경우 1970년대 전면 금지되었다.
- -HgCl₂ : 승홍
- PMA : -CH₃가 X에 해당

10 Parathion제의 살충기작이 일어나는 이유는?

① Cytochrome Oxidase를 저해하기 때문이다.
② Cholinesterase의 작용을 저해하기 때문이다.
③ 침투성이 있기 때문이다.
④ 체내에서 분해가 빠르기 때문이다.

해설
콜린에스테라아제 : 신경계의 정상적인 작용을 조절하는 효소의 억제제로 작용해 호흡부전을 유발한다.

11 아래 구조식 농약의 사용 범위는?

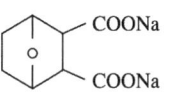

① 낙과방제제
② 생장억제제
③ 낙엽촉진제
④ 발근촉진제

해설
③ 구조식은 낙엽촉진제에 해당한다.

12 다음 농약 중 페녹시계 제초제가 아닌 것은?

① 2,4-D
② MCPA
③ MCPP
④ DCPA

해설
페녹시(Phenoxy)계 제초제
- 선택형, 호르몬형 유기제초제
- 2,4-D, 메코프로프(MCPP), MCPA 등

13 사과의 부란병 방제에 사용되고 있는 약제는?

① 폴리옥신 에이(Polyoxin A)
② 폴리옥신 비(Polyoxin B)
③ 폴리옥신 씨(Polyoxin C)
④ 폴리옥신 디(Polyoxin D)

> **해설**
> ④ 사과의 부란병 방제에 사용되고 있는 약제는 폴리옥신 디(Polyoxin D)이다.

14 주로 벼의 도열병 방제 약제로 쓰이는 항곰팡이제 살균제는?

① 비타박스   ② 블라스티사이딘-S
③ 톱 신   ④ 다코닐

> **해설**
> ② 블라스티사이딘-S는 농약용의 항생물질로서 도열병(稻熱病)에 유효하다.

15 유기수은제 중 페닐초산수은의 구조식으로 옳은 것은?

① C₆H₅—HgOCOOCH₃
② C₆H₅—HgOOCCCH₃
③ C₆H₅—HgCOOCH₃
④ C₆H₅—HgCOCH₃

> **해설**
> 페닐초산수은(PMA)
> C₆H₅—Hg—O—CO—CH₃

16 깍지벌레의 방제에 유효한 기계유 유제에 대한 설명으로 옳지 않은 것은?

① 유기합성 살충제이다.
② 값이 싸고 독이 없다.
③ 95% 이상의 고농도 제품이 나오고 있다.
④ 주성분은 탄화수소이다.

> **해설**
> ① 기계유 유제는 무기합성 살충제이다.

17 다음 중 유기인계 살충제는?

① EPN   ② BHC
③ 2,4-D   ④ PHC

> **해설**
> ② BHC : 유기염소계
> ③ 2,4-D : 페녹시계 제초제

18 Zineb제는 다음 중 어떤 화합물인가?

① Triphenyl 주석 화합물
② Pentachloro-phenol계 화합물
③ Phosphoro-thiolate계 화합물
④ Alkylene-diamine계 화합물

> **해설**
> • Alkylene Diamine계 화합물 : Mancozeb, Maneb, Propineb, Zineb, Ziram 등
> • Zineb : 탄저병약으로 사용되다 약해 우려로 1990년 사용이 폐지되었다.

정답 13 ④ 14 ② 15 ② 16 ① 17 ① 18 ④

19 다음 중 살선충제가 아닌 것은?

① D-D
② EDB
③ DBCP
④ NIP

해설
살선충제 : D-D, EDB, DBCP, Methyl Bromide

20 식물성 살충제로서 온혈동물(溫血動物)에는 독성이 없는 농약은?

① Nicotine제
② Anabasine제
③ 송지합제
④ Pyrethrin제

해설
④ Pyrethrin제 : 식물성 살충제로서 온혈동물(溫血動物)에는 독성이 없는 농약

21 파라티온 등 유기인계 살충제의 가장 큰 작용 특성은?

① 분해가 느리기 때문에 약효지속 기간이 길다.
② 살충력이 강하고 광범위하게 사용된다.
③ 인축에 대해 독성이 약한 편이다.
④ 알칼리성 물질에 분해가 더딘 편이다.

해설
② 유기인계 살충제는 농약 중 가장 많은 종류가 있으며, 유기인계 농약의 구조는 인(P)을 중심으로 각종 원자 또는 원자단으로 결합한다.

22 다음 식물생장조정제 중 생장억제제로 작용하는 것은?

① α-나프탈렌 초산
② 지베렐린
③ 아토닉
④ MH제

해설
④ MH : 생장과 출아억제
③ 아토닉 : 발근촉진제

23 우리나라에서 현재 콩나물에 사용되는 농약은?

① 인돌비 액제
② 지베렐린 수용제
③ 에테폰 액제
④ 루톤 분제

해설
① 인돌비 액제 : 콩나물 생장촉진제

24 해충의 콜린에스테라제 효소활성을 저해시키는 약제는?

① 석회보르도액
② 부라에스 유제
③ 네오진 액제
④ 다이아지논 유제

해설
유기인계, 카바메이트계 살충제(다이아지논 유제) : 해충의 콜린에스테라제 효소활성 저해

정답 19 ④ 20 ④ 21 ② 22 ④ 23 ① 24 ④

25 다음 농약 중 살균제가 아닌 것은?
① Mancozeb ② Maneb
③ 석회보르도액 ④ Parathion

해설
④ Parathion : 유기인계 살충제

26 다음 중 벼멸구 방제용 농약은?
① 아이비 유제
② 베나솔 입제
③ 비피(밧사) 유제
④ 베노밀(벤레이트) 수화제

해설
③ 벼멸구 방제
① 도열병 방제
② 잎도열병 방제
④ 벼 잎도열병, 목도열병 방제

27 유기유황제에 대한 설명으로 옳은 것은?
① 유기유황제 중 Thiram은 흰가루병에 특효이다.
② 수도용 살균제로 널리 사용되고 있다.
③ 무기황제보다 가격이 싸다.
④ 주요 약제로는 Propineb, Mancozeb 등이 많이 사용되고 있다.

해설
유기유황제 : 만코제브, 티람, 프로피네브

28 다음 중 농용 항생제로 쓰이지 않는 것은?
① Streptomycin ② Kasucin
③ Polyoxin ④ Penicillin

해설
④ 페니실린은 사람에게 사용되는 항생제이다.

29 유기수은제의 살균작용을 옳게 설명한 것은?
① Hg^{2+} 이온의 산화로 균체의 기능을 저하시켜 살균
② Hg^{2+} 이온의 환원으로 균체의 기능을 저하시켜 살균
③ 균체효소의 SH기와 반응하여 그 기능을 저하시켜 살균
④ 균체효소의 ADP와 반응하여 그 기능을 저하시켜 살균

해설
③ 유기수은제는 균체효소의 SH기와 반응하여 그 기능을 저하시켜 살균한다.

30 갈색의 액체로서 물에 쉽게 녹으며 직접 살균작용은 약하지만 식물체에서는 현저한 발병 저지효과를 나타내고 주로 사과의 부란병 방제에 쓰이는 제제는?
① PCP제 ② MAFA제(Neozin)
③ DBEDC제 ④ Mancozeb

해설
② 네오아조진은 철(Fe)을 결합해 약해 문제가 적어 벼 잎집얼룩병과 사과 부란병에 효과가 있다.

정답 25 ④ 26 ③ 27 ④ 28 ④ 29 ③ 30 ②

31 슈라더(G. Schrader)에 의하여 합성, 개발된 살충제는?

① 텝프(TEPP)
② 세빈(Sevin)
③ 디디브이피(DDVP)
④ 이피엔(EPN)

해설
① TEPP은 상업적 최초의 유기인계 에스테르 살충제이다.

32 살충제 농약의 작용점이 잘못 연결된 것은?

① 원형질독 – 유기수은제
② 피부독 – 기계유유제
③ 호흡독 – 청산가스
④ 근육독 – 피레트린

해설
작용기관에 따른 살충제

신경독	유기인제, BHC, 피레트린
원형질독	비소제, 유기수은제
피부독	기계유유제
호흡독	청산가스
근육독	데리스제

33 다음과 같은 화학구조를 갖는 농약은?

$$CH_3O \diagdown \atop CH_3O \diagup P-O-CH=CCl_2$$
(O double bond on P)

① 스미티온 ② DDVP
③ EPN   ④ 피레트린

해설
② DDVP : 디클로로보스 상품명

34 석회유황합제 제조 시 생석회와 황의 중량비로서 적합한 것은?

① 생석회 : 황 = 1 : 1
② 생석회 : 황 = 2 : 1
③ 생석회 : 황 = 1 : 2
④ 생석회 : 황 = 1 : 3

해설
물의 양에 따라
• 4두식 석회반량 보르도액(소석회보르도액) : 황산구리 450g(기준량) + 생석회 225g + 80L(4두)
• 6두식 석회등량 보르도액(석회보르도액) : 황산구리 450g + 생석회 450g + 120L(6두)
• 8두식 석회배량 보르도액(과석회보르도액) : 황산구리 450g + 생석회 900g + 160L(8두)

35 국내에서 현재 콩나물의 생장촉진제로 등록되어 있는 약제는?

① 페노프롭(Fenoprop)
② 인돌비(Indol B)
③ 지베렐린(Gibberellin)
④ 아토닉(Atonic)

해설
② 인돌비약제 : 콩나물 생장촉진제

36 Acetylcholine이 축적되어 신경의 이상흥분을 일으켜 죽게 되는 약제는?

① 비소제   ② 유기인제
③ 유기염소제 ④ 유기불소제

해설
② 유기인계, 카바메이트계 살충제는 아세틸콜린에스테라제의 분해작용을 저해한다.

정답 31 ① 32 ④ 33 ② 34 ③ 35 ② 36 ②

37 천연산 살충제의 대량생산에 가장 저해요인으로 작용하는 것은?

① 살충성이 떨어진다.
② 생산비용이 많이 든다.
③ 유효성분의 분해가 늦다.
④ 인축에 대해 독성이 강하다.

해설
② 천연산 살충제의 경우 해당 작물의 재배 및 수확 후 약제 가공까지의 생산비용이 화학합성 살충제보다 많이 든다.

38 다음 중 제초제를 토양처리제초제와 경엽처리제초제로 분류할 때 어떤 기준에 의하여 분류하는가?

① 화학구조   ② 살초작용
③ 처리방법   ④ 작용기작

해설
③ 처리방법에 의해 토양처리제초제와 경엽처리제초제로 분류한다.

39 과실의 착색촉진 또는 배, 포도 등의 숙기촉진용으로 개발된 생장조절제는?

① 토마토톤(Tomatotone)
② 에테폰(Ethephon)
③ 인돌비(Indole-B)
④ 지베렐린(Gibberellin)

해설
② 에테폰은 알칼리용액과 반응 시 에틸렌을 생성함으로써 과채류 및 과실류의 착색을 촉진하고 숙기를 촉진하는 작용을 한다.

40 석회유황합제의 가장 주된 유효성분은?

① CaS ② CaS_2O_3
③ $CaSO_4$ ④ CaS_5

해설
④ CaS_5는 석회유황 합제의 가장 주된 유효성분이다.

41 다음 중 사과의 탄저병약 등으로 쓰이는 가벤다 수화제, 지오판 수화제는 어느 계통에 속하는가?

① 카바메이트계   ② 페닐아마이드계
③ 페녹시계   ④ 트리아진계

해설
① 카바메이트계 : 가벤다 수화제, 지오판 수화제

42 유기비소제의 일반식이 $R·As·X_2$로 표시될 때 R이 지방족일 경우 가장 살균력이 큰 것은?

① $-CH_3$ ② $-C_2H_5$
③ $-C_3H_7$ ④ $-C_4H_9$

해설
① R이 방향족일 때 염소(Cl)기가 치환되었을 때 살균력이 강하고, 지방족일 때 $-CH_3$기가 치환되었을 때 살균력이 강하다.

43 다음 농약 중 도열병에 효과가 없는 것은?

① 아이비 유제(키타진)
② 베나솔 입제(오리자)
③ 부라딘 액제(부라에스)
④ 메프 유제(스미티온)

해설
④ 메프유제는 유기인계 살충제로 이화명나방을 살충하는 데 쓰인다.

44 유기인제의 살충작용은 어느 것에 의하는가?

① Acetylcholine Esterase의 작용저해
② Cytochromeoxidase의 작용저해
③ Cynapse 전막 저해
④ 신경의 이상흥분 억제

해설
① 유기인제 살충제는 Acetylcholine Esterase의 작용을 저해한다.

45 다음 중 카바메이트계 살충제의 일반식은?

① $X-O-\overset{\overset{O}{\|}}{C}-P\overset{R_1}{\underset{R_2}{}}$
② $X-O-\overset{\overset{O}{\|}}{C}-N\overset{R_1}{\underset{R_2}{}}$
③ $\overset{R_1}{\underset{R_2}{}}P\overset{\overset{O}{\|}}{}-O-X$
④ $\overset{R_1}{\underset{R_2}{}}N\overset{\overset{O}{\|}}{}-O-X$

해설
카바메이트계 살충제의 일반식은 ①에 해당한다.

46 다음 주성분 조성에 따른 분류에서 같은 계통의 연결이 아닌 것은?

① 유기인계 – 아이비
② 유기염소계 – 라브사이드
③ 피라졸계 – 테부펜피라드
④ 유기비소계 – 에디펜

해설
④ 에디펜은 유기인계 살충제이다.

47 진딧물에 대하여 살충력이 가장 강한 니코틴류는?

① L-β-nicotine
② L-β-nornicotine
③ dL-β-nicotine
④ L-β-anabasine

해설
③ dL-β-nicotine : 진딧물에 대해 살충력이 강한 니코틴류

48 비교적 지효성이고 화학적인 안정성이 크며 약효기간이 긴 특성을 가지고 있는 유기인계 살충제는?

① Phosphate형
② Thiophosphate형
③ Dithiophosphate형
④ Phosphonate형

해설
Dithiophosphate형은 지속기간이 길고 Phosphate형은 속효성이다.

정답 43 ④ 44 ① 45 ① 46 ④ 47 ③ 48 ③

49 다음 살충제 중 유기인제가 아닌 것은?
① 디디브이피(DDVP)
② 파라티온
③ 다이아지논
④ 나크(Cabaryl)

해설
④ 나크는 카바메이트계 살충제이다.

50 살충제 비피(Bassa) 유제를 화학적 조성에 따라 분류하면 어느 것에 해당되는가?
① 유기인계
② 카바메이트계
③ 유기염소계
④ 유기유황계

해설
② 비피는 카바메이트계에 해당한다.

51 다음 중 식물생장조정제가 아닌 것은?
① 지베렐린
② 에틸렌
③ 인돌비
④ 카 바

해설
④ 카바는 전착제이다.

52 다음 중 유기인제 살충제가 아닌 것은?
① MEP제   ② PAP제
③ DDVP제   ④ NAC제

해설
④ NAC제는 카바메이트계 살충제이다.

53 항혈액 응고제(Anticoagulant)와 관계 없는 농약은?
① 와파린(Warfarin)
② 토모린(Tomorin)
③ 쿠마린(Coumarin)
④ 프라톨(Fratol)

해설
항혈액 응고제 : 와파린, 토모린, 쿠마린

54 다음 중 농작물에 사용할 수 없는 것은?
① 파라티온(Parathion)입제
② 헥사지논(Hexazinon)입제
③ 다수진(Diazinon)입제
④ 벤즈(Benfuracab)입제

해설
② 산림용 제초제

55 에스-트리아진(S-Triazine)계 제초제의 환(Ring)의 하나의 탄소원자에 어느 기(基)가 붙으면 살초력이 저하되는가?

① -Cl
② -OCH₃
③ -OH
④ -SCH₃

해설
③ -OH : 수산화기

56 해충의 신체 골격을 이루는 키틴(Chitin) 생합성을 저해하여 살충작용을 나타내는 것은?

① 파라티온(Parathion)
② 주론(Diflubenzuron)
③ 디디티(DDT)
④ 델타린(Deltamethrin)

해설
- 주론(Diflubenzuron) : 해충의 신체 골격을 이루는 키틴(Chitin) 생합성을 저해
- 곤충생장살충제 : 뷰프로페진, 디플루벤주론, 클로르플루아주론, 헥사플루뮤론, 테플루벤주론, 트리플루뮤론 등

57 다음 중 신경화학전달물질인 ACh를 분해하는 효소인 Acetylcholinesterase(AChE)의 활성작용을 저해하여 곤충을 죽게 하는 농약이 아닌 것은?

① 이피엔(EPN)
② 다이아지논(Diazinon)
③ 메프(Mep)
④ 지오릭스(Thiolix)

해설
④ 유기인계에 대한 설명으로 지오릭스가 이에 해당한다.

58 농약연구에서 많이 사용되는 방사성 동위원소 중 반감기가 가장 긴 것은?

① ^{32}P
② ^{14}C
③ ^{3}H
④ ^{35}S

해설
농약연구에 많이 사용되는 방사성 동위원소는 ^{14}C이다.

59 식물생장억제제로서 낙과방지제가 될 수 있는 것은?

① MH제(Maleic Hydrazide)
② β-인돌초산(β-indole Acetic Aacid)
③ 콜히친(Colchicine)
④ 비나인(B-nine)

해설
④ 비나인 : 생장억제제

60 다음 농약 중 그 작용 주체가 수은인 것은?

① Nabam
② Zineb
③ PMA
④ PCP

해설
PMA

정답 55 ③ 56 ② 57 ④ 58 ② 59 ④ 60 ③

61 다음 중 살선충제가 아닌 것은?
① 다조메(Dazomet)
② 포스치아제이트(Fosthiazate)
③ 에토프(Ethoprophos)
④ 지오판(Thiophanate-Methyl)

해설
④ 지오판은 카바메이트계 살균제이다.

62 Zineb제는 다음 중 어떤 화합물인가?
① Triphenyl 주석 화합물
② Pentachloro-phenol계 화합물
③ Phosphoro-thiolate계 화합물
④ Alkylene-diamine계 화합물

해설
④ Zineb제는 Alkylene-diamine계 화합물이다.

63 농약의 분해산물 중 극성물질을 추출하는 데 적합하지 않은 용매는?
① 아세토니트릴(Acetonitrile)
② 벤젠(Benzene)
③ 아세톤(Acetone)
④ 메탄올(Methanol)

해설
② 벤젠은 극성물질의 추출에 적합하지 않다.

64 다음 중 제초제인 2,4-D 약제의 특성이 아닌 것은?
① 살초작용이 식물호르몬 활성에 기인되어 미량으로도 약효가 확실하다.
② 식물의 뿌리에 작용하여 다른 약제와의 혼합에 의해 약효상승효과를 보인다.
③ 벼의 무효분얼억제 및 도복방지 효과도 있다.
④ 광엽잡초와 화본과잡초 사이에는 선택적 활성이 없다.

해설
④ 선택성의 제초제로서 화본과의 식물에는 비교적 안전하나 광엽식물에는 유해하다.

65 살충제의 구비조건으로 가장 적절한 것은?
① 친유성기
② 친수성기
③ 친유성기 및 친수성기
④ 친유성기 및 친수성기 불필요

해설
① 살충제는 친유성기이다.

66 다음 중 보호살균제는?
① 만코지 수화제
② 베노밀 수화제
③ 디노 수화제
④ 지오람 수화제

해설
① 만코지 수화제는 유기유황제이며, 보호살균제이다.

67 유제 투입원료 중 계면활성작용을 하는 화합물은?

① O,O-diethyl O-(p-nitrophenyl)Phosphate
② Xylene
③ Polyoxyethylene
④ Epichlorohydrin

해설
③ Polyoxyethylene계 약제가 주로 계면활성제로 사용된다.

68 비 농경지의 잡초방제에 많이 사용하고 있는 파라코액제에 대한 설명으로 옳은 것은?

① 사용 시 부주의로 한 모금이라도 마시면 생명이 위독하다.
② 유효성분이 24.5%로 독성이 고독성에 해당된다.
③ 선택성 제초제로 논두렁의 잡초제거에 많이 사용된다.
④ 침투성은 약하며 비가 오면 약효가 현저히 떨어진다.

해설
파라코액제는 비선택성 제초제로 유효성분이 24.5%인 보통독성 농약이며 침투성이 매우 강해 약제 처리 2시간 후에 비가 와도 약효가 떨어지지 않는다.

69 다음 중 살균제의 작용기작에 해당되지 않은 것은?

① SH기 저해
② 전자전달 저해
③ 산화적 인산화 저해
④ Synapse 전막 저해

해설
④ Synapse 전막 저해는 신경계에 작용하는 살충제의 작용기작이다.

70 제초제를 처리방법에 따라 분류하면?

① 토양 및 경엽처리 제초제
② 선택성 및 비선택성 제초제
③ 호르몬형 및 비호르몬형 제초제
④ 이행형 및 접촉형 제초제

해설
처리방법에 따른 분류 : 토양 및 경엽처리 제초제

71 석회보르도액은 어느 것에 해당하는가?

① 황 제
② 염소제
③ 구리제
④ 비소제

해설
③ 석회보르도액은 구리제에 속한다.

72 아바멕틴(1.8%) 유제, 싸이헥사틴(25%) 수화제의 농약으로 쉽게 방제할 수 있는 적용해충은?

① 역병 및 노균병
② 진딧물류
③ 응애류
④ 탄저병 및 세균병

해설
아바멕틴, 싸이헥사틴 : 살응애제(살비제)

73 비선택성 제초제가 아닌 것은?

① Glyphosate Ammonium
② Paraquat
③ Cinosulfuron
④ Glyphosate

해설
③ 설포닐우레아계 제초제로 선택성 제초제이다.

74 다음 약제 중 화학불임제가 아닌 것은?

① Tepa
② Aziridine
③ Apholate
④ Benzylbenzoate

해설
④ Benzylbenzoate는 화학불임제에 해당하지 않는다.

75 발아전처리(Pre-emergence) 제초제에 대하여 가장 잘 설명한 것은?

① 작물 발아 전 시기에 처리하는 약제이다.
② 잡초 발아 전 시기에 처리하는 약제이다.
③ 작물의 생육기간 중에 살포하는 약제이다.
④ 토양 및 경엽 처리가 가능한 약제이다.

해설
발아전처리제 : 잡초 발아 전 처리하는 약제

76 유기인계농약의 작용 특성에 대한 설명 중 가장 거리가 먼 내용은?

① 광선이나 기타 요인에 의해 소실이 빠른 편이다.
② 알칼리에 의해 분해되기 쉽다.
③ 동식물체 내에서 오래 축적되어 서서히 분해된다.
④ 인축에 대한 독성이 일반적으로 강하다.

해설
③ 동식물체 내에서 분해가 빠르다.

77 다음 제초제 중 너도방동사니, 물달개비 및 올챙이고랭이를 선택적으로 제거하는 제초제는?

① 옥사존 유제(론스타)
② 벤타존 액제(밧사그란)
③ 설포세이트(터치다운)
④ 벤치오 입제(사단)

해설
벤타존 액제(밧사그란)
광엽잡초와 일년생잡초(방동사니, 물달개비, 밭뚝외풀, 마디꽃, 사마귀풀), 다년생잡초(올미, 벗풀, 올방개, 너도방동사니, 올챙이고랭이)에 효과가 있다.

78 곤충의 Chitin 생합성을 저해하여 살충 효과를 나타내는 Urea계 살충제가 아닌 것은?

① 디플루벤주론(Diflubenzuron)
② 테플루벤수론(Teflubensuron)
③ 트리플루무론(Triflumuron)
④ 아짐설푸론(Azimsulfuron)

해설
④ 아짐설푸론은 제초제이다.

79 다음 살충제 중 사과진딧물 방제에 주로 쓰이는 침투성 약제는?

① 메타(Demeton-S-methyl)
② 다수진(Diasinon)
③ 파라티온(Parathion)
④ 이피엔(EPN)

해설
① 메타는 유기인계 계통의 침투성 살충제이다.

80 Pyrethrin, 유기인계 살충제가 주로 작용하는 것은?

① 원형질독　② 호흡독
③ 근육독　　④ 신경독

해설
④ 유기인계 살충제는 신경독 작용을 한다.

81 다음 농약 중 침투성(Systemic) 살균제가 아닌 것은?

① 베노밀(Benomyl)
② 가벤다(Carbendazim)
③ 나크(Carbaryl)
④ 지오판(Thiophanate-methyl)

해설
③ 나크는 카바메이트계 살충제로서 접촉독 및 소화중독에 의해 살충효과를 나타낸다.

82 제초제의 살초 기작으로 가장 거리가 먼 것은?

① 광합성 저해
② 호흡작용 억제
③ 신경기능의 저해
④ 호르몬 작용의 교란

해설
③ 신경기능의 저해는 살충제의 작용기작이다.

83 카보입제, BP분제(밧사), NAC수화제(세빈) 살충제의 종류는?

① 카바메이트계
② 유기인계
③ 유기염소계
③ 트리아진계

해설
① 카바메이트계 살충제에 해당한다.

정답 78 ④ 79 ① 80 ④ 81 ③ 82 ③ 83 ①

84 유기인계 제초제인 글리포세이트(Glyphosate)의 형태는?

① Sulfonylurea(설포닐우레아)계
② As-triazine(에스트리아진)계
③ Phosphorodithioate(포스포로디티오에이트)계
④ Phosphonomethyl(포스포노메틸)계

해설
④ 글리포세이트(Glyphosate)는 Phosphonomethyl(포스포노메틸)계이다.

85 다음 중 Amide계 제초제는 어느 약제인가?

① Linuron ② Bentazone
③ Butachlor ④ Glyphosate

해설
Amide계 제초제
- 화학구조 중 Chloroacetanilide기, Anilide기 또는 Aryl Alanine기를 가진 화합물
- Acetochlor, Alachlor, Butachlor, Propanil, Flamprop-M

86 살균제 농약의 작용기작 중 산화, 환원에 있어서 SH기가 관여하는 탈수소화 효소나 SH 기질과 작용하여 황화물을 만들어 기능을 상실시켜 살균작용을 나타내는 농약이 아닌 것은?

① 캡탄 수화제 ② 홀펫 수화제
③ 디노 수화제 ④ 타로닐 수화제

해설
③ 디노 수화제 : 살충제

87 유기인계 살충제의 일반적인 특성에 대한 설명 중 옳지 않은 것은?

① 동물의 체내에서 분해가 빠르고 체내에 축적작용이 없다.
② 약제 살포 후 광선이나 기타 요인에 의하여 빨리 소실되는 편이다.
③ 알칼리성 물질에 의하여 분해되기 쉽다.
④ 인축에 대한 독성이 비교적 약한 약제가 많다.

해설
④ 유기인계 살충제는 주로 신경저해물질로 인축에 대한 독성이 강하다.

88 4두식 석회반량 보르도액은 다음 중 어느 것인가?

① 황산구리 450g에다 생석회 225g과 물 80L를 가지고 만든 것
② 황산구리 225g에다 생석회 450g과 물 80L를 가지고 만든 것
③ 황산구리 450g에다 생석회 900g과 물 80L를 가지고 만든 것
④ 황산구리 900g에다 생석회 450g과 물 80L를 가지고 만든 것

해설
4두식 석회반량 보르도액 : 황산구리 450g에다 생석회 225g과 물 80L(4두)를 가지고 만든 것

PART

05

잡초방제학

CHAPTER 01 잡초방제 및 잡초의 분류

CHAPTER 02 잡초의 생리 생태

CHAPTER 03 경 합

CHAPTER 04 잡초방제법

CHAPTER 05 제초제(화학적 방제법)

합격의 공식 시대에듀 www.sdedu.co.kr

CHAPTER 01 잡초방제 및 잡초의 분류

PART 05 잡초방제학

1 잡초방제의 개념 및 의의

(1) 잡초의 정의
① 재배포장에서 자연적으로 발생해 직·간접적으로 작물의 수량이나 품질을 저하시키는 식물
② 인간이 원하지 않거나 바라지 않는 식물
③ 자연 야생상태에서도 무성히 자라며 번식력이 강해 큰 집단을 형성함
④ 근절하기 힘들고 작물·동물·인간에게 피해를 주며 이용가치가 적고 미관을 손상시킴

(2) 잡초의 일반적 특성
① 다산성 : 종자의 생산량(수)이 많음
② 휴면성 : 발아의 조건, 시기, 종자의 수명에 따라 발아 정도가 다름
③ 종자생산의 환경적응성 : 변이가 커 환경 적응성이 높음
④ 종자 전파력과 경합성이 큼
⑤ 불량환경에서 생존력이 큼
⑥ 탈립성이 큼
⑦ 영양체 번식력과 재생력이 큼
⑧ 잡초문제는 항구적임
⑨ 작물도 재배목적에 맞지 않으면 잡초가 됨

2 잡초의 피해 및 유용성

(1) 잡초의 피해
① 농경지에서의 피해
  ㉠ 경 합
    • 수량과 품질의 저하
    • 잡초는 토양수분, 영양분, CO_2, 광, 공간 등의 경합으로 작물의 분지수, 분얼수, 엽면적, 광합성량(건물생산량), 개화수, 과실수, 과실과 종실의 크기 등에 영향을 주어 수량을 감소시킴
    • 경합의 양상은 작물과 잡초의 종류, 발생시기, 크기, 밀도 등에 따라 다르게 나타남

- 벼
  - 초기 경합 : 단위 면적당 수수감소(분얼수·수수) → 수량 감소
  - 중기 경합 : 수당 이삭수 감소(화아형성 저해) → 수량 감소
  - 후기 경합 : 등숙률 저하와 천립중 감소 → 수량 감소 및 품질 저하
- ㉡ 상호대립억제작용(Allelopathy)
  - 잡초의 여러 기관에서 작물의 발아나 생육을 억제하는 특정물질을 분비
  - 최근 상호대립억제물질 및 식물이 생합성하는 2차 대사물질을 이용하여 생물학적 천연제 초제로 개발하는 연구 추진
- ㉢ 기 생
  - 실모양의 흡기조직으로 기주식물의 줄기나 뿌리에 침입
  - 새삼, 겨우살이
- ㉣ 병해충의 매개 : 병의 중간기주 및 해충의 월동처 제공
- ㉤ 작업환경의 악화 : 농작물의 관리와 수확이 불편하고 경지의 이용 효율 감소
- ㉥ 사료포장 오염
  - 만성·급성 독성 등으로 품질저하 및 초지관리에 지장 초래
  - 도꼬마리, 고사리(알칼로이드 중독)
- ㉦ 종자 혼입 및 부착 : 잡초종자의 혼입 및 부착으로 포장을 오염시키고 품질저하

② 물관리상의 잡초해
  - ㉠ 급수 방해
  - ㉡ 관수 및 배수의 방해
  - ㉢ 유속감소와 지하 침투로 물손실의 증가
  - ㉣ 용존산소농도의 감소, 수온의 저하 등

③ 조경관리상의 잡초해 : 정원, 운동장, 관광지, 잔디밭 등
④ 도로나 시설지역의 잡초해 : 도로, 산업에서 군사시설 등

(2) 잡초의 유용성 기출
① 토양침식 방지 : 지면을 덮어서 토양침식을 막아줌
② 토양에 유기물 제공 : 토양물리환경 개선
③ 곤충의 먹이와 서식처를 제공
④ 야생동물, 조류 및 미생물의 먹이와 서식처로 이용
⑤ 같은 종속의 작물에 유전자은행으로 이용 : 병해충의 저항성 작물 육성
⑥ 구황식물로 이용
⑦ 무공해 채소 : 달래, 냉이, 쑥, 취 등

⑧ 공해제거 능력 : 물옥잠, 부레옥잠 등
⑨ 약료, 염료, 향료, 향신료 등의 원료 : 반하, 쪽, 꼭두서니, 쑥 등
⑩ 미적인 즐거움
⑪ **조경식물** : 벌개미취, 미국쑥부쟁이, 술패랭이꽃 등
⑫ 대부분 가축의 사료로 이용됨

3 잡초의 분류 및 분포

(1) 잡초의 분류
　① 작물과 잡초와의 관계
　　㉠ 잡초도 식물이기 때문에 식물분류에 준함
　　㉡ 이용성이 있는 식물인 작물과 밀접한 관계가 있으므로 실용적인 분류를 조건에 따라 하기도 함
　　㉢ 지구상에 있는 약 20만종의 식물 중에서 약 1%인 2,200종의 식물이 재배 중인 작물이고, 약 0.1% 정도인 250종 정도의 식물이 문제 잡초에 속함
　　　※ 한 포장에서 피해를 주는 주잡초는 5개종 이내임
　② 식물학적인 분류
　　㉠ 표기(이명법) : 속명 + 종명 + 명명자명
　　㉡ 계 → 문 → 강 → 목 → 과 → 속 → 종 → 변종
　③ 생활형에 따른 분류
　　㉠ 1년생 : 1년 이내에 한 세대의 생활사를 끝마치는 식물
　　㉡ 월년생 : 1년 이상 생존하지만 2년 이상 생존하지 못함
　　㉢ 다년생 : 2년 이상 또는 무한정 생존 가능한 식물
　　　※ 대부분 영양기관에 의하여 번식
　④ **형태적 특성에 따른 분류** 기출
　　㉠ 화본과 잡초 : 피, 바랭이, 나도겨풀, 뚝새풀, 강아지풀 등
　　㉡ 방동사니류 잡초 : 너도방동사니, 참방동사니, 향부자, 올방개, 매자기, 올챙이고랭이 등
　　㉢ 광엽류 잡초 : 물달개비, 비름, 가래 등
　⑤ 기 타
　　㉠ 잡초발생시기에 의한 분류
　　　• 여름 잡초(하잡초, 하생잡초, 여름형 잡초) : 봄에 발생하여 여름에 피해가 많고 가을에 결실하는 것
　　　　예 바랭이, 여뀌, 명아주, 피, 강아지풀, 방동사니, 비름, 쇠비름, 미국개기장

- 겨울 잡초 : 가을에 발생하여 노지에서 월동하고 봄에 피해가 많고 늦봄과 초여름에 결실하는 것
  예 뚝새풀, 속속이풀, 냉이, 벼룩나물, 벼룩이자리, 점나도나물 등
ⓒ 토양수분의 적응성에 의한 분류
- 건생 잡초(Xerophyte) : 수분 40~60% 정도의 포장용수량인 밭상태에서 발생하는 대부분의 밭잡초
  예 바랭이, 명아주, 쇠비름
- 습생 잡초(Hygrophyte) : 수분 80~90% 정도의 포장용수량인 포화수분구에서 잘 자라는 많은 논·밭잡초
  예 뚝새풀, 황새냉이, 별꽃
- 수생 잡초(Hydrophyte) : 수심 6cm 정도의 담수구에서 발생하는 대부분의 논잡초
  예 물달개비, 가래, 마디꽃, 생이가래, 개구리밥, 좀개구리밥
ⓒ 잡초발생빈도에 따른 분류
- 일정지역이나 포장 내에서 개체수나 발생량으로 발생빈도나 발생양상을 기준으로 분류
- 우생 잡초(우점잡초) : Dominant Species, 매우 많이 발생
- 차우생 잡초(차우점잡초) : Subdominant Species, 비교적 많이 발생
- 광생 잡초 : 적지만 널리 발생
- 산생 잡초 : 드물게 발생
- 희생 잡초 : 매우 드물게 발생
ⓒ 잡초산포기관형에 따른 분류
- 비산형 : 떡쑥, 억새, 민들레
- 부착형 : 도깨비바늘, 가막사리, 진득찰
- 산발형 : 제비꽃, 황새냉이, 괭이밥, 물봉선
- 유발형 : 바랭이, 닭의장풀, 석류풀
- 영양체전파형 : 가래, 올방개, 메꽃
ⓜ 잡초지하기관형에 따른 분류
- 횡장형 : 삼백초, 쇠뜨기
- 횡광형 : 띠, 거지덩굴
- 단분지형 : 질경이, 망초, 억새, 뺑쑥초지
- 주출지형 : 바랭이, 뱀딸기
- 단립형 : 냉이, 개비름
- 구경단립형 : 괭이밥
- 구경부정아형 : 반하
- 괴경부정아형 : 돼지감자

ⓑ 잡초생장형에 따른 분류
- 직립형(Straight Type) : 명아주, 가막살이, 쑥부쟁이
- 분지형(Branch Type) : 광대나물, 애기땅빈대, 석류풀
- 총생형(Bunch Type) : 억새, 뚝새풀
- 만경형(Vine Type) : 거지덩굴, 환삼덩굴, 메꽃
- 복형(Creeping Type) : 선피막이
- 로제트형(Rosette Type) : 민들레, 질경이
- 위로제트형(Pseudorosette Type) : 개망초
- 위로제트 + 포복형 : 꽃마리, 꽃바지
- 로제트 + 포복형 : 좀씀바귀
- 분지경 + 포복형 : 올미

ⓢ 잡초번식법에 따른 분류
- 종자번식잡초(S) : 피, 뚝새풀, 바랭이, 마디꽃
- 영양번식잡초(V) : 가래, 올방개, 미나리
- 종자영양번식잡초(SV) : 너도방동사니, 산딸기

ⓞ 초장에 따른 분류
- 극대 : 80cm 이상
  예 갈대, 피, 너도방동사니
- 대 : 60~80cm
- 중 : 40~60cm
- 소 : 20~40cm
- 극소 : 20cm 이하
  예 쇠털골, 마디꽃

ⓩ 잡초방제의 실용면에서 본 분류 기출

논잡초	• 1년생 잡초 : 피, 마디꽃, 물달개비 • 다년생 잡초 : 가래, 너도방동사니, 올미 • 부유성 잡초 : 생이가래, 개구리밥, 좀개구리밥 • 조류 : 이끼, 괴불, 갈조, 남조 • 화본과 잡초 Grasses : 피, 나도겨풀 • 사초과 잡초 Sedges : 너도방동사니, 올방개 • 광엽 잡초 Broadleaf : 가래, 물달개비

밭잡초	• 하작 잡초(여름 잡초)
	  – 1년생 잡초 : 바랭이, 쇠비름, 명아주
	  – 다년생 잡초 : 메꽃, 엉겅퀴
	• 동작 잡초(겨울 잡초)
	  – 1년생 잡초 : 뚝새풀, 냉이
	  – 다년생 잡초 : 쑥, 할미꽃

※ 주요 1년생・다년생 잡초 기출

1년생	화본과	강피, 물피, 돌피, 뚝새풀
	방동사니	알방동사니, 참방동사니, 바람하늘지기, 바늘골
	광엽초	물달개비, 물옥잠, 사마귀풀, 여뀌, 여뀌바늘, 마디꽃, 등애풀, 생이가래, 곡정초, 자귀풀, 중대가리풀
2년생	화본과	나도겨풀
	방동사니	너도방동사니, 매자기, 올방개, 쇠털골, 올챙이고랭이, 파대가리
	광엽초	가래, 벗풀, 올미, 개구리밥, 네가래, 수염가래꽃, 미나리

(2) 우리나라 경지잡초발생의 일반적 특성

① 생태적으로 남방형 잡초의 분포가 많음
② 비가 온 후 고온다습한 환경에서 다발하고 생육이 왕성
③ 7~8월의 하작물에 피해가 큼
④ 화본과 잡초보다 광엽 잡초가 많은 편임
⑤ 중북부보다 남부지방에 발생이 많음
⑥ 춘경답이 추경답보다 잡초가 많음
⑦ 월동맥류에서는 뚝새풀이 우생 잡초임
⑧ 여름밭작물에서는 바랭이가 우생 잡초임
⑨ 최근 잡초의 문제성
  ㉠ 제초제의 보급으로 다년생(숙근성) 잡초가 문제가 되고 있음
  ㉡ 귀화잡초의 발생이 증가하고 있음
  ㉢ 벼재배법의 변천으로 잡초발생양상이 변화하고 있음

PART 05 잡초방제학

CHAPTER 01 적중예상문제

01 겨울 잡초만으로 나열된 것은?
① 냉이, 뚝새풀, 피
② 점나도나물, 벼룩이자리, 벼룩나물
③ 뚝새풀, 비름, 별꽃아재비
④ 벼룩나물, 냉이, 쇠비름

해설
겨울 잡초
- 가을에 발생하여 노지에서 월동하고 봄에 피해가 많고 늦봄과 초여름에 결실하는 것
- 뚝새풀, 속속이풀, 냉이, 벼룩나물, 벼룩이자리, 점나도나물 등

02 농경지 잡초를 가장 잘 설명한 것은?
① 농경지나 야생상태에 발생하는 모든 잡초
② 논에만 발생하는 잡초
③ 일반 잡초와는 달리 농경지에만 적응하여 발생하는 잡초
④ 밭이나 야생상태에 발생하는 잡초

해설
③ 농경지 잡초 : 일반 잡초와는 달리 농경지에만 적응하여 발생하는 잡초

03 외국에서 유입된 대표적인 외래잡초로만 구성되어 있는 것은 어느 것인가?
① 올챙이고랭이, 미국자리공, 생이가래
② 미국개기장, 단풍잎돼지풀, 서양민들레
③ 서양민들레, 올방개, 방동사니
④ 단풍잎돼지풀, 미국가막사리, 중대가리풀

해설
농경지 외래잡초
- 콩 : 가는털비름, 명아주류, 털여뀌, 미국가막사리
- 옥수수 : 어저귀, 가는털비름, 돌소리쟁이, 털여뀌, 명아주류, 독말풀, 큰도꼬마리, 도깨비가지, 단풍잎돼지풀, 미국가막사리
- 목초지 : 돌소리쟁이, 소리쟁이, 도깨비가지, 왕도깨비가지, 난쟁이아욱, 가시비름, 자주광대나물, 독말풀, 도꼬마리, 큰도꼬마리, 어저귀, 큰개불알풀, 붉은서나물, 큰방가지똥, 서양민들레, 서양금혼초, 만수국아재비, 개망초

04 다음 중 논 다년생 잡초로만 묶여 있는 것은?
① 물피, 알방동사니, 사마귀풀
② 참방동사니, 하늘지기, 대가리풀
③ 나도겨풀, 올방개, 가래
④ 한련초, 생이가래, 큰고추풀

해설
다년생 잡초
- 화본과 : 나도겨풀
- 방동사니과 : 너도방동사니, 매자기, 올방개, 쇠털골, 올챙이고랭이, 파대가리
- 광엽초 : 가래, 벗풀, 올미, 개구리밥, 네가래, 수염가래꽃, 미나리

정답 1② 2③ 3② 4③

05 잡초가 존재하는 이유를 설명한 것 중 잘못된 것은?

① 가벼운 종자를 다량 생산하기 때문이다.
② 불량한 환경조건에 적응력이 높기 때문이다.
③ 번식 능력이 높고 다양하기 때문이다.
④ 휴면성이 결여되어 있기 때문이다.

해설
④ 잡초는 휴면성이 있어 불량한 환경을 극복한다.

06 여름형 잡초 중 3~4월에 발생하기 시작하여 4~5월에 성기를 이루는 하계 1년생 밭잡초는?

① 질경이   ② 냉 이
③ 쇠털골   ④ 명아주

해설
④ 명아주에 대한 설명으로, 요수량이 높아 작물과 수분을 경합한다.

07 주요 잡초종의 식물분류학적 분포로서 가장 많이 점유하는 과는?

① 화본과   ② 십자화과
③ 명아주과 ④ 방동사니과

해설
① 화본과 잡초의 경우 C_4 식물로 광합성 효율이 높아 C_3 식물보다 생육이 왕성하다.

08 논에 발생하는 다년생 사초과 잡초가 아닌 것은?

① 올방개   ② 미나리
③ 쇠털골   ④ 너도방동사니

해설
② 미나리는 다년생의 광엽초이다. 사초과는 방동사니과라고도 하는데, 올방개, 쇠털골, 너도방동사니, 파대가리, 매자기 등이 사초과에 속한다.

09 다음 중 다년생 잡초의 특징이 아닌 것은?

① 대부분 종자로 번식한다.
② 영양번식을 한다.
③ 생육기간이 길다.
④ 방제하기 어렵다.

해설
① 다년생 잡초의 경우 대부분 영양번식한다.

10 다음 중 잡초의 이용면을 잘못 나열한 것은?

① 피 - 동물사료
② 부레옥잠 - 수질정화
③ 어저귀 - 가축사료
④ 별꽃 - 민간약재

해설
③ 어저귀 : 줄기에서 윤기가 나는 섬유를 채취하여 로프와 마대를 만들고 찌꺼기는 종이 원료로 사용된다.

정답 5 ④ 6 ④ 7 ① 8 ② 9 ① 10 ③

11 다음 중 부유성 수생잡초는?

① 올 미 ② 가 래
③ 물달개비 ④ 개구리밥

해설
④ 개구리밥 : 부평초, 자평이라고도 하며, 논이나 연못의 물 위에 떠서 산다.

12 우리나라 논에 발생하는 주요 다년생 잡초의 종류로 맞는 것은?

① 피, 물달개비, 올미, 가래
② 올미, 올방개, 가래, 너도방동사니
③ 마디꽃, 물달개비, 가래, 올챙이고랭이
④ 벗풀, 보풀, 물달개비, 가래

13 다음 중 옳게 묶여진 것은?

① 광엽잡초 – 돌피
② 광엽잡초 – 명아주
③ 화본과 잡초 – 여뀌
④ 광엽잡초 – 바랭이

해설
① 돌피 : 1년생 화본과
③ 여뀌 : 1년생 광엽초
④ 바랭이 : 1년생 화본과

14 다음 잡초 중 1년생 광엽 잡초로 밭에서 문제가 되는 잡초는?

① 명아주 ② 물달개비
③ 가 래 ④ 뚝새풀

해설
① 밭에서 문제가 되는 광엽초는 명아주이다.

15 방동사니과 잡초에 대한 설명으로 옳은 것은?

① 잎이 가늘고 잎맥이 평행한 잡초
② 잎이 가늘고 줄기가 삼각기둥 모양으로 생장하는 잡초
③ 생장점이 정점에 존재하는 잡초
④ 잎이 둥글고 크며, 잎맥이 그물처럼 되어 있는 잡초

16 다년생 잡초의 지하번식기관 중 휴면성이 가장 큰 잡초는?

① 너도방동사니
② 가 래
③ 올방개
④ 올 미

해설
③ 올방개의 휴면성은 5~7년이다.

정답 11 ④ 12 ② 13 ② 14 ① 15 ② 16 ③

17 다음 중 잡초의 생장형에 따른 잡초 분류가 바르지 않은 것은?

① 직립형 – 가막사리, 사마귀풀
② 포복형 – 메꽃, 쇠비름
③ 총생형 – 뚝새풀, 억새
④ 로제트형 – 민들레, 질경이

해설
① 사마귀풀 : 포복형
직립형(Stralight Type) : 명아주, 가막사리, 쑥부쟁이

18 동계(冬季) 1년생 잡초의 주 발아시기는?

① 봄
② 초여름
③ 여름
④ 가을과 초겨울

해설
④ 동계 1년생 잡초는 가을과 초겨울에 발아한다.

19 다음 중 1년생 잡초인 것은?

① 개구리밥, 보풀
② 벗풀, 매자기
③ 나도겨풀, 올방개
④ 곡정초, 큰고추풀

해설
1년생 잡초
- 화본과 : 강피, 물피, 돌피, 뚝새풀
- 방동사니 : 알방동사니, 참방동사니, 바람하늘지기, 바늘골
- 광엽초 : 물달개비, 물옥잠, 사마귀풀, 여뀌, 여뀌바늘, 마디꽃, 등애풀, 생이가래, 곡정초, 자귀풀, 중대가리풀

20 보리밭에 발생하는 주요 잡초가 아닌 것은?

① 별꽃
② 뚝새풀
③ 개구리밥
④ 갈퀴덩굴

해설
③ 개구리밥은 부유성 논잡초이다.

21 다음 잡초 중 종자의 형태적 특징이 낙하산 모양의 비산형인 종자는?

① 쇠비름, 방동사니
② 망초, 서양민들레
③ 어저귀, 명아주
④ 박주가리, 환삼덩굴

해설
② 비산형 잡초 : 망초, 민들레, 떡쑥, 억새

22 농경지에서 잡초로 인한 피해와 가장 관련이 적은 것은?

① 수량 감소
② 병해충의 매개
③ 농작업 환경의 악화
④ 토양침식

해설
④ 잡초에 의해 토양침식이 억제되는 이로운 점도 있다.

23 다음 잡초 중 초장의 크기가 작은 잡초로 구성된 것은?

① 가막사리, 망초
② 어저귀, 방동사니
③ 환삼덩굴, 강아지풀
④ 올미, 괭이밥

해설
- 극대 : 80cm 이상, 갈대, 피, 너도방동사니
- 극소 : 20cm 이하, 쇠털골, 마디꽃, 올미(20~25cm), 괭이밥(10~30cm)

24 어떤 잡초를 분류하고자 할 때 식물분류학적 분류 순서로 올바른 것은?

① 강(綱) → 문(門) → 목(目) → 과(科) → 속(屬) → 종(種)
② 문(門) → 강(綱) → 목(目) → 과(科) → 속(屬) → 종(種)
③ 속(屬) → 종(種) → 과(科) → 목(目) → 강(綱) → 문(門)
④ 목(目) → 문(門) → 강(綱) → 속(屬) → 과(科) → 종(種)

해설
② 문(門) → 강(綱) → 목(目) → 과(科) → 속(屬) → 종(種)

25 방동사니류 잡초의 형태적 특징은?

① 줄기의 모양이 삼각기둥으로 형성되어 있다.
② 잎이 크고 그물처럼 되어 있다.
③ 일정한 모양을 갖고 있지 않은 것이 특징이다.
④ 줄기의 모양이 원통형으로 형성된 것이 특징이다.

해설
① 방동사니류 잡초는 줄기가 삼각기둥 모양을 이룬다.

26 다음 관계가 잘못된 것은?

① 강피 - 논잡초 - 화본과 잡초
② 올방개 - 밭잡초 - 광엽잡초
③ 물달개비 - 논잡초 - 광엽잡초
④ 자귀풀 - 논잡초 - 광엽잡초

해설
② 올방개 - 논잡초 - 방동사니과

정답 23 ④ 24 ② 25 ① 26 ②

27 단자엽 식물의 특징으로 알맞은 것은?

① 개방유관속의 줄기를 가지고 있다.
② 일반적으로 생장점은 식물체의 위쪽에 위치한다.
③ 뿌리는 직근계이다.
④ 잎은 대개 평행맥이다.

해설
단자엽식물
- 자엽 : 1매
- 줄기 : 산재유관속 관상경
- 잎 : 평행맥
- 뿌리 : 섬유근계 관근
- 생장점 : 줄기 하단의 절간 부위

28 다음 잡초종자들 중에서 발아 적온이 상대적으로 가장 낮은 것은 어느 것인가?

① 바랭이
② 뚝새풀
③ 향부자
④ 올챙이고랭이

해설
② 뚝새풀 : 북반구 온대와 한대

29 잡초의 유용성에 해당되지 않는 것은?

① 지면을 덮어서 침식을 막아준다.
② 유전공학분야의 식물재료로 쓰일 수 있다.
③ 기능성 물질을 얻을 수 있다.
④ 병해충의 번식처를 제공함으로써 작물수량 증진과 농업생태계 보전에 큰 기여를 한다.

해설
④ 병해충의 번식처 제공은 해로운 기능으로 천적의 번식처를 제공하는 기능이 이로운 점이다.

30 피의 형태적 특징 중 옳은 것은?

① 엽설(葉舌, 잎혀)은 없고, 엽이(葉耳, 잎귀)는 있다.
② 엽설은 있고, 엽이는 없다.
③ 엽설과 엽이 모두 있다.
④ 엽설과 엽이 모두 없다.

해설
④ 피는 엽설과 엽이 모두 없다.

31 다음 논잡초 중에서 부유성 잡초는?

① 가래
② 네가래
③ 생이가래
④ 물달개비

해설
③ 생이가래 : 물 위에 떠서 자라는 풀로 줄기가 가늘고 길며 잔털이 촘촘하게 난다.

32 여름 작물 밭에 발생하는 우점 초종은?

① 뚝새풀 ② 깨 풀
③ 벼룩나물 ④ 별 꽃

해설
② 깨풀 : 하계 밭 우점 잡초

33 다음 다년생 잡초 중에서 출아가 가장 늦으며, 출아 기간이 가장 긴 것은?

① 너도방동사니 ② 올 미
③ 올방개 ④ 올챙이고랭이

해설
③ 올방개는 휴면기간이 7~8년이다.

34 여름에 발생하는 화본과 밭잡초는?

① 참방동사니 ② 바랭이
③ 쇠비름 ④ 깨 풀

해설
① 방동사니과
③ 쇠비름과
④ 대극과

35 우리나라 맥류포장에 발생되는 잡초를 잘못 연결한 것은?

① 화본과 잡초 – 뚝새풀, 메귀리
② 광엽 월년생 잡초 – 쑥, 미나리
③ 광엽 다년생 잡초 – 괭이밥, 산달래
④ 광엽 1년생 잡초 – 광대나물, 명아주

해설
② 미나리 : 광엽성 다년생 잡초

36 우리나라 논에 발생하는 방동사니과 잡초인 것은?

① 나도겨풀 ② 생이가래
③ 올방개 ④ 올 미

해설
① 화본과
② · ④ 광엽초

37 잡초 분류 중 식물분류학적 분류에 속하는 것은?

① 수생 잡초 ② 1년생 잡초
③ 종자번식 잡초 ④ 화본과 잡초

해설
① 수생 잡초 : 토양수분 적응성에 따른 분류
② 1년생 잡초 : 생활형에 따른 분류
③ 종자번식 잡초 : 잡초 번식법에 따른 분류

정답 32 ② 33 ③ 34 ② 35 ② 36 ③ 37 ④

38 다음 중 방동사니과 잡초가 아닌 것은?
① 향부자 ② 매자기
③ 올챙이고랭이 ④ 나도겨풀

해설
④ 나도겨풀은 화본과에 해당한다.

39 다음 중 재배지별, 발생 잡초 종류, 생존 연한에 따른 분류, 과명 등이 모두 바르게 연결된 것은?
① 논 – 너도방동사니 – 다년생 – 방동사니과
② 논 – 매자기 – 1년생 – 화본과
③ 밭 – 메꽃 – 1년생 – 국화과
④ 밭 – 사마귀풀 – 1년생 – 방동사니과

해설
② 매자기 : 다년생 방동사니과
③ 메꽃 : 다년생
④ 사마귀풀 : 1년생 광엽초과

40 다음 중 사초과(방동사니) 잡초에 해당되지 않는 것은?
① 올챙이고랭이 ② 올방개
③ 올 미 ④ 파대가리

해설
③ 올미 : 다년생 광엽초

41 다음의 잡초 중 외형상 초형이 가장 작은 잡초로 구성된 것은?
① 가막사리, 망초
② 어저귀, 방동사니
③ 물달개비, 환삼덩굴
④ 올미, 선피막이

해설
④ 초형이 작은 잡초 : 올미, 선피막이

42 다음 중 방동사니류 잡초가 아닌 것은?
① 올방개 ② 강 피
③ 올챙이고랭이 ④ 바람하늘지기

해설
② 강피는 1년생의 화본과 잡초이다.

43 다음 중 월년생 – 다년생 잡초가 순서대로 알맞게 짝지어진 것은?
① 소리쟁이 – 돼지풀
② 망초 – 띠
③ 까마중 – 깨풀
④ 토끼풀 – 너도방동사니

해설
• 띠 : 다년생
• 망초 : 월년생
• 토끼풀 : 다년생
• 소리쟁이 : 다년생

44 다음 중 요수량(要水量)이 가장 큰 식물은?
① 비름
② 옥수수
③ 조
④ 흰명아주

해설
④ 명아주의 경우 요수량이 커서 작물과 수분 경합에서 문제가 되는 잡초이다.

45 다음 중 피를 식물 분류학적으로 잘못 분류한 것은?
① 유관속 식물
② 피자식물
③ 쌍자엽 식물
④ 화본과 식물

해설
③ 피는 외떡잎 식물이고 쌍자엽 식물은 쌍떡잎 식물을 뜻한다.

46 다음 중 겨울 작물포장에 발생하는 잡초 종들로만 구성된 것은?
① 별꽃, 냉이, 갈퀴덩굴
② 바랭이, 돌피, 개비름
③ 명아주, 여뀌, 강아지풀
④ 여뀌, 개비름, 바랭이

해설
① 겨울 작물포장 잡초 : 별꽃, 냉이, 갈퀴덩굴

47 다음 중 1년생 잡초로만 나열된 것은?
① 명아주, 강아지풀
② 쑥, 가래
③ 엉겅퀴, 올미
④ 물달개비, 메꽃

해설
② 쑥은 다년생 밭잡초, 가래는 다년생 논잡초이다.
③ 엉겅퀴는 다년생 밭잡초, 올미는 다년생 논잡초이다.
④ 물달개비는 1년생 논잡초, 메꽃은 다년생 밭잡초이다.

48 다음 중 잡초 문제의 특이성으로 옳은 것은?
① 피해가 급진적으로 진전한다.
② 박멸, 근절을 방제 목표로 한다.
③ 국면성이 정체적이다.
④ 출현 자체가 피해의 근거가 될 수 있다.

해설
③ 병해충 피해보다 이동성이 작아 피해가 점진적이며 경제적 피해 밀도 이내에서 관리한다.

49 *Eleocharis kuroguwai* Ohwi 는 어느 잡초의 학명인가?
① 올방개
② 벗 풀
③ 사마귀풀
④ 강 피

해설
① *Eleocharis kuroguwai* Ohwi 는 올방개의 학명이다.

정답 44 ④ 45 ③ 46 ① 47 ① 48 ③ 49 ①

50 다음 중 택사과(科) 잡초는?

① 가래
② 방동사니
③ 벗풀
④ 사마귀풀

해설
택사과
- 외떡잎식물의 한 과로서 초본으로 물가나 습지에서 자람
- 벗풀, 보풀, 쇠귀나물, 택사 등

51 단자엽 식물과 쌍자엽 식물 간의 차이점처럼 식물의 생장형이 달라서 나타나는 선택성은?

① 형태적 선택성
② 생태적 선택성
③ 생리적 선택성
④ 생화학적 선택성

해설
① 형태적 선택성 : 단자엽 식물과 쌍자엽 식물 간의 차이점처럼 식물의 생장형이 달라서 나타나는 선택성이다.

CHAPTER 02 잡초의 생리 생태

PART 05 잡초방제학

1 잡초종자의 특성

(1) 잡초종자의 휴면

① 잡초종자의 발아 환경
   ㉠ 종자의 발아에는 적당한 수분, 산소, 온도, 광이 필요
   ㉡ 식물종자의 발아과정 : 수분흡수 → 저장양분의 소화 → 양분의 이동 → 동화작용 → 호흡작용 → 배의 생장

   > 참고 용어정리
   > • 발아 : 물을 흡수하여 종자 내에서 생리적 과정이 일어나면서 배의 생장이 재개되어 종피를 뚫고 나오는 것
   > • 맹아 : 괴경, 인경, 가지 등의 영양체가 생육을 시작하는 것
   > • 출아 : 발아나 맹아한 싹이 지표를 뚫고 나오는 것

② 온 도
   ㉠ 발아에 필요한 최적온도는 잡초의 종류에 따라 다름
   ㉡ 그 범위는 대개 15~30°C 정도
   ㉢ 발아의 최저온도는 0~15°C 정도이고, 최고온도는 24~45°C 정도

③ 수 분
   ㉠ 식물의 종자가 발아하지 않는 것은 수분부족에서 오는 경우가 많음
   ㉡ 작물의 종자는 수분조건의 조절로 보관이 가능
   ㉢ 벼종자는 22~23%의 수분을 흡수해야 발아가 가능
   ㉣ 일반적으로 담수상태에서 잡초종자가 잘 발아되지 않는 것은 수분보다는 산소결핍이나 광 또는 온도 때문

④ 산 소
   ㉠ 식물의 조직은 호기성 상태이기 때문에 종자발아에 충분한 산소가 필요
   ㉡ 일반적으로 수생잡초보다 밭잡초가 산소요구도가 높음
   ㉢ 발아산소요구도
      • 호기성 잡초 : 너도방동사니, 바랭이, 향부자
      • 혐기성 잡초 : 돌피, 올챙이고랭이, 물달개비, 올미

⑤ 광 기출
  ㉠ 일반적으로 야생작물의 종자는 광발아종자임
  ㉡ 광이 발아를 촉진할 때에는 Phytochrome이 관여
  ㉢ 일장조건도 잡초종자의 발아에 영향을 미침
  ㉣ 광발아종자 : 바랭이, 쇠비름, 개비름, 향부자, 강피, 참방동사니, 소리쟁이, 메귀리
  ㉤ 암발아종자 : 별꽃, 냉이, 광대나물, 독말풀
  ㉥ 광무관계종자 : 화곡류, 옥수수
⑥ 종자발아의 주기성 : 털비름종자 → 주기성(Periodicity)

(2) 종자의 휴면성

① 휴 면
  ㉠ 발아에 필요한 환경조건(수분, 온도, 산소, 광)이 적당하더라도 배의 생장이나 대사작용이 일시적으로 정지되어 발아가 되지 않는 현상
  ㉡ 자발휴면 : 종자미숙이나 구조 등과 같은 종자 자체의 조건 때문에 발아할 수 없는 상태
  ㉢ 타발휴면 : 외적 조건이 발아에 부적당하여 종자가 발아할 수 없는 상태
  ㉣ 휴면상태의 종자는 불량환경(건조, 저온, 고온 등)에 잘 견딤
  ㉤ 휴면성의 발현 정도 : 유전성, 환경요인의 영향
  ㉥ 동일종이라도 채종장소와 시기, 종자의 숙도 및 크기, 보존방법에 따라 휴면종자가 다름
  ㉦ 잡초종자의 휴면성이 다른 것은 잡초의 생존력과 방제에 많은 영향을 줌
② 휴면의 원인
  ㉠ 1차휴면 : 종자 자체적인 영향
    • 불완전한 배
    • 생리적으로 미숙한 배
    • 기계적 저항성을 지닌 종피
    • 발아억제물질의 존재
  ㉡ 2차휴면 : 외부 환경에 의한 휴면
    • 고농도의 이산화탄소
    • 산소의 부족
    • 저온 및 고온
    • 발아에 부적당한 암조건
③ 잡초의 휴면타파
  ㉠ 잡초의 휴면타파 연구는 합리적인 방제를 위하여 중요
  ㉡ 일반적으로 자연상태의 수분, 광, 저온, 고온, 산소조건 등이 유효한 환경조건

ⓒ 황새냉이, 뚝새풀, 벼룩나물, 개보리뺑이 : 30°C의 고온에서 휴면타파
ⓔ 담수처리, 변온조건 등도 휴면타파와 관련
ⓜ 종자의 껍질이 단단한 경실종자는 껍질을 물리적으로 깨주는 파상법도 효과적(종피파상법, 황산처리법 등)
ⓗ 휴면타파에 화학물질을 사용하기도 함

(3) 종자의 수명에 영향을 주는 요소
① 미생물에 대한 저항성
② 종자의 휴면성
③ 발아특성
④ 일반적으로 저온밀폐저장이 수명을 연장시킬 수 있음
⑤ 경운하면 잡초종자의 발아력이 감소
   ㉠ 무경운 : 20~30% 감소
   ㉡ 2회 경운 : 약 40% 감소
   ㉢ 7회 경운 : 약 50% 감소
⑥ 토양 중에서 발아하기 쉬운 종자는 수명이 짧고, 발아에 필요한 환경조건의 폭이 좁은 종자는 수명이 긴 편

2 잡초의 번식 · 산포 및 생육특성

(1) 잡초의 번식방법
① 유성번식
   ㉠ 종자번식에 의한 번식
   ㉡ 1년생 잡초
   ㉢ 이년생 잡초(영양생장 1년 + 생식생장 1년)
② 무성번식 : 영양번식 **기출**
   ㉠ 주로 다년생 잡초의 번식방법, 종자 및 영양번식을 동시에 하는 잡초도 있음
   ㉡ 포복경 : 아욱메풀, 선피막이, 사상자, 미나리, 병풀, 버뮤다그라스
   ㉢ 인경 : 가래, 무릇, 야생마늘, 자주괭이밥
   ㉣ 구경 : 반하, 올챙이고랭이
   ㉤ 근경(지하경) : 가래, 나도겨풀, 쇠털골, 띠, 수염가래꽃, 택사, 올방개
   ㉥ 괴경 : 벗풀, 향부자, 매자기, 올방개, 올미, 너도방동사니

(2) 잡초의 전파

① 작물종자, 곡물사료, 건초, 짚 등에 섞여서 전파
② 바람에 의한 전파 : 민들레, 엉겅퀴속, 박주가리
③ 물에 의한 전파 : 피
④ 인축에 의한 전파 기출
　　㉠ 배설물이나 퇴구비에 의하여 전파 : 비름, 명아주
　　㉡ 옷이나 털에 붙어서 전파 : 도꼬마리, 진득찰, 도깨비바늘
⑤ 농기구에 의한 전파

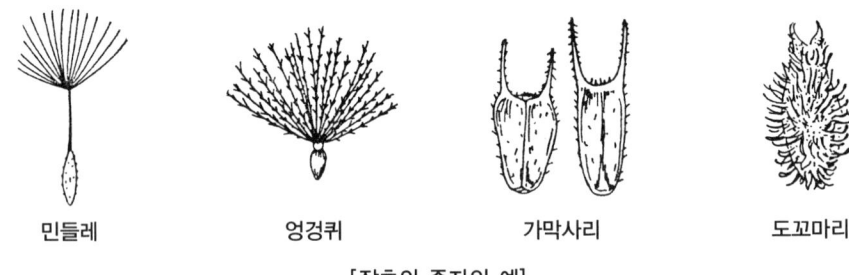

[잡초의 종자의 예]

(3) 잡초의 생육특성(잡초군락형성)

① 입지조건과 경종방법의 영향으로 자연천이에 의하여 일어남
　　㉠ 1차 천이 : 식물이 전혀 없는 곳에서부터 시작되는 천이로 첫 식물이 들어와 비교적 안정된 식생으로 변화하는 과정
　　㉡ 2차 천이 : 원래의 식생이 화재, 태풍, 병충해, 벌채 등과 같은 자연적·인위적 피해를 받은 다음 성숙된 식생으로 회복되는 과정
② 군락은 대체로 생활형이 같은 것이 같은 시기에 군생
③ 잡초의 군생
　　㉠ 작물의 종류와 품종, 재배시기, 토양의 종류, 시비조건 등에 따라 달라짐
　　㉡ 잡초군락의 천이에 관여하는 요인
　　　　• 재배작물 및 작부체계의 변화 : 벼, 보리, 채소 등의 재배작물과 단작, 이모작 등 작부체계의 변화
　　　　• 경종조건의 변화 : 본답시기, 물관리, 경운, 시비, 수확방법 및 시기, 물관리는 잡초종자의 오염기회를 증대
　　　　• 제초방법의 변화 : 손제초 및 기계적 잡초방제의 감소, 선택성 제초제의 사용 증가, 제초방법 개선
④ 한 가지 잡초방제법이나 한 가지 제초제로 모든 잡초를 방제할 수 있음
⑤ 방제되지 않는 잡초에는 오히려 생육에 유리한 조건이 됨
⑥ 1년생 제초제의 연용으로 다년생 잡초가 우점하는 경향이 있음

PART 05 잡초방제학
CHAPTER 02 적중예상문제

01 다음 중 종자 휴면의 원인이 될 수 없는 것은?
① 종피의 불투기성
② 생장조절물질의 과다
③ 배의 미숙
④ 종피의 기계적 저항

해설
종자 휴면원인 : 종피의 불투기성, 배의 미숙, 종피의 기계적 저항 등

02 잡초의 전파 방법 중 사람이나 동물에 부착하여 운반되는 잡초는?
① 민들레 ② 소리쟁이
③ 도꼬마리 ④ 여뀌

해설
옷이나 털에 붙어서 전파 : 도꼬마리, 진득찰, 도깨비바늘

03 생육억제물질에 의한 잡초종자의 휴면을 타파하는 방법이 아닌 것은?
① 저온습윤 처리
② 변온 처리
③ 생장촉진제 사용
④ 붕산 처리

해설
잡초종자의 휴면타파 : 저온습윤 처리, 변온 처리, 생장촉진제 사용, 황산을 처리하여 경실종자의 껍질을 깨주는 방법 등이 있다.

04 다음 중 잡초의 유용성에 대한 설명으로 틀린 것은?
① 잡초 중에는 논둑 및 경사지 등에서 지면을 덮어 토양 유실을 막아 준다.
② 근연 관계에 있는 식물에 대한 유전자은행으로서의 역할을 할 수 있다.
③ 유기물이나 중금속 등으로 오염된 물이나 토양을 정화하는 기능을 가진 종들도 있다.
④ 작물과 같이 자랄 경우 빈 공간을 채워 작물의 도복을 막아준다.

해설
④ 과수원 등에서 초생재배 등에 유리하게 작용할 수 있으나 일반적으로 같이 자랄 경우 작물이 불리하다.

05 영양번식 기관인 지하경에 의하여 주로 번식하는 잡초의 종류를 맞게 나열한 것은?
① 가래, 벗풀, 여뀌
② 강아지풀, 여뀌, 물옥잠
③ 피, 물달개비, 마디꽃
④ 쇠털골, 가래, 띠

해설
④ 근경(지하경) : 가래, 나도겨풀, 쇠털골, 띠, 수염가래꽃

정답 1 ② 2 ③ 3 ④ 4 ④ 5 ④

06 논잡초의 군락천이의 발생요인과 가장 거리가 먼 것은?

① 제초제 연용
② 벼의 조기이식 재배
③ 벼의 연작재배
④ 시비 및 물관리 변경

해설
논잡초의 군락천이의 발생요인
- 입지조건과 경종방법의 영향으로 자연천이에 의하여 일어남
- 1년생 잡초의 방제를 위해 제초제 연용 시 다년생 잡초가 군락형성
- 벼의 연작재배에 의해서는 논잡초가 군락을 형성해 천이가 발생하지 않음

07 잡초종자의 발아습성 중 일장에 반응하여 휴면을 타파하고 발아하게 되는 특성은?

① 발아 기회성   ② 발아 계절성
③ 발아 주기성   ④ 발아 연속성

해설
일장의 변화
- 단일 : 해가 짧아 지는 조건, 여름 → 가을
- 장일 : 해가 길어지는 조건, 봄 → 여름

08 우리나라 맥류포장의 우점 잡초의 하나로 1년생 화본과 잡초는?

① 벼룩나물   ② 냉 이
③ 뚝새풀   ④ 나도겨풀

해설
③ 뚝새풀은 1년생 화본과 식물로서 외떡잎 식물이며, 주로 논이나 밭 같은 습지에서 무리지어 서식한다.

09 각 식물의 번식기관의 명칭이 옳은 것은?

① 인경 – 올미
② 구경 – 가래
③ 지하경 – 띠
④ 포복경 – 올방개

해설
번식기관
- 포복경 : 아욱메풀, 선피막이, 사상자, 미나리, 병풀, 버뮤다그래스
- 인경 : 가래, 무릇, 야생마늘, 자주괭이밥
- 구경 : 반하, 올챙이고랭이
- 근경(지하경) : 가래, 나도겨풀, 쇠털골, 띠, 수염가래꽃
- 괴경 : 벗풀, 향부자, 매자기, 올방개, 올미, 너도방동사니

10 종자의 휴면성을 설명한 것 중 틀린 것은?

① 수분, 온도, 광의 적당한 상태에 있어도 오랫동안 발아가 지연된다.
② 배(胚)의 생장이나 대사작용이 일시적으로 정지된다.
③ 종자뿐만 아니라 괴경, 지하경 또는 목본식물의 눈에서도 볼 수 있다.
④ 휴면은 종자에서만 발생한다.

해설
④ 영양번식을 하는 잡초의 경우 영양번식기관에서도 휴면이 발생한다.

11 단자엽 식물의 특징으로 알맞은 것은?
① 개방유관속의 줄기를 가지고 있다.
② 잎은 대개 익상맥이다.
③ 뿌리는 직근계이다.
④ 잎은 대개 평행맥이다.

해설
쌍자엽 식물과 단자엽 식물

쌍자엽 식물	• 자엽 : 2매 • 줄기 : 개방유관속 • 잎 : 익상맥 • 뿌리 : 직근계 • 생장점 : 식물체 위쪽
단자엽 식물	• 자엽 : 1매 • 줄기 : 산재유관속 관상경 • 잎 : 평행맥 • 뿌리 : 섬유근계 관근 • 생장점 : 줄기하단의 절간 부위

12 다년생 논잡초의 군락형의 천이가 일어나고 있는데 그 천이의 원인이 아닌 것은?
① 벼 재배법의 변화
② 특정 제초제의 연용
③ 경운 및 정지법의 변화
④ 외래 잡초의 급격한 증가

해설
논잡초의 천이 원인 : 벼 재배법의 변화, 특정 제초제의 연용, 경운 및 정지법의 변화

13 명아주 잡초 종자를 휴면 타파시켜 실험에 사용하고자 할 경우 바람직한 방법은?
① 종피파상법
② 저온처리법
③ 호르몬처리법
④ 변온처리법

해설
① 종피파상법 : 경실종자의 휴면타파법

14 다음 잡초종과 영양번식 기관이 올바르게 짝지어진 것은?
① 향부자 - 포복경
② 올방개 - 괴근
③ 올미 - 인경
④ 너도방동사니 - 괴경

해설
③ 올미는 괴경으로 번식한다.

15 다음 잡초의 괴경 중 발아 시 산소 요구도가 가장 많은 잡초는?
① 올방개
② 가 래
③ 너도방동사니
④ 올 미

해설
• 호기성 잡초 : 너도방동사니, 바랭이, 향부자
• 혐기성 잡초 : 돌피, 올챙이고랭이, 물달개비, 올미

정답 11 ④ 12 ④ 13 ① 14 ④ 15 ③

16 피와 벼를 구분하고자 할 때 기준이 되는 형태학적 특징은 무엇인가?

① 벼에는 엽신과 엽이가 있음
② 피에는 엽설과 엽이가 있음
③ 벼에는 엽설과 엽이가 있음
④ 피에는 엽신과 엽설이 있음

> **해설**
> - 엽설(잎혀) : 잎집과 잎몸의 경계부에 있는 막상돌기로 엽설(葉舌)이라고도 함, 가늘고 긴 혀 모양의 얇은 막편
> - 엽이(잎귀) : 잎에서 잎집과 잎몸과의 갈림목 양쪽에 있는 한 쌍의 돌기

17 잡초의 군락천이를 유발시키는 데 가장 밀접한 관계가 있는 요인은?

① 동일한 제초제를 연용하여 사용
② 장간종 품종재배
③ 작물 연작재배
④ 다비 재배법으로 재배

> **해설**
> **군락천이**
> 이미 조성된 군락의 변화가 발생하는 것으로 동일 제초제를 연용할 경우 제초제 내성 잡초가 발행하거나 일년생 잡초 제초제 연용 시 다년생 잡초 천이가 발생한다.

18 다년생 논잡초의 번식기관을 잘못 연결한 것은?

① 택사 – 괴경
② 올방개 – 괴경
③ 가래 – 인경
④ 너도방동사니 – 인경

> **해설**
> ④ 너도방동사니 : 괴경에 의해 번식

19 다음 환경요인 중 다년생 잡초의 지하경 형성에 가장 크게 영향을 미치는 요인은?

① 온 도
② 일 장
③ 산 소
④ 습 도

> **해설**
> ② 일장 : 장·단일조건의 변화에 따라 지하경 형성

20 잡초의 발아와 출현 특성으로 잘못된 것은?

① 모든 잡초는 토양이 약알칼리성이며 비옥도가 낮아야 출현이 잘 된다.
② 잡초 발생 시 중점토보다 사질토에서 발생 심도가 깊다.
③ 출현의 최적온도와 발아온도는 큰 차이가 없이 대체로 같다.
④ 잡초는 일반적으로 종자가 클수록 출아심도가 깊다.

> **해설**
> ① 잡초는 토양의 비옥도가 높을 때 작물과 마찬가지로 출현율이 높다.

21 논에서 다년생 잡초의 발생이 증가하는 원인이 아닌 것은?

① 1년생 제초제 연용
② 추경 및 춘경 감소
③ 답전윤환의 증가
④ 손제초의 감소

해설
③ 답전윤환의 감소로 인해 월동 작물과의 경합이 이뤄지지 않아 다년생 잡초가 증가한다.

22 광발아(光發芽) 잡초로만 나열된 것은?

① 바랭이, 냉이, 별꽃
② 왕바랭이, 별꽃, 소리쟁이
③ 바랭이, 쇠비름, 개비름
④ 향부자, 독말풀, 별꽃

해설
③ 광발아 종자 : 바랭이, 쇠비름, 개비름, 향부자, 강피, 참방동사니, 소리쟁이, 메귀리

23 잡초종자의 휴면타파법으로 바람직하지 않은 것은?

① 종피파상법
② 자외선 처리
③ 저온 습윤처리
④ 후 숙

해설
휴면타파법 : 종피파상법, 저온 습윤처리, 후숙, 호르몬 처리 등

24 우리나라에 발생하는 논 다년생 잡초 중 휴면성이 일정하지 않아 출아기간이 가장 긴 잡초는?

① 올방개   ② 너도방동사니
③ 올 미   ④ 물달개비

해설
① 올방개는 휴면기간이 매우 길어 7~8년에 이른다.

25 다음 잡초 중 영양번식기관으로 번식하는 다년생 잡초는?

① 쇠뜨기   ② 왕바랭이
③ 바람하늘지기 ④ 고들빼기

해설
① 쇠뜨기는 땅속줄기가 길게 뻗으면서 번식하며, 북반구의 난대 이북에서 한대까지 널리 분포한다.

26 농경지 잡초 군락 변화의 주요 요인이 아닌 것은?

① 농지 기반정비
② 병해충 발생
③ 재배방법 변화
④ 제초제 사용

해설
② 잡초 군락 변화와 병해충 발생은 무관하다.

정답 21 ③ 22 ③ 23 ② 24 ① 25 ① 26 ②

27 식생에서 자연천이의 의미는?
① 인간에게 무가치한 쪽으로 식생이 옮겨져 가는 현상을 의미함
② 농업기술 개발에 편승한 식생을 의미함
③ 식량작물화 하는 식생을 의미함
④ 인간에게 값어치가 큰 쪽으로 옮겨가는 식생

해설
① 자연천이 : 인간에게 무가치한 쪽으로 식생이 옮겨져 가는 현상

28 다음 중 암(暗) 발아성 종자인 잡초는?
① 냉 이   ② 바랭이
③ 소리쟁이   ④ 쇠비름

해설
① 암발아 종자 : 별꽃, 냉이, 광대나물, 독말풀

29 잡초천이에 관여하는 요인 중 직접적 요인이 아닌 것은?
① 잡초방제 방법
② 물관리 방법
③ 농기계 보급
④ 작부체계의 변화

해설
③ 농기계의 이용에 따른 작부체계의 변화 등의 영향은 간접적 요인이다.

30 영양번식 기관이 괴경(塊莖)이 아닌 다년생 잡초는?
① 벗 풀   ② 쇠털골
③ 올 미   ④ 올방개

해설
② 쇠털골 : 근경(지하경)에 의한 한해살이 풀
근경 : 뿌리줄기, 식물의 줄기가 뿌리처럼 땅 속으로 뻗어서 자라나는 땅속 줄기

31 종자 자체의 조성이나 구조에 기인하여 발아하지 못하는 경우의 휴면을 무엇이라 하는가?
① 강제휴면   ② 타발휴면
③ 2차휴면   ④ 생득휴면

해설
④ 자발휴면(생득휴면) : 종자미숙이나 구조 등과 같은 종자 자체의 조건 때문에 발아할 수 없는 상태

32 다음 잡초 중 광발아 잡초종은?
① 별 꽃   ② 바랭이
③ 광대나물   ④ 독말풀

해설
광발아 종자 : 바랭이, 쇠비름, 개비름, 향부자, 강피, 참방동사니, 소리쟁이, 메귀리

33 논에 다년생 잡초가 증가하는 이유가 아닌 것은?

① 1년생 잡초 방제용 제초제의 연용
② 추경 감소
③ 답리작의 감소
④ 퇴비시용량 감소

해설
논에 다년생 잡초가 증가하는 이유
• 1년생 잡초 방제용 제초제의 연용
• 추경 감소, 답리작 감소 등

34 잡초군락을 평가하는 기준이 아닌 것은?

① 생장곡선
② 중요값
③ 우점도지수
④ 유사성계수

해설
생장곡선은 잡초군락 평가기준이 아니다. 잡초군락 평가요소로는 중요값, 우점도지수, 유사성계수 등이 있다.

35 잡초종자의 발아에 대한 설명으로 옳은 것은?

① 잡초는 작물과 달리 발아에 수분을 요구하지 않는다.
② 논에서 자라는 잡초종은 발아에 있어서 산소요구도가 높다.
③ 잡초는 작물보다 발아를 빨리하므로 광발아성이 매우 낮다.
④ 항온조건보다는 변온이 발아를 촉진하는 경우가 많다.

해설
수분의 요구도가 다르며 수생잡초는 산소 발아 시 산소요구도가 낮고, 발아 시 광의 요구도는 잡초마다 다르다.

36 잡초종자의 휴면이 종피에 기인한 것이 아닌 것은?

① 가스 교환의 방해
② 물의 투수성 방해
③ 배의 불완전 또는 미숙
④ 배의 생장에 대한 기계적 장해

해설
③ 배의 불완전 또는 미숙은 종자 자체의 원인에 해당한다.

37 다음 다년생 잡초 중 지하경 형성 위치가 표토로부터 가장 깊은 잡초는?

① 올 미
② 너도방동사니
③ 올챙이고랭이
④ 올방개

38 다음 잡초들 중 유성번식(종자번식)과 영양번식 모두가 용이하여 방제가 상대적으로 어려운 초종은 어느 것인가?

① 가래
② 물달개비
③ 알방동사니
④ 올챙이고랭이

해설
④ 올챙이고랭이의 경우 종자 및 영양번식으로 방제가 어렵다.

39 잡초종자 발아 시 피토크롬에 관여하는 발아 요인은?

① 광
② 수분
③ 온도
④ 산소

해설
① 피토크롬 : 광(光)발아 요인

40 가을에 성숙하는 밭잡초 종자들은 다음의 어떠한 조건에서 휴면이 가장 쉽게 타파되는가?

① 저온/담수
② 고온/습윤
③ 저온/습윤
④ 저온/건조

해설
③ 여름의 고온기를 거친 후 저온이 되면서 적절한 수분이 있는 상태

41 휴면종자를 바르게 휴면타파를 하고자 할 경우 사용되는 것은?

① ABA, GA
② H_2SO_4, KNO_3
③ NaCl, $CuSO_4$
④ ABA, KNO_3

해설
② 경실종자의 껍질은 황산과 질산을 이용해 파괴한다.

42 잡초종자의 휴면에 관한 설명으로 옳은 것은?

① 자발휴면보다 타발휴면이 강하다.
② 휴면은 유전적 지배만을 받는다.
③ 종자 생산량이 적을수록 휴면성이 높다.
④ 2차 휴면종자는 겨울의 저온을 거치면서 타파된다.

해설
2차 휴면 타파 방법 : 저온처리, 변온처리, 종피파상법 등

PART 05 잡초방제학

CHAPTER 03 경 합

1 경합의 종류

(1) 경 합
식물이 특정 환경요인이나 필요한 물질과 공간에 대한 수요가 공급보다 많을 때 발생

(2) 종간경합
① 이종 식물 간인 작물과 잡초 간의 경합으로 어떤 종이라도 각각의 생태적 지위를 가지고 있어 종간에는 경합적 배타원리가 적용됨
② 경합을 최소화하려는 경향이 있으며 초기경합은 지연되지만 경합량이 감소하지 않음
③ 효과적인 잡초방제

(3) 종내경합
① 같은 종 개체 간의 경합으로 대개 작물에 해당하며 경합양상이 치명적임
② 작물 상호간 경합을 회피할 수 있도록 재식밀도를 고려해 파종해야 함
③ 합리적인 작물재배

2 경합의 양상 및 진단

(1) 작물의 경합 특성
① 잡초의 종류나 발생밀도에 따라 작물의 경합력이 달라짐 기출
  ㉠ 잡초의 종류에 따라 경합력에 차이가 있음
  ㉡ 일반적으로 잡초는 작물과의 경합에서 유리한 생태적 특성을 지님
  ㉢ 다년생잡초의 경우 번식력이 매우 왕성함
  ㉣ 작물과 잡초 간의 경합은 영양생장습성과 수분, 양분, 광, 토양 및 기후조건에 대한 요구도가 거의 같은 때에 가장 심함 : 벼와 피
  ㉤ 일반적으로 잡초 간의 광합성 효율이 높은 C_4 식물이 비능률적인 식물인 C_3 식물보다 경합에 유리
  ㉥ C_4 식물은 광포화점이 높고 광 및 탄산가스의 보상점이 낮으며 광호흡이 거의 일어나지 않음

② 작물의 품종마다 경합력이 달라 잡초방제 면에서 유리하고 환경조건에 적응력이 큰 품종을 재배
   ㉠ 초장이 짧고 분지수가 적으면 잡초 발생이 많음
   ㉡ 초장이 길고 분지수가 많고 엽면적지수(LAI)가 높으면 잡초 발생이 억제
③ 발아가 빠르고 생육속도가 빠른 조숙종은 초관을 빨리 형성해 잡초 생육을 보다 효과적으로 억제함
④ 직파보다 이앙이 잡초 피해를 덜 받음 기출
⑤ 작물의 재식밀도를 높이고 적기에 파종하면 단기간에 초관을 형성해 작물의 경합력이 우위에 있게 됨
⑥ 윤작으로 잡초의 생육을 감소시킬 수 있으며 시비할 경우 제초방제에 더 많은 노력을 들여야 함

(2) 경합의 한계기간 및 밀도

① 잡초경합한계기간 기출
   ㉠ 잡초의 경합이 없는 생육 초기와 경합으로 인한 피해가 없는 성숙 말기 사이의 기간
   ㉡ 전 생육기간의 첫 1/3~1/2, 첫 1/4~1/3 기간에 해당되며 철저한 방제가 요구
② 잡초허용한계밀도 : 잡초의 밀도가 증가하면 작물의 수량이 감소하고, 어느 밀도 이상으로 잡초가 존재하면 작물의 수량이 현저하게 감소하는 잡초의 밀도
③ 경제적 허용한계밀도 : 잡초허용한계밀도보다 높은 수준의 잡초를 제거하는 데 소요되는 경비를 상쇄할 수 있는 잡초의 밀도로, 수량상 허용한계 밀도보다 높은 잡초의 밀도

(3) 작물과 잡초와의 경합요인

① 양분의 경쟁 : 비료는 잡초와 작물의 생장을 촉진하지만 잡초는 작물보다 더욱 효율적으로 양분과 수분을 이용하기 때문에 작물의 수량을 감소시킴
② 수분의 경쟁
   ㉠ 습한 토양에서 생장이 왕성한 식물은 수분결핍 조건에서 경합에 매우 불리
   ㉡ 습한 토양에서 생육이 다소 불량한 식물은 건조한 토양에서 경합력이 강함
③ 광의 경쟁 : 광에 대한 경합은 식물군락에서 가장 보편적인 형태의 경합
   ㉠ 작물재배 시 광경합은 생육초기 외에는 전 생육기간에 걸쳐서 나타남
   ㉡ 일반적으로 광엽식물은 화본과 식물보다 광의 경쟁에서 유리
   ㉢ 초장은 광에 대한 경합에서 가장 중요한 영향을 끼침
   ㉣ 덩굴성 식물(나팔꽃, 메꽃, 박주가리)은 수광에 유리
   ㉤ 작물의 초관이 빨리 형성되어 차광능력이 큰 감자나 광합성 기능이 왕성한 고구마 등은 잡초에 대한 경합력이 큼

④ 상호대립억제작용
　㉠ 식물체 내에서 생성된 물질이 다른 식물의 발아와 생육에 영향을 미치는 생화학적인 상호반응
　㉡ 잡초와 작물 간의 생화학적 상호작용은 촉진적인 경우보다 억제적인 경우가 많음

CHAPTER 03 적중예상문제

PART 05 잡초방제학

01 작물과 잡초와의 경합요인이 될 수 없는 것은?

① 영양분
② 수 분
③ 광 선
④ 성숙기

해설
잡초에 의해 영양분, 수분, 광선 등의 경합으로 작물의 수량 및 경제성이 저하된다.

02 작물과 잡초와의 경합해(競合害)로 나타나는 작물의 증상은?

① 작물의 엽면적이 커진다.
② 광합성량(光合成量)이 줄어든다.
③ 건물중(乾物重)은 많아진다.
④ 분얼수도 많아진다.

해설
② 잡초가 작물의 초기 성장속도보다 빨라 광합성량이 줄어 성장속도가 늦어진다.

03 작물 파종 후 초관형성기까지는 잡초와의 경합으로 인해 작물생육에 영향이 큰 시기로 이 시기를 무엇이라고 하는가?

① 잡초경합허용기간
② 잡초경합한계기간
③ 잡초경합이용기간
④ 잡초경합최대기간

해설
잡초경합한계기간
• 잡초의 경합이 없는 생육 초기와 경합으로 인한 피해가 없는 성숙말기 사이의 기간
• 전 생육기간의 첫 1/3~1/2, 첫 1/4~1/3 기간에 해당되며 철저한 방제가 요구

04 작물과 잡초의 경합 중 양분경합에서 수량에 가장 크게 관여 하는 비료성분은?

① 마그네슘(Mg)
② 질소(N)
③ 인산(P)
④ 칼륨(K)

해설
② 질소(N) 성분은 작물과 잡초에게 필요한 필수 영양성분이다.

정답 1 ④ 2 ② 3 ② 4 ②

05 작물과 잡초가 양호한 조건에서 경합할 때 작물에 피해가 클 가능성이 있는 조합은?

① C_3 작물과 C_4 잡초
② C_3 작물과 C_3 잡초
③ C_4 작물과 C_4 잡초
④ C_4 작물과 C_3 잡초

해설
① C_4 잡초의 광합성 효율이 C_3 작물의 광합성 효율보다 높아 작물 생장에 불리하다.

06 다음 중 벼 재배 시 재배유형별 경합의 관계를 바르게 설명한 것은?

① 중묘가 경합에 유리함
② 벼 재배법과 경합은 무관함
③ 직파재배가 이앙재배보다 유리함
④ 밀식재배가 불리함

해설
① 중묘의 경우 어린 묘나 직파에 비해 초기 생육조건이 잡초의 발생속도보다 빨라 경합에 유리하다.

07 벼 이앙재배 논에 1년생 잡초인 사마귀풀의 발생이 많을 경우에는 어떤 사항을 고려해야 하는가?

① 도열병의 만연
② 기계수확 곤란
③ 물관리 곤란
④ 벼멸구 발생 심함

해설
② 기계수확 시에는 줄기가 엉켜 작업이 곤란해진다.

08 벼와 잡초의 경합에서 가장 불리한 재배법은?

① 무경운 직파재배
② 어린모 기계이앙
③ 중묘 기계이앙
④ 무경운 기계이앙

해설
① 무경운 직파재배의 경우 초기 잡초발생으로 경합에 불리하다.

09 콩이나 클로버와 같은 콩과 작물에 기생하여 수분이나 양분 등을 탈취하는 잡초는?

① 새 삼   ② 바랭이
③ 강아지풀   ④ 중대가리풀

해설
① 새삼 : 식물의 줄기에 기생하는 잡초

10 다음은 무슨 잡초를 설명한 것인가?

- 종자보다 근경으로 번식함
- 잎을 물 위에 띄우는 부유성 다년생 잡초
- 지하경을 내고 분지신장을 하고 옆으로 뻗어가면서 생육함
- 학명은 *Potamogeton distinctus* A. Benn임

① 올 미   ② 벗 풀
③ 가 래   ④ 너도방동사니

해설
③ 가래에 대한 설명에 해당한다.

정답 5 ① 6 ① 7 ② 8 ① 9 ① 10 ③

11 벼의 직파재배에서 잡초의 피해가 아닌 것은?
① 파종 후 초기경합으로 벼 입모율을 크게 감소시킨다.
② 분얼수와 수수도 잡초와의 경합에 의해 감소한다.
③ 중기경합은 양분흡수의 억제로 수량에 영향을 준다.
④ 후기경합으로 천립중이 감소한다.

[해설]
① 직파재배의 입모율은 물관리 등에 의한 영향이 크다.

12 식물의 여러 기관에서 특정 물질이 분비되거나 유출되어 주변 식물의 발아나 생육을 억제하는 작용을 무엇이라 하는가?
① 경합적 억제작용
② 생리적 억제작용
③ 화학적 억제작용
④ 상호대립억제작용

13 동일한 발생밀도 조건에서 벼와 경합력이 가장 큰 논잡초는?
① 물달개비   ② 피
③ 마디꽃   ④ 올 미

[해설]
② 피는 C_4 화본과 잡초로 광합성 효율이 높아 벼와 경합 시 문제가 된다.

14 다음 벼 재배법 중 잡초의 피해가 가장 큰 것은?
① 어린모 기계이앙재배
② 중묘재배
③ 손이앙재배
④ 담수표면 직파재배

[해설]
④ 일반적으로 이앙재배에 비해 직파재배에서 잡초의 피해가 더 크다.

15 벼에서 잡초와 작물 간의 경합에 의한 피해가 가장 적은 시기는?
① 파종기부터 최고분얼기까지
② 착근기부터 수잉기
③ 착근기부터 분얼기
④ 출수기부터 수확기

16 잡초와의 경합력이 가장 큰 재배법은?
① 손이앙재배
② 기계이앙재배
③ 직파재배
④ 무경운재배

[해설]
① 이앙재배가 경합력이 크며 손이앙재배의 경우 중묘 이상 묘를 이앙하기 때문에 어린묘를 이앙하는 기계이앙보다 경합력이 크다.

17 잡초의 생육특성 중 선점(Head-start) 현상이란?

① 고온조건에서 광합성 능력이 높은 현상
② 불량환경에 대한 발아력이 높은 현상
③ 잡초 밀도 변화에 따라 유연하게 대응하는 현상
④ 주어진 지표면을 먼저 점유한 잡초가 후에 발생한 잡초보다 경합에 유리한 현상

해설
선점 현상 : 주어진 지표면을 먼저 점유한 잡초가 광에 대한 경합력이 높아 후에 발생한 잡초보다 경합에 유리하다.

18 작물과 잡초의 양분 경합에서 가장 크게 영향을 미치는 요소는?

① 질 소
② 인 산
③ 칼 륨
④ 석 회

해설
① 질소는 작물과 잡초의 양분 경합에서 가장 큰 영향을 미친다.

19 다음 중 작물과 잡초의 경합에 대한 내용으로 맞는 것은?

① 엽면적지수(LAI)의 감소로 경합력이 증가된다.
② 엽면적지수의 증가로 경합력이 증가된다.
③ 광투과율(LTR)의 감소로 경합력이 감소된다.
④ 엽면적지수가 감소되면 광투과율도 감소된다.

해설
② 엽면적지수의 증가로 광에 대한 경합력이 증가한다.

20 작물과 잡초 간의 경합에 관여되는 주요한 요인이 아닌 것은?

① 광의 경합
② 수분의 경합
③ 영양분의 경합
④ 제초제 내성

해설
경합 주요 요인 : 영양분, 수분, 광, 탄소 등

21 잡초가 작물과의 경합에서 유리한 생태적 특성이 아닌 것은?

① 초기 생장속도가 빠르다.
② 건물 생산이 매우 높다.
③ 번식력이 매우 왕성하다.
④ 대부분 C_3 식물이다.

해설
④ 잡초의 경우 대부분 C_4 식물이다.

정답 17 ④ 18 ① 19 ② 20 ④ 21 ④

22 잡초에 대한 작물의 경합력을 높이는 방법은?

① 만생종을 재배한다.
② 재식밀도를 낮춘다.
③ 직파재배를 한다.
④ 이식재배를 한다.

해설
④ 초기 경합력이 떨어지는 시기의 극복을 위해 이식재배로 경합력을 증대시킨다.

23 피와 벼 간의 경합처럼 이종 식물체 간의 경합을 무엇이라 하는가?

① 종간경합
② 종내경합
③ 속간경합
④ 과간경합

해설
① 종간경합에 대한 설명에 해당한다.

24 감자와 잡초 사이에 광의 경쟁에서 가장 유리한 잡초는?

① 쇠비름
② 개비름
③ 중대가리풀
④ 토끼풀

해설
② 키가 큰 잡초가 유리하며, 개비름은 30~80cm이다.

25 식물의 경합 중 가장 피해가 큰 경합은?

① 종간경합
② 종내경합
③ 속간경합
④ 이종경합

해설
② 종내경합 : 같은 종의 경합은 생육의 특징, 양분의 이용률 등이 비슷해 경합의 피해가 크다.

26 잡초에 대한 벼의 경합력을 높이는 재배방법은?

① 소식재배를 한다.
② 직파재배를 한다.
③ 이앙재배를 한다.
④ 무경운재배를 한다.

해설
③ 경합력이 낮은 생육 초기 이앙재배를 통해 경합력을 높인다.

27 벼와 광경합이 가장 크게 일어나는 잡초는?

① 강 피
② 가막사리
③ 바랭이
④ 올 미

해설
① 벼와 강피는 모두 화본과에 속한다.

28 잡초에 대한 작물의 경합력을 높이는 방법은?

① C₄ 작물보다 C₃ 작물을 선정하여 재배한다.
② 분지수가 많고 엽면적지수가 큰 품종을 선택한다.
③ 초관형성이 늦은 만생종 품종을 선택하여 재배한다.
④ 원활한 잡초방제를 위해 조파 작물만을 연작한다.

해설
② 분지수가 많고 엽면적지수가 큰 품종을 선택하면 경합력이 증가한다.

29 다음 벼 재배법 중에서 잡초와의 경합면에서 가장 불리한 재배법은?

① 직파재배 ② 어린모재배
③ 중모재배 ④ 손이앙재배

해설
① 직파재배는 이앙재배보다 초기 경합에 불리하다.

30 경합우위성의 획득확률에 영향을 주는 요인은?

① 등숙률과 개화기
② 등숙률과 발아율
③ 조기발아성과 생장률
④ 조기발아율과 등숙률

해설
③ 조기발아성과 생장률은 초기 생육에서 경합력을 높인다.

31 다음 중에서 경합의 유형을 설명한 것으로 맞는 것은?

① 종내경합은 종간경합에 비해 경합양상이 치명적이다.
② 농경지에서 종내경합은 흔히 잡초에서 볼 수 있다.
③ 종간경합은 경합을 최대화하려는 경향이 있다.
④ 종간경합은 초기경합이 빨라지고 경합량도 증가된다.

해설
① 종내경합은 종간경합에 비해 경합양상이 치명적이다.

32 작물과 잡초의 경합요인 중 가장 관련이 적은 것은?

① 잡초의 종류
② 잡초의 밀도
③ 잡초의 생육시기
④ 잡초의 영양상태

해설
잡초의 종류, 잡초의 밀도, 생육시기가 경합과 관련이 깊다.

정답 28 ② 29 ① 30 ③ 31 ① 32 ④

33 작물과 잡초의 경합에 대한 설명으로 옳은 것은?

① 장간이고 분얼이 많은 벼가 잡초와의 경합에서 유리하다.
② 콩은 주간 의존형이며, 단간의 직립형이 잡초에 대한 경합에서 유리하다.
③ 만파하고 소식재배의 경우, 잡초와의 경합에서 유리하다.
④ 초형이 다른 작물을 재배하거나 윤작하면 다양한 잡초가 많이 발생하여 잡초와의 경합에서 불리하다.

해설
• 직립형 잡초의 경우 작물과 경합 시 작물이 불리하다.
• 만파 소식재배의 경우 종내경합으로 경합에 불리하다.
• 윤작의 경우 잡초경합에 유리하다.

34 식물의 종간경합을 설명한 것 중 틀린 것은?

① 작물과 잡초 간의 경합
② 같은 종내의 개체 간의 경합
③ 서로 다른 식물종 간의 경합
④ 벼와 피와의 경합

해설
②는 종내경합에 대한 설명이다.

35 다음 잡초 중 동일한 발생밀도에서 작물 생육에 미치는 영향이 가장 큰 잡초는?

① 바랭이
② 피 류
③ 물달개비
④ 올 미

해설
② 피류 : C_4 잡초로 광합성 효율이 높아 작물과 경합에서 유리하다.

36 다음 잡초 중 광합성 능력이 가장 높은 C_4 잡초는?

① 물달개비
② 올 미
③ 강 피
④ 밭뚝외풀

해설
③ 강피는 화본과 잡초인 C_4잡초이다.

37 벼와 잡초와의 경합에 의한 피해 중 가장 크게 관여하는 수량(收量) 구성요소는?

① 이삭수
② 영화수
③ 등숙률
④ 천립중

해설
① 잡초와의 경합으로 이삭수의 감소에 의한 수량 감소가 크다.

정답 33 ① 34 ② 35 ② 36 ③ 37 ①

38 잡초의 광합성 회로의 특성과 경합과의 관계가 옳은 것은?

① 대부분의 작물은 C_4 식물이다.
② 광합성 회로가 C_4인 식물은 C_3인 식물보다 광합성에서 불리하다.
③ 돌피와 향부자와 같은 잡초는 C_4 식물이어서 생장이 빨라 경합에서 유리하다.
④ 모든 잡초는 C_4 광합성 회로를 갖는다.

해설
③ 광합성 회로가 C_4인 식물은 C_3인 식물보다 광합성 효율과 초기 생장이 빨라 경합에 유리하다.

39 잡초경합한계기간이란 무엇을 뜻하는가?

① 작물이 잡초와의 경합에 가장 유리한 시기
② 작물이 잡초와의 경합에 가장 민감한 시기
③ 작물이 잡초와의 경합에 영향이 적은 시기
④ 작물이 잡초와의 경합에서 피해가 적은 시기

해설
② 잡초경합한계기간은 작물이 잡초와의 경합에 가장 민감한 시기이다.

40 기생성 잡초와 작물 간에 있어서 가장 심한 경합 요인은?

① 광
② 온 도
③ 체내양분
④ 산 소

해설
③ 기생성 잡초의 경우 기주 작물을 타고 오르거나 기주식물 자체에서 영양분을 흡수한다.

41 벼의 직파재배와 이앙재배간 잡초 발생의 특성 차이에 대한 설명으로 옳은 것은?

① 직파재배에 의해 잡초 발생이 줄어든다.
② 직파재배에서는 피와 같은 1년생 잡초는 문제가 되지 않는다.
③ 이앙재배와 비교할 때 직파재배에서 더욱 문제가 되는 초종은 올방개와 너도방동사니이다.
④ 담수직파보다 건답직파에서 잡초종이 다양하다.

해설
④ 담수직파 시 수생잡초의 발생이 많고, 건답직파의 경우 초기 생육단계에서 수생잡초뿐 아니라 보다 다양한 종류의 잡초 발생이 가능하다.

CHAPTER 04 잡초방제법

PART 05 잡초방제학

1 잡초방제의 원리

(1) 잡초방제의 역사
  ① 유랑농경시대 : 화전농법, 정착농경시대에는 경운 또는 중경으로 잡초방제
  ② 벼농사의 담수재배, 밭농사의 조파도 잡초방제의 효과
  ③ 20세기 후반부터 제초제가 사용됨
  ④ 최근 잡초방제는 여러 방제법의 장점이 혼용된 종합적 방제법과 환경친화적 방제법이 도입

(2) 잡초에 대한 작물의 경합력
  ① 작물의 품종
    ㉠ 각 작물은 경합력이 서로 다르며, 결합력이 약한 작물에서는 일반적으로 더 쉽게 많은 종류의 잡초가 만연
    ㉡ 콩에서는 단지형보다 분지형이 경합력이 강함
    ㉢ 작물의 생장속도와 숙기도 경합력에 영향을 줌
    ㉣ 조숙종이 만생종보다 경합력이 강한 경우가 많음
    ㉤ 벼에서 단간형 신품종은 키 큰 잡초에 경합력이 약함
  ② 재배방법
    ㉠ 작물이 잡초와 경합하는 능력
    ㉡ 일반적으로 직파재배보다 이식재배가 좋음
    ㉢ 소식재배보다 밀식재배가 좋음
    ㉣ 박파재배보다 밀파재배가 좋음
    ㉤ 기계이앙묘보다 손이앙묘가 좋음
  ③ 토양비옥도
    ㉠ 토양비옥도는 작물과 잡초의 활력에 영향을 줌
    ㉡ 전면시용보다는 부분시용이 경합에 유리
  ④ 윤 작
    ㉠ 연작보다는 윤작에서 잡초발생이 적음
    ㉡ 조파가 산파보다 방제작업에 유리
    ㉢ 수도의 간장은 장간종이 단간종보다 경합력이 강함

ⓐ 조기관행이앙 : 잡초의 다종혼합군락화
ⓑ 만기이앙 : 잡초의 단순군락화

2 잡초방제방법

(1) 예방적 방제법
① 문제가 되는 잡초가 발생하거나 전파되는 것을 미리 방지하는 방제
② 잡초위생
　㉠ 농경지를 무잡초상태로 청결하게 유지
　㉡ 새로운 종자나 영양체가 생성되지 않도록 관리
　㉢ 휴면종자가 문제
③ 재배관리의 합리화 기출
　㉠ 작물의 경합력을 증대시키는 재배적 조치
　㉡ 적기적량의 시비법으로 작물의 양분이용률 증대
　㉢ 작물생육에 적합한 제한관개법과 제한경운법
　㉣ 작물의 병해충과 선충으로부터 보호
　㉤ 윤작체계에 의한 잡초발생억제
　㉥ 잡초개화 이전에 경운과 예취로 번식 억제
　㉦ 이미 생성 유입된 잡초종자를 열처리에 의하여 제거
④ 작물종자의 정선
　㉠ 작물의 종자용에는 잡초종자의 혼입을 최소화
　㉡ 작물과 잡초종자의 물리적 차이점을 이용하여 정선
　㉢ 크기, 무게, 외형, 표면적, 비중, 부착성, 까락, 빛깔 등
⑤ 농기계의 청소 : 파종, 경운, 수확, 종자조제 등의 농기계의 청결유지
⑥ 가축관리의 합리화
　㉠ 가축의 털에 부착되어 이동되는 것을 방지
　㉡ 가축의 분뇨와 퇴비를 완전히 부식시켜 이용
⑦ 관배수로의 관리
　㉠ 수생잡초와 부유잡초 및 잡초종자의 유입 방지
　㉡ 거름망을 설치
⑧ 관상식물종자의 관리 : 수입되는 관상식물의 종자나 영양체에 묻어오는 잡초종자에 특히 유의

(2) 생태적 방제법(재배적 방제법, 경종적 방제법)
① 정 의
- ⊙ 작물과 잡초의 생리 및 생태적 차이점을 기초로 한 방제법
- ⓒ 경합특성이용법 : 작물의 경합력 증진을 위한 재배적 조치
- ⓒ 환경제어법 : 잡초의 경합력 약화를 위한 재배적 조치

② 작물윤작
- ⊙ 잡초 및 병해충의 발생억제
- ⓒ 잡초 초종의 변화
- ⓒ 제초제 연용피해로부터 탈피

③ 작물묘의 이식 : 작물이 잡초보다 먼저 초관을 형성해 경합에 유리(우생적 출발)

④ 재식밀도
- ⊙ 잡초보다 작물이 먼저 공간을 점유하여 우점성 확보
- ⓒ 적정의 재식밀도는 작물의 종류와 품종에 따라 다름
- ⓒ 잡초와의 경합수준을 감소시키기 위한 작물의 재식밀도조절은 작물 자체의 종내경합의 특성이나 시비량을 고려해 결정

⑤ 재파종 : 1차 파종 후 잡초의 발생이 극심하거나 방제적기를 놓쳤을 때

⑥ 작목, 품종 및 종자선정 기출
- ⊙ 잡초와의 경합에 유리할 것
- ⓒ 유묘의 생장력이 강할 것
- ⓒ 발아율과 발아세가 강할 것

⑦ 병해충과 선충의 방제 : 유해생물에 의하여 결주나 왜화현상이 유도되면 잡초의 발생과 생장에 유리

⑧ 초지의 관리
- ⊙ 작물과는 달리 혼파군락이 생태적 관리 방식에 의하여 다루어짐
- ⓒ 초지식물이 잡초보다 재생력이 크므로 자주 방목해야 함

⑨ 기 타
- ⊙ 피복작물
  - 과수원이나 나지 상태로 방임된 곳에 재식하여 잡초의 발생을 억제
  - 전면살포법은 잡초가 이용하기 쉬움
- ⓒ 시 비
  - 작물이 이용하도록 뿌리부근에 시비
  - 시비조건에 따라 잡초의 발생이 달라짐

ⓒ 토양산도 : 토양반응에 따라 작물이나 잡초에 적합한 조건이 다름
　　　ⓔ 관개수조절 : 잡초의 수분적응성을 이용하여 담수, 과습, 건조 등으로 생육을 저해
　　　ⓜ 제한 경운법
　　　　• 경운횟수를 제한하거나 경운을 하지 않는 방법
　　　　• 장기적인 잡초발생의 잠재력을 감소

(3) 물리적 방제법
　① 정 의
　　　㉠ 생육 중인 잡초를 가해하거나 사멸시키는 방법
　　　㉡ 휴면 중인 잡초의 종자나 영양번식의 발아억제 및 사멸을 유도
　② 손제초 : 묘판, 화단, 정원 등 특정의 잡초가 산생하는 경우
　③ 호미질 : 심근성 잡초에 효과적
　④ 경운 : 토양을 물리적으로 갈아 엎어 잡초종자를 땅에 묻는 효과
　⑤ 예 취
　　　㉠ 잡초의 개화와 결실을 방지
　　　㉡ 1년생 잡초의 예취적기 : 최대전엽기와 개화시기 사이
　⑥ 피 복
　　　㉠ 잡초의 발아심도가 깊어짐
　　　㉡ 광과 산소의 공급이 차단
　　　㉢ 주야온도차가 줄어 잡초종자의 발아에 지장
　　　㉣ 물리적인 질식 : 이랑 비닐피복 시 남쪽 열사
　　　㉤ 출아억제의 효과
　⑦ 열처리
　⑧ 침수처리
　　　㉠ 침수상태에서는 일반적으로 잡초의 발아 및 생육이 억제
　　　㉡ 피도 9cm 이상의 수심에서는 발아율이 저하되고 생육이 부진

(4) 생물학적 방제법
　① 정 의
　　　㉠ 기생성·식해성·병원성인 생물을 이용하여 잡초 밀도를 감소시키는 방법
　　　㉡ 잡초의 박멸이나 멸종이 아닌 경제적인 허용범위에서 생존하도록 밀도를 감소 또는 조절
　　　㉢ 잡초만을 가해하는 병원균, 곤충, 소동물, 어패류 및 상호대립억제작용력 이용

② 생물학적 방제를 위한 구비조건
　㉠ 잡초의 분포 및 생태적 특성규명
　㉡ 잡초에 서식 가능한 생물의 동정
　㉢ 가장 적절한 천적을 선발하여 증식하는 법
　㉣ 잡초군락 및 작물에 미치는 효과 등을 먼저 규명하여야 함
③ 생물학적 방제의 장단점 기출

장 점	• 효과가 영구성이 있음 • 방제비용이 적음 • 환경에 대한 안전성이 있음 • 방제법이 간단함 • 대규모 효과
단 점	• 합당한 천적을 찾기가 어려움 • 사후문제가 불확실 • 살포작용이 아주 늦음 • 잡초군락의 여러 초종의 방제는 어려움 • 한 식물이 작물도 되고 잡초도 될 경우에 식물의 유용성을 분별 못함 • 휴면종자에 의하여 발생되는 잡초를 근절하지 못함 • 방제비용을 지출하기 어려운 지역에 잘 적응 → 광범위한 목야지, 산림지역, 수생지역 등 • 경작지에서는 보통 7~15종의 다른 잡초가 발생하므로 생물학적 잡초방제법의 적용이 제한됨

④ 곤충을 이용한 잡초방제
　㉠ 생물학적 잡초방제에 이용되는 곤충은 기본적으로 식물을 먹는 식해성 곤충
　㉡ 잡초방제에 이용될 수 있는 곤충의 구비조건
　　• 잡초의 생장을 철저히 억제시키거나 죽일 것
　　• 목표로 하는 잡초 이외에는 피해가 없을 것
　　• 목표로 된 숙주잡초에 옮겨 갈 수 있도록 충분히 이동성이 있을 것
　　• 목표로 하는 잡초보다 더 빠르게 생식할 것
　　• 잡초의 적응지역과 유사한 지역에 적응할 수 있을 것
　㉢ 방제의 예시
　　• 호주의 선인장속을 아르헨티나의 좀벌레로 방제
　　• 목초지의 유독잡초인 고추나물속을 투구풍뎅이로 방제
　　• 일본에서 5cm 정도의 북미산의 갑각류로 개구리밥 방제
⑤ 작물병원균을 이용한 잡초방제
　㉠ 병원체는 잡초를 선택적으로 공격하고 필요한 식물은 해치지 않아야 함
　㉡ 병원체는 인위적으로 증식하였다가 필요한 때에 살포될 수 있어야 함
　㉢ 벼에서 자귀풀속은 콩과류 탄저병균으로 방제
　㉣ 콩과류포장의 양구슬냉이속은 *Peronpora camelinae*로 방제

⑥ 어패류를 이용한 잡초방제
　㉠ 초어 : 중국과 시베리아에 서식
　㉡ 해우 : 아프리카해안의 강어귀에 서식
　㉢ 흑색달팽이 : 일본에서 강피, 물달개비, 사초과 잡초의 방제효과
⑦ 상호대립억제작용이 있는 식물을 이용한 잡초방제
　㉠ 특정식물이 다른 식물의 생장권 안으로 어떤 화학물질을 분비함으로써 생존이나 생육상의 피해를 유발하는 현상
　㉡ 캘리포니아에서 쇠털골을 수로에 밀생시켜 다른 수생잡초의 발생을 억제
　㉢ 논에서 조류나 개구리밥을 이용하여 물달개비를 방제
　㉣ 휴경지에 월동형 잡초 다량 발생 : 여름형 잡초 발생 경감
　㉤ 밭잡초인 강아지풀과 미역취에 식물생장억제물질이 존재 : 다른 잡초 방제
　㉥ 엉겅퀴의 경엽과 뿌리는 비름과 강아지풀 감소
　㉦ 수수와 수단그라스는 바랭이 98%, 쇠비름 50% 감소
　㉧ 방동사니속의 유체는 옥수수와 콩의 생육을 억제
　㉨ 수수와 보리짚이 가래의 발생억제효과

(5) 종합방제체계
① 정 의
　㉠ 협의 : 여러 가지 잡초방제법 중에서 두 가지 이상의 방제법을 사용하여 잡초방제를 편리하게 하는 것
　㉡ 광의 : 잡초방제뿐만 아니라 병과 곤충 등을 방제하기 위하여 두 가지 이상의 방제법을 적절히 통합하여 이용하는 것
② 종합적 방제의 목적
　㉠ 불리한 환경으로 인한 경제적 손실(경제적 위험수준)이 최소가 되도록 유해생물의 군락을 유지시키는 데에 있음
　㉡ 종합방제란 몇 종류의 방제법을 상호 협력적인 조건하에서 연계성 있게 수행
③ 종합방제의 장점
　㉠ 전체적인 잡초군락의 크기가 감소
　㉡ 방제의 실패율이 감소하고 안정적인 결과 기대
　㉢ 약제사용 기회와 사용량 감소로 잔류독성문제 해소
　㉣ 노동생산성의 향상
　㉤ 종합적인 재배환경의 개선으로 단위 면적당 작물의 수량성이 향상됨

CHAPTER 04 적중예상문제

PART 05 잡초방제학

01 다음 중 예방적 잡초방제와 관련이 없는 것은?
① 파종 전 작물 종자에 섞여 있는 잡초종자를 철저하게 가려낸다.
② 잡초의 발생에 불리한 제한 관개와 제한 경운을 실시한다.
③ 농기계와 기구에 붙어 있는 잡초종자를 깨끗이 청소한다.
④ 퇴비는 미부숙 상태로 사용한다.

해설
④ 미부숙 상태의 퇴비는 발효과정에서 발생하는 열에 의해 잡초종자가 방제되지 못해 방제효과를 보지 못한다.

02 식물 표면에서 제초제의 흡수 과정과 관련된 설명 중 틀린 것은?
① 비극성(친유성) 제초제는 큐티클 납질층을 친수성보다 잘 통과한다.
② 친수성 제초제의 통과는 펙틴이 높고 다음이 큐틴이며 납질은 통과가 어렵다.
③ 셀룰로스층은 촘촘하여 비극성 및 극성 제초제 모두 투과가 어렵다.
④ 계면활성제는 극성 제초제가 큐티클 납질층을 잘 통과하도록 도와준다.

해설
③ 비극성은 큐티클 납질 > 큐틴 > 펙틴의 순으로 높고, 셀룰로스는 극성물질이다.

03 아래 〈보기〉 중 잡초방제방법의 발달 순서로 맞는 것은?

┌ 보기 ┐
㉠ 축 력
㉡ 기계적 방제
㉢ 선택적 제초제 개발
㉣ 종합적 방제

① ㉠ → ㉡ → ㉢ → ㉣
② ㉠ → ㉡ → ㉣ → ㉢
③ ㉠ → ㉢ → ㉡ → ㉣
④ ㉡ → ㉠ → ㉢ → ㉣

해설
축력(가축을 이용한 방제 : 경운) → 기계적 방제 → 선택적 제초제 개발 → 종합적 방제

04 생태적 방제법에 대한 예로서 잘못된 것은?
① 윤작을 실시한다.
② 작물의 재식밀도를 조절한다.
③ 작물의 초관형성시기를 되도록 늦춘다.
④ 결주는 즉시 보식한다.

해설
③ 초관형성시기가 늦어질수록 초기생장이 빠른 잡초와 경합이 발생할 수 있다.

05 다음 중 잡초방제용으로 가장 효과적인 비닐의 종류는?
① 검정색 비닐 ② 흰색 비닐
③ 적색 비닐   ④ 파란색 비닐

해설
① 검정색 비닐은 잡초의 발아 및 생육에 필요한 광의 차단 효과로 방제효과가 높다.

06 다음 중 잡초 종합방제를 위한 고려 사항이 아닌 것은?
① 잡초 군락 조사
② 제초방법 선정
③ 제초의 필요성 검토
④ 토양특성 파악

해설
④ 종합방제는 잡초의 군락 조사, 제초의 필요성 검토, 제초 방법 선정 등을 고려한다.

07 기생성·식해성 및 병원성을 지닌 생물을 이용하여 잡초의 집합밀도를 감소시키는 제초방법은?
① 화학적 방제법
② 생물적 방제법
③ 생태적 방제법
④ 종합적 방제법

해설
② 생물적 방제법 : 오리, 우렁이 이용 논잡초 방제 등, 기생성, 식해성, 병원성 이용 잡초 방제

08 잡초에는 경합력이 저하되도록 유도하는 대신 작물에는 경합력이 높아지도록 재배하는 잡초방제법은?
① 기계적 방제법
② 생태적 방제법
③ 화학적 방제법
④ 생물적 방제법

해설
② 생태적 방제법에 대한 설명에 해당한다.

09 다음 중 물리적 잡초방제방법이 아닌 것은?
① 오리방사   ② 경 운
③ 예 취   ④ 손제초

해설
① 오리방사는 생물학적 방제에 해당한다.

10 저항성 잡초의 출현에 가장 큰 원인이 되는 것은?
① 농작업의 기계화
② 무경운 재배법
③ 동일계 제초제의 연용
④ 손 제초 및 2모작 감소

해설
③ 연작에 의해 다발성 잡초가 고정되고 동일계 제초제와 합제 형태의 제초제의 사용으로 연작지 다발성 잡초가 저항성을 가지게 됨

정답 5 ① 6 ④ 7 ② 8 ② 9 ① 10 ③

11 다음 중 생물학적 방제법의 장점이 아닌 것은?

① 방제비용이 적게 든다.
② 환경에 잔류가 없다.
③ 방제효과가 영속적이다.
④ 살초작용이 빠르다.

해설
④ 살초작용이 빠른 것은 화학적 방제법의 특징이다.

12 다음 중 생물적 잡초방제법에 이용되지 않는 생물은?

① 개구리   ② 우렁이
③ 논오리   ④ 좀벌레

해설
① 생물적 잡초방제는 잡초의 천적 동식물을 이용한 방제이다. 개구리는 잡초의 천적이 아니다.

13 다음 중 생물학적 잡초방제법의 장점은?

① 살초작용이 빠르다.
② 일정한 지역에 처리가 가능하다.
③ 환경에 잔류가 없다.
④ 천적 발견이 쉽다.

해설
③ 생물학적 방제법은 화학적 방제법에 비해 환경에 잔류가 없다.

14 경엽처리형 제초제로 잡초 발생 후에 처리하는 페녹시계 제초제는?

① 2,4-D(이사디)
② Simazine(시마진)
③ Butachlor(마세트)
④ Alachlor(알라)

해설
페녹시계 제초제 : 1년생 및 다년생 광엽잡초의 경엽에 처리하는 선택성 제초제로 2,4-D가 대표적이다.

15 물리적 잡초방제법이 아닌 것은?

① 경 운   ② 예 취
③ 열처리   ④ 작부체계

해설
④ 작부체계는 생태적 방제법이다.

16 다음 중 잡초의 예방적 방제법으로 옳지 않은 것은?

① 재배관리의 합리화
② 작물 종자의 정선
③ 작물묘의 이식
④ 비산형 종자의 관리

해설
③ 작물묘의 이식 : 생태적 방제(경종적 방제)

정답 11 ④ 12 ① 13 ③ 14 ① 15 ④ 16 ③

17 다음 중 물리적 잡초방제법이 아닌 것은?

① 소각(Flaming)
② 솔라리제이션(Solarization)
③ 피복(Covering)
④ 윤작(Crop Rotation)

해설
④ 윤작 : 생태적(경종적) 방제법

18 방제 측면에서 잡초문제는 병해충 문제와는 차이가 있다. 다음 중 잡초문제에 해당되지 않는 것은?

① 잡초는 진전성이 완만하다.
② 잡초의 방제 개념은 박멸이다.
③ 잡초는 가해 특성이 생산 활동 억제이다.
④ 잡초의 피해 판단근거는 허용한계 수준이다.

해설
② 잡초의 박멸은 매우 어려우므로 경제적으로 피해를 발생시키지 않을 정도로 관리한다.

19 열처리나 침수처리 등의 잡초방제방법을 무슨 방제법이라고 하는가?

① 물리적 방제법
② 예방적 방제법
③ 생태적 방제법
④ 경종적 방제법

해설
① 물리적 방제법에 대한 설명에 해당한다.

20 종합적 방제법에 대한 설명으로 잘못된 것은?

① 제초제 약해와 환경오염을 줄일 수 있다.
② 화학적 방제를 배제하고 생태적 방제와 예방적 방제를 주로 사용한다.
③ 여러 가지 다른 방제법을 상호 협력적으로 적용하는 방식이다.
④ 잡초 군락의 크기가 감소되고 작물의 생산력이 증대되는 효과가 있다.

해설
② 화학적 방제를 포함한 여러 방제법을 여건에 맞게 이용하는 것이다.

21 채소재배양식별 잡초발생 및 잡초방제의 특성에 대한 설명으로 부적합한 것은?

① 노지재배는 밭작물의 경우와 유사한 잡초문제를 보이므로 가급적 발생 초기에 잡초를 방제하는 것이 중요하다.
② 멀칭재배 시 제초제를 사용해서는 안 되며, 투명 비닐은 검정 비닐보다 잡초발생이 적으므로 여름작물 재배 시 검정 비닐 사용을 피한다.
③ 터널재배는 낮시간 동안 고온과 다습한 상태에 처해 약해 유발 가능성이 크므로 주의해야 한다.
④ 시설재배 시 방제되지 않고 살아남은 소수의 잡초라도 빠르게 생장하여 크게 자라 피해를 주므로 완벽하게 방제해야 한다.

해설
② 투명 비닐보다 검정 비닐이 잡초발생이 적다.

정답 17 ④ 18 ② 19 ① 20 ② 21 ②

22 다음 잡초방제방법 중 초생재배방법은 어느 것인가?

① 오리, 어패류를 이용하여 잡초 생육을 억제한다.
② 인접식물로 독성을 나타내는 물질을 분비하는 식물을 심어 잡초발생을 경감시킨다.
③ 잡초에 특이적으로 기생하는 병원균을 이용하여 방제한다.
④ 과수원이나 나지상태의 포장에 피복작물을 재배한다.

해설
④ 초생재배의 경우 과수원이나 나지상태의 포장에 피복작물을 재배하는 것으로 특히 사과밭에서는 응애의 밀도를 조절하는 기능도 한다.

23 제초제의 물리적 선택성에 영향을 끼치는 요인이 아닌 것은?

① 제초제 사용량
② 제초제 제형
③ 제초제 처리방법
④ 제초제 주성분함량

해설
④ 주성분함량은 화학적 선택성에 영향을 끼치는 요인이다.

24 최근 우리나라에서 설포닐우레아계 제초제에 대한 저항성 생태형으로 출현한 것이 아닌 것은?

① 피
② 미국외풀
③ 물달개비
④ 알방동사니

해설
① 피는 2,4-D에 대한 저항성으로 출현한다.

25 다음 환경친화형 제초제의 구비조건 중 해당되지 않는 것은?

① 제초효과를 나타낸 이후 활성성분의 분해가 빨라야 한다.
② 토양의 하부이동이 낮고 지하수 오염이 적어야 한다.
③ 잡초를 방제하되 다른 생물(비표적 생물)에 대한 영향이 적어야 한다.
④ 인축독성이 높더라도 천연에서 생산되는 것이라면 적합하다.

해설
④ 인축에 독성이 낮아야 한다.

26 다음 중 제초제의 구비조건이 아닌 것은?

① 제초효과가 커야 한다.
② 인축에 약해가 없어야 한다.
③ 잔류하여 지속적인 약효가 있어야 한다.
④ 사용이 편리해야 한다.

해설
③ 제초제의 토양 잔류에 의해 작물 재배에 영향을 주어서는 안 된다.

27 외국에서 유입되는 잡초를 방지하기 위하여 수출입 과정에서 검역하듯이 검사하는 잡초방제법은?

① 생태적 방제법
② 화학적 방제법
③ 법적 방제법
④ 생물적 방제법

해설
③ 법적 방제법에 대한 설명에 해당한다.

28 생물학적 잡초방제에서 천적의 구비조건이 아닌 것은?

① 대상 잡초가 없어지면 소멸되는 것
② 비산능력이 작고 잡초에 이동성이 적은 것
③ 잡초의 적응 환경에 잘 적응할 수 있는 것
④ 천적 자신의 기생 식물에는 피해를 주지 않는 것

해설
② 잡초에 이동성이 커야 천적의 조건이 만족되며 방제효율이 높아진다.

정답 26 ③ 27 ③ 28 ②

CHAPTER 05 제초제(화학적 방제법)

PART 05 잡초방제학

1 제초제의 정의·종류 및 특성

(1) **정의** : 제초제를 사용하여 잡초를 방제하는 것(화학적 방제법)

(2) **경엽처리형 제초제**
  ① 페녹시계 제초제
    ㉠ 1년생 및 다년생 광엽잡초의 경엽에 처리하는 선택성 제초제
    ㉡ 생체 내 옥신의 균형을 교란시키는 것이 주된 작용 특성
    ㉢ 분열조직의 활성화, 이상분열, 엽록소 형성저해, 세포막의 삼투압 증대
    ㉣ 세계적으로 가장 먼저 개발된 호르몬형 유기제초제 : 2,4-D, MCPP(메코프로프)

    > **참고** 2,4-D **기출**
    > • 우리나라에서 가장 먼저 사용된 제초제
    > • 2,4-D 아민염 : 물에 잘 녹음
    > • 2,4-D 에스테르 : 휘발성이 높아 주변 광엽작물에 잎 비틀림 등의 약해 유발

  ② 벤조산
    ㉠ 페녹시계 제초제와 같이 옥신 활성을 나타냄
    ㉡ 식물체 내 또는 토양 중에서의 안정성은 페녹시계보다 높음
    ㉢ 디캄바, 2,3,4-TBA : 콩과 작물, 잔디, 화본과 목초의 광엽잡초 방제
  ③ 유기인계 제초제 **기출**
    ㉠ 비선택성 제초제
    ㉡ 주로 잎을 통해 흡수되어 식물체로 확산되며 세포의 분열조직에 작용
    ㉢ 글리포세이트, 글리포세이트암모늄, 피페로포스, 비알라포스 등
  ④ 비피리딜리움계 제초제
    ㉠ 물에 잘 용해되는 강한 양이온 형태로 식물에 빨리 흡수되고 토양에 강하게 흡착되는 비선택성 접촉형 제초제
    ㉡ 파라콰트
  ⑤ 벤조티아디아졸계 제초제
    ㉠ 광엽 및 방동사니과 잡초의 경엽에 처리하는 선택성 이행형 제초제
    ㉡ 광합성저해에 의한 방제 효과
    ㉢ 벤타존 : 보리밭, 이앙한 논에서 사용

(3) 경엽 및 토양처리형 제초제

① 트리아진계 제초제 기출
　㉠ 잡초발생 전 또는 작물을 심기 전에 토양에 처리하는 제초제
　㉡ 화본과 및 광엽잡초 방제에 효과적이며 주로 뿌리로부터 흡수
　㉢ 광에 의해 활성화되어 녹색조직의 황화 및 고사를 유발하는 광합성 저해제로 식물체 내의 엽록체가 작용점
　㉣ $-Cl$, $-OCH_3$, $-SCH_3$ 등의 치환기에 따라 3종류로 구분
　㉤ 시마진 : 과수원, 뽕나무밭 1년생 잡초방제제
　㉥ 헥사지논 : 잣나무를 제외한 침엽수 조림지에서 초본류와 잡관목 방제 이용

② 요소(Urea)계 제초제
　㉠ 잡초발생 전 처리하는 제초제로 뿌리로 더 잘 흡수
　㉡ 기본구조가 단순하고 인축에 대한 독성 및 토양잔류성이 낮음
　㉢ 환경에 미치는 영향이 적어 전 세계적으로 많이 사용되고 있음
　㉣ 뿌리에 의해 흡수되어 물관(사부)을 통해 이행하며 광에 의해 활성화
　㉤ 광합성을 저해하고 세포막을 파괴
　㉥ 리뉴론, 메타벤즈티아주론 : 보리, 콩, 양파 등의 1년생 잡초방제에 사용

③ 설포닐우레아계 제초제 기출
　㉠ 저약량으로도 높은 제초활성이 있어 환경에 부하가 적음
　㉡ 요소계 제초제의 기본구조에 $-SO_2$기가 치환된 것
　㉢ 화본과보다 광엽잡초에 높은 활성을 나타냄
　㉣ 세포분열과 식물의 생육을 억제
　㉤ 벤설퓨론메틸, 피라조설퓨론에틸, 아짐설퓨론, 시노설퓨론 : 논에서 피를 제외한 1년생 및 다년생 광엽잡초, 방동사니 잡초방제

④ 디페닐에테르계 제초제
　㉠ 잡초발생 전 처리하는 접촉형 제초제로 토양표면에 막을 형성해 갓 발아한 유묘가 접촉되어 고사
　㉡ 1년생 광엽잡초 및 화본과 잡초에 유효하고 토양에 흡착되므로 토양 중 이동성이 작고 식물체 내에서 거의 이행되지 않음
　㉢ 비페녹스, 옥시플루오르펜 : 손이앙 논에서 1년생 잡초 및 올챙이고랭이 방제

⑤ 카바메이트계 제초제 기출
　㉠ 잡초발생 전 처리하는 제초제로 화본과, 방동사니과에 선택적으로 방제
　㉡ 잡초의 뿌리, 초엽, 경엽으로 쉽게 흡수되며 잔효기간이 짧아 활성이 오래 지속될 수 있는 추운 지역에서 사용
　㉢ 클로르프로팜, 아슐람 : 콩, 당근 등의 1년생 잡초방제

(4) 토양처리형 제초제

① 아마이드계 제초제
  ㉠ 잡초발생 전 또는 작물을 심기 전에 토양에 처리하는 제초제
  ㉡ 1년생 화본과 및 광엽잡초의 방제에 사용
  ㉢ 알라클로르 : 콩, 옥수수, 감자 등의 1년생 잡초방제에 사용
  ㉣ 뷰타클로르 : 이앙 및 직파 논의 1년생 잡초방제에 사용
  ㉤ 나프로파마이드 : 1년생 화본과 잡초에 효과, 프로파닐 → 경엽 제초제

② 디니트로아닐린계 제초제
  ㉠ 작물의 파종 전 또는 잡초발생 전에 토양에 혼화처리, 잡초종자 발아할 때 살초력을 발휘
  ㉡ 화본과 및 광엽잡초에 효과가 있으며 잡초의 뿌리, 어린 눈 등으로 흡수되나 식물체 내에서 이행되지 않음
  ㉢ 트리플루랄린, 에탈플루랄린, 펜디메탈린 : 보리, 콩 등의 1년생 화본과 잡초방제 사용

③ 티오카바메이트계 제초제
  ㉠ 토양에 처리하는 제초제로 발아 직후 잡초의 생장을 억제하거나 지하 저장기관의 눈 형성 억제
  ㉡ 티오벤카브 : 논에서 피와 1년생 화본과 광엽잡초 방제에 사용

> **참고** 제초제의 큐틴층 통과
> - 큐틴층의 표면은 납질, 내면은 친유성(비극성)인 큐티클 납질과 친수성(극성)인 큐틴으로 구성돼 있음
> - 비극성은 큐티클 납질 > 큐틴 > 펙틴의 순으로 높고 셀룰로스는 극성 물질
> - 비극성 제초제는 쉽게 큐티클 납질을 통과하지만 갈수록 통과가 어려워지고, 극성제초제는 처음 큐티클 납질을 통과하기 어렵지만 갈수록 통과가 쉬워짐
> - 습윤제는 큐티클 납질을 용해하여 엽면흡수를 증가시킴

(5) 제초제 분해반응의 종류

산 화	산소의 첨가 또는 수소의 이탈로 생성되는 반응
환 원	수소와 결합하거나 산소가 이탈하는 반응
가수분해	물의 H^+ 이온과 OH^- 이온이 치환되는 반응
결합반응	식물체 내의 다른 물질과 결합하는 반응

(6) 제초제의 작용기작 기출

작용기작	제초제의 분류 및 종류
광합성 저해	벤조티아디아졸계, 트리아진계, 요소계, 아마이드계, 비피리딜리움계(과산화물 생성)
호흡작용 및 산화적 인산화 저해	카바메이트계, 유기염소계
호르몬 작용 교란	페녹시계(2,4-D, MCPP), 벤조산계
단백질 합성 저해	아마이드계, 유기인계
세포분열 저해	디니트로아닐린계, 카바메이트계
아미노산 생합성 저해	설포닐우레아계, 이미다졸리논계, 유기인계(Glyphosate)

(7) 제초제의 구비조건 기출

① 제초효과가 클 것
② 인축에 약해가 없을 것
③ 자연환경에 오염이 없을 것
④ 사용이 편리할 것
⑤ 방제효과가 안전할 것
⑥ 가격이 적당할 것
⑦ 작물에 대한 약해가 없을 것
⑧ 처리의 안정성이 확실할 것
⑨ 잔류문제가 없을 것

CHAPTER 05 적중예상문제

PART 05 잡초방제학

01 화학방제법에 대한 생물적 방제법의 장점 중 잘못된 것은?
① 방제비용이 적게 든다.
② 잔류오염의 염려가 없다.
③ 처리가 용이하다.
④ 방제효과가 빨리 나타난다.

해설
④ 생물적 방제법은 방제효과가 화학방제법에 비해 더디다.

02 다음 제형 중 수용성이 아닌 원제를 아주 작은 입자로 미분화시킨 분말로서 물에 분산시켜 사용하는 것은?
① 수화제　　② 수용제
③ 유 제　　　④ 입 제

해설
① 수화제에 대한 설명에 해당한다.

03 다음 중 논에 사용하는 것이 부적당한 제초제는?
① 부타벤설 입제　　② 이사디 액제
③ 옥사존 유제　　　④ 알라 유제

해설
④ 알라 유제 : 잡초발생 전 토양처리제로 밭조건에서 약효가 30~50일간 지속

04 다음 중 논 제초제의 약해 발생요인이 아닌 것은?
① 건묘이식
② 이앙심도가 얕은 경우
③ 연약한 도장묘
④ 과잉살포

해설
① 건묘(튼튼한 묘)의 이식은 약해발생을 감소시킨다.

05 식물체 내에서 일어나는 제초제 분해반응 중 맞지 않는 것은?
① 인산화 반응(Phosphorylation)
② 하이드록시 반응(Hydroxylation)
③ 탈카르복시 반응(Decarboxylation)
④ 탈알킬 반응(Dealkylation)

해설
제초제 분해반응 : 산화・환원・가수분해・결합반응이 주된 반응이며, 탈카르복시반응, 탈알킬반응, 하이드록시반응, 탈염수반응 등이 있다.

06 A 제초제 0.5%는 몇 ppm에 해당되는가?
① 5ppm　　② 50ppm
③ 500ppm　④ 5,000ppm

해설
ppm = 1/1,000,0000이고, 0.5%는 0.5/100이므로 ppm으로 환산하면 0.5 × 10,000/1,000,000 = 5,000ppm

정답 1 ④　2 ①　3 ④　4 ①　5 ①　6 ④

07 식물의 형태 중에서 제초제의 선택성과 관계가 먼 것은?

① 뿌리의 분포 깊이와 형태
② 발아 및 출아의 심도
③ 잎의 수
④ 생장점의 위치

해설
③ 잎의 수는 선택성과 관계가 없다.

08 이성화구조를 가진 화합물 중 질소 3원자와 탄소 3원자가 육각환구조에 함유되어 있는 제초제를 어떤 형의 제초제라고 부르는가?

① Urea계 제초제
② Amide계 제초제
③ Triazine계 제초제
④ Uracil계 제초제

해설
③ Triazine계 제초제 : Atrazine, Simazine, Cyanazine, Ametryne

09 토양에 처리한 요소(Urea)계 제초제가 작용점까지 이르는 경로를 순서대로 가장 잘 설명한 것은?

① 뿌리 → 사부 → 잎 → 세포 → 원형질
② 뿌리 → 사부 → 잎 → 세포 → 미토콘드리아
③ 뿌리 → 사부 → 잎 → 세포 → 액포
④ 뿌리 → 사부 → 잎 → 세포 → 색소체

10 R_1-NHC-O-R_2를 기본 골격으로 갖는 제초제군은?

① 페녹시계 제초제
② 니트릴계 제초제
③ 요소계 제초제
④ 카바메이트계 제초제

해설
카바메이트계 제초제로 잡초 발생 전 처리하는 제초제
• 화본과, 방동사니과에 선택적으로 방제
• 잡초의 뿌리, 초엽, 경엽으로 쉽게 흡수되며 잔효기간이 짧아 활성이 오래 지속될 수 있는 추운 지역에서 사용

11 다음 중 계면활성제의 종류가 아닌 것은?

① 유탁제   ② 유화제
③ 습윤제   ④ 침투제

해설
① 유탁제 : 농약의 주제를 용제에 녹여 계면활성제를 가하여 제조한 농약 제형

12 2,4-D 1% 용액은 몇 ppm에 해당하는가?

① 1ppm   ② 100ppm
③ 1,000ppm   ④ 10,000ppm

해설
④ 1/100 = 10,000/1,000,000 → 10,000ppm

정답 7 ③ 8 ③ 9 ④ 10 ④ 11 ① 12 ④

13 줄기나 잎에 살포한 제초제가 잎에 흡수되는 과정을 좌우하는 중요한 요인이 아닌 것은?

① 잎의 크기와 배열
② 엽면의 왁스 및 털의 유무
③ 강우, 온도 등의 환경요인
④ 잎의 엽록소 함량

> [해설]
> ④ 잎의 엽록소의 함량은 제초제 흡수 과정요인과는 무관하다.

14 작물종과 방제 대상 잡초에 대한 적합한 선택성 제초제로 나열된 것은?

① 벼 - 돌피 - 벤타존(Bentazon)
② 보리 - 명아주 - 세톡시딤(Sethoxydim)
③ 벼 - 강피 - 이사디(2,4-D)
④ 벼 - 피 - 프로파닐(Propanil)

> [해설]
> 제초제
> • 벤타존
>   - 1년생 잡초 방제(방동사니, 물달개비, 밭뚝외풀, 마디꽃, 사마귀풀)
>   - 다년생 잡초 방제(올미, 벗풀, 올방개, 너도방동사니, 올챙이고랭이)
> • 세톡시딤 : 1년생 화본과 잡초 제초제
> • 이사디 : 1년생 잡초 제초제(방동사니, 물달개비, 밭뚝외풀, 마디꽃, 사마귀풀)

15 트리아진(Triazine)계 제초제가 살초력을 발휘하는 식물체 내의 작용점은?

① 엽록체
② 핵
③ 미토콘드리아
④ 세포질

> [해설]
> ① 엽록체를 파괴하여 광합성을 저해한다.

16 제초제의 토양 중 지속성은 반감기(Half Life)로 나타낸다. 이때 반감기란?

① 처리한 제초제의 1/2이 소실되는 데 필요한 시간
② 처리한 제초제의 1/5이 소실되는 데 필요한 시간
③ 식물체의 1/2를 고사시키는 데 필요한 시간
④ 식물체의 1/5을 고사시키는 데 필요한 시간

> [해설]
> ① 반감기는 처리한 제초제의 1/2이 소실되는 데 필요한 시간이다.

17 논에 사용할 제초제를 필요량만큼 구입하려고 한다. 40%의 유효성분을 가진 2,4-D 입제를 1ha당 1,000g a.i.로 처리하려고 할 때 소용제품량은 얼마인가?

① 2kg
② 2.5kg
③ 3kg
④ 3.5kg

> [해설]
> ② $1,000g \times 100 / 40 = 2,500g = 2.5kg$ (∵ 1,000g = 1kg)

18 제초제의 토양 중 흡착력에 관여하지 않는 요인은?

① 점토광물의 종류
② 양이온 치환 용량
③ 토양유기물 함량
④ 토양의 수소이온 농도

해설
제초제의 토양 중 흡착력은 점토광물에 의한 양이온 치환 용량과, 토양유기물 함량에 의한 완충능 등에 의해 차이가 난다.

19 계면활성제의 특성을 설명한 것 중 맞는 것은?

① 친수성(親水性)의 성질만 갖고 있음
② 친유성(親油性)의 성질만 갖고 있음
③ 친수성(親水性) 및 친유성(親油性) 물질을 함유하고 있음
④ 표면장력을 크게 하는 물질이다.

해설
③ 계면활성제는 친유성과 친수성 물질을 다 함유하고 있다.

20 다음 중 제초제의 작용기작을 잘못 연결한 것은?

① 설포닐우레아계 - 아미노산 생합성 저해
② 트리아진계 - 호흡작용 억제
③ 페녹시계 - 과도한 옥신작용
④ 디니트로아닐린계 - 세포분열 억제

해설
② 트리아진계는 광합성을 저해한다.

제초제의 작용기작

작용기작	제초제의 분류 및 종류
광합성 저해	벤조티아디아졸계, 트리아진계, 요소계, 아마이드계, 비피리딜리움계(과산화물 생성)
호흡작용 및 산화적 인산화 저해	카바메이트계, 유기염소계
호르몬 작용 교란	페녹시계(2,4-D, MCP), 벤조산계
단백질 합성 저해	아마이드계, 유기인계
세포분열 저해	디니트로아닐린계, 카바메이트계
아미노산 생합성 저해	설포닐우레아계, 이미다졸리논계, 유기인계(Glyphosate)

21 뿌리에서 흡수된 제초제가 줄기의 물관부까지 이동할 때 그 경로는?

① 수 선
② 세포벽과 세포질
③ 기 공
④ 카스파리안대

해설
② 뿌리에서 흡수된 제초제는 세포벽과 세포질을 통해 줄기의 물관부까지 이동한다.

정답 18 ④ 19 ③ 20 ② 21 ②

22 토양 처리용 제초제에 있어서 물리적 선택성을 이용하기 위한 조건으로 부적당한 것은?

① 복토는 3.0cm 내외로 가능한 대립성 종자가 유리하다.
② 유기물 함량이 적은 사양토로서 흡착력이 적은 토양이 좋다.
③ 유기물 함량이 많은 흡착력이 있는 토양이 좋다.
④ 제초제 처리 후 5mm 정도 강우가 있는 것이 좋다.

> 해설
> ② 유기물 함량이 적고 사양토인 경우 제초제의 흡착력이 없어 부적당하다.

23 제초제의 제형 중 희석할 필요 없이 제품 원액 그대로 수로의 입구 등에 처리할 수 있는 제형은?

① 유 제
② 액상 수화제
③ 수용제
④ 수화제

> 해설
> ② 액상 수화제에 대한 설명에 해당한다.

24 논 제초제의 약해발생 요인이 아닌 것은?

① 경운시기
② 묘의 소질
③ 이앙심도
④ 제초제 사용량

> 해설
> 제초제 약해발생 요인 : 묘의 소질, 이앙심도, 제초제 사용량, 제초제 오용

25 우리나라에서 가장 먼저 사용한 제초제는?

① 마세트 입제
② 2,4-D 액제
③ 스톰프 유제
④ 라쏘 유제

> 해설
> ② 2,4-D 액제는 우리나라에서 가장 먼저 사용한 제초제이다.

26 다음 제초방법 중 가장 환경친화적인 방법은?

① 제초제로 처리한다.
② 경운을 한다.
③ 토양표면을 피복한다.
④ 화염방사기를 사용한다.

> 해설
> ③ 토양표면 피복의 경우 피복식물에 의한 잡초 방제 및 천적의 도피처를 제공한다.

27 다음 중 예방적 잡초방제법이 아닌 것은?

① 상토 소독
② 종자 선별
③ 농기계 청소
④ 제초제 처리

> 해설
> 예방적 잡초방제는 잡초종자의 혼입 방지를 목적으로 한다.

정답 22 ② 23 ② 24 ① 25 ② 26 ③ 27 ④

28 30%의 유효성분을 가진 제초제를 10a당 300mL 살포하려고 할 때 10a당 필요한 제품량은?

① 10mL ② 100mL
③ 1,000mL ④ 10,000mL

해설
③ 300mL × 100 / 30% = 1,000mL

29 잡초방제 방법 중 생태적 방제법이 아닌 것은?

① 작부체계
② 답전윤환재배
③ 논 오리방사
④ 경합능력이 큰 품종선택

해설
③ 논 오리방사는 생물학적 방제법에 해당한다.

30 비선택적으로 식물을 전멸시키는 제초제는?

① Bentazon ② Simazine
③ Glyphosate ④ 2,4-D

해설
제초제

Bentazon	• 1년생 잡초 방제 : 방동사니, 물달개비, 밭뚝외풀, 마디꽃, 사마귀풀 • 다년생 잡초 : 올미, 벗풀, 올방개, 너도 방동사니, 올챙이고랭이
Simazine	바랭이, 쇠비름, 비름, 여뀌, 명아주, 방동사니류 등에 살초효과
Glyphosate (근사미)	유기인계 비선택성 제초제
2,4-D	1년생 잡초 : 방동사니, 물달개비, 밭뚝외풀, 마디꽃, 사마귀풀

31 제초제의 선택성 발현에 영향을 미치는 요인이 아닌 것은?

① 작물과 잡초의 생육정도 차이
② 작물과 잡초의 생육공간 차이
③ 작물과 잡초의 제초제 흡수력 차이
④ 작물과 잡초의 양분 흡수력 차이

해설
선택성 발현 요인 : 생육정도 차이, 생육공간 차이, 제초제 흡수력 등의 차이

32 제초제의 토양 중에서 흡착에 관여하는 인자들 중 가장 크게 작용하는 인자는?

① 부식(Humus) 함량
② 모래 함량
③ Kaolin 함량
④ 토양 pH

해설
① 부식의 양이온치환에 의해 제초제 흡착이 가장 큰 영향을 받는다.

33 20%의 유효성분을 가진 제초제를 10a당 500mL 처리할 때 10a에 필요한 제품량은?

① 500mL ② 1,000mL
③ 1,500mL ④ 2,500mL

해설
④ 500mL × 100 / 20% = 2,500mL

34 논 제초제를 분류하는 방법 중 관계가 먼 것끼리 연결된 것은?

① 발아 전 처리제 – 토양 처리제
② 토양 처리제 – 초기 제초제
③ 후기 제초제 – 생육기 처리제
④ 토양혼화 처리제 – 경엽 처리제

해설
④ 토양혼화 처리제 : 토양 처리제

35 다음 중 화학적 잡초 방제법의 장점은?

① 환경에 잔류 가능성이 없음
② 약해가 없음
③ 살초작용이 빠름
④ 생물에 안전함

해설
화학적 잡초 방제법의 장점 : 살초작용이 빠름, 노력경감 등

36 설포닐우레아(Sulfonylurea)계 제초제의 작용 기구는?

① 광합성의 저해
② 호흡작용의 저해
③ 지질 생합성의 저해
④ 아미노산 생합성의 저해

해설
④ 설포닐우레아(Sulfonylurea)계 제초제는 아미노산 생합성을 저해한다.

37 경엽처리 제초제의 잡초방제에 대한 설명 중 올바르지 못한 것은?

① 약제가 잎에 잘 묻도록 일반적으로 전착제를 첨가하여 처리한다.
② 극성이 높은 친수성 제초제는 잎의 큐티클을 잘 통과하기 때문에 경엽처리 활성이 강하다.
③ 잎 표층을 통과한 약제는 성질에 따라서 물관이나 체관을 통해 하부 또는 상부이동을 한다.
④ 잡초마다 잎 표면으로부터 세포 내 작용점까지의 제반 성질이 다르기 때문에 동일한 제초제라 할지라도 잡초마다 그 효과가 다르게 나타날 수 있다.

해설
② 큐티클층은 비극성이다.

38 제초제의 소실 중 물리적 소실이 아닌 것은?

① 미생물에 의한 분해
② 토양 하층으로의 용탈
③ 토양입자에 흡착
④ 식물체로의 흡수

해설
물리적 소실 : 토양 하층으로의 용탈, 흡착, 식물체로의 흡수 등

정답 34 ④ 35 ③ 36 ④ 37 ② 38 ①

39 제초 효과의 범위를 크게 하기 위하여 두 가지 제초제를 혼합할 경우 가장 적은 양의 제초제가 혼합된 경우는?

① 길항작용   ② 독립효과
③ 상가작용   ④ 상승작용

해설
- 길항작용 : 상반되는 2가지 요인이 동시에 작용하여 그 효과를 서로 상쇄시키는 작용
- 상승작용 : 두 가지 제초제를 혼합 사용할 경우 약효가 상승하는 효과

40 2,4-D의 작용 특성을 설명한 것 중 잘못된 것은?

① 호르몬형의 선택 살초성이다.
② 이행형 제초제이다.
③ 분열조직을 활성화하여 생리기구를 교란시켜 고사한다.
④ 벼의 무효분얼을 증가시킨다.

해설
④ 유수형성기 이전 이사디 사용 시 분얼이 억제되어 충분한 분얼수를 확보하지 못하게 되며, 유수형성기(이삭꽃 생길 때) 이후에 사용할 경우, 출수가 안 되는 피해가 있다.

41 포장에서 제초제 저항성 잡초 유발을 낮추기 위하여 농민들이 노력해야 할 일들 중 적합한 것으로만 묶여진 것은?

㉠ 서로 다른 기작을 가진 제초제를 돌려 사용한다.
㉡ 약제를 추천농도 이상의 고농도로 처리한다.
㉢ 같은 계통의 약제를 매년 처리한다.
㉣ 서로 다른 성질의 약제가 혼합된 것을 가능한 한 사용한다.
㉤ 동일 재배지에 동일 작물을 매년 재배하지 않는다.

① ㉠, ㉡, ㉢   ② ㉠, ㉢, ㉣
③ ㉠, ㉣, ㉤   ④ ㉡, ㉣, ㉤

해설
서로 다른 기작을 가진 제초제를 돌려 사용하며 윤작재배를 권한다.

42 두 종류의 제초제를 혼합처리 시 반응이 단독처리 시 큰 쪽의 반응보다 작을 때 두 약제 간에는 어떤 작용이 있다고 하는가?

① 상승작용
② 상가작용
③ 길항작용
④ 독립작용

해설
③ 길항작용 : 상반되는 2가지 요인이 동시에 작용하여 그 효과를 서로 상쇄시키는 작용

43 제초제 중에서 식물의 백화 증상을 유발시키는 약제가 있는데, 이런 증상이 유도되는 이유를 올바르게 설명한 것은?

① 단백질 생합성을 저해하여 엽록체가 파괴되기 때문이다.
② 식물색소 중의 하나인 카로티노이드의 생합성이 억제되기 때문이다.
③ 식물세포막을 급격히 파괴시키기 때문이다.
④ 광합성 전자전달과정을 저해하기 때문이다.

해설
② 백화증상은 카로티노이드의 생합성이 억제되기 때문에 나타나는 증상이다.

44 논제초제의 사용 시 약해발생 요인으로서 맞는 것은?

① 식양토는 CEC가 높으므로 사양토보다 약해를 입기 쉽다.
② 큰 묘를 내는 손이앙은 어린묘를 내는 기계이앙에 비해 약해를 입기 쉽다.
③ 근부흡수형의 약제들은 천식했을 경우 약해가 커진다.
④ 호르몬형 제초제는 고온보다 저온에서 약해가 커지는 경향이 있다.

해설
① 식양토는 제초제를 잡아주는 힘이 강해 약해가 작다.
② 큰 묘는 초기생육이 어느 정도 진행되어 경합력이 높다.
④ 호르몬형 제초제는 고온에서 증산량이 많아 제초제의 약해가 커진다.

45 유기제초제 중 세계적으로 가장 먼저 개발된 제초제 계열은?

① 페녹시계
② 산아미드계
③ 카바메이트계
④ 디페닐에테르계

해설
① 페녹시계 제초제 : 대표적인 것이 2,4-D

46 다음 설명 중 잘못된 것은?

① 종자에 의한 제초제의 흡수는 능동적 흡수이다.
② 습윤제는 잎표면의 계면장력을 줄여 제초제의 흡수를 용이하게 한다.
③ 토양처리제는 대부분 뿌리를 통하여 흡수된다.
④ 경엽처리제는 대부분 잎과 줄기를 통하여 흡수된다.

해설
① 능동적 흡수는 작물의 영양분 흡수과정을 말한다.

47 제초제의 약해 유발 원인으로 잘못된 것은?

① 전착제 농도를 권장량보다 낮게 처리하는 경우
② 제초제의 정확한 특성을 무시하고 적용 범위를 확대하는 경우
③ 고압분무기로 살포 시 주변 작물로 제초제가 비산되는 경우
④ 비닐하우스 내에서나 피복재배지에서의 부주의한 처리

해설
② 제초제의 특성에 맞지 않는 사용시
③ 비산에 의해 타작물 약해 발생
④ 피복재배 시 토양처리제의 휘산이 되지 않아 약해 증가

48 2,4-D의 어떤 유형을 논에 산포하였는데 주위에 있는 콩밭에서 약해가 발생하였다. 어떤 유형의 2,4-D에서 가장 크게 약해가 유발될 수 있는가?

① 2,4-D 아민염
② 2,4-D 에스테르
③ 2,4-D 산
④ 2,4-D 나트륨염

해설
② 2,4-D 에스테르 : 휘발성이 높아 주변 광엽작물에 잎 비틀림 등의 약해 유발

49 살포된 제초제의 물리적 소실에 해당되지 않는 것은?

① 분 해   ② 용 탈
③ 휘 발   ④ 흡 착

해설
① 분해 : 가수분해 또는 미생물에 의한 화학적 분해

50 다음 중 주로 논제초제로 사용되는 것은?

① Paraquat   ② Linuron
③ Butachlor   ④ Simazine

해설
③ Butachlor : 벼의 1년생 잡초(피, 방동사니, 물달개비, 밭뚝외풀, 마디꽃, 사마귀풀), 다년생 잡초(올미, 너도방동사니, 가래, 올챙이고랭이) 방제에 사용

51 잡초발생이 많은 포장에 서로 다른 제초제의 사용 시기를 달리하여 2번 이상 살포하는 처리방법은?

① 일발처리   ② 종합처리
③ 체계처리   ④ 혼합처리

해설
③ 체계처리에 대한 설명에 해당한다.

52 참깨 파종 전에 잡초를 없애기 위해 비선택성 제초제 그라목손을 밭 토양 전면에 골고루 살포하였다. 바르게 설명한 것은?

① 다음날 파종해도 참깨 발아에 지장이 없다.
② 경운을 한 후 파종해야 한다.
③ 2~3일간 방치하여 토양에 있는 약제성분을 휘산시킨 후 파종해야 한다.
④ 고사된 잡초를 완전제거한 후 파종량을 약간 증가해 주는 것이 안전하다.

해설
① 토양과 접촉하면 바로 불활성화되므로 다음날 파종해도 참깨 발아에 지장이 없다.

53 제초제는 잡초를 선택적으로 고사시키는 경우가 많은데, 그 이유들 중에서 올바로 기술되지 않은 것은?

① 잡초 생리특성, 생육단계, 처리환경 등에 따라 잡초의 제초제 흡수 정도가 초종마다 다를 수 있기 때문이다.
② 식물체 내로 흡수된 제초제가 작용점으로 이동하는 데 있어서 주변의 생리조건이 잡초 종류마다 다를 수 있기 때문이다.
③ 동일계열의 제초제는 최종 공격지점(효소 단백질)이 같으므로 똑같은 정도의 효과를 나타내는 것이 일반적이다.
④ 잡초는 제초제를 무독화시키는 능력이 있으며, 그 독성이 잡초종, 생육단계, 환경조건에 따라 다를 수 있기 때문이다.

해설
③ 동일계열 제초제의 연용은 저항성을 발생시킨다.

54 최근 문제되고 있는 제초제 저항성 잡초의 방제 방법으로 가장 적당한 방법은?

① 동일한 제초제를 연용한다.
② 제초제 사용량을 늘린다.
③ 제초제와 전착제를 혼용한다.
④ 제초제를 특성에 따라 순환 사용한다.

55 두 제초제를 혼합처리 시 상승(Synergistic)효과란 어떤 것을 의미하는가?

① 두 제초제를 혼합처리 시 단독처리 때보다 효과가 적은 것을 의미함
② 두 제초제를 혼합처리 시 단독처리 때보다 효과가 큰 것을 의미함
③ 두 제초제를 혼합처리 시 단독처리와 효과가 같은 것을 의미함
④ 두 제초제를 혼합처리 시 식물의 생리적 장애현상을 의미함

해설
② 상승효과 : 두 제초제를 혼합처리 시 단독처리 때보다 효과가 큰 것을 의미한다.

56 논에 다년생 잡초인 올방개가 비교적 많이 발생되어 제초제를 선택하고자 할 경우, 어떤 종류의 제초제가 효과적인가?

① 마세트가 혼합된 제초제
② 벤퓨러세이트가 혼합된 제초제
③ 모리네이트가 혼합된 제초제
④ 에스프로카브가 혼합된 제초제

해설
② 벤퓨러세이트 : 올방개와 같은 다년생 잡초에 효과가 있다.

57 제초제의 선택성에 영향을 미치는 식물학적 요인에 대한 설명으로 맞는 것은?

① 잎의 표면이 왁스로 덮여 있는 것은 수용성 제초제의 습윤성이 높다.
② 잔털이 조밀하게 덮여 있는 잎은 수용성 제초제의 전착성이 높다.
③ 엽신(葉身)이 줄기에 붙어 있는 각도가 작을수록 부착되는 제초제의 양이 적다.
④ 부착된 엽수가 적을수록 살포한 제초제의 접촉량이 많아진다.

해설
③ 엽신이 줄기에 붙어 있는 각도가 작아지면 노출면적이 감소해 부착되는 제초제의 양이 적다.

58 다음 중 제초제 계통의 일반적인 작용기작이 잘못 연결된 것은?

① 트리아진계 – 지질 생합성 억제
② 설포닐우레아계 – 아미노산 생합성 억제
③ 피리다지논계 – 색소체 형성 억제
④ 디페닐에테르계 – 세포막 파괴

해설
① 광합성 저해 : 벤조티아디아졸계, 트리아진계, 요소계

59 제초제의 무독화의 예가 아닌 것은?

① 2,4-DB가 β산화되어 2,4-D로 바뀌는 것
② 프로파닐이 가수분해하여 3,4-dichloro-aniline과 프로피온산으로 나누어지는 것
③ 클로람벤(Chloramben)이 포도당과 결합하는 것
④ 디캄바가 수산기반응(Hydroxylation)에 의해 -OH기가 첨가되는 것

해설
제초제 반응의 종류
• 산화 : 산소의 첨가 또는 수소의 이탈로 생성되는 반응
• 환원 : 수소와 결합하거나 산소가 이탈하는 반응
• 가수분해 : H^+ 이온과 OH^- 이온이 결합하여 물을 생성하는 반응

60 다음 중 호르몬형 제초제로 묶여진 것은?

① Bensulfuron, Butachlor
② Paraquat, Bentazone
③ Hexazinone, Alachlor
④ 2,4-D, Dicamba

해설

제초제
• Bensulfuron : 설포닐우레아계 제초제
• Butachlor : 아마이드계 제초제
• Paraquat : 비피리딜리움계 제초제
• Bentazone : 벤조티아디아졸계 제초제
• Hexazinone : 트리아진계 제초제
• Alachlor : 아마이드계 제초제

61 분해과정이 없을 경우 극성이 낮은 제초제를 토양처리하였을 때, 제초효과가 가장 낮게 나타날 수 있는 지역은?

① 토양유기물이 풍부한 점질토양의 지역
② 유기물이 없는 사질토양의 지역
③ 유기물이 어느 정도 있는 사질토양의 지역
④ 유기물이 전혀 없는 점질토양의 지역

해설
① 토양유기물이 풍부할 경우 부식에 의해 제초제가 고정되어 제초효과가 감소한다.

62 피의 방제효과가 가장 작은 제초제는?

① Propanil
② Cyhalofop
③ Fenoxaprop
④ Bentazon

해설

Bentazon의 방제 잡초
• 1년생 잡초 : 방동사니, 물달개비, 밭뚝외풀, 마디꽃, 사마귀풀
• 다년생 잡초 : 올미, 벗풀, 올방개, 너도방동사니, 올챙이고랭이

부록

과년도 + 최근 기출복원문제 및 해설

식물보호기사	2018~2022년 과년도 기출문제
	2023년 과년도 기출복원문제
	2024년 최근 기출복원문제
식물보호산업기사	2018~2020년 과년도 기출문제
	2021~2023년 과년도 기출복원문제
	2024년 최근 기출복원문제

합격의 공식 시대에듀 www.sdedu.co.kr

2018년 제1회 과년도 기출문제

식물보호기사

제1과목 식물병리학

01 배나무 붉은별무늬병에 대한 설명으로 옳지 않은 것은?
① 병원균은 순활물기생균이다.
② 병원균이 기주교대를 하지 않는다.
③ 주요 발병 부위는 잎, 열매, 가지이다.
④ 잎에 병무늬가 많이 형성되면 조기 낙엽의 원인이 된다.

해설
녹병류 중간기주
• 배나무 붉은별무늬병균(적성병) : 향나무
• 사과나무 붉은별무늬병 : 향나무
• 소나무 혹녹병 : 졸참, 신갈나무
• 맥류 줄기녹병 : 매자나무
• 밀 붉은녹병 : 좀꿩의다리

02 밤나무 줄기마름병의 병반 부위의 전형적인 병징은?
① 천 공   ② 위 조
③ 궤 양   ④ 비 대

해설
밤나무 줄기마름병(胴枯病)
• 병원 : *Cryphonectria parasitica*, 진균(자낭균류)
• 기주 : 밤나무, 참나무, 단풍나무
• 병징 : 수피의 궤양과 잎의 시들음 증상
• 방제법
 - 물빠짐이 좋지 않은 포장이나 약한 나무에 피해가 심해 건묘를 키움
 - 상처부위로 병원균이 침입하므로 병든 부분을 도려내어 도포제를 발라줌
 - 적기에 시비하고 질소질 비료의 과용을 피함

03 식물 바이러스병을 진단하는 방법이 아닌 것은?
① 그람염색 반응
② 지표식물 이용
③ 전자 현미경 관찰
④ 항혈청 반응 이용법

해설
그람염색반응 : 세균을 진단하는 방법
그람염색법에 의한 분류
• 보라색으로 염색되는 그람양성균 : 감자 둘레썩음병, 토마토 궤양병
• 분홍색으로 염색되는 그람음성균 : 대부분의 세균

04 오이 노균병에 대한 설명으로 옳지 않은 것은?
① 잎과 줄기에 발생한다.
② 발병이 심하면 병환부가 말라죽고 잘 찢어진다.
③ 습기가 많으면 병무늬 뒷면에 가루모양의 회색 곰팡이가 생긴다.
④ 병무늬의 가장자리가 잎맥으로 포위되는 다각형의 담갈색 무늬를 나타낸다.

해설
오이 노균병 : 잎에만 발생하고 본 잎에서는 처음에는 수침상의 점무늬가 생기고 병무늬 가장자리가 잎맥으로 포위되어 있는 부정형 다각형의 담갈색 무늬로 발전하며, 심하면 잎이 위쪽으로 말리고, 습기가 많으면 병무늬 뒷면에 서리 같은 가루 모양의 흰색곰팡이가 생기는 병

정답 1 ② 2 ③ 3 ① 4 ①

05 병원균이 기주식물에 침입을 하면 병원균에 저항하는 기주식물의 반응으로 항균 물질 및 페놀성 물질 증가 등의 작용을 무엇이라 하는가?

① 침입저항성 ② 감염저항성
③ 확대저항성 ④ 수평저항성

해설
저항성의 구분

저항성에 관여하는 유전적 차이	• 진성저항성 : 식물이 가지고 있는 병저항 유전자에 의해 나타나는 저항성 • 포장저항성 : 환경변화에 따른 감수성 식물의 일시적 저항성
기주식물에 대한 병원체의 감염경로	• 침입저항성 : 기주의 유전자에 의해 병원균의 침입이 억제되는 저항성 • 확대저항성 : 병원균이 침입한 다음 병원균에 저항하는 기주식물의 저항성

06 사과 겹무늬썩음병의 병원균은?

① 세 균
② 곰팡이
③ 바이러스
④ 파이토플라스마

해설
사과 겹무늬썩음병(Botryosphaeria Dothidea)
병원균은 균사, 병자각, 자낭각의 형태로 사마귀 조피증상이나 가지마름증상을 나타내며, 전년도에 병든 과실에서 월동 후 5월 중순~8월 하순경 사이 비가 올 때 포자가 누출되고 빗물에 튀어 과실의 과점 속에서 잠복하고 있다가 과실이 성숙되어 수용성 전분함량이 10.5%에 달하는 생육 후기에 발병

07 생물학적 방제의 단점으로 옳지 않은 것은?

① 병이 발생한 후에는 치료의 효과가 낮다.
② 신속하고 정확한 효과를 기대하기 어렵다.
③ 넓은 지역에 광범위하게 적용하기가 어렵다.
④ 환경의 영향을 많이 받지 않아 처리효과가 일정하지 않다.

해설
생물학적 방제는 환경의 영향을 많이 받아 처리효과가 일정하지 않다.

08 식물병으로 인한 피해에 대한 설명으로 옳지 않은 것은?

① 20세기 스리랑카는 바나나 시들음병으로 인하여 관련 산업이 황폐화되었다.
② 19세기 아일랜드 지방에 감자 역병이 크게 발생하여 100만명 이상이 굶어 죽었다.
③ 20세기 미국 동부지방 주요 수종인 밤나무는 밤나무 줄기마름병으로 큰 피해를 입었다.
④ 20세기 미국 전역에서 옥수수 깨씨무늬병이 크게 발생하여 관련 제품 생산에 큰 차질을 가져왔다.

해설
커피 녹병으로 커피 재배지가 스리랑카에서 남아메리카로 옮겨짐

09 주로 혈청학적 방법에 의해 진단하는 식물병은?

① 벼 도열병
② 감자 역병
③ 담배 모자이크병
④ 옥수수 깜부기병

해설
혈청학적 진단 방법은 바이러스에 의한 병을 진단하는 방법으로, 담배 모자이크병이 바이러스에 의한 병

10 작물 돌려짓기에 의한 경종적 방제효과가 가장 높은 것은?

① 종자 전염병   ② 토양 전염병
③ 충매 전염병   ④ 풍매 전염병

해설
윤작을 하게 되면 특정 작물을 기주로 하는 토양 병원균의 밀도를 낮춰 피해를 줄일 수 있음

11 다른 생물의 사체나 죽은 조직에서만 영양분을 섭취하는 것은?

① 부생균   ② 절대기생균
③ 임의부생균   ④ 임의기생균

해설
절대부생체(순사물기생체), 부생균 : 죽은 유기물에서만 영양 섭취 – 목재 심부썩음병균

12 식물병을 일으키는 곰팡이 중에서 균사에 격막이 없는 병원균으로만 올바르게 나열된 것은?

① 난균, 자낭균   ② 난균, 접합균
③ 담자균, 자낭균 ④ 담자균, 접합균

해설
조균류
- 균사에 격막 없음
- 유주자균류(난균류) : 역병(*Phytophthora cactorum*), 노균병(*Plasmopara viticola*)
- 유주자균류 : 역병, 노균병
- 접합균류 : 무름병(*Rhizopus*)

13 우리나라에서 참나무 시들음병을 일으키는 병원균을 매개하는 것으로 알려진 곤충은?

① 장수풍뎅이   ② 솔수염하늘소
③ 광릉긴나무좀   ④ 북방수염하늘소

해설
참나무 시들음병 : 광릉긴나무좀과 공생하는 병원균인 *Raffaelea quercus mongolicae*에 의해 발병

14 뽕나무 오갈병의 치료제로 주로 쓰이는 것은?

① 페니실린
② 글리세오풀빈
③ 사이클로헥시마이드
④ 옥시테트라사이클린

해설
뽕나무 오갈병은 마름무늬매미충에 의해 매개된 파이토플라스마에 의한 병으로 옥시테트라사이클린계 항생제 수간주사로 치료

정답 9 ③ 10 ② 11 ① 12 ② 13 ③ 14 ④

15 십자화과 작물에 발생하는 배추·무사마귀병에 대한 설명으로 옳지 않은 것은?

① 알칼리성 토양에서 발병이 잘된다.
② 배수가 불량한 토양에서 발생이 많다.
③ 순활물기생균으로 인공배양이 되지 않는다.
④ 유주자가 뿌리털 속을 침입하여 변형체가 된다.

해설
토양산도에 따른 병 발생
- 산성토양 : 배추·무사마귀병, 목화 시들음병, 토마토 시들음병
- 알칼리성 토양 : 감자 더뎅이병, 가짓과 풋마름병, 침엽수 모잘록병, 목화 뿌리썩음병 등

16 국내에 발생하는 채소류의 균핵병에 대한 설명으로 옳지 않은 것은?

① 잎, 줄기, 열매 등에 발생한다.
② 자낭포자나 균핵에서 발아한 균사로 침입한다.
③ 발병 후기에는 발병 조직에 백색 균사가 나타난다.
④ 균핵이 땅 속에 묻혀 있다가 25℃ 이상의 고온이 되면 발아한다.

해설
균핵병은 저온, 약광, 과습 등의 조건에서 다발생하며 12~3월 비닐하우스의 저온에 발병이 많은 병

17 병원균이 담자기와 담자포자를 형성하는 것은?

① 감자 역병
② 벼 깨씨무늬병
③ 배추·무사마귀병
④ 보리 겉깜부기병

해설
보리 겉깜부기병은 담자균류에 의한 병으로 균사 상태로 종자에서 월동 후 꽃에 침입

18 도열병이 다발하는 조건으로 가장 적합한 것은?

① 여러 가지 벼 품종을 섞어서 심었을 때
② 가뭄이 계속되고 기온이 30℃ 이상일 때
③ 덧거름을 원래 일정보다 일찍 주었을 때
④ 비가 자주 오고 일조가 부족하며 다습할 때

해설
벼 도열병은 저온다습하고 일조가 부족한 조건에서 다발생

15 ① 16 ④ 17 ④ 18 ④

19 종자로 인한 병균 전염이 가장 잘되는 것은?

① 밀 줄기녹병
② 벼 키다리병
③ 보리 흰가루병
④ 토마토 배꼽썩음병

해설
벼 키다리병은 자낭균류에 의한 병으로 분생포자의 형태로 종자표면에서 월동

20 식물병 방제방법에 대한 설명으로 옳지 않은 것은?

① 종자소독제를 이용한 방법 : 처리가 간편하고 시간과 노력에 비해 효과가 크다.
② 경엽처리제를 이용한 방법 : 농약 사용량을 계속 증가하여도 방제효과는 크게 증가하지 않는다.
③ 토양처리제를 이용한 방법 : 작물을 심기 전 주로 유제나 액제를 토양 표면에 남도록 처리한다.
④ 훈연제를 이용한 방법 : 연무기를 이용한 연무를 살포하거나 약제를 태워 훈연입자를 확산시킨다.

해설
살균처리를 위한 토양처리제는 주로 가스에 의한 소독제를 사용하기에 처리 후 약제가 남아 있게 되면 작물에 피해가 발생한다(밧사미드, 쏘일킹, 킬퍼 등).

제2과목 농림해충학

21 벼를 가해하여 오갈병을 매개하는 것은?

① 벼멸구 ② 애멸구
③ 흰등멸구 ④ 끝동매미충

해설
끝동매미충, 번개매미충 : 바이러스병인 오갈병의 매개

22 복숭아심식나방에 대한 설명으로 옳지 않은 것은?

① 유충이 과실 속에 있을 때에는 황백색이다.
② 월동고치는 방추형이다.
③ 1년에 2회 발생하지만 일정하지는 않다.
④ 피해 과일에는 배설물이 배출되지 않는다.

해설
복숭아심식나방 : 복숭아나무, 사과나무, 배나무, 자두나무, 살구나무 등
• 유충이 과실 내부로 뚫고 들어가 여러 곳을 가해
• 먹어 들어간 식입구보다 탈출구가 더 큼
• 연 2회 발생, 노숙유충의 형태로 땅속, 고치 속에서 월동
• 주광성과 주화성이 낮음

23 발생 계통적으로 기원이 다른 곤충 조직은?

① 중 장 ② 근 육
③ 지방체 ④ 생식소

해설
중 장
• 중장은 내배엽성 기원 세포로 이루어진다.
• 다른 소화기관과 달리 표피세포를 보호하는 내막이 없다.
• 단백질, 키틴의 혼합구조인 위식막을 생성하여 먹이를 감싸고 중장세포를 보호한다.

정답 19 ② 20 ③ 21 ④ 22 ② 23 ①

24 마늘 수확 후 저장 과정에서 피해를 주는 것은?

① 파굴파리 ② 뿌리응애
③ 파좀나방 ④ 고자리파리

해설
뿌리응애 : 연 10회 이상 발생하며 마늘, 쪽파, 백합 등의 구근류에 발생하고 저장 중에도 피해를 줌

25 다음 중 유시류에 속하는 것은?

① 낫발이 ② 톡토기
③ 좀붙이 ④ 하루살이

해설
유시아강 : 날개를 가지고 있지만 2차적으로 퇴화되어 없는 것도 있음
※ 불완전변태하는 외시류와 완전변태하는 내시류로 분류

26 진딧물을 포식하는 천적이 아닌 것은?

① 꽃등에류 ② 무당벌레류
③ 깍지벌레류 ④ 풀잠자리류

해설
진딧물을 잡아 먹는 천적 : 꽃등에, 무당벌레, 풀잠자리 등이 있음

27 온실가루이가 속하는 목은?

① 벌 목 ② 노린재목
③ 강도래목 ④ 딱정벌레목

해설
온실가루이 : 외래해충으로 전에는 매미목으로 분류되다 매미목이 노린재목의 하위 분류군으로 편입
• 약충과 성충이 기주식물의 잎 뒷면에서 흡즙, 잎과 새순이 생장이 저해
• 배설물에 의해 그을음 병이 유발되기도 하며 바이러스병 매개
• 기주식물의 윗부분에서만 분포
• 시설 내에서 연 1회 이상 발생, 노지에서는 월동불가

28 우리나라에 비래하지만 월동하지 않는 것은?

① 벼멸구 ② 애멸구
③ 번개매미충 ④ 끝동매미충

해설
비래해충 : 월동을 하지 못하고 바람을 타고 유입되는 해충으로 벼멸구, 혹명나방, 흰등멸구, 멸강나방 등이 있다.

29 성충의 입틀 모양이 서로 다른 것으로 짝지어진 것은?

① 모기, 매미
② 나방, 딱정벌레
③ 메뚜기, 풀무치
④ 노린재, 진딧물

해설
② 나방 : 빨대형, 딱정벌레 : 저작형

30 곤충 체벽의 진피층(Epidermis)에 대한 설명으로 옳지 않은 것은?

① 단층으로 되어 있다.
② 내원표피 아래에 위치한다.
③ 외표피와 원표피로 구성되어 있다.
④ 단백질, 지질, 키틴 화합물을 합성한다.

해설
진피층 : 단층의 세포조직인 상피세포의 형태로 표면에는 미세한 융모가 있고, 단백질, 지질, 키틴화합물 등을 합성 및 분비하는 세포층이 있음
- 상피세포 : 피부 구성 물질 및 곤충의 발육과 관계된 키틴 분해효소와 단백질 분해효소를 분비, 표피조직이 파괴되었을 때 재생시키는 기능
- 피부선 : 외표피의 시멘트 층을 형성
- 특수세포 : 표피 외각의 각종 부속기관이나 체표돌기의 기능에 관여하는 각종 생성물을 분비, 감각세포, 인편, 모생 세포, 와생 세포, 편도 세포 등

31 이화명나방의 가해 형태 및 기주 피해에 대한 설명으로 옳은 것은?

① 피해를 입은 벼의 줄기 속에는 한 마리의 유충만 있다.
② 피해를 입은 벼의 줄기 속을 보면 유충의 배설물이 존재하지 않는다.
③ 피해를 입은 벼의 잎집이 말라 죽어도 벼의 줄기는 부러지지는 않는다.
④ 재배 초기의 피해를 입은 벼의 줄기는 출수하지 못하거나, 출수하더라도 이삭이 하얗게 된다.

해설
이화명나방 : 벼줄기 속에서 잎을 말아 줄기를 가해하고 한 마리의 유충이 여러 개의 줄기를 가해 한다.

32 유충이 탈피를 못하게 하여 해충을 방제하는 것은?

① 호르몬제 ② 페로몬제
③ 대사저해제 ④ 섭식저해제

해설
탈피 : 유충의 몸은 자라지만 몸을 덮고 있는 표피는 늘어나지 않아 묵은 표피를 벗는 현상

33 거미와 비교한 곤충의 특징이 아닌 것은?

① 겹눈과 홑눈이 있다.
② 변태를 하는 종이 있다.
③ 4쌍의 다리를 가지고 있다.
④ 몸이 머리, 가슴, 배 3부분으로 되어 있다.

해설
③ 곤충은 3쌍의 다리가 있다.

34 완전변태를 하지 않는 것은?

① 버들잎벌레
② 솔수염하늘소
③ 복숭아명나방
④ 진달래방패벌레

해설
진달래방패벌레 : 노린재(매미목)목으로 불완전변태

35 어떤 곤충을 사육하였을 때 25℃에서 10일이 걸렸다. 이 곤충의 발육영점온도가 13℃이면 유효적산온도(DD, Degree-Days)는?

① 120
② 150
③ 180
④ 300

해설
유효적산온도 : 생물이 일정한 발육을 완료하기 위해 필요한 총온열량(總溫熱量)으로 1일 평균기온에서 발육영점온도를 뺀 값을 누적시킨 온도
- 유효적산온도는 종과 세대에 따라 다를 수 있으며 유효적산온도로 곤충의 발육 상태, 발육 속도 등을 예측하여 방제에 이용할 수 있음
- 유효적산온도 = (측정온도 − 발육영점온도) × 측정온도에서의 발육일수
- 1일 유효적산온도 = (1일 최고온도 + 1일 최저온도)/2 − 발육영점온도
- 발육영점온도 : 곤충이 발육되지 않는 생존최저온도로 종에 따라 다름
- 발육적산온도법칙 : 곤충이 일정한 발육을 하려면 일정량의 유효한 온도가 필요

36 소나무좀의 방제를 위하여 티아클로프리드 액상수화제를 살포하려 할 때 가장 효과적인 시기는?

① 월동 시기
② 산란 시기
③ 유충 부화 시기
④ 성충 우화 시기

해설
소나무좀
- 월동한 성충이 나무줄기나 가지의 껍질 밑에 구멍을 뚫고 들어가 형성층에 산란하면 부화한 유충이 식해하여 수목의 양분과 이동을 단절
- 연 1회 발생, 연 1마리가 3개 이상의 새순을 가해, 성충의 형태로 월동

37 1년에 2회 이상 발생하고 수피 사이나 지피물 밑 등에서 번데기로 월동하는 해충은?

① 솔나방
② 밤나무혹벌
③ 미국흰불나방
④ 천막벌레나방

해설
미국흰불나방 : 외래해충
- 대부분의 활엽수를 가해하는 잡식성 해충
- 도시주변의 가로수나 정원수에 피해가 심함
- 연 2회 발생, 번데기 형태로 월동
- 제1화기보다 제2화기의 피해가 더 심함(월동 양분 저장을 위해 더 많이 가해함)

38 곤충의 배에 있는 부속기관이 아닌 것은?

① 다 리
② 기 문
③ 항 문
④ 생식기

해설
기문 : 가운데 가슴과 뒷가슴에 1쌍씩 있는 것이 많음

39 4령충에 대한 설명으로 옳은 것은?

① 3회 탈피를 한 유충
② 4회 탈피를 한 유충
③ 부화한 지 3년째 되는 유충
④ 부화한 지 4년째 되는 유충

해설
영충 : 각 기간의 유충
- 1령충 : 1회 탈피할 때까지
- 2령충 : 1회 탈피한 것
- 3령충 : 2회 탈피한 것
- 4령충 : 3회 탈피한 것

35 ① 36 ② 37 ③ 38 ① 39 ①

40 간모를 통해 단위생식을 하는 것은?

① 배추순나방
② 점박이응애
③ 가루깍지벌레
④ 복숭아혹진딧물

해설
복숭아혹진딧물 : 1년에 10여 회 이상 발생하고, 월동 태는 알이다. 봄철에 부화하여 성장하면 간모가 된다. 간모는 무시충을 태생하고, 5월경 여름기주로 이동하여 수세대 생활을 하며, 늦가을이 되면 겨울기주로 이동한 후 겨울 눈 부근에 수정란을 산란한다.

제3과목 재배학원론

41 재배의 기원지가 중앙아시아에 해당하는 것은?

① 대 추
② 양배추
③ 양 파
④ 고 추

해설
① 대추 : 인도와 중국남부, 인도에서 최초 재배
② 양배추 : 지중해 연안
④ 고추 : 중앙아메리카 - 멕시코에서 재배 시작

42 ( )에 알맞은 내용은?

> 탄화수소, 오존, 이산화질소가 화합해서 생성되는 ( )은/는 광화학적인 반응에 의하여 식물에 피해를 끼치는데, 담배의 경우 10ppm으로 5시간 접촉되면 피해증상이 생기고 잎의 뒷면에 백색 반점이 엽맥 사이에 나타난다.

① 연 무
② PAN
③ 아황산가스
④ 불화수소가스

해설
대기오염의 피해증상
- 아황산가스 : 잎의 하얀반점 등 변색(가시적), 광합성, 호흡작용 저해(불가시적)
- 황산미스트 : 갈색반점
- PAN : 잎 뒷면 금속광택
- 광학스모그 : 낙엽현상

43 3년 휴작이 필요한 작물은?

① 수 수
② 고구마
③ 담 배
④ 토 란

해설
기지 : 연작을 할 때에 작물의 생육이 뚜렷하게 나빠진다.
- 1년 휴재를 요하는 작물 : 쪽파, 시금치, 콩, 파, 생강
- 2년 휴재를 요하는 작물 : 마, 감자, 잠두, 오이, 땅콩
- 3년 휴재를 요하는 작물 : 쑥갓, 토란, 참외, 강낭콩
- 5~7년 휴작을 요하는 작물 : 수박, 고추, 토마토, 우엉, 가지, 완두, 사탕무, 레드클로버
- 10년 이상 휴작을 요하는 작물 : 아마, 인삼
- 연작의 해가 적은 것 : 벼, 맥류, 조, 수수, 옥수수, 고구마, 대마(삼), 담배, 무, 당근, 양파, 호박, 연, 순무, 뽕나무, 아스파라거스, 토당귀, 미나리, 딸기, 양배추 등

정답 40 ④ 41 ③ 42 ② 43 ④

44 다음 중 C₃ 작물에 해당하는 것은?

① 밀 ② 수 수
③ 기 장 ④ 명아주

해설
C₃ 식물(벼, 보리, 밀 같은 대부분의 식량작물이 C₃ 식물)은 광에 의하여 직접 호흡이 촉진되는 광호흡이 많고 C₄ 식물은 변화가 작아 상대적으로 C₄ 식물이 생육이 왕성

45 완효성 비료에 해당하는 것은?

① 요 소 ② 황산암모늄
③ 염화칼륨 ④ 깻 묵

해설
깻묵 : 기름을 짜고 남은 들깨나 참깨 덩어리로, 미생물에 의해 분해가 된 질소 비분이 식물에 사용할 수 있는 완효성 비료가 됨(N 8%, P 3%, K 1%)

46 가지를 어미식물에서 분리시키지 않은 채로 흙을 묻거나, 그 밖에 적당한 조건을 주어 발근시킨 다음에 잘라서 독립적으로 번식시키는 방법을 무엇이라 하는가?

① 취 목 ② 분 주
③ 선취법 ④ 고취법

해설
취목에 대한 설명으로 휘묻이라고도 하며 고취법, 선취법, 당목취법, 파상취법, 성토법 등이 이에 해당된다.
- 고취법 : 가지를 땅에 묻을 수 없을 경우 높은 곳에서 발근시켜 분리하는 방법
- 선취법 : 가지 끝부분에 상처를 내고 흙속에 10cm 정도 묻어 발근

47 N : P : K 흡수비율에서 5 : 1 : 1.5에 해당하는 것은?

① 옥수수 ② 콩
③ 고구마 ④ 감 자

해설

작 물	N : P : K 흡수비율
벼	5 : 2 : 4
맥 류	5 : 2 : 3
옥수수	4 : 2 : 3
고구마	4 : 1.5 : 5
감 자	3 : 1 : 4
콩	5 : 1 : 1.5

48 다음 중 중성식물에 해당하는 것은?

① 시금치 ② 양 파
③ 감 자 ④ 고 추

해설
- 일장효과 : 일장이 식물의 화성 및 그 밖의 여러 면에 영향을 끼치는 현상을 말한다.
- 장일식물 : 시금치, 맥류(봄보리), 양파, 상추, 감자, 아주까리, 아마, 티머시, 양귀비
- 단일식물 : 벼의 만생종, 국화, 콩, 들깨, 샐비어, 코스모스, 담배, 도꼬마리, 목화, 벼, 나팔꽃
- 중성식물(Day-natural Plant)은 한계일장이 없어 일장의 영향을 받지 않고 화성이 유도되는 식물로서 고추, 토마토, 강낭콩, 당근, 셀러리, 가지(메밀, 목화, 해바라기) 등이 있다.

49 다음 중 복토깊이가 1.5~2.0cm에 해당하는 것은?

① 토란 ② 크로커스
③ 감자 ④ 기장

해설
작물별 복토깊이
- 종자가 작은 채소류는 0.5~1cm
- 화곡류는 1.5~2cm
- 맥류는 2~3cm
- 두류는 3~4.5cm
- 감자·토란은 5~6cm
- 수선화·튤립 등은 10cm 정도

50 "파종된 종자의 약 40%가 발아한 날"에 해당하는 것은?

① 발아시 ② 발아전
③ 발아기 ④ 발아세

해설
- 발아율 : 파종된 총종자개체수에 대한 발아종자개체수의 비율(%)
- 발아세 : 일정한 기간 내의 발아율
- 발아시 : 파종된 종자 중에서 최초로 1개체가 발아한 날
- 발아기 : 전체 종자수의 40%가 발아한 날
- 발아전 : 전체 종자수의 80%가 발아한 날
- 발아일수 : 파종기부터 발아기까지의 일수
- 발아기간 : 발아시부터 발아전까지의 기간
- 평균발아일수 : 발아한 모든 종자의 평균적인 발아일수

$$평균발아일수 = \frac{\sum t_i n_i}{총발아개체수}$$

여기서, t_i : 파종후일수
n_i : 당일발아개체수

51 다음 중 천연 에틸렌에 해당하는 것은?

① GA_2 ② IBA
③ C_2H_4 ④ MH-30

해설
C_2H_4 : 천연 에틸렌의 화학식으로, 에틸렌은 과일의 성숙 및 착색 촉진에 이용되는 호르몬이다.

52 다음 중 알줄기에 해당하는 것은?

① 글라디올러스 ② 생강
③ 박하 ④ 호프

해설
- 지상경 또는 지조 : 사탕수수, 포도나무, 사과나무, 귤나무, 모시풀
- 땅속줄기 : 생강, 연, 박하, 호프 등
- 덩이줄기 : 감자, 토란, 돼지감자 등
- 알줄기 : 글라디올러스 등
- 비늘줄기 : 백합, 마늘 등
- 흡지 : 박하, 모시풀 등

53 다음 중 단명종자에 해당하는 것은?

① 접시꽃 ② 베고니아
③ 스토크 ④ 데이지

해설
- 단명종자(1~2년) : 메밀, 고추, 양파, 상추, 베고니아
- 상명종자(2~3년) : 벼, 쌀보리, 완두, 목화, 토마토, 벼, 배추, 카네이션
- 장명종자(4~6년 또는 그 이상) : 콩, 녹두, 오이, 가지, 배추, 연

정답 49 ④ 50 ③ 51 ③ 52 ① 53 ②

54 포장을 수평으로 구획하고 관개하는 방법은?

① 수반법   ② 일류관개
③ 보더관개 ④ 고랑관개

해설
수평으로 구획하고 관개하는 방법은 수반법
- 보더관개 : 밭을 낮은 두둑으로 길게 구획을 만들고 거기에 일정한 기울기를 붙여 물을 급수로에서 끌어들여 물을 주는 방법
- 고랑관개법 : 고랑을 만들어 옆에서 스며들게 하여 물을 공급하는 방법

55 다음 중 장과류에 해당하는 것으로만 나열된 것은?

① 배, 사과
② 복숭아, 앵두
③ 딸기, 무화과
④ 감, 귤

해설
- 인과류 : 배, 사과, 비파
- 준인과류 : 감, 귤
- 핵과류 : 복숭아, 자두, 살구, 앵두
- 장과류 : 포도, 딸기, 무화과
- 곡과류 : 밤, 호두

56 박과 채소류 접목의 특징으로 틀린 것은?

① 흰가루병에 강하다.
② 흡비력이 강해진다.
③ 과습에 잘 견딘다.
④ 당도가 떨어진다.

해설
흰가루병에 약한 호박 대목에 접목한 경우 대목의 떡잎에 흰가루병이 발생하고 접목한 작물에 병이 옮겨가는 경우가 많음

57 작물의 주요 생육온도에서 최고온도가 28~30°C에 해당하는 것은?

① 옥수수   ② 사탕무
③ 오이   ④ 멜론

해설
작물의 주요 생육온도(°C)

작물	최저	최적	최고
밀	3~4.5	25	30~32
호밀	1~2	25	30
보리	3~4.5	20	28~30
귀리	4~5	25	30
옥수수	8~10	30~32	40~44
벼	10~12	30~32	36~38
담배	13~14	28	35
삼	1~2	35	45
사탕무	4~5	25	28~30
완두	1~2	30	35
멜론	12~15	35	40
오이	12	33~34	40

54 ① 55 ③ 56 ① 57 ②

58 ( )에 알맞은 내용은?

옥수수, 수수 등을 재배하면 잡초가 크게 경감되므로 ( )이라고 한다.

① 휴한작물　② 동반작물
③ 중경작물　④ 환금작물

해설
중경(中耕, Cultivation) : 파종 또는 이식 후 작물생육기간에 작물 사이의 토양을 호미나 중경기로 표토를 긁어 부드럽게 하는 토양관리 작업으로서 잡초의 방제, 토양의 이화학적 성질의 개선, 작물 자체에 대한 기계적인 영향 등을 통하여 작물 생육을 조장시킬 목적으로 실시

59 포장용수량의 수분범위로 알맞은 것은?

① pF 1.5~1.7　② pF 2.5~2.7
③ pF 3.5~3.7　④ pF 4.5~4.7

해설
- 잉여수분 : 포장용수량 이상의 토양수분, 너무 많으면 성장에 유해하다.
- 유효수분 : 영구위조점(pF 4.2)과 포장용수량(pF 2.5~2.7) 사이의 토양 수분, 식물생육에 이용
- 무효수분 : 영구위조점(pF 4.2) 이상의 수분, 작물이 이용하지 못함

60 다음 중 혐광성 종자에 해당하는 것은?

① 상 추　② 수세미
③ 차조기　④ 우 엉

해설
- 혐광성 종자 : 토마토, 가지, 백합과 식물, 호박
- 호광성 종자 : 담배, 상추, 우엉, 피튜니아, 차조기, 뽕나무 등

제4과목 농약학

61 피리다벤, 페나자퀸은 일반적으로 어떤 농약에 속하는가?

① 살균제　② 살충제
③ 살비제　④ 제초제

해설
피리다벤과 페나자퀸은 수박점박이응애에 적용되는 살충제

62 다음 중 해충의 저항성을 가장 잘 유발시킬 수 있는 경우는?

① 살포횟수를 적게 한다.
② 동일 약제를 계속 사용한다.
③ 다른 약제로 바꾸어 살포한다.
④ 작용기작이 다른 농약을 살포한다.

해설
동일 약제를 계속 사용할 경우 약제 저항성 해충의 밀도가 커져 방제 효과가 떨어지게 됨

정답 58 ③　59 ②　60 ②　61 ②　62 ②

63 분제 농약 조제 시 가장 충분하게 고려하여야 하는 농약의 물리성은?

① 현수성 ② 유화성
③ 가용성 ④ 비산성

해설
비산성 : 분제의 입자가 살분기의 풍력에 의해 목적 장소까지 날아가는 성질

64 농약의 제제에 있어서 계면활성제의 역할은 매우 크다. 계면활성제의 작용에 해당하지 않는 것은?

① 습윤작용 ② 분산작용
③ 침투작용 ④ 살균작용

해설
전착제
- 주성분을 병해충이나 식물체에 잘 전착시키기 위해 사용되는 약제
- 습윤성·확전성(습전성) : 골고루 퍼지고 널리 적시는 성질

65 유기인계 살충제의 작용상의 특징이 아닌 것은?

① 알칼리에 대하여 분해되기 쉽다.
② 동·식물 체내에서의 분해가 빠르다.
③ 살충력이 강하고 적용해충의 범위가 넓다.
④ 약해가 비교적 큰 편이며 잔효성도 길다.

해설
유기인계 살충제 : 대체로 독성이 강하지만 동물 체내에서 비교적 빨리 분해되어 무독화

66 보호살균제의 특성에 대한 설명 중 틀린 것은?

① 균사체에 대하여 강력한 살균작용을 나타낸다.
② 살포 후 작물체 표면에서의 부착성과 고착성이 우수하다.
③ 강력한 포자발아 억제작용을 나타낸다.
④ 약효가 일정기간 유지되는 지효성이 있다.

해설
보호살균제 : 식물체에 병원균이 침투하는 것을 막기 위해 살포하는 약제

67 피레트린(Pyrethrin) 살충제는 충체의 어느 부분에 작용하여 효과를 내는가?

① 원형질독 ② 피부독
③ 신경독   ④ 근육독

해설
작용기관에 따른 살충제
- 신경독 : 유기인제, BHC, 피레트린
- 원형질독 : 비소제, 유기수은제
- 피부독 : 기계유 유제
- 호흡독 : 청산가스
- 근육독 : 데리스제

68 제초제, 생장조정제, 살충제, 살균제 등으로 분류하는 농약의 기준은?

① 작용기작에 의한 분류
② 사용목적에 의한 분류
③ 주성분 조성에 의한 분류
④ 농약의 형태에 의한 분류

해설
사용목적에 의한 분류 : 살균제, 살충제, 제초제, 살비제, 살선충제, 살서제, 식물생장조절제, 보조제

69 석회유황합제의 주된 유효 성분은?

① CaS
② CaS_2O_3
③ $CaSO_4$
④ CaS_5

70 농약 제조 시 일반적으로 고체증량제로 사용되지 않는 것은?

① 규조토
② 탈 크
③ 벤토나이트
④ 젤라틴

해설
증량제의 종류
- 규조토 : 주성분은 규산(SiO_2), 갑충류에 87% 살충력, 수화제 조제에 쓰임
- 고령토 : 주성분은 규산 알루미늄, 수화제, 분제의 증량제로 쓰임
- 탈크(Talc, 활석) : 알칼리성이나 안전하므로 분제 제조용으로 널리 쓰임
- 벤토나이트(Bentonite) : 유화제의 제조용으로 많이 쓰임
- 납석(Pyrophyllite) : 분제 및 수화제

71 자체검사 및 신청검사 시 입제에 대한 최대모집단 수량은 얼마로 정해져 있는가?

① 1톤
② 10톤
③ 50톤
④ 100톤

해설
자체검사 및 신청검사(모집단 형성)
제조 또는 수입한 농약 등은 모집단(제품의 균일성을 인정할 수 있는 단위)별로 모집단을 형성하고 모집단 번호를 구분하여 표기한다. 다만, 제조농약의 모집단은 당해 회사의 1일 제조능력(8시간 기준)을 초과할 수 없으며, 다음의 제제형태별 최대수량을 초과할 수 없다.

제제형태별	최대모집단 수량
• 분제 또는 입제	50톤
• 분제 및 입제를 제외한 기타 제제형태	10톤

72 다음 급성독성 중 그 강도의 순서가 옳게 나열된 것은?

① 흡입독성 > 경피독성 > 경구독성
② 경구독성 > 흡입독성 > 경피독성
③ 흡입독성 > 경구독성 > 경피독성
④ 경피독성 > 경구독성 > 흡입독성

해설
급성독성 : 일시에 다량의 농약에 노출되었을 때 나타나는 독성으로 강도는 흡입(폐) > 경구(입) > 경피(피부) 순

정답 68 ② 69 ④ 70 ④ 71 ③ 72 ③

73 약해를 일으키는 요인 또는 원인이 아닌 것은?
① 보조제 및 용매에 의한 것
② 주제의 물리, 화학적 성질에 의한 것
③ 2종 이상의 약제를 섞어서 살포할 때
④ 농약을 사용농도 이하로 희석해서 살포할 때

해설
④ 사용농도 이하로 희석할 경우 방제효과가 떨어짐

74 살충제 파라티온(Parathion)의 성상 및 특성에 대한 설명으로 옳지 않은 것은?
① 비침투성 약제이다.
② 해충 방제효과는 좋으나 인축에는 독성이 강하여 제한을 받는다.
③ 대부분의 유기용매에 불용이며 알칼리에는 안정하다.
④ 접촉독, 가스독 및 소화중독의 세 가지 작용을 함께 가지고 있다.

해설
파라티온 : 물에는 천천히 녹으나 강알칼리에는 단시간에 분해

75 다음 중 전착효과를 나타내는 물질은?
① 펜크로림(Fenclorim)
② 벤토나이트(Bentonite)
③ 폴리옥시에틸렌(Polyoxyethylene)
④ 피페로닐부톡사이드(Piperonyl Butoxide)

해설
폴리옥시에틸렌 : 비이온 계면활성제

76 농약의 생물농축의 정도를 수치로 표현한 생물농축계수(BCF)를 바르게 설명한 것은?
① 수질환경 중 화합물 농도에 대한 생물체 내에 축적된 화합물의 농도비를 말한다.
② 농작물에 살포된 농약의 농도에 대한 생물체 내의 독성 정도를 나타내는 농도비를 말한다.
③ 농작물에 살포된 농약의 농도에 대한 인체에 흡입독성의 정도를 나타내는 농도비를 말한다.
④ 재배 중인 작물에 살포된 농약의 농도에 대한 잔류되는 농약의 농도비를 말한다.

해설
BCF(Bioconcentration Factor) : 생체 내의 오염 물질 농도/수질환경 중 오염 물질 농도

정답 73 ④ 74 ③ 75 ③ 76 ①

77 다음 농약 중 사과의 부란병에 주로 적용되는 것은?

① 옥솔린산 수화제(일품)
② 이프로벤포스 유제(키타진)
③ 사이프로코나졸 액제(아테미)
④ 아족시트로빈 수화제(아미스타)

해설
③ 사이프로코나졸 액제(아테미) : 사과 부란병
① 옥솔린산 수화제(일품) : 논벼 세균성 벼알마름병
② 이프로벤포스 유제(키타진) : 벼 도열병, 잎집무늬마름병
④ 아족시트로빈 수화제(아미스타) : 포도 탄저병, 배 붉은별무늬병 등

78 살포한 약제가 작물에서 씻겨 내려가지 않고 표면에 붙어 있는 성질을 가장 잘 나타낸 것은?

① 융해성   ② 고착성
③ 비산성   ④ 안전성

해설
부착성 · 고착성 : 살포한 약액이 식물체나 충체에 붙는 성질

79 다음 중 농약의 혼용에 있어서 불합리한 경우는?

① Omethoate + 석회유황합제
② Maneb + Dichlorvos
③ IBP + Fenitrothion
④ Edifenphos + Fenthion

해설
대부분의 농약은 알칼리에 의해 분해되어 효력이 없어지거나 또는 유독한 물질을 형성하게 되어 약해 발생 : 알칼리성 농약에 속하는 보르도액, 석회유황합제, 석회를 함유한 약제와 혼용을 피해야 함

80 제초제의 살균 기작으로 가장 거리가 먼 것은?

① 광합성 저해
② 호흡작용 억제
③ 신경기능의 저해
④ 호르몬 작용의 교란

해설
신경기능의 저해는 해충이 방제 기작

제5과목 잡초방제학

81 논에 다년생 잡초가 증가하는 요인으로 가장 거리가 먼 것은?

① 답리작 감소
② 시비량 감소
③ 물 관리 변동
④ 추경 및 춘경 감소

해설
시비량이 감소하면 작물 재배 및 재배 후 잡초가 이용할 수 있는 비료 성분이 감소해 잡초의 생육에 불리

82 일년생 잡초로만 올바르게 나열한 것은?

① 벗풀, 매자기
② 보풀, 개구리밥
③ 여뀌, 밭뚝외풀
④ 올방개, 나도겨풀

해설
주요 일년생, 다년생 잡초

1년생	화본과	강피, 물피, 돌피, 뚝새풀
	방동사니	알방동사니, 참방동사니, 바람하늘지기, 바늘골
	광엽초	물달개비, 물옥잠, 사마귀풀, 여뀌, 여뀌바늘, 마디꽃, 밭뚝외풀, 등애풀, 생이가래, 곡정초, 자귀풀, 중대가리풀
2년생	화본과	나도겨풀
	방동사니	너도방동사니, 매자기, 올방개, 쇠탈골, 올챙이고랭이, 파대가리
	광엽초	가래, 벗풀, 올미, 개구리밥, 네가래, 수염가래꽃, 미나리

83 일반적으로 작물과 잡초의 경합으로 작물에 가장 큰 피해를 주는 시기는?

① 모든 시기
② 작물의 생육 중기
③ 작물의 생육 초기
④ 작물의 생육 후기

해설
잡초경합 한계기간
- 잡초의 경합이 없는 생육 초기와 경합으로 인한 피해가 없는 성숙 말기 사이의 기간
- 전생육기간의 첫 1/3~1/2, 첫 1/4~1/3 기간에 해당되며 철저한 방제가 요구

84 잡초가 작물보다 경쟁에서 유리한 이유로 옳지 않은 것은?

① 번식 능력이 우수하다.
② 다량의 종자를 생산한다.
③ 휴면성이 결여되어 있다.
④ 불량한 환경조건에 적응력이 높다.

해설
잡초의 휴면성은 불량한 환경을 극복하는 방법임

85 잡초 종자에 돌기를 갖고 있어 사람이나 동물에 부착하여 운반되기 쉬운 것은?

① 여 뀌
② 민들레
③ 소리쟁이
④ 도꼬마리

해설
옷이나 털에 붙어서 전파 : 도꼬마리, 진득찰, 도깨비바늘

86 잡초 군락의 변이 및 천이를 유발하는 데 가장 크게 작용하는 요인은?

① 경 운
② 일모작 재배
③ 비료 사용 증가
④ 유사 성질의 제초제 연용

해설
제초제 연용(동일 약제의 지속 사용)에 의한 일년생 잡초 군락이 다년생 잡초 군락으로 천이

정답 82 ③ 83 ③ 84 ③ 85 ④ 86 ④

87 잡초의 밀도가 증가되면 작물의 수량이 감소되고, 어느 밀도 이상으로 잡초가 존재하면 작물의 수량이 현저히 감소되는 수준까지의 밀도를 무엇이라 하는가?

① 경제적 허용밀도
② 잡초허용 최대밀도
③ 잡초허용 한계밀도
④ 잡초피해 한계밀도

해설
잡초허용 한계밀도 : 잡초의 밀도가 증가하면 작물의 수량이 감소하고, 어느 밀도 이상으로 잡초가 존재하면 작물의 수량이 현저하게 감소하는 잡초의 밀도

88 농경지에서 잡초로 인하여 발생하는 피해가 아닌 것은?

① 토양 침식
② 병해충 매개
③ 작물 수량 감소
④ 작업 환경 악화

해설
잡초가 토양을 덮거나 뿌리가 토양을 잡아줘 토양침식을 막아줌

89 암발아 잡초 종자에 해당하는 것은?

① 바랭이
② 쇠비름
③ 광대나물
④ 소리쟁이

해설
암발아종자 : 별꽃, 냉이, 광대나물, 독말풀

90 벼 재배에 주로 사용하지 않는 제초제는?

① 이사–디 액제
② 옥사디아존 유제
③ 뷰타클로르 입제
④ 알라클로르 유제

해설
알라클로르 유제 : 콩, 옥수수, 감자 등의 1년생 밭잡초 방제에 사용

91 생물적 방제법에 대한 설명으로 옳지 않은 것은?

① 비교적 영속성이 있고 환경 친화적이다.
② 잡초의 완전한 제거를 위해 적용한다.
③ 미생물 또는 식해성 생물을 이용하여 잡초 밀도를 감소시키는 수단을 말한다.
④ 경제적으로 무시해도 될 정도의 잡초만 생존하도록 밀도를 감소 조절하는 데 있다.

해설
생물적 방제 : 기생성, 식해성 및 병원성을 지닌 생물을 이용하여 잡초의 집합밀도를 감소시키는 제초방법

정답 87 ③ 88 ① 89 ③ 90 ④ 91 ②

92 주로 논에 발생하는 잡초로만 올바르게 나열한 것은?

① 피, 바랭이
② 명아주, 뚝새풀
③ 개비름, 물옥잠
④ 올미, 여뀌바늘

해설
논잡초
- 일년생 잡초 : 피, 마디꽃, 물달개비
- 다년생 잡초 : 가래, 너도방동사니, 올미
- 부유생 잡초 : 생이가래, 개구리밥, 좀개구리밥
- 조류 : 이끼, 괴불, 갈조, 남조
- 화본과 잡초(Grasses) : 피, 나도겨풀
- 사초과 잡초(Sedges) : 너도방동사니, 올방개
- 광엽잡초(Broadleaf) : 가래, 물달개비

93 월년생 잡초로만 올바르게 나열한 것은?

① 피, 냉이, 뚝새풀
② 별꽃, 냉이, 벼룩나물
③ 냉이, 쇠비름, 벼룩나물
④ 쇠비름, 뚝새풀, 별꽃아재비

해설
월년생 : 1년 이상 생존하지만 2년 이상 생존하지 못함

94 제초제가 식물체에 흡수 이행을 저해하는 데 관여하는 요인으로 가장 거리가 먼 것은?

① 제초제의 농도
② 식물의 영양상태
③ 식물의 형태적 특성
④ 제초제의 처리 부위

해설
선택성 발현 요인 : 생육 정도차, 생육 공간차, 제초제 흡수력 등의 차

95 물리적 방제법으로 토양을 피복하는 주요 이유는?

① 잡초 생육에 필요한 물 차단
② 잡초 생육에 필요한 빛 차단
③ 잡초 생육에 필요한 공기 차단
④ 잡초 생육에 필요한 공간 축소

해설
토양을 피복하게 되면 잡초 생육에 필요한 빛이 차단됨

96 생태적 방제법으로 환경제어법에 대한 설명이 옳은 것은?

① 작물에 재식밀도를 높여서 초관형성을 촉진시킨다.
② 작물에는 유리하고 잡초에는 불리하도록 인위적으로 환경을 조성한다.
③ 묘상에서 자란 유묘를 본포에 이식하여 잡초보다 빠르게 초관을 형성하게 한다.
④ 잡초와의 경합력이 큰 작목 및 품종을 선택하여 재배한다.

해설
환경제어법 : 잡초의 경합력 약화를 위한 재배적 조치

97 우리나라 논에서 발생한 설포닐우레아 (Sulfonylurea)계 제초제의 저항성 잡초가 아닌 것은?

① 피
② 미국외풀
③ 물달개비
④ 알방동사니

해설
피는 2,4-D에 대한 저항성

98 잡초 방제법 중에서 예방적 방제법에 해당되지 않는 것은?

① 경운작업을 여러 차례 실시한다.
② 논물 유입로에는 거름망을 설치한다.
③ 가축 퇴비를 충분히 부숙시켜 사용한다.
④ 외래 잡초의 유입을 막는 제도를 마련한다.

해설
경 운
- 물리적 방제법 중 토양을 물리적으로 갈아 엎어 잡초종자를 땅에 묻는 효과
- 잡초종자의 발아력이 감소
  - 1년 동안에 잡초종자의 발아력
  - 무경운 : 20~30% 감소
  - 2회 경운 : 약 40% 감소, 7회 경운이 약 50% 감소

99 광합성 저해형 제초제에 대한 설명으로 옳지 않은 것은?

① 잡초의 탄수화물 축적과 이산화탄소 흡수를 방해한다.
② Paraquat은 과산화물 형성을 통해 살초작용을 나타낸다.
③ 대표적으로 요소(Urea)계와 트리아진(Triazine)계가 있다.
④ 주로 광합성의 명반응은 저해하지 않고 암반응을 저해한다.

해설
제초제 중 광합성 저해제는 명반응의 전자전달계 저해

100 주로 괴경으로 번식하는 잡초로만 올바르게 나열한 것은?

① 올방개, 향부자
② 올방개, 물달개비
③ 향부자, 사마귀풀
④ 물달개비, 알방동사니

해설
괴경 : 벗풀, 향부자, 매자기, 올방개, 올미, 너도방동사니

2018년 제2회 과년도 기출문제

식물보호기사

제1과목 식물병리학

01 식물병원체가 생산하는 기주특이적 독소는?

① Victorin
② Tentexin
③ Ophiobolins
④ Fumaric Acid

해설

기주특이적 독소 : 기주식물에만 독성을 일으키며 병원성이 있는 균주만이 분비
- 귀리 마름병균의 독소 Victorin
- 배나무 검은무늬병균의 AK 독소 중 Altenine
- 옥수수 깨씨무늬병균의 HMT 독소
- 옥수수 그을음무늬병균의 HC 독소
- 수수 Milo 병균의 PC 독소
- 사과나무 점무늬낙엽병균의 AM 독소
- 토마토 줄기마름병균의 AL 독소

02 코흐의 원칙에 대한 설명으로 옳지 않은 것은?

① 바이러스에 적용할 수 있다.
② 병환부에는 그 병을 일으키는 것으로 추정되는 병원체가 항상 존재하여야 한다.
③ 발병한 부위로부터 접종에 사용하였던 것과 같은 동일한 병원체가 재분리되어야 한다.
④ 순수 배양한 병원체를 건전한 기주에 접종하였을 때 동일한 병이 발생하여야 한다.

해설

병환부에는 병원균 외에 다른 미생물도 존재하므로 병환부에 검출된 미생물은 Koch(코흐)의 원칙에 따라 증명해야 함
- 병원체는 반드시 병환부에 존재
- 병원체는 순수배양하여 접종하면 같은 병을 일으킴
- 접종한 식물로부터 같은 병원체를 다시 분리할 수 있음
※ 바이러스, 흰가루병균, 녹병균은 코흐의 법칙에 만족할 수 없는 것도 있음

정답 1 ① 2 ① 3 ①

03 비생물학적 병원에 의해 발생하는 생리적 피해에 대한 설명으로 옳은 것은?

① 병징만 나타난다.
② 표징만 나타난다.
③ 병징과 표징이 모두 나타난다.
④ 환경적인 영향에 의해 표징이 나타날 수 있다.

해설
- 병징(Symptom) : 식물체가 어떤 원인에 의하여 그 식물체의 세포, 조직, 기관에 이상이 생겨 외부형태에 변화가 나타나는 반응
- 표징(Sign) : 병원체가 병든 식물의 표면에 나타나서 눈으로 가려낼 수 있는 것을 말하며 곰팡이, 균핵, 점질물, 이상 돌출물 등이 있다. 비전염성병이나 바이러스병, 바이로이드, 파이토플라스마병은 표징을 기대하기 어렵다.

04 균사나 분생포자의 세포가 비대해져서 생성되는 것은?

① 유주자
② 후벽포자
③ 휴면포자
④ 포자낭포자

해설
후벽포자 : 균사세포의 변형에 의해 형성되며 두꺼운 세포벽을 가져 물이 없어도 오랜 기간 휴면상태로 존재하다가 병을 일으킬 수 있다.

05 벼 도열병 방제방법으로 옳지 않은 것은?

① 가능하면 파종시기를 늦춘다.
② 논바닥이 마르지 않도록 한다.
③ 덧거름은 너무 늦지 않도록 준다.
④ 레이스 비특이적 저항성 품종을 재배한다.

해설
벼 파종 및 이앙시기가 늦춰지면 도열병 발병 증가, 이앙시기가 빨라지면 잎집무늬마름병 증가

06 배나무 붉은별무늬병에 대한 설명으로 옳은 것은?

① 배나무 검은별무늬병과 같다.
② 여름포자를 형성하지 않는다.
③ 매발톱나무를 중간기주로 한다.
④ 8월부터 10월까지 배나무에 기생한다.

해설
배나무 붉은별무늬병균(적성병)의 중간기주는 향나무이다.

07 다음 중 크기가 가장 작은 식물 병원체는?

① 진균
② 세균
③ 바이러스
④ 바이로이드

해설
바이로이드
- 한 가닥의 핵산 RNA로만 구성된 병원체
- 접목전염 및 접촉전염
- 일본에서 배의 유부과 현상에서 바이로이드 검출
- 감자 갈쭉병
※ 병원체의 크기순 배열 : 바이로이드 < 바이러스 < 세균 < 진균(곰팡이)

08 채소류의 잿빛곰팡이병 방제방법으로 옳지 않은 것은?

① 관수는 최소한으로 줄인다.
② 작물을 밀식하여 웃자람을 막는다.
③ 온도는 18~23℃가 되지 않도록 한다.
④ 하우스 내의 습도를 높게 유지하지 않는다.

해설
작물을 밀식하게 되면 광경합에 의해 웃자라고, 통풍이 되지 않아 병 발생이 많아짐

정답 4 ② 5 ① 6 ② 7 ④ 8 ②

09 병원체가 주로 각피를 통해 직접 침입하지 않는 것은?

① 벼 도열병균
② 장미 흰가루병균
③ 사과나무 탄저병균
④ 밤나무 줄기마름병균

해설
밤나무 줄기마름병(胴枯病)
- 병원 : *Cryphonectria parasitica*, 진균(자낭균류)
- 기주 : 밤나무, 참나무, 단풍나무
- 방제법
  - 물빠짐이 좋지 않은 포장이나 약한 나무에 피해가 심해 건묘를 키움
  - 상처부위로 병원균이 침입하므로 병든 부분을 도려내어 도포제를 발라줌
  - 적기에 시비하고 질소질 비료의 과용을 피함

10 감자 역병에 대한 설명으로 옳지 않은 것은?

① 공기전염성균과 토양전염성균이 있다.
② 자낭균에 의한 병으로 포자형태로 토양에서 월동한다.
③ 잎 언저리에 암록색의 수침상 부정형 병반을 형성한다.
④ 주로 기온이 20℃ 내외이며 습기가 많은 조건에서 발병한다.

해설
감자 역병 조균류에 의해 발병 : 바람, 관개수, 씨감자에 의해 전파되며 균사로 흙속의 병든 감자나 씨감자에서 월동 → 저온다습환경에서 다발생

11 수목 뿌리에 주로 발생하는 자주날개무늬병이 속하는 진균류는?

① 난 균
② 담자균
③ 병꼴균
④ 접합균

해설
과수의 자주날개무늬병균은 분류학적으로 진균(담자균류)에 속함

12 소나무 재선충병 방제 방법으로 가장 거리가 먼 것은?

① 토양관주
② 위생간벌
③ 피해목 제거
④ 중간기주 제거

해설
소나무 재선충병 방제법
- 솔수염하늘소 유충이 성충으로 탈출하기 전에 방제
- 피해 발생 인접지역 내의 고사목 등을 제거
- 매개충인 솔수염하늘소 방제

13 파이토플라스마에 대한 설명으로 옳지 않은 것은?

① 세포벽이 없다.
② 인공배지에서 생장하지 않는다.
③ 매개충에 의하여 전파되지 않는다.
④ 테트라사이클린에 대하여 감수성이다.

해설
바이러스와 파이토플라스마는 매개충에 의해 전파된다.

14 식물병 중 표징을 관찰할 수 없는 경우는?

① 사과나무 탄저병
② 사철나무 그을음병
③ 대추나무 빗자루병
④ 포도나무 잿빛곰팡이병

해설
대추나무 빗자루병은 파이토플라스마에 의한 병으로 표징을 기대하기 어렵다.

15 오이 모자이크병에 대한 설명으로 옳지 않은 것은?

① 진딧물에 의해 영속성 전염을 한다.
② 대부분 종자전염은 일어나지 않는다.
③ 오이 외에도 다양한 작물에 발병한다.
④ 감염된 잎에서 다수의 황색의 반점이 생긴다.

해설
- 비영속성 : 곤충의 체내에 들어가지 않고 구침에 머문 상태에서 전염
- 오이, 배추, 순무 모자이크병 등
- 매개충이 획득한 바이러스가 곤충의 체내에 들어가거나 체내에서 증식한 후 전염되는 바이러스 : 벼 오갈병, 감자 잎말림병

16 순활물기생체에 해당하는 것은?

① 감자 역병균
② 벼 깜부기병균
③ 보리 흰가루병균
④ 고구마 무름병균

해설
절대기생체(순활물기생체) : 살아있는 조직에만 생활 - 녹병, 흰가루병균, 노균병균, 무사마귀병균, 붉은별무늬병균, 녹병균 중 맥류 줄기녹병균, 목화 녹병균은 인공배양 가능

17 가축이 섭취할 경우 유독한 독성 물질에 의해 중독 증상이 나타날 수 있는 것은?

① 벼 깨씨무늬병
② 보리 줄무늬병
③ 보리 흰가루병
④ 보리 붉은곰팡이병

해설
맥류 붉은곰팡이병의 유독한 알칼로이드 독소에 의해 식중독 유발

18 어떤 작물 품종이 특정 병에 대한 저항성에서 감수성으로 바뀌는 주요 원인은?

① 재배 방법의 변경
② 기상 환경의 이변
③ 방제 작업의 중단
④ 병원균의 새로운 레이스(Race) 출현

해설
병원균의 레이스
- 병원균의 생리적 분화 : 형태적으로 같은 종이면서 특정한 식물 또는 품종에만 병을 일으키는 병원균의 기생성 및 기타 성질이 다른 현상, 분화형(Forma Specialis)
- 레이스(Race) : 기주의 범위가 다른 한 병원균의 분화형 또는 변종 중에서 기주의 품종에 대한 기생성이 다른 것
- 판별품종 : 레이스를 구별하는 기준품종에 감염형을 비교해 감수성 또는 저항성 판정
- 레이스는 고정적인 것이 아니고 산발적으로 계속 분화

19 병원균의 감염에 의하여 식물체 속에 형성되는 페놀(Phenol)류에 대한 설명으로 옳은 것은?

① 에너지원으로 사용된다.
② 침투성 농약을 분해한다.
③ 식물 생육과 관련이 있다.
④ 저항성 기작과 관련이 있다.

해설
페놀류 : 밀 줄기녹병균, 감자 더뎅이병균, 벼 도열병균 등에 저항성

20 오이류 덩굴쪼김병의 방제법으로 가장 효과가 낮은 것은?

① 종자를 소독한다.
② 저항성 품종을 재배한다.
③ 잎 표면에 약제를 집중적으로 살포한다.
④ 호박이나 박을 대목으로 접목하여 재배한다.

해설
오이 덩굴쪼김병은 토양 전염성 병이기에 잎에 약제를 살포하더라도 방제효과는 적음

제2과목 농림해충학

21 주둥이를 식물체에 찔러 넣어 즙액을 빨아먹는 곤충에 속하지 않는 것은?

① 진딧물　　　② 노린재
③ 집파리　　　④ 애멸구

해설
집파리는 입이 퇴화되어 피부를 통해 소화액으로 먹이를 녹여 흡수한다.

22 1년에 1회 발생하는 해충은?

① 조명나방　　　② 감자나방
③ 벼물바구미　　④ 미국흰불나방

해설
① 조명나방 연 2~3회
② 감자나방 연 6~8회
④ 미국흰불나방 연 2회

23 거미와 비교한 곤충의 일반적인 특징으로 옳지 않은 것은?

① 겹눈과 홑눈이 있다.
② 더듬이는 한 쌍이다.
③ 성충의 다리는 세 쌍이다.
④ 생식문이 배의 배면 앞부분에 있다.

해설
④ 곤충의 생식문은 배의 끝부분에 위치한다.

19 ④　20 ③　21 ③　22 ③　23 ④

24 미국흰불나방의 학명으로 옳은 것은?

① *Adrias tyrannus*
② *Hyphantria cunea*
③ *Monema flavescens*
④ *Pygaera anachoreta*

해설
미국흰불나방 : *Hyphantria cunea*

25 애멸구에 대한 설명으로 옳지 않은 것은?

① 잡초에서 성충으로 월동한다.
② 벼 줄무늬잎마름병을 매개한다.
③ 우리나라에서 월동이 가능하다.
④ 보독충의 알에도 바이러스 병원균이 있을 수 있다.

해설
애멸구는 4령 약충으로 월동

26 곤충의 체벽(외골격)을 구성하는 요소들을 바깥쪽부터 순서대로 바르게 나열한 것은?

① 외큐티클 - 진피 - 상큐티클 - 기저막
② 외큐티클 - 상큐티클 - 진피 - 기저막
③ 상큐티클 - 진피 - 외큐티클 - 기저막
④ 상큐티클 - 외큐티클 - 진피 - 기저막

해설
곤충 체벽
- 표피층(큐티클층) - 표피세포층 - 기저막으로 구성
- 체벽은 곤충의 내부 기관을 물리적으로 보호하고 몸의 모양을 지탱하고, 근육의 부착점이 되는 외골격 역할을 담당, 수분 증산을 억제

27 총채벌레목에 대한 설명으로 옳지 않은 것은?

① 단위생식도 한다.
② 입틀의 좌우가 같다.
③ 불완전변태군에 속한다.
④ 산란관이 잘 발달하여 식물의 조직 안에 알을 낳는다.

해설
총채벌레류
- 입은 좌우가 같지 않고 이빨이 한 개만 발달
- 식물의 표면을 긁어 스며 나오는 즙액을 빨아먹음
- 단위생식도 함

28 윤작으로 방제 효과가 가장 미비한 해충은?

① 이동성이 적은 해충류
② 생활사가 짧은 해충류
③ 식성의 범위가 좁은 해충류
④ 토양곤충에 해당되는 해충류

해설
윤작은 작물을 돌려 짓는 방식이기에 두 작물의 생육기간 이내에 생활사가 마무리되는 해충은 방제 효과가 떨어짐

29 가해하는 기주가 가장 다양한 해충은?

① 벼멸구
② 솔잎혹파리
③ 사과혹진딧물
④ 미국흰불나방

해설
미국흰불나방 : 외래해충
- 대부분의 활엽수를 가해하는 잡식성 해충
- 도시주변의 가로수나 정원수에 피해가 심함
- 연 2회 발생, 번데기 형태로 월동
- 제1화기보다 제2화기의 피해가 더 심함(월동 양분 저장을 위해 더 많이 가해함)

정답 24 ② 25 ① 26 ④ 27 ② 28 ② 29 ④

30 한여름 휴한기에 비닐하우스를 밀폐하고 토양온도를 높여서 땅속 해충을 방제하는 방법은?

① 행동적 방제법
② 생물적 방제법
③ 물리적 방제법
④ 화학적 방제법

해설
토양소독 방법 중 태양열 소독방법에 해당하며, 물리적 방제에 해당

31 곤충의 배설계에 대한 설명으로 옳지 않은 것은?

① 말피기관의 끝은 막혀 있다.
② 지상곤충은 주로 질소대사산물을 암모니아 형태로 배설한다.
③ 말피기관은 중장과 후장의 접속부분에서 후장에 연결되어 있다.
④ 말피기관 밑부와 직장은 물과 무기이온을 재흡수하여 조직 내의 삼투압을 조절한다.

해설
곤충의 질소배설물은 물에 녹지 않는 요산·구아닌으로 물과 함께 배설할 필요가 없어서 체내에 수분을 보존한다.

32 해충의 휴면이 나타나는 발육단계로 올바르게 짝지어진 것은?

① 복숭아명나방 – 알
② 미국흰불나방 – 유충
③ 이화명나방 – 번데기
④ 오리나무잎벌레 – 성충

해설
④ 오리나무잎벌레 : 성충으로 월동
① 복숭아명나방 : 노숙유충으로 월동
② 미국흰불나방 : 번데기 형태로 월동
③ 이화명나방 : 노숙유충으로 월동

33 콩의 어린 꼬투리에 유충이 먹어 들어가 여물지 않은 종실을 갉아 먹는 해충은?

① 콩나방
② 콩진딧물
③ 콩줄기굴파리
④ 콩잎말이명나방

해설
콩나방 : 콩의 어린 꼬투리에 유충이 먹어 들어가 여물지 않은 종실을 갉아먹음. 콩의 꼬투리를 가해하는 해충으로, 최근엔 노린재류의 피해도 늘고 있음

34 생물적 방제법에 이용되는 기생성 천적이 아닌 것은?

① 진디혹파리
② 굴파리좀벌
③ 온실가루이좀벌
④ 콜레마니진디벌

해설
기생성 : 다른 곤충에 기생생활을 하는 것
• 기생벌, 기생파리 : 다른 곤충에 기생생활
• 최근 천적방제에 이용
• 진디혹파리 : 목화진딧물, 복숭아진딧물의 천적 포식성 곤충류(파리매류)

35 소나무재선충을 매개하는 해충으로만 올바르게 나열된 것은?

① 알락하늘소, 털두꺼비하늘소
② 알락하늘소, 북방수염하늘소
③ 솔수염하늘소, 털두꺼비하늘소
④ 솔수염하늘소, 북방수염하늘소

해설
소나무재선충의 매개충 : 솔수염하늘소, 북방수염하늘소

36 걸어 다니는 기능 이외에 다른 목적으로 변형된 다리를 가진 곤충이 아닌 것은?

① 모 기   ② 꿀 벌
③ 사마귀 ④ 땅강아지

해설
꿀벌은 꽃가루를 묻힐 수 있도록 변형, 사마귀 앞다리는 사냥용으로 변형, 땅강아지는 흙을 파헤칠 수 있게 변형

37 복숭아혹진딧물에 대한 설명으로 옳지 않은 것은?

① 간모는 단위생식을 한다.
② 식물 바이러스를 매개한다.
③ 여름기주로는 복숭아나무, 벚나무 등이 있다.
④ 날개가 있는 유시충과 날개가 없는 무시충이 존재한다.

해설
복숭아혹진딧물은 여름철 오이, 담배, 고추 등에 피해를 줌

38 정주성 내부기생선충으로 2령 유충만이 식물을 침입할 수 있는 감염기의 선충이 되는 것은?

① 침선충   ② 잎선충
③ 뿌리혹선충 ④ 뿌리썩이선충

해설
뿌리혹선충
- 각종 채소류의 뿌리에 혹을 만들어서 수분과 양분의 흡수 능력을 저하시킨다.
- 사질토양에서 다발생, 알 또는 유충의 형태로 알주머니에서 월동한다.
- 1세대 경과 일수는 온도가 높을수록 단축된다.

39 어떤 곤충 유충의 발육률(y)과 온도(x)와의 관계식을 $y = ax + b$와 같이 표현했을 때 곤충의 발육영점온도를 추정하는 방법은?

① $-b \div a$ ② $a - b$
③ $-1 \div a$ ④ $-1 \div b$

해설
발육영점온도는 발육률이 0에 해당하는 경우이므로
$0 = ax + b$
$x = -b/a$ 가 됨

40 유충에서 성충까지 입틀의 형태가 변하지 않는 것은?

① 꿀 벌   ② 말매미
③ 학질모기 ④ 배추흰나비

해설
꿀벌, 배추흰나비, 학질모기 등의 유충은 저작형에서 성충의 입은 빨대형으로 변화
② 말매미 유충 : 흡즙피해

정답 35 ④ 36 ① 37 ③ 38 ③ 39 ① 40 ②

제3과목 재배학원론

41 영양기관의 분류에서 땅속줄기에 해당하는 것은?
① 나 리
② 감 자
③ 박 하
④ 토 란

해설
땅속줄기 : 생강, 연, 박하, 호프 등

42 작물의 생력기계화 재배의 전제 조건으로 볼 수 없는 것은?
① 잉여노동력의 수익화 방안을 강구한다.
② 동일한 품종을 동일한 재배방식으로 집단재배한다.
③ 여러 농가가 집단화하여 공동재배시스템을 조성한다.
④ 친환경재배단지를 조성하여 합리적 제초제 사용에 따른 기계화 재배를 수행한다.

해설
친환경재배단지의 경우 제초제를 사용하면 안 된다.

43 포장용수량의 pF는 약 얼마인가?
① 0
② 2.7
③ 3.9
④ 4.2

해설
토양의 수분항수
- 최대용수량(pF 0) : 강우, 관개에 의하여 포화된 상태
- 포장용수량(pF 2.5~2.7) : 최소용수량, 중력에 견뎌서 저장할 수 있는 최대량
- 초기위조점(pF 3.9) : 작물생육억제 초기단계, 토양유효수분율 15%
- 영구위조점(pF 4.2) : 고사, 토양유효수분율 0%

44 토양산성화의 원인으로 가장 거리가 먼 것은?
① 빗물에 의한 염기용탈
② 염화가리, 황산암모니아 등의 유입
③ 토양유기물의 분해
④ 인산, 마그네슘의 보급

해설
강산성 토양에서의 양분흡수 변화
- P, Ca, Mg, B, Mo 등 가급도가 감소한다.
- Al, Cu, Zn, Mn 등의 용해도가 증가한다.
- 토양이 산성화될 경우 흡수가 감소될 수 있는 P와 Mg를 증량 시비

45 볍씨의 휴면을 유기하는 발아억제 물질은 어디에 있는가?
① 영(穎)
② 배 유
③ 배
④ 유 엽

해설
벼 종자 휴면은 영(穎) - 왕겨에 있는 발아억제물질

46 고구마, 감자 등 수분함량이 높은 작물의 저장 시 큐어링을 실시하는 1차 목적은?
① 성분함량 증대
② 상처치유
③ 저장력 증대
④ 충해방지

해설
큐어링 : 치료한다는 뜻으로 고구마나 감자의 수확과 운반 등의 취급과정에서 생기는 상처를 아물게 하는 것으로, 큐어링을 하게 되면 상처부에 코르크 층이 형성돼 병의 발생이 줄어 저장성을 높일 수 있게 됨

41 ③   42 ④   43 ②   44 ④   45 ①   46 ②

47 동상해 응급대책으로 물이 얼 때 잠열(숨은열)이 발생되는 점을 이용하여 작물체 표면에 물을 뿌려 주는 방법은?

① 발연법   ② 연소법
③ 송풍법   ④ 살수빙결법

해설
살수빙결법 : 물이 얼 때 1g당 약 80cal의 잠열이 발생되는 점을 이용해 스프링클러 등의 시설로 작물체의 표면에 물을 뿌려 주는 방법으로, −7~−8℃정도의 동상해를 막을 수 있고, 저온이 지속되는 동안 지속적인 살수가 필요하다.

48 다음 중 내염성이 가장 강한 작물은?

① 가 지   ② 셀러리
③ 완 두   ④ 양배추

해설
내염성 강한 작물, 품종 재배 : 사탕무, 비트, 수수, 유채(평지), 목화, 양배추, 라이그래스 등

49 다음 중 내습성이 가장 강한 과수류는?

① 무화과   ② 복숭아
③ 밀 감   ④ 포 도

해설
• 작물 내습성 정도 : 미나리, 벼 > 옥수수 > 토란, 고구마 > 보리, 밀 > 고추 > 메밀 > 파, 양파
• 채소 내습성 정도 : 양배추, 토마토, 오이 > 시금치, 무 > 당근, 꽃양배추, 멜론
• 과수의 내습성 정도 : 올리브 > 포도 > 밀감 > 감, 배 > 밤, 복숭아, 무화과

50 다음 중 장일식물의 화성을 촉진하는 효과가 가장 큰 물질은?

① 2,4-D   ② MH
③ Kinetin   ④ Gibberellin

해설
지베렐린의 재배적 이용
• 휴면타파 : 발아 촉진
• 화성의 유도 및 촉진
• 경엽의 신장 촉진
• 단위결과의 유기
• 성분의 변화 및 수량 증대

51 산파(흩어뿌림)에 대한 설명으로 틀린 것은?

① 투광성이 좋아진다.
② 종자 소요량이 많아진다.
③ 도복하기 쉽다.
④ 제초 작업에 어려움이 있다.

해설
산파(흩어뿌림)
• 포장 전면에 종자를 흩어 뿌리는 방법
• 노력이 적게 들지만 종자 소요량이 많아지고 생육기간 중 통기 및 통광이 나빠짐
• 도복되기 쉬우며 제초, 병해충방제 등의 관리작업이 불편

52 벼에서 염해가 우려되는 최소 농도는?

① 0.1% NaCl   ② 0.4% NaCl
③ 0.7% NaCl   ④ 0.9% NaCl

해설
염분 농도 0.1%에서 염해가 발생하며 0.3% 이하에서 생육이 가능하다.

정답 47 ④ 48 ④ 49 ④ 50 ④ 51 ① 52 ①

53 대기의 이산화탄소 농도는?

① 약 0.0035% ② 약 0.035%
③ 약 0.35%   ④ 약 3.5%

해설
약 350ppm으로 ppm이 1/1,000,000이므로
350/1,000,000 × 100 = 0.035%

54 감자의 휴면과 밀접한 관계가 있는 생장호르몬은?

① ABA   ② Ethylene
③ Kinetin   ④ Gibberellin

해설
ABA(Abscisic Acid)
- 낙엽을 촉진하는 물질
- 잎의 노화, 낙엽을 촉진
- 휴면을 유도

55 작물의 배수성 육종 시 염색체를 배가시키는 데 가장 효과적으로 이용되는 것은?

① Colchicine ② Auxin
③ Kinetin   ④ Ethylene

해설
콜히친처리법 : 세포분열 과정에서 방추사와 세포막의 형성을 저해하여 염색체들이 양극으로 분리되지 않고 그대로 정지핵의 상태로 들어가게 되어 배수성인 핵을 형성

56 기공을 폐쇄시켜 증산을 억제시키는 것은?

① 옥 신   ② 지베렐린
③ 에틸렌   ④ ABA

해설
생장조절제 요약

옥 신	정아우세, 과실탈리 억제	발생과정 잎, 줄기끝	세포~세포, 위~아래
지베렐린	세포 신장 분열, 종자발아, 개화촉진	어린 줄기, 발생과정 종자	물관부, 체관부
시토키닌	어린잎, 세포분열 촉진, 노화 지연, 측아 생장 유도	뿌리 끝	물관부
에틸렌	과일성숙 촉진, 탈리촉진	스트레스, 성숙식물체	확 산
ABA	생장억제, 기공폐쇄, 휴면유도	스트레스, 성숙된 잎	물관부, 체관부

57 다음 중 무배유종자는?

① 보 리   ② 상 추
③ 밀   ④ 피마자

해설
무배유종자 : 콩, 팥 등의 두과종자
② 배추·상추 종자는 배유가 적음

정답 53 ② 54 ① 55 ① 56 ④ 57 ②

58 종자의 수명이 5년 이상인 장명종자로만 나열된 것은?

① 가지, 수박
② 메밀, 고추
③ 해바라기, 옥수수
④ 상추, 목화

해설
장명종자 : 콩, 비트, 토마토, 가지, 수박, 클로버, 사탕무, 나팔꽃

59 옥신 중에서 식물체에서 합성되지 않은 것은?

① IAA
② IAN
③ NAA
④ PAA

해설
합성옥신류
• NAA(Naphthalene Acetic Acid)
• IBA(Indole-Butyric Acid)
• PCPA(PCA, P-Chlorophenoxy Acetic Acid)
• 2,4,5-T : (2,4,5-Trichlorophenoxy Acetic Acid)
• 2,4,5-Tp
• 2,4-D
• BNOA

60 다음 중 작물의 복토깊이가 가장 깊은 것은?

① 양 파
② 배 추
③ 옥수수
④ 시금치

해설
파, 양파, 당근, 상추, 유채, 배추, 시금치와 같이 종자가 작은 작물은 종자가 보이지 않을 정도로만 복토한다.

제4과목 농약학

61 농약의 약효를 최대로 발현시키기 위한 방법으로 가장 거리가 먼 것은?

① 방제적기에 농약 살포
② 적정농도의 정량 살포
③ 병해충 및 잡초에 알맞은 농약의 선택
④ 효과가 좋은 농약 한 가지만을 계속 사용

해설
같은 농약을 계속 사용하게 되면 저항성이 생겨 방제효과가 떨어지게 됨

62 Manganese Ethylenebis(Dithiocarbamate)이 주성분인 아연 배위화합물로서 광범한 작물의 탄저병을 포함한 광범위한 병해에 적용되는 보호살균제 농약은?

① 이프로(Iprodione)
② 만코제브(Mancozeb)
③ 빈졸(Vincolzolin)
④ 페나진(Phenazine)

해설
만코제브는 망가니즈 에틸렌비스(다이티오카바메이트) 폴리머의 아연과의 착화합물이며 보호살균제 농약이다.
※ 보호살균제 : 예방적 목적으로 사용하는 약제로 병 발생 전 사용

정답 58 ① 59 ③ 60 ③ 61 ④ 62 ②

63 다음 중 신경독 살충제는?

① 클로로피크린
② 기계유 유제
③ 유기수은제
④ 제충국제

해설
제충국의 유효성분은 피레트린이다.
작용기관에 따른 살충제 분류
- 신경독 : 유기인제, BHC, 피레트린
- 원형질독 : 비소제, 유기수은제
- 피부독 : 기계유 유제
- 호흡독 : 청산가스
- 근육독 : 데리스제

64 살충제 카보(Carbofuran)에 대한 설명으로 틀린 것은?

① 약효지속 기간이 매우 길다.
② 속효성이면서 지효성이다.
③ 식도제로 입을 통해 충체 내로 들어가 독작용을 하는 살충제이다.
④ Carbamate계 살충제로 비교적 안정한 화합물이다.

해설
카보(Carbofuran) : 토양해충, 뿌리혹선충 등의 방제 약제로 사용되며 접촉독제나 침투성 약제로 사용

65 약제의 처리법 중 수면시용법이 갖추어야 할 특성으로 틀린 것은?

① 물에 잘 풀리고 널리 확산되어야 한다.
② 물이나 미생물 또는 토양성분 등에 의하여 분해되지 않아야 한다.
③ 수중에서 장시간에 걸쳐 녹아 약액의 농도를 유지하여야 한다.
④ 가급적 약제의 일부는 수중에서 현수되도록 친수 및 발수성을 갖추어야 한다.

해설
수면시용제의 경우 수중생태계의 약해를 줄이기 위해 장시간에 걸쳐 녹아 약액의 농도를 유지해선 안 됨

66 약해가 일어나는 조건으로 가장 거리가 먼 것은?

① 장마철 보르도액의 살포
② 살포약제의 고농도 살포
③ 낙엽 후 기계유 유제의 살포
④ 고온, 고광도 시 석회황합제 사용

해설
기계유 유제의 경우 약해에 의한 낙엽현상을 방지하기 위해 잎이 없는 시기에 사용

67 수화제의 분말입자가 수중에서 분산 부유하는 성질을 의미하는 것은?

① 유화성 ② 고착성
③ 현수성 ④ 부착성

해설
현수성 : 수화제의 특성 중 약액 내에 골고루 퍼져 있게 하는 성질

68 농약은 사용 형태에 따라 여러 가지 형태의 제제가 있다. 일반적으로 살포액으로 사용될 수 없는 것은?

① 유제
② 수화제
③ 수용제
④ 입제

해설
입제
- 유효성분을 고체증량제와 혼합분쇄 후 보조제로써 고합제, 안정제, 계면활성제를 가하여 입상으로 성형한 것
- 입상의 담체에 유효성분을 피복시킨 것으로 토양시용, 수면시용의 경우가 많음
- 농약에 있어서 입제는 근래 새로운 형태의 제제로서 등장하게 된 것으로 대체로 8~60매시(0.5~2.5mm) 범위의 지름을 가진 작은 입자

69 다음 농약 중 살비제가 아닌 것은?

① 디코폴(Dicofol)
② 아미트라즈(Amitraz)
③ 싸이스린(Cyfluthrin)
④ 클로펜테진(Clofentezine)

해설
싸이스린(Cyfluthrin)
- 외래어표기법에 의한 품목명은 사이플루트린 수화제
- 합성피레스로이드계 약제로 나방류 방제 약제로 사용

70 다음 농용 항생제가 아닌 것은?

① 클로로피크린(Chloropicrin)
② 블라스티시딘 에스(Blasticidin-S)
③ 카수가마이신(Kasugamycin)
④ 스트렙토마이신(Streptomycin)

해설
클로로피크린(Chloropicrin)은 토양훈증제로 사용한다.

71 농용 항생제가 갖추어야 할 조건으로 가장 거리가 먼 것은?

① 분해가 빨라야 한다.
② 식물에 대하여 약해가 없어야 한다.
③ 식물병원균에 대해 항균력이 있어야 한다.
④ 인축에 대한 독성이 가급적 없어야 한다.

해설
농업용 항생제
- 미생물이 생성하는 화학 물질로서 다른 미생물의 발육 또는 대사 작용을 억제시키는 생리작용을 지닌 물질을 만듦
- 분류
  - 항세균성 : 스트렙토마이신, 클로람페니콜
  - 항곰팡이성 : 식물 병해의 주요인, 사이클로헥사마이드, 셀로사이딘
  - 항 바이러스성
    ⓐ 폴리옥신 B : 사과나무 점무늬낙엽병, 배나무 검은무늬병에 효과
    ⓑ 폴리옥신 D : 벼 잎집얼룩병, 사과 부란병에 효과
- 구비조건
  - 식물 병원균에 대하여 살균력을 갖추어야 함
  - 일광이나 공기에 의해서 분해되어서는 안 됨
  - 식물에 대해서 약해 없고 압축에는 가급적 독성이 없어야 함
  - 가격이 싸야 함

72 보르도액 사용 시 살균력을 나타내는 성분은?

① Cu ② Ca
③ Co ④ C

해설
구리제 : 구리 이온이 강한 살균력이 있어서 19세기 초에 황산구리를 살균제로 사용함
- 종류
  - 무기동제 : 보르도혼합액, 동수화제
  - 유기동제 : 옥시코퍼, 코퍼하이드록사이드
- 특징
  - 광범위한 병해에 유효
  - 작물에 따라 약해 발생 우려
  - 어류에 독성이 있어 주의
  - 알칼리성이므로 유기인제와 혼용 불가
  - 구리 화합물을 작물체 위에 미립자로 고착, CO_2나 유기산 등에 의해 구리이온을 방출해 살균 효과를 냄

73 유기인제 계통의 약제를 알칼리성 농약과 혼용을 피해야 하는 주된 이유는?

① 약해가 심해지기 때문이다.
② 물리성이 나빠지기 때문이다.
③ 가수분해가 일어나기 때문이다.
④ 중합반응을 하여 다른 물질로 되기 때문이다.

해설
약제의 혼용
- 혼용에 의한 화학변화 : 알칼리에 의한 분해, 보르도액, 석회유황합제, 유기인제, 카바메이트제, 유기비소제 등
- 금속염의 치환에 의한 분해 : 동제와 디티오카바메이트제의 혼용은 난용성 물질생성
  - 알칼리 농약 + 유기황계는 유황계 금속 부분과 석회와 치환
  - 약해, 약효 저하, 근접 살포 시 위험

74 액체상태인 농약 용기의 마개가 황색을 띤 약제는?

① 제초제 ② 살충제
③ 살균제 ④ 생장조정제

해설
약제의 용도에 따라 바탕색 구분
- 살균제 : 분홍색
- 살충제 : 녹색
- 제초제 : 황색
- 생장조절제 : 청색
- 맹독성 농약 : 적색
- 기타 약제 : 백색
- 혼합제 및 동시방제제 : 해당 약제색깔 병용

75 사용목적에 따른 살충제 농약의 분류에 해당하지 않는 것은?

① 식독제 ② 미립제
③ 유인제 ④ 기피제

해설
미립제는 제형에 의한 분류이다.

76 농약의 이화학적 검사에서 적부를 판정하는 검사항목이 아닌 것은?

① pH ② 유효성분
③ 분말도 ④ 입도

해설
농약의 이화학적 검사항목 : 유효성분, 분말도, 입도, 가비중, 수분, 확산성 등을 검사

정답 72 ① 73 ③ 74 ① 75 ② 76 ①

77 45% 유제를 600배로 희석하여 10a당 120L를 살포하여 해충을 방제하려고 할 때 유제의 소요량은?

① 100mL   ② 200mL
③ 300mL   ④ 400mL

해설
소요량 = 120L × 1,000mL/600 = 200mL

78 계면활성제를 구성하는 원자단 중 친유성(親油性)이 가장 강한 것은?

① $ROCH_3$ ② $-C_nH_{2n+1}$
③ $-OH$ ④ $-SO_3H(Na)$

해설
계면활성제 분류

강친유성	친유성
— C_nH_{2n+1} — C_nH_{2n-1} (페닐, 나프틸 구조)	— CH_2OR —⟨⟩— O — R — COOR
친수성	강친수성
— OH — COOH — CN — NHCNH$_2$ (O)	— $SO_3^- H^+(Na^+)$ — $OSO_3^- H^+(Na^+)$ — $COO^- Na^+$ — N$^+$— X$^-$

79 토양잔류성 농약이라 함은 토양 중 농약의 반감기간이 며칠 이상인 농약으로서 사용결과 농약을 사용하는 토양에 그 성분이 남아 후작물에 잔류되는 농약을 말하는가?

① 30일   ② 60일
③ 90일   ④ 180일

해설
토양잔류성 농약
• 토양 중 농약의 반감기간이 180일 이상인 농약
• 병해충방제를 위해 사용한 결과 농약을 사용하는 토양에 그 성분이 잔류되어 후작물에 잔류되는 농약
• 반감기 : 토양에 처리한 농약 중 절반이 분해되는데 걸리는 시간
• 수질오염성 농약 : 수도용 농약으로 어독성에 관여함

80 농약관리법에 의한 맹독성의 판정기준은?

① 급성 경구독성이 고체는 5mg/kg, 액체는 20mg/kg 미만
② 급성 경구독성이 고체는 5mg/kg, 액체는 40mg/kg 미만
③ 급성 경구독성이 고체는 10mg/kg, 액체는 50mg/kg 미만
④ 급성 경구독성이 고체는 10mg/kg, 액체는 100mg/kg 미만

해설
급성독성 정도에 따른 농약의 구분(농약관리법 시행규칙 [별표 3의5])

구 분	시험동물의 반수를 죽일 수 있는 양(mg/kg 체중)			
	급성 경구		급성 경피	
	고 체	액 체	고 체	액 체
I급 (맹독성)	5 미만	20 미만	10 미만	40 미만
II급 (고독성)	5 이상 50 미만	20 이상 200 미만	10 이상 100 미만	40 이상 400 미만
III급 (보통독성)	50 이상 500 미만	200 이상 2,000 미만	100 이상 1,000 미만	400 이상 4,000 미만
IV급 (저독성)	500 이상	2,000 이상	1,000 이상	4,000 이상

정답 77 ② 78 ② 79 ④ 80 ①

제5과목 잡초방제학

81 제초제의 약해가 발생하는 주요 요인이 아닌 것은?
① 감수성 고정
② 농약 상호작용
③ 환경 중의 확산
④ 토양 중 제초제 잔류

해설
제초제 약해 원인 : 살충, 살균제의 상호작용, 기상조건, 토양조건, 재배양식, 환경 중의 확산, 물 관리 조건, 이앙심도 등

82 논에 다년생 잡초가 증가하는 주요 요인으로 옳지 않은 것은?
① 추경 감소
② 벼의 연작 재배
③ 동일 제초제 연용
④ 벼의 조기이식 재배

해설
다년생 잡초의 증가 요인
- 재배형태의 변화 : 답리작 감소, 조기재배 및 수확기 빠름, 직파재배
- 경운방법의 변화 : 로터리경 증가, 추·동경의 감소, 대형 농기계 이동
- 물 관리 : 수심 차이, 관개시기 이동
- 제초방법 : 손제초 감소, 일발처리제초제 사용 증가

83 잡초가 발아하여 지표면 위로 출현하는 과정에 관여하는 요인으로 가장 관련이 적은 것은?
① 토양심도
② 토양수분
③ 토양온도
④ 토양강도

해설
종자가 발아하기 위해선 종자의 수분, 산소, 온도, 광이 필요하며 발아한 종자가 출현하는 데에는 종자의 깊이(토양심도), 토양 중 수분의 양, 토양의 온도와 관계가 깊음

84 잡초의 종자가 휴면하는 원인으로 옳지 않은 것은?
① 미숙한 배
② 두꺼운 종피
③ 발아억제 물질 존재
④ 산불에 의한 급격한 온도 변화

해설
산불과 같은 급격한 온도 변화는 종자의 단백질 변형으로 파괴됨

85 형태적 특성에 따른 잡초 분류로 옳지 않은 것은?
① 소엽류 잡초
② 광엽류 잡초
③ 화본과류 잡초
④ 방동사니과류 잡초

해설
형태적 특성에 따른 분류
- 화본과 잡초 : 피, 바랭이, 뚝새풀, 강아지풀 등
- 방동사니과 잡초 : 너도방동사니, 참방동사니, 향부자, 올방개, 매자기, 올챙이고랭이 등
- 광엽잡초 : 물달개비, 비름, 가래 등

정답 81 ① 82 ② 83 ④ 84 ④ 85 ①

86 이사-디 액제에 대한 설명으로 옳지 않은 것은?

① 페녹시계 제초제이다.
② 광엽잡초에 특히 활성이 높다.
③ 주로 논 제초제로 사용되고 있다.
④ 이행성이 비교적 낮고 생장점 등에 집적하는 성질이 있다.

해설
이사-디(2,4-D)
- 일년생 잡초 제초제(방동사니, 물달개비, 밭뚝외풀, 마디꽃, 사마귀풀)에 효과가 큼
- 흡수 이행형 제초제이며 식물체 내 옥신의 균형을 잃게 해 잡초를 죽임

87 작물과 잡초의 양분경합에서 가장 크게 관여하는 비료성분은?

① 황
② 칼슘
③ 질소
④ 마그네슘

해설
질소(N) 성분은 작물과 잡초에게 필요한 필수 영양성분

88 작물과 잡초가 경합할 때 작물에 피해가 가장 큰 경우는?

① C_3 작물과 C_4 잡초
② C_3 작물과 C_3 잡초
③ C_4 작물과 C_3 잡초
④ C_4 작물과 C_4 잡초

해설
C_4 잡초의 광합성 효율이 C_3 작물의 광합성 효율보다 높아 작물 생장에 불리

89 잡초 발생이 가장 많은 벼 재배 방식은?

① 담수직파
② 건답직파
③ 성묘 손이앙
④ 중묘 기계이앙

해설
담수직파 시 수생잡초의 발생이 많고, 건답직파의 경우 초기 생육단계에서 수생잡초 외의 보다 다양한 종류의 잡초발생이 가능함

90 주로 종자로 번식하는 잡초는?

① 올미, 벗풀
② 가래, 쇠털골
③ 강피, 물달개비
④ 올방개, 너도방동사니

해설
종자번식잡초(S) : 피, 뚝새풀, 바랭이, 마디꽃, 물달개비

91 밭에서 주로 발생하는 잡초로만 올바르게 나열된 것은?

① 여뀌, 매자기
② 쇠비름, 바랭이
③ 올방개, 물달개비
④ 드렁새, 사마귀풀

해설
밭잡초 : 바랭이, 명아주, 쇠비름

정답 86 ④ 87 ③ 88 ① 89 ② 90 ③ 91 ②

92 가을에 발생하여 월동 후에 결실하는 잡초로만 올바르게 나열된 것은?

① 쑥, 비름, 명아주
② 깨풀, 민들레, 강아지풀
③ 별꽃, 뚝새풀, 벼룩나물
④ 별꽃, 바랭이, 애기메꽃

해설
겨울잡초 : 가을에 발생하여 노지에서 월동하고 봄에 피해가 많고 늦봄과 초여름에 결실하는 것
예) 뚝새풀, 속속이풀, 냉이, 벼룩나물, 벼룩이자리, 점나도나물, 개양개비 등

93 생물적 잡초방제를 위해 곤충을 사용할 때 곤충에 대한 유의사항으로 옳지 않은 것은?

① 환경에 잘 적응해야 한다.
② 인공적으로 배양 또는 증식이 어려우며 생식력이 약해야 한다.
③ 문제 잡초를 선별적으로 찾아다닐 수 있는 이동성이 있어야 한다.
④ 대상 잡초에만 피해를 주고 잡초가 없어지면 천적 자체도 소멸되어야 한다.

해설
생물적 방제법
• 오리, 우렁이를 이용한 논잡초 방제 등 기생성, 식해성, 병원성 이용 잡초를 방제
• 인공적으로 배양과 증식이 쉬워야 가격을 낮출 수 있고 생식력도 좋아야 방제 효과가 큼

94 잡초에 대한 설명으로 옳은 것은?

① 생활주변 식물 중 순화된 식물이다.
② 인간의 의도에 역행하는 식물이다.
③ 농경지나 생활주변에서 제자리를 지키는 식물이다.
④ 초본식물만을 대상으로 한 바람직하지 않은 식물이다.

해설
잡초의 정의
• 재배포장에서 자연적으로 발생해 직간접적으로 작물의 수량이나 품질을 저하시키는 식물
• 인간이 원하지 않거나 바라지 않는 식물
• 자연 야생상태에서도 잘 무성하며 번식력이 강해 큰 집단을 형성
• 근절하기 힘들고 작물·동물·인간에게 피해를 주며 이용가치가 적고 미관 손상

95 잡초에 대한 작물의 경합력을 높이는 방법은?

① 이식재배를 한다.
② 직파재배를 한다.
③ 만생종을 재배한다.
④ 재식밀도를 낮춘다.

해설
초기 경합력이 떨어지는 시기 극복을 위해 이식재배로 경합력 증대

96 벼와 피의 주된 형태적 차이점은?

① 피에만 엽이가 있다.
② 벼에만 잎몸이 없다.
③ 벼에만 잎혀가 있다.
④ 벼와 피에는 잎집이 없다.

해설
피는 엽설(잎혀)와 엽이(잎귀)가 모두 없음

97 지속적인 예취의 결과로 옳지 않은 것은?

① 잡초 결실을 미연에 방지한다.
② 키가 큰 차광 피해를 제거한다.
③ 다년생 잡초의 저장양분을 고갈시킨다.
④ 포복형 및 로제트형 잡초종이 감소된다.

해설
지속적으로 예취를 하게 되면 위로 자라는 직립형 잡초는 감소하고 바닥에 붙어 자라는 포복형과 로제트형 잡초종이 증가한다.

98 제초제의 선택성을 발휘하는 주요 요인이 아닌 것은?

① 잡초 잎의 수
② 잡초의 생장점 위치
③ 잡초 뿌리의 분포 깊이와 형태
④ 잡초 종자의 발아 및 출아 심도

해설
제초제의 선택성
- 생태적 선택성 : 생육 시기가 서로 다르기 때문에 나타나는 제초제에 대한 감수성의 차이
- 형태적 선택성 : 생장점의 노출 여부에 따라 나타나는 선택성 차이
- 생리적 선택성 : 제초제 성분이 식물의 체내에 흡수·이행되는 정도의 차이
- 생화학적 선택성 : 식물의 종류에 따라 다른 감수성을 나타내는 현상

99 올방개 방제에 가장 효과적인 제초제는?

① 뷰타클로르 유제
② 펜디메탈린 유제
③ 페녹슐람 액상수화제
④ 피라조설퓨론에틸 수화제

해설
페녹슐람 : 트리아졸로피리미딘설폰아미드계 – 논에서 일년생 잡초와 다년생 잡초 방제에 사용
① 뷰타클로르 유제 : 일년생 잡초 방제
② 펜디메탈린 유제 : 일년생 잡초 방제
④ 피라조설퓨론에틸 수화제 : 일년생 잡초 방제

100 제초제의 대사에 대한 설명으로 옳지 않은 것은?

① 생물적 변형이라고도 한다.
② 유기 제초제가 완전히 산화하여 탄산가스로 변화되는 경우는 매우 드물다.
③ 식물체 내에 흡수, 이행된 제초제가 본래의 화학구조에서 다른 것으로 변형되는 것이다.
④ 제초제가 잡초의 세포 내에서 화학적으로 결합하여 가수분해된 뒤 2차 결합하여 잡초를 죽인다.

해설
- 제초제 분해반응의 종류 : 제초제의 살초 작용을 약화시키거나 잔류기간을 단축
- 제초제의 식물체 내에서의 작용
  - 발아억제, 광합성 및 호흡작용 저해
  - 핵산대사, 단백질 합성, 아미노산 생합성, 지질 생합성 등 저해
  - 효소작용 저해
  - 식물의 성장 및 발육 저해(세포분열, 세포성장, 색소합성 등의 저해)

정답 97 ④ 98 ① 99 ③ 100 ④

2018년 제4회 과년도 기출문제

식물보호기사

제1과목 식물병리학

01 식물병을 진단하는 데 있어 해부학적 방법은?

① 유출검사법
② 괴경지표법
③ 파지검출법
④ 즙액접종법

해설
해부학적 진단
- 병든 부분을 해부하여 조직 속의 이상현상이나 병원체의 존재를 밝히는 방법
  - 참깨세균성 시들음병 : 유관 속 갈변
  - Fusarium에 의한 참깨시들음병 : 유관 속 폐쇄
- 그람염색법 : 대부분의 식물병원균은 그람음성으로 그람염색법을 이용해 감자 둘레썩음병 등 그람양성 병원균 진단
- 침지법(DN) : 바이러스 감염 여부를 1차적으로 검정하는 데 유효, 바이러스에 감염된 잎을 염색해 관찰하는 방법
- 초박절편법(TEM) : 바이러스 이명조직을 아주 얇게 잘라 전자현미경으로 관찰
- 면역전자현미경법 : 혈청반응을 전자현미경으로 관찰, 반응 민감도가 높고 병원체의 형태와 혈청반응을 동시에 관찰

02 식물에 뿌리혹을 유발하는 대표적인 토양서식 병원균은?

① *Alternaria mali*
② *Pyricularia oryzae*
③ *Cercospora brassicicola*
④ *Agrobacterium tumefaciens*

해설
뿌리혹병(근두암종병, 根頭癌腫病)
- 병원 : *Agrobacterium tumefaciens*, 세균
- 기주 : 밤나무, 감나무, 포도나무, 사과나무, 포플러류 등
- 방제법
  - 병이 발생되지 않은 묘포에 식재
  - 병든 식물이 발견되었을 때는 즉시 소각
  - 비기주식물인 화본과 작물과 3년 이상 윤작
  - 밤나무·감나무·벚나무·사과나무 등의 지표식물을 식재한 후 병원세균이 없는 곳에 식재
  - 비병원성 세균인 *Agrobacterium-adiobacter*의 균주 K84를 이용하여 방제

03 복숭아나무 잎오갈병에 대한 설명으로 옳은 것은?

① 병원균은 담자균에 속한다.
② 균사가 뿌리의 상처에 침입한다.
③ 주로 여름철 고온 환경에서 발병한다.
④ 디티아논 수화제를 살포하여 방제한다.

해설
복숭아나무 잎오갈병은 자낭균류에 속하며 분생포자의 형태로 나무줄기나 눈 위에서 월동하고 잎이 나오기 직전에 방제

1 ① 2 ④ 3 ④

04 감자 역병이 많이 발생할 수 있는 재배법 및 환경조건으로만 올바르게 나열한 것은?

① 이어짓기, 과습
② 이어짓기, 가뭄
③ 돌려짓기, 과습
④ 돌려짓기, 가뭄

해설
감자 역병은 조균류에 속하며 바람, 관개수, 씨감자 등을 통해 감염되며 균사로 흙 속의 병든 감자나 씨감자에서 월동하기 때문에 이어짓기할 경우 병 발생이 증가하며 저온다습한 환경에서 다발생

05 사과나무 붉은별무늬병균이 해당하는 분류군은?

① 난 균
② 담자균
③ 자낭균
④ 불완전균

해설
배나무, 사과나무 붉은별무늬병 : 담자균류에 속하며 사과나무, 배나무, 모과나무를 기주로 하고 겨울포자퇴로 향나무에서 월동

06 병원균에 대하여 항균력이 있는 미생물을 이용하여 식물병을 방제하는 방법은?

① 화학적 방제
② 생물적 방제
③ 경종적 방제
④ 물리적 방제

해설
생물적 방제
- 교차보호 : 병원성이 약화된 식물바이러스가 침입한 기주에 병원성이 강한 바이러스에 의한 병의 확산이 억제되는 현상
  - 토마토 담배모자이크바이러스, 박과작물의 오이 녹반 모자이크바이러스, 감귤 트리스테자바이러스
- 근권미생물에 의한 방제
  - 근권진균 : *Trichodermin*, *Gliotoxin*, *Gliovirin*
  - 근권세균 : *Bacillus*, *Pseudomonas*, *Burkholderia*
- 길항미생물 이용
  - 미생물 상호 간의 길항작용에 의해 병의 발병 억제
    ㉠ 세균 : *Agrobacterium*, *Bacillus*, *Pseudomona*, *Streptomyces*
    ㉡ 진균 : *Ampelomyces*, *Candida*, *Coniothyrium*, *Glicoladium*, *Trichoderma*
  - *Agrobacterium radiobacter* K84 : *Agrobacterium tumefaciens*균에 의한 뿌리혹병의 방제

07 다음 식물 병원체 중 크기가 가장 작은 것은?

① 세 균
② 곰팡이
③ 바이러스
④ 바이로이드

해설
병원체의 크기 순 배열 : 바이로이드 < 바이러스 < 세균 < 진균(곰팡이)

08 약제 저항성균의 출현기작으로 옳지 않은 것은?

① 대사 우회회로의 불활화
② 병원균에 의한 약제의 불활화
③ 균체 내로의 약제 침투량 감소
④ 대사의 변화에 의하여 저해된 효소의 생산량 증가

해설
- 감염적 저항성
  - 각피 및 표피의 두께 : 표피에 규산이 축적된 규질화세포가 많은 품종은 벼 도열병에 저항성
  - 기공의 수와 개폐 정도 : 밀 붉은녹병균은 닫힌 기공을 통해서도 침입
  - 병원균이 침입하기 전부터 형성된 물질
    ㉠ 토마토 사탕무에 있는 고농도 분비물로 Botrytis, Cercospora의 포자 발아 억제
    ㉡ 프로토카테쿠산(Protocatechuic Acid)과 카테콜(Catechol)은 양파 유색품종의 마른 껍질에 존재해 양파 탄저병균 포자 발아 억제
    ㉢ 페놀류 : 밀 줄기녹병균, 감자 더뎅이병균, 벼 도열병균 등에 저항성
    ㉣ 사포닌 : 토마토의 Tomatine과 같은 항진균성 물질
- 감염 후 저항성 : 파이토알렉신(Phytoalexin) → 병원체가 기주식물에 침입한 다음 양자의 상호반응의 결과 기주측에서 생기는 병원체의 발육을 억제하는 항균물질
- 감염특이적 단백질
- 조직 변화
  - 코르크 형성 : 병원균이 침입한 부위에 몇 겹의 코르크 형성 - 양배추 위황병
  - 이층 형성 : 병반부와 건전부 사이 또는 감염된 조직 경계면에 이층이 형성 - 소나무 잎떨림병
  - 전충제(Tylose) 형성 : 유조직의 면적을 증가시킴으로써 목부 도관부가 막히게 되어 병을 차단
  - 검(Gum) 형성 : 침입부에 보호조직을 형성 - 덩굴쪼김병에 대한 호박, 박의 저항성
  - 칼로스 돌기 : 페놀화합물이 축적에 의한 저항성 - 알뿌리화훼 달리아, 양파 등

09 기주의 품종과 병원균의 레이스 사이에 특이적인 상호관계가 없는 저항성은?

① 수평저항성
② 감염저항성
③ 침입저항성
④ 수직저항성

해설
비특이적 저항성(수평저항성 : Horizontal Resistance)
- 다인자 저항성, 미동유전자 저항성, 포장저항성, 비분화적 저항성
- 모든 레이스에 대해서 저항성을 나타냄
- 발병에 알맞은 환경에서 저항성이 무너지는 단점
- 병균의 포자 형성, 감염, 병의 진전이 등이 늦는 특징
- 일반적으로 그 병원균의 작용에 길항하여 진정을 저해하거나 기주를 강하게 하여 병원균의 피해를 가볍게 하는 저항성

10 뽕나무 오갈병의 병원체로 옳은 것은?

① 곰팡이
② 바이러스
③ 바이로이드
④ 파이토플라스마

해설
뽕나무 오갈병은 파이토플라스마에 의한 병으로 마름무늬매미충에 의해 전염

11 시든 줄기를 칼로 잘라 깨끗한 물에 담갔을 때 절편에서 흘러나오는 희뿌연 물질을 보고 진단할 수 있는 병은?

① 담배 들불병
② 오이 흰가루병
③ 토마토 풋마름병
④ 딸기 잿빛곰팡이병

해설
점액물질에 의한 세균병의 간이 판단 : 토마토 풋마름병

12 수박 탄저병균이 월동하는 장소로 옳지 않은 것은?

① 열 매
② 곤충의 알
③ 병든 줄기
④ 종자 표면

해설
수박 탄저병은 균사, 분생포자의 형태로 병든 부분이나 종자에 붙어서 월동

13 다음 방제 방법에 가장 효과적인 식물병은?

- 병이 심하게 발생한 포장은 비기주식물로 돌려 짓기한다.
- 저항성 대목으로 접목하여 재배한다.

① 배추 노균병
② 양파 잎마름병
③ 오이 덩굴쪼김병
④ 배추 무사마귀병

해설
오이 덩굴쪼김병은 균사나 후막포자의 형태로 땅 속에서 월동하며 사질토양 피해가 크고 연작을 피하고 접목재배함을 통해 병 발생을 줄일 수 있음

14 식물병의 원인 중 생물성 병원에 속하지 않는 것은?

① pH
② 세 균
③ 선 충
④ 파이토플라스마

해설
비생물성 병원에 의한 식물병

구 분	대표적 피해 증상
온도, 수분, 공기, 빛	• 고온 피해 : 일소현상(고온으로 갈변하거나 물 번진 듯한 무늬 형성) • 저온 피해 : 냉해나 동해 • 낮은 상대 습도 : 시들음, 반점, 낙엽현상 • 높은 상대 습도 : 침수에 의한 고사 • 고온에서 토양산소 부족으로 뿌리 활력 저하 • 빛 부족에 의한 웃자람 등
대기 오염	• 아황산가스(SO_2) : 잎의 기공을 통해 흡입됨, 식물체에 가장 치명적인 대기오염 물질, 스모그의 주된 구성 물질 • 에틸렌(CH_2CH_2) : 식물 생장 위축, 비정상적인 잎 발생 등 피해, 식물 호르몬제로도 이용
양분 결핍	• 질소(N) : 아래 잎들이 누렇게 또는 옅은 갈색으로 변함 • 인(P) : 줄기가 짧고 가늘며 꼿꼿하게 서고 길쭉함 • 칼륨(K) : 벼 적고병, 보리 흰무늬병 등 • 칼슘(Ca) : 토마토 배꼽썩음병 • 붕소(B) 결핍 : 무·배추 속썩음병, 사과 축과병, 갈색 속썩음병, 담배 윗마름병
토양광 물질	• 토양 중 중금속에 의한 직접적 피해 • 양분 상호 간의 길항작용에 의한 양분 흡수 저해 등
제초제	• 제초제 과용에 의한 직간접적 피해

15 사과나무 부란병에 대한 설명으로 옳지 않은 것은?

① 자낭포자와 병포자를 형성한다.
② 강한 전정 작업을 하지 말아야 한다.
③ 사과나무의 가지에 감염되면 사마귀가 형성된다.
④ 병원균이 수피의 조직 내에 침입해 있어 방제가 어렵다.

해설
사과나무에 사마귀가 형성되는 병은 겹무늬썩음병의 피해 증상임

17 벼 잎집무늬마름병에 대한 설명으로 옳지 않은 것은?

① 피, 조, 옥수수 등에도 발병한다.
② 병원균의 생육적온은 22℃ 정도이다.
③ 조생종은 피해가 많고 만생종은 피해가 적다.
④ 잎집에 얼룩무늬가 나타나며, 잎에서도 병무늬가 형성된다.

해설
벼의 조직으로 침입 가능한 온도는 22~35℃이고 최적온도는 30~32℃이다.

16 소나무 잎마름병의 병징으로 옳은 것은?

① 봄에 묵은 잎이 적갈색으로 변하면서 대량으로 떨어진다.
② 잎에 바늘구멍 크기의 적갈색 반점이 나타나고 동심원으로 커진다.
③ 잎에 띠 모양의 황색 반점이 생기다가 갈색으로 변하면서 반점들은 합쳐진다.
④ 수관 하부에 있는 잎에서 담갈색 반점이 생기면서 발생하여 상부로 점차 진전한다.

해설
소나무 잎마름병의 병징
• 잎에 띠 모양의 황색 점무늬가 생기고, 이후 병반이 커지면서 합쳐지며 갈변한다.
• 병반 위에는 검은색의 작은 점이 각피를 뚫고 돌출된다.
• 분생포자경 및 분생포자가 형성되며 분생포자가 1차 전염원이 된다.

18 배나무 검은무늬병 방제 및 피해를 줄이기 위한 방법으로 옳지 않은 것은?

① 열매에 봉지를 씌운다.
② 병든 가지 및 잎을 제거한다.
③ 병이 잘 걸리지 않는 품종으로 재배한다.
④ 심하게 발생하는 3~4월에 집중적으로 농약을 살포한다.

해설
배나무 검은무늬병의 약제 방제
• 월동 직후에 석회유황합제로 방제해 주고 4~5월에 2~3회, 장마철에 1~2회, 8~9월에 2회 정도 약제 방제
• 발병이 심한 과수원에서는 수확 후 10월 상순까지 인편에 감염되는 것을 막기 위하여 1회 정도 추가 방제

19 다음 괄호 안에 해당하는 용어로 옳은 것은?

> 어느 식물이 본질적으로 병에 걸리지 않는 질적인 차이가 있을 때에는 그 병원체에 대하여 ( )이 없다고 한다.

① 감수성　　② 친화성
③ 저항성　　④ 다범성

해설
병에 대한 식물체의 대처
- 감수성 : 식물이 병에 걸리기 쉬운 성질
- 저항성 : 식물이 병원체의 작용을 억제하는 성질
- 면역성 : 식물이 전혀 어떤 병에 걸리지 않는 성질
- 회피성 : 적극적, 소극적 병원체의 활동기를 피하여 병에 걸리지 않는 성질
- 내병성 : 감염되어도 실질적으로 피해를 적게 받는 성질
  – 병의 이병성보다 식물체의 저항성이 낮은 경우 병에 감염이 될 수 있는 조건이 되며 친화성이 형성

20 오이 노균병에 대한 설명으로 옳지 않은 것은?

① 잎에서만 발생한다.
② 병원균은 유주자를 형성한다.
③ 고온건조 조건에서 급격히 발병한다.
④ 하우스 재배에서는 환기를 잘하지 않아 과습한 경우 잘 발병한다.

해설
오이 노균병은 저온다습 환경에서 다발생한다.

제2과목 농림해충학

21 방사선 불임법을 이용하는 방제법에 대한 설명으로 옳지 않은 것은?

① 효과가 다음 세대 후에 나타난다.
② 해충의 대발생 시에도 효과적이다.
③ 저항성이 생긴 해충에도 유효하다.
④ 평생 1회만 교미하는 해충에만 적용된다.

해설
- 해충이 대발생할 경우 임성을 가지는 개체수가 많아 효과가 떨어짐
- 불임성을 이용한 방법은 수컷의 수정 능력을 제거해 알을 낳더라도 부화하지 못하게 함으로써 개체수 조절

22 사과면충이 분류학적으로 속하는 것은?

① 벌목
② 노린재목
③ 딱정벌레목
④ 집게벌레목

해설
사과면충은 기존에 매미목으로 분류되었으나 매미목이 노린재목의 하위 분류에 매미아목으로 분류됨

정답　19 ②　20 ③　21 ②　22 ②

23 기계유 유제에 대한 설명으로 옳은 것은?

① 식독제로서 위에서 소화중독이 되어 치사시킨다.
② 침투성 살충제로서 작용점인 신경계를 이상 자극하여 저해작용을 한다.
③ 직접 접촉제로서 곤충 체표에 피막을 형성하여 기관을 막아 질식사시킨다.
④ 침투성 살충제로서 작용점인 원형질에 도달하여 에너지 생성계의 효소에 저해작용을 한다.

해설
기계유 유제는 직접 접촉제로 곤충의 기관을 막아 질식시킴

24 곤충의 고시류와 신시류를 분류하는 기준으로 옳은 것은?

① 변태의 정도에 따른 분류이다.
② 날개의 유무에 따른 분류이다.
③ 번데기의 부속지 움직임 유무에 따른 분류이다.
④ 날개를 완전히 접을 수 있는지에 따른 분류이다.

해설
• 고시류 : 날개를 뒤로 접어서 몸 옆구리에 붙일 수 없는 종
• 신시류 : 날개를 뒤로 접어서 몸 옆구리에 붙일 수 있는 종

25 점박이응애에 대한 설명으로 옳지 않은 것은?

① 알은 투명하다.
② 기주범위가 넓다.
③ 부화 직후의 약충은 다리가 4쌍이다.
④ 여름형과 월동형 성충의 몸 색깔이 다르다.

해설
유충은 다리가 3쌍이며, 제1약충 때부터 다리가 4쌍이다.

26 총채벌레목의 형태적인 특징으로 옳지 않은 것은?

① 홑눈은 유시형으로 3개이다.
② 입틀의 좌우모양은 대칭이다.
③ 구기는 찔러서 빨아먹는 흡수형이다.
④ 몸은 등쪽이 납작하거나 원통모양이다.

해설
총채벌레목의 입틀은 좌우모양이 비대칭이다.

27 번데기로 월동하는 것은?

① 조명나방   ② 이화명나방
③ 보리굴파리   ④ 섬서구메뚜기

해설
①・② 조명나방, 이화명나방은 유충으로 월동한다.
④ 섬서구메뚜기는 알로 월동한다.

정답 23 ③ 24 ④ 25 ③ 26 ② 27 ③

28 곤충의 다리는 5마디로 구성된다. 몸통에서부터 순서로 올바르게 나열한 것은?

① 밑마디 – 도래마디 – 넓적마디 – 종아리마디 – 발마디
② 밑마디 – 넓적마디 – 발마디 – 종아리마디 – 도래마디
③ 밑마디 – 발마디 – 종아리마디 – 도래마디 – 넓적마디
④ 밑마디 – 종아리마디 – 발마디 – 넓적마디 – 도래마디

해설
곤충의 다리마디 순서
밑마디 → 도래마디 → 넓적다리마디 → 종아리마디 → 발마디

29 해충의 발생 및 피해에 대한 설명으로 옳지 않은 것은?

① 해충번식력은 번식능력과 환경저항과의 관련에 따라 증감한다.
② 피해사정식이란 해충의 가해와 감수량과의 관계를 표시한 것이다.
③ 환경저항에는 기상 등의 물리적 요인과 천적 등의 생물적 요인이 포함된다.
④ 번식능력을 산정할 때 성비란 (수컷의 수) ÷ (암컷과 수컷의 수)에 의한 값을 말한다.

해설
성비 : 암컷 개체수/(암컷 개체수 + 수컷 개체수)

30 곤충의 기관으로 미각과 관계가 없는 것은?

① 큰 턱   ② 윗입술
③ 작은턱수염   ④ 아랫입술수염

해설
곤충의 미감각(맛을 느끼는 감각)은 윗입술, 작은턱수염, 아랫입술수염에 있음

31 비래해충에 속하지 않는 해충은?

① 흰등멸구   ② 혹명나방
③ 멸강나방   ④ 이화명나방

해설
비래해충 : 벼멸구, 혹명나방, 흰등멸구, 멸강나방

32 향나무하늘소가 주로 가해하는 부위는?

① 잎   ② 뿌 리
③ 열 매   ④ 줄 기

해설
향나무하늘소
• 유충이 줄기와 가지수피 밑의 형성층을 불규칙하고 편평하게 갉아먹어 갱도에 똥을 채워 외부에서는 피해를 발견하기 쉽지 않음
• 연 1회 발생, 성충의 형태로 월동

33 곤충이 휴면하는 데 영향을 주는 주요 요인은?
① 빛
② 수 분
③ 온 도
④ 바 람

해설
곤충의 휴면 요인은 일장, 온도, 먹이이다.

34 진딧물을 방제하기 위한 천적으로 가장 적합한 것은?
① 애꽃노린재
② 칠성풀잠자리
③ 칠레이리응애
④ 온실가루이좀벌

해설
진딧물 천적 : 무당벌레, 꽃등에, 진디혹파리, 콜레마니진디벌 등

35 주로 열매를 가해하는 해충이 아닌 것은?
① 파굴파리
② 밤바구미
③ 복숭아명나방
④ 도토리거위벌레

해설
파굴파리 : 유충은 파 잎 속에 굴을 파고 돌아다니면서 불규칙한 흰줄 모양의 굴을 만들고 성충은 잎에 조그마한 원형의 흡즙 흔적들을 줄지어 만들어 품질을 떨어뜨려 피해를 줌

36 같은 곤충 종 내 다른 개체 간에 통신을 목적으로 사용되는 휘발성 화합물은?
① 페로몬
② 테르펜
③ 알로몬
④ 카이로몬

해설
곤충의 특수조직
- 지방체 : 영양물질의 저장 및 배설작용을 도움
- 편도세포 : 탈피할 때 표피의 어떤 생성물질을 합성하는 특수작용에 관여
- 알라타체 : 머릿속에 있는 1쌍의 신경구 모양의 조직이며 변태호르몬을 분비
- 페로몬 : 같은 종 내의 다른 개체 간의 통신을 목적으로 사용되는 휘발화합물(외분비물)

37 입틀의 큰턱, 작은턱, 아랫입술 등의 운동 및 감각신경과 가장 밀접한 것은?
① 전대뇌
② 중대뇌
③ 말초신경계
④ 식도하신경절

해설
식도하신경절
- 구기·침샘·목 부위에 연결된 근육과 감각기관에 신경을 보냄
- 운동을 촉진·억제시키는 역할

38 유충과 성충이 모두 잎을 가해하는 해충은?
① 독나방
② 솔잎혹파리
③ 오리나무잎벌레
④ 꼬마버들재주나방

해설
오리나무잎벌레 : 성충과 유충이 동시에 오리나무 잎을 가해

정답 33 ③ 34 ② 35 ① 36 ① 37 ④ 38 ③

39 사과굴나방에 대한 설명으로 옳지 않은 것은?

① 알로 잎 속에서 월동한다.
② 피해 입은 잎이 뒷면으로 말린다.
③ 잎 뒷면에 성충이 우화하여 나간 구멍이 있다.
④ 사과나무, 배나무, 복숭아나무의 잎을 가해한다.

해설
사과굴나방의 월동형태는 번데기이다.

40 솔잎혹파리에 대한 설명으로 옳은 것은?

① 벌목에 속한다.
② 주로 1년에 1회 발생한다.
③ 소나무와 밤나무를 모두 가해한다.
④ 우리나라에서 1970년대에 처음 발견되었다.

해설
솔잎혹파리
- 6월 하순~10월 하순까지 유충이 솔잎 밑부분에 벌레혹을 만들고 그 속에서 즙액을 흡즙
- 피해목은 직경생장은 피해 당년에, 수고생장은 다음 해에 감소
- 연 1회 발생, 유충의 형태로 땅속에서 월동

제3과목 재배학원론

41 상대습도 98%의 공기 중에서 건조토양이 흡수하는 수분 상태를 말하며, pF가 4.5에 해당하는 것은?

① 건조 상태　② 풍건 상태
③ 흡습계수　④ 최대용수량

해설
흡습계수
- 포화 상태로 흡착된 수분량을 건토의 중량 백분율로 환산한 값(pF 4.5)이다.
- 상대습도 98%(25℃)의 공기 중에서 건조토양이 흡수하는 수분 상태를 말한다.
- 흡습수만 남은 상태, pF는 4.5이다.

42 작물의 복토 깊이가 "종자가 보이지 않을 정도"에 해당하는 것으로만 나열된 것은?

① 밀, 콩　② 귀리, 팥
③ 파, 상추　④ 감자, 토란

해설
씨앗의 크기가 작은 작물의 복토 깊이는 종자 크기의 1~1.5배 깊이로 해주면 되며, 보기 중 종자의 크기가 작은 작물은 파와 상추이다.

43 다음 중 작물별 N : P : K의 흡수비율에서 N의 흡수비율이 가장 높은 것은?

① 옥수수　② 고구마
③ 벼　④ 감자

해설
작물별 질소 : 인산 : 칼륨 비료의 흡수비율
- 콩 – 5 : 1 : 1.5
- 벼 – 5 : 2 : 4
- 맥류 – 5 : 2 : 3
- 옥수수 – 4 : 2 : 3
- 고구마 – 4 : 1.5 : 5
- 감자 – 3 : 1 : 4

정답　39 ①　40 ②　41 ③　42 ③　43 ③

44 다음에서 설명하는 것은?

- 제철을 할 때 철광석으로부터 배출
- 10ppb의 농도에서 10~20시간이면 식물이 피해를 받음
- 독성이 매우 강함
- 석회결핍, 효소활성 저해

① 암모니아가스 ② 염소계가스
③ 불화수소가스 ④ 아황산가스

해설
불화수소는 식물에 가장 유해한 불소화합물 형태로 금속의 제련과정, 화석연료의 연소에 따른 배기가스에서 발생하며 주로 잎 끝이나 가장자리에 피해 발생이 많다.

45 다음 중 작물의 주요온도에서 생육이 가능한 범위 내 최고온도가 가장 높은 것은?

① 사탕무 ② 옥수수
③ 보리 ④ 밀

해설
작물의 주요온도(℃)

작물	최저	최적	최고
밀	3~4.5	25	30~32
호밀	1~2	25	30
보리	3~4.5	20	28~30
귀리	4~5	25	30
옥수수	8~10	30~32	40~44
벼	10~12	30~32	36~38
담배	13~14	28	35
삼	1~2	35	45
사탕무	4~5	25	28~30
완두	1~2	30	35
멜론	12~15	35	40
오이	12	33~34	40

46 등고선에 따라 수로를 내고, 임의의 장소로부터 월류하도록 하는 방법은?

① 보더관개
② 수반법
③ 일류관개
④ 물방울관개

해설
일류관개 : 물을 경지의 한쪽 끝에서 보내 반대쪽까지 넘쳐 흐르도록 하는 방법

47 벼의 수광태세를 좋게 하는 것으로 틀린 것은?

① 상위엽이 직립한다.
② 잎이 넓다.
③ 분얼이 조금 개산형이다.
④ 각 잎이 공간적으로 균일하게 분포한다.

해설
벼의 경우 잎이 두껍지 않고 약간 가늘며 상위엽이 직립한 것, 키가 너무 크거나 작지 않은 것, 각 잎이 공간적으로 균일한 것 등이 수광태세가 좋음

48 작물의 내동성에 대한 설명으로 틀린 것은?

① 원형질의 수분투과성이 크면 내동성을 증대시킨다.
② 당분 함량이 적으면 내동성이 크다.
③ 원형질의 점도가 낮고 연도가 높은 것이 내동성이 크다.
④ 지유 함량이 높은 것이 내동성이 강하다.

해설
내동성 작물의 생리적 요인
- 원형질의 수분투과성이 큰 것은 세포 내 결빙을 적게 한다.
- 원형질 단백질에 –SH기가 많은 것은 –SS기가 많은 것보다 기계적 인력을 받을 때 미끄러지기 쉬워 원형질의 파괴가 적다.
- 원형질의 점도가 낮고 연도가 높은 것이 기계적 인력을 덜 받는다.
- 원형질의 친수성 콜로이드(교질 함량)가 많으면 세포 내의 결합수가 많아진다.
- 지유 함량이 높고 당분 함량이 높다.
- 전분 함량이 많으면 내동성은 저해된다.
- 세포 내 수분(자유수) 함량이 많으면 내동성이 저하된다.
- 경화(Hardening) : 월동작물이 5℃ 이하의 기온에 계속 처하게 되면 내동성이 증대한다.

49 다음 중 무배유 종자에 해당하는 것으로만 나열된 것은?

① 벼, 보리   ② 밀, 옥수수
③ 콩, 팥   ④ 피마자, 양파

해설
무배유 종자 : 콩, 팥 등의 두과종자

50 다음 중 재배에 적합한 토성에서 사탕무의 재배적지 범위로 가장 옳은 것은?

① 사토~세사토
② 식양토~이탄토
③ 세사토~사양토
④ 사양토~식양토

해설
모래가 많은 사토와 세사토의 경우 물 빠짐이 너무 많아 물과 비료관리가 어렵고 대부분의 작물 재배에 적합한 토양은 사양토와 식양토가 좋음

51 작물의 기지 정도에서 1년 휴작이 필요한 작물로만 나열된 것은?

① 가지, 완두   ② 토란, 고추
③ 시금치, 콩   ④ 아마, 인삼

해설
1년 휴작을 요하는 작물 : 쪽파, 시금치, 콩, 파, 생강

52 저장 전 큐어링 실시 후 고구마의 안전저장조건은?

① 온도 : 13~15℃, 상대습도 : 70~80%
② 온도 : 13~15℃, 상대습도 : 85~90%
③ 온도 : 16~20℃, 상대습도 : 70~80%
④ 온도 : 16~20℃, 상대습도 : 85~90%

해설
- 고구마 큐어링 온도는 30~33℃, 상대습도는 90~95%
- 고구마 저장온도는 12~15℃, 상대습도 85~90%

정답 48 ② 49 ③ 50 ④ 51 ③ 52 ②

53 다음 중 산성토양에 가장 강한 것은?

① 고구마 ② 콩
③ 팥   ④ 사탕무

해설
산성토양에 대한 작물 적응성
- 극히 강한 것 : 벼, 밭벼, 귀리, 기장, 호밀, 토란, 아마, 땅콩, 감자, 수박
- 강한 것 : 메밀, 당근, 옥수수, 목화, 오이, 포도, 완두, 호박, 딸기, 토마토, 밀, 조, 고구마, 담배
- 약간 강한 것 : 유채, 무
- 약한 것 : 보리, 클로버, 양배추, 근대, 가지, 삼, 겨자, 고추, 상추
- 가장 약한 것 : 시금치, 알팔파, 양파, 자운영(콩과), 팥, 보리

54 작물의 기원지에서 중국지역에 해당하는 것으로만 나열된 것은?

① 배추, 복숭아   ② 옥수수, 강낭콩
③ 수박, 참외   ④ 담배, 토마토

해설
- 배추, 복숭아 : 중국
- 옥수수 : 멕시코
- 강낭콩 : 남미
- 수박, 참외 : 아프리카
- 담배 : 남미 안데스산맥
- 토마토 : 남미

55 다음 중 단일식물로만 나열된 것은?

① 도꼬마리, 콩   ② 양귀비, 시금치
③ 아마, 상추   ④ 양파, 티머시

해설
단일식물 : 벼의 만생종, 국화, 콩, 들깨, 샐비어, 코스모스, 담배, 도꼬마리, 목화, 벼, 나팔꽃

56 다음 중 단명종자에 해당하는 것으로만 나열된 것은?

① 접시꽃, 나팔꽃
② 베고니아, 팬지
③ 스토크, 데이지
④ 백일홍, 가지

해설
- 단명종자 : 1~2년, 메밀, 고추, 양파, 상추, 베고니아
- 상명종자 : 2~3년, 벼, 쌀보리, 완두, 목화, 토마토, 벼, 배추, 카네이션
- 장명종자 : 4~6년 또는 그 이상, 콩, 녹두, 오이, 가지, 배추, 연

57 천연 생장조절제에 해당되는 것으로만 나열된 것은?

① NAA, IBA
② 에테폰, MCPA
③ BA, CCC
④ 제아틴, IPA

해설
식물생장조절제
- 옥신류
  - 천연 : IAA, IAN, PAA
  - 합성 : NAA, IBA, 2,4-D, 2,4,5-T, PCPA, MCPA, BNOA
- 지베렐린류
  - 천연 : GA2, GA3, GA4-7, GA55
- 시토키닌류
  - 천연 : 제아틴, IPA
  - 합성 : 키네틴, BA
- 에틸렌
  - 천연 : C_2H_4
  - 합성 : 에테폰
- 생장 억제제
  - 천연 : ABA, 페롤
  - 합성 : CCC, B-9, Phosphon-D, AMO-1618, MH-30

정답 53 ①　54 ①　55 ①　56 ②　57 ④

58 다음 중 작물의 내염성 정도가 가장 큰 것은?

① 완 두 ② 가 지
③ 순 무 ④ 고구마

해설
내염성이 강한 작물 : 사탕무, 유채, 순무, 수수, 양배추, 목화 등

59 다음 중 직근류에 해당하는 것으로만 나열된 것은?

① 고구마, 감자
② 당근, 우엉
③ 토란, 마
④ 생강, 베치

해설
직근류(뿌리가 길고 바르게 뻗는 작물) : 무, 순무, 당근, 우엉

60 이랑을 세우고 낮은 골에 파종하는 방식은?

① 휴립휴파법 ② 성휴법
③ 평휴법 ④ 휴립구파법

해설
휴립법 : 이랑을 세워서 고랑을 낮게 하는 방식
- 휴립구파법 : 이랑을 세우고 낮은 골에 파종하는 방식으로 맥류의 한해(旱害)와 동해(凍害) 방지, 감자의 발아 촉진 및 배토를 위해 실시
- 휴립휴파법 : 이랑을 세우고 이랑에 파종하는 방식으로 고구마는 이랑을 높게 세우고 조·콩 등은 이랑을 비교적 낮게 세움. 이랑에 재배하면 배수와 토양통기가 좋음

제4과목 농약학

61 다음 중 수화제에 주로 사용되는 증량제는?

① Toluene ② Sulfamate
③ Bentonite ④ Methanol

해설
증량제의 종류
- 규조토 : 주성분은 규산(SiO_2), 갑충류에 87% 살충력, 수화제 조제에 쓰임
- 고령토 : 주성분은 규산 알미늄, 수화제, 분제의 증량제로 쓰임
- 탈크(Talc, 활석) : 알칼리성이나 안전하므로 분제 제조용으로 널리 쓰임
- 벤토나이트(Bentonite) : 유화제의 제조용으로 많이 쓰임
- 납석(Pyrophyllite) : 분제 및 수화제

정답 58 ③ 59 ② 60 ④ 61 ③

62 분제의 제제에 있어 고려되어야 할 물리적 성질로서 가장 거리가 먼 것은?

① 유화성 ② 분말도
③ 입도   ④ 용적비중

해설

분제(입제)가 갖추어야 할 물리적 성질
- 물리적 성질이 약효에 크게 좌우됨
- 입자의 크기(유효 성분의 효과를 발휘하는 기본적인 성질)
  - 분말도 : 분제나 수화제의 입자의 크기
    ⓐ 분제 : 250~300mesh 이상(μm 이하)
    ⓑ 수화제 : 330mesh 이상 가는 것이 양호
  - 입도 : 분제, 미립제, 입제 등에서 입경의 범위
    ⓐ 분제 : 10μm 전후
    ⓑ 수화제 : 297~1,680μm
- 분산성 : 살포 시 분제가 널리 균일하게 분산하는 성질
- 비산성 : 분제의 입자가 살분기의 풍력에 의해 목적 장소까지 날아가는 성질
- 부착성·고착성 : 목적하는 작물 및 해충 등에 잘 달라붙는 성질
- 응집력 : 각 입자가 집단을 만드는 힘
  - 응집력이 크면 분제가 블록상으로 되거나 살포기에서 토출이 안 됨
  - 응집력이 작으면 비산은 좋지만 부착한 것이 떨어짐
- 토분성 : 살포기에서 토출 정도
- 안정성 : 저장 중에 주제가 분해되거나 변하지 않는 성질
- 경도 : 입자의 단단한 정도
- 용적비중(가비중) : 단위 용적당 무게
- 수중붕괴성 : 사용된 제제가 토양 표면 및 수면에서 서서히 유효 성분이 용출하는 성질

63 농약 제형 중 직접살포제가 아닌 것은?

① 세립제   ② 미립제
③ 유탁제   ④ 미분제

해설

유탁제 : 용매에 잘 녹지 않는 물질을 용매에 잘 분산시키기 위해 넣는 물질

64 Pyrethrin, 유기인계 살충제가 주로 작용하는 것은?

① 원형질독 ② 호흡독
③ 근육독   ④ 신경독

해설

아세틸콜린에스테라제(AChE)의 활성 저해
- 유기인계, 카바메이트계 살충제는 아세틸콜린에스테라제의 분해작용을 저해
- 후막에 아세틸콜린에스테라제가 지속적으로 축적돼 신경자극의 정상적인 전달이 차단되어 죽게 됨

65 농약의 액제 제형을 제조할 때 겨울에 동결을 방지하기 위하여 주로 사용하는 것은?

① 석고(Gypsum)
② 규조토(Diatomite)
③ 황산아연(Zinc Sulfate)
④ 에틸렌글리콜(Ethylene Glycol)

해설

농약보조제 중 동결방지제로 사용되는 것은 에틸렌글리콜, 디에틸렌글리콜, 글리세린, 프로필렌글리콜 등이 있음

정답 62 ① 63 ③ 64 ④ 65 ④

66 다음 중 훈증제(Fumigant)는?

① 디프테렉스 ② 메틸브로마이드
③ 나크(NAC) ④ 집 톨

해설
훈증제
- 유효성분을 가스로 해서 해충을 방제하는 데 쓰이는 약제
- 메틸브로마이드 훈증제

67 비교적 지효성이고 화학적인 안정성이 크며 약효기간이 긴 특성을 가지고 있는 유기인계 살충제는?

① Phosphate형
② Thiophosphate형
③ Dithiophosphate형
④ Phosphonate형

해설
유기인계 살충제 유형별 특성
- Phosphoric Acid형 : TEPP제, DEP제, DDVP제 등으로 속효성이고 가수분해가 잘 돼 화학적 안정성이 낮아 잔효성이 짧다.
- Thiophosphoric Acid형 : EPN, 파라티온, 메틸파라티온, 슈미티온 등으로 약효 지속기간이 2~3주 정도 유지된다.
- Dithiophosphoric Acid형 : 말라티온, PAP(Cidial), 이미단 등으로 지효성, 화학적 안정성이 커 약효기간이 길다 (말라티온은 파라티온이나 EPN보다 살충력은 약하나 속효성이며 침투성과 이행성은 강하고 조직 내에서 분해가 빨라 잔효성이 짧음).

68 농약과 관련한 용어 중 영문 약어가 바르게 연결되지 않은 것은?

① 잔류허용기준 - MRL
② 일일 섭취허용량 - ADL
③ 최대무작용량 - NOEL
④ 질적위해성 - QRA

해설
일일섭취허용량 : ADI(Acceptable Daily Intake)

69 디티오카바메이트기를 가지고 있는 농약은?

① 메틸브로마이드
② 석회유황합제
③ 폴리옥신
④ 만코제브

해설
만코제브 : 유기유황계, 상표명은 다이센엠-45
※ 유기황제
- 디티오카바메이트계에 속함 : N-CS-S-기의 화학구조
- 구리제나 황제 등 다른 무기 살균제에 비해 약해가 적음
- 지효성이나 효과가 확실 : 과수, 채소에 널리 사용
- 살균작용에 있어서 선택성을 지니고 있는 것이 결점
- Dialkyl-amine계 화합물 : 병원균의 생육에 필수적인 금속 및 킬레이트와 결합해 살균
- Alkylene-diamine계 화합물 : 병원균 내 효소단백질의 SH기와 결합해 살균
- 석회유황합제처럼 작용이 극렬하지 않고 완만해 살균 효과가 지효성을 띰
- 알칼리제를 제외한 모든 약제와 혼용 가능
- 저장 중 흡습에 의하여 분해되기 쉽고 무기 유황제보다 가격이 고가임
- 만코제브, 티람, 프로피네브

정답 66 ② 67 ③ 68 ② 69 ④

70 농약의 일일 섭취허용량에 대한 설명으로 가장 옳은 것은?

① 농약을 함유한 음식을 하루 섭취하여도 장해가 없는 양을 말한다.
② 농약을 함유한 음식을 1년간 섭취하여도 장해를 받지 않는 1일당 최대의 양을 말한다.
③ 농약을 함유한 음식을 10년간 섭취하여도 장해를 받지 않는 1일당 최대의 양을 말한다.
④ 농약을 함유한 음식을 일생 동안 섭취하여도 장해를 받지 않는 1일당 최대의 양을 말한다.

해설

농약의 1일 섭취허용량(ADI)
- 농약을 일생 동안 매일 섭취하여도 시험동물에 아무런 영향도 주지 않는 농약의 최대 약량(NOEL, 최대무작용 약량)을 구한 후 이 값에 안전계수(일반적으로 1/100)를 곱한 값
- 체중에 따라 섭취허용량이 달라짐
- 최대무작용약량(NOEL ; No Observed Effect Level) : 농약의 1일 섭취허용량 설정 기준
- 농약의 1일 섭취허용량 : 식품 중 농약잔류 허용기준 설정 기준

71 살충제의 해충에 대한 복합저항성이란?

① 살충작용이 다른 2종 이상에 대하여 동시에 해충이 저항성을 나타내는 현상
② 어떤 살충제에 대하여 저항성이 발달한 해충이 한 번도 사용한 적이 없지만 작용기구가 같은 살충제에 저항성을 나타내는 현상
③ 어떤 해충개체군 내에 대다수의 개체가 해당 살충제에 대하여 저항력을 가지는 해충 계통이 출현되는 현상
④ 동일 살충제를 해충개체군 방제에 계속 사용하면 저항력이 강한 개체만 만들어지는 현상

해설

약제저항성의 종류
- 교차저항성 : 하나 살충제를 여러 세대에 처리했을 때 2종 이상의 살충제에 대한 저항성
- 복합저항성 : 2종이상의 살충제를 처리했을 때 각각의 살충제에 대한 저항성

72 살포액 조제 시 고려할 사항으로 거리가 먼 것은?

① 병해충의 종류
② 희석용수의 선택
③ 희석배수 준수
④ 충분한 혼화

해설

병해충의 종류는 살포약제의 선택 시 고려사항이다.

73 농약의 품질 불량이 원인이 되어 약해를 일으키는 경우와 가장 거리가 먼 것은?

① 불순물의 혼합에 의한 약해
② 원제 부성분에 의한 약해
③ 농약의 고농도에 의한 약해
④ 경시 변화에 의한 유해성분의 생성

해설
약해의 원인

구 분	종 류
약제의 이화학적 성질 (농약 자체)	• 주제(농약원제)의 물리화학적 성질에 의한 것 • 보조제 및 용매에 의한 것 • 약제의 사용농도 및 사용량에 의한 것 • 2종 이상의 약제를 섞어 쓸 때 일어나는 것 • 약제 조제 시 사용하는 물에 의해 주제가 분해되어 일어나는 것

농작물의 감수성 (농작물 종류와 생육상태)	• 농작물의 특성, 특히 즙액의 수소이온농도(pH)에 의한 것
	• 농작물의 종류, 품종, 생육, 노유(老幼) 등의 감수성 차이에 의한 것
	• 발육시기 : 고온, 다습하여 발육이 왕성한 시기에는 약해를 받기 쉬움
	• 약제 저항성 : 휴면기 > 영양생장기 > 생식생장기 > 유묘기
	• 약제별로 약한 농작물
	  – 구리제 : 복숭아, 살구, 자두, 배, 감
	  – 비소제 : 복숭아, 자두, 두류, 살구, 감
	  – 유기염소계(DDT, BHC) : 어린 오이류
	  – 석회황합제 : 복숭아, 살구, 감자, 토마토, 파
	  – BNC제 : 오이류, 토마토, 가지, 배추

환경 조건 (기상 등)	• 약제 살포 전후의 강우 : 습도가 높으면 오랫동안 약제에 젖은 상태로 있으므로 농작물 내 침투량이 많아 약해가 발생함 • 고온 : 농작물에 의한 약제 흡수가 높음 • 기공이 많은 잎 뒷면에 약제를 살포하면 약해가 큼
토양 조건	• 주로 토양처리제(입제)인 경우에 발생함 • 처리된 약제의 농작물의 흡수 정도와 토양의 흡수 정도에 따라 결정됨

74 농약의 독성 표시 방법으로 동물의 50%가 치사하는 약량을 나타낸 것은?

① LC_{50}
② I_{50}
③ KD_{50}
④ LD_{50}

해설
급성독성의 표시 : 반수치사약량(LD_{50}), 숫자가 작을수록 독성이 강함

75 과실의 착색·숙기 촉진을 위하여 주로 사용되는 약제는?

① Butralin
② IBA
③ Calcite
④ Ethephon

해설
에테폰 : 알칼리용액과 반응 시 에틸렌 생성

76 담배 식물에 들어 있는 천연살충 성분은?

① 톡시카롤(Toxicarol)
② 아나바신(Anabasine)
③ 수마트롤(Sumatrol)
④ 엘립톤(Elliptone)

해설
담배에는 니코틴과 아나바신이 함유돼 있다.

정답 73 ③ 74 ④ 75 ④ 76 ②

77 다음 농약 중 식물 전멸제초제는?

① 글리포세이트포타슘 액제
② 펜디메탈린 유제
③ 클레토딤 유제
④ 이사-디 액제

해설
① 글리포세이트포타슘 액제 : 비선택성 제초제
② 펜디메탈린 유제 : 바랭이, 뚝새풀, 명아주, 여뀌, 벼룩나물, 쇠비름, 냉이 등에 효과가 있으며 닭의장풀, 깨풀 등에는 효과가 떨어짐
③ 클레토딤 유제 : 화본과 제초제로서 피, 바랭이, 강아지풀, 뚝새풀 등 화본과 잡초에는 살초효과가 있으나 광엽잡초에는 살초효과가 없음
④ 이사-디 액제 : 일년생 잡초인 방동사니, 물달개비, 밭뚝외풀, 마디꽃, 사마귀풀에 적용

78 농약의 독성을 급성독성, 아급성독성, 만성독성으로 구분하는 기준은?

① 농약의 투여 방법에 따른 구분
② 독성의 발현 속도에 따른 구분
③ 독성의 정도에 따른 구분
④ 독성의 발현 대상에 따른 구분

해설
발현속도에 따른 독성
• 급성독성 : 일시에 다량의 농약에 노출되었을 때 나타나는 독성
• 만성독성 : 소량의 농약이 장기간에 걸쳐 노출 시 나타나는 독성

79 생물농축계수(BCF)란 생물농축의 정도를 수치로 표현한 것을 말한다. 수질 중의 화합물의 농도가 1ppm이고, 송사리 중의 농도가 10ppm이라면 이 화합물의 생물농축계수는 얼마인가?

① 1
② 10
③ 100
④ 1,000

해설
생물농축계수(BCF) : 오염물질이 생물체에 축적되었을 때 환경 중에 존재하는 농도와 생물체에 존재하는 물질의 농도 비율(10/1 = 10)

80 농약의 구비조건에 해당되지 않은 것은?

① 가격이 저렴해야 한다.
② 혼용범위가 되도록 넓어야 한다.
③ 소량으로도 약효가 확실해야 한다.
④ 인축 및 생태계에 대한 독성이 높아야 한다.

해설
농약의 구비조건
• 식물 병원균에 대하여 살균력을 갖추어야 한다.
• 일광이나 공기에 의해서 분해되어서는 안 된다.
• 식물에 대해서 약해 없고 압축에는 가급적 독성이 없어야 한다.
• 가격이 싸야 한다.

제5과목 잡초방제학

81 과수원에서 피복작물을 재배하여 잡초를 방제하려 한다. 피복작물 선택 시 고려할 사항으로 가장 거리가 먼 것은?

① 토양유실 방지 효과가 높은 식물을 선택한다.
② 흡비력이 좋고 생육이 왕성한 식물을 선택한다.
③ 병해충이 잘 서식하지 못하는 식물을 선택한다.
④ 토양의 비옥도를 증진시킬 수 있는 식물을 선택한다.

해설
피복작물
- 과수원이나 나지 상태로 방임된 곳에 재식하여 잡초의 발생을 억제
- 전면살포법은 잡초에 이용하기 쉬움
- 시비조건에 따라 잡초의 발생이 달라짐

82 수용성이 아닌 원제를 아주 작은 입자로 미분화시킨 분말로 물에 분산시켜 사용하는 제초제의 제형은?

① 유 제
② 보조제
③ 수용제
④ 수화제

해설
수화제
- 현탁액 : 불용성 주제 + 카올린·벤토나이트 + 계면활성제
- 물에 녹지 않는 주제를 카올린, 벤토나이트 등으로 희석한 후 계면활성제를 혼합한 제제
- 물에 희석하면 유효 성분의 입자가 물에 고루 분산되어 현탁액이 됨
- 수화제를 물에 풀면 현탁액이 됨

83 월년생 밭잡초로만 나열된 것으로 옳지 않은 것은?

① 냉이, 개꽃
② 별꽃, 꽃다지
③ 개망초, 벼룩나물
④ 명아주, 벼룩이자리

해설
월년생 : 1년 이상 생존하지만 2년 이상 생존하지 못하는 잡초로 명아주는 일년생 잡초

84 잡초의 생물적 방제방법에 대한 설명으로 옳은 것은?

① 효과가 일회적이고 영속성이 없다.
② 화학적 방제방법에 비해 환경 파괴가 심하다.
③ 완전 방제보다는 경제적 허용한계 이하로 조절하는 것이다.
④ 곤충이 주로 이용되지만 식물병원균은 위험성이 있어 이용되지 않는다.

해설
생물적 잡초방제는 잡초의 천적 동식물에 의한 방제이다.

85 다음 잡초 중 종자의 천립중이 가장 가벼운 것은?

① 별 꽃
② 명아주
③ 메귀리
④ 강아지풀

해설
잡초종자의 천립중 : 명아주 < 별꽃 < 강아지풀 < 메귀리

86 화본과 잡초 중 다년생에 해당하는 것은?

① 강 피
② 뚝새풀
③ 나도겨풀
④ 왕바랭이

해설
주요 일년생, 다년생 잡초

1년생	화본과	강피, 물피, 돌피, 뚝새풀
	방동사니	알방동사니, 참방동사니, 바람하늘지기, 바늘골
	광엽초	물달개비, 물옥잠, 사마귀풀, 여뀌, 여뀌바늘, 마디꽃, 밭뚝외풀, 등애풀, 생이가래, 곡정초, 자귀풀, 중대가리풀
2년생	화본과	나도겨풀
	방동사니	너도방동사니, 매자기, 올방개, 쇠탈골, 올챙이고랭이, 파대가리
	광엽초	가래, 벗풀, 올미, 개구리밥, 네가래, 수염가래꽃, 미나리

87 종자가 바람에 의해 전파되기 쉬운 잡초로만 나열된 것은?

① 망초, 방가지똥
② 어저귀, 명아주
③ 쇠비름, 방동사니
④ 박주가리, 환삼덩굴

해설
바람에 의한 전파 : 민들레, 엉겅퀴속, 박주가리, 망초, 방가지똥(국화과 두해살이풀)

88 재배 양식별 잡초 발생 및 잡초 방제 특성에 대한 설명으로 옳지 않은 것은?

① 멀칭재배에서 투명 비닐은 검정 비닐보다 잡초 발생이 적다.
② 노지재배는 가급적 잡초 발생 초기에 방제하는 것이 중요하다.
③ 시설재배에서 방제되지 않고 살아남은 잡초는 빠르게 생장하여 작물에 피해를 준다.
④ 터널재배는 낮 시간 동안 고온다습한 상태에 있어 제초제를 살포하는 경우 약해 유발 가능성이 크다.

해설
투명 비닐은 빛(광)이 투과되고 지온을 높여 잡초 발생이 많다.

89 잡초 군락을 평가하는 기준으로 가장 거리가 먼 것은?

① 중요값
② 생장 곡선
③ 유사성 계수
④ 우점도 지수

해설
잡초 군락 평가 : 중요값, 우점도 지수, 유사성 계수

정답 86 ③ 87 ① 88 ① 89 ②

90 잡초경합 한계기간에 대한 설명으로 옳은 것은?

① 작물의 종자가 발아하여 수확기까지 잡초와의 경합기간을 의미한다.
② 작물의 개화기 이후부터 결실기까지의 잡초와의 경합기간을 의미한다.
③ 작물의 파종기부터 초관형성기 사이의 잡초와의 경합기간을 의미한다.
④ 작물의 초관형성기부터 생식생장기 사이의 잡초와의 경합기간을 의미한다.

해설
잡초경합 한계기간
- 잡초의 경합이 없는 생육 초기와 경합으로 인한 피해가 없는 성숙 말기 사이의 기간
- 전 생육기간의 첫 1/3~1/2, 첫 1/4~1/3 기간에 해당되며 철저한 방제가 요구

91 다음 설명에 해당하는 것은?

> 두 종류의 제초제를 혼합처리할 때의 반응이 각각 제초제를 단독처리할 때 큰쪽의 반응보다 작은 경우이다.

① 길항작용
② 상승작용
③ 상가작용
④ 독립작용

해설
- 길항작용 : 상반되는 2가지 요인이 동시에 작용하여 그 효과를 서로 상쇄시키는 작용
- 상승작용 : 두 가지 제초제를 혼합 사용할 경우 약효가 상승하는 효과

92 잡초 방제법 중 예방적 방제법과 거리가 먼 것은?

① 농기계를 청결하게 관리한다.
② 관개 수로 유입로에 거름망을 설치한다.
③ 오염된 작물의 종자를 선별하여 소각한다.
④ 제초제를 사용하지 않고 손으로 잡초를 골라낸다.

해설
예방적 방제법
- 문제가 되는 잡초가 발생하거나 전파되는 것을 미리 방지하는 방제
- 잡초위생
  - 농경지를 무잡초 상태로 청결하게 유지
  - 새로운 종자나 영양체가 생성되지 않도록 관리
  - 휴면종자가 문제
- 재배관리의 합리화
  - 작물의 경합력을 증대시키는 재배적 조처
  - 적기적량의 시비법으로 작물의 양분 이용률 증대
  - 작물생육에 적합한 제한관계법과 제한경운법
  - 작물의 병해충과 선충으로부터 보호
  - 윤작체계에 의한 잡초 발생 억제
  - 잡초 개화 이전에 경운과 예취로 번식 억제
  - 이미 생성 유입된 잡초종자를 열처리에 의하여 제거
- 작물종자의 정선
  - 작물의 종자용에는 잡초종자의 혼입을 최소화
  - 작물과 잡초종자의 물리적 차이점을 이용하여 정선
  - 크기, 무게, 외형, 표면적, 비중, 부착성, 까락, 빛깔 등
- 농기계의 청소 : 파종, 경운, 수확, 종자조제 등의 농기계의 청결 유지
- 가축관리의 합리화
  - 가축의 털에 부착되어 이동되는 것을 방지
  - 가축의 분뇨와 퇴비를 완전히 부식시켜 이용
- 관배수로의 관리
  - 수생잡초와 부유잡초 및 잡초종자의 유입 방지
  - 거름망을 설치
- 관상식물종자의 관리 : 수입되는 관상식물의 종자나 영양체에 묻어오는 잡초종자에 특히 유의

93 C₃ 식물과 C₄ 식물에 대한 설명으로 옳지 않은 것은?

① 세계적으로 문제가 되는 대부분의 잡초종들은 C₄ 식물이다.
② C₄ 식물은 광합성 효율이 높은 반면, C₃ 식물은 광합성 효율이 상대적으로 낮다.
③ C₄ 식물은 RuBP Carboxylase, C₃ 식물은 PEP Carboxylase 효소가 CO_2의 고정에 관여한다.
④ C₃ 식물과 C₄ 식물의 초기 생육단계에 광합성 효율은 고온, 고광도, 수분제한조건에서 큰 차이를 보인다.

해설
③ C₃ : RuBP, C₄ : PEP

94 분해과정이 없을 경우 극성이 낮은 제초제를 토양처리하였을 때 제초효과가 가장 낮게 나타날 수 있는 조건은?

① 유기물이 없는 사질토
② 유기물이 풍부한 점질토
③ 유기물이 전혀 없는 점질토
④ 유기물이 어느 정도 있는 사질토

해설
제초제의 토양 중 흡착력은 점토광물에 의한 양이온 치환용량과 토양유기물 함량에 의한 완충능 등에 의해 차이가 남

95 작물과 방제 대상 잡초에 대하여 적합한 선택성 제초제로 올바르게 짝지어진 것은?

① 벼 - 강피 - 이사디 액제
② 벼 - 돌피 - 벤타존 액제
③ 보리 - 명아주 - 세톡시딤 유제
④ 벼 - 피 - 펜디메탈린·프로파닐 유제

해설
펜디메탈린·프로파닐 : 벼의 일년생 잡초인 피, 바랭이, 여뀌, 명아주, 사마귀풀, 가막사리 방제

96 잡초에 의한 피해가 아닌 것은?

① 작업 환경 악화
② 토양의 침식 발생
③ 병해충 서식처 제공
④ 작물과의 경합으로 인한 작물 생육 저하

해설
잡초의 유용성
• 지면을 덮어서 토양침식을 막아 줌
• 토양에 유기물 제공 : 토양물리환경 개선
• 곤충의 먹이와 서식처를 제공
• 야생동물, 조류 및 미생물이 먹이와 서식처로 이용
• 같은 종속의 작물에 유전자은행으로 이용 : 병해충의 저항성 작물 육성
• 구황식물로 이용
• 무공해 채소 : 달래, 냉이, 쑥, 취 등
• 공해제거 능력 : 물옥잠, 부레옥잠 등
• 약료, 염료, 향료, 향신료 등의 원료 : 반하, 쪽, 꼭두서니, 쑥 등
• 미적인 즐거움
• 조경식물 : 벌개미취, 미국쑥부쟁이, 술패랭이꽃 등
• 대부분 가축의 사료로 이용

97 잡초의 주요 영양번식 기관을 연결한 것으로 옳지 않은 것은?

① 향부자 – 절편
② 매자기 – 괴경
③ 쇠비름 – 절편
④ 올방개 – 괴경

해설
향부자는 종자 번식을 하며 호기성 광발아 종자이다.

98 다음 설명에 해당하는 잡초는?

- 종자보다 근경으로 번식한다.
- 잎을 물 위에 띄우는 부유성 다년생 잡초이다.
- 지하경을 내고 분지신장을 하며 옆으로 뻗어가면서 생육한다.
- 학명은 *Potamogeton distinctus* A. Benn이다.

① 가 래
② 올 미
③ 벗 풀
④ 너도방동사니

해설
가래에 대한 설명이다.

99 논에 다년생 잡초가 증가하는 이유로 옳지 않은 것은?

① 추경 감소
② 답리작 감소
③ 퇴비 시비량 감소
④ 동일 제초제 연용

해설
논에서 다년생 잡초의 증가하는 이유는 벼를 수확 후 가을갈이(추경)의 감소, 이모작 감소 등의 원인과 일년생 잡초 방제를 위한 제초제 연용과 관계가 있음

100 다음 괄호 안에 들어갈 용어로 옳은 것은?

광엽잡초란 (A) 잡초나 (B)잡초에 속하지 않은 잡초로 잎은 둥글고 크며 평평하며 엽맥이 그물처럼 얽혀 있는 것이 특징이다.

① A : 화본과, B : 국화과
② A : 십자화과, B : 국화과
③ A : 화본과, B : 방동사니과
④ A : 십자화과, B : 방동사니과

해설
광엽잡초란 화본과 잡초나 방동사니과 잡초에 속하지 않는 잡초이다.

정답 97 ① 98 ① 99 ③ 100 ③

2019년 제1회 과년도 기출문제

식물보호기사

제1과목 식물병리학

01 보리에 발생하는 줄기녹병의 중간기주는?

① 잣나무　② 향나무
③ 배나무　④ 매자나무

해설
녹병류의 중간기주
- 배나무 붉은별무늬병균(적성병) : 향나무
- 사과나무 붉은별무늬병 : 향나무
- 소나무 혹녹병 : 졸참나무, 신갈나무
- 맥류 줄기녹병 : 매자나무
- 밀 붉은녹병 : 좀꿩의다리

02 포도나무 새눈무늬병균의 월동형태는?

① 균 핵　② 균 사
③ 담자포자　④ 후막포자

해설
포도나무 새눈무늬병(흑두병)균은 균사의 형태로 병든 덩굴 또는 열매에서 월동한다.

03 1970년에 미국에서 발생하여 옥수수 생산에 큰 피해를 준 식물병은?

① 역 병　② 맥각병
③ 도열병　④ 깨씨무늬병

해설
1970년대 미국 옥수수의 주요 품종은 웅성불임 품종으로, 깨씨무늬병에 대한 감수성이 높아 잎이 말라 죽고, 줄기와 이삭까지 썩는 증상으로 인해 피해가 발생하였다.

04 사과나무 뿌리혹병의 주요 발생원인은?

① 세균 감염　② 토양 선충
③ 사상균 감염　④ 생리적 장애

해설
뿌리혹병(근두암종병) : *Agrobacterium* – 단극모 – 그람음성세균 – 한천배지 반응은 백색 원형 콜로니

05 벼 잎집무늬마름병의 방제방법으로 옳은 것은?

① 감수성 품종을 재배한다.
② 고습도 상태로 재배한다.
③ 만생종 품종을 재배한다.
④ 칼리질 비료를 가급적 적게 준다.

해설
벼 중 만생종을 재배하면 벼의 생육 후기에 기온이 낮아져 잎집무늬마름병의 발병이 감소한다.

06 병에 걸린 식물의 단면을 잘라서 점액의 누출 여부로 진단하는 경우로 가장 적합한 것은?

① 세균에 의한 병
② 선충에 의한 병
③ 곰팡이에 의한 병
④ 바이러스에 의한 병

해설
점액물질에 의한 간이판단 : 세균병을 진단하는 방법으로, 토마토나 고추의 풋마름병 등을 진단할 수 있다.

정답　1 ④　2 ②　3 ④　4 ①　5 ③　6 ①

07 토마토 풋마름병에 대한 설명으로 옳은 것은?

① 토마토에만 감염된다.
② 담자균에 의한 병이다.
③ 병원균은 주로 병든 식물체에서 월동한다.
④ 병원균이 뿌리로 침입하면 뿌리가 흰색으로 변한다.

해설
토마토 풋마름병은 세균에 의한 병으로, 병든 식물의 잔재에서 월동하고, 고온다습한 환경과 산성토양에서 다발한다.

08 세균의 변이기작이 아닌 것은?

① 접 합
② 형질전환
③ 형질도입
④ 이핵현상

해설
세균의 변이기작 : 접합, 형질전환, 형질도입

09 바이러스로 인한 식물병의 생물학적 진단방법은?

① 슬라이드법
② 형광항체법
③ 괴경지표법
④ X-체 검경법

해설
괴경지표법(최아법) : 감자의 싹을 길러 발병 유무를 확인하는 진단방법

10 대추나무 빗자루병 방제를 위하여 옥시테트라사이클린 수화제로 수간주사를 하려고 할 때 유의사항으로 옳지 않은 것은?

① 사용적기는 4월 초이다.
② 수확 30일 전까지 사용한다.
③ 흉고직경이 10cm인 경우 1회에 1L를 주입한다.
④ 물 10L에 약제 200g을 정량한 후 잘 녹여 사용한다.

해설
물 20L에 100g을 정량한 후 잘 녹여 사용한다.

11 배나무 검은별무늬병에 대한 설명으로 옳지 않은 것은?

① 잎에서 처음에 황백색의 병무늬가 나타난다.
② 배나무 인근에 향나무가 많은 경우 발병하기 쉽다.
③ 배나무의 잎, 잎자루, 열매, 열매자루, 햇가지 등에 발생한다.
④ 낙엽을 모아 태우거나 땅속에 묻어 발병을 예방할 수 있다.

해설
향나무는 배 붉은별무늬병의 중간기주이다.

정답 7 ③ 8 ④ 9 ③ 10 ④ 11 ②

12 식물병원균에 대한 길항균으로 많이 사용되는 것은?

① *Rhizoctonia solani*
② *Streptomyces scabies*
③ *Penicillium expansum*
④ *Trichoderma harzianum*

해설
식물병 방제에 이용하는 길항미생물
- 흰가루병균 : *Paenibacillus polymixa*, *Ampelomyces quisqualis*, *Streptomyces* sp.
- 잿빛곰팡이병 : *Cladosporium herbarum*, *Penicillium* sp.
- 균핵병균 : *Bacillus subtilis*
- 토양전염성 균 : *Coniothyrium minitants*, *Gliocladium virens*, *Trichoderma harzianum*, *streptomyces*, *Bacillus*

13 기주식물의 면역 또는 저항성 개선을 위해 약독 바이러스를 미리 감염시켜 식물체를 강독 바이러스의 감염으로부터 보호하는 것은?

① 교차보호 ② 식물방어
③ 유도저항성 ④ 저항성 품종

해설
교차보호 : 병원성이 약화된 식물바이러스가 침입한 기주에 병원성이 강한 바이러스에 의한 병의 확산이 억제되는 현상
예 토마토 담배모자이크바이러스, 박과 작물의 오이녹반모자이크바이러스, 감귤 트리스테자바이러스 등

14 바이로이드에 의한 식물병의 주요 병징은?

① 위 축 ② 부 패
③ 점무늬 ④ 줄무늬

해설
바이로이드에 의한 대표적인 병은 감자 걀쭉병이 있고, 이 병의 병징은 식물체가 길쭉해지고 위축되며, 잎은 색이 짙어지고 말라비틀어진다.

15 벼 도열병균이 분비하는 독소는?

① 빅토린(Victorine)
② 피리큘라린(Piricularin)
③ 후사릭산(Fusaric Acid)
④ 라이코마라스민(Lycomarasmine)

해설
벼 도열병에서 분리된 5독소 : Piricularin, Picolinic Acid, Tenuazonic Acid, Piriculol, Coumarin

16 바이러스로 인한 식물병의 증상 중 세포조직의 괴사로 나타나지 않는 것은?

① 반 점 ② 위 축
③ 줄무늬 ④ 둥근겹무늬

해설
바이러스에 의해 정상적인 세포조직이 손상돼 발생하는 증상으로는 반점, 줄무늬, 둥근겹무늬 등이 있고, 위축증상은 세포의 생장이 멈추거나 양분 공급이 감소함에 따라 발생하는 증상이다.

17 그람음성세균에 해당하는 것은?

① 토마토 궤양병균
② 감자 더뎅이병균
③ 벼 흰잎마름병균
④ 감자 둘레썩음병균

해설
그람염색법에 의한 분류
- 보라색으로 염색되는 그람양성균 : 감자 둘레썩음병, 토마토 궤양병, 감자 더뎅이병 등
- 분홍색으로 염색되는 그람음성균 : 대부분의 세균

18 식물병을 일으키는 병원체 중 핵산으로만 구성되어 있으며 크기가 가장 작은 것은?

① 바이러스
② 바이로이드
③ 파이토플라스마
④ 스피로플라스마

해설
바이로이드
- 한 가닥의 핵산(RNA)으로만 구성된 병원체
- 접목전염 및 접촉전염
- 일본에서 배의 유부과현상에서 바이로이드 검출
- 감자 걀쭉병의 원인물질
※ 병원체의 크기순 배열 : 바이로이드 < 바이러스 < 세균 < 진균(곰팡이)

19 초승달 모양의 대형 분생포자와 원 모양의 소형 분생포자를 형성하는 병원균은?

① 벼 도열병균
② 벼 오갈병균
③ 벼 키다리병균
④ 벼 흰잎마름병균

해설
벼 키다리병
- 병원균 : 진균(자낭균류)
- 전파(매개충) : 바람(종자)
- 월동형태 및 장소 : 분생포자의 형태로 종자 표면에서 월동
- 특징 : 지베렐린(GA) 분비

20 배추 무름병을 일으키는 병원체는?

① 세 균
② 곰팡이
③ 바이러스
④ 파이토플라스마

해설
세균병의 병징 – 무름병
- 상처에 침입한 병균이 펙티나아제(Pectinase) 효소를 분비해 기주세포의 중층을 분해하며, 이로 인해 삼투압에 변화가 생겨 기주세포는 원형질 분리를 일으켜 죽게 된다.
- 수분이 많은 조직에서 부패와 악취를 동반하는 무름현상이 나타난다.
  예) 배추 무름병 등

정답 17 ③ 18 ② 19 ③ 20 ①

제2과목 농림해충학

21 곤충의 배설을 담당하는 기관은?
① 알라타체 ② 존스톤기관
③ 말피기소관 ④ 모이주머니

해설
말피기관 : 곤충체강 내에서 비틀림운동을 하면서 pH나 무기이온 농도 등을 조절하고, 배설작용을 한다.

22 생육 중인 마늘이 하엽부터 고사하기 시작하여 포기의 인경을 파내어 보았더니 구더기 같은 회백색의 유충이 발견되었다면 어느 해충의 피해인가?
① 파밤나방
② 고자리파리
③ 담배거세미나방
④ 아메리카잎굴파리

해설
고자리파리 : 유충은 마늘, 양파, 파, 부추와 백합과 같은 화훼류 등의 뿌리 부분에서부터 파먹어 들어가 지하부의 비늘줄기를 가해하여 아래 잎부터 노랗게 되고 말라 죽는다.

23 식물체 내에 농약 성분을 흡수시킨 후 식물체의 즙액을 빨아먹는 해충을 방제하는 데 가장 적합한 것은?
① 훈증제 ② 접촉제
③ 소화중독제 ④ 침투성 살충제

해설
침투성 살충제 : 멸구나 진딧물 등을 방제하는 데 사용하며, 천적에 대한 피해가 없다.

24 곤충의 생식기관이 아닌 것은?
① 심 문 ② 저장낭
③ 부속샘 ④ 송이체

해설
심문은 순환계 기관이다.

25 과변태를 하는 것은?
① 가뢰과 곤충
② 파리과 곤충
③ 풍뎅이과 곤충
④ 날도래과 곤충

해설
가뢰과 곤충은 알 → 유충 → 의용 → 용 → 성충 순으로 과변태한다.

26 벼룩잎벌레에 대한 설명으로 옳은 것은?
① 번데기로 월동한다.
② 성충은 주로 열매를 가해한다.
③ 고추에 주로 발생하는 해충이다.
④ 일반적으로 작물이 어린 시기에 피해가 많다.

해설
배추 벼룩잎벌레
• 성충은 기주식물의 잎을 발아 시부터 가해하고, 유충은 뿌리를 가해한다.
• 성충 형태로 잡초나 얕은 땅속에서 월동한다.

정답 21 ③ 22 ② 23 ④ 24 ① 25 ① 26 ④

27 성충과 유충이 모두 잎을 가해하는 해충은?

① 박쥐나방   ② 솔잎혹파리
③ 미국흰불나방   ④ 오리나무잎벌레

해설
오리나무잎벌레의 경우 성충과 유충이 모두 잎을 가해한다.

28 거미와 비교한 곤충의 일반적인 특징이 아닌 것은?

① 머리에는 입틀, 더듬이, 겹눈이 있다.
② 배마디에는 3쌍의 다리와 2쌍의 날개가 있다.
③ 곤충은 머리, 가슴, 배 3부분으로 구성되어 있다.
④ 곤충은 동물 중에 가장 종류가 많으며, 곤충강에 속하는 절지동물을 말한다.

해설
다리와 날개는 곤충의 가슴마디에 붙어 있다.

29 유충이 열매 속으로 뚫고 들어가 가해하는 해충은?

① 사과혹진딧물   ② 포도유리나방
③ 복숭아심식나방   ④ 배나무방패벌레

해설
복숭아심식나방
- 유충이 과실 내부로 뚫고 들어가 여러 곳을 가해한다.
- 먹어 들어간 식입구보다 탈출구가 더 크다.
- 연 2회 발생하며, 노숙유충의 형태로 땅속 고치 속에서 월동한다.
- 주광성과 주화성이 낮다.
- 복숭아나무, 사과나무, 배나무, 자두나무, 살구나무 등

30 곤충의 천적으로 활용할 수 있는 바이러스가 아닌 것은?

① 과립 바이러스
② 베고모 바이러스
③ 핵다각체 바이러스
④ 세포질 다각체 바이러스

해설
베고모 바이러스는 담배가루이에 의해 감염되는 식물기주 바이러스이다.

31 단위생식이 가능한 것은?

① 밤나무혹벌   ② 배추흰나비
③ 송충알좀벌   ④ 잣나무넓적잎벌

해설
생 식
- 양성생식 : 암수의 교미로 생식
  예 대부분의 곤충
- 단위생식 : 암컷만으로 생식
  예 밤나무순혹벌, 민다듬이벌레, 진딧물류(여름) 등
- 다배생식 : 수정된 난핵이 분열해 각각의 개체로 발육하고, 1개의 정핵난에서 여러 개의 유충 발생
  예 송충알좀벌 등
- 유생생식 : 유충이나 번데기가 생식

32 봄에 수목 주변의 잡초를 제거하여 피해를 줄일 수 있는 해충은?

① 꽃매미   ② 소나무좀
③ 박쥐나방   ④ 포도뿌리혹벌레

해설
박쥐나방의 방제적기는 잡초에서 기주식물로 이동하는 시기인 5~6월 상순경으로, 이 시기에 약제를 살포하고 나무 밑부분 주변의 잡초를 제거해 줘야 피해 부위를 확인할 수 있다.

33 딱정벌레목의 특성에 대한 설명으로 옳지 않은 것은?

① 종이 다양하다.
② 불완전변태를 한다.
③ 앞날개가 두껍고 날개맥이 없다.
④ 대부분 외골격이 발달하여 단단하다.

해설
딱정벌레목
- 완전변태하는 내시류에 해당한다.
- 입의 형태는 저작구이다.
- 대개 날개가 있으나 없는 것도 있으며, 날개가 있는 것은 날개가 각질화되어 소위 시초(딱지날개)를 형성한다.
- 유충은 3쌍의 다리와 1쌍의 복지를 가지고 있다.

34 해충의 밀도와 농작물 피해에 대한 설명으로 옳지 않은 것은?

① 경제적 피해허용수준은 어느 경우에나 일반평형밀도보다 높다.
② 경제적 피해수준은 경제적 피해허용수준보다 높게 관리해야 한다.
③ 일반적인 환경조건에서 형성된 해충의 평균밀도를 일반평형밀도라고 한다.
④ 경제적 손실이 나타나는 해충의 최저밀도를 경제적 피해수준이라고 한다.

해설
- 경제적 피해수준(Econopmic Injury Level) : 경제적 피해가 나타나는 해충의 최저밀도, 즉 해충에 의한 피해액과 방제비가 같은 수준의 밀도로, 작물의 경제성, 지역이나 사회적 여건 등에 따라 달라질 수 있다.
- 경제적 피해허용수준(Economic Threshold Level) : 해충의 밀도가 경제적 피해수준에 도달하는 것을 막기 위하여 직접 방제수단을 써야 하는 밀도수준으로, 경제적 피해수준보다 낮으며, 방제수단을 강구해야 할 시간적 여유도 고려한다.
- 일반평형밀도(General Equilibrium Position) : 일반적인 환경조건하에서의 평균밀도

35 카이로몬에 의한 곤충의 행태로 옳은 것은?

① 개미 군집에서 계급을 분화하여 생활
② 배추흰나비가 유채과 식물을 찾아 섭식
③ 노린재가 분비하는 고약한 냄새물질에 대한 포식자 회피
④ 수컷 나방이 멀리 떨어져 있는 암컷 나방을 찾아가는 행동

해설
카이로몬 : 식물이 생성하는 화학물질로, 향기를 통해 곤충을 유인한다.

36 톱밥 같은 배설물을 밖으로 내보내지 않고 수피 속의 갱도에 쌓아 놓아 피해를 발견하기가 어려운 해충은?

① 알락하늘소
② 미끈이하늘소
③ 향나무하늘소
④ 털두꺼비하늘소

해설
향나무하늘소
- 유충이 줄기와 가지 수피 밑의 형성층을 불규칙하고 평편하게 갉아먹고, 갱도에 배설물을 채워 외부에서는 피해를 발견하기가 쉽지 않다.
- 연 1회 발생하며, 성충의 형태로 월동한다.

37 노린재목의 형태적 특징으로 옳지 않은 것은?

① 더듬이는 4~5개 마디로 구성된다.
② 뚫어 빠는 입이 있으며 미모는 없다.
③ 겹눈은 대부분 잘 발달하고 홑눈은 없거나 2~3개이다.
④ 다리의 발마디는 1~5개로 구성되지만 대체로 5개 마디이다.

해설
노린재목
• 입의 형태는 흡수구이다.
• 날개가 있는 것은 장시형과 단시형이 있으며, 날개가 없는 것도 있다.
• 단위생식을 하는 것도 있다.
※ 곤충의 다리는 앞가슴, 가운데가슴, 뒷가슴에 각각 1쌍씩 총 3쌍의 다리가 붙어 있고, 아래와 같은 5개의 다리마디로 되어 있는데, 노린재목은 다리마디의 끝부분에 붙어 있는 발마디가 2~3마디이다.
  • 기절(밑마디)
  • 전절(도래마디)
  • 퇴절(넓적다리)
  • 경절(종아리마디)
  • 부절(발마디)

38 식도하신경절에 의해 운동신경과 감각신경의 지배를 받지 않는 기관은?

① 큰 턱   ② 작은턱
③ 더듬이   ④ 아랫입술

해설
식도하신경절 : 운동을 촉진시키거나 억제시키는 작용을 하고 큰턱, 작은턱, 아랫입술을 지배한다.

39 외국으로부터 유입되어 우리나라에 정착한 해충이 아닌 것은?

① 벼밤나방
② 벼물바구미
③ 온실가루이
④ 꽃노랑총채벌레

해설
• 벼물바구미 : 미국 미시시피강 상류가 원산지인 외래해충
• 시설하우스의 주요 외래해충 : 온실가루이, 담배가루이, 총채벌레, 잎굴파리 등

40 애멸구에 대한 설명으로 옳지 않은 것은?

① 천적은 날개집게벌, 애꽃노린재 등이 있다.
② 2모작 맥류재배를 하면 애멸구가 많이 발생한다.
③ 약충과 성충은 벼의 즙액을 빨아먹어 피해를 준다.
④ 중국으로부터 비래하지만 우리나라에서 월동은 불가능하다.

해설
애멸구는 3~4령 약충의 형태로 논둑, 밭둑 등에서 월동한다.

정답 37 ④ 38 ③ 39 ① 40 ④

제3과목 재배학원론

41 다음 중 이랑을 세우고 이랑에 파종하는 방식은?

① 휴립휴파법 ② 성휴법
③ 휴립구파법 ④ 평휴법

해설
휴립휴파법 : 이랑을 세우고 이랑에 파종하는 방식으로, 고구마의 경우 이랑을 높게 세우고, 조·콩 등은 이랑을 비교적 낮게 세운다. 이랑에 재배하면 배수와 토양통기가 좋은 장점이 있다.

42 다음 중 식물의 광합성에 가장 효과적인 광색은?

① 주황색 ② 황 색
③ 녹 색   ④ 적 색

해설
엽록소 형성에 관여하는 빛 : 청색광과 적색광
• 청색광 : 400~500nm
• 적색광 : 650~700nm

43 다음 중 토양 유효수분의 범위로 가장 옳은 것은?

① 흡습수 이상의 토양수분
② 영구위조점과 흡습수 사이의 수분
③ 최대용수량과 포장요수량 사이의 수분
④ 포장용수량과 영구위조점 사이의 수분

해설
토양 유효수분 : 포장용수량(pF 2.5~2.7)과 영구위조점(pF 4.2) 사이의 토양수분

44 다음 중 작물의 주요 온도에서 '최적온도'가 가장 낮은 작물은?

① 보 리 ② 오 이
③ 옥수수 ④ 멜 론

해설
최적온도가 높은 작물 : 멜론(35℃), 삼(35℃), 오이(33~34℃), 옥수수(30~32℃) 등

45 다음 중 T/R률에 대한 설명으로 가장 옳은 것은?

① 감자나 고구마의 경우 파종기나 이식기가 늦어질수록 T/R률이 감소한다.
② 일사가 적어지면 T/R률이 감소한다.
③ 질소를 다양시용하면 T/R률이 감소한다.
④ 토양함수량이 감소하면 T/R률이 감소한다.

해설
T/R률
• 식물의 지하부 생장량에 대한 지상부 생장량의 비율로, 생육상태의 변동을 나타내는 지표가 될 수 있다(생장량은 생체 또는 건물 중량으로 표시).
• 지하저장기관을 수확의 목적으로 하는 고구마·감자 등은 파종기나 이식기가 늦어질수록 지하부의 중량 감소가 지상부의 중량 감소보다 크기 때문에 T/R률이 커진다.
• 토양 내 수분 과다, 일조 부족, 석회 사용 부족 등의 경우 지상부에 비해 지하부의 생육이 나빠져 T/R률이 커진다.
• 질소를 다량시비하면 지상부의 질소 집적이 많아지고, 단백질의 합성이 왕성해지며, 탄수화물이 적어져서 지하부로의 전류가 상대적으로 감소하여 뿌리의 생장이 억제되므로 T/R률이 커진다.

정답 41 ① 42 ④ 43 ④ 44 ① 45 ④

46 작물의 내동성을 감소시키는 생리적 요인은?

① 전분 함량이 많다.
② 원형질의 수분투과성이 크다.
③ 원형질의 점도가 낮다.
④ 원형질의 친수성 콜로이드가 많다.

해설
내동성 작물의 생리적 요인
- 원형질의 수분투과성이 큰 것은 세포 내 결빙을 적게 한다.
- 원형질 단백질에 –SH기가 많은 것은 –SS기가 많은 것보다 기계적 인력을 받을 때 미끄러지기 쉬워 원형질의 파괴가 적다.
- 원형질의 점도가 낮고, 연도가 높은 것이 기계적 인력을 덜 받는다.
- 원형질의 친수성 콜로이드(교질 함량)가 많으면 세포 내의 결합수가 많아진다.
- 지유 함량과 당분 함량이 많으면 내동성이 증대된다.
- 전분 함량이 많으면 내동성이 저하된다.
- 세포 내 수분(자유수) 함량이 많으면 내동성이 저하된다.
- 경화(Hardening) : 월동작물이 5℃ 이하의 기온에 계속 처하게 되면 내동성이 증대된다.

47 강산성이 되면 가급도가 감소되어 작물 생육에 불리한 원소는?

① Cu   ② Zn
③ P   ④ Mn

해설
- 알칼리성 흡수의 변화가 없는 것 : K, S, Ca, Mg
- 알칼리성 흡수가 크게 줄어드는 것 : Mn, Fe
- 강산성 토양에서의 양분흡수 변화
  - P, Ca, Mg, B, Mo 등의 가급도가 감소한다.
  - Al, Cu, Zn, Mn 등의 용해도가 증가한다.
- 강알칼리성 토양에서의 양분흡수 변화 : B, Fe, Mn 등의 용해도 감소는 작물생육에 불리하다.

48 다음 중 벼의 비료 3요소 흡수비율로 가장 옳은 것은?

① 질소 5 : 인산 1 : 칼륨 1.5
② 질소 5 : 인산 2 : 칼륨 4
③ 질소 4 : 인산 2 : 칼륨 3
④ 질소 3 : 인산 1 : 칼륨 4

해설
N : P : K의 흡수비율
- 벼 5 : 2 : 4
- 맥류 5 : 2 : 3
- 옥수수 4 : 2 : 3
- 고구마 4 : 1.5 : 5
- 감자 3 : 1 : 4
- 콩 5 : 1 : 1.5

49 군락의 수광태세가 좋아지고 밀식적응성이 높은 콩의 초형으로 틀린 것은?

① 잎이 크고 두껍다.
② 잎자루가 짧고 일어선다.
③ 꼬투리가 원줄기에 많이 달린다.
④ 가지를 적게 치고 가지가 짧다.

해설
좁은 면적에 많이 심는 밀식 품종의 경우 잎이 작아야 유리하다.

정답 46 ① 47 ③ 48 ② 49 ①

50 질산환원효소의 구성성분으로 콩과 작물의 질소고정에 필요한 무기성분은?

① 몰리브덴 ② 철
③ 마그네슘 ④ 규소

해설
몰리브덴(Mo)
- 질산환원효소의 구성성분이며, 질소대사에 필요하다.
- 근류균의 질소고정에도 필요하며, 콩과 작물에 많이 함유되어 있다.
- IAA산화효소의 활성에도 관여한다.

51 벼의 생육 중 냉해에 의한 출수가 가장 지연되는 생육단계는?

① 유효분얼기 ② 유수형성기
③ 감수분열기 ④ 출수기

해설
유수형성기 : 유수분화기 후 약 7~10일에 영화의 분화가 이루어지고, 이삭이 3~5cm 정도 자라서 꽃밥 속에 생식세포가 나타나는 시기

52 다음 중 천연 지베렐린에 해당하는 것은?

① IPA ② GA₂
③ PAA ④ CCC

해설
① IPA : 시토키닌계 호르몬
③ PAA : 옥신계 호르몬
④ CCC : 생장억제제

53 다음 중 2년생 식물로만 구성되어 있는 것은?

① 가을보리, 코스모스
② 가을밀, 국화
③ 옥수수, 호프
④ 무, 사탕무

해설
- 1년생 작물 : 벼, 콩, 옥수수 등
- 2년생 작물 : 무, 사탕무 등
- 월년생 작물 : 가을보리, 가을밀 등
- 영년생 작물 : 사료작물 중 목초류 등

54 다음 중 재배종과 야생종의 특징에 대한 설명으로 가장 적절한 것은?

① 야생종은 휴면성이 약하다.
② 재배종은 대립종자로 발전하였다.
③ 재배종은 단백질 함량이 높아지고 탄수화물 함량이 낮아지는 방향으로 발달하였다.
④ 성숙 시 종자의 탈립성은 재배종이 크다.

해설
① 재배종은 야생종에 비해 휴면성이 약하다.
③ 재배종은 탄수화물 함량이 높다.
④ 재배종은 성숙종자의 탈립성이 작아 수확 시 손실률이 적다.

55 다음 중 굴광현상에 가장 유효한 광은?

① 자외선 ② 적색광
③ 청색광 ④ 적외선

해설
굴광현상에 유효한 파장 : 청색광 440~480nm

56 저온 버널리제이션을 실시한 직후 고온 처리를 하면 버널리제이션효과가 상실되는데, 이 현상을 무엇이라 하는가?

① 이춘화 ② 등숙기춘화
③ 종자춘화 ④ 재춘화

해설
이춘화(Devernalization) : 저온 버널리제이션을 실시한 직후 고온 처리를 하면 버널리제이션효과가 상실되는 현상

57 무기원소 결핍 시 사탕무의 속썩음병, 순무의 갈색속썩음병 등을 유발하는 원소는?

① 인 ② 질소
③ 망간 ④ 붕소

해설
붕소(B)
- 촉매 또는 반응 조절물질로 작용하며, 석회 결핍의 영향을 경감시킨다.
- 체내 이동성이 낮으며, 생장점 부근에 함유량이 많아 결핍증세는 생장점이나 저장기관에서 나타나기 쉽다.
- 석회의 과잉, 토양의 산성화는 붕소 결핍을 초래한다.
- 부족 시 : 분열조직의 괴사, 사탕무의 속썩음병, 샐러리의 줄기쪼김병, 사과의 축과병, 담배의 끝마름병, 알팔파의 황색병, 꽃양배추의 갈색병, 수정결실 불량, 콩과의 근류 형성과 질소고정 저해

58 다음 중 작물의 기원지가 지중해 연안 지역에 해당하는 것으로만 나열된 것은?

① 조, 참깨 ② 사탕수수, 당근
③ 감자, 고구마 ④ 유채, 사탕무

해설
① 조(동부아시아), 참깨(인도)
② 사탕수수(인도), 당근(중앙아시아)
③ 감자(남아메리카 안데스), 고구마(멕시코)

59 다음 중 에틸렌의 전구물질에 해당하는 것은?

① Tryptophan ② Methionine
③ Acetyl CoA ④ Phenol

해설
에틸렌의 전구물질은 Methionine(메티오닌)이다.

60 다음 중 감자의 휴면타파에 가장 유효한 것은?

① AMO-1618 ② 페놀
③ Gibberrllin ④ 2,4-D

해설
화곡류 및 감자의 휴면타파법
- 벼종자 : 40℃에 3주 또는 50℃에 4~5일간 보관
- 맥류종자 : 0.5~1%의 과산화수소액에 24시간 침지
- 감자 : 2ppm 정도의 지베렐린 수용액에 30~60분간 침지

정답 56 ① 57 ④ 58 ④ 59 ② 60 ③

제4과목 농약학

61 다음 제형 중 주로 병해충 예방용 약제를 대상으로 하며 단위면적당 농약 투입량이 가장 적은 것은?

① 종자처리 수화제(WS)
② 유현탁제(SE)
③ 액상수화제(SC)
④ 미립제(MG)

해설
종자처리제에는 종자처리 수화제, 종자처리 액상수화제, 분의제 등이 있고 작물 재배 전 종자에 처리하기 때문에 약제사용량은 적으나 효과적이다.

62 시토키닌계의 식물호르몬제로서 콩나물의 생장촉진제로 가장 적합한 약제는?

① 페노프롭(Fenoprop)
② 육-비에이(6-BA)
③ 지베렐린(Gibberellin)
④ 아토닉(Atonic)

해설
6-BA(6-벤질아미노푸린)는 시토키닌계 식물호르몬이다.

63 갯지렁이에서 천연 살충물질을 추출하여 농약으로 개발한 살충제는?

① 아바멕틴(Abamectin)
② 벤설탑(Bensultap)
③ 메소밀(Methomyl)
④ 엔도설판(Endosulfan)

해설
Bensultap, Cartap 및 Thiocyclam은 갯지렁이에서 발견한 천연 독소성분인 Nereistoxin의 분자구조로부터 유도된 살충제이다.

64 식물체 내에서 베타산화(β-oxidention) 여부로 선택성을 나타내는 것은?

① 2,4,5-T
② 2,4-DES
③ 2,4-DB
④ UDPG

해설
선택성 및 비선택성 제초제
• 선택성 : 2,4-D, MCP, MCPB, DCPA
• 비선택성 : CAT, CMV, PCP, DNBP, Paraquat, Glyphosate

65 BP(밧사) 원제 0.4kg으로 2% 분제를 만들려고 할 때 소요되는 증량제의 양은?(단, 원제의 함량은 94%이다)

① 1.84kg
② 4.60kg
③ 18.4kg
④ 46.0kg

해설
희석에 소요되는 증량제의 양(kg)
= 원분제의 무게(g) × (원분제의 농도/원하는 농도 − 1)
= 0.4kg × (94/2 − 1) = 18.4kg

정답 61 ① 62 ② 63 ② 64 ③ 65 ③

66 석회보르도액은 어느 것에 해당하는가?

① 황 제   ② 염소제
③ 구리제   ④ 비소제

해설
구리제
- 구리 이온에는 강한 살균력이 있어 19세기 초부터 황산구리를 살균제로 사용하였다.
- 종 류
  - 무기동제 : 보르도혼합액, 동수화제 등
  - 유기동제 : 옥시코퍼, 코퍼하이드록사이드 등
- 특 징
  - 광범위한 병해에 유효
  - 작물에 따라 약해 발생 우려
  - 어류에 독성이 있어 주의 필요
  - 알칼리성이므로 유기인제와 혼용 불가
  - 구리화합물을 작물체 위에 미립자로 고착
  - CO_2나 유기산 등에 의해 구리이온을 방출해 살균효과 발현

67 다음 살균제 중 유기유황제가 아닌 것은?

① 프로피   ② 지 람
③ 네오아소진   ④ 만코지

해설
네오아소진은 유기비소계 농약으로, 현재는 사용이 금지된 품목이다.

68 농약이 갖추어야 할 사항으로 틀린 것은?

① 인축에 대한 독성이 낮아야 한다.
② 토양 및 수질 오염을 유발시키지 않아야 한다.
③ 작물 또는 토양에 대한 잔류성이 없어야 한다.
④ 적용 해충의 범위가 넓고 비선택적이어야 한다.

해설
농약의 구비조건
- 적은 양으로 약효가 확실할 것
- 농작물에 대한 약해가 없을 것
- 인축에 대한 독성이 낮을 것
- 어류에 대한 독성이 낮을 것
- 다른 약제와의 혼용 범위가 넓을 것
- 천적 및 유해곤충에 대하여 독성이 낮거나 선택적일 것
- 값이 쌀 것
- 사용방법이 편리할 것
- 대량생산이 가능할 것
- 물리적 성질이 양호할 것
- 농촌진흥청에 등록되어 있을 것

69 보리 겉깜부기병의 종자소독에 가장 효과적인 약제는?

① 지네브(Zineb)제
② MAFA(Neozin)제
③ 캡탄(Captan)제
④ 카복신(Carboxin)제

해설
보리 겉깜부기병 등록약제 : 카복신・티람 분제(상표명 비타지람)

정답   66 ③   67 ③   68 ④   69 ④

70 유제(乳劑)에 대한 설명으로 옳지 않은 것은?

① 수화제보다 살포액의 조제가 편리하다.
② 수화제보다 약효가 다소 낮다.
③ 수화제보다 제조비가 높다.
④ 수화제보다 포장·수송·보관이 어렵다.

해설
유 제
- 유탁액 : 불용성 주제 + 용제 + 계면활성제
- 물에 녹지 않는 농약의 주제를 용제에 용해시켜 계면활성제를 첨가한 것이다.
- 물과 혼합 시 우유 모양의 유탁액이 된다.
- 수화제보다 살포액의 조제가 편리하고, 약효가 다소 높다.
- 유제의 구비조건 : 유화성, 안정성, 확전성, 고착성

71 농약 안전살포 방법으로 가장 적절한 것은?

① 바람을 등지고 살포
② 바람을 안고 살포
③ 바람의 도움으로 살포
④ 바람방향을 무시하고 살포

해설
바람을 등지고 살포해야 살포한 약제와 접촉을 덜하게 된다.

72 다음 중 생장조정제로 사용할 수 있는 것은?

① Oxadiazon   ② Butachlor
③ Molinate   ④ 2,4-D

해설
2,4-D는 옥신계 생장조절물질이다.

73 R - HG - X로 표시되는 유기수은제에서 X에 해당되지 않는 것은?

① $-HPO_4$ ② $-Cl$
③ $-OH$ ④ $-CH_3$

해설
X에 해당되는 것
- 음이온의 산기 : $-HPO_4$
- 할로겐기 : $-Cl$
- 수산기 : $-OH$

74 어류에 대한 농약의 독성 및 감수성에 영향을 미치는 요인으로 가장 거리가 먼 것은?

① 전 착   ② 성장단계
③ 수 온   ④ 제제형태

해설
어독성
- 살포한 농약이 강우나 관개수 등으로 인해 하천, 호수와 직결되어 각종 어류에 독성을 일으키는 것을 말한다.
- 제제형태별로 유제 > 수화제 > 수용제 순으로 어독성이 강하다.
- 분제와 입제는 어류에 대한 독성이 비교적 약한 것으로 알려져 있다.
- 어류의 알은 농약에 대한 감수성이 매우 낮고, 수온이 높으면 농약에 대한 저항성이 낮아진다.

75 카복시아니라이드계 살균제로서 담자균류에 의한 병해에 효과가 뛰어난 약제는?

① 아이비(키타진)
② 베나솔(오리자)
③ 부라딘(금보라)
④ 메프로닐(논사)

해설
메프로닐 : 카복시아니라이드계 살균제로 잔디 갈색잎마름병, 감자 검은무늬썩음병, 국화 흰녹병 등의 적용약제이다.

76 농약의 검사방법에서 저비산분제(DL)의 검사항목이 아닌 것은?

① 분산성
② 분말도
③ 입 도
④ 가비중

해설
DL분제
- 살포 도중에 비산이 적은 약제
- 20~30μm 크기의 새로운 형태의 분제

77 다음 중 농약제제의 품질불량이 원인이 되는 약해가 아닌 것은?

① 원제 부성분에 의한 약해
② 불순물의 혼합에 의한 약해
③ 섞어 쓰기 때문에 일어나는 약해
④ 경시 변화에 의한 유해성분의 생성에 의한 약해

해설
섞어 쓰기 때문에 일어나는 약해는 정상적인 두 가지 이상의 농약을 혼용해서 사용할 때 발생하는 약해이다.

78 다음 중 요소계 제초제는?

① 아파론(Linuron)
② 2,4-D
③ 벤설라이드
④ 론스타(Oxadiazon)

해설
리누론은 요소계 제초제로, 일년생 화본과 및 광엽잡초에 효과적이다.

79 다음 살충제 중 유기인제가 아닌 것은?

① 테트라디폰(테디온)
② 디디브이피(DDVP)
③ 파라티온
④ 파프(PAP)

해설
테트라디폰(테디온)은 유기염소계 응애제이다.

80 농약은 종류별로 병뚜껑의 색깔을 달리하여 농민이 농약을 쉽게 식별할 수 있도록 하고 있는데 살균제의 병뚜껑은 다음 중 어떤 색인가?

① 분홍색
② 녹 색
③ 황 색
④ 청 색

해설
약제의 용도에 따른 바탕색 구분
- 살균제 : 분홍색
- 살충제 : 녹색
- 제초제 : 황색
- 생장조절제 : 청색
- 맹독성 농약 : 적색
- 기타 약제 : 백색
- 혼합제 및 동시방제제 : 해당 약제색깔 병용

정답 75 ④ 76 ① 77 ③ 78 ① 79 ① 80 ①

제5과목 잡초방제학

81 벼와 잡초 간의 경합으로 인한 피해가 가장 적은 시기는?

① 출수기부터 수확기
② 착근기부터 수잉기
③ 착근기부터 분얼기
④ 파종기부터 최고 분얼기까지

해설
잡초경합 한계기간
- 잡초의 경합이 없는 생육 초기와 경합으로 인한 피해가 없는 성숙 말기 사이의 기간을 의미한다.
- 전 생육기간의 첫 1/3~1/2 또는 첫 1/4~1/3 기간에 해당 되며, 철저한 방제가 요구된다.

82 쌍자엽 잡초의 특징으로 옳은 것은?

① 잎은 평행맥이다.
② 뿌리는 직근계이다.
③ 산재된 유관속의 관상경을 가지고 있다.
④ 생장점이 줄기 하단의 절간 부위에 있다.

해설
쌍자엽 식물과 단자엽 식물

쌍자엽 식물	단자엽 식물
• 자엽 : 2매	• 자엽 : 1매
• 줄기 : 개방유관속	• 줄기 : 산재 유관속 관상경
• 잎 : 익상맥	• 잎 : 평행맥
• 뿌리 : 직근계	• 뿌리 : 섬유근계 관근
• 생장점 : 식물체 위쪽	• 생장점 : 줄기 하단의 절간 부위

83 뿌리가 토양에 고정되어 있지 않고 물 위에 떠다니는 부유성 잡초에 해당하는 것은?

① 가래
② 네가래
③ 생이가래
④ 가는가래

해설
생이가래 : 물 위에 떠서 자라는 풀로, 줄기가 가늘고 길며 잔털이 배게 난다.

84 작물과 비교한 잡초의 특성으로 옳지 않은 것은?

① 종자생산량이 많다.
② 전파수단이 다양하다.
③ 휴면성이 없어 연중 생장한다.
④ 불리한 환경에서 적응성이 높다.

해설
잡초는 휴면성이 있고 발아의 조건, 시기, 종자의 수명에 따라 발아 정도가 다르다.

85 잡초의 예방적 방제방법이 아닌 것은?

① 관배수로 관리
② 재식밀도 조절
③ 작물종자 정선
④ 농기구(농기계) 청결 관리

해설
재식밀도를 조절하는 것은 생태적 방제방법이다.

정답 81 ① 82 ② 83 ③ 84 ③ 85 ②

86 작물의 수량 감소가 가장 클 것으로 예상되는 조합은?

① C₃ 잡초와 C₃ 작물
② C₄ 잡초와 C₃ 작물
③ C₃ 잡초와 C₄ 작물
④ C₄ 잡초와 C₄ 작물

해설
화본과 잡초의 경우 C₄ 식물로 광합성 효율이 높아 C₃ 작물보다 생육이 왕성하다.

87 지면을 피복할 경우 잡초에 미치는 영향으로 옳지 않은 것은?

① 빛과 산소 공급이 차단된다.
② 잡초의 발아심도가 깊어진다.
③ 잡초가 물리적으로 질식하거나 출아가 억제되기도 한다.
④ 주야간의 온도 차가 커져 잡초종자의 발아수가 격감된다.

해설
피복재료에 따라 달라질 수 있으나 많이 사용하는 흑색 PE 필름의 경우, 지온 상승효과로 인해 발아수는 늘어나지만, 빛이 투과되지 않아 정상적인 생육을 할 수 없어 잡초의 방제효과가 크다.

88 화본과 잡초로만 올바르게 나열한 것은?

① 강피, 나도겨풀
② 마디꽃, 매자기
③ 쇠털골, 알방동사니
④ 가막사리, 올챙이고랭이

해설
화본과 잡초 : 피, 바랭이, 나도겨풀, 나도겨풀, 뚝새풀, 강아지풀 등

89 작물, 잡초, 제초제의 연결이 옳지 않은 것은?

① 벼, 피, 뷰타클로르 입제
② 잔디, 클로버, 디캄바 액제
③ 콩, 방동사니, 이사-디 액제
④ 사과나무, 쇠비름, 시마진 수화제

해설
2,4-D 액제는 벼 일년생 잡초인 방동사니, 물달개비, 밭뚝외풀, 마디꽃, 사마귀풀 등에 적용되는 약제로, 콩에 사용해서는 안 된다.

90 논에서 잡초의 군락천이를 유발시키는 데 가장 큰 영향을 주는 것은?

① 장간종 품종 재배
② 동일 작물로만 재배
③ 동일한 제초제 연속사용
④ 지속적인 화학비료 사용

해설
논잡초의 군락천이의 발생요인
• 입지조건과 경종방법의 영향으로 인한 자연천이에 의해 발생한다.
• 일년생 잡초의 방제를 위해 제초제 연용 시 다년생 잡초가 군락을 형성한다.
• 벼의 연작재배 시 논잡초의 군락 형성으로 인한 천이가 발행하지 않는다.

91 두 제초제를 혼합하여 사용할 때 나타나는 길항적 반응에 대한 설명으로 옳은 것은?

① 혼합의 효과가 단독 처리의 효과와 같은 것을 의미한다.
② 혼합의 효과가 단독 처리의 효과보다 크지도 작지도 않은 것을 의미한다.
③ 혼합의 효과가 활성이 높은 물질의 단독 처리의 효과보다 큰 것을 의미한다.
④ 혼합의 효과가 활성이 높은 물질의 단독 처리의 효과보다 작은 것을 의미한다.

해설
- 길항작용 : 상반되는 두 가지 제초제가 동시에 작용하여 그 효과를 서로 상쇄시키는 작용
- 상승작용 : 두 가지 제초제를 혼합사용할 경우 약효가 상승하는 작용

92 토양환경과 잡초의 출현에 대한 설명으로 옳지 않은 것은?

① 종자가 무거울수록 발생심도가 깊다.
② 토양이 과습하면 출현율이 낮아진다.
③ 토양이 건조하면 출아율이 낮아진다.
④ 사질토는 중점토보다 발생심도가 얕다.

해설
사질토양은 토양 내 입자와 입자 사이가 넓어 공극이 많아 중점토보다 발생심도가 깊다.
※ 발생심도 : 토양깊이에 따른 종자의 발아 정도

93 트리아진계 제초제의 주요 이행 특성은?

① 비대 성장
② 조기 결실
③ 광합성 저해
④ 신초 생장 억제

해설
트리아진계 제초제
- 잡초 발생 전 또는 작물을 심기 전에 토양에 처리하는 제초제
- 화본과 및 광엽잡초 방제에 효과적이며, 주로 뿌리로부터 흡수
- 광에 의해 활성화되어 녹색조직의 황화 및 고사를 유발하는 광합성 저해제로, 식물체 내의 엽록체가 작용점
- $-Cl$, $-OCH_3$, $-SCH_3$ 등의 치환기에 따라 3종류로 구분
- 시마진 : 과수원, 뽕나무밭 1년생 잡초방제제
- 헥사지논 : 잣나무를 제외한 침엽수 조림지에서 조본류와 잡관목 방제에 이용

94 유기제초제와 비교한 무기제초제에 대한 설명으로 옳은 것은?

① 처리약량이 적다.
② 대사물의 독성이 낮다.
③ 경엽에 처리할 때 활성이 낮다.
④ 가격이 비싸며 살초효과가 적다.

해설
무기제초제 : 화학구조상 탄소를 포함하고 있지 않은 제초제로 염소산소다, 시안산소다, 황산, 인산, 염산 등이 있으며, 대사물의 독성이 낮다.

95 광발아 잡초에 해당하는 것은?

① 강피, 바랭이
② 냉이, 소리쟁이
③ 별꽃, 참방동사니
④ 메귀리, 광대나물

해설
광발아 종자 : 바랭이, 쇠비름, 개비름, 향부자, 강피, 참방동사니, 소리쟁이, 메귀리

96 상호대립억제작용에 대한 설명으로 옳은 것은?

① 제초제를 오래 사용한 잡초에 대한 내성을 나타내는 것이다.
② 죽은 식물 조직에서 나오는 물질에 의해서도 일어날 수 있다.
③ 다른 종의 생육을 억제하는 주된 기작은 주로 차광에 의해 일어난다.
④ 잡초가 다른 작물의 생육을 억제하는 것은 아니며 잡초 간에만 일어나는 현상이다.

해설
상호대립억제작용
- 식물체 내에서 생성된 물질이 다른 식물의 발아와 생육에 영향을 미치는 생화학적인 상호반응이다.
- 잡초와 작물 간의 생화학적 상호작용은 촉진적인 경우보다 억제적인 경우가 많다.
  예 소나무 밑에 잡초가 자라지 못하는 것, 보리를 재배하던 곳에서 별꽃이나 냉이류 등의 생육이 억제되는 것

97 잡초의 생태적 방제방법이 아닌 것은?

① 윤작 실시
② 재배양식 변경
③ 피복작물 재배
④ 잡초만을 골라 먹는 생물 이용

해설
잡초만을 골라 먹는 생물을 이용하는 것은 생물학적 방제방법이다.

98 잡초종자의 산포방법으로 옳지 않은 것은?

① 바랭이 : 성숙하면서 흩어짐
② 소리쟁이 : 물에 잘 떠서 운반됨
③ 가막사리 : 바람에 잘 날려서 이동함
④ 메귀리 : 사람이나 동물 몸에 잘 부착함

해설
가막사리는 사람의 옷이나 동물의 털에 달라붙기 좋은 구조를 가지고 있다.

99 일년생 잡초와 비교한 다년생 잡초에 대한 설명으로 옳지 않은 것은?

① 방제하기 어렵다.
② 영양번식을 한다.
③ 생육기간이 길다.
④ 대부분 종자로 번식한다.

해설
다년생 잡초의 경우 대부분 영양번식을 한다.

100 선택성 제초제가 아닌 것은?

① 벤타존 액제
② 세톡시딤 유제
③ 나프로파마이드 유제
④ 글리포세이트암모늄 입상수용제

해설
글리포세이트암모늄 입상수용제는 비선택성 제초제이다.

2019년 제2회 과년도 기출문제

식물보호기사

제1과목 식물병리학

01 균류에 의해 발생하는 수목병이 아닌 것은?
① 뽕나무 오갈병
② 벚나무 빗자루병
③ 낙엽송 잎떨림병
④ 은행나무 잎마름병

해설
파이토플라스마에 의한 병 : 대추나무 빗자루병, 오동나무 빗자루병, 뽕나무 오갈병 등

02 노지에서 고추 역병이 가장 잘 발병하는 요인은?
① 건 조
② 고 온
③ 침 수
④ 사질토양

해설
역병의 경우 물길을 타고 병원균이 전반하므로 침수 시 다발한다.

03 토양 습도가 작물이 생육하기에 적합한 상태보다 건조할 때 잘 발생하는 병은?
① 감자 역병
② 고추 모잘록병
③ 배추 무사마귀병
④ 오이 덩굴쪼김병

해설
오이 덩굴쪼김병 : 재배토양이 모래가 많은 사질토양이면 물이 잘 빠져 건조로 인해 병이 발생하기 쉬우며, 한 번에 많은 물을 주더라도 쉽게 빠져 토양수분의 변화가 크고, 비료를 일시적으로 많이 흡수해 웃자라 약해져 병에 쉽게 걸린다.

04 토마토 시설재배에서 자외선 차단 비닐을 이용하여 방제효과를 얻을 수 있는 병은?
① 풋마름병
② 잎곰팡이병
③ 잿빛곰팡이병
④ 푸른곰팡이병

해설
잿빛곰팡이병은 포자 형성에 자외선이 필요하기 때문에 자외선이 차단된 환경에서는 발생이 줄어든다.

05 벼 도열병 방제에 가장 효과적인 비료는?
① 질소질 비료
② 규산질 비료
③ 인산질 비료
④ 칼륨질 비료

해설
규산질 비료를 주게 되면 벼의 잎이 단단해져 병의 발생이 줄어든다.

06 TMV(Tobacco Mosaic Virus)로 인하여 발병하는 고추 모자이크병의 방제법으로 옳지 않은 것은?
① 살충제로 매개곤충을 제거한다.
② 전년도에 재배한 줄기나 뿌리를 제거한다.
③ 제3인산소다를 이용하여 종자를 소독한다.
④ 생육 도중 발병한 식물체는 곧바로 제거한다.

해설
담배 모자이크바이러스(TMV)는 식물의 즙이나 접촉을 통해서 전염된다.

정답 1 ① 2 ③ 3 ④ 4 ③ 5 ② 6 ①

07 다음 설명에 해당하는 진단법은?

- 씨감자 중에 바이러스에 감염된 것을 선별하여 도태시키기 위한 것이다.
- 온실에서 생육한 감자의 눈에 나타난 병징으로 바이러스 감염 여부를 판정한다.

① 지표식물법 ② 즙액접종법
③ 괴경지표법 ④ 파지진단법

해설
괴경지표법(최아법) : 감자의 싹을 길러 발병 유무를 확인하는 진단방법

08 유성포자가 아닌 것은?

① 난포자 ② 병포자
③ 자낭포자 ④ 담자포자

해설
- 영양체(균사) : 병포자, 분생포자(무성 후막포자)
- 번식체(유성포자) : 난포자, 자낭포자, 담자포자

09 동양에서 미국으로 옮겨가 큰 피해를 끼친 식물병은?

① 벼 도열병 ② 배나무 화상병
③ 포도나무 노균병 ④ 밤나무 줄기마름병

해설
밤나무 줄기마름병 : 동양에서 수입해 간 밤나무로 인해 미국과 유럽의 밤나무에 큰 피해를 준 식물병
- 병원 : *Cryphonectria parasitica*, 진균(자낭균류)
- 기주 : 밤나무, 참나무, 단풍나무
- 방제법
  - 물빠짐이 좋지 않은 포장이나 약한 나무에 피해가 심하므로 건묘를 키운다.
  - 상처 부위로 병원균이 침입하므로 병든 부분을 도려낸 후 도포제를 발라 준다.
  - 적기에 시비하고, 질소질 비료의 과용을 피한다.

10 식물병에 걸린 식물에서 보이는 독소에 대한 설명으로 옳은 것은?

① 병원균이 독소를 분비한다.
② 식물체가 독소를 분비한다.
③ 병원균, 식물체 모두가 독소를 분비한다.
④ 병원균, 식물체 모두가 독소를 분비하지 않는다.

해설
독소에는 기주식물에만 독성을 일으키며 병원성이 있는 균주만이 분비하는 기주특이적 독소와 그렇지 않은 비기주특이적 독소가 있다.

11 진딧물에 의해 전염되는 식물병으로 옳지 않은 것은?

① 감자 잎말림병
② 콩 모자이크병
③ 배추 모자이크병
④ 보리 북지모자이크병

해설
보리 북지모자이크병은 애멸구에 의해 전염된다.

12 여름의 저온 및 장마 조건에서 가장 발병하기 쉬운 것은?

① 벼 도열병
② 벼 키다리병
③ 벼 이삭누룩병
④ 벼 잎집무늬마름병

해설
벼 도열병은 장마기나 저온조건하에서 다발한다.

정답 7 ③ 8 ② 9 ④ 10 ① 11 ④ 12 ①

13 식물체 물관에 병원균이 침입하여 시들음현상이 나타나는 병은?

① 보리 녹병
② 뽕나무 위축병
③ 토마토 풋마름병
④ 사과나무 점무늬낙엽병

해설
토마토 풋마름병은 세균이 도과부에서 급격히 증식하면서 물과 양분의 이동을 막아 시들음증상이 반복적으로 나타나다 말라 죽는 병이다.

14 난균문의 특징에 대한 설명으로 옳은 것은?

① 다핵균사이다.
② 균사는 격벽이 없다.
③ 세포벽에는 키틴 성분이 없다.
④ 무성번식은 1개의 편모가 있는 유주자로 한다.

해설
난균문
- 유주포자에 편모가 있고, 균체의 핵상은 배수체이다.
- 배우자낭을 형성할 때 감수분열을 하고, 배우자낭 접촉으로 두꺼운 세포벽을 가진 난포자를 형성한다.
- 세포벽은 글루칸, Hydroxyproline 및 셀룰로스를 함유하고 있다.

15 호밀 맥각병에서 이삭에 생기는 자흑색 바나나 모양의 맥각 덩이의 정체는?

① 자 낭   ② 균 핵
③ 자낭포자 ④ 후막포자

해설
맥각병은 병원균이 만든 단단하고 검은색의 이삭 낱알 같은 균핵의 모양에서 유래되었다.

16 감자 역병에 대한 설명으로 옳은 것은?

① 세균병이다.
② 토마토에서도 발생한다.
③ 2차 전염은 하지 않는다.
④ 진딧물을 잡는 것이 최선의 방제방법이다.

해설
감자 역병균(*Phytophthora infestans*) : 균사에 격벽이 없고, 유주자낭을 형성하며, 유성생식을 통해 난포자를 형성하고, 토마토에도 병을 일으킨다.

17 배나무 붉은별무늬병의 중간기주는?

① 송이풀   ② 향나무
③ 사시나무   ④ 매발톱나무

해설
녹병류의 중간기주
- 배나무 붉은별무늬병균(적성병) : 향나무
- 사과나무 붉은별무늬병 : 향나무
- 소나무 혹녹병 : 졸참나무, 신갈나무
- 맥류 줄기녹병 : 매자나무
- 밀 붉은녹병 : 좀꿩의다리

18 인공배지에서 배양이 가능한 식물 병원체는?

① 세 균   ② 선 충
③ 바이러스   ④ 파이토플라스마

해설
- 인공배지 배양 불가 : 바이로이드, 파이토플라스마, 바이러스
- 인공배지 배양 가능 : 세균(균사 형성 ×), 진균(균사 형성 ○)

19 식물병의 면역학적 진단방법을 의미하는 용어는?

① SSCP
② RACE
③ ELISA
④ RAPDs

해설
효소결합항체법(ELISA)
- 항체에 효소를 결합시켜 바이러스와 반응했을 때 노란색이 나타나는 정도로 바이러스 감염 여부를 확인한다.
- 대량의 시료를 빠른 시간 내에 비교적 저렴한 가격으로 동정할 수 있는 장점이 있다.

20 식물병의 생물적 방제에 대한 설명으로 옳은 것은?

① 신속하고 정확한 효과를 기대할 수 있다.
② 천적미생물은 대부분 잎이나 줄기에서 얻는다.
③ 넓은 지역에 광범위하게 사용하는 데 가장 효과적이다.
④ 미생물의 길항작용, 기생, 상호경쟁 또는 병저항성 유도를 이용하여 병을 억제한다.

해설
생물적 방제방법 : 교차보호, 근권미생물에 의한 방제, 길항미생물 이용 등

제2과목 농림해충학

21 곤충과 비교한 응애의 특징으로 옳은 것은?

① 겹눈이 있다.
② 완전변태를 한다.
③ 다리가 6개 마디로 되어 있다.
④ 몸의 옆에 있는 기관이나 숨문으로 호흡한다.

해설
곤충은 다리가 5개 마디로 되어 있고, 응애는 기절, 전절, 퇴절, 슬절, 경절, 부절 등의 6개 마디로 되어 있다.

22 우리나라에서 솔잎혹파리가 주로 가해하는 수종은?

① 곰 솔
② 잣나무
③ 리기다소나무
④ 잎본잎갈나무

해설
솔잎혹파리의 피해가 가장 심한 수종은 곰솔(해송)이다.

23 가해습성에 따른 해충의 분류로 옳지 않은 것은?

① 천공성 해충 – 소나무좀, 밤나무혹벌
② 종실 해충 – 밤바구미, 복숭아명나방
③ 흡즙성 해충 – 솔껍질깍지벌레, 버즘나무방패벌레
④ 식엽성 해충 – 오리나무잎벌레, 잣나무넓적잎벌

해설
밤나무혹벌은 충영형성 해충에 속한다.

정답 19 ③ 20 ④ 21 ③ 22 ① 23 ①

24 곤충의 표피 중 가장 바깥쪽에 있는 것은?

① 왁스층　　② 원표피
③ 기저막　　④ 시멘트층

해설
표피층은 외표피와 원표피로 구분되며, 외표피는 시멘트층이 가장 바깥부분에 위치하고, 그 안쪽에 왁스층이 있다.

곤충의 피부

표피	외표피	시멘트층, 왁스층(지질층), 단백성 외표피
	원표피	외원표피층, 중원표피층, 내원표피층, 슈미트층(아큐티클층)
진피	상피세포	탈피용액 분비, 표피재생기능
	피부선	–
	특수세포	감각세포, 인편, 모생세포, 와생세포, 편도세포
기저막		곤충의 근육과 연결, 점액성 다당류 함유

25 풀잠자리목의 특징으로 옳지 않은 것은?

① 완전변태를 한다.
② 생물적 방제에 많이 이용된다.
③ 더듬이는 길고 홑눈이 3개이다.
④ 유충과 성충은 대부분 포식성이다.

해설
풀잠자리목
- 입의 형태는 저작구이며, 다른 곤충의 피를 빨아먹는 데 적응되어 있다.
- 풀잠자리목은 홑눈이 보통 없지만, 풀잠자리는 홑눈이 3개이다.
- 유충은 육식성이다.
- 물속에 사는 종류는 배에 기관새가 있다.
- 최근 천적을 이용한 해충 방제에 이용되고 있다.

26 곤충체강 내에서 비틀림운동을 하면서 pH 또는 무기이온 농도 등을 조절하면서 배설작용을 돕는 기관은?

① 위맹낭　　② 지방체
③ 말피기관　　④ 모이주머니

해설
말피기관 : 곤충체강 내에서 비틀림운동을 하면서 pH나 무기이온 농도 등을 조절하고, 배설작용을 한다.

27 방제방법으로 나무주사가 효과적인 해충들로 올바르게 나열한 것은?

① 솔잎혹파리, 밤나무혹벌
② 밤바구미, 솔껍질깍지벌레
③ 미국흰불나방, 솔알락명나방
④ 솔잎혹파리, 솔껍질깍지벌레

해설
수간주사는 흡즙성 해충에 효과적이며, 솔잎혹파리는 유충이 솔잎 밑부분에 벌레혹을 만들어 그 속에서 즙액을 흡즙하고, 솔껍질깍지벌레 또한 유충이 수액을 흡즙한다.

28 다리마디의 위치가 몸 쪽에서부터 가장 가까운 것은?

① 도래마디　　② 발목마디
③ 종아리마디　　④ 넓적다리마디

해설
곤충 다리는 5개의 마디로 되어 있고, 순서는 몸 쪽에서부터 밑마디 → 도래마디 → 넓적다리마디 → 종아리마디 → 발마디 순이다.

29 알락하늘소가 월동하는 형태는?
① 알
② 유 충
③ 성 충
④ 번데기

해설
알락하늘소는 노숙유충의 형태로 월동한다.

30 솔나방에 대한 설명으로 옳지 않은 것은?
① 주로 월동 후의 유충기에 식해한다.
② 연 1회 발생하고 제5령 충으로 월동한다.
③ 새로 난 잎을 식해하는 것이 보통이나 밀도가 높으면 묵은 잎도 식해한다.
④ 유충이 소나무의 잎을 식해하며 심한 피해를 받은 나무는 고사하기도 한다.

해설
솔나방
- 송충이(유충)가 잎을 갉아먹고, 심하면 나무가 고사한다.
- 가을에 가해하던 유충이 월동해 다음 해 봄에 다시 가해한다.
- 10월경 유충의 밀도가 봄의 발생밀도를 결정한다.
- 연 1회 발생하고, 알에서 부화해 7번 탈피한다.

31 부화유충이 몇 개의 벼 잎을 끌어 모아 세로로 말고, 그 속에 숨어 있다가 해가 진 후에 나와 벼 잎을 가해하는 해충은?
① 벼애나방
② 조명나방
③ 벼잎벌레
④ 줄점팔랑나비

해설
줄점팔랑나비
- 유충이 몇 개의 벼 잎을 끌어 모아 세로로 말고, 그 속에 숨이 있다가 해가 지면 벼 잎을 가해한다.
- 연 3~4회 발생하며, 유충태로 벼과 잡초 속에서 월동한 후 5월 중하순에 번데기가 되고, 6월 중하순에 제1화기 성충이 된다.
- 성충은 7월 상순~8월 상순에 나타나 주로 벼에 알을 낳기 때문에 큰 피해의 원인이 된다.

32 해충 발생밀도 조사방법으로 페로몬 조사법을 적용하는 것이 가장 적합한 해충은?
① 벼멸구
② 말매미충
③ 고자리파리
④ 복숭아심식나방

해설
페로몬 트랩은 나방류 해충에 많이 적용되고 있고, 최근에는 노린재류에도 적용되고 있다.

33 곤충이 갖는 살충제 저항성 기작의 원인이 아닌 것은?
① 표피층 두께 증가
② 해독효소 활성 감소
③ 빠른 배설 생리기작
④ 농약으로부터 기피하는 행동

해설
해독효소의 활성도가 높아져야 약제에 대한 저항성이 커진다.

34 곤충 날개가 두 쌍인 경우 날개의 부착위치는?
① 가운데가슴에만 붙어 있다.
② 앞가슴에 한 쌍, 뒷가슴에 한 쌍 붙어 있다.
③ 앞가슴에 한 쌍, 가운데가슴에 한 쌍 붙어 있다.
④ 가운데가슴에 한 쌍, 뒷가슴에 한 쌍 붙어 있다.

해설
곤충의 가슴 : 앞가슴, 가운데가슴, 뒷가슴의 세 부분으로 구별되며, 각 부분에 한 쌍의 다리가 있고, 가운데 가슴과 뒷가슴에 한 쌍의 날개가 붙어 있다.

정답 29 ② 30 ③ 31 ④ 32 ④ 33 ② 34 ④

35 진딧물류 방제를 위한 천적으로 옳지 않은 것은?

① 진디벌 ② 진디혹파리
③ 칠레이리응애 ④ 칠성풀잠자리

해설
칠레이리응애는 점박이응애의 천적으로 이용된다.

36 곤충 분류학상 외시류가 아닌 것은?

① 밑들이 ② 강도래
③ 노린재 ④ 집게벌레

해설
밑들이목은 유시아강의 내시류에 속하는 곤충이다.

37 고추의 과실에 구멍을 뚫고 들어가 가해하는 해충은?

① 담배나방 ② 파총채벌레
③ 좁은가슴잎벌레 ④ 아메리카잎굴파리

해설
담배나방
- 고추에 가장 큰 피해를 주는 해충이다.
- 부화유충이 어린 잎, 꽃봉오리, 어린 과실 등에 구멍을 내 속으로 파고 들어가 식해한다.
- 연 3회 발생하며, 6~8월경에 피해가 심하다.
- 번데기 형태로 땅속에서 월동한다.

38 사과응애에 대한 설명으로 옳지 않은 것은?

① 흡즙성 해충이다.
② 약충으로 월동한다.
③ 1년에 7~8회 발생한다.
④ 사과나무가 꽃 필 무렵 알에서 부화하여 꽃 주위의 어린잎을 가해한다.

해설
사과응애는 알의 형태로 월동한다.

39 거세미나방의 형태에 대한 설명으로 옳지 않은 것은?

① 유충은 길이가 40mm 정도이다.
② 성충의 머리와 가슴이 적갈색이다.
③ 알은 반구형이고 방사상 줄이 있다.
④ 성충의 날개를 편 전체 좌우길이는 40mm 정도이다.

해설
거세미나방 성충의 머리와 가슴색은 황갈색이다.

40 유약호르몬이 분비되는 기관은?

① 앞가슴샘 ② 알라타체
③ 외기관지샘 ④ 카디아카체

해설
유약호르몬 : 알라타체에서 분비되는 호르몬으로, 난소의 발육을 억제하여 유충의 형질을 유지하고, 전흉선호르몬과 협동하여 유충의 탈피를 일으킨다.

정답 35 ③ 36 ① 37 ① 38 ② 39 ② 40 ②

제3과목 재배학원론

41 수확 전 낙과 방지법으로 가장 적절하지 않은 것은?

① ABA 처리 ② 과습 방지
③ 방풍시설 설치 ④ 칼슘이온 처리

해설
ABA(Abscisic Acid) 처리는 잎의 노화와 낙엽을 촉진하고, 휴면을 유도한다.

42 다음 비료 종류 중 질소 함량이 가장 높은 것은?

① 황산암모늄 ② 요 소
③ 석회질소 ④ 초 석

해설
요소 내 질소 성분량은 46%이다.

43 다음 중 답전윤환의 효과로 기대할 수 있는 것은?

① 기지의 회피 ② 잡초의 번무
③ 지력 감퇴 ④ 벼 수량의 저하

해설
기지 대책
- 윤작 : 가장 효과적인 대책
- 담 수
- 토양소독
- 유독물질 제거
- 객토 및 환토
- 접목 : 저항성 대목에 접목
- 지력배양 : 합리적 시비

44 멀칭(Mulching)의 이용성에 대한 설명으로 가장 적절하지 않은 것은?

① 생육 억제 ② 한해 경감
③ 잡초 억제 ④ 토양 보호

해설
멀 칭
- 포장토양의 표면을 여러 가지 재료로 피복하는 것을 멀칭이라고 하며, 피복재료에는 비닐·플라스틱필름·짚·건초 등이 있다.
- 플라스틱 멀칭
  - 투명필름 : 지온 상승, 건조 방지, 비료 유실 방지, 토양 유실 방지, 시설재배 시 공기습도 상승 방지, 토양수분 유지, 근계 발달 촉진과 조기수확 및 증수
  - 흑색필름 : 지온 상승효과는 떨어지나 잡초 발생을 억제한다.
- 작물이 멀칭한 필름 속에서 상당한 생육을 하였을 때는 흑색과 녹색필름은 작물생육에 유해하고, 투명필름이 안전하다.

45 작물생육에 있어 철(Fe)의 생리작용에 대한 설명으로 틀린 것은?

① 호흡효소의 구성성분이다.
② 엽록소의 형성에 관여하지 않는다.
③ 망간, 칼슘 등의 과잉은 철의 흡수를 방해한다.
④ 결핍되면 어린잎부터 황백화한다.

해설
철(Fe)
- Ni, Cu, Co, Cr, Zn, Mo, Mn, Ca 등의 과잉은 철의 흡수·이동을 억제한다.
- 호흡효소의 구성성분이며, 엽록소 형성에 관여하고, Mn과 길항작용을 하며, 체내 이동이 잘 안 된다.
- 과잉 시 : 벼 잎에 갈색 반점이 생겨 점차 확대되어 흑변하고, 고사현상이 나타난다.
- 부족 시 : 어린잎부터 황백화되고, 엽맥 사이가 퇴색된다.

정답 41 ① 42 ② 43 ① 44 ① 45 ②

46 다음 중 농산물의 안전저장을 위하여 가장 높은 온도가 요구되는 작물은?

① 양 파   ② 마 늘
③ 감 자   ④ 고구마

해설
고구마의 안전저장온도는 12~15℃로 다른 작물보다 높다.

47 다음 중 종자 파종 시 복토를 가장 얕게 해야 하는 작물은?

① 호 밀   ② 파
③ 잠 두   ④ 나 리

해설
종자의 크기가 작을수록 얕게 심는다.

48 다음 중 배유종자로만 나열된 것은?

① 콩, 보리, 밀
② 콩, 팥, 옥수수
③ 밤, 콩, 팥
④ 옥수수, 벼, 보리

해설
배유종자 : 벼, 보리, 옥수수 등의 화본과 종자

49 일장효과에 영향을 끼치는 조건에 대한 설명으로 가장 옳지 않은 것은?

① 청색광이 가장 효과가 크다.
② 명기가 약광이라도 일장효과는 발생한다.
③ 본엽이 나온 뒤 어느 정도 발육한 후에 감응한다.
④ 장일식물은 상대적으로 명기가 암기보다 길면 장일효과가 나타난다.

해설
적색광이 가장 효과가 크다.

50 저장성, 도정율, 식미 등을 고려할 때 미곡 저장 시 가장 알맞은 수분 함량은?

① 5~8%   ② 9~11%
③ 15~16%   ④ 20~23%

해설
수분 함량이 15%를 넘으면 미생물의 번식이 조장되므로 수매기준 수분함량은 15% 정도이다.

51 다음 중 연작장해가 가장 적은 작물은?

① 인 삼   ② 감 자
③ 쑥 갓   ④ 담 배

해설
연작의 해가 적은 작물 : 벼, 맥류, 조, 수수, 옥수수, 고구마, 대마(삼), 담배, 무, 미나리, 당근, 양파, 호박, 연, 순무, 뽕나무, 아스파라거스, 토당귀, 미나리, 딸기, 양배추 등

정답 46 ④ 47 ② 48 ④ 49 ① 50 ③ 51 ④

52 다음 중 포도의 무핵과 생산에 가장 효과적으로 이용되고 있는 화학물질은?

① IBA   ② CCC
③ Gibberellin   ④ NAA

해설
포도의 무핵과 처리 생장조절제 : 지베렐린

53 작물종자의 퇴화를 방지하는 방법으로 가장 옳지 않은 것은?

① 건조 후 밀폐저장
② 충실한 종자의 선택
③ 무병지에서 채종
④ 품종 간 자연교잡율의 증대 실시

해설
품종 간 자연교잡을 하게 되면 품종 고유의 특성이 사라진다.

54 토양의 입단 형성과 발달을 돕는 방법은?

① 유기물과 석회의 시용
② 지속적인 경운
③ 입단의 팽창과 수축의 반복
④ 나트륨이온(Na^+)의 첨가

해설
입단의 형성방법
• 유기물의 시용
• 석회의 시용
• 토양의 피복
• 두과 작물의 재배
• 토양개량제의 사용

55 맥류의 형태와 파종방법에 따른 내동성과의 관계에 대한 설명으로 가장 거리가 먼 것은?

① 파종을 깊게 하면 내동성이 강하다.
② 엽색이 진한 것이 내동성이 강하다.
③ 중경(中莖)이 덜 발달하여 생장점이 깊게 놓이면 내동성이 강하다.
④ 직립성인 것이 포복성인 것보다 내동성이 강하다.

해설
포복성인 것이 직립성인 것보다 식물체 체온 유지에 유리해 내동성이 강하다.

56 다음 중 영양번식방법을 가장 이용하지 않는 것은?

① 딸기   ② 고구마
③ 미니 파프리카   ④ 감자

해설
미니 파프리카는 종자로 번식한다.

57 논토양의 일반적인 특성으로 가장 옳지 않은 것은?

① 토층분화가 나타나며 산화층은 적갈색을 띤다.
② 암모니아태 질소를 환원층에 주면 탈질현상이 나타난다.
③ 논에서는 질산태 질소를 주로 사용하지 않는다.
④ 탈질작용은 질화균과 탈질균이 작용한다.

해설
암모니아태 질소를 산화층에 주면 질화작용으로 인한 탈질현상이 일어난다.
※ 질화작용 : $NH_4^+ \rightarrow NO_2^- \rightarrow NO_3^-$

정답 52 ③   53 ④   54 ①   55 ④   56 ③   57 ②

58 벼의 수량 구성요소 중 연차변이계수가 가장 작은 요소는?

① 천립중 ② 1수 영화수
③ 등숙비율 ④ 수 수

해설
수량에 큰 영향을 미치는 구성요소의 순위는 이삭수, 1수 영화수, 등숙비율, 천립중 순이다.

59 작물의 생태적 분류에 대한 설명으로 가장 옳지 않은 것은?

① 감자는 저온작물이다.
② 벼는 고온작물이다.
③ 하고현상은 난지형 목초에서 나타난다.
④ 사탕무는 2년생 작물이다.

해설
하고현상
- 여름철 목초생산량이 감소하는 현상으로 심하면 황화·고사한다.
- 북방형 목초의 경우 내한성이 강하여 잘 월동하지만 여름철에는 생장이 쇠퇴·정지한다.

60 벼의 키다리병과 관계되는 식물호르몬은?

① 옥 신 ② 키네틴
③ 지베렐린 ④ 에틸렌

해설
지베렐린은 벼의 키다리병 병원균이 생성하는 물질에서 발견되었다.

제4과목 농약학

61 제충국의 유효성분 중 집파리에 대한 살충력이 가장 강한 것은?

① 시네린 I (Cinerin I)
② 시네린 II (Cinerin II)
③ 피레트린 I (Pyrethrin I)
④ 피레트린 II (Pyrethrin II)

해설
Pyrethrin I (CH_3)은 Pyrethrin II (CO_2CH_3)보다 10배 정도 강한 살충력을 가진다.

62 농약의 사용목적에 따른 분류에 해당하지 않는 것은?

① 식독제 ② 접촉독제
③ 유기인제 ④ 유인제

해설
유기인제는 유효성분조성에 따른 분류에 해당한다.

63 맥류(麥類)와 목화(木花)의 종자소독제로 사용되는 침투성 살균제는?

① 비타박스
② 블라스티사이딘-S
③ 톱 신
④ 다코닐

해설
종자소독제: 종자나 모종(苗)의 겉껍질에 묻어 있는 병균을 살균하기 위해 처리하는 약제
예 비타박스, 침적용 유기수은제, 벤레이트티 등

정답 58 ① 59 ③ 60 ③ 61 ③ 62 ③ 63 ①

64 농약의 사용기구에 대한 설명으로 가장 거리가 먼 것은?

① 미스트기(Mist Spray)는 풍압으로 미립자를 만든 후 다량의 바람으로 불어 붙이는 기기이다.
② 스프링클러(Sprinkler)는 관수·시비 등을 포함하여 다목적으로 사용되는 기기이다.
③ 폼스프레이(Foam Spray)는 살포액에 기포제를 가하여 전용 노즐로 공기와 교반하는 거품의 집합체로 살포하는 기기이다.
④ 살립기(Granule Applicator)는 분제 농약을 작업상의 안전성이나 능률 면에서 고르게 살포하기 위한 기기이다.

해설
- 살립기 : 입제나 분립제를 살포하는 기기
- 살분기 : 분제 농약을 살포하는 기기

65 유기인계 살충제의 일반적인 특성에 대한 설명으로 틀린 것은?

① 잔효력이 길다.
② 흡즙 해충에 유효하다.
③ 인축에 대한 독성이 비교적 강하다.
④ 알칼리성 물질에 의하여 분해되기 쉽다.

해설
유기인계 살충제는 대체로 독성 강하지만 동물체내에서 비교적 빨리 분해되어 무독화된다.

66 가스크로마토그래피에 의해 분석하고자 할 때 전자포획검출기(ECD)로 분석을 가장 용이하게 할 수 있는 농약은?

① Chlorothalonil
② Dichlorvos
③ Parathion
④ EPN

해설
ECD로 검출되는 농약은 유기염소계 농약인 Captane, Chlorothalonil, Endosulfan, Tetradifon, Dicofol 등이다.

67 살충제 농약 병뚜껑의 색깔은?

① 청색
② 녹색
③ 분홍색
④ 적색

해설
약제의 용도에 따른 바탕색 구분
- 살균제 : 분홍색
- 살충제 : 녹색
- 제초제 : 황색
- 생장조절제 : 청색
- 맹독성 농약 : 적색
- 기타 약제 : 백색
- 혼합제 및 동시방제제 : 해당 약제색깔 병용

68 유제(乳劑)의 특성에 대한 설명으로 틀린 것은?

① 수화제에 비하여 고농도의 제제가 가능하다.
② 수화제에 비하여 살포용 약액의 조제가 편리하다.
③ 수화제보다 생산비가 많이 소요된다.
④ 채소류에서 수화제에 비하여 증량제의 표면 부착으로 인한 흡착오염이 적다.

해설
유 제
- 유탁액 : 불용성 주제 + 용제 + 계면활성제
- 물에 녹지 않는 농약의 주제를 용제에 용해시켜 계면활성제를 첨가한 것이다.
- 물과 혼합 시 우유 모양의 유탁액이 된다.
- 수화제보다 살포액의 조제가 편리하고, 약효가 다소 높다.
- 유제의 구비조건 : 유화성, 안정성, 확전성, 고착성

69 다음 벼농사용 농약 중 펜티온 유제와 혼용이 가능한 약제는?

① 비피 유제
② 브로엠 수화제
③ 피리다 유제
④ 다수진 유제

해설
혼용살충제 : 메프 유제, 다수진 유제, 펜티온 유제(리바이짓드) 등

70 해충의 콜린에스테라아제의 효소 활성을 저해시키는 약제는?

① 다이아지논 유제
② 사이헥사틴 수화제
③ 네오아소진 액제
④ 디코폴 수화제

해설
다이아지논 유제는 유기인계로, 표시기호는 1b이며, 콜린에스테라아제의 효소 활성 저해제로 쓰인다.
② 사이헥사틴 : 유기주석계
③ 네오아소진 : 유기비소계
④ 디코폴 : 유기염소계

71 농약의 약해 방지를 위한 대책으로 가장 거리가 먼 것은?

① 해독제 이용
② 저농도 약액 살포
③ 농약의 안전사용기준 준수
④ 표류비산을 막기 위한 제제의 개선

해설
농약은 희석배수를 지켜 사용해야 경제적 효과가 크다.

정답 68 ① 69 ④ 70 ① 71 ②

72 다음 [보기]에서 설명하는 농약은?

┌보기┐
- 유기유황계 살균제이다.
- 광범위한 작물에 보호살균제로 사용된다.
- 과수의 탄저병 방제와 채소류 노균병 방제에 유효하다.
- 고온다습조건에서 불안정하다.

① 만코지 수화제
② 클로르페나피르 수화제
③ 알파스린 유제
④ 메티온 유제

해설
만코지 수화제는 유기유황계 보호살균제이다.

73 천연물 관련 Pyrethroid계 살충제에 해당되지 않는 농약은?

① 알파메스린(Alphamethrin)
② 비펜스린(Biphenthrin)
③ 델타메스린(Deltamethrin)
④ 트리플루뮤론(Triflumuron)

해설
트리플루뮤론(Triflumuron) : 벤조일우레아계 살충제로, 표피조직의 키틴질 형성을 저해하여 유충을 치사시키며, 알의 부화도 억제한다.

74 우리나라에서 농약 등록 시 농약 안전성 평가항목으로서 환경독성의 평가항목에 해당되는 것은?

① 급성독성
② 어독성
③ 아급성독성
④ 신경독성

해설
환경독성의 평가항목 : 어류독성, 조류독성, 기타 환경생물 독성(누에, 꿀벌, 천적 등) 등

75 농약 보조제에 속하지 않는 것은?

① 계면활성제
② 식물 생장조정제
③ 증량제
④ 유화제

해설
식물 생장조정제는 사용목적에 따른 분류에 해당한다.

76 건초 중 농약잔류량이 0.5ppm이었다면 시료 1kg 중의 양은?

① 0.05mg
② 0.5mg
③ 5mg
④ 50mg

해설
ppm은 1/1,000,000이므로 0.5ppm은 0.5/1,000,000이고, 1kg = 1,000g = 1,000,000mg이므로 0.5ppm이 되기 위한 약량은 0.5mg이다.

정답 72 ① 73 ④ 74 ② 75 ② 76 ②

77 유기인제 계통의 약제와 강알칼리성 약제의 혼용을 피하는 가장 큰 이유는?

① 약해가 심하기 때문이다.
② 물리성이 나빠지기 때문이다.
③ 복합요인에 의한 작물의 생육 저해가 일어나기 때문이다.
④ 알칼리에 의해 가수분해가 일어나기 때문이다.

해설
에스테르 결합을 하는 유기인계와 카바메이트계 농약을 알칼리성 농약과 혼용하면 가수분해가 일어난다.

78 잔류성 농약의 분류에 속하지 않는 것은?

① 작물잔류성 농약
② 토양잔류성 농약
③ 수질오염성 농약
④ 대기오염성 농약

해설
잔류성 농약: 농약의 주성분이 농작물, 토양, 수질 등에 잔류되거나 이를 오염시키는 농약으로 작물잔류성, 토양잔류성, 수질오염성 농약으로 분류한다.

79 리바이지드 50% 유제를 1,000배로 희석하여 10a당 180L를 살포하려 할 때 리바이지드 50% 유제의 소요량은?

① 45mL   ② 90mL
③ 180mL   ④ 360mL

해설
소요량 = 180L × 1,000mL/L ÷ 1,000 = 180mL

80 어떤 물질이 농약으로 사용되기 위하여 구비하여야 할 조건으로 가장 거리가 먼 것은?

① 살포 시 작물에 대한 약해가 없어야 한다.
② 병해충을 방제하는 약효가 뛰어나야 한다.
③ 작물 재배 전체 기간 중 잔효성이 유지되어야 한다.
④ 사용하는 농민에 대하여 독성이 낮아야 한다.

해설
농약의 구비조건
• 적은 양으로 약효가 확실할 것
• 농작물에 대한 약해가 없을 것
• 인축에 대한 독성이 낮을 것
• 어류에 대한 독성이 낮을 것
• 다른 약제와의 혼용 범위가 넓을 것
• 천적 및 유해곤충에 대하여 독성이 낮거나 선택적일 것
• 값이 쌀 것
• 사용방법이 편리할 것
• 대량생산이 가능할 것
• 물리적 성질이 양호할 것
• 농촌진흥청에 등록되어 있을 것

제5과목 **잡초방제학**

81 작물과 잡초의 경합요인으로 가장 거리가 먼 것은?

① 잡초의 종류
② 잡초의 밀도
③ 잡초의 생육시기
④ 잡초의 영양상태

해설
작물과 잡초의 경합요인
- 양분의 경쟁 : 비료는 잡초와 작물의 생장을 촉진하지만 잡초는 작물보다 더욱 효율적으로 양분과 수분을 이용하기 때문에 작물의 수량을 감소시킨다.
- 수분의 경쟁
  - 습한 토양에서 생장이 왕성한 식물은 수분 결핍조건에서 경합에 매우 불리하다.
  - 습한 토양에서 생육이 다소 불량한 식물은 건조한 토양에서 경합력이 강하다.
- 광의 경쟁 : 광에 대한 경합은 식물군락에서 가장 보편적인 형태의 경합이다.
  - 작물 재배 시 광경합은 생육 초기 외에는 전 생육기간에 걸쳐서 나타난다.
  - 일반적으로 광엽식물은 화본과 식물보다 광의 경쟁에서 유리하다.
  - 초장은 광에 대한 경합에서 가장 중요한 영향을 끼친다.
  - 덩굴성 식물(나팔꽃, 메꽃, 박주가리 등)은 수광에 유리하다.
  - 작물의 초관이 빨리 형성되어 차광능력이 큰 감자나 광합성 기능이 왕성한 고구마 등은 잡초에 대한 경합력이 크다.
- 상호대립억제작용
  - 식물체 내에서 생성된 물질이 다른 식물의 발아와 생육에 영향을 미치는 생화학적인 상호반응이다.
  - 잡초와 작물 간의 생화학적 상호작용은 촉진적인 경우보다 억제적인 경우가 많다.

82 제초제 제제에 보조제로 사용하는 계면활성제에 대한 설명으로 옳지 않은 것은?

① 주제를 변질시켜서는 안 된다.
② 유화력이나 분산력이 작아야 한다.
③ 주제와 친화성을 지니고 있어야 한다.
④ 작물에 약해를 일으키지 않아야 한다.

해설
전착제로서의 계면활성제 구비조건
- 유화력이나 분산력이 커야 한다.
- 주제를 변질시켜서는 안 된다.
- 주제 및 기타 보조제와 친화성을 지녀야 한다.
- 작물에 약해를 일으키지 않아야 한다.
- 경수에도 쓰일 수 있어야 한다.
- 종류 : 농용비누, 황산화유, 지방알코올황산에스테르 등

83 논잡초의 군락천이를 유발시키는 원인으로 가장 효과가 큰 것은?

① 담수조건에서 재배
② 춘·추경을 많이 실시
③ 기계를 이용한 이앙 증가
④ 동일한 제초제를 연속하여 사용

해설
논잡초의 군락천이의 발생요인
- 입지조건과 경종방법의 영향으로 인한 자연천이에 의해 발생한다.
- 일년생 잡초의 방제를 위해 제초제 연용 시 다년생 잡초가 군락을 형성한다.
- 벼의 연작재배 시 논잡초의 군락 형성으로 인한 천이가 발행하지 않는다.

84 주로 밭에 발생하는 잡초로만 올바르게 나열한 것은?

① 벗풀, 괭이밥
② 반하, 까마중
③ 가래, 한련초
④ 올방개, 알방동사니

해설
① 벗풀 : 논잡초, 괭이밥 : 밭잡초
③ 가래 : 논잡초, 한련초 : 논·밭잡초
④ 올방개, 알방동사니 : 논잡초

85 잡초 방제에 이용하려는 생물이 갖추어야 할 조건으로 옳지 않은 것은?

① 이동성이 있어서는 안 된다.
② 새로운 지역에서 적응성이 좋아야 한다.
③ 잡초보다 빠른 번식능력이 있어야 한다.
④ 잡초 이외의 유용식물을 가해해서는 안 된다.

해설
잡초 방제에 이용되는 생물은 이동성이 있어야 적은 수로도 넓은 면적을 방제할 수 있다.

86 잡초종자가 주로 일장에 반응하여 휴면이 타파되고 발아하게 되는 특성은?

① 발아기회성
② 발아계절성
③ 발아주기성
④ 발아연속성

해설
일장의 변화에 의한 발아는 발아계절성과 관계가 있다.
• 단일 : 해가 짧아 지는 조건, 여름 → 가을
• 장일 : 해가 길어지는 조건, 봄 → 여름

87 잡초에 대한 작물의 경합력을 높이기 위한 방법으로 옳지 않은 것은?

① 밀식재배를 한다.
② 만생종 품종을 재배한다.
③ 춘파작물과 추파작물을 윤작한다.
④ 분지수가 많고 엽면적지수가 큰 품종을 재배한다.

해설
만생종 품종은 재배기간이 길어 잡초와의 경합기간이 늘어나므로 불리하다.

88 잡초의 종별 수량이 가장 적은 것은?

① 국화과
② 화본과
③ 십자화과
④ 방동사니과

해설
우리나라 농경지에 발생하는 잡초의 식물학적 분포

과 명	초종 수	비율(%)
국화과	96	15.5
화본(벼)과	81	13.1
마디풀과	39	6.3
콩 과	34	5.5
방동사니(사초)과	32	5.2
십자화과	27	4.3
꿀풀과	24	3.9
장미과	21	3.4
현삼과	19	3.1
메꽃과	15	3.4
기 타	231	37.3
계	619종	100

84 ② 85 ① 86 ② 87 ② 88 ③

89 생물학적 잡초 방제에 가장 많이 이용되는 식물병원균 종류는?

① 선 충
② 세 균
③ 균 류
④ 바이러스

[해설]
생물학적 잡초 방제 중 미생물을 이용한 제초에는 주로 곰팡이성(균류) 병원체가 이용된다.

90 잡초종자에서 나타나는 종피에 의한 휴면의 주요 원인으로 옳은 것은?

① 미숙한 배
② 독성물질 존재
③ 이산화탄소 결핍
④ 낮은 수분투과성

[해설]
종피가 단단하여 수분을 흡수할 수 없는 경우 종자의 휴면이 유발된다.
※ 휴면의 원인
 • 일차휴면 : 종자의 자체적인 영향으로 인한 휴면
  - 불안전한 배
  - 생리적으로 미숙한 배
  - 기계적 저항성을 지닌 종피
  - 발아 억제물질의 존재
 • 이차휴면 : 외부환경에 의한 휴면
  - 고농도의 이산화탄소
  - 산소의 부족
  - 저온 및 고온
  - 발아에 부적당한 암조건

91 제초제의 상승작용에 대한 설명으로 옳은 것은?

① 두 제초제를 단독으로 각각 처리하는 경우가 효과가 크다.
② 두 제초제를 혼합하여 처리하는 경우 작물의 생리적 장애현상이 발생한다.
③ 두 제초제를 혼합하여 처리하는 경우와 단독으로 처리하는 경우의 효과가 같다.
④ 두 제초제를 혼합하여 처리하는 경우가 단독으로 처리하는 경우보다 효과가 크다.

[해설]
• 길항작용 : 상반되는 두 가지 제초제가 동시에 작용하여 그 효과를 서로 상쇄시키는 작용
• 상승작용 : 두 가지 제초제를 혼합사용할 경우 약효가 상승하는 작용

92 엽채류 작물의 경우 다음 그림에서 잡초 경합 한계기간에 해당하는 것은?

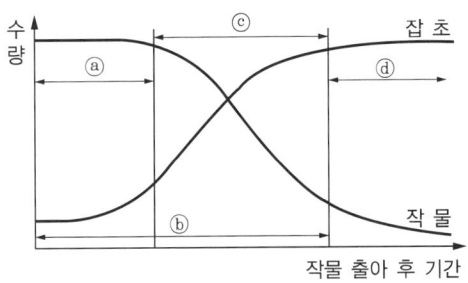

① ⓐ
② ⓑ
③ ⓒ
④ ⓓ

[해설]
잡초경합 한계기간
• 잡초의 경합이 없는 생육 초기와 경합으로 인한 피해가 없는 성숙 말기 사이의 기간을 의미한다.
• 전 생육기간의 첫 1/3~1/2 또는 첫 1/4~1/3 기간에 해당되며, 철저한 방제가 요구된다.

93 다년생 잡초로만 올바르게 나열한 것은?

① 강피, 참방동사니
② 쇠뜨기, 나도겨풀
③ 뚝새풀, 생이가래
④ 자귀풀, 강아지풀

해설
① 강피, 참방동사니 : 1년생
③ 뚝새풀 : 1년생, 나도겨풀 : 2년생
④ 자귀풀, 강아지풀 : 1년생

94 주로 영양번식기관에 의하여 번식하는 잡초로만 올바르게 나열한 것은?

① 여뀌, 물옥잠
② 쇠비름, 질경이
③ 마디꽃, 물달개비
④ 가래, 너도방동사니

해설
- 영양번식잡초 : 가래, 올방개, 미나리 등
- 종자와 영양번식 둘 다 하는 잡초 : 너도방동사니, 산딸기 등

95 토양 속에 잔류하는 제초제의 양 및 기간에 영향을 주는 요인으로 가장 거리가 먼 것은?

① 경운 및 정지
② 광분해 및 휘발성
③ 토양에 흡착 및 용탈
④ 미생물 및 화학적 분해

해설
농약의 분해방식
- 화학적 분해
- 산화, 환원, 가수분해, 결합반응에 의한 분해
- 미생물에 의한 분해 : 유기농약은 탄소를 함유하므로 미생물에 의해 분해된다.
- 광분해 : 주로 자외선에 의해 분해된다.
- 물리적 소실 : 토양 하층으로의 용탈, 흡착, 식물체의 흡수 등으로 인해 소실된다.

96 2,4-D 제초제에 해당하는 것은?

① 페녹시계
② 산아미드계
③ 카바메이트계
④ 디페닐에테르계

해설
페녹시계 제초제
- 1년생 및 다년생 광엽잡초의 경엽에 처리하는 선택성 제초제
- 체내 옥신의 균형을 교란시키는 것이 주된 작용 특성
- 분열조직의 활성화, 이상분열, 엽록소 형성 저해 및 세포막의 삼투압 증대
- 세계적으로 가장 먼저 개발된 호르몬형 유기제초제 : 2,4-D, MCPP(메코프로프)
※ 2,4-D
  - 우리나라에서 가장 먼저 사용한 제초제
  - 2,4-D 아민염 : 물에 잘 녹는다.
  - 2,4-D 에스테르 : 휘발성이 높아 주변 광엽작물에 잎 비틀림 등의 약해를 유발한다.

97 논에 제초제를 사용하는 경우 처리시기로 가장 바람직하지 않은 것은?

① 수확기 처리
② 잡초 발아 전 처리
③ 작물 생육 초·중기 처리
④ 작물 파종 또는 이식 후 처리

해설
수확기에 처리하면 농작물의 농약잔류량이 늘어 날 수 있다.

98 잡초 방제방법으로 담수 처리에 대한 설명으로 옳은 것은?

① 무더운 날씨에는 효과가 줄어든다.
② 온도 조절을 통해 잡초 발생을 줄이는 것이다.
③ 발아에 필요한 산소의 흡수를 억제시켜 잡초 발생을 줄인다.
④ 다년생 잡초에는 효과가 있으나 일년생 잡초에는 효과가 없다.

해설
일반적으로 담수상태에서 잡초종자가 잘 발아되지 않는 것은 수분보다는 산소 결핍이나 광 또는 온도 때문이다.

99 잡초의 유용성에 대한 설명으로 옳지 않은 것은?

① 논둑 및 경사지 등에서 지면을 덮어 토양유실을 막아 준다.
② 근연 관계에 있는 식물에 대한 유전자은행 역할을 할 수 있다.
③ 작물과 같이 자랄 경우 빈 공간을 채워 작물의 도복을 막아 준다.
④ 유기물이나 중금속 등으로 오염된 물이나 토양을 정화하는 기능이 있다.

해설
잡초의 유용성
- 지면을 덮어서 토양침식을 방지
- 토양에 유기물을 제공 : 토양의 물리환경 개선
- 곤충의 먹이와 서식처를 제공
- 야생동물, 조류 및 미생물의 먹이와 서식처를 제공
- 같은 종속의 작물의 유전자은행으로 이용 : 병해충 저항성 작물의 육성
- 구황식물로 이용 : 달래, 냉이, 쑥, 취 등의 무공해 채소
- 공해 제거능력 : 물옥잠, 부레옥잠 등
- 약료, 염료, 향료, 향신료 등의 원료 : 반하, 쪽, 꼭두서니, 쑥 등
- 미적인 즐거움 : 벌개미취, 미국쑥부쟁이, 술패랭이꽃 등의 조경식물
- 대부분이 가축의 사료로 이용

100 광엽잡초로만 올바르게 나열한 것은?

① 여뀌, 명아주
② 돌피, 여뀌바늘
③ 매자기, 쇠비름
④ 개비름, 바랭이

해설
- 1년생 광엽잡초 : 물달개비, 물옥잠, 사마귀풀, 여뀌, 여뀌바늘, 마디꽃, 밭뚝외풀, 등애풀, 생이가래, 곡정초, 자귀풀, 중대가리풀, 명아주 등
- 2년생 광엽잡초 : 가래, 벗풀, 올미, 개구리밥, 네가래, 수염가래꽃, 미나리 등

2019년 제4회 과년도 기출문제

식물보호기사

제1과목 식물병리학

01 다음 중 세포벽을 가지고 있지 않은 식물병원균은?

① *Xanthomonas*속
② *Phytoplasma*속
③ *Phytophthora*속
④ *Xyrella*속

해설
② *Phytoplasma*속 : 크기가 0.1~1μm인 단위막에 의해 형성된 세균에 가까운 병원체로, 세포막이 없고, 원형질막으로 둘러싸여 있다.
① *Xanthomonas*속 : 단극모를 가지고 있는 그람음성세균으로, 세포벽이 있다.
③ *Phytophthora*속 : 난균류로, 세포벽은 있으나 키틴이 없고, 균사에 격벽이 없어 진균류와 구분된다.
④ *Xyrella*속 : 그람음성세균으로, 세포벽이 있다.

02 다음 중 기주체에 침입할 때 병원균이 분비하는 효소로 가장 적절한 것은?

① Victorin
② Fusaric Acid
③ Cutinase
④ Tabtoxin

해설
세포벽 물질의 분해효소
- 큐틴 분해효소(Cutinase) : 잿빛곰팡이병균, 모 잘록병균, 보리 줄무늬병균, 보리 흰가루병균
- 펙틴 분해효소(Pectinase) : 자주빛 날개무늬병균, 벼 노균병균, 채소 세균성 무름병균, 모 잘록병균, 고구마 무름병균, 시들음병균(Fusarium)
- 셀룰로스 분해효소(Cellulase) : 무름병균, 썩음병균
- 리그닌 분해효소(Ligninase) : 목재 흰썩음병균

03 다음 중 생물적 방제제로 사용되는 진균은?

① *Pseudomonas*속
② *Trichoderma*속
③ *Bacillus*속
④ *Streptomyces*속

해설
미생물 상호 간의 길항작용에 의한 병의 발병 억제
- 세균 : *Agrobacterium, Bacillus, Pseudomona, Streptomyces*
- 진균 : *Ampelomyces, Candida, Coniothyrium, Glicoladium, Trichoderma*

04 세균에 의한 병이 아닌 것은?

① 토마토 풋마름병
② 사과 뿌리혹병
③ 감자 더뎅이병
④ 배추 무사마귀병

해설
배추 무사마귀병은 토양전염성 근류병균인 *Plasmodiophora brassicae*에 의해 발병한다.

05 식물체가 감염되었을 때 주로 모자이크 증상을 나타내는 병원체는?

① 진 균
② 세 균
③ 바이러스
④ 파이토플라스마

해설
바이러스
- 핵산과 단백질로 이루어진 병원체로, 주로 모자이크 증상을 나타낸다.
- 광학현미경으로 관찰할 수 없고, 인공배양이 불가능하다.
- 자기 자신을 위한 물질대사계를 가지지 못하고, 식물체내 대사계와 물질을 이용할 수 있는 유전정보만을 가진다.

정답 1 ② 2 ③ 3 ② 4 ④ 5 ③

06 다음 중 밀 줄기녹병의 중간기주로 가장 적절한 것은?

① 매발톱나무   ② 개나리
③ 향나무   ④ 사시나무

해설
맥류 줄기녹병의 중간기주는 매자나무이다.

07 알코올 냄새로 진단할 수 있는 식물병은?

① 수박 덩굴쪼김병
② 콩 탄저병
③ 사과나무 부란병
④ 배나무 줄기마름병

해설
사과나무 부란병 : 자낭균류에 의한 병으로, 병포자나 자낭포자의 형태로 병든 가지에서 월동한 후 전정 등의 상처부위로 침입하며, 병든 부위의 껍질을 벗기면 알코올 냄새가 나는 특징이 있다.

08 다음 중 접합균류에 속하는 곰팡이에 의해 발생하는 병으로 가장 적절한 것은?

① 고구마 검은무늬병
② 감자 둘레썩음병
③ 고구마 무름병
④ 감자 더뎅이병

해설
무름병(*Rhizopus*)은 접합균류에 의해 발병한다.

09 다음 중 비생물성 병원에 해당되는 것은?

① 산업폐기물   ② 파이토플라스마
③ 말무리   ④ 유사균류

해설
비생물성 병원 : 영양분 결핍, 오염물질(아황산, 에틸렌 등), 불화수소, 환경적 영향, 토양중금속, 제초제 등

10 소나무 혹병의 하포자와 동포자의 월동장소로 가장 적절한 것은?

① 졸참나무
② 참 취
③ 향나무
④ 야생까치밥나무

해설
소나무 혹병균의 중간기주는 졸참나무(참나무과)이다.

11 식물병원균이 이종기생을 하는 경우에 생활환을 완성하기 위하여 기주식물을 바꾸어 생활하는 것을 무엇이라 하는가?

① 기 생   ② 감 염
③ 기주교대   ④ 발 병

해설
기주교대 : 이종기생균이 그 생활환을 완성하기 위해 기주를 바꾸는 것

정답 6 ① 7 ③ 8 ③ 9 ① 10 ① 11 ③

12 보리 붉은곰팡이균은 진균의 어떤 균류에 속하는가?
① 불완전균류 ② 접합균류
③ 자낭균류   ④ 담자균류

해설
보리 붉은곰팡이병은 자낭균류에 속한다.

13 식물병을 방제하기 위한 경종적 방법과 가장 거리가 먼 것은?
① 윤 작
② 번식기관의 온탕처리
③ 무병종묘 사용
④ 저항성 품종 재배

해설
온탕처리는 물리적 방제방법에 해당한다.

14 식물 바이러스 입자를 구성하는 주요 고분자는?
① 피막과 핵
② 새포벽과 세포질
③ 골지체와 RNA
④ 핵산과 단백질껍질

해설
바이러스는 핵산과 단백질로 이루어진 병원체이다.

15 병든 부위에서 악취가 나는 병은?
① 벼 도열병
② 배추 무름병
③ 딸기 흰가루병
④ 감자 탄저병

해설
배추 무름병은 수분이 많은 조직에서 부패와 악취를 동반하는 무름현상이 나타난다.

16 다음 중 목재를 썩히는 대부분의 목재부후균은 어디에 속하는가?
① 세 균   ② 버 섯
③ 바이러스   ④ 선 충

해설
나무의 셀룰로스, 헤미셀룰로스, 리그닌 등을 분해하여 영양원으로 이용하는 목재부후균은 버섯에 속한다.

17 다음 중 *Phytophthora*속 균의 전형적인 전반방법은?
① 종자에 의한 전반
② 곤충에 의한 전반
③ 씨감자에 의한 전반
④ 비바람에 의한 전반

해설
역병균은 바람이나 관개수에 의해 전반된다.

18 뿌리혹병(근두암종병)을 일으키는 병원균으로 가장 적절한 것은?

① 진 균
② 세 균
③ 바이러스
④ 파이토플라스마

해설
근두암종병은 *Agrobacterium tumefaciens*라는 세균에 의한 병이다.

19 박테리오파지의 기주특이성을 이용하여 진단할 수 있는 병으로 가장 적절한 것은?

① 벼 흰잎마름병
② 보리 겉깜부기병
③ 벼 줄무늬잎마름병
④ 밀 속깜부기병

해설
박테리오파지의 기주특이성을 이용하는 진단방법에는 세균을 숙주로 하는 바이러스를 이용하며, 벼 흰잎마름병은 그람음성세균에 의한 병(*Xanthomonas*)으로, 한천배지에서 황색 원형 콜로니를 형성한다.

20 벼 흰잎마름병의 주요 제1차 전염원이 되는 식물로 가장 적절한 것은?

① 흰명아주
② 돌 피
③ 여 뀌
④ 겨 풀

해설
벼 흰잎마름병균은 주로 잡초(겨풀류)나 벼의 그루터기에서 월동한다.

제2과목 농림해충학

21 다음 중 소나무좀은 수목의 어느 부분을 주로 가해하는가?

① 잎
② 구 과
③ 뿌 리
④ 수간(줄기)

해설
소나무좀
- 월동한 성충이 나무줄기나 가지의 껍질 밑에 구멍을 뚫고 들어가 형성층에 산란하면, 부화한 유충이 식해하여 수목의 양분과 이동을 단절시킨다.
- 연 1회 발생하고, 연 1마리가 3개 이상의 새순을 가해하며, 성충의 형태로 월동한다.

22 다음에서 설명하는 것은?

> 해충의 생장이나 생존에 불리한 영향을 미쳐 해충의 발육이나 번식을 억제하는 것

① 비선호성
② 항충성
③ 내 성
④ 회피성

해설
식물의 선천적 내충성
- 내성 : 같은 정도의 해충밀도에서도 작물이 영향을 받지 않는 성질
- 항생성(항충성) : 해충의 생장이나 대사작용에 불리한 영향을 주는 성질
- 비선호성(항객성) : 작물의 영향을 받아 해충이 덜 모이는 성질

23 다음 중 벼 재배 시 기온이 낮은 해에 발생하여 피해를 주는 저온성 해충으로 가장 적절한 것은?

① 이화명나방 ② 끝동매미충
③ 흰등멸구   ④ 벼애잎굴파리

해설
벼잎물가파리(벼애잎굴파리)는 온도가 낮은 산간지역에서 많이 발생하는 저온성 해충이다.

24 도둑나방의 피해 증상으로 가장 거리가 먼 것은?

① 부화유충이 떼를 지어 잎 뒷면의 잎살을 먹는다.
② 배추, 양배추의 결구 속으로 파고 들어가 먹는다.
③ 배추 뿌리가 지제부(지접부)에서 잘린다.
④ 잎이 불규칙한 그물 모양으로 된다.

해설
도둑나방
- 배추, 양배추, 셀러리, 당근, 콩, 팥 등의 채소작물과 장미, 백합 등의 화훼작물을 가해한다.
- 잡식성이며, 기주식물의 잎을 엽맥만 남기고 식해한다.
- 기주 범위가 넓고, 번데기 형태로 땅속에서 월동한다.

25 잎을 가해하는 청동풍뎅이의 월동에 대한 설명으로 가장 적절한 것은?

① 난상태로 땅속에서 월동한다.
② 유충태로 땅속에서 월동한다.
③ 성충태로 지피물에서 월동한다.
④ 번데기 상태로 잎을 먹고 월동한다.

해설
청동풍뎅이는 유충태로 땅속에서 월동한다.

26 기주식물에 바이러스병을 매개하는 해충으로 가장 옳은 것은?

① 콩잎말이명나방
② 독나방
③ 아메리카잎굴파리
④ 복숭아혹진딧물

해설
복숭아혹진딧물
- 무시충 : 암컷은 난형이고, 담록색과 담흑색의 두 가지 형이 있는데 기온이 낮을 때 담홍색이다.
- 유시충 : 암컷은 머리와 가슴이 흑색이고, 배의 등 쪽에 흑색 반점이 있다.
- 감자 잎말이병 등 각종 바이러스를 매개한다.
- 겨울기주인 복숭아나무 등의 겨울눈에서 알의 형태로 월동하고, 5월 중순경 날개를 이용해 여름기주인 고추, 오이, 감자, 담배, 목화 등으로 이동한다.

27 다음 중 천공성 해충으로 가장 적절하지 않은 것은?

① 소나무좀   ② 왕소나무좀
③ 어스렝이나방 ④ 박쥐나방

해설
어스렝이나방은 잎을 갉아 먹어 피해를 주는 식엽성 해충이다.

28 날개가 전혀 발생되지 않는 무시아강에 속하는 곤충으로 가장 적절한 것은?

① 벼 룩   ② 이
③ 빈 대   ④ 좀

해설
무시아강 : 날개가 없으며, 유충과 성충의 모양이 거의 같은 원시적인 벌레
예 톡토기목, 낫발이목, 좀붙이목, 좀목, 돌좀목

정답 23 ④ 24 ③ 25 ② 26 ④ 27 ③ 28 ④

29 곤충의 체내조직에 산소를 운반하는 곳으로 가장 적절한 것은?

① 폐쇄 혈관계
② 개방 혈관계
③ 기관계
④ 혈 구

해설
호흡계
- 기문 : 기문은 보통 가슴에 2쌍, 배에 8쌍 도합 10쌍 있는 것이 원칙으로, 일반적으로 곤충의 양측 면(옆만)에 위치한다.
- 기관 : 표피를 덮고 있고, 기관 내부에는 나선사가 융기를 형성하여 기관 내의 압력이 낮을 때 기관이 위축된다.
- 기문의 기능에 따라 개구식 기관계와 폐쇄식 기관계로 구분된다.

30 미국선녀벌레의 가해 양상에 대한 설명으로 가장 적절한 것은?

① 잎을 갉아 먹는다.
② 과일에 구멍을 내며 피해를 준다.
③ 줄기에 구멍을 뚫고 가해한다.
④ 잎, 줄기를 흡즙한다.

해설
미국선녀벌레 : 노린재목 매미아목에 속하는 곤충으로, 흡즙과 배설물의 감로를 통해 그을음병을 유발한다.

31 거북밀깍지벌레의 월동태로 가장 적절한 것은?

① 성 충
② 알
③ 약 충
④ 번데기

해설
거북밀깍지벌레는 성충의 형태로 월동한다.

32 다음 중 해충의 불임성을 유도하는 방법으로 가장 적절한 것은?

① 방사선 이용법
② 소살법
③ 경운법
④ 포살법

해설
불임법 : 해충에 방사선을 조사하여 생식능력을 잃게 한 수컷을 다량으로 야외에 방사한 후 야외의 건전한 암컷과 교미시켜 무정란을 낳게 해 다음 세대의 해충밀도를 조절하는 방법이다.

33 포도나무의 줄기를 가해하는 해충으로만 나열된 것은?

① 박쥐나방, 포도유리나방
② 포도쌍점매미충, 포도호랑하늘소
③ 포도금빛잎벌레, 포도뿌리혹벌레
④ 으름나방, 무궁화밤나방

해설
- 박쥐나방 : 부화유충이 주로 땅에 접한 표피를 둥글게 가해하고, 목질부로 파고들어 가 피해를 주는데, 가해하면서 배출한 배설물을 파고 들어간 구멍의 입구에 붙여 놓는다. 피해줄기는 잘 꺾어진다.
- 포도유리나방 : 벌레가 들어 있는 곳의 줄기는 부풀며, 유충이 들어간 구멍은 자색으로 변하고 말라 버린다. 거봉과 델라웨어 품종의 피해가 심하다.

정답 29 ③ 30 ④ 31 ① 32 ① 33 ①

34 유아등에 해충을 모이게 하여 잡아 죽이는 방제방법은?

① 재배적 방제
② 생태적 방제
③ 물리적 방제
④ 화학적 방제

해설
유아등을 이용하여 해충을 잡아 죽이는 등화유살법은 물리적 방제방법에 해당한다.

35 다음 중 땅강아지는 어느 목에 속하는 해충인가?

① 딱정벌레목
② 강도래목
③ 잠자리목
④ 메뚜기목

해설
땅강아지는 메뚜기목 땅강아지과이다.

36 본답 초기에 벼를 흡즙하여 가해하며, 줄무늬잎마름병과 검은줄무늬오갈병의 바이러스를 매개하는 해충으로 가장 적절한 것은?

① 애멸구   ② 흰등멸구
③ 벼멸구   ④ 끝동매미충

해설
애멸구는 바이러스병인 줄무늬잎마름병을 매개한다.

37 벼물바구미에 대한 설명으로 가장 거리가 먼 것은?

① 성충은 잎을 가해하고, 유충은 뿌리를 가해한다.
② 단위생식을 한다.
③ 외래해충이다.
④ 유충으로 월동한다.

해설
벼물바구미는 성충의 형태로 월동한다.

38 곤충의 페로몬에 대한 설명으로 옳은 것은?

① 체내에서 소량으로 만들어져 체외로 방출되며, 같은 종의 다른 개체에 정보 전달수단으로 이용된다.
② 체내에서 대량으로 만들어져 체외로 방출되며, 같은 종의 다른 개체에 정보 전달수단으로 이용된다.
③ 체내에서 소량으로 만들어져 체외로 방출되며, 다른 종과의 정보 전달수단으로 이용된다.
④ 카이로몬은 페로몬에 속한다.

해설
페로몬
- 정보매체가 되는 화학물질이 소량으로 종 내 정보 전달에 관여한다.
- 호르몬과는 달리 체외로 분비되며, 동일종의 다른 개체에 작용하는 생리활동물질이다.

정답 34 ③ 35 ④ 36 ① 37 ④ 38 ①

39 다음 중 우리나라에서 겨울 동안 월동을 하지 못하는 해충으로 가장 적절한 것은?

① 이화명나방
② 혹명나방
③ 벼물바구미
④ 담배나방

해설
비래해충 : 월동하지 못하고 바람을 타고 유입되는 해충으로 벼멸구, 혹명나방, 흰등멸구, 멸강나방 등이 있다.

40 유시아강은 날개를 갖고 있거나 2차적으로 날개가 없는 곤충이다. 날개를 접을 수 있는 것을 신시군으로 구분하는데, 이 중 신시군의 내시류에 속하지 않는 목은?

① 풀잠자리목
② 총채벌레목
③ 딱정벌레목
④ 파리목

해설
총채벌레목은 불완전변태하는 외시류에 속한다.

제3과목 재배학원론

41 광보상점에 대한 설명으로 가장 옳은 것은?

① 음생식물에 비하여 양생식물의 광보상점이 낮다.
② 음생식물에 비하여 양생식물의 광보상점이 높다.
③ 음생식물과 양생식물의 광보상점은 동일하다.
④ 음생식물 및 양생식물은 광보상점이 없다.

해설
광보상점 : 호흡의 속도와 진정광합성의 속도가 같아서 외견상 광합성속도가 0이 되는 상태로, 광보상점이 낮은 식물은 그늘에 견딜 수가 있어 내음성이 강하다.

42 종자의 퇴화를 방지하기 위하여 품종 간에 격리재배를 하는 이유는?

① 자연교잡을 방지하기 위하여
② 병 발생을 억제하기 위하여
③ 유전적 교섭을 증진시키기 위하여
④ 환경변이를 줄이기 위하여

해설
자연교잡을 방지하기 위하여 격리재배를 하며, 품종별로 옥수수는 400~500m 이상, 호밀은 300~500m 이상, 십자화과 작물은 100m 이상 다른 품종과 격리하여 재배한다.

정답 39 ② 40 ② 41 ② 42 ①

43 무배유종자에 해당하는 작물로만 나열된 것은?

① 콩, 팥
② 옥수수, 벼
③ 벼, 보리
④ 밀, 보리

해설
무배유종자 : 콩, 팥 등의 두과 종자

44 노후답의 재배대책으로 가장 거리가 먼 것은?

① 조기재배
② 황산근 비료의 시비
③ 덧거름 중점의 시비
④ 엽면시비

해설
산소 공급이 잘되지 않는 조건에서 환원상태가 되고, 환원상태에서는 철과 망간의 흡수가 저해되며, 독성을 가진 황화수소가 발생해 pH가 낮아져 뿌리가 상하게 되므로 황을 포함하는 비료는 사용하지 않는다.
※ 노후답 : 인(P), 칼슘(Ca), 마그네슘(Mg), 칼륨(K), 철(Fe), 망간(Mn), 규소(Si) 등이 결핍된 토양

45 다음 중 벼의 관수해(冠水害)가 가장 큰 시기는?

① 출수개화기
② 묘대기
③ 분얼 초기
④ 등숙기

해설
벼의 관수해는 분얼 초기에 작고, 수잉기~출수개화기에 크다.

46 다음 중 저장 중에 종자가 발아력을 상실하는 가장 큰 원인은?

① 호흡 억제
② 휴면 유도
③ 원형단백질의 응고
④ 저장양분의 증가

해설
원형질 단백질이 응고되면 종자가 수분을 흡수하더라도 다른 작용이 이루어지지 못한다.

47 다음 중 작물생육의 필수원소로 가장 거리가 먼 것은?

① K
② Al
③ Ca
④ S

해설
작물생육의 필수원소
• 다량원소 : C, H, O, N, P, K, Ca, Mg, S
• 미량원소 : Fe, Mn, Cu, Zn, B, Mo, Cl

48 다음에서 설명하는 것은?

> 등고선에 따라 수로를 내고, 임의의 장소로부터 월류하도록 하는 방법이다.

① 보더관개
② 수반관개
③ 일류관개
④ 다공관관개

해설
일류관개 : 등고선에 따라 수로를 내고, 임의의 장소로부터 월류하도록 하는 방법

정답 43 ① 44 ② 45 ① 46 ③ 47 ② 48 ③

49 벼의 작물생육 초기부터 출수기에 걸쳐 냉온을 만나 출수가 늦어져 등숙불량을 초래하는 냉해는?

① 지연형 냉해
② 장해형 냉해
③ 병해형 냉해
④ 혼합형 냉해

해설
지연형 냉해 : 생육 초기부터 출수기에 걸쳐 여러 시기에 냉온을 만나 출수가 지연되어 후기의 냉온에 의하여 등숙불량을 초래하는 형태의 냉해

50 연작의 해가 가장 적은 작물로만 나열된 것은?

① 미나리, 양배추
② 수박, 가지
③ 참외, 우엉
④ 고추, 오이

해설
연작의 해가 적은 작물 : 벼, 맥류, 조, 수수, 옥수수, 고구마, 대마(삼), 담배, 무, 미나리, 당근, 양파, 호박, 연, 순무, 뽕나무, 아스파라거스, 토당귀, 미나리, 딸기, 양배추 등

51 다음 중 규소에 대한 설명으로 가장 옳지 않은 것은?

① 규질화를 이루어 병에 대한 저항성을 높인다.
② 수광태세를 좋게 한다.
③ 증산을 경감하여 가뭄해를 줄이는 효과가 있다.
④ 화본과 작물보다 콩과 작물에 함량이 매우 많다.

해설
화본과 식물은 건물량의 10~15% 정도의 규소를 함유하고 있고 참외, 오이, 수박, 호박, 멜론 등의 박과 작물도 규소를 많이 흡수한다.

52 피자식물의 종자 형성에 대한 설명으로 가장 옳지 않은 것은?

① 중복수정한다.
② 정핵과 난세포가 결합하여 배를 형성한다.
③ 정핵과 극핵이 결합하여 배유를 형성한다.
④ 배는 3n이고, 배유는 2n이다.

해설
수정(중복수정)
• ♂ 제1융핵(n) + ♀ 난핵(n) → 배(2n)
• ♂ 제2융핵(n) + ♀ 극핵(2n) → 배유(3n)

정답 49 ① 50 ① 51 ④ 52 ④

53 다음 중 붕소의 생리작용에 대한 설명으로 가장 옳지 않은 것은?

① 체내 이동성이 용이하다.
② 결핍증은 저장기관에 나타나기 쉽다.
③ 결핍 시 수정, 결실이 나빠진다.
④ 촉매 또는 반응 조정물질로 작용한다.

해설
붕소(B)
- 촉매 또는 반응 조절물질로 작용하며, 석회 결핍의 영향을 경감시킨다.
- 체내 이동성이 낮으며, 생장점 부근에 함유량이 많아 결핍 증세는 생장점이나 저장기관에서 나타나기 쉽다.
- 석회의 과잉, 토양의 산성화는 붕소 결핍을 초래한다.
- 부족 시 : 분열조직의 괴사, 사탕무의 속썩음병, 샐러리의 줄기쪼김병, 사과의 축과병, 담배의 끝마름병, 알팔파의 황색병, 꽃양배추의 갈색병, 수정결실 불량, 콩과의 근류 형성과 질소고정 저해

54 다음 중 식물체 내에서 이동이 가장 용이한 원소는?

① Ca   ② Mg
③ S   ④ Mn

해설
마그네슘(Mg)은 체내 이동성이 높아 결핍 시 늙은 조직에서 어린 조직으로 이동해 하엽에서 결핍증상이 먼저 관찰된다.

55 양열재료의 C/N율이 가장 낮은 것은?

① 보릿짚   ② 감자
③ 볏짚   ④ 알팔파

해설
알팔파는 콩과 사료작물로, 공기 중의 질소를 고정하는 능력이 뛰어나 질소비율이 높으므로 C/N율이 낮다.
※ C/N율 : 탄소에 대한 질소의 비율

56 다음 중 내습성이 가장 약한 작물로만 나열된 것은?

① 옥수수, 밭벼, 율무
② 택사, 벼, 미나리
③ 고추, 감자, 메밀
④ 당근, 양파, 파

해설
작물의 내습성
- 작물의 내습성 정도 : 미나리, 벼 > 옥수수 > 토란, 고구마 > 보리, 밀 > 고추 > 메밀 > 파, 양파
- 채소의 내습성 정도 : 양배추, 토마토, 오이 > 시금치, 무 > 당근, 꽃양배추, 멜론
- 과수의 내습성 정도 : 올리브 > 포도 > 밀감 > 감, 배 > 밤, 복숭아, 무화과

57 열해에 대한 대책으로 가장 거리가 먼 것은?

① 질소질 비료를 자주 시용한다.
② 관개를 통해 지온을 낮춘다.
③ 밀식을 피한다.
④ 환기를 통해 고온을 회피한다.

해설
열해 대책
- 내열성 작물의 선택
- 피복을 통한 지온의 상승 억제
- 관개
- 재배시기의 조절
- 밀식재배 회피
- 질소질 비료의 과용 금지
- 경화(Hardening)

58 다음 중 요수량이 가장 적은 작물은?

① 호 박
② 완 두
③ 기 장
④ 클로버

해설
요수량이 적은 작물은 수수, 기장, 옥수수 등이다.

59 기지가 문제되지 않는 과수로만 나열된 것은?

① 복숭아나무, 배나무
② 사과나무, 포도나무
③ 앵두나무, 뽕나무
④ 무화과나무, 망고나무

해설
과수의 기지 정도
- 기지가 문제시되는 과수 : 복숭아, 무화과, 감귤, 앵두 등
- 기지가 나타나는 정도의 과수 : 감나무 등

60 벼의 생육단계에서 중간낙수가 필요한 시기는?

① 모내기 준비
② 이앙기~활착기
③ 수잉기~유숙기
④ 최고분얼기~유수형성기

해설
중간물떼기는 이삭 패기 전 30일~40일 사이에 해 준다.

제4과목 농약학

61 식물의 생육단계 중 약해의 염려가 가장 적은 시기는?

① 휴면기
② 영양생장기
③ 생식생장기
④ 개화기

해설
약제에 대한 저항성 : 휴면기 > 영양생장기 > 생식생장기 > 유묘기

62 백합의 신장 억제 및 배추의 생장 억제에 주로 사용되는 생장조정제는?

① 디니코나졸 액상수화제
② 지베렐린 수용제
③ 에테폰 액제
④ 루톤 분제

해설
디니코나졸(상표명 빈나리) : 트리아졸계 약제로 지베렐린의 생합성을 억제해 생장을 억제시킨다.

정답 58 ③ 59 ② 60 ④ 61 ① 62 ①

63 농약의 분류 중 유효성분 조성에 따른 분류에 해당하는 것은?

① 유기인제　　② 살충제
③ 살균제　　　④ 유인제

해설
유효성분 조성에 따른 분류 : 무기농약, 유기농약
※ 유기농약
- 유기화합물을 주성분으로 하는 농약
- 천연 유기농약과 대부분의 화학농약
- 유기인계, 카바메이트계, 유기염소계, 유기황계, 유기비소계, 유기불소계 등

64 유기인계 살충제가 아닌 것은?

① 파라티온(Parathion)
② 다이아지논(Diazinon)
③ 디클로르보스(Dichlorvos)
④ 메소밀(Methomyl)

해설
메소밀 : 카바메이트계 살충제로, 농약사이다 사건 이후 고독성 농약의 등록 취소로 인해 국내 사용이 금지된 농약

65 다음 중 밀폐된 공간에서 사용하도록 설계된 제형은?

① 훈연제　　② 입 제
③ 분 제　　　④ 수화제

해설
훈연제
- 유효성분과 발열제를 종이에 흡착시키거나 깡통에 넣은 형태이다.
- 불을 붙이면 유효성분이 연기와 함께 공중에 분산된다.
- 시설원예 포장에서 많이 사용된다.

66 다음 중에서 천연 성분의 살충제가 아닌 것은?

① 피레트린(Pyrethrin)
② 파라티온(Parathion)
③ 니코틴(Nicotine)
④ 로테논(Rotenone)

해설
파라티온 : 1940년대 개발된 유기인계 살충제

67 피레트린(Pyrethrin) 성분을 함유하는 천연 살충용 식물은?

① 송 지　　② 테리스
③ 제충국　　④ 연 초

해설
천연 살충성분인 Pyrenthrin은 제충국에서 추출한다.

68 현수성과 수화성을 이용한 약제는?

① 유 제　　② 용 액
③ 수화제　　④ 수용제

해설
- 현수성 : 현탁액에 있어 고체입자가 균일하게 분산·부유하는 성질과 안정성
- 수화성 : 수화제와 물과의 친화도

정답 63 ① 64 ④ 65 ① 66 ② 67 ③ 68 ③

69 보르도액의 주성분에 해당하는 것은?

① 벤젠(C_6H_6)
② 다황산칼슘(CaS_5)
③ 황산구리($CuSO_4 \cdot 5H_2O$)
④ 페닐초산수은($Hg \cdot OOC \cdot CH_3$)

해설
보르도액
- 순도 98.5% 황산구리와 순도 90% 이상의 생석회가 조제 원료이다.
- 효력의 지속성이 큰 살균제로, 비교적 광범위한 병원균에 유효하다.
- 벼 도열병, 사과 흑점병, 갈반병, 포도 노균병, 만부병, 감귤 더뎅이병, 궤양병 등의 방제에 효과적이다.

70 다음 중 농약의 화학적 변화라고 보기 어려운 것은?

① DDVP 유제가 수산화이온(OH)에 의해 유기산과 페놀류 등으로 분해된다.
② 만코제브 수화제가 대기 중에서 분해된다.
③ 토양 중의 금속이 농약과 반응하여 농약을 분해한다.
④ 미생물에 의한 농약의 분해는 환경오염을 방지한다.

해설
농약의 분해방식
- 화학적 분해
- 산화, 환원, 가수분해, 결합반응에 의한 분해
- 미생물에 의한 분해 : 유기농약은 탄소를 함유하므로 미생물에 의해 분해된다.
- 광분해 : 주로 자외선에 의해 분해된다.
- 물리적 소실 : 토양 하층으로의 용탈, 흡착, 식물체의 흡수 등으로 인해 소실된다.

71 다음 중 농약의 보조제(Supplement Agent)에 해당하는 것은?

① 유인제 ② 식독제
③ 기피제 ④ 유화제

해설
유화제 : 유제의 유화성을 높이기 위한 약제

72 제초제에 대한 설명으로 틀린 것은?

① 세톡시딤은 선택성 제초제이다.
② 글루포시네이트암모늄은 비선택성 제초제이다.
③ 제초기능에 있어 선택성이 있는 것과 없는 것이 있다.
④ 식물의 종류에 관계없이 모든 식물에 해를 나타내는 것을 선택성 제초제라고 한다.

해설
모든 식물에 해를 나타내는 것을 비선택성 제초제라고 한다.

정답 69 ③ 70 ④ 71 ④ 72 ④

73 농약의 제형별 약어가 잘못 연결된 것은?

① 유제 - EC
② 액제 - SL
③ 액상수화제 - SP
④ 수화제 - WP

해설
액상수화제 : SC(Suspension Concentrate)
※ 수용제 : SP(Water Soluble Powder)

74 보통독성 농약이 고체일 경우에 급성경구독성의 LD$_{50}$(mg/kg)은?

① 5~50
② 50~500
③ 200~1,000
④ 1,000이상

해설
급성독성 정도에 따른 농약의 구분

구분	시험동물의 반수를 죽일 수 있는 양(mg/kg 체중)			
	급성 경구		급성 경피	
	고체	액체	고체	액체
I급 (맹독성)	5 미만	20 미만	10 미만	40 미만
II급 (고독성)	5 이상 50 미만	20 이상 200 미만	10 이상 100 미만	40 이상 400 미만
III급 (보통독성)	50 이상 500 미만	200 이상 2,000 미만	100 이상 1,000 미만	400 이상 4,000 미만
IV급 (저독성)	500 이상	2,000 이상	1,000 이상	4,000 이상

75 가스상태로 병해충에 접촉시켜 방제효과를 거두는 훈증제가 갖추어야 할 성질이 아닌 것은?

① 독성이 커야 한다.
② 휘발성이 커야 한다.
③ 비인화성이어야 한다.
④ 확산성이 있어야 한다.

해설
훈증제가 갖추어야 할 성질
• 휘발성이 강해야 하며, 비인화성이어야 한다.
• 확산성과 침투성이 커서 작은 틈까지 약제가 도달해야 한다.
• 물리·화학적 변화가 없어야 한다.

76 메프 유제 50%를 0.05%로 희석하여 100L를 살포하려고 할 때 소요약량은 약 몇 mL인가?(단, 비중은 1.008이다)

① 99.2
② 109.2
③ 119.2
④ 129.2

해설
• 희석에 소요되는 물의 양 : 100L
• 희석에 필요한 물의 양 = 원액의 용량(cc)×(원액의 농도/희석하려는 농도 - 1)×원액의 비중
• 원액의 용량 = 물의 양 ÷ [(원액의 농도/희석하려는 농도 - 1)×원액의 비중]
∴ 100L ÷ [(50/0.05-1)×1.008] = 99.3mL

정답 73 ③ 74 ② 75 ① 76 ①

77 다음 중 살포장비에 의한 약해에 가장 큰 영향을 미치는 원인은?

① 살포장비의 미세척
② 살포장비의 종류
③ 살포장비의 구조
④ 살포장비의 조작방법

해설
부착력이 높은 제초제를 사용한 살포장비를 이용해 다른 약제를 뿌렸을 경우에는 제초제에 의한 약해가 많이 발생하기 때문에, 사용 후 살포장비를 깨끗이 세척하거나 제초제용 살포장비를 별도로 사용하는 것이 좋다.

78 농약의 안전사용기준을 설정하는 주된 목적은?

① 독성을 없애기 위하여
② 약효를 증대시키기 위하여
③ 농산물 중 잔류량이 허용기준을 초과하지 않도록 하기 위하여
④ 살포하는 농민의 편의성을 향상시키기 위하여

해설
농산물 중 잔류량이 허용기준을 초과하지 않도록 관리하기 위해 식품의약품안전처에서 잔류량을 정하고, 이 잔류량을 넘지 않는 안전사용기준은 농촌진흥청에서 정한다.

79 농약의 물리적 성질 중 현수성(Suspensibility)의 의미를 가장 잘 설명한 것은?

① 농약을 물에 가했을 때 유입자가 균일하게 분산하여 유탁액을 만드는 성질이다.
② 농약을 물에 가했을 때 균일하게 분산, 부유하는 성질을 나타낸다.
③ 농약을 물에 가했을 때 물과 약제와의 친화도를 나타낸다.
④ 농약을 물에 가하여 작물에 뿌렸을 때 잘 부착되는 성질을 말한다.

해설
현수성 : 수화제의 특성 중 약액 내에 골고루 퍼져 있게 하는 성질

80 농약의 자체검사 및 신청검사의 기준에 대한 설명으로 틀린 것은?

① 분제 및 입제의 최대모집단 수량은 50톤이다.
② 모집단의 소포장 수량 5,000개 이하에 대한 발취개체 수량은 50개이다.
③ 자체검사필증의 부착 및 표시상태는 뽑아낸 시료 전량에 대하여 외관검사를 한다.
④ 신청검사를 하여 합격된 농약은 농약의 품질관리를 위하여 반드시 직권검사를 하여야 한다.

해설
신청검사에 합격산 농약은 직권검사를 생략할 수 있다.

정답 77 ① 78 ③ 79 ② 80 ④

제5과목 잡초방제학

81 콩, 옥수수 등 여름작물 포장에 가장 많이 발생하는 잡초는?

① 가래
② 바랭이
③ 매자기
④ 나도겨풀

해설
여름잡초(하잡초, 하생잡초, 여름형 잡초) : 봄에 발생하여 여름에 피해가 크고, 가을에 결실하는 것
예 바랭이, 여뀌, 명아주, 피, 강아지풀, 방동사니, 비름, 쇠비름, 미국개기장 등

82 다음 중 우리나라에 발생되는 월년생 잡초로만 나열된 것은?

① 여뀌, 나도겨풀
② 명아주, 참새피
③ 향부자, 강아지풀
④ 뚝새풀, 별꽃

해설
겨울잡초 : 가을에 발생하여 노지에서 월동하고, 봄에 피해가 크며, 늦봄과 초여름에 결실하는 것
예 뚝새풀, 별꽃, 속속이풀, 냉이, 벼룩나물, 벼룩이자리, 점나도나물, 개양개비, 갈퀴덩굴

83 잡초허용 한계밀도에 대한 설명으로 가장 적절한 것은?

① 잡초밀도가 어느 수준 이상으로 존재하면 작물 수량이 현저하게 감소되는 수준
② 잡초밀도가 어느 수준 이상으로 존재하면 제초제 사용을 급격하게 증가시켜야 하는 수준
③ 잡초밀도가 어느 수준 이상으로 존재하면 시비량을 증가하는 것이 좋은 수준
④ 잡초밀도가 어느 수준 이상으로 존재하면 작물 수확을 포기하는 것이 좋은 수준

해설
잡초허용 한계밀도 : 잡초의 밀도가 증가하면 작물의 수량이 감소하는데, 어느 밀도 이상으로 잡초가 존재하면 작물의 수량이 현저하게 감소하는 잡초의 밀도

84 잡초의 식물학적 분류순서로 가장 옳은 것은?

① 계-문-강-목-과-속-종
② 계-속-문-강-목-과-종
③ 과-계-속-문-강-목-종
④ 속-문-강-과-계-목-종

해설
식물학적 분류
• 표기(이명법) : 속명 + 종명 + 명명자명
• 계-문-강-목-과-속-종-변종

85 다음 중 우리나라 사료용 옥수수 재배포장에 대량 발생되어 문제가 되고 있는 외래잡초는?

① 어저귀
② 바랭이
③ 알방동사니
④ 여 뀌

해설
농경지 외래잡초
- 콩 : 가늘털비름, 명아주류, 털여뀌, 미국가막사리 등
- 옥수수 : 어저귀, 가는털비름, 돌소리쟁이, 털여뀌, 명아주류, 독말풀, 큰도꼬마리, 도깨비가지, 단풍잎돼지풀, 미국가막사리 등
- 목초지 : 돌소리쟁이, 소리쟁이, 도깨비가지, 왕도깨비가지, 난쟁이아욱, 가시비름, 자주광대나물, 독말풀, 도꼬마리, 큰도꼬마리, 어저귀, 큰개불알풀, 붉은서나물, 큰방가지똥, 서양민들레, 서양금혼초, 만수국아재비, 개망초 등

86 다음 중 잡초의 특징으로 가장 거리가 먼 것은?

① 휴면성이 없다.
② 영양생장기에 빠른 생장특성을 보인다.
③ 불연속적이며 자발적으로 조절하는 발아성을 보인다.
④ 생장조건에 따라 지속적인 종자생산력이 있다.

해설
잡초는 불량환경을 극복하기 위해 휴면을 하는 휴면성을 가지고 있다.

87 다음 중 외국에서 유입된 잡초로만 나열된 것은?

① 애기달맞이꽃, 서양민들레
② 망초, 너도방동사니
③ 쇠뜨기, 올미
④ 올방개, 광대나물

해설
애기달맞이꽃과 서양민들레는 농경지에 발생하여 문제가 되는 외래잡초이다.

88 생활사에 따른 잡초의 분류로 가장 옳지 않은 것은?

① 1년생
② 월년생
③ 4년생
④ 다년생

해설
- 일년생 : 1년 이내에 한 세대의 생활사를 끝마치는 식물
- 월년생 : 1년 이상 생존하지만 2년 이상 생존하지 못하는 식물
- 다년생 : 2년 이상 또는 무한정 생존 가능한 식물

89 다음 중 형태에 따른 분류가 잘못된 것은?

① 로제트형 : 민들레
② 총생형 : 뚝새풀
③ 포복형 : 메꽃
④ 직립형 : 사마귀풀

해설
사마귀풀은 포복형이다.

정답 85 ① 86 ① 87 ① 88 ③ 89 ④

90 다음 중 벼와 광 경합이 가장 큰 식물 종은?

① 향부자 ② 물 피
③ 메 꽃   ④ 별 꽃

해설
벼와 같은 화본과 잡초인 강피, 물피, 돌피, 뚝새풀과의 경합이 크다.

91 다음 중 페녹시계 제초제로 가장 옳은 것은?

① GA_3 ② Butachlor
③ 2,4-D   ④ Molinate

해설
페녹시계 제초제
- 1년생 및 다년생 광엽잡초의 경엽에 처리하는 선택성 제초제
- 체내 옥신의 균형을 교란시키는 것이 주된 작용 특성
- 분열조직의 활성화, 이상분열, 엽록소 형성 저해 및 세포막의 삼투압 증대
- 세계적으로 가장 먼저 개발된 호르몬형 유기제초제 : 2,4-D, MCPP(메코프로프)
※ 2,4-D
  - 우리나라에서 가장 먼저 사용한 제초제
  - 2,4-D 아민염 : 물에 잘 녹는다.
  - 2,4-D 에스테르 : 휘발성이 높아 주변 광엽작물에 잎 비틀림 등의 약해를 유발한다.

92 방동사니류 잡초에 대한 설명으로 가장 옳지 않은 것은?

① 잎 끝이 뾰족하고 소수(小穗)에 꽃이 착생한다.
② 줄기가 삼각형 모양이다.
③ 습지에서도 자생한다.
④ 잎이 둥글고 크며, 잎맥이 그물 모양이다.

해설
사초과의 방동사니 잎은 뿌리에서 폭이 3~5mm로 뻗어 올라와 줄기의 끝에 3~4개의 긴 이삭잎이 붙어 있는 형태이다.

93 다음 중 작물과 잡초 사이의 경합과 가장 거리가 먼 것은?

① 광   ② 온 도
③ 수 분   ④ 양 분

해설
잡초는 토양수분, 영양분, CO_2, 광, 공간 등의 경합을 통해 작물의 분지수, 분얼수, 엽면적, 광합성량(건물생산량), 개화수, 과실수, 과실과 종실의 크기 등에 영향을 주어 수량을 감소시킨다.

94 돌피의 학명으로 가장 옳은 것은?

① *Leerisa japonica*
② *Monochoria vaginalis*
③ *Cyperus difformis*
④ *Echinochloa crus-galli*

해설
④ *Echinochloa crus-galli* : 돌피
① *Leerisa japonica* : 나도겨풀
② *Monochoria vaginalis* : 물달개비
③ *Cyperus difformis* : 알방동사니

95 다음 중 잡초의 형태적 특성에 따라 분류할 때 같은 초종으로만 나열된 것은?

① 바랭이, 물달개비, 깨풀
② 피, 뚝새풀, 물참새피
③ 피, 매자기, 방동사니
④ 물참새피, 쇠비름, 방동사니

해설
피, 뚝새풀, 물참새피, 강아지풀 등은 같은 화본과 잡초이다.

96 다음 중 주로 광합성을 억제하는 제초제로 가장 옳은 것은?

① IPA
② Simazine
③ Thiobencarb
④ 2,4-D

해설
광합성을 억제하는 작용기작을 가진 제초제에는 벤조티아디아졸계, 트리아진계, 요소계, 아마이드계, 비피리딜리움계 등이 있다.
※ 시마진은 트리아진계 제초제이다.

97 다음 중 잡초의 초형이 가장 작은 것은?

① 가막사리
② 피
③ 올방개
④ 쇠털골

해설
초장에 따른 분류
• 극대 : 80cm 이상 - 갈대, 피, 너도방동사니 등
• 대 : 60~80cm
• 중 : 40~60cm
• 소 : 20~40cm
• 극소 : 20cm 이하 - 쇠털골, 마디꽃 등

98 다음 중 암조건에서 발아가 가장 잘되는 잡초종자는?

① 쇠비름
② 바랭이
③ 강 피
④ 냉 이

해설
암발아종자 : 별꽃, 냉이, 광대나물, 독말풀 등

99 논에 발생하는 1년생 잡초로 가장 옳은 것은?

① 물달개비
② 띠
③ 개망초
④ 쇠뜨기

해설
논잡초
• 일년생 잡초 : 피, 마디꽃, 물달개비 등
• 다년생 잡초 : 가래, 너도방동사니, 올미 등

100 다음에서 설명하는 것은?

> 잡초의 번식기관의 종류에서 지하경의 일종으로, 지중에서 횡으로 길게 뻗어 뿌리처럼 보이지만 마디가 있고 마디로부터 잎과 뿌리가 나온다.

① 지 근
② 포복경
③ 근 경
④ 절 편

해설
근경(뿌리줄기) : 식물의 줄기가 뿌리처럼 땅속으로 뻗어서 자라나는 땅속줄기

정답 95 ② 96 ② 97 ④ 98 ④ 99 ① 100 ③

2020년 제1·2회 통합 과년도 기출문제

식물보호기사

제1과목 식물병리학

01 벼 줄무늬잎마름병(호엽고병)의 방제방법으로 가장 적절한 것은?
① 토양소독
② 매개충의 구제
③ 검 역
④ 발병 후 살균제 살포

해설
벼 줄무늬잎마름병은 애멸구에 의해 전염되는 바이러스병이다.

02 사과나무 붉은별무늬병균은 진균 중 어느 균류에 속하는가?
① 불완전균류
② 자낭균류
③ 접합균류
④ 담자균류

해설
사과나무 붉은별무늬병균
• 담자균류에 속함
• 균사에 격막이 있음
• 유성포자는 담자기 위에 형성되는 담자포자

03 벼 도열병 방제법으로 가장 적절하지 않은 것은?
① 종자소독을 한다.
② 저항성 품종을 심는다.
③ 질소비료의 과용을 피한다.
④ 가급적 찬물을 대준다.

해설
벼 도열병은 저온다습 환경에서 발생하기 쉽기 때문에 찬물이 유입되면 발생이 많아질 수 있다.

04 모과나무 잎에 갈색별무늬 모양의 원형 반점이 나타나고 잎 뒷면 병반에 실 같은 털이 나오는 병은?
① 모과나무 탄저병
② 모과나무 녹병
③ 모과나무 갈반병
④ 모과나무 역병

해설
녹 병
• 향나무, 모과나무, 배나무, 사과 등 장미과 수목에 발생
• 잎 뒷면에 갈색털 모양의 녹포자퇴가 형성되고 그 속에 녹포자 형성

05 다음 중 꽃감염(花器感染)을 하는 것으로 가장 적절한 것은?
① 감자 암종병
② 보리 겉깜부기병
③ 벚나무 빗자루병
④ 고추 탄저병

해설
보리 겉깜부기병 : 담자균류로 바람에 의해 전파되고 균사 상태로 종자에서 월동 후 꽃에 침입

정답 1② 2④ 3④ 4② 5②

06 감자 잎말림병을 일으키는 병원체로 가장 적절한 것은?

① 바이러스
② 세 균
③ 진균(곰팡이)
④ 선 충

> **해설**
> 감자 잎말림병은 복숭아혹진딧물이나 감자수염진딧물에 의해 전염되는 바이러스병이다.

07 식물병의 표징을 볼 수 없는 병은?

① 진균에 의한 병
② 세균에 의한 병
③ 바이러스에 의한 병
④ 담자균에 의한 병

> **해설**
> 표징(Sign)
> 병원체가 병든 식물의 표면에 곰팡이, 균핵, 점질물, 이상돌출물 등이 나타나서 눈으로 가려낼 수 있는 특징이나 상징으로 볼 수 있다. 비전염성병이나 바이러스병, 바이로이드, 파이토플라스마병은 표징이 나타나지 않는다.

08 다음 중 병원체가 비, 바람에 의해 가장 많이 옮겨지는 것은?

① 오동나무 빗자루병
② 콩 모자이크병
③ 벼 줄무늬잎마름병
④ 사과 탄저병

> **해설**
> ① 오동나무 빗자루병 : 담배장님노린재에 의해 매개되는 파이토플라스마에 의한 병
> ② 콩 모자이크병 : 진딧물에 의해 전염되는 바이러스병
> ③ 벼 줄무늬잎마름병 : 애멸구에 의해 매개되는 바이러스병

09 호박의 흰가루병을 방제하기 위해서는 어느 부위에 약제를 처리하는 것이 가장 효과적인가?

① 뿌 리
② 토 양
③ 잎과 줄기
④ 종 자

> **해설**
> 호박 흰가루병은 잎자루와 줄기에 발생하며, 생육대비 비료 공급이 적거나 질소질 비료 공급이 많아 웃자라는 조건, 수분공급이 상대적으로 부족해 줄기와 잎이 처지는 상태가 반복되는 조건에서 많이 발생한다.

10 벼를 기주로 하여 곰팡이에 의해 발병하는 것은?

① 오갈병
② 도열병
③ 흰잎마름병
④ 줄무늬잎마름병

> **해설**
> ①·④ 오갈병, 줄무늬잎마름병 : 바이러스
> ③ 흰잎마름병 : 세균

정답 6 ① 7 ③ 8 ④ 9 ③ 10 ②

11 가짓과 풋마름병(청고병)의 병징에 대한 설명으로 가장 적절한 것은?

① 매우 느리게 주위의 다른 포기로 병이 전파된다.
② 뿌리는 갈변되지 않는다.
③ 잎에 무수히 많은 반점이 생긴다.
④ 경엽 전체가 녹색으로 시드는 경우도 있다.

해설
가짓과 풋마름병(청고병) : 줄기의 양수분이 이동하는 도관부에서 세균이 급격하게 증식해 도관을 막아 양수분이 공급되지 못해 푸른 상태로 시들어 죽는 병

12 종자전염성 병원균으로 가장 적절하지 않은 것은?

① 오이 흰비단병균
② 맥류 맥각병균
③ 벼 키다리병균
④ 벼 도열병균

해설
오이 흰비단병은 토양전염성 병이다.

13 국내 파이토플라스마의 전염방법으로 가장 옳은 것은?

① 월동 후 토양전염을 한다.
② 즙액전염을 한다.
③ 바람에 의해 매개된다.
④ 곤충에 의해 전염된다.

해설
파이토플라스마에 의한 병 : 오동나무 빗자루병은 담배장님노린재에 의해 매개되고, 대추나무 빗자루병은 마름무늬매미충에 의해 매개된다.

14 다음 중 벼의 병에서 물에 의해 가장 많이 전파되는 것은?

① 흰잎마름병   ② 키다리병
③ 키아스마병   ④ 오갈병

해설
흰잎마름병은 벼가 폭우로 인해 물에 잠겼을 때 다발생하는 세균병(*Xanthomonas campestris* pv. *oryzae*)이다.

15 잣나무 잎떨림병균의 월동 장소로 가장 적절한 것은?

① 땅위에 떨어진 병든 잎
② 토양 속
③ 나뭇가지에 붙어 있는 병든 잎
④ 땅위에 떨어진 열매

해설
잣나무 잎떨림병은 자낭균에 속하며 나뭇가지에 붙어 있는 병든 잎에서 월동한다.

16 벼 잎집얼룩병(잎집무늬마름병)의 표징으로 가장 적절한 것은?

① 자낭반   ② 균사속
③ 포자퇴   ④ 균 핵

해설
벼 잎집얼룩병(잎집무늬마름병) : 잎집에 물에 데친 것처럼 암녹색으로 타원형에서 확대되면서 병반 주위가 연한 갈색으로 변한다. 7월 하순~8월 상순에 대부분 균핵을 형성한다.

17 인삼 또는 당근의 뿌리에 혹과 같은 병징을 일으키는 대표적인 것은?

① 뿌리혹박테리아
② 뿌리혹선충
③ 노균병균
④ 아조토박터

해설
뿌리혹선충은 뿌리에 혹을 만들고 양수분의 이동을 방해하여 양분을 빨아 먹어 생육이 좋지 않게 되고 뿌리를 썩게 만든다.

18 어떤 식물병에 대하여 저항성이었던 품종이 갑자기 해당 식물병에 감수성이 되는 주된 원인은?

① 기상 환경의 변화
② 병원균 집단의 변화
③ 식물체 내 영양성분의 변화
④ 식물병 저항성 인자의 변화

해설
감수성은 병에 잘 걸리는 성질이고 저항성이 있는 작물은 일반 작물에 비해 병의 발생이 적다.
병원균의 레이스(Race)
- 병원균의 생리적 분화 : 형태적으로 같은 종이면서 특정한 식물 또는 품종에만 병을 일으키는 병원균의 기생성 및 기타 성질이 다른 현상, 분화형(Forma Specialis)
- 레이스(Race) : 기주의 범위가 다른 한 병원균의 분화형 또는 변종 중에서 기주의 품종에 대한 기생성이 다른 것
- 판별품종 : 레이스를 구별하는 기준품종에 감염형을 비교해 감수성 또는 저항성 판정
- 레이스는 고정적인 것이 아니고 산발적으로 계속 분화

19 병든 부분에 나타난 자낭각을 보고 진단할 수 있는 식물병으로 가장 적절한 것은?

① 옥수수 깜부기병
② 밀 줄기녹병
③ 고추 역병
④ 보리 붉은곰팡이병

해설
④ 보리 붉은곰팡이병 : 자낭균류
①·② 옥수수 깜부기병, 밀 줄기녹병 : 담자균류
③ 고추 역병균 : 조균류

20 다음 중 비전염성인 병은?

① 선충에 의한 병
② 세균에 의한 병
③ 바이러스에 의한 병
④ 무기원소 결핍에 의한 병

해설
양분 결핍, 수분공급 부족에 의한 생리장해 등은 전염되는 것이 아닌 개별 식물체에서 발생한다.

정답 17 ② 18 ② 19 ④ 20 ④

제2과목 농림해충학

21 곤충이 탈피할 때 새로운 표피로 대체(代替)되지 않는 기관은?
① 식도   ② 전소장
③ 직장   ④ 맹장

해설
전장과 후장은 배자발생기에 표피가 함입되어 형성된 외배엽성 기관이고 중장은 내배엽성 기관이다.
- 전장 : 인후, 식도, 모이주머니, 전위
- 중장 : 맹장
- 후장 : 직장, 항문

22 곤충 개체 간의 통신수단에 사용되는 물질로 가장 거리가 먼 것은?
① Hormone   ② Pheromone
③ Allomone   ④ Kairomone

해설
① 호르몬(Hormone) : 곤충의 생육과 관련된 내분비물
② 페로몬(Pheromone)
  - 정보매체가 되고 있는 화학물질 중 종내 정보전달에 관여
  - 호르몬과는 달리 체외로 분비되며 동일종의 다른 개체에 작용하는 생리활동 물질
③ 알로몬(Allomone)
  - 분비자에게는 도움이 되지만 반대로 감지자에게는 주로 손해가 되는 경우
  - 초식성 곤충에 저항하기 위해 식물이 분비하는 방어 물질
④ 카이로몬(Kairomone)
  - 신호물질을 분비한 개체에는 해가 되고 이를 인지한 개체에는 도움이 되는 경우
  - 포식자가 먹잇감이 내는 페로몬 등의 화학성분을 타감물질로 인지

23 다음 중 성충의 피해가 문제되는 것은?
① 소나무좀
② 뽕나무하늘소
③ 밤나무순혹벌
④ 솔나방

해설
① 소나무좀
  - 월동한 성충이 나무줄기나 가지의 껍질 밑에 구멍을 뚫고 들어가 형성층에 산란하면 부화한 유충이 식해하여 수목의 양분과 이동을 단절
  - 연 1회 발생, 연 1마리가 3개 이상의 새순을 가해, 성충의 형태로 월동
② 뽕나무하늘소
  - 성충은 7~8월에 1~2년생 가지를 물어뜯어 상처를 내고 산란, 어린잎이나 과실에도 피해
  - 유충은 줄기 속에 구멍을 내고 가해한 나무 조각과 배설물을 배출

24 곤충의 알라타체에서 분비되는 호르몬은?
① 유약호르몬
② 뇌호르몬
③ 카디아카체
④ 탈피호르몬

해설
유약호르몬
- 알라타체에서 분비되는 호르몬
- 전흉선 호르몬과 협동하여 유충의 탈피를 일으키고, 난소의 발육을 억제하여 유충형질을 유지

25 곤충의 뇌는 전대뇌, 중대뇌, 후대뇌로 3개의 신경절로 되어 있다. 후대뇌의 역할로 가장 옳은 것은?

① 시감각에 관여
② 청감각에 관여
③ 소화기 운동에 관여
④ 촉감각에 관여

해설
전대뇌는 곁눈과 홑눈의 시신경, 중대뇌는 촉각감각(더듬이), 후대뇌는 윗입술과 식도의 감각 및 운동에 관여한다.

26 다음 중 곤충강으로 분류되지 않는 것은?

① 먹줄왕잠자리
② 벼물바구미
③ 꿀 벌
④ 지 네

해설
지네 : 절지동물문 순각강

27 큰턱샘이 분비하는 물질로 가장 적절하지 않은 것은?

① 소화효소
② 경보페로몬
③ 혈액응고 억제제
④ 성페로몬

해설
곤충에 따라 큰턱샘에서 분비되는 물질이 다르며, 소화효소를 분비하거나 견사를 생산한다. 여왕벌의 경우 성페로몬을 분비하고, 일벌과 개미 등은 경보페로몬을 분비한다.

28 다음 중 씹는형의 입틀을 갖지 않는 곤충으로 가장 적절한 것은?

① 이질바퀴
② 꽃노랑총채벌레
③ 벼메뚜기
④ 장수풍뎅이

해설
꽃노랑총채벌레
• 입은 좌우가 같지 않고 이빨이 한 개만 발달
• 식물 표면을 긁어 스며 나오는 즙액을 빨아먹는다.

29 복숭아혹진딧물의 학명은?

① *Myzus persicae* Sulzer
② *Green peach* aphid
③ *Tetrantchus urticae* Koch
④ *Panonychus citri* McGregor

해설
② Green peach aphid : 복숭아혹진딧물의 영명
③ *Tetranychus urticae* Koch : 점박이응애의 학명
④ *Panonychus citri* McGregor : 귤응애의 학명

30 다음 중 성충이 우화하여 공중으로 날면서 알을 떨어뜨리는 해충으로 가장 적절한 것은?

① 짚시나방
② 텐트나방
③ 흰불나방
④ 박쥐나방

해설
박쥐나방 : 날면서 알을 땅에 떨어뜨리며, 3,000~8,000알을 산란

정답 25 ③ 26 ④ 27 ③ 28 ② 29 ① 30 ④

31 다음 중 수목의 수피 속 형성층이나 목질부를 가해하는 해충으로 가장 적절하지 않은 것은?

① 향나무하늘소
② 회양목명나방
③ 소나무좀
④ 박쥐나방

해설
회양목명나방 : 잎을 가해하는 해충

32 다음 중 충영을 형성하는 해충으로 가장 적절한 것은?

① 솔잎혹파리
② 독나방
③ 어스렝이나방
④ 참나무겨울가지나방

해설
충영(벌레혹)을 만드는 해충
- 솔잎혹파리
  - 6월 하순~10월하순까지 유충이 솔잎 밑부분에 벌레혹을 만들고 그 속에서 즙액을 흡즙
  - 피해목은 직경생장은 피해 당년에, 수고생장은 다음해에 감소
  - 연 1회 발생, 유충의 형태로 땅속에서 월동
- 밤나무혹벌
  - 밤나무 잎눈에 기생하며 10~15mm의 벌레혹이 형성
  - 연 1회 발생, 유충의 형태로 잎눈의 조직 내에 충영을 만들고 월동

33 다음 중 곤충의 방어물질에 대한 설명으로 가장 거리가 먼 것은?

① 곤충의 방어물질을 총칭 카이로몬이라고 한다.
② 사회성 곤충에서는 독샘에서 분비하는 방어물질들이 대부분 효소들이다.
③ 곤충의 방어샘에서 동정된 화합물로는 알칼로이드, 테르페노이드, 퀴논, 페놀 등이 있다.
④ 비사회성 곤충에서는 방어물질 중에 개미들의 경보페로몬과 같거나 비슷한 구조의 화합물도 있다.

해설
타감물질은 신호물질을 분비하는 쪽에 유리하게 작용하는 알로몬(Allomone), 받는 쪽에 유리한 카이로몬(Kairomone), 양쪽 모두에 유리하게 작용하는 시노몬(Synomone)이 있다.

34 다음 중 나비목 유충이 견사(絹絲)를 분비하는 곳으로 가장 적절한 것은?

① 전 위
② 맹 장
③ 침 샘
④ 말피기씨관

해설
나비목 유충은 큰턱샘에 속하는 아랫입술샘에서 고치를 짓는 견사를 생산한다.

35 날개가 있는 것은 날개맥이 없는 가늘고 긴 날개를 가지고 있고, 그 가장자리에 긴털이 규칙적으로 나 있으며 좌우대칭이 아닌 입틀을 가지고 있는 곤충군은?

① 총채벌레목 ② 나비목
③ 노린재목 ④ 매미목

해설
총채벌레목의 특징
- 입은 좌우가 같지 않고 이빨이 한 개만 발달
- 식물 표면을 긁어 스며나오는 즙액을 빨아먹는다.
- 단위생식도 한다.

36 다음 중 수간에 황색털로 덮여 있는 난괴 (알덩어리)는 어떤 해충의 난괴인가?

① 미국흰불나방 ② 천막벌레나방
③ 매미나방 ④ 복숭아유리나방

해설
매미나방 : 연 1회 발생, 노란색 털로 덮여 있는 난괴속의 알로 나무줄기에서 월동

37 곤충의 번성원인에 대한 설명으로 가장 옳은 것은?

① 세대가 길고 산란수가 많다.
② 변태 시 적에게 쉽게 노출된다.
③ 불리한 환경에 적응하기 위해 휴면을 한다.
④ 행동이 민첩하고 농약에 강하여 생존율이 높다.

해설
곤충의 번성원인
- 외골격이 발달하여 몸을 보호한다.
- 날개가 발달해 생존 및 종족의 분산에 유리하다.
- 몸의 크기가 작아 소량의 먹이로 생존이 가능하고 적을 피하는 데도 유리하다.
- 몸의 구조적인 적응력이 좋다.
- 변태를 하여 불량 환경에 적응한다.
- 종의 증가 현상을 나타낸다.

38 다음 중 번데기 또는 마지막 영기의 약충이 탈피하여 성충이 되는 현상을 무엇이라고 하는가?

① 우 화 ② 부 화
③ 용 화 ④ 세 대

해설
우화 : 번데기(불완전변태류의 경우에는 약충)가 탈피를 거쳐 유충에서 성충이 되는 것

39 곤충의 중장과 후장 사이에 분포하여 배설작용을 하는 기관은?

① 타액선 ② 말피기관
③ 직 장 ④ 소 장

해설
말피기관 : 중장과 후장 사이에 위치하며 배설작용을 한다.

40 곤충의 날개는 대개 2쌍이 있다. 앞날개는 일반적으로 어디에 달려 있는가?

① 앞가슴 ② 가운데가슴
③ 뒷가슴 ④ 촉 각

해설
곤충의 가슴 : 앞가슴, 가운데가슴, 뒷가슴의 세 부분으로 구별되며, 각 부분에 한 쌍의 다리가 있고, 가운데가슴과 뒷가슴에 한 쌍의 날개가 붙어 있다.

정답 35 ① 36 ③ 37 ③ 38 ① 39 ② 40 ②

제3과목　재배학원론

41 포장동화능력에 대한 설명으로 옳은 것은?

① 총엽면적 × 수광능률 × 군락상태
② 총엽면적 × 수광능률 × 평균동화능력
③ 총엽면적 × 광 차광률 × 상대습도
④ 단위 엽면적 × 수분 포화율 × 평균동화능력

해설
포장동화능력 = 총엽면적 × 수광능률 × 평균동화능력

42 논토양의 환원상태에서 원소별 존재형태를 바르게 나타낸 것은?

① $C \to CO_2$
② $N \to NO_3^-$
③ $Fe \to Fe^{+2}$
④ $S \to SO_4^{-2}$

해설
환원상태란 전자를 하나 얻거나 산소를 잃은 형태로 존재한다.
③ Fe는 일반적으로 Fe^{+3}, 환원상태는 Fe^{+2}로 청회색을 띤다.
① $C \to CO$, ② $N \to NO_2$, ④ $S \to SO_2$

43 작물의 광합성에 가장 효과적인 광은?

① 녹색광　　② 황색광
③ 주황색광　④ 적색광

해설
적색광이 광합성에 유효하므로 적색광 파장이 많이 나오는 네온광을 보광등으로 많이 사용한다.

44 벼 신품종 종자 증식을 위해 채종포에서 사용하는 종자는?

① 기본식물종자　② 원원종
③ 원 종　　　　 ④ 보급종

해설
종자갱신의 채종체계 : 원종을 채종포에 심어 생산된 종자를 보급종으로 보급

작물시험장	도 원	원종장	채종장	
기본식물포 →	원원종포 →	원종포 →	채종포 →	농가포장
기본식물종자	원원종	원 종	보급종	

45 다음 중 단명종자로만 나열된 것은?

① 사탕무, 베치
② 수박, 나팔꽃
③ 토마토, 가지
④ 메밀, 기장

해설
종자의 수명
- 단명종자(1~2년) : 메밀, 기장, 고추, 당근, 상추, 양파, 파
- 상명종자(3~5년) : 벼, 밀, 보리, 귀리, 완두, 목화, 멜론, 시금치, 무, 호박, 우엉
- 장명종자(5년 이상) : 비트, 토마토, 가지, 수박, 클로버, 사탕무, 나팔꽃

정답 41 ② 42 ③ 43 ④ 44 ③ 45 ④

46 눈이 트려고 할 때 필요하지 않은 눈을 손끝으로 따주는 것은?

① 적 아
② 적 엽
③ 절 상
④ 휘 기

해설
- 적아 : 꽃눈이나 잎눈이 너무 많아 양수분을 적정하게 배분하기 위하여 눈이 움직이기 전에 눈을 제거해 주는 작업
- 적심 : 웃자라는 가지를 억제하기 위해서 가지 끝의 생장점을 따주는 작업으로 새순이 굳어지기전에 해 줘야 효과적이다.

47 다음에서 설명하는 것은?

> 파종된 종자의 약 40%가 발아한 날이다.

① 발아기
② 발아시
③ 발아전
④ 발아 양부

해설
발아조사
- 발아율 : 파종된 총종자개체수에 대한 발아종자개체수의 비율(%)
- 발아세 : 일정한 기간 내의 발아율
- 발아시 : 파종된 종자 중에서 최초로 1개체가 발아한 날
- 발아기 : 전체 종자수의 40%가 발아한 날
- 발아전 : 전체 종사수의 80%가 발아한 날
- 발아일수 : 파종기부터 발아기까지의 일수
- 발아기간 : 발아시부터 발아전까지의 기간
- 평균발아일수 : 발아한 모든 종자의 평균적인 발아일수

$$\text{평균발아일수} = \frac{\sum t_i n_i}{\text{총발아개체수}}$$

여기서, t_i : 파종 후 일수
n_i : 당일발아개체수

48 고구마의 안전저장 조건에서 온도 조건으로 가장 옳은 것은?

① 큐어링 후 13~15℃
② 큐어링 후 20~25℃
③ 큐어링 후 28~30℃
④ 큐어링 후 35~38℃

해설
- 고구마 저장적온 : 12~15℃, 습도 80~90%
- 저장 전 큐어링 온도 : 30~33℃, 습도 90~95%

49 자가불화합성을 이용하는 작물로만 나열된 것은?

① 벼, 고추
② 밀, 옥수수
③ 배추, 무
④ 감자, 상추

해설
자가불화합성 : 호밀, 화본과 및 두과의 다년생 목초류
예 양배추, 배추, 무, 뽕나무, 차, 메밀, 고구마, 사과, 일본배, 서양배

50 저장 중 곡물의 변화에 대한 설명으로 틀린 것은?

① 호흡소모로 중량감소가 일어난다.
② 발아율이 저하된다.
③ 환원당 함량이 증가한다.
④ 유리지방산이 감소한다.

해설
곡물의 저장 조건이 좋지 못하거나 장기저장 되는 경우 유리지방산이 증가한다.

정답 46 ① 47 ① 48 ① 49 ③ 50 ④

51 1대 잡종품종에서 잡종강세가 가장 크게 나타나는 것은?

① 단교배 종자   ② 3원교배 종자
③ 복교배 종자   ④ 합성품종 종자

해설
F_1종자 생산방법
- 단교잡 : 잡종강세발현도와 균일성은 대단히 우수하지만 종자생산량이 적다.
- 3계교잡 : (A×B)×C, 종자생산량이 많고 잡종강세성은 높으나 균일성이 떨어진다.
- 복교잡 : 종자생산량이 많고 잡종강세성도 높으나 균일성이 저하되고 계통유지가 쉽지 않다.
- 다계교잡 : (A×B×C×D)×(E×F×G×H)
- 합성품종 : (A×B×C×D×E×……N)
- 톱교잡 : 톱교배로 조합능력이 좋은 것을 그대로 채종용으로 이용

52 춘화처리의 농업적 이용과 가장 거리가 먼 것은?

① 대파 할 수 있다.
② 성전환이 가능하다.
③ 채종에 이용될 수 있다.
④ 촉성재배가 가능하다.

해설
춘화처리(버널리제이션)
- 생육의 일정 시기(주로 초기)에 일정 기간 인위적인 저온을 주어서 화성을 유도, 촉진하는 것을 말한다.
- 춘화처리에 효과적인 조건 : 저온, 단일, 지베렐린
- 저온 버널리제이션 온도조건 : 0~10℃(가을보리는 3℃)
- 고온 버널리제이션 온도 : 10~30℃
- 추파성이란 가을에 파종하는 작물의 습성을 말한다.
- 이춘화(Devernalization) : 저온 버널리제이션을 실시한 직후 고온 처리를 하면 버널리제이션효과가 상실되는 현상
- 저온처리의 감응 부위는 생장점이다.
- 농업적 이용 : 추파맥류, 월동작물의 춘파재배가 가능, 증수효과, 육종연한 단축, 화아분화를 촉진하여 촉성재배

53 작물의 유전변이에 대한 설명으로 옳은 것은?

① 환경변이는 다음 세대에 유전한다.
② 연속변이를 하는 형질을 질적 형질이라고 한다.
③ 불연속변이를 하는 형질을 양적 형질이라고 한다.
④ 꽃 색깔이 붉은 것과 흰 것으로 구별되는 것은 불연속변이이다.

해설
- 연속변이 : 양적 형질, 정규분포
- 불연속변이 : 질적 형질, 계급구분이 뚜렷하다.

54 다음 중 작물의 생리작용을 위한 주요온도에서 최적 온도가 가장 낮은 것은?

① 오 이   ② 보 리
③ 삼   ④ 벼

해설
- 최적온도가 가장 낮은 작물 : 호밀, 완두
- 최적온도가 가장 높은 작물 : 멜론, 삼, 오이, 옥수수, 벼

55 단일식물로만 나열한 것은?

① 양귀비, 양파
② 티머시, 감자
③ 시금치, 상추
④ 코스모스, 벼

해설
단일식물 : 벼의 만생종, 국화, 콩, 들깨, 샐비어, 코스모스, 담배, 도꼬마리, 목화, 벼, 나팔꽃

정답 51 ① 52 ② 53 ④ 54 ② 55 ④

56 관개방법 중 등고선에 따라 수로를 내고, 임의의 장소로부터 월류하도록 하는 것은?

① 보더관개　② 일류관개
③ 수반관개　④ 살수관개

해설
② 일류관개 : 등고선에 따라 수로를 내고 임의의 장소로부터 월류하도록 하는 방법
① 보더관개 : 완경사의 포장을 알맞게 구획하고 상단의 수로로부터 전체 표면에 물을 대는 방법
③ 수반관개 : 포장을 수평으로 구획하고 관개하는 방법
④ 살수관개 : 공중에서 물을 뿌리는 방법

57 다음 중 협채류에 속하는 작물은?

① 동 부　② 토 란
③ 우 엉　④ 미나리

해설
협채류(꼬투리를 가지는 채소류) : 완두, 강낭콩, 동부

58 사탕무의 속썩음병, 순무의 갈색속썩음병, 담배의 끝마름병 등과 관련 있는 필수원소는?

① 망 간　② 붕 소
③ 아 연　④ 몰리브덴

해설
붕소(B) 부족 시 증상 : 분열조직 괴사, 수정결실이 나빠짐, 콩과의 근류 형성과 질소고정저해 현상, 사탕무의 속썩음병, 셀러리의 줄기쪼김병, 사과의 축과병, 담배의 끝마름병, 알팔파의 황색병, 꽃양배추의 갈색병

59 다음 중 배의 미숙에 의한 휴면 현상이 나타나는 작물로 가장 옳은 것은?

① 자운영　② 인 삼
③ 귀 리　④ 보 리

해설
인삼 종자는 수확할 때 배(씨눈)가 형태적으로 미숙하여 크기를 식별할 수 없을 정도이기 때문에 인위적으로 배를 성숙시켜 씨눈의 생장을 촉진시키는 작업이 필요하며, 이 작업을 개갑처리라고 한다.

60 우리나라 주요 작물의 기상생태형에서 감광형에 해당하는 것은?

① 그루조　② 조생종
③ 올 콩　④ 여름메밀

해설
감광성작물 : 늦벼, 그루콩, 그루조, 가을메밀

제4과목 농약학

61 기계유 유제의 불포화탄화수소의 양을 표시하는 값으로 정제도(精製度)와 관계있는 물리적 성질은?

① 점도(Viscosity)
② 비등점(Boiling Point)
③ 설폰가(Sulfonative Value)
④ 응고(Coagulation)

해설
설폰가 : 약해의 원인으로 불포화탄화수소의 함유량을 나타내는 단위로 숫자가 적을수록 불포화탄화수소의 함유량이 적다.

62 조제 직후 보르도액의 구리 용해도가 0에 가까울 때의 pH는?

① pH 12.4
② pH 11.3
③ pH 10.4
④ pH 9.3

해설
구리 용해도가 0에 가까울 때 보르도액의 pH는 12.4이다. 잎이 살포 시 이산화탄소를 흡수하게 되면 중화되어 pH는 11.3이며 구리 용해도는 최고치에 이르고 40ppm 정도가 된다.

63 재배면적 10ha인 어떤 농지에서 펜티온 유제 50%를 1,000배로 희석하여 10a당 8말의 살포량으로 방제하려고 한다. 펜티온 유제는 500mL 단위로 몇 병을 구입해야 하는가?(단, 1말은 18L이다)

① 21병
② 25병
③ 29병
④ 35병

해설
10a를 방제하는 데 필요한 약액량은 8말 × 18L/말 = 144L,
1ha = 10 × 10a, 10ha = 100 × 10a
10ha 방제에 필요한 약액량은 14,400이고, 이에 필요한 약액량은 1/1,000 = 14.4L 약제의 용량이 500mL이므로,
∴ 14.4L × 1,000mL/500mL = 28.8병이다.

64 액상시용제의 물리적 특성으로만 나열된 것은?

① 유화성과 토분성
② 수화성과 비산성
③ 습전성과 현수성
④ 분산성과 부착성

해설
보조제 중 전착제의 물리적 특성
• 주성분을 병해충이나 식물체에 잘 전착시키기 위해 사용되는 약제
• 습윤성·확전성(습전성) : 골고루 퍼지고 널리 적시는 성질

65 제초제 DCMU제(Diuron)에 대한 설명으로 틀린 것은?

① 요소계 제초제이다.
② 토양처리효과가 크다.
③ 포유동물에 대한 독성은 낮다.
④ 호르몬형의 접촉형 제초제이다.

해설
DCMU(디우론) : 광합성 저해제

66 농약관리법령상 농약이 아닌 것은?

① 살충제　② 전착제
③ 기피제　④ 위생해충제

해설

정의(농약관리법 제2조제1호)
농약이란 다음에 해당하는 것을 말한다.
- 농작물을 해치는 균, 곤충, 응애, 선충, 바이러스, 잡초, 그 밖에 농림축산식품부령으로 정하는 병해충을 방제하는 데에 사용하는 살균제·살충제·제초제
- 농작물의 생리기능(生理機能)을 증진하거나 억제하는 데에 사용하는 약제
- 기피제, 유인제, 전착제

67 헤테로옥신이라고도 하며 무색 바늘모양의 결정으로 과수, 화초 등의 삽목 때 발근촉진제로 사용될 수 있는 것은?

① 포스톤　② 지베렐린
③ β-인돌초산　④ 카시네린

해설

생장촉진 옥신 호르몬제의 약제
- IBA : 인돌부틸산
- IAA : 인돌아세트산(= 인돌초산)
- NAA : 나프탈렌아세트산(= 나프탈렌초산)

68 농약의 살포방법 중 살포액의 농도가 높고 정밀한 액적조절살포가 필요한 살포방법은?

① 분입제 살포　② 공중액제 살포
③ 입제 살포　④ 수면 시용

해설

공중액제살포
- 항공기를 이용해 농약을 대면적에 살포하는 방법
- 비행체에서 살포하는 방법을 사용하기 위해 살포액의 농도가 높다.
- 주로 액체 상태의 제형이 이용되며 분제나 입제 등의 고형제는 비산이나 살포의 불균성 등으로 사용이 어렵다.

69 Ziram의 구조식은?

① $\begin{bmatrix} CH_3 \\ CH_3 \end{bmatrix} N-\overset{\overset{S}{\|}}{C}-S \Big]_2 Zn$

② $\begin{matrix} CH_2-N-\overset{\overset{S}{\|}}{C}-S \\ | \\ CH_2-N-\overset{\overset{S}{\|}}{C}-S \end{matrix} \rangle Zn$

③ $\begin{matrix} CH_2-HN-\overset{\overset{S}{\|}}{C}-S-Na \\ | \\ CH_2-HN-\overset{\overset{S}{\|}}{C}-S-Na \end{matrix}$

④ $\begin{matrix} CH_2-HN-\overset{\overset{S}{\|}}{C}-S \\ | \\ CH_2-HN-\overset{\overset{S}{\|}}{C}-S \end{matrix} \rangle Mn$

해설

① Ziram, ② Zineb, ③ Nabame, ④ Mancozeb

70 비중이 1.15인 아이소프로티올레인 유제(50%) 100mL로 0.05% 살포액을 제조하는 데 필요한 물의 양은 몇 L인가?

① 104.9　② 114.9
③ 124.9　④ 110.5

해설

살포액을 제조하는 데 필요한 물의 양
= 원액의 용량 × (원액의 농도/희석하려는 농도 − 1)
　× 원액의 비중
= 100mL × (50% / 0.05% − 1) × 1.15(비중) / 1,000mL
= 114.885L

71
95%인 원제 2kg으로 2% 분제를 만들려 할 때 소요되는 증량제의 양(kg)은?

① 73
② 83
③ 93
④ 103

해설
희석에 소요되는 증량제의 양(kg)
= 원분제의 무게(g) × (원분제의 농도 / 희석할 농도 − 1)
= 2kg × (95% / 2% − 1) = 93kg

72
교차저항성(Cross Resistance)에 대한 설명으로 옳은 것은?

① 동일한 작용기작을 가진 약제군 사이에서 그 중 1개의 약제에 저항성을 지니게 된 균은 같은 군의 다른 약제에 대해서도 저항성을 가진다.
② 작용점이 여러 개인 약제에 대하여 2가지 이상의 작용점에 저항을 획득하면 그 균은 교차저항성을 획득하였다고 한다.
③ 베노밀(Benomyl)과 톱신-M(Topsin-M)의 경우 화학구조가 완전히 다르기 때문에 저항성의 획득도 다른 기작을 따른다.
④ 저항성균이 한 지역에 발생하여 다른 지역으로 이동되었을 때, 이동된 지역에서도 저항성을 유지하는 것을 교차저항성이라 한다.

해설
- 살균제는 작용기작에 따라 가, 나, 다 순으로 표시기호를 사용하고 살충제는 1, 2, 3 등의 숫자로, 제초제는 A, B, C 순으로 표시기호를 사용한다.
- 교차저항성은 동일한 작용기작을 가진 약제군 사이에서 그 중 1개의 약제에 저항성을 지니게 되었을 때 같은 군의 다른 약제에 대해서도 저항성을 가지는 것을 의미한다.

73
살충제 농약의 작용점이 잘못 연결된 것은?

① 원형질독 − 유기수은제
② 피부독 − 기계유유제
③ 호흡독 − 청산가스
④ 근육독 − 피레트린

해설
작용기관에 따른 살충제
- 신경독 : 유기인제, BHC, 피레트린
- 원형질독 : 비소제, 유기수은제
- 피부독 : 기계유 유제
- 호흡독 : 청산가스(사이안화수소, 사이안화가스)
- 근육독 : 데리스제

74
약해(藥害)에 대한 설명으로 옳지 않은 것은?

① 약해란 농약에 의해서 식물의 정상적인 생육을 저해하는 것이다.
② 약해라고 해서 전부 작물의 수확에 영향을 끼치는 것은 아니고, 환경조건에 따라 회복되는 일시적 약해도 있다.
③ 살충제의 약해발생은 유기인계 계통이 많다.
④ 만성적인 약해는 약제를 살포한지 1주일 이내에 나타난다.

해설
만성적인 약해피해는 1주일 이후부터 증상이 느리게 나타난다.

75 농약의 잔류허용기준(MRL)을 결정하는 요소가 아닌 것은?

① 최대무작용량(NOEL)
② 안전계수
③ 농약 살포 횟수
④ 1일 섭취허용량(ADI)

해설
농약의 최대잔류허용기준(MRL ; Maximum Residue Limits)
• 최대잔류허용기준(ppm) =
$$\frac{1일\ 섭취허용량(ADI) \times 국민평균체중(kg)}{해당\ 농약이\ 사용되는\ 식품의\ 1일\ 섭취량(식품계수,\ kg)}$$
• 1일 섭취허용량(ADI) = $\frac{최대무작용량(NOEL)}{안전계수(SF,\ 일반적으로\ 1/100)}$

76 피리딘계(4급 암모늄계) 제초제는?

① Paraquat   ② Oxadiazon
③ Butachlor   ④ Chlornitrofen

해설
파라콰트(그라목손) : 비피리딘계 제초제

77 유제, 수화제, 수용제 등의 약제 살포방법 중 별도의 공기는 주입하지 않으며 약액에 압력을 가하여 미세한 출구로 직접 분사·살포하는 방법은?

① 분무법   ② 미스트법
③ 스프링클러법   ④ 폼스프레이법

해설
분무법
• 다량의 액제 살포 시 분무기를 이용하는 법
• 유제, 수화제, 수용제 같은 약제를 물에 탄 약제를 분무기로 가늘게 뿜어내어 살포한다.
• 비산에 의한 비산 손실이 적다.
• 작물에 부착성 및 고착성이 좋다.
• 입자의 지름 0.1~0.2mm(100~200μm)

78 카바메이트(Carbamate)계 살충제의 작용에 대한 설명 중 틀린 것은?

① 살충작용이 선택적이다.
② 인축에 대한 독성이 가장 강하다.
③ 적용범위가 넓고 약해가 적다.
④ 식물체에 대한 침투력이 있다.

해설
카바메이트계 살충제 : 살충작용이 선택적이고 인축에 대한 독성이 낮다.

79 급성 경구독성이 가장 강한 농약은?

① Zineb제   ② Parathion제
③ DDVP제   ④ Diazinon제

해설
Parathion은 유기인계 살충제이다.
유기인계 살충제
• 대체로 독성 강하지만 동물체 내에서 비교적 빨리 분해되어 무독화
• 주로 급성 중독

80 페녹시(Phenoxy)계로서 고농도에서는 광엽선택제초성의 제초제이지만 낮은 농도에서는 생장촉진, 도복방지 등의 효과가 있다고 알려져 있는 농약은?

① Pyrethrin   ② 2,4-D
③ DDT   ④ BHC

해설
2,4-D : 호르몬 작용을 교란하는 페녹시계 제초제
페녹시계 제초제
• 1년생 및 다년생 광엽잡초의 경엽에 처리하는 선택성 제초제
• 생체 내 옥신의 균형을 교란시키는 것이 주된 작용 특성
• 분열조직의 활성화, 이상분열, 엽록소 형성저해, 세포막의 삼투압 증대
• 세계적으로 가장 먼저 개발된 호르몬형 유기제초제 : 2,4-D, MCPP(메코프로프)

정답 75 ③ 76 ① 77 ① 78 ② 79 ② 80 ②

제5과목 잡초방제학

81 다음 중 논토양 표토에 주로 지하경을 형성하는 다년생 잡초로 가장 옳은 것은?

① 깨 풀 ② 쇠비름
③ 올 미 ④ 명아주

해설
다년생 논잡초 : 가래, 너도방동사니, 올미 등
올미는 일장에 상관없이 일정 시간이 지나면 지하경을 형성한다.

82 잡초의 발아습성 중 발아기회성에 대한 설명으로 가장 옳은 것은?

① 일장에 감응하여 발아하게 되는 특성
② 온도조건에 감응하여 발아하게 되는 특성
③ 일정한 간격을 가지고 최고의 발아율을 나타내는 특성
④ 오랜 기간에 걸쳐 지속적으로 발아하게 되는 특성

해설
발아 계절성은 일장의 변화에 영향을 받고, 기회성은 온도의 변화에 영향을 받는다.

83 다음 중 화본과 잡초로 가장 옳은 것은?

① 나도겨풀 ② 물달개비
③ 밭뚝외풀 ④ 올 미

해설
잡초방제의 실용면에서 본 분류

논 잡 초	• 일년생 잡초 : 피, 마디꽃, 물달개비 • 다년생 잡초 : 가래, 너도방동사니, 올미 • 부유성 잡초 : 생이가래, 개구리밥, 좀개구리밥 • 조류 : 이끼, 괴불, 갈조, 남조 • 화본과 잡초 : 피, 나도겨풀 • 사초과 잡초 : 너도방동사니, 올방개 • 광엽잡초 : 가래, 물달개비

밭
잡
초
	• 하작잡초(여름잡초)
	  – 일년생 잡초 : 바랭이, 소비름, 명아주
	  – 다년생 잡초 : 메꽃, 엉겅퀴
	• 동작잡초(겨울잡초)
	  – 일년생 잡초 : 뚝새풀, 냉이
	  – 다년생 잡초 : 쑥, 할미꽃

84 멀칭용 플라스틱 필름에 대한 설명으로 가장 옳지 않은 것은?

① 흑색필름은 잡초의 발생을 줄인다.
② 녹색필름은 지온상승의 효과가 크다.
③ 흑색필름은 지온이 높을 때 지온을 낮추어 준다.
④ 투명필름은 잡초 발생을 크게 줄인다.

해설
• 플라스틱 멀칭
 – 투명필름 : 지온 상승, 건조 방지, 비료 유실 방지, 토양 유실 방지, 시설재배 시 공기습도 상승 방지, 토양수분 유지, 근계 발달 촉진과 조기수확 및 증수
 – 흑색필름 : 지온 상승효과는 떨어지나 잡초 발생을 억제한다.
• 작물이 멀칭한 필름 속에서 상당한 생육을 하였을 때는 흑색과 녹색필름은 작물생육에 유해하고, 투명필름이 안전하다.

85 종자에 낙하산과 같은 긴 털을 가지거나 솜털과 같은 것으로 덮여서 바람에 잘 날리는 잡초로 가장 옳은 것은?

① 도꼬마리 ② 소리쟁이
③ 메귀리   ④ 민들레

해설

잡초가 종자를 뿌리는 방법
- 비산형 : 종자가 바람에 날리는 형태
  예 떡쑥, 억새, 민들레
- 부착형 : 종자가 옷이나 짐승의 털에 부착되는 형태
  예 도깨비바늘, 가막사리, 진득찰
- 산발형 : 종자가 터지면서 흩어지는 형태
  예 제비꽃, 황새냉이, 괭이밥, 물봉선

86 다음 중 바랭이는 형태적 분류상 어디에 속하는가?

① 광엽 잡초
② 화본과 잡초
③ 방동사니과 잡초
④ 국화과 잡초

해설

형태적 특성에 따른 분류
- 화본과 잡초 : 피, 바랭이, 뚝새풀, 강아지풀 등
- 방동사니류 잡초 : 너도방동사니, 참방동사니, 향부자, 올방개, 매자기, 올챙이고랭이 등
- 광엽류 잡초 : 물달개비, 비름, 가래 등

87 논에서 사초과인 올방개를 방제하기 위하여 사용하는 후기 경엽처리 제초제로 가장 적절한 것은?

① 알라클로르 입제
② 옥사다이아존 유제
③ 다이티오피르 유제
④ 벤타존 액제

해설

벤타존
- 일년생 잡초 방제 : 방동사니, 물달개비, 밭뚝외풀, 마디꽃, 사마귀풀
- 다년생 잡초 방제 : 올미, 벗풀, 올방개, 너도방동사니, 올챙이고랭이

88 일정기간 이내에 대부분 종자가 발아를 마치는 집중발아 습성을 무엇이라고 하는가?

① 발아 준동시성
② 발아 계절성
③ 발아 기회성
④ 발아 내성

해설
- 발아의 주기성 : 일정한 주기를 가지고 동시에 발아
- 발아의 계절성 : 발아에 있어 일장에 반응하여 휴면을 타파하고 발아
- 발아의 기회성 : 일장보다는 온도조건이 맞으면 발아
- 발아의 준동시성 : 일정 기간 내에 동시에 발아하는 특성
- 발아의 연속성 : 오랜 기간 동안 지속적으로 발아하는 유형의 잡초

정답 85 ④ 86 ② 87 ④ 88 ①

89 다음 중 식물 간 상호작용에서 기생에 해당되는 것으로 가장 옳은 것은?

① 콩의 뿌리혹박테리아
② 콩밭 잡초 새삼
③ 나무껍질에 붙어 있는 지의류
④ 목초지에서 두과와 화본과 식물

해설
새삼 : 식물의 줄기에 기생하는 잡초

90 생태적 잡초방제 중 경합 특성을 이용한 방법과 가장 거리가 먼 것은?

① 작부체계 관리
② 관개수로 관리
③ 육묘(이식) 재배 관리
④ 재식밀도 관리

해설
작물과 잡초의 경합 대상 : 양분, 수분, 광 등이며 재배기간을 달리하거나 잡초보다 작물을 키워 이식하는 방법을 적용하거나 재식밀도를 높이는 등의 방법을 적용할 수 있다.

91 다음 중 광발아 종자에서 적색광과 적외선광을 교체하여 조사하였을 때 종자가 가장 발아가 되지 않는 것은?

① 적외선광 조사 → 적색광 조사
② 적색광 조사 → 적외선광 조사
③ 적색광 조사 → 적외선광 조사 → 적색광 조사
④ 적외선광 조사 → 적외선광 조사 → 적색광 조사

해설
광발아 종자는 적색광 조사로 발아 조건이 만들어 졌다가 적외광을 조사하면 발아 조건이 사라진다.

92 다음 중 암조건에서도 발아가 가장 잘되는 것은?

① 참방동사니   ② 개비름
③ 독말풀   ④ 소리쟁이

해설
암발아종자 : 별꽃, 냉이, 광대나물, 독말풀

93 다음 중 작물과 잡초가 경합하고 있을 때 작물 수량 손실이 가장 높은 경우는?

① C_3 작물과 C_4 잡초
② C_3 작물과 C_3 잡초
③ C_4 작물과 C_3 잡초
④ C_4 작물과 C_4 잡초

해설
일반적으로 잡초 간의 광합성 효율이 높은 C_4 식물이 비능률적인 식물인 C_3 식물보다 경합에 유리하다.

94 잡초의 식물학적 분류로 세분되는 순서로 가장 옳은 것은?

① 계 → 문 → 과 → 강 → 목 → 속 → 종
② 계 → 문 → 강 → 목 → 과 → 속 → 종
③ 속 → 계 → 문 → 과 → 강 → 목 → 종
④ 강 → 속 → 계 → 문 → 과 → 목 → 종

해설
식물학적인 분류
• 표기(이명법) : 속명 + 종명 + 명명자명
• 계 – 문 – 강 – 목 – 과 – 속 – 종 – 변종

89 ② 90 ② 91 ② 92 ③ 93 ① 94 ②

95 잡초가 종내 변이를 일으키는 원인으로 가장 거리가 먼 것은?

① 돌연변이 발생
② 시비량의 변화
③ 자연교잡
④ 잡초의 생리적 형질 변화

해설
잡초의 종내 변이는 돌연변이, 자연교잡, 생리적 형질 변화 등이 있다. 시비량 변화로 생육의 차이는 발생할 수 있으나 유전되지는 않는다.

96 다음 중 여름잡초로만 나열된 것은?

① 벼룩나물, 바랭이
② 피, 쇠비름
③ 별꽃, 속속이풀
④ 피, 냉이

해설
여름잡초(하잡초, 하생잡초, 여름형 잡초) : 봄에 발생하여 여름에 피해가 많고 가을에 결실하는 것
예) 바랭이, 여뀌, 명아주, 피, 강아지풀, 방동사니, 비름, 쇠비름, 미국개기장

97 다음 중 부유성 잡초로만 나열된 것은?

① 너도방동사니, 별꽃
② 올미, 토끼풀
③ 개구리밥, 부레옥잠
④ 깨풀, 망초

해설
부유성 잡초 : 물위에 떠 있는 잡초를 말하며 개구리밥, 부레옥잠 등이 있다.

98 다음 중 우리나라 과수원에서 발생하는 잡초종으로 가장 거리가 먼 것은?

① 바랭이
② 매자기
③ 강아지풀
④ 닭의장풀

해설
매자기는 사초과에 속하는 다년생 잡초로 습한 곳을 좋아한다.

99 잡초 종자의 휴면타파 및 발아율을 촉진시키는 생장조절물질과 가장 거리가 먼 것은?

① 시토키닌
② 에틸렌
③ 지베렐린
④ MH

해설
MH : 생장과 출아억제

100 화본과 잡초와 사초과 잡초의 차이점에 대한 설명으로 가장 옳은 것은?

① 화본과 잡초는 줄기가 삼각형인 반면, 사초과 잡초는 줄기가 둥글다.
② 화본과 잡초는 속이 차 있는 반면, 사초과 잡초는 속이 비어 있다.
③ 화본과 잡초는 마디가 있는 반면, 사초과 잡초는 마디가 없다.
④ 화본과 잡초는 엽초와 엽신이 뚜렷하지 않은 반면, 사초과 잡초는 엽초와 엽신이 뚜렷하다.

해설
• 화본과는 줄기가 둥글고 속이 비어 있으며 마디가 있다.
• 사초과는 줄기가 삼각형이고 속이 차 있으며 마디가 없다.

정답 95 ② 96 ② 97 ③ 98 ② 99 ④ 100 ③

2020년 제3회 과년도 기출문제

식물보호기사

제1과목 식물병리학

01 사과나무 부란병에 대한 설명으로 옳지 않은 것은?
① 자낭포자와 병포자를 형성한다.
② 강한 전정 작업을 하지 말아야 한다.
③ 사과나무 가지에 감염되면 사마귀가 형성된다.
④ 병원균이 수피의 조직 내에 침입해 있어 방제가 어렵다.

해설
사과나무 사마귀가 형성되는 병은 겹무늬병썩음병

02 매개충에 의해 경란전염하는 바이러스병은?
① 담배 혹병
② 감자 더뎅이병
③ 벼 줄무늬잎마름병
④ 고구마 뿌리혹병

해설
벼 줄무늬잎마름병은 애멸구 매개 바이러스에 의한 병

03 다음 중 순활물기생체에 해당하는 것은?
① 보리 흰가루병균
② 감자 역병균
③ 벼 깜부기병균
④ 고구마 무름병균

해설
절대기생체(순활물기생체)
• 살아 있는 조직에만 생활
• 녹병, 흰가루병균, 노균병균, 무사마귀병균, 붉은별무늬병균, 녹병균
• 맥류 줄기녹병균, 목화 녹병균은 인공배양 가능

04 다음 중 복숭아나무 잎오갈병의 전형적인 병징은?
① 도 장
② 천 공
③ 이상 비후
④ 기공 폐쇄

해설
복숭아나무 잎오갈병은 처음 붉은색을 띠는 부푼 무늬가 생기며, 점차 커져 건강한 잎의 2배까지 커진다.

05 다음 중 세균의 그람염색반응을 결정하는 것으로 가장 옳은 것은?
① 편모의 유무
② 편모의 두께
③ 펙틴의 물리적 구조
④ 세포벽의 화학적 구조

해설
그람염색법은 세포벽 구조 차이로 다르게 염색되는 특징을 이용하는 것으로, 그람양성균은 Petidoglycan 층이 두껍고, 음성균은 얇게 형성한다.

정답 1 ③ 2 ③ 3 ① 4 ③ 5 ④

06 식물체에 암종을 형성하며, 유전공학 연구에 많이 쓰이는 식물병원 세균은?

① *Brassica campestris* var.
② *Agrobacterium tumefaciens*
③ *Clavibacter michiganesis*
④ *Xanthomonas campestris*

해설
근두암종세균(*Agrobacterium tumefaciens*)에 의한 암종은 정상적인 조직보다 IAA와 시토키닌 양이 많다.

07 식물병 진단 중 해부학적 방법으로 가장 옳은 것은?

① 파지검출법 ② 유출검사법
③ 괴경지표법 ④ 즙액접종법

해설
해부학적 진단
- 병든 부분을 해부하여 조직속의 이상현상이나 병원체의 존재를 밝히는 방법
  - 참깨세균성 시들음병 : 유관속 갈변
  - Fusarium에 의한 참깨 시들음병 : 유관속 폐쇄
- 그람염색법 : 대부분의 식물병원균은 그람음성으로 그람염색법을 이용해 감자 둘레썩음병 등 그람양성 병원균 진단
- 침지법(DN) : 바이러스 감염여부를 1차적으로 검정하는데 유효하며, 바이러스에 감염된 잎을 염색해 관찰하는 방법
- 초박절편법(TEM) : 바이러스 이명 조직을 아주 얇게 잘라 전자현미경으로 관찰
- 면역전자현미경법 : 혈청반응을 전자현미경으로 관찰, 반응 민감도가 높고 병원체의 형태와 혈청반응을 동시에 관찰

08 다음 중 중간기주인 향나무를 제거하면 피해를 경감시킬 수 있는 것은?

① 무 균핵병
② 사과나무 탄저병
③ 사과나무 붉은별무늬병
④ 복숭아 검은무늬병

해설
중간기주 제거
- 잣나무 털녹병 : 송이풀과 까치밥나무
- 소나무류 잎녹병균 : 황벽나무, 참취, 잔대
- 소나무 혹병균 : 참나무
- 배나무 붉은별무늬병균 : 향나무

09 다음 중 크기가 가장 작은 식물 병원체는?

① 세 균   ② 진 균
③ 바이러스   ④ 바이로이드

해설
병원체의 크기
진균(곰팡이) > 세균 > 바이러스 > 바이로이드

10 다음 중 병원균의 분생포자각과 자낭각이 보이는 것은?

① 오이 잘록병
② 밤나무 줄기마름병
③ 수수 오갈병
④ 보리 이삭누룩병

해설
분생포자각과 자낭각이 보이는 진균은 자낭균으로 분류
② 밤나무 줄기마름병 : 자낭균류
① 오이 잘록병 : 조균류
③ 수수 오갈병 : 애멸구에 의해 매개되는 바이러스병
④ 보리 이삭누룩병(깜부기병) : 담자균류

11 다음 중 여름포자를 형성하지 않는 것은?

① 잣나무 털녹병균
② 소나무 혹병균
③ 포플러 잎녹병균
④ 향나무 녹병균

해설
향나무 녹병균 : 봄(4월 초) 겨울포자퇴(짙은 갈색의 돌기)를 형성하며, 하포자를 형성하지 않는다.

12 다음 중 소나무 혹병균의 중간기주로 가장 거리가 먼 것은?

① 굴참나무
② 떡갈나무
③ 굴피나무
④ 상수리나무

해설
소나무 혹병균의 중간기주는 참나무류(졸참나무, 신갈나무)이고 굴피나무의 중간기주는 가래나무과이다.

13 채소에 발생하는 흰가루병의 특징에 대한 설명으로 가장 거리가 먼 것은?

① 밀가루 모양의 흰색 포자를 잎 표면에 형성한다.
② 병 발생 후기에는 자낭각을 형성한다.
③ 잎과 줄기를 시들게 만든다.
④ 인공배양이 어렵다.

해설
흰가루병은 자낭균류에 속하며 건조하거나 질소질이 많이 공급되는 조건에서 발생이 많고 직접적으로 식물체를 시들게 하지는 않는다.

14 파이토플라스마에 의해 발생되는 대추나무 빗자루병의 방제 시 수간주입에 사용되는 효과적인 약제는?

① 옥시테트라사이클린
② 다이메토모르프
③ 티아벤다졸
④ 메틸브로마이드

해설
대추나무 빗자루병은 파이토플라스마에 의한 병으로 마름무늬매미충에 의해 매개되고 옥시테트라사이클린계 항생제 수간주사로 치료한다.

15 진딧물에 의해 바이러스가 전염되어 발생하는 병은?

① 땅콩 불마름병
② 보리 도열병
③ 대추나무 빗자루병
④ 배추 모자이크병

해설
충매전염
- 비영속성 : 곤충의 체내에 들어가지 않고 구침에 머문 상태에서 전염
  예) 오이, 배추, 순무 모자이크병 등
- 매개충이 획득한 바이러스가 곤충의 체내에 들어가거나 체내에서 증식한 후 전염되는 바이러스
  예) 벼 오갈병, 감자 잎말림병

16 다음 중 병원균이 이종기생균에 속하는 것은?

① 포도 새눈무늬병
② 호박 노균병
③ 장미 탄저병
④ 잣나무 털녹병

해설
잣나무 털녹병의 중간기주 : 송이풀, 까치밥나무

17 뽕나무 오갈병의 병원체로 옳은 것은?

① 파이토플라스마   ② 담자균
③ 곰팡이   ④ 바이러스

해설
파이토플라스마(마이코플라스마)
- 크기가 0.1~1μm인 단위막에 의해 형성된 세균에 가까운 병원체
- 세포막이 없고 일종의 원형질막으로 둘러싸여 있다.
- 대추나무 빗자루병 : 매미충에 의해 영속전염
- 인공배지에서의 병원균의 배양이 어렵다.
- 약제 : 테트라사이클린 등 항생제에 의한 약간의 억제효과, 완전방제가 어렵다.
- 대추나무 빗자루병, 오동나무 빗자루병, 뽕나무 오갈병

18 다음 중 섬모 또는 편모를 가지고 있으며, 운동성을 가지고 있는 것은?

① 유성포자   ② 유주자
③ 분생포자   ④ 난포자

해설
유주자 : 무성생식을 위해 운동성이 있는 섬모 또는 편모로 물에서 움직이는 세포

19 항균력이 있는 미생물을 이용하여 식물병을 방제하는 것은?

① 물리적 방제
② 경종적 방제
③ 화학적 방제
④ 생물적 방제

해설
생물적 방제법(Biological Control)
병원미생물, 생물제제제, 천연제초제, 오리, 어패류, 곤충 등을 이용하여 잡초를 방제하는 방법

20 다음 중 병원체가 주로 각피를 통해 직접 침입하지 않는 것은?

① 벼 도열병균
② 밤나무 줄기마름병균
③ 사과나무 탄저병균
④ 장미 잿빛곰팡이병균

해설
밤나무 줄기마름병(胴枯病)
- 병원 : *Cryphonectria parasitica*, 진균(자낭균류)
- 기주 : 밤나무, 참나무, 단풍나무
- 방제법
  - 물빠짐이 좋지 않은 포장이나 약한 나무에 피해가 심해 건묘를 키운다.
  - 상처부위로 병원균이 침입하므로 병든 부분을 도려내어 도포제를 발라준다.
  - 적기에 시비하고 질소질 비료의 과용을 피한다.

정답 16 ④ 17 ① 18 ② 19 ④ 20 ②

제2과목 농림해충학

21 곤충의 배설기관으로 척추동물의 신장과 같은 기능을 하는 것은?

① 말피기관
② 알라타체
③ 사구체
④ 전 장

해설
말피기관 : 중장과 후장 사이에 위치하며 배설작용을 함

22 곤충을 잡아먹는 포식성 곤충류로 가장 거리가 먼 것은?

① 무당벌레류
② 진딧물류
③ 파리매류
④ 사마귀류

해설
포식성 : 살아있는 곤충을 잡아먹는 것
- 됫박벌레류 : 깍지벌레, 진딧물류를 잡아먹음
- 파리매류, 말벌류, 사마귀류 : 다른 곤충을 잡아먹음

23 채소해충으로 가장 거리가 먼 것은?

① 이세리아깍지벌레
② 도둑나방
③ 땅강아지
④ 알톡토기

해설
이세리아깍지벌레는 외래 침입해충으로 주로 감귤류에 발생한다.

24 다음에서 설명하는 것은?

> 번데기 또는 마지막 영기의 약충이 탈피하여 성충이 되는 현상

① 부 화
② 용 화
③ 세 대
④ 우 화

해설
우화 : 번데기(불완전변태류의 경우에는 약충)가 탈피를 거쳐 유충에서 성충이 되는 것

25 다음에서 설명하는 해충은?

> - 1년에 5~10회 이상 발생한다.
> - 고온건조 시 피해가 심하다.

① 가루깍지벌레
② 점박이응애
③ 밤나무혹벌
④ 땅강아지

해설
점박이응애
- 성충과 약충이 잎의 앞면과 뒷면에 모두 기생하며 즙액 흡즙
- 연 10회 정도 발생, 성충형태로 월동
- 약제저항성이 유발되는 해충으로 성분이 같은 약제를 연속 살포하면 방제효과가 떨어진다.
- ※ 응애는 다리가 4쌍으로 곤충강이 아닌 거미강에 속한다.

26 누에 암나방이 발산하는 성페로몬으로 가장 옳은 것은?

① 봄비콜
② 알로몬
③ 카이로몬
④ 글리세롤

해설
누에나방 암컷이 분비하는 페로몬은 봄비콜이다.

정답 21 ① 22 ② 23 ① 24 ④ 25 ② 26 ①

27 기피제를 놓아 해충을 방제하고자 할 때 곤충의 어떤 행동을 이용한 것인가?

① 음성주화성　② 양성주화성
③ 양성주촉성　④ 음성주촉성

해설
주화성(走化性) : 양성주화성은 생물이 특정 화학물질에 모이는 반응, 음성주화성은 기피성을 보이는 반응

28 곤충 개체 간의 통신수단에 사용되는 물질로 가장 관련이 없는 것은?

① Allomone　② Pheromone
③ Hormone　④ Kairomone

해설
호르몬(Hormone)은 곤충의 생장에 영향을 주는 분비물질

29 성충은 뽕나무의 눈을 가해하고, 유충은 목질부에 구멍을 뚫고 먹어 들어가는 뽕나무 해충은?

① 뽕나무혹파리
② 뽕나무명나방
③ 뽕나무깍지벌레
④ 뽕나무애바구미

해설
뽕나무 애바구미
뽕나무 해충 중 가장 피해가 심한 해충으로, 뽕나무가지에서 월동한 성충은 이른 봄철(4월 초순)부터 활동하고, 보통 1년 1회 발생하며, 부화된 애벌레는 목질부에 구멍을 뚫고 형성층을 가해한다.

30 다음 중 초본류 혹은 목본류의 줄기 속을 식해하여 가해하는 해충은?

① 콩풍뎅이　② 거세미나방
③ 숯검은밤나방　④ 박쥐나방

해설
박쥐나방
지표면에서 알로 월동 후 5월에 부화한다. 어린 유충은 잡초의 땅과 맞닿는 지제부 표면을 섭식해 성장한 후 초목류의 줄기 속이나 수목류로 이동해 줄기나 가지를 먹어 들어간다.

31 다음에서 설명하는 해충으로 가장 옳은 것은?

> 최근 도시의 버즘나무 잎이 부분적으로 퇴색되고 피해가 진전되었으며 조기에 갈색으로 마르는 피해가 발생하였다.

① 깍지벌레류　② 진딧물류
③ 방패벌레류　④ 흰불나방

해설
버즘나무방패벌레
- 외래해충으로 1995년 충북 청주에서 국내 첫 발생 확인
- 약충이 버즘나무류의 잎 뒷면에 모여 흡즙 가해하며 피해 잎은 황백색으로 변한다.
- 응애류에 의한 피해와 비슷하나 가해 부위에 검은색의 배설물과 탈피각이 붙어 있다.
- 가로수인 버즘나무의 잎을 변색시켜 경관을 해친다.

32 성충으로 월동하는 해충은?

① 왕무당벌레붙이　② 혹명나방
③ 검거세미나방　④ 복숭아혹진딧물

해설
① 왕무당벌레붙이 : 성충으로 월동
② 혹명나방 : 비래해충
③ 검거세미나방 : 유충으로 땅속에서 월동
④ 복숭아혹진딧물 : 알로 월동

33 감자나방의 피해 특징으로 가장 거리가 먼 것은?

① 담배의 뿌리를 가해하고, 밖으로 배설물을 배출한다.
② 감자에 배설물이 나와 있다.
③ 어린감자의 생장점을 파고 들어 간다.
④ 감자 잎의 표피를 뚫고 들어가 앞뒤 표피만 남긴다.

해설
감자나방(감자뿔나방)
가짓과 작물, 특히 감자의 세계적 중요 해충으로 유충이 식물의 잎, 줄기, 괴경 등에 해를 입힌다. 잎의 표피를 파고 들어가 표피만 남기고 잎살(엽육)을 먹어버리므로 바람에 부러지기 쉽다. 똥을 한쪽 구석에 배설하여 피해부위는 투명하게 보이지만 똥이 있는 곳은 흑색으로 보인다. 저장고의 감자에 큰 피해를 주는데, 성충이 주로 감자의 눈에 산란하므로 부화 유충이 파먹어 들어가면 이곳에서 그을음 같은 똥이 배출되는데, 유충이 커지면 배출되는 똥도 커지고 괴경의 표면에 주름이 생긴다.

34 다음 중 일본으로부터 천적을 수입하여 제주감귤원의 해충방제에 성공한 사례로서 기록된 해충으로 가장 옳은 것은?

① 가루깍지벌레
② 이세리아깍지벌레
③ 화살깍지벌레
④ 루비깍지벌레

해설
제주에서 루비깍지벌레를 방제하기 위해 1975년 일본에서 루비붉은강충좀벌을 도입하여 방제에 적용하여 생물적 성공을 거두었다(이세리아깍지벌레(1883년, 미국) 방제 위해 호주에서 배달리아 무당벌레를 도입하여 구제에 성공).

35 다음 중 곤충이 지구상에 번성하게 된 원인으로 가장 거리가 먼 것은?

① 외골격의 발달
② 날개의 발달
③ 작은 몸의 크기
④ 대부분 무변태 특성

해설
곤충의 번성원인
- 외골격이 발달하여 몸을 보호한다.
- 날개가 발달해 생존 및 종족의 분산이 유리하다.
- 몸의 크기가 작아 소량의 먹이로 생존 가능하고 적을 피하는 데도 유리하다.
- 몸의 구조적인 적응력이 좋다.
- 변태를 하여 불량 환경에 적응
- 종의 증가 현상을 나타낸다.

36 곤충의 분류 시 이용되는 기본 분류단위로 가장 옳은 것은?

① Biotype(생태형)
② Species(종)
③ Variety(변종)
④ Subspecies(아종)

해설
종(Species)
- 생물 분류의 기본 단위로서 일반적으로 생물의 종류라고 하는 것이다.
- 종의 정의로서는 개체 사이에서 교배가 가능한 한 무리의 생물로서, 다른 생물군과는 생식적으로 격리된 것이다.
- 외관상으로는 매우 비슷하며 거의 구별할 수 없지만 생식적으로 격리되어 있는 종도 있다.
- 종의 분화에는 지리적인 격리가 큰 요인이다.

정답 33 ① 34 ④ 35 ④ 36 ②

37 끝동매미충은 국내에서 연간 4세대를 경과하는데, 이 중 벼 오갈병은 주로 몇 세대 약충이 매개하는가?

① 1세대
② 2세대
③ 3세대
④ 4세대

해설
끝동매미충 바이러스의 전염은 제2회 성충을 전후한 시기인 제1세대 약충, 제2세대 성충과 약충, 제3세대 성충 등이 가장 피해를 준다. 2세대 약충이 발생하는 시기가 6월 중순경으로 벼를 이앙하는 시기와 중복돼 피해가 크다.

38 다음 중 완전변태를 하는 곤충목은?

① 풀잠자리목
② 메뚜기목
③ 노린재목
④ 총채벌레목

해설
풀잠자리목
- 유시아강, 내시류(완전변태)
- 입은 저작구
- 유충은 육식성
- 입은 다른 곤충의 피를 빨아먹는데 적응
- 물속에 사는 종류는 배에 기관새가 있다.
- 최근에는 천적을 이용한 해충 방제에 이용된다.

39 다음 중 체내 수분증산을 억제하는 표피층 구조로 가장 옳은 것은?

① 원표피층
② 외원표피층
③ 외표피층
④ 내원표피층

해설
표피층
- 외표피 : 단백질과 지질로 구성된 매우 얇은 층으로서 수분의 증발을 억제하는 기능
- 원표피 : 성충 표피의 대부분을 차지하는 것으로서 단백질과 키틴으로 만들어진다.

40 식물체에 혹을 만들어 피해를 주는 해충으로 가장 거리가 먼 것은?

① 솔잎혹파리
② 밤나무혹벌
③ 포도뿌리혹벌레
④ 복숭아혹진딧물

해설
복숭아혹진딧물
- 무시충 : 암컷은 난형이고, 담록색과 담홍색의 두 가지 형이 있는데 기온이 낮을 때 담홍색이다.
- 유시충 : 암컷은 머리와 가슴이 흑색이고, 배의 등 쪽에 흑색 반점이 있다.
- 감자 잎말이병 등 각종 바이러스를 매개한다.
- 겨울기주인 복숭아나무 등의 겨울눈에서 알의 형태로 월동하고, 5월 중순경 날개를 이용해 여름기주인 고추, 오이, 감자, 담배, 목화 등으로 이동한다.

정답 37 ② 38 ① 39 ③ 40 ④

제3과목 재배학원론

41 작물생육의 다량원소가 아닌 것은?
① K   ② Mg
③ Cu ④ S

해설
작물생육의 필수원소
- 다량원소 : C, H, O, N, P, K, Ca, Mg, S
- 미량원소 : Fe, Mn, Cu, Zn, B, Mo, Cl

42 C_3 식물과 C_4 식물의 형태와 생리적 특성으로 옳은 것은?
① C_4 식물은 Kranz 구조가 있다.
② C_3 식물은 C_4보다 내건성이 강하다.
③ C_3 식물의 CO_2 보상점은 C_4보다 낮다.
④ C_4 식물의 광포화점은 C_3보다 낮다.

해설
C_4 식물의 잎은 유관속초세포가 유관속 주위를 둘러싸고 있고, 그 주위를 엽육 세포가 꽃다발처럼 둘러싸고 있어 크란츠 구조(Kranz Anatomy)라고 한다.

43 다음 중 웅성불임성을 주로 이용하는 작물로만 나열된 것은?
① 무, 양배추   ② 당근, 고추
③ 배추, 브로콜리 ④ 순무, 가지

해설
웅성불임성이용 종자생산 : 벼, 고추, 무, 파, 수수, 당근

44 찰벼에 메벼의 화분을 수분하면 그 F_1 종자의 배유가 메벼의 형질을 보이는 현상은?
① Xenia   ② Apomixis
③ Pseudogamy ④ Chimera

해설
크세니아(Xenia, 배젖 형질의 유전) : 부친(꽃가루)의 우성 형질이 바로 종자의 배젖에 나타나는 현상으로 화본과, 콩과에서 일어난다.

45 벼의 추락현상이 발생할 때 벼뿌리를 상하게 하는 주된 물질은?
① 황화수소   ② 탄산가스
③ 불화수소   ④ 메탄가스

해설
여름철 환원층에서는 황산염이 환원되어 황화수소(H_2S)가 생성되고 벼의 뿌리를 상하게 한다.

46 저장 중 작물의 종자가 발아력을 상실하는 원인으로 가장 거리가 먼 것은?
① 원형질 단백의 응고
② 효소의 활력 저하
③ 저장양분의 소모
④ 유리지방산 감소

해설
저장 중 유리지방산이 증가하게 되면 변질이 쉽게 된다.

정답 41 ③ 42 ① 43 ② 44 ① 45 ① 46 ④

47 맥류의 좌지현상을 볼 수 있는 경우는?

① 봄보리를 가을에 파종
② 봄보리를 봄에 파종
③ 가을보리를 가을에 파종
④ 가을보리를 봄에 파종

해설
좌지현상 : 가을에 파종하는 맥류가 저온을 거치지 않는 늦봄에 파종하게 되면 잎만 자라다가 이삭이 생기지 못하고 주저 앉는 현상

48 다음 중 작물의 요수량이 가장 큰 것은?

① 수 수   ② 기 장
③ 호 박   ④ 옥수수

해설
요수량
• 건물 1g을 생산하는 데 소비된 수분의 양
• 명아주 > 오이, 호박, 두류 작물 > 감자, 목화, 맥류 > 수수, 기장, 옥수수

49 작물의 기원지를 알아내는 방법으로 가장 거리가 먼 것은?

① 식물지리학적 방법
② 계통분리법
③ 유전자분석법
④ 고고학적 방법

해설
식물 기원지를 알아내는 방법 : 식물지리학적 방법, 고고학적 방법(탄소연대 측정), 생화학적 및 생물학적 방법(세포유전학적 방법, 유전자 분석법, DNA염기서열 분석) 등

50 광과 식물 생육과의 관계로 연결이 적절하지 않은 것은?

① 적색광 - 엽록소 형성
② 청색광 - 굴광현상
③ 적외선 - 안토시안 생성
④ 자외선 - 신장억제

해설
700~1,000nm 파장대의 적외선은 식물을 신장시키고 기공 개폐를 촉진시킨다.

51 작물 품종의 잡종강세에 대한 설명으로 옳은 것은?

① 양친 식물보다 자식 식물의 생육이 약하다.
② 양친 식물보다 자식 식물의 생육이 왕성하다.
③ 양친 식물과 자식 식물의 생육이 같다.
④ 벼와 같은 작물에서 많이 발생한다.

해설
양친 식물보다 자식 식물의 생육이 좋고 경제적 가치가 높아 F_1 종자가 주로 이용된다.

52 다음 중 기지의 문제가 가장 큰 것은?

① 앵두나무   ② 포도나무
③ 자두나무   ④ 살구나무

해설
과수의 기지정도
• 기지가 문제시되는 과수 : 복숭아, 무화과, 감귤, 앵두 등
• 기지가 나타나는 정도의 과수 : 감나무

정답 47 ④ 48 ③ 49 ② 50 ③ 51 ② 52 ①

53 작물 군락의 수광태세에 대한 일반적인 설명으로 옳은 것은?

① 벼의 분얼은 개산형(開散型)인 것이 좋다.
② 옥수수는 수이삭이 큰 것이 밀식에 잘 적응한다.
③ 콩은 잎이 크고 넓은 것이 좋다.
④ 벼의 잎은 넓고 상위엽이 수평인 것이 좋다.

해설
식물체의 잎이 빛을 잘 받는 조건으로 자라는 형태로 잎이 포기 밖으로 펴지는 형태인 개산형이 좋다.

54 세포막 중 중간막의 주성분이며, 체내에서 이동이 어려운 것은?

① Mg   ② P
③ K   ④ Ca

해설
칼슘(Ca)
- 체내에서 이동하기 어렵고, 생육 후기에 주로 흡수
- K, Mg, Na, B, Fe과 길항작용
- 세포막의 구성원소로 원형질막의 투과성에 관여
- 단백질합성, 물질전류, 질소(NO_3)의 흡수, 이용조장, 체내의 유독유기산중화, Al의 과잉흡수 억제, 분열조직의 생장, 뿌리 끝의 발육과 작용에 필수불가결하다.
- 토양의 이화학성을 좋게 하고, 내동성, 인산비효가 증대된다.
- 뿌리 끝이나 눈의 생장점이 붉게 변한다.

55 다음 중 산성토양에 대해 적응성이 가장 약한 것은?

① 아 마   ② 기 장
③ 팥   ④ 감 자

해설
산성토양에 가장 약한 작물 : 시금치, 알팔파, 양파, 자운영, 콩, 팥, 보리

56 주로 영양번식하는 식물은?

① 호 프   ② 아스파라거스
③ 마 늘   ④ 시금치

해설
영양번식
- 종자번식이 어려울 때 이용 : 고구마, 마늘
- 우량한 상태의 유전질을 쉽게 영속적으로 유지 : 과수, 감자 등
- 종자번식보다 생육이 왕성할 때 이용 : 감자, 모시풀, 꽃, 과수 등
- 암수의 어느 한쪽 그루만 재배할 때 이용 : 호프는 수량이 많은 암그루만 재배
- 접목을 하면 수세의 조절, 풍토적응성 증대, 병충해 저항성 증대, 결과의 촉진, 품질의 향상, 수세의 회복 등을 기대

57 지하에 정체하여 모관수의 근원이 되는 물은?

① 결합수   ② 흡습수
③ 지하수   ④ 중력수

해설
지하수 : 지하에 정체하여 모관수의 근원이 되는 물

58 눈이나 가지의 바로 위에 가로로 깊은 칼금을 넣어 그 눈이나 가지의 발육을 조장하는 것은?

① 적 아 ② 적 엽
③ 환상박피 ④ 절 상

해설
절상 : 눈이나 가지의 바로 위에 가로로 깊은 칼금을 넣어 그 눈이나 가지의 발육을 조장하는 것

59 다음 중 작물의 복토 깊이가 가장 깊은 것은?

① 파 ② 양 파
③ 유 채 ④ 생 강

해설
파, 양파, 당근, 상추, 유채 등과 같이 종자가 작은 작물은 종자가 보이지 않을 정도로만 복토한다.

60 벼 품종의 특성에 대한 설명으로 옳은 것은?

① 묘대일수감응도가 높은 것이 만식적응성이 크다.
② 조기재배의 경우에는 만생종이 알맞다.
③ 개량품종은 수확지수가 작다.
④ 우리나라 만생종은 감광성이 크다.

해설
감광성 : 일장환경 중 주로 단일에 의해 출수개화가 촉진 또는 지연되는 성질
- 감광성식물이 일장환경에 의하여 출수, 개화의 촉진도에 따라 감광도가 크다(L), 작다(I)
- 감광성작물 : 늦벼(만생종벼), 그루콩, 그루조, 가을메밀

제4과목 농약학

61 다음 중 유기인계 살충제가 아닌 것은?

① MEP제 ② PAP제
③ DDVP제 ④ NAC제

해설
NAC : 카바메이트계

62 어떤 살충제에 대하여 이미 저항성이 발달한 해충이 한 번도 사용한 적은 없지만 작용기가 같은 살충제에 대하여 저항성을 나타내는 현상은?

① 교차저항성
② 복합저항성
③ 단일약제저항성
④ 선천적저항성

해설
교차저항성 : 어떤 약제에 의해 저항성이 생긴 곤충이 다른 약제에도 같은 저항성을 보이는 것

63 Dithiopyr 45% 유제 50mL(비중 1.0)를 1,200배액으로 희석하여 살포하려 할 때 소요되는 물의 양(L)은?

① 23.76 ② 26.73
③ 59.95 ④ 66.33

해설
일반적인 경우 50mL의 1,200배이면 60,000mL이므로 60L이다.

64 훈증제 농약의 구비 조건으로 옳지 않은 것은?

① 기름이나 물에 잘 녹아야 한다.
② 휘발성이 커서 확산이 잘되어야 한다.
③ 훈증 목적물에 이화학적 변화를 일으키지 않아야 한다.
④ 비인화성이어야 하고 침투성이 커야 한다.

해설
훈증제 : 비점이 낮은 농약의 주제를 액상, 고상, 압축가스로 용기 내에 충전 후 대기 중에 가스 상태로 방출하여 병해충에 독작용을 하는 제형

65 순도 95%인 클로로탈로닐 원제 20kg으로 75% 수화제를 만들려고 할 때 필요한 보조제의 양(kg)은?(단, 비중은 농도와 관계없이 1로 동일하다)

① 5.33 ② 10.33
③ 15.33 ④ 20.33

해설
20kg × (95% / 75% − 1) = 5.33kg

66 20% Phosmet 분제 3kg을 0.5%로 희석하는 데 필요한 증량제의 양(kg)은?(단, 비중은 1이다)

① 15 ② 40
③ 117 ④ 120

해설
2kg × (20% / 0.5% − 1) = 117kg

67 증량제를 사용하여 분제의 가비중(假比重, Bulk Density)을 조절할 때 가장 적절한 가비중 범위는?

① 0.2~0.4 ② 0.4~0.6
③ 0.6~0.8 ④ 0.8~1.0

해설
가비중(용적비중) : 단위 용적(부피)당 무게로 분제의 가비중은 0.4~0.6

68 Phenol계 살균제로서 과수의 월동 방제용이나 목재 방부제로도 사용될 수 있는 약제는?

① Carboxin + Thiram
② Captan
③ Neoasozin−6.5
④ Pentachlorophenol

해설
PCP(Pentachlorophenol)는 살충, 살균제로서 주로 목재의 장기 보존 용도로 사용

정답 63 ③ 64 ① 65 ① 66 ③ 67 ② 68 ④

69 농약 원제의 효력을 증진시키기 위하여 사용되는 보조제에 해당되지 않는 것은?

① 증량제   ② 유화제
③ 살충제   ④ 협력제

해설
보조제 : 전착제, 증량제, 유화제, 용제 등
- 살충제의 효력을 충분히 발휘시킬 목적으로 사용
- 전착성 증가 : 비누, 카세인 석회, 비해리성 계면활성제
- 효력증대 : Piperonyl Butoxide, Piperonyl Cyclonene, 황산아연

70 훈증제가 갖추어야 할 조건으로 틀린 것은?

① 휘발성이 크고 농도가 균일하여야 한다.
② 훈증할 목적물에 이화학적으로 변화를 주어야 한다.
③ 비인화성이어야 한다.
④ 침투성이 커서 약제가 쉽게 도달하여야 한다.

해설
훈증제가 목적물에 이화학적 변화를 주게 되면 농작물의 상품성에 영향을 줄 수 있어 사용할 수 없다.

71 다음 중 살충력이 강하고 적용범위가 넓으며 저렴한 값에 대량생산의 장점이 있으나 잔류독성의 문제를 일으킬 위험요인이 가장 큰 계통의 농약은?

① 유기황계   ② 유기인계
③ 유기염소계   ④ 카바메이트계

해설
유기염소계 살충제는 화학적으로 안정해 쉽게 분해되지 않아 환경오염의 원인이 된다.

72 제초제의 살초작용에 대한 설명으로 틀린 것은?

① 식물체의 제초제 흡수는 일반적으로 뿌리나 잎, 줄기를 통해 흡수된다.
② 잎을 통한 흡수는 극성과 무관하게 Cellulose, Pectin, Wax의 순으로 흡수된다.
③ 식물의 잎을 통한 흡수는 대부분 잎의 표면을 통해 이루어진다.
④ 제초제의 식물체 내로의 침투 정도는 제초제의 극성 정도에 따라 영향을 받는다.

해설
제초제의 큐틴층 통과
- 큐틴층의 표면은 납질, 내면은 친유성(비극성)인 큐티클납질과 친수성(극성)인 큐틴으로 구성돼 있다.
- 비극성은 큐티클납질 > 큐틴 > 펙틴의 순으로 높고 셀룰로스는 극성물질
- 비극성 제초제는 쉽게 큐티클납질을 통과하지만 갈수록 통과가 어려워지고, 극성제초제는 처음 큐티클납질을 통과하기가 어렵지만 갈수록 통과가 쉬워진다.
- 습윤제는 큐티클납질을 용해해 엽면흡수를 증가시킨다.

정답 69 ③ 70 ② 71 ③ 72 ②

73 농약관리법령상 농약 및 원제의 신규등록의 경우 약효·약해 시험성적서의 인정범위로 옳은 것은?

① 180일간 시험한 성적서
② 1년간 시험한 성적서
③ 2~3년간 시험한 성적서
④ 4~5년간 시험한 성적서

해설
시험성적서의 인정범위(농약 및 원제의 등록기준 제4조 제1항)
2. 약효·약해 시험성적서 : 약효·약해 분야에 대한 시험연구기관에서 발급한 성적서로서 5년 이내(개별 시험성적서별로 시험완료된 연도의 다음 연도를 1년으로 산정)의 성적서일 것
  가. 신규등록의 경우 : 2~3년간 시험한 3개 성적서(제초제는 6개) 중 최종 1개(제초제는 2개) 성적서는 농촌진흥청장이 지정한 농약 등의 시험연구기관 중 농약 제조·수입·원제업체의 부설 시험연구기관 이외의 시험연구기관에서 발급한 성적서

74 보호살균제의 특성에 대한 설명으로 옳지 않은 것은?

① 병균이 식물체에 침투하는 것을 막기 위해 쓰이는 약제이다.
② 포자의 발아저지 작용이 커야 하고, 효과지속 기간도 길어야 한다.
③ 부착성 및 고착성이 강하고 안정된 것이어야 한다.
④ 살균력이 약하고 침투성이 있어야 한다.

해설
보호살균제 : 식물체에 병원균이 침투하는 것을 막기 위해 살포하는 약제

75 작물에 대한 약해 중 농약 사용방법과 관련해서 일어나는 약해가 아닌 것은?

① 불합리한 섞어 쓰기는 주성분의 가수분해, 금속염의 치환 등으로 약효저하 및 약해를 발생한다.
② 파라티온을 오랫동안 저장하면 파라-나이트로페놀(p-nitrophenol)이 생성되어 벼에 약해가 발생한다.
③ 상자육묘에서 리조푸스종(*Rhizophos* spp.)에 의한 모마름병 방제를 위해 하이멕사졸과 클로로탈로닐을 동시 사용하면 약해가 발생한다.
④ 살균제에 침투성 유화제를 첨가함으로써 식물체 내에 침투량이 많아져 약해가 일어난다.

해설
저장 중 주의
• 냉암소에 저장 및 보관 : 자외선 차단
• 건조한 장소 : 고형제는 흡습되면 분해 촉진
• 화기 주변을 피할 것 : 유제 등은 인화 위험성
• 제초제는 다른 약제와 구분 격리 보관 : 유효 성분의 전이
• 시건 장치 : 어린이 등의 손에 닿지 않도록 주의

76 한때 식물생장억제제인 낙과방지제로 사용했으나 발암물질로 지정되어 화훼농업에서 신장억제제로 주로 사용하는 것은?

① Pyrimethanil
② β-indole Acetic Acid
③ Colchicine
④ Daminozide

해설
다미노자이드(Daminozide) : 화색의 농록화, 성표현의 조절 및 불량환경에 대한 내성 증가 효과가 있다.

77 농약중독 사고 발생 시 취해야 할 응급조치로 적당하지 않은 것은?

① 경구 중독일 경우 따뜻한 물이나 소금물로 세척한다.
② 약물이 장내로 들어갈 염려가 있을 시 황산마그네슘(15~20g)을 물에 독극물의 흡착을 위해 활성탄이나 규조토 등을 타서 먹여 배설시킨다.
③ 흡입 중독일 경우 체온을 식히기 위하여 찬물로 씻어 준다.
④ 경피 중독일 경우 오염된 의복을 벗기고 부착된 약제를 비눗물로 씻는다.

해설
흡입에 의한 중독 시 환자를 공기가 맑고 그늘진 곳에 옮긴 후 단추와 허리띠를 풀어 호흡하게 하여 쉬도록 하고 걷지 않게 한다.

78 물에 녹지 않은 원제를 벤토나이트·고령토 같은 점토광물의 증량제와 혼합하고, 여기에 친수성·습전성 및 고착성 등을 부가시키기 위하여 적당한 계면활성제를 가하여 미분말화시킨 농약의 제형은?

① 수용제 ② 수화제
③ 분 제 ④ 유 제

해설
수화제
- 현탁액 : 불용성 주제 + 카올린·벤토나이트 + 계면활성제
- 물에 녹지 않는 주제를 카올린, 벤토나이트 등으로 희석한 후 계면활성제를 혼합한 제제
- 물에 희석하면 유효 성분의 입자가 물에 고루 분산되어 현탁액이 된다.
- 수화제를 물에 풀면 현탁액이 된다.

79 농약의 토양 잔류에 대한 설명으로 옳지 않은 것은?

① 유기염소계 농약은 환경에서 매우 안정하므로 토양 중에 오래 잔류한다.
② 아닐린유도제는 토양 중에서 토양입자에 강하게 흡착되므로 오래 잔류한다.
③ 수화제나 유제와 같이 물에 희석해서 사용된 약제는 분제나 입제보다 토양에서 분해가 빨라진다.
④ 일반적으로 유기물함량이 높은 토양에서 농약의 분해가 촉진된다.

해설
③ 토양에서는 산소공급이 적고 광분해 작용이 이루어지지 않아 분해 속도가 느려진다.
농약의 분해방식
- 화학적 분해
- 산화, 환원, 가수분해, 결합반응에 의한 분해
- 미생물에 의한 분해 : 유기농약은 탄소를 함유하므로 미생물에 의해 분해
- 광분해 : 주로 자외선에 의해 분해
- 물리적 소실 : 토양 하층으로의 용탈, 흡착, 식물체의 흡수 등으로 인해 소실

정답 77 ③ 78 ② 79 ③

80 농약의 구비조건으로 가장 거리가 먼 것은?

① 독성이 강할 것
② 약해가 없을 것
③ 약효가 확실할 것
④ 저장성이 좋을 것

해설
농약의 구비조건
- 적은 양으로 약효가 확실할 것
- 농작물에 대한 약해가 없을 것
- 인축에 대한 독성이 낮을 것
- 어류에 대한 독성이 낮을 것
- 다른 약제와의 혼용 범위가 넓을 것
- 천적 및 유해 곤충에 대하여 독성이 낮거나 선택적일 것
- 값이 쌀 것
- 사용 방법이 편리할 것
- 대량 생산이 가능할 것
- 물리적 성질이 양호할 것
- 농촌진흥청에 등록되어 있을 것

제5과목 잡초방제학

81 잡초경합 한계기간에 대한 설명으로 옳지 않은 것은?

① 철저한 잡초 방제가 요구되는 시기이다.
② 작물 생육기의 초기 1/4~1/3 정도의 기간이다.
③ 잡초와 작물이 경합하지만 작물의 피해가 없는 한계기간이다.
④ 한계기간 이후에는 잡초 방제를 더 하여도 작물 피해에 큰 변화가 없다.

해설
잡초경합 한계기간
- 잡초의 경합이 없는 생육 초기와 경합으로 인한 피해가 없는 성숙 말기 사이의 기간
- 전생육기간의 첫 1/3~1/2, 첫 1/4~1/3 기간에 해당되며 철저한 방제가 요구된다.

82 다음 중 영양번식기관과 해당 잡초의 연결이 틀린 것은?

① 지하경 - 가래, 수염가래꽃
② 인경 - 야생마늘, 자주괭이밥
③ 괴경 - 향부자, 매자기
④ 포복경 - 올미, 벗풀

해설
- 벗풀 : 괴경과 씨앗으로 번식
- 올미 : 분지경+포복형

정답 80 ① 81 ③ 82 ④

83 다음 중 액제에 해당하지 않는 것은?
① 수성현탁제 ② 과립수용제
③ 미탁제 ④ 세립제

해설
세립제는 모래형태의 직접살포제이다.

84 다음 중 기주식물에 기생하는 잡초는?
① 새 삼 ② 피
③ 명아주 ④ 물달개비

해설
기 생
- 실모양의 흡기조직으로 기주식물의 줄기나 뿌리에 침입
- 새삼, 겨우살이

85 다음 중 주로 괴경으로 번식하는 논잡초는?
① 올방개 ② 알방동사니
③ 가막사리 ④ 자귀풀

해설
괴경 : 벗풀, 향부자, 매자기, 올방개, 올미, 너도방동사니

86 작물과 잡초의 주요 3대 경합 요소에 포함되지 않는 것은?
① 수 분 ② 토양구조
③ 영양분 ④ 빛

해설
잡초는 토양수분, 영양분, CO_2, 광, 공간을 두고 경합한다.

87 다음 중 선택성 제초제는?
① Paraquat ② Glyphosate
③ Glufosinate ④ 2,4-D

해설
2,4-D : 일년생 잡초 제초제(방동사니, 물달개비, 밭뚝외풀, 마디꽃, 사마귀풀)

88 다음 중 논 잡초로만 나열된 것은?
① 흰명아주, 어저귀
② 쇠비름, 개비름
③ 개구리밥, 생이가래
④ 망초, 까마중

해설
논 잡초
- 일년생 잡초 : 피, 마디꽃, 물달개비
- 다년생 잡초 : 가래, 너도방동사니, 올미
- 부유생 잡초 : 생이가래, 개구리밥, 좀개구리밥
- 조류 : 이끼, 괴불, 갈조, 남조
- 화본과 잡초 : 피, 나도겨풀
- 사초과 잡초 : 너도방동사니, 올방개
- 광엽잡초 : 가래, 물달개비

정답 83 ④ 84 ① 85 ① 86 ② 87 ④ 88 ③

89 다음 중 잡초종합방제체계 수립을 위한 선형특성적 모형에서 시작부터 완성단계로의 순서로 가장 옳은 것은?

① 모형의 평가 및 수정 → 문제유형의 검토 → 잡초군락의 예찰 → 제초방법의 선정 → 방제체계의 적용
② 문제유형의 검토 → 잡초군락의 예찰 → 제초방법의 선정 → 방제체계의 적용 → 모형의 평가 및 수정
③ 잡초군락의 예찰 → 문제유형의 검토 → 방제체계의 적용 → 모형의 평가 및 수정 → 제초방법의 선정
④ 제초방법의 선정 → 잡초군락의 예찰 → 방제체계의 적용 → 문제유형의 검토 → 모형의 평가 및 수정

해설
잡초종합방제체계 수립을 위한 선형특성적 모형적용
문제유형의 검토 → 잡초군락의 예찰 → 제초방법의 선정 → 방제체계의 적용 → 모형의 평가 및 수정

90 다음 중 일년생 잡초로만 나열된 것이 아닌 것은?

① 여뀌, 어저귀
② 개비름, 닭의장풀
③ 쇠뜨기, 조뱅이
④ 강아지풀, 쇠비름

해설
쇠뜨기는 다년생, 조뱅이는 두해살이 풀

91 작물이 심겨져 있지 않은 비농경지에서 발생하는 잡초를 방제하는 데 가장 효과적인 제초제는?

① 시마진 수화제
② 뷰타클로로 유제
③ Glyphosate
④ 2,4-D

해설
글리포세이트는 비선택성 제초제로 발암물질로 분류되어 사용금지된 농약

92 콩밭의 바랭이를 효율적으로 방제하는 방법으로 가장 거리가 먼 것은?

① 멀칭재배를 한다.
② 콩의 파종밀도를 조밀하게 한다.
③ 광엽잡초방제용 경엽처리 제초제를 처리한다.
④ 경합한계기간 이전에 제초한다.

해설
바랭이는 화본과 잡초

정답 89 ② 90 ③ 91 ③ 92 ③

93 잡초의 발아와 토양환경의 관계에 대한 설명으로 옳지 않은 것은?

① 잡초의 출현시기를 지배하는 요인으로서 최적온도는 대체로 발아적온과 일치한다.
② 토양의 수분은 토양경도와 산소함량에 영향을 준다.
③ 건생잡초는 습생잡초보다 발아에 필요한 산소요구량이 높다.
④ 잡초의 발생심도는 중점토가 사질토보다 깊다.

> **해설**
> 중점토는 점토함량이 많은 토양이고 사질토는 모래함량이 높은 토양인데 사질토가 공극이 커 산소 공급이 중점토에 비해 원활해 깊이 묻힌 종자도 발아가 수월하다.

94 제초제의 흡수에 대한 설명으로 가장 거리가 먼 것은?

① 비극성제초제는 극성 제초제보다 잡초의 뿌리흡수가 용이하다.
② 제초제의 식물뿌리 내 물관으로의 이동 중 원형질막을 통과하는 경로는 심플라스트 경로를 이용한다.
③ 종자 내로 제초제의 침투는 집단류와 확산에 의해 일어난다.
④ 식물의 뿌리는 토양으로부터 토양에 잔류하는 제초제를 흡수한다.

> **해설**
> **제초제의 큐틴층 통과**
> • 큐틴층의 표면은 납질, 내면은 친유성(비극성)인 큐티클납질과 친수성(극성)인 큐틴으로 구성돼 있다.
> • 비극성은 큐티클납질 > 큐틴 > 펙틴의 순으로 높고 셀룰로스는 극성물질이다.
> • 비극성 제초제는 쉽게 큐티클납질을 통과하지만 갈수록 통과가 어려워지고, 극성 제초제는 처음 큐티클납질을 통과하기가 어렵지만 갈수록 통과가 쉬워진다.

95 잡초 잎의 구성성분 중 비극성 정도가 가장 높은 것은?

① 큐 틴
② 큐티클납질
③ 펙 틴
④ 셀룰로스

> **해설**
> 비극성은 큐티클납질 > 큐틴 > 펙틴의 순으로 높고 셀룰로스는 극성물질이다.

96 다음 중 암발아성 잡초인 것은?

① 별 꽃
② 개비름
③ 왕바랭이
④ 쇠비름

> **해설**
> **암발아종자** : 별꽃, 냉이, 광대나물, 독말풀

정답 93 ④ 94 ① 95 ② 96 ①

97 다음 중 잡초경합 한계기간이 가장 긴 작물은?

① 양 파
② 녹 두
③ 밭 벼
④ 콩

해설
양파는 월동 작물로 보기의 작물 중 재배기간이 가장 길다.
잡초경합 한계기간
- 잡초의 경합이 없는 생육 초기와 경합으로 인한 피해가 없는 성숙 말기 사이의 기간
- 전생육기간의 첫 1/3~1/2, 첫 1/4~1/3 기간에 해당되며 철저한 방제가 요구

98 못자리용 제초제인 벤타존의 작용성과 사용방법에 대한 설명으로 가장 거리가 먼 것은?

① 올방개 등과 같은 방동사니와 잡초의 살초 효과가 뚜렷하다.
② 광합성 저해작용을 한다.
③ 경엽처리용 벼 생육 중기 제초제이다.
④ 화본과 잡초를 효과적으로 방제할 수 있다.

해설
벤타존
- 일년생 잡초 방제 : 방동사니, 물달개비, 밭뚝외풀, 마디꽃, 사마귀풀
- 다년생 잡초 방제 : 올미, 벗풀, 올방개, 너도방동사니, 올챙이고랭이

99 잡초를 형태학적으로 분류할 때 관계없는 것은?

① 광엽 잡초
② 로제트형 잡초
③ 화본과 잡초
④ 방동사니과 잡초

해설
로제트형(Rosette Type) 잡초는 잡초생장형에 따른 분류

100 다음 중 산아마이드계 제초제가 아닌 것은?

① Alachlor
② Dicamba
③ Propanil
④ Napropamide

해설
Dicamba : 페녹시계 농약

2020년 제4회 과년도 기출문제

식물보호기사

제1과목 식물병리학

01 다음 중 죽은 식물체에 증식하지 못하는 병원체는?
① 끈적균   ② 바이러스
③ 세 균   ④ 진 균

해설
바이러스 : 핵산과 단백질로 이루어진 병원체
• 광학현미경으로 관찰 불가, 인공배양 불가
• 자기 자신을 위한 물질대사계를 가지지 못한다.
• 식물체 내 대사계와 물질을 이용할 수 있는 유전정보만 가진다.

02 식물바이러스를 옮기는 매개충 중 구침전염형(Stylet-borne) 바이러스에 해당하는 것으로 가장 옳은 것은?
① 진딧물   ② 멸 구
③ 매미충   ④ 가루이

해설
해충에 의해 전염되는 바이러스 중
• 비영속성 : 곤충의 체내에 들어가지 않고 진딧물 등의 구침에 머문 상태에서 전염
• 오이, 배추, 순무 모자이크병 등
• 매개충이 획득한 바이러스가 곤충의 체내에 들어가거나 체내에서 증식한 후 전염되는 바이러스 : 벼 오갈병, 감자잎말림병

03 토양에 열처리하여 소독하는 것은 무슨 방제법인가?
① 생물학적 방제법
② 재배적 방제법
③ 화학적 방제법
④ 물리적 방제법

해설
물리적 방제 : 가장 오랜 역사를 가진 방제법이다.
• 종자선별 : 소금물가리기
• 종자소독
  – 냉수온탕침법 : 종자를 20℃ 이하 냉수에서 6~24시간 처리 후 50~55℃의 더운물에 처리
  – 벼 키다리병, 세균성 벼알마름병, 잎마름선충병 등 방제효과
• 토양소독
• 기타 : 낙엽소각, 봉지 씌우기, 방충망 이용 등

04 어떤 식물병에 대하여 저항성이었던 품종이 갑자기 해당 식물병에 감수성이 되는 주된 원인은?
① 재배법의 변화
② 병원균 집단의 변화
③ 기상의 변화
④ 기주체내 영양성분의 변화

해설
레이스(Race) : 기주의 범위가 다른 한 병원균의 분화형 또는 변종 중에서 기주의 품종에 대한 기생성이 다른 것으로 고정적인 것이 아니고 산발적으로 계속 분화한다.

정답 1 ②   2 ①   3 ④   4 ②

05 다음 식물병의 진단법 중 이화학적 진단에 해당하는 것은?

① 현미경 관찰
② 황산동법
③ 한천겔내 확산법
④ 최아법

> **해설**
> **황산동법(황산구리법)** : 감자 바이러스 병에 감염된 씨감자의 즙액에 황산구리를 첨가하여 즙액의 착색도와 투명도를 검사하는 방법

06 불완전균류의 정의로 가장 옳은 것은?

① 균사의 형성이 불완전한 균류
② 무성세대가 밝혀지지 않은 균류
③ 기주범위가 밝혀지지 않은 균류
④ 유성세대가 밝혀지지 않은 균류

> **해설**
> **불완전균류**
> - 균사에 격막이 있다.
> - 유성세대가 알려지지 않아 불완전균류라고 한다.
> - 분생포자는 균사가 자라는 분생자병 위에 형성
> - 분생자층, 병자각 분생자병, 분생자병속 분생자좌
> - 주요병
>   - 갈색무늬병(*Marssonia mali*)
>   - 점무늬낙엽병(*Alternaria mali*)
>   - 배검은무늬병(*Alternaria kikuchiana*)
>   - 포도잿빛곰팡이병(*Botrytis cinerea*)

07 배나무 검은별무늬병의 방제에 가장 효과적인 것은?

① 밀 식
② 약제살포
③ 포장위생
④ 합리적인 비배관리

> **해설**
> 약제살포, 포장위생, 합리적인 비배관리는 병을 방제하는 방법에 해당되지만, 병이 발생할 조건 비용과 노동력 등을 고려할 때 가장 효과적인 방법은 약제살포이다. 또한 병의 발생환경을 예방하는 것도 매우 중요하다.

08 벼 흰잎마름병이 발생할 수 있는 환경조건으로 가장 옳지 않은 것은?

① 침 수
② 가 뭄
③ 일조부족
④ 질소질비료 다용

> **해설**
> 벼 흰잎마름병은 세균에 의한 병으로 벼가 침수되거나 일조가 부족해 약해지고 질소질 비료가 많아 웃자라는 경우 많이 발생한다.

09 병원균이 세균인 것은?

① 벼 깨씨무늬병
② 토마토 풋마름병
③ 포도 탄저병
④ 감자 역병

> **해설**
> 토마토 풋마름병은 세균에 의한 병이다.

10 밀 줄기녹병균의 중간기주로 가장 옳은 것은?

① 낙엽송 ② 까치밥나무
③ 향나무 ④ 매자나무

해설
맥류 줄기녹병의 중간기주 : 매자나무

11 다음 중 벼 흰잎마름병에 대한 설명으로 옳지 않은 것은?

① 병원균이 1차전염원인 겨풀에서 월동한다.
② 병원균의 학명은 *Xanthomonas oryzae* pv. *oryzae*이다.
③ 병원균이 잎 선단의 수공이나 상처부위를 통해 침입한다.
④ 병원균은 그람 양성균이다.

해설
벼 흰잎마름병균
• *Xanthomonas* 세균으로 크기는 1~2×0.8μm
• 간상으로 끝이 둥글며 한 개의 편모를 가진다.
• 그람 음성 세균으로 영양배지에서 노란색을 띤다.

12 다음 중 인공배양이 가장 불가능한 것은?

① 사과 탄저병 ② 벼 도열병
③ 보리 흰가루병 ④ 딸기 잿빛곰팡이병

해설
절대기생체(순활물기생체)
• 살아 있는 조직에만 생활
• 녹병, 흰가루병균, 노균병균, 무사마귀병균, 붉은별무늬병균
• 녹병균 중 맥류 줄기녹병균, 목화 녹병균은 인공배양이 가능하다.

13 다음 중 벼 키다리병의 방제법으로 가장 효과적인 것은?

① 매개충 방제 ② 윤 작
③ 종자소독 ④ 토양소독

해설
벼 키다리병
• 병원균 : 진균(자낭균류)
• 전파(매개충) : 바람(종자)
• 월동형태 및 장소 : 분생포자의 형태로 종자 표면에서 월동
• 특징 : 지베렐린(GA) 분비

14 하우스 내의 습도가 높을 때 채소에 가장 많이 발생하는 공기전염성 식물병은?

① 흰가루병 ② 뿌리혹병
③ 시들음병 ④ 잿빛곰팡이병

해설
공기전염
• 포자가 바람에 날려 전염
• 잿빛곰팡이병, 흰가루병, 노균병, 탄저병, 세균성점무늬병
• 저온다습한 환경에서 잿빛곰팡이병 다발생 조건

정답 10 ④ 11 ④ 12 ③ 13 ③ 14 ④

15 다음 중 인삼 또는 당근의 뿌리에 혹과 같은 병징을 일으키는 것으로 가장 옳은 것은?

① 뿌리혹박테리아 ② 노균병균
③ 뿌리혹선충   ④ 더뎅이병균

해설
뿌리혹선충에 의해 피해는 뿌리에 혹이 형성되기 때문에 쉽게 진단이 가능하다.

16 다음 중 감자 역병 발병의 최적 환경으로 가장 옳은 것은?

① 기온이 20℃ 내외이고 습기가 많은 곳
② 기온이 30℃ 내외이고 건조한 곳
③ 기온이 40℃ 내외이고 건조한 곳
④ 기온이 45℃ 이상이고 습기가 많은 곳

해설
감자 역병 : 서늘한 온도와 높은 습도가 있어야 발생하며 균 생육에 알맞은 온도는 15~20℃이다.

17 어떤 병원체가 식물체 내에 침입되어 병징이 나타나기까지의 기간을 무엇이라 하는가?

① 잠복기   ② 사멸기
③ 유도기   ④ 증식기

해설
잠복기간 : 병원체가 침입 후 초기 병징이 나타날 때까지의 기간

18 병원균의 중간기주가 향나무인 병은?

① 잣나무 털녹병
② 밀 줄기녹병
③ 소나무 혹병
④ 배나무 붉은별무늬병

해설
녹병류의 중간기주
- 배나무 붉은별무늬병균(적성병) : 향나무
- 사과나무 붉은별무늬병 : 향나무
- 소나무혹병 : 졸참, 신갈나무
- 맥류줄기녹병 : 매자나무
- 밀 붉은녹병 : 좀꿩의다리

19 맥류 흰가루병의 2차 전염은 어떤 포자의 비산에 의하여 이루어지는가?

① 분생포자   ② 자낭포자
③ 수포자   ④ 난포자

해설
맥류 흰가루병은 자낭균에 속하고 순수 활물기생균으로 인공배지에서는 자라지 않으며, 분생포자는 타원형으로 바람에 의하여 공중으로 비산된다.

20 균사가 모여 구형 또는 입상의 검은색 덩어리를 형성한 것으로 불리한 환경 조건에서도 생존할 수 있는 것은?

① 포자퇴   ② 균 핵
③ 분생포자 ④ 균 사

해설
자낭균류에 속하는 균에서 만들어지는 균핵은 균사가 모여 구형 또는 입상의 검은색 덩어리를 형성한 것으로 불리한 환경 조건에서도 생존할 수 있다.

제2과목 농림해충학

21 다음 중 누에의 식성으로 가장 적절한 것은?

① 광식성 ② 단식성
③ 잡식성 ④ 부식성

해설
누에는 뽕나무잎만 먹는 단식성이다.

22 다음 중 곤충의 중추신경계가 아닌 것은?

① 전대뇌 ② 측대뇌
③ 중대뇌 ④ 후대뇌

해설
중추신경계 : 신경절과 신경선으로 구성된다. 신경절은 몸의 마디마다 한 쌍이 가까이 붙어서 배치되고, 신경절이 모여 뇌를 구성하며 뇌는 전대뇌, 중대뇌, 후대뇌가 있다.

23 다음 중 암컷의 생식계에 해당하는 것은?

① 수정낭 ② 정 소
③ 수정관 ④ 사정관

해설
암컷 생식계 : 난소(알집), 수란관, 부속샘, 산란관, 교미낭(수정낭)

24 다음 중 곤충의 배설을 담당하는 기관은?

① 알라타체 ② 말피기소관
③ 존스턴기관 ④ 모이주머니

해설
말피기관 : 곤충체강 내에서 비틀림운동을 하면서 pH나 무기이온 농도 등을 조절하고, 배설작용을 한다.

25 다음 중 완전변태를 하는 것은?

① 노린재목 ② 메뚜기목
③ 파리목 ④ 총채벌레목

해설
완전변태
- 딱정벌레목, 부채벌레목, 풀잠자리목, 밑들이목, 벼룩목, 파리목, 날도래목, 나비목, 벌목
- 번데기 과정이 있다.
- 번데기 때 날개가 나타난다.
- 날개를 접어 붙일 수 있다.

26 곤충의 방어물질에 대한 설명으로 틀린 것은?

① 곤충의 방어물질을 총칭 카이로몬이라고 한다.
② 사회성 곤충에서는 독샘에서 분비하는 방어물질들이 대부분 효소들이다.
③ 곤충의 방어샘에서 동정된 화합물로는 알칼로이드, 테르페노이드, 퀴논, 페놀 등이 있다.
④ 비사회성 곤충에서는 방어물질 중 개미들의 경보 페로몬과 같거나 비슷한 구조의 화합물도 있다.

해설
카이로몬 : 피식자의 방어를 유도할 수 있는 화학 물질

27 풀잠자리목의 특징에 대한 설명으로 가장 거리가 먼 것은?

① 완전변태를 한다.
② 더듬이는 짧고 홑눈이 3개이다.
③ 생물적 방제에 이용된다.
④ 유충과 성충은 대부분 포식성이다.

해설
풀잠자리목
- 입의 형태는 저작구이며, 다른 곤충의 피를 빨아먹는 데 적응되어 있다.
- 풀잠자리목은 홑눈이 보통 없지만, 풀잠자리는 홑눈이 3개이다.
- 유충은 육식성이다.
- 물속에 사는 종류는 배에 기관새가 있다.
- 최근에는 천적을 이용한 해충 방제에 이용된다.

28 다음 중 반전현상(Resurgence)에 대한 설명으로 옳은 것은?

① 한 약제에 대하여 저항성을 나타내는 계통이 다른 약제에는 도리어 감수성인 현상
② 약제처리 후 해충밀도의 회복 속도가 매우 느린 현상
③ 해충이 3종 이상의 약제에 대하여 저항성을 나타내는 현상
④ 약제처리 후 해충밀도의 회복 속도가 급격하게 빨라지는 현상

해설
반전현상: 약제처리 후 해충밀도의 회복속도가 급격히 빨라지는 현상

29 다음 중 유시류에 속하는 것은?

① 톡토기   ② 낫발이
③ 좀붙이   ④ 하루살이

해설
- 무시아강 : 날개가 전혀 없고 변태하지 않는다.
  예 톡토기목, 낫발이목, 좀붙이목, 좀목, 돌좀목
- 유시아강 : 날개를 가지고 있지만 2차적으로 퇴화되어 없는 것도 있고, 불완전변태하는 외시류와 완전변태하는 내시류로 분류된다.

30 다음 중 거미강의 특징에 대한 설명으로 옳은 것은?

① 변태를 한다.
② 겹눈과 홑눈으로 되어 있다.
③ 몸의 구분은 머리·가슴과 배의 2부분으로 되어 있다.
④ 더듬이를 가지고 있어 이동이 빠르다.

해설
거미강 : 몸은 머리·가슴과 배, 두 부분으로 나뉘며 날개나 촉각, 겹눈이 없고 네 쌍의 다리를 가지고 있다.

31 곤충의 종간 상호작용에 포함되지 않는 것은?

① 경 쟁
② 밀 도
③ 공 생
④ 포식자 – 먹이상호작용

해설
곤충 종간 상호작용 : 경쟁, 분서(생활 조건이 비슷한 개체군이 모여 사는 것), 포식과 피식

정답 27 ② 28 ④ 29 ④ 30 ③ 31 ②

32 다음 중 소나무재선충을 옮기는 매개충으로 가장 옳은 것은?

① 땅강아지
② 알락하늘소
③ 솔수염하늘소
④ 털두꺼비하늘소

해설
솔수염하늘소 : 한 마리에 최대 15,000여 개의 재선충이 기생하기도 한다.
- 우화 최성기는 6월이며 유충은 4월경에 수피와 가까운 곳에 용실을 만들고 번데기가 된다.
- 성충은 5월 하순~7월 하순에 약 6mm가량 되는 원형의 구멍을 만들고 밖으로 나와 어린가지의 수피(樹皮)를 갉아 먹는다.

33 다음 중 농약의 부작용에 대한 설명으로 가장 거리가 먼 것은?

① 동물상의 복잡화
② 약제저항성 해충의 출현
③ 잠재적 곤충의 해충화
④ 자연계의 평형 파괴

해설
농약 사용으로 인해 농경지는 동물상이 단순화된다.

34 곤충의 표피층에 대한 설명으로 틀린 것은?

① 표피세포는 표피를 이루는 단백질, 지질, Chitin 화합물 등을 합성·분비한다.
② 외원표피층은 탈피과정에서 모두 소화, 흡수되어 재활용된다.
③ 외표피층은 수분의 증산을 억제해 주는 기능을 한다.
④ 기저막은 일정한 모양이 없는 비세포성 연결조직이다.

해설
탈피중 소화 흡수되는 표피층은 내원표피

35 곤충 더듬이의 마디 중 수컷이 암컷의 날개 소리를 잘 듣도록 발달된 존스턴기관이 있고, 비행 중 바람의 속도를 측정하는 감각기들이 집중되어 있는 마디는?

① 채찍마디
② 자루마디
③ 기본마디
④ 팔굽마디

해설
팔굽마디(흔들마디) : 존스턴기관이 존재. 소리, 비행 중 바람의 속도 측정
① 채찍마디 : 냄새를 맡는 감각기가 집중

36 곤충이 불리한 환경조건에서 대사와 발육이 정지되었다가 환경조건이 좋아지면 정상상태로 회복되는 반응은?

① 사 면
② 휴 지
③ 분 산
④ 적 응

해설
휴지 : 활동정지로 환경이 좋아지면 즉시 종료

37 이세리아깍지벌레의 방제를 위해 이용하는 곤충으로 가장 적합한 것은?

① 노랑좀벌
② 왕노린재
③ 베달리아무당벌레
④ 꽃등에

해설
천적을 이용한 곤충방제
- 이세리아깍지벌레 : 베달리아무당벌레
- 루비깍지벌레 : 루비깍지좀벌
- 사과면충 : 사과면충좀벌

38 다음 중 고자리파리에 대한 설명으로 틀린 것은?

① 유충이 땅속에 살면서 뿌리를 가해한다.
② 마늘에 피해를 주는 해충이다.
③ 1년에 1회 발생한다.
④ 미숙퇴비를 사용하면 많이 발생한다.

해설
고자리파리는 연 3회 발생(4월 중순, 6월 중순, 9월 하순~10월 상순)하고, 중지방은 이보다 1주일 정도 늦어진다.

39 1세대를 경과하는 데 가장 긴 시간을 필요로 하는 것은?

① 알락하늘소 ② 장수풍뎅이
③ 말매미   ④ 소나무좀

해설
말매미 : 1세대 경과가 약 5~6년

40 다음 설명에 해당하는 살충제는?

- 접촉독, 식독작용 및 흡입독작용을 가진다.
- 살충력이 극히 강하고 작용범위도 넓으나 포유류에 대한 독성이 매우 강하여 현재 국내에서는 사용이 금지된 농약이다.
- 일부 외국에서는 사용되고 있어 식품 중 잔류허용기준이 고시된 농약이다.

① 니코틴   ② 피레스린
③ 파라티온 ④ 지베렐린

해설
파라티온 : 유기인계 살충제, 접촉독, 소화중독 등 인축(포유동물)에 대한 독성이 매우 강하다.

제3과목 재배학원론

41 다음 중 벼의 관수해(冠水害)가 가장 심하게 나타나는 수질은?

① 흐르는 맑은 물
② 흐르는 흙탕물
③ 정체한 맑은 물
④ 정체한 흙탕물

해설
벼가 물에 잠겼을 때 물에 녹아 있는 산소량이 적은 경우 피해가 커진다. 고온의 정체된 흙탕물에서 피해가 가장 크다.

42 다음 중 요수량(要水量)이 가장 적은 작물은?

① 오 이   ② 호 박
③ 클로버 ④ 옥수수

해설
요수량이 적은 작물 : 수수, 기장, 옥수수

43 벼에서 염해가 우려되는 최소 농도는?

① 0.1% NaCl
② 0.4% NaCl
③ 0.7% NaCl
④ 0.9% NaCl

해설
이앙 후 활착기간은 벼의 전 생육기간 중 염해를 가장 받기 쉬운 시기로 발아에서부터 이앙할 때까지는 염분농도 0.09% 이하가 되도록 관리해야 염해 피해가 적다.

정답 38 ③ 39 ③ 40 ③ 41 ④ 42 ④ 43 ①

44 다음 중 장과류에 해당하는 것으로만 나열된 것은?

① 배, 사과
② 복숭아, 앵두
③ 딸기, 무화과
④ 감, 귤

해설
- 인과류 : 배, 사과, 비파
- 준인과류 : 감, 귤
- 핵과류 : 복숭아, 자두, 살구, 앵두
- 장과류 : 포도, 딸기, 무화과
- 곡과류 : 밤, 호두

45 우량품종 종자갱신의 채종체계는?

① 원종포 → 원원종포 → 채종포 → 기본식물포
② 기본식물포 → 원원종포 → 원종포 → 채종포
③ 채종포 → 원원종포 → 원종포 → 기본식물포
④ 기본식물포 → 원종포 → 원원종포 → 채종포

해설
기본식물포 → 원원종포 → 원종포 → 채종포

46 종자의 수명이 5년 이상인 장명종자로만 나열된 것은?

① 가지, 수박
② 메밀, 고추
③ 해바라기, 옥수수
④ 상추, 목화

해설
장명종자 : 콩, 비트, 토마토, 가지, 수박, 클로버, 사탕무, 나팔꽃

47 C_3 식물과 C_4 식물의 광합성 특성에 대한 설명으로 틀린 것은?

① C_4 식물은 유관속초세포가 잘 발달하였다.
② C_4 식물은 크란츠(Kranz)구조가 잘 발달하였다.
③ C_3 식물은 유관속초세포가 발달하지 않거나 있어도 엽록체가 적고, C_4 식물은 유관속초세포에 다수의 엽록체가 있다.
④ C_3 식물은 엽육세포에서 합성한 유기산이 유관속초세포로 이동하여 그곳에서 분해되고 재고정되어 자당이나 전분으로 합성된다.

해설
C_3 식물은 유관속초세포가 발달하지 않거나 있어도 엽록체가 적고, C_4 식물은 유관속초세포에 다수의 엽록체가 있다. C_3 식물은 광에 의하여 직접 호흡이 촉진되는 광호흡이 현저하나 C_4 식물은 변화가 미미하다.

48 다음 중 최적용기량이 가장 낮은 작물은?

① 강낭콩
② 보리
③ 양파
④ 양배추

해설
토양용기량이 증대하면 작물생육이 조장되나 어느 한계를 지나면 해가 된다.
- 최적용기량은 10~25%이다.
- 작물의 적정 최적용기량 : 벼, 양파(10) → 귀리, 수수(15) → 보리, 밀, 오이(20) → 양배추, 강낭콩(24%)

정답 44 ③ 45 ② 46 ① 47 ④ 48 ③

49 산성토양에 가장 약한 작물로만 나열된 것은?

① 시금치, 양파
② 땅콩, 기장
③ 감자, 유채
④ 토란, 양배추

해설
산성토양에 대한 작물 적응성
- 극히 강한 것 : 벼, 밭벼, 귀리, 기장, 호밀, 토란, 아마, 땅콩, 감자, 수박
- 강한 것 : 메밀, 당근, 옥수수, 목화, 오이, 포도, 완두, 호박, 딸기, 토마토, 밀, 조, 고구마, 담배
- 약간 강한 것 : 유채, 무
- 약한 것 : 보리, 클로버, 양배추, 근대, 가지, 삼, 겨자, 고추, 상추
- 가장 약한 것 : 시금치, 알팔파, 양파, 자운영(콩과), 팥, 보리

50 영양번식법 중 휘묻이에 해당하지 않는 것은?

① 선취법
② 파상취목법
③ 당목취법
④ 고취법

해설
- 휘묻이 : 가지를 휘어서 일부를 흙 속에 묻는 방법
  예 포도, 양앵두, 자두 등
- 고취법 : 가지나 줄기를 땅속에 묻을 수 없는 경우에 높은 곳에서 발근시키는 방법

51 재배의 기원지가 중앙아시아에 해당하는 것은?

① 대 추
② 양배추
③ 양 파
④ 고 추

해설
① 대추 : 인도와 중국남부, 인도에서 최초 재배
② 양배추 : 지중해 연안
④ 고추 : 중앙아메리카 - 멕시코에서 재배 시작

52 다음 중 알줄기에 해당하는 것은?

① 글라디올러스
② 생 강
③ 박 하
④ 호 프

해설
영양번식기관이 줄기인 작물
- 지상경 또는 지조 : 사탕수수, 포도나무, 사과나무, 귤나무, 모시풀
- 땅속줄기 : 생강, 연, 박하, 호프 등
- 덩이줄기 : 감자, 토란, 돼지감자 등
- 알줄기 : 글라디올러스 등
- 비늘줄기 : 백합, 마늘 등
- 흡지 : 박하, 모시풀 등

53 국화의 주년재배와 가장 관계가 있는 것은?

① 온도처리
② 광처리
③ 수분처리
④ 영양처리

해설
국화는 단일조건에서 꽃이 피는 작물 일장처리로 꽃이 피는 시기를 조절할 수 있다.

54 다음 중 장일식물의 화성을 촉진하는 효과가 가장 큰 물질은?

① AMO-1618
② MH
③ CCC
④ Gibberellin

해설
지베렐린(Gibberellin)은 저온, 장일 조건에서 꽃이 피는 작물에서는 화성촉진 효과가 크지만 단일 조건이 필요한 작물에는 영향이 없거나 억제된다.

55 ( )에 알맞은 내용은?

( )는 체내 이동성이 낮으며, 결핍 시 셀러리의 줄기쪼김병, 담배의 끝마름병의 증상이 나타난다.

① 붕소   ② 구리
③ 염소   ④ 규소

해설
붕소(B)
- 촉매 또는 반응조절물질로 작용, 석회결핍의 영향을 경감시킴
- 체내 이동성이 낮으며 생장점 부근에 함유량이 많아 결핍 증세는 생장점이나 저장기관에 나타나기 쉬움
- 부족 시 : 분열조직에 괴사, 사탕무의 속썩음병, 셀러리의 줄기쪼김병, 사과의 축과병, 담배의 끝마름병, 알팔파의 황색병, 꽃양배추의 갈색병, 수정결실이 나빠짐, 콩과의 근류 형성과 질소고정저해 현상
- 과잉 시 : 석회의 과잉, 토양의 산성화는 붕소결핍 초래

56 다음 중 작물의 주요온도에서 최적온도가 가장 낮은 것은?

① 삼   ② 멜론
③ 오이   ④ 담배

해설
최적온도가 높은 작물 : 멜론(35℃), 삼(35℃), 오이(33~34℃), 옥수수(30~32℃) 등

57 [(A × B) × B] × B로 나타내는 육종법은?

① 다계교잡법
② 여교잡법
③ 파생계통육종법
④ 집단육종법

해설
여교잡법 : A계통에 있는 원하는 형질을 B계통에 넣고자 할 때 A를 1회친, B를 반복친

58 다음 중 적산온도가 가장 낮은 것은?

① 벼   ② 메밀
③ 담배   ④ 조

해설
적산온도는 작물이 일생을 마치는 데에 소요되는 총온량으로, 생육기간이 짧은 메밀이 적산온도가 가장 낮고 벼나 담배의 경우는 높다.

정답 54 ④ 55 ① 56 ④ 57 ② 58 ②

59 다음 중 굴광현상에서 가장 유효한 파장은?

① 120~250nm
② 440~480nm
③ 600~680nm
④ 700~750nm

해설
굴광현상
- 식물이 광조사의 방향에 반응하여 굴곡반응을 나타내는 것을 말한다.
- 굴광현상에 유효한 파장 : 청색광 440~480nm
- 옥신의 농도차에 의해 나타난다.
- 줄기는 항광성, 뿌리는 배광성을 나타낸다.

60 답전윤환의 주요 효과로 틀린 것은?

① 지력증강
② 기지의 회피
③ 병충해 증가
④ 잡초의 감소

해설
답전윤환
- 답전윤환의 뜻과 방법
  - 논을 몇 해 동안씩 담수한 논상태와 배수한 밭상태로 돌려가면서 이용하는 것
  - 답전 윤환의 최소연수는 농기간과 밭기간을 각각 2~3년으로 하는 것
- 답전윤환의 효과
  - 지력증강
  - 기지의 회피
  - 잡초의 감소
  - 벼의 수량증가
  - 노력절감

제4과목 농약학

61 농약의 입제(粒劑)에 대한 설명으로 틀린 것은?

① 표류, 비산에 의한 오염의 우려가 없다.
② 제조과정이 다른 제형보다 간단하고 값이 저렴하다.
③ 입자가 크므로 농약을 살포하는 농민에 대하여 안전성이 높다.
④ 다른 제형에 비하여 많은 양의 주성분을 투여해야 목적하는 방제효과를 얻을 수 있다.

해설
입제 : 침투이행성이 있는 농약을 증량제에 흡착 또는 피복시켜 만든 제품으로 가격이 비싼 단점이 있다.

62 석회유황합제 제조 시 생석회와 황의 중량비로 옳은 것은?

① 생석회(2) : 황(1)
② 생석회(1) : 황(2)
③ 생석회(3) : 황(1)
④ 생석회(1) : 황(1)

해설
생석회와 유황을 1 : 2 중량비로 배합

63 농약의 약효를 높이기 위한 방법으로 가장 거리가 먼 것은?

① 알맞은 농약의 선택
② 방제 적기에 농약살포
③ 적정농도 및 정량살포
④ 한 가지 농약의 집중사용

해설
한 가지 농약을 집중사용할 경우 약제의 저항성이 생겨 방제효과가 떨어진다.

64 12% 다이아지논 원제 1kg을 2% 다이아지논 분제로 만들려면 소요되는 보조제의 양(kg)은?

① 5　　② 10
③ 15　　④ 20

해설
희석에 소요되는 증량제의 양(kg)
= 원분제의 무게(g) × (원분제의 농도 / 희석할 농도 − 1)
= 1kg × (12% / 2% − 1) = 5kg

65 모든 제형의 농약의 약효보증기간을 설정하기 위한 시험방법에 해당하는 것은?

① 확산성 시험
② 가열안정성 시험
③ 저온안정성 시험
④ 내열내한성 시험

해설
농약의 약효보증기간을 설정하기 위해 가열안정성 시험을 54±2℃에서 2~10주간 진행한다.

66 잔디의 생장억제 기능을 하는 농약은?

① 4-CPA
② 1-naphthylacetamide
③ Trinexapac-ethyl
④ Maleic Hydrazide

해설
Trinexapac-ethyl은 지베렐린 합성을 저해한다.

67 식물의 병반이나 상처부위에 직접 발라서 병을 방제하는 방법은?

① 분의법　　② 관주법
③ 도포법　　④ 독이법

해설
도포법 : 나무의 수간이나 지하에서 월동하는 해충이 오르거나 내려가지 못하게 끈끈한 액체를 발라서 해충을 방제하는 방법

68 농약 흡입 및 노출 시 가장 적절하지 않은 조치는?

① 약물을 경구적으로 흡입 시 위내의 약물을 토하게 한다.
② 위내의 약물을 토하게 하는 데는 일반적으로 따뜻한 소금물을 마시게 한다.
③ 산성, 알칼리성이 강한 점막부식성인 것을 마셨을 때는 식염수나 황산동을 사용한다.
④ 경피적으로 중독된 경우에는 옷을 벗기고 비눗물로 깨끗이 씻는다.

해설
식염수나 황산동을 사용해 구토하게 되는 과정에서 식도 등의 손상이 크게 나타날 수 있다.

정답 63 ④　64 ①　65 ②　66 ③　67 ③　68 ③

69 유제가 갖추어야 할 구비조건으로 가장 거리가 먼 것은?

① 물로 희석하였을 때 유효성분이 석출되지 않고 유탁액을 만드는 유화성
② 유효성분이 보존 또는 사용 중 분해되거나 변화하지 않는 안전성
③ 살포 후 작물이나 해충의 표면에 고르게 퍼지고 부착하는 확전성
④ 가수분해의 우려가 없고 물에 잘 녹는 수용성

70 30% 메프(MEP)유제(비중 1.0) 100mL로 0.05%의 살포액을 만들려고 한다. 이때 소요되는 물의 양(mL)은?

① 59,900 ② 69,900
③ 79,900 ④ 89,900

해설
100mL × (30% / 0.05% − 1) = 59,900mL

71 다음 천연 제충국 성분 중 살충력이 가장 강한 것은?

① Cinerin Ⅰ ② Pyrethrin Ⅰ
③ Pyrethrin Ⅱ ④ Jasmolone Ⅱ

해설
국화과 식물인 제충국의 꽃을 말린 것으로 모기·파리·바퀴, 벼룩·빈대 등을 죽이는 천연 살충제(피레트린Ⅰ·Ⅱ, 시네린Ⅰ·Ⅱ) 등의 살충 성분)

72 다음 농약 중 살균제가 아닌 것은?

① Mancozeb ② Mepronil
③ Thiram ④ Parathion

해설
파라티온은 유기인계 살충제

73 만코제브 원제에 함유한 ETU(Ethylene Thiourea)는 발암성이 높은 화합물로 지정되어 규제하고 있다. 농약관리법령상 이 물질의 규제 기준은?

① 0.01% 이하 ② 0.05% 이하
③ 0.1% 이하 ④ 0.5% 이하

해설
만코제브 원제 : ETU가 0.5% 이하이어야 한다.

74 NOAEL(No Observed Adverse Effect Level)이란?

① 일일섭취허용량
② 식품 중 잔류농약의 허용기준
③ 농약이 잔류할 우려가 있는 식품 중의 농약 잔류평균
④ 일생동안 매일 섭취하여도 아무런 영향을 주지 않는 약량

해설
NOEL ; No Observed Effect Level(최대무작용량), NOAEL ; No Observed Adverse Effect Level(무독성량) 잔류농약 등 화학물질의 안전성을 평가하는 데 유해한 작용을 나타내지 않는 양적인 판단기준에 이용한다.

정답 69 ④ 70 ① 71 ② 72 ④ 73 ④ 74 ④

75 농약관리법령상 농약의 급성독성에 대한 내용으로 틀린 것은?

① 농약을 단 1회 투여하여 생물집단에 대한 독성을 평가하는 것이다.
② 독성정도는 생물집단의 반수가 치사되는 양으로 평가한다.
③ 농약이 살포된 농산물을 섭취하는 소비자에 대한 독성평가를 위한 것이다.
④ 급성독성 정도에 따른 구분은 Ⅰ~Ⅳ급까지이다.

해설
급성독성의 표시 : 실험독성의 반수를 죽일 수 있는 양인 반수치사약량(LD_{50})으로 표시하고, 숫자가 작을수록 독성이 강하다.

76 잔류농약의 피해대책을 위하여 농약의 잔류허용기준, 반감기 및 반치사농도(LC_{50}) 등에 따라 잔류성 농약을 구분하는데 이에 해당하지 않는 것은?

① 작물잔류성 농약
② 식품잔류성 농약
③ 토양잔류성 농약
④ 수질오염성 농약

해설
식품 중 농약잔류 허용기준으로 1일 섭취허용량 적용

77 유제 투입원료 중 계면활성 작용을 하는 화합물은?

① Xylene
② Epichlorohydrin
③ Polyoxyethylene
④ O,O-diethyl O-(p-nitrophenyl) phosphate

해설
Polyoxyethylene : 비이온성 계면활성제

78 농약관리법령상 농약에 해당하는 것으로 옳은 것은?

① 농작물을 해하는 균, 곤충, 응애 등의 방제에 사용하는 살균제, 살충제, 제초제 및 농작물의 생리기능을 증진 또는 억제하는 데 사용하는 약제
② 농작물의 생장을 저해하는 병충해의 방제에 사용하는 유제, 액체, 분제, 입제와 약효를 증진시키는 자재
③ 농작물의 생장을 저해하는 병충해의 방제에 사용하는 살충제, 살균제, 제초제, 살비제 및 생장촉진제
④ 농작물의 생장을 저해하는 병충해의 방제에 사용하는 살균제, 살충제, 제초제, 살비제, 보건용 약제와 약효를 증진시키는 자재

해설
정의(농약관리법 제2조 제1호)
농약이란 다음에 해당하는 것을 말한다.
• 농작물을 해치는 균, 곤충, 응애, 선충, 바이러스, 잡초, 그 밖에 농림축산식품부령으로 정하는 병해충을 방제하는 데에 사용하는 살균제·살충제·제초제
• 농작물의 생리기능(生理機能)을 증진하거나 억제하는 데에 사용하는 약제
• 기피제, 유인제, 전착제

정답 75 ③ 76 ② 77 ③ 78 ①

79 제초제의 살초기작이 아닌 것은?

① 신경전달 저해
② 광합성 저해
③ 에너지생성 저해
④ 세포분열 저해

해설
신경전달 저해작용은 살충제의 작용기작

80 곤충을 질식시켜 치사시키는 물리적 작용을 갖는 살충제는?

① 기계유 유제
② 피레스 유제
③ 에이카롤 유제
④ 밀베멕틴 유제

해설
기계유제는 곤충의 기문을 막아 호흡을 못하게 하고 활동성을 떨어뜨려 피해를 줄인다.

제5과목 잡초방제학

81 제초제가 식물체에 흡수 이행을 저해하는데 관여하는 요인으로 가장 거리가 먼 것은?

① 제초제의 농도
② 식물의 영양상태
③ 식물의 형태적 특성
④ 제초제의 처리 부위

해설
이행형 제초제는 물관부나 체관부를 통하여 작용부위로 이동해 제초작용을 한다. 식물의 양수분 흡수 정도, 형태적 특징, 처리 부위, 생육 정도 등에 영향을 받는다.

82 논에서 주로 종자로 번식하는 잡초는?

① 올미   ② 벗풀
③ 올방개   ④ 물달개비

해설
물달개비 : 1년생 논잡초, 종자로 번식

정답 79 ① 80 ① 81 ① 82 ④

83 잡초와 작물과의 경합조건에 대한 설명으로 옳지 않은 것은?

① 잡초와 작물 간에 경합이 약할 때 작물수량은 감소한다.
② 초종이 다른 식물 간에 일어나는 경합을 종간경합이라고 한다.
③ 같은 초종 중에서 개체 간에 일어나는 경합을 종내경합이라고 한다.
④ 식물경합은 둘 이상의 식물 간에 각각 어느 특정요인이나 물질이 필요량보다 부족할 때 일어난다.

해설
경합 : 작물과 잡초의 경쟁으로 경쟁이 강할 때 수량감소가 크다.

84 다음 잡초 중 한 개체당 종자수가 가장 많은 것으로만 나열된 것은?

① 바랭이, 별꽃
② 흰여뀌, 등에풀
③ 마디꽃, 뚝새풀
④ 망초, 물달개비

해설
- 망초 : 1주당 80만 개 내외
- 물달개비 : 종자수는 1,000~2,000개

85 광발아 잡초에 해당하지 않은 것은?

① 비름
② 광대나물
③ 소리쟁이
④ 왕바랭이

해설
- 광발아 종자 : 바랭이, 쇠비름, 개비름, 향부자, 강피, 참방동사니, 소리쟁이, 메귀리
- 암발아 종자 : 별꽃, 냉이, 광대나물, 독말풀

86 월년생 잡초로만 올바르게 나열한 것은?

① 피, 냉이, 뚝새풀
② 별꽃, 냉이, 벼룩나물
③ 냉이, 쇠비름, 벼룩나물
④ 쇠비름, 뚝새풀, 별꽃아재비

해설
월년생 : 1년 이상 생존하지만 2년 이상 생존하지 못하는 잡초
예 별꽃, 뚝새풀, 속속이풀, 냉이, 벼룩나물

87 잡초의 학명을 바르게 나타낸 것은?

① 올미 : *Scirpus juncoides*
② 벗풀 : *Eleocharis kuroguwai*
③ 너도방동사니 : *Cyperus serotinus*
④ 올챙이고랭이 : *Sagittaria pygmaea*

해설
③ *Cyperus serotinus* : 너도방동사니
① *Scirpus juncoides* : 올챙이고랭이
② *Eleocharis kuroguwai* : 올방개
④ *Sagittaria pygmaea* : 올미

정답 83 ① 84 ④ 85 ② 86 ② 87 ③

88 잡초의 생물학적 방제용으로 도입되는 곤충이 구비하여야 할 조건으로 가장 거리가 먼 것은?

① 영구적으로 소멸되지 않는 것
② 대상 잡초에만 피해를 주는 것
③ 대상 잡초의 발생지역에 잘 적응할 것
④ 인공적으로 배양 또는 증식이 용이한 것

해설
곤충을 이용한 잡초방제
- 생물학적 잡초방제에 이용되는 곤충은 기본적으로 식물을 먹는 식해성 곤충
- 잡초방제에 이용될 수 있는 곤충의 구비조건
  - 잡초의 생장을 철저히 억제시키거나 죽일 것
  - 목표로 하는 잡초 이외에는 피해가 없을 것
  - 목표로 된 숙주잡초에 옮겨 갈 수 있도록 충분히 이동성이 있을 것
  - 목표로 하는 잡초보다 더 빠르게 생식할 것
  - 잡초의 적응지역과 유사한 지역에 적응할 수 있을 것

89 잡초방제 한계기간이 가장 짧은 작물은?

① 벼   ② 콩
③ 녹두   ④ 보리

해설
잡초경합 한계기간 : 녹두(21~35일) < 벼(30~40일) < 콩, 땅콩(42일) < 옥수수(49일) < 양파(56일)

90 잡초의 이해관계에 대한 설명으로 가장 거리가 먼 것은?

① 잡초는 유용적인 가치도 가지고 있다.
② 잡초는 불필요하므로 박멸되어야 한다.
③ 이해관계는 시점에 따라 달라진다.
④ 잡초의 개념은 인간의 의도에 위배된다는 점에서 성립한다.

해설
잡초의 유용성
- 지면을 덮어서 토양침식을 막아준다.
- 토양에 유기물 제공 : 토양물리환경 개선
- 곤충의 먹이와 서식처를 제공한다.
- 야생동물, 조류 및 미생물이 먹이와 서식처로 이용된다.
- 같은 종속의 작물에 유전자은행으로 이용 : 병해충의 저항성 작물을 육성한다.
- 구황식물로 이용한다.
- 무공해 채소 : 달래, 냉이, 쑥, 취 등
- 공해제거 능력 : 물옥잠, 부레옥잠 등
- 약료, 염료, 향료, 향신료 등의 원료 : 반하, 쪽, 꼭두서니, 쑥 등
- 미적인 즐거움
- 조경식물 : 벌개미취, 미국쑥부쟁이, 술패랭이꽃 등
- 대부분이 가축의 사료로 이용

91 벼 잡초인 피 방제를 위한 프로파닐 제초제의 선택성에 대한 설명으로 옳은 것은?

① 휴면성의 차이에 기인한 것이다.
② 형태적인 차이에 기인한 것이다.
③ 생활상의 차이에 기인한 것이다.
④ 효소 활성의 차이에 기인한 것이다.

해설
- 생화학적 선택성 : 체내에 같은 양이 침투, 이행함에도 불구하고 감수성에 따라 다르게 반응하는 성질
- 프로파닐 : 벼와 피의 효소활성 차이에서 기인

92 가시나 갈고리 등을 이용하여 사람이나 동물에 부착해서 종자가 이동하는 잡초가 아닌 것은?

① 메귀리 ② 소리쟁이
③ 도꼬마리 ④ 도깨비바늘

해설
소리쟁이 종자는 바람이나 물을 따라 이동한다.

93 다음 중 발아를 위한 산소요구도가 가장 낮은 잡초는?

① 향부자 ② 별 꽃
③ 강 피 ④ 갈퀴덩굴

해설
보기 중 논 잡초인 강피는 상대적으로 산소 요구도가 낮다.
- 호기성 잡초 : 너도방동사니, 바랭이, 향부자
- 혐기성 잡초 : 돌피, 올챙이고랭이, 물달개비, 올미

94 주로 논에 발생하는 잡초로만 올바르게 나열한 것은?

① 피, 바랭이
② 명아주, 뚝새풀
③ 개비름, 물옥잠
④ 올미, 여뀌바늘

해설
논잡초
- 일년생 잡초 : 피, 마디꽃, 물달개비
- 다년생 잡초 : 가래, 너도방동사니, 올미
- 부유생 잡초 : 생이가래, 개구리밥, 좀개구리밥
- 조류 : 이끼, 괴불, 갈조, 남조

95 벼와 피의 주된 형태적 차이점은?

① 피에만 엽이가 있다.
② 벼에만 잎몸이 없다.
③ 벼에만 잎혀가 있다.
④ 벼와 피에는 잎집이 없다.

해설
피에는 잎혀, 잎귀가 없다.

96 이행형 제초제가 아닌 것은?

① 2,4-D
② Diquat
③ Simazine
④ Glyphosate

해설
Diquat : 비피리딜리움계 제초제 - 광합성 저해, 세포막 파괴 → 경엽처리제

정답 92 ② 93 ③ 94 ④ 95 ③ 96 ②

97 잡초군락의 천이에서 가장 크게 영향을 받는 것은?

① 물관리
② 우점잡초
③ 경운 깊이
④ 제초제 사용

해설
잡초군락의 천이에 관여하는 요인
- 재배작물 및 작부체계의 변화 : 벼, 보리, 채소 등의 재배작물과 단작, 이모작 등 작부체계의 변화
- 경종조건의 변화 : 본답시기, 물 관리, 경운, 시비, 수확방법 및 시기, 물관리는 잡초종자의 오염기회를 증대
- 제초방법의 변화 : 손제초 및 기계적 잡초방제의 감소, 선택성 제초제의 사용증가, 제초방법 개선

98 밭에서 주로 발생하는 잡초로만 올바르게 나열된 것은?

① 여뀌, 매자기
② 쇠비름, 바랭이
③ 올방개, 물달개비
④ 드렁새, 사마귀풀

해설
밭잡초
- 하작잡초(여름잡초)
  - 일년생 잡초 : 바랭이, 소비름, 명아주
  - 다년생 잡초 : 메꽃, 엉겅퀴
- 동작잡초(겨울잡초)
  - 일년생 잡초 : 뚝새풀, 냉이
  - 다년생 잡초 : 쑥, 할미꽃

99 식물의 여러 기관에서 특정물질이 분비되거나 또는 유출되어 주변식물의 발아나 생육을 억제하는 작용은?

① 역치작용
② 상승작용
③ 상호대립억제작용
④ 상대지속억제작용

해설
상호대립억제작용
- 식물체 내에서 생성된 물질이 다른 식물의 발아와 생육에 영향을 미치는 생화학적인 상호반응
- 잡초와 작물 간의 생화학적 상호작용은 촉진적인 경우보다 억제적인 경우가 많다.

100 형태적 특성에 따른 잡초 분류로 옳지 않은 것은?

① 소엽류 잡초
② 광엽류 잡초
③ 화본과류 잡초
④ 방동사니과류 잡초

해설
형태적 특성에 따른 분류
- 화본과 잡초 : 피, 바랭이, 뚝새풀, 강아지풀 등
- 방동사니과 잡초 : 너도방동사니, 참방동사니, 향부자, 올방개, 매자기, 올챙이고랭이 등
- 광엽류 잡초 : 물달개비, 비름, 가래 등

97 ④ 98 ② 99 ③ 100 ①

2021년 제1회 과년도 기출문제

식물보호기사

제1과목 식물병리학

01 과수의 자주날개무늬병균은 분류학적으로 어느 균류에 속하는가?

① 난 균
② 담자균
③ 자낭균
④ 접합균

해설
담자균류
- 균사에 격막이 있음
- 유성포자는 담자기 위에 형성되는 담자포자
- 주요 병해 : 붉은별무늬병, 녹병, 흰비단병, 자주날개무늬병, 고약병, 모잘록병

02 호박의 흰가루병을 방제하기 위해서는 어느 부위에 약제를 처리하는 것이 가장 효과적인가?

① 뿌 리
② 잎과 줄기
③ 토 양
④ 종 자

해설
박과류 흰가루병은 잎과 줄기에 발생한다.

03 종묘 소독에 대한 설명으로 옳은 것은?

① 농약만을 사용하는 방법이다.
② 종자의 발아율을 좋게 하는 방법이다.
③ 종자의 이물질이 없도록 정선하는 방법이다.
④ 종자와 종묘 외에도 덩이뿌리 등 영양번식체를 소독하는 방법이다.

해설
종묘 소독 : 종자의 종묘 외에도 덩이뿌리 등 영양번식체를 소독하는 방법

04 병원균의 분생포자각과 자낭각이 보이는 식물병은?

① 오이 잘록병
② 옥수수 오갈병
③ 벼 이삭누룩병
④ 밤나무 줄기마름병

해설
밤나무 줄기마름병
- 병원균 : 진균(자낭균류)
- 기주 : 밤나무, 참나무, 단풍나무
- 월동형태 및 장소 : 균사, 포자의 형태로 병환부에서 월동
- 특징 : 저병원성 균주, 생물적 방제

정답 1 ② 2 ② 3 ④ 4 ④

05 식물 바이러스 입자를 구성하는 주요 고분자는?

① 피막과 핵
② 세포벽과 세포질
③ 골지체와 RNA
④ 핵산과 단백질 껍질

해설
바이러스는 핵산과 단백질로 이루어진 병원체이다.

06 시설재배에서 발생하는 토양 병해의 방제방법으로 가장 거리가 먼 것은?

① 습도 조절   ② 태양열 소독
③ 훈증제 사용 ④ 경엽처리제 사용

해설
시설재배의 경우 피복(비닐, 유리 등)의 자재로 외부와 차단된 공간에서 작물을 재배하여 병해충의 발생이 노지보다 줄어들지만 잦은 약제의 사용 시 잔류문제로 정식 전 담수, 태양열 소독, 훈증제 처리 등의 방법과 재배 중 습도조절 등의 방법으로 병을 예방

07 사과나무 뿌리혹병의 주요 발생 원인은?

① 세균 감염   ② 사상균 감염
③ 토양 선충   ④ 생리적 장애

해설
과수 뿌리혹병은 근두암종 세균(예 *Agrobacterium tumefaciens*)에 의한 병이다.

08 균류에 의해 발생하는 수목병이 아닌 것은?

① 은행나무 잎마름병
② 벚나무 빗자루병
③ 뽕나무 오갈병
④ 낙엽송 잎떨림병

해설
뽕나무 오갈병 등은 마름무늬매미충에 의해 전염되는 파이토플라스마에 의한 병

09 뽕나무 오갈병의 병원체로 옳은 것은?

① 곰팡이
② 바이러스
③ 바이로이드
④ 파이토플라스마

해설
파이토플라스마
- 크기가 0.1~1μm인 단위막에 의해 형성된 세균에 가까운 병원체
- 세포벽이 없고 일종의 원형질막으로 둘러싸여 있다.
- 인공배지에서의 병원균의 배양 어렵다.
- 약제 : 테트라사이클린 등 항생제에 의한 약간의 억제효과, 완전방제 어렵다.
- 대추나무 빗자루병, 오동나무 빗자루병, 뽕나무 오갈병의 병원체이다.

정답 5 ④ 6 ④ 7 ① 8 ③ 9 ④

10 *Aspergillus flavus*가 생산하는 균독소는?

① Aflatoxin   ② Citrinin
③ Fumonisin   ④ Zearalenone

해설
Aspergillus flavus : 저장곡물에 Aflatoxin이라는 곰팡이 독소를 생산하는 균

11 일반적으로 세균의 플라스미드에 의해 지배되는 형질로 가장 거리가 먼 것은?

① Bacteriocin 생성
② 편모의 구조 결정
③ 항생제에 대한 내성
④ 기주에 대한 병원성

해설
플라스미드 : 세균이나 원형생물이 가지고 있는 염색체 이외의 DNA로 항생제 내성, Baceriocin, 기주에 대한 병원성 등에 대한 단백질 형성

12 박테리오파지의 기주특이성을 이용하여 진단할 수 있는 병으로 가장 적절한 것은?

① 밀 속깜부기병
② 벼 줄무늬잎마름병
③ 보리 겉깜부기병
④ 벼 흰잎마름병

해설
박테리오파지의 기주특이성을 이용하는 진단방법에는 세균을 숙주로 하는 바이러스를 이용하며, 벼 흰잎마름병은 그람음성세균에 의한 병(Xanthomonas)으로, 한천배지에서 황색 원형 콜로니를 형성한다.

13 사과나무 붉은별무늬병균이 해당하는 분류군은?

① 난 균
② 담자균
③ 자낭균
④ 불완전균

해설
사과나무 붉은별무늬병
- 병원균 : 진균(담자균류)
- 기주 : 사과나무, 배나무, 모과나무
- 월동형태 및 장소 : 겨울포자퇴로 향나무에서 월동, 잎 앞면(녹병자기), 뒷면(녹포자기)
- 특징 : 이종기생, 향나무와 기주교대, 순활물기생

14 인공 배지에서 배양이 가능한 식물 병원체는?

① 선 충
② 바이러스
③ 세 균
④ 파이토플라스마

해설
인공배지 배양 가능한 병원체 : 세균(균사형성 안 함), 진균(균사 형성)

정답 10 ① 11 ② 12 ④ 13 ② 14 ③

15 식물병원체가 생산하는 기주 특이적 독소는?

① Victorin
② Tentexin
③ Ophiobolins
④ Fumaric acid

해설
기주특이적 독소 : 기주식물에만 독성을 일으키며 병원성이 있는 균주만이 분비
- 귀리마름병균의 독소 Victorin
- 배나무 검음무늬병균의 AK 독소 중 Altenine
- 옥수수 깨씨무늬병균의 HMT 독소
- 옥수수 그을음무늬병균의 HC독소
- 수수 Milo 병균의 PC 독소
- 사과나무 점무늬낙엽병균의 AM 독소
- 토마토 줄기마름병균의 AL 독소

16 국내에 발생하는 채소류의 균핵병에 대한 설명으로 옳지 않은 것은?

① 잎, 줄기, 열매 등에 발생한다.
② 자낭포자나 균핵에서 발아한 균사로 침입한다.
③ 발병 후기에는 발병 조직에 백색 균사가 나타난다.
④ 균핵이 땅 속에 묻혀 있다가 25℃ 이상의 고온이 되면 발아한다.

해설
균핵병은 습도가 높고, 기온이 15~25℃의 서늘한 상태에서 병의 발생이 심하다.

17 식물병으로 인한 피해에 대한 설명으로 옳지 않은 것은?

① 20세기 스리랑카는 바나나 시들음병으로 인하여 관련 산업이 황폐화되었다.
② 19세기 아일랜드 지방에 감자 역병이 크게 발생하여 100만명 이상이 굶어 죽었다.
③ 20세기 미국 동부지방 주요 수종인 밤나무는 밤나무 줄기마름병으로 큰 피해를 입었다.
④ 20세기 미국 전역에서 옥수수 깨씨무늬병이 크게 발생하여 관련 제품 생산에 큰 차질을 가져왔다.

해설
커피 녹병으로 커피 재배지가 스리랑카에서 남아메리카로 옮겨짐

18 다음 중 기생성 종자식물이 수목에 미치는 주요 피해로 가장 거리가 먼 것은?

① 국부적 이상 비대
② 기주로부터 양분과 수분 탈취
③ 저장물질의 변화 및 생장 둔화
④ 태양광선의 차단에 의한 생장 불량

해설
기생성 종자식물 : 겨우살이, 새삼, 열당, 쑥더부살이 등으로 잎이나 줄기가 작아 태양광을 가리는 정도는 많지 않다.

정답 15 ① 16 ④ 17 ① 18 ④

19 토마토 풋마름병에 대한 설명으로 옳은 것은?

① 토마토에만 감염된다.
② 담자균에 의한 병이다.
③ 병원균은 주로 병든 식물체에서 월동한다.
④ 병원균이 뿌리로 침입하면 뿌리가 흰색으로 변한다.

해설
가짓과 풋마름병
- 병원균 : 세균
- 기주 : 감자, 가지, 토마토, 고추
- 월동형태 및 장소 : 병든 식물의 잔재에서 월동, 뿌리감염, 경엽 전체 녹색, 시들음
- 특징 : 토양 전염, 고온다습, 산성토양 다발생

20 병원체가 주로 각피를 통해 직접 침입하지 않는 것은?

① 벼 도열병균
② 장미 흰가루병균
③ 사과나무 탄저병균
④ 밤나무 줄기마름병균

해설
밤나무 줄기마름병(胴枯病)
- 병원 : *Cryphonectria parasitica*, 진균(자낭균류)
- 기주 : 밤나무, 참나무, 단풍나무
- 방제법
  - 물빠짐이 좋지 않은 포장이나 약한 나무에 피해가 심해 건묘를 키움
  - 상처부위로 병원균이 침입하므로 병든 부분을 도려내어 도포제를 발라 줌
  - 적기에 시비하고 질소질 비료의 과용을 피함

제2과목 농림해충학

21 해충의 발생예찰 방법이 아닌 것은?

① 통계적 예찰법
② 피해사정 예찰법
③ 시뮬레이션 예찰법
④ 야외조사 및 관찰 예찰법

해설
해충의 발생예찰 방법 : 야외조사 및 관찰 예찰법, 통계적 예찰법, 시뮬레이션 예찰법

22 다음 중 곤충의 소화계에 대한 설명으로 옳은 것은?

① 소화흡수작용은 후장(後腸)에서만 일어난다.
② 전장(前腸)에는 많은 선세포(腺細胞)가 발달되어 있다.
③ 말피기관은 배설기관이다.
④ 중장(中腸)에서는 기계적 소화만 한다.

해설
말피기관 : 곤충체강 내에서 비틀림 운동을 하면서 pH나 무기이온농도 등을 조절하면서 배설작용을 한다.

23 윤작으로 방제 효과가 가장 미비한 해충은?

① 이동성이 적은 해충류
② 생활사가 짧은 해충류
③ 식성의 범위가 좁은 해충류
④ 토양곤충에 해당하는 해충류

해설
윤작은 서로 다른 작물을 돌려 심는 방법으로 생활사가 짧은 해충에 대해선 방제 효과가 적다.

24 곤충의 출생방식으로 알이 몸안에서 부화되어 애벌레 상태로 밖으로 나오는 것은?

① 난 생　　② 태 생
③ 배발생　　④ 난태생

해설
난태생 : 알이 몸안에서 부화되어 애벌레 상태로 밖으로 나온다.

25 부패물 또는 토양 속의 유기물에 자라는 미생물을 먹고 사는 곤충은?

① 진딧물　　② 메뚜기
③ 톡토기　　④ 깍지벌레

해설
톡토기
- 제1배마디 복측에 복관(Collophore)이 있다.
- 제4배마디 복측에는 도약할 때 사용되는 도약기(Furcula)가 있다.
- 복관은 점액질로 둘러싸여 있고, 수면 위에 부유할 때 몸을 지탱, 수분조절, 호흡 등의 역할을 한다.

26 식물의 선천적 내충성과 관계가 없는 것은?

① 내 성　　② 희귀성
③ 항생성　　④ 비선호성

해설
회귀성은 곤충이 일정 시기에 일정 지역(서식장소나 산란했던 곳)으로 돌아오는 특성으로 식물의 선천적 내충성과는 관계가 없다.

27 복숭아심식나방에 대한 설명으로 옳지 않은 것은?

① 유충이 과실 속에 있을 때에는 황백색이다.
② 월동 고치는 방추형이다.
③ 1년에 2회 발생하지만 일정하지는 않다.
④ 피해 과일에는 배설물이 배출되지 않는다.

해설
복숭아심식나방의 겨울고치는 편원형이고, 여름고치는 방추형이다.

28 누에의 휴면호르몬이 합성되는 곳은?

① 앞가슴샘
② 알라타체
③ 카디아카체
④ 신경분비세포

해설
누에의 신경분비세포에서 분비하는 호르몬은 휴면을 유도하는 작용을 한다.

정답　23 ②　24 ④　25 ③　26 ②　27 ②　28 ④

29 완전변태를 하지 않는 것은?

① 버들잎벌레
② 솔수염하늘소
③ 복숭아명나방
④ 진달래방패벌레

해설
진달래방패벌레 : 노린재(매미목)목으로 불완전변태

30 살충제의 효력을 충분히 발휘시킬 목적으로 사용하는 약제로 옳지 않은 것은?

① 주 제
② 용 제
③ 유화제
④ 전착제

해설
주제 : 살균제나 살충제의 주기능을 하는 약제

31 일반적으로 곤충의 가운데가슴마디에 있는 기문(Spiracle)수는?

① 1쌍
② 5쌍
③ 8쌍
④ 12쌍

해설
기문 : 가운데가슴과 뒷가슴에 1쌍씩 있는 경우가 많다.

32 오이잎벌레는 어느 목에 속하는가?

① 잠자리목
② 벌 목
③ 딱정벌레목
④ 노린재목

해설
오이잎벌레 딱정벌레목 잎벌레과

33 정주성 내부기생선충으로 2령 유충만이 식물을 침입할 수 있는 감염기의 선충이 되는 것은?

① 침선충
② 잎선충
③ 뿌리혹선충
④ 뿌리썩이선충

해설
뿌리혹선충
- 각종 채소류의 뿌리에 혹을 만들어서 수분과 양분의 흡수 능력을 저하시킨다.
- 사질토양에서 다발생, 알 또는 유충의 형태로 알주머니에서 월동한다.
- 1세대 경과 일수는 온도가 높을수록 단축된다.
- 1령 유충은 알 속에서 지내다가 2령 유충이 된 후에 토양으로 나와 뿌리 속으로 침입한다.

34 진딧물이 교미 없이 암컷 혼자 번식하는 것은?

① 단위생식
② 다배발생
③ 기주전환
④ 완전변채

해설
단위생식 : 암컷만으로 생식, 밤나무순혹벌, 민다듬이벌레, 진딧물류(여름)

정답 29 ④ 30 ① 31 ① 32 ③ 33 ③ 34 ①

35 고추의 열매를 뚫고 들어가 열매 속에서 식해하는 해충은?

① 거세미나방
② 검거세미밤나방
③ 끝검은밤나방
④ 담배나방

해설
담배나방
- 고추에 가장 큰 피해를 주는 해충이다.
- 부화유충이 어린 잎, 꽃봉오리, 어린 과실 등에 구멍을 내고 과실 속으로 파고 들어가 식해한다.
- 연 3회 발생, 6~8월경 피해가 심하며 번데기 형태로 땅속에서 월동한다.

36 유충에서 성충까지 입틀의 형태가 변하지 않는 것은?

① 꿀 벌
② 말매미
③ 학질모기
④ 배추흰나비

해설
말매미는 유충에서 성충까지 입틀의 형태가 변하지 않는다.

37 벼를 가해하여 오갈병을 매개하는 것은?

① 벼멸구
② 먹노린재
③ 흰등멸구
④ 끝동매미충

해설
끝동매미충, 번개 매미충 : 바이러스병인 오갈병의 매개

38 배나무이의 분류학적 위치는?

① 나비목
② 노린재목
③ 사마귀목
④ 딱정벌레목

해설
기존에 배나무이는 매미목으로 분류되었으나 최근 매미목이 노린재목의 매미아목으로 분류되면서 노린재목에 속한다.

39 조팝나무진딧물에 대한 설명으로 옳지 않은 것은?

① 조팝나무에서 성충으로 월동한다.
② 귤나무의 경우 새잎 뒷면에 기생한다.
③ 한국, 일본, 북아메리카 등에서 발생한다.
④ 주로 조팝나무, 사과나무, 귤나무에 서식한다.

해설
조팝나무진딧물은 알상태로 월동한다.

40 작물의 재배시기를 조절하여 해충의 피해를 줄이는 방법은?

① 화학적 방제법
② 경종적 방제법
③ 기계적 방제법
④ 물리적 방제법

해설
경종적 방제 : 병해충, 잡초의 생태적 특징을 이용하여 작물의 재배조건을 변경시키고 내충, 내병성 품종의 이용, 토양 관리의 개선 등에 의하여 병충해, 잡초의 발생을 억제하여 피해를 경감시키는 방법

정답 35 ④ 36 ② 37 ④ 38 ② 39 ① 40 ②

제3과목 재배학원론

41 종자의 파종량에 대한 설명으로 가장 옳은 것은?

① 감자는 산간지에서 파종량을 늘린다.
② 파종시기가 늦어질수록 파종량을 늘린다.
③ 맥류는 산파보다 조파 시 파종량을 늘린다.
④ 콩은 맥후작보다 단작에서 파종량을 늘린다.

해설
파종시기가 늦어질수록 발아율이 감소할 수 있어 파종량을 늘린다.

42 포도의 착색에 관여하는 안토시안의 생성을 가장 조장하는 것은?

① 적색광　　　② 황색광
③ 적외선　　　④ 자외선

해설
자외선은 식물의 안토시안 생성에 영향을 준다.

43 내건성이 강한 작물의 형태적 특성이 아닌 것은?

① 잎맥과 울타리조직이 발달한다.
② 체적에 대한 표면적의 비가 작다.
③ 지상부에 비해 근군의 발달이 좋다.
④ 기동세포가 발달하지 못하여 표면적이 축소되어 있다.

해설
작물의 내건성
- 형태적 특징
  - 표면적·체적의 비가 작고 왜소하며 잎이 작다.
  - 뿌리가 깊고, 지상부에 비하여 근군의 발달이 좋다.
  - 잎조직이 치밀하고, 잎맥과 울타리조직이 발달하며 표피에 각피가 잘 발달되어 있다.
  - 기공이 작고 수효가 많다.
  - 저수 능력이 크고, 다육화의 경향이 있다.
  - 기동 세포가 발달해 탈수되면 잎이 말려서 표면적이 축소된다.
- 세포적 특징
  - 세포가 작아서 수분이 적어져도 원형질의 변형이 적다.
  - 세포 중에 원형질이나 저장양분이 차지하는 비율이 높아서 수분 보유력이 강하다.
  - 원형질의 점성이 높고, 세포액의 삼투압이 높아서 수분 보유력이 강하다.
  - 탈수될 때에 원형질의 응집이 덜하다.
  - 원형질 막의 수분, 요소, 글리세린 등에 대한 투과성이 크다.

44 다음 중 요수량이 가장 큰 것은?

① 옥수수　　　② 수 수
③ 클로버　　　④ 기 장

해설
요수량 : 건물 1g을 생산하는 데 소비된 수분의 양
- 요수량이 큰 식물 : 두과작물(알팔파, 클로버), 명아주
- 요수량이 작은 작물 : 수수, 기장, 옥수수
※ 명아주 > 오이, 호박, 두류작물 > 감자, 목화, 맥류 > 수수, 기장, 옥수수

정답 41 ② 42 ④ 43 ④ 44 ③

45 재배에서 적합한 토성의 범위가 넓은 작물의 순서로 가장 바르게 나열된 것은?

① 담배 > 밀 > 콩
② 담배 > 콩 > 고구마
③ 수수 > 담배 > 팥
④ 콩 > 양파 > 담배

해설
콩과 양파는 토성 적응성이 높아 사질토~점질토까지 잘 자라고, 담배는 주로 양토에 적합하다.

46 다음 중 침종에 대한 설명으로 가장 옳은 것은?

① 침종기간은 연수보다 경수에서 길어지는 경향이 있다.
② 낮은 수온에 오래 침종하면 양분의 소모가 적어 발아에 좋다.
③ 완두는 산소가 부족해도 발아에 지장이 없다.
④ 벼는 종자 무게의 5%의 수분을 흡수하면 발아가 개시된다.

해설
경수는 Ca(칼슘, 석회)가 많이 녹아 있는 물로 비누가 잘 풀리지 않아 약제 처리 시간을 늘려야 한다.

47 다음 중 생육기간의 적산온도가 가장 높은 작물은?

① 담 배   ② 메 밀
③ 보 리   ④ 벼

해설
적산온도는 작물이 일생을 마치는 데에 소요되는 총온량으로, 생육기간이 짧은 메밀이 적산온도가 가장 낮고 벼나 담배의 경우는 높다.

48 줄기 선단에 있는 분열조직에서 합성되어 아래로 이동하여 측아의 발달을 억제하는 정아우세 현상과 관련된 식물생장조절물질은?

① 옥 신   ② 지베렐린
③ 시토키닌 ④ 에틸렌

해설
옥신의 생성과 작용
• 줄기, 뿌리의 선단에서 생성되어 체내의 아래쪽으로만 이동
• 세포의 신장촉진작용, 어느 한계 이상으로 농도가 높아지면 오히려 생장 억제
• 정아우세현상을 유지 → 측아발달억제

49 인산질 비료에 대한 설명으로 가장 옳지 않은 것은?

① 유기질 인산 비료에는 쌀겨, 보리겨 등이 있다.
② 무기질 인산 비료의 중요한 원료는 인광석이다.
③ 과인산석회는 인산의 대부분이 수용성이고 속효성이다.
④ 용성인비는 구용성 인산을 함유하여 작물에 속히 흡수된다.

해설
용성인비는 구용성으로 과인산석회보다 녹아나오는 양이 적어 흡수가 느리다.

50 다음에서 (가), (나)에 알맞은 내용은?

- 작물이 햇볕을 받으면 온도가 (가)하여 증산이 촉진된다.
- 광합성으로 동화물질이 축적되면 공변세포의 삼투압이 (나)져서 수분흡수가 활발해짐과 아울러 기공이 열려 증산이 촉진된다.

① 가 : 하강, 나 : 높아
② 가 : 상승, 나 : 높아
③ 가 : 하강, 나 : 낮아
④ 가 : 상승, 나 : 낮아

해설
광량이 증가하면 식물체의 엽온이 상승하고 공변세포 내의 농도가 높아져 삼투압이 높아진다.

51 다음 중 식물세포 원형질의 팽만 상태에 해당하는 것은?

① 수분퍼텐셜 = 0bar
② 수분퍼텐셜 = −10bar
③ 수분퍼텐셜 = −15bar
④ 수분퍼텐셜 = −30bar

해설
식물세포의 원형질에 수분이 완전히 채워지면 물을 잡아당기는 힘은 "0"이 된다.

52 다음 중 배유 종자로만 나열된 것은?

① 콩, 팥, 밤
② 밀, 보리, 콩
③ 벼, 옥수수, 보리
④ 팥, 옥수수, 콩

해설
배유종자 : 벼, 보리, 옥수수 등의 화본과 종자

53 묘상에서 육묘한 모를 이식하기 전에 경화시키면 나타나는 이점에 대한 설명으로 가장 옳지 않은 것은?

① 착근이 빠르다.
② 흡수력이 좋아진다.
③ 체내의 즙액 농도가 감소한다.
④ 저온 등 자연환경에 대한 저항성이 증대한다.

해설
경화처리는 햇볕을 잘받게 하고 물 공급을 줄여 식물을 단단하게 만드는 과정으로 증산량이 증가함에 따라 체내 즙액 농도가 높아진다.

54 다음 중 작물의 생산성을 극대화하기 위한 3요소로 가장 옳은 것은?

① 유전성, 환경조건, 생산자본
② 유전성, 환경조건, 재배기술
③ 유전성, 지대, 생산자본
④ 환경조건, 재배기술, 토지자본

해설
내병성이나 환경적응성이 좋은 유전성을 가지고, 재배할 곳의 환경조건에 맞고, 관리자의 재배기술이 좋아야 생산성을 높일 수 있다.

55 다음 중 수명이 가장 긴 장명종자는?

① 메밀
② 가지
③ 양파
④ 상추

해설
종자의 수명
- 단명종자(1~2년) : 메밀, 기장, 고추, 당근, 상추, 양파, 파
- 상명종자(3~5년) : 벼, 밀, 보리, 귀리, 완두, 목화, 멜론, 시금치, 무, 호박, 우엉
- 장명종자(5년 이상) : 비트, 토마토, 가지, 수박, 클로버, 사탕무, 나팔꽃

56 작물의 생육과정에서 화성을 유발케 하는 요인으로 가장 옳지 않은 것은?

① C/N율 ② N-Al율
③ 식물호르몬 ④ 일장효과

해설
화성유도 : 식물체가 꽃을 피기 위한 조건이 되게 관리하는 것으로 체내 탄소와 질소의 비율, 식물호르몬에 의한 방법, 단일과 장일, 저온처리 등에 영향을 받는다.

57 작물의 종류에 따른 시비법에 대한 설명으로 가장 옳지 않은 것은?

① 사탕무는 나트륨의 요구량이 많다.
② 귀리에서는 마그네슘의 효과가 크다.
③ 사탕무는 암모니아태질소의 효과가 크다.
④ 콩과 작물에서는 석회와 인산의 효과가 크다.

해설
밭토양에서는 토양내 산소가 물을 채워 재배하는 논토양보다 많아 질산태질소가 암모니아태질소보다 시비 효과가 높다.

58 다음 중 벼의 도열병 저항성과 가장 관련이 있는 것은?

① 출수생태 ② 조만성
③ 내비성 ④ 초 형

해설
벼 도열병의 경우 질소질비료를 많이 사용한 경우 웃자람에 의해 발생이 높아지는 경향이 있어 질소질 비료 사용에 비해 웃자람이 덜한 품종에서 병 발생이 적다.

59 벼 작물의 도복대책으로 가장 적절하지 않은 것은?

① 키가 작고 줄기가 튼튼한 품종을 선택한다.
② 마지막 논김을 맬 때 배토를 한다.
③ 재식밀도를 높이고, 질소비료를 중시한다.
④ 규산질비료를 시용한다.

해설
재식밀도를 높이면 빛을 받는 양이 줄고 질소질비료를 늘리면 웃자람에 의해 병 발생이 많아진다.

60 다음 중 작물의 내동성에 대한 설명으로 가장 옳지 않은 것은?

① 세포의 삼투압이 높아지면 내동성이 커진다.
② 원형질의 연도가 낮고 점도가 높은 것이 내동성이 크다.
③ 자유수의 함량이 적어지면 내동성이 커진다.
④ 지방함량이 높은 것이 내동성이 강하다.

해설
내동성 작물의 생리적 요인
• 원형질의 수분투과성이 큰 것은 세포내 결빙을 적게 한다.
• 원형질 단백질에 –SH기가 많은 것은–SS기가 많은 것보다 기계적 인력을 받을 때 미끄러지기 쉬워 원형질의 파괴가 적다.
• 원형질의 점도가 낮고 연도가 높은 것이 기계적 인력을 덜 받는다.
• 원형질의 친수성 콜로이드(교질함량)가 많으면 세포 내의 결합수가 많아진다.
• 지유함량이 높고 당분함량이 높은 것이다.
• 전분함량이 많으면 내동성은 저해된다.
• 세포 내 수분(자유수)함량이 많으면 내동성이 저하된다.
• 경화(Hardening) : 월동작물이 5℃ 이하의 기온에 계속 처하게 되면 내동성이 증대된다.

제4과목 | 농약학

61 농약 잔류허용기준의 설정 시 결정요소가 아닌 것은?

① 토양 중 잔류특성(Supervised Residue Trial in Soil)
② 안전계수(Safety Factor)
③ 1일 섭취허용량(ADI)
④ 최대무작용량(NOEL)

해설

농약의 최대잔류허용기준(MRL ; Maximum Residue Limits)
- 최대잔류허용기준(ppm) =
$$\frac{1일 섭취허용량(ADI) \times 국민평균체중(kg)}{해당 농약이 사용되는 식품의 1일 섭취량(식품계수, kg)}$$
- 1일 섭취허용량(ADI) = $\frac{최대무작용량(NOEL)}{안전계수(SF, 일반적으로 1/100)}$
- 안전사용기준
  - 수확한 농산물 중의 농약잔류량이 허용기준을 넘지 않도록 농약사용방법을 법으로 하는 기준(안전한 농산물을 생산하도록 농약사용법을 정함)
  - 설정기준 : 적용 대상 작물, 농약의 사용할 때, 살포농도 및 양, 살포횟수, 살포 후 수확 및 식용까지의 기간
  - 우리나라 농약 품목 개발 과정 : 농약관리위원회의 심의 의결을 거쳐 농촌진흥청장이 고시하는 품목의 농약을 제조·수입·판매함

62 농약의 작용기작에 의한 분류 중 Parathion이 속하는 분류는?

① 에너지대사 저해
② 호르몬 기능 교란
③ 생합성 저해
④ 신경기능 저해

해설

Parathion(파라티온) : 유기인계 살충제로 신경기능을 저해한다.

63 Parathion의 구조식으로 옳은 것은?

① $(CH_3O)_2P(=S)-O-C_6H_4(CH_3)-NO_2$

② $(CH_3O)_2P(=S)-O-C_6H_4-NO_2$

③ $(C_2H_5O)_2P(=S)-O-C_6H_4-NO_2$

④ $(CH_3O)_2P(=S)-O-C_6H_4(Cl)-NO_2$

해설

Parathion 구조식
$(C_2H_5O)_2P(=S)-O-C_6H_4-NO_2$

64 유제를 1,500배로 희석하여 액량 15L로 살포하려 할 때 필요한 원액 약량(mL)은?

① 1
② 10
③ 100
④ 1,000

해설
배액은 물과 약제의 부피비로 15L는 15,000mL이고, 이것을 1,500으로 나누면 원액은 10mL이다.

65 미탁제나 유탁제 등 신규제형이 각광받지 못한 이유로 가장 거리가 먼 것은?

① 고가로 인한 경제성 문제
② 환경문제에 대한 인식부족
③ 보수적 농민의 선호도 부족
④ 인축 독성이 강한 유기용매의 함유

해설
미탁제나 유탁제 등은 유제 제조 시 사용되는 유기용제 사용량을 줄이기 위해 개발되었으나 독성이 강한 유기용매가 이용되는 경우가 많다.

66 살선충제 농약은?

① Cadusafos
② Chlorpyrifos
③ Diazinon
④ Dichlorvos

해설
Cadusafos(카두사포스)는 작용기작 1a의 유기인계 살선충제로 선충 및 토양해충에 사용한다.

67 농약의 저항성 발달 정도를 표현하는 저항성 계수를 옳게 나타낸 것은?

① 저항성 LD_{50}/감수성 LD_{50}
② 감수성 LD_{50} × 저항성 LD_{50}
③ 감수성 LD_{50}/복합저항성 LD_{50}
④ 감수성 LD_{50} × 복합저항성 LD_{50}

해설
저항성 계수 = $\dfrac{\text{해충의 } LD_{50}\text{값}}{\text{감수성계통 성충에 대한 } LD_{50}\text{값}}$

68 다음 중 작물 잔류성이 가장 낮은 약제는?

① 침투성 약제
② 유용성(油溶性) 약제
③ 증발하기 쉬운 약제
④ 작물에 부착성이 큰 약제

해설
증발하기 쉬운 약제는 사용 후 짧은 기간에 약제가 사라져 잔류성이 낮다.

69 다음 중 희석하여 살포하는 제형이 아닌 것은

① 유제(乳劑)
② 분제(粉劑)
③ 수용제(水溶劑)
④ 수화제(水和劑)

해설
분제의 경우 증량제를 추가해 희석할 수 있으나 다른 보기의 약제들에 비해 희석하지 않고 사용하는 경우가 많다.

70 분제(입제 포함)의 물리적 성질로서 가장 거리가 먼 것은?

① 현수성(Suspensibility)
② 비산성(Floatability)
③ 부착성(Depositin)
④ 토분성(Dustibility)

해설
현수성: 수화제의 특성 중 약액 내에 골고루 퍼져 있게 하는 성질

71 Sulfonylyrea계 제초제가 아닌 것은?

① Bensulfuron
② Prometryn
③ Cinosulfuuron
④ Flazasulfuron

해설
Prometryn은 트라이아진계 제초제

72 50%의 Fenobucarb 유제(비중 : 1) 100 mL를 0.05%액으로 희석하는 데 소요되는 물의 양(L)은?

① 49.95
② 99.9
③ 499.5
④ 999.9

해설
원액의 용량 × $\left(\dfrac{\text{원액의 농도}}{\text{희석하려는 농도}} - 1\right)$ × 원액의 비중

= 100mL × (50/0.05−1) × 1 = 9,990mL
1L는 1,000mL이므로 99.9L

73 주성분의 조성에 따른 농약의 분류에서 카바메이트계 농약에 대한 설명으로 옳은 것은?

① Carbamic Acid과 Amine의 반응에 의하여 얻어지는 화합물이다.
② BHC와 같이 환상구조를 가지는 것과 Ethane의 유도체 구조를 가지는 화합물로 나누어진다.
③ 산소 및 황의 위치 및 수에 따라 품목이 분류된다.
④ 분자 구조 내에 질소를 3개 가지는 트라이아진 골격을 함유하는 화합물이다.

해설
카바메이트계 살충제

[Isolane]

• 일반적으로 살충작용이 선택적이고 체내에서 빨리 분해되어 인축에 대한 독성 낮다.
• 아세틸콜린에스테라제(AChE)의 작용을 저해하여 제초제와 살균제로도 개발되었다.
• 카바릴, 페노뷰카브, 아이소프로카브, 카보퓨란, 티오다이카브 등이 있다.

74 농약 원제를 물에 녹이고 동결방지제를 가하여 제제화한 제형은?

① 유제(乳劑)
② 수화제(水和制)
③ 액제(液劑)
④ 수용제(水溶制)

해설
액제 : 주제가 수용성인 것으로 가수분해의 우려가 없는 경우에 주제를 물에 녹여 동결방지제를 가하여 만든 것

75 식물생장조절제가 아닌 것은?

① 지베렐린계
② 에틸렌계
③ 시토키닌계
④ 실록산계

해설
실록산계는 주로 계면활성제로 사용한다.

76 농약사용 후에 나타나는 약해의 원인이라고 볼 수 없는 것은?

① 표류비산에 의한 약해
② 휘산에 의한 약해
③ 잔류농약에 의한 약해
④ 원제 부성분에 의한 약해

해설
약해의 원인

구 분	종 류
약제의 이화학적 성질 (농약 자체)	• 주제(농약원제)의 물리화학적 성질에 의한 것 • 보조제 및 용매에 의한 것 • 약제의 사용농도 및 사용량에 의한 것 • 2종 이상의 약제를 섞어 쓸 때 일어나는 것 • 약제 조제 시 사용하는 물에 의해 주제가 분해되어 일어나는 것
농작물의 감수성 (농작물 종류와 생육상태)	• 농작물의 특성, 특히 즙액의 수소이온농도(pH)에 의한 것 • 농작물의 종류, 품종, 생육, 노유(老幼) 등의 감수성 차이에 의한 것 • 발육시기 : 고온, 다습하여 발육이 왕성한 시기에는 약해를 받기 쉬움 • 약제 저항성 : 휴면기 > 영양생장기 > 생식생장기 > 유묘기 • 약제별로 약한 농작물 　- 구리제 : 복숭아, 살구, 자두, 배, 감 　- 비소제 : 복숭아, 자두, 두류, 살구, 감 　- 유기염소계(DDT, BHC) : 어린 오이류 　- 석회황합제 : 복숭아, 살구, 감자, 토마토, 파 　- BNC제 : 오이류, 토마토, 가지, 배추
환경 조건 (기상 등)	• 약제 살포 전후의 강우 : 습도가 높으면 오랫동안 약제에 젖은 상태로 있으므로 농작물 내 침투량이 많아 약해가 발생함 • 고온 : 농작물에 의한 약제 흡수가 높음 • 기공이 많은 잎 뒷면에 약제를 살포하면 약해가 큼
토양 조건	• 주로 토양처리제(입제)인 경우에 발생함 • 처리된 약제의 농작물의 흡수 정도와 토양의 흡수 정도에 따라 결정됨

77 경구 중독에 대한 설명과 해독 및 구호조치로 가장 거리가 먼 것은?

① 입을 통해서 소화기 내로 들어와 흡수 중독을 일으키는 것을 말한다.
② 인공호흡을 시키고 산소를 흡입시킨 다음 안정시킨 후 모포 등으로 싸서 보온시킨다.
③ 따뜻한 물이나 소금물로 위를 세척한다.
④ 약물이 장내로 들어갈 염려가 있을 때는 황산마그네슘 용액에 규조토 등을 타서 먹여 배설시킨다.

해설
- 인공호흡을 시키고 산소를 흡입시키는 방법은 기도를 통해 농약에 중독되었을 우선 조치사항이다.
- 경구 중독은 농약을 마시면서 입안에 남아 있는 약성분으로 응급조치자에게도 독성에 의한 피해가 발생할 수 있어 주의해야 한다.

78 급성독성 강도의 순서로 옳게 나열된 것은?

① 흡입독성 > 경피독성 > 경구독성
② 경구독성 > 흡입독성 > 경피독성
③ 흡입독성 > 경구독성 > 경피독성
④ 경피독성 > 경구독성 > 흡입독성

해설
투여방법에 따른 독성
- 흡입독성 : 호흡을 통해 체내 침투되어 발현되는 독성(독성이 가장 큼)
- 경구독성 : 입을 통해 체내 침투되어 발현되는 독성
- 경피독성 : 피부를 통해 체내 침투되어 발현되는 독성

79 다음 중 사과의 부란병 방제에 적합한 약제는?

① Polyoxin A
② Polyoxin B
③ Polyoxin C
④ Polyoxin D

해설
- 폴리옥신 D : 사과 부란병
- 폴리옥신 B : 사과 점무늬낙엽병

80 미생물 농약에 대한 설명으로 틀린 것은?

① 약효가 속효성이다.
② 적용병해충 범위가 제한적이다.
③ 화학농약에 비하여 약효가 저조하다.
④ 환경의 영향을 많이 받는다.

해설
미생물 농약은 화학농약에 비해 약효가 느리게 나타난다.

제5과목 잡초방제학

81 다음 중 화본과 잡초로 가장 옳은 것은?
① 물달개비 ② 밭둑외풀
③ 나도겨풀 ④ 올미

해설
화본과 잡초 : 피, 나도겨풀

82 종자가 바람에 의해 전파되기 쉬운 잡초로만 나열된 것은?
① 망초, 방가지똥
② 어저귀, 명아주
③ 쇠비름, 방동사니
④ 박주가리, 환삼덩굴

해설
비산형 잡초 : 떡쑥, 억새, 민들레, 망초, 방가지똥

83 벼 재배에 주로 사용하지 않는 제초제는?
① 2,4-D 액제
② 옥사다이아존 유제
③ 뷰타클로르 입제
④ 알라클로르 유제

해설
알라클로르 : 콩, 옥수수, 감자 등의 1년생 잡초방제에 사용

84 제초제의 상승 작용에 대한 설명으로 옳은 것은?
① 두 제초제를 단독으로 각각 처리하는 경우가 효과가 크다.
② 두 제초제를 혼합하여 처리하는 경우가 단독으로 처리하는 경우보다 효과가 크다.
③ 두 제초제를 혼합하여 처리하는 경우와 단독으로 처리하는 경우의 효과가 같다.
④ 두 제초제를 혼합하여 처리하는 경우 작물의 생리적 장애 현상이 발생한다.

해설
• 길항작용 : 상반되는 2가지 요인이 동시에 작용하여 그 효과를 서로 상쇄시키는 작용
• 상승작용 : 두 가지 제초제를 혼합 사용할 경우 약효가 상승하는 효과

85 잡초 군락의 변이 및 천이를 유발하는 데 가장 크게 작용하는 요인은?
① 경운
② 일모작 재배
③ 비료 사용 증가
④ 유사 성질의 제초제 연용

해설
예를 들어 일년생 제초제를 계속 사용하게 되면 다년생 잡초의 발생이 많아진다.

정답 81 ③ 82 ① 83 ④ 84 ② 85 ④

86 월년생 밭잡초로만 나열된 것으로 옳지 않은 것은?

① 냉이, 개꽃
② 별꽃, 꽃다지
③ 개망초, 벼룩나물
④ 명아주, 매자기

해설
월년생 : 1년 이상 생존하지만 2년 이상 생존하지 못하는 잡초로, 명아주, 매자기 등이 있다.

87 트라이아진계 제초제의 주요 이행 특성은?

① 조기 결실
② 비대 성장
③ 광합성 저해
④ 신초 생장 억제

해설
트라이아진계 제초제
- 잡초발생전 또는 작물을 심기 전에 토양에 처리하는 제초제
- 화본과 및 광엽잡초 방제에 효과적이며 주로 뿌리로부터 흡수
- 광에 의해 활성화되어 녹색조직의 황화 및 고사를 유발하는 광합성 저해제로 식물체 내의 엽록체가 작용점
- $-Cl$, $-OCH_3$, $-SCH_3$ 등의 치환기에 따라 3종류로 구분
- 시마진 : 과수원, 뽕나무밭 1년생 잡초방제제
- 헥사지논 : 잣나무를 제외한 침엽수 조림지에서 조본류와 잡관목 방제 이용

88 논에 발생하는 1년생 잡초로 가장 옳은 것은?

① 띠
② 물달개비
③ 개망초
④ 쇠뜨기

해설
논잡초
- 일년생 잡초 : 피, 마디꽃, 물달개비 등
- 다년생 잡초 : 가래, 너도방동사니, 올미 등

89 생물학적 잡초 방제법에 대한 설명으로 옳은 것은?

① 살초작용이 빠르다.
② 환경에 잔류문제가 없다.
③ 동시에 여러 초종의 방제가 쉽다.
④ 방제 작업에 필요한 비용이 많이 든다.

해설
생물학적 방제의 장단점

장점	• 효과가 영구성이 있음 • 방제비용이 적음 • 환경에 대한 안전성이 있음 • 방제법이 간단 • 대규모로 효과
단점	• 합당한 천적을 찾기가 어려움 • 사후문제가 불확실 • 살포작용이 아주 늦음 • 잡초군락의 여러 초종의 방제는 어려움 • 한 식물이 작물도 되고 잡초도 될 경우에 식물의 유용성을 분별하지 못함 • 생물학적 방제는 휴면종자에 의하여 발생되는 잡초를 근절하지 못함 • 생물학적 잡초방제는 방제비용을 지출하기 어려운 지역에 잘 적응 → 광범위한 목야지, 산림지역, 수생지역 등 • 경작지에서는 보통 7~15종의 다른 잡초가 발생해 생물학적 잡초방제법의 적용이 제한됨

정답 86 ④ 87 ③ 88 ② 89 ②

90 식물의 광합성 회로 특성에 대한 설명이 옳은 것은?

① 대부분의 작물은 C_4 식물이다.
② 모든 잡초는 C_4 광합성 회로를 갖는다.
③ 광합성 회로가 C_4인 식물은 C_3인 식물보다 광합성에서 불리하다.
④ 돌피와 향부자와 같은 잡초는 C_4 식물이어서 생장이 빨라 경합에서 유리하다.

해설
C_4 식물은 광합성 효율이 높아 C_3 작물보다 생육 속도가 빨라 경합에 유리

91 비선택적으로 식물을 전멸시키는 제초제는?

① Mazosulfuron
② Simazine
③ Glyphosate
④ 2,4-D

해설
제초제

Bentazon	• 일년생 잡초 방제 : 방동사니, 물달개비, 밭뚝외풀, 마디꽃, 사마귀풀 • 다년생 잡초 : 올미, 벗풀, 올방개, 너도방동사니, 올챙이고랭이
Simazine	바랭이, 쇠비름, 비름, 여뀌, 명아주, 방동사니류 등에 살초효과
Glyphosate (근사미)	유기인계 비선택성 제초제
2,4-D	일년생 잡초 : 방동사니, 물달개비, 밭뚝외풀, 마디꽃, 사마귀풀

92 상호대립억제작용에 대한 설명으로 옳은 것은?

① 잡초가 다른 작물의 생육을 억제하는 것은 아니며 잡초 간에만 일어나는 현상이다.
② 다른 종의 생육을 억제하는 주된 기작은 주로 차광에 의해 일어난다.
③ 죽은 식물 조직에서 나오는 물질에 의해서도 일어날 수 있다.
④ 제초제를 오래 사용한 잡초에 대한 내성을 나타내는 것이다.

해설
상호대립억제작용(Allelopathy)
• 잡초의 여러 기관에서 작물의 발아나 생육을 억제하는 특정물질을 분비
• 최근 상호대립억제물질 및 식물이 생합성하는 2차 대사물질을 이용 생물학적, 천연제초제 등으로 활용 가능

93 토양 내 제초제의 흡착에 대한 설명으로 옳지 않은 것은?

① 이온화가 가능한 제초제는 음이온 치환을 통해 흡착된다.
② 토양 내 점토물의 표면에 부착되거나 친화력을 갖는 것을 의미한다.
③ 대부분의 제초제는 반응기를 갖고 있어서 토양 유기물과 치환혼합이 가능하다.
④ 제초제는 대부분 하나 이상의 방향족 물질을 함유하고 있어 흡착에 중요한 역할을 한다.

해설
제초제의 토양 중 흡착력은 점토광물에 의한 양이온 치환용량과, 토양유기물 함량에 의한 완충능 등에 의해 차이가 남

94 천적을 이용한 생물학적 잡초방제법에서 천적이 갖춰야 할 전제조건이 아닌 것은?

① 포식자로부터 자유로워야 한다.
② 지역환경에 쉽게 적응하여야 한다.
③ 접종지역에서의 이동성이 낮아야 한다.
④ 숙주를 쉽게 찾을 수 있어야 한다.

해설
생물학적 방제를 위한 구비조건
- 잡초의 분포 및 생태적 특성규명
- 잡초에 서식 가능한 생물의 동정
- 가장 적절한 천적을 선발하여 증식하는 법
- 잡초군락 및 작물에 미치는 효과 등에 먼저 규명하여야 함

95 주로 종자로 번식하는 잡초는?

① 올미, 벗풀
② 가래, 쇠털골
③ 강피, 물달개비
④ 올방개, 너도방동사니

해설
잡초번식법에 따른 분류
- 종자번식잡초(S) : 피, 뚝새풀, 바랭이, 마디꽃
- 영양번식잡초(V) : 가래, 올방개, 미나리
- 종자영양번식잡초(SV) : 너도방동사니, 산딸기

96 잡초의 유용성에 대한 설명으로 옳지 않은 것은?

① 유기물이나 중금속 등으로 오염된 물이나 토양을 정화하는 기능이 있다.
② 근연 관계에 있는 식물에 대한 유전자 은행 역할을 할 수 있다.
③ 논둑 및 경사지 등에서 지면을 덮어 토양유실을 막아 준다.
④ 작물과 같이 자랄 경우 빈 공간을 채워 작물의 도복을 막아 준다.

해설
잡초의 유용성
- 지면을 덮어서 토양침식을 막아 줌
- 토양에 유기물 제공 : 토양물리환경 개선
- 곤충의 먹이와 서식처를 제공
- 야생동물, 조류 및 미생물이 먹이와 서식처로 이용
- 같은 종속의 작물에 유전자은행으로 이용 : 병해충의 저항성 작물 육성
- 구황식물로 이용
- 무공해 채소 : 달래, 냉이, 쑥, 취 등
- 공해제거 능력 : 물옥잠, 부레옥잠 등
- 약료, 염료, 향료, 향신료 등의 원료 : 반하, 쪽, 꼭두서니, 쑥 등
- 미적인 즐거움
- 조경식물 : 벌개미취, 미국쑥부쟁이, 술패랭이꽃 등
- 대부분이 가축의 사료로 이용

정답 94 ③ 95 ③ 96 ④

97 제초제가 작물에는 피해(약해)를 주지 않고 잡초만을 죽일 수 있는 특성은?

① 제초제의 감수성
② 제초제의 선택성
③ 제초제의 내성
④ 제초제의 저항성

해설
선택성 : 제초제가 작물에는 피해를 주지 않고 잡초만 죽이는 특성

98 올방개 방제에 가장 효과적인 제초제는?

① 뷰타클로르 액제
② 펜다이메탈린 유제
③ 페녹설람 액상수화제
④ 피라조설퓨론에틸 수화제

해설
페녹설람 : 트라이아졸로피리미딘설폰아마이드계 – 논에서 일년생 잡초와 다년생 잡초 방제에 사용
① 뷰타클로르 유제 : 일년생 잡초 방제
② 펜다이메탈린 유제 : 일년생 잡초 방제
④ 피라조설퓨론에틸 수화제 : 일년생 잡초 방제

99 땅콩 포장에 문제가 되는 잡초종으로만 나열된 것은?

① 강아지풀, 깨풀
② 너도방동사니, 쇠비름
③ 마디꽃, 돌피
④ 강아지풀, 쇠털골

해설
잡초방제의 실용면에서 본 분류

논잡초	• 일년생 잡초 : 피, 마디꽃, 물달개비 • 다년생 잡초 : 가래, 너도방동사니, 올미 • 부유성 잡초 : 생이가래, 개구리밥, 좀개구리밥 • 조류 : 이끼, 괴불, 갈조, 남조 • 화본과 잡초 : 피, 나도겨풀 • 사초과 잡초 : 너도방동사니, 올방개 • 광엽잡초 : 가래, 물달개비
밭잡초	• 하작잡초(여름잡초) – 일년생 잡초 : 바랭이, 소비름, 명아주 – 다년생 잡초 : 메꽃, 엉겅퀴 • 동작잡초(겨울잡초) – 일년생 잡초 : 뚝새풀, 냉이 – 다년생 잡초 : 쑥, 할미꽃

100 다음 중 암조건에서 발아가 가장 잘되는 잡초 종자는?

① 강피
② 냉이
③ 바랭이
④ 쇠비름

해설
암발아종자 : 별꽃, 냉이, 광대나물, 독말풀

2021년 제2회 과년도 기출문제

제1과목 식물병리학

01 병든 식물체 조직의 면적 또는 양의 비율을 나타내는 것으로 주로 식물체의 전체면적당 발병 면적을 기준으로 하는 것은?
① 발병도(Severity)
② 발병률(Incidence)
③ 수량손실(Yield Loss)
④ 병진전 곡선(Disease-progress Curve)

해설
① 발병도 : 병든 식물체 조직의 면적 또는 양의 비율로 병원체에 의해 파괴된 식물체, 열매의 면적이나 부피 백분율 또는 비율을 특정시점에서 침해 받은 조직의 상대적인 비율을 나타내기 위해 0~10 또는 0~4까지의 등급을 나누어 병을 평가
② 발병률 : 조사한 총식물체 단위에 대한 병든 식물의 단위(식물체, 잎, 줄기, 열매 등)의 수 또는 비율
④ 병진전 곡선 : 시기별로 병의 진전 상황을 조사하여 곡선으로 나타낸 것

02 식물체에 암종을 형성하며, 유전공학 연구에 많이 쓰이는 식물병원세균은?
① *Erwinia amylovora*
② *Xanthomonas campestris*
③ *Clavibacter michiganensis*
④ *Agrobacterium tumefaciens*

해설
Agrobacterium tumefaciens : 근두암종세균

03 그람음성세균에 해당하는 것은?
① 토마토 궤양병균
② 감자 더뎅이병균
③ 벼 흰잎마름병균
④ 감자 둘레썩음병균

해설
그람염색법에 의한 분류
• 보라색으로 염색되는 그람양성균 : 감자 둘레썩음병, 토마토 궤양병, 감자 더뎅이병
• 분홍색으로 염색되는 그람음성균 : 대부분의 세균

04 균류(菌類)의 영양섭취 방법이 아닌 것은?
① 기생
② 부생
③ 공생
④ 항생

해설
① 기생 : 특정균이 스스로 양분을 섭취을 못해 식물체에서 양분을 뺏어 오는 것
② 부생 : 죽어 있거나 식물의 대사산물에서 양분을 취하는 방법
③ 공생 : 여러 균이나 식물이 서로 도움을 주는 관계

정답 1 ① 2 ④ 3 ③ 4 ④

05 식물병에 있어서 표징(標徵, Sign)이란?

① 식물의 외부적 변화
② 식물의 내부적 변화
③ 병에 대한 식물의 반응
④ 병환부에 나타난 병원체

해설
표징(標徵, Sign)
병원체가 병든 식물의 표면에 곰팡이, 균핵, 점질물, 이상 돌출물 등이 나타나서 눈으로 가려낼 수 있는 특징이나 상징으로 볼 수 있다. 비전염성병이나 바이러스병, 바이로이드, 파이토플라스마병은 표징이 나타나지 않는다.

06 균사나 분생포자의 세포가 비대해져서 생성되는 것은?

① 유주자
② 후벽포자
③ 휴면포자
④ 포자낭포자

해설
곰팡이 세포가 비대해져 생기는 포자는 후벽포자

07 중간 기주인 향나무를 제거하면 피해를 경감시킬 수 있는 식물병은?

① 배추 균핵병
② 사과나무 탄저병
③ 복숭아 검은무늬병
④ 사과나무 붉은별무늬병

해설
중간기주 제거
• 잣나무 털녹병 : 송이풀과 까치밥나무
• 소나무류 잎녹병균 : 황벽나무, 참취, 잔대
• 소나무 혹병균 : 참나무
• 배나무 붉은별무늬병균, 사과 붉은별무늬병균 : 향나무

08 오이 세균성점무늬병균이 증식하기 가장 적합한 식물체내 부위는?

① 각피층
② 형성층
③ 세포벽
④ 유조직의 세포간극

해설
세균병의 경우 주로 상처부위를 통해 감염되며 비료흡수가 많아 세포가 커지거나 수분스트레스를 받아 팽압이 감소해 세포간격이 커진 경우 또는 상처부위를 통해 많이 감염된다.

09 벼 줄무늬잎마름병의 병원(病原)은?

① 바이러스
② 파이토플라스마
③ 세 균
④ 진 균

해설
바이러스에 의한 병 : 벼 오갈병, 벼 검은줄무늬오갈병, 벼 줄무늬잎마름병, 보리 줄무늬모자이크병, 담배·오이·콩 모자이크병, 감자 X모자이크병, 감자 잎말림병, 사과나무 고접병

10 사과나무 부란병에 대한 설명으로 옳지 않은 것은?

① 자낭포자와 병포자를 형성한다.
② 강한 전정 작업을 하지 말아야 한다.
③ 사과나무의 가지에 감염되면 사마귀가 형성된다.
④ 병원균이 수피의 조직 내에 침입해 있어 방제가 어렵다.

해설
사과나무에 사마귀가 형성되는 병은 겹무늬썩음병의 피해 증상이다.

5 ④ 6 ② 7 ④ 8 ④ 9 ① 10 ③

11 벼 흰잎마름병의 발생과 전파에 가장 좋은 환경조건은?

① 규산 과용
② 이상 건조
③ 태풍과 침수
④ 이상 저온

해설
벼 흰잎마름병은 세균에 의한 병으로 상처부를 통해 감염되며 태풍과 침수 후 다발한다.

12 벼 도열병균의 레이스(Race)를 구분할 때 사용하는 판별품종으로 가장 거리가 먼 것은?

① 인도계(T) 품종군
② 일본계(N) 품종군
③ 필리핀계(R) 품종군
④ 중국계(C) 품종군

해설
벼 도열병의 레이스는 인도계 T품종, 중국계 C품종, 일본벼 N품종 레이스가 있다.

13 식물바이러스의 분류 기준이 되는 특성이 아닌 것은?

① 세포벽의 구조
② 핵산의 종류
③ 매개체의 종류
④ 입자의 형태적 특성

해설
바이러스 : 핵산과 단백질로 이루어진 병원체
- 광학현미경으로 관찰 불가, 인공배양 불가
- 자기 자신을 위한 물질대사계를 가지지 못함
- 식물체 내 대사계와 물질을 이용할 수 있는 유전정보만 가짐

14 병원균이 기주식물에 침입을 하면 병원균에 저항하는 기주식물의 반응으로 항균 물질 및 페놀성 물질 증가 등의 작용을 하는데, 이를 무엇이라 하는가?

① 침입저항성
② 감염저항성
③ 확대저항성
④ 수평저항성

해설
- 저항성에 관여하는 유전적 차이
  - 진성저항성 : 식물이 가지고 있는 병저항 유전자에 의해 나타나는 저항성
  - 포장저항성 : 환경변화에 따른 감수성 식물의 일시적 저항성
- 기주식물에 대한 병원체의 감염경로
  - 침입저항성 : 기주의 유전자에 의해 병원균의 침입이 억제되는 저항성
  - 확대저항성 : 병원균이 침입한 다음 병원균에 저항하는 기주식물의 저항성

15 병든 보리, 밀을 먹는 사람과 돼지 등에 심한 중독을 일으키는 병해는?

① 깜부기병
② 흰가루병
③ 줄무늬병
④ 붉은곰팡이병

해설
맥류 붉은곰팡이병의 유독한 알칼로이드 독소에 의해 식중독을 유발한다.

16 수목 뿌리에 주로 발생하는 자주날개무늬병이 속하는 진균류는?

① 난 균 ② 담자균
③ 병꼴균 ④ 접합균

해설
담자균류
- 균사에 격막 있음
- 유성포자는 담자기 위에 형성되는 담자포자
- 주요 병해 : 붉은별무늬병, 녹병, 흰비단병, 자주날개무늬병, 고약병, 모잘록병

17 다음 식물 병원체 중 크기가 가장 작은 것은?

① 세 균 ② 곰팡이
③ 바이러스 ④ 바이로이드

해설
병원체의 크기순 배열 : 바이로이드 < 바이러스 < 세균 < 진균(곰팡이)

18 벼 오갈병의 주요 매개충은?

① 애멸구 ② 진딧물
③ 딱정벌레 ④ 끝동매미충

해설
벼 오갈병 : 끝동매미충, 번개매미충

19 배나무 검은별무늬병에 대한 설명으로 옳지 않은 것은?

① 잎에서 처음에 황백색의 병무늬가 나타난다.
② 배나무 인근에 향나무가 많은 경우 발병하기 쉽다.
③ 배나무의 잎, 잎자루, 열매, 열매자루, 햇가지 등에 발생한다.
④ 낙엽을 모아 태우거나 땅 속에 묻어 발병을 예방할 수 있다.

해설
향나무는 배 붉은별무늬병의 중간기주이다.

20 도열병이 다발하는 조건으로 가장 적합한 것은?

① 여러 가지 벼 품종을 섞어서 심었을 때
② 가뭄이 계속되고 기온이 30℃ 이상일 때
③ 덧거름을 원래 일정보다 일찍 주었을 때
④ 비가 자주 오고 일조가 부족하며 다습할 때

해설
도열병은 일조가 부족한 저온기 다습조건에서 병 발생 증가

제2과목 농림해충학

21 부화유충이 처음 과일 표면을 식해하다가 과일 내부로 뚫고 들어가 가해하는 해충은?

① 배나무이 ② 사과굴나방
③ 포도유리나방 ④ 복숭아심식나방

해설
복숭아심식나방: 복숭아나무, 사과나무, 배나무, 자두나무, 살구나무 등
- 유충이 과실 내부로 뚫고 들어가 여러 곳을 가해
- 먹어 들어간 식입구보다 탈출구가 더 큼
- 연 2회 발생, 노숙유충의 형태로 땅속 고치 속에서 월동
- 주광성과 주화성이 낮음

22 곤충의 선천적 행동이 아닌 것은?

① 반사 ② 정위
③ 조건화 ④ 고정행위양식

해설
조건화는 학습되는 행동이다.

23 유약호르몬이 분비되는 기관은?

① 앞가슴샘 ② 외기관지샘
③ 알라타체 ④ 카디아카체

해설
유약호르몬
- 알라타체에서 분비되는 호르몬이다.
- 전흉선 호르몬과 협동하여 유충의 탈피를 일으킨다.
- 난소의 발육을 억제하여 유충형질을 유지한다.

24 생물적 방제에 대한 설명으로 옳지 않은 것은?

① 효과 발현까지는 시간이 걸린다.
② 인축, 야생동물, 천적 등에 위험성이 적다.
③ 생물상의 평형을 유지하여 해충밀도를 조절한다.
④ 거의 모든 해충에 유효하며, 특히 대발생을 속효적으로 억제하는 데 더욱 효과가 크다.

해설
천적 곤충이 없는 해충도 있고 대발생조건에서 적용 시 기존 화학방제보다 방제 속도가 느리다.

25 곤충 날개가 두 쌍인 경우 날개의 부착 위치는?

① 앞가슴에 한 쌍, 가운데가슴에 한 쌍 붙어 있다.
② 가운데가슴에 한 쌍, 뒷가슴에 한 쌍 붙어 있다.
③ 앞가슴에 한 쌍, 뒷가슴에 한 쌍 붙어 있다.
④ 가운데가슴에만 붙어 있다.

해설
가운데가슴과 뒷가슴에 한 쌍의 날개

정답 21 ④ 22 ③ 23 ③ 24 ④ 25 ②

26 곤충의 다리는 5마디로 구성된다. 몸통에서부터 순서로 올바르게 나열한 것은?

① 밑마디 – 도래마디 – 넓적마디 – 종아리마디 – 발마디
② 밑마디 – 넓적마디 – 발마디 – 종아리마디 – 도래마디
③ 밑마디 – 발마디 – 종아리마디 – 도래마디 – 넓적마디
④ 밑마디 – 종아리마디 – 발마디 – 넓적마디 – 도래마디

해설
곤충의 다리마디 순서
밑마디 → 도래마디 → 넓적다리 마디 → 종아리마디 → 발마디

27 다음 중 충영을 형성하는 해충으로 가장 적절한 것은?

① 참나무겨울가지나방
② 어스렝이나방
③ 독나방
④ 솔잎혹파리

해설
솔잎혹파리
- 6월 하순~10월 하순까지 유충이 솔잎 밑부분에 벌레혹을 만들고 그 속에서 즙액을 흡수한다.
- 피해목은 직경생장은 피해 당년에, 수고생장은 다음 해에 감소한다.
- 연 1회 발생, 유충의 형태로 땅속에서 월동한다.

28 다음 중 곤충이 페로몬에 대한 설명으로 옳은 것은?

① 체내에서 소량으로 만들어져 체외로 방출되며 같은 종의 다른 개체에 정보전달 수단으로 이용된다.
② 체내에서 대량으로 만들어져 체외로 방출되며 같은 종의 다른 개체에 정보전달 수단으로 이용된다.
③ 체내에서 소량으로 만들어져 체외로 방출되며 다른 종과의 정보전달 수단으로 이용된다.
④ 카이로몬은 페로몬에 속한다.

해설
페로몬 이용
- 페로몬은 정보매체가 되고 있는 화학물질 중 종내 정보전달에 관여한다.
- 호르몬과는 달리 체외로 분비되며 동일종의 다른 개체에 작용하는 생리활동 물질이다.

29 다음 중 포도나무 줄기를 가해하는 해충으로만 나열된 것은?

① 포도유리나방, 박쥐나방
② 포도쌍점매미충, 포도호랑하늘소
③ 포도뿌리혹벌레, 포도금빛잎벌레
④ 으름나방, 무궁화밤나방

해설
포도유리나방과 박쥐나방이 줄기를 가해한다.

26 ① 27 ④ 28 ① 29 ①

30 거미와 비교한 곤충의 일반적인 특징이 아닌 것은?

① 배마디에는 3쌍의 다리와 2쌍의 날개가 있다.
② 곤충은 동물 중에 가장 종류가 많으며, 곤충강에 속하는 절지동물을 말한다.
③ 곤충은 머리, 가슴, 배 3부분으로 구성되어 있다.
④ 머리에는 입틀, 더듬이, 겹눈이 있다.

해설
- 곤충의 몸은 머리, 가슴, 배의 3부분으로 구별됨
- 머리 : 입틀, 한 쌍의 겹눈과 1~3개의 홑눈, 한 쌍의 촉각(더듬이)을 갖춤
- 가슴 : 앞가슴, 가운데가슴, 뒷가슴의 3부분으로 구별, 각 부분에 한 쌍의 다리가 있고, 가운데 가슴과 뒷가슴에 한 쌍의 날개

31 우리나라에 비래하지만 월동하지 않는 것은?

① 벼멸구   ② 애멸구
③ 번개매미충   ④ 끝동매미충

해설
비래해충 : 월동을 하지 못하고 바람을 타고 유입되는 해충으로 벼멸구, 흰등멸구, 혹명나방, 멸강나방 등이 있다.

32 고시류(Paleoptera) 곤충에 속하는 것은?

① 밀잠자리   ② 담배나방
③ 분홍날개대벌레 ④ 밤애기잎말이나방

해설
고시류는 날개를 뒤로 접어서 몸 옆구리에 붙일 수 없는 곤충으로 잠자리목, 하루살이목 등이 속한다.

33 4령충에 대한 설명으로 옳은 것은?

① 3회 탈피를 한 유충
② 4회 탈피를 한 유충
③ 부화한지 3년째 되는 유충
④ 부화한지 4년째 되는 유충

해설
영충 : 각 기간의 유충
- 1령충 : 1회 탈피할 때까지
- 2령충 : 1회 탈피한 것
- 3령충 : 2회 탈피한 것
- 4령충 : 3회 탈피한 것

34 총채벌레목에 대한 설명으로 옳지 않은 것은?

① 단위생식도 한다.
② 입틀의 좌우가 같다.
③ 불완전변태군에 속한다.
④ 산란관이 잘 발달하여 식물의 조직 안에 알을 낳는다.

해설
총채벌레류
- 입은 좌우가 같지 않고 이빨이 한 개만 발달
- 식물의 표면을 긁어 스며 나오는 즙액을 빨아먹음
- 단위생식도 함

정답 30 ① 31 ① 32 ① 33 ① 34 ②

35 곤충의 탈피와 변태를 조절하는 호르몬 분비에 관여하는 기관이 아닌 것은?

① 뇌   ② 전흉선
③ 말피기관   ④ 알라타체

해설
말피기관 : 곤충체강 내에서 비틀림운동을 하면서 pH나 무기이온 농도 등을 조절하고, 배설작용을 한다.

36 주둥이를 식물체에 찔러 넣어 즙액을 빨아먹는 곤충에 속하지 않는 것은?

① 진딧물   ② 노린재
③ 집파리   ④ 애멸구

해설
집파리는 입이 퇴화되어 피부를 통해 소화액으로 먹이를 녹여 흡수한다.

37 곤충이 탈피할 때 새로운 표피로 대체(代替)되지 않는 기관은?

① 식도   ② 맹장
③ 직장   ④ 전소장

해설
맹장은 중배엽에서 발달한 기관으로 탈피 시 대체되지 않는다.

38 다음 중 곤충이 휴면하는 데 가장 영향을 주는 주요 요인은?

① 빛   ② 수분
③ 온도   ④ 바람

해설
휴면을 유발시키는 요인은 온도, 일장, 먹이환경, 생리생태, 나이 등으로 다양하다.

39 분류학적으로 개미가 속하는 곤충목은?

① 벌목   ② 이목
③ 노린재목   ④ 총채벌레목

해설
개미는 벌목 개미과에 속한다.

40 다음 중 호흡계의 기문수가 가장 적은 곤충은?

① 나방 유충   ② 나비 유충
③ 모기붙이 유충   ④ 딱정벌레 유충

해설
모기붙이 유충은 기문이 없다.
호흡계의 기문
기문은 보통 가슴에 2쌍 배에 8쌍, 도합 10쌍 있는 것이 원칙이며, 일반적으로 곤충의 양측 면에 위치한다.

정답 35 ③ 36 ③ 37 ② 38 ③ 39 ① 40 ③

제3과목 재배학원론

41 다음 중 산성토양에 가장 강한 것은?
① 고구마　　② 콩
③ 팥　　　　④ 사탕무

해설
산성토양에 대한 작물 적응성
- 극히 강한 것 : 벼, 밭벼, 귀리, 기장, 호밀, 토란, 아마, 땅콩, 감자, 수박
- 강한 것 : 메밀, 당근, 옥수수, 목화, 오이, 포도, 완두, 호박, 딸기, 토마토, 밀, 조, 고구마, 담배

42 작물의 내동성에 대한 설명으로 가장 옳은 것은?
① 세포액의 삼투압이 높으면 내동성이 증대한다.
② 원형질의 친수성콜로이드가 적으면 내동성이 커진다.
③ 전분함량이 많으면 내동성이 커진다.
④ 조직즙의 광에 대한 굴절률이 커지면 내동성이 저하된다.

해설
삼투압이 높다는 것은 물에 녹아 있는 물질이 많다는 것이고, 이렇게 농도가 올라가면 어는점은 낮아진다.

43 큰 강의 유역은 주기적으로 강이 범람해서 비옥해져 농사짓기에 유리하므로 원시농경의 발상지였을 것으로 추정한 사람은?
① Vavilov　　② Dettweiler
③ De Candol　④ Liebig

해설
식물의 지리적 분류
- 큰 강 유역 : De Candol → 재배식물의 기원(Origin of Cultivated Plants) 저술
- 산간부 : N. T. Vavilov → 분화식물 지리학적 방법을 사용하여 식물종과 변종 간 계통적 구성의 다양성 및 병해저항성까지 상세히 연구
- 해안지대 : P. Dettwiler
- 유전자 중심지설
  - 변이가 가장 풍부하다.
  - 다른 지방에 없는 변이가 관찰된다.
  - 원시적 우성형질도 많다.
  - 중심지에서 멀어지면 열성형질 분포도가 높아진다.

44 토양의 pH가 낮아질 때 가급도가 가장 감소되기 쉬운 영양분은?
① Fe　　② P
③ Mn　　④ Zn

해설
토양의 주요 구성성분인 알루미늄이 pH가 낮아짐에 따라 녹아나오는 양이 늘어나면 인과 결합해 식물이 흡수할 수 없게 된다.
- 알칼리성 흡수의 변화가 없는 것 : K, S, Ca, Mg
- 알칼리성 흡수가 크게 줄어드는 것 : Mn, Fe
- 강산성 토양에서의 양분흡수 변화
  - P, Ca, Mg, B, Mo 등의 가급도가 감소한다.
  - Al, Cu, Zn, Mn 등의 용해도가 증가한다.
- 강알칼리성 토양에서의 양분흡수 변화 : B, Fe, Mn 등의 용해도 감소는 작물생육에 불리하다.

정답 41 ① 42 ① 43 ③ 44 ②

45 탈질현상을 경감시키는 데 가장 효과적인 시비법은?

① 질산태질소 비료를 논의 산화층에 시비
② 질산태질소 비료를 논의 환원층에 시비
③ 암모늄태질소 비료를 논의 산화층에 시비
④ 암모늄태질소 비료를 논의 환원층에 시비

해설
탈질현상은 NO_3^-(질산태질소)가 산소가 부족한 조건에서 NO_2가스로 날아가 비료 사용효과가 감소하는 현상으로 이런 조건에서 NH_4^+(암모니아태질소)를 시비하면 환원에 의한 탈질현상을 줄일 수 있다.

46 다음 영양성분 중 결핍되면 분열조직에 괴사를 일으키며, 사탕무의 속썩음병을 일으키는 것은?

① 망간
② 철
③ 칼륨
④ 붕소

해설
붕소(B)
- 촉매 또는 반응조절물질로 작용, 석회결핍의 영향을 경감시킴
- 체내 이동성이 낮으며 생장점 부근에 함유량이 많아 결핍증세는 생장점이나 저장기관에 나타나기 쉬움
- 부족 시 : 분열조직에 괴사, 사탕무의 속썩음병, 샐러리의 줄기쪼김병, 사과의 축과병, 담배의 끝마름병, 알팔파의 황색병, 꽃양배추의 갈색병, 수정결실이 나빠짐, 콩과의 근류 형성과 질소고정 저해 현상
- 과잉 시 : 석회의 과잉, 토양의 산성화는 붕소결핍 초래

47 다음 중 2년생 작물은?

① 아스파라거스
② 사탕무
③ 호프
④ 옥수수

해설
생존연한
- 1년생 작물 : 벼, 콩, 옥수수
- 2년생 작물 : 무, 사탕무
- 월년생 작물 : 가을보리, 가을밀
- 영년생 작물 : 사료작물 중 목초류

48 발아에 광선이 필요하지 않는 작물은?

① 상추
② 금어초
③ 담배
④ 호박

해설
혐광성 종자 : 토마토, 가지, 백합과 식물, 호박

49 작물이 주로 이용하는 토양 수분은?

① 흡습수
② 모관수
③ 지하수
④ 결합수

해설
모관수
- 표면장력에 의하여 토양공극 내에 중력에 저항하여 유지되는 수분
- 모관현상에 의하여 지하수가 모관공극을 상승하여 공급한다.
- pF 2.7~4.5로 작물이 주로 이용한다.

50 질산환원효소의 구성성분이며, 질소대사에 작용하고, 콩과작물 뿌리혹박테리아의 질소고정에 필요한 무기성분은?

① 몰리브덴 ② 아연
③ 마그네슘 ④ 망간

해설
몰리브덴(Mo)
- 질소환원효소의 구성성분이며, 질소대사에 필요하다.
- 근류균의 질소 고정에 필요하며, 콩과 작물에 함량이 많다.
- IAA 산화효소의 활성에도 관여한다.

51 작물의 배수성 육종 시 염색체를 배가시키는 데 가장 효과적으로 이용되는 것은?

① Colchicine ② Auxin
③ Kinetin ④ Ethylene

해설
배수육종 시 사용하는 약품은 Colchicine이다.

52 종묘로 이용되는 영양기관을 분류할 때 땅속줄기에 해당하는 것으로만 나열된 것은?

① 다알리아, 고구마
② 마, 글라디올러스
③ 나리, 모시풀
④ 생강, 박하

해설
땅속줄기 : 생강, 연, 박하, 호프 등

53 다음 중 암술과 수술이 서로 다른 개체에서 생기는 것은?

① 자성불임 ② 웅성불임
③ 자웅이주 ④ 이형예현상

해설
자웅이주 : 암술과 수술이 서로 다른 개체에서 생기는 것

54 다음 중 작물의 내염성 정도가 가장 큰 것은?

① 완 두 ② 가 지
③ 순 무 ④ 고구마

해설
내염성이 강한 작물 : 사탕무, 유채, 순무, 수수, 양배추, 목화 등

55 다음 중 굴광현상에 가장 유효한 광은?

① 자색광 ② 자외선
③ 녹색광 ④ 청색광

해설
굴광성은 440~480nm 파장대의 청색광에 의해 유도된다.

정답 50 ① 51 ① 52 ④ 53 ③ 54 ③ 55 ④

56 다음 중 장명종자에 해당하는 것은?

① 베고니아　② 나팔꽃
③ 팬 지　　④ 일일초

해설
장명종자 : 콩, 비트, 토마토, 가지, 수박, 클로버, 사탕무, 나팔꽃

57 혼파의 장점이 아닌 것은?

① 공간의 효율적 이용이 가능하다.
② 건초 제조 시에 유리하다.
③ 채종작업이 편리하다.
④ 재해에 대한 안정성

해설
혼파의 경우 수확시기, 작물의 크기 등이 다르기 때문에 수확이 어렵다.

58 다음 중 내습성이 가장 강한 과수류는?

① 무화과　② 복숭아
③ 밀 감　　④ 포 도

해설
과수의 내습성 정도 : 올리브 > 포도 > 밀감 > 감, 배 > 밤, 복숭아, 무화과

59 식물체 내의 수분퍼텐셜에 대한 설명으로 틀린 것은?

① 세포의 부피와 압력퍼텐셜이 변화함에 따라 삼투퍼텐셜과 수분퍼텐셜이 변화한다.
② 압력퍼텐셜과 삼투퍼텐셜이 같으면 세포의 수분퍼텐셜이 0이 된다.
③ 수분퍼텐셜과 삼투퍼텐셜이 같으면 원형질 분리가 일어난다.
④ 수분퍼텐셜은 대기에서 가장 높고, 토양에서 가장 낮다.

해설
수분퍼텐셜은 쉽게 풀어서 물을 당기는 힘으로 공기보다는 토양이 높다.

60 식물의 일장감응 중 SI형 식물은?

① 메 밀　② 토마토
③ 도꼬마리　④ 코스모스

해설
식물의 일장감응 중 SI형 식물 : 도꼬마리, 녹두

정답 56 ② 57 ③ 58 ④ 59 ④ 60 ③

제4과목 농약학

61 유기인계 살충제는?
① EPN   ② Endosulfan
③ 2,4-D   ④ BPMC

해설
① EPN : 유기인계
② Endosulfan : 유기염소계
③ 2,4-D : 페녹시계 제초제
④ BPMC(Fenobucarb) : 카바메이트계 살충제

62 제초제의 일반 특성에 대한 설명으로 틀린 것은?
① Phenoxy계 제초제는 옥신작용을 갖고 있다.
② Azole계는 무기화합물 제초제이다.
③ Phenoxy계 제초제는 인축 및 어패류에 대한 독성이 낮다.
④ Dicamba 등 Benzoic Acid계 제초제는 작물 체내에서 안정성이 높은 편이다.

해설
제초제의 작용기작

작용기작	제초제의 분류 및 종류
광합성 저해	벤조티아디아졸계, 트라이아진계, 요소계, 아마이드계, 비피리딜리움계(과산화물 생성)
호흡작용 및 산화적 인산화 저해	카바메이트계, 유기염소계
호르몬 작용 교란	페녹시계(2,4-D, MCP), 벤조산계
단백질 합성 저해	아마이드계, 유기인계
세포분열 저해	디나이트로아닐린계, 카바메이트계
아미노산 생합성 저해	설포닐우레아계, 이미다졸리논계, 유기인계(Glyphosate)

63 계면활성제 중 가용화 작용이 큰 HLB(Hydrophile-Lipophile Balance) 값으로 가장 옳은 것은?
① 1~3   ② 4~7
③ 9~12   ④ 15~18

해설
HBL 값이 낮을수록 친유성이 강하고 높을수록 친수성이 강하다. 가용화 작용이 큰 범위는 15~18이다.

64 90% BPMC 원제 1kg을 2% 분제로 제조하는 데 필요한 증량제의 양(kg)은?
① 44.0   ② 44.5
③ 44.9   ④ 45.0

해설
1kg × (90/2 − 1) = 44kg

정답 61 ① 62 ② 63 ④ 64 ①

65 농약의 일일 섭취허용량에 대한 설명으로 가장 옳은 것은?

① 농약을 함유한 음식을 하루 섭취하여도 장해가 없는 양을 말한다.
② 농약을 함유한 음식을 1년간 섭취하여도 장해를 받지 않는 1일당 최대의 양을 말한다.
③ 농약을 함유한 음식을 10년간 섭취하여도 장해를 받지 않는 1일당 최대의 양을 말한다.
④ 농약을 함유한 음식을 일생 동안 섭취하여도 장해를 받지 않는 1일당 최대의 양을 말한다.

해설
농약의 1일 섭취허용량(ADI)
- 농약을 일생 동안 매일 섭취하여도 시험동물에 아무런 영향도 주지 않는 농약의 최대약량(NOEL, 최대무작용약량)을 구한 후 이 값에 안전계수(일반적으로1/100)를 곱한 값
- 체중에 따라 섭취허용량이 달라짐
- 최대무작용약량(NOEL ; No Observed Effect Level) : 1일 섭취허용량의 설정 기준
- 1일 섭취허용량 : 식품 중 농약 잔류허용기준 설정 기준

66 50% 벤타존액제(비중 1.2) 100mL로 0.1% 살포액으로 만드는 데 소요되는 물의 양(L)은?

① 49.9
② 59.9
③ 69.9
④ 79.9

해설
100mL × (50%/0.1% − 1) × 1.2 = 59,880mL

67 유제(乳劑)에 대한 설명으로 옳지 않은 것은?

① 유제란 주제의 성질이 수용성인 것을 말한다.
② 살포액의 조제가 편리하나, 포장·수송 및 보관에 각별한 주의가 필요하다.
③ 유제에서 주제가 유기용매의 25% 이상 용해되는 것이 원칙이다.
④ 유제에서 계면활성제를 가하는 농도는 5~15% 정도이다.

해설
유제(乳劑)
- 유탁액 : 불용성 주제 + 용제 + 계면활성제
- 물에 녹지 않는 농약의 주제를 용제에 용해시켜 계면활성제를 첨가한 것이다.
- 물과 혼합 시 우유 모양의 유탁액이 된다.
- 수화제보다 살포액의 조제가 편리하고, 약효가 다소 높다.
- 유제의 구비조건 : 유화성, 안정성, 확전성, 고착성

68 농약의 혼용 시 주의할 점으로 가장 거리가 먼 것은?

① 표준 희색배수를 준수하고 고농도로 희석하지 않는다.
② 동시에 2가지 이상의 약제를 섞지 않도록 한다.
③ 농약을 혼용하여 사용할 경우 안정화를 위해 1일 정도 정치한 후 사용한다.
④ 유제와 수화제의 혼용은 가급적 피하되, 부득이한 경우 액제, 수용제, 수화제 = 액상수화제, 유제의 순서로 물에 희석한다.

해설
혼용한 농약의 약제 간의 화학반응에 의한 변질을 피하기 위해 혼용 후 빠른 시간 내에 사용해야 한다.

69 주로 접촉제 및 소화중독제로서 작용하며 벼의 이화명나방에 적용되는 유기인제는?

① DDVP
② Ethoprophos
③ Fenitrothion
④ Imidacloprid

해설
Fenitronthion : 유기인계 살충제

70 Fenobucarb 살충제 계통은?

① 카바메이트계
② 유기인계
③ 유기염소계
④ 트라이아진계

해설
Fenobucarb(BPMC, 페노뷰카브)는 카바메이트계 살충제로 벼의 멸구류와 끝동매미충 방제에 이용된다.

71 Dialkylamine계 살균제는?

① Nabam
② Maneb
③ Ferbam
④ Mancozeb

해설
Dithiocarbamate(디티오카바메이트)계 살균제
- Dialkyldithiocarbamate(DDC) : Thiram, Ferbam, Ziram
- Ethylenebisdithiocarbamate(EBDC) : Mancozeb, Maneb, Zineb, Metiram, Nabam
- Propylenebisdithiocarbamate(PBDC) : Propineb

72 농작물 또는 기타 저장물에 해충이 모이는 것을 막기 위해 쓰이는 기피제(Repellent)로 쓰이는 것은?

① Chlorobenzilate
② Dimethyl Phthalate
③ Dimethomorph
④ Methyl Bromide

해설
기피제는 해충이 작물이나 인축에 접근하는 것을 방지하는 데 사용하는 약제로 Naphthalene, Dimethyl Phthalate 등이 있다.

73 농약 안전살포 방법으로 가장 적절한 것은?

① 바람을 등지고 살포
② 바람을 안고 살포
③ 바람의 도움으로 살포
④ 바람 방향을 무시하고 살포

해설
농약을 살포할 때는 바람이 불지 않는 조건에서 사용하는 것이 좋고, 바람이 불 경우 등지고 살포해야 살포된 농약이 작업자 방향으로 날리지 않는다.

정답 69 ③ 70 ① 71 ③ 72 ② 73 ①

74 농약 제제화의 목적으로 가장 거리가 먼 것은?

① 사용자에 대한 편의성을 위하여
② 최적의 약효발현과 최소의 약해 발생을 위하여
③ 소량의 유효성분을 넓은 지역에 균일하게 살포하기 위하여
④ 유통기간을 단축하여 유효성분의 안정성을 향상시키기 위하여

해설
제제화 목적
- 농약을 사용하기 쉬운 형태
- 농약의 효력을 최대한 발휘
- 사용자에게 안전성을 높이고 환경에 미치는 영향을 적게 함
- 작업성을 개선하고 생력화함
- 제형을 연구하여 기존 유효성분의 용도를 확대

75 유기인계 살충제의 작용특성이 아닌 것은?

① 살충력이 강하고 적용해충의 범위가 넓다.
② 식물 및 동물의 체내에서 분해가 빠르고, 체내에 축적작용이 없다.
③ 약제 살포 후 광선이나 기타 요인에 의하여 빨리 소실되는 편이다.
④ 고온일 때 살충효과가 나쁘고, 온도가 낮아지면서 효과가 증대된다.

해설
고온에서 약효가 좋고 저온에서 상대적으로 약효가 낮아진다.

76 황산암모니아와 설탕 등과 같은 중량제를 투입한 농약의 제형은?

① 유탁제
② 수용제
③ 과립수화제
④ 분산성액제

해설
수용제
- 제제와 형태는 수화제와 같으나 유효 성분이 수용성이므로 물에 넣으면 투명한 액제가 됨
- 원제 + 가용화제를 물에 녹이면 수용제가 됨

77 우리나라 농약의 독성구분 중 맞지 않는 것은?

① 무독성
② 보통독성
③ 저독성
④ 고독성

해설
농약 등의 독성 구분(농약관리법 시행규칙 [별표 3의5])
Ⅰ급(맹독성), Ⅱ급(고독성), Ⅲ급(보통독성), Ⅳ급(저독성)

78 농약에 사용되는 계면활성제의 친유성기를 갖는 원자단은?

① -OH
② -COOR
③ -COOH
④ -CN

해설
계면활성제의 친유성, 친수성

강친유성	친유성
— C_nH_{2n+1} — C_nH_{2n-1} (벤젠) (나프탈렌)	— CH_2OR —⟨⟩— O — R — COOR

친수성	강친수성
— OH — COOH — CN — NHCNH$_2$ (O=)	— SO_3^- $H^+(Na^+)$ — OSO_3^- $H^+(Na^+)$ — COO^- Na^+ — N^+ — X^-

79 농약의 잔류에 대한 설명 중 옳지 않은 것은?

① 작물잔류성농약이란 농약의 성분이 수확물 중에 잔류하여 농약 잔류허용기준에 해당할 우려가 있는 농약을 말한다.
② 안전계수란 사람이 하루에 섭취할 수 있는 약량을 말한다.
③ 작물 체내의 잔류농약은 경시적으로 계속하여 감소한다.
④ 농약의 작물잔류는 사용횟수와 제제형태에 따라서 다르다.

해설
안전계수
• 농약의 1일 섭취허용량(ADI)을 구할 때
• 최대약량(최대무작용약량, NOEL)을 구한 후 이 값에 안전계수(일반적으로1/100)를 곱함

80 다음 중 훈증제가 아닌 농약은?

① Methyl Bromide
② Ethyl Formate
③ Difenoconazole
④ Phosphine

해설
Difenoconazole은 침투이행성 약제

정답 78 ② 79 ② 80 ③

제5과목 잡초방제학

81 피의 형태적 특징으로 옳은 것은?
① 엽설(葉舌, 잎혀)은 없고, 엽이(葉耳, 잎귀)는 있다.
② 엽설(葉舌, 잎혀)은 있고, 엽이(葉耳, 잎귀)는 없다.
③ 엽설(葉舌, 잎혀)과 엽이(葉耳, 잎귀) 모두 있다.
④ 엽설(葉舌, 잎혀)과 엽이(葉耳, 잎귀) 모두 없다.

해설
엽설(葉舌, 잎혀)과 엽이(葉耳, 잎귀) 모두 없다.

82 작물이 잡초로부터 받는 피해경로를 직접적 또는 간접적 피해 경로로 구분할 때 다음 중 간접적인 피해 경로에 해당하는 것은?
① 경 합
② 기 생
③ 상호대립억제작용
④ 병해충 매개

해설
① 경합 : 식물이 특정 환경요인이나 필요한 물질과 공간에 대한 수요가 공급보다 많을 때 발생
② 기생 : 식물에 붙어 양수분을 빼앗으며 생활
③ 상호대립억제작용 : 잡초의 여러 기관에서 작물의 발아나 생육을 억제하는 특정 물질을 분비

83 전체 생육기간이 100일인 작물에서 이론적으로 작물이 잡초경합에 의해 가장 심하게 피해를 받는 시기는?
① 파종 직후부터 5일 이내
② 파종 후 20~30일 사이
③ 파종 후 50~60일 사이
④ 파종 후 70일 이후

해설
잡초경합한계기간
• 잡초의 경합이 없는 생육 초기와 경합으로 인한 피해가 없는 성숙 말기 사이의 기간이다.
• 전생육기간의 첫 1/3~1/2, 첫 1/4~1/3 기간에 해당되며 철저한 방제가 요구된다.

84 논에서 잡초의 군락천이를 유발시키는데 가장 큰 영향을 주는 것은?
① 장간종 품종 재배
② 동일 작물로만 재배
③ 동일한 제초제 연속 사용
④ 지속적인 화학 비료 사용

해설
예를 들어 1년생 잡초에 적용되는 제초제를 계속 사용할 다년생 잡초의 발생 밀도가 높아진다.

85 암(暗)발아성 종자인 잡초는?
① 냉 이
② 바랭이
③ 소리쟁이
④ 쇠비름

해설
암발아 종자 : 별꽃, 냉이, 광대나물, 독말풀 등

정답 81 ④ 82 ④ 83 ② 84 ③ 85 ①

86 제초제의 토양 중 지속성은 반감기(Half Life)로 나타낸다. 이때 반감기란?(단, 전 기간을 통하여 동일한 기울기를 갖는 1차 반응식을 전제로 함)

① 처리한 제초제의 1/2이 소실되는 데 요하는 시간
② 처리한 제초제의 1/5이 소실되는 데 요하는 시간
③ 식물체의 1/2을 고사시키는 데 필요한 시간
④ 식물체의 1/5을 고사시키는 데 필요한 시간

해설
반감기는 처리한 제초제의 1/2이 소실되는 데 요하는 시간을 말한다.

87 잡초에 대한 작물의 경합력을 높이는 방법은?

① 이식재배를 한다.
② 직파재배를 한다.
③ 만생종을 재배한다.
④ 재식밀도를 낮춘다.

해설
초기 경합력이 떨어지는 시기 극복을 위해 이식재배로 경합력 증대

88 잡초의 생장형에 따른 분류로 옳은 것은?

① 총생형 – 메꽃, 환삼덩굴
② 만경형 – 민들레, 질경이
③ 로제트형 – 억새, 뚝새풀
④ 직립형 – 명아주, 가막사리

해설
직립형(Straight Type) : 명아주, 가막사리, 쑥부쟁이

89 잡초에 의한 피해로 가장 거리가 먼 것은?

① 작업 환경 악화
② 토양의 침식 발생
③ 병해충 서식처 제공
④ 작물과의 경합으로 인한 작물 생육 저하

해설
잡초 뿌리가 토양을 잡아주기 때문에 토양 침식을 줄여준다.

90 쌍자엽 잡초와 단자엽 잡초 간 차이로 가장 옳은 것은?

① 쌍자엽은 엽맥이 평행맥이고 단자엽은 망상맥이다.
② 쌍자엽은 생장점이 식물체 위쪽에 위치하고 단자엽은 하단에 위치한다.
③ 쌍자엽은 배유가 있으나 단자엽은 배유가 없다.
④ 화본과 잡초는 쌍자엽 식물에 속하고 광엽 잡초는 단자엽 식물에 속한다.

해설
쌍자엽 식물과 단자엽 식물

쌍자엽 식물	단자엽 식물
• 자엽 : 2매	• 자엽 : 1매
• 줄기 : 개방유관속	• 줄기 : 산재유관속 관상경
• 잎 : 익상맥	• 잎 : 평행맥
• 뿌리 : 직근계	• 뿌리 : 섬유근계 관근
• 생장점 : 식물체 위쪽	• 생장점 : 줄기 하단의 절간 부위

정답 86 ① 87 ① 88 ④ 89 ② 90 ②

91 작물과 잡초 간의 경합에 대한 설명으로 옳은 것은?

① 잡초경합 한계기간이란 파종 직후부터 성숙 말기까지의 시기를 말한다.
② 잡초경합 한계기간에는 잡초에 의한 피해가 거의 없다.
③ 잡초허용 한계밀도란 잡초가 전혀 없는 상태를 말한다.
④ 방제는 잡초경합 한계기간에 중점적으로 실시해야 한다.

해설
잡초경합 한계기간
- 잡초의 경합이 없는 생육 초기와 경합으로 인한 피해가 없는 성숙 말기 사이의 기간이다.
- 전생육기간의 첫 1/3~1/2, 첫 1/4~1/3 기간에 해당되며 철저한 방제가 요구된다.

92 식물체 내에서 일어나는 주된 제초제 분해반응에 해당하지 않는 것은?

① 인산화 반응(Phosphorylation)
② 하이드록시 반응(Hydroxylation)
③ 탈카복시 반응(Decarboxylation)
④ 탈알킬 반응(Dealkylation)

해설
제초제 분해 : 산화, 환원, 가수분해, 하이드록시화반응, 할로겐이탈반응, 탈알킬반응, 탈아미노기반응, 탈카복시반응

93 방동사니과 잡초가 아닌 것은?

① 올방개 ② 올 미
③ 올챙이고랭이 ④ 바람하늘지기

해설
올미는 택사과에 속한다.

94 다음 다년생 논잡초 중 영양번식 기관의 발생분포 심도가 표토로부터 가장 깊은 종은?

① 올 미 ② 너도방동사니
③ 벗 풀 ④ 올방개

해설
올방개의 덩이줄기(괴경)는 땅속 15~25cm까지 들어간다.

95 상호대립억제작용(Allelopathy)에 대한 설명으로 옳은 것은?

① 식물체 분비물질에 의한 상호작용
② 식물체 간의 빛에 대한 경합작용
③ 식물체 상호 간의 생육에 대한 상가작용
④ 영양소에 대한 식물체 상호 간의 경합작용

해설
상호대립억제작용(Allelopathy) : 잡초의 여러 기관에서 작물의 발아나 생육을 억제하는 특정 물질을 분비한다.

정답 91 ④ 92 ① 93 ② 94 ④ 95 ①

96 잡초가 작물보다 경쟁에서 유리한 이유로 옳지 않은 것은?

① 번식 능력이 우수하다.
② 다량의 종자를 생산한다.
③ 휴면성이 결여되어 있다.
④ 불량한 환경조건에 적응력이 높다.

해설
휴면성이 길어 적정 조건이 되지 않는 기간 동안 발아하지 않기 때문에 생명력이 길다.

97 가을에 발생하여 월동 후에 결실하는 잡초로만 올바르게 나열된 것은?

① 쑥, 비름, 명아주
② 깨풀, 민들레, 강아지풀
③ 별꽃, 뚝새풀, 벼룩나물
④ 별꽃, 바랭이, 애기메꽃

해설
겨울잡초 : 가을에 발생하여 노지에서 월동하고 봄에 피해가 많고 늦봄과 초여름에 결실한다.
예 별꽃, 뚝새풀, 속속이풀, 냉이, 벼룩나물, 벼룩이자리, 점나도나물, 개양개비

98 잡초 종자에 돌기를 갖고 있어 사람이나 동물에 부착하여 운반되기 쉬운 것은?

① 여 뀌
② 민들레
③ 소리쟁이
④ 도꼬마리

해설
부착형 : 도깨비바늘, 가막사리, 진득찰

99 다음 잡초 중 종자의 천립중이 가장 가벼운 것은?

① 별 꽃
② 명아주
③ 메귀리
④ 강아지풀

해설
1,000개의 종자 무게(천립중)가 가벼운 순서
명아주 < 냉이 < 바랭이 < 별꽃 < 말냉이 < 강아지풀 < 선홍초 < 단풍잎돼지풀 < 메귀리

100 뿌리가 토양에 고정되어 있지 않고 물 위에 떠다니는 부유성 잡초에 해당하는 것은?

① 가 래
② 네가래
③ 생이가래
④ 가는가래

해설
물에 뜨는 부유성 잡초 : 생이가래, 개구리밥, 부레옥잠

정답 96 ③ 97 ③ 98 ④ 99 ② 100 ③

2021년 제4회 과년도 기출문제

식물보호기사

제1과목 식물병리학

01 십자화과 작물에 발생하는 배추 무사마귀병에 대한 설명으로 옳지 않은 것은?

① 알칼리성 토양에서 발병이 잘된다.
② 배수가 불량한 토양에서 발생이 많다.
③ 순활물기생균으로 인공배양이 되지 않는다.
④ 유주자가 뿌리털 속을 침입하여 변형체가 된다.

해설
배추 무사마귀병은 산성 토양에서 다발생하기 때문에 석회를 뿌려 토양을 알칼리성으로 바꿔 준다.
※ 토양산도에 따른 병 발생
  • 산성토양 : 배추·무 무사마귀병, 목화 시들음병, 토마토 시들음병 등
  • 알칼리성토양 : 감자 더뎅이병, 가짓과 풋마름병, 침엽수 모잘록병, 목화 뿌리썩음병 등

02 벼 도열병에 대한 설명으로 옳지 않은 것은?

① 종자 소독으로는 방제효과가 매우 적다.
② 담녹갈색의 짧은 다이아몬드형 병무늬를 형성한다.
③ 잎, 잎자루, 잎혀, 마디, 이삭목, 이삭가지, 볍씨 등에 발생한다.
④ 볍씨의 발아 직후부터 발생하여 출수 후 성숙기까지 계속 발생한다.

해설
벼를 종자 소독하면 키다리병, 잎도열병, 깨씨무늬병 등을 예방할 수 있다.

03 다음 설명에 해당하는 병은?

> • 오이 잎에 발생하는 병해로 수침상의 점무늬가 다각형의 담갈색 무늬로 발전한다.
> • 습기가 많으면 병든 부위의 뒷면에 서리 또는 가루모양의 곰팡이가 생긴다.

① 오이 노균병
② 오이 흰가루병
③ 오이 덩굴마름병
④ 오이 잿빛곰팡이병

해설
오이 노균병은 분생포자로 토양에서 월동한다.

정답 1 ① 2 ① 3 ①

04 파이토플라스마에 대한 설명으로 옳지 않은 것은?
① 세포벽이 없다.
② 인공배지에서 생장하지 않는다.
③ 매개충에 의하여 전파되지 않는다.
④ 테트라사이클린에 대하여 감수성이다.

해설
바이러스와 파이토플라스마는 매개충에 의해 전파된다.

05 병원균이 기주교대를 하는 이종기생균은?
① 배나무 불마름병
② 사과나무 흰가루병
③ 배나무 붉은별무늬병
④ 사과나무 검은별무늬병

해설
녹병류의 중간기주
- 배나무 붉은별무늬병균(적성병) : 향나무
- 사과나무 붉은별무늬병 : 향나무
- 소나무 혹녹병 : 졸참, 신갈나무
- 맥류 줄기녹병 : 매자나무
- 밀 붉은녹병 : 좀꿩의다리

06 다음 중 벼에서는 가장 잘 발생하지 않는 병은?
① 오갈병
② 녹 병
③ 도열병
④ 잎집무늬마름병

해설
화본과에 발생하는 녹병균은 주로 밀, 보리, 귀리, 오처드그라스, 티머시 등에서 발병한다.

07 식물병을 일으키는 곰팡이 중에서 균사에 격막이 없는 병원균으로만 올바르게 나열된 것은?
① 난균, 자낭균
② 난균, 접합균
③ 담자균, 자낭균
④ 담자균, 접합균

해설
격막이 없는 조균류
- 유주자균류(난균류) : 역병(Phytophthora cactorum), 노균병(Plasmopara viticola)
- 접합균류 : 무름병(Rhizopus)

08 마름무늬매미충(모무늬매미충)에 의해 전반되지 않는 병은?
① 뽕나무 오갈병
② 벚나무 빗자루병
③ 붉나무 빗자루병
④ 대추나무 빗자루병

해설
벚나무 빗자루병 (天狗巢病)
- 병원 : *Taphrina wiesneri*, 진균(자낭균류)
- 기주 : 벚나무류
- 방제법
  - 겨울부터 이른 봄에 걸쳐 병든 가지 아래쪽의 부푼 부분을 잘라서 태운 후 도포제를 발라준다.
  - 이른 봄 꽃이 진 후 보르도액을 2~3회 전면 살포한다.

09 붕소가 부족하여 사과나무에서 발생하는 병은?
① 탄저병
② 축과병
③ 부란병
④ 점무늬낙엽병

해설
붕소 결핍(B) : 무·배추 속썩음병, 사과 축과병, 갈색 속썩음병, 담배 윗마름병

10 벼 줄무늬잎마름병을 방제하는 방법으로 가장 효과가 작은 것은?

① 살균제 살포
② 애멸구 제거
③ 저항성 품종 재배
④ 논두렁 잡초 제거

해설
벼 줄무늬잎마름병은 애멸구 매개 바이러스에 의한 병이다.

11 병원균이 담자기와 담자 포자를 형성하는 것은?

① 감자 역병
② 벼 깨씨무늬병
③ 배추 무사마귀병
④ 보리 겉깜부기병

해설
담자균류 : 벼 잎집무늬마름병, 보리 속깜부기병, 보리·밀 겉깜부기병, 맥류 줄기녹병, 옥수수 깜부기병, 배나무 붉은별무늬병, 과수 자주빛날개무늬병, 향나무 녹병, 소나무 잎녹병, 소나무 혹병, 잣나무 털녹병, 포플러 잎녹병, 활엽수 목재썩음병 등

12 다음 중 곰팡이(Fungi)의 특징이 아닌 것은?

① 포자를 갖는다.
② 균사를 갖는다.
③ 핵을 갖는다.
④ 엽록소를 갖는다.

해설
곰팡이는 엽록소가 없어 자체적인 광합성을 할 수 없기에 다른 식물체의 사체를 분해하거나 기생한다.

13 식물병원 세균 중 육즙한천 배양기상에서 황색 균총을 형성하는 것은?

① *Pseudomonas*
② *Xanthomonas*
③ *Agrobacterium*
④ *Pectobacterium*

해설
주요 세균병의 분류

병 명	세균속	편모	그람 반응	한천배지 반응
벼 흰잎마름병	*Xanthomonas*	단극모	음성	황색 원형 콜로니
벼 세균성 알마름병	*Burkholderia*	단극모	음성	황록색 원형 콜로니
콩 세균성 점무늬병	*Pseudomonas*	단극모	음성	형광색 원형 콜로니
담배 불마름병	*Pseudomonas*	단극모	음성	형광색 원형 콜로니
감자 더뎅이병	*Streptomyces*	분지성 사상체	양성	백색, 황갈색의 원형 콜로니
감자 둘레썩음병	*Clavibacter*	없음 (운동성 없음)	양성	그람염색 시 보라색으로 염색되는 그람양성균
가짓과 풋마름병	*Ralstonia*	단극모	음성	백색 원형 콜로니
오이류 풋마름병	*Erwinia*	주생모	음성	백색 원형 콜로니
채소 세균성 무름병	*Erwinia*	주생모	음성	회백색 불규칙한 콜로니
배나무 화상병	*Erwinia*	주생모	음성	백색 원형 콜로니
복숭아나무 세균성 구멍병	*Xanthomonas*	단극모	음성	황색 원형 콜로니
뿌리혹병 (근두암종병)	*Agrobacterium*	단극모	음성	백색 원형 콜로니

14 하우스 재배하는 채소에서 과습과 저온에 많이 발생하는 병은?

① 고추 탄저병
② 오이 덩굴쪼김병
③ 토마토 풋마름병
④ 딸기 잿빛곰팡이병

해설
딸기 잿빛곰팡이병은 저온 다습조건에서 발생이 많다.

15 다음 중 크기가 가장 작은 식물 병원체는?

① 진 균   ② 세 균
③ 바이러스   ④ 바이로이드

해설
병원체의 크기 : 바이로이드 < 바이러스 < 세균 < 진균(곰팡이)

16 병원균이 불완전세대로 *Pyicularia grisea*(*P. oryzae*)인 식물병은?

① 벼 도열병   ② 벼 흰잎마름병
③ 맥류 줄기녹병   ④ 맥류 흰가루병

해설
불완전균류 : 벼 도열병, 밀 껍질마름병, 참깨 잎마름병, 콩 갈색무늬병, 콩 자주빛무늬병, 감자 겹무늬병, 담배 검은뿌리썩음병, 담배 붉은무늬병, 인삼 뿌리썩음병, 인삼 탄저병, 무 뱀눈무늬병, 토마토 점무늬병, 토마토 잎곰팡이병, 토마토 겹무늬병, 토마토 시들음병, 딸기 잿빛곰팡이병, 수박 탄저병, 무·배추 검은무늬병, 배추 흰무늬병, 오이류 덩굴쪼김병, 아스파라거스 줄기마름병, 가지 갈색무늬병, 사과나무 점무늬마름병, 배나무 줄기마름병, 배나무 검은무늬병, 포도나무 갈색무늬병, 감귤 푸른곰팡이병, 소나무 잎마름병, 삼나무 붉은마름병

17 1차 전염원에 대한 설명으로 가장 옳은 것은?

① 가벼운 증상을 일으키는 전염원
② 병반으로부터 가장 먼저 분리되는 전염원
③ 월동한 병원체로부터 새로운 생육기에 들어 가장 먼저 만들어진 전염원
④ 작물 재배를 시작한 첫 해에 나오는 전염원

해설
1차 전염원 : 겨울이나 여름 동안 생존해서 봄이나 가을에 감염을 일으키는 감염원, 1차 전염원의 숫자가 많고 작물에 가까울수록 병의 피해 증가

18 오이류 덩굴쪼김병의 방제법으로 가장 효과가 낮은 것은?

① 종자를 소독한다.
② 저항성 품종을 재배한다.
③ 잎 표면에 약제를 집중적으로 살포한다.
④ 호박이나 박을 대목으로 접목하여 재배한다.

해설
오이 덩굴쪼김병은 땅의 표면과 줄기가 맞닿는 부위에서 주로 발생하기 때문에 이 부분에 약제를 살포하는 것이 효과적이다.

정답 14 ④   15 ④   16 ①   17 ③   18 ③

19 벼 키다리병의 병징 형성 원인으로 병원균이 분비하는 주요 호르몬은?

① 옥신
② 에틸렌
③ 지베렐린
④ 시토키닌

해설
지베렐린
- 벼 키다리병을 일으키는 진균 *Gibberella fujikuroi*로부터 처음 분리
- 생장촉진효과, 개화, 줄기와 뿌리의 신장, 열매의 신장 촉진
- 일부 파이토플라스마, 바이러스에 의한 왜화 증상에 지베렐린 처리 시 정상적인 생육을 보이다 처리를 중지하면 다시 병징이 나타남

20 다음 중 감자 Y 바이러스의 주요 매개충은?

① 복숭아혹진딧물
② 번개매미충
③ 끝동매미충
④ 응애

해설
감자 Y 바이러스는 감염된 씨감자나 진딧물에 의해 발생한다.

제2과목 농림해충학

21 누에의 성장단계에서 어미가 생성하는 휴면호르몬이 직접적으로 관여하는 휴면단계는?

① 알 휴면
② 유충 휴면
③ 성충 휴면
④ 번데기 휴면

해설
누에의 휴면란은 다음 해 봄까지 부화하지 않기 때문에 염산액에 누에씨를 침지하는 침산법 등을 이용해 인공부화 시킨다.

22 앞날개가 경화되어 있는 곤충은?

① 벼메뚜기
② 검정송장벌레
③ 땅강아지
④ 썩덩나무노린재

해설
앞날개가 경화는 딱정벌레목의 특징으로 보기중 검정송장벌레가 딱정벌레목이다.

23 윤작과 혼작을 통하여 방제효과를 효과적으로 볼 수 있는 해충의 특성은?

① 기주범위가 넓고 이동성이 높은 해충
② 기주범위가 넓고 이동성이 낮은 해충
③ 기주범위가 좁고 이동성이 낮은 해충
④ 기주범위가 좁고 이동성이 높은 해충

해설
윤작과 혼작의 경우 단식성이고 이동이 적은 해충 방제에 유리하다.

정답 19 ③ 20 ① 21 ① 22 ② 23 ③

24 곤충의 유충 발육 단계에서 다음 영기의 유충으로 탈피하는 경우는?

구 분	탈피호르몬	유약호르몬
㉠	고	고
㉡	고	저
㉢	저	고
㉣	저	저

① ㉠ ② ㉡
③ ㉢ ④ ㉣

해설
유약호르몬
- 알라타체에서 분비되는 호르몬
- 전흉선 호르몬과 협동하여 유충의 탈피를 일으키고, 난소의 발육을 억제하여 유충형질을 유지

25 내충성의 범주에 포함되지 않는 것은?
① 감수성 ② 항객성
③ 항생성 ④ 내 성

해설
감수성은 특정 해충에 피해가 많은 것을 특하는 것으로 내충성과는 반대되는 개념이다.

26 살충제 처리 후 무처리구의 생충률이 90%이고, 처리구의 생충률이 22.5% 일 경우 처리구의 보정 사충률은?
① 75% ② 70%
③ 65% ④ 60%

해설
보정 사충률 : 살충제 처리 시 자연 치사율을 뺀 실제 살충률
보정 사충률(%)
$= \dfrac{\text{실험군의 치사율(\%)} - \text{대조군의 치사율(\%)}}{100 - \text{대조군의 치사율(\%)}} \times 100$

27 해충방제에 사용되는 천적의 특성에 대한 설명으로 가장 거리가 먼 것은?
① 포식범위가 넓은 것
② 분산력이 강한 것
③ 포식성이 높은 것
④ 번식력이 왕성한 것

해설
천적의 구비조건
- 해충의 밀도가 낮은 상태에서 해충을 찾을 수 있는 수색력이 높아야 함
- 성비가 작고 기주특이성이 높아야 함 – 천적을 이용하는 사용자가 원하는 특정 해충에 효과가 있어야 됨
- 세대기간이 짧고 증시력이 높아야 함
- 천적의 활동기와 해충의 활동기가 시간적으로 일치해야 함
- 분산력이 높아야 함
- 다루기 쉽고 천적에 기생하는 기생봉이 없어야 함

28 사과잎말이나방에 대한 설명으로 옳지 않은 것은?
① 1년에 1회 발생한다.
② 유충으로 월동한다.
③ 유충의 머리는 녹색을 띤 황갈색이다.
④ 유충의 홑눈은 3개이다.

해설
사과잎말이나방 : 사과나무, 배나무, 자두나무 등
- 연 3회 발생하며, 어린 유충의 형태로 월동한다.
- 제1화기 유충은 기주식물의 잎을 말고 엽육을 가해하고, 제2화기 유충은 잎뿐만 아니라 과실의 표면도 핥듯이 가해한다.

29 다음 해충 중 기주 범위가 가장 좁은 것은?

① 벼멸구　② 흰등멸구
③ 애멸구　④ 끝동매미충

해설
벼멸구 : 벼에 많은 피해를 입히는 대표적인 해충으로 벼포기 아랫부분에서 성충과 약충이 집단 서식하며, 볏대의 즙액을 빨아 먹어 피해를 주고 피해를 받은 잎집은 누렇게 변하고, 키가 크지 않고 벼알수가 감소한다.

30 다음 중 토양해충인 것은?

① 송장벌레　② 바퀴
③ 땅노린재　④ 땅강아지

해설
땅강아지 : 성충과 약충이 땅속에서 각종 작물의 지하부를 가해한다.

31 자연생태계와 비교할 때 농생태계의 특징은?

① 영양단계의 상호관계가 간단하다.
② 영양물질 순환이 폐쇄적이다.
③ 종의 다양성이 높다.
④ 유전자 다양성이 높다.

해설
농생태계는 동일 작물을 밀식해서 재배하기 때문에 영양단계의 상호관계가 간단하다.

32 곤충의 성비(Sex Ratio)의 공식으로 옳은 것은?

① 수컷의 수 / 암컷의 수
② 암컷의 수 / 수컷의 수
③ 암컷의 수 / (암컷의 수 + 수컷의 수)
④ 수컷의 수 / (암컷의 수 + 수컷의 수)

해설
성비 : 전체 개체수 대비 암컷 개체의 수

33 페로몬의 역할이 아닌 것은?

① 상대 성의 개체를 유인한다.
② 음식의 위치를 알려 준다.
③ 다른 곤충 간의 통신으로 냄새나 독성을 이용하여 자신을 보호한다.
④ 사회생활을 하거나 집단을 이루는 곤충류에서 천적의 침입 등 위험을 알려 준다.

해설
페로몬 : 같은 종 내의 다른 개체 간의 통신을 목적으로 사용되는 휘발화합물(외분비물)

34 곤충의 혈림프를 구성하는 혈구의 기능이 아닌 것은?

① 수분보존　② 식균작용
③ 피낭형성　④ 응고작용

해설
혈구의 기능 : 식(균)작용, 피낭형성, 응고작용, 영양분의 저장 및 분배

35 특정 지역의 해충 밀도를 추정하고자 할 때 비교적 많은 표본수가 요구되는 해당 해충의 분포양식은?

① 푸아송분포　② 균일분포
③ 임의분포　④ 집중분포

해설
밀도 조사 시 많은 표본수를 조사로 결정되는 것은 집중분포

36 우리나라에서 발생하는 해충 중 외래종이 아닌 것은?

① 섬서구메뚜기
② 꽃매미
③ 갈색날개매미충
④ 열대거세미나방

해설
최근 문제가 커지고 있는 외래해충 : 미국흰불나방, 열대거세미나방, 갈색날개매미충, 꽃매미

37 살충제가 곤충의 체내로 침투하는 주요 경로가 아닌 것은?

① 경 구　② 경 피
③ 기 문　④ 돌 기

해설
곤충의 체내와 연결된 입, 피부, 경기문[기문(숨구멍)]을 통한 침투

38 종합적 해충방제에서 방제를 실시해야 되는 해충의 밀도수준은?

① 경제적 소득수준
② 경제적 피해허용수준
③ 물리적 피해수준
④ 해충 밀도수준

해설
해충의 방제는 경제적 피해허용밀도 도달 시 방제

39 수입식물 검역과정에서 금지병해충이 발견되었을 경우 취하는 조치로 맞는 것은?

① 소 독
② 폐기 또는 반송조치
③ 시료분석
④ 전문가 회의

해설
검역과정에서 금지해충 발견 시 폐기 또는 반송조치

40 복숭아심식나방의 발생예찰에 이용되는 페로몬은?

① 성페로몬
② 분산페로몬
③ 길잡이페로몬
④ 경보페로몬

해설
나방류 예찰에 성페로몬 이용

정답 35 ④　36 ①　37 ④　38 ②　39 ②　40 ①

제3과목 **재배학원론**

41 다음 중 작물 생육 필수원소에서 다량으로 소요되는 원소가 아닌 것은?

① 칼슘 ② 칼륨
③ 질소 ④ 니켈

해설
필수원소
- 다량원소 : C, O, H, N, P, K, Ca, Mg, S
- 미량원소 : Fe, Mn, Cu, Zn, B, Mo, Cl

42 토양 구조에 대한 설명으로 옳지 않은 것은?

① 단립(單粒)구조는 토양통기와 투수성이 불량하다.
② 입단(粒團)구조는 유기물과 석회가 많은 표층토에서 많이 보인다.
③ 이상(泥狀)구조는 과습한 식질토양에서 많이 보인다.
④ 단립(單粒)구조는 대공극이 많고 소공극이 적다.

해설
단립구조
- 해변의 사구지
- 입자가 무구조(Amorphous)인 단일상태로 집합
- 대공극이 많고, 소공극이 적다.
- 투수·투기는 좋으나, 수분·비료분의 보유력은 작다.

43 다음 중 질소질 비료가 아닌 것은?

① 요소 ② 유안
③ 질산암모늄 ④ 용성인비

해설
용성인비는 인산질 비료이다.

44 식물의 진화와 관련하여 작물의 특징에 대한 설명으로 옳지 않은 것은?

① 발아억제물질이 감소하거나 소실되는 방향으로 발달되었다.
② 분얼이나 분지가 일정 기간 내에 일시에 발생하는 방향으로 발달하였다.
③ 개화기는 일시에 집중하는 방향으로 발달하였다.
④ 탈립성이 큰 방향으로 발달하였다.

해설
수확시기까지 수확물이 떨어지지 않아야 하므로 탈립성이 감소하는 방향으로 선택된다.

45 다음 논의 용수량(Q) 계산식에서 A에 해당하는 것은?

$$Q = (엽면증산량 + 수면증발량 + 지하침투량) - A$$

① 강수량 ② 강우량
③ 유효우량 ④ 흡수량

해설
유효우량 : 강우로부터 직접 공급되고 이용되는 수량

정답 41 ④ 42 ① 43 ④ 44 ④ 45 ③

46 신품종이 기본적으로 구비해야 하는 특성으로 옳지 않은 것은?

① 균일성 ② 변이성
③ 구별성 ④ 안정성

해설
신품종은 기존 재배하고 있던 품종과 비교해서 구별성이 있어야 되고, 그 특성에 균일성과 안정성이 있어야 된다.

47 강산성 토양에서 가급도가 감소하여 작물생육에 부족하기 쉬운 원소가 아닌 것은?

① 마그네슘 ② 칼 슘
③ 망 간   ④ 인

해설
망간(Mn)은 산성토양에서 식물에 흡수되는 가급도가 늘어나 과잉장해가 발생한다.
예 사과 적진병

48 벼 생육기간 중 냉해에 가장 약한 시기는?

① 감수분열기 ② 등숙기
③ 분얼기   ④ 유묘기

해설
생식세포 감수분열기의 경우 각종 기상재해에 취약하다.

49 다음 중 연작의 피해가 가장 작은 작물로만 나열된 것은?

① 고추, 강낭콩, 수박
② 고구마, 완두, 토마토
③ 수수, 감자, 가지
④ 벼, 담배, 옥수수

해설
연작의 해가 적은 것 : 벼, 맥류, 조, 수수, 옥수수, 고구마, 대마(삼), 담배, 무, 당근, 양파, 호박, 연, 순무, 뽕나무, 아스파라거스, 토당귀, 미나리, 딸기, 양배추 등

50 순3포식 농법에 대한 설명으로 옳은 것은?

① 포장을 3등분하여 경지의 2/3는 춘파곡물이나 추파곡물을 재식하고 나머지 1/3은 휴한하는 방법이다.
② 포장을 3등분하여 2/3는 곡물을 재배하고 나머지 지역에는 콩과 녹비작물을 재배하는 방법이다.
③ 식량과 가축의 사료를 생산하면서 지력을 유지하고 중경효과까지 얻기 위하여 적합한 작물을 조합하는 방법이다.
④ 미국의 옥수수지대에서 실시하는 윤작방식으로 옥수수, 콩, 귀리, 클로버를 조합하여 경작하는 방법이다.

해설
삼포식 농법 : 포장을 3등분해 경지의 2/3에는 춘파 또는 추파의 곡물을 재식하고 나머지 1/3은 휴한하는 것으로 순차적으로 교체하는 방식이다. 윤작의 시초이며 초기의 지력 유지책으로 실시한다.

정답 46 ② 47 ③ 48 ① 49 ④ 50 ①

51 다음 중 과수의 핵과류에 해당하지 않는 것은?

① 복숭아 ② 자 두
③ 사 과 ④ 살 구

해설
과수의 분류
- 인과류 : 배, 사과, 비파
- 준인과류 : 감, 귤
- 핵과류 : 복숭아, 자두, 살구, 앵두
- 장과류 : 포도, 딸기, 무화과
- 곡과류 : 밤, 호두

52 발아 최저온도가 가장 낮은 작물은?

① 콩 ② 옥수수
③ 귀 리 ④ 호 박

해설
③ 귀리 : 0~4.8℃
① 콩 : 2~7℃
② 옥수수 : 8~11℃
④ 호박 : 15℃

53 토양이나 수질 오염을 통하여 인체에 중금속 중독을 초래하며 이타이이타이병이 나타나는 것은?

① 카드뮴 ② 규 소
③ 망 간 ④ 몰리브덴

해설
- 이타이이타이병 : 카드뮴
- 미나마타병 : 수은

54 다음 중 작물이 주로 이용하는 토양수분은?

① 모관수 ② 결합수
③ 중력수 ④ 흡착수

해설
모관수
- 표면장력에 의하여 토양공극 내에서 중력에 저항하여 유지되는 수분
- 모관현상에 의하여 지하수가 모관공극을 상승하여 공급한다.
- pF 2.7~4.5로 작물이 주로 이용한다.

55 서로 도움이 되는 특성을 지닌 두 가지 작물을 같이 재배할 경우 이 두 작물을 일컫는 가장 적절한 용어는?

① 대파작물 ② 앞작물
③ 동반작물 ④ 구황작물

해설
작부방식에 관련된 분류
- 동반작물 : 서로 도움이 되는 특성을 지닌 두 가지 작물을 같이 재배하는 방법
- 대용작물 : 재해로 인하여 주작물의 수확이 불가할 때 대신 뿌려지는 작물
  예 메밀, 조
- 구황작물 : 흉년이 들 때 크게 도움이 되는 작물
- 보족작물, 흡비작물 : 유실될 비료분을 잘 포착하여 흡수, 이용하는 효과를 가진 작물

정답 51 ③ 52 ③ 53 ① 54 ① 55 ③

56 다음 중 벼의 수해를 크게 하는 조건으로 가장 알맞은 것은?

① 저수온, 청수, 유수
② 저수온, 탁수, 정체수
③ 고수온, 청수, 유수
④ 고수온, 탁수, 정체수

해설
벼가 물에 잠겼을 때 용존산소가 적은 조건으로 고수온, 흐린 물, 정체된 물

57 다음 중 요수량이 가장 적은 작물은?

① 호 박
② 알팔파
③ 옥수수
④ 완 두

해설
요수량 : 건물 1g을 생산하는 데 소비된 수분의 양
- 요수량이 큰 식물 : 두과 작물(알팔파, 클로버), 명아주
- 요수량이 작은 작물 : 수수, 기장, 옥수수
※ 명아주 > 오이, 호박, 두류 작물 > 감자, 목화, 맥류 > 수수, 기장, 옥수수

58 침관수 피해에 대한 대책으로 옳지 않은 것은?

① 퇴수 후 새로운 물을 갈아 댄다.
② 김을 매어 지중통기를 좋게 한다.
③ 침수 후에는 병충해의 발생이 줄어들기 때문에 방제가 필요없다.
④ 피해가 심할 때에는 추파, 보식 등을 한다.

해설
침수 후 농작물이 약해지고 습도가 높은 조건이기 때문에 병충해 발생이 많아진다.

59 다음 중 작물재배 시 부족하면 수정·결실이 나빠지는 미량원소는?

① Mg
② B
③ S
④ Ca

해설
붕소(B)
- 촉매 또는 반응조절물질로 작용, 석회결핍의 영향을 경감시킴
- 체내 이동성이 낮으며 생장점 부근에 함유량이 많아 결핍 증세는 생장점이나 저장기관에 나타나기 쉬움
- 분열조직에 괴사, 사탕무의 속썩음병, 셀러리의 줄기쪼김병, 사과의 축과병, 담배의 끝마름병, 알팔파의 황색병, 꽃양배추의 갈색병, 수정결실이 나빠짐, 콩과의 근류 형성과 질소고정 저해 현상
- 석회의 과잉, 토양의 산성화는 붕소결핍 초래

60 다음 중 C_4 작물은?

① 벼
② 옥수수
③ 밀
④ 보 리

해설
옥수수나, 사탕수수 같은 C_4 식물은 체내 이산화탄소를 저장할 수 있는 별도의 조직이 있어 기공이 닫힌 상태에서도 광합성을 할 수 있어 C_3 식물에 비해 환경적응성이 높다.

정답 56 ④ 57 ③ 58 ③ 59 ② 60 ②

제4과목 농약학

61 약효지속시간이 길어야 하는 보호살균제의 특성을 고려하였을 때, 보호살균제 살포액의 가장 중요한 물리적 특성은?

① 습윤성과 확전성
② 부착성과 고착성
③ 현수성과 유화성
④ 침투성과 입자의 크기

해설
부착성과 고착성 : 살포한 약액이 식물체나 충체에 붙는 성질

62 수화제(Wettable Powder ; WP)에 주로 사용되는 증량제는?

① Toluene
② Sulfamate
③ Bentonite
④ Methanol

해설
수화제
• 현탁액 : 불용성 주제 + 카올린・벤토나이트 + 계면활성제
• 물에 녹지 않는 주제를 카올린, 벤토나이트 등으로 희석한 후 계면활성제를 혼합한 제제
• 물에 희석하면 유효 성분의 입자가 물에 고루 분산되어 현탁액이 됨
• 수화제를 물에 풀면 현탁액이 됨

63 농약의 독성과 관련된 설명 중 옳지 않은 것은?

① 농약은 유해한 생물에만 유효하고 그 밖의 생물에는 무독해야 한다.
② 병해충의 내성으로 인한 약효 저하로 고독성농약 등록이 늘어가고 있다.
③ 독성이 약한 농약도 체내에 다량섭취되면 독작용을 나타낸다.
④ 농약의 독성강도에 따라 적절한 주의를 기울여 피해를 최소화한다.

해설
국내에서는 2011년부터 고독성 농약의 등록을 취소해 2015년 이후 전면 금지하고 있음

64 비교적 지효성이고 화학적인 안정성이 크며 약효기간이 긴 특성을 가지고 있는 유기인계 살충제는?

① Phosphate형
② Thiphosphate형
③ Dithiophosphate형
④ Phosphonate형

해설
약효 기간이 긴 유기인계 약제는 Dithiophophate형

정답 61 ② 62 ③ 63 ② 64 ③

65 농약의 약효를 최대로 발현시키기 위한 방법으로 가장 거리가 먼 것은?

① 방제적기에 농약 살포
② 적정농도의 정량살포
③ 병해충 및 잡초에 알맞은 농약의 선택
④ 효과가 좋은 농약 한 가지만을 계속 사용

해설
같은 약제를 계속 사용하면 대상 병해충의 내성이 생겨 효과가 떨어진다.

66 농약에서 계면활성제의 작용으로 거리가 먼 것은?

① 습윤작용(Wetting Property)
② 응집작용(Coagulationg Property)
③ 침투작용(Penetrating Property)
④ 고착작용(Adhesive Property)

해설
응집력은 입자가 집단을 만드는 힘, 계면활성제는 약액이 잘 퍼지게 하는 것이다.

67 살충제를 작용기작에 따라 분류하였을 때 가장 거리가 먼 것은?

① 성장저해제
② 신경전달저해제
③ 호흡저해제
④ 광합성저해제

해설
광합성저해제는 제초제의 작용기작

68 농용 항생제가 아닌 것은?

① Chloropicrin
② Blasticidin-S
③ Kasugamycin
④ Streptomycin

해설
Chloropicrin(클로로피크린)은 토양훈증제로 사용한다.

69 항생제 계통의 살균제인 Streptomycin에 대한 설명으로 옳은 것은?

① 주로 벼의 도열병 방제용으로 살포된다.
② 저독성 약제로 세균성병 방제에 사용된다.
③ 살균기작은 SH효소에 의한 핵산합성 저해이다.
④ 수화제로 사용할 경우 주로 Streptomycin 80%, 기타 증량제 20%로 희석하여 사용한다.

해설
농용 항생제이고 수화제로 사용 시 원제 20%, 증량제 80%

정답 65 ④ 66 ② 67 ④ 68 ① 69 ②

70 농약 독성의 발현속도(시기)에 따른 구분은?

① 고독성
② 급성독성
③ 잔류독성
④ 경구독성

해설
발현속도에 따른 독성
- 급성독성 : 일시에 다량의 농약에 노출되었을 때 나타나는 독성
- 만성독성 : 소량의 농약이 장기간에 걸쳐 노출 시 나타나는 독성

71 농약의 분자구조 중 $H_2N-CO-NH_2$ 골격을 가진 농약 계열은?

① 트라이아진(Triazine)계
② 아마이드(Amide)계
③ 다이아진(Diazine)계
④ 우레아(Urea)계

해설
$(NH_2)_2CO$: 우레아(요소)

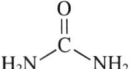

72 농약관리법령상 농약과 농약의 포장지에 포함되어야 할 표시사항이 바르게 연결되지 않은 것은?

① 대기오염성 농약 – 경고표시와 안내문자
② 사람 및 가축에 위해한 농약 – 해독방법
③ 살충제 – 사용방법과 사용에 적합한 시기
④ 토양잔류성 농약 – 저장·보관 및 사용상의 주의사항

해설
농약 등·원제의 표시사항 및 가격 표시방법(농약관리법 시행규칙 제23조 제1항)
농약 등 또는 원제의 표시사항은 다음과 같다.
- 품목등록번호 또는 제품등록번호
- 농약 등 또는 원제의 명칭 및 제제형태
- 유효성분의 일반명 및 함유량과 기타 성분의 함유량
- 포장단위
- 농작물별 적용병해충(제초제·생장조정제나 약효를 증진시키는 자재의 경우에는 적용대상토지의 지목이나 해당 용도를 말한다) 및 사용량
- 사용방법과 사용에 적합한 시기
- 안전사용기준 및 취급제한기준(그 기준이 설정된 농약에 한한다)
- 다음의 어느 하나에 해당하는 표시사항
  – 맹독성·고독성·작물잔류성·토양잔류성·수질오염성 및 어독성 농약 등의 경우에는 그 문자와 경고 또는 주의사항
  – 사람 및 가축에 위해한 농약 등 또는 원제의 경우에는 그 요지 및 해독방법
  – 수서생물에 위해한 농약 등 또는 원제의 경우에는 그 요지
  – 인화 또는 폭발 등의 위험성이 있는 농약 등 또는 원제의 경우에는 그 요지 및 특별취급방법
- 저장·보관 및 사용상의 주의사항
- 상호 및 소재지(수입하는 농약 등 또는 원제의 경우에는 수입업자의 상호 및 소재지와 제조국가 및 제조자의 상호를 말한다)
- 농약 등 또는 원제 제조 시 제품의 균일성이 인정되도록 구성한 모집단의 일련번호
- 약효보증기간
- 법 위반에 따른 과태료 적용 등 주의사항

정답 70 ② 71 ④ 72 ①

73 유기인제에 중독되었을 때 주로 사용되는 해독제는?

① Balbitar ② PAM
③ Meticarbanol ④ Rhenitonine

해설
농약 중독별 해독제

농 약	치료제
유기인계	팜(PAM), 황산아트로핀
유기염소계	항경련제
카바메이트계	황산아트로핀
피레스로이드계	황산아트로핀
칼탑·티오사이클람계	발(BAL), 글루타티온 등 SH계 해독제
디티오카바메이트계	스테로이드제
메틸브로마이드, 이디비(EDB)계	발(BAL), 아미노페린(amino-pherin)
유기비소계	BAL
염소산염계 제초제	황산소다를 중탄산소다에 용해시킨 것

74 해충의 신체 골격을 이루는 키틴(Chitin)의 생합성을 저해하는 살충제의 작용기작은?

① 신경 및 근육에서의 자극전달작용 저해
② 성장 및 발생과정 저해
③ 호흡과정 저해
④ 중장 파괴

해설
키틴의 생합성 저해
- 키틴은 곤충의 단단한 외골격을 구성하는 큐티클의 주요 구성성분
- 곤충이 변태를 거칠 때마다 글루코스를 원료로 하여 체내에서 합성
- 키틴의 생합성이 저해되면 곤충이 탈피할 때 새로운 외표피의 형성이 불가능해짐
- 곤충생장살충제 : 뷰프로페진, 다이플루벤주론, 클로르플루아주론, 헥사플루뮤론, 테플루벤주론, 트라이플루뮤론 등

75 60kg 농작물에 50% 유제를 사용하여 원제의 농도가 8mg/kg작물이 되도록 처리하려고 할 때 소요 약량(mL)은?(단, 약제의 비중은 1.07이다)

① 0.5 ② 0.7
③ 0.9 ④ 1.2

해설
60 × 0.8mg/1.07/0.5 = 약. 897mL

76 45% EPN 유제 200mL를 0.3%로 희석하는 데 소요되는 물의 양(mL)은?(단, 유제의 비중은 1.0이다)

① 29,800 ② 28,700
③ 27,600 ④ 26,500

해설
200mL × (45%/0.3% − 1) = 29,800mL

77 농약의 품질불량의 원인이 되어 약해를 일으키는 경우가 가장 거리가 먼 것은?

① 유해성분의 생성에 의한 약해
② 불순물의 혼합에 의한 약해
③ 원제 부성분에 의한 약해
④ 고농도에 의한 약해

해설
고농도 처리는 사용자가 안전수칙을 지키지 않아 발생하는 약해이다.

78 농약의 일일 섭취허용량(ADI) 설정식으로 옳은 것은?(단, NOAEL은 No Observable Adverse Effect Level, MRL은 Maximum Residue Limit의 약어이다)

① NOAEL ÷ 식품계수
② NOAEL ÷ 체중
③ NOAEL ÷ 안전계수
④ NOAEL ÷ MRL

해설
농약의 1일 섭취허용량(ADI)
- 농약을 일생 동안 매일 섭취하여도 시험동물에 아무런 영향도 주지 않는 농약의 최대약량(NOEL, 최대무작용약량)을 구한 후 이 값에 안전계수(일반적으로 1/100)를 곱한 값
- 체중에 따라 섭취허용량이 달라짐
- 최대무작용약량(NOEL ; No Observed Effect Level) : 1일 섭취허용량의 설정 기준
- 1일 섭취허용량 : 식품 중 농약 잔류허용기준 설정 기준

79 유기인제 살충제의 특성에 대한 설명으로 옳은 것은?

① 대부분 안정한 화합물이다.
② 알칼리에 대하여 분해되기 쉽다.
③ 동·식물체 내에서의 분해가 느리다.
④ 직사광선에 의하여 분해되지 않는다.

해설
유기인계 살충제
- 대체로 독성이 강하지만 동물체 내에서 비교적 빨리 분해되어 무독화
- 주로 급성 중독

80 수면시용법(水面施用法)으로 살포하는 약제가 갖추어야 할 특성으로 틀린 것은?

① 물에 잘 풀리고 널리 확산되어야 한다.
② 물이나 미생물 또는 토양성분 등에 의하여 분해되지 않아야 한다.
③ 수중에서 장시간에 걸쳐 녹아 약액의 농도를 유지하여야 한다.
④ 가급적 약제의 일부는 수중에 현수되도록 친수 및 발수성을 갖추어야 한다.

해설
수면시용제의 경우 어독성을 방지하기 위해 수중에서 장시간에 걸쳐 녹아 약액의 농도를 유지해서는 안 된다.

제5과목 잡초방제학

81 주로 논이나 습지에 발생하는 화본과 다년생 잡초는?

① 향부자
② 망 초
③ 씀바귀
④ 나도겨풀

해설
논잡초
- 일년생 잡초 : 피, 마디꽃, 물달개비
- 다년생 잡초 : 가래, 너도방동사니, 올미
- 부유성 잡초 : 생이가래, 개구리밥, 좀개구리밥
- 조류 : 이끼, 괴불, 갈조, 남조
- 화본과 잡초 Grasses : 피, 나도겨풀
- 사초과 잡초 Sedges : 너도방동사니, 올방개
- 광엽잡초 Broadleaf : 가래, 물달개비

82 다음 중 잡초종합방제체계 수립을 휘한 선형특성적 모형에서 시작부터 완성단계로의 순서가 올바르게 나열된 것은?

① 모형의 평가 및 수정 → 문제유형의 검토 → 잡초군락의 예찰 → 제초방법의 선정 → 방제체계의 적용
② 문제유형의 검토 → 잡초군락의 예찰 → 제초방법의 선정 → 방제체계의 적용 → 모형의 평가 및 수정
③ 제초방법의 선정 → 잡초군락의 예찰 → 방제체계의 적용 → 문제유형의 검토 → 모형의 평가 및 수정
④ 잡초군락의 예찰 → 문제유형의 검토 → 방제체계의 적용 → 모형의 평가 및 수정 → 제초방법의 선정

해설
잡초종합방제체계 수립 순서
문제유형의 검토 → 잡초군락의 예찰 → 제초방법의 선정 → 방제체계의 적용 → 모형의 평가 및 수정

83 제초제의 살초형태와 가장 거리가 먼 것은?

① 숙기억제
② 황 화
③ 고 사
④ 괴 사

해설
살초형태 : 황화(잎이 황색으로 변하는 것), 고사(말라 죽는 것), 괴사(검게 변하면서 죽는 것)

84 잡초를 형태학적으로 분류할 때 관계없는 것은?

① 광엽 잡초
② 로제트형 잡초
③ 화본과 잡초
④ 방동사니과 잡초

해설
로제트형은 생장형태에 따른 분류

85 수용성이 아닌 원제를 아주 작은 입자로 미분화시킨 분말로 물에 분산시켜 사용하는 제초제의 제형은?

① 유 제
② 보조제
③ 수용제
④ 수화제

해설
수화제 : 원제를 아주 작은 입자로 미분화시킨 분말로서 물에 분산시켜 사용

정답 81 ④ 82 ② 83 ① 84 ② 85 ④

86 광합성을 억제하는 계통의 제초제가 아닌 것은?

① Triazine계 ② Urea계
③ Acetamide계 ④ Bipyridylium계

해설
제초제의 작용기작

작용기작	제초제의 분류 및 종류
광합성 저해	벤조티아디아졸계, 트라이아진계, 요소계, 아마이드계, 비피리딜리움계(과산화물 생성)
호흡작용 및 산화적 인산화 저해	카바메이트계, 유기염소계
호르몬 작용 교란	페녹시계(2,4-D, MCP), 벤조산계
단백질 합성 저해	아마이드계, 유기인계
세포분열 저해	디나이트로아닐린계, 카바메이트계
아미노산 생합성 저해	설포닐우레아계, 이미다졸리논계, 유기인계(Glyphosate)

87 다음 중 일년생 잡초로만 나열된 것은?

① 여뀌, 물달개비
② 벗풀, 띠
③ 보풀, 민들레
④ 올방개, 토끼풀

해설
일년생 잡초
- 화본과 : 강피, 물피, 돌피, 뚝새풀
- 방동사니과 : 알방동사니, 참방동사니, 바람하늘지기, 바늘골
- 광엽초 : 물달개비, 물옥잠, 사마귀풀, 여뀌, 여뀌바늘, 마디꽃, 밭뚝외풀, 등애풀, 생이가래, 곡정초, 자귀풀, 중대가리풀

88 제초제의 선택성에 영향을 미치는 요인 중 물리적 요인으로 가장 거리가 먼 것은?

① 처리 방법 ② 제 형
③ 처리 약량 ④ 광 도

해설
제초제의 선택성 중 물리적 요인 : 처리 방법, 제형, 처리 약량

89 다음 중 광엽 잡초로만 나열한 것은?

① 여뀌, 명아주 ② 매자기, 쇠털골
③ 돌피, 띠 ④ 향부자, 바랭이

해설
광엽초 : 물달개비, 물옥잠, 사마귀풀, 여뀌, 여뀌바늘, 마디꽃, 밭뚝외풀, 등애풀, 생이가래, 곡정초, 자귀풀, 중대가리풀, 명아주

90 다음 중 잡초의 유용성으로 가장 거리가 먼 것은?

① 병해충의 서식처가 된다.
② 토양에 유기물을 공급해 준다.
③ 토양 유실을 방지해 준다.
④ 작물개량을 위한 유전자 자원으로 활용될 수 있다.

해설
병해충의 서식처가 되기 때문에 발병 전 제거해야 병해충 발생이 감소한다.

정답 86 ③ 87 ① 88 ④ 89 ① 90 ①

91 잡초종자의 발아 습성으로 옳지 않은 것은?

① 발아의 준동시성
② 발아의 계절성
③ 발아의 불연속성
④ 발아의 주기성

해설
잡초 발아 습성 : 발아의 주기성, 발아의 계절성, 발아의 준동시성

92 식물영양소 중 작물과 잡초에 가장 많이 요구되는 영양소들로만 나열된 것은?

① 염소, 철, 게르마늄
② 철, 몰리브덴, 셀렌
③ 칼륨, 질소, 인산
④ 코발트, 나트륨, 붕소

해설
작물 재배에 필요한 필수영양소 중 다량원소와 겹침 : 질소, 인산, 칼륨

93 다음 중 주로 괴경으로 번식하는 논잡초는?

① 올방개   ② 깨 풀
③ 속속이풀 ④ 꽃다지

해설
괴경 : 벗풀, 향부자, 매자기, 올방개, 올미, 너도방동사니

94 잡초에 대한 작물의 경합력을 높이는 방법으로 가장 적절한 것은?

① 무비재배를 한다.
② 직파재배를 한다.
③ 이앙·이식재배를 한다.
④ 무경운재배를 한다.

해설
초기 경합력이 떨어지는 시기 극복을 위해 이식재배로 경합력 증대

95 다음 중 잡초경합 한계기간이 가장 긴 작물은?

① 녹 두   ② 양 파
③ 밭 벼   ④ 콩

해설
양파는 월동 후 수확하는 작물로 보기 중 재배기간이 긴 작물이기에 경합한계기간이 길다.

정답 91 ③ 92 ③ 93 ① 94 ③ 95 ②

96 작물과 잡초간의 경합에 관여하는 주요한 요인으로 가장 거리가 먼 것은?
① 수 분 ② 광
③ 영양분 ④ 제초제 내성

해설
작물과 광, 수분, 양분을 두고 경합한다.

97 다음 중 선택성 제초제는?
① 2,4-D
② Paraquat
③ Glufosinate
④ Glyphosate

해설
2,4-D : 1년생 및 다년생 광엽잡초의 경엽에 처리하는 선택성 제초제

98 다음 중 암발아 잡초 종자에 해당하는 것은?
① 쇠비름
② 바랭이
③ 광대나물
④ 소리쟁이

해설
암발아종자 : 별꽃, 냉이, 광대나물, 독말풀

99 잡초의 번식에 대한 설명으로 옳지 않은 것은?
① 영양번식은 포복경, 지하경, 인경, 구경 등을 통해 이루어지는 것을 말한다.
② 돌피, 바랭이, 냉이는 유성번식을 한다.
③ 다년생 잡초는 영양번식과 유성번식을 겸한다.
④ 일년생 잡초는 자가수정에 의해서만 번식한다.

해설
잡초는 열악한 환경에서 적응성을 높이기 위해 유리한 조건에서는 자가수정, 불리한 조건에서는 타가수정을 한다.

100 다음 중 외래잡초로만 나열된 것은?
① 돼지풀, 올미
② 너도방동사니, 흰명아주
③ 개망초, 어저귀
④ 올방개, 광대나물

해설
농경지 외래잡초
- 콩 : 가늘털비름, 명아주류, 털여뀌, 미국가막사리
- 옥수수 : 어저귀, 가늘털비름, 돌소리쟁이, 털여뀌, 명아주류, 독말풀, 큰도꼬마리, 도깨비가지, 단풍잎돼지풀, 미국가막사리
- 목초지 : 돌소리쟁이, 소리쟁이, 도깨비가지, 왕도깨비가지, 난쟁이아욱, 가시비름, 자주광대나물, 독말풀, 도꼬마리, 큰도꼬마리, 어저귀, 큰개불알풀, 붉은서나물, 큰방가지똥, 서양민들레, 서양금혼초, 만수국아재비, 개망초

정답 96 ④ 97 ① 98 ③ 99 ④ 100 ③

2022년 제1회 과년도 기출문제

식물보호기사

제1과목 식물병리학

01 소나무 잎마름병의 병징에 대한 설명으로 옳은 것은?
① 봄에 묵은 잎이 적갈색으로 변하면서 대량으로 떨어진다.
② 잎에 바늘구멍 크기의 적갈색 반점이 나타나고 동심원으로 커진다.
③ 수관 하부에 있는 잎에서 담갈색 반점이 생기면서 발생하여 상부로 점차 진전한다.
④ 잎에 띠 모양의 황색 반점이 생기다가 갈색으로 변하면서 반점들은 합쳐진다.

해설
소나무 잎마름병의 병징
• 잎에 띠 모양의 황색 점무늬가 생기고, 이후 병반이 커지면서 합쳐지며 갈변한다.
• 병반 위에는 검은색 작은 점이 각피를 뚫고 돌출된다.
• 분생포자경 및 분생포자가 형성되며 분생포자가 1차 전염원이 된다.

02 다음 중 균류의 영양기관은?
① 왁스층 ② 포자낭
③ 분생포자 ④ 균사체

해설
병원체의 영양기관 : 균사체, 균사속, 균핵, 자좌

03 식물병 발생에 필요한 3대 요인에 속하지 않는 것은?
① 기 주 ② 병원체
③ 매개충 ④ 환경요인

해설
병 발생에 필요한 3대 요인 : 기주, 병원체, 환경요인

04 다음 중 사과 겹무늬썩음병의 병원균은?
① 곰팡이 ② 바이러스
③ 세 균 ④ 파이토플라스마

해설
사과 겹무늬썩음병의 병원체는 자낭포자를 가지는 곰팡이균 *Botryosphaeria dothidea*이다.

05 다음 중 오이류 덩굴쪼김병의 방제 방법으로 가장 효과가 낮은 것은?
① 종자를 소독한다.
② 저항성 품종을 재배한다.
③ 잎 표면에 약제를 집중적으로 살포한다.
④ 호박이나 박을 대목으로 접목하여 재배한다.

해설
오이류 덩굴쪼김병은 박과류에서 토양으로 전염되는 병

정답 1 ④ 2 ④ 3 ③ 4 ① 5 ③

06 병원균이 불완전세대로 *Pyricularia grisea*(*P. oryzae*)인 식물병은?

① 보리 줄기녹병
② 벼 도열병
③ 감귤 잿빛곰팡이병
④ 오이 흰가루병

> **해설**
> **벼 도열병**(*Pyricularia Oryzae*)
> 불완전균류로 바람(종자)에 의해 전파되며 균사, 분생포자로 볏짚, 병든 종자에서 월동한다. 저온 다습환경에서 다발생하고 규소시비 예방효과가 있다.

07 자주날개무늬병이 속하는 진균류는?

① 담자균   ② 병꼴균
③ 난 균   ④ 접합균

> **해설**
> 과수의 자주날개무늬병균은 분류학적으로 진균(담자균류)에 속한다.

08 다음 중 유주자낭을 형성하는 병원균은?

① 오이 흰가루병균
② 딸기 시들음병균
③ 고추 역병균
④ 토마토 잿빛곰팡이병균

> **해설**
> 유주자균류(난균류) : 역병(*Phytophthora cactorum*), 노균병(*Plasmopara viticola*)

09 배나무 붉은별무늬병에 대한 설명으로 옳지 않은 것은?

① 잎에 병무늬가 많이 형성되면 조기 낙엽의 원인이 된다.
② 주요 발병 부위는 잎, 열매, 가지이다.
③ 병원균이 기주교대를 하지 않는다.
④ 병원균은 순활물기생균이다.

> **해설**
> **녹병류의 중간기주**
> • 배나무 붉은별무늬병균(적성병) : 향나무
> • 사과나무 붉은별무늬병 : 향나무
> • 소나무 혹녹병 : 졸참, 신갈나무
> • 맥류 줄기녹병 : 매자나무
> • 밀 붉은녹병 : 좀꿩의다리

10 자낭균이며 표징이 잘 나타나지 않는 것은?

① 보리 겉깜부기병
② 벼 잎집무늬마름병
③ 밀 줄기녹병
④ 벼 깨씨무늬병

> **해설**
> 벼 깨씨무늬병은 자낭균류로 분류되며 바람이나 종자에 의해 전파되고 포자나 균사의 형태로 병든 볏짚이나 볍씨에서 월동함, 사질논, 노후화답에서 다발생

정답 6 ② 7 ① 8 ③ 9 ③ 10 ④

11 다음 중 매개충에 의해 경란 전염하는 바이러스는?

① 보리 줄무늬모자이크병
② 감자 X 바이러스병
③ 담배 모자이크병
④ 벼 줄무늬잎마름병

> **해설**
> 벼 줄무늬잎마름병은 애멸구 매개 바이러스에 의한 병이다.

12 감자 역병에 대한 설명으로 옳지 않은 것은?

① 아일랜드 대기근의 원인이다.
② 병원균은 자웅동형성이다.
③ 역사적으로 1845년경에 대발생했다.
④ 무병 씨감자를 사용하여 방제할 수 있다.

> **해설**
> 감자 역병균은 주로 무성생식에 의하여 형성된 분생포자가 공기전염을 통해 대량 확산되며, 괴경 등에서 균사체로 월동하였다가 이듬해 1차 전염원

13 식물병원균에 대한 길항균으로 많이 사용되는 것은?

① *Streptomyces scabies*
② *Trichoderma harzianum*
③ *Penicillium expansum*
④ *Rhizoctonia solani*

> **해설**
> *Trichoderma harzianum*는 길항작용으로 식물병 억제에 사용되는 균이다.

14 다음 중 크기가 가장 작은 것은?

① 세 균
② 곰팡이
③ 바이러스
④ 바이로이드

> **해설**
> **병원체의 크기순** : 바이로이드 < 바이러스 < 세균 < 진균(곰팡이)

15 푸사리움균(*Fusarium*)에서 알려졌으며, 하나의 세포 내에 유전적으로 다른 2개 이상의 반수체핵이 존재하는 현상은?

① 이질반핵현상
② 이질다핵현상
③ 동질반핵현상
④ 동질다핵현상

> **해설**
> 이질다핵현상은 하나의 세포 내에 유전적으로 다른 2개 이상의 반수체핵이 존재하는 경우로 녹병균, *Fusarium*균, *Bipolaris*균 등에서 일어난다.

16 감염된 식물체 중 가축이 먹으면 가장 해로운 병은?

① 담배 모자이크병
② 보리 붉은곰팡이병
③ 콩 자주무늬병
④ 벼 도열병

해설
맥류 붉은곰팡이병의 유독한 알칼로이드 독소에 의해 식중독을 유발한다.

17 밤나무 줄기마름병의 병반 부위의 전형적인 병징은?

① 비 대   ② 천 공
③ 위 조   ④ 궤 양

해설
밤나무 줄기마름병(胴枯病) : 표피가 썩거나 궤양 증상 발생
- 병원 : *Cryphonectria parasitica*, 진균(자낭균류)
- 기주 : 밤나무, 참나무, 단풍나무
- 방제법
  - 물빠짐이 좋지 않은 포장이나 약한 나무에 피해가 심해 건묘를 키움
  - 상처부위로 병원균이 침입하므로 병든 부분을 도려내어 도포제를 발라줌
  - 적기에 시비하고 질소질 비료의 과용을 피함

18 노지에서 고추 역병이 가장 잘 발병하는 요인은?

① 사질토양   ② 고 온
③ 건 조   ④ 침 수

해설
노지에서 고추 역병은 토양전염성 병인 역병에 의해 발생하며, 침수 시 다발생한다.

19 식물병 진단방법 중 형광항체법을 이용하는 것은?

① 혈청학적 진단
② 생물학적 진단
③ 물리적 진단
④ 핵산분석에 의한 진단

해설
혈청학적 진단
이미 알고 있는 병원세균이나 병원바이러스의 항혈청(Antiserum)을 만들고, 여기에 진단하려는 병든 식물의 즙액이나 분리된 병원체를 반응시켜서 병원체 조사, 감자 X모자이크병, 보리 줄무늬모자이크병의 간이진단법, 벼 줄무늬바이러스병의 보독충 검정 등에 이용한다.

20 다음 중 진딧물에 의해 바이러스가 전염되어 발생하는 병은?

① 콩 불마름병
② 벼 도열병
③ 배추 모자이크병
④ 대추나무 빗자루병

해설
진딧물은 2차적인 피해로 농작물에 PLRV(감자 잎말림바이러스), TuMV(순무 모자이크바이러스), CAMV(꽃양배추 모자이크바이러스), CMV(오이 모자이크바이러스) 등의 바이러스병을 옮긴다.

정답 16 ② 17 ④ 18 ④ 19 ① 20 ③

제2과목 농림해충학

21 곤충의 생식기관이 아닌 것은?

① 심 문
② 저장낭
③ 부속샘
④ 송이체

해설
곤충 암수의 생식기관 비교

암 컷	수 컷
1쌍의 난소(알집)	1쌍의 고환(정집)
1쌍의 옆 수란관	1쌍의 수정관과 저정관
중앙수란관과 질	중앙사정관
부속샘	부속샘
수정란과 부속샘	-
교미낭	-
산란관	교미기

22 거미와 비교한 곤충의 특징으로 가장 거리가 먼 것은?

① 겹눈과 홑눈이 있다.
② 변태를 하는 종이 있다.
③ 4쌍의 다리를 가지고 있다.
④ 몸이 머리, 가슴, 배 3부분으로 되어 있다.

해설
곤충은 3쌍의 다리를 가지고 있다.

23 사과굴나방에 대한 설명으로 옳지 않은 것은?

① 알로 잎 속에서 월동한다.
② 피해 입은 잎이 뒷면으로 말린다.
③ 잎 뒷면에 성충이 우화하여 나간 구멍이 있다.
④ 사과나무, 배나무, 복숭아나무의 잎을 가해한다.

해설
사과굴나방은 번데기 형태로 월동한다.

24 담배나방에 대한 설명으로 틀린 것은?

① 고추의 주요 해충 중 하나이다.
② 땅속에서 번데기로 월동한다.
③ 1년에 1회 발생한다.
④ 담배에 피해를 준다.

해설
담배나방은 연 3회 발생한다.

25 벼의 해충 중 흡즙에 의한 직접적인 피해 외에도 줄무늬잎마름병과 검은줄오갈병의 바이러스병을 매개하여 간접적인 피해를 주는 해충은?

① 이화명나방
② 흑명나방
③ 벼멸구
④ 애멸구

해설
벼 줄무늬잎마름병과 검은줄오갈병은 애멸구에 의해 매개되는 바이러스병이다.

정답 21 ① 22 ③ 23 ① 24 ③ 25 ④

26 점박이응애에 대한 설명으로 옳지 않은 것은?

① 알은 투명하다.
② 기주범위가 넓다.
③ 부화직후의 약충은 다리가 4쌍이다.
④ 여름형과 월동형 성충의 몸 색깔이 다르다.

해설
점박이응애의 유충은 알보다 약간 크다. 처음에는 투명하지만 점차 연녹색으로 변하고 검은 점이 생기며, 눈은 빨갛고, 다리가 3쌍인 것이 특징이다. 제1, 2 약충은 유충보다 몸과 검은 점이 점점 커지며 녹색이 진해지고 성충과 같이 다리가 4쌍이다.

27 다음 중 가해하는 기주가 가장 다양한 해충은?

① 벼멸구   ② 솔잎혹파리
③ 사과혹진딧물 ④ 미국흰불나방

해설
미국흰불나방 : 외래해충
• 대부분의 활엽수를 가해하는 잡식성 해충
• 도시주변의 가로수나 정원수에 피해가 심함
• 연 2회 발생, 번데기 형태로 월동
• 제1화기보다 제2화기의 피해가 더 심함(월동 양분 저장을 위해 더 많이 가해함)

28 외부의 자극에 반응하여 곤충이 해동하는 유형이 아닌 것은?

① 주굴성   ② 주광성
③ 주화성   ④ 주수성

해설
• 주성 : 동물이 어떤 자극을 받고 몸이 자극이 미치는 방향으로 움직이는 성질 및 물러나는 성질
• 주광성 : 빛에 대한 반응
  - 양성 주광성을 가진 것 : 나비, 나방
  - 성 주광성을 가진 것 : 구더기, 바퀴류
• 주화성(走化性) : 특수한 식물 산란하고 특수한 식물만 먹는 것은 그 식물이 가진 화학 물질에 유인되기 때문임
• 주수성 : 수서곤충이 물을 찾아가는 주성
• 주촉성 : 다른 물건에 접촉하려는 주성
• 주류성 : 물고기가 물이 흘러오는 방향으로 거슬러 올라가는 것과 마찬가지로 곤충도 물이 흘러오는 쪽을 향해서 운동
• 주풍성 : 바람에 의한 영향을 받는 성질
• 주지성(走地性) : 곤충이 앉을 때 머리 쪽이 땅을 향하거나 반대로 앉는 성질
• 주열성 : 주온성이라고도 함

29 복관(Collophore)을 갖고 있는 곤충은?

① 좀   ② 낫발이
③ 진딧물   ④ 톡토기

해설
톡톡이 : 제1배마디 복측에는 복관(Collophore)이 있으며, 제4배마디 복측에는 도약할 때 사용되는 도약기(Furcula)가 있다. 복관은 점액질로 둘러싸여 있으며, 수면 위에 부유할 때 몸을 지탱해주며, 수분조절, 호흡 등의 역할을 한다.

26 ③ 27 ④ 28 ① 29 ④

30 식도하신경절에 의해 운동신경과 감각신경의 지배를 받지 않는 기관은?

① 큰 턱 ② 작은턱
③ 더듬이 ④ 아랫입술

해설
식도하신경절은 목 부위에 연결된 근육과 감각기관에 연결된 신경으로, 운동을 촉진 또는 억제시키는 역할을 하며, 더듬이는 촉각기관이다.

31 곤충의 생리에 대한 설명으로 가장 거리가 먼 것은?

① 기관 호흡을 한다.
② 연속되는 탈피를 통해 몸을 키운다.
③ 완전변태류의 경우 번데기 과정을 거친다.
④ 혈액 속 헤모글로빈에 의해 산소를 공급받는다.

해설
① 곤충은 체액의 혈구(Hemocyte)가 산소를 운반한다.

32 간모를 통해 단위생식을 하는 것은?

① 배추순나방
② 점박이응애
③ 가루깍지벌레
④ 복숭아혹진딧물

해설
복숭아혹진딧물은 늦가을까지 단위생식을 한다.

33 곤충의 전형적인 더듬이의 주요부분 중 존스턴기관을 가지고 있는 것은?

① 자루마디(Scape)
② 팔굽마디(Pedicel)
③ 채찍마디(Flagellum)
④ 관절점

해설
존스턴기관은 팔굽마디(흔들마디)에 위치한다.

34 마늘에 피해를 주는 고자리파리의 방제방법으로 가장 효과가 적은 것은?

① 천적인 고자리혹벌을 이용한다.
② 미숙 유기질 비료를 많이 시용한다.
③ 파종 또는 이식 전에 토양살충제를 살포한다.
④ 연작지에서 발생과 피해가 심하므로 윤작을 실시한다.

해설
마늘에 피해를 주는 고자리파리는 미숙 유기질 비료를 많이 시용할 경우 토양에서 부숙되는 냄새에 의해 주위 성충이 꼬이면서 다발생 한다.

35 외시류 곤충의 겹눈을 구성하는 낱눈의 수의 변화에 대한 설명으로 옳은 것은?

① 약충 발육기간 중에만 증가한다.
② 변태기에만 증가한다.
③ 탈피기와 변태기에 모두 증가한다.
④ 아무런 수의 변화가 없다.

해설
곤충의 겹눈을 구성하는 낱눈 수의 변화는 탈피기와 변태기에 모두 증가한다.

정답 30 ③ 31 ④ 32 ④ 33 ② 34 ② 35 ③

36 파리의 날개는 몸의 어느 부위에 부착되어 있는가?

① 등 판　　② 앞가슴
③ 가운데가슴　　④ 뒷가슴

해설
곤충의 날개
- 대개 2쌍이며 앞날개는 가운데가슴에 뒷날개는 뒷가슴에 달려있음 – 파리목의 뒷날개는 평균기로 변형
- 나비, 나방은 앞날개의 폭이 넓고 연약하며 보통 삼각형
- 파리목은 뒷날개가 퇴화되어 평균곤을 이룸
- 부채벌레목은 앞날개가 퇴화하여 작대기 모양의 평균곤을 이룸
- 메뚜기와 딱정벌레류는 뒷날개만 나는데 이용, 앞날개는 시초(초시)로 변형되어 뒷날개를 보호하는 역할

37 곤충의 배설계에 대한 설명으로 옳지 않은 것은?

① 말피기관의 끝은 막혀 있다.
② 지상곤충은 주로 질소대사산물을 암모니아 형태로 배설한다.
③ 말피기관은 중장과 후장의 접속부분에서 후장에 연결되어 있다.
④ 말피기관 밑부와 직장은 물과 무기이온을 재흡수하여 조직 내의 삼투압을 조절한다.

해설
곤충의 질소배설물은 물에 녹지 않는 요산, 구아닌으로 물과 함께 배설할 필요가 없어서 체내에 수분을 보존한다.

38 아성충 단계가 있고, 유충은 기관아가미로 호흡하는 곤충류는?

① 모 기　　② 파 리
③ 총채벌레　　④ 하루살이

해설
하루살이는 유충이나 아성충에게는 입이 있지만, 성충은 입이 퇴화하여 흔적만 남아 있다.

39 다음 설명에 해당하는 살충제는?

- 접촉독, 식독작용 및 흡입독작용을 가진다.
- 살충력이 극히 강하고 작용범위도 넓으나 포유류에 대한 독성이 매우 강하여 현재 국내에서는 사용이 금지된 농약이다.
- 일부 외국에서는 사용되고 있어 식품 중 잔류허용기준이 고시된 농약이다.

① 니코틴　　② 비산석회
③ 파라티온　　④ 피레트린

해설
유기인계에 속하는 파라티온에 대한 설명이다.

40 근육 부착을 위한 머리내 골격 구조를 무엇이라 하는가?

① 봉합선(Suture)
② 합체절(Tagma)
③ 막상골(Tentorium)
④ 두개(Cranium)

해설
막상골은 곤충의 머리 부위 안쪽에 있는 U자 모양과 X자 모양의 내골격으로, 구기나 더듬이를 움직이는 근육이 붙어있다.

제3과목 재배학원론

41 다음 중 굴광현상에 가장 유효한 광은?
① 청색광   ② 녹색광
③ 자색광   ④ 자외선

해설
굴광성은 440~480nm 파장대의 청색광에 의해 유도된다.

42 다음 중 작물의 주요온도에서 생육이 가능한 범위 내 최고온도가 가장 높은 것은?
① 사탕무   ② 옥수수
③ 보리   ④ 밀

해설
② 옥수수 40~44℃
① 사탕무 28~30℃
③ 보리 28~30℃
④ 밀 30~32℃

43 다음 중 작물의 복토 깊이가 가장 깊은 것은?
① 양파   ② 생강
③ 배추   ④ 시금치

해설
작물의 복토 깊이
- 생강, 감자, 토란, 글라디올러스 등 : 5~9cm
- 양파 : 종자가 보이지 않은 정도
- 배추, 순무, 양배추, 가지, 고추, 토마토, 오이, 차조기 등 : 0.5~1cm
- 시금치, 조, 기장, 수수, 무, 수박, 호박 등 : 1.5~2cm

44 작물체 내에서 전류이동이 잘 이루어져 결핍될 경우 결핍증상이 오래된 잎에 먼저 나타나는 다량원소는?
① 아연   ② 철
③ 붕소   ④ 질소

해설
질소는 작물체 내에서 전류이동이 잘 이루어져 결핍될 경우 결핍증상이 오래된 잎에 먼저 나타나는 다량원소이다.

45 재배포장에서 파종된 종자의 발아상태를 조사할 때 '발아한 것이 처음 나타난 날'을 무엇이라 하는가?
① 발아전   ② 발아의 양부
③ 발아기   ④ 발아시

해설
발아시 : 파종된 종자 중에서 최초로 1개체가 발아한 날

46 맥류의 도복을 적게 하는 방법으로 옳지 않은 것은?
① 칼륨 비료의 사용
② 단간성 품종의 선택
③ 파종량의 증대
④ 석회 사용

해설
파종량을 늘릴 경우 밀도가 높아져 빛을 제대로 받지 못해 웃자라 쓰러짐이 많아진다.

정답 41 ① 42 ② 43 ② 44 ④ 45 ④ 46 ③

47 다음 중 직근류에 해당하는 것으로만 나열된 것은?

① 감자, 보리
② 당근, 우엉
③ 토란, 마
④ 생강, 베치

해설
직근류(뿌리가 길고 바르게 뻗는 작물) : 무, 순무, 당근, 우엉

48 벼에서 염해가 우려되는 최소 농도는?

① 0.04% NaCl
② 0.1% NaCl
③ 0.7% NaCl
④ 0.9% NaCl

해설
염분 농도가 0.1%에서 염해가 발생하며 0.3% 이하에서 생육이 가능하다.

49 ( )에 알맞은 내용은?

> 옥수수, 수수 등을 재배하면 잡초가 크게 경감되므로 ( )이라고 한다.

① 동반작물
② 휴한작물
③ 중경작물
④ 환금작물

해설
중경은 흙을 떠서 이랑에 얹어 주는 것을 말하고, 옥수수와 수수는 잡초보다 생육 빨라 잡초를 덮는 효과가 있다.

50 다음 중 요수량이 가장 적은 작물은?

① 호박
② 완두
③ 옥수수
④ 클로버

해설
요수량 : 건물 1g을 생산하는 데 소비된 수분의 양
- 요수량이 큰 식물 : 두과 작물(알팔파, 클로버), 명아주
- 요수량이 작은 작물 : 수수, 기장, 옥수수

※ 명아주 > 오이, 호박, 두류 작물 > 감자, 목화, 맥류 > 수수, 기장, 옥수수

51 작물의 내염성 정도가 강한 것으로만 나열된 것은?

① 완두, 레몬
② 셀러리, 고구마
③ 양배추, 순무
④ 살구, 복숭아

해설
내염성이 강한 작물 : 사탕무, 유채, 순무, 수수, 양배추, 목화 등

52 군락의 수광태세가 좋아지고 밀식적응성이 높은 콩의 초형으로 틀린 것은?

① 잎이 크고 두껍다.
② 잎자루가 짧고 일어선다.
③ 꼬투리가 원줄기에 많이 달린다.
④ 가지를 적게 치고 가지가 짧다.

해설
조밀하게 붙어 있는 조건에서 잎이 클 경우 그늘이 많아져 수광태세가 좋지 않다.

정답 47 ② 48 ② 49 ③ 50 ③ 51 ③ 52 ①

53 작물의 내동성에 대한 설명으로 가장 옳은 것은?

① 세포액의 삼투압이 높으면 내동성이 증대한다.
② 원형질의 친수성콜로이드가 적으면 내동성이 커진다.
③ 전분함량이 많으면 내동성이 커진다.
④ 조직즙의 광에 대한 굴절률이 커지면 내동성이 저하된다.

해설
세포액의 삼투압을 높이기 위해선 물에 녹아 있는 탄수화물 농도가 높은 경우이고 이런 경우 어는 점이 낮아져 내동성이 증가한다.

54 다음 중 휴작기간이 가장 긴 작물은?

① 미나리 ② 당 근
③ 아 마 ④ 토마토

해설
10년 이상 휴작을 요하는 작물 : 아마, 인삼

55 다음 중 작물의 교잡률이 0.0~0.15%에 해당하는 것은?

① 아 마 ② 가 지
③ 수 수 ④ 보 리

해설
교잡률이 낮은 작물은 주로 자가수정작물이다.
자가수정작물
- 곡류 : 벼, 밀, 보리, 귀리, 조, 수수(자웅동주)
- 콩류 : 대두, 땅콩, 완두, 강낭콩, 팥
- 과수 : 복숭아, 포도, 살구, 감귤
- 채소 : 토마토, 가지, 피망, 갓
- 기타 : 담배, 아마, 참깨, 목화, 서양유채

56 다음 중 작물재배 시 부족하면 수정·결실이 나빠지는 미량원소는?

① P ② S
③ B ④ Ca

해설
붕소(B)
- 촉매 또는 반응조절물질로 작용, 석회결핍의 영향을 경감시킴
- 체내이동성이 낮으며 생장점 부근에 함유량이 많아 결핍 증세는 생장점이나 저장기관에 나타나기 쉬움
- 부족 시 : 분열조직에 괴사, 사탕무의 속썩음병, 샐러리의 줄기쪼김병, 사과의 축과병, 담배의 끝마름병, 알팔파의 황색병, 꽃양배추의 갈색병, 수정결실이 나빠짐, 콩과의 근류 형성과 질소고정저해 현상
- 과잉 시 : 석회의 과잉, 토양의 산성화는 붕소결핍 초래

57 질산환원효소의 구성 성분으로 콩과작물의 질소고정에 필요한 무기성분은?

① 철 ② 염 소
③ 몰리브덴 ④ 규 소

해설
몰리브덴(Mo)
- 질소환원효소의 구성성분이며, 질소대사에 필요하다.
- 근류균의 질소고정에도 필요하며, 콩과 작물에 많이 함유되어 있다.
- IAA 산화효소의 활성에도 관여한다.

정답 53 ① 54 ③ 55 ④ 56 ③ 57 ③

58 화곡류에서 규질화를 이루어 병에 대한 저항성을 높이고, 잎을 꼿꼿하게 세워 수광태세를 좋게 하는 것은?

① 철 ② 칼륨
③ 니켈 ④ 규산

해설
규산은 화곡류에서 규질화를 이루어 병에 대한 저항성을 높이고, 잎을 꼿꼿하게 세워 수광태세를 좋게 한다.

59 국화의 주년재배와 가장 관계가 있는 것은?

① 광처리 ② 온도처리
③ 영양처리 ④ 수분처리

해설
국화는 단일조건에서 꽃이 피며, 광처리를 통해 장일 조건을 유지하다 단일조건으로 관리해 꽃이 피는 시기를 조절할 수 있다.

60 재배의 기원지가 중앙아시아에 해당하는 것은?

① 양배추 ② 대추
③ 양파 ④ 고추

해설
양파 원산지는 중앙아시아와 지중해 인근 지역으로, 기원전 4천년 경부터 재배하였다.
① 양배추 : 지중해 연안
② 대추 : 인도와 중국남부
④ 고추 : 중앙아메리카

제4과목 농약학

61 유제의 유화성, 수화제의 현수성을 검정하는 데 사용하는 물의 경도는?

① 1.0 ② 3.0
③ 5.0 ④ 7.0

해설
물에 녹아있는 칼슘과 마그네슘의 양에 따라 물의 경도를 정하며, 유제의 유화성, 수화제의 현수성을 검정하는 데 사용하는 물의 경도는 3.0이다.

62 농약관리법상 새로운 농약을 제조업자가 국내에서 제조하여 국내에서 판매하기 위해 등록한 품목등록의 유효기간은?

① 3년 ② 5년
③ 10년 ④ 15년

해설
품목등록의 유효기간 및 재등록(농약관리법 제11조 제1항)
품목등록의 유효기간은 10년으로 한다.

정답 58 ④ 59 ① 60 ③ 61 ② 62 ③

63 교차저항성(Cross Resistance)에 대한 설명으로 가장 적절한 것은?

① 어떤 약제에 의해 저항성이 생긴 곤충이 다른 약제에 저항성을 보이는 것
② 동일 곤충에 어떤 약제를 반복 살포함으로써 생기는 저항성
③ 동일 곤충에 두 가지 약제를 교대로 처리함으로써 생기는 저항성
④ 어떤 약제에 대한 저항성을 가진 곤충이 다음 세대에 그 특성을 유전시키는 것

해설
교차저항성은 동일한 작용기작을 가진 약제군 사이에서 그 중 1개의 약제에 저항성을 지니게 되었을 때 같은 군의 다른 약제에 대해서도 저항성을 가지는 것을 의미한다.

64 환경친화적인 제형과 가장 거리가 먼 것은?

① 미탁제(Micro Emulsion ; ME)
② 수면전개제(Spreading Oil ; SO)
③ 유제(Emulsifiable Concentrate ; EC)
④ 유탁제(Emulsion, Oil in Water ; EW)

해설
유제(Emulsifiable Concentrate ; EC)의 경우 농약의 원제를 녹이는 유기용제의 성분이 불이 잘붙는 인화성이 높고 포장재를 녹일 수 있어 유리 용기가 사용되며 다른 제형에 비해 어독성이 강해 환경친화적이지 못하다.

65 강력한 접촉형 비선택성 제초제로서 비농경지의 논두렁 및 과수원에서 작물을 파종하기 전 잡초를 방제하는 데 이용되었으나, 독성 등으로 인해 품목등록이 제한된 원제는?

① Paraquat Dichloride
② Mefenacet
③ Alachlor
④ Propanil

해설
Paraquat Dichloride(파라콰트디클로라이드)는 한모금이라도 마시게 되면 사망할 수 있는 약제로 농약 사용이 금지되었다.

66 병의 예방을 목적으로 병원균이 식물체에 침투하는 것을 방지하기 위해 사용되며 약효 시간이 긴 특징을 갖고 있는 약제는?

① 보호살균제 ② 직접살균제
③ 종자소독제 ④ 토양살균제

해설
보호살균제에 대한 설명으로 작용기작은 '카'로 표시 한다.

67 Isoprothiolane 유제(50%, 비중 1.05) 100mL로 0.05% 살포액을 조제하는 데 필요한 물의 양(L)은?

① 20 ② 25
③ 105 ④ 204

해설
원액의 용량 × $\left(\dfrac{\text{원액의 농도}}{\text{희석하려는 농도}} - 1\right)$ × 원액의 비중
= 100mL × (50/0.05 − 1) × 1.05 = 104,895mL

정답 63 ① 64 ③ 65 ① 66 ① 67 ③

68 DDVP 유제 50%를 500배로 희석하여 면적 10a당 72L를 살포하고자 할 때 소요약량(mL)은?

① 72   ② 144
③ 288 ④ 576

해설
소요약량 = 72L × 1000mL/500 = 144mL

69 식물생장조절제(Plant Growth Regulator ; PGR)에 대한 설명으로 틀린 것은?

① 식물의 다양한 생리현상에 영향을 미친다.
② 농작물의 생육을 촉진하거나 억제시킨다.
③ 지베렐린산은 딸기, 토마토의 숙기억제에 관여한다.
④ 아브시스산은 목화의 유과의 낙과 촉진에 관여한다.

해설
지베렐린산은 생육·생장 촉진, 과실비대제로 사용한다.

70 분제의 제제에 있어 고려되어야 할 물리적 성질로서 가장 거리가 먼 것은?

① 입 도   ② 유화성
③ 분말도   ④ 용적비중

해설
유화성은 입자가 균일하게 분산하여 유탁액으로 되는 성질로 유제의 물리적 성질이다.

71 훈증제(Gas, GA)와 가장 관련이 없는 것은?

① 토양소독
② 높은 휘발성
③ 재배중인 농산물
④ 압축가스 충전 용기

해설
훈증제로 사용되는 약제의 경우 가스에 의한 살균 소독을 하는 것으로, 재배중인 작물에 적용 시 작물이 고사하거나 약해 발생이 많다.

72 제형의 목적으로 적합하지 않은 것은?

① 최적의 약효발현과 최소의 약해발생을 위한 것이다.
② 농약 사용자에 대한 편이성을 위한 것이다.
③ 유효성분의 물리화학적 안전성을 향상시켜 유통기간을 연장하기 위한 것이다.
④ 다량의 유효성분을 넓은 지역에 균일하게 살포하기 위한 것이다.

해설
소량의 유효성분을 넓은 지역에 균일하게 살포하기 위해 필요한 배율로 희석해 사용한다.

정답 68 ② 69 ③ 70 ② 71 ③ 72 ④

73 유기인계 농약의 일반적인 특성으로 틀린 것은?

① 살충력이 강하고 적용해충의 범위가 넓다.
② 인축에 대한 독성은 일반적으로 약하다.
③ 알칼리에 대해서 분해되기가 쉽다.
④ 동·식물체 내에서의 분해가 빠르다.

해설
유기인계 농약은 인축에 대한 독성이 강하다.

74 피레스로이드(Pyrethroid)계 살충제의 특성에 대한 설명으로 틀린 것은?

① 간접접촉제로서 곤충의 기문이나 피부를 통하여 체내에 들어가 근육마비를 일으킨다.
② 온혈동물, 인축에는 저독성이며 곤충에 따라 살충력이 강하다.
③ 중추신경계나 말초신경계에 대하여 매우 낮은 농도에서 독성작용을 일으키는 신경독성 화합물이다.
④ 고온보다 저온상태에서 약효발현이 잘 된다.

해설
피레스로이드계 살충제는 직접접촉제로서 곤충의 기문이나 피부를 통하여 체내에 들어가 근육마비를 일으킨다.

75 식품의약품안전처 고시 상 농산물에 잔류한 농약에 대하여 별도로 잔류허용기준을 정하지 않는 경우 적용하는 기준(mg/kg 이하)은?

① 0.05 ② 0.1
③ 0.5   ④ 0.01

해설
PLS(Positive List System)(식품의 기준 및 규격 제2. 3.)
국내 농약 잔류허용기준은 사용등록 또는 수입식품의 잔류허용기준 설정 신청을 통해 설정되며, 국내 잔류허용기준이 설정된 농약 이외에는 일률기준(0.01mg/kg 이하)으로 관리하는 제도

76 농약 살포법 중 유기분사방식으로 살포액의 입자크기를 35~100μm로 작게하여 살포의 균일성을 향상시킨 살포법은?

① 분무법 ② 살분법
③ 연무법 ④ 미스트법

해설
미스트법
- 미스트기로 만든 미립자를 살포하는 것
- 살포량이 분부법의 1/3~1/4 정도지만 농도는 2~3배 높음
- 입경 0.035~0.1mm
- 용수가 부족한 곳에 적합 살포 시 시간, 노력, 자재 절감
- 살포 시 분무입자에 대한 운동에너지 높아 작물체에 입자의 부착 및 확전효과도 높음 → 약해가 적은 편

77 선택적 침투이행 특성이 있는 제초제로 아래와 같은 분자구조를 공통적으로 갖는 계통은?

① Sulfonylurea 계
② Dithiocarbamate 계
③ Imidazole 계
④ Triazine 계

해설
화학 구조식에 'S(황)' 있으면 Sulfonylurea계

78 Carbamate계 살충제가 아닌 것은?

해설
유기염소계 약제인 DDT의 구조식

79 유기인계 살충제와 강알칼리성 약제의 혼용을 피하는 가장 큰 이유는?

① 약해가 심하기 때문이다.
② 물리성이 나빠지기 때문이다.
③ 복합요인에 의한 작물의 생육 저해가 일어나기 때문이다.
④ 알칼리에 의해 가수분해가 일어나기 때문이다.

해설
유기인계와 카바메이트계 약제의 경우 강알칼리성 약제와 혼용 시 가수분해가 일어나기 때문에 혼용을 피해야 한다.

80 농약관리법령상 농약 등의 안전사용기준에서 제한하는 항목이 아닌 것은?

① 저장량　　② 사용량
③ 사용시기　④ 사용지역

해설
농약 등의 안전사용기준(농약관리법 시행령 제19조 제1항)
1. 적용대상 농작물에만 사용할 것
2. 적용대상 병해충에만 사용할 것
3. 적용대상 농작물과 병해충별로 정해진 사용방법·사용량을 지켜 사용할 것
4. 적용대상 농작물에 대하여 사용시기 및 사용가능횟수가 정해진 농약 등은 사용시기 및 사용가능횟수를 지켜 사용할 것
5. 사용대상자가 정하여진 농약 등은 사용대상자 외에는 사용하지 말 것
6. 사용지역이 제한되는 농약은 사용제한지역에서 사용하지 말 것

제5과목 잡초방제학

81 잡초의 생장형에 따른 분류로 옳은 것은?

① 직립형 – 가막사리, 명아주
② 로제트형 – 억새, 뚝새풀
③ 만경형 – 민들레, 냉이
④ 총생형 – 메꽃, 환삼덩굴

해설
잡초생장형에 따른 분류
- 직립형(Straight Type) : 명아주, 가막사리, 쑥부쟁이
- 분지형(Branch Type) : 광대나물, 애기땅빈대, 석류풀
- 총생형(Bunch Type) : 억새, 뚝새풀
- 만경형(Vine Type) : 거지덩굴, 환삼덩굴, 메꽃
- 복형(Creeping Type) : 선피막이
- 로제트형(Rosette Type) : 민들레, 질경이
- 위로제트형(Pseudorosette Type) : 개망초
- 위로제트 + 포복형 : 꽃마리, 꽃바지
- 로제트 + 포복형 : 좀씀바귀
- 분지경 + 포복형 : 올미

82 잡초의 생물학적 방제용으로 도입되는 곤충이 구비하여야 할 조건으로 가장 거리가 먼 것은?

① 영구적으로 소멸되지 않는 것
② 대상 잡초에만 피해를 주는 것
③ 대상 잡초의 발생지역에 잘 적응할 것
④ 인공적으로 배양 또는 증식이 용이한 것

해설
방제 목적이 달성되면 자연소멸되어야 환경적 문제를 예방할 수 있다.

83 다음 중 잡초방제 한계기간이 가장 짧은 작물은?

① 콩
② 녹두
③ 벼
④ 보리

해설
잡초방제 한계기간(경합한계기간) : 작물의 전 생육기간의 1/3~1/2 기간
- 녹두 : 21~31일
- 벼 : 30~40일
- 콩, 땅콩 : 42일
- 옥수수 : 49일
- 양파 : 56일

84 방동사니과 잡초가 아닌 것은?

① 나도겨풀
② 쇠털골
③ 올챙이고랭이
④ 매자기

해설
나도겨풀은 화본과 잡초이다.

85 요소(Urea)계 제초제에 대한 설명으로 옳지 않은 것은?

① 광합성 저해 및 세포막 파괴에 의하여 작용한다.
② 경엽처리 효과가 없어 토양처리형으로 사용한다.
③ 제초 활성을 나타내기 위해 광이 필요하다.
④ 고농도 처리수준에서는 비선택성이다.

해설
요소계 제초제는 광합성 저해 및 세포막 파괴에 의하여 작용하기에 경엽처리 효과가 크다.

정답 81 ① 82 ① 83 ② 84 ① 85 ②

86 작물의 수량 감소가 가장 클 것으로 예상되는 조합은?

① C_3 잡초와 C_4 작물
② C_3 잡초와 C_3 작물
③ C_4 잡초와 C_3 작물
④ C_4 잡초와 C_4 작물

해설
초기 생육이 왕성하고 광합성 효율이 높아 C_4 잡초와 C_3 작물에서 잡초피해가 크게 발생한다.

87 다음 중 트리아진계 제초제의 주요 이행 특성은?

① 신초 생장 억제
② 조기 결실
③ 비대 생장
④ 광합성 저해

해설
광합성 저해 : 벤조티아디아졸계, 트리아진계, 요소계, 아마이드계, 비피리딜리움계(과산화물 생성)

88 일장에 거의 영향을 받지 않고 발생 후 일정한 기간이 되면 지하경을 형성하는 다년생 논잡초는?

① 돌 피   ② 벗 풀
③ 바랭이   ④ 올 미

해설
올미 : 일장에 거의 영향을 받지 않고 발생 후 일정한 기간이 되면 지하경을 형성하는 다년생 논잡초

89 벼와 피의 형태에 대한 설명으로 옳은 것은?

① 피에는 잎귀와 잎혀가 있으나 벼에는 없다.
② 벼에는 잎귀와 잎혀가 있으나 피에는 없다.
③ 피에는 잎귀가 있으나 잎혀가 없다.
④ 벼에는 잎귀가 있으나 잎혀가 없다.

해설
피에는 잎귀와 잎혀가 없으나 벼에는 잎귀와 잎혀 있다.

90 다음 설명에 해당하는 것은?

> 두 종류의 제초제를 혼합 처리할 때의 반응이 각각 제초제를 단독 처리할 때보다 효과가 감소되는 현상이다.

① 상가작용   ② 길항작용
③ 상승작용   ④ 독립작용

해설
- 길항작용 : 상반되는 2가지 요인이 동시에 작용하여 그 효과를 서로 상쇄시키는 작용
- 상승작용 : 2가지 제초제를 혼합 사용할 경우 약효가 상승하는 효과

91 다음 중 잡초의 종별 수량이 가장 적은 것은?

① 방동사니과 ② 화본과
③ 국화과 ④ 십자화과

해설
십자화과 잡초는 냉이처럼 써늘한 조건을 좋아하며 잡초 종별 수가 적다.

92 잡초 종자에 돌기를 갖고 있어 사람이나 동물에 부착하여 운반되기 쉬운 것은?

① 여 뀌 ② 소리쟁이
③ 도꼬마리 ④ 민들레

해설
옷이나 털에 붙어서 전파되는 잡초 : 도꼬마리, 진득찰, 도깨비바늘

93 다음 중 쌍자엽 잡초의 특징에 대한 설명으로 옳은 것은?

① 산재된 유관속의 관상경을 가지고 있다.
② 생장점이 줄기 하단의 절간 부위에 있다.
③ 뿌리는 직근계이다.
④ 잎은 평행맥이다.

해설
쌍자엽 식물과 단자엽 잡초 비교

쌍자엽 식물	단자엽 식물
• 자엽 : 2매 • 줄기 : 개방유관속 • 잎 : 익상맥 • 뿌리 : 직근계 • 생장점 : 식물체 위쪽	• 자엽 : 1매 • 줄기 : 산재 유관속 관상경 • 잎 : 평행맥 • 뿌리 : 섬유근계 관근 • 생장점 : 줄기 하단의 절간 부위

94 잡초가 제초제를 흡수하는 과정에 대한 설명으로 옳지 않은 것은?

① 토양에 잔류하는 제초제는 대부분 뿌리를 통하여 흡수된다.
② 뿌리와 잎에 의해서만 흡수된다.
③ 경엽처리제는 대부분 잎과 표면이나 기공을 통하여 흡수된다.
④ 습윤제는 잎표면의 계면장력을 줄여 제초제의 흡수를 용이하게 한다.

해설
제초제는 잡초의 뿌리, 어린 눈, 잎 등으로 흡수된다.

95 논에 주로 발생하는 잡초로만 나열된 것은?

① 명아주, 뚝새풀 ② 피, 바랭이
③ 개비름, 물옥잠 ④ 올미, 여뀌바늘

해설

잡초방제의 실용면에서 본 분류

논 잡 초	• 일년생 잡초 : 피, 마디꽃, 물달개비 • 다년생 잡초 : 가래, 너도방동사니, 올미 • 부유성 잡초 : 생이가래, 개구리밥, 좀개구리밥 • 조류 : 이끼, 괴불, 갈조, 남조 • 화본과 잡초 : 피, 나도겨풀 • 사초과 잡초 : 너도방동사니, 올방개 • 광엽잡초 : 가래, 물달개비
밭 잡 초	• 하작잡초(여름잡초) – 일년생 잡초 : 바랭이, 소비름, 명아주 – 다년생 잡초 : 메꽃, 엉겅퀴 • 동작잡초(겨울잡초) – 일년생 잡초 : 뚝새풀, 냉이 – 다년생 잡초 : 쑥, 할미꽃

96 잡초에 대한 설명으로 옳은 것은?

① 인간의 의도에 역행하는 식물이다.
② 생활주변 식물 중 순화된 식물이다.
③ 농경지나 생활주변에서 제자리를 지키는 식물이다.
④ 초본식물만을 대상으로 한 바람직하지 않은 식물이다.

해설

잡초의 정의
• 재배포장에서 자연적으로 발생해 직간접적으로 작물의 수량이나 품질을 저하시키는 식물
• 인간이 원하지 않거나 바라지 않는 식물
• 자연 야생상태에서도 잘 무성하며 번식력이 강해 큰 집단을 형성
• 근절하기 힘들고 작물·동물·인간에게 피해를 주며 이용가치가 적고 미관 손상

97 주로 종자로 번식하는 잡초로만 나열된 것은?

① 올미, 벗풀
② 가래, 쇠털골
③ 올방개, 너도방동사니
④ 강피, 물달개비

해설

주로 종자로 번식하는 잡초 : 강피, 물달개비

98 다음 중 외국에서 유입된 잡초로만 나열된 것은?

① 망초, 너도방동사니
② 서양민들레, 뚱딴지
③ 쇠뜨기, 올미
④ 올방개, 광대나물

해설

농경지 외래잡초
• 콩 : 가늘털비름, 명아주류, 털여뀌, 미국가막사리
• 옥수수 : 어저귀, 가는털비름, 돌소리쟁이, 털여뀌, 명아주류, 독말풀, 큰도꼬마리, 도깨비가지, 단풍잎돼지풀, 미국가막사리
• 목초지 : 돌소리쟁이, 소리쟁이, 도깨비가지, 왕도깨비가지, 난쟁이아욱, 가시비름, 자주광대나물, 독말풀, 도꼬마리, 큰도꼬마리, 어저귀, 큰개불알풀, 붉은서나물, 큰방가지똥, 서양민들레, 서양금혼초, 만수국아재비, 개망초

정답 95 ④ 96 ① 97 ④ 98 ②

99 다음 중 이행형 제초제가 아닌 것은?

① Bentazon
② Glyphosate
③ 2,4-D
④ Difenoconazole

해설
④ Difenoconazole은 침투이행성 약제
이행형 제초제 : 식물 체내에 이행되어 식물의 생리 작용을 저해
- 호르몬 제초제 : 2,4-D, MCP
- 비호르몬 제초제 : CAT, CMV, ATA

100 다음 중 월년생 잡초로만 나열된 것은?

① 쇠비름, 명아주, 별꽃아재비
② 피, 토끼풀, 뚝새풀
③ 냉이, 별꽃, 벼룩나물
④ 개비름, 쇠비름, 물피

해설
월년생 : 1년 이상 생존하지만 2년 이상 생존하지 못하는 잡초
예 별꽃, 뚝새풀, 속속이풀, 냉이, 벼룩나물

2022년 제2회 과년도 기출문제

식물보호기사

제1과목 식물병리학

01 기주식물이 병원균의 침입에 자극을 받아 방어를 목적으로 생성하는 물질은?
① 파이토톡신
② 펙티나아제
③ 지베렐린
④ 파이토알렉신

해설
파이토알렉신(Phytoalexin) : 병원체가 기주식물에 침입한 다음 양자의 상호반응의 결과 기주측에서 생기는 병원체의 발육을 억제하는 항균물질

02 병원균의 침입방법으로 주로 수공감염하는 작물의 병은?
① 감자 더뎅이병
② 보리 겉깜부기병
③ 고구마 무름병
④ 벼 흰잎마름병

해설
수공을 통한 침입 : 양배추 검은빛썩음병균(*Xanthomonas campestris* pv. *campestris*), 벼 흰잎마름병균(*Xanthomonas campestris* pv. *oryzae*), 배나무 화상병, 오이 세균성점무늬병

03 배나무 붉은별무늬병균의 중간기주는?
① 매자나무
② 향나무
③ 소나무
④ 좀꿩의다리

해설
녹병류의 중간기주
- 배나무붉은별무늬병균(적성병) : 향나무
- 사과나무 붉은별무늬병 : 향나무
- 소나무 혹녹병 : 졸참, 신갈나무
- 맥류 줄기녹병 : 매자나무
- 밀 붉은녹병 : 좀꿩의다리

04 병원균이 기생체 침입 시 균사가 밀집해서 감염욕을 만들어 침입하는 것은?
① 뽕나무 자주날개무늬병
② 벼 깨씨무늬병
③ 사과 탄저병
④ 오이 잿빛곰팡이병

해설
감염욕을 만들어 침입하는 것은 뽕나무 자주날개무늬병이며 담자균류에 속한다.

정답 1 ④ 2 ④ 3 ② 4 ①

05 생물적 방제방법의 가장 큰 장점은?

① 친환경적이다.
② 비용이 많이 들지 않는다.
③ 속효성이다.
④ 잔효성이 길다.

해설
생물적 방제법은 화학물질 등을 사용하지 않은 방법으로 상대적으로 환경친화적이다.

06 담배모자이크바이러스의 구성성분 중 병원성을 갖는 것은?

① 핵산
② 단백질
③ 탄수화물
④ 지질

해설
바이러스는 핵산과 단백질로 구성되어 있고 병원성을 갖는 것은 핵산이다.

07 도열병균의 특정 레이스를 어떤 벼 품종에 접종하였더니 병반 형성이 전혀 없거나 과민성 반응이 나타났다면 이 품종의 저항성으로 옳은 것은?

① 수평저항성
② 수직저항성
③ 포장저항성
④ 레이스 비특이적 저항성

해설
수직저항성(Vertical Resistance) – 레이스 특이적 저항성, 단인자저항성
- 단인자 저항성, 주동유전자 저항성, 진정 저항성, 분화적 저항성 등이 있다.
- 병원균의 어떤 특정 레이스에 대해서만 반응하며, 환경요인에 대해 안정적이다.
- 새로운 레이스가 생길 때마다 저항성이 무너진다.
- 이병화의 위험성을 내포한다.
- 고도의 저항성, 과민성반응에 의한 경우가 많다.
- 단인자 또는 소수인자에 의해 지배되는 경우가 많으므로 단인자저항성이라고도 한다.

08 포도나무 노균병균이 월동하는 곳은?

① 곤충의 유충
② 병든 잎
③ 종자
④ 뿌리

해설
포도나무 노균병은 병든 잎 조직 내에서 난포자로 월동한다.

09 향나무에 감염된 배나무 붉은별무늬병균의 포자 이름은?

① 여름포자　② 겨울포자
③ 녹포자　　④ 분생포자

해설
배나무 붉은별무늬병균은 겨울포자퇴로 향나무에서 월동한다.

10 식물병원 바이러스와 바이로이드의 차이점은?

① 입자내 핵산의 존재 유무
② 핵산의 종류
③ 단백질 외피의 존재 유무
④ 입자내 지질의 존재 유무

해설
바이로이드
• 한 가닥의 핵산 RNA로만 구성된 병원체
• 접목전염 및 접촉전염
• 일본에서 배의 유부과 현상에서 바이로이드 검출
• 감자 걀쭉병

11 저장 곡물에 Aflatoxin이라는 독소를 생성하는 균은?

① *Aspergillus flavus*
② *Achlya oryzae*
③ *Ascochyta pisi*
④ *Alternaria mali*

해설
Aspergillus flavus : 저장곡물에 Aflatoxin이라는 곰팡이 독소를 생산하는 균

12 토양전반에 의해 발생하는 토양전염병은?

① 벼 도열병
② 팥 흰가루병
③ 오이 모잘록병
④ 배나무 갈색무늬병

해설
토양전염 : 모잘록병균, 시들음병균, 풋마름병균, 박과류 덩굴쪼김병균, 균핵병, 밑둥썩음병, 잘록병, 검은썩음병

13 담자균에 의한 깜부기병에 대한 설명으로 옳지 않은 것은?

① 보리 겉깜부기병은 화기감염으로 발병한다.
② 보리 속깜부기병은 유묘감염으로 발병한다.
③ 옥수수 깜부기병은 성묘감염으로 발병한다.
④ 밀 비린깜부기병은 화기감염으로 발병한다.

해설
비린깜부기병 : 종자와 토양전염

14 진균의 특징으로 옳지 않은 것은?

① 세포내 핵이 있다.
② 영양체는 주로 균사이다.
③ 번식체는 주로 포자이다.
④ 세포벽은 키틴을 갖지 않는다.

해설
진균은 세포벽이 키틴(Chitin)으로 구성되어 있다.

15 식물 바이러스병을 진단하는 방법으로 옳지 않은 것은?
① 지표식물검정법
② 효소항체검정법
③ 그람염색법
④ PCR법

해설
그람염색법은 세균을 진단하는 방법

16 식물검역에 대한 설명으로 옳은 것은?
① 식물에 면역작용이 생기게 하여 병을 방제하는 것
② 농약 등을 사용하여 화학적으로 방제하는 것
③ 열처리 등에 의해 병원균을 박멸하는 것
④ 병원균의 유입을 차단하고자 사전에 검사하여 병을 예방하는 것

해설
식물검역 : 식물에 해를 주는 병·해충이 국경을 넘어 전파되거나 유입되는 것을 방지할 목적으로 수·출입되는 식물과 식물성 산물에 병해충 부착유무를 검사하고, 유해 병해충이 발견되면 검역조치를 한다.

17 수박 덩굴쪼김병균이 월동하는 곳은?
① 매개곤충의 알   ② 토 양
③ 저장고   ④ 중간기주

해설
덩굴쪼김병균은 토양에서 월동한다.

18 벼 오갈병을 매개하는 곤충은?
① 벼멸구
② 끝동매미충
③ 마름무늬매미충
④ 복숭아혹진딧물

해설
벼 오갈병 : 끝동매미충, 번개매미충 매개

19 사과 겹무늬썩음병을 일으키는 병원체는?
① 세 균   ② 곰팡이
③ 바이러스   ④ 파이토플라스마

해설
사과 겹무늬썩음병은 진균(곰팡이)에 의한 병이다.

20 감자 둘레썩음병균이 월동하는 곳은?
① 잎   ② 덩이줄기
③ 토 양   ④ 열 매

해설
감자 둘레썩음병균은 덩이줄기(괴경)의 유관속에서 월동한다.

정답 15 ③ 16 ④ 17 ② 18 ② 19 ② 20 ②

제2과목 농림해충학

21 톱밥같은 배설물을 밖으로 내보내지 않고 수피 속의 갱도에 쌓아 놓은 피해를 발견하기가 어려운 해충은?

① 미끈이하늘소
② 알락하늘소
③ 향나무하늘소
④ 털두꺼비하늘소

해설
향나무하늘소
• 유충이 줄기와 가지수피 밑의 형성층을 불규칙하고 평편하게 갉아먹어 갱도에 똥을 채워 외부에서는 피해를 발견하기 쉽지 않음
• 연 1회 발생, 성충의 형태로 월동

22 다음 중 호흡계의 기문 수가 가장 적은 곤충은?

① 나비 유충
② 나방 유충
③ 모기붙이 유충
④ 딱정벌레 유충

해설
모기붙이류의 유충은 기문이 없다.

23 내배엽에서 만들어진 곤충의 소화기관은?

① 중 장   ② 소 낭
③ 전 위   ④ 후 장

해설
중 장
• 중장은 내배엽성 기원세포로 이루어진다.
• 다른 소화기관과 달리 표피세포를 보호하는 내막이 없다.
• 단백질, 키틴의 혼합구조인 위식막을 생성하여 먹이를 감싸고 중장세포를 보호한다.

24 감자나방의 피해에 대한 설명으로 가장 거리가 먼 것은?

① 감자에 배설물이 나와 있다.
② 어린감자의 생장점을 파고 들어간다.
③ 감자 잎의 표피를 뚫고 들어가 앞뒤 표피만 남긴다.
④ 담배의 뿌리를 가해하고, 밖으로 배설물을 배출한다.

해설
감자나방(감자뿔나방)은 가짓과 작물을 기주로 삼는다.

25 진딧물의 생식방법에 대한 설명으로 옳은 것은?

① 다른 곤충과는 달리 태생에 의해서만 번식한다.
② 양성생식과 단위생식을 함께 하며 태생도 한다.
③ 단위생식과 난생에 의해서만 번식한다.
④ 난생과 태생을 번갈아 한다.

해설
가을까지는 단위생식에 의한 태생, 겨울철 월동 전에는 양성생식을 한다.

21 ③ 22 ③ 23 ① 24 ④ 25 ②

26 온실 재배 토마토에 바이러스병을 매개하는 해충으로 가장 피해를 많이 주는 것은?

① 외줄면충 ② 갈색여치
③ 담배가루이 ④ 목화진딧물

해설
담배가루이 : 외래해충
- 약충과 성충이 기주식물의 잎뒷면에서 흡즙, 잎과 새순의 생장을 저해한다.
- 배설물에 의해 그을음 병이 유발되기도 하며 바이러스병을 매개한다.
- 온실가루이에 비해 식물체 전체에 분포하며 생육적 온도가 높은 편이다.
- 노지에서는 연 3~4회, 시설에서는 연 10회 이상 발생한다.

27 누에의 휴면호르몬이 합성되는 곳은?

① 신경분비세포 ② 카디아카체
③ 알레로파시 ④ 알라타체

해설
신경분비세포에서 휴면호르몬을 분비한다.

28 다음 중 완전변태를 하지 않는 것은?

① 버들잎벌레 ② 진달래방패벌레
③ 복숭아명나방 ④ 솔수염하늘소

해설
진달래방패벌레 : 노린재(매미)목으로 불완전변태

29 배추좀나방에 대한 설명으로 옳지 않은 것은?

① 겨울철에도 월평균기온이 영상 이상이면 발육과 성장이 가능하다.
② 일부 지역에서는 낙하산벌레라고도 한다.
③ 십자화과 채소류를 주로 가해한다.
④ 세대기간이 길어 번식속도가 느리다.

해설
배추좀나방
- 연간 발생세대수는 제주도와 남부지방 10~12세대, 중부이북 8~9세대이다.
- 유충이 십자화과 채소의 잎을 가해하며 엽맥을 따라 뒷면의 엽육만 식해한다.
- 성충, 유충, 번데기의 형태로 월동한다.
- 유충이 실을 토하면서 낙하한다.

30 다음 중 유시류에 속하는 것은?

① 낫발이 ② 하루살이
③ 좀붙이 ④ 톡토기

해설
- 무시아강 : 날개가 전혀 없고 변태하지 않는다.
  예 톡토기목, 낫발이목, 좀붙이목, 좀목, 돌좀목
- 유시아강 : 날개를 가지고 있지만 2차적으로 퇴화되어 없는 것도 있고, 불완전변태하는 외시류와 완전변태하는 내시류로 분류된다.

31 솔나방에 대한 설명으로 옳지 않은 것은?

① 새로 난 잎을 식해하는 것이 보통이나 밀도가 높으면 묵은 잎도 식해한다.
② 유충이 소나무의 잎을 식해하며 심한 피해를 받은 나무는 고사하기도 한다.
③ 연 1회 발생하고 제5령충으로 월동한다.
④ 주로 월동 후의 유충기에 식해한다.

해설
솔나방
- 송충이(유충)가 잎을 갉아먹고, 심하면 나무가 고사한다.
- 가을에 가해하던 유충이 월동해 다음 해 봄에 다시 가해한다.
- 10월경 유충의 밀도가 봄의 발생밀도를 결정한다.
- 연 1회 발생하고, 알에서 부화해 7번 탈피한다.

32 다음 중 성충이 과실을 직접 가해하는 해충은?

① 복숭아명나방   ② 배명나방
③ 으름밤나방   ④ 포도유리나방

해설
으름밤나방: 유충은 으름덩굴 등의 잎을 식해, 성충은 과실류의 흡즙 피해를 주는 해충이다.

33 미각과 관계가 없는 곤충의 기관은?

① 큰 턱   ② 작은턱수염
③ 윗입술   ④ 아랫입술수염

해설
큰턱은 먹이를 절단하거나 갉아 먹는 데 사용되며 맛을 느끼지는 못한다.

34 벼 줄기 속을 가해하여 새로 나온 잎이나 이삭이 말라 죽도록 가해하는 해충은?

① 진딧물   ② 혹명나방
③ 이화명나방   ④ 끝동매미충

해설
이화명나방은 줄기를 말고 그 속에서 잎을 가해한다.

35 다음 중 유충에서 성충까지 입틀의 형태가 변하지 않는 것은?

① 꿀 벌   ② 말매미
③ 학질모기   ④ 배추흰나비

해설
말매미는 유충에서 성충까지 입틀의 형태가 변하지 않음

36 다음 중 곤충 표피의 가장 바깥쪽에 있는 것은?

① 원표피   ② 왁스층
③ 기저막   ④ 시멘트층

해설
곤충의 피부

표피	외표피	시멘트층, 왁스층(지질층), 단백성 외표피
	원표피	외원표피층, 중원표피층, 내원표피층, 슈미트층(아큐티클층)
진피	상피세포	탈피용액 분비, 표피재생기능
	피부선	–
	특수세포	감각세포, 인편, 모생세포, 와생세포, 편도세포
기저막		곤충의 근육과 연결, 점액성 다당류 함유

31 ① 32 ③ 33 ① 34 ③ 35 ② 36 ④

37 총채벌레목에 대한 설명으로 옳지 않은 것은?

① 단위생식도 한다.
② 산란관이 잘 발달하여 식물의 조직 안에 알을 낳는다.
③ 불완전변태군에 속한다.
④ 입틀의 좌우가 같다.

해설
총채벌레류는 입틀의 좌우가 비대칭으로, 식물체의 표피에 상처를 내고 즙액을 흡즙한다.

38 한여름 휴한기에 비닐하우스를 밀폐하고 토양 온도를 높인 땅속 해충 방제법은?

① 화학적 방제법
② 환경적 방제법
③ 행동적 방제법
④ 물리적 방제법

해설
물리적 방제법 중 태양열 소독하는 방법에 해당한다.

39 분류학적으로 개미가 속하는 곤충목은?

① 딱정벌레목   ② 총채벌레목
③ 노린재목   ④ 벌 목

해설
개미는 벌목에 속한다.

40 다음 중 유약호르몬이 분비되는 기관은?

① 더듬이샘   ② 앞가슴샘
③ 알라타체   ④ 카디아카체

해설
알라타체 : 머리 속에 있는 1쌍의 신경구 모양의 조직이며 변태호르몬을 분비

제3과목 재배학원론

41 다음 중 휴작의 필요 기간이 가장 긴 작물은?

① 벼   ② 고구마
③ 토 란   ④ 수 수

해설
기지현상 : 연작을 할 때에 작물의 생육이 뚜렷하게 나빠지는 현상
- 1년 휴작을 요하는 작물 : 쪽파, 시금치, 콩, 파, 생강
- 2년 휴작을 요하는 작물 : 마, 감자, 잠두, 오이, 땅콩
- 3년 휴작을 요하는 작물 : 쑥갓, 토란, 참외, 강낭콩
- 5~7년 휴작을 요하는 작물 : 수박, 고추, 토마토, 우엉, 가지, 완두, 사탕무, 레드클로버
- 10년 이상 휴작을 요하는 작물 : 아마, 인삼
- 연작의 해가 적은 것 : 벼, 맥류, 조, 수수, 옥수수, 고구마, 대마(삼), 담배, 무, 당근, 양파, 호박, 연, 순무, 뽕나무, 아스파라거스, 토당귀, 미나리, 딸기, 양배추 등

42 다음 중 자연교잡률이 가장 낮은 것은?

① 수 수   ② 밀
③ 아 마   ④ 보 리

해설
보리의 자연교잡률 : 0.15% 이하

정답 37 ④ 38 ④ 39 ④ 40 ③ 41 ③ 42 ④

43 답압을 진행하면 안 되는 경우는?
① 분얼이 왕성해질 경우
② 유수가 생긴 이후일 경우
③ 월동 전 생육이 왕성할 경우
④ 월동 중 서릿발이 설 경우

해설
답압 : 땅을 눌러주는 과정으로, 늦어도 유수형성기 이전까지만 실시한다.

44 식물체에서 기관의 탈락을 촉진하는 식물생장조절제는?
① 옥신 ② 지베렐린
③ 시토키닌 ④ ABA

해설
ABA(Abscisic Acid) : 목화류 식물의 낙엽촉진, 단풍눈의 생장억제 물질

45 화성유도 시 저온, 장일이 필요한 식물의 저온이나 장일을 대신하는 가장 효과적인 식물호르몬은?
① 지베렐린 ② CCC
③ MH ④ ABA

해설
춘화처리에 효과적인 조건 : 저온, 단일, 지베렐린

46 눈이 트려고 할 때 필요하지 않는 눈을 손끝으로 따주는 것을 무엇이라고 하는가?
① 적아 ② 환상박피
③ 절상 ④ 휘기

해설
• 적아 : 싹트기 전에 눈 따주는 작업
• 적엽 : 잎을 따주는 작업, 적화 : 꽃눈이나 꽃을 따주는 일

47 작물의 내동성에 대한 설명으로 옳은 것은?
① 포복성인 작물이 직립성보다 약하다.
② 세포내의 당함량이 높으면 내동성이 감소된다.
③ 원형질의 수분투과성이 크면 내동성이 증대된다.
④ 작물의 종류와 품종에 따른 차이는 경미하다.

해설
내동성 작물의 생리적 요인
• 원형질의 수분투과성이 큰 것은 세포 내 결빙을 적게 한다.
• 원형질 단백질에 -SH기가 많은 것은 -SS기가 많은 것보다 기계적 인력을 받을 때 미끄러지기 쉬워 원형질의 파괴가 적다.
• 원형질의 점도가 낮고 연도가 높은 것이 기계적 인력을 덜 받는다.
• 원형질의 친수성 콜로이드(교질 함량)가 많으면 세포 내의 결합수가 많아진다.
• 지유 함량이 높고 당분 함량이 높다.
• 전분 함량이 많으면 내동성은 저해된다.
• 세포 내 수분(자유수) 함량이 많으면 내동성이 저하된다.
• 경화(Hardening) : 월동작물이 5℃ 이하의 기온에 계속 처하게 되면 내동성이 증대한다.

48 다음 중 중일성 식물은?
① 코스모스 ② 토마토
③ 나팔꽃 ④ 국화

해설
중일성 식물 : 해의 길이에 상관없이 개화되며 옥수수, 토마토 등이 이에 해당

49 풍해를 받았을 경우 작물체에 나타나는 생리적 장해로 가장 거리가 먼 것은?

① 광합성의 감퇴
② 호흡의 증대
③ 작물체온의 증가
④ 작물체의 건조

해설
작물체온이 증가되는 경우는 고온장해를 입는 과정

52 녹체춘화형 식물로만 나열된 것은?

① 추파맥류, 봄무
② 사리풀, 양배추
③ 봄무, 잠두
④ 완두, 잠두

해설
녹체춘화 : 발아 후 생장한 녹식물 상태가 되었을 때 저온에 반응하여 화성유도
예 양배추, 당근, 양파, 사리풀 등

50 다음 중 작물의 적산온도가 가장 낮은 것은?

① 담배
② 벼
③ 메밀
④ 아마

해설
적산온도는 작물이 일생을 마치는 데 소요되는 총온량으로, 생육기간이 짧은 메밀이 적산온도가 가장 낮고 벼나 담배의 경우는 높다.

53 다음 중 작물의 복토 깊이가 가장 깊은 것은?

① 오이
② 당근
③ 생강
④ 파

해설
감자, 토란, 생강, 글라디올러스 등의 복토 깊이는 5~9cm

51 다음 중 수중에서 발아가 가장 어려운 작물은?

① 벼
② 상추
③ 당근
④ 콩

해설
수해에 약한 작물 : 콩과 작물, 감자, 고구마, 메밀 등

54 다음 중 CO_2 보상점이 가장 낮은 식물은?

① 밀
② 보리
③ 벼
④ 옥수수

해설
C_4 식물이 C_3 식물에 비해 이산화탄소 보상점이 낮아 광효율이 높다.

정답 49 ③ 50 ③ 51 ④ 52 ② 53 ③ 54 ④

55 다음 중 뿌림골을 만들고 그곳에 줄지어 종자를 뿌리는 방법으로 옳은 것은?

① 적 파　　② 점 파
③ 산 파　　④ 조 파

해설
조파(줄뿌림) : 뿌림골을 만들고 종자를 줄지어 뿌리는 방법으로 통풍·통광이 좋고 관리 작업이 편리하다. 대부분의 작물들은 조파양식으로 파종한다.

56 벼의 침관수 피해가 가장 크게 나타나는 조건은?

① 고수온, 유수, 청수
② 고수온, 정체수, 탁수
③ 저수온, 정체수, 탁수
④ 저수온, 유수, 청수

해설
상대적으로 용존산소가 가장 낮은 조건에서 침수피해가 빠르게 나타나고, 정체된 고온의 탁한 물이 용존산소량이 낮다.

57 다음 중 동상해 대책으로 틀린 것은?

① 방풍시설 설치
② 파종량 경감
③ 토질 개선
④ 품종 선정

해설
파종량을 늘려 작물의 밀도를 높이면 냉기의 유입을 막고 동해가 발생한 이후 생존율을 높일 수 있다.

58 다음 중 식물학상 과실로 과실이 나출된 식물은?

① 쌀보리　　② 겉보리
③ 귀 리　　④ 벼

해설
과실이 나출된 종자 : 쌀보리, 밀, 옥수수, 메밀, 삼, 호프 등

59 다음 중 땅속줄기로 번식하는 작물은?

① 베고니아　　② 마
③ 생 강　　　④ 고사리

해설
땅속줄기 : 생강, 연, 박하, 호프 등

60 다음 중 인과류로만 나열되어 있는 것은?

① 사과, 배
② 복숭아, 자두
③ 무화과, 밤
④ 감, 딸기

해설
꽃받침이 과육이 되는 인과류 : 배, 사과, 비파

55 ④　56 ②　57 ②　58 ①　59 ③　60 ①

제4과목 **농약학**

61 Fenthion 30% 유제를 500배로 희석해서 10a당 144L를 살포하여 해충을 방제하고자 할 때 Fenthion 30% 유제의 소요량(mL)은?

① 144　　② 188
③ 244　　④ 288

해설
144L × 1,000mL/L ÷ 500 = 288mL

62 소나무에서 발생하는 솔나방을 방제하는 데 주로 사용할 수 있는 유기인계 약제는?

① Trifluralin
② Fenitrothion
③ Chlorothalonil
④ Glufosinate ammonium

해설
Fenitrothion은 스미티온이란 상표명의 유기인계 살충제

63 살초작용에 따른 제초제의 구분에서 식물체의 뿌리로부터 위쪽으로만 약 성분이 전달되는 제초제는?

① 호르몬형　　② 비호르몬형
③ 접촉형　　　④ 이행형

해설
이행형 제초제는 물관부나 체관부를 통하여 작용부위로 이동해 제초작용을 한다. 식물의 양수분 흡수 정도, 형태적 특징, 처리 부위, 생육 정도 등에 영향을 받는다.

64 전착제에 대한 설명으로 적절하지 못한 것은?

① 우리나라에서는 농약의 범주에 속한다.
② 유효성분의 측정은 표면장력으로 확인한다.
③ 농약의 밀도를 높여 균일 살포를 돕는다.
④ 농약의 주성분을 식물체에 잘 확전, 부착시키기 위한 보조제이다.

해설
전착제는 살포대상물의 표면장력을 낮추고 방제약제의 부착성을 높여 낮은 밀도의 농약으로도 방제효과를 높인다.

65 과실의 착색, 숙기촉진을 위하여 주로 사용되는 약제는?

① Butralin
② Indoxacarb
③ Calcium Carbonate
④ Ethephon

해설
에틸렌
- 기체상태로 존재, 과일의 성숙을 유도 또는 촉진
- 마찰이나 압력 등의 기계적 자극, 병해충의 피해를 받으면 생성이 증가
- 에테폰(Ethephon) : 알칼리에서 에틸렌 발생
- 발아촉진, 정아우세현상 타파, 꽃눈이 많아짐, 낙엽촉진, 성숙촉진, 건조효과

정답　61 ④　62 ②　63 ④　64 ③　65 ④

66 Kasugamycin 및 Streptomycin과 같은 살균제의 작용기작은?

① 호흡저해
② 단백질 합성 저해
③ 세포벽 형성 저해
④ 세포막 형성 저해

해설
가스가마이신은 작용기작 라3, 스트렙토마이신은 라4로 분류되며, 라계열은 아미노산 및 단백질 합성을 저해한다.

67 농약관리법령상 농약의 방제 대상이 아닌 것은?

① 곤 충   ② 응 애
③ 선 충   ④ 천 적

해설
정의(농약관리법 제2조 제1호)
농약이란 다음에 해당하는 것을 말한다.
- 농작물을 해치는 균, 곤충, 응애, 선충, 바이러스, 잡초, 그 밖에 농림축산식품부령으로 정하는 병해충을 방제하는 데에 사용하는 살균제·살충제·제초제
- 농작물의 생리기능(生理機能)을 증진하거나 억제하는 데에 사용하는 약제
- 기피제, 유인제, 전착제

68 식물생장조절제(Plant Growth Regulator ; PGR)로 사용되지 않은 농약은?

① Gibberellic Acid
② 1-naphthylacetamide
③ Mepiquat Chloride
④ Monocrotophos

해설
모노크로토포스는 유기인계 살충, 살응애제로 사용되었으나 꿀벌 독성, 먹이사슬에서 조류에 영향이 커 현재는 사용 등록이 되지 않은 농약이다.

69 저장 곡류에 주로 사용되는 훈증제는?

① Triclopyr-TEA
② Procymidone
③ Methyl Bromide
④ Alpha-cypermethrin

해설
메틸브로마이드 훈증제 : 저장 곡류에 주로 사용되며, 유효성분을 가스로 해서 해충을 방제하는 데 쓰이는 약제

70 침투성 제초제로 아래와 같은 구조를 갖는 성분은?

① IAA   ② 2,4-D
③ Dicamba   ④ Fluroxypyr

해설
침투이행성의 선택성 제초제인 디캄바의 구조식

정답 66 ② 67 ④ 68 ④ 69 ③ 70 ③

71 농약 등록을 위한 농약안정성 평가항목 중 환경생물 독성에 해당되는 것은?

① 급성독성　② 어독성
③ 아급성 독성　④ 신경 독성

해설
환경생물 독성 : 생태계 유용생물(물고기, 새, 꿀벌, 지렁이, 누에 등)에 대한 독성

72 비침투성 살균제인 Mancozeb에 대한 설명으로 옳은 것은?

① 유기유황계 농약이다.
② 무기유황계 농약이다.
③ 구리화합물이다.
④ 유기수은제 농약이다.

해설
만코제브는 유기유황계 보호살균제로 방제효과가 높지만 발암 위험성과 연관성이 높아 점진적으로 사용량을 줄이기 위해 재등록을 하지 않거나 사용량을 줄여가고 있다.

73 Pyrethrin 살충제의 주요 살충기작은?

① 원형질독　② 호흡독
③ 근육독　④ 신경독

해설
신경축색의 전달 저해 : DDT, 피레트로이드계 살충제는 외부자극이 축색막을 통해 전달되는 과정에서 K^+이온의 활성 및 Na^+이온의 불활성을 억제

74 약해의 원인으로 가장 거리가 먼 것은?

① 농약제제에 불순물의 혼입
② 표준 사용량보다 적게 사용
③ 원제 부성분에 의한 이상발생
④ 동시 사용으로 인한 약제

해설
고농도 살포 시 약효 및 약해가 증가

75 Captan(Orthocide)의 구조식은?

① $CH_2-NH-\overset{S}{\overset{\|}{C}}-Na$
　　$CH_2-NH-\overset{S}{\overset{\|}{C}}-Na$

② 2,3,4,5,6-pentachlorophenol 구조

③ N-SCCl$_3$ (cyclohexene dicarboximide)

④ $(CH_3O)_2\overset{S}{\overset{\|}{P}}-O-C_6H_4-NO_2$

해설
Captan 수화제 : 뽕나무눈마름병, 사과점무늬낙엽병, 보리 붉은곰팡이병 등에 사용되는 보호살균제

정답　71 ②　72 ①　73 ④　74 ②　75 ③

76 벼 재배용 농약의 사용량을 고려한 어독성 구분을 위한 다음 식에 대한 설명 중 틀린 것은?

$$Z = \frac{Y}{X}$$

① 계산결과 $Z > 5$일 경우 Ⅰ급으로 구분한다.
② 계산결과 $Z < 0.1$일 경우 Ⅲ급으로 구분한다.
③ X는 농약 등의 어류 LD_{50}이다.
④ Y는 농약 등의 논물 중 기대농도치(mg/L, 수심 5cm)이다.

해설
- 어독성 위험도 $Z = Y/X$
- X : 농약 등의 어류 LC_{50}(mg/L)
- Y : 농약 등의 논물 중 기대농도치(mg/L, 수심 5cm)

77 농약관리법령상 고독성 농약에 해당하는 농약의 급성 경구독성(LD_{50})은?

① 5 미만
② 5 이상, 50 미만
③ 50 이상, 500 미만
④ 500 이상

해설
급성독성 정도에 따른 농약의 구분(농약관리법 시행규칙 [별표 3의5])

구 분	시험동물의 반수를 죽일 수 있는 양(mg/kg 체중)			
	급성 경구		급성 경피	
	고체	액체	고체	액체
Ⅰ급 (맹독성)	5 미만	20 미만	10 미만	40 미만
Ⅱ급 (고독성)	5 이상 50 미만	20 이상 200 미만	10 이상 100 미만	40 이상 400 미만
Ⅲ급 (보통독성)	50 이상 500 미만	200 이상 2,000 미만	100 이상 1,000 미만	400 이상 4,000 미만
Ⅳ급 (저독성)	500 이상	2,000 이상	1,000 이상	4,000 이상

78 농약 보조제가 아닌 것은?

① 용 제
② 계면활성제
③ 증량제
④ 도포제

해설
도포제는 제형에 의한 분류에서 특수목적제로 분류되며 상처부위나 치료부위에 발라 병을 예방 및 치료하는 데 사용되는 약제

79 농약관리법령상 대립제(GG)의 검사항목은?

① 확산성
② 수화성
③ 분말도
④ 가비중

해설
대립제(GG) : 입상으로 부유·확산되면서 약효가 발현되는 농약으로 유효성분과 확산성 검사

80 다음 중 입자의 크기가 가장 큰 제형은?

① 입 제
② 분 제
③ 수화제
④ 정 제

해설
희석살포 농약의 형태
- 가루 형태 : 수용제(SP), 수화제(WP), 수화성미분제(WF)
- 모래 형태 : 입상수용제(수용성입제, SG), 입상수화제(WG)
- 바둑알~장기알 형태 : 정제상수화제(WT)

제5과목 잡초방제학

81 다음 중 벼와 광경합이 가장 크게 일어나는 잡초는?
① 녹뚝외풀 ② 올 미
③ 쇠털골 ④ 강 피

해설
C_4 식물인 강피의 경우 광효율이 높아 C_3 화본과 식물인 벼와의 광 경합에서 우위에 있다.

82 다음 중 사초과 잡초가 아닌 것은?
① 뚝새풀 ② 향부자
③ 올방개 ④ 너도방동사니

해설
뚝새풀은 벼과에 속한다.

83 상호대립억제작용에 대한 설명으로 옳은 것은?
① 쌍자엽식물에는 있으나 단자엽식물에는 없다.
② 작물과 작물간에는 일어나지 않는다.
③ 타감작용이라고 하기도 한다.
④ 작물은 발아 시에만 피해를 받는다.

해설
상호대립억제작용(Allelopathy)
- 잡초의 여러 기관에서 작물의 발아나 생육을 억제하는 특정물질을 분비
- 최근 상호대립억제물질 및 식물이 생합성하는 2차 대사물질을 이용 생물학적, 천연제초제로 개발하는 연구 추진

84 잡초 종자의 산포 방법으로 틀린 것은?
① 가막사리 : 바람에 잘 날려서 이동함
② 소리쟁이 : 물에 잘 떠서 운반됨
③ 바랭이 : 성숙하면서 흩어짐
④ 메귀리 : 사람이나 동물 몸에 잘 부착함

해설
가막사리 : 사람이나 동물 몸에 부착

85 2년생 잡초에 대한 설명으로 틀린 것은?
① 망초, 냉이, 방가지똥 등이 있다.
② 2년 동안에 생활환을 완전히 끝낸다.
③ 월동기간에 화아가 분화하며 주로 온대지역에서 볼 수 있는 잡초이다.
④ 주로 봄과 여름에 발생하여 같은 해 여름과 가을까지 결실하고 고사한다.

해설
2년생 잡초(영양생장 1년 + 생식생장 1년)

86 잡초의 유용성에 대한 설명으로 틀린 것은?
① 토양과 침식을 방지한다.
② 병해충 전파를 막아준다.
③ 토양에 유기물을 공급한다.
④ 상황에 따라 작물로써 활용할 수 있다.

해설
잡초는 병해충 및 천적 등의 서식처이다.

정답 81 ④ 82 ① 83 ③ 84 ① 85 ④ 86 ②

87 다음 중 지하경으로 번식이 가능한 잡초로 가장 거리가 먼 것은?

① 향부자　② 올방개
③ 올미　④ 돌피

해설
돌피는 1년생 벼과 잡초로 종자로 번식한다.

88 발아의 계절성에 대한 설명으로 옳은 것은?

① 습도에 반응하여 발아하는 특성이다.
② 광도에 반응하여 발아하는 특성이다.
③ 온도에 반응하여 발아하는 특성이다.
④ 일장에 반응하여 발아하는 특성이다.

해설
계절성 : 잡초종자의 발아습성 중 일장에 반응하여 휴면을 타파하고 발아하게 되는 특성

89 방동사니과 잡초가 아닌 것은?

① 참새피　② 매자기
③ 올방개　④ 올챙이고랭이

해설
참새피는 벼과이다.

90 다음 중 잡초의 초형이 가장 작은 것은?

① 가막사리　② 쇠털골
③ 올방개　④ 피

해설
쇠털골은 초형이 작고 땅속줄기가 토양표층을 매트형태로 덮어 벼의 뿌리 발달을 저해한다.

91 밭 잡초로만 나열되지 않은 것은?

① 개비름, 닭의장풀
② 깨풀, 좀바랭이
③ 가래, 여뀌바늘
④ 메귀리, 속속이풀

해설
잡초방제의 실용면에서 본 분류

논잡초	• 일년생 잡초 : 피, 마디꽃, 물달개비 • 다년생 잡초 : 가래, 너도방동사니, 올미 • 부유성 잡초 : 생이가래, 개구리밥, 좀개구리밥 • 조류 : 이끼, 괴불, 갈조, 남조 • 화본과 잡초 : 피, 나도겨풀 • 사초과 잡초 : 너도방동사니, 올방개 • 광엽잡초 : 가래, 물달개비
밭잡초	• 하작잡초(여름잡초) 　- 일년생 잡초 : 바랭이, 쇠비름, 명아주 　- 다년생 잡초 : 메꽃, 엉겅퀴 • 동작잡초(겨울잡초) 　- 일년생 잡초 : 뚝새풀, 냉이 　- 다년생 잡초 : 쑥, 할미꽃

92 벼와 피를 구분할 때 주요한 형태적 차이는?

① 잎초와 떡잎의 유무
② 잎선와 엽초의 유무
③ 엽신과 잎선의 유무
④ 잎혀와 엽이의 유무

해설
- 엽설(잎혀) : 잎집과 잎몸의 경계부에 있는 막상돌기로 엽설(葉舌)이라고도 하며, 가늘고 긴 혀 모양의 얇은 막편
- 엽이(잎귀) : 잎에서 잎집과 잎몸과의 갈림목 양쪽에 있는 한 쌍의 돌기

93 잡초의 밀도가 증가되면 작물의 수량이 감소한다. 이에 따라 어느 밀도 이상으로 잡초가 존재하면 작물의 수량이 현저히 감소되는 수준까지의 밀도를 무엇이라 하는가?

① 경제적 허용밀도
② 잡초허용 한계밀도
③ 잡초허용 최대밀도
④ 잡초피해 한계밀도

해설
잡초허용 한계밀도 : 잡초의 밀도가 증가하면 작물의 수량이 감소하고, 어느 밀도 이상으로 잡초가 존재하면 작물의 수량이 현저하게 감소하는 잡초의 밀도를 말한다.

94 잡초의 생육특성에 대한 설명으로 틀린 것은?

① 바랭이, 여뀌는 건조에 대한 내성이 크다.
② 향부자, 별꽃은 토양의 산소 농도가 낮아도 잘 발생한다.
③ 잡초 종자가 무거울수록 출아심도가 깊다.
④ 갈퀴덩굴, 뚝새풀은 주로 비옥한 땅에서 발생하는 습성이 있다.

해설
발아산소 요구도
- 호기성 잡초 : 너도방동사니, 바랭이, 향부자
- 혐기성 잡초 : 돌피, 올챙이고랭이, 물달개비, 올미

95 다음 중 잔디밭에 가장 많이 발생하는 잡초로만 나열된 것은?

① 민들레, 명아주
② 여뀌, 물피
③ 한련초, 개비름
④ 토끼풀, 꽃다지

해설
잔디밭에 우점 또는 문제잡초로는 꽃다지, 망초, 바랭이, 토끼풀, 방동사니 등이 있다.

정답 92 ④ 93 ② 94 ② 95 ④

96 잡초의 생장형에 따른 분류로 틀린 것은?

① 총생형 : 뚝새풀
② 분지형 : 광대나물
③ 포복형 : 가막사리
④ 직립형 : 명아주

해설
직립형(Straight Type) : 명아주, 가막사리, 쑥부쟁이

97 다음 중 포자로 번식하는 것은?

① 가 래
② 개구리밥
③ 생이가래
④ 방동사니

해설
생이가래 : 포자와 포기나누기로 번식하는 부유성 잡초

98 잡초 종자가 휴면하는 원인으로 거리가 가장 먼 것은?

① 배의 미숙
② 생장조절물질의 불균형
③ 물의 투수성 방해
④ 탄산가스의 결핍

해설
휴면성 : 발아의 조건, 시기, 종자의 수명에 따라 발아 정도가 다름

99 잡초 종자의 모양이 올바르게 연결된 것은?

① 포크 모양 : 바랭이, 어저귀
② 낙하산 역할의 솜털 : 망초, 민들레
③ 비늘 모양의 가시 : 명아주, 도깨비바늘
④ 낚시 바늘 모양의 돌기 : 도꼬마리, 달개비

해설
낙하산 모양으로 바람에 날려 퍼지는 종자 : 망초, 민들레

100 다음 중 발아적온이 가장 높은 것은?

① 메귀리
② 올챙이고랭이
③ 향부자
④ 뚝새풀

해설
② 올챙이고랭이 : 30~35℃
① 메귀리 : 20℃
③ 향부자 : 20~30℃
④ 뚝새풀 : 15~20℃

정답 96 ③ 97 ③ 98 ④ 99 ② 100 ②

2023년 제1회 과년도 기출복원문제

식물보호기사

※ 식물보호기사는 2023년부터 CBT(컴퓨터 기반 시험)로 진행되어 수험자의 기억에 의해 문제를 복원하였습니다. 실제 시행문제와 일부 상이할 수 있음을 알려드립니다.

제1과목 식물병리학

01 기생성 종자식물이 수목에 미치는 주요 피해로 거리가 먼 것은?
① 국부적 이상 비대
② 기주로부터 양분과 수분 탈취
③ 저장물질의 변화 및 생장 둔화
④ 태양광선의 차단에 의한 생장 불량

해설
④ 태양광선의 차단과 수체를 잡아당겨 생장을 불량하게 하는 피해는 칡, 다래덩굴, 으름덩굴, 노박덩굴 등의 덩굴류에 의한 피해이다.
기생성 종자식물 : 겨우살이, 새삼, 열당, 쑥더부살이 등으로 잎이나 줄기가 작아 태양광을 가리는 정도는 많지 않다.

02 기주의 병원균에 대한 종합적 저항기구는 어느 것인가?
① 과민성 반응
② 페놀류의 집적
③ 파이토알렉신(Phytoalexin)의 분비
④ 과민성 반응, 페놀류의 집적, 파이토알렉신의 분비

해설
종합적 저항기구 : 여러 저항기구가 다발하는 경우로 과민성 반응, 페놀류의 집적, 파이토알렉신의 분비 등

03 다음 중 균류의 영양기관은?
① 왁스층
② 포자낭
③ 분생포자
④ 균사체

해설
• 병원체의 영양기관 : 균사체, 균사속, 균핵, 자좌 등
• 병원체의 번식기관 : 포자, 분생자병, 분생자좌, 포자퇴, 포자낭, 병자각, 자낭각, 자낭구, 자낭반, 세균점괴, 포자각, 버섯 등

04 식물 바이러스병의 생물학적 진단법과 거리가 먼 것은?
① X-체 검경법
② 지표식물검정
③ 괴경지표법
④ 식물즙액접종법

해설
생물학적 진단법
• 지표식물에 의한 진단
• 채아법에 의한 진단
• 박테리오파지에 의한 진단
• 병든 식물즙액접종법
• 협촉반응에 의한 진단
• 유전자에 의한 진단

정답 1 ④ 2 ④ 3 ④ 4 ①

05 수박 덩굴쪼김병균의 월동처는 어디인가?

① 매개곤충의 알
② 토 양
③ 저장고
④ 중간기주

해설
토양월동병원균 : 모잘록병균, 시들음병균, 풋마름병균, 박과류 덩굴쪼김병균, 균핵병, 밑동썩음병, 잘록병, 검은썩음병

06 식물병을 측정할 때 병든 식물체 조직의 면적 또는 양의 비율을 나타내는 것으로, 주로 식물체의 전체면적당 발병 면적을 기준으로 하는 것은?

① 발병도(Severity)
② 발병률(Incidence)
③ 수량손실(Yield Lose)
④ 병진전 곡선(Disease-Progress curve)

해설
① 발병도 : 병든 식물체 조직의 면적 또는 양의 비율로 병원체에 의해 파괴된 식물체, 열매의 면적이나 부피 백분율 또는 비율을 특정시점에서 침해 받은 조직의 상대적인 비율을 나타내기 위해 0~10 또는 0~4까지의 등급을 나누어 병을 평가
② 발병률 : 조사한 총식물체 단위에 대한 병든 식물의 단위(식물체, 잎, 줄기, 열매 등)의 수 또는 비율
④ 병진전 곡선 : 시기별로 병의 진전 상황을 조사하여 곡선으로 나타낸 것

07 아플라톡신(Aflatoxin) 균독소(Myco-toxin)를 생산하는 균은?

① *Aspergillus flavus*
② *Aspergillus ochraceus*
③ *Penicillium citrinum*
④ *Fusarium graminearum*

해설
② 오크라톡신(Ochratoxin)이 생성되며, 주요 오염원은 보리, 옥수수, 밀, 귀리 및 땅콩이다. 신장과 간에서 암을 유발하는 물질로 알려져 있다.
③ 페니실린 추출
④ 맥류 붉은곰팡이병

08 오이 노균병균은 어떤 종류의 포자를 형성하는가?

① 동포자   ② 하포자
③ 자낭포자   ④ 유주(포)자

해설
④ 노균병균은 진균중 조균류에 해당되며 유주자 균류이다.

09 바이러스의 종자전염이 문제가 되는 식물은?

① 무   ② 참 깨
③ 담 배   ④ 콩

해설
④ 콩 줄무늬모자이크병 : 바이러스의 종자전염

10 맥류의 줄기녹병의 중간 기주는 무엇인가?
① 아카시아나무 ② 향나무
③ 뽕나무 ④ 매자나무

해설
녹병류의 중간기주
- 배나무 붉은별무늬병균 : 향나무
- 사과나무 붉은별무늬병 : 향나무
- 소나무 혹녹병 : 졸참, 신갈나무
- 맥류 줄기녹병 : 매자나무
- 밀 붉은녹병 : 좀꿩의다리

11 사과 탄저병의 발병이 많은 기상 조건은?
① 저온, 저습 ② 저온, 다습
③ 고온, 다습 ④ 고온, 저습

해설
탄저병의 고온 다습한 환경에서 다발생 → 주로 장마철 이후 다발생

12 벼 흰잎마름병의 발생을 조장하는 가장 중요한 요인은?
① 한 발 ② 침 수
③ 저 온 ④ 비료부족

해설
벼 흰잎마름병은 세균에 의한 병으로 침수 시 다발생

13 어떤 살균제를 계속해서 사용하면 그 효력이 떨어지는 이유는?
① 기상의 변화
② 토양 조건의 변화
③ 내성균의 발생
④ 기주 식물의 변이

해설
살균제를 연용은 내성균의 발생으로 약효가 떨어지게 됨

14 도열병균의 한 레이스를 한 벼 품종에 접종하였더니 병반 형성이 전혀 없거나 과민성 반응이 나타났다면 이 품종은 어떤 저항성을 가지고 있는가?
① 수직저항성
② 수평저항성
③ 포장저항성
④ 레이스 비특이적 저항성

해설
수직저항성
- 단인자 저항성, 주동유전자 저항성
- 병원균의 특정 레이스에 대해서만 반응
- 새로운 레이스가 생길 때마다 저항성이 무너짐

15 다음 중 식물이 어떤 병에 잘 걸리는 성질은?
① 감수성 ② 면역성
③ 병 회피 ④ 저항성

해설
① 감수성 : 병에 잘 걸리는 성질

정답 10 ④ 11 ③ 12 ② 13 ③ 14 ① 15 ①

16 시든 줄기를 칼로 잘라 깨끗한 물에 담갔을 때 절편에서 흘러나오는 희뿌연 물질을 보고 진단할 수 있는 병은?

① 토마토 풋마름병
② 오이 흰가루병
③ 사과 흰날개무늬병
④ 고추 역병

해설
점액물질에 의한 세균병의 간이 판단 : 토마토 풋마름병

17 식물병의 표징을 볼 수 없는 병은?

① 진균에 의한 병
② 세균에 의한 병
③ 바이러스에 의한 병
④ 담자균에 의한 병

해설
③ 바이러스병의 경우 일반적으로 균사 등의 표징이 나타나지 않음

18 소나무의 재선충 방제 중 현재 가장 효과적인 방법은?

① 잎에 살충제를 살포한다.
② 피해목을 조기에 발견, 벌채하여 훈증 및 소각한다.
③ 항공살포로 매개충을 죽인다.
④ 수간에 침투성 살충제를 수간주사하여 매개충을 죽인다.

해설
소나무재선충은 솔잎하늘소에 의해 매개 되며 피해목을 조기에 발견, 벌채해 훈증한다.

19 외국으로부터 들여오는 종묘의 검사는 철저할수록 좋다. 종묘검사는 식물검역소에서 주관하여 실시하는데 이와 같은 방제 방법은?

① 물리적 방제
② 경종적 방제
③ 생물적 방제
④ 법적 방제

해설
법적 방제에 대한 설명이다.

20 약제 저항성균의 출현을 줄이기 위한 방법이 잘못된 것은?

① 같은 계통의 약제를 연용하지 않는다.
② 작용기구가 다른 계통의 약제를 교호 사용한다.
③ 동일 약제의 사용농도를 높인다.
④ 작용기구가 다른 계통의 약제를 혼합 사용한다.

해설
③ 동일 약제의 사용농도를 높일 경우 약해가 발생할 수 있음

16 ① 17 ③ 18 ② 19 ④ 20 ③

제2과목 농림해충학

21 곤충의 특징을 알맞게 설명한 것은?

① 몸은 머리·가슴의 2부분으로 구분되고, 다리는 4쌍이며 7마디로 구성되어 있다.
② 몸은 머리·가슴·배의 3부분으로 구분되고, 다리는 4쌍이며 7마디로 구성되어 있다.
③ 몸은 머리·가슴의 2부분으로 구분되고, 다리는 3쌍이며 5마디로 구성되어 있다.
④ 몸은 머리·가슴·배의 3부분으로 구분되고, 다리는 3쌍이며 5마디로 구성되어 있다.

해설
곤충은 머리·가슴·배 3부분으로 구분되고, 다리는 3쌍이며 5마디로 구성된다.

22 총채벌레목에 관한 설명 중 틀린 것은?

① 단위생식도 한다.
② 입틀의 좌우가 같다.
③ 왼쪽 큰 턱이 한 개만 발달하였다.
④ 불완전변태를 한다.

해설
총재벌레목의 경우 입틀의 좌우가 같지 않고 이빨이 한 개만 발달하였으며, 식물의 표면을 긁어 스며 나오는 즙액을 빨아먹는다.

23 최근 시설하우스에서 많은 문제가 되고 있는 작은뿌리파리의 형태적 특징인 것은?

① 정상적인 날개가 2쌍이다.
② 앞날개만 발달하여 나는 기능을 갖고 있고 뒷날개는 퇴화되었다.
③ 앞날개가 뒷날개보다 크며 날개는 비늘로 덮여있다.
④ 앞날개는 두껍고 각질화되어 있으며 날개맥이 없다.

해설
날개는 가운데가슴에 1쌍이 있으나 뒷날개는 평균곤으로 퇴화되었고, 번데기는 위용이다.

24 메뚜기 큰 턱의 운동을 지배하는 신경의 중추는 다음 중 어느 것인가?

① 식도하신경절   ② 제3대뇌
③ 후대뇌   ④ 전대뇌

해설
식도하신경절
• 구기·침샘·목 부위에 연결된 근육과 감각기관에 신경을 보냄
• 운동을 촉진·억제시키는 역할

25 유충호르몬에 관한 설명 중 틀린 것은?

① 전흉선(앞가슴샘)에서 분비된다.
② 성충기관 원기의 발육을 억제한다.
③ 성충기에 가까워짐에 따라 분비량이 줄어든다.
④ 뇌신경 분지세포의 호르몬과 관계가 있다.

해설
① 알라타체는 뇌의 뒷부분에 있다.

26 야행성 곤충의 활동주기에 가장 큰 영향을 주는 요인은?
① 지 온
② 광 선
③ 습 도
④ 온 도

해설
야행성 곤충의 활동 주기는 광선에 큰 영향을 받는다.

27 1세대를 경과하는 데 가장 긴 시간을 필요로 하는 곤충은?
① 장수하늘소
② 뽕나무하늘소
③ 말매미
④ 소나무좀

해설
③ 말매미 : 1세대 경과가 약 5~6년

28 살충제가 곤충의 체내로 침투하는 경로가 아닌 것은?
① 경구(經口)
② 경피(經皮)
③ 경기문(經氣門)
④ 돌기(突起)

해설
①·②·③ 입, 피부, 경기문[기문(숨구멍)]을 통한 침투

29 암컷과 수컷의 차이가 크게 나는 해충은?
① 방패벌레
② 진딧물류
③ 응애류
④ 깍지벌레류

해설
깍지벌레
암컷은 수컷에 비해 크고 수컷은 날개를 가지는 것도 있다.

30 살충제와 같은 독성물질에 대하여 해독작용을 담당하는 기관은?
① 식세포
② 소화관
③ 지방체
④ 혈구세포

해설
곤충 면역체계
• 물리적 보호 장치 : 체벽과 장의 표피구조
• 2차 세포방어 : 체내에 침투가 되었을 때 혈구세포를 이용
• 화학적 방어 : 혈구나 지방체가 분비하는 항생단백질 이용

31 다음 곤충의 기관 중 식도하신경절(食道下神經節)에 의해 운동과 감각신경의 지배를 받지 않는 것은?
① 더듬이
② 작은 턱
③ 큰 턱
④ 아랫입술

해설
식도하신경절
• 운동을 촉진시키거나 억제시키는 작용
• 큰 턱, 작은 턱, 아랫입술 지배

정답 26 ② 27 ③ 28 ④ 29 ④ 30 ③ 31 ①

32 유약호르몬(Juvenile Hormone)의 분비기관은?

① 카디아카체 ② 알라타체
③ 앞가슴샘 ④ 신경분비세포

해설
알라타체에서 분비된 유약호르몬(Juvenile Hormone)에 의해 탈피 조절

33 어떤 곤충이 잠재적 포식자와 마주쳤을 때 방출하는 방어물질은 어느 것인가?

① 페로몬 ② 카이로몬
③ 알로몬 ④ 알라타체 호르몬

해설
③ 다른 종의 개체와 접촉할 경우에 그 물질의 방출자에게 유익한 행동 또는 생리적 반응을 일으키는 물질

34 곤충의 전형적인 더듬이의 주요부분 중 존스턴씨 기관을 가지고 있는 것은?

① 자루마디(Scape)
② 흔들마디
③ 채찍마디(Flagellum)
④ 관절점

해설
존스턴씨 기관
- 감각기능
- 먹이를 잡는 기능
- 냄새를 맡는 기능
- 교미행위나 의사소통기능

35 곤충다리의 마디 순서로 맞는 것은?

① 기절 → 전절 → 퇴절 → 경절 → 부절
② 기절 → 퇴절 → 경절 → 전절 → 부절
③ 기절 → 퇴절 → 전절 → 경절 → 부절
④ 기절 → 전절 → 부절 → 퇴절 → 경절

해설
곤충다리의 마디 순서
- 기절(밑마디) : 가슴부분에 고정되어 움직이지 못함
- 전절(도래마디) : 움직임이 있는 부분
- 퇴절(넓적다리마디) : 메뚜기류는 잘 발달되어 크기 및 근육층이 큼
- 경절(종아리마디) : 가시가 조금씩 나 있음
- 부절(발목마디)

36 유효적산온도 법칙에 대한 설명 중 잘못된 것은?

① 발육영점온도 이상의 온량만 관련된다.
② 유효적산온도는 종에 따라 다르다.
③ 유효적산온도는 세대에 따라 다를 수 있다.
④ 발육영점온도는 최저생존허용온도보다 높다.

해설
- 발육영점온도 : 곤충이 일정한 온도 이상에서 발육을 시작
- 유효적산온도 : 발육영점온도 이상의 온도가 일정기간 유지되어야 단계적 생육 진행

정답 32 ② 33 ③ 34 ② 35 ① 36 ④

37 다음 설명 중 틀린 것은?

① 해충방제는 생물학적 측면과 경제적인 측면에 기초를 두고 수행한다.
② 포장에 해충이 있으면 무조건 방제한다.
③ 방제는 해충밀도의 변동과 밀접한 관계가 있다.
④ 방제결정은 해충에 의한 피해액과 방제비와의 관계에서 결정한다.

해설
② 해충의 방제는 경제적 피해를 고려해 실시한다.

38 애멸구의 특징을 설명한 것 중 잘못된 것은?

① 암컷의 몸은 흑갈색이다.
② 머리의 돌출부는 장방형에 가깝다.
③ 수컷의 가운데가슴 등면은 흑색이다.
④ 암컷의 가운데가슴 등면에는 황백색의 긴 무늬가 있다.

해설
① 암컷은 담황색이고 수컷은 흑갈색이다.

39 성충과 유충이 모두 잎을 가해하는 해충은?

① 오리나무잎벌레
② 미국흰불나방
③ 솔잎혹파리
④ 매미나방

해설
① 오리나무잎벌레 : 성충과 유충이 모두 잎을 가해

40 천적의 구비조건으로 가장 거리가 먼 것은?

① 공격력이 왕성한 것
② 번식력이 왕성한 것
③ 잡식성인 것
④ 분산력이 강한 것

해설
③ 천적은 정해진 해충을 섭식해야 하므로 잡식성인 경우 익충에게도 해가 된다.

제3과목 재배학

41 벼 재배에서 도복의 위험성이 가장 큰 것은?

① 담수표면 직파재배
② 건답 직파재배
③ 기계이앙재배
④ 손이앙재배

해설
담수표면 직파재배 : 산소 부족 싹이 먼저 나오는 이상발아 현상으로 모가 약해진다.

42 땅속줄기(지하경, 地下莖)를 종묘로 허용하는 작물은?

① 토 란   ② 마 늘
③ 생 강   ④ 감 자

해설
괴근류 : 고구마, 토란, 마, 생강, 연근

43 답전윤환의 효과로 틀린 것은?

① 지력증강
② 기지의 회피
③ 병충해 증가
④ 잡초의 감소

해설
답전윤환으로 인해 토양전염성 병해충의 밀도가 낮아져 병충해가 감소한다.

44 종자의 수명에 영향을 적게 미치는 조건은?

① 종자의 수분함량
② 저장습도
③ 저장온도
④ 광 선

해설
종자의 수명은 수분함량, 저장습도, 저장온도의 영향을 많이 받는다.

45 피자식물이 가지는 중복수정에서 염색체의 조성은?

① 배 n, 배유 n
② 배 n, 배유 2n
③ 배 2n, 배유 3n
④ 배 2n, 배유 2n

해설
수정(중복수정)
- ♂ 제1융핵(n) + ♀ 난핵(n) → 배(2n)
- ♂ 제2융핵(n) + ♀ 극핵(2n) → 배유(3n)

46 크세니아(Xenia) 현상이 잘 일어나는 작물은?

① 옥수수
② 메 밀
③ 호 밀
④ 완 두

해설
크세니아(배젖 형질의 유전) : 부친(꽃가루)의 우성형질이 바로 종자의 배젖에 나타나는 현상으로 화본과, 콩과에서 일어난다.

47 우량품종의 구비조건이 아닌 것은?

① 균일성
② 우수성
③ 영속성
④ 조숙성

해설
우량품종 구비조건 : 균일성, 우수성, 영속성, 지역성

48 잡종강세육종방법으로 가장 적당한 방법은?

① 다계교잡법
② 여교잡법
③ 집단육종법
④ 파생계통육종법

해설
다계교잡법 : 보통으로 출현하기 힘든 특정형질을 얻으려 할 때 이용한다.

정답 43 ③ 44 ④ 45 ③ 46 ① 47 ④ 48 ①

49 자가불화합성을 보이는 작물은?
① 벼 ② 밀
③ 배추 ④ 감자

해설
양성화, 자가불화합성 : 호밀, 화본과 및 두과의 다년생 목초류 → 양배추, 배추, 무, 뽕나무, 차, 메밀, 고구마, 사과, 일본배, 서양배

50 자가불화합성의 생리적 원인에 해당되지 않는 것은?
① 화분의 발아를 억제하는 물질의 존재
② 화분과 암술머리 조직 사이의 삼투압의 차이
③ 화분관의 신장에 필요한 물질의 결여
④ 자가불화합성을 유기하는 세포질

해설
자가불화합성의 생리적 원인
• 꽃가루의 발아·신장을 억제하는 억제물질의 존재
• 꽃가루관의 신장에 필요한 물질의 결여
• 꽃가루과의 호흡에 필요한 호흡기질의 결여
• 꽃가루와 암술머리조직 사이의 삼투압의 차이
• 꽃가루와 암술머리조직의 단백질간의 불친화성

51 발아 최저온도가 가장 낮은 것은?
① 콩 ② 녹두
③ 팥 ④ 완두

해설
완두의 최저온도가 콩, 녹두, 팥보다 낮다.

52 벼의 추락현상이 발생할 때 벼뿌리를 상하게 하는 주된 물질은?
① 황화수소 ② 탄산가스
③ 불화수소 ④ 메탄가스

해설
여름철 환원층에서는 황산염이 환원되어 황화수소(H_2S)가 생성된다.

53 열해(熱害)의 원인으로 적절하지 않은 것은?
① 증산과다
② 철분의 침전
③ 암모니아 축적
④ 유기물의 과잉집적

해설
열해의 원인
• 유기물의 과잉소모
• 질소대사의 이상 : 단백질합성 저해, 암모니아의 축적 증가
• 철분의 침전 : 황백화현상 발생
• 증산과다로 위조

54 콩에 공생하는 근류균은?
① 산성토양에 약하다.
② 산성토양에 강하다.
③ 중성토양에 약하다.
④ 중성토양에 강하다.

해설
① 근류균은 콩과 식물의 뿌리에 침입하여 뿌리의 조직을 군데군데 크고 뚱뚱하게 만드는 박테리아로 산성토양에 약하다.

55 벼에 있어서 냉해에 강한 형태로 짝지어진 것은?

① 찰벼, 수중형
② 찰벼, 수수형
③ 메벼, 유망종
④ 메벼, 무망종

해설
냉해에 강한 벼의 형태는 찰벼, 수중형이다.

56 내건성이 강한 작물의 형태적 특성이 아닌 것은?

① 잎의 해면조직이 잘 발달되어 있다.
② 뿌리가 깊게 뻗는다.
③ 기공의 크기가 작고 수가 적다.
④ 표면적/체적의 비율이 작다.

해설
작물의 내건성(형태적 특징)
- 표면적·체적의 비가 작고 왜소하며 잎이 작다.
- 뿌리가 깊고, 지상부에 비하여 근군의 발달이 좋다.
- 잎 조직이 치밀하고, 잎맥과 울타리조직이 있으며 표피에 각피가 잘 발달되어 있다.
- 기공이 작고 수효가 많다.

57 체내 함량이 높을수록 이동성이 저하되는 성분은?

① 당 분
② 유리(자유)수
③ 단백질
④ 지 유

해설
② 유리(자유)수가 증가하면 삼투압이 낮아져 이동성이 저하된다.

58 무기원소 중에서 미량요소로서 엽록소 형성에 관여하며, 결핍 시에는 황백화 현상을 일으키는 요소는?

① 철(Fe)
② 염소(Cl)
③ 마그네슘(Mg)
④ 몰리브덴(Mo)

해설
철(Fe)
- Ni, Cu, Co(코발트), Cr(크롬), Zn(아연), Mo(몰리브덴), Mn, Ca 등의 과잉은 철의 흡수이동 억제
- 호흡 효소의 구성성분, 엽록소 형성에 관여, Mn과 길항작용, 체내 이동이 잘 되지 않는다.
- 부족 시 : 어린잎부터 황백화되고 엽맥 사이가 퇴색된다.
- 과잉 시 : 벼 잎에 갈색반점이 생겨 점차 확대되어 흑변 고사한다.

59 다음의 대기 물질 중 빗물의 pH를 낮추지 않는 것은?

① CO_2
② SO_2
③ NO_2
④ HF

해설
산성비 : 대기 중의 SO_2, NO_2, HF, HCl 가스 등으로 인해 산성비가 생성

60 토양의 입단(粒團) 형성과 발달을 돕는 방법은?

① 유기물과 석회의 시용
② 자주 갈아준다.
③ 화곡류의 계속적인 재배
④ 나트륨 이온(Na^+)의 첨가

해설
입단 형성 방법
- 유기물의 시용
- 석회의 시용
- 토양의 피복
- 두과작물의 재배

제4과목 농약학

61 농약 제품포장지의 표기사항으로 가장 거리가 먼 것은?

① 유효성분 및 성분량
② 농약안전사용기준
③ 사용방법
④ 제조공정내용

해설
농약 제품포장지 표기사항
- 품목등록번호, 농약의 명칭, 유효성분의 일반형 및 함유량과 기타성분의 함유량
- 포장단위, 농작물별 적용병해충, 사용방법과 사용에 적합한 시기
- 안전사용기준 및 취급제한기준, 농약별 표시사항
- 저장, 보관 및 사용상의 주의사항
- 상호 및 소재지
- 농약 제조 시 제품의 균일성이 인정되도록 구성한 모집단의 일련번호
- 약효보증기간

62 농민이 농약을 선택할 때 쉽게 식별하기 위해 포장지와 병뚜껑의 색깔을 달리하고 있다. 제초제는 어떤 색인가?

① 노랑색
② 분홍색
③ 초록색
④ 파랑색

해설
살균제는 분홍색, 살충제는 녹색, 제초제는 황색으로 표시함

63 수화제에 많이 쓰이는 증량제는?

① Toluene
② Sulfamate
③ Bentonite
④ Methanol

해설
③ 화산재가 변성되는 과정에 의해 생성된 것으로 화산재가 해저에서 염수와 작용해 점토질 광물로 변성된 것이 다시 지층의 융기현상 형성

64 훈증제가 갖추어야 할 조건에 해당되지 않은 것은?

① 휘발성이 커야 하고 농도가 균일하게 되어야 한다.
② 훈증할 목적물에 이화학적으로 변화를 주어야 한다.
③ 비인화성이어야 한다.
④ 침투성이 커서 약제가 쉽게 도달해야 한다.

해설
② 훈증제는 목적물에 이화학적 변화를 주어서는 안 됨

65 약제를 살포했을 때 약제를 골고루 적시는 성질을 의미하는 것은?

① 확전성(擴展性)
② 비산성(飛散性)
③ 습윤성(濕潤性)
④ 부착성(附着性)

해설
습윤성
- 고체의 표면이 액체와 접촉하여 축축하게 배어드는 성질
- 액체의 표면 장력이 감소함으로써 액체가 고체의 표면에 퍼짐

66 농약의 분류 중 유효성분 조성에 따른 분류에 해당하는 것은?

① 유기인계   ② 살충제
③ 살균제   ④ 유인제

해설
① 유기인계 : 유효성분 조성에 따른 분류

67 독성(毒性)의 정도를 표시하는 데 쓰이지 않는 것은?

① LC_{50} ② LD_{50}
③ ED_{50} ④ HLB

해설
④ HLB(Hydrophilic Lipophlic Balance) : 계면활성제 분자 중에서 친유성인 부분과 친수성인 부분의 균형을 나타냄
• LD_{50}(Median Lethal Dose) : 반수치사약량
• LC_{50}(Lethal Concentration 50) : 반수치사농도
• ED_{50}(Effective Dose 50) : 반수영향약량
• EC_{50}(Effective Concentration 50) : 반수영향농도

68 농약의 독성의 정도에 따른 분류가 아닌 것은?

① 맹독성   ② 잔류독성
③ 고독성   ④ 저독성

해설
농약 등의 독성 구분(농약관리법 시행규칙 [별표 3의5])
Ⅰ급(맹독성), Ⅱ급(고독성), Ⅲ급(보통독성), Ⅳ급(저독성)

69 농약관리법에 의한 맹독성 농약의 구분으로 경구투여 시의 반수치사량(mg/체중 kg당)을 표시한 것은?

① 고체 5 미만, 액체 20 미만
② 고체 10 미만, 액체 40 미만
③ 고체 5 미만, 액체 10 이상 100 미만
④ 고체 20 이상 200 미만, 액체 10 이상 100 미만

해설
① 맹독성 : 고체 5 미만, 액체 20 미만

70 우리나라의 유통 농약 중 독성분포가 제일 많은 것은?

① 맹독성   ② 고독성
③ 보통독성 ④ 저독성

해설
2022년 12월말 기준 국내 등록 농약 중 저독성농약이 84.3%, 보통독성 15.5%이다.

71 교차저항성(交叉抵抗性)에 관한 설명으로 가장 옳은 것은?

① 어떤 약제에 의해 저항성이 생긴 곤충이 다른 약제에 저항성을 보이는 것
② 동일 곤충에 어떤 약제를 반복 살포함으로써 생기는 저항성
③ 동일 곤충에 두 가지 약제를 교대로 처리함으로써 생긴 저항성
④ 어떤 약제에 대한 저항성을 가진 곤충이 다음 세대에 그 특성을 유전시키는 것

해설
교차저항성 : 어떤 약제에 의해 저항성이 생긴 곤충이 다른 약제에 저항성을 보이는 것

정답 66 ① 67 ④ 68 ② 69 ① 70 ④ 71 ①

72 농약의 잔류 허용기준을 산출하는 데 해당되지 않은 요소는?

① 최대무작용량
② 반수치사량
③ 안전계수
④ 1일 섭취허용량

해설

최대잔류허용량(ppm) = $\dfrac{1일\ 섭취허용량 \times 국민평균체중(kg)}{안전계수(SF)}$

73 농약 중독 사태 발생 시, 취해야 할 응급조치로 적당하지 않은 것은?

① 경구중독일 경우, 따뜻한 물이나 소금물로 세척한다.
② 약물이 장내로 들어갈 염려가 있을 시는 황산마그네슘(15~20g) 물에 독물의 흡착을 위해 활성탄이나 규조토 등을 타서 먹여 배설시킨다.
③ 흡입중독일 경우, 체온을 식히기 위하여 찬물로 씻어준다.
④ 경피중독일 경우, 오염된 의복을 벗기고 부착된 약제를 비눗물로 씻는다.

해설

③ 흡입에 의한 중독 시 환자를 공기가 맑고 그늘진 곳에 옮겨 단추와 허리띠를 풀어 호흡하게 하여 쉬도록 하고 걷지 않게 한다.

74 리바이지드 50% 유제를 1,000배 희석하여 10a당 180L를 살포하려 할 때 리바이지드 50% 유제의 소요량은?

① 45mL   ② 90mL
③ 180mL   ④ 360mL

해설

소요량 = 180L × 1,000mL/1,000 = 180mL

75 농약의 살포방법 중 유제, 수화제, 수용제 등에서 조제한 살포액을 분무기를 사용하여 무기분무(Airless Spray)에 의하여 안개모양으로 살포하는 방법은?

① 분무법   ② 미스트법
③ 스프링클러법   ④ 폼스프레이법

해설

분무법
• 다량의 액제 살포 시 분무기를 이용하는 법
• 유제, 수화제, 수용제 같은 약제를 물에 탄 약제를 분무기로 가늘게 뿜어내어 살포함
• 비산에 의한 비산 손실이 적음

76 유기인화합물을 5가의 P원자를 가진 인산에스테르류가 주된 것으로 5종의 기본형으로 분류된다. 여기에서 포스포로아미데이트(Phosphoroamidate)형은?

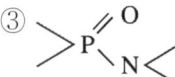
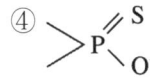

해설

포스포로(P-인이 포함된), 아미데이트(N-질소가 포함된)

77 깍지벌레의 방제에 유효한 기계유 유제에 대한 설명으로 옳지 않은 것은?

① 유기합성 살충제이다.
② 값이 싸고 독이 없다.
③ 95% 이상의 고농도 제품이 나오고 있다.
④ 주성분은 탄화수소이다.

해설
① 기계 유유제는 무기합성 살충제이다.

78 파라티온 등 유기인계 살충제의 가장 큰 작용 특성은?

① 분해가 느리기 때문에 약효지속 기간이 길다.
② 살충력이 강하고 광범위하게 사용된다.
③ 인축에 대해 독성이 약한 편이다.
④ 알칼리성 물질에 분해가 더딘 편이다.

해설
농약 중 가장 많은 종류가 있으며 유기인계 농약의 구조는 인(P)을 중심으로 각종 원자 또는 원자단으로 결합한다.

79 다음 중 보호살균제는?

① 만코지 수화제
② 베노밀 수화제
③ 디노 수화제
④ 지오람 수화제

해설
① 만코지 수화제 : 유기유황제이며 보호살균제

80 4두식 석회반량 보르도액은 다음 중 어느 것인가?

① 황산구리 450g에 생석회 225g과 물 80L를 가지고 만든 것
② 황산구리 225g에 생석회 450g과 물 80L를 가지고 만든 것
③ 황산구리 450g에 생석회 900g과 물 80L를 가지고 만든 것
④ 황산구리 900g에 생석회 450g과 물 80L를 가지고 만든 것

해설
4두식 석회반량 보르도액 : 황산구리 450g에다 생석회 225g과 물 80L(4두)를 가지고 만든 것

제5과목 잡초방제학

81 논 제초제의 약해 발생요인이 아닌 것은?

① 건묘이식
② 이앙심도가 얕은 경우
③ 연약한 도장묘
④ 과잉살포

해설
① 건묘(튼튼한 묘)의 이식은 약해발생과 감소

정답 77 ① 78 ② 79 ① 80 ① 81 ①

82 A 제초제 0.5%는 몇 ppm에 해당되는가?

① 5ppm
② 50ppm
③ 500ppm
④ 5,000ppm

해설
0.5/100 = 0.5 × 10,000/1,000,000 = 5,000ppm
ppm = 1/1,000,000

83 토양에 처리한 요소(Urea)계 제초제가 작용점까지 이르는 경로를 순서대로 가장 잘 설명한 것은?

① 뿌리 – 사부 – 잎 – 세포 – 원형질
② 뿌리 – 사부 – 잎 – 세포 – 미토콘드리아
③ 뿌리 – 사부 – 잎 – 세포 – 액포
④ 뿌리 – 사부 – 잎 – 세포 – 색소체

해설
Urea계 제초제 특징
- 잡초발생 전 처리하는 제초제, 뿌리로 더 잘 흡수
- 기본구조가 단순하고 인축에 대한 독성 및 토양잔류성이 낮음
- 환경에 미치는 영향이 적어 전 세계적으로 많이 사용되고 있음

84 제초제의 물리적 선택성에 영향을 끼치는 요인이 아닌 것은?

① 제초제 사용량
② 제초제 제형
③ 제초제 처리방법
④ 제초제 주성분함량

해설
주성분함량은 화학적 선택성과 관련이 있다.

85 다음 중 제초제의 작용기작을 잘못 연결한 것은?

① 설포닐우레아계 – 아미노산 생합성 저해
② 트리아진계 – 호흡작용 억제
③ 페녹시계 – 과도한 옥신작용
④ 디나이트로아닐린계 – 세포분열 억제

해설
② 트리아진계는 광합성 합성 저해

제초제의 작용기작

작용기작	제초제의 분류 및 종류
광합성 저해	벤조티아디아졸계, 트리아진계, 요소계, 아마이드계, 비피리딜리움계 (과산화물 생성)
호흡작용 및 산화적 인산화 저해	카바메이트계, 유기염소계
호르몬 작용 교란	페녹시계(2,4-D, MCP), 벤조산계
단백질 합성 저해	아마이드계, 유기인계
세포분열 저해	디나이트로아닐린계, 카바메이트계
아미노산 생합성 저해	설포닐우레아계, 이미다졸리논계, 유기인계(Glyphosate)

86 뿌리에서 흡수된 제초제가 줄기의 물관부까지 이동할 때 그 경로는?

① 수 선
② 세포벽과 세포질
③ 기 공
④ 카스파리안대

해설
뿌리에서 흡수된 제초제는 세포벽과 세포질을 통해 줄기의 물관부까지 이동한다.

87 다음 제초방법 중 가장 환경친화적인 방법은?

① 제초제로 처리한다.
② 경운을 한다.
③ 토양표면을 피복한다.
④ 화염방사기를 사용한다.

해설
토양표면 피복의 경우 피복식물에 의한 잡초방제 및 천적의 도피처 제공

88 예방적 잡초방제법이 아닌 것은?

① 상토 소독
② 종자 선별
③ 농기계 청소
④ 제초제 처리

해설
예방적 잡초방제는 잡초종자의 혼입 방지 목적

89 30%의 유효성분을 가진 제초제를 10a당 300mL 산포하고자 할 때 10a당 필요한 제품량은?

① 10mL
② 100mL
③ 1,000mL
④ 10,000mL

해설
300mL × 100/30% = 1,000mL

90 제초제의 선택성 발현에 영향을 미치는 요인이 아닌 것은?

① 작물과 잡초의 생육정도 차이
② 작물과 잡초의 생육공간 차이
③ 작물과 잡초의 제초제 흡수력 차이
④ 작물과 잡초의 양분 흡수력 차이

해설
선택성 발현 요인 : 생육정도차, 생육공간차, 제초제 흡수력 등의 차

91 경엽처리 제초제의 잡초 방제에 대한 설명 중 올바르지 못한 것?

① 약제가 잎에 잘 묻도록 일반적으로 전착제를 첨가하여 처리한다.
② 극성이 높은 친수성 제초제는 잎의 큐티클을 잘 통과하기 때문에 경엽처리 활성이 강하다.
③ 잎 표층을 통과한 약제는 성질에 따라서 물관이나 체관을 통해 하부 또는 상부이동을 한다.
④ 잡초마다 잎 표면으로부터 세포 내 작용점까지의 제반성질이 다르기 때문에 동일한 제초제라 할지라도 잡초마다 그 효과가 다르게 나타날 수 있다.

해설
② 큐티클층은 비극성이다.

정답 87 ③ 88 ④ 89 ③ 90 ④ 91 ②

92 제초 효과의 범위를 크게 하기 위하여 두 가지 제초제를 혼합할 경우 가장 적은 양의 제초제가 혼합된 경우는?

① 길항작용 ② 독립효과
③ 상가작용 ④ 상승작용

해설
- 길항작용 : 상반되는 2가지 요인이 동시에 작용하여 그 효과를 서로 상쇄시키는 작용
- 상승작용 : 두 가지 제초제를 혼합 사용할 경우 약효가 상승하는 효과

93 포장에서 제초제 저항성 잡초 유발을 낮추기 위하여 농민들이 노력해야 할 일들 중 적합한 것으로만 묶여진 것은?

> ㉠ 서로 다른 기작을 가진 제초제를 돌려 사용한다.
> ㉡ 약제를 추천농도 이상의 고농도로 처리한다.
> ㉢ 같은 계통의 약제를 매년 처리한다.
> ㉣ 서로 다른 성질의 약제가 혼합된 것을 가능한 한 사용한다.
> ㉤ 동일 재배지에 동일 작물을 매년 재배하지 않는다.

① ㉠, ㉡, ㉢ ② ㉠, ㉢, ㉣
③ ㉠, ㉣, ㉤ ④ ㉡, ㉣, ㉤

해설
서로 다른 기작을 가진 제초제 돌려 사용, 윤작 등

94 논 제초제의 사용 시 약해발생 요인으로서 맞는 것은?

① 식양토는 CEC가 높으므로 사양토보다 약해를 입기 쉽다.
② 큰 묘를 내는 손이앙은 어린묘를 내는 기계이앙에 비해 약해를 입기 쉽다.
③ 근부흡수형의 약제들은 천식했을 경우 약해가 커진다.
④ 호르몬형 제초제는 고온보다 저온에서 약해가 커지는 경향이 있다.

해설
식양토는 제초제를 잡아주는 힘이 강해 약해가 작으며, 큰 묘는 초기 생육이 어느 정도 진행되어 경합력이 높고 호르몬형 제초제는 고온에서 증산량이 많아 제초제의 약해가 커짐

95 제초제의 약해 유발 원인으로 잘못된 것은?

① 전착제 농도를 권장량보다 낮게 처리하는 경우
② 제초제의 정확한 특성을 무시하고 적용 범위를 확대하는 경우
③ 고압분무기로 살포 시 주변 작물로 제초제가 비산되는 경우
④ 비닐하우스 내에서나 피복 재배지에서의 부주의한 처리

해설
전착제 농도를 권장량보다 낮게 처리하는 경우는 약해보다는 원하는 방제가가 나오지 않는 경우가 많다.

정답 92 ④ 93 ③ 94 ③ 95 ①

96 잡초발생이 많은 포장에 서로 다른 제초제를 사용 시기를 달리하여 2번 이상 살포하는 처리방법은?

① 일발처리 ② 종합처리
③ 체계처리 ④ 혼합처리

해설
체계처리에 대한 설명에 해당한다.

97 최근 문제되고 있는 제초제 저항성 잡초의 방제 방법으로 가장 적당한 방법은?

① 동일한 제초제를 연용한다.
② 제초제 사용량을 늘린다.
③ 제초제와 전착제를 혼용한다.
④ 제초제를 특성에 따라 순환 사용한다.

해설
제초제 저항성 잡초의 방제 방법 : 제초제의 특성에 따라 순환 사용해야 함

98 다음 제초제 계통의 일반적인 작용기작이 잘못 연결된 것은?

① 트리아진계 - 지질 생합성 억제
② 설포닐우레아계 - 아미노산 생합성 억제
③ 피리다지논계 - 색소체 형성 억제
④ 디페닐에테르계 - 세포막 파괴

해설
광합성 저해 : 벤조티아디아졸계, 트리아진계, 요소계

99 분해과정이 없을 경우 극성이 낮은 제초제를 토양처리하였을 때 제초효과가 가장 낮게 나타날 수 있는 지역은?

① 토양유기물이 풍부한 점질토양의 지역
② 유기물이 없는 사질토양의 지역
③ 유기물이 어느 정도 있는 사질토양의 지역
④ 유기물이 전혀 없는 점질토양의 지역

해설
토양유기물이 풍부할 경우 부식에 의해 제초제가 고정되어 작물 흡수 피해가 경감된다.

100 외국에서 유입된 대표적인 외래잡초로만 구성되어 있는 것은 어느 것인가?

① 올챙이고랭이, 미국자리공, 생이가래
② 미국개기장, 단풍잎돼지풀, 서양민들레
③ 서양민들레, 올방개, 방동사니
④ 단풍잎돼지풀, 미국가막사리, 중대가리풀

해설
농경지 외래잡초
- 콩 : 가늘털비름, 명아주류, 털여뀌, 미국가막사리
- 옥수수 : 어저귀, 가는털비름, 돌소리쟁이, 털여뀌, 명아주류, 독말풀, 큰도꼬마리, 도깨비가지, 단풍잎돼지풀, 미국가막사리
- 목초지 : 돌소리쟁이, 소리쟁이, 도깨비가지, 왕도깨비가지, 난쟁이아욱, 가시비름, 자주광대나물, 독말풀, 도꼬마리, 큰도꼬마리, 어저귀, 큰개불알풀, 붉은서나물, 큰방가지똥, 서양민들레, 서양금혼초, 만수국아재비, 개망초

2024년 제1회 최근 기출복원문제

식물보호기사

제1과목 식물병리학

01 사과나무 뿌리혹병은 무엇에 의한 병인가?
① 토양 선충에 의한 병
② 생리적인 병
③ 세균에 의한 병
④ 사상균에 의한 병

해설
③ 과수 뿌리혹병은 근두암종 세균(Agrobacterium tumefaciens)에 의한 병이다.

02 다음 병 중 어느 병에 걸린 보리를 먹으면 식중독을 일으키는가?
① 겉깜부기병
② 붉은곰팡이병
③ 줄녹병
④ 흰가루병

해설
② 맥류 붉은곰팡이병의 유독한 알칼로이드 독소에 의해 식중독을 유발한다.

03 배나무 붉은별무늬병과 관계가 있는 것은?
① 좀꿩다리
② 향나무
③ 잣나무
④ 매발톱나무

해설
② 향나무는 배나무 붉은별무늬병의 중간기주이다.

04 호밀 맥각병에서 이삭에 생기는 자흑색 바나나 모양의 맥각 덩이의 정체는?
① 자 낭
② 균 핵
③ 자낭포자
④ 후막포자

해설
맥각병은 병원균이 만든 단단하고 검은색의 이삭 낱알 같은 균핵의 모양에서 유래되었다.

05 다음의 식물병 병원체 중 핵산으로만 구성되어 있으며 그 크기가 가장 작은 것은?
① 바이러스(Virus)
② 바이로이드(Viroid)
③ 파이토플라스마(Phytoplasma)
④ 스피로플라스마(Spiroplasma)

해설
• 바이로이드
 - 한 가닥의 핵산 RNA로만 구성된 병원체
 - 접목전염 및 접촉전염
 - 일본에서 배의 유부과 현상에서 바이로이드 검출
 - 감자 걀쭉병
• 병원체의 크기 : 진균(곰팡이) > 세균 > 바이러스 > 바이로이드

정답 1 ③ 2 ② 3 ② 4 ② 5 ②

06 아플라톡신(Aflatoxin) 균독소(Mycotoxin)를 생산하는 균은?

① *Aspergillus flavus*
② *Aspergillus ochraceus*
③ *Penicillium citrinum*
④ *Fusarium graminearum*

해설
② 오크라톡신(Ochratoxin)이 생성되며, 주요 오염원은 보리, 옥수수, 밀, 귀리 및 땅콩이다. 신장과 간에서 암을 유발하는 물질로 알려져 있다.
③ 페니실린 추출
④ 맥류 붉은곰팡이병

07 박테리오파지의 기주특이성을 이용하여 진단할 수 있는 병은?

① 보리 겉깜부기병
② 벼 흰잎마름병
③ 벼 줄무늬잎마름병
④ 밀 속깜부기병

해설
박테리오파지의 기주특이성을 이용하는 진단방법에는 세균을 숙주로 하는 바이러스를 이용하며, 벼 흰잎마름병은 그람음성세균에 의한 병(Xanthomonas)으로 한천배지에서 황색 원형 콜로니를 형성한다.

08 다음 중 붕소가 부족해서 일어나는 사과병은?

① 탄저병
② 부란병
③ 축과병
④ 점무늬낙엽병

해설
붕소결핍에 의한 병: 무·배추 속썩음병, 사과 축과병, 갈색썩음병

09 다음 병 중 병원체의 분류에 그람염색(Gram staining)을 이용하는 것은?

① 감자 둘레썩음병
② 감자 잎말림병
③ 감자 X 바이러스병
④ 감자 역병

해설
① 감자 둘레썩음병은 그람양성세균에 의한 병이다.

10 인공배지에서 배양이 가능하며 균사체를 형성하지 않는 식물병원균은?

① 바이로이드
② 파이토플라스마 유사체
③ 세 균
④ 바이러스

해설
- 인공배지 배양 불가: 바이로이드, 파이토플라스마, 바이러스
- 인공배지 배양 가능: 세균(균사 형성하지 않음), 진균(균사 형성)

정답 6 ① 7 ② 8 ③ 9 ① 10 ③

11 오이 노균병균은 어떤 종류의 포자를 형성하는가?

① 동포자
② 하포자
③ 자낭포자
④ 유주(포)자

해설
④ 노균병균은 진균 중 조균류에 해당되며 유주자 균류이다.

12 잎에만 발생하고, 본 잎에서는 처음에 수침상의 점무늬가 생기고 병무늬 가장자리가 잎맥으로 포위되어 있는 부정형 다각형의 담갈색 무늬로 발전하며, 심하면 잎이 위쪽으로 말리고, 습기가 많으면 병무늬 뒷면에 서리같은 가루모양의 흰색곰팡이가 생기는 병은?

① 십자화과 작물의 모잘록병
② 오이 노균병
③ 토마토 역병
④ 배추 무사마귀병

해설
오이 노균병에 대한 설명이다. 주로 저온 다습한 환경에서 많이 발생하고, 순활물로서 살아있는 작물에 기생하며, 방제 약제로는 명작 액상수화제가 효과적이다.

13 고추 탄저병의 만연에 결정적으로 중요한 역할을 하는 전파 수단은 어느 것인가?

① 침 수
② 토양 해충
③ 비바람
④ 선 충

해설
탄저병의 경우 바람과 비에 의해 전파된다.

14 송이풀을 제거하여 방제효과를 얻을 수 있는 병은?

① 사과나무 붉은별무늬병
② 감자 역병
③ 인삼 뿌리썩음병
④ 잣나무 털녹병

해설
④ 송이풀은 잣나무 털녹병의 중간기주이다.

15 기주식물의 IAA 생성을 촉진하는 병원체가 아닌 것은?

① 상추 노균병
② 옥수수 깜부기병
③ 배추 무사마귀병
④ 사과 붉은별무늬병

해설
IAA는 식물 조직을 비대(부풀어 오르는 증상)을 나타내게 되는데, 배추 무사마귀병은 IAA에 의해 뿌리의 일부가 커져 혹을 형성하고 옥수수 깜부기병과 사과 붉은별무늬병도 조직의 일부가 커지는 병징을 형성하게 된다.

정답 11 ④ 12 ② 13 ③ 14 ④ 15 ①

16 병원균의 침입에 대응하여 식물체가 나타내는 저항성 기작이 아닌 것은?

① 일액현상
② 이층 형성
③ 전충체 형성
④ 수지 분비

> **해설**
> **식물체의 저항성 기작** : 이층 형성, 전충체 형성, 수지 분비

17 형광항체법을 이용하는 식물병 진단방법은?

① 핵산분석에 의한 진단
② 이화학적 진단
③ 혈청학적 진단
④ 생물학적 진단

> **해설**
> **혈청학적 진단**
> • 슬라이드법
> • 한천겔 확산법(AGID)
> • 형광항체법
> • 직접조직프린트면역분석법(DTBIA)
> • 적혈구응집반응법
> • 효소결합항체법(ELISA)

18 고추 역병의 방제법이 아닌 것은?

① 연작을 피한다.
② 가짓과의 작물로 2~4년간 윤작한다.
③ 다이센 M-45, 리도밀 등을 경엽살포한다.
④ 배수가 잘 되도록 한다.

> **해설**
> ② 고추는 가짓과에 해당하는 작물로 가짓과에 해당하는 작물을 윤작해도 역병의 병원균의 밀도를 줄일 수 없으므로 가짓과(감자, 고추, 가지, 토마토 등) 외의 다른 작물을 재배해야 한다.

19 고구마 무름병을 방지하기 위한 고구마 큐어링의 방법은?

① 28~30°C, 습도 70%, 7일간
② 28~30°C, 습도 90%, 7일간
③ 30~33°C, 습도 70%, 5일간
④ 30~33°C, 습도 90%, 5일간

> **해설**
> ④ 수확 직후 호흡이 왕성하고 저장 시 부패 및 싹이 나는 것을 방지하기 위해 큐어링을 실시하고, 큐어링은 온도는 30~33°C, 습도는 90~95% 조건에서 5일간 실시한다.

20 다음 중 주로 공기전염을 하는 병은?

① 배추·무 사마귀병
② 배나무 붉은별무늬병
③ 오이 모자이크바이러스
④ 식물의 모잘록병

> **해설**
> ① 토양, ③ 충매, ④ 토양

정답 16 ① 17 ③ 18 ② 19 ④ 20 ②

제2과목 농림해충학

21 온실가루이가 속하는 곤충 목(目)은?
① 나비목
② 메뚜기목
③ 노린재목
④ 매미목

해설
온실가루이
외래해충으로 매미목으로 분류되다 매미목이 노린재목의 하위 분류군으로 편입되었다.

22 진딧물을 포식하는 천적이 아닌 것은?
① 꽃등에류
② 무당벌레류
③ 깍지벌레류
④ 풀잠자리류

해설
진딧물을 잡아먹는 천적 : 꽃등에, 무당벌레, 풀잠자리 등

23 미각과 관계가 없는 곤충의 기관은?
① 큰 턱
② 작은턱수염
③ 윗입술
④ 아랫입술수염

해설
큰턱은 먹이를 절단하거나 갉아 먹는 데 사용되며 맛을 느끼지는 못한다.

24 성충과 유충이 모두 잎을 가해하는 해충은?
① 오리나무잎벌레
② 미국흰불나방
③ 솔잎혹파리
④ 매미나방

해설
① 오리나무잎벌레 : 성충과 유충이 모두 잎을 가해한다.

25 배추벼룩잎벌레에 대한 설명 중 옳은 것은?
① 고추의 가장 대표적인 해충이다.
② 성충이 뿌리를 가해한다.
③ 일반적으로 작물이 어린 시기에 피해가 많다.
④ 번데기로 월동한다.

해설
배추벼룩잎벌레의 경우 배추의 어린모에 피해가 크다.

26 사과면충이 분류학적으로 속하는 것은?
① 벌 목
② 노린재목
③ 딱정벌레목
④ 집게벌레목

해설
사과면충은 기존에 매미목으로 분류되었으나 매미목이 노린재목의 하위 분류에 매미아목으로 분류된다.

정답 21 ③ 22 ③ 23 ① 24 ① 25 ③ 26 ②

27 곤충강의 특징이 아닌 것은?

① 입틀이 밖에 고정되어 있다.
② 더듬이는 한 쌍이다.
③ 다리에 마디가 없다.
④ 외골격이 있다.

해설
③ 곤충은 머리, 가슴, 배 3부분으로 구분되며, 다리는 3쌍, 5마디로 구성된다.

28 벌목의 잎벌과에 속하는 곤충의 촉각모양으로 알맞은 것은?

① 곤봉모양
② 빗살모양
③ 염주모양
④ 부채꼴 및 고리모양

해설
벌목 잎벌과의 촉각은 실모양(사상, 빗살모양)이다.

29 곤충 분류군별로 파리목의 형태적 특징인 것은?

① 정상적인 날개가 2쌍이다.
② 앞날개만 발달하여 나는 기능을 갖고 있고, 뒷날개는 퇴화되었다.
③ 앞날개가 뒷날개보다 크며 날개는 비늘로 덮여 있다.
④ 앞날개는 두껍고 각질화되어 있으며 날개맥이 없다.

해설
② 날개는 가운데가슴에 1쌍이 있으나 뒷날개는 평균곤로 퇴화되었고, 번데기는 위용이다.

30 마늘을 가해하는 고자리파리는 다음 중 어느 과에 속하는가?

① 집파리과
② 굴파리과
③ 꽃파리과
④ 침파리과

해설
③ 마늘을 가해하는 고자리파리는 파리목 꽃파리과이다.

31 곤충의 혈림프로 방출되는 탄수화물의 저장태는 무엇인가?

① 글리코겐
② 무코다당류
③ 키 틴
④ 트레할로스

해설
곤충의 혈림프로 방출되는 탄수화물의 저장태는 트레할로스(Trehalose)이다.

32 곤충의 탈피와 변태는 탈피호르몬과 유약호르몬의 농도에 따라 결정된다. 다음 영기의 유충으로 탈피하는 경우는?

① 유약호르몬의 함량이 높을 때
② 유약호르몬의 함량이 낮을 때
③ 유약호르몬이 없을 때
④ 탈피호르몬이 없을 때

해설
유약호르몬
- 알라타체에서 분비되는 호르몬
- 전흉선 호르몬과 협동하여 유충의 탈피를 일으키고, 난소의 발육을 억제하여 유충형질을 유지

정답 27 ③ 28 ② 29 ② 30 ③ 31 ④ 32 ①

33 야행성 곤충의 활동주기에 가장 큰 영향을 주는 요인은?

① 지 온
② 광 선
③ 습 도
④ 온 도

해설
야행성 곤충의 활동 주기는 광선에 큰 영향을 받는다.

34 곤충의 휴면을 설명한 것으로 틀린 것은?

① 휴면에는 의무적 휴면과 기회적 휴면이 있다.
② 휴면이 일어나는 충태는 종에 따라 다르다.
③ 성충기간을 늘려서 산란수를 증가시킨다.
④ 저온기간에 대한 내한성을 증대시킨다.

해설
③ 곤충은 불리한 조건에서는 휴면을 통해 생태를 유지하고, 성충의 기간을 줄여 산란수를 증가시킨다.

35 다음 해충 중 성충이 과일에 상처를 내서 해를 미치는 것은?

① 으름나방
② 모무늬잎말이나방
③ 사과굴나방
④ 사과응애

해설
으름나방
• 연 2회 발생하며 성충으로 월동
• 유충은 으름덩굴의 잎을 먹고 자라며 성충은 밤에 과수원으로 날아와서 과실의 즙액을 빨아먹고, 가해부로부터 썩어 들어가 낙과함

36 다음 중 체내 수분증산을 억제하는 표피층 구조로 가장 옳은 것은?

① 원표피층
② 외원표피층
③ 외표피층
④ 내원표피층

해설
표피층
• 외표피 : 단백질과 지질로 구성된 매우 얇은 층으로서 수분의 증발을 억제하는 기능을 한다.
• 원표피 : 성충 표피의 대부분을 차지하는 것으로서 단백질과 키틴으로 만들어진다.

37 곤충의 4가지 기본환경 요인 중 온도에 대한 설명으로 옳지 않은 것은?

① 대부분의 곤충은 0~40℃가 생존범위 온도이다.
② 발육영점온도 이상의 유효 온도의 합이 일정량에 도달될 때 발육이 끝나는 성질이 있다.
③ 월동 중의 곤충들은 조직 내에 글리세롤(Glycerol)과 같은 동해방어물질이 생성된다.
④ 발육영점온도는 일반적으로 4℃ 정도이다.

해설
• 발육영점온도 : 곤충이 일정한 온도 이상에서 발육을 시작하는 온도로 곤충마다 발육영점온도가 다르다.
• 유효적산온도 : 발육영점온도 이상의 온도가 일정기간 유지되어야 단계적 생육을 진행한다.

정답 33 ② 34 ③ 35 ① 36 ③ 37 ④

38 자연생태계에 비교할 때 농생태계의 특징은?

① 영속성이 없다.
② 종의 다양도가 높다.
③ 천이를 통해 변천한다.
④ 식물군 간에 많은 경쟁이 일어난다.

해설
농생태계는 인위적인 경작활동으로 인해 동일 작물이 재배되는 경우가 많아 식물군 간에 경쟁이 적다.

39 다음 중 천적 방제의 성공 사례가 아닌 것은?

① 미국흰불나방 – 고치벌
② 이세리아깍지벌레 – 베달리아무당벌레
③ 루비깍지벌레 – 루비깍지좀벌
④ 사과면충 – 사과면충좀벌

해설
① 미국흰불나방의 천적은 무늬수중다리좀벌, 검정명주딱정벌레, 긴등기생파리 등이 있다.

40 종합적 해충관리의 방법과 거리가 먼 것은?

① 농약의 합리적인 사용
② 천적이용을 확대
③ 철저한 유기농법의 확대
④ 해충발생 예찰의 철저

해설
③ 종합적 해충관리 방법은 적절한 시기에 적절한 방제활동에 의한 해충방제 방법으로 농약사용을 완전히 배제하는 유기농법과는 차이가 있다.

제3과목 재배학

41 작물별 3요소(N : P : K) 흡수비율 중 옳은 것은?

① 옥수수 – 4 : 1 : 3
② 콩 – 5 : 1 : 1.5
③ 감자 – 3 : 2 : 4
④ 벼 – 4 : 2 : 3

해설
N : P : K의 흡수비율
- 벼 5 : 2 : 4
- 맥류 5 : 2 : 3
- 옥수수 4 : 2 : 3
- 고구마 4 : 1.5 : 5
- 감자 3 : 1 : 4
- 콩 5 : 1 : 1.5

42 다음 중 감자의 휴면타파에 가장 유효한 것은?

① AMO-1618
② 페놀
③ Gibberrllin
④ 2,4-D

해설
화곡류 및 감자의 휴면타파법
- 벼종자 : 40℃에 3주 또는 50℃에 4~5일간 보관
- 맥류종자 : 0.5~1%의 과산화수소액에 24시간 침지
- 감자 : 2ppm 정도의 지베렐린 수용액에 30~60분간 침지

정답 38 ① 39 ① 40 ③ 41 ② 42 ③

43 다음 중 작물의 주요 온도에서 최적온도가 가장 낮은 작물은?

① 보 리　　② 오 이
③ 옥수수　　④ 멜 론

해설
① 보리 : 15~20℃
② 오이 : 33~34℃
③ 옥수수 : 30~32℃
④ 멜론 : 35℃

44 작물의 동상해 대책이 아닌 것은?

① 배수를 하여 생육을 건실하게 한다.
② 칼륨질 비료 시용량을 높인다.
③ 퇴비 시용량을 높인다.
④ 뿌림골을 얕게 한다.

해설
④는 한해의 대책에 속한다.
작물의 동상해 대책
• 보온재료를 이용한 보온재배
• 고휴재배(높은 이랑재배)
• 파종량을 늘려 동상에 의한 결주 보상
• 인산, 칼륨질 비료 시용으로 체내 당함량 증대
• 답 압
• 피 복

45 중간식물은 어떤 일장형의 식물인가?

① 화성이 일장의 영향을 받지 않는다.
② 어떤 좁은 범위의 특정한 일장에서만 화성이 유도된다.
③ 초기 장일이었다가 후기에 단일상태로 되어야 화성이 유도된다.
④ 일정한 한계일장이 없고, 대단히 넓은 범위의 일장에서 화성이 유도된다.

해설
중간식물은 정일성식물이라고도 하며(일장이 어떤 좁은 범위에서만 화성이 유도) 야생사탕수수, 사탕수수F106 등이 있다.

46 벼에서 염해가 우려되는 최소농도는?

① 0.1% NaCl
② 0.3% NaCl
③ 0.5% NaCl
④ 0.7% NaCl

해설
이앙 후 활착기간은 벼의 전 생육기간 중 염해를 가장 받기 쉬운 시기로 발아에서부터 이앙할 때까지는 염분농도 0.09% 이하가 되도록 관리해야 염해 피해가 적다.

47 다음 중 C_4 작물은?

① 벼　　② 옥수수
③ 밀　　④ 보 리

해설
옥수수나, 사탕수수같은 C_4 식물은 체내 이산화탄소를 저장할 수 있는 별도의 조직이 있어 기공이 닫힌 상태에서도 광합성을 할 수 있어 C_3 식물에 비해 환경적응성이 높다.

48 작물 생육에 양호한 토양으로 보기 어려운 것은?

① 단립(單粒) 토양구조
② 작토심이 깊은 토층
③ 사양토~식양토 범위의 토성
④ 중성이나 약산성의 토양반응

해설
단립구조
- 해변의 사구지
- 입자가 무구조(Amorphous)인 단일상태로 집합
- 대공극이 많고, 소공극이 적다.
- 투수・투기는 좋으나, 수분・비료분의 보유력은 작다.

49 C_3 식물과 C_4 식물의 형태와 생리적 특성으로 옳은 것은?

① C_4 식물은 Kranz 구조가 있다.
② C_3 식물은 C_4보다 내건성이 강하다.
③ C_3 식물의 CO_2 보상점은 C_4보다 낮다.
④ C_4 식물의 광포화점은 C_3보다 낮다.

해설
C_4 식물의 잎은 유관속초세포가 유관속 주위를 둘러싸고 있고, 그 주위를 엽육세포가 꽃다발처럼 둘러싸고 있어 크란츠 구조(Kranz Anatomy)라고 한다.

50 목초의 하고현상에 대한 설명으로 옳은 것은?

① 월동목초가 단일조건에 놓이면 하고현상이 발생한다.
② 하고현상이 큰 한지형(북방형) 목초는 요수량이 작다.
③ 일년생 난지형(남방형) 목초에서 여름철의 기온이 높고 건조할수록 심하다.
④ 다년생 한지형(북방형) 목초에서 많이 발생한다.

해설
하고 현상
- 여름철의 목초생산량이 감소하는 현상이다.
- 북방형 목초의 경우 내한성이 강하여 잘 월동하지만 여름철에 생장이 쇠퇴・정지한다.
- 심하면 황화・고사한다.

51 작물의 광합성에 가장 효과적인 광은?

① 녹색광 ② 황색광
③ 주황색광 ④ 적색광

해설
④ 광합성은 적색광과 청색광에서 일어난다.

52 벼 담수직파에서 종자에 과산화석회를 분의하여 파종하는 목적은?

① 종자소독 ② 도복방지
③ 산소공급 ④ 산도교정

해설
담수조건에서 초기 효소활성을 높이기 위한 산소발생제로 사용한다.

정답 48 ① 49 ① 50 ④ 51 ④ 52 ③

53 혼파의 장점이 아닌 것은?

① 공간의 효율적 이용이 가능하다.
② 건초 제조 시에 유리하다.
③ 채종작업이 편리하다.
④ 재해에 대한 안정성

해설
혼파의 경우 수확시기, 작물의 크기 등이 다르기 때문에 수확이 어렵다.

54 다음 비료종류 중 산성토양(酸性土壤)에 사용하기에 가장 알맞은 것은?

① 황산(黃酸)암모니아
② 용성인비(溶成燐肥)
③ 중과석(重過石)
④ 염화(鹽化)칼륨

해설
생리적 산성도

생리적 산성	황산암모니아(유안), 황산칼륨, 염화칼륨
생리적 중성	질산암모니아, 요소, 과인산석회, 중과인산석회
생리적 염기성	석회질소, 용성인비, 재, 칠레초석

55 다음 중 기지현상의 발생이 크게 우려되는 작물은?

① 벼   ② 보리
③ 담배   ④ 수박

해설
기지는 연작을 할 때 작물의 생육이 뚜렷하게 나빠지는 현상으로 수박은 5~7년 휴작을 요하는 작물이다.

56 일반적으로 작물에 많이 이용되고 있는 토양수분은 어느 것인가?

① 모관수   ② 결합수
③ 중력수   ④ 흡착수

해설
모관수
- 표면장력에 의하여 토양공극 내에서 중력에 저항하여 유지되는 수분을 말한다.
- 모관현상에 의하여 지하수가 모관공극을 상승하여 공급한다.
- pF 2.7~4.5로 작물이 주로 이용한다.

57 접목의 이점으로 거리가 먼 것은?

① 수세를 조절한다.
② 품질을 향상시킨다.
③ 품종 개량에 이용한다.
④ 병충해 저항성을 증대시킨다.

해설
③ 접목은 육종상 이용되기는 하나 직접적인 품종 개량효과는 없다.

58 작물의 침관수해에 대하여 잘못 설명한 것은?

① 수온이 높을수록 피해가 크다.
② 정체수는 유수보다 피해가 크다.
③ 물이 빠지면 잎의 흙 앙금을 씻어준다.
④ 흐린 물보다 맑은 물에서 피해가 더 크다.

해설
침관수의 피해 정도는 침관수 기간, 물 흐름의 정도, 물의 온도, 수질 등에 따라 달라진다. 침관수 기간이 길 때 피해가 커지며 침수 < 관수, 맑은 물 < 흐린 물, 흐르는 물 < 정지된 물, 온도가 낮은 물 < 온도가 높은 물에서 피해가 크다.

정답 53 ③ 54 ② 55 ④ 56 ① 57 ③ 58 ④

59 장일성 식물(長日性 植物)만 나열한 것은?

① 고추, 토마토
② 벼, 코스모스
③ 시금치, 봄보리
④ 콩, 나팔꽃

해설
장일식물 : 시금치, 맥류(봄보리), 양파, 상추, 감자, 아주까리, 아마, 티머시, 양귀비 등

60 작물의 내동성을 증가시키는 요인을 옳게 설명한 것은?

① 원형질의 수분투과성이 작으면 세포 내 결빙이 적어져 내동성이 크다.
② 원형질단백질에 -SS기가 많은 것이 내동성이 크다.
③ 친수성 콜로이드가 적으면 자유수가 적어 내동성이 크다.
④ 당분함량이 많아지면 삼투퍼텐셜이 낮아져 내동성이 크다.

해설
내동성 작물의 생리적 요인
- 원형질의 수분투과성이 큰 것은 세포 내 결빙을 적게 한다.
- 원형질단백질에 -SH기가 많은 것은-SS기가 많은 것보다 기계적 인력을 받을 때 미끄러지기 쉬워 원형질의 파괴가 적다.
- 원형질의 점도가 낮고 연도가 높은 것이 기계적 인력을 덜 받는다.
- 원형질의 친수성 콜로이드(교질함량)가 많으면 세포 내의 결합수가 많아진다.
- 지유함량이 높고 당분함량이 높은 것이다.
- 전분함량이 많으면 내동성은 저해된다.
- 세포 내 수분(자유수)함량이 많으면 내동성이 저하된다.
- 월동작물이 5℃ 이하에 계속해서 노출되면 경화(Hardening)되어 내동성이 증대된다.

제4과목 농약학

61 응애류의 방제 약제인 살비제가 아닌 것은?

① Dicofol(Kelthane)
② Propargite(Progi)
③ Tetradifon(Tedion)
④ Cinosulfuron(Setoft)

해설
살응애제
- Chlobenzilate, Tetradifon, Dicofol
- Malathion, Dialifos : 저독성 유기인계 살응애제
- Thiometon(접촉독형), Ethion(침투이행형)
- Chorfenson(CPCBS)
- Tetradifon
- Propargite(BPPS) : 성충, 유충에 대한 접촉제

62 기계유 유제에 대한 설명으로 옳은 것은?

① 식독제로서 위에서 소화중독이 되어 치사시킨다.
② 침투성 살충제로서 작용점인 신경계를 이상 자극하여 저해작용을 한다.
③ 직접 접촉제로서 곤충 체표에 피막을 형성하여 기관을 막아 질식사시킨다.
④ 침투성 살충제로서 작용점인 원형질에 도달하여 에너지 생성계의 효소에 저해작용을 한다.

해설
③ 해충의 기문이나 피부에 부착·피복하여 질식시킴으로써 살충작용을 하며 깍지벌레, 응애, 배나무이 등 월동해충에 적용한다.

정답 59 ③ 60 ④ 61 ④ 62 ③

63 농약 등록을 위한 농약안정성 평가항목 중 환경생물독성에 해당되는 것은?

① 급성독성 ② 어독성
③ 아급성독성 ④ 신경독성

해설
환경생물독성
- 어독성 : 잉어, 송사리 등 국내 어종 대상, 급성 및 만성 독성(어독성 Ⅰ급에 해당되는 농약은 벼농사에 사용 금지)
- 조류(鳥類)독성 : 국내 조류 대상
- 기타 환경생물 : 누에, 꿀벌, 천적 대상

64 리바이지드 50% 유제를 1,000배 희석하여 10a당 180L를 살포하려 할 때 리바이지드 50% 유제의 소요량은?

① 45mL ② 90mL
③ 180mL ④ 360mL

해설
소요량 = 180L × 1,000mL/1,000 = 180mL

65 다음 중 적용범위가 넓고 값이 저렴하며 대량생산의 장점이 있으나, 잔류독성의 문제를 일으킬 위험이 가장 큰 계통의 농약은?

① 유기황계
② 유기인계
③ 유기염소계
④ 카바메이트계

해설
유기염소계는 화학적 안정성이 높고 토양에 잘 흡수되는 흡착성이 높아 잔류독성이 크다.

66 주로 원제가 가수분해나 열에 안전한 화합물에 한하여 적용하고 있는 입제의 제제방법은?

① 압출조립법 ② 흡착법
③ 피복법 ④ 분무건조법

해설
입제조제법
- 압출조립법 : 농약원제에 점토 등의 증량제와 PVA · 전분과 같은 점결제 및 계면활성제와 분해제를 균일하게 혼합하여 분쇄한 다음 반죽하여 압출한 것으로 주로 원제가 가수분해나 열에 안전한 화합물에 한하여 적용
- 흡착법 : 천연 점토광물을 분쇄하여 만든 입자에 유기용매에 녹인 액상의 원제를 균일하게 흡착시켜 제제
- 피복법 : 규사, 탄산석회, 모래 등의 표면에 액상의 원제를 피복시키는 방법

67 우리나라에서 분제로 가장 많이 사용되는 증량제는?

① 벤토나이트 ② 탈크
③ 필로필라이트 ④ 카올린

해설
탈크(Talc)
- 활석, 운모
- 활석은 Tri-octahedral형의 삼층·층상구조 광물이다.
- 활석을 분말화하면 흡수성, 고착성이 강하고 내화성 등의 특성을 가지고 있어 충전제, 증량제로 많이 사용한다.

정답 63 ② 64 ③ 65 ③ 66 ① 67 ②

68 액상 또는 점질액상으로서 물에 희석하였을 때 미세하게 유화되는 농약으로 정의되는 제제형태는?

① 유탁제 ② 미탁제
③ 수화성 미분제 ④ 미분제

해설
미탁제
- 액상, 점질액상으로서 물에 희석하면 미세하게 유화되는 농약
- 유제에 사용되는 유기용제를 줄이기 위한 방안으로 개발된 제형

69 독성(毒性)의 정도를 표시하는 데 쓰이지 않는 것은?

① LC_{50} ② LD_{50}
③ ED_{50} ④ HLB

해설
④ HLB(Hydrophilic Lipophlic Balance) : 계면활성제 분자 중에서 친유성인 부분과 친수성인 부분의 균형을 나타냄
- LD_{50}(Median Lethal Dose) : 반수치사약량
- LC_{50}(Lethal Concentration 50) : 반수치사농도
- ED_{50}(Effective Dose 50) : 반수영향약량
- EC_{50}(Effective Concentration 50) : 반수영향농도

70 농약의 일일 섭취허용량을 기술한 것 중 옳은 것은?

① 농약을 함유한 음식을 하루 섭취하여도 장해가 없는 양
② 농약을 함유한 음식을 일년간 섭취하여도 장해가 없는 양
③ 농약을 함유한 음식을 십년간 섭취하여도 장해가 없는 양
④ 농약을 함유한 음식을 일생동안 섭취하여도 장해가 없는 양

해설
일일 섭취허용량은 농약을 함유한 음식을 하루 섭취하여도 장해가 없는 양을 의미한다.

71 인축에 대한 독성을 표시하는 기호로 사용하는 LD_{50}의 의미는?

① 반수치사량
② 최대치사량
③ 최소치사량
④ 극소치사량

해설
반수치사약량(LD_{50})
시험동물의 체중 kg당 몇 mg의 농약을 투여 하였을 때 시험동물의 반수가 죽게 되는가를 의미한다.

정답 68 ② 69 ④ 70 ① 71 ①

72 교차저항성(交叉抵抗性)에 대한 설명으로 가장 옳은 것은?

① 어떤 약제에 의해 저항성이 생긴 곤충이 다른 약제에 저항성을 보이는 것
② 동일 곤충에 어떤 약제를 반복살포함으로써 생기는 저항성
③ 동일 곤충에 두 가지 약제를 교대로 처리함으로써 생긴 저항성
④ 어떤 약제에 대한 저항성을 가진 곤충이 다음 세대에 그 특성을 유전시키는 것

해설
교차저항성 : 어떤 약제에 의해 저항성이 생긴 곤충이 다른 약제에 저항성을 보이는 것

73 농약의 잔류허용기준을 산출하는 데 해당되지 않은 요소는?

① 최대무작용량
② 반수치사량
③ 안전계수
④ 1일 섭취허용량

해설
농약의 최대잔류허용기준(MRL ; Maximum Residue Limits)
• 최대잔류허용기준(ppm) = $\dfrac{1일\ 섭취허용량(ADI) \times 국민평균체중(kg)}{해당\ 농약이\ 사용되는\ 식품의\ 1일\ 섭취량(식품계수,\ kg)}$
• 1일 섭취허용량(ADI) = $\dfrac{최대무작용량(NOEL)}{안전계수(SF,\ 일반적으로\ 1/100)}$

74 유기인제에 중독되었을 때에 주로 사용되는 해독제는?

① 치옥탄
② 팜
③ 쿠렙톤
④ 비타민케이

해설
유기인계 해독제 : 팜(PAM), 황산아드로핀

75 약량을 1/3~1/5로 줄여서 살포하여도 충분한 약효를 얻을 수 있는 살포방법은?

① 미스트법
② 분무법
③ 살분법
④ 분의법

해설
미스트법
• 미스트기로 만든 미립자를 살포하는 것
• 살포량이 분무법의 1/3~1/4 정도지만 농도는 2~3배 높음
• 입경 0.035~0.1mm
• 용수가 부족한 곳에 적합 살포 시 시간, 노력, 자재 절감

76 농약 제품을 제조할 때 물이 들어가지 않는 제형은?

① 수용제(SP)
② 액상수화제(SC)
③ 유탁제(EW)
④ 미탁제(ME)

해설
① 수용제 : 분상, 정제로서 물에 희석하였을 때 용해되는 농약

정답 72 ① 73 ② 74 ② 75 ① 76 ①

77 유기인화합물은 5개의 P원자를 가진 인산에스테르류가 주된 것으로 5종의 기본형으로 분류된다. 여기에서 포스포로아미데이트(Phosphoro-amidate)형은?

① >P(=S)(S⁻)
② >P(=O)(O⁻)
③ >P(=O)(N<)
④ >P(=S)(O⁻)

해설
③ 포스포로(P-인이 포함됨), 아미데이트(N-질소가 포함됨)

78 다음 중 유기합성 살충제에 속하지 않는 농약은?

① 유기인계
② 설포닐우레아계
③ 카바메이트계
④ 유기염소계

해설
② 설포닐우레아계 : 제초제

79 다음 중 카바메이트계 살충제의 일반식은?

① X-O-C(=O)-P<R₁,R₂
② X-O-C(=O)-N<R₁,R₂
③ R₁R₂P(=O)-O-X
④ R₁R₂N(=O)-O-X

해설
카바메이트계 살충제의 일반식은 ①에 해당한다.

80 농약 제품포장지의 표기사항으로 가장 거리가 먼 것은?

① 유효성분 및 성분량
② 농약안전사용기준
③ 사용방법
④ 제조공정내용

해설
농약 등 · 원제의 표시사항 및 가격 표시방법(농약관리법 시행규칙 제23조 제1항)
농약 등 또는 원제의 표시사항은 다음과 같다.
• 품목등록번호 또는 제품등록번호
• 농약 등 또는 원제의 명칭 및 제제형태
• 유효성분의 일반명 및 함량과 기타 성분의 함유량
• 포장단위
• 농작물별 적용병해충(제초제 · 생장조정제나 약효를 증진시키는 자재의 경우에는 적용대상토지의 지목이나 해당 용도를 말한다) 및 사용량
• 사용방법과 사용에 적합한 시기
• 안전사용기준 및 취급제한기준(그 기준이 설정된 농약에 한한다)
• 다음의 어느 하나에 해당하는 표시사항
  – 맹독성 · 고독성 · 작물잔류성 · 토양잔류성 · 수질오염성 및 어독성 농약 등의 경우에는 그 문자와 경고 또는 주의사항
  – 사람 및 가축에 위해한 농약 등 또는 원제의 경우에는 그 요지 및 해독방법
  – 수서생물에 위해한 농약 등 또는 원제의 경우에는 그 요지
  – 인화 또는 폭발 등의 위험성이 있는 농약 등 또는 원제의 경우에는 그 요지 및 특별취급방법
• 저장 · 보관 및 사용상의 주의사항
• 상호 및 소재지(수입하는 농약 등 또는 원제의 경우에는 수입업자의 상호 및 소재지와 제조국가 및 제조자의 상호를 말한다)
• 농약 등 또는 원제 제조 시 제품의 균일성이 인정되도록 구성한 모집단의 일련번호
• 약효보증기간
• 법 위반에 따른 과태료 적용 등 주의사항

제5과목 잡초방제학

81 주로 종자로 번식하는 잡초로만 나열된 것은?
① 올미, 벗풀
② 가래, 쇠털골
③ 올방개, 너도방동사니
④ 강피, 물달개비

해설
주로 종자로 번식하는 잡초 : 강피, 물달개비

82 제초제의 상호작용 중 두 종류의 약제를 혼합처리 할 때 반응이 단독처리 시 큰 쪽의 반응보다 작게 나타나는 반응은?
① 상승작용
② 상가작용
③ 길항작용
④ 독립작용

해설
길항작용 : 상반되는 2가지 요인이 동시에 작용하여 그 효과를 서로 상쇄시키는 작용

83 주로 영양번식기관에 의하여 번식하는 잡초로만 올바르게 나열한 것은?
① 여뀌, 물옥잠
② 쇠비름, 질경이
③ 마디꽃, 물달개비
④ 가래, 너도방동사니

해설
• 영양번식잡초 : 가래, 올방개, 미나리 등
• 종자와 영양번식 둘 다 하는 잡초 : 너도방동사니, 산딸기 등

84 다음 중 잡초의 종별 수량이 가장 적은 것은?
① 방동사니과
② 화본과
③ 국화과
④ 십자화과

해설
우리나라 농경지에 발생하는 잡초의 식물학적 분포

과 명	초종 수	비율(%)
국화과	96	15.5
화본(벼)과	81	13.1
마디풀과	39	6.3
콩 과	34	5.5
방동사니(사초)과	32	5.2
십자화과	27	4.3
꿀풀과	24	3.9
장미과	21	3.4
현삼과	19	3.1
메꽃과	15	3.4
기 타	231	37.3
계	619종	100

85 외국에서 유입된 대표적인 외래잡초로만 구성되어 있는 것은 어느 것인가?

① 올챙이고랭이, 미국자리공, 생이가래
② 미국개기장, 단풍잎돼지풀, 서양민들레
③ 서양민들레, 올방개, 방동사니
④ 단풍잎돼지풀, 미국가막사리, 중대가리풀

해설
농경지 외래잡초
- 콩 : 가늘털비름, 명아주류, 털여뀌, 미국가막사리 등
- 옥수수 : 어저귀, 가늘털비름, 돌소리쟁이, 털여뀌, 명아주류, 독말풀, 큰도꼬마리, 도깨비가지, 단풍잎돼지풀, 미국가막사리 등
- 목초지 : 돌소리쟁이, 소리쟁이, 도깨비가지, 왕도깨비가지, 난쟁이아욱, 가시비름, 자주광대나물, 독말풀, 도꼬마리, 큰도꼬마리, 어저귀, 큰개불알풀, 붉은서나물, 큰방가지똥, 서양민들레, 서양금혼초, 만수국아재비, 개망초 등

86 겨울잡초만으로 짝지어진 것은?

① 냉이, 뚝새풀, 피
② 점나도나물, 벼룩이자리, 벼룩나물
③ 뚝새풀, 비름, 별꽃아재비
④ 벼룩나물, 냉이, 쇠비름

해설
겨울잡초
- 가을에 발생하여 노지에서 월동하고 봄에 피해가 많고 늦봄과 초여름에 결실하는 것
- 뚝새풀, 속속이풀, 냉이, 벼룩나물, 벼룩이자리, 점나도나물, 개양개비

87 작물과 잡초의 경합 중 양분경합에서 수량에 가장 크게 관여하는 비료성분은?

① 마그네슘(Mg)　② 질소(N)
③ 인산(P)　　　④ 칼륨(K)

해설
② 질소(N) 성분은 작물과 잡초에게 필요한 필수 영양성분이다.

88 논잡초의 군락천이의 발생요인과 가장 거리가 먼 것은?

① 제초제 연용
② 벼의 조기이식 재배
③ 벼의 연작재배
④ 시비 및 물관리 변경

해설
논잡초의 군락천이의 발생요인
- 입지조건과 경종방법의 영향으로 자연천이에 의하여 일어난다.
- 1년생 잡초의 방제를 위해 제초제 연용 시 다년생 잡초가 군락을 형성한다.

89 종자휴면의 원인이 아닌 것은?

① 종피의 상처
② 급히 건조시킨 종자의 경실
③ 배의 미숙
④ 종피의 산소흡수 저해

해설
종자 휴면원인 : 종피의 불투기성·불투기성, 배의 미숙, 종피의 기계적 저항, 발아억제물질 등

90 다음 중 잡초방제용으로 가장 효과적인 비닐의 종류는?

① 검정색 비닐
② 흰색 비닐
③ 적색 비닐
④ 파란색 비닐

해설
① 검정색 비닐은 잡초의 발아 및 생육에 필요한 광의 차단 효과로 방제효과가 높다.

91 잡초의 발아와 출현 특성으로 잘못된 것은?

① 모든 잡초는 토양이 약알칼리성이며 비옥도가 낮아야 출현이 잘 된다.
② 잡초 발생 시 중점토보다 사질토에서 발생 심도가 깊다.
③ 출현의 최적온도와 발아온도는 큰 차이가 없이 대체로 같다.
④ 잡초는 일반적으로 종자가 클수록 출아심도가 깊다.

해설
① 잡초는 토양의 비옥도가 높을 때 작물과 마찬가지로 출현율이 높다.

92 다음 중 작물의 전 생육기간에 비하여 잡초경합 한계기간(Critical Period for Weed Competition)이 가장 긴 것은?

① 녹두
② 땅콩
③ 양파
④ 벼

해설
작물별 잡초방제 한계기간
• 녹두 : 21~31일
• 벼 : 30~40일
• 콩, 땅콩 : 42일
• 옥수수 : 49일
• 양파 : 56일

93 생육억제물질에 의한 잡초 종자의 휴면을 타파하는 방법이 아닌 것은?

① 저온습윤 처리
② 변온 처리
③ 생장촉진제 사용
④ 황산 처리

해설
④ 황산 처리의 경우 경실(껍질이 단단한)에 의한 수분흡수가 되지 않아 발아하지 못하는 종자의 껍질을 깨주는 물리적인 방법이다.

정답 90 ① 91 ① 92 ③ 93 ④

94 잡초의 유용성에 해당되지 않는 것은?

① 지면을 덮어서 침식을 막아준다.
② 유전공학 분야의 식물재료로 쓰일 수 있다.
③ 기능성물질을 얻을 수 있다.
④ 병해충의 번식처를 제공함으로써 작물수량 증진과 농업생태계 보전에 큰 기여를 한다.

해설
④ 병해충의 번식처 제공은 잡초의 해로운 기능이고, 천적의 번식처를 제공하는 이로운 점이 있다.

95 다음 중 벼 재배 시 재배유형별 경합의 관계를 바르게 설명한 것은?

① 중묘가 경합에 유리함
② 벼 재배법과 경합은 무관함
③ 직파재배가 이앙재배보다 유리함
④ 밀식재배가 불리함

해설
① 중묘의 경우 어린 묘나 직파에 비해 초기 생육조건이 잡초의 발생속도보다 빨라 경합에 유리하다.

96 콩이나 클로버와 같은 콩과 작물에 기생하여 수분이나 양분 등을 탈취하는 잡초는?

① 새 삼   ② 바랭이
③ 강아지풀   ④ 중대가리풀

해설
① 새삼 : 식물의 줄기에 기생하는 잡초

97 피의 형태적 특징으로 옳은 것은?

① 엽설(葉舌, 잎혀)은 없고, 엽이(葉耳, 잎귀)는 있다.
② 엽설(葉舌, 잎혀)은 있고, 엽이(葉耳, 잎귀)는 없다.
③ 엽설(葉舌, 잎혀)과 엽이(葉耳, 잎귀) 모두 있다.
④ 엽설(葉舌, 잎혀)과 엽이(葉耳, 잎귀) 모두 없다.

해설
엽설(葉舌, 잎혀)과 엽이(葉耳, 잎귀) 모두 없다.

98 A 제초제 0.5%는 몇 ppm에 해당되는가?

① 5ppm   ② 50ppm
③ 500ppm   ④ 5,000ppm

해설
$0.5/100 = 0.5 \times 10,000/1,000,000 = 5,000\text{ppm}$
∵ $\text{ppm} = 1/1,000,000$

정답 94 ④ 95 ① 96 ① 97 ④ 98 ④

99 줄기나 잎에 살포한 제초제가 잎에 흡수되는 과정을 좌우하는 중요한 요인이 아닌 것은?

① 잎의 크기와 배열
② 엽면의 왁스 및 털의 유무
③ 강우, 온도 등의 환경요인
④ 잎의 엽록소 함량

해설
④ 잎의 엽록소의 함량은 제초제 흡수 과정요인과는 무관하다.

100 예방적 잡초방제법이 아닌 것은?

① 상토 소독
② 종자 선별
③ 농기계 청소
④ 제초제 처리

해설
예방적 잡초방제는 잡초종자의 혼입 방지가 목적이다.

정답 99 ④ 100 ④

제1과목 식물병리학

01 흰가루병 병원체에 해당하는 것은?
① 임의부생체 ② 조건기생체
③ 임의기생체 ④ 순활물기생체

해설
영양섭취법에 따른 분류
- 절대기생체(순활물기생체) : 살아 있는 조직에만 생활 – 녹병, 흰가루병균, 노균균, 무사마귀병균, 붉은별무늬병균, 녹병균 중 맥류 줄기녹병균, 목화 녹병균은 인공배양 가능
- 임의부생체 : 기생을 원칙으로 하나 죽은 유기물에서도 영양섭취 가능 – 감자 역병균, 배나무 검은별무늬병균, 깜부기병균 등
- 임의기생체 : 부생을 원칙으로 하나 살아 있는 조직에도 침입 – 고구마 무름병균, 잿빛곰팡이병균, 모잘록병균 등
- 절대부생체(순사물기생체) : 죽은 유기물에서만 영양 섭취 – 목재 심부썩음병균

02 식물병원균의 레이스를 판단하기 위해서 사용되는 특정한 품종을 무엇이라 하는가?
① 선택 품종 ② 판별 품종
③ 지표 품종 ④ 깃발 품종

해설
판별 품종 : 레이스를 구별하는 기준 품종에 감염형을 비교해 감수성 또는 저항성 판정

03 세균에 의한 식물병은?
① 벼 도열병
② 벼 흰잎마름병
③ 벼 깨씨무늬병
④ 배나무 검은무늬병

해설
벼 흰잎마름병은 세균에 의한 병으로 침수 시 다발생

04 벼 줄무늬잎마름병을 매개하는 곤충은?
① 애멸구 ② 진딧물
③ 벼멸구 ④ 끝동매미충

해설
줄무늬잎마름병은 애멸구에 의해 매개되는 바이러스병

05 식물 바이러스 전반에 대한 설명으로 옳은 것은?
① 응애는 바이러스를 매개하지 않는다.
② 곰팡이와 세균은 바이러스를 매개하지 않는다.
③ 흡즙구보다는 저작구를 가진 곤충이 바이러스 매개율이 높다.
④ 바이러스에 감염된 선충의 유충은 탈피하면 바이러스를 잃는다.

해설
바이러스에 감염된 뿌리를 가해한 선충의 성충과 유충이 바이러스를 전염시킬 수 있으나 유충이 탈피를 하면 바이러스를 잃게 된다.

정답 1 ④ 2 ② 3 ② 4 ① 5 ④

06 대추나무 빗자루병의 치료제로 주로 쓰이는 항생제는?

① 페나리몰
② 테부코나졸
③ 스트렙토마이신
④ 옥시테트라사이클린

해설
대추나무 빗자루병은 파이토플라스마에 감염돼 발병하며 옥시테트라사이클린계 항생제 수간주사로 치료

07 밤나무 줄기마름병의 전형적인 병징은?

① 궤 양
② 위 조
③ 위 축
④ 도 장

해설
궤양 : 수세가 약한 나무는 병반 부위가 부어오르지 않고 그대로 급속히 확대되고, 수세가 강한 나무는 병환부 주변에 유합조직이 형성되어 혹처럼 부어오른다.

08 식물이 병에 견디는 힘이 약한 성질은?

① 이병성
② 내병성
③ 면역성
④ 비기주 저항성

해설
이병성 : 식물이 병에 쉽게 걸리는 성질

09 벼 도열병균의 월동 형태로 옳은 것은?

① 땅 속에서 균사나 분생포자로 월동
② 땅 속에서 균사나 담자포자로 월동
③ 볏집 또는 볍씨의 병든 부분에서 균사나 분생포자로 월동
④ 볏집 또는 볍씨의 병든 부분에서 균사나 담자포자로 월동

해설
벼 도열병은 균사, 분생포자로 볏짚, 병든 종자에서 월동한다.

10 건전한 씨감자를 고랭지에서 생산하는 주요 원인은?

① 감자 역병의 전염 회피
② 화산재 토양의 비옥성 때문
③ 진딧물에 의한 바이러스병의 전염 회피
④ 고랭지의 온도조건이 씨감자 생산에 좋기 때문

해설
고랭지의 경우 기온이 낮아 진딧물의 발생이 적어 진딧물에 의한 바이러스병의 전염을 줄일 수 있다.

11 식물병 성립에 필요한 3가지 요인은?

① 환경, 온도, 기주
② 병원, 기주, 품종
③ 병원, 기주, 환경
④ 병원, 병원성, 소인

해설
식물병의 3가지 요인 : 병원, 기주, 환경

12 유성번식을 하지 않거나 또는 매우 드물게 하는 병원균은?

① 난균류　　② 자낭균류
③ 담자균류　④ 불완전균류

> **해설**
> **불완전균류**
> • 균사에 격막 있음
> • 유성세대가 알려지지 않아 불완전균류라 함
> • 분생포자는 균사가 자라는 분생자병 위에 형성
> • 분생자층, 병자각 분생자병, 분생자병속 분생자좌
> • 주요병
>   – 갈색무늬병(Marssonia mali)
>   – 점무늬낙엽병(Alternaria mali)
>   – 배 검은무늬병(Alternaria kikuchiana)
>   – 포도 잿빛곰팡이병(Botrytis cinerea)

13 고구마에 발생하는 병으로 접합균류에 속하는 것은?

① 무름병　　② 더뎅이병
③ 덩굴쪼김병　④ 자주날개무늬병

> **해설**
> 접합균류 : 고구마 무름병

14 잣나무에 발생하는 병으로 주로 줄기의 수피가 노란색 내지 갈색으로 변하며, 까치밥나무 및 송이풀을 중간기주로 발병하는 것은?

① 혹병　　② 털녹병
③ 탄저병　④ 잎떨림병

> **해설**
> **녹병류의 중간기주**
> • 잣나무 털녹병 : 송이풀과 까치밥나무
> • 소나무류 잎녹병균 : 황벽나무, 참취, 잔대
> • 소나무 혹병균 : 참나무
> • 배나무 붉은별무늬병균 : 향나무

15 수박의 덩굴쪼김병을 방제하기 위하여 주로 사용하는 대목은?

① 오이　　② 호박
③ 참외　　④ 메론

> **해설**
> 수박 덩굴쪼김병 방제용 대목 : 호박

16 병에 걸린 곡물을 사료로 사용하면 가축에 중독증상을 일으키는 맥류의 병은?

① 녹병　　② 마름병
③ 깜부기병　④ 붉은곰팡이병

> **해설**
> 맥류 붉은곰팡이병의 유독한 알칼로이드 독소에 의해 식중독을 유발한다.

17 무사마귀병에 대한 설명으로 옳은 것은?

① 벼에도 잘 발생한다.
② 세균에 의해 발생한다.
③ 산성토양에서 잘 발생한다.
④ 온도가 20℃ 이하일 때 잘 발생한다.

> **해설**
> **양산도에 따른 병 발생**
> • 산성토양 : 배추·무 무사마귀병, 목화 시들음병, 토마토 시들음병
> • 알칼리성토양 : 감자 더뎅이병, 가지과 풋마름병, 침엽수 모잘록병, 목화 뿌리썩음병 등

정답 12 ④　13 ①　14 ②　15 ②　16 ④　17 ③

18 주로 종자로 전염되는 벼의 병이 아닌 것은?

① 도열병
② 키다리병
③ 잎집무늬마름병
④ 세균성벼알마름병

해설
잎집무늬마름병 : 토양이나 볏짚, 그루터기에서 월동

19 잎의 앞면에는 각이 지는 황색 병반이 생기고 뒷면에는 곰팡이가 자란 것이 보이는 병은?

① 오이 노균병
② 고추 탄저병
③ 배추 모자이크병
④ 수박 덩굴쪼김병

해설
오이 노균병 표징 : 잎 뒷면에 흰서리 또는 가루 모양의 곰팡이가 생기고 표면은 약간 누렇게 됨

20 고추 탄저병의 방제방법으로 가장 효과가 미비한 것은?

① 종자소독
② 토양소독
③ 저항성 품종 재배
④ 주기적 약제 살포

해설
고추 탄저병 : 균사, 분생포자, 자낭각의 형태로 병든 열매나 나뭇가지에서 월동 토양소독은 역병, 시들음병에 대한 방제 효과가 큼

제2과목 농림해충학

21 곤충이 번성하게 된 요인으로 거리가 가장 먼 것은?

① 몸의 크기가 작다.
② 온혈을 가지고 있다.
③ 외골격이 발달하였다.
④ 연중 세대수가 많고 산란수도 많다.

해설
곤충의 번성원인
- 외골격이 발달하여 몸을 보호함
- 날개가 발달해 생존 및 종족의 분산 유리
- 몸의 크기가 작아 소량의 먹이로도 생존 가능하며 적을 피하는 데도 유리함
- 몸의 구조적인 적응력이 좋음
- 변태를 하여 불량 환경에 적응
- 종의 증가 현상을 나타냄

22 주요 가해 부위가 나머지 셋과 다른 해충은?

① 박쥐나방
② 측백하늘소
③ 포도유리나방
④ 복숭아명나방

해설
복숭아명나방
- 유충이 기주식물의 과실을 가해, 침입한 큰 구멍으로 적갈색의 굵은 똥과 즙액을 배출
- 연 2회 발생, 노숙 유충의 형태로 고치 속에서 월동
①·②·③ 박쥐나방, 측백하늘소, 포도유리나방은 주로 줄기를 가해

정답 18 ③ 19 ① 20 ② 21 ② 22 ④

23 혹명나방에 대한 설명으로 옳지 않은 것은?

① 해외에서 비래한다.
② 잎을 말고 가해한다.
③ 십자화과 작물을 가해한다.
④ 알에서 성충까지 한 달 정도 소요된다.

해설
혹명나방 : 비래충, 유충이 벼 잎을 한 개씩 세로로 말고 그 속에서 엽육을 식해

24 솔잎혹파리는 어느 충태의 기간이 가장 짧은가?

① 알   ② 성 충
③ 유 충   ④ 번데기

해설
솔잎혹파리
- 6월 하순~10월 하순까지 유충이 솔잎 밑부분에 벌레혹을 만들고 그 속에서 즙액을 흡습
- 피해목은 직경생장은 피해 당년에, 수고생장은 다음 해에 감소
- 연 1회 발생, 유충의 형태로 땅속에서 월동

25 벼룩잎벌레에 대한 설명으로 옳지 않은 것은?

① 성충으로 월동한다.
② 유충이 잎을 가해한다.
③ 1년에 4~5회 발생한다.
④ 잡초나 얕은 땅속에서 월동한다.

해설
배추벼룩잎벌레
- 성충은 기주식물의 잎을 발아 시부터 가해, 유충은 뿌리를 가해
- 성충형태로 잡초나 얕은 땅속에서 월동

26 유충은 벼의 뿌리를 가해하며, 연 1회 발생하고, 논 주위 땅속 또는 낙엽 속에서 월동하는 해충은?

① 벼잎벌레   ② 벼물바구미
③ 이화명나방   ④ 벼애잎굴파리

해설
벼물바구미는 성충으로 월동하고 성충은 잎, 유충은 뿌리를 가해하며 연 1회 발생

27 완전변태를 하는 곤충은?

① 나방류   ② 노린재류
③ 메뚜기류   ④ 진딧물류

해설
완전변태
- 번데기 과정 있음
- 번데기 때 날개 나타남
- 날개를 접어 붙일 수 있음

정답 23 ③ 24 ② 25 ② 26 ② 27 ①

28 양성 주광성이 가장 약한 곤충은?

① 솔나방
② 벼애나방
③ 배추흰나비
④ 이화명나방

해설
나방류가 주로 불빛 유인되는 양성 주광성을 가짐

29 수확기가 된 콩 꼬투리의 봉합선 가까이에 작은 구멍이 있고 꼬투리 안에 들어 있는 콩의 가장자리를 벌레가 갉아 먹은 자국이 있는 경우 어느 해충의 피해로 추정되는가?

① 콩나방
② 콩가루벌레
③ 콩잎말이나방
④ 콩줄기굴파리

해설
콩나방
- 유충이 꼬투리를 먹어 들어가 여물지 않은 종실 식해
- 꼬투리에 둥근 구멍을 내고 탈출
- 노숙유충의 형태로 땅속의 고치 안에서 월동

30 살충제를 이용한 해충 방제에 대한 설명으로 옳지 않은 것은?

① 천적류의 밀도를 감소시킨다.
② 저항성 해충이 나타날 가능성이 있다.
③ 인축이나 야생동물에 미치는 영향이 비교적 작다.
④ 효과가 빨라서 짧은 기간 내에 방제가 가능하다.

해설
화학적 방제는 인축 및 어독성 등으로 인해 주변 생물에 영향을 주기 때문에 안전사용기준을 준수해야 한다.

31 곤충의 피부에 대한 설명으로 옳지 않은 것은?

① 외부 골격에 해당한다.
② 원표피는 외원표피와 내원표피로 나뉜다.
③ 피부는 크게 표피층, 진피세포층, 기저막으로 나눌 수 있다.
④ 곤충이 탈피할 때는 진피세포층과 기저막 외의 모든 표피층을 벗어던진다.

해설
탈피 : 유충의 몸은 자라지만 몸을 덮고 있는 표피는 늘어나지 않아 묵은 표피를 벗는 현상

정답 28 ③ 29 ① 30 ③ 31 ④

32 곤충 다리의 기본적인 구조는 몇 마디로 이루어져 있는가?

① 1마디 ② 3마디
③ 5마디 ④ 7마디

해설
곤충 다리 구조

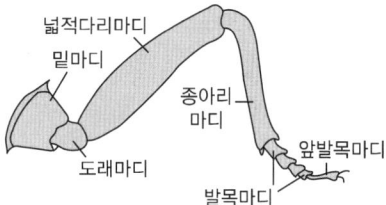

33 천적으로 이용하기 가장 어려운 생물은?

① 포식충 ② 기생벌
③ 병원균 ④ 불임충

해설
천적 이용 방제법
- 기생성 천적 : 기생벌, 기생파리류의 암컷을 이용하여 숙주의 체내에 알을 낳음
  - 맵시벌과 : 몸집이 크고 대부분 나비 · 나방류와 같은 완전변태류 해충에 기생
  - 고치벌과 : 몸집이 작고 나비목, 딱정벌레목, 파리목 등에 기생
- 포식성 천적
  - 풀잠자리류 : 부화유충은 육식성이며 진딧물류, 깍지벌레류, 응애류 포식
  - 딱정벌레류 : 무당벌레과는 유충과 성충이 모두 포식성, 진딧물, 깍지벌레 포식
  - 노린재류 : 침노린재와 장님노린재의 일부가 포식성
- 병원미생물 : 곤충에 기생하여 병을 일으키는 원생동물, 세균, 진균, 바이러스, 선충 및 응애 이용

34 다음 ( )에 해당하는 용어로 옳은 것은?

솔잎혹파리는 분류학상 (A)에 속하며 학명은 (B)이다.

① A : 벌목 혹파리과,
  B : *Dendrolimus spectabilis*
② A : 벌목 혹파리과,
  B : *Thecodiplosis japonensis*
③ A : 파리목 혹파리과,
  B : *Dendrolimus spectabilis*
④ A : 파리목 혹파리과,
  B : *Thecodiplosis japonensis*

해설
솔잎혹파리
- 6월 하순~10월 하순까지 유충이 솔잎 밑부분에 벌레혹을 만들고 그 속에서 즙액을 흡즙
- 피해목은 직경생장은 피해 당년에, 수고생장은 다음해에 감소
- 연 1회 발생, 유충의 형태로 땅속에서 월동

35 매미나방의 연 발생 횟수는?

① 1회 ② 2회
③ 3회 ④ 4회

해설
매미나방 : 연 1회 발생하며 알로 나무줄기에서 월동

정답 32 ③ 33 ④ 34 ④ 35 ①

36 끝동매미충에 대한 설명으로 옳지 않은 것은?

① 연 1회 발생한다.
② 바이러스병을 매개한다.
③ 약충은 몸 색깔의 변화가 심하다.
④ 약충과 성충 모두 기주식물을 흡즙한다.

해설
끝동매미충은 연 4~5회 발생

37 내충성이 강한 품종을 선택하여 재배하는 방제법은?

① 물리적 방제법 ② 화학적 방제법
③ 생물적 방제법 ④ 생태적 방제법

해설
생태적 방제법
- 해충의 생태를 고려하여 발생 및 가해를 경감시키기 위해 환경조건을 변경하거나 숙주 자체가 내충성을 지니게 하는 방법
- 환경의 개변
  - 윤작 : 토양곤충에 대해서는 윤작을 하는 것이 가장 적당한 방법, 유연관계가 먼 작물을 윤작 → 방아벌레 방제
  - 재배밀도 조절 : 일반적으로 밀식할 때보다 소식할 때 해충의 발생이 적음
  - 혼작 : 서로 다른 작물을 적당히 배합하여 충해를 방지
  - 미기상의 개변 : 해충이 서식하고 있는 포장 내의 미기상을 개변함으로써 서식밀도를 낮추고 활동력을 저하시키는 방법 → 수온증가(벼굴파리 감소), 지온증가(감자 왕무당벌레붙이 감소)
  - 잠복소의 제공 : 해충의 습성에 따라 번데기가 될 장소 또는 활동장소를 마련해 유인 포살
- 피해 회피 : 해충의 발생최성기를 피해 식물 재배시기를 조정
- 토성의 개량 : 토양곤충(굼벵이류, 고자리파리)을 대상으로 함

38 곤충의 더듬이 끝마디인 채찍마디의 주요 역할은?

① 냄새를 맡는 역할
② 소리를 듣는 역할
③ 암컷의 날개소리 감지
④ 비행 중 바람의 속도측정

해설
채찍마디는 냄새를 맡는 기능

39 단위생식에 의해 증식하는 해충은?

① 솔나방   ② 벼메뚜기
③ 밤나무혹벌 ④ 배추흰나비

해설
단위생식 : 암컷만으로 생식하며, 밤나무순혹벌, 민다듬이벌레, 진딧물류(여름) 등

40 청각 기능을 하는 존스턴 기관의 위치는?

① 밑마디   ② 팔굽마디
③ 자루마디 ④ 편절마디

해설
- 팔굽(흔들)마디 : 존스턴 기관이 존재하고, 소리 및 비행 중 바람의 속도 측정
- 채찍마디 : 냄새를 맡는 감각기 집중

제3과목 농약학

41 농약의 유효성분이 잡초의 경엽으로부터 쉽게 뿌리부분으로 이행되어 살초작용을 나타내므로 약효가 서서히 나타나지만 뿌리까지 완전히 고사시킬 수 있는 일년생 및 다년생에 적용하는 비선택성 제초제는?

① 리뉴론
② 시마진
③ 메트리뷰진
④ 글리포세이트포타슘

해설
글리포세이트포타슘 : 비선택성 제초제로 농작물의 잎이나 줄기에 묻지 않도록 주의가 필요하다.

42 병균의 포자 발아를 억제시켜 감염을 예방하는 보호살균제(保護殺菌劑)는?

① 만코지
② 파라티온
③ 스미티온
④ 다이아톤

해설
만코지 : 유기유황제이며 보호살균제

43 50% DDVP 유제 100mL를 0.01%의 용액으로 하여 살포하려고 한다. 희석에 소요되는 물의 양은?(단, 50% DDVP의 비중은 2.0이다)

① 500L
② 1,000L
③ 5,000L
④ 10,000L

해설
희석에 소요되는 물의 양

= 원액의 용량(mL) × ($\frac{원액의 농도}{희석하려는 농도}$ − 1) × 원액의 비중

= 100 × ($\frac{50}{0.01}$ − 1) × 2

= 999,800mL = 999.8L

44 물에 희석하지 않고 그대로 사용하는 제형은?

① 수화제
② 수용제
③ 유제
④ 분제

해설
분제농약의 특성
- 분제 주제를 증량제, 물리성 개량제, 분해방지제 등과 균일하게 혼합 분쇄하여 제조
- 수도병해충 방제에 널리 사용
- 유제, 수화제에 비해 고착성이 떨어져 잔효성이 요구되는 과수의 병해 방제용으로는 부적합

정답 41 ④ 42 ① 43 ② 44 ④

45 압축가스로 충진한 스프레이 통에 넣어 분사하거나 포그 머신을 이용하여 고압이나 열을 가하여 분무하도록 제제되는 농약은?

① 훈증제   ② 훈연제
③ 연무제   ④ 정제

해설
연무제는 유효 성분을 용제·분사제 등과 용기에 충진시킨 것으로 압력을 가하여 공기 중에 분출

46 유기인제 농약의 증량제로 가장 부적당한 것은?

① 활석   ② 소석회
③ 납석   ④ 규조토

해설
소석회는 알칼리성으로 유기인제 농약과 혼용 시 화학변화가 발생한다.

47 농약의 제제란 농약의 유효성분에 각종 용제, 증량제 등의 보조제를 조합시켜서 살포하기에 알맞게 조제된 것을 의미한다. 이것의 장점이 아닌 것은?

① 살포비산의 증진
② 식물체의 침투촉진
③ 유효성분의 효력증강
④ 주성분의 경시적 변화방지

해설
살포비산의 증진으로 인해 방제를 필요로 하지 않는 곳에 퍼지게 되는 문제 발생

48 물에 녹지 않은 원제를 잘 녹이는 용매(Solvent)에 유화제를 가하여 만든 제제는?

① 용액   ② 유제
③ 액제   ④ 수화제

해설
유화제 : 기름성분인 유제를 물과 잘 섞이도록 도와주는 역할

49 농약을 음식물로 잘못 알고 마셨을 때 나타나는 중독은?

① 급성중독   ② 긴급독성
③ 만성중독   ④ 식중독

해설
입을 통해 독을 섭취하는 것이므로 경구독성이며, 섭취한 독에 의해 짧은 기간에 독성에 의한 중독 증상이 나타나므로 급성독성

50 농약독성에 따른 약해를 방지하기 위한 대책으로 가장 거리가 먼 것은?

① 제제의 개선
② 근접살포
③ 해독제 이용
④ 농약의 안전사용기준 준수

해설
근접살포는 먼저 사용한 약제와 짧은 기간 내에 다른 약제를 사용하는 것으로 선행약제와의 반응을 통해 약해가 발생하거나 약효가 떨어짐

45 ③ 46 ② 47 ① 48 ② 49 ① 50 ②

51 65% 지오릭스(Endosulfan) 분말 1kg을 5% 분제로 만들려면 이때 소요되는 증량제의 양은 몇 kg인가?

① 10 ② 11
③ 12 ④ 13

해설
희석에 소요되는 증량제의 양
= 원분제의 무게(g) $\times \left(\dfrac{\text{원분제의 농도}}{\text{희석할 농도}} - 1 \right)$
= $1kg \times \left(\dfrac{65}{5} - 1 \right) = 12kg$

52 작용기작이 서로 다른 2종 이상의 약제에 대해 저항성을 나타내는 것으로 한 개체 안에 두 가지 이상의 저항성 기작이 존재하기 때문에 발생하는 현상을 무엇이라 하는가?

① 교차저항성
② 복합저항성
③ 저항성계통
④ 감수성계통

해설
- 교차저항성 : 하나의 살충제로 누대 처리하였을 때 2종 이상의 살충제에 대해 동시에 저항성이 생기는 현상
- 복합저항성 : 2종 이상의 살충제로 처리하였을 때 각각의 살충제에 대해 저항성이 생기는 현상

53 콩나물의 생장촉진제로 주로 사용되는 것은?

① 6-BA
② IBA
③ 1-naphthylacetamide
④ 4-CPA

해설
6-BA : 시토키닌계 식물호르몬제로서 단백질 합성 촉진, 세포분열 촉진, 비대촉진 및 콩나물 잔뿌리가 감소되므로 수량증대 효과

54 농약의 작물잔류성에 대한 설명으로 옳지 않은 것은?

① 증기압이 높은 약제일수록 증발하기 쉬우므로 잔류기간이 짧다.
② DDVP 유제는 증기압이 약 1.2×10^{-2}mmHg (20℃) 정도로 증기압이 낮아 잔류기간이 길다.
③ 증기압은 살포된 농약이 식물제 표면에서 소실하는 데 가장 중요한 요인이다.
④ 농약의 입자가 미세할수록 증발속도가 빠르다.

해설
DDVP 유제는 증기압이 높아 잔류성이 짧음 : 증기압이 높다는 것은 공기 중으로 쉽게 퍼져 나가 잔류성이 짧다.

55 과수용 농약으로 가장 부적당한 제형은?
① 수화제 ② 수용제
③ 분제   ④ 입제

해설
입제 : 처리 후 서서히 분해되면서 작물에 흡수되어 방제 효과를 나타내는데 식물체의 크기가 큰 처리량이 많이 필요하고 흡수되는 속도가 필요해 부적당함

56 사용목적에 따른 농약의 분류가 아닌 것은?
① 살균제 ② 살충제
③ 비소제 ④ 제초제

해설
사용목적에 따른 분류 : 살균제, 살충제, 제초제, 살응애제, 살선충제, 살서제, 식물생장조절제

57 현재 우리나라에서 사용되는 농약 중 대부분을 차지하는 것은?
① 고독성농약
② 저독성농약
③ 보통독성농약
④ 무독성농약

해설
2022년 12월말 기준 국내 등록 농약 중 저독성농약이 84.3%, 보통독성 15.5%이다.

58 도열병 약제의 농약 명칭을 키타진으로 표기할 때 다음 중 어디에 해당하는가?
① 화학명 ② 품목명
③ 상표명 ④ 원소명

해설
키타진 입제 또는 수화제는 벼 도열병 약제로 품목명이 이프로벤포스인 약제의 상표명

59 농약의 독성을 표시하는 단위로서 반수 치사량(중위수 치사량)을 나타내는 기호는?
① LT_{50} ② LF_{50}
③ LM_{50} ④ LD_{50}

해설
급성독성의 표시 : 반수치사약량(LD_{50}), 숫자가 작을수록 독성이 강함

60 농약의 안전사용에 대한 설명으로 거리가 가장 먼 것은?
① 재배기간 중 사용가능 횟수 내에서 사용한다.
② 적용 대상 농작물에 병해충 발생 확인 시 어느 때나 사용한다.
③ 사용 작물의 수확기 전후를 확인하여 사용시기를 준수한다.
④ 농약 사용자는 안전 사용 기준에 맞게 적정하게 사용하여야 한다.

해설
적용 대상 농작물에 병해충이 확인되더라도 방제비용보다 적은 피해를 주거나 다른 경제적 피해가 크지 않을 경우에는 방제를 피한다.

정답 55 ④ 56 ③ 57 ② 58 ③ 59 ④ 60 ②

제4과목 잡초방제학

61 제초제를 흡수한 잡초 체내에서 일어나는 대사 과정으로 옳지 않은 것은?

① 산 화
② 환 원
③ 염소반응
④ 가수분해

해설
제초제 분해반응의 종류

산 화	산소의 첨가 또는 수소의 이탈로 생성되는 반응
환 원	수소와 결합하거나 산소가 이탈하는 반응
가수분해	물의 H^+ 이온과 OH^- 이온이 치환되는 반응
결합반응	식물 체내의 다른 물질과 결합하는 반응

62 경종적 방제법이 아닌 것은?

① 윤작 재배를 한다.
② 비옥도를 조정한다.
③ 중경 제초기를 이용한다.
④ 작물의 경합력을 증대시킨다.

해설
생태적 방제법(재배적 방제법, 경종 방제법)의 정의
- 작물과 잡초의 생리 및 생태적 차이점을 기초로 한 방제법
- 경합특성이용법 : 작물의 경합력 증진을 위한 재배적 조치
- 환경제어법 : 잡초의 경합력 약화를 위한 재배적 조치

63 방동사니과 잡초가 아닌 것은?

① 매자기
② 바랭이
③ 괭이사초
④ 올챙이고랭이

해설
화본과 잡초 : 피, 바랭이, 뚝새풀, 강아지풀 등

64 종합적 방제법에 대한 설명으로 옳은 것은?

① 여러 가지 제초제를 혼합하여 잡초를 방제하는 것이다.
② 여러 가지 방법을 시행해 보고 가장 효율적인 방제법만 적용하는 것이다.
③ 화학 약품의 제초제를 사용하지 않고 환경친화적인 제초를 하는 것이다.
④ 생태적, 물리적, 화학적 방제법 등 여러 방제법을 다양하게 적용하는 것이다.

해설
종합방제체계
- 협의 : 여러 가지 잡초방제법 중에서 두 가지 이상의 방제법을 사용하여 잡초방제를 편리하게 하는 것
- 광의 : 잡초방제뿐만 아니라 병과 곤충 등을 방제하기 위하여 두 가지 이상의 방제법을 적절히 통합하여 이용하는 것

65 생물적 방제법에 적용하는 것으로 거리가 가장 먼 것은?

① 토 양
② 곤 충
③ 어 류
④ 병원균

해설
생물적 방제법은 천적이나 곤충, 병원균 등을 이용하는 방법이다.
예 호주의 선인장속을 아르헨티나의 좀벌레로 방제
벼에서 자귀풀속은 콩과류 탄저병균으로 방제

정답 61 ③ 62 ③ 63 ② 64 ④ 65 ①

66 잡초 종자가 휴면하는 원인으로 거리가 가장 먼 것은?

① 탄산가스의 결핍
② 물의 투수성 방해
③ 생장조절물질의 불균형
④ 배의 불완전 또는 미숙

해설
휴면의 원인
- 1차휴면 : 종자 자체적인 영향
  - 불완전한 배
  - 생리적으로 미숙한 배
  - 기계적 저항성을 지닌 종피
  - 발아억제물질의 존재
- 2차휴면 : 외부환경에 의한 휴면
  - 고농도의 이산화탄소
  - 산소의 부족
  - 저온 및 고온
  - 발아에 부적당한 암조건

67 계면활성제의 유화성과 가장 깊은 관계가 있는 제형은?

① 입 제
② 유 제
③ 분 제
④ 수용제

해설
유화성 : 유제를 용매에 잘 녹게 하는 성질

68 주로 종자로 번식하는 잡초가 아닌 것은?

① 피
② 바랭이
③ 올방개
④ 가을강아지풀

해설
근경(지하경) 번식 : 가래, 나도겨풀, 쇠털골, 띠, 수염가래꽃, 택사, 올방개

69 잡초의 분류방법으로 식물학적 순서로 옳은 것은?

① 과 – 속 – 아종 – 변종 – 종
② 속 – 종 – 과 – 아종 – 변종
③ 과 – 종 – 속 – 변종 – 아종
④ 과 – 속 – 종 – 아종 – 변종

해설
식물학적인 분류
- 표기(이명법) : 속명 + 종명 + 명명자명
- 과 – 속 – 종 – 아종 – 변종

70 잡초의 상호대립억제작용(Allelopathy)을 이용한 잡초 방제법은?

① 생물적 방제법
② 생태적 방제법
③ 물리적 방제법
④ 종합적 방제법

해설
상호대립억제작용(타감작용)
식물이 주어진 환경 속에서 자라면서 생성하는 화합물이 다른 생물의 활동에 직간접적으로 억제작용을 하는 것으로 생물학적 방제법

71 잡초의 생장형에 따른 분류로 옳지 않은 것은?

① 직립형 : 명아주
② 총생형 : 뚝새풀
③ 분지형 : 광대나물
④ 포복형 : 가막사리

해설
직립형(Straight Type) : 명아주, 가막사리, 쑥부쟁이

72 작물과 잡초의 경합에 있어서 잡초 허용 한계밀도의 의미로 옳은 것은?

① 작물의 밀도가 잡초보다 높은 수준
② 잡초의 밀도가 작물보다 높은 수준
③ 최저 작물 수량을 가져오는 잡초의 밀도
④ 작물 수량 및 품질에 큰 영향을 미치지 않는 잡초의 밀도

해설
잡초 허용 한계밀도 : 잡초의 밀도가 증가하면 작물의 수량이 감소하고, 어느 밀도 이상으로 잡초가 존재하면 작물의 수량이 현저하게 감소하는 잡초의 밀도

73 잡초 발생이 물 관리에 미치는 영향이 아닌 것은?

① 물의 흐름을 방해한다.
② 용존 산소의 농도를 저하시킨다.
③ 잡초 고사체에 의한 수질 오염이 문제가 된다.
④ 관배수로에서 증발량과 지하침투량이 저하된다.

해설
- 물관리상의 잡초해
  - 급수 방해
  - 관수 및 배수의 방해
  - 유속감소와 지하 침투로 물손실의 증가
  - 용존산소농도의 감소, 수온의 저하 등
- 조경관리상의 잡초해 : 정원, 운동장, 관광지, 잔디밭 등
- 도로나 시설지역의 잡초해 : 도로, 산업에서 군사시설 등

74 잡초 종자의 발아 습성으로 발아의 계절성에 대한 설명으로 옳은 것은?

① 일장에 반응하여 발아하는 특성이다.
② 온도에 반응하여 발아하는 특성이다.
③ 광도에 반응하여 발아하는 특성이다.
④ 습도에 반응하여 발아하는 특성이다.

해설
일장의 변화
- 단일 : 해가 짧아 지는 조건, 여름 → 가을
- 장일 : 해가 길어지는 조건, 봄 → 여름

75 페녹시계 제초제로 이행성이 있는 것은?

① 벤타존 액제
② 이사—디 액제
③ 메톨라클로르 유제
④ 프레틸라클로르 유제

해설
페녹시계 제초제
- 1년생 및 다년생 광엽 잡초의 경엽에 처리하는 선택성 제초제
- 생체 내 옥신의 균형을 교란시키는 것이 주된 작용 특성
- 분열조직의 활성화, 이상분열, 엽록소 형성저해, 세포막의 삼투압 증대
- 세계적으로 가장 먼저 개발된 호르몬형 유기제초제 : 2,4-D, MCPP(메코프로프)
※ 2,4-D
  - 우리나라에서 가장 먼저 사용된 제초제
  - 2,4-D 아민염 : 물에 잘 녹음
  - 2,4-D 에스테르 : 휘발성이 높아 주변 광엽작물에 잎 비틀림 등의 약해 유발

정답 72 ④ 73 ④ 74 ① 75 ②

76 지하경을 형성하는 데 일장의 영향을 거의 받지 않는 잡초는?

① 벗 풀   ② 올 미
③ 가 래   ④ 너도방동사니

해설
올미는 일장에 상관없이 심은 후 60일이 지나면 지하경(Rhizome, 근경) 형성

77 논에 발생하는 잡초를 방제할 목적으로 사용되는 제초제가 아닌 것은?

① 티오벤카브 입제
② 뷰타클로르 입제
③ 알라클로르 유제
④ 벤타존·엠시피에이 입제

해설
알라클로르 : 콩, 옥수수, 감자 등의 1년생 잡초방제에 사용

78 벼 재배 시 벼와 경합이 가장 큰 잡초는?

① 피   ② 벗 풀
③ 올방개   ④ 물달개비

해설
벼와 같은 화본과 잡초인 피

79 작물의 수량에 피해가 가장 큰 경우는?

① C_3 잡초와 C_3 작물
② C_3 잡초와 C_4 작물
③ C_4 잡초와 C_3 작물
④ C_4 잡초와 C_4 작물

해설
광합성 회로가 C_4인 잡초는 C_3인 식물보다 광합성 효율과 초기 생장이 빨라 C_3 작물재배 시 불리

80 주로 밭에서 생육하는 다년생 잡초가 아닌 것은?

① 쑥   ② 여 뀌
③ 씀바귀   ④ 참소리쟁이

해설
여뀌 : 1년생 광엽초

제1과목 식물병리학

01 오이 모자이크병을 매개하는 해충은?
① 진딧물
② 애멸구
③ 끝동매미충
④ 장님노린재

해설
진딧물은 2차적인 피해로 농작물에 PLRV(감자 잎말림바이러스), TuMV(순무 모자이크바이러스), CAMV(꽃양배추 모자이크바이러스), CMV(오이 모자이크바이러스) 등의 바이러스병을 옮김

02 곰팡이에 의해서 발생한 병의 표징이 아닌 것은?
① 균 핵
② 뿌리털
③ 포자퇴
④ 분생자각

해설
표징(Sign) : 병원체가 병든 식물의 표면에 나타나서 눈으로 가려낼 수 있을 때 곰팡이, 균핵, 점질물, 이상 돌출물 등으로 비전염성병이나 바이러스병, 바이로이드, 파이토플라스마병은 표징을 기대하기 어렵다.
- 병원체의 영양기관 : 균사체, 균사속, 균핵, 자좌 등
- 병원체의 번식기관 : 포자, 분생자병, 분생자최, 분생자좌, 포자퇴, 포자낭, 병자각, 자낭각, 자낭구, 자낭반, 세균점괴, 포자작, 버섯 등
- 표징에 따른 병명
  - 자주날개무늬병 : 뿌리나 줄기의 땅가 표면에 자주색 실이나 그물 모양의 막을 만듦
  - 흰날개무늬병 : 뿌리가 썩으며 그 표면에 회백색 실이나 깃털 모양의 것들이 엉켜 붙음
  - 그을음병 : 잎, 가지, 열매 등의 표면에 더러운 그을음이 생김
  - 맥각병 : 화본과(벼, 보리, 밀 등) 작물의 꽃으로부터 자흑색, 뿔 모양의 단단한 덩어리가 생김
  - 균핵병 : 말라 죽은 조식 속 또는 표면에 검은 쥐똥 같은 덩어리가 생김
  - 노균병 : 잎 뒷면에 흰서리 또는 가루 모양의 곰팡이가 생기고 표면은 약간 누렇게 됨
  - 잿빛곰팡이병 : 열매, 꽃, 잎이 무르고 그 표면에 쥐털 같은 곰팡이가 생김
  - 흰가루병 : 잎, 어린 가지 등의 표면에 흰가루를 뿌린 듯함
  - 녹병 : 여름포자 세대에는 잎에 황색, 적갈색 등의 가루가 나는 병반이 많이 생김
  - 깜부기병 : 대체로 이삭에 발병하고 환부에 검은 가루가 날림

정답 1 ① 2 ②

03 접목을 통해 방제가 가능한 병은?

① 고추 역병
② 수박 노균병
③ 배추 무사마귀병
④ 참외 덩굴쪼김병

해설
덩굴쪼김병은 토양전염성이 강한 병으로 접목을 통해 병의 발생을 줄일 수 있음

04 병원체나 매개 곤충의 접근을 물리적으로 막아 감염을 차단하는 방제방법으로 옳지 않은 것은?

① 짚깔기
② 비닐멀칭
③ 봉지 씌우기
④ 토양산도의 조절

해설
물리적으로 접근을 막는 방법 : 짚깔기, 비닐멀칭, 봉지 씌우기, 망 설치 등

05 잣나무 털녹병균의 분류학적 위치는?

① 난균류
② 담자균류
③ 자낭균류
④ 불완전균류

해설
잣나무 털녹병균은 담자균류에 속함

06 벼 도열병에 대한 설명으로 옳은 것은?

① 2차 전염을 하지 않는다.
② 병원균은 담자균에 속한다.
③ 다양한 레이스(Race)가 존재한다.
④ 토양온도가 높고 토양수분함량이 많을 때 다수 발생한다.

해설
레이스(Race) : 기주의 범위가 다른 한 병원균의 분화형 또는 변종 중에서 기주의 품종에 대한 기생성이 다른 것으로 벼 도열병은 다양한 레이스가 존재함

07 식물 바이러스병 진단법으로 옳지 않은 것은?

① 혈청학적 진단법
② 파지에 의한 진단법
③ 지표식물에 의한 진단법
④ 핵산 중합효소연쇄반응법

해설
- 혈청학적 진단 : 이미 알고 있는 병원세균이나 병원바이러스의 항혈청(Anti-Serum)을 만들고, 여기에 진단하려는 병든 식물의 즙액이나 분리된 병원체를 반응시켜서 병원체 조사, 감자 X모자이크병, 보리 줄무늬모자이크병의 간이진단법, 벼 줄무늬바이러스병의 보독충 검정 등에 이용
- 지표식물에 의한 진단 : 특정의 병원체에 대하여 고도의 감수성이거나 특이한 병징을 나타내는 지표식물을 병의 진단에 이용한 진단법
- 중합효소연쇄반응(PCR)법은 바이러스의 핵산증폭
- 박테리오파지법 : 세균에 기생하는 바이러스를 진단하는 방법

정답 3 ④ 4 ④ 5 ② 6 ③ 7 ②

08 살아 있는 식물 조직에서만 생활할 수 있는 병원체는?
① 절대기생체 ② 임의기생체
③ 임의부생체 ④ 조건기생체

해설
절대기생체(순활물기생체)
- 살아 있는 조직에만 생활
- 녹병, 흰가루병균, 노균병균, 무사마귀병균, 붉은별무늬병균, 녹병균 중 맥류 줄기녹병균, 목화 녹병균은 인공배양 가능

09 벼 도열병이 발생한 경우 벼 잎에 나타나는 병징의 형태는?
① 구 형 ② 사선형
③ 방추형 ④ 원주형

해설
벼 도열병 잎에는 방추형의 병반이 형성된다.

10 사과 수심(Water Core) 현상의 원인은?
① 고온의 피해
② 광선의 피해
③ 바람의 피해
④ 서리의 피해

해설
사과 수심(Water Core) : 밀 증상이라고도 하며 고온이 지속되는 해에 조생종 홍로품종에서 다발생

11 토마토의 세균병으로 시들시들하다가 갑자기 마르는 병은?
① 돌림병 ② 탄저병
③ 풋마름병 ④ 모자이크병

해설
토마토 풋마름병은 세균에 의한 병으로 세균이 증식하면서 양수분의 이동통로를 막아 시들어 죽는다.

12 세균에 의한 식물병은?
① 벼 오갈병
② 벼 키다리병
③ 벼 흰잎마름병
④ 벼 잎집무늬마름병

해설
벼 흰잎마름병균
- *Xanthomonas* 세균으로 크기는 1~2×0.8μm
- 간상으로 끝이 둥글며 한 개의 편모를 가짐
- 그람음성세균으로 영양배지에서 노란색을 띰

13 바이러스를 매개하는 선충이 아닌 것은?
① *Xiphinema*
② *Trichodorus*
③ *Meloidogyne*
④ *Paratrichodorus*

해설
바이러스를 매개하는 선충 : *Xiphinema*, *Trichodorus*, *Longidoridae*, *Paratrichodorus renifer*

14 사과나무의 줄기나 가지가 썩는 병은?

① 부란병
② 탄저병
③ 점무늬낙엽병
④ 붉은별무늬병

해설
사과나무 부란병은 가지를 전정할 때 생긴 상처를 통해 침입한다.

15 벼 흰잎마름병의 발병 원인으로 가장 피해가 큰 경우는?

① 저 온
② 건 조
③ 질소 비료의 과용
④ 태풍에 의한 침수

해설
벼 흰잎마름병 : 간균, 단극모, 그람음성세균으로 잡초(겨풀류)나 벼의 그루터기에서 월동하며 태풍으로 식물체에 상처가 나거나 침수 후 다발생

16 채소 및 과일 저장 중에 주로 발생하며 생육기에는 거의 발생되지 않는 병은?

① 탄저병
② 노균병
③ 덩굴마름병
④ 푸른곰팡이병

해설
푸른곰팡이병은 수확 후 저장 유통과정에서 발생

17 생물적 방제에 사용되는 길항균이 아닌 것은?

① *Bacillus*
② *Rhizoctonia*
③ *Trichoderma*
④ *Pseudomonas*

해설
Rhizoctonia : 모잘록병

18 윤작을 실시하면 방제효과가 가장 큰 것은?

① 공기전염성 병해
② 수매전염성 병해
③ 종자전염성 병해
④ 토양전염성 병해

해설
윤작 : 다양한 작물을 돌려짓기하는 것으로 토양전염성 병해인 역병, 시들음병 등의 발생을 줄일 수 있음

19 파이토플라스마의 진단법으로 옳지 않은 것은?

① 항생제 페니실린에 대한 저항성을 본다.
② 적당한 배지에 배양하여 자라는 모양을 본다.
③ 항생제 테트라사이클린에 대한 감수성을 본다.
④ 건전한 기주에 병든 기주의 가지를 접목하여 전염성을 본다.

해설
파이토플라스마는 배지에서 증식되지 않는다.

정답 14 ① 15 ④ 16 ④ 17 ② 18 ④ 19 ②

20 병원체가 침입할 수 있는 식물체의 자연 개구가 아닌 것은?

① 각피
② 기공
③ 수공
④ 피목

해설
식물체의 자연개구
- 식물체가 생리활동을 위해 열고 닫을 수 있는 식물 조직
- 기공, 수공, 피목(껍질눈) 나무의 줄기에 코르크 조직이 만들어진 뒤 숨구멍 대신에 공기를 순환시켜 주는 조직

제2과목 **농림해충학**

21 곤충의 변태와 관련하여 탈피에 관여하는 탈피호르몬을 분비하는 기관은?

① 알라타체
② 외분비계
③ 앞가슴샘
④ 뒷가슴샘

해설
탈피호르몬은 앞가슴샘에서 분비

22 생물적 방제를 위한 해충의 천적으로 가장 거리가 먼 것은?

① 꽃등에
② 진디혹파리
③ 배추흰나비
④ 녹색풀잠자리

해설
천적 이용 방제법
- 기생성 천적 : 기생벌, 기생파리류의 암컷을 이용하여 숙주의 체내에 알을 낳음
  - 맵시벌과 : 몸집이 크고 대부분 나비·나방류와 같은 완전변태류 해충에 기생
  - 고치벌과 : 몸집이 작고 나비목, 딱정벌레목, 파리목 등에 기생
- 포식성 천적
  - 풀잠자리류 : 부화유충은 육식성이며 진딧물류, 깍지벌레류, 응애류 포식
  - 딱정벌레류 : 무당벌레과는 유충과 성충이 모두 포식성, 진딧물, 깍지벌레 포식
  - 노린재류 : 침노린재와 장님노린재의 일부가 포식성
- 병원미생물 : 곤충에 기생하여 병을 일으키는 원생동물, 세균, 진균, 바이러스, 선충 및 응애 이용

23 외국에서 유입되어 국내에 정착한 침입 해충이 아닌 것은?

① 감자나방
② 사과면충
③ 루비깍지벌레
④ 복숭아심식나방

해설
- 감자나방 : 일본 도입 씨감자를 통해 국내 침입
- 사과면충 : 미국에서 침입한 것으로 추정
- 루비깍지벌레 : 한국, 일본, 타이완, 중국, 미국, 유럽, 러시아 등에 분포

정답 20 ① 21 ③ 22 ③ 23 ④

24 곤충의 다리 기본적인 구조에서 가늘고 길며 끝부분에 흔히 끝가시(Spur)가 있는 마디는?

① 밑마디
② 도래마디
③ 넓적마디
④ 종아리마디

해설
곤충의 다리마디 순서
밑마디 → 도래마디 → 넓적다리 마디 → 종아리마디 → 발마디
곤충 다리 구조

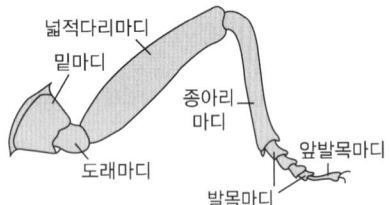

25 온도가 곤충에게 미치는 영향으로 가장 거리가 먼 것은?

① 곤충의 크기
② 곤충의 수명
③ 곤충의 산란량
④ 곤충의 발육속도

해설
곤충의 크기는 유전적 요인, 영양조건 등에 따라 결정된다.

26 곤충이 생존하기 불리한 환경이 되면 대사와 발육이 느리게 진행되고 환경이 좋아지면 즉각 정상상태를 회복하는 현상은?

① 휴지
② 분산
③ 휴면
④ 일장

해설
• 휴지 : 활동정지로 환경이 좋아지면 즉시 종료
• 휴면 : 좋지 않은 환경을 예측하여 발육을 일시적으로 중지하는 것

27 내시류에 대한 설명으로 옳은 것은?

① 날개를 접지 못한다.
② 대부분 불완전변태를 한다.
③ 곤충 중에서 가장 진화한 형태이다.
④ 강도래목, 집게벌레목 등이 해당된다.

해설
내시류는 완전변태하는 곤충으로 가장 진화한 형태이다.
• 번데기 과정 있음
• 번데기일 때 날개가 나타남
• 날개를 접어 붙일 수 있음

28 유충이 저작형 입틀을 가진 식엽성 해충은?

① 매미나방
② 솔잎혹파리
③ 벚나무응애
④ 소나무가루깍지벌레

해설
매미나방 : 유충이 잎을 갉아 먹는 식엽성 해충

정답 24 ④　25 ①　26 ①　27 ③　28 ①

29 복숭아혹진딧물은 여름기주에서 어떤 생식을 하는가?

① 양성생식
② 단위생식
③ 다배생식
④ 유생생식

해설
복숭아혹진딧물은 늦가을까지 단위생식을 한다.

30 해충을 유아등에 모이게 하여 방제하는 방법은 해충의 어떤 습성을 이용한 것인가?

① 주화성
② 주지성
③ 주식성
④ 주광성

해설
주광성 : 빛에 대한 반응

31 분류학적으로 매미류가 속하는 목은?

① 벌 목
② 노린재목
③ 딱정벌레목
④ 부채벌레목

해설
노린재목
- 입은 흡수구
- 날개가 있는 것은 날개가 긴 장시형과 짧은 단시형이 있음
- 날개가 없는 것도 있음
- 단위생식을 하는 것도 있음

32 불완전변태를 하는 곤충목은?

① 벌 목
② 파리목
③ 노린재목
④ 딱정벌레목

해설
불완전변태
- 번데기 과정이 없고 애벌레 때 날개가 나타나며 날개를 접어 붙일 수 있다.
- 귀뚜라미붙이목, 민벌레목, 흰개미목, 사마귀목, 바퀴목, 흰개미붙이목, 강도래목, 집게벌레목, 대벌레목, 메뚜기목, 노린재목, 총채벌레목, 다듬이벌레목, 이목, 새털이목

33 주로 사과나무를 가해하는 해충으로 옳지 않은 것은?

① 멸강나방
② 은무늬굴나방
③ 복숭아심식나방
④ 조팝나무진딧물

해설
멸강나방이 중국에서 국내로 날아오는 시기는 5월말에서 6월 중순이며 멸강나방의 애벌레는 옥수수, 수수류, 목초, 벼 등 볏과 작물의 잎과 줄기를 갉아 먹어 피해를 주기 때문에 초기에 방제해야 피해를 줄일 수 있음

정답 29 ② 30 ④ 31 ② 32 ③ 33 ①

34 솔잎혹파리 방제를 위한 침투성 약제를 소나무에 주사하는 주요 이유로 옳은 것은?

① 알을 죽인다.
② 유충을 죽인다.
③ 성충을 죽인다.
④ 번데기를 죽인다.

해설
② 솔잎혹파리의 주요 피해를 주는 유충을 잡기 위해 침투성 약제 사용

솔잎혹파리
- 6월 하순~10월 하순까지 유충이 솔잎 밑부분에 벌레혹을 만들고 그 속에서 즙액을 흡즙
- 피해목은 직경생장은 피해 당년에, 수고생장은 다음 해에 감소
- 연 1회 발생, 유충의 형태로 땅속에서 월동

35 일반적으로 1년에 2회 이상 발생하는 해충은?

① 솔잎혹파리
② 미국흰불나방
③ 오리나무잎벌레
④ 잣나무넓적잎벌

해설
② 미국흰불나방 : 연 2회
①·③·④ 솔잎혹파리, 오리나무잎벌레, 잣나무넓적잎벌 : 연 1회 발생

36 중배엽으로부터 유래된 기관은?

① 심 장
② 중 장
③ 전 장
④ 신 경

해설
중배엽에서 내부 기관이 주로 분화 : 심장은 중배엽에서 유래

37 곤충이 번성하게 된 요인으로 가장 거리가 먼 것은?

① 짧은 세대
② 작은 크기
③ 날개의 발달
④ 낮은 유전적 변이성

해설
곤충의 번성원인
- 외골격이 발달하여 몸을 보호함
- 날개가 발달해 생존 및 종족의 분산에 유리
- 몸의 크기가 작아 소량의 먹이로도 생존 가능하며 적을 피하는 데도 유리함
- 몸의 구조적인 적응력이 좋음
- 변태를 하여 불량 환경에 적응
- 종의 증가 현상을 나타냄

정답 34 ② 35 ② 36 ① 37 ④

38 다음 설명에 해당하는 해충은?

시설채소에서 많이 발생하는 해충으로 성충의 체장은 1.4mm 정도로 작은 파리모양이고, 몸색은 옅은 황색이지만 몸표면이 흰 왁스가루로 덮혀 있어 흰색을 띤다.

① 파밤나방 ② 거세미나방
③ 온실가루이 ④ 점박이응애

해설
온실가루이는 매미목 가루이과에 속하며 시설하우스에서 피해가 늘고 있다.

39 주로 벼를 가해하는 해충으로 옳지 않은 것은?

① 혹명나방 ② 이화명나방
③ 끝동매미충 ④ 거세미나방

해설
거세미나방
- 유충이 각종 채소류의 어린모를 지표면 가까이에서 자르고 일부를 땅속으로 끌어들여 식해한다.
- 연 2회 발생, 유충의 형태로 땅속에서 월동한다.

40 해충밀도의 축차조사법과 거리가 먼 것은?

① 해충의 밀도를 순차적으로 조사한다.
② 미리 정해진 조사표본수에 따라 조사한다.
③ 신속하게 의사결정이 가능하여 조사비용을 절감할 수 있다.
④ 경제적 피해수준에 근거하여 방제 여부를 판단하는 방법이다.

해설
축차조사법 : 표본수기 일정하지 않을 때 불필요한 표본조사를 생략하여 경비를 절감할 수 있는 조사 방법

제3과목 농약학

41 2,4-D 액제에 대한 설명으로 틀린 것은?

① 경엽처리용 제초제이다.
② 일년생 잡초에 적용한다.
③ 옥시졸리딘계 제초제이다.
④ 약해의 염려가 있으므로 고압식 분무기를 사용하지 않는다.

해설
2,4-D : 페녹시계 제초제

42 식물 고유의 분해·불활성화 기작에 기인된 것으로 식물 체내외에서 제초제의 흡수와 이동의 차에 의해서 일어나는 선택성은?

① 물리적 선택성
② 생화학적 선택성
③ 생리적 선택성
④ 생태적 선택성

해설
제초제의 선택성
- 생태적 선택성 : 생육 시기가 서로 다르기 때문에 나타나는 제초제에 대한 감수성의 차이
- 형태적 선택성 : 생장점의 노출 여부에 따라 나타나는 선택성 차이
- 생리적 선택성 : 제초제 성분이 식물 체내에 흡수·이행되는 정도의 차이
- 생화학적 선택성 : 식물의 종류에 따라 다른 감수성을 나타내는 현상

정답 38 ③ 39 ④ 40 ② 41 ③ 42 ③

43 농약을 사용목적에 따라 분류한 것이 아닌 것은?

① 살균제　② 살충제
③ 유 제　④ 제초제

[해설]
유제 : 제제 형태에 따른 분류

44 유효성분을 담체인 고체 중량제와 혼합 분쇄하고 보조제로서 고결제, 안정제, 계면활성제를 가하여 입상으로 성형한 것 또는 입상으로 담체에 유효성분을 피복시킨 제형은?

① 입 제　② 분 제
③ 수화제　④ 유 제

[해설]
입 제
- 유효성분을 고체증량제와 혼합분쇄 후 보조제로서 고합제, 안정제, 계면성제를 가하여 입상으로 성형한 것
- 입상의 담체에 유효성분을 피복시킨 것으로 토양사용, 수면시용의 경우가 많음
- 농약에 있어서 입제는 근래 새로운 형태의 제제로서 등장하게 된 것으로 대체로 8~60매시(0.5~2.5mm) 범위의 지름을 가진 작은 입자

45 농약의 약해를 방지하기 위한 대책으로 가장 거리가 먼 것은?

① 제제의 개선
② 해독제의 이용
③ 복합비료와의 혼용
④ 농약의 안전사용기준 준수

[해설]
복합비료와 혼용 시 비료화의 화학반응, pH의 변화에 따라 약해가 발생할 수 있음

46 EPN 등 유기인제에 의한 농약 중독 시 해독제로 가장 적당한 것은?

① 발(BAL)
② 팜(PAM)
③ 이디티에이-칼슘(EDTA-Ca)
④ 비타민-칼륨(Vitamin-K)

[해설]
농약 중독별 해독제

농 약	치료제
유기인계	팜(PAM), 황산아트로핀
유기염소계	항경련제
카바메이트계	황산아트로핀
피레스로이드계	황산아트로핀
칼탑·티오사이클람계	발(BAL), 글루타티온 등 SH계 해독제
디티오카바메이트계	스테로이드제
메틸브로마이드, 이디비(EDB)계	발(BAL), 아미노페린(Aminopherin)
유기비소계	BAL
염소산염계 제초제	황산소다를 중탄산소다에 용해시킨 것

47 유해동물이나 해충이 화학물질에 의한 자극에서 벗어나려는 행동을 이용하여 농작물이나 가축을 이들의 유해동물이나 곤충으로부터 보호하는 데 사용되는 약제는?

① 유인제　② 불임제
③ 살서제　④ 기피제

[해설]
기피제 : 농작물 또는 기타 저장물에 해충이 모이는 것을 막기 위해 사용하는 약제

48 농약제조용 용제(溶劑)의 특성에 대한 설명 중 틀린 것은?

① 실제로 사용되는 용제는 불연성이어서 안전하다.
② 용제의 종류에서 인축에 유해한 활성을 보이는 것은 농약제조용으로 사용되기 어렵다.
③ 용제가 농약의 유효성분을 화학적으로 분해시켜서는 안 된다.
④ 소량의 용매로 가능한 많은 양의 농약원제 또는 다른 보조제를 녹일 수 있어야 한다.

해설
용제(매) : 약제의 유효 성분을 녹이는 약제
• 물에 잘 녹지 않는 식물성 농약 및 유기합성 농약 등은 적당한 유기 용매에다 녹여서 유제의 형태로 사용
• 구비 조건
 - 농약에 대한 용해도가 커야 함
 - 농약의 약효 및 안정성을 저하시켜서는 안 됨
 - 농약의 독성을 증대시켜서는 안 됨
 - 용제 자신이 약해를 내서는 안 됨

49 자스모린Ⅱ(JasmolinⅡ)와 관계가 있는 살충제는?

① Bombikol류
② 제충국류(Pyrethroids)
③ 로테논류(Rotenoids)
④ 니코틴류(Nicotine Insecticide)

해설
제충국의 유효성분에는 피레트린Ⅰ·Ⅱ, 시네린Ⅰ·Ⅱ(Cinerin), 자스모린Ⅰ·Ⅱ등이 있으며, 살충력은 피레트린Ⅱ > 피레트린Ⅰ > 시네린 = 자스모린의 순

50 곤충생장조절제(IGR계통)의 농약이 아닌 것은?

① 벤설푸론메틸(Bensulfuron Methyl)
② 뷰프로페진(Buprofezin)
③ 디플루벤주론(Diflubenzuron)
④ 테플루벤주론(Teflubenzuron)

해설
벤설푸론메틸은 제초제

51 보호살균제 농약의 잔효성에 가장 크게 영향을 미치는 물리적인 성질은?

① 유화성
② 현수성
③ 부착성과 고착성
④ 침투성

해설
보호살균제는 주로 막을 형성해 병원균이 부착되지 못하게 막는 효과가 크기 때문에 부착성과 고착성에 따라 영향을 많이 받는다.

52 다음 중 농약으로 분류되지 않는 약제는?

① 제초제
② 전착제
③ 식물영양제
④ 농작물의 생리기능을 억제하는 데 사용하는 약제

해설
식물영양제 : 비료에 해당되는 농자재

정답 48 ① 49 ② 50 ① 51 ③ 52 ③

53 45%의 유기인제 100mL가 있다. 이것을 0.1%로 희석하는 데 필요한 물의 양은 몇 L인가?(단, 원액의 비중은 1이다)

① 22.9
② 33.9
③ 44.9
④ 55.9

해설
희석에 소요되는 물의 양
$= \text{원액의 용량(mL)} \times \left(\dfrac{\text{원액의 농도}}{\text{희석하려는 농도}} - 1\right) \times \text{원액의 비중}$
$= 100 \times \left(\dfrac{45}{0.1} - 1\right) \times 1 = 44,900\text{mL} = 44.9\text{L}$

55 훈증제(Fumigants)가 아닌 것은?

① 이황화탄소(CS_2)
② DDVP(Dichlorvos)
③ 비펜트린(Biphenthrin)
④ 메틸브로마이드(Methyl Bromide)

해설
비펜트린은 합성피레스로이드계 살충제로 입상수화제, 수화제, 과립훈연제 등의 제제로 판매되고 잎말이나방, 노린재류 등의 해충방제에 사용되며 2017년도 양계장 등에서 진드기 방제용으로 사용되어 계란 살충제 파동의 원이 되었던 약제

54 맹독성 유제 농약의 경피 LD_{50}(반수치사량)은?

① 5mg/kg(체중) 미만
② 10mg/kg(체중) 미만
③ 20mg/kg(체중) 미만
④ 40mg/kg(체중) 미만

해설
급성독성 정도에 따른 농약의 구분(농약관리법 시행규칙 [별표 3의5])

구 분	시험동물의 반수를 죽일 수 있는 양(mg/kg 체중)			
	급성 경구		급성 경피	
	고체	액체	고체	액체
I급 (맹독성)	5 미만	20 미만	10 미만	40 미만
II급 (고독성)	5 이상 50 미만	20 이상 200 미만	10 이상 100 미만	40 이상 400 미만
III급 (보통독성)	50 이상 500 미만	200 이상 2,000 미만	100 이상 1,000 미만	400 이상 4,000 미만
IV급 (저독성)	500 이상	2,000 이상	1,000 이상	4,000 이상

56 요소(Urea)계 제초제의 주된 작용기작은?

① 옥신작용 교란
② 광합성 저해
③ 단백질합성 저해
④ 세포분열 저해

해설
제초제의 작용기작

작용기작	제초제의 분류 및 종류
광합성 저해	벤조티아디아졸계, 트라이아진계, 요소계, 아마이드계, 비피리딜리움계(과산화물 생성)
호흡작용 및 산화적 인산화 저해	카바메이트계, 유기염소계
호르몬 작용 교란	페녹시계(2,4-D, MCP), 벤조산계
단백질 합성 저해	아마이드계, 유기인계
세포분열 저해	디나이트로아닐린계, 카바메이트계
아미노산 생합성 저해	설포닐우레아계, 이미다졸리논계, 유기인계(Glyphosate)

정답 53 ③ 54 ④ 55 ③ 56 ②

57 잔디가 조성된 곳의 이끼를 방제하는 데 사용되는 약제는?

① 클로마존
② 퀴노클라민
③ 펜디메탈린
④ 글리포세이트포타슘

해설
퀴노클라민 : 퀴논계 제초제로 헬시론, 이끼탄 이란 상표명으로 판매

58 유제에 사용되는 유기용제를 줄이기 위한 방안으로 개발된 제형은?

① 수용제
② 액상수화제
③ 액제
④ 유탁제

해설
유탁제 : 액상, 점질액상으로서 물에 희석하면 유화되는 농약

59 우리나라에서 유통되는 수화제의 분말도는 몇 메시(Mesh)의 체를 기준으로 하는가?

① 150메시　② 250메시
③ 300메시　④ 325메시

해설
분말도 : 분제나 수화제의 입자의 크기
- 분제 : 250~300mesh 이상(44μm 이하)
- 수화제 : 330mesh 이상 가는 것이 양호

60 보르도 액의 사용상 주의사항으로 옳지 않은 것은?

① 만든 즉시 살포하여야 하며 오래 두면 입자가 커져 약효가 떨어진다.
② 살포액이 완전 건조해서 막을 형성해야 하므로 비가 오기 직전이나 직후에 살포해서는 안 된다.
③ 치료를 목적으로 사용하는 것이므로 발병 후 즉시 살포하여야 한다.
④ 약해가 나기 쉬운 작물에 대해서는 8~10두식의 묽은 보르도액을 살포해야 한다.

해설
보르도액은 보호살균제로 예방을 목적으로 사용하는 약제임

제4과목 잡초방제학

61 생태적 잡초 방제법에 해당하는 것은?
① 윤 작   ② 경 운
③ 천적 이용   ④ 토양 소독

해설
생태적 방제법(재배적 방제법, 경종적 방제법)의 정의
- 작물과 잡초의 생리 및 생태적 차이점을 기초로 한 방제법
- 경합특성이용법 : 작물의 경합력 증진을 위한 재배적 조치
- 환경제어법 : 잡초의 경합력 약화를 위한 재배적 조치
※ 작물윤작
  - 잡초 및 병해충의 발생억제
  - 잡초 초종의 변화
  - 제초제 연용피해로부터 탈피

62 잡초 종자의 발아에 관여하는 환경요인으로 가장 거리가 먼 것은?
① 수 분   ② 산 소
③ 온 도   ④ 토양 종류

해설
잡초 종자의 발아 환경
- 종자의 발아에는 적당한 수분, 산소, 온도, 광이 필요
- 식물종자의 발아과정 : 수분흡수 – 저장양분의 소화 – 양분의 이동 – 동화작용 – 호흡작용 – 배의 생장

63 주어진 지표면을 먼저 점유한 식물이 후에 발생한 식물보다 경합에 유리하다. 이를 이용한 잡초 방제 기술로 옳지 않은 것은?
① 이앙 재배
② 적기 파종
③ 시비량 증대
④ 재식밀도 증가

해설
시비량을 필요 이상으로 늘릴 경우 작물보다 비료의 이용률이 높은 잡초의 생육속도가 빨라 작물에 불리해질 수 있음

64 화본과 잡초와 광역 잡초를 선택적으로 작용하는 제초제의 선택성 요인에 해당하는 것은?
① 생태적 선택성
② 형태적 선택성
③ 생리적 선택성
④ 물리적 선택성

해설
제초제의 선택성
- 생태적 선택성 : 생육 시기가 서로 다르기 때문에 나타나는 제초제에 대한 감수성의 차이
- 형태적 선택성 : 생장점의 노출 여부에 따라 나타나는 선택성 차이
- 생리적 선택성 : 제초제 성분이 식물 체내에 흡수·이행되는 정도의 차이
- 생화학적 선택성 : 식물의 종류에 따라 다른 감수성을 나타내는 현상

정답 61 ① 62 ④ 63 ③ 64 ②

65 화본과보다 광엽잡초에 대하여 높은 활성을 나타내며, 다른 제초제보다 적은 약량으로 높은 제초활성이 있는 제초제 계통은?

① Triazine계
② Carbamate계
③ Sulfonylurea계
④ Benzoic Acid계

해설
제초제의 분류 정리

처리부위	종류	작용형태	호르몬유무	선택성유무
경엽처리용	페녹시계	이행형	호르몬형	선택성
	벤조산계	이행형	호르몬형	선택성
	유기인계	이행형	비호르몬형	비선택성
	비피리딜리움계	접촉형	비호르몬형	비선택성
	벤조티아다이아졸계	이행형	비호르몬형	선택성
경엽 및 토양 처리형	트리아진계	이행형	비호르몬형	선택성
	요소계	이행형	비호르몬형	선택성
	설포닐우레아계	이행형	비호르몬형	선택성
	다이페닐에테르계	접촉형	비호르몬형	선택성
	카바메이트계	이행형	비호르몬형	선택성
토양처리형	아마이드계	접촉형	비호르몬형	선택성
	디니이트로아닐린계	접촉형	비호르몬형	선택성
	티오카바메이트계	이행형	비호르몬형	선택성

66 페녹시계열에 속하는 제초제가 아닌 것은?

① 이사-디 액제
② 엠시피에이 액제
③ 니코설퓨론 액상수화제
④ 할록시포프-아르-메틸 유제

해설
니코설퓨론: 설포닐우레아계 - 옥수수밭의 일년생 잡초 방제용으로 사용

67 잡초 방제용으로 도입되는 생물이 구비하여야 할 조건으로 옳지 않은 것은?

① 대상 잡초 주변 환경에 적응할 수 있어야 한다.
② 인공적으로 배양 또는 증식이 용이하며 생식력이 강해야 한다.
③ 비산 또는 분산하는 능력이 크고 대상 잡초에 잘 이동해야 한다.
④ 대상 잡초 방제가 끝나도 지속적으로 생활을 하여 사멸되지 않아야 한다.

해설
방제를 원하는 잡초가 없어지고 계속 남아 있게 되면 이 생물이 잡초가 됨

68 예방적 잡초 방제법으로 옳지 않은 것은?

① 농기계를 청결하게 관리한다.
② 중경 및 정지 작업을 실시한다.
③ 관개수를 통한 잡초 종자의 유입을 막는다.
④ 종자가 없는 상태의 풀을 이용하여 퇴비를 만든다.

해설
예방적 방제법 : 문제가 되는 잡초가 발생하거나 전파되는 것을 미리 방지하는 방제
- 잡초위생
  - 농경지를 무잡초상태로 청결하게 유지
  - 새로운 종자나 영양체가 생성되지 않도록 관리
  - 휴면종자가 문제
- 재배관리의 합리화
  - 작물의 경합력을 증대시키는 재배적 조처
  - 적기적량의 시비법으로 작물의 양분이용률 증대
  - 작물생육에 적합한 제한관계법과 제한경운법
  - 작물의 병해충과 선충으로부터 보호
  - 윤작체계에 의한 잡초발생억제
  - 잡초개화 이전에 경운과 예취로 번식억제
  - 이미 생성 유입된 잡초종자를 열처리에 의하여 제거
- 작물종자의 정선
  - 작물의 종자용에는 잡초종자의 혼입을 최소화
  - 작물과 잡초종자의 물리적 차이점을 이용하여 정선
  - 크기, 무게, 외형, 표면적, 비중, 부착성, 까락, 빛깔 등
- 농기계의 청소 : 파종, 경운, 수확, 종자조제 등의 농기계의 청결유지
- 가축관리의 합리화
  - 가축의 털에 부착되어 이동되는 것을 방지
  - 가축의 분뇨와 퇴비를 완전히 부식시켜 이용
- 관배수로의 관리
  - 수생잡초와 부유잡초 및 잡초종자의 유입방지
  - 걸음망을 설치
- 관상식물종자의 관리 : 수입되는 관상식물의 종자나 영양체에 묻어오는 잡초종자에 특히 유의

69 잡초의 특성에 대한 설명으로 옳은 것은?

① 영양번식기간이 비교적 늦고 길다.
② 종자의 번식기관에 휴면성이 없다.
③ 불량한 환경에서는 잘 생육되지 않는다.
④ 낮은 밀도로도 작물에 피해를 줄 수 있다.

해설
허용 한계밀도를 초과할 경우에 피해 및 경제적 손해가 발생
- 잡초허용 한계밀도 : 잡초의 밀도가 증가하면 작물의 수량이 감소하고, 어느 밀도 이상으로 잡초가 존재하면 작물의 수량이 현저하게 감소하는 잡초의 밀도
- 경제적 허용 한계밀도 : 잡초허용 한계밀도보다 높은 수준의 잡초를 제거하는 데 소요되는 경비를 상쇄할 수 있는 잡초의 밀도로, 수량상 허용 한계밀도보다 높은 잡초의 밀도

70 혼합 제초제에 대한 설명으로 옳지 않은 것은?

① 잡초 방제비용을 절감한다.
② 제초 작용성에서 상호 길항적 효과가 있다.
③ 다양한 잡초종을 대상으로 사용할 수 있다.
④ 서로 다른 두 가지 이상의 제초제가 생물학적 또는 화학적으로 양립되어야 한다.

해설
다양한 잡초를 일시에 방제하게 되어 잡초 간의 상호작용은 기대할 수 없게 된다.

71 저항성 잡초의 출현을 방지하기 위한 대책으로 옳지 않은 것은?

① 직파재배를 한다.
② 제초제를 적정 농도로 사용한다.
③ 제초제 특성에 따라 순환 적용한다.
④ 제초제는 단용보다는 혼용하도록 한다.

해설
직파를 하게 되면 벼보다 초기 생육이 빠른 잡초의 방제를 위해 비슷한 방제 약제를 계속 사용하게 되어 저항성 잡초가 나타나기 쉽다.

72 잡초의 유용성이 아닌 것은?

① 병해충 전파를 막아 준다.
② 토양의 침식을 방지한다.
③ 토양에 유기물을 공급한다.
④ 때로는 작물로서 활용할 수 있다.

해설
병해충의 월동처를 제공하기도 하지만 천적이 생활할 수 있는 공간을 마련하기도 함

73 잔디밭의 클로버 방제에 가장 적절한 제초제는?

① 옥사디아존 유제
② 뷰타클로르 입제
③ 메코프로프 액제
④ 할로설퓨론메틸 입제

해설
메코프로프(영일엠시피피) : 페녹시계 제초제로 잔디밭, 목초지, 감귤밭 등에서 클로버와 광엽잡초 제거용으로 사용

74 잡초 종자의 휴면에 대한 설명으로 옳은 것은?

① 일년생 잡초의 경우에만 휴면을 한다.
② 타발휴면은 내적인 요인으로 인하여 생긴다.
③ 자발휴면은 종자의 미숙과 같은 원인으로 생긴다.
④ 종자의 휴면성은 환경이 아닌 유전적인 영향에 의하여 유발된다.

해설
휴 면
• 발아에 필요한 환경조건(수분, 온도, 산소, 광)이 적당하더라도 배의 생장이나 대사작용이 일시적으로 정지되어 발아가 되지 않는 현상
• 자발휴면 : 종자미숙이나 구조 등과 같은 종자 자체의 조건 때문에 발아할 수 없는 상태
• 타발휴면 : 외적 조건이 발아에 부적당하여 종자가 발아할 수 없는 상태
• 휴면상태의 종자는 불량환경(건조, 저온, 고온 등)에 잘 견딤
• 휴면성의 발현정도 : 유전성, 환경요인의 영향
• 동일종이라도 채종장소와 시기, 종자의 숙도 및 크기, 보존방법에 따라 휴면종자가 다름
• 잡초종자의 휴면성이 다른 것은 잡초의 생존력과 방제에 많은 영향을 줌

75 식물 분류학적으로 동일한 속명을 갖는 잡초끼리 올바르게 나열된 것은?

① 올미, 벗풀
② 비름, 쇠비름
③ 가래, 네가래
④ 여뀌, 여뀌바늘

해설
• 올미 : *Sagittaria pygmaea*
• 벗풀 : *Sagittaria trifolia*

정답 71 ① 72 ① 73 ③ 74 ③ 75 ①

76 지하경을 형성하지 않는 잡초는?
① 가래
② 올미
③ 올방개
④ 알방동사니

해설
알방동사니 : 1년생 잡초로 종자로 번식

77 다음에서 설명하는 잡초로 옳은 것은?

- 일년생 광엽잡초에 해당한다.
- 논잡초로 많이 발생할 경우는 기계수확이 곤란하다.
- 줄기 기부가 비스듬히 땅을 기며 뿌리가 내리는 잡초이다.

① 메꽃
② 한련초
③ 가막사리
④ 사마귀풀

78 상호대립억제작용(Allelopathy)에 대한 설명으로 옳은 것은?
① 타감작용이라고 하기도 한다.
② 작물은 발아 시에만 피해를 받는다.
③ 작물과 작물 간에는 일어나지 않는다.
④ 쌍자엽식물에는 있으나 단자엽식물에는 없다.

해설
상호대립억제작용
- 식물체 내에서 생성된 물질이 다른 식물의 발아와 생육에 영향을 미치는 생화학적인 상호반응
- 잡초와 작물 간의 생화학적 상호작용은 촉진적인 경우보다 억제적인 경우가 많음
  예 소나무 밑에 잡초가 자라지 못하는 것, 보리를 재배하던 곳에서 별꽃이나 냉이류 등의 생육이 억제되는 것

79 토양염분이 많은 간척지 논에서 주로 발생하는 방동사니과 잡초는?
① 올미
② 매자기
③ 나도겨풀
④ 물달개비

해설
매자기 : 사초과 방동사니속에 속하며 여러해살이풀, 덩이뿌리로 번식

80 주로 밭에 발생하는 1년생 화본과 잡초는?
① 올미
② 바랭이
③ 명아주
④ 물달개비

해설
잡초방제의 실용면에서 본 분류

논잡초	• 일년생 잡초 : 피, 마디꽃, 물달개비 • 다년생 잡초 : 가래, 너도방동사니, 올미 • 부유성 잡초 : 생이가래, 개구리밥, 좀개구리밥 • 조류 : 이끼, 괴불, 갈조, 남조 • 화본과 잡초 : 피, 나도겨풀 • 사초과 잡초 : 너도방동사니, 올방개 • 광엽잡초 : 가래, 물달개비

밭잡초	• 하작잡초(여름잡초)
	  – 일년생 잡초 : 바랭이, 소비름, 명아주
	  – 다년생 잡초 : 메꽃, 엉겅퀴
	• 동작잡초(겨울잡초)
	  – 일년생 잡초 : 뚝새풀, 냉이
	  – 다년생 잡초 : 쑥, 할미꽃

76 ④ 77 ④ 78 ① 79 ② 80 ②

2018년 제4회 과년도 기출문제

식물보호산업기사

제1과목 식물병리학

01 소나무 잎떨림병 방제를 위한 약제 살포시기로 가장 적합한 것은?

① 1월~2월
② 3월~5월
③ 6월~8월
④ 9월~11월

해설
소나무 잎떨림병(葉振病)
- 병원 : *Lophodermium pinastri*, 진균(자낭균류)
- 기주 : 소나무류
- 방제법
  - 병든 낙엽은 전염원이 되므로 채취해 소각하거나 토양 속에 매장
  - 피해가 심한 수종은 6월부터 전문약제를 살포
  - 유기질 비료를 충분히 주고 수세가 약해지지 않도록 비배 관리

02 저항성이었던 품종이 같은 병원균에 의하여 이병화되는 주요 원인으로 옳은 것은?

① 지구 온난화
② 품종 자체의 퇴화
③ 농약 살포의 소홀
④ 병원균의 새로운 변이주 출현

해설
저항성의 유전
- 수직저항성(수직저항성, Vertical Resistance)
  - 단인자 저항성, 주동유전자 저항성, 진정저항성, 분화적 저항성
  - 병원균의 어떤 특정 레이스에 대해서만 반응, 환경요인에 대해 안정
  - 새로운 레이스가 생길 때마다 저항성이 무너짐
  - 이병화의 위험성 내포
  - 고도의 저항성, 과민성반응에 의한 경우가 많음
  - 단인자 또는 소수인자에 의해 지배되는 경우가 많으므로 단인자저항성이라고도 함
- 비특이적 저항성(수평저항성, Horizontal Resistance)
  - 다인자 저항성, 미동유전자 저항성, 포장저항성, 비분화적 저항성
  - 모든 레이스에 대해서 저항성을 나타냄
  - 발병에 알맞은 환경에서 저항성이 무너지는 단점
  - 병균의 포자 형성, 감염, 병의 진전이 등이 늦은 특징
  - 일반적으로 그 병원균의 작용에 길항하여 진정을 저해하거나 기주를 강하게 하여 병원균의 피해를 가볍게 하는 저항성

정답 1 ③ 2 ④

03 주로 포자로 번식하며 식물병을 일으키는 것은?
① 세 균
② 선 충
③ 곰팡이
④ 바이러스

해설
진균(곰팡이)의 분류
진균은 담자체의 생성법, 포자의 모양 등으로 분류한다.
- 영양체 : 기주의 세포에서 영양분을 섭취하는 부분
- 번식체 : 담자체에서 포자가 형성되는 부분 → 담자체 생성법, 포자의 모양은 진균을 분류하는 기준

04 식물에 병을 일으키는 세균 속이 아닌 것은?
① *Erwinia*
② *Helicobacter*
③ *Pseudomonas*
④ *Agrobacterium*

해설
헬리코박터는 사람 및 동물 등의 위장에 사는 나사 모양의 세균이다.

05 매개충으로 인하여 전염되는 병은?
① 벼 오갈병
② 보리 흰가루병
③ 사과나무 부란병
④ 배나무 붉은별무늬병

해설
곤충에 의해 매개되는 병
- 참나무 시들음병균 : 광릉긴나무좀
- 벼 오갈병 : 끝동매미충, 번개매미충
- 벼줄기무늬 잎마름병 : 애멸구
- 오동나무 빗자루병 : 담배장님노린재
- 대추나무 빗자루, 뽕나무 오갈병 : 마름무늬매미충

06 벼 도열병균이 주로 월동하는 곳은?
① 토 양
② 중간기주
③ 매개충의 알
④ 볍씨의 병든 부분

해설
벼 도열병은 균사, 분생포자로 볏짚, 병든 종자에서 월동한다.

07 배추 무사마귀병에 대한 설명으로 옳지 않은 것은?
① 알칼리성 토양에서 주로 발생한다.
② 수분이 많은 토양에서 많이 발생한다.
③ 순활물기생균으로 인공배양이 되지 않는다.
④ 뿌리의 세포가 비정상적으로 커지고 혹이 만들어진다.

해설
배추 무사마귀병은 산성 토양에서 다발생하기 때문에 석회를 뿌려 토양을 알칼리성으로 바꿔 준다.

08 Millardet에 의해 개발된 보르도액에 대한 설명으로 옳은 것은?
① 항생제이다.
② 보호 살균제이다.
③ 생물 농약의 하나이다.
④ 벼 도열병 방제를 위해 개발되었다.

해설
보호용 살균제 : 병균이 식물에 침투하는 것을 예방하기 위한 약제
예 보르도액, 동제

09 담자균에 속하는 식물병은?

① 가지 풋마름병
② 사과나무 부란병
③ 배나무 붉은별무늬병
④ 복숭아나무 잎오갈병

해설
배나무, 사과나무 붉은별무늬병 : 담자균류에 속하며 사과나무, 배나무, 모과나무를 기주로 하고 겨울포자퇴(점질물 ; 균덩어리)로 향나무에서 월동

10 세균에 의하여 발생하는 식물병의 주요 증상으로만 나열된 것은?

① 혹, 노란가루
② 빗자루, 모자이크
③ 시들음, 가지마름
④ 갈색병반, 검은돌기

해설
세균병의 병징
- 무름병
  - 상처를 침입한 병균이 펙티나제(Pectinase) 효소를 분비해 기주세포의 중층을 분해하며 삼투압에 변화가 생겨 기주세포는 원형질분리를 일으켜 죽게 됨
  - 물이 많은 조직에서 부패와 악취의 무름현상이 나타남 (배추 무름병)
- 점무늬병 : 기공으로 침입해 증식한 세균이 인접 유조직세포를 파괴해 여러 모양의 점무늬를 이룸(콩 세균성 점무늬병)
- 잎마름병 : 세균이 유관속 조직 도관부를 침입해 식물 기관의 일부 또는 전체가 말라 죽음(벼 흰빛잎마름병)
- 시들음병 : 침입한 균이 물관에서 증식하여 수분의 상승을 저해(토마토 풋마름병)
  - 1차 병징 : 뿌리가 갈색으로 변하는 것
  - 2차 병징 : 시들음
- 세균성혹병 : 세균이 기주세포를 자극해 병환부를 이상증식시킴(사과 근두암종병)

11 원인을 파악하기 위해 다음과 같이 처리할 때 병원 진단에 가장 용이한 것은?

> 발병 초기에는 병원균을 관찰하기 어렵기 때문에 병든 조직을 20℃ 정도의 습실에서 2~3일간 보존하여 병원균을 증식시킨 후 현미경으로 관찰한다.

① 균류에 의한 병
② 세균에 의한 병
③ 바이러스에 의한 병
④ 파이토플라스마에 의한 병

해설
진균류의 동정은 습실처리에 의해 증식된 균사나 포자의 형태를 관찰해 확인할 수 있음

12 감자 역병에 대한 설명으로 옳은 것은?

① 빗물에 의해 화기 전염한다.
② 병원균은 기공 또는 각피 침입한다.
③ 고온이고 건조한 환경에서 잘 발생한다.
④ 괴경지표법으로 선발된 건전한 씨감자를 재배하여 방제할 수 있다.

해설
감자 역병
- 배수가 불량한 다습한 환경에서 다발생(비가 오거나 관수할 때 발생이 많음)
- 균사로 흙 속의 병든 구근이나 토양에서 월동
- 식물체의 기공이나 각피를 통해 침입하며 바람에 의해 전파됨

13 담배 들불병을 유발하는 병원체는?

① 선 충
② 세 균
③ 곰팡이
④ 바이러스

해설
담배 들불병은 세균에 의한 병이다.

14 오이 덩굴쪼김병에 대한 설명으로 옳은 것은?

① 산성 토양에서는 잘 발생하지 않는다.
② 주로 18℃ 이하의 온도에서 잘 발생한다.
③ 종자 전염보다는 주로 매개충에 의해 전염된다.
④ 토마토 시들음병균과 동일한 세균 속에 해당된다.

해설
※ 저자의견 : 정답은 4번으로 발표되었지만 내용상 정답이 없는 문제로 판단됨
- 오이 덩굴쪼김병은 진균에 의한 병으로 수박, 오이, 참외, 수세미 등을 기주로 하며 균사나 후막포자의 형태로 땅속에서 월동하며 사질토양에서 피해가 심함
- 토양전염성 병으로 연작을 피하고 저항성 대목에 접목재배하면 발생을 줄일 수 있음
- 유묘기의 발병 적온은 18~20℃이며, 생육기 발병 적온은 24~30℃임

15 수목병의 표징이 아닌 것은?

① 소나무 피목에 농황색의 돌기 형성
② 오동나무에 다수 발생한 작은 가지
③ 잣나무 줄기에 나타난 황색의 주머니
④ 일본잎갈나무 부후목 뿌리 부위에 발생한 버섯

해설
표징(Sign)
병원체가 병든 식물의 표면에 곰팡이, 균핵, 점질물, 이상돌출물 등이 나타나서 눈으로 가려낼 수 있는 특징이나 상징으로 볼 수 있다. 비전염성병이나 바이러스병, 바이로이드, 파이토플라스마병은 표징이 나타나지 않는다.

16 대추나무 재배에서 가장 큰 문제가 되는 병해이며 항생제의 수간주입에 의하여 방제가 가능한 것은?

① 역 병
② 노균병
③ 탄저병
④ 빗자루병

해설
파이토플라스마에 의한 병
- 종류 : 대추나무·오동나무 빗자루병, 뽕나무 오갈병
- 방제법 : 병을 매개하는 해충 방제

17 벼 키다리병 방제에 가장 효과적인 방법은?

① 종자소독
② 조식재배
③ 약제 엽면살포
④ 질소 비료 시용

해설
벼 키다리병균은 종자의 배까지 침투하며 종자소독 시 방제 효과가 크다.

정답 13 ② 14 ④ 15 ② 16 ④ 17 ①

18 병원균이 땅속에서 월동하고 토양에서 병이 전반되는 것은?

① 콩 모잘록병
② 오이 흰가루병
③ 보리 겉깜부기병
④ 배나무 붉은별무늬병

해설
토양전염 : 모잘록병균, 시들음병균, 풋마름병균, 박과류 덩굴쪼김병균, 균핵병, 밑동썩음병, 잘록병, 검은썩음병

19 병원균의 중간기주를 제거함으로써 방제할 수 있는 병은?

① 고추 역병
② 오이 노균병
③ 밀 줄기녹병
④ 보리 깜부기병

해설
기주식물에서 녹병포자(녹포자)세대, 중간기주에서 여름포자나 겨울포자 세대를 거침
녹병류 중간기주
- 배나무붉은별무늬병균(적성병) : 향나무
- 사과나무 붉은별무늬병 : 향나무
- 소나무혹녹병 : 졸참, 신갈나무
- 맥류줄기녹병 : 매자나무
- 밀 붉은녹병 : 좀꿩의다리

20 배추 무름병균의 특성은?

① 주모가 있는 그람양성세균이다.
② 주모가 없는 그람음성세균이다.
③ 주모가 없는 그람양성세균이다.
④ 주모가 있는 그람음성세균이다.

해설
그람염색법에 의한 분류
- 보라색으로 염색되는 그람양성균 : 감자 둘레썩음병, 토마토 궤양병
- 분홍색으로 염색되는 그람음성균 : 대부분의 세균

제2과목 농림해충학

21 이화명나방이 월동하는 형태는?

① 알
② 성 충
③ 유 충
④ 번데기

해설
이화명나방은 노숙유충으로 월동하고 줄기를 가해하며 연 2회 발생한다.

22 곤충의 형태적 특징으로 옳지 않은 것은?

① 다리가 3쌍이다.
② 눈은 겹눈만 있고 홑눈이 없다.
③ 대개 2쌍의 날개가 있고 탈바꿈을 하기도 한다.
④ 몸이 머리, 가슴, 배의 3부분으로 나누어져 있다.

해설
곤충의 몸은 머리, 가슴, 배의 3부분으로 구별된다.
- 머리 : 입틀, 한 쌍의 곁눈과 1~3개의 홑눈, 한 쌍의 촉각(더듬이)을 갖춤
- 가슴 : 앞가슴, 가운데가슴, 뒷가슴의 3부분으로 구별, 각 부분에 한 쌍의 다리가 있고, 가운데 가슴과 뒷가슴에 한 쌍의 날개
- 소화계, 순환계, 호흡계, 신경계 등의 기관을 갖추고 있으며 발육 도중 변태함

23 대체로 우리나라에서 월동하지 못하는 해충은?

① 벼멸구
② 애멸구
③ 끝동매미충
④ 벼물바구미

해설
비래해충 : 월동을 하지 못하고 바람을 타고 유입되는 해충으로 벼멸구, 흰등멸구, 혹명나방 등이 있다.

정답 18 ① 19 ③ 20 ④ 21 ③ 22 ② 23 ①

24 성충은 식물조직에 산란하고 부화한 애벌레는 2령을 경과한 후 땅속에서 번데기 기간을 거쳐 성충이 되는 것은?

① 애멸구　　② 온실가루이
③ 점박이응애　④ 꽃노랑총채벌레

해설
꽃노랑총채벌레 : 감귤, 복숭아나무, 멜론, 딸기 등
- 약충과 성충이 어린잎이나 꽃, 과피의 즙액을 흡즙
- 피해를 받은 잎은 위축되며 과실은 피해부가 갈변되어 상품가치가 떨어짐
- 연 5~6회 발생, 성충형태로 월동

25 다음 피해의 설명에 해당하는 해충은?

> 소나무의 새로 나온 가지가 부러져 달려 있다. 자세히 보니 부러진 부분에 벌레가 먹어 들어간 구멍이 있고 늘어진 새 가지 속에 터널이 있었다.

① 솔나방　　② 소나무좀
③ 솔잎혹파리　④ 솔껍질깍지벌레

해설
소나무좀
- 월동한 성충이 나무줄기나 가지의 껍질 밑에 구멍을 뚫고 들어가 형성층에 산란하면 부화한 유충이 식해하여 수목의 양분과 이동을 단절
- 연 1회 발생, 연 1마리가 3개 이상의 새순을 가해, 성충의 형태로 월동

26 해충의 생물적 방제 방법의 장점이 아닌 것은?

① 속효적이며 일시적이나 효과가 크다.
② 일단 정착되면 영구적이어서 경제적이다.
③ 생물상이 평형을 되찾고 생태계가 안정된다.
④ 독성이 거의 없고 환경에 대한 부작용이 적다.

해설
생물적 방제의 단점
- 병해충을 전멸시킬 수 없고 천적 생물의 유지가 어렵다.
- 효과가 늦게 나타나며 생태계에 균형이 깨질 수 있다.

27 다음 설명에 해당하는 해충은?

> - 유충이 가해한 부위는 적갈색의 굵은 배설물과 함께 수액이 흘러나와 겉으로 쉽게 눈에 띈다.
> - 성충은 나무껍질에 한 개씩 알을 낳는다.

① 솔잎혹파리　② 벼룩잎벌레
③ 향나무하늘소　④ 복숭아유리나방

해설
복숭아유리나방
- 유충이 수간부 조피 밑을 가해하며 껍질과 목질부 사이(형성층)를 먹고 다닌다.
- 가해부위는 적갈색의 굵은 배설물과 함께 수액이 흘러나와 겉으로 쉽게 눈에 띈다.

28 단위생식을 하지 않는 곤충은?

① 사과면충　　② 파굴파리
③ 밤나무혹벌　④ 복숭아혹진딧물

해설
단위생식 : 암컷만으로 생식, 밤나무혹벌, 민다듬이벌레, 진딧물류(여름), 사과면충, 총채벌레

정답　24 ④　25 ②　26 ①　27 ④　28 ②

29 분류학적으로 곤충강에 속하지 않는 것은?

① 응애류 ② 진딧물류
③ 잎벌레류 ④ 깍지벌레류

해설
응애는 다리가 4쌍으로 곤충강이 아닌 거미강에 속한다.

30 탈피 과정에서 다시 흡수되어 재활용되는 체벽의 부분은?

① 외표피 ② 기저막
③ 외원표피 ④ 내원표피

해설
내원표피층 : 미세섬유의 배열에 의한 박막층 구조이며 탈피 과정 초기에 모두 소화 흡수되어 재활용됨

31 곤충의 다리 배열 순서로 옳은 것은?

① 가슴 – 밑마디 – 도래마디 – 종아리마디 – 넓적다리마디 – 발마디
② 가슴 – 밑마디 – 넓적다리마디 – 도래마디 – 종아리마디 – 발마디
③ 가슴 – 밑마디 – 도래마디 – 넓적다리마디 – 종아리마디 – 발마디
④ 가슴 – 밑마디 – 넓적다리마디 – 종아리마디 – 도래마디 – 발마디

해설
곤충의 다리마디 순서
밑마디 → 도래마디 → 넓적마디 → 종아리마디 → 발마디

32 뿌리혹선충 방제 방법으로 옳지 않은 것은?

① 상토를 소독한다.
② 토양의 pH가 높아지지 않도록 관리를 한다.
③ 경작지가 논일 경우 3년마다 한 번씩 벼를 재배한다.
④ 토양의 유기물 함량이 낮아지지 않도록 비배관리를 한다.

해설
뿌리혹선충
- 각종 채소류의 뿌리에 혹을 만들어서 수분과 양분의 흡수 능력을 저하시킨다.
- 사질토양에서 다발생, 알 또는 유충의 형태로 알주머니에서 월동한다.
- 1세대 경과일수는 온도가 높을수록 단축된다.

33 딱정벌레목에 속하지 않는 것은?

① 소나무좀
② 오리나무잎벌레
③ 버즘나무방패벌레
④ 느티나무벼룩바구미

해설
방패벌레는 노린재목에 속함

정답 29 ① 30 ④ 31 ③ 32 ② 33 ③

34 곤충의 순환계에 대한 설명으로 옳지 않은 것은?

① 심장에는 심문이 있다.
② 등쪽에 대동맥이 있다.
③ 폐쇄형 순환계를 가지고 있다.
④ 혈액은 혈장세포와 혈구세포 등으로 이루어진다.

해설
곤충 순환계는 개방혈관계이다.

35 다음 설명에서 A, B에 해당하는 용어는?

> 곤충의 기관에서 체외로 방출되어 같은 종의 다른 개체에 교미, 집합 등의 특정한 행동을 일으키는 화학물질을 (A)이라 하고, 다른 종 간에 상호작용하는 물질로 이 물질을 받는 종에게 유리한 반응을 유도하는 물질을 (B)이라 한다.

① A : 호르몬, B : 페로몬
② A : 페로몬, B : 알로몬
③ A : 알로몬, B : 카이로몬
④ A : 페로몬, B : 카이로몬

해설
페로몬과 카이로몬에 대한 설명

36 진딧물류 방제에 가장 효과적인 곤충은?

① 굴파리좀벌
② 애꽃노린재
③ 오이이리응애
④ 칠성풀잠자리

해설
풀잠자리류 : 부화유충은 육식성이며 진딧물류, 깍지벌레류, 응애류를 포식한다.

37 충영을 만드는 해충은?

① 밤바구미
② 밤나무혹벌
③ 오리나무잎벌레
④ 털두꺼비하늘소

해설
충영(벌레혹)을 만드는 해충
- 솔잎혹파리
  - 6월 하순~10월 하순까지 유충이 솔잎 밑부분에 벌레혹을 만들고 그 속에서 즙액을 흡즙
  - 피해목은 직경생장은 피해 당년에, 수고생장은 다음 해에 감소
  - 연 1회 발생, 유충의 형태로 땅속에서 월동
- 밤나무혹벌
  - 밤나무 잎눈에 기생하며 10~15mm의 벌레혹이 형성
  - 연 1회 발생, 유충의 형태로 잎눈의 조직 내에 충영을 만들고 월동

38 불완전변태에 대한 설명으로 옳은 것은?

① 대부분 번데기 과정이 없다.
② 수서곤충은 해당되지 않는다.
③ 풀잠자리가 대표적인 곤충이다.
④ 어른벌레의 모양이 애벌레와 매우 달라진다.

해설
불완전변태
- 번데기 과정이 없음
- 애벌레일 때 날개가 나타남
- 날개를 접어 붙일 수 있음

정답 34 ③ 35 ④ 36 ④ 37 ② 38 ①

39 아메리카잎굴파리에 대한 설명으로 옳지 않은 것은?

① 약제 저항성이 늦게 발달하는 해충이다.
② 거베라, 국화, 토마토, 수박 등에 피해를 준다.
③ 유충은 잎조직 속에서 굴을 파고 다니면서 섭식한다.
④ 성충이 기주식물의 잎에 작은 구멍을 내고 산란한다.

해설
아메리카잎굴파리
- 유충이 잎 조직 내에서 굴을 파고 식해
- 피해 부위는 흰색의 줄 모양이 생김
- 온실에서 연 15회 이상 발생해 약제 저항성이 빠르게 발달함

40 가해하는 기주의 종류가 가장 적은 해충은?

① 차응애
② 파밤나방
③ 배추좀나방
④ 미국흰불나방

해설
배추좀나방 : 주로 배추 등 십자화과 채소잎의 잎맥을 따라 엽육만 먹는 해충

제3과목 농약학

41 농약관리법에서 사용되는 용어의 정의 중 틀린 것은?

① 농약의 범주에는 농림축산식품부령이 정하는 기피제, 유인제 등도 포함된다.
② 농약이란 농작물의 생리기능을 증진하거나 억제하는 데 사용하는 약제를 포함한다.
③ 원제란 농약의 유효성분이 농축되어 있는 물질을 말한다.
④ 농작물이란 수목 및 임산물을 제외한 모든 농산물을 말한다.

해설
농작물 : 수목(樹木), 농산물과 임산물을 포함

42 농약의 제제형태에 따라 분류한 것은?

① 유제 농약
② 유기인제 농약
③ 살균제 농약
④ 어독성 농약

해설
제형에 의한 분류
- 액체시용제(희석살포제) : 유제, 액제, 수용제, 수화제, 액상, 입상, 수화제, 유탁제, 미탁제, 캡슐현탁제, 분산성 액제
- 고형시용제(직접살포제) : 분제, 미분제, 저비산분제, 입제, 미립제, 캡슐제, 수면부상성 입제
- 종자처리제 : 종자처리수화제, 종자처리액상수화제, 분의제
- 특수목적제 : 훈연제, 연무제, 훈증제, 도포제, 농약함유 비닐멀칭제, 판상줄제

43 다음에서 설명하는 살균제는?

- 백색 바늘모양의 결정이다.
- 도열병 방제용으로 주로 사용된다.
- 단백질합성저해작용을 하는 약제이다.

① 티람(Thiram)
② 클로로타로닐(Chlorothalonil)
③ 가스가마이신(Kasugamycin)
④ 메틸브로마이드(Methyl Bromide)

해설
가스가마이신 : 작용기작 라3에 해당되는 항생제

44 제초제, 목재의 방부제, 낙엽촉진제 등으로 광범위하게 사용되는 약제는?

① PCP제
② 카르복신제
③ EBP제
④ 트리아진제

해설
PCP(펜타클로로페놀) 사용이 제한되기 이전 제초제, 목재 방부제 등으로 사용

45 과수원의 잡초방제에 가장 적당한 제초제는?

① 캡 탄
② 티오파네트메틸
③ 티아디닐·디노테퓨란
④ 글리포세이트이소프로필아민

해설
글리포세이트이소프로필아민의 적용 잡초
- 과수원의 일년생 잡초(바랭이, 망초, 독새풀, 여뀌, 강아지풀, 쇠비름, 명아주, 개피, 참방동사니, 벼룩나물, 깨풀, 광대나물, 냉이)
- 과수원의 다년생 잡초(쑥, 억새, 메꽃, 띠, 엉겅퀴, 고사리, 크로바, 씀바귀)
- 밤밭 및 조림지잡초(아카시, 다년생 잡초 및 잡관목)
- 초지 조성예정지 및 비농경지 잡초(새, 실새풀, 청사초, 고사리, 제비쑥, 산쑥, 여뀌, 개암나무, 싸리)등

46 다음 중 농약의 구비조건이 아닌 것은?

① 약해가 없어야 한다.
② 가격이 저렴해야 한다.
③ 인축 독성이 강해야 한다.
④ 다른 약제와 혼용이 가능해야 한다.

해설
인축 독성이 강할 경우 농약 중독사고와 생태계 위해 요소가 되기에 등록을 취소하고 있음

43 ③ 44 ① 45 ④ 46 ③

47 제초제의 처리방법에 따른 분류에 해당되는 것은?

① 토양처리제와 경엽처리제
② 이행형제초제와 접촉형제초제
③ 선택성제초제와 비선택성제초제
④ 호르몬제초제와 비호르몬제초제

해설
처리방법에 따라 토양처리제와 경엽처리제로 분류

48 과실의 착색촉진, 숙기촉진의 역할을 하는 에테폰(39%) 액제는 어느 성분의 계열에 속하는가?

① 옥신(Auxin)
② 에틸렌(Ethylene)
③ 지베렐린(Gibberellin)
④ 시토키닌(Cytokinin)

해설
에테폰 : 알칼리용액과 반응 시 에틸렌 생성해설

49 피에이엠(PAM)은 주로 어느 농약의 중독치료제로 사용되는가?

① 수은제   ② 유기인제
③ 동 제   ④ 비소제

해설
농약 중독별 해독제

농 약	치료제
유기인계	팜(PAM), 황산아트로핀
유기염소계	항경련제
카바메이트계	황산아트로핀
피레스로이드계	황산아트로핀
칼탑 · 티오사이클람계	발(BAL), 글루타티온 등 SH계 해독제
디티오카바메이트계	스테로이드제
메틸브로마이드, 이디비(EDB)계	발(BAL), 아미노페린(Aminopherin)
유기비소계	BAL
염소산염계 제초제	황산소다를 중탄산소다에 용해시킨 것

50 유기인계 및 카바메이트계 살충제가 해충에 작용하여 살충작용을 일으키는 주된 기작은?

① 피부중독   ② 원형질 파괴
③ 근육중독   ④ 신경저해

해설
아세틸콜린에스테라제(AChE)의 활성 저해
• 유기인계, 카바메이트계 살충제는 아세틸콜린에스테라제의 분해작용을 저해
• 후막에 아세틸콜린에스테라제가 지속적으로 축적되어 신경자극의 정상적인 전달이 차단되어 죽게 됨

정답 47 ① 48 ② 49 ② 50 ④

51 농약의 사용방법과 관련하여 일어나는 약해가 아닌 것은?

① 근접살포에 의한 약해
② 동시사용으로 인한 약해
③ 불순물 혼합에 의한 약해
④ 섞어쓰기 때문에 일어나는 약해

해설
약해의 원인

구 분	종 류
약제의 이화학적 성질 (농약 자체)	• 주제(농약원제)의 물리화학적 성질에 의한 것 • 보조제 및 용매에 의한 것 • 약제의 사용농도 및 사용량에 의한 것 • 2종 이상의 약제를 섞어 쓸 때 일어나는 것 • 약제 조제 시 사용하는 물에 의해 주제가 분해되어 일어나는 것

농작물의 감수성 (농작물 종류와 생육상태)	• 농작물의 특성, 특히 즙액의 수소이온농도(pH)에 의한 것
	• 농작물의 종류, 품종, 생육, 노유(老幼) 등의 감수성 차이에 의한 것
	• 발육시기 : 고온, 다습하여 발육이 왕성한 시기에는 약해를 받기 쉬움
	• 약제 저항성 : 휴면기 > 영양생장기 > 생식생장기 > 유묘기
	• 약제별로 약한 농작물
	  – 구리제 : 복숭아, 살구, 자두, 배, 감
	  – 비소제 : 복숭아, 자두, 두류, 살구, 감
	  – 유기염소계(DDT, BHC) : 어린 오이류
	  – 석회황합제 : 복숭아, 살구, 감자, 토마토, 파
	  – BNC제 : 오이류, 토마토, 가지, 배추

환경 조건 (기상 등)	• 약제 살포 전후의 강우 : 습도가 높으면 오랫동안 약제에 젖은 상태로 있으므로 농작물 내 침투량이 많아 약해가 발생함 • 고온 : 농작물에 의한 약제 흡수가 높음 • 기공이 많은 잎 뒷면에 약제를 살포하면 약해가 큼
토양 조건	• 주로 토양처리제(입제)인 경우에 발생함 • 처리된 약제의 농작물의 흡수 정도와 토양의 흡수 정도에 따라 결정됨

52 각종 작물에 적용할 수 있고 응애의 모든 생육단계에 걸쳐 효과가 있는 살응애제는?

① 페노뷰카브
② 다이아지논
③ 테부펜피라드
④ 펜토에이트

해설
테부펜피라드(상표명 피라니카) : 피라졸계 살응애제

53 화본과 및 광엽잡초의 경엽과 뿌리를 통하여 동시에 흡수 이행되어 살초작용을 나타내는 이미다졸리논계 제초제는?

① 벤타존 액제
② 이마자퀸 액제
③ 세톡시딤 유제
④ 이마조설퓨론 수화제

해설
이마자퀸액제 : 이미다졸리논계 제초제 – 일년생 및 다년생 잡초제
[액제]톤-앞(영일케미컬) [입제]산소로(영일케미컬)

54 농약관리법에서 어독성 Ⅱ급을 구분하는 기준은?[단, 반수를 죽일 수 있는 농도(mg/L, 48시간) 기준이다]

① 0.5~1.0
② 0.5~2.0
③ 1.0~2.0
④ 1.0~2.5

해설
※ 농약관리법 시행규칙 [별표 3의5] 개정(2023. 8. 7)으로 정답없음
어독성 Ⅱ급의 기준은 1 초과 10 이하(mg/L, 96시간)

정답 51 ③ 52 ③ 53 ② 54 정답없음

55 항생제 농약이 아닌 것은?

① Polyoxins
② Kasugamycin
③ Streptomycin
④ Alpha-cypermethrin

해설
알파-사이퍼메스린 : 합성피레스로이드계 살충제

56 농약의 혼용 시 주의해야 할 사항으로 가장 거리가 먼 것은?

① 혼용이 가능한 농약은 적용 작물에 관계없이 사용한다.
② 여러 가지 농약을 혼용할 경우 과량 살포하지 않는다.
③ 가능하면 다종혼용은 2약제를 혼용한다.
④ 혼합 조제한 농약은 오래 두지 말고 되도록 빨리 사용한다.

해설
농약은 적용 작물이 등록된 농약만 사용해야 함 : 2019년도부터 PLS(농약 허용물질목록 관리제도)시행으로 적용되지 않은 약제의 잔류 농도를 0.01ppm 이하로 제한

57 약알칼리성 광물로서 안정하고 토분성이 우수하여 유기합성 농약의 분제 제제용으로 널리 사용되는 증량제는?

① 탈크
② 벤토나이트
③ 필로필라이트
④ 카올린

해설
탈크(Talc, 활석) : 알칼리성이나 안전하므로 분제 제조용으로 널리 쓰임

58 농약의 안전사용기준은 누가 정하는가?

① 농약회사
② 농촌진흥청장
③ 농림축산식품부장관
④ 식품의약품안전처장

해설
안전사용기준
• 수확한 농산물 중의 농약잔류량이 허용기준을 넘지 않도록 농약 사용 방법을 법으로 하는 기준(안전한 농산물을 생산하도록 농약 사용법을 정함)
• 설정기준 : 적용 대상 작물, 농약의 사용할 때, 살포농도 및 양, 살포횟수, 살포 후 수확 및 식용까지의 기간
• 우리나라 농약 품목 개발 과정 : 농약관리위원회의 심의 의결을 거쳐 농촌진흥청장이 고시하는 품목의 농약을 제조 · 수입 · 판매함

59 수질 내 화합물의 농도가 2ppm이고, 송사리 내의 농도가 20ppm일 때 이 화합물의 생물농축계수(BCF)는?

① 2
② 10
③ 20
④ 40

해설
생물농축계수(BCF) : 오염물질이 생물체에 축적되었을 때 환경 중에 존재하는 농도와 생물체에 존재하는 물질의 농도 비율(20/2 = 10)

정답 55 ④ 56 ① 57 ① 58 ② 59 ②

60 다음 중 살충제 농약으로 분류되는 것은?

① 벤타존
② 티오파네이트메틸
③ 트리사이클라졸제
④ 페노뷰카브제(BPMC)

해설
① 벤타존 : 제초제
② 티오파네이트메틸 : 살균제
③ 트리사이클라졸제 : 살균제
④ 페노뷰카브제 : 카바메이트계 살충제로 벼의 멸구류 방제에 사용

제4과목 잡초방제학

61 겨울작물 밭에서 우점하는 잡초는?

① 깨 풀   ② 메 꽃
③ 뚝새풀   ④ 쇠비름

해설
겨울잡초 : 가을에 발생하여 노지에서 월동하고 봄에 피해가 많고 늦봄과 초여름에 결실하는 것
예 뚝새풀, 속속이풀, 냉이, 벼룩나물, 벼룩이자리, 점나도나물, 개양개비

62 예방적 방제방법에 해당하는 것은?

① 관배수 조절
② 작물 종자 정선
③ 식물병원균 이용
④ 호미를 이용한 잡초 제거

해설
예방적 방제법
- 문제가 되는 잡초가 발생하거나 전파되는 것을 미리 방지하는 방제
- 잡초위생
  - 농경지를 무잡초상태로 청결하게 유지
  - 새로운 종자나 영양체가 생성되지 않도록 관리
  - 휴면종자가 문제
- 재배관리의 합리화
  - 작물의 경합력을 증대시키는 재배적 조처
  - 적기적량의 시비법으로 작물의 양분이용률 증대
  - 작물생육에 적합한 제한관계법과 제한경운법
  - 작물의 병해충과 선충으로부터 보호
  - 윤작체계에 의한 잡초발생억제
  - 잡초개화이전에 경운과 예취로 번식억제
  - 이미 생성 유입된 잡초종자를 열처리에 의하여 제거
- 작물종자의 정선
  - 작물의 종자용에는 잡초종자의 혼입을 최소화
  - 작물과 잡초종자의 물리적 차이점을 이용하여 정선
  - 크기, 무게, 외형, 표면적, 비중, 부착성, 까락, 빛깔 등
- 농기계의 청소 : 파종, 경운, 수확, 종자조제 등의 농기계의 청결유지
- 가축관리의 합리화
  - 가축의 털에 부착되어 이동되는 것을 방지
  - 가축의 분뇨와 퇴비를 완전히 부식시켜 이용
- 관배수로의 관리
  - 수생잡초와 부유잡초 및 잡초종자의 유입방지
  - 거름망을 설치
- 관상식물종자의 관리 : 수입되는 관상식물의 종자나 영양체에 묻어오는 잡초종자에 특히 유의

63 주로 논에서 자라는 잡초가 아닌 것은?

① 좀바랭이
② 사마귀풀
③ 물달개비
④ 나도겨풀

해설
좀바랭이 : 밭, 밭둑 및 도로변에 발생하는 일년생 화본과 잡초로 종자 번식

64 벼의 유효분얼이 끝나고 유수형성기 이전에 살포하는 경엽처리형 제초제는?

① 이사-디 액제
② 옥사디아존 유제
③ 뷰타클로르 유제
④ 글리포세이트토타슘 액제

해설
이사-디 액제 : 유효분얼(참새끼치기) 끝날 때부터 유수형성기(이삭꽃생김 때) 이전까지 사용되는 일년생논잡초 방제
예 방동사니, 물달개비, 밭뚝외풀, 마디꽃, 사마귀풀

65 생물학적 방제방법에 대한 설명으로 옳지 않은 것은?

① 비교적 영속성이 있다.
② 주변 환경 피해가 적다.
③ 화학적 방제에 비해 살초 작용이 빠르다.
④ 적절한 생물을 찾아내기만 하면 적용 비용이 적게 든다.

해설
생물학적 방제의 장단점

장점	• 효과가 영구성이 있음 • 방제비용이 적음 • 환경에 대한 안전성이 있음 • 방제법이 간단 • 대규모로 효과
단점	• 합당한 천적을 찾기가 어려움 • 사후문제가 불확실 • 살포작용이 아주 늦음 • 잡초군락의 여러 초종의 방제는 어려움 • 한 식물이 작물도 되고 잡초도 될 경우에 식물의 유용성을 분별 못함 • 생물학적 방제는 휴면종자에 의하여 발생되는 잡초를 근절하지 못함 • 생물학적 잡초방제는 방제비용을 지출하기 어려운 지역에 잘 적응 → 광범위한 목야지, 산림지역, 수생지역 등 • 경작지에서는 보통 7~15종의 다른 잡초가 발생해 생물학적 잡초방제법의 적용이 제한됨

66 논에 다년생 잡초가 증가한 주요 이유는?

① 논 이모작 재배
② 퇴비 사용량 감소
③ 계속적인 화학비료 사용
④ 일년생 잡초 방제용 제초제 연용

해설
일년생 제초제의 연용으로 다년생 잡초가 우점하는 경향이 있음

정답 63 ① 64 ① 65 ③ 66 ④

67 잡초에 대한 작물의 경합력 증진을 위해 가장 적절한 조치는?

① 명아주에 대한 경합력 증진을 위하여 단간종 보리를 심는다.
② 강아지풀에 대한 경합력 증진을 위하여 만생종 옥수수를 심는다.
③ 깨풀에 대한 경합력 증진을 위해 분지수가 많은 콩 품종을 심는다.
④ 알방동사니에 대한 경합력 증진을 위하여 벼의 재식 밀도를 반으로 줄인다.

해설
깨풀 : 1년생 밭잡초로 콩과 공간 경합이 심해 콩의 길이생장은 영향이 적지만 콩과의 공간 경합으로 콩의 분지수가 줄어든다.

68 잡초 방제를 위한 조치로 가장 효과가 없는 것은?

① 경 운　　② 돌려짓기
③ 흙태우기　　④ 이어짓기

해설
연작보다는 윤작에서 잡초발생이 적음

69 주로 지하경에 의해서 번식하는 잡초는?

① 벗 풀　　② 강 피
③ 바랭이　　④ 물달개비

해설
① 벗풀은 괴경으로 영양번식을 하는 잡초이다.
②・③・④ 강피, 바랭이, 물달개비는 모두 종자 번식하는 잡초임

무성번식 : 영양번식
- 주로 다년생 잡초의 번식 방법, 종자 및 영양번식을 동시에 하는 잡초도 있음
- 포복경 : 아욱메풀, 아욱메풀, 선피막이, 사상자, 미나리, 병풀, 버뮤다그래스
- 인경 : 가래, 무릇, 야생마늘, 자주괭이밥
- 구경 : 반하, 올챙이고랭이
- 근경(지하경) : 가래, 나도겨풀, 쇠털골, 띠, 수염가래꽃, 택사, 올방개
- 괴경 : 벗풀, 향부자, 매자기, 올방개, 올미, 너도방동사니

70 제초제가 작물에 약해를 유발시키는 원인으로 가장 영향력이 큰 것은?

① 습 도　　② 광 선
③ 강 우　　④ 온 도

해설
기상조건에 따른 제초제의 약해
- 토양처리형 제초제는 온도가 높아져서 벼의 흡수량이 많아지면 약해가 증대된다
- 비호르몬형 제초제는 저온과 고온 모두에서 약해가 나타나는데 저온에서는 통엽이 나타나고 고온에서는 분얼억제, 초장억제, 하엽고사 등의 장해가 일어난다.

71 제초제의 물리적 소실이 아닌 것은?

① 토양 입자에 흡착
② 대기 중으로 휘발
③ 토양 하층으로 용탈
④ 토양 미생물의 분해

해설
물리적 소실 : 토양하층으로의 용탈, 흡착, 식물체의 흡수 등

73 제초제의 선택성 발현에 관여하는 요인으로 가장 거리가 먼 것은?

① 잎의 표면 조직
② 뿌리의 분포 상태
③ 잎의 엽록소 함량
④ 생장점의 노출 여부

해설
제초제의 선택성
- 생태적 선택성 : 생육 시기가 서로 다르기 때문에 나타나는 제초제에 대한 감수성의 차이
- 형태적 선택성 : 생장점의 노출 여부에 따라 나타나는 선택성 차이
- 생리적 선택성 : 제초제 성분이 식물 체내에 흡수·이행되는 정도의 차이
- 생화학적 선택성 : 식물의 종류에 따라 다른 감수성을 나타내는 현상

72 잡초 방제의 경제성 분석 방법으로 다양한 잡초 발생밀도에서 농작물의 소득을 분석하는 것은?

① 한계점 분석법
② 보상력 분석법
③ 부분예산 분석법
④ 기계·동력예산 분석법

해설
- 잡초허용한계밀도 : 잡초의 밀도가 증가하면 작물의 수량이 감소하고, 어느 밀도 이상으로 잡초가 존재하면 작물의 수량이 현저하게 감소하는 잡초의 밀도
- 경제적 허용한계밀도 : 잡초허용한계밀도보다 높은 수준의 잡초를 제거하는 데 소요되는 경비를 상쇄할 수 있는 잡초의 밀도로, 수량상 허용한계밀도보다 높은 잡초의 밀도

74 재배방법에 따른 경합에 대한 설명으로 옳은 것은?

① 직파재배는 이앙재배보다 잡초에 대한 경합에 불리하다.
② 지표면을 먼저 점유한 작물은 후에 발생한 잡초보다 경합에 불리하다.
③ 작물의 재식밀도가 높으면 높을수록 잡초에 대한 작물의 경합력이 낮아진다.
④ 과수원이나 나지상태의 포장에 피복작물을 재배하면 잡초에 대한 경합력이 낮아진다.

해설
재배방법에 따른 작물이 잡초와 경합하는 능력
- 일반적으로 직파재배보다 이식재배가 좋음
- 소식재배보다 밀식재배가 좋음
- 박파재배보다 밀파재배가 좋음
- 기계이앙보다 손이앙묘가 좋음

정답 71 ④ 72 ② 73 ③ 74 ①

75 주로 잔디밭에 많이 발생하는 잡초는?

① 여뀌, 강아지풀
② 토끼풀, 꽃다지
③ 개비름, 한련초
④ 민들레, 명아주

해설
잔디밭에 발생하는 문제 잡초 : 꽃다지, 망초, 바랭이, 토끼풀, 방동사니

76 잡초 종자의 발아에 영향을 미치는 환경적 요인으로 가장 거리가 먼 것은?

① 광   ② 온 도
③ 수 분   ④ 이산화탄소

해설
종자의 발아에는 수분, 산소, 온도, 광이 필요하다.

77 잡초에 의한 작물의 피해가 가장 심한 경우는?

① 벼 재배지에 발생한 가막사리
② C_3 작물 재배지에 발생한 C_4 잡초
③ 화본과 작물 재배지에 발생한 광엽 잡초
④ 광엽 작물 재배지에 발생한 화본과 잡초

해설
C_4 잡초의 광합성 효율이 C_3 작물의 광합성 효율보다 높아 작물 생장에 불리하다.

78 다년생 잡초에 해당하는 것은?

① 가 래   ② 왕바랭이
③ 알방동사니   ④ 중대가리풀

해설
가 래
- 종자보다 근경으로 번식함
- 잎을 물위에 띄우는 부유성 다년생 잡초
- 지하경을 내고 분지신장을 하며 옆으로 뻗어가면서 생육함
- 학명은 *Potamogeton distinctus* BENN.

75 ② 76 ④ 77 ② 78 ①

79 잡초의 생육특성에 대한 설명으로 옳지 않은 것은?

① 바랭이, 여뀌는 건조에 대한 내성이 크다.
② 잡초 종자가 무거울수록 출아심도가 깊다.
③ 향부자, 별꽃은 토양의 산소 농도가 낮아도 잘 발생한다.
④ 갈퀴덩굴, 뚝새풀은 주로 비옥한 땅에서 발생하는 습성이 있다.

해설

발아산소 요구도
- 호기성 잡초 : 너도방동사니, 바랭이, 향부자
- 혐기성 잡초 : 돌피, 올챙이고랭이, 물달개비, 올미

80 잡초의 장점으로 옳지 않은 것은?

① 토양 침식 방지
② 토양 산성화 방지
③ 사료 작물로 이용
④ 육종 소재로 이용

해설

잡초의 유용성
- 지면을 덮어서 토양침식을 막아줌
- 토양에 유기물 제공 : 토양물리환경 개선
- 곤충의 먹이와 서식처를 제공
- 야생동물, 조류 및 미생물이 먹이와 서식처로 이용
- 같은 종속의 작물에 유전자은행으로 이용 : 병해충의 저항성 작물 육성
- 구황식물로 이용
- 무공해 채소 : 달래, 냉이, 쑥, 취 등
- 공해제거 능력 : 물옥잠, 부레옥잠 등
- 약료, 염료, 향료, 향신료 등의 원료 : 반하, 쪽, 꼭두서니, 쑥 등
- 미적인 즐거움
- 조경식물 : 벌개미취, 미국쑥부쟁이, 술패랭이꽃 등
- 대부분이 가축의 사료로 이용

2019년 제1회 과년도 기출문제

식물보호산업기사

제1과목 식물병리학

01 다음에 해당하는 용어로 옳은 것은?

> 병원체가 기주식물에 병을 일으키는 능력이다.

① 특이성 ② 감수성
③ 병원성 ④ 기생성

해설
- 감수성 : 식물이 병에 걸리기 쉬운 성질
- 저항성 : 식물이 병원체의 작용을 억제하는 성질
- 면역성 : 식물이 전혀 어떤 병에 걸리지 않는 성질
- 회피성 : 적극적·소극적 병원체의 활동기를 피하여 병에 걸리지 않는 성질
- 내병성 : 감염되어도 실질적으로 피해를 적게 받는 성질

02 벼 흰잎마름병에 일으키는 병원체는?

① 세 균
② 곰팡이
③ 바이러스
④ 파이토플라스마

해설
벼 흰잎마름병은 세균에 의한 병으로, 잎의 수공이나 상처를 통하여 감염되기 때문에 침수되거나 태풍으로 인해 바람에 흔들려 상처가 날 경우 다발한다.

03 고추 탄저병이 발생하여 피해가 가장 큰 환경은?

① 고온다습 ② 저온건조
③ 고온건조 ④ 저온다습

해설
고추 탄저병은 고온다습한 환경에서 발생이 증가한다.

04 강풍 후에 발생이 가장 많은 식물병은?

① 오이 역병
② 가지 풋마름병
③ 벼 흰잎마름병
④ 수박 덩굴쪼김병

해설
벼 흰잎마름병은 세균에 의한 병으로, 잎의 수공이나 상처를 통하여 감염되기 때문에 침수되거나 태풍으로 인해 바람에 흔들려 상처가 날 경우 다발한다.

05 오이 모자이크병을 매개하는 곤충은?

① 선 충 ② 애멸구
③ 진딧물 ④ 끝동매미충

해설
오이 모자이크병은 진딧물이 식물체의 즙액을 빨아먹기 위해 침을 꽂을 때 바이러스가 전염되어 발병한다.

정답 1 ③ 2 ① 3 ① 4 ③ 5 ③

06 대추나무 빗자루병 방제방법으로 옳지 않은 것은?

① 마름무늬매미충을 방제한다.
② 대추나무를 밀식하지 않는다.
③ 증식용 분근은 건전한 나무에서 얻는다.
④ 스트렙토마이신으로 나무주사를 실시한다.

해설
대추나무 빗자루병에 등록된 약제는 옥시테트라사이클린 칼슘알킬트리메틸암모늄 수화제(상품명 싸이클린)이다.

07 다음은 어느 병원균에 대한 설명인가?

- 균사에 격벽이 없다.
- 유주자낭을 형성한다.
- 난포자를 형성한다.
- 토마토에도 병을 일으킨다.

① 감자 역병균
② 감자 무름병균
③ 감자 Y바이러스
④ 감자 더뎅이병균

08 식물병의 생태학적 방제방법에 해당하는 것은?

① 토양 소독   ② 살균제 살포
③ 미생물 이용 ④ 재식밀도 조절

해설
식물병의 생태학적 방제방법(경종적 방제) : 윤작, 파종시기 조절, 포장위생(전염원 제거, 중간기주 제거), 토양 물리성 개선, 저항성 품종 재배, 재식밀도 조절 등

09 고구마 검은무늬병 방제방법으로 가장 효과적인 것은?

① 씨고구마를 노천매장한다.
② 씨고구마를 냉동고에 저장한다.
③ 씨고구마를 큐어링 처리한 후에 저장한다.
④ 씨고구마에 소독제를 살포한 후에 저장한다.

해설
고구마 큐어링 : 수확 후 1주일 이내에 온도 30~33℃, 습도 85~90%의 환경조건에서 4~5일간 큐어링한 후 열을 방출시키고 저장하면 상처가 잘 치유되고 당분 함량이 증가한다.

10 보리 겉깜부기병 방제방법으로 가장 효과적인 것은?

① 윤 작   ② 종자소독
③ 밀식재배 ④ 항생제 사용

해설
보리 겉깜부기병균은 종자의 배까지 병원균이 침투하는 종자전염성 병으로, 종자소독을 통해 방제할 수 있다.

11 출수 후 씨알에 발생하며 화기감염을 하는 식물병은?

① 밀 줄기녹병
② 오이 녹균병
③ 맥류 흰가루병
④ 보리 겉깜부기병

해설
보리 겉깜부기병균은 종자에서 월동한 후 꽃에 침입한다.

정답 6 ④ 7 ① 8 ④ 9 ③ 10 ② 11 ④

12 식물병을 일으키는 세균에 대한 설명으로 옳지 않은 것은?

① 단세포이다.
② 균사가 있다.
③ 세포벽이 있다.
④ 이분법으로 증식한다.

해설
세 균
- 단세포생물체로, 세포벽을 가지며, 이분법으로 증식한다.
- 크기는 0.6~3.5μm, 직경은 0.3~1.0μm 정도이다.
- 편모라는 운동기관이 있으며, 세균의 분류학상 중요한 기준이 된다.
- 그람염색법에 의한 분류
  - 보라색으로 염색되는 그람양성균 : 감자 둘레썩음병, 토마토 궤양병 등
  - 분홍색으로 염색되는 그람음성균 : 대부분의 세균

13 식물병의 생물학적 진단방법으로 옳지 않은 것은?

① ELISA법
② 괴경지표법
③ 즙액접종에 의한 진단
④ 충체 내 주사법에 의한 진단

해설
효소결합항체법(ELISA)
- 항체에 효소를 결합시켜 바이러스와 반응했을 때 노란색이 나타나는 정도로 바이러스 감염 여부를 확인한다.
- 대량의 시료를 빠른 시간 내에 비교적 저렴한 가격으로 동정할 수 있는 장점이 있다.

14 박테리오파지(Bacteriophage)의 의미로 옳은 것은?

① 바이러스에 기생하는 세균
② 세균에 기생하는 바이러스
③ 바이러스를 제거하는 세균
④ 세균을 제거하는 바이러스

해설
박테리오파지 : 세균에 기생하는 바이러스

15 파이토플라스마에 의한 식물병의 전형적인 병징으로 거리가 먼 것은?

① 위 축 ② 꽃의 엽화
③ 총 생 ④ 비 대

해설
파이토플라스마
- 마이코플라스마 모양의 미생물로 불렸다.
- 크기가 0.1~1μm인 단위막에 의해 형성된 세균에 가까운 병원체이다.
- 세포막이 없고, 일종의 원형질막으로 둘러싸여 있다.
- 인공배지에서의 병원균 배양이 어렵다.
- 약제 : 테트라사이클린 등의 항생제에 의한 약간의 억제효과가 있지만, 완전방제가 어렵다.
- 대추나무 빗자루병, 오동나무 빗자루병, 뽕나무 오갈병 등
※ 대추나무 빗자루병 : 매미충에 의해 영속전염

16 바이로이드에 의해 발생하는 식물병은?

① 벼 오갈병
② 감자 걀쭉병
③ 콩 모자이크 병
④ 뽕나무 오갈병

해설
바이로이드
- 한 가닥의 핵산(RNA)으로만 구성된 병원체
- 접목전염 및 접촉전염
- 일본에서 배의 유부과현상에서 바이로이드 검출
- 감자 걀쭉병의 원인물질

17 감자 Y바이러스에 대한 설명으로 옳지 않은 것은?

① 진딧물에 의해 매개된다.
② 풍차형 봉입체를 형성한다.
③ 감염된 식물의 세포질 내에 흩어져 존재한다.
④ 감자 품종에 따라 병징이 다르지 않고 모두 유사하다.

해설
감자 Y바이러스(PVY)
- 매개충인 복숭아혹진딧물(Myzus Persicae)을 포함하여 약 40여 종의 진딧물에 의해 전염된다.
- 기주범위가 넓어서 많은 가지과에 잘 전염되고, 밭에서는 병든 감자와 담배 등이 중요한 전염원이 된다.
- 병징은 품종에 따라 차이가 나타나며, 추백·대서 품종에서는 뚜렷한 모자이크 증상이 나타나지만, 대지 품종에서는 연하게 나타남

18 식물병원균의 생태형(Race) 존재 여부를 인식할 수 있는 방법으로 가장 적합한 것은?

① 병원균의 형태적 변이
② 병원균의 병원성 차이
③ 병원균의 배양적 성질 차이
④ 병원균의 화학적 구성분 차이

해설
레이스(Race) : 기주의 범위가 다른 한 병원균의 분화형 또는 변종 중에서 기주의 품종에 대한 기생성(병원성)이 다른 것

19 벼 도열병을 일으키는 병원체는?

① 균 류
② 세 균
③ 바이러스
④ 파이토플라스마

해설
벼 도열병은 진균(불완전균류)에 의해 발병한다.

20 사과나무 축과병이 발생하는 주요 원인은?

① 칼륨 결핍
② 인산 결핍
③ 붕소 결핍
④ 석회 결핍

해설
붕소(B) 결핍에 의한 병 : 무·배추 속썩음병, 사과 축과병, 갈색 속썩음병, 담배 윗마름병 등

정답 16 ② 17 ④ 18 ② 19 ① 20 ③

제2과목 농림해충학

21 흡즙성 해충으로만 올바르게 나열한 것은?

① 벼멸구, 점박이응애
② 애풍뎅이, 화랑곡나방
③ 목화진딧물, 담배거세미나방
④ 조명나방, 톱다리개미허리노린재

해설
식물체에 침을 찔러 넣어 즙액을 빨아먹는 흡즙성 해충에는 벼멸구, 진딧물, 응애 등이 있다.

22 곤충의 체벽을 이루는 조직으로 탈피 시 대부분이 체내로 흡수되어 재활용되는 것은?

① 외표피   ② 진피층
③ 내원표피 ④ 외원표피

해설
내원표피 : 원표피에서 형성되는 안쪽의 큐티클층으로, 외원표피보다 두껍고, 굳어지지 않기에 탈피를 할 때 재활용할 수 있다.

23 해충이 가해하는 기주의 연결이 옳지 않은 것은?

① 파밤나방 – 벼
② 멸강나방 – 보리
③ 담배나방 – 고추
④ 복숭아혹진딧물 – 가지

해설
파밤나방
- 부화유충이 기주의 표피를 갉아먹거나 과실에 구멍을 뚫고 불규칙하게 폭식한다.
- 파의 피해가 가장 크지만, 기주범위가 넓은 잡식성 해충이다.
- 연 4~5회 발생하고, 8월 이후 고온에서 다발하며, 중부지방에서는 월동이 불가능하다.

24 이화명나방에 대한 설명으로 옳지 않은 것은?

① 뒷날개는 흰색이다.
② 더듬이는 몽둥이 모양이다.
③ 앞날개의 외연에는 검은 점이 없다.
④ 앞날개는 엷은 갈색을 띤 회색이다.

해설
화명나방
- 앞날개에 검은 점이 있다.
- 연 2회 발생하며, 유충으로 볏짚이나 벼 그루터기의 줄기 속에서 월동한다.
- 월동세대 성충은 6월 상순, 2화기 성충은 8월 상순이 발생 최성기이다.
- 성충은 300개의 알을 5~6개의 난괴로 나누어 낳는다.
- 난기간은 8일, 유충기간은 37일, 번데기기간은 10~14일이다.

25 지구상에서 곤충이 번성하게 된 이유로 가장 거리가 먼 것은?

① 공진화
② 짧은 세대
③ 키틴질의 골격구조
④ 낮은 유전적 상이성

해설
곤충의 번성원인
• 외골격이 발달하여 몸을 보호
• 날개가 발달해 생존 및 종족의 분산 유리
• 몸의 크기가 작아 소량의 먹이로도 생존 가능하며, 적을 피하는 데도 유리
• 몸의 구조적인 적응력이 우수
• 변태를 하여 불량환경에 적응 가능
• 종의 증가현상

26 다음 설명에 해당되는 해충은?

> 늦가을에 암수가 교미하여 월동난을 낳고 봄철에는 간모가 단위생식으로 증식을 한다. 일부 종은 겨울기주로 활엽수를, 여름기주로 초본류를 이용하여 기생한다.

① 점박이응애
② 온실가루이
③ 끝동매미충
④ 복숭아혹진딧물

해설
복숭아혹진딧물
• 무시충 : 암컷은 난형이고, 담록색과 담흑색의 두 가지 형이 있는데 기온이 낮을 때 담홍색이다.
• 유시충 : 암컷은 머리와 가슴이 흑색이고, 배의 등 쪽에 흑색 반점이 있다.
• 감자 잎말이병 등 각종 바이러스를 매개한다.
• 겨울기주인 복숭아나무 등의 겨울눈에서 알의 형태로 월동하고, 5월 중순경 날개를 이용해 여름기주인 고추, 오이, 감자, 담배, 목화 등으로 이동한다.

27 벼물바구미의 분류학적 위치는?

① 메뚜기목
② 노린재목
③ 딱정벌레목
④ 총채벌레목

해설
벼물바구미는 딱정벌레목 바구미과에 속한다.

28 곤충의 휴면을 유발시키는 요인으로 가장 거리가 먼 것은?

① 천 적
② 먹 이
③ 온 도
④ 일장조건

해설
휴면 : 불량환경을 예측하여 발육을 일시적으로 중지하는 것
• 절대휴면(필수휴면) : 특정 발육단계에서 필수적으로 휴면
• 일시휴면(조건휴면) : 부적당한 환경에 처한 세대의 개체가 휴면
※ 휴면의 요인 : 일장, 온도, 먹이 등

29 식물체의 뿌리, 줄기 또는 잎을 통하여 약제가 식물 체내에 들어가고, 해충이 약제가 흡수된 식물을 섭식하는 경우에 해충 체내로 약제 성분이 들어가 죽게 하는 살충제는?

① 유인제
② 훈증제
③ 소화중독제
④ 침투성 살충제

해설
침투성 살충제 : 멸구나 진딧물 등을 방제하는 데 사용하며, 천적에 대한 피해가 없다.

정답 25 ④ 26 ④ 27 ③ 28 ① 29 ④

30 가로수에 밴딩(Banding)을 하여 해충을 방제하는 주요 대상은?

① 도둑나방　　② 심식나방
③ 잎말이나방　④ 미국흰불나방

해설
가로수 밴딩은 흰불나방의 월동 잠복소를 제공해 방제하는 방법이다.

31 세계에서 가장 많은 종이 기록되어 있어 많은 해충과 익충이 포함되어 있는 것은?

① 사마귀목　　② 강도래목
③ 딱정벌레목　④ 흰개미붙이목

32 성충과 유충이 모두 기주를 직접 가해하는 것은?

① 도둑나방
② 큰검정풍뎅이
③ 검거세미밤나방
④ 아메리카잎굴파리

해설
큰검정풍뎅이(*Holotrichia morosa*) : 인삼의 뿌리를 가해하며, 주로 2~3년생 포장에서 9~10월에 많은 피해가 발생한다.

33 곤충의 생식에 대한 설명으로 옳지 않은 것은?

① 양성생식 외에도 다양한 방법으로 생식한다.
② 암컷의 부속샘은 알을 코팅하는 기능이 있다.
③ 정자는 암컷의 체내에서 오래 살아 있을 수 없다.
④ 일반적으로 체내수정을 하지만 체외수정을 하는 경우도 있다.

해설
암컷의 수정낭에 정자를 보관해 오랜 기간 동안 산란이 가능하다. 딱정벌레목의 왕사슴벌레의 경우 한 번 교미하면 2년 이상 산란할 수 있다.

34 유약호르몬이나 탈피호르몬 등을 이용하는 농약계통은?

① 보조제
② 기피제
③ 곤충성장저해제
④ 신경계통저해제

해설
곤충성장 저해제 : 나방류나 변태를 하는 해충의 가해기간을 단축시켜 피해를 줄이는 농약

정답　30 ④　31 ③　32 ②　33 ③　34 ③

35 우리나라에서 월동하기 힘들고 동남아시아 및 중국으로부터 비래하여 발생하는 해충은?

① 벼멸구 ② 애멸구
③ 끝동매미충 ④ 번개매미충

해설
비래해충 : 월동하지 못하고 바람을 타고 유입되는 해충으로 벼멸구, 혹명나방, 흰등멸구, 멸강나방 등이 있다.

36 곤충의 가슴에 구성된 체절수는?

① 2 ② 3
③ 6 ④ 11

해설
곤충의 가슴은 3개의 체절로 구성되어 있다.

37 밤나무혹벌에 대한 설명으로 옳지 않은 것은?

① 유충으로 월동한다.
② 하나의 벌레혹에는 한 마리의 유충이 있다.
③ 천적으로 남색긴꼬리좀벌과 큰다리남색좀벌 등이 있다.
④ 내충성 품종을 사용한 것이 가장 효과적인 방제방법이다.

해설
밤나무혹벌
- 밤나무 잎눈에 기생하며, 10~15mm의 벌레혹을 형성한다.
- 새눈에 3~5개씩 산란한다.
- 연 1회 발생하고, 유충의 형태로 잎눈의 조직 내에 충영을 만들어 월동한다.

38 솔껍질깍지벌레에 대한 설명으로 옳지 않은 것은?

① 우리나라에서 곰솔의 피해가 가장 심하다.
② 가해수종이 다양하여 대부분의 침엽수를 가해한다.
③ 방제방법으로 침투성 살충제 수간주입법이 이용되고 있다.
④ 약충이 주로 줄기나 가지의 양료를 흡즙하여 가해한다.

해설
솔껍질깍지벌레
- 해송(곰솔), 소나무, 적송 등을 가해한다.
- 부화약충이 적당한 장소에 정착한 후 유충이 수액을 흡즙한다.
- 피해를 받은 나무는 대부분 아랫가지부터 적갈색으로 고사한다.
- 3~5월에 가장 심하게 나타난다.
- 연 1회 발생하고, 후약충으로 월동하며, 성충은 번데기시기를 거치고, 암컷은 후약충에서 직접 성충으로 우화한다.

39 곤충의 소화계통 중에서 분해된 음식물의 영향분을 흡수하는 곳은?

① 중 장 ② 침 샘
③ 전 장 ④ 후 장

해설
중 장
- 내배엽성 기원세포로 이루어져 있다.
- 다른 소화기관과 달리 표피세포를 보호하는 내막이 없다.
- 단백질, 키틴의 혼합구조인 위식막을 생성하여 먹이를 감싸고 중장세포를 보호한다.

정답 35 ① 36 ② 37 ② 38 ② 39 ①

40 진딧물 및 매미의 입틀 모양은?

① 씹기에 적합하다.
② 구멍 뚫기에 적합하다.
③ 핥아 먹기에 적합하다.
④ 찔러 빨아먹기에 적합하다.

해설
진딧물 및 매미는 흡즙성 해충으로 입틀 모양이 찔러 빨아먹기에 적합하게 생겼다.

제3과목 농약학

41 Methyl Bromide에 대한 설명으로 틀린 것은?

① 훈증제 제형에 속한다.
② 증기압이 높은 약제이다.
③ 살충력이 강하고 폭발의 위험이 없다.
④ 곤충의 입을 통하여 곤충체내에 침입하는 식독제이다.

해설
훈증제
- 비점이 낮은 농약의 주제를 액상, 고상, 압축가스로 용기 내에 충전 후 대기 중에 가스상태로 방출하여 병해충에 독작용을 하는 제형
- 메틸브로마이드, 클로로피크린, 디클로르보스(DDVP), 알루미늄포스파이드 등
  ※ 디클로르보스(DDVP)는 고독성이나 환경 잔류문제 등으로 인해 사용이 금지되었다.

42 농약 제형의 형태가 직접살포제로 사용되는 것은?

① 수화제   ② 세립제
③ 유 제   ④ 액 제

해설
직접살포제
- 가루 형태 : 미립제(MG), 미분제(GP), 분의제(DS), 분제(DP), 저비산분제(DL), 종자처리수화제(WS)
- 모래 형태 : 세립제(FG), 입제(GR)
- 바둑알 또는 장기알 형태 : 대립제(GG), 수면부상성입제(UG), 직접살포정제(DT), 캡슐제(CG)
- 액체 형태 : 수면전개제(SO), 종자처리액상수화제(FS), 직접살포액제(AL)

43 다음 화합물 중 협력제(協力濟)는?

① Pyrophylite
② Bentonite
③ Alkylsulfonate
④ Piperonyl Butoxide

해설
피페로닐 뷰톡사이드 : 사용한 약제의 해독효소 생성을 억제하여 약효를 증가시키는 화학물질

44 농약의 독성을 표시할 때 사용하는 LD_{50}의 의미는?

① 완전치사량
② 30% 이상 살아남은 양
③ 60% 치사량
④ 중위치사량

해설
농약의 독성은 반수치사량 또는 중위치사량으로 표기하는데, 독성실험 시 실험군의 50%가 사망하는 용량을 LD_{50}이라고 한다.

45 농약에 의한 약해 발생원인이 아닌 것은?

① 기준약량 이상 살포
② 척박한 논에 제초제 사용
③ 정지작업을 균일하게 한 후 농약 살포
④ 농약의 중복 및 근접 살포

해설
약해는 처리약량이 많을 때나 고농도·중복살포 시에 발생한다.

46 살균제의 작용기작 중 호흡 저해가 아닌 것은?

① SH 저해
② 전자 전달 저해
③ 단백질 합성 저해
④ 산화적 인산화 저해

해설
호흡저해제는 에너지 생성을 저해하는 약제이다.

47 농약의 주성분에 의한 분류로 주로 제초제나 생장조정제로 이용되고 있는 농약은?

① 유기비소계
② 피레스로이드계
③ 유황계
④ 페녹시계

해설
페녹시계 제초제
• 1년생 및 다년생 광엽잡초의 경엽에 처리하는 선택성 제초제
• 체내 옥신의 균형을 교란시키는 것이 주된 작용 특성
• 분열조직의 활성화, 이상분열, 엽록소 형성 저해 및 세포막의 삼투압 증대
• 세계적으로 가장 먼저 개발된 호르몬형 유기제초제 : 2,4-D, MCPP(메코프로프)
※ 2,4-D
  • 우리나라에서 가장 먼저 사용한 제초제
  • 2,4-D 아민염 : 물에 잘 녹는다.
  • 2,4-D 에스테르 : 휘발성이 높아 주변 광엽작물에 잎 비틀림 등의 약해를 유발한다.

48 접촉독, 소화중독으로 효과를 나타내는 유기인계 살충제로서 야생조류에 피해를 줄 수 있고 특히 꿀벌에 잔류독성이 강하여 사용 시 주의하여야 하는 농약은?

① 페노뷰카브
② 에토펜프록스
③ 클로르피리포스
④ 아이소프로티올레인

해설
클로르피리포스는 유기인계 살충제로, 곤충의 신경계에 작용한다.

정답 44 ④ 45 ③ 46 ③ 47 ④ 48 ③

49 액체를 포유동물에 경구투여한 고독성 농약을 반수치사약량[mg/kg체중]으로 나타낸 수치로서 옳은 것은?

① 20 미만
② 20~200 미만
③ 200~2,000 미만
④ 2,000 이상

해설
급성독성 정도에 따른 농약의 구분(농약관리법 시행규칙 [별표 3의5])

구 분	시험동물의 반수를 죽일 수 있는 양(mg/kg 체중)			
	급성 경구		급성 경피	
	고 체	액 체	고 체	액 체
I급 (맹독성)	5 미만	20 미만	10 미만	40 미만
II급 (고독성)	5 이상 50 미만	20 이상 200 미만	10 이상 100 미만	40 이상 400 미만
III급 (보통독성)	50 이상 500 미만	200 이상 2,000 미만	100 이상 1,000 미만	400 이상 4,000 미만
IV급 (저독성)	500 이상	2,000 이상	1,000 이상	4,000 이상

50 25% DDT 유제(비중 : 1.0) 100mL를 0.05%의 살포액으로 만드는 데 소요되는 물의 양은 약 몇 L인가?

① 5
② 25
③ 50
④ 100

해설
100 × (25/0.05 − 1) × 1 = 49,900cc
∴ 약 50L
※ 1L = 1,000cc

51 농약의 물리적 성질 중 습전성을 가장 잘 설명한 것은?

① 살포한 약액이 작물이나 해충의 표면을 잘 적시고 퍼지는 성질을 말한다.
② 약제와 물과의 친화도를 나타내는 성질을 말한다.
③ 약제는 물에 가했을 때 입자가 균일하게 부유, 분산하는 성질을 말한다.
④ 부착한 약제가 이슬이나 빗물에 씻겨 내려가지 않고 식물체의 표면에 붙어 있는 성질을 말한다.

해설
습윤성 · 확전성(습전성) : 살포한 약액이 작물이나 해충의 표면을 잘 적시고 고르게 퍼지는 성질

52 수(水)불용성인 농약 원제로써 제품을 만들려고 할 때 적당한 제조형태가 아닌 것은?

① 유제(乳劑)
② 수화제
③ 액 제
④ 입 제

해설
액제 : 주제가 수용성인 것으로, 가수분해의 우려가 없는 경우에 주제를 물에 녹이고 동결방지제를 가하여 만든 것

53 다음과 같은 화학구조를 가지는 제초제는?

① 2,4-D ② EPN
③ MCP ④ TBA

해설
MCPP(메코프로프) : 2,4-D보다 약해가 적고 한빙지대에서의 제초제 또는 조기재배의 제초제로 사용된다.

54 유기인계 살충제의 공통적 특징에 대한 설명으로 틀린 것은?

① 접촉제로 강력하게 작용하며 훈증작용도 하고 소화 중독작용도 크다.
② 식물체에 흡수침투되어 살충작용을 한다.
③ 낮은 농도로도 큰 살충효과를 낸다.
④ 사람이나 가축에 대한 독성이 없다.

해설
유기인계 살충제는 신경계에 작용하는 약제로, 사람과 가축에 대한 독성이 강하다.

55 사과, 수박의 탄저병에 적용하는 벤지미다졸계 살균제는?

① 베노밀 ② 보스칼리드
③ 비터타놀 ④ 빈클로졸린

해설
베노밀 : 벤지미다졸계 살균제로, 분해되어 카벤다짐의 성분으로 잔류되기에 두 약제을 중복살포 시 잔류량이 많아진다.

56 살포된 분제가 식물체 표면에 잘 달라붙게 하는 성질을 무엇이라 하는가?

① 안정성 ② 분산성
③ 비산성 ④ 부착성

해설
부착성·고착성 : 살포한 약액이 식물체나 충체에 붙는 성질

57 농약을 제조할 때 사용되는 가성소다(NaOH)에 대한 설명으로 틀린 것은?

① 강알칼리이다.
② 상온에서 액체로 취기가 있다.
③ 조해성이 강하다.
④ 피부의 단백질을 녹이는 작용을 한다.

해설
수산화나트륨은 녹는점이 600℃로, 상온에서 고체이다.

정답 53 ③ 54 ④ 55 ① 56 ④ 57 ②

58 대표적인 약제로는 Drin, DDT, BHC이며 사람이나 동물의 체내에 들어가면 분해되어 배설되지 않고 체내의 지방조직에 축적되는 성질이 있는 약제는?

① 유기인제
② 유기염소제
③ 카바메이트제
④ 디티오카바메이트제

해설
유기염소계인 DDT, BHC 등은 생태계의 상위포식자에 축적되는 문제로 인해 사용이 금지된 농약이다.

59 다음 중 식물 생장조정제가 아닌 것은?

① Agrimycin
② MH-30
③ Gibberellin
④ β-Indoleacetic Acid

해설
아그리마이신은 농용 항생제로 세균에 의해 발생하는 병의 방제에 사용된다.

60 펜프로파트린 유제를 1,000배액으로 희석하여 10a당 140L를 분무하려고 할 때 원액 몇 mL가 필요한가?

① 70mL
② 140mL
③ 280mL
④ 350mL

해설
140L ÷ 1,000배 = 140mL

제4과목 잡초방제학

61 사초과 잡초가 아닌 것은?

① 뚝새풀
② 올방개
③ 향부자
④ 너도방동사니

해설
뚝새풀은 화본과(벼과) 잡초이다.

62 식물병원균이나 곤충을 이용하여 잡초를 방제하는 방법은?

① 생물적 방제방법
② 화학적 방제방법
③ 재배적 방제방법
④ 물리적 방제방법

해설
생물적 방제방법 : 기생성・식해성・병원성 균이나 곤충, 동물 등을 이용한 잡초 방제방법
예 오리, 우렁이 등을 이용한 논잡초 방제

정답 58 ② 59 ① 60 ② 61 ① 62 ①

63 잡초 발생으로 예상되는 피해가 아닌 것은?

① 농작업 방해
② 토양침식 조장
③ 농작물 품질 저하
④ 병해충의 중간기주

해설
잡초의 유용성
- 지면을 덮어서 토양침식을 방지
- 토양에 유기물을 제공 : 토양의 물리환경 개선
- 곤충의 먹이와 서식처를 제공
- 야생동물, 조류 및 미생물의 먹이와 서식처를 제공
- 같은 종속의 작물의 유전자은행으로 이용 : 병해충 저항성 작물의 육성
- 구황식물로 이용 : 달래, 냉이, 쑥, 취 등의 무공해 채소
- 공해 제거능력 : 물옥잠, 부레옥잠 등
- 약료, 염료, 향료, 향신료 등의 원료 : 반하, 쪽, 꼭두서니, 쑥 등
- 미적인 즐거움 : 벌개미취, 미국쑥부쟁이, 술패랭이꽃 등의 조경식물
- 대부분이 가축의 사료로 이용

64 잡초에 의한 작물 피해에 대한 설명으로 옳은 것은?

① 작물의 영양생장기에만 피해가 발생한다.
② 작물의 양분을 탈취하지만 광합성을 방해하지 않는다.
③ 작물이 결실하는 종실의 수와 양에도 피해가 발생한다.
④ 같은 작물이면 잡초에 의한 피해 정도는 품종 간에 차이가 없다.

해설
잡초는 토양수분, 영양분, CO_2, 광, 공간 등의 경합을 통해 작물의 분지수, 분얼수, 엽면적, 광합성량(건물생산량), 개화수, 과실수, 과실과 종실의 크기 등에 영향을 주어 수량을 감소시킨다.

65 질소나 인산을 비롯한 카드뮴, 니켈 및 페놀계의 독물질을 다량 흡수하여 수질을 정화시키는 능력이 가장 우수한 잡초는?

① 비름
② 명아주
③ 바랭이
④ 부레옥잠

해설
수질 정화용 잡초 : 물옥잠, 부레옥잠 등

66 제초제 종류의 특성에 대한 설명으로 옳지 않은 것은?

① 시마진은 흡수 이행형 제초제이다.
② 리뉴론은 광합성 저해형 제초제이다.
③ 2,4-D는 설포닐우레아계 제초제이다.
④ 알라클로르는 단백질 합성을 저해한다.

해설
2,4-D는 페녹시계 제초제이다.

67 혼합제초제에 대한 설명으로 옳지 않은 것은?

① 살포 폭을 넓힌다.
② 살포비용을 감소시킨다.
③ 제초제 간의 작용성이 길항적 효과가 있어야 한다.
④ 작용성이 서로 다른 두 가지 이상의 제초제를 혼합하여 사용하는 것이다.

해설
- 길항작용 : 상반되는 두 가지 제초제가 동시에 작용하여 그 효과를 서로 상쇄시키는 작용
- 상승작용 : 두 가지 제초제를 혼합사용할 경우 약효가 상승하는 작용

정답 63 ② 64 ③ 65 ④ 66 ③ 67 ③

68 잡초와의 광경합에서 가장 유리한 벼 품종은?

① 초관 형성이 늦은 단간종
② 초관 형성이 빠른 단간종
③ 초관 형성이 늦은 장간종
④ 초관 형성이 빠른 장간종

해설
광경합에 있어 초기 성장이 빠르고 키가 큰 품종이 유리하다.

69 주로 논에서 발생하는 다년생 잡초가 아닌 것은?

① 생이가래
② 나도겨풀
③ 개구리밥
④ 너도방동사니

해설
생이가래는 1년생 잡초이다.

주요 논잡초

1년생	화본과	강피, 물피, 돌피, 뚝새풀
	방동사니	알방동사니, 참방동사니, 바람하늘지기, 바늘골
	광엽초	물달개비, 물옥잠, 사마귀풀, 여뀌, 여뀌바늘, 마디꽃, 밭뚝외풀, 등애풀, 생이가래, 곡정초, 자귀풀, 중대가리풀
2년생	화본과	나도겨풀
	방동사니	너도방동사니, 매자기, 올방개, 쇠털골, 올챙이고랭이, 파대가리
	광엽초	가래, 벗풀, 올미, 개구리밥, 네가래, 수염가래꽃, 미나리

70 제초제를 연용해도 저항성 잡초의 발현 사례가 적은 이유로 옳지 않은 것은?

① 제초제의 약효 지속성이 짧다.
② 토양에 많은 양의 감수성 잡초종자가 존재한다.
③ 잡초의 생식 및 번식빈도가 1년에 수회 반복된다.
④ 감수성 잡초보다 저항성 잡초 계통의 고정율이 낮다.

해설
번식빈도가 많을수록 저항성 잡초의 발현이 증가한다.

71 제초제를 안전하게 사용하는 방법으로 옳지 않은 것은?

① 살포작업은 한 사람이 2시간 이상 계속하지 않는다.
② 중독증상이 발생하는 경우 즉시 작업을 중지한다.
③ 작물보호제 지침서를 확인하여 제초제를 선택한다.
④ 사용하고 남은 제초제는 다른 용기에 옮겨 담아 서늘한 장소에 보관한다.

해설
사용하고 남은 제초제는 원래의 용기에 담아 보관하여야 한다.

72 군락 내 잡초의 총건물중이 200g, 강피의 건물중이 150g이면 강피의 중요값은?

① 25% ② 75%
③ 100% ④ 133%

해설
150g ÷ 200g × 100 = 75%

73 바람에 의한 잡초종자의 이동거리가 가장 먼 것은?

① 민들레
② 바랭이
③ 도꼬마리
④ 소리쟁이

해설
바람에 날리는 비산형 잡초종자 : 떡쑥, 억새, 민들레 등

74 입제형 제초제에 대한 설명으로 옳지 않은 것은?

① 액제보다 부피가 크다.
② 물이나 바람에 쉽게 이동하지 않는다.
③ 액제에 비해 균일하게 살포하기가 어렵다.
④ 작물 잎에 직접 붙지 않아 약해 발생이 적다.

해설
입제의 성질
- 일정한 모양을 가지며, 액제보다 부피가 크다.
- 수용성이나 증기압이 낮고, 휘발성이 있어 훈증적인 작용을 한다.
- 토양흡착성이 있어 물에 의해 유실되지 않는다.
- 작물체 내에 침투하여 이행한다.
- 수중 및 토양 중 유기물 및 미생물에 대하여 안전해야 한다.

75 잡초 종이 가장 많은 것은?

① 콩 과
② 화본과
③ 비름과
④ 마디풀과

해설
밭에 발생하는 잡초(총 50과 375종) : 국화과 73종, 화본과 44종, 마디풀과 25종, 십자화과 21종, 콩과 20종 등

정답 72 ② 73 ① 74 ② 75 ②

76 다른 잡초 방제방법과 비교한 화학적 방제방법의 단점으로 옳은 것은?

① 제초효과가 낮다.
② 노력과 비용이 많이 든다.
③ 환경에 대한 안전성이 낮다.
④ 일정한 지역에 처리가 불가능하다.

해설
토양잔류 등의 환경문제가 있어 사용규제 등을 통해 문제가 되는 농약의 사용을 제한하고 있다.

77 잡초의 생리적인 특징으로 옳지 않은 것은?

① 불량한 환경조건에 잘 적응한다.
② 광합성효율이 높고 생장이 빠르다.
③ 종자 또는 영양번식을 하여 생식력이 높다.
④ 종자의 휴면성이 크지 않아 지속적으로 생육한다.

해설
잡초는 발아나 생육조건이 좋지 않을 때 휴면함으로써 지속적으로 생육할 수 있다.

78 벼의 경우 밭보다 논에서 잡초가 적게 발생하는 주요 이유는?

① 물을 가두기 때문이다.
② 비료를 많이 주기 때문이다.
③ 햇빛을 많이 받기 때문이다.
④ 작물생육이 느리기 때문이다.

해설
물을 가두면 산소요구도가 높은 호기성 잡초의 발아와 생육이 억제된다.

79 잡초 방제방법으로 적합하지 않은 것은?

① 돌려짓기
② 다비재배
③ 작물종자 정선
④ 육묘이식재배

해설
비료를 많이 줄 경우 초기 생육이 빠른 잡초가 유리해져 방제가 어려워진다.

80 다음 중 작물의 전생육기간에 비하여 잡초경합 한계기간이 가장 긴 것은?

① 벼
② 녹두
③ 땅콩
④ 양파

해설
잡초방제 한계기간(경합한계기간) : 작물의 전 생육기간의 1/3~1/2 기간
- 녹두 : 21~31일
- 벼 : 30~40일
- 콩, 땅콩 : 42일
- 옥수수 : 49일
- 양파 : 56일

정답 76 ③ 77 ④ 78 ① 79 ② 80 ④

2019년 제2회 과년도 기출문제

식물보호산업기사

제1과목 식물병리학

01 식물이 병에 걸리기 쉬운 성질은?
① 감수성   ② 저항성
③ 면역성   ④ 병회피

해설
② 저항성 : 식물이 병원체의 작용을 억제하는 성질
③ 면역성 : 식물이 전혀 어떤 병에 걸리지 않는 성질
④ 회피성 : 적극적·소극적 병원체의 활동기를 피하여 병에 걸리지 않는 성질
※ 내병성 : 감염되어도 실질적으로 피해를 적게 받는 성질

02 대추나무 빗자루병 치료에 가장 효과가 있는 방제방법은?
① 외과수술
② 추비 실시
③ 살균제 살포
④ 항생제 나무주사

해설
대추나무 빗자루병은 파이토플라스마에 의한 병으로, 치료에는 옥시테트라사이클린계 항생제 나무주사가 효과적이다.

03 붕소의 결핍으로 인해 사과나무에 발생하는 병은?
① 부란병   ② 축과병
③ 탄저병   ④ 점무늬낙엽병

해설
붕소(B) 결핍에 의한 병 : 무·배추 속썩음병, 사과 축과병, 갈색 속썩음병, 담배 윗마름병 등

04 전염성이 없고 생물로 인한 식물병이 아닌 것은?
① 벼 도열병
② 감자 탄저병
③ 맥류 흰가루병
④ 토마토 배꼽썩음병

해설
토마토 배꼽썩음병은 칼슘(Ca) 결핍에 의한 생리장애이다.

05 습식처리법을 주로 사용하여 식물병을 진단하는 병원은?
① 곰팡이   ② 바이러스
③ 바이로이드   ④ 파이토플라스마

해설
습식처리법 : 곰팡이의 균사와 포자를 키워 진균의 종류를 판별하는 방법

정답 1 ① 2 ④ 3 ② 4 ④ 5 ①

06 토마토 풋마름병의 병징으로 옳은 것은?

① 무 름
② 시들음
③ 줄무늬
④ 잎마름

해설
토마토 풋마름병은 세균이 도관부에서 급격히 증식하면서 물과 양분의 이동을 막아 시들음증상이 반복적으로 나타나다 말라 죽는 병이다.

07 광학현미경으로는 관찰이 거의 불가능한 병원은?

① 세 균
② 선 충
③ 곰팡이
④ 바이러스

해설
바이러스의 크기는 0.6~3.5㎛, 직경은 0.3~1.0㎛로 광학현미경으로는 관찰이 어렵고, 전자현미경으로만 관찰이 가능하다.

08 복숭아나무 잎오갈병의 방제를 위한 디티아논 수화제 살포방법으로 가장 적합한 것은?

① 발병 초부터 10일 간격으로 처리
② 춘지 발생 시 15일 간격으로 경엽처리
③ 발아 직전 및 꽃이 피기 직전 경엽처리
④ 6월 상순부터 9월 상순까지 10일 간격으로 처리

해설
디티아논 수화제는 복숭아 잎오갈병과 세균성 구멍병 방제에 사용되는 약제로, 방제적기는 출엽 직전 및 꽃이 피기 직전이며, 과실에 직접 닿게 되면 약해가 발생할 우려가 있다.

09 사과나무 탄저병에 대한 설명으로 옳지 않은 것은?

① 가지나 잎에도 발병한다.
② 병든 과실은 쓴 맛이 난다.
③ 성숙한 과실은 상처를 통해서만 감염된다.
④ 과실에서는 주로 성숙기 가까이에 발병한다.

해설
사과 탄저병은 병든 과일에서 흘러내린 물방울로도 전파 가능하다.

10 벼 도열병 발생을 억제하는 데 가장 적합한 원소는?

① 인
② 규 소
③ 질 소
④ 칼 륨

해설
화본과 식물은 규소질 영양분에 의해 규화세포가 형성되면 병의 침입을 차단할 수 있다.

11 오이 노균병에 대한 설명으로 옳은 것은?

① 세균에 의해 발생한다.
② 주로 줄기에 발생한다.
③ 질소질 성분이 부족할 경우에 잘 발생한다.
④ 시설재배보다 노지재배할 경우에 피해가 더 크다.

해설
오이 노균병은 잎 조직에 질소와 당 성분이 적고, 인산이나 칼리 성분이 많을 때 일조 부족조건하에서 다발한다.

12 병원균이 자낭균류에 해당하는 것은?

① 파 녹병
② 배추 무사과귀병
③ 벼 잎집무늬마름병
④ 복숭아나무 잎오갈병

해설
자낭균류 : 벼 키다리병, 벼 깨씨무늬병, 보리 줄무늬병, 맥류 붉은곰팡이병, 호밀 맥각병, 콩 탄저병, 콩 미이라병, 고구마 검은무늬병, 오이류·장미·맥류 흰가루병, 오이류 덩굴마름병, 사과나무·배나무 검은별무늬병, 사과나무 부란병, 사과 꽃썩음병, 사과나무 갈색무늬병, 사과 탄저병, 사과·배 잿빛무늬병, 복숭아나무 잎오갈병, 포도나무 새눈무늬병, 감귤 더뎅이병, 감귤그을음병, 소나무 잎떨림병, 낙엽송 가지끝마름병, 벚나무 빗자루병, 밤나무 줄기마름병, 호두나무 탄저병 등

13 맥류의 흰가루병에 대한 설명으로 옳지 않은 것은?

① 자낭균에 의해 발생한다.
② 내병성 품종을 재배하여 방제한다.
③ 주로 4~5월경부터 발생하기 시작한다.
④ 잎에만 발생하고 잎집이나 줄기에는 발생하지 않는다.

해설
맥류 흰가루병은 잎, 잎자루, 줄기, 이삭 등에 발생한다.

14 녹병의 표징으로 옳은 것은?

① 잎의 황화
② 뿌리에 생긴 혹
③ 녹아 버린 엽육세포
④ 잎 표면의 적갈색 가루

해설
녹병의 표징 : 여름포자 세대에는 잎에 황색·적갈색 등의 가루가 나는 병반이 많이 생긴다.

15 채소에 모자이크병을 발생하는 바이러스를 옮기는 해충으로 비영속형은?

① 진딧물
② 매미충
③ 애멸구
④ 장님노린재

해설
진딧물은 PLRV(감자 잎말림바이러스), TuMV(순무 모자이크바이러스), CAMV(꽃양배추 모자이크바이러스), CMV(오이 모자이크바이러스) 등의 바이러스병을 옮겨 농작물에 2차적인 피해를 입힌다.

16 과수 뿌리혹병의 생물적 방제에 허용되는 균은?

① *Aspergillus nige*
② *Aspergillus nidulans*
③ *Agrobacterium radiobacter*
④ *Agrobacterium tumefaciens*

해설
*Agrobacterium radiobacter*는 *Agrobacterium tumefaciens*균에 의한 뿌리혹병의 방제에 허용된다.

17 식물병 발병에 관여하는 3대 요인과 가장 거리가 먼 것은?

① 일조 부족
② 병원체의 밀도
③ 중간기주의 저항성
④ 기주식물의 감수성

해설
식물병의 3대 발병요인은 병원체(발병력, 밀도 등), 기주식물(감수성 등), 환경(다습, 고온, 태풍, 일조 부족 등)이다.

정답 12 ④ 13 ④ 14 ④ 15 ① 16 ③ 17 ③

18 사과에 발생되는 병으로 주로 죽은 조직을 통해 감염되고, 병든 부위의 껍질을 벗겨 보면 알코올과 같은 냄새가 나는 병은?

① 역병
② 부란병
③ 겹무늬썩음병
④ 검은별무늬병

해설
사과나무 부란병 : 자낭균류에 의한 병으로, 병포자나 자낭포자의 형태로 병든 가지에서 월동한 후 전정 등의 상처 부위로 침입하며, 병든 부위의 껍질을 벗기면 알코올 냄새가 나는 특징이 있다.

19 식물병을 일으키는 곰팡이로서 무성포자에 해당하는 것은?

① 분생포자
② 접합포자
③ 자낭포자
④ 담자포자

해설
- 영양체(균사) : 병포자, 분생포자(무성 후막포자)
- 번식체(유성포자) : 난포자, 자낭포자, 담자포자

20 종자전염을 하는 식물병은?

① 벼 도열병
② 밀 줄기녹병
③ 보리 흰가루병
④ 벼 흰잎마름병

해설
벼 병해의 종자전염 : 도열병, 깨씨무늬병, 키다리병, 세균성 알마름병

제2과목 농림해충학

21 다음 설명에 해당하는 해충은?

- 채소, 화훼류, 전작물 등을 가해하는 잡식성 해충이다.
- 농약에 대한 저항성이 쉽게 생기고, 저항능력도 커서 방제가 어렵다.
- 고온성 해충으로 성충이 5월경부터 10월까지 발생한다.

① 파밤나방
② 배추좀나방
③ 이화명나방
④ 애기유리나방

해설
파밤나방
- 부화유충이 기주의 표피를 갉아먹거나 과실에 구멍을 뚫고 불규칙하게 폭식한다.
- 파의 피해가 가장 크지만, 기주범위가 넓은 잡식성 해충이다.
- 연 4~5회 발생하고, 8월 이후 고온에서 다발하며, 중부지방에서는 월동이 불가능하다.

22 기주의 범위가 가장 좁은 협식성 해충은?

① 솔나방
② 독나방
③ 밤나무혹벌
④ 미국흰불나방

해설
밤나무혹벌
- 밤나무 잎눈에 기생하며, 10~15mm의 벌레혹을 형성한다.
- 새눈에 3~5개씩 산란한다.
- 연 1회 발생하고, 유충의 형태로 잎눈의 조직 내에 충영을 만들어 월동한다.

23 주로 가해하는 대상이 과수가 아닌 해충은?

① 도둑나방
② 콩가루벌레
③ 가루깍지벌레
④ 애모무늬잎말이나방

해설
도둑나방
- 배추, 양배추, 샐러리, 당근, 콩, 팥 등의 채소작물과 장미, 백합 등의 화훼작물을 가해한다.
- 잡식성이며, 기주식물의 잎을 엽맥만 남기고 식해한다.
- 기주 범위가 넓고, 번데기 형태로 땅속에서 월동한다.

24 땅강아지의 분류학적 위치는?

① 메뚜기목　② 노린재목
③ 사마귀목　④ 딱정벌레목

해설
땅강아지는 메뚜기목 땅강아지과이다.

25 2모작 맥류를 재배하면 많이 발생하는 해충은?

① 벼멸구　② 애멸구
③ 흰등멸구　④ 혹명나방

해설
보리와 벼를 이모작할 경우 보리에서 월동한 애멸구에 의해 벼에서 줄무늬잎마름병의 발생이 많아진다.

26 입 이후의 소화기관 순서를 올바르게 나열한 것은?

① 인두 – 위 – 모이주머니 – 위맹낭 – 직장
② 인두 – 위맹낭 – 모이주머니 – 위 – 직장
③ 인두 – 모이주머니 – 위 – 위맹낭 – 직장
④ 인두 – 모이주머니 – 위맹낭 – 위 – 직장

해설
곤충의 소화계
- 전장 : 입 – 인두 – 식도 – 모이주머니 – 전위
- 중장 : 위맹낭 – 위 – 직장 – 말피소기관
- 후장 : 유문 – 창자 – 직장 – 항문

27 곤충의 외부형태에 대한 설명으로 옳지 않은 것은?

① 눈은 겹눈과 홑눈이 있다.
② 가슴에는 날개, 다리가 존재한다.
③ 입틀은 씹는 모양, 빠는 모양 등이 있다.
④ 더듬이의 모양은 곤충 종별로 크게 다르지 않다.

해설
촉각(더듬이)
- 촉각은 많은 마디로 되어 있으며, 1쌍이다.
- 제1절은 병절(자루마디), 제2절은 경절(팔굽마디), 제3절은 편절(채찍마디)이라고 부른다.
- 촉각의 여러 가지 형태 : 사상(실꼴), 편상(채찍꼴), 염주상(염주꼴), 거치상(톱니꼴), 즐치상, 곤봉상, 구간상, 새엽상, 슬상, 부정형 등

정답 23 ① 24 ① 25 ② 26 ④ 27 ④

28 모기류 수컷의 더듬이에 존재하는 존스턴기관의 주요 기능으로 옳은 것은?

① 맛을 본다.
② 냄새를 맡는다.
③ 공기의 흐름을 감지한다.
④ 암컷의 날개소리를 듣는다.

해설
수컷이 암컷의 날개소리를 잘 듣도록 발달된 존스턴기관(Johnston's Organ)은 비행 중 바람의 속도를 측정하는 감각기들이 집중되어 있는 팔굽마디(흔들마디)에 위치한다.

29 곤충의 체벽에 해당되지 않는 것은?

① 유조직   ② 표피층
③ 기저막   ④ 진피세포

해설
곤충의 체벽
- 표피층(큐티클층) – 진피세포층 – 기저막으로 구성되어 있다.
- 체벽은 곤충의 내부기관을 물리적으로 보호하고, 몸의 형태를 지탱하며, 근육의 부착점이 되는 외골격의 역할을 담당하는 동시에 수분 증산을 억제한다.

30 곤충의 특징으로 옳지 않은 것은?

① 생식공은 배 끝에 있다.
② 호흡기관과 허파는 배 아래쪽에 있다.
③ 머리에는 입틀, 더듬이, 겹눈 등이 있다.
④ 대체로 다리는 3쌍이고 5마디로 구성되어 있다.

해설
곤충의 호흡기관인 기문은 가슴에 2쌍, 배에 8쌍이 위치한다.

31 다음 설명에 해당하는 해충은?

- 성충은 5월 중순에서 6월에 걸쳐 벼 잎에 직선 모양의 흰색 식흔을 남긴다.
- 유충은 뿌리 갉아먹어 뿌리가 끊어지며 피해를 입은 벼는 키가 크지 못하고, 분얼이 되지 않는다.

① 벼멸구
② 벼잎벌레
③ 벼물바구미
④ 벼줄기굴파리

해설
벼물바구미의 성충은 잎을 가해하고, 유충은 뿌리를 갉아먹는다.

32 기주를 이동하며 생활하는 해충은?

① 파밤나방
② 배추좀나방
③ 복숭아혹진딧물
④ 털두꺼비하늘소

해설
복숭아혹진딧물
- 무시충 : 암컷은 난형이고, 담록색과 담흑색의 두 가지 형이 있는데 기온이 낮을 때 담홍색이다.
- 유시충 : 암컷은 머리와 가슴이 흑색이고, 배의 등 쪽에 흑색 반점이 있다.
- 감자잎말이병 등 각종 바이러스를 매개한다.
- 겨울기주인 복숭아나무 등의 겨울눈에서 알의 형태로 월동하고, 5월 중순경 날개를 이용해 여름기주인 고추, 오이, 감자, 담배, 목화 등으로 이동한다.

정답 28 ④ 29 ① 30 ② 31 ③ 32 ③

33 유충 성장과정에서 2령충으로 옳은 것은?

① 산란 이후 부화 직전까지의 유충이다.
② 1회 탈피 후 2회 탈피 전까지의 유충이다.
③ 2회 탈피 후 3회 탈피 전까지의 유충이다.
④ 부화 직후부터 1회 탈피 전까지의 유충이다.

해설
2령충 : 1회 탈피 후 2회 탈피 전까지의 유충

35 벼 재배 시 후기 해충 방제에 가장 중점을 두어야 할 대상해충은?

① 벼멸구　　② 애멸구
③ 끝동매미충　　④ 번개매미충

해설
벼멸구
- 날개가 긴 장시형과 날개가 짧은 단시형이 있다.
- 비래충은 주로 장시형이다.
- 약충·성충 모두 벼 포기의 아랫부분에 서식한다.
- 6~7월 중국 남부지역에서 남서풍을 타고 비래하며, 우리나라 남서해안 지역이 주 비래지역이다.

36 고자리파리의 기주로 가장 거리가 먼 것은?

① 파　　② 마 늘
③ 양 파　　④ 배 추

해설
고자리파리는 마늘, 양파, 파, 부추와 백합과 같은 화훼류의 뿌리나 인경을 가해한다.

34 소나무좀에 대한 설명으로 옳은 것은?

① 번데기로 월동한다.
② 1년에 2~3회 발생한다.
③ 성충이 나무줄기에 구멍을 뚫어 알을 낳는다.
④ 5℃ 내외로 기온이 낮을 때 활동이 가장 활발하다.

해설
소나무좀
- 월동한 성충이 나무줄기나 가지의 껍질 밑에 구멍을 뚫고 들어가 형성층에 산란하면, 부화한 유충이 식해하여 수목의 양분과 이동을 단절시킨다.
- 연 1회 발생하고, 연 1마리가 3개 이상의 새순을 가해하며, 성충의 형태로 월동한다.

37 곤충의 생식방법으로 옳지 않은 것은?

① 양성생식　　② 다배생식
③ 단위생식　　④ 완전생식

해설
생 식
- 양성생식 : 암수의 교미로 생식
  예 대부분의 곤충
- 단위생식 : 암컷만으로 생식
  예 밤나무순혹벌, 민다듬이벌레, 진딧물류(여름) 등
- 다배생식 : 수정된 난핵이 분열해 각각의 개체로 발육하고, 1개의 정핵난에서 여러 개의 유충 발생
  예 송충알좀벌 등
- 유생생식 : 유충이나 번데기가 생식

정답 33 ② 34 ③ 35 ① 36 ④ 37 ④

38 식물의 선천적 내충성을 3가지로 분류할 때 포함되지 않는 것은?

① 내성
② 적응성
③ 항생성
④ 항객성

해설
식물의 선천적 내충성
- 내성 : 같은 정도의 해충밀도에서도 작물이 영향을 받지 않는 성질
- 항생성(항충성) : 해충의 생장이나 대사작용에 불리한 영향을 주는 성질
- 비선호성(항객성) : 작물의 영향을 받아 해충이 덜 모이는 성질

39 해충과 천적의 연결이 옳지 않은 것은?

① 목화진딧물 - 무당벌레
② 온실가루 - 장님노린재
③ 점박이응애 - 호리꽃등에
④ 꽃노랑총채벌레 - 미끌애꽃노린재

해설
점박이응애의 천적은 긴털이리응애이다.

40 분류학상 곤충강에 속하지 않는 것은?

① 독나방
② 점박이응애
③ 목화진딧물
④ 가루깍지벌레

해설
점박이응애는 거미강에 속한다.

제3과목 농약학

41 유기인계 살충제의 일반적인 성질에 대한 설명으로 옳은 것은?

① 인축에 대한 독성이 약하다.
② 알칼리에는 용이하게 분해된다.
③ 동물의 체내에서 분해가 느리다.
④ 광선에 의한 분해가 일어나지 않는다.

해설
① 인축에 대한 독성이 강하다.
③ 동식물의 체내에서 분해가 빠르다.
④ 야외살포에 있어서 광선 그 밖의 것에 의하여 소실되기 쉬운 경향이 있다.

42 농약이 갖추어야 할 일반적인 구비조건으로 틀린 것은?

① 혼용 범위가 적을 것
② 물리성이 양호할 것
③ 인축에 대한 독성이 낮을 것
④ 농작물에 대한 약해가 적을 것

해설
농약의 구비조건
- 적은 양으로 약효가 확실할 것
- 농작물에 대한 약해가 없을 것
- 인축에 대한 독성이 낮을 것
- 어류에 대한 독성이 낮을 것
- 다른 약제와의 혼용 범위가 넓을 것
- 천적 및 유해곤충에 대하여 독성이 낮거나 선택적일 것
- 값이 쌀 것
- 사용방법이 편리할 것
- 대량생산이 가능할 것
- 물리적 성질이 양호할 것
- 농촌진흥청에 등록되어 있을 것

43 다음 중 유기인계 살균제는?

① 에디펜포스 ② 네오아소진
③ 홀 펫 ④ 라브사이드

해설
② 네오아소진 : 유기비소계
③ 홀펫 : 프탈리마이드계
④ 라브사이드 : 유기염소계
※ 네오아소진은 비소를 포함하고 있어 지금은 사용이 금지되었다.

44 살균제의 주성분에 의한 분류에 해당하지 않는 것은?

① 유기수은제 ② 토양소독제
③ 유기주석제 ④ 무기황제

해설
토양소독제는 사용목적에 따른 분류에 해당한다.

45 다음 중 훈증제가 아닌 것은?

① 클로로피크린
② 메틸브로마이드
③ 디클로르보스(DDVP)
④ 인화아연

해설
훈증제
- 비점이 낮은 농약의 주제를 액상, 고상, 압축가스로 용기 내에 충전 후 대기 중에 가스상태로 방출하여 병해충에 독작용을 하는 제형
- 메틸브로마이드, 클로로피크린, 디클로르보스(DDVP), 알루미늄포스파이드 등
※ 디클로르보스(DDVP)는 고독성이나 환경 잔류문제 등으로 인해 사용이 금지되었다.

46 농약의 약효 발현과 가장 거리가 먼 것은?

① 방제적기에 농약 살포
② 표준희석배수의 농약 정량살포
③ 효과가 좋은 농약만을 계속 사용
④ 방제대상 병해충에 알맞은 농약 선택

해설
효과가 좋다고 같은 약제를 계속 사용하면 해충의 내성이 생겨 약효가 떨어지게 된다.

47 석회황합제의 살균 주성분은?

① CaS ② CaS_2
③ CaS_3 ④ CaS_5

해설
석회유황제의 주성분인 CaS_5가 공기 중에서 산화되어 활성화된 유황이 병원균의 호흡계에 작용하여 살균력을 가지게 된다.

48 농약의 급성독성에서 농약 투여방법에 따른 독성 구분이 아닌 것은?

① 경구독성 ② 흡인독성
③ 경피독성 ④ 보통독성

해설
투여방법에 따른 독성
- 흡입독성 : 호흡을 통해 체내 침투되어 발현되는 독성으로 독성이 가장 크다.
- 경구독성 : 입을 통해 체내 침투되어 발현되는 독성
- 경피독성 : 피부를 통해 체내 침투되어 발현되는 독성

정답 43 ① 44 ② 45 ④ 46 ③ 47 ④ 48 ④

49 페노뷰카브 유제(50%)를 1,000배로 희석해서 10a당 8말(160L)을 살포하여 벼멸구를 방제하려고 할 때 페노뷰카브 유제의 소요량은 몇 mL인가?

① 80
② 160
③ 320
④ 480

해설
- 1말 = 20L
- 20L × 8 × 1,000mL/L ÷ 1,000 = 160mL
- ※ 저자의견 : 말, 평, 인치 등은 비법정단위로 국가기술자격증 시험에서 사용되어선 안 된다.

50 퀴논계 제초제로서 접촉성 효과로 인해 약효가 빠르게 나타나고, 잔디밭에 발생하는 은이끼, 솔이끼 등에 우수한 제초제는?

① 리뉴론
② 뷰타클로로
③ 티오벤카브
④ 퀴노클라민

해설
퀴노클라민 : 논에 발생하는 이끼류를 방제하는 제초제

51 과실의 숙기를 촉진시키는 데 주로 사용되는 에틸렌계의 약제는?

① 토마토톤(4-CPA)
② 에테폰(Ethephon)
③ 아이비에이(IBA)
④ 지베렐린(Gibberellic Acid)

해설
에틸렌
- 기체상태로 존재하며, 과일의 성숙을 유도 또는 촉진한다.
- 마찰이나 압력 등의 기계적 자극이나, 병해충의 피해를 받으면 생성이 증가한다.
- 에테폰 : 알칼리에서 에틸렌 발생
- 발아 촉진, 정아우세현상 타파, 꽃눈이 많아짐, 낙엽 촉진, 성숙 촉진, 건조효과 등

52 토양 내에 서식하고 있는 병해충을 방제하기 위한 가장 적당한 농약 사용방법은?

① 침지법
② 살포법
③ 훈증법
④ 도포법

해설
훈증법 : 클로로피크린 등으로 가스를 발산해 밀폐공간에서의 저장곡물이나 토양을 소독하는 방법

53 유제(乳劑) 농약이 물에 잘 섞이는가를 검사하고자 할 때 가장 중요한 성질은?

① 유화성(乳化性)
② 부착성(附着性)
③ 고착성(固着性)
④ 붕괴성(崩壞性)

해설
유화성
- O/W형 : 물속에 유분의 입자를 분산(농약에 사용)
- W/O형 : 유분 중에 물방울을 분산
- 유제의 안정성 : 유제는 일반적으로 분제나 수화제보다 안정적이다.

54 살균제의 작용기작 중 생합성에 대한 저해작용은?

① SH기 저해
② 전자 전달 저해
③ 단백질 합성 저해
④ 산화적 인산화 저해

해설
생합성 저해 : 핵산 생합성 저해, 단백질 합성 저해

55 작물의 특성에 따른 약해의 원인이 아닌 것은?

① 농약의 농도
② 작물의 감수성
③ 잎 표면의 형태
④ 재배조건 및 생리적 특성

해설
약해의 원인

구 분	종 류
약제의 이화학적 성질 (농약 자체)	• 주제(농약원제)의 물리화학적 성질에 의한 것 • 보조제 및 용매에 의한 것 • 약제의 사용농도 및 사용량에 의한 것 • 2종 이상의 약제를 섞어 쓸 때 일어나는 것 • 약제 조제 시 사용하는 물에 의해 주제가 분해되어 일어나는 것
농작물의 감수성 (농작물 종류와 생육상태)	• 농작물의 특성, 특히 즙액의 수소이온농도(pH)에 의한 것 • 농작물의 종류, 품종, 생육, 노유(老幼) 등의 감수성 차이에 의한 것 • 발육시기 : 고온, 다습하여 발육이 왕성한 시기에는 약해를 받기 쉬움 • 약제 저항성 : 휴면기 > 영양생장기 > 생식생장기 > 유묘기 • 약제별로 약한 농작물 　- 구리제 : 복숭아, 살구, 자두, 배, 감 　- 비소제 : 복숭아, 자두, 두류, 살구, 감 　- 유기염소계(DDT, BHC) : 어린 오이류 　- 석회황합제 : 복숭아, 살구, 감자, 토마토, 파 　- BNC제 : 오이류, 토마토, 가지, 배추
환경 조건 (기상 등)	• 약제 살포 전후의 강우 : 습도가 높으면 오랫동안 약제에 젖은 상태로 있으므로 농작물 내 침투량이 많아 약해가 발생함 • 고온 : 농작물에 의한 약제 흡수가 높음 • 기공이 많은 잎 뒷면에 약제를 살포하면 약해가 큼
토양 조건	• 주로 토양처리제(입제)인 경우에 발생함 • 처리된 약제의 농작물의 흡수 정도와 토양의 흡수 정도에 따라 결정됨

56 1.5% 분제 100kg을 중량제 추가사용 없이 2% 분제로 재제조(再制造)할 때 필요한 원제(순도 90%)는 약 몇 kg인가?

① 0.44kg　② 0.45kg
③ 0.50kg　④ 0.57kg

해설
• 1.5%의 분제 100kg 중 원제의 양은 1.5kg이고, 순도가 90%이므로 1.5kg의 원제를 만들기 위한 양은 1.5kg ÷ 0.9 = 1.66kg
• 100kg 중 2%의 양은 2kg이고, 순도가 90%이므로 2kg ÷ 0.9 = 2.22kg
∴ 추가해야 할 원제의 양 : 2.22 - 1.66 = 0.56kg

57 배추 재배 시 달팽이를 없애기 위하여 사용하는 약제는?

① 메트알데하이드 입제
② 메소밀 액제
③ 디노테퓨란 입제
④ 플루톨라닐 입제

해설
달팽이 방제에는 메트알데하이드를 사용한다.

58 치료효과를 거두기 위해 사용되는 약제로 병이 발생한 후에도 충분한 효과를 거둘 수 있는 것은?

① 보호살균제
② 직접살균제
③ 종자소독제
④ 토양살균제

해설
직접살균제는 병균 침입의 예방은 물론 침입한 균을 방제할 수도 있다.

59 농약관리법에서 규정한 토양잔류성 농약의 토양 중 반감기는?

① 30일
② 90일
③ 180일
④ 365일

해설
농약관리법상 토양 중 반감기가 6개월(180일) 이상인 작물보호제는 등록을 제한한다.

60 베노밀(Benomyl)에 대한 설명으로 옳은 것은?

① 살균제이다.
② 황색의 액체이다.
③ 알칼리 약제와 혼용이 가능하다.
④ 휘발성이 있어 침투이행성이 낮다.

해설
베노밀 : 벤지미다졸계 살균제로, 분해되면 카벤다짐 성분으로 잔류되므로 두 약제를 중복살포하면 잔류량이 많아진다.

제4과목 잡초방제학

61 잡초의 생물적 방제방법에 이용되는 생물의 구비조건이 아닌 것은?

① 비산 및 분산능력이 커야 한다.
② 번식속도가 빠르지 않아야 한다.
③ 대상 잡초에만 피해를 주어야 한다.
④ 환경 적응성 및 저항성을 가지고 있어야 한다.

해설
잡초의 생물적 방제방법에 이용되는 생물은 번식속도가 빨라야 효율적인 방제가 가능하다.

62 제초제의 제형 중 유제에 대한 설명으로 옳은 것은?

① 물에 희석하면 투명한 액체가 된다.
② 원제를 기름과 혼합하여 만든 액체이다.
③ 원제를 유기용매에 녹인 후 유화제를 넣어 만든 액체이다.
④ 원제를 카올린, 벤토나이트 등의 분말과 혼합하여 분쇄한 것이다.

해설
유제 : 농약의 원제를 용제에 녹여 계면활성제를 유화제로 첨가하여 만든 제제

정답 58 ② 59 ③ 60 ① 61 ② 62 ③

63 일년생 잡초가 아닌 것은?

① 메꽃, 쑥
② 뚝새풀, 돌피
③ 명아주, 깨풀
④ 바랭이, 쇠비름

해설
메꽃(다년생 여름잡초), 쑥(다년생 겨울잡초)

64 화본과 잡초의 형태적 특징으로 옳지 않은 것은?

① 직립형만 존재한다.
② 잎몸은 좁고 잎맥이 평행한다.
③ 줄기는 마디와 마디 사이로 연결되어 있다.
④ 잎은 줄기를 둘러싸고 있는 잎집과 잎몸으로 구분된다.

해설
화본과 잡초
- 줄기에는 잘 구분될 수 있는 마디와 마디 사이가 있다.
- 잎은 마디로부터 어긋나기한다.
- 잎은 줄기를 둘러싸서 보호하는 잎집과 잎몸으로 구분된다.
- 잎몸은 좁고 기다란 모양으로, 잎맥이 평행하게 형성된 것이 특징이다.
  예 피, 바랭이, 뚝새풀, 강아지풀, 갈대, 억새 등

65 장기간에 걸친 잡초의 생존 특성으로 옳지 않은 것은?

① 많은 종자 생산
② 종자만으로 번식
③ 불량한 환경조건에 잘 적응
④ 먼 거리 이동이 가능한 가벼운 종자 생산

해설
잡초의 일반적 특성
- 다산성 : 종자의 생산량(수)이 많다.
- 휴면성 : 발아의 조건, 시기, 종자의 수명에 따라 발아 정도가 다르다.
- 종자 생산의 환경적응성 : 변이가 커서 환경적응성이 높다.
- 종자 전파력과 경합성이 크다.
- 불량환경에서의 생존력이 강하다.
- 탈립성이 크다.
- 영양체 번식력과 재생력이 강하다.
- 잡초문제는 항구적이다.
- 작물도 재배목적에 맞지 않으면 잡초가 된다.

66 지하경이 가장 깊이 형성되는 것은?

① 올미   ② 벗 풀
③ 가 래   ④ 너도방동사니

해설
③ 가래 출아심도 : 0~20cm
① 올미 출아심도 : 0~10cm
② 벗풀 출아심도 : 0~15cm
④ 너도방동사니 출아심도 : 0~10cm

정답 63 ① 64 ① 65 ② 66 ③

67 잡초의 밀도가 증가하면 작물의 수량이 감소하는데, 어느 밀도 이상으로 잡초가 존재하면 작물의 수량이 현저히 감소되는 수준까지의 밀도는?

① 경제적 한계밀도
② 잡초경합 최대밀도
③ 잡초경합 한계밀도
④ 잡초허용 한계밀도

> **해설**
> 잡초허용 한계밀도 : 잡초의 밀도가 증가하면 작물의 수량이 감소하는데, 어느 밀도 이상으로 잡초가 존재하면 작물의 수량이 현저하게 감소하는 잡초의 밀도

68 논에서 가장 많이 사용되는 제초제의 제형인 입제에 대한 설명으로 옳지 않은 것은?

① 살포가 간편하다.
② 액제보다 부피가 작다.
③ 살포 시 물이 필요하지 않다.
④ 잎에 직접 붙지 않고 떨어지기 때문에 약해를 유발하지 않는다.

> **해설**
> 입제의 성질
> • 일정한 모양을 가지며, 액제보다 부피가 크다.
> • 수용성이나 증기압이 낮고, 휘발성이 있어 훈증인 작용을 한다.
> • 토양흡착성이 있어 물에 의해 유실되지 않는다.
> • 작물체내에 침투하여 이행한다.
> • 수중 및 토양 중 유기물 및 미생물에 대하여 안전해야 한다.

69 작물과 잡초의 경합요인으로 가장 거리가 먼 것은?

① 빛
② 수 분
③ 산 소
④ 영양분

> **해설**
> 잡초는 토양수분, 영양분, CO_2, 광, 공간 등의 경합을 통해 작물의 분지수, 분얼수, 엽면적, 광합성량(건물생산량), 개화수, 과실수, 과실과 종실의 크기 등에 영향을 주어 수량을 감소시킨다.

70 종자에 낚시 모양의 돌기 또는 바늘 모양의 가시가 있어 사람이나 동물에 쉽게 부착되어 전파되는 잡초는?

① 바랭이
② 뽀리뱅이
③ 방동사니
④ 도꼬마리

> **해설**
> 사람의 옷이나 동물의 털에 붙어서 전파하는 잡초에는 가막사리, 도꼬마리, 진득찰, 도깨비바늘 등이 있다.

71 잡초종자가 휴면하는 원인으로 가장 거리가 먼 것은?

① 종피가 너무 두껍다.
② 토양 속 묻힌 깊이가 너무 낮다.
③ 배가 미숙하거나 후숙되지 않았다.
④ 종자 내에 발아 억제물질이 많이 들어 있다.

해설
휴면의 원인
- 일차휴면 : 종자의 자체적인 영향으로 인한 휴면
  - 불안전한 배
  - 생리적으로 미숙한 배
  - 기계적 저항성을 지닌 종피
  - 발아 억제물질의 존재
- 이차휴면 : 외부환경에 의한 휴면
  - 고농도의 이산화탄소
  - 산소의 부족
  - 저온 및 고온
  - 발아에 부적당한 암조건

72 방동사니과에 속하는 잡초는?

① 벗 풀   ② 가 래
③ 여뀌바늘 ④ 바람하늘지기

해설
① 벗풀 : 택사과
② 가래 : 가래과
③ 여뀌바늘 : 바늘꽃과

73 작물과 잡초가 경합하고 있을 때 작물의 수량 손실이 가장 높은 경우는?

① C_4 작물과 C_3 잡초
② C_4 작물과 C_4 잡초
③ C_3 작물과 C_3 잡초
④ C_3 작물과 C_4 잡초

해설
화본과 잡초의 경우 C_4 식물로 광합성 효율이 높아 C_3 작물보다 생육이 왕성하다.

74 벼 재배방법에 따라 발생하는 잡초의 종류 및 발생량이 가장 적은 방법은?

① 담수직파
② 건답직파
③ 중묘 기계이앙
④ 어린 모 기계이앙

해설
묘를 이앙재배하면 경합력이 커지며, 어린 모보다는 중묘를 기계이앙하는 것이 효과적이다.

75 제초제의 광분해와 가장 관계가 높은 것은?

① 복사열   ② 자외선
③ 적외선   ④ 가시광선

해설
자외선은 파장이 짧고, 에너지가 커 광분해효과가 크다.

76 잡초의 경종적 방제방법에 해당되지 않은 것은?

① 소 각
② 윤 작
③ 파종기 조절
④ 피복작물 재배

해설
소각은 물리적 방제방법에 속한다.

77 주로 밭에서 발생하는 건생잡초만으로 올바르게 나열한 것은?

① 올미, 마디꽃
② 고마리, 진득찰
③ 바랭이, 쇠비름
④ 냉이, 너도방동사니

해설
밭잡초
- 하작잡초(여름잡초)
  - 일년생 잡초 : 바랭이, 쇠비름, 명아주 등
  - 다년생 잡초 : 메꽃, 엉겅퀴 등
- 동작잡초(겨울잡초)
  - 일년생 잡초 : 뚝새풀, 냉이 등
  - 다년생 잡초 : 쑥, 할미꽃 등

78 개체당 종자 수가 가장 많은 잡초는?

① 망 초   ② 별 꽃
③ 마디꽃   ④ 알방동사니

해설
망초의 주당 종자 수는 13~25만개 정도이다.

79 벼를 이앙한 25일경에 논에 나가 보았더니 주로 방동사니과 잡초가 많이 발생하였을 때 방제에 가장 효과적인 제초제는?

① 벤타존 액제
② 엠시피에이 액제
③ 뷰타클로르 캡슐현탁제
④ 글리포세이트암모늄 입상수용제

해설
벤타존
- 일년생 잡초방제 : 방동사니, 물달개비, 밭뚝외풀, 마디꽃, 사마귀풀 등
- 다년생 잡초방제 : 올미, 벗풀, 올방개, 너도방동사니, 올챙이고랭이 등

80 작물의 생육기간 중 잡초방제를 철저히 해 주어야 하는 경합 한계기간은?

① 파종 – 발아
② 성숙기 – 수확기
③ 개화기 – 성숙기
④ 초관형성기 – 성숙기

해설
잡초경합 한계기간
- 잡초의 경합이 없는 생육 초기와 경합으로 인한 피해가 없는 성숙 말기 사이의 기간을 의미한다.
- 전 생육기간의 첫 1/3~1/2 또는 첫 1/4~1/3 기간에 해당되며, 철저한 방제가 요구된다.

정답 76 ① 77 ③ 78 ① 79 ① 80 ④

2019년 제4회 과년도 기출문제

식물보호산업기사

제1과목 식물병리학

01 해외에서 수입하는 식물이나 농산물의 검사를 통하여 병원체의 침입을 막는 예방법을 무엇이라고 부르는가?

① 제거법 ② 치료법
③ 면역법 ④ 식물검역

해설
식물검역 : 식물에 해를 주는 병해충이 국경을 넘어 전파되거나 유입되는 것을 방지할 목적으로, 수출입되는 식물과 식물성 산물에 병해충 부착 유무를 검사하고, 유해병해충이 발견되면 검역조치한다.

02 오이 노균병균이 형성하는 포자의 종류로 가장 옳은 것은?

① 유주자 ② 여름포자
③ 겨울포자 ④ 자낭포자

해설
유주자균류에 의해 역병, 노균병 등이 발병한다.

03 다음 중 진균에 해당하지 않는 것은?

① 불완전균류 ② 자낭균류
③ 담자균류 ④ 난균류

해설
난균류는 세포벽에 키틴이 없고, 균사에 격벽이 없어 진균류와 구분된다.

04 종합적 식물병해 방제 프로그램의 주된 목표로 가장 거리가 먼 것은?

① 병원균을 완전히 제거하는 것
② 최초 전염원을 제거하거나 감소시키는 것
③ 최초 전염원의 효능을 감소시키는 것
④ 기주의 저항성을 높이는 것

해설
식물병의 방제는 투입되는 노력과 비용 대비 피해수준을 낮추기 위한 것으로, 병을 예방하거나 발병을 줄이려는 것을 목적으로 한다.

05 다음 중 비전염성 병원으로 가장 거리가 먼 것은?

① 부적당한 온도
② 각종 화학물질
③ 병원성 바이로이드
④ 부적당한 토양조건

해설
바이로이드
- 한 가닥의 핵산(RNA)으로만 구성된 병원체
- 접목전염 및 접촉전염
- 일본에서 배의 유부과현상에서 바이로이드 검출
- 감자 걀쭉병의 원인물질

정답 1 ④ 2 ① 3 ④ 4 ① 5 ③

06 오이 모자이크병 방제방법에 대한 설명으로 가장 옳지 않은 것은?

① 저항성 품종을 재배한다.
② 페나리몰 유제를 적기에 살포한다.
③ 포장 주변에 전염 가능성이 있는 잡초를 제거한다.
④ 시설재배 시 입구에 방충망을 설치하여 진딧물의 침입을 막는다.

해설
오이 모자이크병은 진딧물에 의해 매개되는 바이러스 병으로, 진딧물을 제거하거나 침입을 막고, 내병성 품종을 심거나 전염 가능성이 있는 잡초를 제거하여 방제할 수 있다.
※ 페나리몰 유제는 살균제이다.

07 수목병해의 표징 중 번식기관에 의한 표징으로 가장 거리가 먼 것은?

① 포자
② 분생자병
③ 균사체
④ 포자낭

해설
균사체는 병원체의 영양기관이고, 병원체의 번식기관은 포자, 분생자병, 분생자최, 분생자좌, 포자퇴, 포자낭, 병자각, 자낭각, 자낭구, 자낭반, 세균점괴, 포자작, 버섯 등이다.

08 병원체가 병든 식물의 병환부 또는 병변부에 나타나서 병원체의 존재를 눈으로 확인할 수 있는 경우가 있는데 이를 무엇이라고 하는가?

① 표징
② 병징
③ 병원성
④ 비병원성

해설
표징(Sign) : 병원체가 병든 식물의 표면에 나타나 병원체의 존재를 눈으로 확인할 수 있는 현상

09 다음 중 수공감염으로 가장 많이 일어나는 식물의 병은?

① 벼 흰잎마름병
② 감자 더뎅이병
③ 고구마 무름병
④ 보리 겉깜부기병

해설
벼 흰잎마름병은 세균에 의한 병으로, 잎의 수공이나 상처를 통하여 감염되기 때문에 침수되거나 태풍으로 인해 바람에 흔들려 상처가 날 경우 다발한다.

10 잣나무 털녹병균의 중간기주로 가장 옳은 것은?

① 리시안셔스
② 현호색
③ 배나무
④ 송이풀

해설
중간기주의 제거
• 잣나무 털녹병 : 송이풀과 까치밥나무
• 소나무류 잎녹병균 : 황벽나무, 참취, 잔대
• 소나무 혹병균 : 참나무
• 배나무 붉은별무늬병균 : 향나무

11 일반적인 세균의 침입처로 가장 거리가 먼 것은?

① 각피
② 밀선
③ 상처
④ 수공

해설
일반적으로 상처, 기공, 수공, 피목, 밀선 등의 자연개구를 통해 감염된다.

12 식물병원 세균의 핵산과 인지질 합성에 가장 많이 사용되는 것은?

① Ca   ② P
③ K   ④ Na

> **해설**
> 인(P)은 핵산, 인지질, 보조인자, 단백질의 구성성분이다.

13 병원체에 대하여 완전면역성을 가지고 있는 것은?

① 비기주저항성   ② 내 성
③ 세포질저항성   ④ 진정저항성

> **해설**
> **비기주저항성** : 해당 작물이 병원체의 기주가 아닌 완전면역성을 가지는 성질

14 저장곡물에 Aflatoxin이라는 독소를 생성하는 균으로 가장 옳은 것은?

① *Aspergillus flavus*
② *Ascochyta pisi*
③ *Amylase*
④ *Alternaria mali*

> **해설**
> *Aspergillus flavus*는 아플라톡신이라는 독소를 생성하는 균이다.

15 접목에 의한 작물병 방제에 가장 효과적인 병은?

① 사과 고접병
② 박과 작물 덩굴쪼김병
③ 고추 탄저병
④ 배 검은무늬병

> **해설**
> 덩굴쪼김병에 저항성이 있는 품종이나 호박, 박 등을 이용해 접목할 경우 병의 발생을 예방할 수 있다.

16 다음 중 순활물기생균에 의한 병으로 가장 옳은 것은?

① 강낭콩 탄저병
② 고추 역병
③ 가지 풋마름병
④ 사과나무 흰가루병

> **해설**
> **절대기생체(순활물기생체)** : 인공배양이 불가능하여 살아 있는 기주조직 내에서만 증식하는 것으로 녹병균, 흰가루병균, 노균병균, 무사마귀병균, 붉은별무늬병균 등이 있다.
> ※ 녹병균 중 맥류 줄기녹병균, 목화 녹병균은 인공배양 가능

정답 12 ②   13 ①   14 ①   15 ②   16 ④

17 균의 종류에 따른 세포벽 구성성분에 대한 설명으로 가장 옳은 것은?

① 고구마 무름병균은 키틴이 없고, 다량의 섬유소를 갖고 있다.
② 감자 역병균은 키틴이 없고, 소량의 섬유소를 갖고 있다.
③ 벼 도열병균은 키틴이 없고, 소량의 섬유소를 갖고 있다.
④ 벼 흰잎마름병균은 키틴과 다량의 섬유소를 갖고 있다.

해설
역병균은 난균류에 속하고, 세포벽에 키틴이 없으며, 소량의 섬유소와 글루칸을 가지고 있다.

18 다음 중 전형적인 표징이 나타나지 않는 식물병은?

① 오이 흰가루병
② 과수류 날개무늬병
③ 과수류 근두암종병
④ 보리 붉은곰팡이병

해설
과수 근두암종병은 세균에 의한 병으로, 혹이 관찰되는 병징을 보인다.

19 느티나무 흰별무늬병(백성병)의 외부병징과 표징에 대한 설명으로 가장 옳은 것은?

① 부정형의 병반으로 확대되고, 중앙 부분은 회백색이 되며, 병자각이 형성된다.
② 잎에 윤문상의 갈색무늬가 나타나며, 소립점(분생자퇴)이 동심원형으로 나타난다.
③ 부정형 병반이 갈색을 띠고, 병반 내부는 회갈색을 띠며 자좌가 형성된다.
④ 잎의 양면에 적갈색 반점이 나타나며, 나중에 갈색, 회갈색의 원형이 되고 흑색, 흑갈색의 작은 돌기(자실체)가 나타난다.

해설
느티나무 흰별무늬병은 부정형의 병반으로 확대되고, 중앙 부분은 회백색이 되며, 병자각이 형성된다.

20 봄에 배롱나무 흰가루병의 전염원에 대한 설명으로 가장 옳은 것은?

① 낙엽에서 자낭포자가 비산하여 1차 전염원이 된다.
② 낙엽에서 담자포자가 비산하여 1차 전염원이 된다.
③ 낙엽에서 병자포자가 비산하여 1차 전염원이 된다.
④ 낙엽에서 동포자가 비산하여 1차 전염원이 된다.

해설
배롱나무 흰가루병은 자낭균류의 의한 병으로, 자낭포자가 바람에 날려 새잎에 전파되어 1차 감염을 일으킨다.

제2과목 농림해충학

21 다음 중 1세대를 경과하는 데 가장 긴 시간을 필요로 하는 곤충으로 옳은 것은?
① 말매미　　　② 장수풍뎅이
③ 뽕나무하늘소　④ 소나무좀

해설
말매미 유충은 땅속에서 6년간 생활한 후에 성충이 된다.

22 다음 중 곤충의 통신수단으로 가장 적절하지 않은 것은?
① 맛에 의한 통신
② 접촉에 의한 통신
③ 청각에 의한 통신
④ 시각에 의한 통신

해설
• 촉각에 의한 방법 : 꿀벌, 개미 등의 더듬이 접촉
• 청각에 의한 방법 : 매미, 귀뚜라미 등의 울음
• 시각에 의한 방법 : 꿀벌의 춤 – 먼 거리는 8자 비행, 가까운 거리는 원형 비행

23 다음 중 누에의 식성으로 가장 적절한 것은?
① 부식성　　　② 잡식성
③ 광식성　　　④ 단식성

해설
누에는 뽕나무 잎만 먹는 단식성이다.

24 다음 중 유충의 발육과 성충의 생식활동에 영향을 주는 유약호르몬을 분비하는 곤충의 기관은?
① 카디아카체　② 알라타체
③ 앞가슴샘　　④ 가슴샘

해설
알라타체 : 머리속에 있는 1쌍의 신경구 모양의 조직으로, 변태호르몬을 분비한다.

25 곤충에서 파악기(Clasper)가 하는 일은?
① 휴면 시 사용한다.
② 멀리 뛰는 데 사용한다.
③ 토양 속을 파는 데 사용한다.
④ 교미 시에 사용한다.

해설
곤충의 생식기 : 수컷은 파악기, 암컷은 산란관

26 다음 중 점박이응애에 대한 설명으로 옳지 않은 것은?
① 암컷의 길이가 수컷에 비해 짧다.
② 성충으로 월동한다.
③ 숙주식물의 잎에서 즙액을 빨아 먹는다.
④ 천적으로는 왕게응애와 신이리응애가 있다.

해설
점박이응애
• 암컷이 수컷보다 크다.
• 성충과 약충이 잎의 앞면과 뒷면에 모두 기생하며, 즙액을 흡즙한다.
• 연 10회 정도 발생하고, 성충의 형태로 월동한다.
• 약제저항성이 유발되는 해충으로, 성분이 같은 약제를 연속살포하면 방제효과가 떨어진다.
※ 응애는 다리가 4쌍으로 곤충강이 아닌 거미강에 속한다.

정답　21 ①　22 ①　23 ④　24 ②　25 ④　26 ①

27 다음 중 사과나무에 가장 많이 발생하는 진딧물은?

① 벚잎혹진딧물   ② 아까시나무진딧물
③ 조팝나무진딧물   ④ 목화진딧물

해설
조팝나무진딧물 : 사과나 배의 어린잎에 집단으로 서식하며, 배설물을 통해 잎과 과실에 그을음병을 유발한다.

28 다음 중 곤충 체벽의 기능으로 가장 적절하지 않은 것은?

① 제1차 면역기관
② 혈구세포 분화
③ 수분의 증발 억제
④ 근육의 부착점

해설
곤충의 체벽
- 표피층(큐티클층) – 진피세포층 – 기저막으로 구성되어 있다.
- 체벽은 곤충의 내부기관을 물리적으로 보호하고, 몸의 형태를 지탱하며, 근육의 부착점이 되는 외골격의 역할을 담당하는 동시에 수분 증산을 억제한다.

29 다음 중 소나무재선충을 옮기는 매개충으로 가장 옳은 것은?

① 알락하늘소   ② 미끈이하늘소
③ 솔수염하늘소   ④ 털두꺼비하늘소

해설
솔수염하늘소
- 우화 최성기는 6월이며, 유충은 4월경에 수피와 가까운 곳에 용실을 만들어 번데기가 된다.
- 성충은 5월 하순~7월 하순에 약 6mm가량 되는 원형의 구멍을 만들고 밖으로 나와 어린가지의 수피(樹皮)를 갉아 먹는다.

30 다음 중 담배나방에 대한 설명으로 가장 옳지 않은 것은?

① 고추의 주요 해충 중 하나이다.
② 1년에 1회 발생한다.
③ 땅속에서 번데기로 월동한다.
④ 담배에 피해를 준다.

해설
담배나방
- 고추에 가장 큰 피해를 주는 해충이다.
- 부화유충이 어린 잎, 꽃봉오리, 어린 과실 등에 구멍을 내 속으로 파고 들어가 식해한다.
- 연 3회 발생하며, 6~8월경에 피해가 심하다.
- 번데기 형태로 땅속에서 월동한다.

31 곤충의 번성원인으로 가장 거리가 먼 것은?

① 소형이고 날개가 있다.
② 행동이 민첩하고 농약에 강하여 생존율이 높다.
③ 세대가 짧고 산란수가 많다.
④ 불리한 환경에 적응하기 위해 휴면을 한다.

해설
곤충의 번성원인
- 외골격이 발달하여 몸을 보호
- 날개가 발달해 생존 및 종족의 분산 유리
- 몸의 크기가 작아 소량의 먹이로도 생존 가능하며, 적을 피하는 데도 유리
- 몸의 구조적인 적응력이 우수
- 변태를 하여 불량환경에 적응 가능
- 종의 증가현상

정답 27 ③ 28 ② 29 ③ 30 ② 31 ②

32 다음 중 잠자리 유충의 호흡방식으로 가장 옳은 것은?

① 주기적으로 수면으로 부상하여 호흡한다.
② 공기주머니를 통한 수중 호흡방식이다.
③ 몸 표면 전체의 얇은 막을 통한 가스 교환방식이다.
④ 기관아가미를 통한 수중 호흡방식이다.

해설
기관아가미는 잠자리 유충의 호흡기관이다.

33 다음 중 멸구 등 비래해충을 대상으로 하는 해충 발생밀도 조사법으로 가장 적절한 것은?

① 페로몬조사법
② 공중포충망조사법
③ 예열조사법
④ 예찰등조사법

해설
비래해충의 조사법으로는 주로 공중포충망이 이용된다.

34 다음 중 완전변태류 곤충으로 가장 적절하지 않은 것은?

① 풀잠자리   ② 배추흰나비
③ 벼룩   ④ 흰개미

해설
흰개미는 불완전변태를 하며, 유충과 성충이 거의 유사한 형태이다.

35 다음 중 곤충이 가장 잘 반응하는 색에 속하는 것은?

① 흑 색   ② 녹 색
③ 적 색   ④ 백 색

해설
곤충의 눈은 자외선과 청색, 녹색 파장대의 빛을 잘 감지한다.

36 다음 중 논의 벼멸구를 방제할 때 살충제를 물에 희석하지 않고 사용하는 제형으로 가장 옳은 것은?

① 유제(乳劑)   ② 입 제
③ 수화제   ④ 액상수화제

해설
입제의 성질
• 일정한 모양을 가지며, 액제보다 부피가 크다.
• 수용성이나 증기압이 낮고, 휘발성이 있어 훈증적인 작용을 한다.
• 토양흡착성이 있어 물에 의해 유실되지 않는다.
• 작물체내에 침투하여 이행한다.
• 수중 및 토양 중 유기물 및 미생물에 대하여 안전해야 한다.

37 다음 중 코일 모양의 입을 가진 해충으로 가장 옳은 것은?

① 가시점둥글노린재
② 고자리파리
③ 배추흰나비
④ 벼멸구

해설
나비의 입은 코일 모양으로 말려 있다가, 펼쳐서 꿀이나 물을 먹는다.

38 곤충 수컷의 생식기관에서 볼 수 없는 것은?

① 저정낭   ② 수정관
③ 난황소   ④ 부속샘

해설
곤충 암수의 생식기관 비교

암 컷	수 컷
1쌍의 난소(알집)	1쌍의 고환(정집)
1쌍의 옆 수란관	1쌍의 수정관과 저정낭
중앙 수란관과 질	중앙 사정관
부속샘	부속샘
수정란과 부속샘	–
교미낭	–
산란관	교미기

39 해충에 대한 식물의 저항성으로 해충의 생장이나 생존에 불리하게 작용하는 것은?

① 항생성(Antibiosis)
② 항접근성(Antigenosis)
③ 내성(Tolerance)
④ 근균성(Mycorrhiza)

해설
식물의 선천적 내충성
• 내성 : 같은 정도의 해충밀도에서도 작물이 영향을 받지 않는 성질
• 항생성(항충성) : 해충의 생장이나 대사작용에 불리한 영향을 주는 성질
• 비선호성(항객성) : 작물의 영향을 받아 해충이 덜 모이는 성질

40 다음 중 말피기관에 대한 설명으로 가장 거리가 먼 것은?

① 배설계에 속하는 기관이다.
② 진딧물에서 볼 수 있다.
③ 중장과 후장이 만나는 곳에서 후장과 연결되어 있다.
④ 혈액 속에서 물 등을 흡수하여 후장으로 이동시킨다.

해설
진딧물은 말피기관이 없다.
※ 말피기관 : 곤충체강 내에서 비틀림 운동을 하면서 pH나 무기이온 농도 등을 조절하고, 배설작용을 한다.

제3과목 농약학

41 페녹시계 제초제인 2,4-D의 작용기작은?

① 광합성의 저해
② 호흡작용의 억제
③ 호르몬작용의 교란
④ 단백질, 핵산 등의 합성 저해

해설
2,4-D는 호르몬형 제초제이다.

42 복합저항성에 대한 설명으로 틀린 것은?

① 살충제에 대하여 저항성이 발달한 해충은 한 번도 사용된 적이 없지만 작용기구가 같은 살충제에 대하여 저항성을 나타낸 것을 말한다.
② 살충작용이 다른 2종 이상에 대하여 동시에 해충이 저항성을 나타내는 현상을 말한다.
③ 두 개 이상의 유전자가 별개로 관여하고 있기 때문에 항상 같은 현상이 나타난다는 것이 한정되어 있지 않다.
④ 한 개체 안에 두 가지 이상의 저항성 기작이 존재하기 때문에 발생하는 현상이다.

해설
복합저항성이란 A계통에 저항성을 보이는 해충이 B계통을 처음 살포했는데도 이미 저항성을 가지는 것을 말한다.

43 농약관리법상 어독성 Ⅰ급으로 규정되는 농약의 반수치사농도(mg/L, 48시간) 범위 기준은?

① 0.1 미만
② 0.5 미만
③ 10. 미만
④ 2.0 미만

해설
※ 농약관리법 시행규칙 [별표 3의5] 개정(2023. 8. 7)으로 정답없음
어독성 Ⅰ급의 기준은 1 이하(mg/L, 96시간)

44 Sulfoxide, N-Propylisome과 같이 농약에 첨가하여 효력이 좋아지게 하는 물질을 통칭하는 것은?

① 불임화(Sterilization)
② 대사길항물질(Anti-metabolite)
③ 알킬화제(Alkylating Agent)
④ 협력제(Synergist)

해설
협력제(協力劑) : 유효성분의 효력을 증진시킬 목적으로 사용하는 약제

정답 41 ③ 42 ① 43 정답없음 44 ④

45 다음 중 낙엽억제제는?

① 아세트산
② 카이네틴
③ 아브사이신Ⅱ
④ 지베렐린

해설
옥신은 이층 형성 억제효과에 의한 낙엽과 낙과 방지효과가 있다.
※ 저자의견 : 문제의 정답은 아브사이신(Abscisic Acid)Ⅱ로 되어 있지만 미숙목화 열매에서 낙엽 촉진물질을 분리해 아브사이신Ⅱ라는 이름을 붙였기 때문에 낙엽억제제가 아닌 낙엽촉진제이다.

46 항생제인 가스가마이신 액제의 주된 살균기작은?

① 항균력 증가
② 단백질 합성 저해
③ 멜라닌색소 합성 저해
④ 콜린에스터레이스(Cholinesterase)효소 활성 저해

해설
가스가마이신은 작용기작 분류에서 라3에 해당되는 약제로, 아미노산 및 단백질 합성을 저해한다.

47 농약에 의한 약해 발생의 원인이라고 볼 수 없는 것은?

① 고농도 살포
② 합리적 혼용
③ 시용방법 미숙
④ 부적합한 약제 사용

해설
약해의 원인

구 분	종 류
약제의 이화학적 성질 (농약 자체)	• 주제(농약원제)의 물리화학적 성질에 의한 것 • 보조제 및 용매에 의한 것 • 약제의 사용농도 및 사용량에 의한 것 • 2종 이상의 약제를 섞어 쓸 때 일어나는 것 • 약제 조제 시 사용하는 물에 의해 주제가 분해되어 일어나는 것

농작물의 감수성 (농작물 종류와 생육상태)	• 농작물의 특성, 특히 즙액의 수소이온농도(pH)에 의한 것
	• 농작물의 종류, 품종, 생육, 노유(老幼) 등의 감수성 차이에 의한 것
	• 발육시기 : 고온, 다습하여 발육이 왕성한 시기에는 약해를 받기 쉬움
	• 약제 저항성 : 휴면기 > 영양생장기 > 생식생장기 > 유묘기
	• 약제별로 약한 농작물
	  – 구리제 : 복숭아, 살구, 자두, 배, 감
	  – 비소제 : 복숭아, 자두, 두류, 살구, 감
	  – 유기염소계(DDT, BHC) : 어린 오이류
	  – 석회황합제 : 복숭아, 살구, 감자, 토마토, 파
	  – BNC제 : 오이류, 토마토, 가지, 배추

환경 조건 (기상 등)	• 약제 살포 전후의 강우 : 습도가 높으면 오랫동안 약제에 젖은 상태로 있으므로 농작물 내 침투량이 많아 약해가 발생함 • 고온 : 농작물에 의한 약제 흡수가 높음 • 기공이 많은 잎 뒷면에 약제를 살포하면 약해가 큼
토양 조건	• 주로 토양처리제(입제)인 경우에 발생함 • 처리된 약제의 농작물의 흡수 정도와 토양의 흡수 정도에 따라 결정됨

48 저장하고 있는 곡물이나 종자 등에 발생하는 해충을 방제하는 데 주로 쓰이는 제형은?

① 유제(乳劑)　　② 액제(液劑)
③ 수화제(水和劑)　④ 훈증제(薰蒸劑)

해설

훈증제
- 가스를 발생시켜 해충을 죽이는 살충제로 주로 밀폐공간에서 저장 곡물 소독이나 토양소독용으로 이용
- 훈증제가 갖추어야 할 성질
  - 휘발성이 강해야 하며, 비인화성이어야 한다.
  - 확산성과 침투성이 커서 작은 틈까지 약제가 도달해야 한다.
  - 물리·화학적 변화가 없어야 한다.
- 종류 : 메틸브로마이드, 청산제(사이안화수소), 클로로피크린, 알루미늄포스파이드 등

49 예방이나 치료효과를 나타내는 침투성 살균제(Systemic Fungicide)가 아닌 것은?

① IBP제　　② Carboxin제
③ Benomyl　④ Mancozeb

해설

Mancozeb는 보호살균제이다.

50 다음 농약의 제형 중 농약 제조에 사용되는 유기용매를 줄이기 위한 방안으로 개발된 친환경적 제형은?

① 액상수화제　② 액 제
③ 유탁제　　　④ 수화제

해설

유탁제 : 액상·점질액상으로서 물에 희석하면 유화되는 농약

51 다음 중 비이온성 계면활성제는?

① 인산염
② 황산염
③ 카르본산염
④ Polyoxyethylene Glycol과 지방산의 에스테르

해설

비이온성 계면활성제 : 이온성 계면활성제나 양쪽성 계면활성제와 달리 분자 중에 이온으로 해리되지 않는 수산기(-OH), 에테르결합(-O-), 아마이드결합(-CONH-), 에스테르결합(-COOR) 등을 가지고 있는 계면활성제

52 제초제의 선택적 고사요인 중 물리적 요인은?

① 농약의 효소적 분해
② 작물의 약제에 대한 내성
③ 호르몬형 제초제의 화본과 식물에 작용
④ 약제가 잡초의 발아층에 분포하는 성질

해설

제초제의 선택성
- 생태적 선택성 : 생육시기가 서로 다르기 때문에 나타나는 제초제에 대한 감수성의 차이
- 형태적 선택성 : 생장점의 노출 여부에 따라 나타나는 선택성 차이
- 생리적 선택성 : 제초제 성분이 식물 체내에 흡수·이행되는 정도의 차이
- 생화학적 선택성 : 식물의 종류에 따라 다른 감수성을 나타내는 현상

정답 48 ④　49 ④　50 ③　51 ④　52 ④

53 농약의 구비조건이 아닌 것은?

① 인축에 대한 독성이 낮아야 한다.
② 작물에 대한 약해작용을 일으켜서는 안 된다.
③ 토양에 오래 잔류하여야 한다.
④ 다른 약제와 혼용이 가능하고 천적, 어류에 대한 독성이 낮아야 한다.

해설
③ 6개월 이상 토양에 잔류하는 농약은 국내 등록이 금지된다.
농약의 구비조건
- 적은 양으로 약효가 확실할 것
- 농작물에 대한 약해가 없을 것
- 인축에 대한 독성이 낮을 것
- 어류에 대한 독성이 낮을 것
- 다른 약제와의 혼용 범위가 넓을 것
- 천적 및 유해곤충에 대하여 독성이 낮거나 선택적일 것
- 값이 쌀 것
- 사용방법이 편리할 것
- 대량생산이 가능할 것
- 물리적 성질이 양호할 것
- 농촌진흥청에 등록되어 있을 것

54 분제의 물리적 성질만 나열한 것은?

① 습윤성, 분산성, 부착성
② 현수성, 습윤성, 부착성
③ 확전성, 부착성, 비산성
④ 분산성, 비산성, 토분성

해설
- 분산성 : 살포 시 분제가 널리 균일하게 분산하는 성질
- 비산성 : 분제의 입자가 살분기의 풍력에 의해 목적장소까지 날아가는 성질
- 토분성 : 살포기에서의 토출 정도

55 다조멧 85% 분제 1kg을 50%의 분제로 만들려면 증량제가 얼마나 필요한가?

① 0.58kg   ② 0.70kg
③ 1.00kg   ④ 1.50kg

해설
희석할 증량제의 중량
= 원분제의 중량 × (원분제의 농도/희석할 농도 − 1)
= 1.0kg × (85%/50% − 1) = 0.7kg

56 다음 농약 중 저항성 유발 우려가 가장 높은 약제는?

① 가스가마이신
② 에디벤포스
③ 페노뷰카브
④ 석회유황합제

해설
침투이행성이 높은 약제가 저항성 유발율이 높다.
① 가스가마이신 : 침투이행성 살균제
② 페노뷰카브 : 카바메이트계 살충제
③ 에디벤포스 : 유기인계 살균제로, 국내 등록이 취소된 농약
④ 석회유황합제 : 보호살균제

57 농약의 독성을 나타내는 LD_{50}의 의미로 옳은 것은?

① 시험동물의 50%가 생존할 수 있는 농약의 양을 의미한다.
② 시험동물을 시험하기 위해 농약의 양이 50%가 유지되는 것을 의미한다.
③ 시험동물의 체중 kg당 몇 mg의 농약을 투여하였을 때 시험동물의 반수가 죽게 되는가를 의미한다.
④ 시험동물의 비율이 전체 시험동물의 50% 이상 되어야 하는 것을 의미한다.

해설
독성물질의 경우, 해당 약물의 LD_{50}을 나타낼 때는 체중 kg당 mg으로 나타낸다.

58 농약관리법상 농약의 급성독성 정도에 따른 농약 구분이 아닌 것은?

① 급성독성 ② 저독성
③ 고독성   ④ 맹독성

해설
농약 등의 독성 구분(농약관리법 시행규칙 [별표 3의5])
Ⅰ급(맹독성), Ⅱ급(고독성), Ⅲ급(보통독성), Ⅳ급(저독성)

59 뷰타클로르 유제를 500배로 희석하여 살포하려고 할 때, 물 1말(18L)에 필요한 약량은 몇 mL인가?

① 18   ② 20
③ 36   ④ 72

해설
18L × 1,000mL/L ÷ 500배 = 36mL

60 농약 살포 시 지켜야 할 사항으로 옳지 않은 것은?

① 제4종 복합비료와의 혼용은 약해를 일으키지 않는다.
② 농약 안전사용과 취급제한 기준은 반드시 지켜야 한다.
③ 다른 농약과 혼용할 때에는 혼용 가능 여부를 확인 후 사용한다.
④ 가급적 비선택성 제초제는 작물 근처에 뿌리지 않는다.

해설
비료와 혼용할 경우 알칼리 금속성 이온과의 화학반응이나 pH 변화에 의해 약효가 떨어지거나, 화학반응에 의한 약해 등이 발생할 수 있다.

정답 57 ③ 58 ① 59 ③ 60 ①

제4과목 잡초방제학

61 1년생 광엽잡초에서 줄기 및 윗부분에서 1차 예취를 하고 재생 후 아주 낮게 2차 예취를 해 주면 효과적인 제초가 가능하다. 이것은 식물의 어떤 특성을 이용한 것인가?

① 발아현상
② 정아우세현상
③ 2차 휴면
④ 체질적 다형성

해설
정아우세현상 : 정아에서 생성된 옥신의 영향으로 인해 정아의 성장은 촉진되고, 측아의 발달을 억제하는 현상으로, 1차 예취로 정아가 제거되면 생장이 억제되고, 다시 2차 예취를 하게 되면 잡초의 생장 억제효과가 커진다.

62 다음 중 논잡초로만 나열된 것은?

① 사마귀풀, 올미, 쇠비름
② 명아주, 올미, 쇠비름
③ 물옥잠, 돌피, 여뀌바늘
④ 강아지풀, 참방동사니, 돌피

해설
논잡초
- 일년생 잡초 : 피, 마디꽃, 물달개비 등
- 다년생 잡초 : 가래, 너도방동사니, 올미 등
- 부유성 잡초 : 생이가래, 개구리밥, 좀개구리밥, 물옥잠 등
- 조류 : 이끼, 괴불, 갈조, 남조 등
- 화본과 잡초(Grasses) : 피, 나도겨풀 등
- 사초과 잡초(Sedges) : 너도방동사니, 올방개 등
- 광엽잡초(Broadleaf) : 가래, 물달개비 등

63 다음 중 월년생 잡초로 가장 옳은 것은?

① 나도겨풀
② 토끼풀
③ 속속이풀
④ 띠

해설
겨울잡초 : 가을에 발생하여 노지에서 월동하고, 봄에 피해가 크고, 늦봄과 초여름에 결실하는 것
예 뚝새풀, 별꽃, 속속이풀, 냉이, 벼룩나물, 벼룩이자리, 점나도나물, 개양개비, 갈퀴덩굴

64 다음 중 영양번식기관에 해당하지 않는 것은?

① 잡종강세
② 인 경
③ 구 경
④ 지하경

해설
무성번식 – 영양번식
주로 다년생 잡초의 번식방법으로, 종자 및 영양번식을 동시에 하는 잡초도 있다.
- 포복경 : 아욱메풀, 아욱메풀, 선피막이, 사상자, 미나리, 병풀, 버뮤다그라스 등
- 인경 : 가래, 무릇, 야생마늘, 자주괭이밥 등
- 구경 : 반하, 올챙이고랭이 등
- 근경(지하경) : 가래, 나도겨풀, 쇠털골, 띠, 수염가래꽃, 택사, 올방개 등
- 괴경 : 벗풀, 향부자, 매자기, 올방개, 올미, 너도방동사니 등

65 잡초에 대한 벼의 경합력을 높이는 재배방법으로 가장 적절한 것은?

① 직파재배를 한다.
② 소식재배를 한다.
③ 무경운재배를 한다.
④ 이앙재배를 한다.

해설
묘를 이앙재배하면 경합력이 커지며, 어린 묘보다는 중묘를 기계이앙하는 것이 효과적이다.

정답 61 ② 62 ③ 63 ③ 64 ① 65 ④

66 식물의 백화증상을 유발시키는 약제가 있다. 이런 증상이 유도되는 이유에 대한 설명으로 가장 옳은 것은?

① 광합성 전자 전달과정을 저해하기 때문이다.
② 식물세포막을 급격히 파괴시키기 때문이다.
③ 단백질 생합성을 저해하여 엽록체가 파괴되기 때문이다.
④ 식물색소 중의 하나인 카로티노이드의 생합성이 억제되기 때문이다.

해설
백화증상은 카로티노이드의 생합성이 억제되기 때문에 나타나는 증상이다.

67 다음 중 종자가 암발아성인 잡초로 가장 옳은 것은?

① 냉 이   ② 소리쟁이
③ 바랭이   ④ 쇠비름

해설
암발아종자 : 별꽃, 냉이, 광대나물, 독말풀 등

68 사람이나 동물에 부착되기 쉬운 낚시 바늘 모양의 돌기 또는 바늘 모양의 가시가 있는 잡초는?

① 냉 이   ② 도깨비바늘
③ 명아주   ④ 소리쟁이

해설
사람의 옷이나 동물의 털에 붙어서 전파하는 잡초에는 가막사리, 도꼬마리, 진득찰, 도깨비바늘 등이 있다.

69 영양번식기관으로 번식하는 잡초는?

① 올방개   ② 알방동사니
③ 물달개비   ④ 바랭이

해설
괴경 : 벗풀, 향부자, 매자기, 올방개, 올미, 너도방동사니 등

70 작물과 잡초 간 경합의 한계밀도(Critical Threshold Level)에 대한 설명으로 가장 옳은 것은?

① 경합에 의한 무기원소 결핍단계
② 잡초의 밀도가 어느 한계를 넘었을 때 작물의 수량을 크게 감소시키는 밀도
③ 영양생장에서 생식생장으로 넘어가는 한계
④ 작물의 밀도가 어느 한계를 넘었을 때 잡초와의 경합에 이길 수 있는 밀도

해설
잡초허용 한계밀도 : 잡초의 밀도가 증가하면 작물의 수량이 감소하는데, 어느 밀도 이상으로 잡초가 존재하면 작물의 수량이 현저하게 감소하는 잡초의 밀도

71 다음 중 부유성 수생잡초로만 나열된 것은?

① 생이가래, 흰명아수
② 부레옥잠, 좀개구리밥
③ 개구리밥, 올미
④ 생이가래, 쇠비름

해설
부유성 잡초 : 생이가래, 개구리밥, 좀개구리밥, 부레옥잠 등

72 다음 중 잡초의 학명이 틀린 것은?

① 올방개 : *Eleocharis kuroguwai* Ohwi
② 강피 : *Monochoria vaginalis* P.
③ 너도방동사니 : *Cyperus serotinus* Rottb.
④ 알방동사니 : *Cyperus difformis* L.

해설
강피 : *Echinochloa crus-galli* var oryzicola (Vasinger) Ohwi
※ 물달개비 : *Monochoria vaginnalis* P.

73 벼와 피의 형태에 대한 설명으로 가장 옳은 것은?

① 벼에는 잎귀는 있으나 잎혀가 없다.
② 피에는 잎귀가 있으나 잎혀가 없다.
③ 피에는 잎귀와 잎혀가 있으나 벼에는 없다.
④ 벼에는 잎귀와 잎혀가 있으나 피에는 없다.

해설
• 엽이(잎귀) : 잎에서 잎집과 잎몸과의 갈림목 양쪽에 있는 한 쌍의 돌기
• 엽설(잎혀) : 잎집과 잎몸의 경계부에 있는 막상돌기로, 가늘고 긴 혀 모양의 얇은 막편

74 다음 중 호르몬형 제초제로만 나열된 것은?

① Bensulfuron, Butachlor
② 2,4-D, Dicamba
③ Paraquat, Bentazone
④ Hexazinone, Alachlor

해설
2,4-D, Dicamba 등은 호르몬 제초제이다.

75 잡초의 여러 기관에서 작물의 발아나 생육을 억제하는 특정 물질을 분비하여 피해를 주는 작용은?

① Transmission   ② Blue Ray
③ Competition   ④ Allelopathy

해설
타감작용(Allelopathy) : 한 생물이 다른 생물들의 성장, 생존, 생식 등에 영향을 주는 하나 이상의 생화학물질을 만들어 내는 생물학적 현상

76 다음 중 택사과 잡초로 가장 옳은 것은?

① 사마귀풀   ② 알방동사니
③ 돌 피   ④ 벗 풀

해설
택사과 : 외떡잎식물의 한 과로서, 초본으로 물가나 습지에서 자란다.
예 벗풀, 보풀, 쇠귀나물, 택사 등

정답 71 ② 72 ② 73 ④ 74 ② 75 ④ 76 ④

77 다음 중 외래잡초로만 나열된 것은?

① 미국개기장, 단풍잎돼지풀, 서양민들레
② 올챙이고랭이, 미국자리공, 생이가래
③ 서양민들레, 올방개, 방동사니
④ 단풍잎돼지풀, 미국가막사리, 중대가리풀

해설
농경지 외래잡초
• 콩 : 가늘털비름, 명아주류, 털여뀌, 미국가막사리 등
• 옥수수 : 어저귀, 가는털비름, 돌소리쟁이, 털여뀌, 명아주류, 독말풀, 큰도꼬마리, 도깨비가지, 단풍잎돼지풀, 미국가막사리 등
• 목초지 : 돌소리쟁이, 소리쟁이, 도깨비가지, 왕도깨비가지, 냉이아욱, 가시비름, 자주광대나물, 독말풀, 도꼬마리, 큰도꼬마리, 어저귀, 큰개불알풀, 붉은서나물, 큰방가지똥, 서양민들레, 서양금혼초, 만수국아재비, 개망초 등

78 방동사니과 잡초의 형태적 특징으로 가장 옳은 것은?

① 엽이가 있다.
② 잎이 좁고 능선이 없다.
③ 줄기가 삼각형이다.
④ 잎은 엽신과 엽초로 구분되어 있다.

해설
방동사니과의 형태적 특징
• 잎은 마디로부터 두 줄로 교호(互互)로 나 있다.
• 줄기가 삼각형 모양을 하고 있다.
• 잎맥이 그물처럼 얽혀 있다.

79 설포닐우레아계 제초제의 작용기구로 가장 옳은 것은?

① 지질 생합성의 저해
② 아미노산 생합성의 저해
③ 호흡작용의 저해
④ 광합성의 저해

해설
설포닐우레아계 제초제
• 아미노산 생합성을 저해한다.
• 저약량으로도 높은 제초활성이 있어 환경에 부하가 적다.
• 요소계 제초제의 기본구조에 SO_2기가 치환된 것이다.
• 화본과보다 광엽잡초에 높은 활성을 나타낸다.
• 세포분열과 식물의 생육을 억제한다.
• 종류 : 벤설퓨론메틸, 피라조설퓨론에틸, 아짐설퓨론, 시노설퓨론
※ 논에서 피를 제외한 1년생 및 다년생 광엽잡초, 방동사니잡초 방제에 사용된다.

80 우리나라에서 가장 먼저 사용한 제초제는?

① 마세트 입제
② 2,4-D 액제
③ 스톰프 유제
④ 라쏘 유제

해설
2,4-D는 우리나라에서 가장 먼저 사용한 제초제이다.

정답 77 ① 78 ③ 79 ② 80 ②

2020년 제1·2회 통합 과년도 기출문제

식물보호산업기사

제1과목 식물병리학

01 1차 전염원에 대한 설명으로 가장 거리가 먼 것은?
① 겨울에 병원체가 휴면상태로 월동하고, 다음해에 처음으로 감염하는 전염원이다.
② 균류에만 해당될 뿐 세균이나 바이러스는 해당되지 않는다.
③ 곤충도 1차 전염원의 월동장소가 될 수 있다.
④ 병 방제차원에서 1차 전염원의 박멸은 매우 중요하다.

해설
파 무름병의 경우 세균에 의한 병으로 고자리파리의 번데기 속에서 독립적으로 겨울 지내고 1차 전염원이 되기도 한다.

02 수박 덩굴쪼김병균이 월동하는 곳으로 가장 적절한 것은?
① 토 양
② 매개곤충의 알
③ 열 매
④ 중간기주

해설
토양전염 : 모잘록병균, 시들음병균, 풋마름병균, 박과류 덩굴쪼김병균, 균핵병, 밑둥썩음병, 잘록병, 검은썩음병

03 과수에 발생한 흰가루병균이 형성하는 포자의 종류는?
① 난포자
② 자낭포자
③ 접합포자
④ 담자포자

해설
흰가루병은 자낭균류에 속한다.

04 다음에서 설명하는 것은?

> 약독계통 바이러스를 이용하여 강독계통 바이러스의 감염을 저지하는 현상

① 기주교대
② 교차보호
③ 포장위생
④ 준유성교환

해설
교차보호 : 병원성이 약화된 식물바이러스가 침입한 기주에 병원성이 강한 바이러스에 의한 병의 확산이 억제되는 현상

05 소나무 혹병균의 중간기주로 가장 옳은 것은?
① 민들레
② 참나무
③ 흰명아주
④ 향나무

해설
중간기주
• 잣나무 털녹병 : 송이풀과 까치밥나무
• 소나무류 잎녹병균 : 황벽나무, 참취, 잔대
• 소나무 혹병균 : 참나무
• 배나무 붉은별무늬병균 : 향나무

정답 1 ② 2 ① 3 ② 4 ② 5 ②

06 담배 모자이크바이러스를 *N. glutinosa* 에 접종하였을 때 접종한 잎에서 나타나는 가장 일반적인 병징은?

① 전신적 황백화현상
② 엽색이 짙어지는 현상
③ 국부 괴사반점 형성
④ 잎말림 형성

해설
담배 모자이크바이러스(TMV)는 접종된 잎에만 국부 괴사반점 증상, CMV의 경우 접종부의 상엽에 전신감염

07 배추 등 채소에 무름병을 일으키는 병원균으로 감염 초기에 수침상을 보이다가 후기에 담갈색으로 변하여 식물체 조직이 물러지게 하는 병원균은?

① *Ralstonia solanacearum*
② *Plasmodiophora brassicae*
③ *Streptomyces scabies*
④ *Erwinia carotovora*

해설
Erwinia carotovora : 세균성 무름병

08 다음 중 병원체 크기가 가장 작은 것은?

① 세 균   ② 진 균
③ 파이토플라스마   ④ 바이로이드

해설
병원체의 크기 : 진균(곰팡이) > 세균 > 바이러스 > 바이로이드

09 벼 키다리병과 가장 관련이 있는 것은?

① 옥 신   ② 시토키닌
③ 지베렐린   ④ 에틸렌

해설
벼 키다리병균은 지베렐린의 분비 촉진으로 키가 비정상적으로 신장된다.

10 다음에서 설명하는 것은?

기주가 어떤 식물병원균에 대하여 병이 전혀 발생하지 않는 성질

① 저항성   ② 면역성
③ 내 성   ④ 이병성

해설
면역성 : 식물이 전혀 어떤 병에 걸리지 않는 성질

11 다음 중 세균에 의해 나타나는 병징으로 가장 거리가 먼 것은?

① 점무늬병   ② 무름병
③ 모자이크병   ④ 시들음병

해설
모자이크 증상은 바이러스에 감염된 식물체에서 보이는 증상

정답 6 ③ 7 ④ 8 ④ 9 ③ 10 ② 11 ③

12 다음 중 발병되더라도 표징이 가장 잘 나타나지 않는 것은?

① 오이 흰가루병
② 토마토 잎곰팡이병
③ 가지 균핵병
④ 보리 줄무늬모자이크병

해설
표징(Sign)
병원체가 병든 식물의 표면에 곰팡이, 균핵, 점질물, 이상 돌출물 등이 나타나서 눈으로 가려낼 수 있는 특징이나 상징으로 볼 수 있다. 비전염성병이나 바이러스병, 바이로이드, 파이토플라스마병은 표징이 나타나지 않는다.

13 녹병균의 여름포자, 녹포자의 주된 침입 경로로 가장 적절한 것은?

① 피 목
② 수 공
③ 기 공
④ 뿌리털

해설
기공감염 : 녹병균의 여름포자·녹포자

14 대추나무 빗자루병의 전염 경로로 가장 옳은 것은?

① 병원체가 하늘소에 의하여 전염된다.
② 감염된 나무에서 수확한 종자를 심어서 전염된다.
③ 파이토플라스마 병원체가 비산하여 병을 전염한다.
④ 매개충인 마름무늬매미충에 의하여 병원체가 전염된다.

해설
대추나무 빗자루병은 파이토플라스마에 의한 병으로 마름무늬매미충에 의해 전염

15 다음 중 병원균이 이종기생균에 속하는 것으로 가장 옳은 것은?

① 오이 노균병
② 고추 탄저병
③ 잣나무 털녹병
④ 포도 새눈무늬병

해설
이종기생균
• 잣나무 털녹병 : 송이풀과 까치밥나무
• 소나무류 잎녹병균 : 황벽나무, 참취, 잔대
• 소나무 혹병균 : 참나무
• 배나무 붉은별무늬병균 : 향나무

16 다음 중 병원균의 병원성 변이와 가장 관련이 없는 것은?

① 돌연변이
② 교 잡
③ 준유성교환
④ 항 생

해설
병원성의 유전(변이를 일으키는 기작)
• 돌연변이 : 감자 역병균, 토마토 잎곰팡이병균, 옥수수 깨씨무늬병균
• 교잡 : 유성생식이 가능한 진균류에 해당, 녹병균, 깜부기병균, 사과 검은별무늬병균
• 이핵 : 균사 또는 포자의 한 세포 내에 유전적으로 다른 핵을 갖는 현상
• 준유성교환 : 불완전균류의 영양균사에서 마치 유성생식과 같은 유전적인 재조합이 일어나는 현상, 완두 시들음병균, 알팔파 줄기마름병균, 보리 점무늬병균 등

17 고추 역병의 병원체로 가장 옳은 것은?

① 선 충
② 세 균
③ 바이러스
④ 곰팡이

해설
역병균은 진균(곰팡이) 종류 중 조균류에 속한다.

18 다음 중 병원균이 기생체 침입 시 균사가 밀집해서 감염욕을 만들어 침입하는 것으로 가장 옳은 것은?

① 벼 깨씨무늬병
② 뽕나무 자주날개무늬병
③ 고추 탄저병
④ 오이 잿빛곰팡이병

해설
균사가 밀집하여 감염욕을 만드는 증상은 담자균류의 특성이며 뽕나무 자주날개무늬병은 담자균류에 속한다.

19 사과나무 겹무늬썩음병을 일으키는 병원체로 가장 옳은 것은?

① 곰팡이   ② 세 균
③ 바이러스   ④ 파이토플라스마

해설
사과나무 겹무늬썩음병은 자낭균류에 속한다.

20 다음 중 감염된 식물체를 가축이 먹으면 가장 해로운 병으로 옳은 것은?

① 보리 붉은곰팡이병
② 벼 도열병
③ 배추 모자이크병
④ 콩 뿌리혹병

해설
맥류 붉은곰팡이병의 유독한 알칼로이드 독소에 의해 식중독 유발

제2과목 농림해충학

21 사과 과수원에 복숭아심식나방의 성충 발생 정도를 예찰하는 방법으로 가장 적절한 것은?

① 유아등
② 성페로몬 트랩
③ 말레이즈 트랩
④ 황색 수반 트랩

해설
나방이나 나비 등의 해충은 주로 성페로몬 트랩을 이용해 예찰한다.

22 나방류와 비슷하며, 유충과 번데기 시기에 수서생활을 하는 것은?

① 강도래   ② 뿔잠자리
③ 날도래   ④ 매 미

해설
날도래목
- 입은 저작구이지만 극히 퇴화되고, 촉각은 사상(絲狀)이다.
- 유충은 물속에서 사는데 실을 토해 수초, 나무 가지, 모래 등으로 여러 가지 모양의 집을 만든다.

정답 18 ② 19 ① 20 ① 21 ② 22 ③

23 다음 중 곤충의 표피층에 대한 설명으로 가장 적절하지 않은 것은?

① 외표피층(Epicuticle)은 수분의 증산을 억제해 주는 기능을 한다.
② 기저막(Basement Membrane)은 일정한 모양이 없는 비세포성 연결조직이다.
③ 표피세포(Epidermis)는 표피를 이루는 단백질, 지질, Chitin화합물 등을 합성 분비한다.
④ 외원표피층(Exocuticle)은 탈피과정에서 모두 소화, 흡수되어 재활용된다.

해설
외원표피층 : 곤충의 체색을 나타내는 색소를 함유하고 있고 내원표피 밑에 위치하는 진피층은 살아있는 단세포군으로 탈피 중에 내원표피를 소화시켜 재흡수하여 큐티클의 일부를 재활용

24 곤충에 대한 환경요인 중 비생물적 요인으로 가장 적절하지 않은 것은?

① 기 생   ② 기 후
③ 일 광   ④ 대 기

해설
비생물적 환경
• 곤충의 발육은 온도와 밀접한 관계를 가지고 있으며 발육 단계마다 발육에 필요한 일정한 온량이 필요
• 유효적산온도 : 생물이 일정한 발육을 완료하기 위해 필요한 총온열량(總溫熱量)으로 1일 평균기온에서 발육영점온도를 뺀 값을 누적시킨 온도
• 유효적산온도는 종과 세대에 따라 다를 수 있으며 유효적산온도로 곤충의 발육 상태, 발육 속도 등을 예측하여 방제에 이용할 수 있다.

25 빛에 모이는 곤충의 성질을 이용한 채집법은?

① 유아등 채집
② 쓸어잡기 채집
③ 말레이즈 채집
④ 떨어잡기 채집

해설
밤에 활동하는 나방류는 불빛에 모이는 성질(주광성)을 이용해 채집

26 다음 중 과변태하는 곤충으로 가장 적절한 것은?

① 하늘소   ② 흰나비
③ 매 미   ④ 가 뢰

해설
가뢰과 곤충은 유충이 다형인 경우 알 → 유충 → 의용 → 용 → 성충 순으로 과변태한다.

27 다음 중 고자리파리의 월동충태로 가장 적절한 것은?

① 성 충   ② 유 충
③ 알   ④ 번데기

해설
고자리파리는 번데기로 월동한다.

28 일반적으로 온대지방에서 1년에 1회 발생하는 해충은?

① 거세미나방 ② 벼룩잎벌레
③ 파총채벌레 ④ 땅강아지

해설
땅강아지는 메뚜기목에 속하며, 연 1회 발생하여 약충과 성충이 작물의 뿌리를 가해한다.

29 다음 중 표피를 이루는 단백질, 지질, 키틴 화합물 등을 합성 분비하는 세포로 가장 적절한 것은?

① 진피세포 ② 내원표피
③ 외원표피 ④ 외표피

해설
진피층 : 단층의 세포조직인 상피세포의 형태로 표면에는 미세한 융모가 있고, 단백질, 지질, 키틴화합물 등을 합성 및 분비하는 세포층이 있다.

30 다음 중 해충의 정의로 가장 적절한 것은?

① 식물을 가해하는 곤충
② 개체수가 많은 곤충
③ 인간과의 관계에서 경쟁적인 곤충
④ 다른 곤충을 포식하는 곤충

해설
해충 : 인간에게 직간접적으로 해를 끼치는 곤충으로 작물을 가해하는 해충은 인간과 식량을 두고 경쟁하는 관계라고 할 수 있다.

31 다음 중 이화명나방의 암수 구별 방법으로 가장 거리가 먼 것은?

① 암컷의 빛깔은 엷다.
② 수컷은 암컷에 비해 크기가 크다.
③ 암컷의 날개 센털은 3개가 있다.
④ 수컷의 전연각(前緣角)은 넓다.

해설
수컷은 암컷에 비해 약간 작으며 빛깔이 다소 짙다.

32 다음 중 외시류 곤충의 겹눈을 구성하는 낱눈수의 변화에 대한 설명으로 가장 옳은 것은?

① 약충 발육기간 중에만 증가한다.
② 변태기에만 증가한다.
③ 아무런 수의 변화가 없다.
④ 탈피기와 변태기에 모두 증가한다.

해설
겹눈은 여러 개의 낱눈이 모여 이루어져 있고 탈피기와 변태기에 모두 증가한다.

33 곤충의 중추신경계에 속하지 않는 구조는?

① 운동신경 ② 뇌
③ 가슴신경절 ④ 식도하신경절

해설
중추신경계
- 뇌와 복신경색(배신경줄)으로 구성되며, 몸의 각 마디에는 원칙적으로 1개의 신경구 및 다른 마디의 신경구와 이것을 연결하는 1쌍의 신경색이 있다.
- 식도상 신경구 : 뇌가 식도 위에 위치하기 때문이다.
- 막신경계 : 각 신경구는 쌍으로 된 신경색에 의하여 연결되어 있으며, 앞가슴에서 나와 소화관 밑을 세로로 뻗어 있다.

정답 28 ④ 29 ① 30 ③ 31 ② 32 ④ 33 ①

34 다음 중 버즘나무방패벌레에 대한 설명으로 가장 적절하지 않은 것은?

① 버즘나무류의 잎뒷면에 모여 흡즙 가해한다.
② 풀잠자리목에 속한다.
③ 성충으로 월동한다.
④ 1995년에 국내에 보고되었다.

해설
버즘나무방패벌레는 노린재목에 속한다.

35 다음 중 곤충 혈구의 기능으로 가장 적절하지 않은 것은?

① 식균작용   ② 상처치유
③ 해독작용   ④ 소리감지

해설
혈구의 기능 : 식균작용, 피낭형성, 응고작용, 영양분의 저장과 운반

36 다음 중 탈피 후 표피층을 경화시키는 호르몬으로 가장 옳은 것은?

① Diuretic Hormone
② Bursicon
③ Eclosion Hormone
④ Proctolin

해설
Bursicon : 탈피 후 곤충표피 경화 호르몬

37 다음 중 내시류에 속하는 곤충으로 가장 옳은 것은?

① 물장군
② 장수풍뎅이
③ 벼메뚜기
④ 분홍날개대벌레

해설
내시류 : 딱정벌레목, 부채벌레목, 풀잠자리목, 밑들이목, 벼룩목, 파리목, 날도래목, 나비목, 벌목 → 완전변태 : 번데기 과정 있음, 번데기 때 날개 나타나고 날개를 접어 붙일 수 있음

38 일반적인 곤충의 몸 구조에 대한 설명으로 가장 적절하지 않은 것은?

① 다리는 4쌍이고 7마디로 구성된다.
② 겹눈과 홑눈이 있다.
③ 대개 가슴에는 날개 2쌍이 있다.
④ 머리, 가슴, 배의 3부로 구성되어 있다.

해설
다리 : 앞가슴, 가운데가슴, 뒷가슴에 1쌍씩 총 3쌍의 다리가 붙어 있고 다음과 같은 5개의 다리마디로 되어 있다.
• 기절(밑마디)
• 전절(도래마디)
• 뒤절(넙적다리)
• 경절(종아리 마디)
• 부절(발마디)

39 다음 중 벼 줄무늬잎마름병의 병원균을 매개하는 곤충으로 가장 옳은 것은?

① 애멸구 ② 벼멸구
③ 흰등멸구 ④ 번개매미충

해설
애멸구 : 바이러스병인 줄무늬잎마름병의 매개

40 솔수염하늘소의 성충이 최대로 출현하는 최성기로 가장 적절한 것은?

① 3~4월 ② 4~5월
③ 6~7월 ④ 9~10월

해설
솔수염하늘소
- 우화 최성기는 6월이며 유충은 4월경에 수피와 가까운 곳에 용실을 만들고 번데기가 된다.
- 성충은 5월 하순~7월 하순에 약 6mm가량 되는 원형의 구멍을 만들고 밖으로 나와 어린가지의 수피(樹皮)를 갉아 먹는다.

제3과목 농약학

41 농약의 잔류독성을 의미하지 않는 것은?

① 식품에 잔류한 농약의 독성
② 토양 속에 남아 있는 독성
③ 작물에 남아 있는 독성
④ 농약 포장지 내에 남아 있는 독성

해설
잔류농약이란 살포된 농약이 자연환경 중에 존재하거나 식물 또는 식품의 원료 자체에 남아 있는 것을 말하고, 작물 잔류성, 토양 잔류성 및 수질오염성 농약으로 분류한다.

42 제충국의 살충유효 성분이 아닌 것은?

① Pyrethrin I ② Pyrethrin II
③ Cinerin I ④ Rotenone

해설
- 국화과 식물인 제충국의 꽃을 말린 것으로, 모기·파리·바퀴, 벼룩·빈대 등을 죽이는 천연 살충제(피레트린 I · II, 시네린 I · II) 등의 살충 성분)
- 로데논(Rotenone)은 콩과 식물 데리스의 뿌리에서 얻어지는 화학성분으로 연못 제초제와 미국에서 가물치를 잡기 위해 살어제로 이용된다.

43 Carbamate계 살충제가 아닌 것은?

① BPMC(Fenobcarb)
② Zeta-cypermethrin
③ Carbaryl
④ Furathiocarb

해설
Zeta-cypermethrin은 피레스로이드계 살충제

정답 39 ① 40 ③ 41 ④ 42 ④ 43 ②

44 다음 구리제 농약 중 구리 함유량이 가장 큰 것은?

① Tribasic Copper Sulfate
② Copper Oxychloride
③ Copper Hydroxide
④ Oxine Copper

해설
③ Copper Hydroxide($Cu(OH)_2$)
 • 분자량 : 97.5(구리함량은 63.5, 산소 16, 수소 1)
 • 구리함량 : $63.5/(63.5+34) \times 100 = 65\%$
① Tribasic Copper Sulfate($Cu_3H_2O_{10}S_2$)
 • 분자량 : $(63.5 \times 2 + 2 + 16 \times 10 + 32 \times 2) = 416.5$
 • 구리함량 : $63.5 \times 3 / (416.5) \times 100 = 45.7\%$
② Copper Oxychloride($Cu_2Cl(OH)_3$)
 • 분자량 : $(63.5 \times 2 + 35.4 + (16+1) \times 3 = 213.4$
 • 구리함량 : $63.5 \times 2 / (213.4) \times 100 = 58.6\%$
④ Oxine Copper($C_{18}H_{12}CuN_2O_2$)
 • 분자량 : $(12 \times 18 + 12 + 63.5 + 14 \times 2 + 16 \times 2) = 351.5$
 • 구리함량 : $63.5 / (351.5) \times 100 = 18.0\%$

45 유기인제 농약의 중독 증상과 비슷한 증상을 보이는 농약은?

① 항생제 농약
② 유기염소제 농약
③ 유기비소제 농약
④ 카바메이트제 농약

해설
유기인계, 카바메이트계 살충제는 아세틸콜린에스테라제의 분해작용을 저해

46 해충에 저항성이 유발되기 쉬운 살충제의 살포방법은?

① 동일 그룹의 약제를 연용한다.
② 약제 살포 횟수를 줄인다.
③ 매년 다른 약제로 바꾸어 살포한다.
④ 작용 기작이 다른 약제와 교호 살포한다.

해설
약제의 품목명은 다르나 작용기작이 같은 약제를 계속 사용하게 되면 약제에 대한 저항성이 커진다.

47 훈증제의 사용에 대한 설명 중 틀린 것은?

① 휘발성이 있어야 한다.
② 비인화성 이어야 한다.
③ 흡착성과 확산성이 있어야 한다.
④ 수분에 용입되어야 한다.

해설
훈증제 : 비점이 낮은 농약의 주제를 액상, 고상, 압축가스로 용기 내에 충전 후 대기 중에 가스 상태로 방출하여 병해충에 독작용을 하는 제형

48 농약의 사용목적에 따른 분류 중 보호살균제에 해당되지 않는 것은?

① Myclobutanil
② Bordeaux mixture
③ Mancozeb
④ Propineb

해설
Myclobutanil은 트리아졸계 살균제로 치료 및 예방효과가 있다.

49 농약을 식별하기 위해 라벨의 바탕 색깔을 달리하는데 노란색 라벨은 어떤 유형의 농약을 의미하는가?

① 제초제
② 살균제
③ 살충제
④ 식물생장 조절제

해설
약제의 용도에 따른 바탕색 구분
• 살균제 : 분홍색
• 살충제 : 녹색
• 제초제 : 황색
• 생장조절제 : 청색
• 맹독성 농약 : 적색
• 기타 약제 : 백색
• 혼합제 및 동시 방제제 : 해당 약제색깔 병용

50 농약제형의 형태에 따른 분류가 아닌 것은?

① 미탁제
② 유탁제
③ 유화제
④ 훈증제

해설
제형에 의한 분류
• 액체시용제(희석살포제) : 유제, 액제, 수용제, 수화제, 액상, 입상, 수화제, 유탁제, 미탁제, 캡슐현탁제, 분산성 액제
• 고형시용제(직접살포제) : 분제, 미분제, 저비산분제, 입제, 미립제, 캡슐제, 수면부상성 입제
• 종자처리제 : 종자처리수화제, 종자처리액상수화제, 분의제
• 특수목적제 : 훈연제, 연무제, 훈증제, 도포제, 농약함유 비닐멀칭제, 판상줄제

51 농약의 독성을 나타내는 LD_{50}이 의미하는 것은?

① 반수치사약량
② 한계치사약량
③ 50%가 넘는 성분
④ 타 약품 대비 50%의 인체 독성을 갖는 농약

해설
반수치사약량(LD_{50})은 숫자가 작을수록 독성이 강하다.

52 농약을 주성분의 조성에 따라 분류한 것은?

① 침투성살충제
② 훈증제
③ 유기인계
④ 식물 생장조절제

해설
유효성분 조성에 따른 분류
• 무기농약
  – 무기화합물을 주성분으로 하는 농약
  – 생석회, 소석회, 황산구리, 유황, 결정석회황 합제 등
• 유기농약
  – 유기화합물을 주성분으로 하는 농약
  – 천연유기농약과 대부분의 화학농약
  – 유기인계, 카바메이트계, 유기염소계, 유기황계, 유기비소계, 유기불소계 등

53 무기 화합물이 주성분인 농약은?

① Bordeaux Mixture
② Triclopyr
③ Cartap
④ EPN

해설
Bordeaux Mixture : 보르도액은 무기농약으로 분류

정답 49 ① 50 ③ 51 ① 52 ③ 53 ①

54 작용기작이 식물호르몬 작용 교란 제초제가 아닌 것은?

① Dicamba ② MCPB
③ PCP   ④ 2,4-D

해설
PCP : 유기염소계 제초제로 어독성이 강해 1975년부터 사용이 중지된 농약

55 농약의 유효성분이 50%인 제제를 0.05%로 희석하여 10a당 5말로 살포하려고 할 때 약제 소요량(mL)은?(단, 1말은 18L, 약제의 비중은 1.0이다)

① 80   ② 90
③ 100 ④ 120

해설
5말 × 18L × 1,000mL/L × (50 / 0.05 − 1) = 90.09mL

56 살포한 농약이 식물체나 충체의 표면을 적시는 성질은 무엇인가?

① 부착성 ② 습윤성
③ 확전성 ④ 고착성

해설
습윤성·확전성(습전성) : 골고루 퍼지고 널리 적시는 성질

57 분제(粉劑)에 대한 설명으로 틀린 것은?

① 대부분 그대로 사용되는 제제이다.
② 유효성분 농도가 1~5% 정도이다.
③ 작물에 대한 고착성이 우수하다.
④ 잔효성이 유제에 비해 짧다.

해설
분제농약의 특성
- 분제 주제를 증량제, 물리성 개량제, 분해방지제 등과 균일하게 혼합 분쇄하여 제조
- 수도 병해충 방제에 널리 사용
- 유제, 수화제에 비해 고착성이 떨어져 잔효성이 요구되는 과수의 병해 방제용으로는 부적합하다.

58 침투성 살충제의 일반적인 특성 중 옳지 않은 것은?

① 천적을 살해한다.
② 효력이 2~6주간 지속된다.
③ 식물체 내에 흡수, 이행되어 식물체 전체에 퍼진다.
④ 일반적으로 개체가 작은 흡즙 해충에 유효하다.

해설
침투성 살충제 : 식물의 뿌리, 줄기, 잎 등에 처리하면 식물 전체에 퍼져 흡즙성 해충에 선택적으로 작용하기 때문에 접촉독제 등에 비해 천적에는 안전하다.

정답 54 ③ 55 ② 56 ② 57 ③ 58 ①

59 기계유 유제의 살충작용으로 가장 옳은 것은?

① 훈증으로 살충
② 식중독으로 살충
③ 신경기능 저해로 살충
④ 피복, 질식시켜 살충

해설
기계유 유제 : 기름에 유화제를 섞어 만든 살충제로 기름으로 기문이나 피부를 막아 질식시킴

60 살충제 카보 입제(5%) 분석 시 제품 1.8763g을 내부표준용액 25mL에 녹여 이중 5μL를 HPLC에 주입하여 분석했을 때 면적비가 0.9561이었다. 또한 순도가 99.0%인 카보 표준품 0.1005g을 내부표준용액 25mL에 녹여 5μL를 주입하여 분석했을 때 면적비가 0.9485 이었다면 이 제품의 주성분 함량은?

① 5.06%　② 5.20%
③ 5.34%　④ 5.42%

해설
액체크로마토그래피 면적비에 의한 농도 계산
= 시료의 면적비 × 표준품의 희석량 / (표준품의 면적비 × 시료의 희석량) × 표준품의 농도
= (0.9561 × 0.1005g) / (0.9485 × 1.8763g) × 99%
= 5.345%

제4과목 잡초방제학

61 제초제의 효과적이며 안전사용을 위하여 유의하여야 할 사항으로 가장 옳은 것은?

① 적량보다 적게 사용하는 것이 효과적이다.
② 적량보다 많이 사용하는 것이 효과적이며 안전하다.
③ 적기를 놓쳤을 때에는 적량보다 많은 양을 사용해야 한다.
④ 알맞은 제초제를 선택하여 적기에 적량을 살포해야 한다.

해설
재배관리의 합리화
• 작물의 경합력을 증대시키는 재배적 조처
• 적기적량의 시비법으로 작물의 양분이용률 증대
• 작물생육에 적합한 제한관계법과 제한경운법
• 작물의 병해충과 선충으로부터 보호
• 윤작체계에 의한 잡초발생억제
• 잡초개화 이전에 경운과 예취로 번식억제
• 이미 생성 유입된 잡초종자를 열처리에 의하여 제거

62 다음 중 2년생(월년생) 잡초만으로 나열된 것은?

① 냉이, 메꽃
② 민들레, 코스모스
③ 질경이, 달맞이꽃
④ 망초, 냉이

해설
월년생 : 1년 이상 생존하지만 2년 이상 생존하지는 못한다.

63 다음 중 출아가 가장 늦으며, 출아 기간이 가장 긴 다년생 잡초로 가장 옳은 것은?

① 올챙이고랭이
② 올 미
③ 너도방동사니
④ 올방개

해설
출아 : 발아나 맹아한 싹이 지표를 뚫고 나오는 것으로 올방개는 지하경이 땅속 깊이 형성돼 싹이 지표를 뚫고 나오는 시간이 오래 걸린다.

64 다음 중 다년생 잡초의 전파기관에서 가장 지하에 묻혀 있지 않는 것은?

① 인 경   ② 근 경
③ 포복경   ④ 괴 경

해설
포복경 : 땅 표면을 기는 줄기

65 다음 중 논에서 종자로 번식하는 잡초로 가장 옳은 것은?

① 물달개비   ② 올 미
③ 벗 풀   ④ 올방개

해설
물달개비 : 논 잡초로 분류되며 종자로 번식하는 일년생 잡초

66 영양번식을 좌우하는 환경요인에 대한 설명으로 가장 거리가 먼 것은?

① 단일조건은 매자기의 괴경 형성을 촉진하며, 장일은 억제하는 반면에 괴경당 중량을 크게 한다.
② 광도는 건물생산과 생리대사에 영향을 미친다.
③ 무기성분 함량이 충분한 조건하에서 다년생 잡초의 경우 영양번식 속도가 억제된다.
④ 중점토보다 사질토에서 지하 영양기관의 생성이 촉진된다.

해설
무기성분 함량이 높으면 영양번식에 유리한 조건이므로 번식 속도가 빨라진다.

67 토양처리제로 식물체 내에서 이행되며 세포분열 및 단백질 합성을 저해하여 고사시키는 계통으로만 나열된 것은?

① 피라졸계와 요소계
② 설포닐우레아계와 트라이아진계
③ 카바메이트계와 디나이트로아닐린계
④ 유기인계와 산아미드계

해설
제초제의 작용기작

작용기작	제초제의 분류 및 종류
광합성 저해	벤조티아디아졸계, 트라이아진계, 요소계, 아마이드계, 비피리딜리움계(과산화물 생성)
호흡작용 및 산화적 인산화 저해	카바메이트계, 유기염소계
호르몬 작용 교란	페녹시계(2,4-D, MCP), 벤조산계
단백질 합성 저해	아마이드계, 유기인계
세포분열 저해	디나이트로아닐린계, 카바메이트계
아미노산 생합성 저해	설포닐우레아계, 이미다졸리논계, 유기인계(Glyphosate)

정답 63 ④ 64 ③ 65 ① 66 ③ 67 ③

68 다음 중 초생재배 방법에 대한 설명으로 가장 옳은 것은?

① 오리, 어패류를 이용하여 잡초 생육을 억제한다.
② 인접식물에 독성을 나타내는 물질을 분비하는 식물을 심어 잡초발생을 경감시킨다.
③ 잡초에 특이적으로 기생하는 병원균을 이용하여 방제한다.
④ 과수원이나 나지상태의 포장에 피복작물을 재배한다.

해설
초생재배 : 과수원이나 나지 상태의 포장에 피복 작물을 재배하는 것으로 특히 사과밭에서는 응애의 밀도를 조절하는 기능도 한다.

69 제초제가 활성화되는 반응으로 가장 적절한 것은?

① MCPB의 β-oxidation
② Diuron의 Demethylation
③ Atrazane의 Glutathione Conjugation
④ Bentazone의 Hydroxylation

해설
2,4-DB, MCPB는 식물 체내에서 각각 2,4-D 및 MCPA로 전환되고 이 반응을 β-oxidation이라고 한다.

70 다음 중 식물의 분류체계로 가장 적절한 것은?

① 문 - 과 - 강 - 목 - 종 - 속
② 문 - 강 - 목 - 과 - 속 - 종
③ 문 - 속 - 강 - 과 - 목 - 종
④ 강 - 문 - 목 - 과 - 속 - 종

해설
식물학적인 분류
• 표기(이명법) : 속명 + 종명 + 명명자명
• 계 - 문 - 강 - 목 - 과 - 속 - 종 - 변종

71 제초제 종류와 주요 작용 기작이 가장 옳은 것은?

① Atrazine - 호흡 저해
② Thiobencarb - 분지형 아미노산 생합성 저해
③ Glyphosate - 방향족 아미노산 생합성 저해
④ Chlorsulfuron - 색소형성 저해

해설
아미노산 생합성 저해 작용기작 : 설포닐우레아계, 이미다졸리논계, 유기인계(Glyphosate)

72 다음 중 벼 재배법에서 잡초와의 경합면에 가장 불리한 재배법은?

① 손이앙재배 ② 어린모재배
③ 중모재배   ④ 직파재배

해설
직파의 경우 잡초와 초기 경합이 많아 중모나 어린모 재배보다 초기 경합이 불리하다.

73 다음 중 제초제와 토양과의 관계에서 흡착력에 가장 크게 관여하지 않는 요인은?

① 점토광물의 종류
② 양이온 치환 용량
③ 토양유기물 함량
④ 토양의 수소이온 농도

해설
제초제의 토양 중 흡착력은 점토광물에 의한 양이온 치환 용량과, 토양유기물 함량에 의한 완충능 등에 의해 차이가 난다.

74 광발아 잡초들로만 나열된 것은?

① 바랭이, 쇠비름, 개비름
② 독말풀, 향부자, 별꽃
③ 별꽃, 왕바랭이, 소리쟁이
④ 바랭이, 냉이, 별꽃

해설
광발아종자: 바랭이, 쇠비름, 개비름, 향부자, 강피, 참방동사니, 소리쟁이, 메귀리

75 작물과 잡초 간 경합의 주요인과 가장 거리가 먼 것은?

① 영양소   ② 빛
③ 수 분   ④ 산 소

해설
잡초는 토양수분, 영양분, CO_2, 광, 공간 등의 경합으로 작물의 분지수, 분얼수, 엽면적, 광합성량(건물생산량), 개화수, 과실수, 과실과 종실의 크기 등에 영향을 주어 수량을 감소시킨다.

76 식물 표면에서 제초제의 흡수과정에 대한 설명으로 가장 옳지 않은 것은?

① 친유성(비극성) 제초제는 큐티클납질층을 친수성보다 잘 통과한다.
② 친수성(극성) 제초제의 통과는 펙틴이 높고 다음으로 큐틴이며 납질은 통과가 어렵다.
③ 계면활성제는 극성 제초제가 큐티클 납질층을 잘 통과하도록 도와준다.
④ 셀룰로스층은 촘촘하여 비극성 및 극성 제초제 모두 투과가 어렵다.

해설
- 비극성은 큐티클납질 > 큐틴 > 펙틴의 순으로 높고 셀룰로스는 극성물질
- 비극성 제초제는 쉽게 큐티클납질을 통과하지만 갈수록 통과가 어려워지고, 극성제초제는 처음 큐티클납질을 통과하기가 어렵지만 갈수록 통과가 쉬워진다.

77 잡초의 생장형에 따른 잡초의 분류로 가장 적절하지 않은 것은?

① 포복형 – 메꽃, 나도겨풀
② 직립형 – 가막사리, 사마귀풀
③ 총생형 – 억새, 뚝새풀
④ 로제트형 – 민들레, 질경이

해설

생장형에 따른 잡초의 분류
- 직립형(Straight Type) : 명아주, 가막사리, 쑥부쟁이
- 분지형(Branch Type) : 광대나물, 애기땅빈대, 석류풀
- 총생형(Bunch Type) : 억새, 뚝새풀
- 만경형(Vine Type) : 거지덩굴, 환삼덩굴, 메꽃
- 복형(Creeping Type) : 선피막이
- 로제트형(Rosette Type) : 민들레, 질경이
- 위로제트형(Pseudorosette Type) : 개망초
- 위로제트 + 포복형 : 꽃마리, 꽃바지
- 로제트 + 포복형 : 좀씀바귀
- 분지경 + 포복형 : 올미

78 논 잡초방제에 사용되는 카바메이트계 제초제로만 나열된 것은?

① 디펜아미드, 벤설퓨론메틸
② 메토라클로르, 알코올
③ 티오벤카브, 몰리네이트
④ 나프로파마이드, 프레틸라클로르

해설

① 벤설퓨론메틸 : 설포닐우레아계 제초제

카바메이트계 제초제
- 잡초 발생 전 처리하는 제초제, 화본과, 방동사니과에 선택적으로 방제
- 잡초의 뿌리, 초엽, 경엽으로 쉽게 흡수되며 잔효기간이 짧아 활성이 오래 지속될 수 있는 추운 지역에서 사용

79 다음 중 외래잡초로 가장 옳은 것은?

① 단풍잎돼지풀   ② 바랭이
③ 여뀌   ④ 명아주

해설

농경지 외래잡초
- 콩 : 가늘털비름, 명아주류, 털여뀌, 미국가막사리
- 옥수수 : 어저귀, 가는털비름, 돌소리쟁이, 털여뀌, 명아주류, 독말풀, 큰도꼬마리, 도깨비가지, 단풍잎돼지풀, 미국가막사리
- 목초지 : 돌소리쟁이, 소리쟁이, 도깨비가지, 왕도깨비가지, 난쟁이아욱, 가시비름, 자주광대나물, 독말풀, 도꼬마리, 큰도꼬마리, 어저귀, 큰개불알풀, 붉은서나물, 큰방가지똥, 서양민들레, 서양금혼초, 만수국아재비, 개망초

80 광합성을 억제하는 계통의 제초제로 가장 거리가 먼 것은?

① Triazine계
② Acetamide계
③ Urea계
④ Bipyridylium계

해설

광합성 저해 : 벤조티아디아졸계, 트라이아진계, 요소계, 아마이드계, 비피리딜리움계(과산화물 생성)

2020년 제3회 과년도 기출문제

식물보호산업기사

제1과목 식물병리학

01 병원체의 감염, 침입 등의 자극에 의하여 식물체가 파이토알렉신, PR Protein 등을 만들어 저항성을 나타내는 것은?
① 물리적 저항성
② 정적 화학적 저항성
③ 분주감수성
④ 유도저항성

해설
유도저항성 : 파이토알렉신, PR Protein(단백질) 등 식물이 자체적으로 가지고 있는 저항성 반응을 활성화시켜 병이 퍼지는 것을 막기 위한 저항성

02 주변에 향나무가 많은 경우 배나무에 주로 발생하는 병은?
① 겹무늬병
② 흰가루병
③ 검은무늬병
④ 붉은별무늬병

해설
중간기주
• 잣나무 털녹병 : 송이풀과 까치밥나무
• 소나무류 잎녹병균 : 황벽나무, 참취, 잔대
• 소나무 혹병균 : 참나무
• 배나무 붉은별무늬병균 : 향나무

03 기주에서 기생생활을 원칙으로 하나 조건에 따라 죽은 기주에서 부생적으로 생활할 수 있는 것은?
① 임의기생체
② 순활물기생체
③ 임의부생체
④ 부생체

해설
임의부생체 : 기생을 원칙으로 하나 죽은 유기물에서도 영양섭취 가능
예 감자 역병균, 배나무 검은별무늬병균, 깜부기병균 등

04 매개충의 알을 통하여 다음 대까지 바이러스가 옮겨지는 병은?
① 벼 오갈병
② 감자 잎말림병
③ 오이 모자이크병
④ 오이 녹반모자이크병

해설
벼 오갈병은 끝동매미충, 번개매미충의 알을 통해 전염되는 경란전염이다.

05 사과나무 부란병을 일으키는 병원체는?
① 세 균
② 진 균
③ 바이러스
④ 파이토플라스마

해설
사과나무 부란병은 자낭균류에 속하는 진균에 의한 병으로 병포자나 자낭포자의 형태로 병든 가지에서 월동하고 전정, 바람에 의한 상처 등으로 침입한다.

정답 1 ④ 2 ④ 3 ③ 4 ① 5 ②

06 다음 중 비기생성 성질의 병은?

① 배추 무름병
② 사과나무 검은별무늬병
③ 토마토 배꼽썩음병
④ 담배 불마름병

해설
토마토 배꼽썩음병은 칼슘(Ca) 결핍에 의한 생리장해이다.

07 다음 중 법적 방제법에 해당하는 것은?

① 포장위생   ② 식물검역
③ 종묘소독   ④ 비배관리

해설
식물검역
식물에 해를 주는 병·해충이 국경을 넘어 전파되거나 유입되는 것을 방지할 목적으로 수출입되는 식물과 식물성 산물에 병·해충부착유무를 검사하고 유해 병해충이 발견되면 검역조치한다.

08 균류 유사체에 속하는 병원균에 의해 산성토양에서 많이 발생하는 병해는?

① 배추 무름병
② 토마토 풋마름병
③ 배추 무사마귀병
④ 대추나무 빗자루병

해설
배추 무사마귀병 : 산성 토양에서 다발생
※ 감자 더뎅이병 : 알칼리성 토양에서 다발생

09 감염되면 식물체의 모든 부위에 병징이 나타나는 병은?

① 벼 깨씨무늬병
② 사과 탄저병
③ 담배 모자이크병
④ 인삼 점무늬병

해설
바이러스병의 병징 : 성장 감소에 따른 왜소, 위축 등이 나타나며 전신에 퍼져 전신병징을 나타내는 경우가 많다.
※ 담배 모자이크바이러스(TMV)를 글루티노사종 담배에 접종하면 국부 반점이 나타난다. → 국부 병징

10 다음 중 병원체가 기주식물이 없어도 오랫동안 전염원으로서 생존이 가능하며 기주식물을 연작할 경우 그 피해가 증대해 방제하기가 가장 어려운 병해는?

① 종자 전염성 병해
② 공기 전염성 병해
③ 토양 전염성 병해
④ 충매 전염성 병해

해설
토양 전염성 병해의 경우 살균소독에 비용과 시간이 많이 소요되기에 돌려짓기를 하거나, 하우스의 경우에는 벼를 재배하는 방법으로 병원균의 밀도를 감소시킨다.

정답 6 ③ 7 ② 8 ③ 9 ③ 10 ③

11 병원체가 기주를 침해하여 병을 일으킬 수 있는 능력을 무엇이라 하는가?

① 기생성　　② 감수성
③ 병원성　　④ 저항성

해설
병원성 : 병원체가 식물에 병을 일으킬 수 있는 능력, 이러한 병원성에 대한 식물의 반응에 대한 용어는 다음과 같다.
- 감수성 : 식물이 병에 걸리기 쉬운 성질
- 저항성 : 식물이 병원체의 작용을 억제하는 성질
- 면역성 : 식물이 전혀 어떤 병에 걸리지 않는 성질
- 회피성 : 적극적, 소극적 병원체의 활동기를 피하여 병에 걸리지 않는 성질
- 내병성 : 감염되어도 실질적으로 피해를 적게 받는 성질

12 벚나무 빗자루병을 일으키는 병원체는 어디에 속하는가?

① 세 균　　② 진 균
③ 바이러스　　④ 파이토플라스마

해설
벚나무 빗자루병(天狗巢病)
- 병원 : *Taphrina wiesneri*, 진균(자낭균류)
- 기주 : 벚나무류
- 방제법
  - 겨울부터 이른 봄에 걸쳐 병든 가지 아래쪽의 부푼 부분을 잘라서 태운 후 도포제를 바른다.
  - 이른 봄 꽃이 진 후 보르도액을 2~3회 전면 살포한다.

13 병 진단법에 대한 설명으로 틀린 것은?

① 바이로이드병의 진단에는 지표식물은 이용되지 못한다.
② 바이로이드병 진단에는 RNA 전기영동법이 이용된다.
③ 감자의 바이러스 감염은 괴경지표법으로 검정할 수 있다.
④ 사과나무 자주날개무늬병은 고구마를 심어 검정한다.

해설
지표식물에 의한 진단 : 특정의 병원체에 대한 고도의 감수성이나 특이한 병징을 나타내는 지표식물을 병의 진단에 이용한 진단법이다. 사과 바이로이드병은 Stark's Earliest 품종을 지표식물로 한다.

14 다음 중 병원체가 가지고 있는 플라스미드의 T-DNA 부분이 식물 세포로 이행하여 뿌리혹병을 일으키는 것은?

① *Agrobacterium tumefaciens*
② *Xathomonas campestris*
③ *Streptomyces scabies*
④ *Pseudomonas putida*

해설
뿌리혹병(근두암종병, *Agrobacterium tumefaciens*)은 세균에 의한 병으로 알칼리성 토양에서 다발생

15 다음 중 물에 의해 전파되는 병으로 가장 옳은 것은?

① 벼 흰잎마름병
② 밀 줄기녹병
③ 밀 붉은녹병
④ 보리 속깜부기병

해설
벼 흰잎마름병균
- 세균의 의한 병으로 침수 시 다발생
- *Xanthomonas* 세균으로 크기는 1~2 × 0.8μm
- 간상으로 끝이 둥글며 한 개의 편모를 가진다.
- 그람 음성 세균으로 영양배지에서 노란색을 띤다.

16 다음 중 비전염성인 병은?

① 선충에 의한 병
② 영양결핍에 의한 병
③ 세균에 의한 병
④ 바이러스에 의한 병

해설
양분결핍에 의한 병은 비생물성병으로 전염되지 않음

17 식물에 병원균이 침해되어도 전혀 병 발생이 없는 것은?

① 저항성   ② 면역성
③ 감수성   ④ 내병성

해설
면역성 : 식물이 전혀 어떤 병에 걸리지 않는 성질

18 바이러스병의 진단법으로 가장 거리가 먼 것은?

① 효소결합항체법   ② 봉입체 관찰
③ 지방산 분석   ④ 한천겔확산법

해설
① 효소결합항체법(ELISA) : 항체에 효소를 결합시켜 바이러스와 반응했을 때 노란색이 나타나는 정도로 바이러스 감염여부를 확인하며, 대량의 시료를 빠른 시간 내에 비교적 저렴한 가격으로 동정할 수 있는 장점이 있다.
② 봉입체 관찰 : 염색된 세포 내에서 바이러스 감염으로 관찰되는 과립상이나 작은 형태
④ 한천겔확산법(AGID) : 바이러스 이병 즙액에 대한 한천겔 내의 침강반응을 이용하며, 대량검정용으로는 부적절하다.

19 감자 잎말림병을 일으키는 병원체는?

① 세 균   ② 진 균
③ 선 충   ④ 바이러스

해설
바이러스에 의한 병 : 벼 오갈병, 벼 검은줄무늬오갈병, 벼 줄무늬잎마름병, 보리 줄무늬모자이크병, 담배·오이·콩 모자이크병, 감자 X모자이크병, 감자 잎말림병, 사과나무 고접병

20 발병에 영향을 주는 세 가지 요인의 상호관계를 병 삼각형이라고 하는데 다음 중 세 가지 요인에 속하지 않는 것은?

① 병원체   ② 감수성식물
③ 환 경   ④ 시 간

해설
병 삼각형은 병의 발병조건과 관련된 병원체, 기주식물, 환경을 각 변으로 하는 삼각형을 그렸을 때 각 변의 길이가 길어질수록 병 발생이 많아지는 것을 나타낸다.

정답 15 ① 16 ② 17 ② 18 ③ 19 ④ 20 ④

제2과목 농림해충학

21 곤충의 전장에 대한 설명으로 옳지 않은 것은?
① 양분을 흡수한다.
② 외배엽에 의하여 생긴다.
③ 분문판으로 중장과 구분된다.
④ 먹은 것을 분쇄하는 장치를 가진 것이 있다.

해설
전장은 식도, 모이주머니(소낭), 전위 등으로 구성된다. 주로 먹이를 분쇄하는 기능을 가지고 양분은 중장에서 흡수된다.

22 생물적 방제를 위하여 해충의 천적을 이용하는 방법으로 옳지 않은 것은?
① 외국으로부터 도입 이용
② 대량 증식 방사
③ 내충성 증대
④ 환경조건의 개선

해설
내충성은 식물이 해충에 저항하는 성질로 천적이용과는 무관

23 천공성 해충으로서 피해 구멍에 배설물을 실로 칠하여 덮어 놓으므로 혹같이 보이는 해충은?
① 혹명나방   ② 솔나방
③ 독나방   ④ 박쥐나방

해설
박쥐나방 : 부화 유충이 주로 땅에 접한 표피를 둥글게 가해하고 목질부로 파고 들어가 피해를 주며 배출한 배설물을 파고 들어간 구멍 입구에 붙여 놓는다.

24 농생태계와 비교하여 산림생태계의 특성에 대한 설명으로 가장 거리가 먼 것은?
① 군집구조가 복잡하다.
② 안정된 생태계이다.
③ 생물 종의 구성이 단순하다.
④ 자연적인 생태계이다.

해설
농생태계는 재배자가 원하는 작물을 심어 관리하므로 산림생태계보다 생물 종의 구성이 단순하다.

25 벼해충 중 대표적인 비래해충은?
① 이화명나방   ② 벼멸구
③ 끝동매미충   ④ 번개매미충

해설
벼 해충 중 비래해충 : 벼멸구, 흰등멸구, 혹명나방

26 곤충에서 수컷 생식계의 3대 구성요소로 가장 거리가 먼 것은?
① 정 소   ② 수란관
③ 수정관   ④ 사정관

해설
수란관은 암컷의 생식계이다.

정답 21 ① 22 ③ 23 ④ 24 ③ 25 ② 26 ②

27 곤충의 발육단계에서 빛의 영향을 가장 받지 않는 것은?

① 수 명
② 교 미
③ 휴 면
④ 산란의 시점

해설
광주기
• 밤낮 변화 : 일일리듬에 영향(섭식, 교미, 산란, 우화 시점)
• 계절 변화 : 발육과 휴면에 영향
• 빛의 파장이나 편광각 : 곤충의 행동에 영향

28 ( )에 가장 알맞은 내용은?

> 솔잎혹파리는 우리나라 소나무림에 가장 큰 피해를 준 해충이다. 이 해충은 (A)으로 지피물 밑에서 월동하고 산란 최성기는 보통 (B)이다. 이 해충은 (C)이 솔잎 기부에 벌레혹(충영)을 만든다.

	A	B	C
①	유 충	6월 상순~중순	유 충
②	용(번데기)	5월	성 충
③	유 충	7월 하순	성 충
④	용(번데기)	8월 상순~중순	유 충

해설
솔잎혹파리
• 6월 하순~10월하순까지 유충이 솔잎 밑부분에 벌레혹을 만들고 그 속에서 즙액을 흡즙한다.
• 피해목은 직경생장은 피해 당년에, 수고생장은 다음해에 감소한다.
• 연 1회 발생하며, 유충의 형태로 땅속에서 월동한다.

29 메뚜기의 경우 앞날개가 뒷날개를 보호하고 비행 시 펼치기만 할 뿐 비행에 활용하지 않는다. 이런 날개를 무엇이라 하는가?

① 굳은 날개 ② 인 편
③ 두텁날개   ④ 평균곤

해설
두텁날개 또는 복시라고 하며, 일반적으로 앞날개는 뒷날개보다 더 좁고 두껍다.

30 페로몬에 대한 설명으로 옳은 것은?

① 체내의 생리조절 물질이다.
② 같은 종내 개체 간의 통신물질이다.
③ 다른 종간의 통신물질이며 전달 방법이 생산자에게 유리하다.
④ 다른 종간의 통신물질이며 전달 방법이 수신자에게 유리하다.

해설
페로몬 : 같은 종 내의 다른 개체 간의 통신을 목적으로 사용되는 휘발화합물(외분비물)

31 솔나방의 학명으로 옳은 것은?

① *Agelastica coerulea*
② *Thecodiplosis japonensis*
③ *Malacosoma neustria*
④ *Dendrolimus spectabilis*

해설
④ *Dendrolimus spectabilis* : 솔나방
① *Agelastica coerulea* : 오리나무잎벌레
② *Thecodiplosis japonensis* : 솔잎혹파리
③ *Malacosoma neustria* : 천막벌레나방(텐트나방)

정답 27 ① 28 ① 29 ③ 30 ② 31 ④

32 소나무재선충을 매개하는 해충은?
① 솔잎혹파리
② 솔수염하늘소
③ 미국흰불나방
④ 버즘나무방패벌레

해설
솔수염하늘소 : 소나무재선충의 매개충

33 다음 중 사과나무 재배 시 경제적으로 가장 큰 피해를 주는 해충은?
① 사과굴나방
② 사과무늬잎말이나방
③ 복숭아심식나방
④ 조팝나무진딧물

해설
복숭아심식나방
- 복숭아나무, 사과나무, 배나무, 자두나무, 살구나무 등
- 유충이 과실 내부로 뚫고 들어가 여러 곳을 가해하며 이런 특징으로 방제가 어렵다.
- 먹어 들어간 식입구보다 탈출구가 더 크다.
- 연 2회 발생, 노숙유충의 형태로 땅속 고치 속에서 월동한다.
- 주광성과 주화성이 낮다.

34 곤충강에서 분화가 다양하고, 세계적으로 종수가 가장 많은 목은?
① 벌목
② 나비목
③ 노린재목
④ 딱정벌레목

해설
딱정벌레목(Coleoptera)은 곤충의 종 가운데 40%인 35만 여종이 있다.

35 다음 중 하루살이가 속한 분류군은?
① 고시류
② 외시류
③ 내시류
④ 무시류

해설
고시류 : 날개를 뒤로 접어서 몸 옆구리에 붙일 수 없는 종
예 잠자리목, 하루살이목

36 곤충의 혈구 중 부정형혈구, 편도혈구 및 판막혈구의 공통적인 기능은?
① 산소운반
② 식균작용
③ 혈액응고
④ 단백질운반

해설
곤충 면역체계
- 물리적 보호 장치 : 체벽과 장의 표피구조
- 2차 세포방어 : 체내에 침투가 되었을 때 혈구세포를 이용한다.
- 화학적 방어 : 혈구나 지방체가 분비하는 항생단백질을 이용한다.

37 수정낭에 대한 설명으로 옳은 것은?
① 수컷에서 만들어진 정자를 임시로 보관하는 곳
② 교미 후 수컷에서 받은 정자를 보관하는 곳
③ 수컷의 생식기관으로 정충을 만드는 곳
④ 교미 후 정자와의 수정이 일어나는 곳

해설
수정낭은 암컷의 생식기관으로 수컷의 저장낭처럼 임시로 정자를 보관하는 곳

정답 32 ② 33 ③ 34 ④ 35 ① 36 ② 37 ②

38 곤충학의 발달과 직접적인 관련이 없는 것은?

① 농업혁명
② 벌꿀의 채취
③ 살충제 발명
④ 환경호르몬

해설
꿀, 화장품의 재료로 이용하는 등 농업적 가치 상승과 해충 방제 연구 등을 위하여 곤충학이 발달하였다.

39 일부 지역에만 한정되어 분포하는 종을 일컫는 용어는?

① 멸종위기종 ② 범존종
③ 고유종   ④ 외래종

해설
고유종 : 섬, 국가 등의 제한된 서식지를 가지는 곤충종

40 벌목 곤충에 있어서 앞날개의 경화되어 접힌부위에 결합하는 뒷날개의 기관은?

① 날개추부
② 날개가시
③ 날개갈고리
④ 평균곤

해설
벌목의 뒷날개의 앞 가장자리에 있는 작은 갈고리로 비행 중 앞뒷날개를 연결하여 한 번에 작동할 수 있게 하는 기관

제3과목 농약학

41 수화제 제형 제조에서 중요하게 관리해야할 물리적 특성에 해당하는 것은?

① 비중과 유화성
② 입자의 크기와 현수성
③ 안전성과 확전성
④ 입자의 크기와 수용성

해설
- 수화제 : 물에 녹지 않는 작은 입자의 농약을 물에 고르게 퍼지게 하기 위해 증량제, 계면활성제를 첨가하여 조제하며, 물에 풀게 되면 녹지 않고 현탁액이 된다.
- 현수성 : 수화제의 특성 중 약액 내에 골고루 퍼져 있게 하는 성질

42 분제의 약효에 영향을 미치는 물리적 성질이 아닌 것은?

① 토분성   ② 부착성
③ 분산성   ④ 습전성

해설
수화제
- 현탁액 : 불용성 주제 + 카올린 · 벤토나이트 + 계면활성제
- 물에 녹지 않는 주제를 카올린, 벤토나이트 등으로 희석한 후 계면활성제를 혼합한 제제
- 물에 희석하면 유효 성분의 입자가 물에 고루 분산되어 현탁액이 된다.
- 수화제를 물에 풀면 현탁액이 된다.

정답 38 ④ 39 ③ 40 ③ 41 ② 42 ④

43 농약 살포 중 중독 사고를 방지하기 위한 방법으로 틀린 것은?

① 농약 살포 시 노출부가 적은 방제복을 사용한다.
② 마스크, 방호안경, 보호크림 등을 사용한다.
③ 살포 시에는 바람을 마주보며 살포한다.
④ 작업이 끝나면 몸을 깨끗이 씻고 휴식을 취한다.

해설
뿌린 농약이 바람에 날려 작업자 방향으로 오지 않도록 바람을 등지고 방제해야 한다.

44 벼의 도복경감을 위해 주로 사용되는 살균제는?

① Daminozide
② Calcium Carbonate
③ Hexaconazole
④ Ethephon

해설
트라이아졸계 농약 : 지베렐린 생합성을 저해해 생육을 억제하는 효과가 있다.
예 테부코나졸, 헥사코나졸, 프로피코나졸, 메트코나졸, 다이니코나졸 등

45 다음 중 실험동물(Rat)에 경구독성이 가장 강한 것은?

① EPN
② Diazinon
③ Dichlorvos
④ Fenitrothion

해설
EPN : 고독성으로 분류되는 유기인계 살충제

46 농약합성 및 제제 시 사용하는 가성소다(NaOH)에 대한 설명으로 틀린 것은?

① 불연성이다.
② 무색 또는 회색의 액체로 취기가 있다.
③ 수용액은 인화성이나 폭발성이 없다.
④ 피부에 접촉하면 침식시키고 눈에 들어가면 점막을 격렬히 자극하므로 세척해야 한다.

해설
가성소다(수산화나트륨) : 무색, 무취이며 강한 알칼리성 화학물질

47 포자의 침입 및 발아를 저지하고 균사의 생육을 저해하여 병반의 확대, 진전을 억제하는 효과가 있으므로 예방과 치료효과를 동시에 발휘하는 생합성 저해제 농약은?

① Polyoxin B
② Captan
③ Cypermethrin
④ Simazine

해설
Polyoxin B : 사과나무 점무늬낙엽병, 배나무 검은 무늬병에 효과가 있다.

48 Methidathion 40% 유제를 0.08%액으로 8말을 조제하여 해충을 방제하기 위해 살포하고자 한다. 이때 필요한 Methidathion 40% 유제의 소요량(mL)은?(단, 1말은 20L로 가정한다)

① 100
② 160
③ 200
④ 320

해설
8말 × 20L × 1,000mL / (40 / 0.08 − 1) = 320.641mL

49 살균제의 분류방법 중 살균기작에 의해 분류한 것은?

① 보호살균제, 직접살균제
② 호흡저해제, 생합성저해제
③ 구리제, 유기비소제
④ 경엽살포제, 토양소독제

해설
살균기작분류(균을 억제하거나 제거하는 작용에 대한 분류) : 호흡저해, 생합성저해, 세포분열저해 등

50 농약관리법령상 고체 농약의 급성경구 고독성에 해당하는 반수치사량(mg/kg)의 범위는?

① 20 미만
② 5 이상 50 미만
③ 10 이상 100 미만
④ 20 이상 200 미만

해설
급성독성 정도에 따른 농약의 구분(농약관리법 시행규칙 [별표 3의5])

구 분	시험동물의 반수를 죽일 수 있는 양(mg/kg 체중)			
	급성 경구		급성 경피	
	고 체	액 체	고 체	액 체
Ⅰ급 (맹독성)	5 미만	20 미만	10 미만	40 미만
Ⅱ급 (고독성)	5 이상 50 미만	20 이상 200 미만	10 이상 100 미만	40 이상 400 미만
Ⅲ급 (보통독성)	50 이상 500 미만	200 이상 2,000 미만	100 이상 1,000 미만	400 이상 4,000 미만
Ⅳ급 (저독성)	500 이상	2,000 이상	1,000 이상	4,000 이상

51 Carbamate계 살충제가 아닌 것은?

① Carbaryl ② BPMC
③ MIPC   ④ DDVP

해설
DDVP는 유기인계 살충제

52 DEP제(Trichlorfon)가 분해하여 1차로 변하는 형태는?

① Parathion ② DDVP
③ Trithion   ④ Dimethoate

해설
• Bensultap(Bancol, Rubang) : 갯지렁이에서 추출한 천연살충물질인 Nereistoxin의 유도체
• Thiocyclam(Thiocyn) : 갯지렁이의 신경독소에서 분리된 Nereistoxin을 기초로 하여 합성

53 갯지렁이의 독소 물질인 Nereistoxin의 구조를 변형하여 만든 살충제는?

① Bensultap   ② Edifenphos
③ Dicofol   ④ Fenobucarb

해설
• Thiocyclam(Thiocyn) : 갯지렁이의 신경독소에서 분리된 Nereistoxin을 기초로 하여 합성
• Bensultap(Bancol, Rubang) : 갯지렁이에서 추출한 천연살충물질인 Nereistoxin의 유도체

54 농약의 독성표시를 가장 바르게 나타낸 것은?

① $ED_{95}(mg/kg)$
② $LD_{90}(mg/kg)$
③ $ED_{50}(mg/kg)$
④ $LD_{50}(mg/kg)$

해설
급성독성의 표시 : 반수치사약량(LD_{50}), 숫자가 작을수록 독성이 강하다.

55 합성 Pyrethroid계 살충제의 살충작용의 기전을 가장 바르게 설명한 것은?

① 중추신경계나 말초신경계에 대하여 낮은 농도에서 독성작용을 나타낸다.
② 콜린에스테라제의 활성저해로 인한 아세틸콜린 축적으로 신경전달을 중단한다.
③ 세포분열 저해 및 단백질 합성저해에 의하여 독작용을 나타낸다.
④ 곤충체 내의 SH기나 Nitro기 등과 결합하여 그 기능을 저해한다.

해설
합성 Pyrethroid계 살충제는 곤충의 중추와 말초신경 등 신경계의 작용을 저해한다.

56 40%(비중 = 1)의 어떤 유제가 있다. 이 유제를 1,000배로 희석하여 9L를 살포하고자 할 때 유제의 소요량은(mL)?

① 7 ② 8
③ 9 ④ 10

해설
9L는 9,000mL이고, 1,000배액 희석에 필요한 약량은 9,000mL/1,000 = 9mL이다.

57 농약의 작물잔류성에 미치는 요인으로 가장 거리가 먼 것은?

① 농약의 이화학적 특성
② 작물의 형태
③ 농약의 색상
④ 환경조건

해설
농약의 잔류는 농약 자체의 화학적 안정성이 크거나, 작물의 표면의 털이나 굴곡이 많거나 비가 평소보다 적게 오는 등의 환경적 영향을 받는다.

58 입자의 크기가 가장 작은 농약의 제형은?

① 분 제 ② 수화제
③ 입 제 ④ 미립제

해설
수화제 : 물에 녹지 않는 작은 입자의 농약을 물에 고르게 퍼지게 하기 위해 증량제, 계면활성제를 첨가하여 조제한다.

정답 54 ④ 55 ① 56 ③ 57 ③ 58 ②

59 농약의 분류 중 유효성분 조성에 따른 분류는?

① 기피제
② 침투성제
③ 유기염소계
④ 불임화제

해설
유효성분 조성에 따른 분류 : 무기농약, 유기농약
유기농약
• 유기화합물을 주성분으로 하는 농약
• 천연유기농약과 대부분의 화학농약
• 유기인계, 카바메이트계, 유기염소계, 유기황계, 유기비소계, 유기불소계 등

60 희석하지 않고 직접 살포하는 제형은?

① 유 제
② 액상수화제
③ 수용제
④ 미립제

해설
고형시용제(직접살포제) : 분제, 미분제, 저비산분제, 입제, 미립제, 캡슐제, 수면부상성 입제

제4과목 잡초방제학

61 밭잡초의 발생 특성에 해당되지 않는 것은?

① 발생초종이 다양하고 발생량이 많다.
② 우점잡초는 바랭이, 뚝새풀, 명아주 등이다.
③ 수도작보다 밭작물에서 잡초의 피해가 적다.
④ 수생잡초보다는 습생 및 건생잡초가 많다.

해설
밭잡초는 주로 밭에서 발생하는 잡초로 밭작물과의 경합 피해가 크다.

62 제초제 저항성 잡초의 출현을 감소시킬 수 있는 방법으로 가장 옳은 것은?

① 동일한 제초제를 매년 사용하며, 5년 주기로 변경하여 사용한다.
② 동일한 작물을 연작한다.
③ 약효가 좋은 동일계열 제초제를 매년 사용한다.
④ 사용기작이 다른 제초제를 번갈아 사용한다.

해설
작용기작이 다른 약제를 번갈아 사용해야 약제의 저항성을 줄일 수 있다.

정답 59 ③ 60 ④ 61 ③ 62 ④

63 농경지에서 잡초를 방제하지 않을 때 나타나는 손실과 관계가 없는 것은?

① 작물의 수량 감소
② 농산물의 품질 저하
③ 병·해충의 발생 증가
④ 토질개선

해설

잡초의 피해
- 농경지에서의 피해
  - 경합 : 수량과 품질의 저하, 잡초는 토양수분, 영양분, CO_2, 광, 공간 등의 경합으로 작물의 분지수, 분얼수, 엽면적, 광합성량(건물생산량), 개화수, 과실수, 과실과 종실의 크기 등에 영향을 주어 수량을 감소시킨다. 경합의 양상은 작물과 잡초의 종류, 발생시기, 크기, 밀도 등에 따라 다르게 나타난다.
  - 상호대립억제작용(Allelopathy) : 잡초의 여러 기관에서 작물의 발아나 생육을 억제하는 특정물질을 분비, 최근 상호대립억제물질 및 식물이 생합성하는 2차 대사물질을 이용 생물학적, 천연제초제로 개발하는 연구의 추진
  - 기생 : 실모양의 흡기조직으로 기주식물의 줄기나 뿌리에 침입하는 것
  - 병해충의 매개 : 병의 중간기주 및 해충의 월동처 제공
  - 작업 환경의 악화 : 농작물의 관리와 수확이 불편하고 경지의 이용효율의 감소
  - 사료포장 오염 : 만성·급성 독성 등으로 품질저하 및 초지관리에 지장을 초래
  - 종자 혼입 및 부착 : 잡초종자의 혼입 및 부착으로 포장의 오염 및 품질저하 초래
- 물관리상의 잡초해
  - 급수 방해
  - 관수 및 배수의 방해
  - 유속감소와 지하 침투로 물손실의 증가
  - 용존산소농도의 감소, 수온의 저하 등
- 조경관리상의 잡초해 : 정원, 운동장, 관광지, 잔디밭 등
- 도로나 시설지역의 잡초해 : 도로, 산업에서 군사시설 등

64 영양번식의 환경요인에 대한 설명으로 틀린 것은?

① 중점토보다 사양토에서 지하 영양기관의 생성이 배가된다.
② 단일조건은 매자기의 괴경 형성을 촉진하며, 장일조건에서는 괴경당 중량을 크게 한다.
③ 광도는 건물생산과 생리대사에 영향을 미친다.
④ 무기성분 함량이 충분한 조건하에서 다년생 잡초의 경우 영양번식 속도가 억제된다.

해설
무기양분이 충분한 조건에서 영양번식 속도가 증가한다.

65 다음 중 종피에 기인한 휴면과 가장 거리가 먼 것은?

① 배의 미숙
② 배의 생장에 대한 기계적 장해
③ 가스교환 방해
④ 투수성 방해

해설
종피는 종자의 껍질로 껍질 자체가 두껍거나 딱딱해 발아에 영향을 주는 것으로, 껍질을 뚫지 못해 배의 생장이 억제되거나 발아에 필요한 산소, 수분 등이 공급되지 못해 발아에 영향을 준다.

66 다음 중 화본과 잡초에는 있으나 광엽잡초에는 없는 주요 기관은?

① 줄기
② 마디
③ 엽신
④ 엽초

해설
화본과 잡초는 엽초(잎집)와 엽신(잎몸)이 뚜렷하며, 사초과엽초는 뚜렷하지 않고, 광엽잡초는 엽초가 없다.

67 다음 중 선택성 제초제는?

① Paraquat
② Glyphosate
③ 2,4-D
④ Glufosinate

해설
선택성 및 비선택성 제초제
- 선택성 : 2,4-D, MCP, MCPB, DCPA
- 비선택성 : CAT, CMV, PCP, DNBP, Paraquat, Glyphosate

68 논에 오리를 방사하여 잡초를 방제하는 방법은?

① 경종적 방제법
② 생물적 방제법
③ 화학적 방제법
④ 기계적 방제법

해설
생물학적 방제법
- 기생성, 식해성, 병원성인 생물을 이용하여 잡초 밀도를 감소시키는 방법
- 잡초의 박멸이나 멸종이 아닌 경제적인 허용범위에서 생존하도록 밀도를 감소 또는 조절
- 잡초만을 가해하는 병원균, 곤충, 소동물, 어패류 및 상호대립 억제작용력 이용

69 다음 중 영양번식기관과 해당 잡초가 옳지 않게 연결된 것은?

① 지하경 - 가래, 수염가래꽃
② 인경 - 야생마늘, 자주괭이밥
③ 괴경 - 향부자, 매자기
④ 포복경 - 올미, 벗풀

해설
벗풀은 괴경과 씨앗으로 번식하고, 올미는 분지경 + 포복형으로 번식한다.

70 우리나라 논에서 발생하는 주요 다년생 광엽 잡초는?

① 여뀌, 마디꽃
② 사마귀풀, 논뚝외풀
③ 물달개비, 가래
④ 올미, 벗풀

해설
2년생 광엽초 중 논잡초 : 가래, 올미, 개구리밥

71 발생지에 따른 분류와 해당 잡초종이 잘못 연결된 것은?

① 논잡초 - 강피, 올챙이고랭이
② 밭잡초 - 개비름, 깨풀
③ 과수원 잡초 - 쑥, 민들레
④ 잔디밭 잡초 - 쇠털골, 가래

해설
가래는 습한 곳을 좋아하며 주로 논에서 발생한다.

정답 66 ④ 67 ③ 68 ② 69 ④ 70 ④ 71 ④

72 논에 발생하는 피류의 속명은?

① *Cyperus* ② *Echinochloa*
③ *Sorghum* ④ *Monochoria*

해설
피는 벼과(*Gramineae*) 피(*Echinochloa*) 속에 속한다.

73 종자에 낙하산과 같은 깃털을 가지거나 솜털과 같은 것으로 덮여서 바람에 잘 날리는 잡초는?

① 민들레 ② 쇠비름
③ 물달개비 ④ 피

해설
비산형 : 떡쑥, 억새, 민들레

74 다음 잡초 중 기주식물에서 기생하는 잡초는?

① 피 ② 물달개비
③ 명아주 ④ 새 삼

해설
기 생
• 실모양의 흡기조직으로 기주식물의 줄기나 뿌리에 침입
• 새삼, 겨우살이

75 밭잡초의 효과적 방제를 위한 다양한 특성을 고려해야 할 때에 대한 설명으로 틀린 것은?

① 밭작물은 종류가 많고 재배시기가 다양하다.
② 재배지의 토성, 수분, 유기물 함량 등이 다양하다.
③ 중경·배토에 의해 효과적인 방제가 가능하다.
④ 밭잡초는 종류가 다양하나 발생이 균일하여 발생 예측이 가능하다.

해설
논은 주기적으로 물이 차고 빠지는 조건이어서 잡초 발생이 특이성을 보이지만, 밭잡초는 논잡초에 비해 발생하는 종류가 많아 발생 예측이 어렵다.

76 제초제의 흡수에 대한 설명으로 옳지 않은 것은?

① 종자 내로 제초제의 침투는 집단류와 확산에 의해 일어난다.
② 식물의 뿌리는 토양으로부터 토양에 잔류하는 제초제를 흡수한다.
③ 제초제의 식물뿌리 내 물관으로 이동 중 원형질막을 통과하는 경로는 심플라스트 경로를 이용한다.
④ 비극성 제초제는 극성 제초제보다 잡초의 뿌리흡수가 용이하다.

해설
비극성 제초제는 물에 쉽게 녹지 않기 때문에 뿌리에서 흡수가 극성에 비해 쉽지 않고 식물 표면의 큐티클납질을 통과하기 쉬워 경엽처리제로 많이 사용한다.

72 ② 73 ① 74 ④ 75 ④ 76 ④

77 다음 중 다년생 논잡초이며, 지하 번식체를 0~5cm의 표토에 주로 생성하는 것은?

① 바랭이 ② 개방초
③ 올미 ④ 금방동사니

해설
주요 다년생 잡초의 생리생태적 특성

잡초명	번식방법	휴면정도	출아심도(cm)	발아최저온도(℃)	생존기간(연)	출아기간(일)	괴경형성시기
올방개	괴경	강	0~25	15	5~6	15~60	9월 상순
너도방동사니	괴경	약	0~10	10~15	1~2	5~25	9월 상순
올미	괴경	강	0~10	15	2~3	7~30	9월 상순
벗풀	괴경, 종자	강	0~15	15	2~3	10~30	9월 상순
가래	인경	약	0~20	10~15	3~4	7~15	9월 상순
올챙이고랭이	종자, 주기부	강	0~1	10~15	1~2	5~10	–

78 잡초의 형태적 특성에 따른 분류로 옳은 것은?

① 화본과 잡초, 광엽잡초, 사초과 잡초
② 1년생 잡초, 2년생 잡초, 다년생 잡초
③ 수생잡초, 습생잡초, 건생잡초
④ 지상식물, 반지중식물, 지중식물

해설
형태적 특성에 따른 분류
• 화본과 잡초 : 피, 바랭이, 뚝새풀, 강아지풀 등
• 사초과(방동사니류) 잡초 : 너도방동사니, 참방동사니, 향부자, 올방개, 매자기, 올챙이고랭이 등
• 광엽류 잡초 : 물달개비, 비름, 가래 등

79 잡초종자의 발아에 관여하는 환경요인과 가장 관계가 적은 것은?

① 광 ② 토성
③ 산소 ④ 온도

해설
잡초종자의 발아 환경
• 종자의 발아에는 적당한 수분, 산소, 온도, 광이 필요
• 식물종자의 발아과정 : 수분흡수 – 저장양분의 소화 – 양분의 이동 – 동화작용 – 호흡작용 – 배의 생장

80 우리나라에서 발생하고 있는 대부분의 잡초종자 발아 최적온도 범위로 가장 옳은 것은?

① 0~5℃ ② 7~12℃
③ 15~30℃ ④ 32~44℃

해설
발아온도
• 발아에 필요한 최적온도는 잡초의 종류에 따라 다르나 대개 15~30℃ 정도
• 발아의 최저온도는 0~15℃ 정도이고, 최고온도는 24~45℃ 정도

정답 77 ③ 78 ① 79 ② 80 ③

2021년 제1회 과년도 기출복원문제

식물보호산업기사

※ 식물보호산업기사는 2021년부터 CBT(컴퓨터 기반 시험)로 진행되어 수험자의 기억에 의해 문제를 복원하였습니다. 실제 시행문제와 일부 상이할 수 있음을 알려드립니다.

제1과목 식물병리학

01 다음 병 중 균독소(Mycotoxin) 때문에 인축(人畜)이 중독증(中毒症)을 나타내는 것은?

① 딸기 균핵병
② 사과 탄저병
③ 벼 도열병
④ 맥류 붉은곰팡이병

해설
균독소 : 작물체가 병에 걸려 생산량이 감소하는 피해도 주지만 맥류 붉은곰팡이병, 변질된 땅콩 독소, 고구마 검은무늬병 등의 경우 균독소에 의한 사람과 가축의 피해도 있다.

02 다음 중 벼 도열병의 병원은?

① 바이러스
② 세 균
③ 진 균
④ 파이토플라스마

해설
벼 도열병은 진균(불완전균류)에 의해 발병하며, 잎, 이삭, 이삭가지, 마디, 벼알 등의 자상부위에 병반을 형성한다.

03 뽕나무 오갈병의 병원(病原)은?

① 바이러스(Virus)
② 식물세균(Plant Bacteria)
③ 진균(Fungi)
④ 파이토플라스마(Phytoplasma)

해설
파이토플라스마에 의한 병 : 대추나무 빗자루병, 오동나무 빗자루병, 뽕나무 오갈병

04 다음 병 중 병원균이 그람양성(Gram Positive)인 것은?

① 감자 역병
② 감자 X바이러스병
③ 감자 둘레썩음병
④ 감자 잎말림병

해설
그람 염색법에 의한 분류
• 보라색으로 염색되는 그람양성균 : 감자 둘레썩음병, 토마토 궤양병
• 분홍색으로 염색되는 그람음성균 : 대부분의 세균

05 다음 중 유주자낭을 형성하는 균은?

① 오이 잿빛곰팡이병균
② 고추 역병균
③ 딸기 시들음병균
④ 오이 흰가루병균

해설
고추 역병균은 유주자낭균 형성균이다.
※ 유주자균류 : 역병, 노균병

정답 1 ④ 2 ③ 3 ④ 4 ③ 5 ②

06 애멸구가 매개하는 병으로서 우리나라의 일반계 벼 품종에서 피해가 큰 병은?

① 줄무늬잎마름병
② 도열병
③ 흰빛잎마름병
④ 잎집무늬마름병

해설
줄무늬잎마름병은 애멸구에 의해 매개되는 바이러스병이다.

07 대추나무 빗자루병은 어떻게 전염되는가?

① 파이토플라스마 병원체가 비산하여 병을 전염한다.
② 매개충인 마름무늬매미충에 의하여 병원체가 전염된다.
③ 병원체가 하늘소에 의하여 전염된다.
④ 인위적인 잘못으로 다른 대추나무로 전염된다.

해설
대추나무 빗자루병은 파이토플라스마에 의한 병으로 마름무늬매미충에 의해 전염된다.

08 다음 중 병원균이 이종기생하는 것은?

① 배나무 붉은별무늬병
② 배나무 검은별무늬병
③ 배나무 화상병
④ 사과나무 흰가루병

해설
이종기생균
- 잣나무 털녹병 : 송이풀과 까치밥나무
- 소나무류 잎녹병균 : 황벽나무, 참취, 잔대
- 소나무 혹병균 : 참나무
- 배나무 붉은별무늬병균 : 향나무
※ 이종기생균은 전혀 다른 두 종류의 기주식물을 옮겨 가며 생활하는 것이다.

09 산성토양에서 더 많이 발생하는 병은?

① 감자 더뎅이병
② 밀 마름병(Take-all)
③ 배추 무사마귀병
④ 목화 뿌리썩음병(Verticillium Wilt)

해설
토양산도에 따른 병 발생
- 산성토양 : 배추·무 무사마귀병, 목화 시들음병, 토마토 시들음병
- 알칼리성토양 : 감자 더뎅이병, 가지과 풋마름병, 침엽수 모잘록병, 목화 뿌리썩음병 등

정답 6 ① 7 ② 8 ① 9 ③

10 기주식물의 IAA 생성을 촉진하는 병원체가 아닌 것은?

① 상추 노균병
② 옥수수 깜부기병
③ 배추 무사마귀병
④ 사과 붉은별무늬병

해설
IAA는 식물 조직을 비대(부풀어 오르는 증상)을 나타내게 되는데, 배추 무사마귀병은 IAA에 의해 뿌리의 일부가 커져 혹을 형성하고 옥수수 깜부기병과 사과 붉은별무늬병도 조직의 일부가 커지는 병징을 형성하게 된다.

11 병원균의 새로운 레이스가 생길 때마다 저항성이 무너지는 경우에 해당하는 기주체의 저항성은?

① 수직저항성
② 수평저항성
③ 레이스 비특이적 저항성
④ 비기주저항성

해설
수직저항성(Vertical Resistance)
- 단인자 저항성, 주동유전자 저항성, 진정저항성, 분화적 저항성
- 병원균의 어떤 특정 레이스에 대해서만 반응, 환경요인에 대해 안정
- 새로운 레이스가 생길 때마다 저항성이 무너짐
- 이병화의 위험성 내포
- 고도의 저항성, 과민성반응에 의한 경우가 많다.
- 단인자 또는 소수인자에 의해 지배되는 경우가 많으므로 단인자 저항성이라고도 함

12 병원균의 침입에 대응하여 식물체가 나타내는 저항성 기작이 아닌 것은?

① 일액 현상
② 이층 형성
③ 전충체 형성
④ 수지 분비

해설
식물체의 저항성 기작 : 이층 형성, 전충체 형성, 수지 분비

13 파이토플라스마 진단 방법이 아닌 것은?

① 전자 현미경적 관찰로 사부 내의 세포 관찰
② 이병 절편을 Dienes' stain하여 광학 현미경으로 관찰
③ 이병 조직의 사부를 DAPI로 염색하여 형광 현미경으로 관찰
④ 명아주 지표식물을 이용한 생물 검정 관찰

해설
파이토플라스마 진단 방법
- 전자현미경으로 사부 내의 세포 관찰
- 이병 절편을 Dienes염색하여 광학현미경으로 관찰 : 푸르게 염색되고 집락의 형태가 유지되면 파이토플라스마병으로 판정
- 이병 조직의 사부를 DAPI로 염색하여 형광 현미경으로 관찰

14 다음 식물병 중 표징(Sign)이 없는 병해는?

① 고추 괴저바이러스병
② 오이 흰가루병
③ 보리 겉깜부기병
④ 배나무 붉은별무늬병

해설
바이러스병의 경우 일반적으로 균사 등의 표징이 나타나지 않는다.

15 다음 중 표징이 없는 병은?

① 토마토 잎곰팡이병
② 오동나무 빗자루병
③ 보리 겉깜부기병
④ 배나무 흰날개무늬병

해설
바이러스병, 파이토플라스마병은 표징이 나타나지 않는다.

16 주로 수간주입법으로 약제를 처리하는 병은?

① 사과나무 검은별무늬병
② 밤나무 줄기마름병
③ 대추나무 빗자루병
④ 감나무 탄저병

해설
대추나무 빗자루 병은 파이토플라스마에 의한 병으로 수간주사에 의한 약제 주입으로 방제

17 식물병의 경종적 방제법이 아닌 것은?

① 재배시기를 조절한다.
② 접목을 이용한다.
③ 병원균의 이동을 차단한다.
④ 윤작을 한다.

해설
병원균의 이동을 차단하는 방법은 물리적 방제에 해당한다.

18 복숭아나무 잎오갈병의 약제 방제의 살포 적기는?

① 새잎이 전개 시
② 복숭아 수확 시
③ 개화 말기
④ 이른 봄 잎이 전개되기 직전

해설
복숭아나무 잎오갈병의 경우 저온에서 다발생하는 병으로 이른 봄 방제효과가 크다.

19 배추 무사마귀병의 방제법과 거리가 가장 먼 것은?

① 경종적 방제법으로 배수가 잘되게 한다.
② 윤작을 한다.
③ 토양산도를 조절하여 pH를 낮춰 준다.
④ PCNB, Fluazinam 등을 살포한다.

해설
③ 배추 무사마귀병은 산성토양에서 다발생하는 병으로 석회 살포를 통해 pH를 올려 주어야 한다.

20 매개곤충의 구제에 특히 의존하여 방제할 수 있는 병은?

① 곰팡이병
② 세균병
③ 선충병
④ 바이러스병

해설
바이러스병의 경우 매개곤충의 구제를 통해 방제 가능하다.

정답 15 ② 16 ③ 17 ③ 18 ④ 19 ③ 20 ④

제2과목 농림해충학

21 곤충의 휴면에 대한 설명으로 옳지 않은 것은?

① 모든 곤충은 무조건 휴면을 거친다.
② 부적절한 환경을 극복하기 위한 수단이다.
③ 휴면을 유발시키는 요인은 온도, 일장, 먹이환경, 생리생태, 나이 등 다양한 요인이 있다.
④ 곤충의 휴면은 절대휴면과 일시휴면으로 대별된다.

해설
휴면은 좋지 않은 환경을 극복하기 위한 수단으로 무조건 휴면하지 않는다.

22 자연생태계에 비교할 때 농생태계의 특징은?

① 영속성이 없다.
② 종의 다양도가 높다.
③ 천이를 통해 변천한다.
④ 식물군 간에 많은 경쟁이 일어난다.

해설
농생태계는 인위적인 경작활동으로 인해 동일 작물이 재배되는 경우가 많아 식물군 간에 경쟁이 적다.

23 다음 중 천적 방제의 성공 사례가 아닌 것은?

① 미국흰불나방 – 고치벌
② 이세리아깍지벌레 – 베달리아무당벌레
③ 루비깍지벌레 – 루비깍지좀벌
④ 사과면충 – 사과면충좀벌

해설
미국흰불나방의 천적 : 무늬수중다리좀벌, 검정명주딱정벌레, 긴등기생파리 등

24 다음 방제에 대한 설명 중 옳지 않은 것은?

① 해충 방제는 생물학적 측면과 경제적인 측면에 기초를 두고 수행한다.
② 포장에 해충이 있으면 무조건 방제한다.
③ 방제는 해충밀도의 변동과 밀접한 관계가 있다.
④ 방제결정은 해충에 의한 피해액과 방제비와의 관계에서 결정한다.

해설
해충의 방제는 경제적 피해를 고려해 실시해야 한다.

25 통계적 예찰법에서 예찰식을 계산할 때 주의사항으로 틀린 것은?

① 변동량이 극단적인 경우는 제외한다.
② 예측범위를 통계자료의 범위 내로 한다.
③ 이상발생이나 대발생 예찰에 적용한다.
④ 상관관계의 유의성을 충분히 고려한다.

해설
통계적 예찰의 경우 변동량이 극단적인 경우는 제외 대상이다.

21 ① 22 ① 23 ① 24 ② 25 ③

26 출생률이 개체군 크기의 변화를 좌우한 출생률에 영향을 미치는 요인과 거리가 먼 것은?

① 암컷의 평균 생식력
② 암컷의 평균 번식력
③ 수컷의 평균 생식력
④ 성비(Sex Ratio)

해설
출생률은 암컷의 평균 생식력, 평균 번식력, 성비와 관련이 있다.

27 진딧물이나 애멸구가 잘 유인되는 색은?

① 청 색
② 황 색
③ 흑 색
④ 적 색

해설
황색 수반 : 진딧물, 애멸구

28 사과과수원에 복숭아심식나방의 성충 발생 정도를 예찰하는 방법으로 적합한 것은?

① 성페로몬 트랩
② 황색 수반 트랩
③ 말레이즈 트랩
④ 유아등

해설
나비목 해충의 예찰방법으로는 주로 성페로몬 트랩을 사용한다.

29 해충이 먹이를 먹을 때 약제가 먹이와 함께 입을 통하여 소화관에 들어가 살충작용을 나타내는 약제는?

① 접촉제
② 기피제
③ 소화중독제
④ 불임제

해설
① 접촉제 : 해충의 몸에 직접 또는 간접적으로 약제가 닿게 하여 숨구멍이나 표피를 통해 해충의 체내로 침투하여 죽게 하는 것
② 기피제 : 해충이 작물이나 인축에 접근하는 것을 방지하는 데 사용
④ 불임제 : 해충의 생식세포 형성에 장해를 주거나 난자나 정자의 생식력을 잃게 하여 알을 무정란으로 만드는 데 사용하는 것

30 하우스 딸기의 종합적 해충 관리를 위한 방법으로 적절하지 않은 것은?

① 점박이응애 밀도 억제를 위해 포식성 응애를 투입한다.
② 진딧물은 번식이 빠르므로 발생여부에 관계없이 정식 이후 주기적으로 살충제를 살포한다.
③ 총채벌레는 꽃과 어린 열매를 주기적으로 관찰하여 발생여부를 확인한다.
④ 개화 후 꿀벌이 방화 활동 시 살충제 사용을 자제한다.

해설
살충제는 경제적 피해 허용밀도에 도달 시 살포한다.

정답 26 ③ 27 ② 28 ① 29 ③ 30 ②

31 점박이응애는 채소, 과수, 화훼류의 공통해충으로 이들 작물에 많은 피해를 주고 있다. 점박이응애의 천적으로 이용 가치가 높은 곤충은?

① 흑좀벌 ② 진딧물
③ 무당벌레 ③ 긴털이리응애

해설
점박이응애의 천적은 긴털이리응애이다.

32 윤작과 혼작을 통하여 방제효과를 얻기가 가장 유리한 해충은?

① 잡식성이고, 이동성이 큰 해충
② 잡식성이고, 이동성이 적은 해충
③ 단식성이고, 이동성이 적은 해충
④ 단식성이고, 생활사가 짧은 해충

해설
윤작과 혼작의 경우 단식성이고 이동이 적은 해충 방제에 유리하다.

33 다음 수종 중 솔잎혹파리 피해가 심한 수종은?

① 잣나무 ② 리기다소나무
③ 곰솔(해송) ④ 방크스소나무

해설
솔잎혹파리의 경우 곰솔(해송)에 피해가 심하다.

34 성충과 유충이 모두 잎을 가해하는 해충은?

① 오리나무잎벌레
② 미국흰불나방
③ 솔잎혹파리
④ 매미나방

해설
오리나무잎벌레의 경우 성충과 유충이 모두 잎을 가해한다.

35 일반적으로 비래해충 그룹에 속하지 않는 해충은?

① 애멸구
② 흰등멸구
③ 흑명나방
④ 멸강나방

해설
비래해충 : 월동하지 못하고 바람을 타고 유입되는 해충으로 벼멸구, 흑명나방, 흰등멸구, 멸강나방 등이 있다.

정답 31 ④ 32 ③ 33 ③ 34 ① 35 ①

36 배추벼룩잎벌레에 대한 설명 중 옳은 것은?

① 고추의 가장 대표적인 해충이다.
② 성충이 뿌리를 가해한다.
③ 일반적으로 작물이 어린 시기에 피해가 많다.
④ 번데기로 월동한다.

해설
배추벼룩잎벌레의 경우 배추의 어린모에 피해가 크다.

37 내한성이 약하여 우리나라에서는 월동을 하지 못하는 비래해충으로 알려져 있다. 방제가 소홀하였을 때에 벼의 본답 후기에 막대한 피해를 주는 해충은?

① 애멸구   ② 벼멸구
③ 끝동매미충   ④ 번개매미충

해설
벼멸구는 내한성이 약하여 우리나라에서 월동하기 힘들고 동남아시아 및 중국으로부터 비래하여 발생한다.

38 침입 외래해충으로 온실 내 원예작물에 큰 피해를 주고 있는 해충은?

① 칠성무당벌레
② 아메리카 잎굴파리
③ 벼룩잎벌레
④ 미국흰불나방

해설
온실 내 외래해충 : 아메리카 잎굴파리, 온실가루이 등

39 다음 해충에 대한 설명 중 알맞은 것은?

① 벼잎벌레는 저온성 해충으로 우리나라에서는 연 4회 발생한다.
② 사과혹진딧물은 주로 잎 뒷면에 기생하며 피해 잎은 가로로 말리는 것이 특징이다.
③ 사과굴나방은 번데기로 잎 속에서 월동한다.
④ 멸강나방은 비래해충으로 알을 기주식물의 줄기 속에 무더기로 낳는다.

해설
① 벼잎벌레는 연 1회 발생한다.
② 사과혹진딧물은 본엽을 가해하면서부터 잎가에서 엽맥 쪽을 향하여 뒤쪽으로 세로로 말린다.
④ 혹명나방에 대한 설명이다.

40 다음 중 같은 곤충종 내의 다른 개체 간 통신을 목적으로 사용되는 페로몬이 아닌 것은?

① 집합페로몬
② 방어페로몬
③ 성페로몬
④ 경보페로몬

해설
방어페로몬은 해당 곤충의 천적이나 다른 곤충에 대응하기 위한 페로몬이다.

정답 36 ③ 37 ② 38 ② 39 ③ 40 ②

제3과목 농약학

41 농약 제품포장지의 표기사항으로 가장 거리가 먼 것은?

① 유효성분 및 성분량
② 농약안전사용기준
③ 사용방법
④ 제조공정내용

해설
농약 등·원제의 표시사항 및 가격 표시방법(농약관리법 시행규칙 제23조 제1항)
농약 등 또는 원제의 표시사항은 다음과 같다.
- 품목등록번호 또는 제품등록번호
- 농약 등 또는 원제의 명칭 및 제제형태
- 유효성분의 일반명 및 함유량과 기타 성분의 함유량
- 포장단위
- 농작물별 적용병해충(제초제·생장조정제나 약효를 증진시키는 자재의 경우에는 적용대상토지의 지목이나 해당 용도를 말한다) 및 사용량
- 사용방법과 사용에 적합한 시기
- 안전사용기준 및 취급제한기준(그 기준이 설정된 농약에 한한다)
- 다음의 어느 하나에 해당하는 표시사항
  - 맹독성·고독성·작물잔류성·토양잔류성·수질오염성 및 어독성 농약 등의 경우에는 그 문자와 경고 또는 주의사항
  - 사람 및 가축에 위해한 농약 등 또는 원제의 경우에는 그 요지 및 해독방법
  - 수서생물에 위해한 농약 등 또는 원제의 경우에는 그 요지
  - 인화 또는 폭발 등의 위험성이 있는 농약 등 또는 원제의 경우에는 그 요지 및 특별취급방법
- 저장·보관 및 사용상의 주의사항
- 상호 및 소재지(수입하는 농약 등 또는 원제의 경우에는 수입업자의 상호 및 소재지와 제조국가 및 제조자의 상호를 말한다)
- 농약 등 또는 원제 제조 시 제품의 균일성이 인정되도록 구성한 모집단의 일련번호
- 약효보증기간
- 법 위반에 따른 과태료 적용 등 주의사항

42 농민이 농약을 선택할 때 쉽게 식별하기 위해 포장지와 병뚜껑의 색깔을 달리하고 있다. 제초제는 어떤 색인가?

① 노란색   ② 분홍색
③ 초록색   ④ 파란색

해설
약제의 용도에 따른 바탕색 구분
- 살균제 : 분홍색
- 살충제 : 녹색
- 제초제 : 황색
- 생장조절제 : 청색
- 맹독성 농약 : 적색
- 기타 약제 : 백색
- 혼합제 및 동시 방제제 : 해당 약제색깔 병용

43 주로 원제가 가수분해나 열에 안정한 화합물에 한하여 적용하고 있는 입제의 제제 방법은?

① 압출조립법   ② 흡착법
③ 피복법   ④ 분무건조법

해설
입제조제법
- 압출조립법 : 농약원제에 점토 등의 증량제와 PVA·전분과 같은 점결제 및 계면활성제와 분해제를 균일하게 혼합하여 분쇄한 다음 반죽하여 압출한 것으로 주로 원제가 가수분해나 열에 안정한 화합물에 한하여 적용
- 흡착법 : 천연 점토광물을 분쇄하여 만든 입자에 유기용매에 녹인 액상의 원제를 균일하게 흡착시켜 제제
- 피복법 : 규사, 탄산석회, 모래 등의 표면에 액상의 원제를 피복시키는 방법

44 수화제에 많이 쓰이는 증량제는?

① Toluene ② Sulfamate
③ Bentonite ④ Methanol

해설
증량제의 종류
- 규조토 : 주성분은 규산(SiO_2), 갑충류에 87% 살충력, 수화제 조제에 쓰임
- 고령토 : 주성분은 규산 알루미늄, 수화제, 분제의 증량제로 쓰임
- 탈크(Talc, 활석) : 알칼리성이나 안전하므로 분제 제조용으로 널리 쓰임
- 벤토나이트(Bentonite) : 유화제의 제조용으로 많이 쓰임
- 납석(Pyrophyllite) : 분제 및 수화제

45 우리나라의 농약관리법상 농약에 속하지 않는 것은?

① 살서제 ② 기피제
③ 유인제 ④ 살충제

해설
정의(농약관리법 제2조 제1호)
'농약'이란 다음에 해당하는 것을 말한다.
- 농작물[수목(樹木), 농산물과 임산물을 포함]을 해치는 균(菌), 곤충, 응애, 선충(線蟲), 바이러스, 잡초, 그 밖에 농림축산식품부령으로 정하는 동식물(이하 '병해충')을 방제(防除)하는 데에 사용하는 살균제·살충제·제초제
- 농작물의 생리기능(生理機能)을 증진하거나 억제하는 데에 사용하는 약제
- 그 밖에 농림축산식품부령으로 정하는 약제

동·식물 및 약제의 범위(농약관리법 시행규칙 제2조 제2항)
농림축산식품부령으로 정하는 약제란 다음의 약제를 말한다.
- 기피제
- 유인제
- 전착제

46 물에 녹지 않는 주제를 Kaoline, Bentonite 등의 점토광물과 계면활성제, 분산제를 배합하고 혼합 분쇄하여 제제화하는 제형을 무엇이라 하는가?

① 유제 ② 입제
③ 수용제 ④ 수화제

해설
- 유제 : 액상으로서 물에 희석하였을 때 유화되는 농약
- 액제 : 액상으로서 물에 희석하였을 때 용해되는 농약
- 수용제 : 분상, 정제로서 물에 희석하였을 때 용해되는 농약
- 수화제 : 분상으로서 물에 희석하였을 때 수화되는 농약

47 농약의 제형 중 유제(乳劑)의 구비조건이 아닌 것은?

① 농약을 물에 넣었을 때 수화되면서 현수성이 좋아야 한다.
② 물에 희석하였을 때 유효성분이 석출되지 않고 유탁액을 만들어야 한다.
③ 유효성분이 보존중 또는 사용중에 분해 변화되지 않아야 한다.
④ 살포 후에 작물이나 해충의 표면에 고르게 퍼지며 부착이 되어야 한다.

해설
① 유제는 물에 희석하였을 때 수화가 아닌 유화되는 농약

정답 44 ③ 45 ① 46 ④ 47 ①

48 농약의 독성을 표시하는 것은?

① 잔류허용량
② 안전사용기준
③ 중위치사량
④ 1일 섭취허용량

해설
농약의 독성은 반수치사량 또는 중위치사량

49 농약의 일일 섭취허용량을 기술한 것 중 옳은 것은?

① 농약을 함유한 음식을 하루 섭취하여도 장해가 없는 양
② 농약을 함유한 음식을 일 년간 섭취하여도 장해가 없는 양
③ 농약을 함유한 음식을 십 년간 섭취하여도 장해가 없는 양
④ 농약을 함유한 음식을 일생 동안 섭취하여도 장해가 없는 양

해설
일일 섭취 허용량은 농약을 함유한 음식을 하루 동안 섭취하여도 장해가 없는 양을 의미

50 독성 표시 기호 중 TLm이란?

① 어종별로 48시간 이후에도 50%가 견뎌내는 약제 농도
② 물벌에 대하여 48시간 이후에도 50% 견뎌내는 약제 농도
③ 누에에 대하여 48시간 이후에도 50%가 견뎌내는 약제 농도
④ 동물의 50%가 죽는 농약의 양

해설
TLm
• 어독성의 반수치사농도
• 48시간 후에도 50%가 견뎌내는 약제농도로 TLm으로 표시

51 약량을 1/3~1/5로 줄여서 살포하여도 충분한 약효를 얻을 수 있는 살포 방법은?

① 미스트법   ② 분무법
③ 산분법   ④ 분의법

해설
미스트법
• 미스트기로 만든 미립자를 살포하는 것
• 살포량이 분부법의 1/3~1/4 정도지만 농도는 2~3배 높음
• 입경 0.035~0.1mm
• 용수가 부족한 곳에 적합 살포 시 시간, 노력, 자재 절감

정답 48 ③ 49 ① 50 ① 51 ①

52 농약의 약효에 대한 설명으로 거리가 먼 것은?

① 농약의 효과는 살포약제의 부착량 및 부착질에 의해 결정된다.
② 약효는 살포량이 어느 한계 이하에서는 살포량과 부착량은 비례한다.
③ 약효는 살포량이 증가함에 따라 약효상승률이 점차 떨어진다.
④ 실제 포장에서 병해충을 효과적으로 방제하기 위해서는 약효상승률이 "0"인 때의 살포량보다 감량하여 살포하는 것이 안전하다.

해설
④ 안전한 방제효과를 위해서는 약효상승률이 "0"인 때의 살포량보다 증량 살포해야 안전

53 농약 45% 유제 500mL(비중 1.0)를 1,000배액으로 희석하여 살포하려 할 때 소요되는 물의 양은?

① 240L
② 270L
③ 500L
④ 670L

해설
물의 양 = 500mL × 1,000배 = 500L

54 농약 살포액의 조제방법 중 일반적으로 가장 많이 사용하는 방법은?

① 배액조제법
② 퍼센트액조제법
③ 비중조제법
④ ppm조제법

해설
일반적으로 배액조제법을 가장 많이 사용

55 농약의 품질불량이 원인이 되어 약해를 일으키는 원인이 아닌 것은?

① 불순물의 혼합에 의한 약해
② 원제 부성분에 의한 약해
③ 농약의 고농도에 의한 약해
④ 경시변화에 의한 유해성분의 생성

해설
농약의 고농도에 의한 약해는 사용 시 희석배수를 준수하지 않아 발생하는 약해

56 농약 제품을 제조할 때 물이 들어가지 않는 제형은?

① 수용제(SP)
② 액상수화제(SC)
③ 유탁제(EW)
④ 미탁제(ME)

해설
① 수용제 : 분상, 정제로서 물에 희석하였을 때 용해되는 농약

57 비선택성 제초제로 분류되는 농약은?
① 마세트 ② 데브리놀
③ 씨마진 ④ 글라신

해설
글라신은 유기인계 비선택성 제초제이다.

58 Parathion제의 살충기작이 일어나는 이유는?
① Cytochrome Oxidase를 저해하기 때문이다.
② Cholinesterase의 작용을 저해하기 때문이다.
③ 침투성이 있기 때문이다.
④ 체내에서 분해가 빠르기 때문이다.

해설
콜린에스테라제(신경계의 정상적인 작용을 조절하는 효소) 억제제로 작용해 호흡부전을 유발한다.

59 다음 농약 중 페녹시계 제초제가 아닌 것은?
① 2,4-D ② MCPA
③ MCPP ④ DCPA

해설
페녹시(Phenoxy)계 제초제
- 선택형, 호르몬형 유기제초제
- 2,4-D, 메코프로프(MCPP), MCPA 등

60 다음 중 유기인계 살충제는?
① EPN ② BHC
③ 2,4-D ④ PHC

해설
② BHC : 유기염소계
③ 2,4-D : 페녹시계 제초제
④ PHC : 카바메이트계 농약

제4과목 잡초방제학

61 외국에서 유입된 대표적인 외래잡초로만 구성되어 있는 것은 어느 것인가?
① 올챙이고랭이, 미국자리공, 생이가래
② 미국개기장, 단풍잎돼지풀, 서양민들레
③ 서양민들레, 올방개, 방동사니
④ 단풍잎돼지풀, 미국가막사리, 중대가리풀

해설
농경지 외래잡초
- 콩 : 가늘털비름, 명아주류, 털여뀌, 미국가막사리
- 옥수수 : 어저귀, 가늘털비름, 돌소리쟁이, 털여뀌, 명아주류, 독말풀, 큰도꼬마리, 도깨비가지, 단풍잎돼지풀, 미국가막사리
- 목초지 : 돌소리쟁이, 소리쟁이, 도깨비가지, 왕도깨비가지, 난쟁이아욱, 가시비름, 자주광대나물, 독말풀, 도꼬마리, 큰도꼬마리, 어저귀, 큰개불알풀, 붉은서나물, 큰방가지똥, 서양민들레, 서양금혼초, 만수국아재비, 개망초

62 여름형 잡초 중 3~4월에 발생하기 시작하여 4~5월에 성기를 이루는 하계 1년생 밭잡초는?

① 질경이　　② 냉 이
③ 쇠털골　　④ 명아주

해설
명아주는 여름형 잡초로 3~4월에 발생하기 시작하여 4~5월에 성기를 이룬다. 요수량이 높아 작물과 수분 경합한다.

63 다음 중 잡초의 이용면을 잘못 나열한 것은?

① 피 - 동물사료
② 부레옥잠 - 수질정화
③ 어저귀 - 가축사료
④ 별꽃 - 민간약재

해설
어저귀 : 줄기에서 윤기가 나는 섬유를 채취하여 로프와 마대를 만들고 찌꺼기는 종이 원료로 사용한다.

64 부유성 수생잡초는?

① 올 미　　② 가 래
③ 물달개비　　④ 개구리밥

해설
개구리밥 : 물에 뜨는 잡초

65 다년생 잡초의 지하번식기관 중 휴면성이 가장 큰 잡초는?

① 너도방동사니　　② 가 래
③ 올방개　　④ 올 미

해설
올방개의 휴면성은 5~7년이다.

66 종자 휴면의 원인이 될 수 없는 것은?

① 종피의 불투기성
② 생장조절물질의 과다
③ 배의 미숙
④ 종피의 기계적 저항

해설
종자 휴면원인 : 종피의 불투기성, 배의 미숙, 종피의 기계적 저항 등

정답　62 ④　63 ③　64 ④　65 ③　66 ②

67 잡초의 유용성에 대한 설명으로 틀린 것은?

① 잡초 중에는 논둑 및 경사지 등에서 지면을 덮어 토양 유실을 막아 준다.
② 근연 관계에 있는 식물에 대한 유전자은행으로서의 역할을 할 수 있다.
③ 유기물이나 중금속 등으로 오염된 물이나 토양을 정화하는 기능을 가진 종들도 있다.
④ 작물과 같이 자랄 경우 빈 공간을 채워 작물의 도복을 막아준다.

해설
과수원 등에서 초경재배 등에 유리하게 작용할 수 있으나 일반적으로 같이 자랄 경우 작물이 불리하다.

68 잡초종자의 발아습성 중 일장에 반응하여 휴면을 타파하고 발아하게 되는 특성은?

① 발아 기회성
② 발아 계절성
③ 발아 주기성
④ 발아 연속성

해설
일장의 변화
• 단일 : 해가 짧아지는 조건, 여름 → 가을
• 장일 : 해가 길어지는 조건, 봄 → 여름

69 명아주 잡초 종자를 휴면타파시켜 실험에 사용코자 할 경우 바람직한 방법은?

① 종피파상법   ② 저온처리법
③ 호르몬처리법 ④ 변온처리법

해설
① 종피파상법 : 경실종자의 휴면타파법

70 잡초의 군락천이를 유발시키는 데 가장 밀접한 관계가 있는 요인은?

① 동일한 제초제를 연용하여 사용
② 장간종 품종재배
③ 작물 연작재배
④ 다비재배법으로 재배

해설
군락천이
이미 조성된 군락의 변화가 발생하는 것으로 동일 제초제를 연용할 경우 제초제 내성 잡초가 발행하거나 일년생 잡초 제초제 연용 시 다년생 잡초 천이가 발생한다.

71 광발아(光發芽)잡초로만 짝지어 있는 것은?

① 바랭이, 냉이, 별꽃
② 왕바랭이, 별꽃, 소리쟁이
③ 바랭이, 쇠비름, 개비름
④ 향부자, 독말풀, 별꽃

해설
광발아 종자 : 바랭이, 쇠비름, 개비름, 향부자, 강피, 참방동사니, 소리쟁이, 메귀리

정답 67 ④ 68 ② 69 ① 70 ① 71 ③

72 생육억제물질에 의한 잡초 종자의 휴면을 타파하는 방법이 아닌 것은?

① 저온습윤 처리
② 변온 처리
③ 생장촉진제 사용
④ 황산 처리

해설
④ 황산 처리의 경우 경실(껍질이 단단한)에 의한 수분흡수가 되지 않아 발아하지 못하는 종자의 껍질을 깨주는 물리적인 방법이다.

73 작물과 잡초와의 경합해(競合害)로 나타나는 작물의 증상은?

① 작물의 엽면적이 커진다.
② 광합성량(光合成量)이 줄어든다.
③ 건물중(乾物重)은 많아진다.
④ 분열수도 많아진다.

해설
잡초가 작물의 초기 성장속도보다 빨라 광합성량이 줄어 성장속도가 늦어진다.

74 벼 이앙재배논에 일년생 잡초인 사마귀풀의 발생이 많은 논일 경우에는 어떤 사항을 고려해야 하는가?

① 도열병의 만연
② 기계수확 곤란
③ 물관리 곤란
④ 벼멸구 발생 심함

해설
기계수확 시 줄기가 엉켜 작업이 곤란해진다.

75 잡초가 작물과의 경합에서 유리한 생태적 특성이 아닌 것은?

① 초기 생장속도가 빠르다.
② 건물 생산이 매우 높다.
③ 번식력이 매우 왕성하다.
④ 대부분 C_3 식물이다.

해설
④ 잡초의 경우 대부분 C_4 식물이다.

76 제초제의 선택성에 영향을 미치는 식물학적 요인에 대한 설명으로 맞는 것은?

① 잎의 표면이 왁스로 덮여 있는 것은 수용성 제초제의 습윤성이 높다.
② 잔털이 조밀하게 덮여 있는 잎은 수용성 제초제의 전착성이 높다.
③ 엽신(葉身)이 줄기에 붙어 있는 각도가 작을수록 부착되는 제초제의 양이 적다.
④ 부착된 엽수가 적을수록 살포한 제초제의 접촉량이 많아진다.

해설
엽신이 줄기에 붙어 있는 각도가 작아지면 노출면적이 감소해 부착되는 제초제의 양이 적다.

정답 72 ④ 73 ② 74 ② 75 ④ 76 ③

77 제초제의 상호작용 중 두 종류의 약제를 혼합처리 할 때 반응이 단독처리 시 큰 쪽의 반응보다 작게 나타나는 반응은?

① 상승작용   ② 상가작용
③ 길항작용   ④ 독립작용

해설
길항작용 : 상반되는 2가지 요인이 동시에 작용하여 그 효과를 서로 상쇄시키는 작용

78 2,4-D의 작용 특성을 설명한 것 중 잘못된 것은?

① 호르몬형의 선택 살초성이다.
② 이행형 제초제이다.
③ 분열조직을 활성화하여 생리기구를 교란시켜 고사한다.
④ 벼의 무효분얼을 증가시킨다.

해설
유수형성기 이전 이사디 사용 시 분얼이 억제되어 충분한 분얼수를 확보하지 못하게 되며, 유수형성기(이삭꽃이 생길 때) 이후에 사용할 경우 출수가 안 되는 피해가 있다.

79 화학적 잡초 방제법의 장점은?

① 환경에 잔류 가능성이 없음
② 약해가 없음
③ 살초작용이 빠름
④ 생물에 안전함

해설
화학적 잡초 방제법의 장점 : 살초작용이 빠름, 노력경감 등

80 다음 제초방법 중 가장 환경친화적인 방법은?

① 제초제로 처리한다.
② 경운을 한다.
③ 토양표면을 피복한다.
④ 화염방사기를 사용한다.

해설
토양표면 피복의 경우 피복식물에 의한 잡초 방제 및 천적의 도피처 제공

2022년 제1회 과년도 기출복원문제

식물보호산업기사

제1과목 식물병리학

01 아플라톡신(Aflatoxin) 균독소(Mycotoxin)를 생산하는 균은?

① *Aspergillus flavus*
② *Aspergillus ochraceus*
③ *Penicillium citrinum*
④ *Fusarium graminearum*

해설
② 오크라톡신(Ochratoxin)이 생성되며, 주요 오염원은 보리, 옥수수, 밀, 귀리 및 땅콩이다. 신장과 간에서 암을 유발하는 물질로 알려져 있다.
③ 페니실린 추출
④ 맥류 붉은곰팡이병

02 다음의 식물병 병원체 중 핵산으로만 구성되어 있으며 그 크기가 가장 작은 것은?

① 바이러스(Virus)
② 바이로이드(Viroid)
③ 파이토플라스마(Phytoplasma)
④ 스피로플라스마(Spiroplasma)

해설
• 바이로이드
  - 한 가닥의 핵산 RNA로만 구성된 병원체
  - 접목전염 및 접촉전염
  - 일본에서 배의 유부과 현상에서 바이로이드 검출
  - 감자 갈쭉병
• 병원체의 크기 : 진균(곰팡이) > 세균 > 바이러스 > 바이로이드

03 벼 줄무늬잎마름병의 병원(病原)은?

① 바이러스   ② 파이토플라스마
③ 세 균   ④ 진 균

해설
벼 줄무늬잎마름병은 애멸구 매개 바이러스에 의한 병

04 다음 병 중 병원균이 그람양성(Gram Positive)인 것은?

① 감자 역병
② 감자 X바이러스병
③ 감자 둘레썩음병
④ 감자 잎말림병

해설
그람염색법에 의한 분류
• 보라색으로 염색되는 그람양성균 : 감자 둘레썩음병, 토마토 궤양병
• 분홍색으로 염색되는 그람음성균 : 대부분의 세균

05 다음 식물병의 원인들 중에서 생물성 병원이 아닌 것은?

① 양분의 과부족
② 응애류
③ 세 균
④ 파이토플라스마

해설
양분의 과부족은 비생물성 병원으로 전염성이 없다.

정답 1 ① 2 ② 3 ① 4 ③ 5 ①

06 인공배지에서 배양이 가능하며 균사체를 형성하지 않는 식물병원균은?
① 바이로이드
② 파이토플라스마 유사체
③ 세 균
④ 바이러스

해설
- 인공배지 배양 불가 : 바이로이드, 파이토플라스마, 바이러스
- 인공배지 배양 가능 : 세균(균사형성 안함), 진균(균사형성)

07 토마토 풋마름병의 병원체는?
① 바이러스 ② 세 균
③ 진 균 ④ 파이토플라스마

해설
토마토 풋마름병은 세균에 의한 병이다.

08 오이 노균병균은 어떤 종류의 포자를 형성하는가?
① 동포자 ② 하포자
③ 자낭포자 ④ 유주(포)자

해설
노균병균은 진균중 조균류에 해당되며 유주자 균류이다.

09 애멸구가 매개하는 병으로서 우리나라의 일반계 벼 품종에서 피해가 큰 병은?
① 줄무늬잎마름병
② 도열병
③ 흰빛잎마름병
④ 잎집무늬마름병

해설
줄무늬잎마름병은 애멸구에 의해 매개되는 바이러스병이다.

10 다음 중 주로 공기전염을 하는 병은?
① 배추·무 사마귀병
② 배나무 붉은별무늬병
③ 오이 모자이크바이러스
④ 식물의 모잘록병

해설
① 토양, ③ 충매, ④ 토양

11 고추 탄저병의 만연에 결정적으로 중요한 역할을 하는 전파 수단은 어느 것인가?
① 침 수 ② 토양 해충
③ 비바람 ④ 선 충

해설
탄저병의 경우 바람과 비에 의해 전파된다.

정답 6 ③ 7 ② 8 ④ 9 ① 10 ② 11 ③

12 맥류의 줄기녹병의 중간 기주는 무엇인가?

① 아카시아나무
② 향나무
③ 뽕나무
④ 매자나무

해설
녹병류의 중간기주
- 배나무 붉은별무늬병균(적성병) : 향나무
- 사과나무 붉은별무늬병 : 향나무
- 소나무 혹녹병 : 졸참, 신갈나무
- 맥류 줄기녹병 : 매자나무
- 밀 붉은녹병 : 좀꿩의다리

13 다음 중 토양병원균으로 알려져 있는 것은?

① *Pyricularia oryzae*
② *Agrobacterium tumefaciens*
③ *Cercospora beticola*
④ *Alternaria mali*

해설
② 근두암종병균
① 벼 도열병균
③ 갈색무늬병균
④ 사과 점무늬낙엽병균

14 다음 병 중 병원균이 기생체 침입 시 균사가 밀집해서 감염욕을 만들어 침입하는 것은?

① 뽕나무 자주날개무늬병
② 벼 깨씨무늬병
③ 사과 탄저병
④ 오이 잿빛곰팡이병

해설
뽕나무 자주날개무늬병 : 병원균이 기생체 침입 시 균사가 밀집해서 감염욕을 만들어 침입

15 다음 중 기주교대를 하지 않는 식물병은?

① 소나무 혹병
② 보리 겉깜부기병
③ 잣나무 털녹병
④ 사과 붉은별무늬병

해설
보리 겉깜부기병은 기주교대를 하지 않음

16 무가온 시설재배에서 가장 낮은 온도에서 발생하는 병은?

① 균핵병   ② 노균병
③ 흰가루병   ④ 역 병

해설
균핵병은 저온, 약광선, 과습 등의 조건에서 다발생

정답 12 ④ 13 ② 14 ① 15 ② 16 ①

17 식물병의 핵산 분석에 의한 진단 방법은?

① PCR(Polymerase Chain Reaction)을 이용한 병원체 동정
② 박테리오파지(Bacteriophage)에 의한 진단
③ 효소결합항체법에 의한 진단
④ 황산구리법에 의한 진단

해설
식물병의 핵산 분석에 의한 진단 방법은 PCR을 이용한 병원체 동정이다.

18 식물병의 경종적 방제법이 아닌 것은?

① 재배시기를 조절한다.
② 접목을 이용한다.
③ 병원균의 이동을 차단한다.
④ 윤작을 한다.

해설
병원균의 이동 차단 방법은 물리적 방제에 해당한다.

19 소나무의 재선충 방제 중 현재 가장 효과적인 방법은?

① 잎에 살충제를 살포한다.
② 피해목을 조기에 발견 벌채하여 훈증 및 소각한다.
③ 항공살포로 매개충을 죽인다.
④ 수간에 침투성 살충제를 수간주사하여 매개충을 죽인다.

해설
소나무재선충은 솔잎하늘소에 의해 매개되며 피해목을 조기에 발견해 훈증처리 해야 한다.

20 배추 무사마귀병의 방제법과 거리가 가장 먼 것은?

① 경종적 방제법으로 배수가 잘 되게 한다.
② 윤작을 한다.
③ 토양산도를 조절하여 pH를 낮춰 준다.
④ PCNB, Fluazinam 등을 살포한다.

해설
배추 무사마귀병은 산성 토양에서 다발생하기 때문에 석회를 뿌려 토양을 알칼리성으로 바꿔 준다.

정답 17 ① 18 ③ 19 ② 20 ③

제2과목 농림해충학

21 곤충에 대한 설명으로 적절하지 않은 것은?

① 호흡 시 혈액 속의 헤모글로빈에 의해 산소를 공급받는다.
② 연속되는 탈피를 통해 몸을 키운다.
③ 기관호흡을 한다.
④ 완전변태류의 경우 번데기 과정을 거친다.

해설
곤충은 체액의 혈구(Hemocyte)가 산소를 운반한다.

22 다음 분류군 중 곤충강에 속하지 않는 것은?

① 매미목   ② 나미목
③ 응애목   ④ 딱정벌레목

해설
응애목의 경우 거미강에 속한다.

23 벌목의 잎벌과에 속하는 곤충의 촉각모양으로 알맞은 것은?

① 곤봉모양
② 빗살모양
③ 염주모양
④ 부채꼴 및 고리모양

해설
벌목 잎벌과의 촉각은 실모양(사상, 빗살모양)이다.

24 총채벌레목에 관한 설명 중 틀린 것은?

① 단위생식도 한다.
② 입틀의 좌우가 같다.
③ 왼쪽 큰 턱이 한개만 발달하였다.
④ 불완전변태를 한다.

해설
총채벌레류는 입틀의 좌우가 비대칭으로, 식물체의 표피에 상처를 내고 즙액을 흡즙한다.

25 곤충 분류군별로 파리목의 형태적 특징인 것은?

① 정상적인 날개가 2쌍이다.
② 앞날개만 발달하여 나는 기능을 갖고 있고 뒷날개는 퇴화되었다.
③ 앞날개가 뒷날개보다 크며 날개는 비늘로 덮여 있다.
④ 앞날개는 두껍고 각질화되어 있으며 날개맥이 없다.

해설
파리목
- 입은 흡수에 적합하게 변형
- 날개는 가운데가슴에 1쌍이 있으나 뒷날개는 평균곤으로 퇴화
- 번데기는 위용(유충이 번데기가 된 후 피부가 경화되고 그 속에 나용이 형성된 것)

정답 21 ① 22 ③ 23 ② 24 ② 25 ②

26 과변태를 하는 곤충은 무엇인가?

① 매미충과　　② 가뢰과
③ 말벌과　　　④ 방패벌레과

> [해설]
> 가뢰과 곤충은 알 → 유충 → 의용 → 용 → 성충 순으로 과변태한다.

27 표피를 형성하는 단백질, 지질, 키틴 화합물 등을 합성하고 분비해 주는 한 층의 세포군은?

① 표피층　　② 진피세포
③ 기저막　　④ 체 색

> [해설]
> 진피세포는 표피를 이루는 단백질, 지질, Chitin화합물 등을 합성, 분비 해주는 한 층의 세포군으로서 탈피 시에는 내원표피를 소화시키는 탈피액(Molting Fluid)도 분비한다.

28 곤충의 탈피와 변태는 탈피호르몬과 유약호르몬의 농도에 따라 결정된다. 다음 영기의 유충으로 탈피하는 경우는?

① 유약호르몬의 함량이 높을 때
② 유약호르몬의 함량이 낮을 때
③ 유약호르몬이 없을 때
④ 탈피호르몬이 없을 때

> [해설]
> **유약호르몬**
> • 알라타체에서 분비되는 호르몬
> • 전흉선 호르몬과 협동하여 유충의 탈피를 일으키고, 난소의 발육을 억제하여 유충형질을 유지

29 야행성 곤충의 활동주기에 가장 큰 영향을 주는 요인은?

① 지 온　　② 광 선
③ 습 도　　④ 온 도

> [해설]
> 야행성 곤충의 활동 주기는 광선에 큰 영향을 받는다.

30 다음 중 생식형태와 해충의 연결이 틀린 것은?

① 다배생식 – 솔잎혹파리
② 단위생식 – 목화진딧물(여름형)
③ 양성생식 – 배추흰나비
④ 단위생식 – 벼물바구미

> [해설]
> 솔잎혹파리 : 양성생식

31 곤충의 자웅 생식기관 구조에서 서로 대응되지 않는 것은?

① 알집소관 – 고환소포
② 옆수란관 – 수정관
③ 중앙수란관 – 사정관
④ 수정낭샘 – 부속샘

> [해설]
> **곤충 암수의 생식기관 비교**
>
> | 암 컷 | 수 컷 |
> | --- | --- |
> | 1쌍의 난소(알집) | 1쌍의 고환(정집) |
> | 1쌍의 옆 수란관 | 1쌍의 수정관과 저정관 |
> | 중앙수란관과 질 | 중앙사정관 |
> | 부속샘 | 부속샘 |
> | 수정란과 부속샘 | – |
> | 교미낭 | – |
> | 산란관 | 교미기 |

32 다음 해충 중 성충이 과일에 상처를 내서 해를 미치는 것은?

① 으름나방
② 모무늬잎말이나방
③ 사과굴나방
④ 사과응애

해설
으름나방
- 연 2회 발생하며 성충으로 월동
- 유충은 으름덩굴의 잎을 먹고 자라며 성충은 밤에 과수원으로 날아와서 과실의 즙액을 빨아먹고, 가해부로부터 썩어 들어가 낙과함

33 다음 다리마디 중 일반적으로 가슴의 부속지(다리)의 몸쪽에서부터 가장 가까운 마디로 맞는 것은?

① 도래마디(Trochanter)
② 종아리마디(Tibia)
③ 넓적다리마디(Femur)
④ 발목마디(Tarsus)

해설
곤충의 다리마디 순서
밑마디 → 도래마디 → 넓적다리마디 → 종아리마디 → 발마디

34 일반적인 곤충의 표피 구조 중 가장 바깥쪽에 위치하는 것은?

① 큐티클
② 표 피
③ 피부샘
④ 기저막

해설
곤충 체벽
- 큐티클층 – 표피세포층 – 기저막으로 구성
- 체벽은 곤충의 내부 기관을 물리적으로 보호하고 몸의 모양을 지탱하고, 근육의 부착점이 되는 외골격 역할을 담당, 수분 증산을 억제

35 곤충의 방어 물질의 종류로 설명이 잘못된 것은?

① 곤충의 방어샘에서 동정된 화합물로는 알칼로이드, 테르페노이드, 퀴논, 페놀 등이 있다.
② 사회성 곤충에서는 독샘에서 분비하는 방어물질들이 대부분 효소들이다.
③ 곤충의 방어물질을 총칭 카이로몬이라고 한다.
④ 비사회성 곤충에서는 방어물질 중에 개미들의 경보페로몬과 같거나 비슷한 구조의 화합물도 있다.

해설
카이로몬 : 피식자의 방어를 유도할 수 있는 화학 물질

36 곤충의 호흡기관과 무관한 기관은?

① 기관(Trachea)
② 기문(Spiracle)
③ 기관소지(Tracheole)
④ 말피기관

해설
말피기관 : 곤충체강 내에서 비틀림 운동을 하면서 pH나 무기이온농도 등을 조절하면서 배설작용을 한다.

정답 32 ① 33 ① 34 ① 35 ③ 36 ④

37 곤충이 생활하는 도중 부적합한 환경을 극복하려고 발육을 일시 정지하는 현상은?

① 변 태
② 휴 면
③ 이 주
④ 탈 피

해설
곤충은 불리한 조건에서 휴면을 통해 생태 유지

38 딸기하우스 내에 점박이응애의 방제용으로 이용할 수 있는 천적은?

① 칠성풀잠자리
② 칠레이리응애
③ 온실가루이좀벌
④ 남생이무당벌레

해설
점박이응애의 천적 : 칠레이리응애

39 해충방제의 개념상 경제적 가해수준이란?

① 경제적 피해가 나타나는 최고밀도
② 직접 방제수단을 써야 하는 밀도수준
③ 일반적인 환경조건하에서의 평균밀도
④ 일반적인 피해가 나타나는 최저밀도

해설
경제적 가해 수준은 일반적인 피해가 나타나는 최저밀도를 말한다.

40 성충과 유충이 모두 잎을 가해하는 해충은?

① 오리나무잎벌레
② 미국흰불나방
③ 솔잎혹파리
④ 매미나방

해설
오리나무잎벌레의 경우 성충과 유충이 모두 잎을 가해

제3과목 농약학

41 농약관리법상 유제, 액제의 농약제조업 등록을 하고자 할 때 기본적으로 갖춰야 할 시설이 아닌 것은?

① 원제처리장치
② 반죽시설
③ 제품혼합조
④ 저장조

해설
② 반죽시설의 경우 조립식 입제(미생물농약의 경우에는 조립식 입상제제)만 해당
제조업자 시설 : 원제처리장치(용해조 또는 혼합조, 원제 및 부재 계량장치), 제품혼합조, 저장조, 포장시설

정답 37 ② 38 ② 39 ④ 40 ① 41 ②

42 농약 제조회사에 따라 제조처방이 달라 일반적으로 농약제조회사에서 이름을 붙인 것은?

① 화학명(Chemical Name)
② 일반명(Common Name)
③ 품목명(Item Name)
④ 상품명(Trade Name)

해설
④ 상품명(상표명) : 농약을 제품화할 때 농약회사에서 붙이는 고유의 이름으로, 같은 농약이라도 생산회사에 따라 이름이 다르다.
① 화학명 : 농약 유효성분의 공통적인 화학적 구조에 따라 붙여지는 전문적·과학적인 명칭으로, 병해충의 약제저항성과 관련이 깊다. IUPAC에서 명칭을 정한다.
② 일반명 : 농약을 구성하는 화합물의 이름을 암시하면서 단순화시킨 것이다. 국제적으로 통용되며, 농약의 특성을 나타내는 대표적인 이름으로, 잔류허용기준 등을 나타낸다.
③ 품목명 : 농약의 제제화와 관련하여 붙여진 이름으로 영문의 일반명을 한글로 표시하고 뒤에 제형을 붙인다. 우리나라에서 농약을 등록할 때 사용하는 간략한 명칭이다.

43 수화제에 많이 쓰이는 증량제는?

① Toluene
② Sulfamate
③ Bentonite
④ Methanol

해설
벤토나이트(Bentonite)
• 비교적 무거운 점토형 광물질로 물을 비롯한 액체 및 가스체를 흡착시키는 힘이 크며 유화성, 점착성, 습윤성을 갖추어 유류의 유화제 또는 수화제의 증량제로 사용
• 흡유 특성이 천연의 증량제 중 가장 높음

44 물에 녹지 않는 주제를 Kaoline, Bentonite 등의 점토광물과 계면활성제, 분산제를 배합하고 혼합 분쇄하여 제제화하는 제형을 무엇이라 하는가?

① 유 제
② 입 제
③ 수용제
④ 수화제

해설
• 유제 : 액상으로서 물에 희석하였을 때 유화되는 농약
• 액제 : 액상으로서 물에 희석하였을 때 용해되는 농약
• 수용제 : 분상, 정제로서 물에 희석하였을 때 용해되는 농약
• 수화제 : 분상으로서 물에 희석하였을 때 수화되는 농약

45 농약의 사용목적에 의한 분류가 아닌 것은?

① 살충제
② 분 제
③ 제초제
④ 살균제

해설
사용목적에 따른 분류 : 살균제, 살충제, 제초제, 살응애제, 살선충제, 살서제, 식물생장조절제

46 물에 희석하지 않고 그대로 사용하는 제형은?

① 수화제
② 수용제
③ 유 제
④ 분 제

해설
분제농약의 특성
• 분제 주제를 증량제, 물리성 개량제, 분해방지제 등과 균일하게 혼합 분쇄하여 제조
• 수도병해충 방제에 널리 사용
• 유제, 수화제에 비해 고착성이 떨어져 잔효성이 요구되는 과수의 병해 방제용으로는 부적합

정답 42 ④ 43 ③ 44 ④ 45 ② 46 ④

47 농약의 독성을 표시하는 것은?

① 잔류허용량
② 안전사용기준
③ 중위치사량
④ 1일 섭취허용량

해설
농약의 독성은 반수치사량 또는 중위치사량

48 농약의 일일 섭취 허용량을 기술한 것 중 옳은 것은?

① 농약을 함유한 음식을 하루 섭취하여도 장해가 없는 양
② 농약을 함유한 음식을 일 년간 섭취하여도 장해가 없는 양
③ 농약을 함유한 음식을 십 년간 섭취하여도 장해가 없는 양
④ 농약을 함유한 음식을 일생 동안 섭취하여도 장해가 없는 양

해설
일일 섭취 허용량은 농약을 함유한 음식을 하루 섭취하여도 장해가 없는 양을 의미한다.

49 어떤 살충제에 대하여 한번도 사용한 적은 없으나 작용기작이 같은 살충제에 저항성을 나타내는 현상을 무엇이라 하는가?

① 복합저항성
② 교차저항성
③ 특이저항성
④ 교차저항성 + 복합저항성

해설
교차저항성 : 어떤 약제에 의해 저항성이 생긴 곤충이 다른 약제에 저항성을 보이는 것

50 독성 표시 기호 중 TLm이란?

① 어종별로 48시간 이후에도 50%가 견뎌내는 약제 농도
② 물벼룩에 대하여 48시간 이후에도 50% 견뎌내는 약제 농도
③ 누에에 대하여 48시간 이후에도 50%가 견뎌내는 약제 농도
④ 동물의 50%가 죽는 농약의 양

해설
TLm
• 어독성의 반수치사농도
• 48시간 후에도 50%가 견뎌내는 약제농도로 TLm으로 표시

47 ③ 48 ① 49 ② 50 ①

51 농약의 잔류허용기준을 산출하는 데 해당되지 않는 요소는?

① 최대무작용량
② 반수치사량
③ 안전계수
④ 1일 섭취허용량

해설
농약의 최대잔류허용기준(MRL ; Maximum Residue Limits)
• 최대잔류허용기준(ppm) =
$\dfrac{\text{1일 섭취허용량(ADI)} \times \text{국민평균체중(kg)}}{\text{해당 농약이 사용되는 식품의 1일 섭취량(식품계수, kg)}}$

• 1일 섭취허용량(ADI) = $\dfrac{\text{최대무작용량(NOEL)}}{\text{안전계수(SF, 일반적으로 1/100)}}$

52 리바이지드 50% 유제를 1,000배로 희석하여 10a당 180L를 살포하려 할 때 리바이지드 50% 유제의 소요량은?

① 45mL   ② 9mL
③ 180mL   ④ 36mL

해설
180L × 1,000mL/1,000 = 180mL

53 약해가 일어나지 않는 조건은?

① 장마철 보르도액의 살포
② 고온, 고광도시 석회황합제 사용
③ 낙엽 후 기계유 유제의 살포
④ 살포약제의 고농도 살포

해설
식물의 생육 단계 중 약해의 염려가 없는 시기는 휴면기이다.

54 농약 살포액의 조제방법 중 일반적으로 가장 많이 사용하는 방법은?

① 배액조제법
② 퍼센트액조제법
③ 비중조제법
④ ppm조제법

해설
일반적으로 배액조제법을 가장 많이 사용한다.

55 과수나 그 밖의 나무의 수간(樹幹)이나 지하에서 월동하는 해충이 오르거나 내려가지 못하게 라임 같은 끈끈한 약제를 발라서 해충을 방제하는 방법은?

① 분의법   ② 관주법
③ 도포법   ④ 독이법

해설
도포법 : 나무의 수간이나 지하에서 월동하는 해충이 오르거나 내려가지 못하게 끈끈한 액체를 발라서 해충을 방제하는 방법

56 제충국의 유효성분은?

① Rotenone
② Pyrethrin
③ Pyrethrolone
④ Allethrin

해설
제충국의 유효성분은 Pyrethrin이다.

정답 51 ② 52 ③ 53 ③ 54 ① 55 ③ 56 ②

57 주로 벼의 도열병 방지약제로 쓰이는 항곰팡이제 살균제는?

① 비타박스　② 블라스티시딘-S
③ 톱 신　　　④ 다코닐

해설
블라스티시딘-S : 농약용의 항생물질로서 도열병(稻熱病)에 유효

58 파라티온 등 유기인계 살충제의 가장 큰 작용 특성은?

① 분해가 느리기 때문에 약효지속 기관이 길다.
② 살충력이 강하고 광범위하게 사용된다.
③ 인축에 대해 독성이 약한 편이다.
④ 알칼리성 물질에 분해가 더딘 편이다.

해설
농약 중 가장 많은 종류가 있으며 유기인계 농약의 구조는 인(P)을 중심으로 각종 원자 또는 원자단으로 결합

59 유기유황제에 대한 설명으로 옳은 것은?

① 유기유황제 중 Thiram은 흰가루병에 특효이다.
② 수도용 살균제로 널리 사용되고 있다.
③ 무기황제보다 가격이 싸다.
④ 주요 약제로는 Propineb, Mancozeb 등이 많이 사용되고 있다.

해설
유기황제 : 프로피네브, 만코제브, 티람

60 석회유황합제 제조 시 생석회와 황의 중량비로서 적합한 것은?

① 생석회 : 황 = 1 : 1
② 생석회 : 황 = 2 : 1
③ 생석회 : 황 = 1 : 2
④ 생석회 : 황 = 1 : 3

해설
물 20L에 생석회와 유황의 비율 1 : 2 조제

제4과목　잡초방제학

61 화학방제법에 대한 생물적 방제법의 장점 중 잘못된 것은?

① 방제비용이 적게 든다.
② 잔류오염의 염려가 없다.
③ 처리가 용이하다.
④ 방제효과가 빨리 나타난다.

해설
방제효과가 화학방제법에 비해 느리게 나타난다.

정답　57 ②　58 ②　59 ④　60 ③　61 ④

62 식물의 형태 중에서 제초제의 선택성과 관계가 먼 것은?

① 뿌리의 분포 깊이와 형태
② 발아 및 출아의 심도
③ 잎의 수
④ 생장점의 위치

해설
잎의 수는 선택성과 관계가 없다.

63 제초제의 물리적 선택성에 영향을 끼치는 요인이 아닌 것은?

① 제초제 사용량
② 제초제 제형
③ 제초제 처리방법
④ 제초제 주성분함량

해설
주성분함량은 화학적 선택성과 관련있다.

64 다음 중 제초제의 작용기작을 잘못 연결한 것은?

① 설포닐우레아계 – 아미노산 생합성 저해
② 트리아진계 – 호흡작용 억제
③ 페녹시계 – 과도한 옥신작용
④ 디니트로아닐린계 – 세포분열 억제

해설
트리아진계 : 광합성 저해

65 토양 처리용 제초제에 있어서 물리적 선택성을 이용하기 위한 조건으로 부적당한 것은?

① 복토는 3.0cm 내외로 가능한 대립성 종자가 유리하다.
② 유기물 함량이 적은 사양토로서 흡착력이 적은 토양이 좋다.
③ 유기물 함량이 많은 흡착력이 있는 토양이 좋다.
④ 제초제 처리 후 5mm정도 강우가 있는 것이 좋다.

해설
유기물 함량이 적고 사양토인 경우 제초제의 흡착력이 없어 부적당

66 우리나라에서 가장 먼저 사용한 제초제는?

① 마세트 입제
② 2,4-D 액제
③ 스톰프 유제
④ 라쏘 유제

해설
2,4-D 액제는 우리나라에서 가장 먼저 사용한 제초제

67 예방적 잡초방제법이 아닌 것은?

① 상토 소독
② 종자 선별
③ 농기계 청소
④ 제초제 처리

해설
예방적 잡초방제는 잡초종자의 혼입 방지가 목적이다.

68 잡초종자가 공간적으로 산포하기 위한 특징으로 옳지 않은 것은?

① 산포에 유리한 형태적 특성
② 발아에 불리한 환경조건에서의 휴면성
③ 바람, 물 및 인축의 동태와 관련된 이동성
④ 동물이 섭취하여도 잘 소화되지 않는 특성

해설
공간적 산포는 잡초종자가 바람에 날리거나 동물체에 붙어 이동하는 특징과 관련있다.

69 제초제의 소실 중 물리적 소실이 아닌 것은?

① 미생물에 의한 분해
② 토양 하층으로의 용탈
③ 토양입자에 흡착
④ 식물체에의 흡수

해설
물리적 소실 : 토양 하층으로의 용탈, 흡착, 식물의 흡수 등

70 두 종류의 제초제를 혼합처리 할 때 반응이 단독처리 시 큰 쪽의 반응보다 작을 경우 두 약제 간에는 어떤 작용이 있다고 하는가?

① 상승작용
② 상가작용
③ 길항작용
④ 독립작용

해설
길항작용 : 상반되는 2가지 요인이 동시에 작용하여 그 효과를 서로 상쇄시키는 작용

71 논 제초제의 사용 시 약해발생 요인으로서 맞는 것은?

① 식양토는 CEC가 높으므로 사양토보다 약해를 입기 쉽다.
② 큰 묘를 내는 손이앙은 어린묘를 내는 기계이앙에 비해 약해를 입기 쉽다.
③ 근부흡수형의 약제들은 천식했을 경우 약해가 커진다.
④ 호르몬형 제초제는 고온보다 저온에서 약해가 커지는 경향이 있다.

해설
식양토는 제초제를 잡아주는 힘이 강해 약해가 작으며, 큰 묘는 초기 생육이 어느 정도 진행되어 경합력이 높고 호르몬형 제초제는 고온에서 증산량이 많아 제초제의 약해가 커진다.

정답 67 ④ 68 ② 69 ① 70 ③ 71 ③

72 잡초발생이 많은 포장에 서로 다른 제초제의 사용시기를 다르게 하여 2번 이상 살포하는 처리방법은?

① 일발처리　　② 종합처리
③ 체계처리　　④ 혼합처리

해설
체계처리에 대한 설명에 해당한다.

73 제초제의 선택성에 영향을 미치는 식물학적 요인에 대한 설명으로 맞는 것은?

① 잎의 표면이 왁스로 덮여 있는 것은 수용성 제초제의 습윤성이 높다.
② 잔털이 조밀하게 덮여 있는 잎은 수용성 제초제의 전착성이 높다.
③ 엽신(葉身)이 줄기에 붙어 있는 각도가 작을수록 부착되는 제초제의 양이 적다.
④ 부착된 엽수가 적을수록 살포한 제초제의 접촉량이 많아진다.

해설
엽신이 줄기에 붙어 있는 각도가 작아지면 노출면적이 감소해 부착되는 제초제의 양이 적다.

74 2,4-D 1% 용액은 몇 ppm에 해당하는가?

① 1ppm　　② 100ppm
③ 1,000ppm　　④ 10,000ppm

해설
1/100 = 10,000/1,000,000 → 10,000ppm

75 분해과정이 없을 경우 극성이 낮은 제초제를 토양처리하였을 때 제초효과가 가장 낮게 나타날 수 있는 지역은?

① 토양유기물이 풍부한 점질토양의 지역
② 유기물이 없는 사질토양의 지역
③ 유기물이 어느 정도 있는 사질토양의 지역
④ 유기물이 전혀 없는 점질토양의 지역

해설
토양유기물이 풍부할 경우 부식에 의해 제초제가 고정되어 작물 흡수 피해가 경감된다.

76 잡초방제 방법 중 생태적 방제법이 아닌 것은?

① 작부체계
② 답전윤환재배
③ 논 오리방사
④ 경합능력이 큰 품종 선택

해설
논 오리방사는 생물학적 방제법이다.

정답 72 ③　73 ③　74 ④　75 ①　76 ③

77 겨울작물(밀, 유채 등) 포장에서 발생이 많은 잡초는?

① 여뀌
② 바랭이
③ 쇠비름
④ 벼룩나물

해설
겨울잡초 : 가을에 발생하여 노지에서 월동하고 봄에 피해가 많고 늦봄과 초여름에 결실하는 것
예 뚝새풀, 속속이풀, 냉이, 벼룩나물, 벼룩이자리, 점나도나물, 개양개비

78 외국에서 유입되는 잡초를 방지하기 위하여 수출입 과정에서 검역하듯이 검사하는 잡초방제법은?

① 생태적 방제법
② 화학적 방제법
③ 법적 방제법
④ 생물적 방제법

해설
법적 방제법에 대한 설명에 해당한다.

79 제초제의 구비조건이 아닌 것은?

① 제초효과가 커야 한다.
② 인축에 약해가 없어야 한다.
③ 잔류하여 지속적인 약효가 있어야 한다.
④ 사용이 편리해야 한다.

해설
제초제의 토양 잔류로 작물 재배에 영향을 주어서는 안 된다.

80 잡초에는 경합력이 저하되도록 유도하는 대신 작물에는 경합력이 높아지도록 재배하는 잡초방제법은?

① 기계적 방제법
② 생태적 방제법
③ 화학적 방제법
④ 생물적 방제법

해설
생태적 방제법에 대한 설명에 해당한다.

정답 77 ④ 78 ③ 79 ③ 80 ②

2023년 제1회 과년도 기출복원문제

식물보호산업기사

제1과목 식물병리학

01 다음 병 중 병원균이 그람양성(Gram positive)인 것은?

① 감자 역병
② 감자 X바이러스병
③ 감자 둘레썩음병
④ 감자 잎말림병

해설
그람염색법에 의한 분류
• 보라색으로 염색되는 그람양성균 : 감자 둘레썩음병, 토마토 궤양병
• 분홍색으로 염색되는 그람음성균 : 대부분의 세균

02 고추 탄저병의 만연에 결정적으로 중요한 역할을 하는 전파수단은 어느 것인가?

① 침 수   ② 토양 해충
③ 비바람   ④ 선 충

해설
탄저병의 경우 바람과 비에 의해 전파

03 다음 중 유주자낭을 형성하는 병원균은?

① 오이 흰가루병균
② 딸기 시들음병균
③ 고추 역병균
④ 토마토 잿빛곰팡이병균

해설
유주자균류(난균류) : 역병(*Phytophthora cactorum*), 노균병(*Plasmopara viticola*)

04 다음 중 크기가 가장 작은 것은?

① 세 균   ② 곰팡이
③ 바이러스   ④ 바이로이드

해설
병원체의 크기 : 바이로이드 < 바이러스 < 세균 < 진균(곰팡이)

05 다음 병 중 병원균이 기생체 침입 시 균사가 밀집해서 감염욕을 만들어 침입하는 것은?

① 뽕나무 자주날개무늬병
② 벼 깨씨무늬병
③ 사과 탄저병
④ 오이 잿빛곰팡이병

해설
① 뽕나무 자주날개무늬병 : 병원균이 기생체 침입 시 균사가 밀집해서 감염욕을 만들어 침입

정답 1 ③ 2 ③ 3 ③ 4 ④ 5 ①

06 무가온 시설재배에서 가장 낮은 온도에서 발생하는 병은?

① 균핵병　　② 노균병
③ 흰가루병　④ 역 병

해설
균핵병은 저온, 약광선, 과습 등의 조건에서 다발생

07 식물병의 경종적 방제법이 아닌 것은?

① 재배시기를 조절한다.
② 접목을 이용한다.
③ 병원균의 이동을 차단한다.
④ 윤작을 한다.

해설
③ 병원균의 이동 차단 방법은 물리적 방제에 해당

08 밤나무 줄기마름병의 병반 부위의 전형적인 병징은?

① 비 대　　② 천 공
③ 위 조　　④ 궤 양

해설
밤나무 줄기마름병(胴枯病): 표피가 썩거나 궤양 증상 발생
- 병원: *Cryphonectria parasitica*, 진균(자낭균류)
- 기주: 밤나무, 참나무, 단풍나무
- 방제법
  - 물빠짐이 좋지 않은 포장이나 약한 나무에 피해가 심해 건묘를 키움
  - 상처부위로 병원균이 침입하므로 병든 부분을 도려내어 도포제를 발라줌
  - 적기에 시비하고 질소질 비료의 과용을 피함

09 식물병 진단방법 중 형광항체법을 이용하는 것은?

① 혈청학적 진단
② 생물학적 진단
③ 물리적 진단
④ 핵산분석에 의한 진단

해설
혈청학적 진단
이미 알고 있는 병원세균이나 병원바이러스의 항혈청(Anti-Serum)을 만들고, 여기에 진단하려는 병든 식물의 즙액이나 분리된 병원체를 반응시켜서 병원체 조사, 감자 X모자이크병, 보리줄무늬 모자이크병의 간이진단법, 벼 줄무늬 바이러스병의 보독충 검정 등에 이용

10 배추 무사마귀병의 방제법과 거리가 가장 먼 것은?

① 경종적 방제법으로 배수가 잘 되게 한다.
② 윤작을 한다.
③ 토양산도를 조절하여 pH를 낮춰 준다.
④ PCNB, Fluazinam 등을 살포한다.

해설
③ 배추 무사마귀병은 산성토양에서 다발생하는 병으로 석회 살포를 통해 pH를 올려 줘야 함

11 인공배지에서 배양이 가능하며 균사체를 형성하지 않는 식물병원균은?
① 바이로이드
② 파이토플라스마 유사체
③ 세 균
④ 바이러스

해설
- 인공배지 배양 불가 : 바이로이드, 파이토플라스마, 바이러스
- 인공배지 배양 가능 : 세균(균사형성 안함), 진균(균사형성)

12 애멸구가 매개하는 병으로서 우리나라의 일반계 벼 품종에서 피해가 큰 병은?
① 줄무늬잎마름병
② 도열병
③ 흰빛잎마름병
④ 잎집무늬마름병

해설
줄무늬잎마름병은 애멸구에 의해 매개되는 바이러스병이다.

13 맥류의 흰가루병균의 월동 형태는?
① 후막포자 ② 휴면포자
③ 난포자   ④ 자낭포자

해설
맥류의 흰가루병균은 자낭각 또는 균사의 형태로 병든 낙엽 또는 가지에서 월동

14 향나무 녹병은 어떤 포자로 중간기주인 배나무, 모과나무, 사과나무, 아그배나무, 꽃사과 등으로 전염되는가?
① 후막포자   ② 동포자
③ 하포자   ④ 담자포자(소생자)

해설
향나무 녹병은 동포자에서 발아한 담자포자에 의해 중간기주감염

15 곤충에 의해 주로 전염되는 병은?
① 배나무 검은무늬병
② 맥류 오갈병
③ 뽕나무 오갈병
④ 벼 누른오갈병

해설
뽕나무 오갈병은 파이토플라즈마에 의한 병으로 마름무늬매미충에 의해 전염

16 고추역병(疫病)이 많이 발생할 수 있는 환경과 가장 관계 깊은 것은?
① 이어짓기 – 가뭄
② 돌려짓기 – 과습
③ 이어짓기 – 침수
④ 돌려짓기 – 침수

해설
이어짓기에 의한 토양 중 병원균 밀도 증가 및 침수에 의한 병원균 전파 가속

17 기주식물의 IAA 생성을 촉진하는 병원체가 아닌 것은?

① 상추 노균병
② 옥수수 깜부기병
③ 배추 무사마귀병
④ 사과 붉은별무늬병

해설
IAA는 식물 조직을 비대(부풀어 오르는 증상)을 나타내게 되는데, 배추 무사마귀병은 IAA에 의해 뿌리의 일부가 커져 혹을 형성하고 옥수수 깜부기병과 사과 붉은별무늬병도 조직의 일부가 커지는 병징을 형성하게 된다.

18 기주가 어떤 식물병원균에 대하여 병이 전혀 발생하지 않는 성질은?

① 저항성   ② 이병성
③ 내 성   ④ 면역성

해설
면역성 : 기주가 어떤 식물병원균에 대하여 병이 전혀 발생하지 않는 성질

19 고구마 무름병을 방지하기 위한 고구마 큐어링의 방법은?

① 28~30℃, 습도 70%, 7일간
② 28~30℃, 습도 90%, 7일간
③ 30~33℃, 습도 70%, 5일간
④ 30~33℃, 습도 90%, 5일간

해설
수확 직후 호흡이 왕성하고 저장 시 부패 및 싹이 나는 것을 방지하기 위해 큐어링 실시하고 큐어링은 온도는 30~33℃, 습도는 90~95% 조건에서 5일간 실시한다.

20 포장위생에 의한 방제방법과 관계 깊은 것은?

① 토양산도의 조절
② 이병식물의 제거
③ 시비량의 조절
④ 파종기의 조절

해설
② 이병식물 제거를 통해 병원균의 밀도를 감소시키고 월동처를 제거

제2과목 농림해충학

21 벌목의 잎벌과에 속하는 곤충의 촉각모양으로 알맞은 것은?

① 곤봉모양
② 빗살모양
③ 염주모양
④ 부채꼴 및 고리모양

해설
벌목 잎벌과의 촉각은 실모양(사상, 빗살모양)이다.

22 거미와 비교한 곤충의 특징으로 가장 거리가 먼 것은?

① 겹눈과 홑눈이 있다.
② 변태를 하는 종이 있다.
③ 4쌍의 다리를 가지고 있다.
④ 몸이 머리, 가슴, 배 3부분으로 되어 있다.

해설
③ 곤충은 3쌍의 다리를 가지고 있다.

23 과변태를 하는 곤충은 무엇인가?

① 매미충과
② 가뢰과
③ 말벌과
④ 방패벌레과

해설
과변태는 알 → 유충 → 의용 → 용 → 성충으로 변태하는 곤충을 의미한다.

24 곤충의 자웅 생식기관 구조에서 서로 대응되지 않는 것은?

① 알집소관 – 고환소포
② 옆수란관 – 수정관
③ 중앙수란관 – 사정관
④ 수정낭샘 – 부속샘

해설
곤충 암수의 생식기관 비교

암 컷	수 컷
1쌍의 난소(알집)	1쌍의 고환(정집)
1쌍의 옆 수란관	1쌍의 수정관과 저정관
중앙 수란관과 질	중앙 사정관
부속샘	부속샘
수정낭과 부속샘	–
교미낭	–
산란관	교미기

25 담배나방에 대한 설명으로 틀린 것은?

① 고추의 주요 해충 중 하나이다.
② 땅속에서 번데기로 월동한다.
③ 1년에 1회 발생한다.
④ 담배에 피해를 준다.

해설
③ 담배나방은 연 3회 발생한다.

26 해충방제의 개념상 경제적 가해수준이란?

① 경제적 피해가 나타나는 최고밀도
② 직접 방제수단을 써야 하는 밀도수준
③ 일반적인 환경조건하에서의 평균밀도
④ 일반적인 피해가 나타나는 최저밀도

해설
경제적 가해 수준은 일반적인 피해가 나타나는 최저밀도를 말한다.

27 해충의 생태적 방제방법으로 옳지 않은 것은?

① 윤작 실시
② 포장위생 실시
③ 재배시기 조절
④ 길항식물 재배

해설
길항재배 : 잡초의 발생 억제에 적용되는 재배방법
- 길항작용 : 상반되는 2가지 요인이 동시에 작용하여 그 효과를 서로 상쇄시키는 작용
- 상승작용 : 두 가지 제초제를 혼합 사용할 경우 약효가 상승하는 효과

정답 22 ③ 23 ② 24 ④ 25 ③ 26 ④ 27 ④

28 콩잎말이나방의 월동형태는?

① 알 ② 유 충
③ 성 충 ④ 번데기

해설
콩잎말이나방
- 유충이 잎 뒷면에서 가해하나 자라면 잎을 세로로 말아 그 안에서 식해
- 연 2~3회 발생, 유충 형태로 월동

29 간모를 통해 단위생식을 하는 것은?

① 배추순나방
② 점박이응애
③ 가루깍지벌레
④ 복숭아혹진딧물

해설
복숭아혹진딧물은 늦가을까지 단위생식을 한다.

30 수간주입에 의한 해충구제용으로 적합한 농약은?

① 소화중독제
② 접촉제
③ 침투성 살충제
④ 기피제

해설
수간주입에 의해 식물체 내에 약액을 침투시켜 이를 흡즙하거나 저작하는 해충을 방제

31 근육 부착을 위한 머리 내 골격 구조를 무엇이라 하는가?

① 봉합선(Suture)
② 합체절(Tagma)
③ 막상골(Tentorium)
④ 두개(Cranium)

해설
막상골은 곤충의 머리 부위 안쪽에 있는 'U'자 모양과 'X'자 모양의 내골격으로 구기나 더듬이를 움직이는 근육 붙어 있다.

32 유효적산온도 법칙에 대한 설명 중 잘못된 것은?

① 발육영점온도 이상의 온량만 관련된다.
② 유효적산온도는 종에 따라 다르다.
③ 유효적산온도는 세대에 따라 다를 수 있다.
④ 발육영점온도는 최저생존허용온도보다 높다.

해설
- 발육영점온도 : 곤충이 일정한 온도 이상에서 발육을 시작
- 유효적산온도 : 발육영점온도 이상의 온도가 일정기간 유지되어야 단계적 생육 진행

33 해충 조사법 중 잘못 연결된 것은?

① 황색수반 – 진딧물, 애멸구
② 페로몬트랩 – 사과잎말이 나방류
③ 유아등 – 이화명나방
④ 공중포충망 – 톡토기

해설
④ 공중포충망의 경우 주로 비래해충의 조사법으로 이용된다.

34 다음 곤 중 진딧물이나 깍지벌레류의 포식충이 아닌 것은?

① 무당벌레   ② 꽃등에 유충
③ 수중다리좀벌 ④ 풀잠자리 유충

해설
③ 수중다리좀벌의 경우 나비목 유충의 포식충이다.

35 식물체의 뿌리, 줄기 또는 잎을 통하여 약제가 식물 전체에 들어감으로써 식물의 즙액을 흡즙하는 해충을 죽게 하는 살충제를 무엇이라고 하는가?

① 유인제   ② 훈증제
③ 소화중독제 ④ 침투성 살충제

해설
침투성 살충제
- 잎, 줄기 또는 뿌리부로 침투되어 흡즙성 해충에 효과가 있음
- 천적에 대한 피해가 없음

36 곤충의 먹이가 되는 부분에 약제를 뿌려 줄기나 잎을 갉아먹는 해충으로 하여금 먹이와 함께 소화기에 독성을 흡수시켜 살충력을 나타내는 약제를 무엇이라고 하는가?

① 식독제   ② 접촉제
③ 침투성 살충제 ④ 훈증제

해설
식독제(독제)
- 해충이 약제를 먹으면 중독을 일으켜 죽이는 약제
- 저작구형(씹어 먹는 입)을 가진 나비류 유충, 딱정벌레류, 메뚜기류에 적당
- 대부분의 유기인계 살충제

37 하우스 딸기의 종합적 해충관리를 위한 방법으로 적절하지 않은 것은?

① 점박이응애 밀도 억제를 위해 포식성응애를 투입한다.
② 진딧물은 번식이 빠르므로 발생여부에 관계없이 정식 이후 주기적으로 살충제를 살포한다.
③ 총채벌레는 꽃과 어린 열매를 주기적으로 관찰하여 발생여부를 확인한다.
④ 개화 후 꿀벌이 방화활동 시 살충제 사용을 자제한다.

해설
② 살충제는 경제적 피해 허용밀도에 도달 시 살포한다.

38 다음 수종 중 솔잎혹파리 피해가 심한 수종은?

① 잣나무
② 리기다소나무
③ 곰솔(해송)
④ 방크스소나무

해설
솔잎혹파리의 경우 곰솔(해송)에 피해가 심하다.

정답 34 ③ 35 ④ 36 ① 37 ② 38 ③

39 솔잎혹파리에 대한 설명 중 틀린 것은?

① 1929년에 외국에서 처음 들어왔다.
② 유충은 솔잎을 밑부에서부터 갉아먹는다.
③ 1년에 1회 발생한다.
④ 유충으로 땅속에서 월동한다.

해설
② 유충은 솔잎 기부에 혹을 만들고 흡즙 피해를 입힌다.

40 다음 중 토양 해충이 아닌 것은?

① 고자리파리
② 조명나방
③ 숯검은밤나방
④ 거세미나방

해설
조명나방 : 유충은 잡식성으로 거의 모든 밭작물의 잎·줄기·과실 등을 가해, 특히 옥수수의 중요 해충

제3과목 농약학

41 농약 제조회사에 따라 제조처방이 달라 일반적으로 농약 제조회사에서 이름을 붙인 것은?

① 화학명(Chemical Name)
② 일반명(Common Name)
③ 품목명(Item Name)
④ 상품명(Trade Name)

해설
④ 상품명(상표명) : 농약을 제품화할 때 농약회사에서 붙이는 고유의 이름으로, 같은 농약이라도 생산회사에 따라 이름이 다르다.
① 화학명 : 농약 유효성분의 공통적인 화학적 구조에 따라 붙여지는 전문적·과학적인 명칭으로, 병해충의 약제저항성과 관련이 깊다. IUPAC에서 명칭을 정한다.
② 일반명 : 농약을 구성하는 화합물의 이름을 암시하면서 단순화시킨 것이다. 국제적으로 통용되며, 농약의 특성을 나타내는 대표적인 이름으로, 잔류허용기준 등을 나타낸다.
③ 품목명 : 농약의 제제화와 관련하여 붙여진 이름으로 영문의 일반명을 한글로 표시하고 뒤에 제형을 붙인다. 우리나라에서 농약을 등록할 때 사용하는 간략한 명칭이다.

42 물에 녹지 않는 주제를 카올린(Kaolin), 벤토나이트(Bentonite) 등의 점토광물과 계면활성, 분산제를 배합하고 혼합하여 제제화한 것은 어느 제형인가?

① 수용제
② 수화제
③ 분 제
④ 증량제

해설
② 수화제에 대한 설명이다.

43 농약관리법상 새로운 농약을 제조업자가 국내에서 제조하여 국내에서 판매하기 위해 등록한 품목등록의 유효기간은?

① 3년　　② 5년
③ 10년　　④ 15년

해설
품목등록의 유효기간 및 재등록(농약관리법 제11조 제1항)
품목등록의 유효기간은 10년으로 한다.

44 아조포 유제를 500배로 희석하여 살포하려고 할 때 물 18L에 필요한 약량은 몇 mL인가?

① 18mL　　② 20mL
③ 36mL　　④ 72mL

해설
18L × 1,000cc/L/500 = 36mL

45 과수나 그 밖의 나무의 수간(樹幹)에 지하에서 월동하는 해충이 오르거나 내려가지 못하게 라임 같은 끈끈한 약제를 발라서 해충을 방제하는 방법은?

① 분의법　　② 관주법
③ 도포법　　④ 독이법

해설
도포법 : 나무의 수간이나 지하에서 월동하는 해충이 오르거나 내려가지 못하게 끈끈한 액체를 발라 해충을 방제하는 방법

46 농약의 일일 섭취허용량을 기술한 것 중 옳은 것은?

① 농약을 함유한 음식을 하루 섭취하여도 장해가 없는 양
② 농약을 함유한 음식을 일년 간 섭취하여도 장해가 없는 양
③ 농약을 함유한 음식을 십년 간 섭취하여도 장해가 없는 양
④ 농약을 함유한 음식을 일생 동안 섭취하여도 장해가 없는 양

해설
일일 섭취허용량은 농약을 함유한 음식을 하루 섭취하여도 장해가 없는 양을 의미

47 유기유황제에 대한 설명으로 옳은 것은?

① 유기유황제 중 Thiram은 흰가루병에 특효이다.
② 수도용 살균제로 널리 사용되고 있다.
③ 무기황제보다 가격이 싸다.
④ 주요 약제로는 Propineb, Mancozeb 등이 많이 사용되고 있다.

해설
유기황제 : 프로피네브, 만코제브, 티람 등

정답 43 ③　44 ③　45 ③　46 ①　47 ④

48 농약 보관 시 주의하여야 할 사항 중 틀린 것은?

① 고형제는 흡습되면 분해가 촉진되므로 건조한 곳에 보관한다.
② 농약 설명서의 약효보증기간은 최악의 조건에서 산정하여 정한 기간이다.
③ 대부분의 농약은 고온 및 자외선 접촉 시 분해가 되므로 냉암소에 저장한다.
④ 유제는 인화의 위험성이 있으므로 화기를 피하여 보관한다.

해설
② 약효보증기간은 제조일자(수입농약의 경우 원 제조일자를 말한다)를 기산일로 정하여 보증기간을 산정하여 표시한다.

49 훈증제(Gas, GA)와 가장 관련이 없는 것은?

① 토양소독
② 높은 휘발성
③ 재배 중인 농산물
④ 압축가스 충전 용기

해설
훈증제(Gas, GA)로 사용되는 약제의 경우 가스에 의한 살균소독을 하는 것으로 재배 중인 작물에 적용 시 작물이 고사하거나 약해 발생이 많음

50 농약 살포액의 조제방법 중 일반적으로 가장 많이 사용하는 방법은?

① 배액조제법
② 퍼센트액조제법
③ 비중조제법
④ ppm조제법

해설
일반적으로 배액조제법을 가장 많이 사용

51 농약 제품포장지의 표기사항으로 가장 거리가 먼 것은?

① 유효성분 및 성분량
② 농약안전사용기준
③ 사용방법
④ 제조공정내용

해설
농약 제품포장지 표기사항
- 품목등록번호, 농약의 명칭, 유효성분의 일반형 및 함유량과 기타성분의 함유량
- 포장단위, 농작물별 적용병해충, 사용방법과 사용에 적합한 시기
- 안전사용기준 및 취급제한기준, 농약별 표시사항
- 저장, 보관 및 사용상의 주의사항
- 상호 및 소재지
- 농약 제조시 제품의 균일성이 인정되도록 구성한 모집단의 일련번호
- 약효보증기간

52 유기인계 농약의 일반적인 특성으로 틀린 것은?

① 살충력이 강하고 적용해충의 범위가 넓다.
② 인축에 대한 독성은 일반적으로 약하다.
③ 알칼리에 대해서 분해되기가 쉽다.
④ 동·식물체 내에서의 분해가 빠르다.

해설
② 유기인계 농약은 사람과 가축에 대한 독성이 강하다.

53 액상 또는 점질액상으로서 물에 희석하였을 때 미세하게 유화되는 농약으로 정의되는 제제형태는?

① 유탁제   ② 미탁제
③ 수화성 미분제   ④ 미분제

해설
① 유탁제 : 액상, 점질액상으로서 물에 희석하면 유화되는 농약

54 독성(毒性)의 정도를 표시하는 데 쓰이지 않는 것은?

① LC_{50} ② LD_{50}
③ ED_{50} ④ HLB

해설
④ HLB(Hydrophilic Lipophlic Balance) : 계면활성제 분자 중에서 친유성인 부분과 친수성인 부분의 균형을 나타냄
- LD_{50}(Median Lethal Dose) : 반수치사약량
- LC_{50}(Lethal Concentration 50) : 반수치사농도
- ED_{50}(Effective Dose 50) : 반수영향약량
- EC_{50}(Effective Concentration 50) : 반수영향농도

55 다음 중 작물 잔류성이 가장 낮은 약제는?

① 작물에 부착성이 큰 약제
② 유용성(油溶性)약제
③ 침투성 약제
④ 증발하기 쉬운 약제

해설
증발하기 쉬운 약제는 작물체에서 쉽게 증발하기 때문에 작물 잔류성이 낮음

56 급성독성의 강도를 비교하는 지표로서 공시품으로 주로 사용되는 실험동물은?

① 개   ② 고양이
③ 물고기   ④ 쥐

해설
포유류 중 쥐가 주로 사용됨

57 멸구약 엠아이피씨 10% 분제 1.0kg을 2.0% 분제로 만들려 할 때 필요한 증량제 양은?

① 0.4kg   ② 4.0kg
③ 40kg   ④ 400kg

해설
희석할 증량제의 중량
= 원분제의 중량 × (원분제의 농도/희석할 농도 − 1)
= 1.0kg × (10%/2.0% − 1) = 4.0kg

58 다음 중 농약의 약효를 증진시키는 방법이 아닌 것은?

① 알맞은 농약의 선택
② 방제적기에 농약 살포
③ 적정농도, 정량살포
④ 동일 농약의 지속 사용

해설
④ 동일 농약의 지속 사용 시 내성유발

정답 53 ② 54 ④ 55 ④ 56 ④ 57 ② 58 ④

59 우리나라의 농약관리법상 농약에 속하지 않는 것은?

① 살서제　② 기피제
③ 유인제　④ 살충제

해설
정의(농약관리법 제2조제1호)
'농약'이란 다음에 해당하는 것을 말한다.
- 농작물[수목(樹木), 농산물과 임산물을 포함]을 해치는 균(菌), 곤충, 응애, 선충(線蟲), 바이러스, 잡초, 그 밖에 농림축산식품부령으로 정하는 동식물(이하 '병해충'을 방제(防除)하는 데에 사용하는 살균제·살충제·제초제
- 농작물의 생리기능(生理機能)을 증진하거나 억제하는 데에 사용하는 약제
- 그 밖에 농림축산식품부령으로 정하는 약제

동·식물 및 약제의 범위(농약관리법 시행규칙 제2조제2항)
농림축산식품부령으로 정하는 약제란 다음의 약제를 말한다.
- 기피제
- 유인제
- 전착제

60 미생물 농약의 특성이 아닌 것은?

① 약효저조
② 지효성
③ 광범위 적용
④ 환경중 불안정

해설
③ 미생물 농약은 길항작용, 천적을 이용하는 것으로 적용이 제한적이다.

제4과목 잡초방제학

61 식물의 형태 중에서 제초제의 선택성과 관계가 먼 것은?

① 뿌리의 분포 깊이와 형태
② 발아 및 출아의 심도
③ 잎의 수
④ 생장점의 위치

해설
잎의 수는 선택성과 관계가 없다.

62 논에서 가장 많이 사용되는 제초제의 제형으로 입제에 대한 설명으로 옳지 않은 것은?

① 살포가 간편하다.
② 액제보다 부피가 작다.
③ 살포 시 물이 필요하지 않다.
④ 잎에 직접 붙지 않고 떨어지기 때문에 약해를 유발하지 않는다.

해설
입제의 성질
- 일정한 모양을 가지며, 액제보다 부피가 크다.
- 수용성이나 증기압이 낮고, 휘발성이 있어 훈증적인 작용을 한다.
- 토양흡착성이 있어 물에 의해 유실되지 않는다.
- 작물체 내에 침투하여 이행한다.
- 수중 및 토양 중 유기물 및 미생물에 대하여 안전해야 한다.

63 화학적 잡초방제법의 장점은?

① 환경에 잔류 가능성이 없음
② 약해가 없음
③ 살초작용이 빠름
④ 생물에 안전함

해설
화학적 잡초방제법의 장점 : 살초작용이 빠름, 노력경감 등

64 논 제초제의 사용 시 약해발생 요인으로서 맞는 것은?

① 식양토는 CEC가 높으므로 사양토보다 약해를 입기 쉽다.
② 큰 묘를 내는 손이앙은 어린묘를 내는 기계이앙에 비해 약해를 입기 쉽다.
③ 근부흡수형의 약제들은 천식했을 경우 약해가 커진다.
④ 호르몬형 제초제는 고온보다 저온에서 약해가 커지는 경향이 있다.

해설
식양토는 제초제를 잡아주는 힘이 강해 약해가 작으며, 큰 묘는 초기 생육이 어느 정도 진행되어 경합력이 높고 호르몬형 제초제는 고온에서 증산량이 많아 제초제의 약해가 커짐

65 다음 중 월년생 잡초로만 나열된 것은?

① 쇠비름, 명아주, 별꽃아재비
② 피, 토끼풀, 뚝새풀
③ 냉이, 별꽃, 벼룩나물
④ 개비름, 쇠비름, 물피

해설
월년생 : 1년 이상 생존하지만 2년 이상 생존하지 못하는 잡초
예 냉이, 별꽃, 벼룩나물

66 분해과정이 없을 경우 극성이 낮은 제초제를 토양처리하였을 때 제초효과가 가장 낮게 나타날 수 있는 지역은?

① 토양유기물이 풍부한 점질토양의 지역
② 유기물이 없는 사질토양의 지역
③ 유기물이 어느 정도 있는 사질토양의 지역
④ 유기물이 전혀 없는 점질토양의 지역

해설
토양유기물이 풍부할 경우 부식에 의해 제초제가 고정되어 작물 흡수 피해가 경감된다.

정답 63 ③ 64 ③ 65 ③ 66 ①

67 잡초의 생장형에 따른 분류로 옳은 것은?

① 직립형 – 가막사리, 명아주
② 로제트형 – 억새, 뚝새풀
③ 만경형 – 민들레, 냉이
④ 총생형 – 메꽃, 환삼덩굴

해설
잡초생장형에 따른 분류
- 직립형(Straight Type) : 명아주, 가막사리, 쑥부쟁이
- 분지형(Branch Type) : 광대나물, 애기땅빈대, 석류풀
- 총생형(Bunch Type) : 억새, 뚝새풀
- 만경형(Vine Type) : 거지덩굴, 환삼덩굴, 메꽃
- 복형(Creeping Type) : 선피막이
- 로제트형(Rosette Type) : 민들레, 질경이
- 위로제트형(Pseudorosette Type) : 개망초
- 위로제트 + 포복형 : 꽃마리, 꽃바지
- 로제트 + 포복형 : 좀씀바귀
- 분지경 + 포복형 : 올미

68 콩이나 클로버와 같은 콩과 작물에 기생하여 수분이나 양분 등을 탈취하는 잡초는?

① 새 삼 ② 바랭이
③ 강아지풀 ④ 중대가리풀

해설
① 새삼 : 식물의 줄기에 기생하는 잡초

69 잡초에 대한 설명으로 옳은 것은?

① 인간의 의도에 역행하는 식물이다.
② 생활주변 식물 중 순화된 식물이다.
③ 농경지나 생활주변에서 제자리를 지키는 식물이다.
④ 초본식물만을 대상으로 한 바람직하지 않은 식물이다.

해설
잡초의 정의
- 재배포장에서 자연적으로 발생해 직간접적으로 작물의 수량이나 품질을 저하시키는 식물
- 인간이 원하지 않거나 바라지 않는 식물
- 자연 야생상태에서도 잘 무성하며 번식력이 강해 큰 집단을 형성
- 근절하기 힘들고 작물, 동물, 인간에게 피해를 주며 이용가지가 적고 미관 손상

70 작물의 수량 감소가 가장 클 것으로 예상되는 조합은?

① C_3 잡초와 C_4 작물
② C_3 잡초와 C_3 작물
③ C_4 잡초와 C_3 작물
④ C_4 잡초와 C_4 작물

해설
초기 생육이 왕성하고 광합성 효율이 높아 C_4 잡초와 C_3 작물에서 잡초피해가 크게 발생

정답 67 ① 68 ① 69 ① 70 ③

71 방동사니과 잡초의 형태적 특징으로 가장 옳은 것은?

① 엽이가 있다.
② 잎이 좁고 능선이 없다.
③ 줄기가 삼각형이다.
④ 잎은 엽신과 엽초로 구분되어 있다.

해설
방동사니과의 형태적 특징
- 잎은 마디로부터 두 줄로 교호(交互)로 나 있다.
- 줄기가 삼각형 모양을 하고 있다.
- 잎맥이 그물처럼 얽혀 있다.

72 다음 중 호르몬형 제초제로 묶여진 것은?

① Bensulfuron, Butachlor
② Paraquat, Bentazone
③ Hexazinone, Alachlor
④ 2,4-D, Dicamba

해설
제초제
- Bensulfuron : 설포닐우레아계 제초제
- Butachlor : 아마이드계 제초제
- Paraquat : 비피리딜리움계 제초제
- Bentazone : 벤조티아디아졸계 제초제
- Hexazinone : 트리아진계 제초제
- Alachlor : 아마이드계 제초제

73 유기제초제 중 세계적으로 가장 먼저 개발된 제초제 계열은?

① 페녹시계
② 산아미드계
③ 카바메이트계
④ 디페닐에테르계

해설
페녹시계 제초제 : 2,4-D 등의 제초제

74 제초제의 소실 중 물리적 소실이 아닌 것은?

① 미생물에 의한 분해
② 토양 하층으로의 용탈
③ 토양입자에 흡착
④ 식물체의 흡수

해설
물리적 소실 : 토양 하층으로의 용탈, 흡착, 식물체의 흡수 등

75 식물체 내에서 일어나는 제초제 분해반응 중 맞지 않는 것은?

① 인산화 반응(Phosphorylation)
② 하이드록시 반응(Hydroxylation)
③ 탈카르복시 반응(Decarboxylation)
④ 탈알킬 반응(Dealkylation)

해설
제초제 분해반응 : 산화, 환원, 가수분해, 결합반응이 주된 반응이며 탈가르복시 반응, 탈알킬 반응, 하이드록시 반응, 탈염수 반응 등이 있음

정답 71 ③ 72 ④ 73 ① 74 ① 75 ①

76 잡초에는 경합력이 저하되도록 유도하는 대신 작물에는 경합력이 높아지도록 재배하는 잡초방제법은?

① 기계적 방제법
② 생태적 방제법
③ 화학적 방제법
④ 생물적 방제법

해설
생태적 방제법에 대한 설명이다.

77 제초제의 구비조건이 아닌 것은?

① 제초효과가 커야 한다.
② 인축에 약해가 없어야 한다.
③ 잔류하여 지속적인 약효가 있어야 한다.
④ 사용이 편리해야 한다.

해설
③ 제초제의 토양 잔류에 의한 작물 재배 영향을 줘서는 안 됨

78 열처리나 침수처리 등의 잡초방제방법을 무슨 방제법이라고 하는가?

① 물리적 방제법
② 예방적 방제법
③ 생태적 방제법
④ 경종적 방제법

해설
물리적 방제법에 대한 설명이다.

79 잡초경합 한계기간이란?

① 작물이 잡초와의 경합에 가장 유리한 시기
② 작물이 잡초와의 경합에 가장 민감한 시기
③ 작물이 잡초와의 경합에 영향이 적은 시기
④ 작물이 잡초와의 경합에서 피해가 적은 시기

해설
잡초경합 한계기간은 작물이 잡초와의 경합에 가장 민감한 시기

80 다음 중 외국에서 유입된 잡초로만 나열된 것은?

① 망초, 너도방동사니
② 서양민들레, 풍딴지
③ 쇠뜨기, 올미
④ 올방개, 광대나물

해설
농경지 외래잡초
가늘털비름, 명아주류, 털여뀌, 미국가막사리, 어저귀, 가는털비름, 돌소리쟁이, 털여뀌, 명아주류, 독말풀, 큰도꼬마리, 도깨비가지, 단풍잎돼지풀, 미국가막사리, 돌소리쟁이, 소리쟁이, 도깨비가지, 왕도깨비가지, 난쟁이아욱, 가시비름, 자주광대, 서양민들레, 풍딴지

2024년 제1회 최근 기출복원문제

식물보호산업기사

제1과목 식물병리학

01 식물 바이러스의 특징이 아닌 것은?

① 핵단백질 거대분자이다.
② 살아있는 세포 내에서만 증식한다.
③ 광학현미경을 통해서만 볼 수 있다.
④ 막대형, 구형, 간상형 등 여러 가지 모양이 있다.

해설
바이러스 : 핵산과 단백질로 이루어진 병원체
- 광학현미경으로 관찰 불가, 인공배양 불가
- 자기 자신을 위한 물질대사계를 가지지 못함
- 식물체 내 대사계와 물질을 이용할 수 있는 유전정보만 가짐
- 벼 줄무늬 잎마름병 : 애멸구 매개
- 벼 오갈병 : 끝동매미충, 번개매미충 매개

02 토양 전염성 병이 해마다 많이 발생하는 이유로 가장 가능성이 높은 것은?

① 윤 작
② 연 작
③ 사질토양
④ 유기물 과다

해설
작물을 연작할 경우 병원균의 밀도가 증가하면서 병의 발생이 증가한다.

03 식물 병원체 중 가장 크기가 작은 것은?

① 세 균
② 곰팡이
③ 바이러스
④ 바이로이드

해설
병원체의 크기 : 바이로이드 < 바이러스 < 세균 < 진균(곰팡이)

04 잣나무 털녹병의 방제방법으로 옳지 않은 것은?

① 중간기주인 송이풀을 제거한다.
② 중간기주인 까치밥나무를 제거한다.
③ 담자포자가 비산하는 초봄에는 살균제를 뿌린다.
④ 병든 나무는 녹포자가 비산하기 전에 비닐로 싸준다.

해설
잣나무 털녹병(毛銹病)
- 병원 : *Cronartium ribicola*, 진균(담자균류)
- 기주 : 잣나무, 스트로브잣나무(중간기주 : 송이풀류, 까치밥나무류)
- 방제법
  - 병든 나무와 중간기주를 지속적으로 제거하고 가지치기하여 감염경로를 차단
  - 피해지역의 묘목을 다른 지역으로 반출을 금지
  - 잣나무 묘포에 8월 하순부터 보르도액을 2~3회 살포하여 소생자(小生子)의 잣나무 침입 방지

정답 1 ③ 2 ② 3 ④ 4 ③

05 과수 뿌리혹병의 생물적 방제에 허용되는 균은?

① *Aspergillus niger*
② *Aspergillus nidulans*
③ *Agrobacterium radiobacter*
④ *Agrobacterium tumefaciens*

해설
*Agrobacterium radiobacter*는 *Agrobacterium tumefaciens*균에 의한 뿌리혹병의 방제에 허용된다.

06 물에 의해 전반되는 식물 병원체가 아닌 것은?

① 세 균 ② 선 충
③ 균 류 ④ 바이러스

해설
물을 통해 전염되는 병원체는 세균에 의한 병, 유주자를 형성하는 균류, 물에서 유영이 가능한 선충 등이 있다.

07 균류에 속하는 식물병균 중 순활물기생균이 아닌 것은?

① 녹병균 ② 노균병균
③ 흰가루병균 ④ 잿빛곰팡이병균

해설
절대기생체(순활물기생체) : 살아있는 기주조직 내에서만 증식하는 것으로 녹병균, 흰가루병균, 노균병균, 무 사마귀병균, 붉은별무늬병균 등이 있다.

08 배추·무 사마귀병에 대한 설명으로 옳지 않은 것은?

① 한낮에는 시들음 증상을 보인다.
② 토양이 산성인 경우 잘 발생하지 않는다.
③ 뿌리의 세포가 비정상적으로 커진다.
④ 우리나라에서는 주로 배추, 양배추, 무, 갓 등에 많이 발생한다.

해설
② 산성 토양에서 발병이 잘 되므로 토양을 알칼리성으로 개량하면 발생이 감소한다.

09 미생물이 생산하는 물질로 다른 미생물의 생육을 억제하는 점을 이용한 농약은?

① 항생제 ② 훈증제
③ 보르도액제 ④ 유기염소제

해설
항생제는 미생물이 생성한 물질로, 다른 미생물의 성장을 저해한다.

10 질소비료를 적게 주어 도열병을 방제하는 방법은?

① 화학적 방제방법
② 생물적 방제방법
③ 물리적 방제방법
④ 경종적 방제방법

해설
경종적 방제방법 중 질소비료를 적게 주어 토양의 물리성을 개선하여 방제하는 방법이다.

11 다음에서 설명하는 용어는?

> 병원성이 없거나 약한 병원체를 먼저 식물에 접종하여 병원성이 강한 같은 종류의 병원체가 침입하였을 때 피해를 경감시키는 것을 말한다.

① 저항성　　　② 감수성
③ 교차보호　　④ 과민반응

해설
교차보호 : 병원성이 약화된 식물바이러스가 침입한 기주에 병원성이 강한 바이러스에 의한 병의 확산이 억제되는 현상
예 토마토·담배 모자이크바이러스, 박과작물의 오이 녹반 모자이크바이러스, 감귤 트리스테자바이러스

12 균사가 변형하여 유사조직을 형성하고, 구형 또는 입상이며 불량환경에 저항성이 강한 것은?

① 균사　　　② 균핵
③ 포자퇴　　④ 분생포자

해설
균핵은 균사가 변형하여 형성된 유사조직으로 구형 또는 입상 형태를 가진다. 두꺼운 세포벽으로 둘러싸여 있어 불량환경에 대한 저항성이 강하고 불리한 환경을 견디고 번식하는 데 중요한 역할을 한다.

13 다음 중 산성비에 가장 강한 수종은?

① 곰솔　　　② 양버즘나무
③ 물푸레나무　④ 일본잎갈나무

해설
잎의 큐티클층이 두껍고, 기공의 밀도가 낮은 곰솔이 산성비에 강하다.

14 녹병균에 의해 발생되는 병은?

① 소나무 혹병
② 호두나무 탄저병
③ 잣나무 수지동고병
④ 밤나무 줄기마름병

해설
소나무 혹병은 녹병균에 의해서 생기는 병으로 참나무를 중간기주로 한다.

15 무생물적인 요인에 의해 발생하는 병은?

① 토마토 균핵병
② 토마토 풋마름병
③ 토마토 점무늬병
④ 토마토 배꼽썩음병

해설
토마토 배꼽썩음병은 칼슘(Ca) 결핍에 의한 생리장애이다.

16 수목병의 표징이 아닌 것은?

① 소나무 피목에 농황색의 돌기 형성
② 오동나무에 다수 발생한 작은 가지
③ 잣나무 줄기에 나타난 황색의 주머니
④ 일본잎갈나무 부후목 뿌리 부위에 발생한 버섯

해설
② 오동나무에 다수 발생한 작은 가지는 생리적 특성이다.
표징 : 잎의 변색, 반점, 탈락, 가지마름, 궤양, 썩음 등

정답 11 ③ 12 ② 13 ① 14 ① 15 ④ 16 ②

17 식물병의 경종적 방제방법에 해당하는 것은?
① 식물검역
② 종자소독
③ 살균제 살포
④ 재식밀도 조절

해설
경종적 방제방법은 화학적 방제나 생물적 방제를 사용하지 않고, 작물재배 방식을 조절하여 병 발생을 억제하는 방제방법이다.

18 식물병은 주인, 소인, 유인으로 구성된 병삼각형으로 상호관계를 나타낼 수 있다. 다음 중 유인에 해당하는 것은?
① 기생자
② 병든 식물
③ 병 발생에 알맞은 환경
④ 식물체가 처음부터 가지고 있는 병에 걸리기 쉬운 성질

해설
병 삼각형 : 병원체(주인), 기주체(소인), 발병환경(유인)

19 생물적 방제의 장점으로 옳은 것은?
① 병이 발생한 후 치료효과가 매우 좋다.
② 환경보전과 지속적 농업에 잘 부합한다.
③ 넓은 지역에 광범위하게 활용하기 쉽다.
④ 효과가 신속하고 정확하다.

해설
생물적 방제방법은 기생식물, 천적 등을 이용하는 방법으로 환경에 영향을 최소화할 수 있다.

20 식물병의 발병에 관여하는 3대 요인과 가장 거리가 먼 것은?
① 병원체의 밀도
② 야생동물의 가해
③ 기주식물의 감수성
④ 일조부족

해설
병 발생에 필요한 3대 요인 : 기주, 병원체, 환경요인

제2과목 농림해충학

21 밤나무혹벌 방제법으로 가장 효과적인 것은?
① 불임성 이용
② 접촉살충제 살포
③ 내충성 품종 이용
④ 침투성 약제 수간주사

해설
내충성 품종은 밤나무혹벌에 대한 저항력이 강해 피해를 경감시킬 수 있다.

17 ④ 18 ③ 19 ② 20 ② 21 ③

22 곤충의 기문에 대한 설명으로 옳지 않은 것은?

① 몸의 양옆에 존재한다.
② 파리목의 유충은 10쌍의 기문이 있다.
③ 곤충 종마다 다르지만 10쌍을 넘지 않는다.
④ 모기붙이류의 경우는 기문이 존재하지 않는다.

해설
대부분의 곤충은 10쌍의 기문을 가지고 있지만 파리목 유충은 8쌍의 기문을 가진다.

23 곤충의 휴면에 대한 설명으로 틀린 것은?

① 휴면은 내분비계의 지배를 받지 않는다.
② 휴면에서 깨어나기 위해서는 휴면 타파조건이 필요하다.
③ 휴면 유발 요인에는 일장, 온도, 먹이, 생리상태 등이 있다.
④ 곤충이 발육이나 생식에 불리한 환경을 극복하기 위한 기작이다.

24 수도해충으로 본답 후기 해충방제에 가장 역점을 두어야 할 대상은?

① 애멸구   ② 벼멸구
③ 끝동매미충   ④ 번개매미충

해설
벼멸구는 벼 줄기와 잎에서 즙을 빨아먹는 해충으로 본답 후기에 심각한 피해를 입힐 수 있다.

25 단위생식으로 번식하는 해충이 아닌 것은?

① 밤나무혹벌
② 벼물바구미
③ 미국선녀벌레
④ 복숭아혹진딧물

해설
단위생식
밤나무혹벌, 진딧물류(여름), 벼물바구미 등은 암컷 개체만으로도 번식이 가능해 개체수가 빠르게 증가해 농작물에 피해를 준다.

26 흡즙성 해충에 해당하는 것은?

① 포플러하늘소
② 미국흰불나방
③ 오리나무잎벌레
④ 주머니깍지벌레

해설
주머니깍지벌레는 잎이나 줄기에 붙어 흡즙한다.

27 곤충의 호르몬에 대한 설명으로 옳지 않은 것은?

① 이뇨호르몬은 지질 동원에 관여한다.
② 유약호르몬은 성장 조절에 관여한다.
③ 경화호르몬은 탈피 후 표피의 경화에 영향을 준다.
④ 앞가슴샘에서 분비되는 호르몬은 탈피에 영향을 준다.

해설
① 이뇨호르몬은 곤충의 수분 배설을 촉진한다.

정답 22 ② 23 ① 24 ② 25 ③ 26 ④ 27 ①

28 딱정벌레목에 대한 설명으로 옳지 않은 것은?

① 앞날개는 매우 두껍다.
② 성충은 외결곡이 매우 발달되었다.
③ 앞날개 밑에 얇은 뒷날개가 접혀 있다.
④ 번데기는 피용이고 대개 고치를 짓지 않는다.

해설
④ 딱정벌레목의 번데기는 대부분 나용이고 피용은 나비목에서 볼 수 있다.

29 거미와 비교할 때 곤충의 특징으로 옳지 않은 것은?

① 겹눈과 홑눈이 있다.
② 변태를 하는 종이 있다.
③ 4쌍의 다리를 가지고 있다.
④ 몸이 머리, 가슴, 배 3부분으로 되어 있다.

해설
곤충은 3쌍의 다리를 가진다.

30 주로 벼의 잎이나 줄기를 갉아 먹는 해충이 아닌 것은?

① 혹명나방   ② 이화명나방
③ 끝동매미충 ④ 거세미나방

해설
거세미나방
• 유충이 각종 채소류의 어린모를 지표면 가까이에서 자르고 일부를 땅속으로 끌어들여 식해한다.
• 연 2회 발생, 유충의 형태로 땅속에서 월동한다.

31 콩잎말이나방의 월동형태는?

① 알   ② 유 충
③ 성 충   ④ 번데기

해설
콩잎말이나방
• 유충이 잎 뒷면에서 가해하나 자라면 잎을 세로로 말아 그 안에서 식해한다.
• 연 2~3회 발생, 유충 형태로 월동한다.

32 식물체의 뿌리, 줄기 또는 잎을 통하여 약제가 식물 체내에 들어가고, 해충이 약제가 흡수된 식물을 섭식하는 경우에 해충 체내로 약제 성분이 들어가 죽게 하는 살충제는?

① 유인제   ② 훈증제
③ 소화중독제   ④ 침투성 살충제

해설
침투성 살충제 : 멸구나 진딧물 등을 방제하는 데 사용하며, 천적에 대한 피해가 없다.

33 여름철 진딧물과 밤나무순혹벌이 번식하는 방법은?

① 양성생식   ② 다배생식
③ 유성색식   ④ 단위생식

해설
단위생식 : 암컷만으로 생식, 밤나무혹벌, 민다듬이벌레, 진딧물류(여름), 사과면충, 총채벌레

34 온도가 곤충에게 미치는 영향으로 가장 거리가 먼 것은?

① 곤충의 크기
② 곤충의 수명
③ 곤충의 산란량
④ 곤충의 발육속도

해설
곤충의 크기는 유전적 요인, 영양조건 등에 따라 결정된다.

35 다음 중 번데기 시기가 없는 불완전변태를 하는 것은?

① 매미나방
② 솔잎혹파리
③ 솔수염하늘소
④ 진달래방패벌레

해설
불완전변태
- 번데기 과정이 없고 애벌레 때 날개가 나타나며 날개를 접어 붙일 수 있다.
- 귀뚜라미붙이목, 민벌레목, 흰개미목, 사마귀목, 바퀴목, 흰개미붙이목, 강도래목, 집게벌레목, 대벌레목, 메뚜기목, 노린재목, 총채벌레목, 다듬이벌레목, 이목, 새털이목

36 해충의 생물적 방제에 대한 설명으로 옳은 것은?

① 우리나라에서는 생물적 방제 성공사례가 없다.
② 모든 방제방법에서 생물적 방제가 최우선적으로 선행되어야 한다.
③ 생물적 방제는 해당 생태계가 주변 생태계로부터 격리되어 있을 때 성공 확률이 높다.
④ 생물적 방제에서 개체군이 천적에 의해 조절된다는 것은 천적에 의해 억제되는 밀도 수준이 경제적 피해 수준 이상이 된다는 것을 의미한다.

해설
③ 생물적 방제에 이용되는 외래 천적이 주변 생태계로 유입돼 생태계 교란 발생 우려가 있다.

37 사과혹진딧물에 대한 설명으로 옳지 않은 것은?

① 10월 중순경 겨울눈 부근에 월동란을 낳는다.
② 천적으로는 애홍점박이무당벌레, 칠성무당벌레가 있다.
③ 사과나무의 끝 가지에서 월동한 알이 4월 중하순에 부화하여 간모가 된다.
④ 사과 성숙잎의 뒷면에 기생하면 잎이 앞면으로 그리고 가로로 말리게 된다.

해설
사과혹진딧물은 사과나무의 새순, 잎, 꽃, 열매에 기생하며 잎의 뒷면에 주로 발생하고 잎이 뒤로 말리는 특징이 있다.

정답 34 ① 35 ④ 36 ③ 37 ④

38 간모에 대한 설명으로 옳은 것은?

① 날개가 있는 수컷 진딧물이다.
② 날개가 있는 암컷 진딧물이다.
③ 월동란에서 부화한 진딧물이다.
④ 모체에서 태어난 날개가 없는 암컷 진딧물이다.

해설
간모 : 수정된 알상태인 월동란에서 부화해 처음 나온 암컷의 진딧물을 말한다.

39 곤충 가슴의 부속기관과 거리가 먼 것은?

① 날 개   ② 기 문
③ 다 리   ④ 더듬이

해설
④ 더듬이는 머리에 있다.

40 다음 다리 마디 중 일반적으로 가슴의 부속지(다리)의 몸쪽에서부터 가장 가까운 마디로 맞는 것은?

① 도래마디(Trochanter)
② 종아리마디(Tibia)
③ 넓적다리마디(Femur)
④ 발목마디(Tarsus)

해설
곤충의 다리마디 순서
밑마디 → 도래마디 → 넓적다리마디 → 종아리마디 → 발마디

제3과목 농약학

41 60kg의 쌀에 살충제 Malathion 50% 유제를 5ppm이 되도록 처리하고자 할 때 필요한 살충제량(mL)은?(단, 비중은 1.07이다.)

① 0.42   ② 0.56
③ 0.64   ④ 0.72

해설
$$\frac{(약량 \times 비중) \times 50\%}{60kg} = 5ppm$$

$$약량 = \frac{5ppm \times 60kg}{1.07 \times 50\%}$$

$$= \frac{5 \times \frac{1}{1,000,000} \times 60,000g}{1.07 \times 50\%}$$

$$= 0.56mL$$

42 동일 분자 내에 친수성기와 소수성기를 가진 화합물은?

① 안정제   ② 중량제
③ 용 제   ④ 계면활성제

해설
계면활성제는 물에 녹기 쉬운 친수성 부분과 기름에 녹기 쉬운 소수성 부분을 가지고 있는 화합물이다.

43 해충에 저항성이 유발되기 쉬운 살충제의 살포방법은?

① 동일 약제를 연용한다.
② 약제 살포 횟수를 줄인다.
③ 매년 다른 약제로 바꾸어 살포한다.
④ 작용 기작이 다른 약제와 교호 살포한다.

해설
약제의 품목명은 다르나 작용기작이 같은 약제를 계속 사용하게 되면 약제에 대한 저항성이 커진다.

44 분제의 특징에 대한 설명으로 옳지 않은 것은?

① 살충, 살균제에 많이 사용된다.
② 고착성이 우수하여 잔효성이 요구되는 과수 방제용으로 적당하다.
③ 수도 병해충방제에 널리 사용되고 있다.
④ 표류비산에 의한 살포구역 이외의 환경오염이 클 수 있다.

해설
분제농약의 특성
- 분제 주제를 증량제, 물리성 개량제, 분해방지제 등과 균일하게 혼합 분쇄하여 제조
- 수도병해충 방제에 널리 사용
- 유제, 수화제에 비해 고착성이 떨어져 잔효성이 요구되는 과수의 병해 방제용으로는 부적합

45 식품 중에 함유된 농약성분을 추출해내는 데 주로 사용할 수 있는 물질은?

① 증류수
② 황 산
③ 유기용매
④ 가성소다

해설
용제(매) : 약제의 유효성분을 녹이는 물질로 물에 잘 녹지 않는 식물성 농약 및 유기합성농약 등은 적당한 유기용매에 녹여서 유제의 형태로 사용한다.

46 농약 혼용의 장점이 아닌 것은?

① 방제 비용이 절감된다.
② 혼용가능 농약은 혼합 후 바로 사용하지 않아도 좋다.
③ 같은 약제 연용에 의한 내성의 억제 효과가 있다.
④ 동시에 서로 다른 병해충의 방제가 가능하다.

해설
② 혼용한 약제의 화학반응, 물리적 특성에 따른 층 분리 등으로 바로 사용해야 효과적이다.

정답 43 ① 44 ② 45 ③ 46 ②

47 분제(粉劑) 농약 제조 시 증량제로 사용되지 않는 것은?

① 탈크(Talc)
② 슬래그(Slag)
③ 규조토(硅藻土)
④ 고령토(高嶺土)

해설

증량제의 종류
- 규조토 : 주성분은 규산(SiO_2), 갑충류에 87% 살충력, 수화제 조제에 쓰임
- 고령토 : 주성분은 규산알루미늄, 수화제, 분제의 증량제로 쓰임
- 탈크(Talc, 활석) : 알칼리성이나 안전하므로 분제 제조용으로 널리 쓰임
- 벤토나이트(Bentonite) : 유화제의 제조용으로 많이 쓰임
- 납석(Pyrophyllite) : 분제 및 수화제

48 농약 보관 시 주의하여야 할 사항 중 틀린 것은?

① 고형제는 흡습되면 분해가 촉진되므로 건조한 곳에 보관한다.
② 농약 설명서의 약효보증기간은 최악의 조건에서 산정하여 정한 기간이다.
③ 대부분의 농약은 고온 및 자외선 접촉 시 분해가 되므로 냉암소에 저장한다.
④ 유제는 인화의 위험성이 있으므로 화기를 피하여 보관한다.

해설

② 약효보증기간은 제조일자(수입농약의 경우 원 제조일자를 말한다)를 기산일로 정하여 보증기간을 산정하여 표시한다.

49 기계유 유제의 살충작용으로 가장 옳은 것은?

① 기문을 피복, 질식시켜 살충
② 식중독으로 살충
③ 중추신경마비로 살충
④ 훈증으로 살충

해설

해충의 기문이나 피부에 부착·피복하여 질식시킴으로써 살충작용을 한다.

50 0.01% 액은 몇 ppm인가?

① 10
② 100
③ 1000
④ 10000

해설

1% = 1/100, ppm = 1/1,000,000 → 1% = 10,000ppm
∴ 0.01% = 10,000ppm/100 = 100ppm

51 12% 바리신 분제 1kg을 1% 분제로 조제하고자 할 때 필요한 증량제의 양은 약 kg인가?

① 10
② 11
③ 12
④ 13

해설

희석에 소요되는 증량제의 양(kg)
= 원분제의 중량 × (원분제의 농도/희석할 농도 − 1)
= 1kg × (12%/1% − 1) = 11kg

52 곤충의 먹이가 되는 부분에 약제를 뿌려 줄기나 잎을 갉아먹는 해충으로 하여금 먹이와 함께 소화기에 독성을 흡수시켜 살충력을 나타내는 약제를 무엇이라고 하는가?

① 식독제　　　② 접촉제
③ 침투성 살충제　④ 훈증제

해설
식독제(독제)
· 해충이 약제를 먹으면 중독을 일으켜 죽이는 약제
· 저작구형(씹어 먹는 입)을 가진 나비류 유충, 딱정벌레류, 메뚜기류에 적당
· 대부분의 유기인계 살충제

53 농약에 의한 약해 발생의 원인이라고 볼 수 없는 것은?

① 고농도 살포
② 합리적 혼용
③ 시용방법 미숙
④ 부적합한 약제 사용

해설
농약의 안전성과 사용 후 약해를 예방하기 위해 합리적 혼용이 필요하다.

54 DEP제(디프테릭스)가 분해하여 1차로 변하는 형태는?

① Parathion　② DDVP
③ Trithion　　④ Dimethoate

해설
DEP제(디프테릭스)는 Dichlorvos (DDVP)로 분해된다.

55 농약을 사용목적에 따라 분류한 것이 아닌 것은?

① 살균제　　② 살충제
③ 유　제　　④ 제초제

해설
유제 : 제제 형태에 따른 분류

56 다음과 같은 화학구조를 가지는 제초제는?

$$Cl-\underset{}{C_6H_3}(CH_3)-OCH_2COOH$$

① 2,4-D　　② EPN
③ MCP　　　④ TBA

해설
MCP : 광엽식물만 제거하는 선택성 제초제

57 접촉독, 소화중독으로 효과를 나타내는 유기인계 살충제로서 야생조류에 피해를 줄 수 있고 특히 꿀벌에 잔류독성이 강하여 사용 시 주의하여야 하는 농약은?

① 클로르피리포스 수화제
② 다이아지논 유제
③ 페노뷰카브 유제
④ 아이소프로티올레인 유제

해설
클로르피리포스는 유기인계 살충제로 야생조류에 피해를 줄 수 있고 꿀벌 잔류독성이 강하다.

정답 52 ①　53 ②　54 ②　55 ③　56 ③　57 ①

58 다음 제제 중 물로 희석하지 않고 사용하는 것은?

① 수용제 ② 수화제
③ 유 제 ④ 분 제

해설
분제 : 주제를 증량제, 물리성개량제, 분해방지제 등과 균일하게 혼합 분쇄하여 제조한 것

59 토마토의 낙과 방지 또는 과실의 비대, 숙기의 촉진을 위하여 사용되는 약제는?

① 지베렐린 ② MH제
③ Indol-B ④ 4-CPA

해설
4-CPA는 과실 낙과 방지, 비대 촉진 효과가 있다.

60 식물성 살충제로서 온혈동물(溫血動物)에는 독성이 없는 농약은?

① Nicotine제
② Anabasine제
③ 송지합제
④ Pyrethrin제

해설
④ Pyrethrin제 : 식물성 살충제로 곤충 신경세포를 마비시키는 신경독 작용을 한다.

제4과목 잡초방제학

61 생태적 잡초 방제법에 해당하지 않는 것은?

① 윤작 실시
② 피복 처리
③ 재식밀도 조정
④ 잡초저항성 품종 선정

해설
피복은 물리적 방제에 해당한다.

62 선택성 제초제가 아닌 것은?

① 이사디 액제
② 디캄바 액제
③ 뷰타클로르 유제
④ 글리포세이트암모늄 액제

해설
글리포세이트, 글리포세이트암모늄, 피페로포스, 비알라포스 등은 유기인계 제초제로 비선택성 제초제이며 잎을 통해 흡수되어 식물체로 확산되며 세포의 분열조직에 작용

63 잡초종자 발아에 관계하는 환경요소로 가장 거리가 먼 것은?

① 빛 ② 온 도
③ 수 분 ④ 이산화탄소

해설
종자의 발아에는 적당한 수분, 산소, 온도, 광이 필요하다.

64 논에서 사초과인 올방개를 방제하기 위하여 사용하는 후기 경엽처리 제초제는?

① 벤타존 액제
② 옥사디아존 유제
③ 디티오피르 유제
④ 알라클로르 입제

해설
벤타존
- 일년생 잡초 방제 : 방동사니, 물달개비, 밭뚝외풀, 마디꽃, 사마귀풀
- 다년생 잡초 방제 : 올미, 벗풀, 올방개, 너도방동사니, 올챙이고랭이

65 십자화과에 속하며, 월년생 잡초에 해당하는 것은?

① 바랭이
② 광대나물
③ 벼룩나물
④ 속속이풀

해설
속속이풀은 2년 이상 생존하는 월년생 잡초이다.

66 장기간에 걸친 잡초의 생존 특성으로 옳지 않은 것은?

① 많은 종자 생산
② 종자만으로 번식
③ C_4 광합성 회로 이용
④ 불량한 환경조건에 잘 적응

해설
종자나 영양번식이 가능해 불리한 조건에서도 생존성이 높다.

67 잡초종자의 발아습성에 대한 설명으로 옳지 않은 것은?

① 발아 주기성이란 같은 조건에서 일정한 간격으로 발아하는 것이다.
② 준동시성 발아형이란 일정기간 이내에 집중적으로 발아하는 것이다.
③ 발아 계절성이란 발생 계절의 일장보다 대기온도에 반응하여 발아하는 것이다.
④ 연속성 발아형이란 발아에 적합한 조건을 주어도 오랜 기간에 걸쳐 지속적으로 발아하는 것이다.

해설
③ 발아 계절성은 계절의 일장에 의해 발아하는 것을 말한다.

68 종자에 갈고리 모양의 돌기 또는 바늘 모양의 가시가 있어 인축에 부착되어 전파되는 것은?

① 민들레
② 바랭이
③ 소리쟁이
④ 가막사리

해설
① 민들레 : 낙하산 역할의 솜털이 있어 바람에 잘 날려서 이동한다.
② 바랭이 : 성숙하면서 흩어진다.
③ 소리쟁이 : 물에 잘 떠서 운반된다.

정답 64 ① 65 ④ 66 ② 67 ③ 68 ④

69 경엽처리용 제초제로 벼와 피 사이에서 속간선택성을 일으키는 것은?

① Propanil
② 2,4-D
③ Bentazon
④ Butachlor

해설
Propanil(프로파닐)은 벼에는 영향이 적지만 피에는 독성이 있어 속간선택성을 나타내는 경엽처리용 제초제이다.

70 다음 잡초 중 방동사니과(科) 잡초가 아닌 것은?

① 올챙이고랭이
② 매자기
③ 벗 풀
④ 너도방동사니

해설
택사과
- 외떡잎식물의 한 과로서 초본으로 물가나 습지에서 자람
- 벗풀, 보풀, 쇠귀나물, 택사 등

71 잡초종자의 수명을 좌우하는 요인 중 저장조건에 해당되지 않는 것은?

① 휴면성
② 수분조건
③ 산소조건
④ 매몰된 깊이

해설
휴면성은 잡초종자의 자체적인 요인으로 저장조건인 수분, 산소, 매몰 깊이와 무관하다.

72 산성토양에서 잘 적응하는 잡초가 아닌 것은?

① 뚝새풀
② 황새냉이
③ 쇠비름
④ 냉 이

해설
냉이는 중성~약산성에서 잘 자란다.

73 식물이 분비하거나 생체 혹은 수확 후 잔여물 및 종자 등에서 독성물질이 분비되어 다른 식물 종의 생장을 저해하는 현상은?

① Allelopathy
② Competition
③ Fertilization
④ Contamination

해설
Allelopathy(상호대립억제작용)
뿌리나 잎, 줄기 등에서 특정한 화학물질을 분비하여 다른 식물의 발생이나 성장, 번식을 억제하는 현상을 말한다.

74 주어진 지표면을 먼저 점유한 식물이 후에 발생한 식물보다 경합에 유리하다. 이를 이용한 잡초 방제 기술로 옳지 않은 것은?

① 이앙 재배
② 적기 파종
③ 시비량 증대
④ 재식밀도 증가

해설
시비량을 필요 이상으로 늘릴 경우 작물보다 비료의 이용률이 높은 잡초의 생육속도가 빨라 작물에 불리해질 수 있다.

75 벼의 유효분얼이 끝나고 유수형성기 이전에 살포하는 경엽처리형 제초제는?

① 이사-디 액제
② 옥사디아존 유제
③ 뷰타클로르 유제
④ 글리포세이트포타슘 액제

해설
이사-디 액제
유효분얼(참새끼치기) 끝날 때부터 유수형성기(이삭꽃생김 때) 이전까지 사용되는 일년생논잡초 방제
예 방동사니, 물달개비, 밭뚝외풀, 마디꽃, 사마귀풀

76 페녹시계열에 속하는 제초제가 아닌 것은?

① 이사-디 액제
② 엠시피에이 액제
③ 니코설퓨론 액상수화제
④ 할록시포프-아르-메틸 유제

해설
③ 니코설퓨론 액상수화제는 설포닐우레아계이다.

77 논에 다년생 잡초인 올방개의 방제법으로 바람직한 방법이 아닌 것은?

① 추경 또는 춘경 등 경운을 한다.
② 벤푸러세이트가 혼합된 제초제를 초기에 처리한다.
③ 밧사그란을 생육기에 처리한다.
④ 직파재배를 한다.

해설
직파재배를 하면 잡초와의 경합에 불리해 올방개의 방제법으로 바람직하지 못하다.

78 우리나라의 밭에서 많이 발생하는 광엽잡초는?

① 향부자
② 피
③ 쇠비름
④ 강아지풀

해설
쇠비름은 주로 밭이나 밭둑, 과수원에 발생하는 일년생잡초이다.

정답 74 ③ 75 ① 76 ③ 77 ④ 78 ③

79 광발아(光發芽) 잡초로만 짝지어 있는 것은?

① 바랭이, 냉이, 별꽃
② 왕바랭이, 별꽃, 소리쟁이
③ 바랭이, 쇠비름, 개비름
④ 향부자, 독말풀, 별꽃

해설
광발아 종자 : 바랭이, 쇠비름, 개비름, 향부자, 강피, 참방동사니, 소리쟁이, 메귀리

80 두 종류 이상의 제초제를 혼합하여 얻은 효과가 단독으로 처리한 반응을 각각 합한 것보다 높을 때의 효과는?

① 부가효과(Additive Effect)
② 상승효과(Synergistic Effect)
③ 길항효과(Antagonistic Effect)
④ 독립효과(Independent Effect)

해설
상승작용 : 두 가지 제초제를 혼합 사용할 경우 약효가 상승하는 효과

79 ③ 80 ②

부록 2

최근 기출복원문제 및 해설

식물보호기사　　　　2025년 최근 기출복원문제

식물보호산업기사　2025년 최근 기출복원문제

합격의 공식 시대에듀 www.sdedu.co.kr

제1과목 식물병리학

01 파이토플라스마에 대한 설명으로 옳은 것은?
① 세포벽이 없는 작은 생물이지만 원형질은 있다.
② 세포의 기본적인 기능을 수행하는 원형질이 없다.
③ 일정한 형태는 없지만 세포벽과 세포막을 모두 가지고 있다.
④ 생장조건에 따라 형태가 변하며 두꺼운 세포벽을 갖고 있다.

해설
파이토플라스마
- 크기가 0.1~1μm인 단위막에 의해 형성된 세균에 가까운 병원체이다.
- 세포막이 없고, 일종의 원형질막으로 둘러싸여 있다.
- 인공배지에서의 병원균 배양이 어렵다.
- 약제 : 테트라사이클린 등의 항생제에 의한 약간의 억제효과가 있지만, 완전방제가 어렵다.
- 대추나무 빗자루병, 오동나무 빗자루병, 뽕나무 오갈병 등
※ 대추나무 빗자루병 : 매미충에 의해 영속전염

02 벼 키다리병균이 분비하여 벼가 비정상적으로 신장하는 데 관계하는 생장조절제는?
① 키네틴   ② 옥 신
③ 에틸렌   ④ 지베렐린

해설
④ 벼 키다리병균은 지베렐린의 분비·촉진으로 비정상적으로 신장한다.

03 다음 중 여름포자를 형성하지 않는 것은?
① 잣나무 털녹병균
② 소나무 혹병균
③ 포플러 잎녹병균
④ 향나무 녹병균

해설
향나무 녹병균 : 봄(4월 초) 겨울포자퇴(짙은 갈색의 돌기)를 형성하며, 하포자를 형성하지 않는다.

04 다음 중 유주자낭을 형성하는 병원균은?
① 오이 흰가루병균
② 딸기 시들음병균
③ 고추 역병균
④ 토마토 잿빛곰팡이병균

해설
유주자균류(난균류) : 역병(*Phytophthora cactorum*), 노균병(*Plasmopara viticola*)

정답 1 ② 2 ④ 3 ④ 4 ③

05 병원균이 불완전세대로 *Pyricularia grisea*(*P. oryzae*)인 식물병은?

① 보리 줄기녹병
② 벼 도열병
③ 감귤 잿빛곰팡이병
④ 오이 흰가루병

해설
벼 도열병(*Pyricularia Oryzae*)
불완전균류로 바람(종자)에 의해 전파되며 균사, 분생포자로 볏짚, 병든 종자에서 월동한다. 저온 다습환경에서 다발생하고 규소시비 예방효과가 있다.

06 식물병원 세균 중 육즙한천 배양기상에서 황색 균총을 형성하는 것은?

① *Pseudomonas*
② *Xanthomonas*
③ *Agrobacterium*
④ *Pectobacterium*

해설
② *Xanthomonas* : 육즙한천 배양기상에서 황색 균총을 형성, 잎모양마름병, 낙엽병, 벼알마름병 등의 병원균
① *Pseudomonas* : 육즙한천 배양기상에서 녹색 균총을 형성
③ *Agrobacterium* : 육즙한천 배양기상에서 흰색 균총을 형성
④ *Pectobacterium* : 육즙한천 배양기상에서 흰색 또는 회색 균총을 형성

07 식물병 발생에 필요한 3대 요인에 속하지 않는 것은?

① 기주
② 병원체
③ 매개충
④ 환경요인

해설
병 발생에 필요한 3대 요인 : 기주, 병원체, 환경요인

08 식물병원체가 생산하는 기주특이적 독소는?

① Victorin
② Tentexin
③ Ophiobolins
④ Fumaric acid

해설
기주특이적 독소
- 귀리 마름병균의 독소 Victorin
- 옥수수 잎의 황색 반점을 유발하는 T-toxin
- 사과나무의 반점병을 일으키는 AM-toxin 등

09 어떤 식물병에 대하여 저항성이었던 품종이 갑자기 해당 식물병에 감수성이 되는 주된 원인은?

① 재배법의 변화
② 병원균 집단의 변화
③ 기상의 변화
④ 기주체내 영양성분의 변화

해설
레이스(Race) : 기주의 범위가 다른 한 병원균의 분화형 또는 변종 중에서 기주의 품종에 대한 기생성이 다른 것으로 고정적인 것이 아니고 산발적으로 계속 분화한다.

10 벼 도열병의 방제법으로 옳지 않은 것은?

① 논바닥이 마르지 않도록 한다.
② 찬물을 직접 논에 넣지 않는다.
③ 볏짚을 퇴비로 사용할 경우에는 충분히 부숙시켜서 사용한다.
④ 병이 상습적으로 발생하는 곳에서는 레이스 특이적 저항성을 나타내는 품종을 사용한다.

해설
④ 특이적 저항성은 수직저항성으로 단인자 저항성을 가지기 때문에 다인자 저항성을 가지는 비특이적 저항성 품종을 재배해야 한다.

11 기주식물이 병원균의 침입에 자극을 받아 방어를 목적으로 생성하는 물질은?

① 파이토톡신
② 펙티나아제
③ 지베렐린
④ 파이토알렉신

해설
파이토알렉신(Phytoalexin) : 병원체가 기주식물에 침입한 다음 양자의 상호반응의 결과 기주측에서 생기는 병원체의 발육을 억제하는 항균물질

12 저장 곡물에 Aflatoxin이라는 독소를 생성하는 균은?

① *Aspergillus flavus*
② *Achlya oryzae*
③ *Ascochyta pisi*
④ *Alternaria mali*

해설
Aspergillus flavus : 저장곡물에 Aflatoxin이라는 곰팡이 독소를 생성하는 균

13 바이러스를 매개하는 선충이 아닌 것은?

① *Xiphinema*
② *Trichodorus*
③ *Meloidogyne*
④ *Paratrichodorus*

해설
바이러스를 매개하는 선충 : *Xiphinema*, *Trichodorus*, *Longidoridae*, *Paratrichodorus renifer*

14 사과 탄저병의 만연에 결정적으로 중요한 역할을 하는 전파 수단은 어느 것인가?

① 침 수
② 토양 해충
③ 비바람
④ 선 충

해설
탄저병의 경우 비바람에 의한 상처, 기공 침투 등을 통해 발생한다.

15 식물체가 감염되었을 때 주로 모자이크 증상을 나타내는 병원체는?

① 진 균
② 세 균
③ 바이러스
④ 파이토플라스마

해설
바이러스
- 핵산과 단백질로 이루어진 병원체로, 주로 모자이크 증상을 나타낸다.
- 광학현미경으로 관찰할 수 없고, 인공배양이 불가능하다.
- 자기 자신을 위한 물질대사계를 가지지 못하고, 식물체내 대사계와 물질을 이용할 수 있는 유전정보만을 가진다.

정답 10 ④ 11 ④ 12 ① 13 ③ 14 ③ 15 ③

16 소나무 혹병의 하포자와 동포자의 월동 중간 기주는?

① 졸참나무 ② 참취
③ 향나무   ④ 야생까치밥나무

해설
소나무 혹병균의 중간기주는 졸참나무(참나무과)이다.

17 불완전균류의 정의로 가장 옳은 것은?

① 균사의 형성이 불완전한 균류
② 무성세대가 밝혀지지 않은 균류
③ 기주범위가 밝혀지지 않은 균류
④ 유성세대가 밝혀지지 않은 균류

해설
불완전균류
- 균사에 격막이 있다.
- 유성세대가 알려지지 않아 불완전균류라고 한다.
- 분생포자는 균사가 자라는 분생자병 위에 형성
- 분생자층, 병자각 분생자병, 분생자병속 분생자좌
- 주요병
  - 갈색무늬병(Marssonia mali)
  - 점무늬낙엽병(Alternaria mali)
  - 배 검은무늬병(Alternaria kikuchiana)
  - 포도 잿빛곰팡이병(Botrytis cinerea)

18 다음 식물 병원체 중 가장 크기가 작은 것은?

① 세균   ② 곰팡이
③ 바이러스   ④ 바이로이드

해설
병원체의 크기 : 바이로이드 < 바이러스 < 세균 < 진균(곰팡이)

19 다음 중 진딧물에 의해 바이러스가 전염되어 발생하는 병은?

① 콩 불마름병
② 벼 도열병
③ 배추 모자이크병
④ 대추나무 빗자루병

해설
진딧물은 2차적인 피해로 농작물에 PLRV(감자 잎말림바이러스), TuMV(순무 모자이크바이러스), CAMV(꽃양배추 모자이크바이러스), CMV(오이 모자이크바이러스) 등의 바이러스병을 옮긴다.

20 배나무 붉은별무늬병균의 중간기주는?

① 매자나무   ② 향나무
③ 소나무   ④ 좀꿩의다리

해설
녹병류의 중간기주
- 배나무 붉은별무늬병균(적성병) : 향나무
- 사과나무 붉은별무늬병 : 향나무
- 소나무 혹녹병 : 졸참, 신갈나무
- 맥류 줄기녹병 : 매자나무
- 밀 붉은녹병 : 좀꿩의다리

제2과목 **농림해충학**

21 페로몬의 역할이 아닌 것은?

① 상대 성의 개체를 유인한다.
② 음식의 위치를 알려 준다.
③ 다른 곤충 간의 통신으로 냄새나 독성을 이용하여 자신을 보호한다.
④ 사회생활을 하거나 집단을 이루는 곤충류에서 천적의 침입 등 위험을 알려 준다.

해설
페로몬 : 같은 종 내의 다른 개체 간의 통신을 목적으로 사용되는 휘발화합물(외분비물)

22 다음 중 성충이 과실을 직접 가해하는 해충은?

① 복숭아명나방
② 배명나방
③ 으름밤나방
④ 포도유리나방

해설
으름밤나방 : 유충은 으름덩굴 등의 잎을 식해, 성충은 과실류의 흡즙 피해를 주는 해충이다.

23 누에의 휴면호르몬이 합성되는 곳은?

① 앞가슴샘   ② 알라타체
③ 카디아카체   ④ 신경분비세포

해설
누에의 신경분비세포에서 분비하는 호르몬은 휴면을 유도하는 작용을 한다.

24 마늘 수확 후 저장 과정에서 피해를 주는 것은?

① 파굴파리   ② 뿌리응애
③ 파좀나방   ④ 고자리파리

해설
뿌리응애 : 연 10회 이상 발생하며 마늘, 쪽파, 백합 등의 구근류에 발생하고 저장 중에도 피해를 준다.

25 완전변태를 하지 않는 것은?

① 버들잎벌레
② 솔수염하늘소
③ 복숭아명나방
④ 진달래방패벌레

해설
진달래방패벌레 : 노린재(매미목)목으로 불완전변태

정답 21 ③ 22 ③ 23 ④ 24 ② 25 ④

26 복숭아심식나방에 대한 설명으로 옳지 않은 것은?

① 유충이 과실 속에 있을 때에는 황백색이다.
② 월동 고치는 방추형이다.
③ 1년에 2회 발생하지만 일정하지는 않다.
④ 피해 과일에는 배설물이 배출되지 않는다.

해설
복숭아심식나방의 겨울고치는 편원형이고, 여름고치는 방추형이다.

27 주둥이를 식물체에 찔러 넣어 즙액을 빨아먹는 곤충에 속하지 않는 것은?

① 진딧물
② 노린재
③ 집파리
④ 애멸구

해설
집파리는 입이 퇴화되어 피부를 통해 소화액으로 먹이를 녹여 흡수한다.

28 외부의 자극에 반응하여 곤충이 행동하는 유형이 아닌 것은?

① 주굴성
② 주광성
③ 주화성
④ 주수성

해설
- 주성 : 동물이 어떤 자극을 받고 몸이 자극이 미치는 방향으로 움직이는 성질 및 물러나는 성질
- 주광성 : 빛에 대한 반응
  - 양성 주광성을 가진 것 : 나비, 나방
  - 성 주광성을 가진 것 : 구더기, 바퀴류
- 주화성(走化性) : 특수한 식물 산란하고 특수한 식물만 먹는 것은 그 식물이 가진 화학 물질에 유인되기 때문임
- 주수성 : 수서곤충이 물을 찾아가는 주성
- 주촉성 : 다른 물건에 접촉하려는 주성
- 주류성 : 물고기가 물이 흘러오는 방향으로 거슬러 올라가는 것과 마찬가지로 곤충도 물이 흘러오는 쪽을 향해서 운동
- 주풍성 : 바람에 의한 영향을 받는 성질
- 주지성(走地性) : 곤충이 앉을 때 머리 쪽이 땅을 향하거나 반대로 앉는 성질
- 주열성 : 주온성이라고도 함

29 고시류(Paleoptera) 곤충에 속하는 것은?

① 밑잠자리
② 담배나방
③ 분홍날개대벌레
④ 밤애기잎말이나방

해설
고시류는 날개를 뒤로 접어서 몸 옆구리에 붙일 수 없는 곤충으로 잠자리목, 하루살이목 등이 속한다.

30 다음 중 유시류에 속하는 것은?

① 낫발이
② 톡토기
③ 좀붙이
④ 하루살이

해설
- 무시아강 : 날개가 전혀 없고 변태하지 않는다.
  예 톡토기목, 낫발이목, 좀붙이목, 좀목, 돌좀목
- 유시아강 : 날개를 가지고 있지만 2차적으로 퇴화되어 없는 것도 있고, 불완전변태하는 외시류와 완전변태하는 내시류로 분류된다.

31 잎을 가해하는 청동풍뎅이의 월동에 대한 설명으로 가장 적절한 것은?

① 난상태로 땅속에서 월동한다.
② 유충태로 땅속에서 월동한다.
③ 성충태로 지피물에서 월동한다.
④ 번데기 상태로 잎을 먹고 월동한다.

해설
청동풍뎅이는 유충태로 땅속에서 월동한다.

32 솔나방에 대한 설명으로 옳지 않은 것은?

① 새로 난 잎을 식해하는 것이 보통이나 밀도가 높으면 묵은 잎도 식해한다.
② 유충이 소나무의 잎을 식해하며 심한 피해를 받은 나무는 고사하기도 한다.
③ 연 1회 발생하고 제5령충으로 월동한다.
④ 주로 월동 후의 유충기에 식해한다.

해설
솔나방
- 송충이(유충)가 잎을 갉아먹고, 심하면 나무가 고사한다.
- 가을에 가해하던 유충이 월동해 다음 해 봄에 다시 가해한다.
- 10월경 유충의 밀도가 봄의 발생밀도를 결정한다.
- 연 1회 발생하고, 알에서 부화해 7번 탈피한다.

33 곤충의 피부에 대한 설명으로 옳지 않은 것은?

① 외부 골격에 해당한다.
② 원표피는 외원표피와 내원표피로 나뉜다.
③ 피부는 크게 표피층, 진피세포층, 기저막으로 나눌 수 있다.
④ 곤충이 탈피할 때는 진피세포층과 기저막 외의 모든 표피층을 벗어던진다.

해설
탈피 : 유충의 몸은 자라지만 몸을 덮고 있는 표피는 늘어나지 않아 묵은 표피를 벗는 현상

34 단위생식에 의해 증식하는 해충은?

① 솔나방　　② 벼메뚜기
③ 밤나무혹벌　④ 배추흰나비

해설
단위생식 : 암컷만으로 생식하며, 밤나무순혹벌, 민다듬이벌레, 진딧물류(여름) 등

35 지구상에서 곤충이 번성하게 된 이유로 가장 거리가 먼 것은?

① 공진화
② 짧은 세대
③ 키틴질의 골격구조
④ 낮은 유전적 상이성

해설
곤충의 번성원인
- 외골격이 발달하여 몸을 보호
- 날개가 발달해 생존 및 종족의 분산 유리
- 몸의 크기가 작아 소량의 먹이로도 생존 가능하며, 적을 피하는 데도 유리
- 몸의 구조적인 적응력이 우수
- 변태를 하여 불량환경에 적응 가능
- 종의 증가현상

36 다음 중 토양 해충이 아닌 것은?

① 고자리파리　② 조명나방
③ 숯검은밤나방　④ 거세미나방

해설
조명나방 : 유충은 잡식성으로 거의 모든 밭작물의 잎·줄기·과실 등을 가해, 특히 옥수수의 중요 해충

37 미각과 관계가 없는 곤충의 기관은?

① 큰 턱　　　② 윗입술
③ 작은턱수염　④ 아랫입술수염

해설
큰턱은 먹이를 절단하거나 갉아 먹는 데 사용되며 맛을 느끼지는 못한다.

38 분류학적으로 개미가 속하는 곤충목은?

① 벌 목　　② 이 목
③ 노린재목　④ 총채벌레목

해설
개미는 벌목 개미과에 속한다.

정답 34 ③　35 ④　36 ②　37 ①　38 ①

39 곤충이 휴면하는 데 영향을 주는 주요 요인은?

① 빛
② 수 분
③ 온 도
④ 바 람

해설
곤충의 휴면 요인은 일장, 온도, 먹이이다.

40 곤충의 다리는 5마디로 구성된다. 몸통에서부터 순서로 올바르게 나열한 것은?

① 밑마디 – 도래마디 – 넓적마디 – 종아리마디 – 발마디
② 밑마디 – 넓적마디 – 발마디 – 종아리마디 – 도래마디
③ 밑마디 – 발마디 – 종아리마디 – 도래마디 – 넓적마디
④ 밑마디 – 종아리마디 – 발마디 – 넓적마디 – 도래마디

해설
곤충의 다리마디 순서
밑마디 → 도래마디 → 넓적다리마디 → 종아리마디 → 발마디

제3과목 재배학원론

41 다음 영양성분 중 결핍되면 분열조직에 괴사를 일으키며, 사탕무의 속썩음병을 일으키는 것은?

① 망 간
② 철
③ 칼 륨
④ 붕 소

해설
붕소(B)
- 촉매 또는 반응조절물질로 작용, 석회결핍의 영향을 경감시킴
- 체내 이동성이 낮으며 생장점 부근에 함유량이 많아 결핍 증세는 생장점이나 저장기관에 나타나기 쉬움
- 부족 시 : 분열조직에 괴사, 사탕무의 속썩음병, 샐러리의 줄기쪼김병, 사과의 축과병, 담배의 끝마름병, 알팔파의 황색병, 꽃양배추의 갈색병, 수정결실이 나빠짐, 콩과의 근류 형성과 질소고정 저해 현상
- 과잉 시 : 석회의 과잉, 토양의 산성화는 붕소결핍 초래

42 군락의 수광태세가 좋아지고 밀식적응성이 높은 콩의 초형으로 틀린 것은?

① 잎이 크고 두껍다.
② 잎자루가 짧고 일어선다.
③ 꼬투리가 원줄기에 많이 달린다.
④ 가지를 적게 치고 가지가 짧다.

해설
조밀하게 붙어 있는 조건에서 잎이 클 경우 그늘이 많아져 수광태세가 좋지 않다.

정답 39 ③ 40 ① 41 ④ 42 ①

43 광보상점에 대한 설명으로 가장 옳은 것은?

① 음생식물에 비하여 양생식물의 광보상점이 낮다.
② 음생식물에 비하여 양생식물의 광보상점이 높다.
③ 음생식물과 양생식물의 광보상점은 동일하다.
④ 음생식물 및 양생식물은 광보상점이 없다.

해설
광보상점 : 호흡의 속도와 진정광합성의 속도가 같아서 외견상 광합성속도가 0이 되는 상태로, 광보상점이 낮은 식물은 그늘에 견딜 수가 있어 내음성이 강하다.

44 다음 중 작물의 복토 깊이가 가장 깊은 것은?

① 양 파   ② 생 강
③ 배 추   ④ 시금치

해설
작물의 복토 깊이
• 생강, 감자, 토란, 글라디올러스 등 : 5~9cm
• 양파 : 종자가 보이지 않은 정도
• 배추, 순무, 양배추, 가지, 고추, 토마토, 오이, 차조기 등 : 0.5~1cm
• 시금치, 조, 기장, 수수, 무, 수박, 호박 등 : 1.5~2cm

45 벼에서 염해가 우려되는 최소 농도는?

① 0.04% NaCl   ② 0.1% NaCl
③ 0.7% NaCl   ④ 0.9% NaCl

해설
염분 농도 0.1%에서 염해가 발생하며 0.3% 이하에서 생육이 가능하다.

46 다음 중 내염성이 가장 강한 작물은?

① 가 지   ② 셀러리
③ 완 두   ④ 양배추

해설
내염성 강한 작물, 품종 재배 : 사탕무, 비트, 수수, 유채(평지), 목화, 양배추, 라이그래스 등

47 작물의 내동성에 대한 설명으로 틀린 것은?

① 원형질의 수분투과성이 크면 내동성을 증대시킨다.
② 당분 함량이 적으면 내동성이 크다.
③ 원형질의 점도가 낮고 연도가 높은 것이 내동성이 크다.
④ 지유 함량이 높은 것이 내동성이 강하다.

해설
내동성 작물의 생리적 요인
• 원형질의 수분투과성이 큰 것은 세포 내 결빙을 적게 한다.
• 원형질 단백질에 −SH기가 많은 것은 −SS기가 많은 것보다 기계적 인력을 받을 때 미끄러지기 쉬워 원형질의 파괴가 적다.
• 원형질의 점도가 낮고 연도가 높은 것이 기계적 인력을 덜 받는다.
• 원형질의 친수성 콜로이드(교질 함량)가 많으면 세포 내의 결합수가 많아진다.
• 지유 함량이 높고 당분 함량이 높다.
• 전분 함량이 많으면 내동성은 저해된다.
• 세포 내 수분(자유수) 함량이 많으면 내동성이 저해된다.
• 경화(Hardening) : 월동작물이 5℃ 이하의 기온에 계속 처하게 되면 내동성이 증대한다.

48 답압을 진행하면 안 되는 경우는?

① 분얼이 왕성해질 경우
② 유수가 생긴 이후일 경우
③ 월동 전 생육이 왕성할 경우
④ 월동 중 서릿발이 설 경우

해설
답압 : 땅을 눌러주는 과정으로, 늦어도 유수형성기 이전까지만 실시한다.

51 눈이 트려고 할 때 필요하지 않은 눈을 손끝으로 따주는 것은?

① 적 아   ② 적 엽
③ 절 상   ④ 휘 기

해설
- 적아 : 꽃눈이나 잎눈이 너무 많아 양수분을 적정하게 배분하기 위하여 눈이 움직이기 전에 눈을 제거해 주는 작업
- 적심 : 웃자라는 가지를 억제하기 위해서 가지 끝의 생장점을 따주는 작업으로 새순이 굳어지기전에 해 줘야 효과적이다.

49 다음의 작물에서 요수량(要水量)이 가장 적은 작물은?

① 수 수   ② 메 밀
③ 밀   ④ 보 리

해설
요수량이 적은 작물 : 수수, 기장, 옥수수 등

52 피자식물의 종자 형성에 대한 설명으로 가장 옳지 않은 것은?

① 중복수정한다.
② 정핵과 난세포가 결합하여 배를 형성한다.
③ 정핵과 극핵이 결합하여 배유를 형성한다.
④ 배는 3n이고, 배유는 2n이다.

해설
수정(중복수정)
- ♂ 제1융핵(n) + ♀ 난핵(n) → 배(2n)
- ♂ 제2융핵(n) + ♀ 극핵(2n) → 배유(3n)

50 다음 중 배의 미숙에 의한 휴면 현상이 나타나는 작물로 가장 옳은 것은?

① 자운영   ② 인 삼
③ 귀 리   ④ 보 리

해설
인삼 종자는 수확할 때 배(씨눈)가 형태적으로 미숙하여 크기를 식별할 수 없을 정도이기 때문에 인위적으로 배를 성숙시켜 씨눈의 생장을 촉진시키는 작업이 필요하며, 이 작업을 개갑처리라고 한다.

53 자가불화합성을 이용하는 작물로만 나열된 것은?

① 벼, 고추   ② 밀, 옥수수
③ 배추, 무   ④ 감자, 상추

해설
자가불화합성 : 호밀, 화본과 및 두과의 다년생 목초류
예 양배추, 배추, 무, 뽕나무, 차, 메밀, 고구마, 사과, 일본배, 서양배

정답 48 ② 49 ① 50 ② 51 ① 52 ④ 53 ③

54 인산질 비료에 대한 설명으로 가장 옳지 않은 것은?

① 유기질 인산 비료에는 쌀겨, 보리겨 등이 있다.
② 무기질 인산 비료의 중요한 원료는 인광석이다.
③ 과인산석회는 인산의 대부분이 수용성이고 속효성이다.
④ 용성인비는 구용성 인산을 함유하여 작물에 속히 흡수된다.

해설
용성인비는 구용성으로 과인산석회보다 녹아나오는 양이 적어 흡수가 느리다.

55 열해(熱害)의 원인으로 적절하지 않은 것은?

① 증산과다
② 철분의 침전
③ 암모니아 축적
④ 유기물의 과잉집적

해설
열해의 원인
- 유기물의 과잉소모
- 질소대사의 이상 : 단백질합성 저해, 암모니아의 축적 증가
- 철분의 침전 : 황백화현상 발생
- 증산과다로 위조

56 C_3 식물과 C_4 식물의 형태와 생리적 특성으로 옳은 것은?

① C_4 식물은 Kranz 구조가 있다.
② C_3 식물은 C_4보다 내건성이 강하다.
③ C_3 식물의 CO_2 보상점은 C_4보다 낮다.
④ C_4 식물의 광포화점은 C_3보다 낮다.

해설
C_4 식물의 잎은 유관속초세포가 유관속 주위를 둘러싸고 있고, 그 주위를 엽육 세포가 다발처럼 둘러싸고 있어 크란츠 구조(Kranz Anatomy)라고 한다.

57 묘상에서 육묘한 모를 이식하기 전에 경화시키면 나타나는 이점에 대한 설명으로 가장 옳지 않은 것은?

① 착근이 빠르다.
② 흡수력이 좋아진다.
③ 체내의 즙액 농도가 감소한다.
④ 저온 등 자연환경에 대한 저항성이 증대한다.

해설
경화처리는 햇볕을 잘받게 하고 물 공급을 줄여 식물을 단단하게 만드는 과정으로 증산량이 증가함에 따라 체내 즙액 농도가 높아진다.

정답 54 ④ 55 ④ 56 ① 57 ③

58 벼 생육기간 중 냉해에 가장 약한 시기는?

① 감수분열기 ② 등숙기
③ 분얼기   ④ 유묘기

해설
생식세포 감수분열기의 경우 각종 기상재해에 취약하다.

59 [(A×B)×B]×B로 나타내는 육종법은?

① 다계교잡법
② 여교잡법
③ 파생계통육종법
④ 집단육종법

해설
여교잡법 : A계통에 있는 원하는 형질을 B계통에 넣고자 할 때 A를 1회친, B를 반복친

60 다음 중 인과류로만 나열되어 있는 것은?

① 사과, 배
② 복숭아, 자두
③ 무화과, 밤
④ 감, 딸기

해설
꽃받침이 과육이 되는 인과류 : 배, 사과, 비파

제4과목 농약학

61 Parathion제의 살충기작이 일어나는 이유는?

① Cytochrome Oxidase를 저해하기 때문이다.
② Cholinesterase의 작용을 저해하기 때문이다.
③ 침투성이 있기 때문이다.
④ 체내에서 분해가 빠르기 때문이다.

해설
콜린에스테라제(신경계의 정상적인 작용을 조절하는 효소) 억제제로 작용해 호흡부전을 유발한다.

62 살충제 농약의 작용기작이 바르게 연결되어 있지 않은 것은?

① 유기인계 - 신경전달 저해
② 유기염소계 - 자극전달 교란
③ 유기수은계 - 단백질 응고
④ 데리스제 - 피부 부식

해설
데리스제의 작용기작
미토콘드리아 전자전달계 억제 작용을 통해 곤충의 호흡과 에너지 대사를 저해하여 살충 효과를 나타낸다.

정답 58 ① 59 ② 60 ① 61 ② 62 ④

63 미생물 살충제인 BT의 특성에 대한 설명으로 틀린 것은?

① 유효성분은 내독소 단백질로서 곤충의 장내에서 독소작용을 한다.
② 독성발현 시간이 매우 짧으며 화학농약과 대등한 살충효과를 얻는다.
③ 나비목이나 파리목 곤충 등 숙주범위가 상당히 넓다.
④ 산성조건에서 용해되어 살충성 독소로 작용한다.

해설
④ 해충의 알칼리성 소화관에서 활성화되어 살충 효과를 낸다.

64 제초제의 처리방법에 따른 분류에 해당되는 것은?

① 토양처리제와 경엽처리제
② 이행형제초제와 접촉형제초제
③ 선택성제초제와 비선택성제초제
④ 호르몬제초제와 비호르몬제초제

해설
처리방법에 따라 토양처리제와 경엽처리제로 분류

65 다음 괄호 안에 공통으로 들어갈 숫자로 옳은 것은?

> 원제의 독성정도에 따른 구분에서 급성독성 물질은 입이나 피부를 통하여 1회 또는 24시간 이내에 수 회로 나누어 투여하거나 ( )시간 동안 흡입노출시켰을 때 유해한 영향을 일으키는 물질을 말하며, 입이나 피부를 통한 투여 또는 흡입 노출에 대해 각각 ( )가지로 구분하여 분류한다.

① 1 ② 4
③ 8 ④ 24

해설
원제의 독성정도에 따른 구분(농약관리법 시행규칙 [별표 3의6])
원제의 사람과 동물에 대한 독성 중 '급성독성 물질'은 입이나 피부를 통하여 1회 또는 24시간 이내에 수 회로 나누어 투여하거나 4시간 동안 흡입노출시켰을 때 유해한 영향을 일으키는 물질을 말하며, 입이나 피부를 통한 투여 또는 흡입 노출에 대해 각각 4가지로 구분하여 분류한다.
※ Ⅰ급(맹독성), Ⅱ급(고독성), Ⅲ급(보통독성), Ⅳ급(저독성)

66 침투성 제초제로 아래와 같은 구조를 갖는 성분은?

① IAA ② 2,4-D
③ Dicamba ④ Fluroxypyr

해설
침투이행성의 선택성 제초제인 디캄바의 구조식

63 ④ 64 ① 65 ② 66 ③

67 메프 유제 50%를 0.05%로 희석하여 100L를 살포하려고 할 때 소요약량은 약 몇 mL인가?(단, 비중은 1.008이다)

① 99.2
② 109.2
③ 119.2
④ 129.2

해설
- 희석에 소요되는 물의 양 : 100L
- 희석에 필요한 물의 양 = 원액의 용량(cc)×(원액의 농도/희석하려는 농도−1)×원액의 비중
- 원액의 용량 = 물의 양÷[(원액의 농도/희석하려는 농도−1)×원액의 비중]
- ∴ 100L÷[(50/0.05−1)×1.008] ≒ 99.3mL

68 농약의 생물농축의 정도를 수치로 표현한 생물농축계수(BCF)를 바르게 설명한 것은?

① 수질환경 중 화합물 농도에 대한 생물체 내에 축적된 화합물의 농도비를 말한다.
② 농작물에 살포된 농약의 농도에 대한 생물체 내의 독성 정도를 나타내는 농도비를 말한다.
③ 농작물에 살포된 농약의 농도에 대한 인체에 흡입독성의 정도를 나타내는 농도비를 말한다.
④ 재배 중인 작물에 살포된 농약의 농도에 대한 잔류되는 농약의 농도비를 말한다.

해설
BCF(Bioconcentration Factor) : 생체 내의 오염 물질 농도/수질환경 중 오염 물질 농도

69 액체상태인 농약 용기의 마개가 황색을 띤 약제는?

① 제초제
② 살충제
③ 살균제
④ 생장조정제

해설
약제의 용도에 따라 바탕색 구분
- 살균제 : 분홍색
- 살충제 : 녹색
- 제초제 : 황색
- 생장조절제 : 청색
- 맹독성 농약 : 적색
- 기타 약제 : 백색
- 혼합제 및 동시방제제 : 해당 약제색깔 병용

70 다음 중 수화제에 주로 사용되는 증량제는?

① Toluene
② Sulfamate
③ Bentonite
④ Methanol

해설
증량제의 종류
- 규조토 : 주성분은 규산(SiO_2), 갑충류에 87% 살충력, 수화제 조제에 쓰임
- 고령토 : 주성분은 규산 알미늄, 수화제, 분제의 증량제로 쓰임
- 탈크(Talc, 활석) : 알칼리성이나 안전하므로 분제 제조용으로 널리 쓰임
- 벤토나이트(Bentonite) : 유화제의 제조용으로 많이 쓰임
- 납석(Pyrophyllite) : 분제 및 수화제

정답 67 ① 68 ① 69 ① 70 ③

71 제충국의 유효성분 중 집파리에 대한 살충력이 가장 강한 것은?

① 시네린 I (Cinerin I)
② 시네린 II (Cinerin II)
③ 피레트린 I (Pyrethrin I)
④ 피레트린 II (Pyrethrin II)

해설
Pyrethrin I (CH₃)은 Pyrethrin II (CO₂CH₃)보다 10배 정도 강한 살충력을 가진다.

72 농약의 품질 불량이 원인이 되어 약해를 일으키는 경우와 가장 거리가 먼 것은?

① 불순물의 혼합에 의한 약해
② 원제 부성분에 의한 약해
③ 농약의 고농도에 의한 약해
④ 경시 변화에 의한 유해성분의 생성

해설
고농도에 의한 약해는 주로 희석배수 오류, 살포 후 고온 등에 의해 발생

73 어떤 살충제에 대하여 이미 저항성이 발달한 해충이 한 번도 사용한 적은 없지만 작용기가 같은 살충제에 대하여 저항성을 나타내는 현상은?

① 교차저항성
② 복합저항성
③ 단일약제저항성
④ 선천적저항성

해설
교차저항성 : 어떤 약제에 의해 저항성이 생긴 곤충이 다른 약제에도 같은 저항성을 보이는 것

74 파라티온의 구조식에 포함되지 않는 원소는?

① O   ② P
③ S   ④ Cl

해설
파라티온의 구조식

75 다음 괄호 안에 들어갈 숫자로 옳은 것은?

> FD제(플로우더스트제, Flow Dust)는 하우스 내 병충해 방제를 위해서 개발되어 미립자가 장시간 부유하여 균일하게 확산되도록 평균입경을 ( )μm 정도로 작게 제형하여 살포한다.

① 20   ② 2
③ 62   ④ 200

해설
플로우더스트제(FD제)
- 하우스 내의 시설재배에 있어서 병해충 방제를 목적으로 개발되었다.
- 농약의 미립자(평균입경 2μm)가 시설 내에 장시간 부유하고 균일하게 확산된다.
- 보통분제의 약 10배 농도의 성분을 함유하는 고농도의 미분제이다.

76 다음과 같은 화학구조를 갖는 농약은?

$$\begin{array}{c} CH_3O \\ CH_3O \end{array} \!\!\! P \!\!\! \begin{array}{c} O \\ \| \\ \end{array} \!\!\! -O-CH=CCl_2$$

① 스미티온   ② DDVP
③ EPN   ④ 피레트린

해설
유기인계 살충제인 DDVP(디클로로보스 상품명)

77 계면활성제를 구성하는 원자단 중 친유성(親油性)이 가장 강한 것은?

① ROCH$_3$ ② $-C_nH_{2n+1}$
③ $-$OH   ④ $-SO_3H(Na)$

해설
계면활성제 분류

강친유성	친유성
$-C_nH_{2n+1}$ $-C_nH_{2n-1}$ (벤젠) (나프탈렌)	$-CH_2OR$ (페닐-O-R) $-COOR$
친수성	**강친수성**
$-OH$ $-COOH$ $-CN$ $-NHCNH_2$ (O=)	$-SO_3^-H^+(Na^+)$ $-OSO_3^-H^+(Na^+)$ $-COO^-Na^+$ $-N^+-$ X^-

78 다음 중 카바메이트계 살충제의 일반식은?

① $X-O-\overset{\overset{O}{\|}}{C}-P\overset{R_1}{\underset{R_2}{\diagdown}}$ ② $X-O-\overset{\overset{O}{\|}}{C}-N\overset{R_1}{\underset{R_2}{\diagdown}}$

③ $\overset{R_1}{\underset{R_2}{\diagup}}P\overset{\overset{O}{\|}}{-}O-X$ ④ $\overset{R_1}{\underset{R_2}{\diagup}}N\overset{\overset{O}{\|}}{-}O-X$

해설
카바메이트계 살충제의 일반식은 ①에 해당한다.

79 다음 중 입제의 제조법에 해당되지 않는 것은?

① 압출조립법   ② 흡착법
③ 피막법   ④ 미립자법

해설
입제의 제조법에는 압출조립법, 흡착법, 피막법 등이 있다.

80 독성 표시 기호 중 TLm이란?

① 어종별로 48시간 이후에도 50%가 견뎌내는 약제 농도
② 물벌에 대하여 48시간 이후에도 50% 견뎌내는 약제 농도
③ 누에에 대하여 48시간 이후에도 50%가 견뎌내는 약제 농도
④ 동물의 50%가 죽는 농약의 양

해설
TLm
• 어독성의 반수치사농도
• 48시간 후에도 50%가 견뎌내는 약제농도로 TLm으로 표시

정답 76 ② 77 ② 78 ① 79 ④ 80 ①

제5과목 잡초방제학

81 피복작물 재배에 따른 효과가 아닌 것은?
① 토양침식 방지
② 잡초 경합력 증대
③ 병해충 서식 억제
④ 토양비옥도 증대

해설
토양을 덮는 효과를 내기 위한 작물에 의해 잡초의 경합력이 높아 지지는 않는다.

82 작물과 잡초 사이의 경합요인으로 가장 거리가 먼 것은?
① 빛
② 산소
③ 공간
④ 무기양분

해설
작물과 잡초는 생육에 필요한 양분, 수분, 광(빛), 공간에 대해 경합한다.

83 잡초가 제초제를 흡수하는 과정에 대한 설명으로 옳지 않은 것은?
① 뿌리와 잎에 의해서만 흡수된다.
② 토양에 잔류하는 제초제는 대부분 뿌리를 통하여 흡수된다.
③ 경엽처리제는 대부분 잎과 표면이나 기공을 통하여 흡수된다.
④ 습윤제는 잎 표면의 계면장력을 줄여 제초제의 흡수를 용이하게 한다.

해설
제초제는 잡초의 뿌리, 어린 눈, 잎 등으로 흡수된다.

84 벼 재배에서 잡초와의 경합력이 가장 큰 재배법은?
① 담수직파 재배
② 건답직파 재배
③ 성묘 손이앙 재배
④ 어린 모 기계이앙 재배

해설
성묘 손이앙 재배는 벼 모종을 3~4엽기까지 키운 후 논에 심는 방식으로 잡초와의 경합력이 가장 높다.

정답 81 ② 82 ② 83 ① 84 ③

85 잡초의 생장형에 따른 분류로 옳은 것은?

① 총생형 – 메꽃, 환삼덩굴
② 만경형 – 민들레, 질경이
③ 로제트형 – 억새, 뚝새풀
④ 직립형 – 명아주, 가막사리

해설
잡초생장형에 따른 분류
- 직립형(Straight Type) : 명아주, 가막사리, 쑥부쟁이
- 분지형(Branch Type) : 광대나물, 애기땅빈대, 석류풀
- 총생형(Bunch Type) : 억새, 뚝새풀
- 만경형(Vine Type) : 거지덩굴, 환삼덩굴, 메꽃
- 복형(Creeping Type) : 선피막이
- 로제트형(Rosette Type) : 민들레, 질경이
- 위로제트형(Pseudorosette Type) : 개망초
- 위로제트 + 포복형 : 꽃마리, 꽃바지
- 로제트 + 포복형 : 좀씀바귀
- 분지경 + 포복형 : 올미

86 식물의 광합성 회로 특성에 대한 설명이 옳은 것은?

① 대부분의 작물은 C_4 식물이다.
② 모든 잡초는 C_4 광합성 회로를 갖는다.
③ 광합성 회로가 C_4인 식물은 C_3인 식물보다 광합성에서 불리하다.
④ 돌피와 향부자와 같은 잡초는 C_4 식물이어서 생장이 빨라 경합에서 유리하다.

해설
돌피와 향부자는 C_4 식물로 C_3 식물에 비해 CO_2를 고정하는 과정에서 더 적은 에너지를 사용하므로 높은 광합성 효율을 가지며 광호흡이 거의 일어나지 않아 에너지 손실이 적다. 또한 수분 이용 효율이 높아 건조한 환경에서도 잘 자랄 수 있다.

87 올방개 방제에 가장 효과적인 제초제는?

① 뷰타클로르 액제
② 펜다이메탈린 유제
③ 페녹설람 액상수화제
④ 피라조설퓨론에틸 수화제

해설
페녹설람 : 트라이아졸로피리미딘설폰아마이드계 – 논에서 일년생 잡초와 다년생 잡초 방제에 사용
① 뷰타클로르 유제 : 일년생 잡초 방제
② 펜다이메탈린 유제 : 일년생 잡초 방제
④ 피라조설퓨론에틸 수화제 : 일년생 잡초 방제

88 수용성이 아닌 원제를 아주 작은 입자로 미분화시킨 분말로 물에 분산시켜 사용하는 제초제의 제형은?

① 유 제
② 보조제
③ 수용제
④ 수화제

해설
수화제 : 원제를 아주 작은 입자로 미분화시킨 분말로서 물에 분산시켜 사용

89 종자가 바람에 의해 전파되기 쉬운 잡초로만 나열된 것은?

① 망초, 방가지똥
② 어저귀, 명아주
③ 쇠비름, 방동사니
④ 박주가리, 환삼덩굴

해설
바람에 의한 전파 : 민들레, 엉겅퀴속, 박주가리, 망초, 방가지똥(국화과 두해살이풀)

90 C_3 식물과 C_4 식물에 대한 설명으로 옳지 않은 것은?

① 세계적으로 문제가 되는 대부분의 잡초종들은 C_4 식물이다.
② C_4 식물은 광합성 효율이 높은 반면, C_3 식물은 광합성 효율이 상대적으로 낮다.
③ C_4 식물은 RuBP Carboxylase, C_3 식물은 PEP Carboxylase 효소가 CO_2의 고정에 관여한다.
④ C_3 식물과 C_4 식물의 초기 생육단계에 광합성 효율은 고온, 고광도, 수분제한조건에서 큰 차이를 보인다.

해설
③ C_3 : RuBP, C_4 : PEP

91 상호대립억제작용에 대한 설명으로 옳은 것은?

① 제초제를 오래 사용한 잡초에 대한 내성을 나타내는 것이다.
② 죽은 식물 조직에서 나오는 물질에 의해서도 일어날 수 있다.
③ 다른 종의 생육을 억제하는 주된 기작은 주로 차광에 의해 일어난다.
④ 잡초가 다른 작물의 생육을 억제하는 것은 아니며 잡초 간에만 일어나는 현상이다.

해설
상호대립억제작용
• 식물체 내에서 생성된 물질이 다른 식물의 발아와 생육에 영향을 미치는 생화학적인 상호반응이다.
• 잡초와 작물 간의 생화학적 상호작용은 촉진적인 경우보다 억제적인 경우가 많다.
  예 소나무 밑에 잡초가 자라지 못하는 것, 보리를 재배하던 곳에서 별꽃이나 냉이류 등의 생육이 억제되는 것

92 잡초종자의 산포방법으로 옳지 않은 것은?

① 바랭이 : 성숙하면서 흩어짐
② 소리쟁이 : 물에 잘 떠서 운반됨
③ 가막사리 : 바람에 잘 날려서 이동함
④ 메귀리 : 사람이나 동물 몸에 잘 부착함

해설
가막사리는 사람의 옷이나 동물의 털에 달라붙기 좋은 구조를 가지고 있다.

93 주로 논이나 습지에 발생하는 화본과 다년생 잡초는?

① 향부자　　② 망 초
③ 씀바귀　　④ 나도겨풀

해설
논잡초
- 일년생 잡초 : 피, 마디꽃, 물달개비
- 다년생 잡초 : 가래, 너도방동사니, 올미
- 부유성 잡초 : 생이가래, 개구리밥, 좀개구리밥
- 조류 : 이끼, 괴불, 갈조, 남조
- 화본과 잡초 Grasses : 피, 나도겨풀
- 사초과 잡초 Sedges : 너도방동사니, 올방개
- 광엽잡초 Broadleaf : 가래, 물달개비

95 잡초경합 한계기간에 대한 설명으로 옳은 것은?

① 작물의 종자가 발아하여 수확기까지 잡초와의 경합기간을 의미한다.
② 작물의 개화기 이후부터 결실기까지의 잡초와의 경합기간을 의미한다.
③ 작물의 파종기부터 초관형성기 사이의 잡초와의 경합기간을 의미한다.
④ 작물의 초관형성기부터 생식생장기 사이의 잡초와의 경합기간을 의미한다.

해설
잡초경합 한계기간
- 잡초의 경합이 없는 생육 초기와 경합으로 인한 피해가 없는 성숙 말기 사이의 기간
- 전 생육기간의 첫 1/3~1/2, 첫 1/4~1/3 기간에 해당되며 철저한 방제가 요구된다.

94 벼와 피의 형태에 대한 설명으로 옳은 것은?

① 피에는 잎귀와 잎혀가 있으나 벼에는 없다.
② 벼에는 잎귀와 잎혀가 있으나 피에는 없다.
③ 피에는 잎귀가 있으나 잎혀가 없다.
④ 벼에는 잎귀가 있으나 잎혀가 없다.

해설
피에는 잎귀와 잎혀가 없으나 벼에는 잎귀와 잎혀 있다.

96 잡초 종자의 모양이 올바르게 연결된 것은?

① 포크 모양 : 바랭이, 어저귀
② 낙하산 역할의 솜털 : 망초, 민들레
③ 비늘 모양의 가시 : 명아주, 도깨비바늘
④ 낚시 바늘 모양의 돌기 : 도꼬마리, 달개비

해설
낙하산 모양으로 바람에 날려 퍼지는 종자 : 망초, 민들레

정답 93 ④　94 ②　95 ④　96 ②

97 식물영양소 중 작물과 잡초에 가장 많이 요구되는 영양소들로만 나열된 것은?

① 염소, 철, 게르마늄
② 철, 몰리브덴, 셀렌
③ 칼륨, 질소, 인산
④ 코발트, 나트륨, 붕소

해설
작물 재배에 필요한 필수영양소 중 다량원소와 겹침 : 질소, 인산, 칼륨

98 다음 중 발아적온이 가장 높은 것은?

① 메귀리
② 올챙이고랭이
③ 향부자
④ 뚝새풀

해설
② 올챙이고랭이 : 30~35℃
① 메귀리 : 20℃
③ 향부자 : 20~30℃
④ 뚝새풀 : 15~20℃

99 다음 중 이행형 제초제가 아닌 것은?

① Bentazon
② Glyphosate
③ 2,4-D
④ Difenoconazole

해설
④ Difenoconazole은 침투이행성 약제
이행형 제초제 : 식물 체내에 이행되어 식물의 생리 작용을 저해
- 호르몬 제초제 : 2,4-D, MCP
- 비호르몬 제초제 : CAT, CMV, ATA

100 다음 중 트리아진계 제초제의 주요 이행 특성은?

① 신초 생장 억제
② 조기 결실
③ 비대 생장
④ 광합성 저해

해설
광합성 저해 : 벤조티아디아졸계, 트리아진계, 요소계, 아마이드계, 비피리딜리움계(과산화물 생성)

정답 97 ③ 98 ② 99 ④ 100 ④

2025년 제1회 최근 기출복원문제

식물보호산업기사

제1과목 식물병리학

01 소나무의 재선충 방제 중 현재 가장 효과적인 방법은?
① 잎에 살충제를 살포한다.
② 피해목을 조기에 발견·벌채하여 훈증 및 소각한다.
③ 항공살포로 매개충을 죽인다.
④ 수간에 침투성 살충제를 수간주사하여 매개충을 죽인다.

해설
② 소나무 재선충은 솔잎하늘소에 의해 매개되며, 피해목을 조기에 발견하여 벌채해서 훈증 소각해 발병원을 없애는 방법이 효과적이다.

02 다음 중 벼 흰잎마름병균의 특성을 바르게 나타낸 것은?
① 간 균 – 단극모 – 그람양성 – 노란색
② 간 균 – 단극모 – 그람음성 – 노란색
③ 간 균 – 양극모 – 그람양성 – 노란색
④ 구 균 – 양극모 – 그람음성 – 흰 색

해설
벼 흰잎마름병균
- $Xanthomonas$ 세균으로 크기는 $1\sim2 \times 0.8\mu m$
- 간상으로 끝이 둥글며 한 개의 편모를 가진다.
- 그람음성세균으로 영양배지에서 노란색을 띤다.

03 병원체의 감염, 침입 등의 자극에 의하여 식물체가 파이토알렉신, PR Protein 등을 만들어 저항성을 나타내는 것은?
① 물리적 저항성
② 정적 화학적 저항성
③ 분주감수성
④ 유도저항성

해설
유도저항성 : 파이토알렉신, PR Protein(단백질) 등 식물이 자체적으로 가지고 있는 저항성 반응을 활성화시켜 병이 퍼지는 것을 막기 위한 저항성

04 식물에 증생병인 혹을 형성하는 병원균은?
① $Agrobacterium\ tumefaciens$
② $Rhizoctonia\ solani$
③ $Clavibacter\ michiganesis$
④ $Xanthomonas\ campestris$

해설
① 근두암종병, ② 모잘록병, ③ 줄기마름병균, ④ 고추 세균성점무늬병

정답 1 ② 2 ② 3 ④ 4 ①

05 다음 중 전신적 병징이 아닌 것은?
① 흑 병
② 시들음병
③ 오갈병
④ 황화병

해설
흑병은 병에 걸린 부위에 발생하는 국부적인 병징이다.

06 담배 모자이크병 바이러스의 생물학적 진단에 쓰이는 지표식물은?
① 참깨의 어떤 품종
② 목화의 어떤 품종
③ 귀리의 어떤 품종
④ 강낭콩의 어떤 품종

해설
담배 모자이크병 바이러스의 생물학적 지표식물로 강낭콩 품종이 쓰인다.

07 고추 역병의 방제법이 아닌 것은?
① 연작을 피한다.
② 가지과의 작물로 2~4년간 윤작한다.
③ 다이센 M-45, 리도밀 등을 경엽살포한다.
④ 배수가 잘 되도록 한다.

해설
고추는 가지과에 해당하는 작물로 가지과에 해당하는 작물을 윤작해도 역병의 병원균의 밀도를 줄일 수 없으므로 가지과(감자, 고추, 가지, 토마토 등) 외의 다른 작물을 재배해야 한다.

08 식물병의 경종적 방제법이 아닌 것은?
① 재배시기를 조절한다.
② 접목을 이용한다.
③ 병원균의 이동을 차단한다.
④ 윤작을 한다.

해설
병원균의 이동·차단방법은 물리적 방제에 해당한다.

09 고구마 무름병을 방지하기 위한 고구마 큐어링의 방법은?
① 28~30°C, 습도 70%, 7일간
② 28~30°C, 습도 90%, 7일간
③ 30~33°C, 습도 70%, 5일간
④ 30~33°C, 습도 90%, 5일간

해설
수확 직후 호흡이 왕성하고 저장 시 부패 및 싹이 나는 것을 방지하기 위해 큐어링을 실시하고, 큐어링은 온도는 30~33°C, 습도는 90~95% 조건에서 5일간 실시한다.

10 벼 줄무늬잎마름병을 매개하는 곤충은?
① 애멸구
② 진딧물
③ 벼멸구
④ 끝동매미충

해설
줄무늬잎마름병은 애멸구에 의해 매개되는 바이러스병

정답 5 ① 6 ④ 7 ② 8 ③ 9 ④ 10 ①

11 만생종보다 조생종 벼가 도열병에 잘 걸리지 않는다면 그 이유는?

① 모든 조생종 품종은 수직저항성이 있기 때문이다.
② 모든 조생종 품종은 포장저항성이 있기 때문이다.
③ 병의 회피에 의한 결과이다.
④ 종자 소독을 잘 했기 때문이다.

해설
만생종보다 조생종 벼가 도열병에 잘 걸리지 않는 이유는 병의 주발생시기를 회피했기 때문이다.

12 토마토 시설재배에서 자외선 차단 비닐을 이용하여 방제효과를 얻을 수 있는 병은?

① 풋마름병
② 배꼽썩음병
③ 잿빛곰팡이병
④ 모자이크병

해설
잿빛곰팡이병의 경우 토마토 시설재배에서 자외선 차단 비닐을 이용하면 방제효과가 크다.

13 소나무 잎마름병(*Pseudocercospora*)은 어떤 병징(Symptom)을 나타내는가?

① 봄에 잎 끝부분이 갈색으로 변한다.
② 봄에 잎 전체가 갑자기 갈색으로 변한다.
③ 봄에 잎에 띠모양의 황색반점이 생긴다.
④ 봄에 신초와 잎이 시들고 구부러진다.

해설
소나무 잎마름병(*Pseudocercospora*)은 봄에 잎에 띠모양의 황색반점이 생긴다.

14 오이 노균병의 설명 중 옳지 않은 것은?

① 병반 특징이 부정형 다각형이다.
② 발아할 때 유주자를 형성한다.
③ 주로 포장이나 하우스 청결이 급선무이다.
④ 고온 건조 시 많이 발생한다.

해설
④ 오이 노균병은 저온 다습한 환경에서 많이 발생한다.

15 다음에서 설명하는 사과나무의 병은?

> 잎에 발생하여 표면에 원형의 황갈색 반점이 확대되어 불규칙한 병반이 형성된 후 병반 부위에 흑색의 포자층이 밀생한다. 잎의 건전 부위는 황갈색을 띠나 병반 부위 가장자리는 오랫동안 녹색으로 남아 있어 조기 낙엽을 초래한다.

① 갈색무늬병   ② 점무늬낙엽병
③ 겹무늬병   ④ 탄저병

해설
① 갈색무늬병에 대한 설명이다.

정답 11 ③ 12 ③ 13 ③ 14 ④ 15 ①

16 느티나무 흰별무늬병(백성병)의 외부 병징과 표징은?

① 부정형의 병반으로 확대 중앙부분은 회백색이 되며, 병자각이 형성된다.
② 부정형 병반이 갈색을 띠고, 병반 내부는 회갈색을 띠며 자좌가 형성된다.
③ 잎의 양면에 적갈색 반점이 나타나며, 나중에 갈색, 회갈색의 원형이 된다. 흑색, 흑갈색의 작은 돌기(자실체)가 나타난다.
④ 앞에 윤문상의 갈색무늬가 나타나며, 소립점(분생자퇴)이 동심원형으로 나타난다.

해설
① 느티나무 흰별무늬병은 부정형의 병반으로 잎면에 다수의 작은 반점이 생기며, 3~5mm까지 확대된다. 확대 중앙부분은 회백색이 되며, 병자각이 형성된다.

17 식물병원균이 생성하는 특이적 독소에 해당하는 것은?

① AK-독소
② Fusaric Acid
③ Ophiobolins
④ Tabtoxin

해설
① AK-독소는 식물병원균이 생성하는 대표적인 특이적 독소이다.

18 현재 우리나라 벼 흰잎마름병 판별품종 중 가장 널리 분포하는 레이스는?

① K1
② K2
③ K3
④ K4와 K5

해설
① 1990년대 이후 K1, K2, K3 레이스가 조사되고 있으며, 이 중 K1이 우점하고 있다.

19 감염에 대한 반응으로 기주의 조직에 축적되어 기생체의 발육을 억제하는 물질은?

① 파이토플라스마
② 파이토알렉신
③ 박테이오신
④ 파이토크롬

해설
② 파이토알렉신은 식물이 곰팡이나 균에 의해 공격을 받을 때 감염에 대한 반응으로 기주의 조직에 축적되어 기생체의 발육을 억제하는 물질이

20 다음 중 식물이 어떤 병에 잘 걸리는 성질은?

① 감수성
② 면역성
③ 병 회피
④ 저항성

해설
① 감수성 : 병에 잘 걸리는 성질로 감수성이 높으면 면역력이 낮다.

제2과목 농림해충학

21 곤충의 형태적 특징으로 옳지 않은 것은?

① 다리가 3쌍이다.
② 눈은 겹눈만 있고 홑눈이 없다.
③ 대개 2쌍의 날개가 있고 탈바꿈을 하기도 한다.
④ 몸이 머리, 가슴, 배의 3부분으로 나누어져 있다.

해설
곤충의 몸은 머리, 가슴, 배의 3부분으로 구별된다.
- 머리 : 입틀, 한 쌍의 겹눈과 1~3개의 홑눈, 한 쌍의 촉각(더듬이)을 갖춤
- 가슴 : 앞가슴, 가운데가슴, 뒷가슴의 3부분으로 구별, 각 부분에 한 쌍의 다리가 있고, 가운데 가슴과 뒷가슴에 한 쌍의 날개
- 소화계, 순환계, 호흡계, 신경계 등의 기관을 갖추고 있으며 발육 도중 변태함

22 총채벌레목에 관한 설명 중 틀린 것은?

① 단위생식도 한다.
② 입틀의 좌우가 같다.
③ 왼쪽 큰 턱이 한개만 발달하였다.
④ 불완전변태를 한다.

해설
총채벌레류는 입틀의 좌우가 비대칭으로, 식물체의 표피에 상처를 내고 즙액을 흡즙한다.

23 온실가루이는 다음 중 어느 목에 속하는가?

① 딱정벌레목   ② 벌 목
③ 매미목   ④ 강도래목

해설
③ 온실가루이는 매미목 가루이과이다.

24 마늘을 가해하는 고자리파리는 다음 중 어느 과에 속하는가?

① 집파리과   ② 굴파리과
③ 꽃파리과   ④ 침파리과

해설
③ 마늘을 가해하는 고자리파리는 파리목 꽃파리과이다.

25 표피를 형성하는 단백질, 지질, 키틴 화합물 등을 합성하고 분비해 주는 한 층의 세포군은?

① 표피층   ② 진피세포
③ 기저막   ④ 체 색

해설
진피세포는 표피를 이루는 단백질, 지질, Chitin화합물 등을 합성, 분비 해주는 한 층의 세포군으로서 탈피 시에는 내원표피를 소화시키는 탈피액(Molting Fluid)도 분비한다.

정답 21 ② 22 ② 23 ③ 24 ③ 25 ②

26 곤충의 탈피와 변태는 탈피호르몬과 유약호르몬의 농도에 따라 결정된다. 다음 영기의 유충으로 탈피하는 경우는?

① 유약호르몬의 함량이 높을 때
② 유약호르몬의 함량이 낮을 때
③ 유약호르몬이 없을 때
④ 탈피호르몬이 없을 때

해설
유약호르몬
• 알라타체에서 분비되는 호르몬
• 전흉선 호르몬과 협동하여 유충의 탈피를 일으키고, 난소의 발육을 억제하여 유충형질을 유지

27 다음 중 4령충을 알맞게 설명한 것은?

① 3회 탈피를 한 유충
② 4회 탈피를 한 유충
③ 3회 탈피 중인 유충
④ 5회 탈피를 한 유충

해설
① 4령충은 3회 탈피를 한 유충을 말한다.

28 다음 해충 중 성충이 과일에 상처를 내서 해를 미치는 것은?

① 으름나방   ② 모무늬잎말이나방
③ 사과굴나방 ④ 사과응애

해설
으름나방
• 연 2회 발생하며 성충으로 월동
• 유충은 으름덩굴의 잎을 먹고 자라며 성충은 밤에 과수원으로 날아와서 과실의 즙액을 빨아먹고, 가해부로부터 썩어 들어가 낙과함

29 다음 다리 마디 중 일반적으로 가슴의 부속지(다리)의 몸쪽에서부터 가장 가까운 마디로 맞는 것은?

① 도래마디(Trochanter)
② 종아리마디(Tibia)
③ 넓적다리마디(Femur)
④ 발목마디(Tarsus)

해설
곤충의 다리마디 순서
밑마디 → 도래마디 → 넓적다리마디 → 종아리마디 → 발마디

30 곤충의 4가지 기본환경 요인 중 온도에 대한 설명으로 옳지 않은 것은?

① 대부분의 곤충은 0~40℃가 생존범위 온도이다.
② 발육영점온도 이상의 유효 온도의 합이 일정량에 도달될 때 발육이 끝나는 성질이 있다.
③ 월동 중의 곤충들은 조직 내에 글리세롤(Glycerol)과 같은 동해방어물질이 생성된다.
④ 발육영점온도는 일반적으로 4℃ 정도이다.

해설
④ 곤충마다 발육영점온도가 다르다.

31 다음 설명에서 A, B에 해당하는 용어는?

> 곤충의 기관에서 체외로 방출되어 같은 종의 다른 개체에 교미, 집합 등의 특정한 행동을 일으키는 화학물질을 (A)이라 하고, 다른 종 간에 상호작용하는 물질로 이 물질을 받는 종에게 유리한 반응을 유도하는 물질을 (B)이라 한다.

① A : 호르몬, B : 페로몬
② A : 페로몬, B : 알로몬
③ A : 알로몬, B : 카이로몬
④ A : 페로몬, B : 카이로몬

해설
페로몬과 카이로몬에 대한 설명

32 학명 *Hyphantria cunea*(Drury)는 어떤 해충인가?

① 노랑쐐기나방
② 미국흰불나방
③ 으름밤나방
④ 참나무재주나방

해설
② *Hyphantria cunea*(Drury) : 미국흰불나방

33 곤충의 뇌 중에서 가장 크고 복잡하며, 광(光) 감각을 받아들이며 중앙신경분비세포군을 거느리는 것은?

① 전대뇌
② 중대뇌
③ 후대뇌
④ 원시뇌

해설
① 가장 크고 복잡하며, 시감각과 연관되어 있고, 중추신경계의 중심이다.
② 더듬이로부터 감각 및 운동 촉색을 받고 있는 촉각엽을 가지고 있다.
③ 이마 신경절을 통해 뇌와 위장 신경계를 연결시키며, 윗입술에서 나온 신경을 받고 있다.

34 다음 중 과변태하는 곤충으로 가장 적절한 것은?

① 하늘소
② 흰나비
③ 매 미
④ 가 뢰

해설
가뢰과 곤충은 유충이 다형인 경우 알 → 유충 → 의용 → 용 → 성충 순으로 과변태한다.

35 다음 곤충 중 진딧물이나 깍지벌레류의 포식충이 아닌 것은?

① 무당벌레
② 꽃등에유충
③ 수중다리좀벌
④ 풀잠자리유충

해설
③ 수중다리좀벌의 경우 나비목 유충의 포식충이다.

정답 31 ④ 32 ② 33 ① 34 ④ 35 ③

36 하우스 딸기의 종합적 해충관리를 위한 방법으로 적절하지 않은 것은?

① 점박이응애 밀도 억제를 위해 포식성응애를 투입한다.
② 진딧물은 번식이 빠르므로 발생여부에 관계없이 정식 이후 주기적으로 살충제를 살포한다.
③ 총채벌레는 꽃과 어린 열매를 주기적으로 관찰하여 발생여부를 확인한다.
④ 개화 후 꿀벌이 방화활동 시 살충제 사용을 자제한다.

해설
② 살충제는 경제적 피해 허용밀도에 도달 시 살포한다.

37 사과 과수원에 복숭아심식나방의 성충 발생 정도를 예찰하는 방법으로 가장 적절한 것은?

① 유아등
② 성페로몬 트랩
③ 말레이즈 트랩
④ 황색 수반 트랩

해설
나방이나 나비 등의 해충은 주로 성페로몬 트랩을 이용해 예찰한다.

38 식물체의 뿌리, 줄기 또는 잎을 통하여 약제가 식물 체내에 들어가고, 해충이 약제가 흡수된 식물을 섭식하는 경우에 해충 체내로 약제 성분이 들어가 죽게 하는 살충제는?

① 유인제
② 훈증제
③ 소화중독제
④ 침투성 살충제

해설
침투성 살충제 : 멸구나 진딧물 등을 방제하는 데 사용하며, 천적에 대한 피해가 없다.

39 작용기작이 서로 다른 2종 이상의 약제에 대해 저항성을 나타내는 것으로 한 개체 안에 두 가지 이상의 저항성 기작이 존재하기 때문에 발생하는 현상을 무엇이라 하는가?

① 교차저항성
② 복합저항성
③ 저항성계통
④ 감수성계통

해설
• 교차저항성 : 하나의 살충제로 누대 처리하였을 때 2종 이상의 살충제에 대해 동시에 저항성이 생기는 현상
• 복합저항성 : 2종 이상의 살충제로 처리하였을 때 각각의 살충제에 대해 저항성이 생기는 현상

40 다음 중 토양해충인 것은?

① 송장벌레
② 바 퀴
③ 개 미
④ 땅강아지

해설
땅강아지 : 성충과 약충이 땅속에서 각종 작물의 지하부를 가해한다.

정답 36 ② 37 ② 38 ④ 39 ② 40 ④

제3과목 농약학

41 농약 제조회사에 따라 제조처방이 달라 일반적으로 농약제조회사에서 이름을 붙인 것은?

① 화학명(Chemical Name)
② 일반명(Common Name)
③ 품목명(Item Name)
④ 상품명(Trade Name)

해설
④ 상품명(상표명) : 농약을 제품화할 때 농약회사에서 붙이는 고유의 이름으로, 같은 농약이라도 생산회사에 따라 이름이 다르다.
① 화학명 : 농약 유효성분의 공통적인 화학적 구조에 따라 붙여지는 전문적·과학적인 명칭으로, 병해충의 약제저항성과 관련이 깊다. IUPAC에서 명칭을 정한다.
② 일반명 : 농약을 구성하는 화합물의 이름을 암시하면서 단순화시킨 것이다. 국제적으로 통용되며, 농약의 특성을 나타내는 대표적인 이름으로, 잔류허용기준 등을 나타낸다.
③ 품목명 : 농약의 제제화와 관련하여 붙여진 이름으로 영문의 일반명을 한글로 표시하고 뒤에 제형을 붙인다. 우리나라에서 농약을 등록할 때 사용하는 간략한 명칭이다.

42 동일 분자 내에 친수성기와 소수성기를 가진 화합물은?

① 안정제
② 증량제
③ 용 제
④ 계면활성제

해설
계면활성제는 물에 녹기 쉬운 친수성 부분과 기름에 녹기 쉬운 소수성 부분을 가지고 있는 화합물이다.

43 농약은 종류별로 병뚜껑의 색깔을 달리하여 농민이 농약을 쉽게 식별할 수 있도록 하고 있는데 살균제의 병뚜껑은 다음 중 어떤 색인가?

① 분홍색
② 녹 색
③ 황 색
④ 청 색

해설
약제의 용도에 따른 바탕색 구분
• 살균제 : 분홍색
• 살충제 : 녹색
• 제초제 : 황색
• 생장조절제 : 청색
• 맹독성 농약 : 적색
• 기타 약제 : 백색
• 혼합제 및 동시방제제 : 해당 약제색깔 병용

44 수화제에 많이 쓰이는 증량제는?

① Toluene
② Sulfamate
③ Bentonite
④ Methanol

해설
증량제의 종류
• 규조토 : 주성분은 규산(SiO_2), 갑충류에 87% 살충력, 수화제 조제에 쓰임
• 고령토 : 주성분은 규산 알루미늄, 수화제, 분제의 증량제로 쓰임
• 탈크(Talc, 활석) : 알칼리성이나 안전하므로 분제 제조용으로 널리 쓰임
• 벤토나이트(Bentonite) : 유화제의 제조용으로 많이 쓰임
• 납석(Pyrophyllite) : 분제 및 수화제

정답 41 ④ 42 ④ 43 ① 44 ③

45 다음 농약의 제형 중 농약 제조에 사용되는 유기용매를 줄이기 위한 방안으로 개발된 친환경적 제형은?

① 액상수화제　② 액 제
③ 유탁제　　　④ 수화제

해설
유탁제 : 액상·점질액상으로서 물에 희석하면 유화되는 농약

46 농약의 일일 섭취허용량을 기술한 것 중 옳은 것은?

① 농약을 함유한 음식을 하루 섭취하여도 장해가 없는 양
② 농약을 함유한 음식을 일 년간 섭취하여도 장해가 없는 양
③ 농약을 함유한 음식을 십 년간 섭취하여도 장해가 없는 양
④ 농약을 함유한 음식을 일생 동안 섭취하여도 장해가 없는 양

해설
일일 섭취허용량은 농약을 함유한 음식을 하루 동안 섭취하여도 장해가 없는 양을 의미

47 농약의 독성표시를 가장 바르게 나타낸 것은?

① $ED_{95}(mg/kg)$
② $LD_{90}(mg/kg)$
③ $ED_{50}(mg/kg)$
④ $LD_{50}(mg/kg)$

해설
급성독성의 표시 : 반수치사약량(LD_{50}), 숫자가 작을수록 독성이 강하다.

48 약량을 1/3~1/5로 줄여서 살포하여도 충분한 약효를 얻을 수 있는 살포 방법은?

① 미스트법　② 분무법
③ 산분법　　④ 분의법

해설
미스트법
- 미스트기로 만든 미립자를 살포하는 것
- 살포량이 분부법의 1/3~1/4 정도지만 농도는 2~3배 높음
- 입경 0.035~0.1mm
- 용수가 부족한 곳에 적합 살포 시 시간, 노력, 자재 절감

49 멸구약 엠아이피씨 10% 분제 1.0kg을 2.0% 분제로 만들려 할 때 필요한 증량제 양은?

① 0.4kg　② 4.0kg
③ 40kg　④ 400kg

해설
희석할 증량제의 중량
= 원분제의 중량 × (원분제의 농도/희석할 농도 − 1)
= 1.0kg × (10%/2.0% − 1) = 4.0kg

정답 45 ③　46 ①　47 ④　48 ①　49 ②

50 농약 살포액의 조제방법 중 일반적으로 가장 많이 사용하는 방법은?

① 배액 조제법
② 퍼센트액 조제법
③ 비중 조제법
④ ppm 조제법

해설
① 배액 조제법 : 배액은 용량 배수를 나타내는 것이다.

51 DDVP 중 P의 함량을 구하였더니 7.2%였다. 이때의 DDVP 함량은?(단, DDVP의 분자량은 221.0, 비중은 1.15, P의 분자량은 30.97이다)

① 35.6%
② 50.9%
③ 51.4%
④ 59.1%

해설
DDVP 함량 = 7.2% × (221/30.97) ≒ 51.4%
분자량의 비율로 계산되는 것으로 221 : 30.97 = DDVP의 함량 : 7.2

52 농약 제품을 제조할 때 물이 들어가지 않는 제형은?

① 캡슐제(CG)
② 액상수화제(SC)
③ 유탁제(EW)
④ 미탁제(ME)

해설
① 캡슐제는 농약원제를 고분자물질로 피복하여 고체형태로 만들거나 캡슐 안에 농약을 넣어 만들어 쓰는 농약이다.

53 석회황합제에 의해서 약해가 일어나기 쉬운 작물은?

① 복숭아나무
② 사과나무
③ 감나무
④ 귤나무

해설
약제별로 약한 농작물
• 구리제 : 복숭아, 살구, 자두, 배, 감
• 비소제 : 복숭아, 자두, 두류, 살구, 감
• 유기염소계(DDT, BHC) : 어린 오이류
• 석회황합제 : 복숭아, 살구, 감자, 토마토, 파
• BNC제 : 오이류, 토마토, 가지, 배추

54 다음 중 유기인계 살균제는?

① 에디펜포스
② 네오아소진
③ 홀 펫
④ 라브사이드

해설
② 네오아소진 : 유기비소계
③ 홀펫 : 프탈리마이드계
④ 라브사이드 : 유기염소계
※ 네오아소진은 비소를 포함하고 있어 지금은 사용이 금지되었다.

55 항생제인 가스가마이신 액제의 주된 살균기작은?

① 항균력 증가
② 단백질 합성 저해
③ 멜라닌색소 합성 저해
④ 콜린에스터레이스(Cholinesterase)효소 활성 저해

해설
가스가마이신은 작용기작 분류에서 라3에 해당되는 약제로, 아미노산 및 단백질 합성을 저해한다.

정답 50 ① 51 ③ 52 ① 53 ① 54 ① 55 ②

56 유기인계 살충제의 일반적인 성질에 대한 설명으로 옳은 것은?

① 인축에 대한 독성이 약하다.
② 알칼리에는 용이하게 분해된다.
③ 동물의 체내에서 분해가 느리다.
④ 광선에 의한 분해가 일어나지 않는다.

해설
① 인축에 대한 독성이 강하다.
③ 동식물의 체내에서 분해가 빠르다.
④ 야외살포에 있어서 광선 그 밖의 것에 의하여 소실되기 쉬운 경향이 있다.

57 유기유황제에 대한 설명으로 옳은 것은?

① 유기유황제 중 Thiram은 흰가루병에 특효이다.
② 수도용 살균제로 널리 사용되고 있다.
③ 무기황제보다 가격이 싸다.
④ 주요 약제로는 Propineb, Mancozeb 등이 많이 사용되고 있다.

해설
유기유황제 : 만코제브, 티람, 프로피네브

58 리바이지드 50% 유제를 1,000배 희석하여 10a당 180L를 살포하려할 때 리바이지드 50% 유제의 소요량은?

① 45mL
② 90mL
③ 180mL
④ 360mL

해설
소요량 = 180L × 1,000mL/1,000 = 180mL

59 유기인제에 중독되었을 때에 주로 사용되는 해독제는?

① 치옥탄
② 팜
③ 쿠렙톤
④ 비타민 K

해설
유기인계 해독제 : 팜(PAM), 황산아드로핀

60 다음 약해의 원인 중 작물과 관련이 적은 것은?

① 작물의 종류
② 고온다습
③ 생육시기
④ 작물잔류량

해설
약해는 농약을 처방한 작물에서 일어나는 피해현상으로 작물의 종류, 작물잔류량, 생육시기와 관련이 있다.

정답: 56 ② 57 ④ 58 ③ 59 ② 60 ②

제4과목 잡초방제학

61 다음 중 잡초의 이용면을 잘못 나열한 것은?
① 피 – 동물사료
② 부레옥잠 – 수질정화
③ 어저귀 – 가축사료
④ 별꽃 – 민간약재

해설
어저귀 : 줄기에서 윤기가 나는 섬유를 채취하여 로프와 마대를 만들고 찌꺼기는 종이 원료로 사용한다.

62 다년생 잡초의 지하번식기관 중 휴면성이 가장 큰 잡초는?
① 너도방동사니
② 가 래
③ 올방개
④ 올 미

해설
올방개의 휴면성은 5~7년이다.

63 농경지에서 잡초로 인한 피해와 가장 관련이 적은 것은?
① 수량 감소
② 병해충의 매개
③ 농작업 환경의 악화
④ 토양침식

해설
④ 잡초에 의해 토양침식이 억제되는 이로운 점도 있다.

64 피의 형태적 특징 중 옳은 것은?
① 엽설(葉舌, 잎혀)은 없고, 엽이(葉耳, 잎귀)는 있다.
② 엽설은 있고, 엽이는 없다.
③ 엽설과 엽이 모두 있다.
④ 엽설과 엽이 모두 없다.

해설
④ 피는 엽설과 엽이 모두 없다.

65 주로 지하경에 의해서 번식하는 잡초는?
① 벗 풀
② 강 피
③ 바랭이
④ 물달개비

해설
① 벗풀은 괴경으로 영양번식을 하는 잡초이다.
②·③·④ 강피, 바랭이, 물달개비는 모두 종자 번식하는 잡초임

무성번식 : 영양번식
- 주로 다년생 잡초의 번식 방법, 종자 및 영양번식을 동시에 하는 잡초도 있음
- 포복경 : 아욱메풀, 아욱메풀, 선피막이, 사상자, 미나리, 병풀, 버뮤다그래스
- 인경 : 가래, 무릇, 야생마늘, 자주괭이밥
- 구경 : 반하, 올챙이고랭이
- 근경(지하경) : 가래, 나도겨풀, 쇠털골, 띠, 수염가래꽃, 택사, 올방개
- 괴경 : 벗풀, 향부자, 매자기, 올방개, 올미, 너도방동사니

정답 61 ③ 62 ③ 63 ④ 64 ④ 65 ①

66 다음 중 종자 휴면의 원인이 될 수 없는 것은?

① 종피의 불투기성
② 생장조절물질의 과다
③ 배의 미숙
④ 종피의 기계적 저항

해설
종자 휴면원인 : 종피의 불투기성, 배의 미숙, 종피의 기계적 저항 등

67 논에 다년생 잡초가 증가한 주요 이유는?

① 논 이모작 재배
② 퇴비 사용량 감소
③ 계속적인 화학비료 사용
④ 일년생 잡초 방제용 제초제 연용

해설
일년생 제초제의 연용으로 다년생 잡초가 우점하는 경향이 있음

68 잡초의 생육특성에 대한 설명으로 옳지 않은 것은?

① 바랭이, 여뀌는 건조에 대한 내성이 크다.
② 잡초 종자가 무거울수록 출아심도가 깊다.
③ 향부자, 별꽃은 토양의 산소 농도가 낮아도 잘 발생한다.
④ 갈퀴덩굴, 뚝새풀은 주로 비옥한 땅에서 발생하는 습성이 있다.

해설
발아산소 요구도
• 호기성 잡초 : 너도방동사니, 바랭이, 향부자
• 혐기성 잡초 : 돌피, 올챙이고랭이, 물달개비, 올미

69 주로 논에서 자라는 잡초가 아닌 것은?

① 좀바랭이   ② 사마귀풀
③ 물달개비   ④ 나도겨풀

해설
좀바랭이 : 밭, 밭둑 및 도로변에 발생하는 일년생 화본과 잡초로 종자 번식

70 작물과 잡초와의 경합해(競合害)로 나타나는 작물의 증상은?

① 작물의 엽면적이 커진다.
② 광합성량이 줄어든다.
③ 건물중(乾物重)은 많아진다.
④ 분얼수도 많아진다.

해설
잡초가 작물의 초기 성장속도보다 빨라 광합성량이 줄어 성장속도가 늦어진다.

71 작물과 잡초의 경합 중 양분경합에서 수량에 가장 크게 관여 하는 비료성분은?

① 마그네슘(Mg)   ② 질소(N)
③ 인산(P)   ④ 칼륨(K)

해설
질소(N) 성분은 작물과 잡초에게 필요한 필수 영양성분이다.

72 다음 중 벼 재배법에서 잡초와의 경합면에 가장 불리한 재배법은?

① 손이앙재배 ② 어린모재배
③ 중모재배   ④ 직파재배

해설
직파의 경우 잡초와 초기 경합이 많아 중모나 어린모 재배보다 초기 경합이 불리하다.

73 잡초의 생육특성 중 선점(Head-start) 현상이란?

① 고온조건에서 광합성 능력이 높은 현상
② 불량환경에 대한 발아력이 높은 현상
③ 잡초 밀도 변화에 따라 유연하게 대응하는 현상
④ 주어진 지표면을 먼저 점유한 잡초가 후에 발생한 잡초보다 경합에 유리한 현상

해설
선점 현상 : 주어진 지표면을 먼저 점유한 잡초가 광에 대한 경합력이 높아 후에 발생한 잡초보다 경합에 유리하다.

74 생태적 방제법에 대한 예로서 잘못된 것은?

① 윤작을 실시한다.
② 작물의 재식밀도를 조절한다.
③ 작물의 초관형성시기를 되도록 늦춘다.
④ 결주는 즉시 보식한다.

해설
③ 초관형성시기가 늦어질수록 초기생장이 빠른 잡초와 경합이 발생할 수 있다.

75 다음 중 잡초 종합방제를 위한 고려 사항이 아닌 것은?

① 잡초 군락 조사
② 제초방법 선정
③ 제초의 필요성 검토
④ 토양특성 파악

해설
종합방제는 잡초의 군락 조사, 제초의 필요성 검토, 제초방법 선정 등을 고려한다.

76 저항성 잡초의 출현에 가장 큰 원인이 되는 것은?

① 농작업의 기계화
② 무경운 재배법
③ 동일계 제초제의 연용
④ 손 제초 및 2모작 감소

해설
③ 연작에 의해 다발성 잡초가 고정되고 동일계 제초제와 합제 형태의 제초제의 사용으로 연작지 다발성 잡초가 저항성을 가지게 된다.

정답 72 ④ 73 ④ 74 ③ 75 ④ 76 ③

77 A 제초제 0.5%는 몇 ppm에 해당되는가?

① 5ppm ② 50ppm
③ 500ppm ④ 5,000ppm

해설
0.5/100 = 0.5 × 10,000/1,000,000 = 5,000ppm
ppm = 1/1,000,000

78 이성화구조를 가진 화합물 중 질소 3원자와 탄소 3원자가 육각환구조에 함유되어 있는 제초제를 어떤 형의 제초제라고 부르는가?

① Urea계 제초제
② Amide계 제초제
③ Triazine계 제초제
④ Uracil계 제초제

해설
③ Triazine계 제초제 : Atrazine, Simazine, Cyanazine, Ametryne

79 논에 사용할 제초제를 필요량만큼 구입하려고 한다. 40%의 유효성분을 가진 2,4-D 입제를 1ha당 1,000g으로 처리하려고 할 때 소용제품량은 얼마인가?

① 2kg ② 2.5kg
③ 3kg ④ 3.5kg

해설
1,000g × 100/40 = 2,500g
= 2.5kg(∵ 1,000g = 1kg)

80 두 제초제를 혼합처리 시 상승(Synergistic)효과란 어떤 것을 의미하는가?

① 두 제초제를 혼합처리 시 단독처리 때보다 효과가 적은 것을 의미함
② 두 제초제를 혼합처리 시 단독처리 때보다 효과가 큰 것을 의미함
③ 두 제초제를 혼합처리 시 단독처리와 효과가 같은 것을 의미함
④ 두 제초제를 혼합처리 시 식물의 생리적 장애현상을 의미함

해설
② 상승효과 : 두 제초제를 혼합처리 시 단독처리 때보다 효과가 큰 것을 의미한다.

정답 77 ④ 78 ③ 79 ② 80 ②

교육은 우리 자신의 무지를 점차 발견해 가는 과정이다.

– 윌 듀란트 –

참 / 고 / 문 / 헌

농림해충학총론, 현재선, 서울대학교출판부(1994)

농약학, 정영호 외, 시그마프레스(2004)

농약학(개정), 이성환 외, 향문사(1997)

삼고 재배학원론, 박순직, 향문사(2006)

식량작물 병해충 잡초 진단과 방제, 농업과학기술원 지음, 농경과원예(2006)

식물병리학, 성인석, 선진문화사(1997)

식물병리학, 이두형 외, 우성문화사(1996)

식물병리학, GEORGE. N. AGRIOS 지음, 고영진 외 옮김, 월드사이언스(2006)

식물병리학(신고), 박종성, 향문사(2000)

신 식물병리학, 김종완, 대구대학교출판부(2005)

신고 해충학, 백운하 외, 향문사(1999)

위생곤충학, 김관천 외, 신광문화사(2007)

잡초방제의 이론과 실제, 김성문 외, 강원대학교출판부(1999)

잡초방제학(신고), 구자옥 외, 향문사(1998)

잡초학, 구자옥 외, 한국방송통신대학교(2000)

재배학, 서준한, 지샘(2003)

재배학 핵심기출 예상문제집, 최상민, 시대고시기획(2009)

최신 농약학, 정영호 외, 시그마프레스(2004)

식물보호기사 · 산업기사 필기 한권으로 끝내기

개정17판2쇄 발행	2026년 01월 05일 (인쇄 2025년 12월 19일)
초 판 발 행	2009년 08월 10일 (인쇄 2009년 06월 12일)
발 행 인	박영일
책 임 편 집	이해욱
편 저	박정호
편 집 진 행	윤진영 · 장윤경
표지디자인	권은경 · 길전홍선
편집디자인	정경일
발 행 처	(주)시대고시기획
출 판 등 록	제10-1521호
주 소	서울시 마포구 큰우물로 75 [도화동 538 성지 B/D] 9F
전 화	1600-3600
팩 스	02-701-8823
홈 페 이 지	www.sdedu.co.kr
I S B N	979-11-434-0169-4(13520)
정 가	37,000원

※ 저자와의 협의에 의해 인지를 생략합니다.
※ 이 책은 저작권법의 보호를 받는 저작물이므로 동영상 제작 및 무단전재와 배포를 금합니다.
※ 잘못된 책은 구입하신 서점에서 바꾸어 드립니다.

산림·조경·농업 국가자격 시리즈

합격을 위한 바른 선택!

도서명	판형 / 가격
산림기사 · 산업기사 필기 한권으로 끝내기	4×6배판 / 45,000원
산림기사 필기 기출문제해설	4×6배판 / 24,000원
산림기사 · 산업기사 실기 한권으로 끝내기	4×6배판 / 25,000원
산림기능사 필기 한권으로 끝내기	4×6배판 / 28,000원
산림기능사 필기 기출문제집	4×6배판 / 25,000원
조경기사 · 산업기사 필기 한권으로 합격하기	4×6배판 / 43,000원
조경기사 필기 기출문제해설	4×6배판 / 37,000원
조경기사 · 산업기사 실기 한권으로 끝내기	국배판 / 41,000원
조경기능사 필기 한권으로 끝내기	4×6배판 / 29,000원
조경기능사 필기 기출문제집	4×6배판 / 27,000원
조경기능사 실기 [조경작업]	8절 / 27,000원
식물보호기사 · 산업기사 필기 한권으로 끝내기	4×6배판 / 37,000원
식물보호기사 · 산업기사 실기 한권으로 끝내기	4×6배판 / 21,000원
농산물품질관리사 1차 한권으로 끝내기	4×6배판 / 40,000원
농산물품질관리사 2차 필답형 실기	4×6배판 / 32,000원
농 · 축 · 수산물 경매사 한권으로 끝내기	4×6배판 / 40,000원
축산기사 · 산업기사 필기 한권으로 끝내기	4×6배판 / 36,000원
축산기사 · 산업기사 실기 한권으로 끝내기	4×6배판 / 28,000원
Win-Q(윙크) 화훼장식기능사 필기	별판 / 23,000원
Win-Q(윙크) 원예기능사 필기	별판 / 25,000원
Win-Q(윙크) 버섯종균기능사 필기	별판 / 22,000원
Win-Q(윙크) 축산기능사 필기+실기	별판 / 25,000원
무단뽀 조경기능사 필기+무료 동영상	별판 / 26,000원
무단뽀 유기농업기능사 필기+실기+무료 동영상	별판 / 32,000원
기출이 답이다 종자기사 필기 [최빈출 기출 1000제 + 최근 기출복원문제 3개년]	별판 / 28,000원
기출이 답이다 유기농업기사 필기 [최빈출 기출 1000제 + 최근 기출복원문제 2개년]	별판 / 34,000원

산림·조경 국가자격 시리즈

합격을 위한 모든 전략! 시대에듀와 함께 맞춤형 학습으로 빠르게 합격하세요!

산림기능사 필기 한권으로 끝내기
최근 기출복원문제 및 해설 수록
- 빨리보는 간단한 키워드 : 시험 전 필수 핵심 키워드
- 최고의 산림전문가가 되기 위한 필수 핵심이론
- 적중예상문제와 기출복원문제를 자세한 해설과 함께 수록
- 4×6배판 / 620p / 28,000원

산림기사·산업기사 필기 한권으로 끝내기
최근 기출복원문제 및 해설 수록
- 핵심이론 + 기출문제 무료 특강 제공
- 〈핵심이론 + 적중예상문제 + 과년도, 최근 기출복원문제〉의 이상적인 구성
- 농업직·환경직·임업직 공무원 특채 응시자격 및 공채시험 가산점 인정
- 기사 20학점, 산업기사 16학점 인정
- 4×6배판 / 1,116p / 45,000원

식물보호기사·산업기사 필기 한권으로 끝내기
최근 기출복원문제 및 해설 수록
- 한권으로 식물보호기사·산업기사 필기시험 대비
- 〈핵심이론 + 적중예상문제 + 과년도, 최근 기출복원문제〉의 최적화 구성
- 농업직·환경직·임업직 공무원 특채 응시자격 및 공채시험 가산점 인정
- 기사 20학점, 산업기사 16학점 인정
- 4×6배판 / 1,020p / 37,000원

도서구입 및 내용문의 1600-3600

전문 저자진과 시대에듀가 제시하는
합격전략 코디네이트

조경기능사 필기 한권으로 끝내기
최근 기출복원문제 및 해설 수록
- 빨리보는 간단한 키워드 : 시험 전 필수 핵심 키워드
- 중요 핵심이론 + 출제 가능성 높은 적중예상문제 수록
- 각 문제별 상세한 해설을 통한 고득점 전략 제시
- 조경의 이해를 돕는 사진과 이미지 수록
- 4×6배판 / 852p / 29,000원

유튜브 무료 특강이 있는
조경기사 · 산업기사 필기 한권으로 합격하기
최근 기출복원문제 및 해설 수록
- 중요 핵심이론 + 적중예상문제 수록
- '기출 Point', '시험에 이렇게 나왔다'로 전략적 학습방향 제시
- 저자 유튜브 채널(홍선생 학교가자) 무료 특강 제공
- 4×6배판 / 1,380p / 43,000원

조경기사 · 산업기사 실기 한권으로 끝내기
도면작업 + 필답형 대비
- 사진과 그림, 예제를 통한 쉬운 설명
- 각종 표현기법과 설계에 필요한 테크닉 수록
- 최근 기출복원도면 + 필답형 기출복원문제 수록
- 저자가 직접 작도한 도면 다수 포함
- 국배판 / 1,020p / 41,000원

※ 도서의 구성 및 가격은 변동될 수 있습니다.